AF393893

PHYSIK UND TECHNIK DER ATOMREAKTOREN

VON

FERDINAND CAP

TIT. AO. PROFESSOR AN DER UNIVERSITÄT INNSBRUCK

MIT 100 TEXTABBILDUNGEN

WIEN

SPRINGER-VERLAG

1957

ISBN-13: 978-3-7091-8039-6   e-ISBN-13: 978-3-7091-8038-9

DOI: 10.1007/978-3-7091-8038-9

MEINER FRAU UND MEINEN KINDERN
GEWIDMET ALS DANK FÜR HILFE UND VERSTÄNDNIS

Vorwort

Dieses Buch ist aus Vorlesungen entstanden, die der Verfasser seit dem Studienjahr 1950/51 an der Universität Innsbruck regelmäßig gehalten hat. Es ist nicht nur als Lehrbuch für Studierende, sondern auch als Nachschlagewerk für Fachleute gedacht.

Dem Bau eines Reaktors müssen Berechnungen vorangehen, die nicht durch Experimentaluntersuchungen ersetzt werden können. Der Verfasser war daher bestrebt, dem Leser nicht nur ein klares Verständnis aller Vorgänge, sondern auch das notwendige mathematische Rüstzeug zu vermitteln. Gewisse physikalische und mathematische Vorkenntnisse mußten dabei vorausgesetzt werden; diese Voraussetzungen überschreiten jedoch nicht das durchschnittliche Wissen der Studierenden höherer Semester der in Frage kommenden Fachgebiete.

Da bisher kein deutschsprachiges Lehrbuch über Kernreaktoren erschienen ist und da keine einheitliche und allgemein anerkannte deutsche Terminologie besteht, stand der Verfasser vor der Wahl, entweder die englischen Fachausdrücke zu übernehmen oder eine eigene deutsche Terminologie zu prägen. Der Verfasser entschied sich zu letzterem; inwieweit dieser Versuch geglückt ist, wird erst die Zukunft zeigen.

Da der Stoff sehr umfangreich ist und da der Leser die Probleme der Praxis kennenlernen soll, wurden jedem Paragraphen Übungsbeispiele beigegeben. Für diejenigen Leser, die die Übungsbeispiele nicht durchrechnen wollen, wäre es jedoch empfehlenswert, deren Text zu lesen, da diese Beispiele sehr oft wichtige Ausführungen und Formeln enthalten.

Der aufmerksame Leser wird bemerken, daß die angegebenen Meßwerte gelegentlich voneinander abweichen. Solche Diskrepanzen wurden absichtlich nicht bereinigt, um dem Leser zu zeigen, mit welchen Ungenauigkeiten kernphysikalische Meßwerte heute noch behaftet sind. Der Verfasser hat sich jedoch bemüht, möglichst viele der bis Ende 1956 bekanntgewordenen kernphysikalischen Daten aufzunehmen.

Die Abfassung eines Reaktorlehrbuches ist ohne Rückgriff auf außereuropäische Quellen unmöglich; der Verfasser hat daher einer Reihe von Fachkollegen und von Institutionen für sehr wertvolle Hilfe zu danken. Zunächst soll erwähnt werden, daß von mehreren amerikanischen Autoren (STEPHENSON, GLASSTONE, EDLUND, MURRAY, THOMSON, RODGERS, SOODAC, CAMPBELL, vgl. das Literaturverzeichnis S. 446) wertvolle Anregungen empfangen wurden und daß die Darstellung einiger Abschnitte auf diese Quellen zurückgeht. Der Verfasser dankt ferner den Bibliotheksabteilungen der amerikanischen Atomenergiekommission, des Atomic Energy Research Establishment in Harwell, der Atomic Energy of Canada Ltd., des Commissariat à l'Energie Atomique, Paris, und des Centre in Saclay, der Comision Nacional de la Energia Atomica, Buenos Aires, sowie des Joint Establishment for Nuclear Energy Research in Kjeller, Norwegen, für die kostenlose Überlassung zahlreicher wertvoller Einzelberichte.

Das österreichische Unterrichtsministerium hat dem Verfasser die Teilnahme an der Genfer Atomkonferenz sowie längere Studienaufenthalte in Frankreich. Belgien und Dänemark ermöglicht, wofür der Verfasser bestens dankt. Schließlich ist es eine angenehme Pflicht, den Leitungen der Forschungszentren in Châtillon, Saclay, Kjeller, Stockholm und Risö für die dem Verfasser erwiesene Gastfreundschaft bzw. die ausgesprochenen Einladungen herzlichst zu danken.

Herr Prof. Höcker, Stuttgart, hatte die Freundlichkeit, das Manuskript einer Durchsicht zu unterziehen; ich danke ihm hiefür, ebenso den Herren P. Kuttner und H. Knopp. die ebenfalls eine Durchsicht vornahmen und verschiedene Rechnungen ausführten.

Ohne die Hilfe meiner Frau, die das ganze Manuskript schrieb und alle Zeichnungen anfertigte, wäre das Buch nie zustande gekommen. Beim Korrekturenlesen und bei der Herstellung des Literatur-, Symbol-, Namen- und Sachverzeichnisses war mir Frau Ida Brunner eine unentbehrliche Hilfe.

Schließlich danke ich auch dem Springer-Verlag für die traditionell gute Ausstattung und vor allem für das Verständnis, das es mir ermöglichte, noch bei der Umbruchkorrektur zahlreiche Ergänzungen einzufügen, so daß die Entwicklung bis zum Beginn des Jahres 1957 berücksichtigt werden konnte.

Kopenhagen (CERN). im April 1957.

F. Cap

Inhaltsverzeichnis

Verzeichnis der Tabellen

(Die Angaben wie z. B. C 20 beziehen sich auf das Literaturverzeichnis, vgl. S. 446)

Wo findet man numerische Angaben?

(Die Zahlen bezeichnen die Seiten, auf denen man die Tabellen mit den einschlägigen Angaben findet, vgl. auch das Sachverzeichnis)

Wirkungsquerschnitte

    Streuung: 31, 69, 204, 266, 359

    Absorption: 20, 28, 37, 69, 203, 204, 247, 249, 257, 264ff., 323, 359, 405

    Spaltung: 28, 69, 204, 249, 359, 372

    Aktivierung: 270, 304, 411

    Schwächung: 310

Anzahl der Spaltneutronen: 25, 69, 191, 204, 249, 405

Resonanzintegral: 56, 69, 207, 208, 370, 376, 386, 392

Vermehrungsfaktor: 69, 204, 207, 208, 258, 370, 376, 386, 392

Reaktorkonstanten: 134, 215, 376, 386, 392

Fermialter: 124, 215, 257, 266, 370, 376, 386

Diffusionskoeffizienten: 85, 104, 149, 203, 257

Diffusionslänge: 104, 106, 124, 149, 203, 266, 305, 370, 376, 386

Bremsmittel (div. Angaben): 36, 37, 70, 266

Dichten: 70, 203, 247, 254, 255, 258, 264ff., 284ff., 304, 305

Wärmeleitfähigkeit: 247, 254, 264, 267, 276, 284ff.

Spezifische Wärme: 254, 264, 284ff.

Strahlenschutz: 303, 305, 310, 315ff., 319, 429, 433

Kosten und Preise: 247, 251, 264, 267, 305, 335, 364, 370, 376, 386, 392, 401, 418, 442

Verzeichnis der Abbildungen

(Die Angaben wie z. B. A 32 beziehen sich auf das Literaturverzeichnis, vgl. S. 446)

Verzeichnis der Symbole

Es wurden praktisch sämtliche Symbole, abgesehen von allgemein bekannten mathematischen und chemischen Symbolen, aufgenommen. Ad hoc, für einmaligen Gebrauch, z. B. für ein Übungsbeispiel eingeführte Bezeichnungen wurden nicht aufgenommen. Griechische Buchstaben finden sich bei den entsprechenden lateinischen Buchstaben, also z. B. ε und η unter E, τ und ϑ unter T, φ unter F. Die Buchstaben χ und ψ findet man nach dem Z.

Symbol	Formel	Bedeutung	Seite
$A,\ A_1$	(2.3), (34.17)	Kernmasse (Kern der Art i); Atomgewicht der i-ten Substanz	5, 309
A_K	(36.33)	Atomgewicht des Kernbrennstoffes	328
$A_l,\ A_n$ usw.	(12.16)	Entwicklungskoeffizienten	77
$A^\dagger,\ A_{th}^\dagger,\ A_s^\dagger$	(23.9)	Entwicklungskoeffizient (Reflektor)	154
A_a	(27.17)	relative Absorption	216
a	—	Jahr	
$a,\ a_M$	(3.1), (26.12a)	Flächenmasse; Radius (Uranstab)	7, 194
a	(15.21)	effektive Abmessung (Quader)	95
a'	(15.21)	wahre Abmessung (Quader)	95
α	(30.2)	Alphateilchen; Anreicherungsfaktor	7, 261
α	(28.76)	Ausdehnungskoeffizient	236
α	(30.6)	Verhältnis von Einfangquerschnitt zum Spaltquerschnitt (relativer Neutronenverlust)	262
$\bar{\alpha}$	(32.30)	Volumausdehnungskoeffizient	278
$\alpha,\ \alpha',\ \bar{\alpha},\ \bar{\alpha}_n$	(15.19), (18.21)	Separationskonstante	95, 116
$\alpha,\ \alpha',\ \alpha^*$	(26.31)	Faktor (Formel für die Lebenserwartung)	197
B	(34.8)	Korrekturfunktion für Mehrfachstreuung	306
B	—	weist als Index auf das Bremsmittel hin	190
$\widetilde{B}$	(26.38)	Zahl der im Bremsmittel pro sec die Energie E erreichenden Neutronen	198
$B,\ B_\pm$	(20.31)	Reaktorkonstante	130
$B,\ B_1$	(32.31), (33.8)	Querschnitte (Kühlrohre)	279, 289
$B,\ B',\ B_{\max}$	(40.8)	Brütwirkungsgrad	363
B_{Al}	(27.17)	Blockierungswirkung (des Al)	216
$B_g,\ B_{g+},\ B_{g-}$	(20.40), (22.27)	geometrische Reaktorkonstante	133, 147
B_l	(24.9)	geometrische Reaktorkonstante der l-ten Eigenfunktion	163
$B_m,\ B_{m+},\ B_{m-}$	(20.7), (22.26)	materialabhängige Reaktorkonstante	127, 146
$B_n,\ B_m$ usw.	(15.35)	Entwicklungskoeffizienten	96
B_0	(36.34)	ursprünglicher Anreicherungsgrad	328
b	(15.21)	effektive Abmessung (Quader)	95
b	—	barn $= 10^{-24}$ cm^2	12
b	(48.2)	Bruchteil der Endmasse, der ausgestoßen wird (Rakete)	425
b'	(15.21)	wahre Abmessung (Quader)	95
$\beta,\ \beta_1,\ \beta_2$	(17.2)	Reflexionskoeffizient und $\sum_i \beta_i$, vgl. β_i .	106, 107
β_P	(17.3)	Reflexionsvermögen der ∞ großen Platte	106
β_i	Tab. 6	Anteile der Gruppen verzögerter Neutronen	25
$\beta,\ \beta',\ \beta_n$	(15.9)	Separationskonstante	94
β_{tot}	(17.28)	totales Reflexionsvermögen	111
β^-	—	Betateilchen, Elektron	7
β^+	—	Positron	7

Symbol	Formel	Bedeutung	Seite
$\beta_\pm$, $\beta_\pm^0$	(29.11), (29.30)	Separationskonstante (Kontrollstab) ... 239,	242
β_∞	(17.5)	Reflexionsvermögen des Halbraumes (maximales Reflexionsvermögen)	106
C	—	Curie	8
C^*	....	radioaktiver Kohlenstoff	8
C_m, C_m' usw.	(15.19)	Entwicklungskoeffizienten	95
C^+, C_s^+	(23.9)	Entwicklungskoeffizienten (Reflektor)	154
C_x, C_y, C_z	(35.7)	Konstante in der Suttonschen Formel	320
c	(1.5)	Lichtgeschwindigkeit, effektive Abmessung 2,	95
c'	(15.21)	wahre Abmessung (Quader)	95
c_p	Tab. 63	spezifische Wärme bei konstantem Druck ..	265
D, D_0, D_1	(12.36)ff.	Diffusionskoeffizient	79
D	(35.1)	Strahlendosis 300,	313
D, $_1D^2$	—	Deuteron	6
$D\dagger$	(23.13), (23.22)	Konstante; Diffusionskoeffizient im Reflektor 155,	156
D_B	(26.8)	Diffusionskoeffizient des Bremsmittels	194
D_K	(26.8)	Diffusionskoeffizient des Kernbrennstoffes ...	194
D_T	—	Toleranzdosis	300
D_i	(22.7)	Diffusionskoeffizient der i-ten Neutronengruppe	144
D_r	Tab. 37	Diffusionskoeffizient im Resonanzgebiet des Uran	203
D_s	(22.4)	Diffusionskoeffizient der schnellen Neutronen	144
D_{th}	(22.13)	Diffusionskoeffizient der thermischen Neutronen	145
$D_s^\dagger$	(23.46 c)	Diffusionskoeffizient der schnellen Neutronen	160
$D_{th}^\dagger$	(23.26)	Diffusionskoeffizient der thermischen Neutronen im Reflektor	157
d	—	Tag	
d	(14.10)	Extrapolationslänge	89
d	(32.22)	hydraulischer Durchmesser	276
δ, δ', δ'', δ'''	(2.4), (9.31)ff.	Korrekturglied 5,	51
δ	(15.2)	Diracsche-Funktion 93,	99
δ	(33.22)	Volumverhältnis	296
$\varDelta_s$	(27.9)	Laplace-Operator in den s-Koordinaten ...	213
E	(26.30)	Formfunktion	196
E, E', E_m	(1.5)	Energie (mit verschiedenen Indices)	2
E_A	Tab. 8	Aktivierungsenergie	27
E_E	Tab. 8	Anregungsenergie	27
E_n	Tab. 8	Energie des spaltenden Neutrons	27
E_k	(32.1), (39.3)	pro Spaltprozeß im Kernbrennstoff freiwerdende Energie 272,	259
Ei	(34.18)	Exponentialintegral	309
E_i	Tab. 31	Energie der i-ten Gruppe	150
E_k, E_k' usw.	(15.19)	Entwicklungskoeffizienten	95
E_s	Abb. 6	Schwellenenergie	30
E_s	(22.1)	Energie schneller Neutronen	143
E_{th}	(22.1)	Energie thermischer Neutronen	143
$\overline{E}' = \overline{E}$	—	Energie eines abgebremsten Neutrons nach dem Stoß im Schwerpunktsystem	34
E_0	(8.3)	Primärenergie (Neutronen)	40
E_0	(27.22)	Formfunktion	217
e	(1.3)	elektrische Elementarladung (und Zahl $e = 2{,}718..$)	1
e	Abb. 55	Außenradius des Kühlrohres	278
e_1, e_2	(32.45)	Emissionskoeffizienten	282
$\mathfrak{c}$	(25.47)	Einheitsvektor in Richtung der Neutronengeschwindigkeit	188
ε	(2.2), (11.8)	Bindungsenergie, Schnellvermehrungsfaktor ..5,	63

Symbol	Formel	Bedeutung	Seite
ε	(23.18)	Einsparung an Kernbrennstoff	156
ε	(48.2)	Bruchteil der Endmasse, der in Energie verwandelt wird (Rakete)	425
$\bar{\varepsilon}$	(2.9)	Bindungsenergie pro Nukleon	6
ε'	(11.12)	Schnellvermehrungsfaktor eines homogenen Reaktors	66
ε^*	(11.13)	Schnellvermehrungsfaktor eines heterogenen Reaktors	66
ε^*_{max}	Tab. 38	größter Wert des Schnellvermehrungsfaktors in heterogenen Reaktoren	204
ε^*_l	(26.61)	Schnellvermehrungsfaktor in einem heterogenen Reaktor bei Berücksichtigung der Wechselwirkung zwischen $l + 1$ Brennstoffelementen	205
$\eta,\ \eta_{th}$	(11.3)	Anzahl der Spaltneutronen pro Absorptionsprozeß (thermisch)	63
$\eta',\ (\eta'_{th})$	(11.12)	Anzahl der Spaltneutronen pro Absorptionsprozeß (homogener Reaktor) (thermische Energie)	66
$\eta^*,\ (\eta^*_{th})$	(11.13)	Anzahl der Spaltneutronen pro Absorptionsprozeß (heterogener Reaktor) (thermische Energie)	66
F	(4.1), (12.15)	von Variablen unabhängiger Neutronenfluß, Betrag des Vektorflusses	12, 77
F	(26.30)	Formfunktion	196
F_K	(32.1)	Gesamtfluß im Kernbrennstoff	272
F_i	(20.32)	Neutronenvermehrung	131
$F_k,\ F'_k$	(15.18), (24.36)	Entwicklungskoeffizienten	94, 168
$F,\ \widetilde{F}_p$	(28.36)	Einflußfunktion	228
$f,\ \widetilde{f}$	(11.9)	thermischer Verwertungsgrad	64
f'	(11.12)	thermischer Verwertungsgrad eines homogenen Reaktors	66
f^*	(11.13)	thermischer Verwertungsgrad eines heterogenen Reaktors	66
f_{eff}	—	effektiver thermischer Verwertungsgrad	197
$f_i,\ f_i\,(E)$	(27.16), (28.31)	thermischer Verwertungsgrad der i-ten Komponente; Spektrum der verzögerten Spaltneutronen der Energie E_i	216, 227
f^*_r	(26.53)	Verwertungsgrad der Resonanzneutronen in einem heterogenen Reaktor	201
f	(32.36)	Wärmeübergangsfläche eines Brennstoffelementes	280
$f_0\,(E)$	(28.31)	Spektrum der unmittelbaren Spaltneutronen	227
f_1	(33.10)	äußere Mantelinnenfläche	290
f_1	(33.34)	Wärmeübergangsfläche eines Wärmeaustauschers	298
Φ	(18.54)	GAUSSsches Fehlerintegral	121
φ	(4.31)	von einer Variablen abhängiger Neutronenfluß; Winkelkoordinate	16
φ_B	(26.8)	thermischer Fluß im Bremsmittel	194
φ_E	(29.42)	Fluß nach der Eingruppentheorie	244
φ_K	(26.9)	thermischer Fluß im Kernbrennstoff	194
$\bar{\varphi}_R$	(26.42)	räumlicher Mittelwert des Flusses über das Reaktorinnere	199
$\bar{\varphi}_{SK}$	(26.34)	Oberflächenmittelwert des Flusses im Kernbrennstoff	198
$\varphi^\dagger$	(23.2)	Fluß im Reflektor	154
φ_i	(22.36)	Fluß der Neutronen der Energie E_i	148
$\varphi_1,\ \varphi_2$	(22.28)	Partikularlösungen	147
φ_f	(25.34)	Fluß der Bildquellen	185
φ_s	(22.1)	Fluß der schnellen Neutronen	143

Symbol	Formel	Bedeutung	Seite
$\varphi_{th},\ \varphi_n$	(22.13), (22.39)	Fluß der thermischen Neutronen	145, 148
$\ddot{\bar\varphi}_r^K$	—	räumlicher Mittelwert des Resonanzflusses im Kernbrennstoff	202
$\bar\varphi_r^B$	—	räumlicher Mittelwert des Resonanzflusses im Bremsmittel	202
φ_{th}^B	(26.6)	thermischer Fluß im Bremsmittel	192
φ_{th}^K	(26.6)	thermischer Fluß im Kernbrennstoff	192
$\bar\varphi_{th}^B$	(26.6)	räumlicher Mittelwert des thermischen Flusses im Bremsmittel	192
$\ddot{\bar\varphi}_{th}^K$	(26.6)	räumlicher Mittelwert des thermischen Flusses im Kernbrennstoff	192
G	(2.1)	Gesamtmasse der Teilchen in einem Atomkern	4
G	(15.58)	GREENsche Funktion (Diffusionskern)	99
G	(28.34)	Quellfaktor	228
G	(32.26)	Gasmenge [kg m^{-3}]	277
G	(40.9)	Gewinn (Ergebnis des Brutprozesses)	363
$G,\ G'$	(26.63)	Bruchteil	206
G_B	(18.45)	GREENsche Funktion der Altersgleichung (Bremskern)	118
$G_{\max}$	(46.7)	maximaler Gewinn	408
g	—	mesonische Kernladung, Gramm, Erdbeschleunigung	2
g	(26.7), (27.4)	Geometriefaktor	192, 211
g	(31.1)	Gütefaktor	264
g_r	(26.47)	Geometriefaktor des Resonanzflusses	200
g_K	(30.6)	Güte eines Kernbrennstoffes	262
Γ	(25.1)	Integral, das Spaltprozesse beschreibt	177
Γ	(4.22)	Halbwertsbreite einer Resonanzstelle (mit verschiedenen Indices)	14ff.
Γ_A	(4.22)	Halbwertsbreite bezüglich des einfallenden Teilchens	14
Γ_B	(4.22)	Halbwertsbreite bezüglich des emittierten Teilchens	14
Γ_S	(10.1)	Halbwertsbreite für die Streuung	54
$\Gamma_{Abs.}$	(10.1)	Halbwertsbreite für die Absorption	54
$\Gamma_{Spaltung}$	Tab. 16	Halbwertsbreite für die Kernspaltung	54
Γ_n	Tab. 16	Halbwertsbreite für ein Neutron	54
Γ_p	—	Halbwertsbreite für ein Proton	54
Γ_α	—	Halbwertsbreite für ein α-Teilchen	54
Γ_γ	Tab. 16	Halbwertsbreite für ein γ-Quant	54
γ	(35.5)	Symbol für Gammaquanten (Anzahl)	11, 320
γ	(26.60)	Vermehrungsfaktor für schnelle noch spaltfähige Neutronen	205
γ	(32.19)	Wärmeübergangszahl	275
$\gamma,\ \gamma_A$	Tab. 92	Häufigkeit des Spaltproduktes A	323
$\bar\gamma,\ \bar\gamma_B$	Tab. 92	Häufigkeit des Zerfallproduktes B eines Spaltproduktes	323
$\gamma,\ \gamma_m$ etc.	(15.32)	Separationskonstante	96
h	(1.5)	PLANCKsches Wirkungsquantum	2
h	—	Stunde	—
h'	(20.9b)	wahre kritische Höhe	127
h_0	(20.18)	effektive kritische Höhe des günstigsten Zylinders	129
h_0'	(20.20)	wahre kritische Höhe des günstigsten Zylinders	129
h_{kr}	(26.71)	kritische Höhe	209
$H_p^{(1)}$	—	HANKELsche Funktion 1. Art von der Ordnung p	100
$H_p^{(2)}$	—	HANKELsche Funktion 2. Art von der Ordnung p	100

Symbol	Formel	Bedeutung	Seite
I_p	—	modifizierte Besselfunktion von der Ordnung p	100
J	(11.18)	Spaltungsintegral	67
J	(38.18)	Leistungsfähigkeit der Kühlanlage	339
$\mathfrak{J}$	(13.3)	Stromdichte, mittlerer Nettostrom	83, 85
$\mathfrak{J}$	(33.20)	elektrische Stromstärke	294
J_P	(34.10)	Oberflächenintensität	306
J_T	Tab. 87	Toleranzfluß	315
J_i	(35.1)	Intensität der Quanten der Energie i	313
$J'(x)$	(34.12a)	Teilchenstrom an der Stelle x	307
J_{eff}	(26.32)	effektives Resonanzintegral	197
J'_{eff}	(26.45)	effektives Resonanzintegral für eine homogene Mischung	199
J^*_{eff}	(26.48)	effektives Resonanzintegral für eine heterogene Anordnung	200
$J_{oben},\ J_{unten}$	(13.4), (13.5)	Betrag des Nettostroms	84
J_γ	(34.8)	Intensität der γ-Strahlen	306
K	(26.4)	weist als Index auf den Kernbrennstoff hin	192
K	(36.33)	Gefahrenkoeffizient	328
K	(48.8)	Kraft, Schub eines Raketenmotors	426
K	(35.3)	Dosiskonstante	314
K_i	Tab. 77	Korrekturfaktoren bei der Berechnung des Druckabfalles	293
$K,\ K_k$	(28.33)	Zuwachsoperator	227
K_p	(26.14)	modifizierte NEUMANNsche Funktion der Ordnung p	195
$K,\ K_+,\ K_-$	(23.36)	Konstanten (Reflektor)	159
k	(1.7)	BOLTZMANNsche Konstante	2
$k,\ (\widetilde{k})$	(32.6)	Wärmeleitfähigkeit (Schutzhülle)	273
$k,\ k_x,\ k_y$	(25.26)	Wellenvektor ebener Neutronenwellen	183
k_{eff}	(11.14)	effektiver Vermehrungsfaktor	67
$k_{eff\,i}$	(20.32)	Vermehrungsfaktor der i-ten Aufbaustufe	131
k_{eff}	(11.14)	effektiver Vermehrungsfaktor des homogenen Reaktors	67
k^*_{eff}	(11.14)	effektiver Vermehrungsfaktor des heterogenen Reaktors	67
$k_{eff\,l}$	(24.11)	Vermehrungsfaktor für die l-te Eigenfunktion	163
$k_{eff\,li}$	(20.37)	Vermehrungsfaktor der l-ten Eigenfunktion und der i-ten Aufbaustufe	133
$k_{eff\,p}$	—	Vermehrungsfaktor der letzten Aufbaustufe	132
k^0_{eff}	(38.14)	effektiver Vermehrungsfaktor bei der Temperatur T_0	338
k_∞	(11.10)	Vermehrungsfaktor	64
k'_∞	(11.12)	Vermehrungsfaktor des homogenen Reaktors	66
k^*_∞	(11.13)	Vermehrungsfaktor des heterogenen Reaktors	66
$k_{\infty\,th}$	(20.48)	Vermehrungsfaktor bei thermischer Energie	135
$\varkappa$	(9.21)	Konstante	50
$\varkappa,\ \varkappa'$	(12.43)	reziproke Diffusionslänge	81
$\varkappa,\ \varkappa_N$	(15.5), Tab. 81	Absorptionskoeffizient, Relaxationslänge	94, 305
$\varkappa_{B\,(th)}$	(26.14)	reziproke Diffusionslänge des Bremsmittels (bei thermischer Energie)	195
$\varkappa_K$	(26.11)	reziproke Diffusionslänge des Kernbrennstoffes	194
$\varkappa_{Kr}$	Tab. 37	reziproke Diffusionslänge des Kernbrennstoffes bei Resonanzenergie	203
$\varkappa_{K\,th}$	Tab. 37	reziproke Diffusionslänge des Kernbrennstoffes bei thermischer Energie	203
$\varkappa_{th}$	(18.50)	reziproke Diffusionslänge für thermische Neutronen	120
$\varkappa'_{eff}$	(20.5)	Abkürzung $(= \pm\,i\,B_m)$	127
$\varkappa_\gamma,\ \varkappa$	Tab. 79	Absorptionskoeffizient (für γ-Strahlen)	303
$\widetilde{\varkappa},\ \widetilde{\varkappa}_i$	(34.14)	Energieabsorptionskoeffizient (γ-Strahlen) (i-ter Stoff)	308
$\overline{\widetilde{\varkappa}}$	(34.14)	Mittelwert von $\widetilde{\varkappa}\,(E)$	308

Verzeichnis der Symbole

Symbol	Formel	Bedeutung	Seite
Q_{Fr}	(25.1)	Fremdquelle	177
Q_F, Q_P	(18.58)	Flächen bzw. -Punktquellverteilung	121
Q_i	(22.54)	Quellstärke für die gesamte Vermehrung der Neutronen der i-ten Gruppe	152
$\bar{Q}_i$	(22.55)	Quellstärke für die Vermehrung der Neutronen der i-ten Gruppe durch Kernreaktionen	152
Q_{mn}, Q_{li}	(15.36), (20.33)	Entwicklungskoeffizient	96, 132
Q_s	(20.22), (22.10)	Quellstärke für schnelle Neutronen	129, 145
Q_{th}	(18.47), (22.12)	Quellstärke für thermische Neutronen	119, 145
$\bar{Q}_s$	(22.47)	Quellstärke für die Vermehrung schneller Neutronen	151
Q_s^0	(22.50)	Quellstärke einer Punktquelle schneller Neutronen	151
Q, Q_0	(12.9)	Quellstärke	76, 90
q	(8.7)	Bremsdichte	40
q	(32.9)	Wärmestromdichte	274
q_B	(26.8)	Bremsdichte im Bremsmittel	194
q_K	—	Bremsdichte im Kernbrennstoff	194
q_H, $(\tilde{q}_H)$	(9.18)	Bremsdichte für Wasserstoff (bei Absorption)	49
$\tilde{q}_{S2}$	(9.20)	Bremsdichte für ein schweres Bremsmittel, langsame Neutronengruppe bei Absorption	50
q_i	(20.34), (22.60)	Bremsdichte der i-ten Aufbaustufe bzw. der i-ten Gruppe	133, 152
q_l	—	Bremsdichte der l-ten Neutronenart	187
q_{as}	(7.38)	asymptotische Bremsdichte	37
$\tilde{q}$, $\tilde{q}_{as}$	(9.3)	asymtotische Bremsdichte bei Absorption	47
R	(2.10), (11.7)	Gaskonstante, Radius, Isotopenverhältnis, Zellenradius	6, 63, 193
R	(26.4)	Symbol für den Reaktor	192
R', R	(20.9a)	wahrer bzw. effektiver Radius	127
$\tilde{R}$	Abb. 31	Abstand zwischen zwei Brennstoffelementen	193
R_{Al}, R_{H_2O}	Tab. 78	Teilchenreichweiten	301
Re	(32.22)	Reynoldszahl	276
Re^*	(32.23)	kritische Reynoldszahl	277
R_g	(35.4)	Gefahrenbereich	319
R_{kr}	(26.71)	kritischer Radius	209
R_0	(20.18)	kritischer (effektiver) Radius des günstigsten Zylinderreaktors	129
R_0'	(20.20)	kritischer (wahrer) Radius des günstigsten Zylinderreaktors	129
R_1, R_2	Abb. 58	Radien des Wärmeaustauschers	289
r	(7.13)	Koordinate, Massenbruch	4, 33
r	—	weist als Index auf Resonanzneutronen hin	—
r	(35.1)	Röntgeneinheit	313
r_P	—	Abstand des Atomantriebsaggregats von den Passagieren	427
r_{Filter}	(35.5)	Filterdicke	320
r_{Luft}	(35.5)	Abstand eines radioaktiven Präparates vom Zählrohr in Luft	320
$\overline{r_B^2}$	—	mittleres Abstandsquadrat (Bremsort — schnelle Quelle)	123
r_k	(8.27)	Massenbruch der k-ten Komponente einer Mischung	45
r_0	—	Reichweite der Kernkräfte	4
$\overline{r^2}$, $\overline{r_0^2}$	(16.2)	mittleres Abstandsquadrat; Absorptionsort — thermische Quelle	101
rbe	(35.2)	biologisches Röntgenäquivalent	314
rem	(35.2)	menschliches Röntgenäquivalent	314
rep	(35.2)	physikalisches Röntgenäquivalent	314
$\mathfrak{r}_P$	(14.1)	Ort eines Randpunktes	87
$\mathfrak{r}_R$	(21.1)	Punktorte der effektiven Reaktorbegrenzungsflächen	137

Symbol	Formel	Bedeutung	Seite
$\Sigma^K_{A\,eff\,r}$	(26.53)	makroskopischer effektiver (Gesamt-) Absorptionsquerschnitt des Brennstoffes für Resonanzneutronen	201
$\Sigma^{überhaupt}_A$	(11.10)	makroskopischer Absorptionsquerschnitt (alle Kernarten), ohne Spaltung	64
$\Sigma^{überhaupt}_{A\,ges\,th}$	(11.9)	gesamter makroskopischer Absorptionsquerschnitt (alle Kernarten, einschl. Spaltung) für thermische Neutronen	
$\Sigma_{A\,ges\,th}$			64
$\Sigma^K_{Sp\,schnell}$, $\Sigma^K_{Sp\,s}$	(11.8)	makroskopischer Spaltquerschnitt für schnelle Neutronen	63
Σ_{Sp}, Σ^K_{Sp}	(11.2)	makroskopischer Spaltquerschnitt (Index K weist auf Kernbrennstoff hin)	62
$\Sigma^K_{Sp\,th}$	(11.8)	makroskopischer thermischer Spaltquerschnitt	63
$\Sigma^K_{Sp\,s}$	(11.11)	makroskopischer Spaltquerschnitt für schnelle Neutronen	64
Σ_i	(22.36)	Bremsquerschnitt der i-ten Neutronengruppe	148
Σ_s	(22.3)	Bremsquerschnitt	144
Σ_t	—	makroskopischer Transportquerschnitt	104
$\Sigma^\dagger_s$	(23.38)	makroskopischer Bremsquerschnitt des Reflektors	159
Σ''_{Ss}	(26.61)	makroskopischer Querschnitt der unelastischen Streuung (schnelle Neutronen)	205
σ	(4.1)	mikroskopischer Wirkungsquerschnitt	12
σ_A	(11.4)	mikroskopischer Absorptionsquerschnitt	63
σ_E	(5.5)	mikroskopischer Einfangquerschnitt	19
σ_S	(7.33)	mikroskopischer Streuquerschnitt	36
σ_V	(36.2)	effektiver Vergiftungsquerschnitt	321
σ_{AJ}, σ_{AXe}	(36.9), (36.12)	Absorptionsquerschnitte (Jod, Xenon, Samarium usw.)	324
σ_{Akt}, Σ_{Akt}	(46.21)	Aktivierungsquerschnitt, vgl. auch Tab. 68.	270, 413
$\sigma_{A\,eff}$	(10.6)	effektiver Absorptionsquerschnitt	55
σ_{Sk}	(8.28)	mikroskopischer Streuquerschnitt der k-ten Komponente einer Mischung	45
σ_{Res}	(4.27)	Resonanzquerschnitt	15
σ_{Sp}, σ^K_{Sp}	(11.4)	mikroskopischer Spaltquerschnitt	63
$\sigma_{A\,ges}$, $\sigma^K_{A\,ges}$	Tab. 9	$\sigma_A + \sigma_{Sp}$ (Gesamtabsorption)	28
$\sigma_{A\,eff\,B}$, σ^B_{Aeff}	(10.15)	effektiver Absorptionsquerschnitt, der sich nur auf das Bremsmittel bezieht	58
$\sigma_{Compton}$	Tab. 79	Wirkungsquerschnitt des COMPTON-Effektes	303
σ_{Paar}	Tab. 79	Wirkungsquerschnitt für Paarbildung	303
$\sigma_{Photoeffekt}$	Tab. 79	Wirkungsquerschnitt des Photoeffektes	303
σ'_S, $\sigma_{(n.\,n)}$	Tab. 38 u. 80	mikroskopischer Querschnitt der unelastischen Streuung	204, 304
σ''_S	Tab. 38	mikroskopischer Querschnitt der elastischen Streuung	204
$\sigma^{(K)}$, σ_{total}	(27.28), Tab. 105	totaler Wirkungsquerschnitt (Absorption + Spaltung + Streuung) (des Kernbrennstoffes)	218, 359
σ'^K_S	(27.28)	Wirkungsquerschnitt der unelastischen Streuung für den Kernbrennstoff	218
σ^B_A, Σ^B_A	(20.51)	Absorptionsquerschnitt des Bremsmittels	136
σ^F_A, Σ^F_A	Tab. 28	Absorptionsquerschnitt von Fremdstoffen	141
σ^F_S	Tab. 28	mikroskopischer Streuquerschnitt von Fremdstoffen	141
σ^B_S	(20.52)	mikroskopischer Streuquerschnitt des Bremsmittels	136
σ^{Ki}_{Sp}	(20.51)	mikroskopischer Spaltquerschnitt von reinen Brennstoffen	136
σ^K_S, σ^{Ki}_S	(20.52)	mikroskopischer Streuquerschnitt von reinen Brennstoffen	136

Symbol	Formel	Bedeutung	Seite
T_s	(33.14b)	Mittelwert der Kühlmitteltemperatur	291
t	(3.2)	Zeit	8
t_D	(40.17)	Verdopplungszeit (Brütreaktor)	366
t_E	(36.6)	Erneuerungszeit (des Kernbrennstoffes)	322
t_K	—	Dauer eines Neutronenschauers	366
t_L	(47.2)	Lebensdauer eines Reaktors	421
th	—	(als Index) zeigt die thermische Neutronengruppe (Energie) an	25
$t^{(\prime)}$	Abb. 27	effektive (wahre) Dicke eines Plattenreflektors	154
t_0	(37.1)	Betriebsdauer (Brennstoff)	330
t_1	(35.10)	Passagezeit einer radioaktiven Wolke	320
$\hat{t}_1$	(37.1)	Lagerungszeit bestrahlten Brennstoffs	330
t_{Xe}	Tab. 92	Zeit, zu der das Maximum der Xe-Vergiftung auftritt	323
$\tau_{rad.\ Zerfall}$	(3.2)	Halbwertszeit radioaktiver Kerne	8
τ	(18.10)	Fermi-Alter	114
$\overline{\tau}$	(25.39)	Fermi-Alter bei Berücksichtigung des Spektrums der Spaltneutronen	185
$\overline{\tau}$	(25.39), (40.6)	Mittelwert des Fermi-Alters	185, 362
τ_B	—	Fermi-Alter des Bremsmittels	136
τ_J	(36.9)	Halbwertszeit des Jod	324
τ_R	(36.24)	Reaktorhalbwertszeit (eines bestrahlten Kernes)	327
τ_{Pm}	(36.22)	Halbwertszeit des Promethiums	326
τ_{Xe}	(36.12)	Halbwertszeit des Xenon	324
$\tau_{B\,th}$	(27.28)	Fermi-Alter thermischer Neutronen im Bremsmittel	218
τ_{Sp}	(20.45)	Spaltzeit	134
$\tau_{Graphit}$	—	Fermi-Alter des Graphit	212
$\tau_{Reaktor}$	—	Fermi-Alter des ganzen Reaktors	212
$\tau_{Refl.}$	Tab. 109	Fermi-Alter des Reflektors	376
$\tau_{Bremsung}$	(9.40)	Bremszeit	53
τ_{Leben}	(9.41)	mittlere Lebenszeit eines Neutrons	53
τ_{Sp}^{*}	(27.15)	Spaltzeit in einem heterogenen Reaktor	216
τ_{Sp}'	—	Spaltzeit in einem homogenen Reaktor	216
$\tau_{Sp}^{(+l)}$	(24.19b)	Spaltzeit zur l-ten Eigenfunktion gehörend	164
τ_{th}^{R}	(27.28)	Fermi-Alter thermischer Neutronen im Reaktor	218
$\tau_{Th\,233}$	(30.5) (46.15)	Halbwertszeit des Th 233	262, 412
$\tau_{Pa\,233}$	(46.16)	Halbwertszeit des Pa 233	412
τ_i	Tab. 6	Halbwertszeiten der Neutronenstrahler der Art i (in Tab. 31 jedoch Fermi-Alter der i-ten Neutronengruppe)	25, 150
τ_{rad}	Tab. 49	Halbwertszeit (radioaktiver Zerfall)	249
$\tau_{th}^{\dagger}$	(23.27)	Fermi-Alter thermischer Neutronen im Reflektor	159
τ_{th}	(18.46)	Fermi-Alter thermischer Neutronen	119
τ_0	Tab. 7	Halbwertszeit gegen Spontanspaltung	27
$d\tau_P$	—	Volumelement	83
$d\tau_{Vol}$	(18.45)	Volumelement (zur Unterscheidung vom Fermi-Alter)	118
$d\tau,\ d\tau^{*}$	(22.49)	Volumelement	151
$\vartheta,\ \widetilde{\vartheta},\ \vartheta'$	(7.15), (12.11)	Streuwinkel im Laborsystem; Winkelkoordinate	33, 76
$\overline{\vartheta}$	(7.11)	Streuwinkel im Schwerpunktssystem	32
$U_m,\ U_l(t)$	(24.8)	zeitabhängige Eigenfunktionen	163
u	(7.35)	Neutronenlethargie	37
u	(48.1)	Endgeschwindigkeit einer Rakete	425
u_E	(48.6)	parabolische Fluchtgeschwindigkeit zum Verlassen der Erde	426

Symbol	Formel	Bedeutung	Seite
$\mathfrak{w}^{(\prime)}$	(7.1)	Geschwindigkeitsvektor des Kerns vor (nach) dem Stoß im Laborsystem	30
$\overline{\mathfrak{w}}'$	(7.6)	Geschwindigkeitsvektor des Kerns vor (nach) dem Stoß im Schwerpunktsystem	32
X/Y	(17.24)	Cadmiumverhältnis.........................	110
x	(4.8), (30.3)	Koordinate; Konzentration	13
x_P	(14.1)	x-Koordinate eines Randpunktes	87
$\hat{x}$	(34.16)	Ort der Maximaltemperatur	308
x_0	(48.5)	notwendige Dicke des Schutzschildes von Antriebsreaktoren......................	426
x_1, x_2	(34.13)	Dicke eines Strahlungsschutzschildes (1. bzw. 2. Näherung)	307
x^{232}, x^{233}	(30.5)	Th-Konzentration.........................	262
ξ	(7.29)	mittlere logarithmische Bremsung	36
$\bar{\xi}$	(8.27)	Mittelwert der mittleren logarithmischen Bremsung für eine Mischung	45
ξ_B	—	mittlere logarithmische Bremsung im Bremsmittel	190
ξ_K	—	mittlere logarithmische Bremsung im Kernbrennstoff...............................	190
ξ_{He}	Tab. 74	ξ von Helium	287
ξ_{Luft}	Tab. 74	ξ von Luft	287
ξ_k	(8.28)	mittlere logarithmische Bremsung der k-ten Komponente einer Mischung	45
Y_p	—	NEUMANNsche Funktion der Ordnung p	100
y	—	Koordinate	
y_P	(14.1)	y-Koordinate eines Randpunktes	87
y^{233}	(46.16)	Pa-Konzentration	412
$\overline{y}^{233}$	(46.20)	Sättigungskonzentration des Pa 233.........	413
Z	(2.1)	Ordnungszahl.............................	4
Z_p	(15.64)	Zylinderfunktion der Ordnung p	100
$Z_{p\,mod}$	(29.10)	modifizierte Zylinderfunktion der Ordnung p	239
z	—	Koordinate	
z, z'	Tab. 26	Brennstoff-Bremsmittel-Mischungsverhältnis .	134
$\hat{z}$	(32.38)	Ort der größten Oberflächentemperatur des Brennstoffelementes	280
z_P	(14.1)	z-Koordinate eines Randpunktes	87
z^{233}	(46.17)	U-Konzentration	412
$\bar{z}^{233}$	(46.20)	Sättigungskonzentration des U 233	413
ζ	(2.4)	Umrechnungsfaktor	5
ζ_i	(20.33)	Proportionalitätsfaktor	132

Mathematische Zeichen und restliche griechische Buchstaben

ψ_1, ψ_2	Winkel, vgl. (34.20)	310
Λ	LAPLACE-Konstante (Reaktorkonstante)	130
$\Delta, \Delta_{\hat{s}}$	LAPLACE-Operator, vgl. (27.9)........................	213

$\left.\begin{array}{l}\nabla \\ \text{grad}\end{array}\right\}$ vektorieller Differentialoperator, angewandt auf einen Skalar

div   Differentiation $\displaystyle\sum_k \frac{\partial A_k}{\partial x_k}$ eines Vektors mit den Komponenten A_k

rot   vektorieller Differentialoperator (bei vektorieller Multiplikation mit einem Vektor)

$\sim$ proportional

$\approx$ angenähert gleich

—   Mittelwerte (energetisch oder räumlich)

$\wedge$ Maximalwerte

$_0$ Anfangswerte

I. Kernphysikalische Grundlagen

§ 1. Der Aufbau der Materie

Moleküle, Mol, LOSCHMIDTsche Zahl, Atome, Atomkern, Energieeinheiten und Umrechnungsformeln.

Um zu einem tieferen Verständnis der in einem Kernreaktor stattfindenden Vorgänge zu gelangen, ist es notwendig, sich mit gewissen Grundtatsachen der Atomphysik vertraut zu machen. Der Fachphysiker, dem nicht nur diese Tatsachen, sondern auch die Methoden, die zu ihrer Erforschung dienten, gut bekannt sind, wird die ersten Paragraphen überschlagen können; für den Nichtphysiker, der weniger an den Methoden als an den Resultaten interessiert ist, wollen wir die für die folgenden Abschnitte wichtigen Ergebnisse kurz zusammenstellen.

Unter einem *Mol* versteht man diejenige Menge von Materie, die so viel Gramm wiegt, wie das Molekulargewicht des betreffenden Stoffes angibt; 32 g Sauerstoff bilden also ein Mol. Ein Mol eines Stoffes enthält demnach immer die gleiche Anzahl von Molekülen. Diese Zahl ist für alle Substanzen gleich und heißt die LOSCHMIDTsche (oder AVOGADROsche Zahl):

$$N_L = 6{,}023 \cdot 10^{23} \quad [\text{Teilchen}] \tag{1.1}$$

Da ein Mol eines idealen Gases bei 0° C und 1 at Druck den Raum von 22,415 l einnimmt, kann man leicht ausrechnen, daß in 1 cm³ Gas $2{,}7 \cdot 10^{19}$ Moleküle enthalten sind. Da Mol/N_L die Masse des einzelnen Moleküls (in Gramm) ist, folgt für die Dichte ϱ

$$\varrho = \frac{N \cdot Mol}{N_L} \quad [\text{g cm}^{-3}]$$

und daraus

$$\boxed{N = \frac{\varrho \cdot 6{,}023 \cdot 10^{23}}{Mol}} \quad \begin{array}{l} \text{Atome oder Moleküle} \\ \text{pro cm}^3 \end{array} \tag{1.2}$$

Die Atome bestehen bekanntlich aus einem positiv geladenen *Atomkern*, der von den negativ geladenen Elektronen umkreist wird. Die Anzahl Z der positiven Ladungseinheiten im Kern (identisch mit der sogenannten Ordnungszahl im periodischen System der Elemente) ist gleich der Anzahl der Elektronen. Als natürliche Ladungseinheit tritt immer die *elektrische Elementarladung*

$$e = 4{,}802 \cdot 10^{-10} \ [\text{cm}^{3/2} \, \text{g}^{1/2}\text{s}^{-1}] = 1{,}602 \cdot 10^{-19} \ [\text{Coulomb}] \tag{1.3}$$

auf. In der Elektronenhülle spielen sich die chemischen und optischen Vorgänge ab: durch Sprünge der Elektronen zwischen sogenannten Quantenbahnen werden Wärmestrahlung, Licht, Ultraviolettstrahlung und, bei Sprüngen auf Bahnen in Kernnähe, auch Röntgenstrahlen erzeugt. Die hierbei und bei chemischen

Prozessen vor sich gehenden Energieumsetzungen sind, kernphysikalisch gesehen, sehr gering; sie liegen im Bereich von einigen eV (s. Tab. 1).

Tabelle 1. *Energieumsätze in der Elektronenhülle (bezüglich m vgl. (1.13))*

Vorgang	Wellenlänge [cm]	Energie E [eV]	m [g]
Wärmestrahlung................	10^{-4}	1,24	$0,221 \cdot 10^{-32}$
Licht	$5 \cdot 10^{-5}$	2,48	$0,442 \cdot 10^{-32}$
Ultraviolettstrahlung............	10^{-5}	12,4	$2,21 \cdot 10^{-32}$
Weiche Röntgenstrahlung	10^{-6}	124	$2,21 \cdot 10^{-31}$
Harte Röntgenstrahlung	10^{-8}	12400	$2,21 \cdot 10^{-29}$
Gammastrahlung (Atomkern)	10^{-10}	1,24 MeV	$2,21 \cdot 10^{-27}$
Chemische Umsetzungen	—	≈ 25	$4,45 \cdot 10^{-32}$

Unter einem Elektron-Volt (eV) versteht man diejenige Energiemenge, die einem Elektron beim Durchlaufen einer Potentialdifferenz von 1 Volt zugeführt wird. Es gilt die Umrechnung:

$$1 \text{ eV} = 1{,}602 \cdot 10^{-12} \text{ erg} = 3{,}827 \cdot 10^{-20} \text{ cal} = 4{,}450 \cdot 10^{-26} \text{ kWh}$$
$$1 \text{ eV} \cdot N_L = 9{,}65 \cdot 10^{11} \text{ erg} = 2{,}31 \cdot 10^4 \text{ cal} = 2{,}68 \cdot 10^{-2} \text{ kWh} \tag{1.4}$$

Für *Wellenstrahlung* kann man die Energie aus der Wellenlänge berechnen:

$$E = hc/\lambda \quad [\text{erg}] \tag{1.5}$$

wo $c = 3 \cdot 10^{10}$ cm/sec (Lichtgeschwindigkeit) und h die PLANCKsche Wirkungskonstante

$$h = 6{,}624 \cdot 10^{-27} \quad [\text{erg s}] \tag{1.6}$$

Für *Teilchen* gilt (im hier durchwegs betrachteten nichtrelativistischen Bereich)

$$E = \frac{1}{2} m v^2 = \frac{3}{2} k T = \frac{1}{2} \frac{h^2}{m \lambda^2_B} \tag{1.7}$$

wo T die absolute Temperatur ist und k die BOLTZMANNsche Konstante:

$$k = 1{,}38 \cdot 10^{-16} \quad [\text{erg}/^\circ \text{K}] = 8{,}61 \cdot 10^{-5} \quad [\text{eV}/^\circ \text{K}] \tag{1.8}$$

λ_B ist die dem Teilchen in der Quantentheorie zugeordnete DE BROGLIE-Wellenlänge, die bei Beugungsversuchen mit diesen Teilchen maßgeblich ist (s. Tab. 2).

Tabelle 2. *Teilchenenergien für $m = 1{,}67 \cdot 10^{-24}$ g (Proton bzw. Neutron) gemäß* (1.9) (1.10) (1.11) (1.12)

Teilchen	E [eV]	v [m s^{-1}]	T [$^\circ$ K]	λ_B [cm]	E/c^2 [g]
Thermische	0,01	1383	116	$2,87 \cdot 10^{-8}$	$1,78 \cdot 10^{-35}$
Neutronen	$0,026_3$	2200	298 (25° C)	$1,80 \cdot 10^{-8}$	$4,45 \cdot 10^{-35}$
	0,1	4370	1160	$0,90 \cdot 10^{-8}$	$1,78 \cdot 10^{-34}$
	1	$1,38 \cdot 10^4$	$1,16 \cdot 10^4$	$2,87 \cdot 10^{-9}$	$1,78 \cdot 10^{-33}$
Epithermische	10	$4,37 \cdot 10^4$	$1,16 \cdot 10^5$	$0,90 \cdot 10^{-9}$	$1,78 \cdot 10^{-32}$
(intermediäre)	10^2	$1,38 \cdot 10^5$	$1,16 \cdot 10^6$	$2,87 \cdot 10^{-10}$	$1,78 \cdot 10^{-31}$
Neutronen	10^3	$4,37 \cdot 10^5$	$1,16 \cdot 10^7$	$0,90 \cdot 10^{-10}$	$1,78 \cdot 10^{-30}$
	10^4	$1,38 \cdot 10^6$	$1,16 \cdot 10^8$	$2,87 \cdot 10^{-11}$	$1,78 \cdot 10^{-29}$
Schnelle					
Neutronen	10^5	$4,37 \cdot 10^6$	$1,16 \cdot 10^9$	$0,90 \cdot 10^{-11}$	$1,78 \cdot 10^{-28}$
Spaltneutronen ..	1 MeV	$1,38 \cdot 10^7$	$1,16 \cdot 10^{10}$	$2,87 \cdot 10^{-12}$	$1,78 \cdot 10^{-27}$
Radioaktivität ...	10 MeV	$4,37 \cdot 10^7$	$1,16 \cdot 10^{11}$	$0,90 \cdot 10^{-12}$	$1,78 \cdot 10^{-26}$
Kernspaltung	100 MeV	$1,38 \cdot 10^8$	$1,16 \cdot 10^{12}$	$2,87 \cdot 10^{-13}$	$1,78 \cdot 10^{-25}$
Neutronruhmasse	938 MeV	—	—	—	$1,67 \cdot 10^{-24}$

Für Neutronen (s. § 2) ergeben sich aus (1.7) die bequemeren Formeln

$$\boxed{v = 1{,}3832 \cdot 10^{-4}\ \sqrt{E}} \qquad [\text{m s}^{-1}], \quad E\ [\text{eV}] \tag{1.9}$$

$$\lambda_B = \frac{2{,}8696 \cdot 10^{-9}}{\sqrt{E}} \qquad [\text{cm}] \tag{1.10}$$

Die DE BROGLIE-Wellenlänge thermischer Neutronen ist also von der Größenordnung des Atomdurchmessers.

Wenn man nicht wie in (1.7) E als mittlere kinetische Energie $\left(\dfrac{m\,v^2}{2}\right)$, sondern im Sinne der MAXWELL-BOLTZMANNschen Geschwindigkeitsverteilung (4.34) als Energie der wahrscheinlichsten Geschwindigkeit $\left(\dfrac{2}{3}\cdot\dfrac{m\,v^2}{2}\right)$ auffaßt, dann gilt:

$$\boxed{E' = kT = 8{,}61 \cdot 10^{-5} \cdot T} \qquad [\text{eV}] \tag{1.11}$$

$$\boxed{v = 1{,}28 \cdot 10^2\ \sqrt{T}} \qquad [\text{m s}^{-1}] \tag{1.12}$$

Nach EINSTEIN ist jede Masse m einem Energiebetrag E äquivalent gemäß

$$m = E/c^2; \quad m\ [\text{g}] = 0{,}178 \cdot 10^{-32}\, E\ [\text{eV}]; \quad \boxed{E = mc^2} \tag{1.13}$$

Energie hat also Masse und Gewicht; Masse ist wiederum nichts anderes als konzentrierte Energie. Bei allen Vorgängen in der Atomhülle sind, wie Tab. 1 zeigt, die durch Energieumsätze eintretenden Massenveränderungen vernachlässigbar klein — bei kernphysikalischen Energieumsätzen erreichen sie jedoch erhebliche Werte (vgl. Tab. 2). Bei 100 MeV wird bereits ein Zehntel der Ruhmasse des Neutrons überschritten, so daß man eigentlich schon mit relativistischen Formeln rechnen müßte*.

Bei Kernprozessen kann man also pro Einzelprozeß erheblich mehr Energie gewinnen als bei chemischen Prozessen. Der physikalische Grund dafür ist, daß die Bindungsenergie der Kernteilchen untereinander viel größer ist als die Bindungsenergie der Hüllenelektronen (COULOMBpotential zwischen Kern und Elektron).

Übungsbeispiele

1 a) Unter Verwendung einer Atomgewichtstabelle berechne man, wieviel g ein Mol D_2O, He_2, C, B enthält.

1 b) Der Raum $V = 100\ \text{m}^3$ über einem Reaktortank sei von Stickstoff (N_2) der Temperatur 20° C und vom Druck 0,9 at erfüllt. Man berechne unter Heranziehung der allgemeinen Zustandsgleichung eines idealen Gases $pV = MRT/m$, wo m das Molekulargewicht [g] und $R = 0{,}082$ [lit at/° K] sind, die eingefüllte Menge M [g], die Dichte M/V und die Anzahl der in 1 cm³ enthaltenen Stickstoff*atome*.

---

* Solange die in Frage kommenden Energien 1/10 der Ruhmasse des betreffenden Teilchens nicht erreichen, beträgt der Fehler, der durch die Verwendung klassischer Formeln entsteht, nur wenige % (vgl. Übungsbeispiel 1 h).

1 c) Graphit hat die Dichte 1,65 [g cm^{-3}], Beryllium 1,85, Uranmetall 18,68, Bor 2,34, Cadmium 8,65, Schweres Wasser 1,108, gewöhnliches Wasser 1. Wieviele Atomkerne enthalten diese Stoffe pro cm^3?

1 d) Man berechne das Gewicht eines H_2-Moleküls und eines H-Atoms!

1 e) Wenn 1% aller Atome in einem Mol eines Elementes a) chemisch, b) kernphysikalisch reagieren mit einer Energiefreigabe von 1,5 eV bzw. 150 MeV pro Einzelprozeß, welche Energiemenge [kWh] wird insgesamt gewonnen?

1 f) Welche Energie [eV] hat die Röntgenstrahlung von $24,2 \cdot 10^{-11}$ cm (sogenannte Comptonwellenlänge des Elektrons)?

1 g) Welche Energie [eV] repräsentiert nach der EINSTEINschen Formel die Masse $9,11 \cdot 10^{-28}$ g des ruhenden Elektrons?

1 h) Die Masse eines mit der Geschwindigkeit v bewegten Teilchens ist nach der Relativitätstheorie gegeben durch $m\,(v) = m_0/\sqrt{1 - v^2/c^2}$. Diese Formel umfaßt auch die Masse der Bewegungsenergie. Man berechne für ein Proton mit der Geschwindigkeit 10^4, 10^6, 10^7, 10^8, 10^9 [cm s^{-1}] die Masse nach der relativistischen Formel und vergleiche mit der klassischen Ruhmasse $m_0 = 1,672 \cdot 10^{-24}$ g. Man gebe den prozentuellen Fehler an, der durch Vernachlässigung der Masse der kinetischen Energie entsteht.

1 i) Welche Temperatur haben die Teilchen, die mit einer Energie von 4000 eV eine Kernreaktion hervorrufen?

1 j) Man berechne die Energie [kWh] der elektromagnetischen Strahlung mit der Wellenlänge $\lambda = 5,89 \cdot 10^{-5}$ cm (gelbe Natriumlinie).

1 k) Der Radius der kleinsten Quantenbahn im Wasserstoffatom ist $5 \cdot 10^{-9}$ cm. Man berechne die Coulombenergie [eV] zwischen Kern ($Z = 1$) und Elektron.

1 l) Zwei Kernteilchen (Nukleonen) mögen sich im Abstand $r_0' = r = 1,4 \cdot 10^{-13}$ cm befinden. Die potentielle Energie zwischen ihnen sei durch das Gesetz $g^2 \cdot \dfrac{e^{-r\,r_0}}{r}$ gegeben, wo $g = 1,8 \cdot 10^{-9}$ [cm$^{3/2}$ g$^{1/2}$ s^{-1}]. Um wievielmal ist diese potentielle Energie größer als die Coulombenergie in derselben Entfernung?

1 m) Welche Spannung [V] muß man an eine Röntgenröhre anlegen, damit die beschleunigten Elektronen beim Auftreffen auf die Antikathode Röntgenstrahlen von der Wellenlänge 10^{-8} [cm] erzeugen?

§ 2. Der Bau des Atomkerns

Bau des Atomkerns, Bindungsenergie und Massendefekt, Isotope, Energieeinheiten.

Die Atomkerne sind aus *Protonen*, positiv geladenen Teilchen mit der Masse $m_P = 1,6727 \cdot 10^{-24}$ g und aus elektrisch neutralen Teilchen, den *Neutronen* (mit der Masse $m_N = 1,6749 \cdot 10^{-24}$ g) aufgebaut. Beide Teilchen faßt man unter den Namen *Nukleonen* zusammen, für deren Masse wir den Näherungswert $m = 1,67 \cdot 10^{24}$ g setzen, da für unsere Rechnungen eine größere Genauigkeit nicht erforderlich ist. Da die Nukleonen im Kern durch die *Kernkräfte* zusammengehalten werden, muß man Energie, die sogenannte *Bindungsenergie* $\bar{\varepsilon}$, aufwenden, wenn man ein Nukleon aus dem Atomkern entfernen will. Nach der EINSTEINschen Formel wird daher der Kern leichter sein als das Gesamtgewicht der in ihm enthaltenen Teilchen. Diesen Massenfehlbetrag ε/c^2 nennt man den *Massendefekt*.

Das chemische Element, das im periodischen System die Ordnungszahl Z hat, enthält Z Elektronen in der Hülle und Z Protonen im Atomkern. Da der Kern außerdem N Neutronen enthält, ist die Gesamtmasse G der in ihm enthaltenen Teilchen durch

$$\boxed{G = N m_N + Z m_P \approx M\,m} \qquad M = N + Z \qquad (2.1)$$

gegeben. Die Anzahl M der in einem Kern enthaltenen Nukleonen bezeichnet man als *Massenzahl*. N, Z und M sind ihrer Natur nach immer ganze Zahlen.

Zu jedem Z gibt es nur einen oder einige wenige Werte von N (bzw. M) für die die betreffenden Atomkerne stabil sind. Die Theorie des Atomkernes[1] liefert für die stabilen Atomkerne die bis $Z \approx 80$ gültige Näherungsformel*

$$Z = \frac{M}{1{,}98067 + 0{,}0149624\,M^{2/3}} \tag{2.2}$$

Die Erfahrung zeigt, daß tatsächlich bei vielen Elementen mehrere N-Werte möglich sind: diese Kerne gleicher Ordnungszahl aber verschiedener Neutronenzahl heißen *Isotope*. Isotope Kerne haben wegen der gleichen Ordnungszahl Z dieselben chemischen Eigenschaften, ihr Gewicht ist aber gemäß (2.1) verschieden. Hat ein Kern N und Z Werte, die in krassem Widerspruch zu (2.2) stehen, so ist der Kern instabil, er zerfällt. Man spricht dann von einem *radioaktiven Isotop* (vgl. § 3).

Theoretische Überlegungen[1] liefern für die Bindungsenergie eines Kerns die folgende halbempirische Formel

$$\varepsilon = (G - A)\,c^2 \quad [\text{erg}] \tag{2.3}$$

wobei die wirkliche Kernmasse A [g] durch die Formel von BETHE und WEIZSÄCKER

$$A\,(M,\,Z) = \zeta \left(0{,}99391\,M - 0{,}00085\,Z + 0{,}014\,M^{2/3} + {} \right.$$
$$\left. + 0{,}083\,\frac{\left(\frac{M}{2} - Z\right)^2}{M} + 0{,}000627\,\frac{Z^2}{M^{1/3}} + \delta \right) \tag{2.4}$$

gegeben ist, wobei

N gerade	N beliebig	N ungerade	
M gerade	M ungerade	M gerade	
Z gerade	Z beliebig	Z ungerade	
$\delta = -0{,}036\,M^{-3/4}$	0	$+0{,}036\,M^{-3/4}$	(2.5)

ζ ist ein Umrechnungsfaktor (s. unten). (2.4) erfaßt recht genau alle heute bekannten Meßwerte.

In der Chemie wird das Atomgewicht (das man wegen der geringen Masse der Elektronen gleich dem Kerngewicht setzen kann) in einer Einheit gemessen, die dadurch definiert ist, daß man das Atomgewicht des natürlichen Sauerstoff-Isotopen-Gemisches = 16,00000 setzt. In der Physik wird das Gewicht des Sauerstoffisotopes mit der Massenzahl 16 gleich 16,00000 gesetzt, so daß für O 16 $A = M$ gilt. Da Sauerstoff in der Natur durch drei Isotope vertreten ist, nämlich

Isotop	Anteil
O 16	99,7575%
O 17	0,0392%
O 18	0,2033%

ergibt sich der Umrechnungsfaktor (nach SMYTH[1])

$$\frac{\text{phys.}}{\text{chem.}} = 1{,}000272 \tag{2.6}$$

---

* Oberhalb $Z \approx 80$ sind *alle* Atomkerne instabil. — Bei Anwendung von (2.2) muß man immer auf die nächste ganze Zahl auf- oder abrunden.

Wir werden ausschließlich *nur* die physikalische Einheit benutzen. In dieser Einheit gemessen hat Wasserstoff das Atomgewicht 1,00813 (chemisch: 1,00785) oder absolut $1,6731 \cdot 10^{-24}$ [g]. Zieht man das Gewicht des Elektrons $9,11 \cdot 10^{-28}$ g oder $5,487 \cdot 10^{-4}$ atomare Masseneinheiten ab, so ergibt sich für den Wasserstoffkern, das Proton, 1,007580 atomare Masseneinheit oder $1,67215 \cdot 10^{-24}$ g. Eine *atomare Masseneinheit* (ME) entspricht also $1,6596 \cdot 10^{-24}$ g, d. h. $14,916 \cdot 10^{-4}$ erg oder 931,15 MeV.

Mißt man in (2.4) A in atomaren Masseneinheiten, so ist $\zeta = 1$. Will man A in Gramm, dann gilt

$$\zeta = 1,6596 \cdot 10^{-24} \quad [g] \tag{2.7}$$

Mißt man G und A in atomaren Masseneinheiten, dann gilt für die Bindungsenergie

$$\boxed{\varepsilon = 931,15 \, (G - A)} \quad [\text{MeV}] \tag{2.8}$$

und für die *Bindungsenergie $\bar{\varepsilon}$ pro Nukleon*

$$\bar{\varepsilon} = \frac{931,15}{M} (G - A) \tag{2.9}$$

Für leichte Kerne ($Z < 10$) liegt $\bar{\varepsilon}$ bei 1 bis 7 MeV, für alle anderen Kerne bei 7 bis 9 MeV.

Für den *Radius* der Atomkerne kennt man die Formel

$$R = 1,2 \cdot 10^{-13} \cdot M^{1/3} \quad [\text{cm}] \tag{2.10}$$

Übungsbeispiele

2 a) Welche stabilen Isotope können Ba ($Z = 56$), B ($Z = 5$), Ca ($Z = 20$) und Mn ($Z = 25$) nach Formel (2.2) haben?

2 b) Man berechne den Faktor (2.6) aus dem Verhältnis der Sauerstoffisotope und aus den Angaben über den Wasserstoff.

2 c) Es wurden folgende Atommassen gemessen:

O 16	Cr 52	Mo 98	Au 197	U 238
16,00000	51,956	97,943	197,04	238,12

Man berechne nach (2.4) die Massen in atomaren Einheiten und in Gramm. Wie groß ist bei diesen Kernen die Bindungsenergie pro Nukleon?

2 d) Das Element Lithium kommt in der Natur als Li 6 und Li 7 vor. Das Atomgewicht ist 6,940. Man berechne das Isotopenverhältnis.

2 e) Man berechne von $D = {}_1H^2$ (Deuteron — die links unten angeschriebene Zahl ist immer Z; die Massenzahl steht rechts oben oder neben dem chemischen Symbol). ${}_{48}Cd^{108}$, ${}_{82}Pb^{208}$, ${}_{92}U^{235}$, ${}_{98}Cf^{244}$ die Radien.

2 f) Man versuche, sich über die Form der Fläche $A\,(M, Z)$ (*Kernenergiefläche*) klar zu werden. Welche Kurven erhält man durch die Schnitte $M = \text{const}$, $Z = \text{const}$, $N = \text{const}$?

§ 3. Der radioaktive Zerfall

Alphazerfall, Betazerfall, Gammazerfall, *K*-Einfang, Reichweite, Zerfallsenergie, Halbwertszeit, Zerfallsgesetz, Aktivität in Curie, Erzeugung radioaktiver Isotope und radioaktives Gleichgewicht.

Ein Isotop, das Neutronen oder Protonenzahlen hat, die mit der Stabilitätsformel (2.2) in Widerspruch stehen, ist radioaktiv, es zerfällt nach einem ganz bestimmten, durch keinerlei Maßnahmen beeinflußbaren Gesetz.

Wenn radioaktive Kerne relativ *zuviel Protonen* enthalten, dann gibt es für den Zerfall des Kerns drei Möglichkeiten:

a) Alphazerfall (α),
b) Positronenzerfall (β^+),
c) K-Einfang.

Beim *Alphazerfall*, den sehr viele der schweren Kerne oberhalb der Ordnungszahl 80 und noch einige andere Kerne (wie z. B. $_{62}Sm^{148}$) erleiden, wird ein Heliumkern („*Alphateilchen*") mit $M = 4$, $Z = 2$ vom Kern ausgesendet. Die Masse des radioaktiven Kerns vermindert sich daher um 4, die Kernladung um 2; es ist ein neuer Kern entstanden. Der α-Zerfall beispielsweise des Radiums erfolgt nach dem Schema $_{88}Ra^{226} \to \alpha + _{86}Rn^{222}$. Die Energien, mit denen die Alphateilchen ausgeschleudert werden, betragen einige MeV. Je nach ihrer Energie haben die Alphateilchen eine bestimmte Reichweite in Luft (vgl. Tab. 3); in dichterer Materie ist diese Reichweite entsprechend kleiner.

Tabelle 3. *Energie und Reichweite der Alpha-Teilchen in Luft*

U 238	4,14 MeV	2,67 cm
Ra 226	4,88 MeV	3,39 cm
Pu 239	5,2 MeV	3,67 cm
ThC' = Po 212	8,78 MeV	8,62 cm

Die diskrete Energie bzw. die Reichweite der Alphateilchen ist ein sehr gutes Kennzeichen zur Identifizierung der natürlichen radioaktiven Kerne.

Der *Positronenzerfall* (β^+-Zerfall) tritt nur bei künstlich radioaktiven Kernen, die durch Kernreaktionen (s. § 4) erzeugt werden, auf. Er ist auf leichte und mittelschwere Kerne beschränkt, die sehr rasch zerfallen*. *Positronen* sind positiv geladene Elektronen; ihre Energie ist über ein weites Spektrum kontinuierlich verteilt. Es kann daher nur die obere Grenze des Positronenspektrums zur Charakterisierung des Kerns dienen. (Das gleiche gilt für den β^--Zerfall.)

Da sich durch die Aussendung des Positrons die Kernladungszahl um 1 erniedrigt hat, ist abermals ein neuer Kern entstanden. Die Masse des Tochterkerns ist jedoch praktisch gleich der Masse des ursprünglichen Kerns, da sich ja bloß ein Proton in ein Neutron und ein Positron (und ein Neutrino, s. unten) verwandelt hat und die ausgesandte Elektronenmasse vernachlässigt werden kann. Ein typischer β^+-Zerfall ist: $_{15}P^{30} \to e^+ + _{14}Si^{30} + \nu$.

Beim *K-Einfang* fängt der Kern ein Elektron seiner eigenen Atomhülle ein (meistens aus der sogenannten K-Quantenbahn); ein Proton vereinigt sich mit diesem Hüllenelektron zu einem Neutron; z. B. $_{26}Fe^{55} + e^- \to _{25}Mn^{55} + \nu$.

Sind im Kern *zu viele Neutronen* da, dann verwandelt sich ein Neutron in ein Elektron (*Betateilchen* β^-), ein Proton und ein *Neutrino*, ein neutrales äußerst leichtes Teilchen**. Während freie Protonen stabil sind, zeigen freie Neutronen ebenfalls diesen β^--Zerfall. Der Zerfall freier Neutronen gehorcht dem Schema $_0n^1 \to _1p^1 + _1e^{-0} + _0\nu^0$. Ein Kernreaktor erzeugt also nicht nur Neutronen, sondern auch Elektronen, Positronen, Neutrinos (und Gammastrahlen).

β-Strahlen mit einer maximalen Energie E_m [MeV] werden in Materieschichten mit einer Flächenmasse von a [g cm^{-2}] vollkommen absorbiert:

$$a = 0,542\, E_m - 0,133 \qquad E_m > 0,8\ \text{MeV} \tag{3.1}$$

---

* Sollte es diese Kerne jemals in der Natur gegeben haben, so sind sie inzwischen schon alle zerfallen. Nur die Alphastrahler mit ihren langen Zerfallszeiten und ihre Tochterprodukte findet man noch in der Natur vor.

** Die Ruhmasse ist noch nicht genau bekannt; sie ist sicher kleiner als $^1/_{50}$ der Elektronenmasse.

Neutrinos können dickste Materieschichten leicht durchdringen, spielen aber beim Betrieb des Reaktors und beim Problem des biologischen Strahlungsschutzes überhaupt keine Rolle, da sie unwirksam und biologisch ungefährlich sind.

Die durch den radioaktiven Zerfall oder durch K-Einfang entstehenden Tochterkerne bleiben meist in einem energetisch angeregten Zustand zurück. Sie senden dann die überschüssige Energie meistens innerhalb eines Zeitraumes von 10^{-15} sec in der Form von *Gammastrahlung*, d. s. elektromagnetische Wellen im Bereich von 10^{-9} bis 10^{-12} cm, aus.

An jeden Zerfallsprozeß können sich, falls ein stabiler Kern noch nicht erreicht ist, weitere Zerfallsakte anschließen, so daß ganze *Zerfallsreihen* entstehen.

Die kinetische Energie der ausgesandten Teilchen wandelt sich letzten Endes in Wärme um; 1 g Ra erzeugt beispielsweise pro Stunde 140 cal.

Alle radioaktiven Zerfallsvorgänge folgen dem gleichen Gesetz[2]

$$N\,(t) = N_o\, e^{-\frac{0{,}693}{\tau}t} \tag{3.2}$$

Von einer Anfangsmenge N_o (Gramm, Anzahl Atome) ist nach Ablauf der Zeit t nur mehr die Menge $N\,(t)$ vorhanden. Für $t = \tau$ gilt $N\,(\tau) = N_o/2$; τ ist die *Halbwertszeit*, nach deren Verstreichen von der jeweiligen Anfangsmenge nur mehr die Hälfte vorhanden ist. Die Zerfallsrate, die sogenannte *Aktivität* $-dN/dt$ erhält man durch Differenzieren von (3.2)

$$-\frac{dN}{dt} = \frac{0{,}693}{\tau}\,N \quad \text{Zerfallsakte/sec} \tag{3.3}$$

Die Anzahl der Zerfallsakte/sec kann man nun zerlegen in

$$\text{Zerfallsakte/sec} = \text{Zerfallsakte/sec, g} \cdot S\;[\text{g}]$$

wobei S [g] die bei Zerfallsbeginn vorhandene Menge des radioaktiven Stoffes sei. Nach (1.2) gilt nun auch für beliebige Volumina und beliebige Massen

$$N/N_L = S/\text{Mol} \quad \text{oder} \quad N = SN_L/\text{Mol}, \tag{3.4}$$

wenn wir nun unter N die Gesamtzahl $N_{alt} \cdot \dfrac{S}{\varrho}$ überhaupt vorhandenen Kerne und nicht mehr die Anzahl N_{alt} der Kerne/cm^3 verstehen. Für Mol kann man, da die Radioaktivität ein im Atomkern vor sich gehender Vorgang ist, immer die Masse A des zerfallenden Kerns einsetzen — auch wenn dieser Kern in eine chemische Verbindung eingebaut ist (z. B. C*H$_3$COOH). Man erhält so aus (3.3)

$$-\frac{dN}{dt} = \frac{0{,}693}{\tau}\cdot\frac{N_L S}{A} \tag{3.5}$$

Für $3{,}710 \cdot 10^{10}$ Zerfallsprozesse pro sec — entsprechend dem gemessenen Zerfall von 1 g Ra — hat sich der Name *Curie* [C] als Maßeinheit eingebürgert; es gilt daher

$$\boxed{\;-\frac{dN}{dt} = \frac{11{,}25 \cdot 10^{12}\,S}{A \cdot \tau}\;\;[\text{C}]\;} \qquad S\;[\text{g}],\; A\;[\text{g}],\; \tau\;[\text{s}] \tag{3.6}$$

oder umgekehrt

$$S\;[\text{g}] = \left(-\frac{dN}{dt}\right)[\text{C}]\,A\,\tau \cdot 8{,}889 \cdot 10^{-14} \tag{3.7}$$

Zur Berechnung von τ in sec gilt:

$$1 \text{ Jahr (a)} = 31{,}156.000 \text{ sec}$$
$$1 \text{ Monat (m)} = 30 \, d$$
$$1 \text{ Tag (d)} = 86.400 \text{ sec}$$

Wenn ein radioaktiver Kern durch den Zerfall eines ebenfalls radioaktiven Kerns entsteht oder wenn ein radioaktives Isotop durch Kernreaktionen, z. B. durch Bestrahlung in einem Kernreaktor, entsteht, dann gilt für die jeweils vorhandene Menge (Zahl der Kerne oder g)

$$\frac{dN}{dt} = P - \frac{0{,}693}{\tau} N \tag{3.8}$$

wenn pro Sekunde P neue Kerne (oder g) erzeugt werden. Durch Integration* erhält man

$$N(t) = e^{-\frac{0{,}693}{\tau} t} \int_0^t P(t') \, e^{\frac{0{,}693}{\tau} t'} \, dt' \quad [\text{Kerne oder g}] \tag{3.9}$$

Hierbei wurde angenommen, daß $N(0) = 0$ ist. Bei der Erzeugung von Isotopen im Kernreaktor ist P von der Zeit unabhängig; wir erhalten dann

$$N(t) = \frac{\tau P}{0{,}693} \left(1 - e^{-\frac{0{,}693}{\tau} t}\right) \quad [\text{Kerne oder g}] \tag{3.10}$$

Da dN/dt zwar die Änderung der Anzahl der Kerne, aber nicht mehr die Aktivität ist (es werden ja auch Kerne erzeugt), müssen wir [g] nach (3.7) umrechnen und erhalten, die Aktivität als neues Mengenmaß aufgefaßt,

$$N(t) \, [\text{C}] = \frac{N_L}{3{,}710 \cdot 10^{10}} \frac{P}{A} \left(1 - e^{-\frac{0{,}693}{\tau} t}\right); \quad P \, [\text{g s}^{-1}] \tag{3.11}$$

Für $t \ll \tau$, also für kurze Bestrahlungszeiten oder große Halbwertszeiten des erzeugten Isotops, kann man die Exponentialfunktion in eine Reihe entwickeln und diese nach den ersten zwei Gliedern abbrechen lassen; man erhält dann die Näherungsformel

$$N_o \approx P \, t \tag{3.12}$$

Bis der Zerfall des erzeugten Isotopes richtig einsetzt, wird es also nach einer linearen Funktion der Zeit angereichert.

Für $t \gg \tau$ (ab $t \approx 7 \, \tau$), also für lange Bestrahlungszeiten oder kleine Halbwertszeiten, kann man die Exponentialfunktion vernachlässigen und erhält für die Anzahl der erzeugten Kerne

$$N_\infty = \frac{\tau P}{0{,}693} \tag{3.13}$$

oder für die Aktivität

$$\boxed{N_\infty = \frac{P N_L}{3{,}71 \cdot 10^{10} A} \, [\text{C}] \quad P \, [\text{g s}^{-1}]} \tag{3.14}$$

Die größte Aktivität (*Sättigungsaktivität*) hängt also nur von der Erzeugungsrate P, d. h. der Häufigkeit der den betreffenden Kern erzeugenden Reaktion, ab.

---

* Ansatz: $N(t) = u(t) \, e^{-\frac{0{,}693}{\tau} t}$. (3.8) ist eine inhomogene Differentialgleichung 1. Ordnung, die nach Lösung der homogenen Gleichung durch Variation der Konstanten gelöst wird.

Für $P = \dfrac{0{,}693}{\tau} N$ bleibt die Menge des radioaktiven Isotops konstant. Bei einer bestimmten Häufigkeit P der Erzeugungsreaktion kann man also gewisse Isotope überhaupt nicht erzeugen. Wenn in (3.13) $P = \dfrac{0{,}693}{\tau_1} N_1$, wenn also die neuen Kerne N durch Zerfall der Kerne N_1 mit der Halbwertszeit τ_1 entstehen, dann gilt

$$\frac{N_1}{\tau_1} = \frac{N}{\tau}\,; \tag{3.15}$$

es herrscht *radioaktives Gleichgewicht* zwischen den beiden Substanzen: Durch Zerfall des Kerns N wird in der Zeiteinheit genau so viel von N_1 erzeugt, wie durch den Eigenzerfall von N_1 verschwindet.

Übungsbeispiele

3 a) Man berechne das Gewicht einer Menge von $5 \cdot 10^{-6}$ C $(= 5\,\mu$ C) P 32 (Halbwertszeit 14,3 d).

3 b) Man beweise, daß die Aktivität von 1 g Ra 1 C ist.

3 c) Welche Aktivität besitzt 1 g Co 60 (Halbwertszeit 5,3 a)?

3 d) Welche Energie [cal] wird stündlich durch die Alphastrahlen von 1 g Ra freigesetzt?

3 e) 1 g natürliches Uran erzeugt pro Sekunde 0,95 [erg], 1 g Thorium 0,27 [erg]. Die Erdkruste enthält im Durchschnitt 5 g Uran und 10 g Th pro 10^6 g. Reicht die Energieerzeugung dieser beiden Elemente aus, um den Wärmeverlust von $4 \cdot 10^{-8}$ [erg g^{-1} s^{-1}] der Erdkruste durch Ausstrahlung zu decken?

3 f) Normalluft enthält 10^{-16} [C cm^{-3}] ($10^{-4}\,\mu$C m^{-3}) radioaktive Substanzen. Welche Menge [g] muß einem m^3 Luft an radioaktivem Strontium (ein bei Atomexplosionen entstehendes Element, Sr 89, $\tau = 53$ d) hinzugefügt werden, damit die Luft die Toleranzmenge für lebendes Gewebe von 10^{-3} [μC m^{-3}] erreicht?

3 g) Für eine medizinische Behandlung seien 10 [μC] C 11 ($\tau = 20{,}4$ min) notwendig. Der Transport von der Erzeugungsstätte bis zum Behandlungsort möge 10 Stunden dauern. Wie groß muß P [g s^{-1}] nach (3.12) sein, um zu Beginn des Transportes diejenige Menge erzeugen zu können, die nach Ablauf der Transportzeit die gewünschte Aktivität besitzt?

3 h) Man beweise, daß der Fehler von (3.13) bei $t = 7\,\tau$ nur einige % beträgt.

3 i) Man beweise, daß für $t = \tau$ gerade die Hälfte der Sättigungsaktivität erreicht wird.

3 j) Man beweise, daß die Aktivität, die pro Gramm einer in den Kernreaktor eingeführten Substanzmenge R [g] erzeugt wird, gegeben ist durch

$$\boxed{\; N(t)\ [\mathrm{Cg}^{-1}] = \frac{N_L}{3{,}710 \cdot 10^{10}} \cdot \frac{P'}{A}\left(1 - e^{-\frac{0{,}693}{\tau}\,t}\right) \;} \tag{3.16}$$

(Formel für die *spezifische Aktivität*) wobei

$$P' = P/R \qquad [\mathrm{g\,g}^{-1}\,\mathrm{s}^{-1}] \tag{3.17}$$

P' hat die Bedeutung: Anzahl der in einem Gramm eingeführter Substanz pro sec erzeugten g radioaktiven Isotopes. Wie P' berechnet wird, werden wir im § 4 sehen. Welche Folgerungen ergeben sich aus den in Übungsbeispiel 3 g gewonnenen Zahlenwerten für einen Staat, der derart kurzlebige Isotope (C 11) verwenden will? (Größere R als 10^3 g und größere P' als 10^{-12} [g g^{-1} s^{-1}] sind kaum erreichbar.)

3 k) Mit einem Zählrohr kann man etwa 20 Zählungen pro Minute über dem von Spurenisotopen und der Höhenstrahlung verursachten Zähluntergrund (etwa 20 Zählungen/min bei mittelgroßen Rohren) gerade noch erfassen. Welches ist die kleinste Menge [g] von P 32 ($\tau = 14{,}3$ d), die man gerade noch nachweisen kann?

3 l) Wieviel % der Masse A eines Radiumkerns ($M = 226$) müssen in Energie verwandelt werden, um den Alphateilchen ihre Bewegungsenergie von 4,8 MeV pro Teilchen mitgeben zu können?

§ 4. Kernreaktionen

Kernreaktionen, symbolische Schreibweise, Zwischenkern, Strahlungseinfang, thermonukleare Reaktionen, Wirkungsquerschnitte, freie Weglänge, Resonanzprozesse, BREIT-WIGNER Formel, Energieabhängigkeit des Wirkungsquerschnittes.

Wenn atomare Teilchen auf Atome geschossen werden, können sie die Atome ionisieren, d. h. ein Elektron der Hülle entfernen, oder sie können mit dem Atomkern in Wechselwirkung treten. Je nachdem, ob das Teilchen im Kern steckenbleibt oder nicht, spricht man dann von *Kernreaktion* oder *Streuung*; solche Streuvorgänge besprechen wir im § 7. Wenn ein Teilchen im Kern steckenbleibt, dann bildet sich ein etwa 10^{-16} sec (oder kürzer) bestehender *Zwischenkern*, der unter Aussendung eines — oder mehrerer — Teilchen in einen anderen Kern übergeht. Manchmal kommt es vor, daß kein Zwischenkern, sondern ein angeregter Kern entsteht, der seine Anregungsenergie in der Form von kurzwelliger elektromagnetischer Strahlung abgibt; man spricht dann von einem *Strahlungseinfang*.

Für Kernreaktionen hat sich die folgende abgekürzte Schreibweise eingebürgert: (A, B). A ist das eingeschossene Teilchen, etwa ein Neutron (n), Proton (p), Alphateilchen (a), Deuteron ($d = D = {}_1H^2$), γ Quant (kurzwellige elektromagnetische Strahlung) etc., B sind das oder die emittierten Teilchen. z. B. a, $a + 2n$, $n + \gamma$, $5n$, $p + 2n$, d, p etc.

Die Kernreaktion

$$_2He^4 + {}_7N^{14} \rightarrow {}_8O^{17} + {}_1H^1 + Q$$

schreibt man also

$$N\,14\ (a,\ p)\ O\,17 + Q$$

Bei allen Kernreaktionen gelten für Z und M Erhaltungssätze. Infolge der verschiedenen Bindungsenergien des Ausgangs- und des Endkerns wird eine Energiemenge Q bei der Reaktion konsumiert oder freigesetzt; freigewordene Energie tritt z. B. als Bewegungsenergie des B-Teilchens und auch als Anregungs- oder Zerfallsenergie des Endkerns auf (*exotherme Reaktion*). Bei *endothermen Reaktionen* muß das A-Teilchen diejenige Energie mitbringen, die zum Eintritt der Reaktion nötig ist (*Schwellenenergie*). Die Energien Q liegen in der Größenordnung von einigen MeV bis etwa 20 MeV.

Reaktionen mit elektrisch geladenen Teilchen durchzuführen, hat zwei große Nachteile:

1. Positiv geladene Teilchen (p, a, d) werden vom positiv geladenen Kern abgestoßen und müssen erhebliche Energien besitzen, um diesen „*Coulombwall*" durchdringen zu können. Bei Elementen mit hoher Ordnungszahl kommt es daher nur sehr schwer zu Kernreaktionen mit geladenen Teilchen.

2. Geladene Teilchen, die durch Zyklotrons oder ähnliche Maschinen beschleunigt werden, kann man nicht in der erforderlichen Menge erzeugen — einem Strom von 1 mA* entsprechen 10^{15} Teilchen/sec — und die radioaktiven Substanzen sind noch erheblich schwächere Strahler (1 mg Ra: $3{,}7 \cdot 10^7$ Teilchen/sec).

Neutronen hingegen können durch Kernreaktoren in millionenfach größeren Mengen erzeugt werden und für sie existiert kein COULOMBwall, so daß sie die geeignetsten Geschoße zur Auslösung von Kernreaktionen darstellen.

Bei chemischen Reaktionen besitzen viele Atome oder Moleküle schon bei Zimmertemperatur die kinetische Energie von einigen eV, die zum Ingang-

---

* Ein Ionenstrom von 1 mA im Vakuum ist technisch noch beherrschbar.

bringen dieser Reaktionen notwendig ist. Durch die Reaktionswärme wird die Bewegung der reagierenden Moleküle noch erhöht; die Reaktion greift rasch um sich und erfaßt die gesamte Substanzmenge. Um jedoch Atomkernen die zum Einsetzen der Kernreaktion notwendigen Translationsenergien mitzuteilen, müßte man die Materie gemäß Tab. 2, S. 2 auf Temperaturen von etwa 10 Milliarden Grad bringen! Solche *thermonukleare Reaktionen* gehen in den Sternen und in der Wasserstoffbombe tatsächlich vor sich.

Wenn die kinetische Energie des einfallenden Teilchens 8 MeV (mittlere Bindungsenergie pro Nukleon) erreicht, dann reagiert das Teilchen nicht mehr mit dem ganzen Kern, sondern nur mehr mit einzelnen Nukleonen. Es treten dann spezielle Erscheinungen[3] auf, die für uns jedoch ohne Interesse sind, da die in Reaktoren auftretenden Neutronen praktisch alle Energien unter 5 MeV besitzen.

Die Häufigkeit von Kernreaktionen und Streuprozessen wird durch den *Wirkungsquerschnitt* gemessen[4]. Wenn F Teilchen pro cm² und sec auf eine Folie der Dicke d [cm], die pro cm³ N Kerne enthält, einfallen, dann gehen in jeder Sekunde in dieser Folie pro cm²

$$P'' = F\,N\,d\,\sigma \qquad [\text{Prozesse/sec, cm}^2] \qquad (4.1)$$

und pro cm³

$$\boxed{P''' = F\,N\,\sigma} \qquad [\text{Prozesse/sec, cm}^3] \qquad (4.2)$$

Kernprozesse vor sich. Der Proportionalitätsfaktor σ mißt die Wahrscheinlichkeit der Prozesse und heißt Wirkungsquerschnitt und hat die Dimension [cm²]; seine Größe hängt von der Teilchenenergie und von der Art des Geschoßes und des getroffenen Kerns ab. Da ein Kern vom Atomgewicht A gemäß (2.7) $A\,\zeta$ [g] wiegt, ist die Masse [g] der pro sec in cm³ einen Kernprozeß erleidenden Materie gegeben durch

$$P'''' = F\,N\,\sigma\,A\,\zeta \qquad [\text{g s}^{-1}\,\text{cm}^{-3}] \qquad (4.3)$$

Nun ist die Dichte ϱ durch

$$\varrho = N\,A\,\zeta \qquad [\text{g cm}^{-3}] \qquad (4.4)$$

gegeben, so daß

$$P'''' = F\,\sigma\,\varrho \qquad [\text{g s}^{-1}\,\text{cm}^{-3}] \qquad (4.5)$$

Die Menge der reagierenden Materie pro sec und pro g überhaupt vorhandener Materie ist dann gegeben durch

$$\boxed{P' = F\,\sigma} \qquad [\text{g s}^{-1}\,\text{g}^{-1}]\;[\text{Prozesse/sec}] \qquad (4.6)$$

Diese Größe haben wir schon in (3.16) verwendet.

Der Wirkungsschnitt σ wird in *barn* gemessen, wobei ein barn definiert ist durch 10^{-24} cm². Der sogenannte *makroskopische Wirkungsquerschnitt* Σ

$$\Sigma = N\,\sigma \qquad (4.7)$$

wird in cm⁻¹ gemessen; er gibt die Wahrscheinlichkeit dafür an, daß ein eingeschossenes Teilchen auf 1 cm Wegstrecke einen Kernprozeß hervorruft.

Wenn in einem Strahl F Teilchen pro cm² und sec vorhanden sind, dann erleiden gemäß (4.1)

$$dF = F \, \Sigma \, dx \qquad (4.8)$$

Teilchen auf der Strecke dx einen Kernprozeß (Kernreaktion oder Streuung). — dF ist dann der Verlust, den der Teilchenstrom erleidet. Die Zahl der Teilchen, die nach Durchlaufen der Strecke x *keinen* Kernprozeß erlitten haben, ist dann durch

$$F = F_0 \, e^{-\Sigma x} \qquad (4.9)$$

gegeben, wenn an der Stelle $x = 0$ F_0 Teilchen vorhanden waren. Wenn zwei Prozesse nebeneinander eintreten — etwa Streuung (Σ_S) und Strahlungseinfang (Σ_E), dann ist

$$\Sigma = \Sigma_S + \Sigma_E \qquad (4.10)$$

Es gilt dann für F_0 ursprünglich vorhandene Teilchen:

$F_0 \, e^{-\Sigma_S x} \, e^{-\Sigma_E x}$: Zahl der Teilchen, die weder gestreut noch eingefangen werden
$$(4.11)$$

$$F_0 \, e^{-\Sigma_S x}: \text{Zahl der nicht gestreuten Teilchen} \qquad (4.12)$$

$$F_0 \, e^{-\Sigma_E x}: \text{Zahl der nicht eingefangenen Teilchen} \qquad (4.13)$$

$$F_0 \, (1 - e^{-\Sigma_E x}): \text{Zahl der eingefangenen Teilchen} \qquad (4.14)$$

$$F_0 \, (1 - e^{-\Sigma_S x}): \text{Zahl der gestreuten Teilchen} \qquad (4.15)$$

$F_0 \, (1 - e^{-\Sigma_S x} - e^{-\Sigma_E x} + e^{-\Sigma_S x} \, e^{-\Sigma_E x})$: Zahl der gestreuten und dann eingefangenen Teilchen
$$(4.16)$$

$$F_0 \, (e^{-\Sigma_E x} - e^{-\Sigma_S x} \, e^{-\Sigma_E x}): \text{Zahl der *nur* gestreuten Teilchen} \qquad (4.17)$$

$$F_0 \, (e^{-\Sigma_S x} - e^{-\Sigma_S x} \, e^{-\Sigma_E x}): \text{Zahl der *nur* eingefangenen Teilchen} \qquad (4.18)$$

(vgl. Übungsbeispiel 4 f).

Wenn durch einen Kernprozeß mit dem Wirkungsquerschnitt Σ auf der Strecke x bis $x + dx$ nach (4.8) dF Teilchen betroffen werden, dann ist die relative Änderung der Zahl der noch unbetroffenen Teilchen $- \Sigma \, dx$. Der Mittelwert λ der von den Teilchen frei zurückgelegten Wege x ist dann gegeben durch [5]

$$\lambda = \frac{\int_0^{F_0} x \, dF}{\int_0^{F_0} dF} = \frac{\int_0^{\infty} x \, F_0 \, \Sigma \, e^{-\Sigma x} \, dx}{\int_0^{\infty} F_0 \, \Sigma \, e^{-\Sigma x} \, dx} = \frac{1}{\Sigma} \qquad (4.19)$$

λ hat die Bedeutung der *mittleren freien Weglänge* für den betreffenden Kernprozeß. Im Falle von (4.10) gilt natürlich

$$\lambda_S = \frac{1}{\Sigma_S} \qquad\qquad \lambda_E = \frac{1}{\Sigma_E} \qquad (4.20)$$

$$\lambda = \frac{1}{\Sigma} = \frac{1}{\Sigma_E + \Sigma_S} \neq \lambda_S + \lambda_E \qquad (4.21)$$

Wie wir schon erwähnten, hängen die Wirkungsquerschnitte von der Teilchenenergie E und von der Art des getroffenen Kerns ab. Die Theorie des Atomkerns zeigt[6], daß diese Abhängigkeit durch die folgende von BREIT und WIGNER aufgestellte Formel beschrieben wird

$$\sigma = \frac{\lambda_B^2}{4\,\pi}\;\frac{\Gamma_A\,\Gamma_B}{(E-E_r)^2+\dfrac{1}{4}\,\Gamma^2}. \tag{4.22}$$

Hierin sind Γ_A, Γ_B und Γ gewisse, die betreffende Kernreaktion und den betreffenden Kern kennzeichnende Größen, λ_B und E sind DE BROGLIE-Wellenlänge und Energie des einfallenden Teilchens (im Schwerpunktsystem, s. § 10), und E_r ist die sogenannte *Resonanzenergie*. So wie in der Atomhülle gewisse diskrete Energien auftreten (Quantenbahnen), besitzt auch der Atomkern diskrete Energiestufen, denen nach (1.10) bestimmte Wellenlängen (Frequenzen) zugeordnet sind. Diese Energiestufen liegen bei mittleren und schweren Kernen oberhalb 8 MeV sehr eng beisammen (1 eV bis etwa 40 eV Abstand); bei niederen Energien ist der Abstand dieser Energiestufen viel größer: etwa 0,1 MeV bis 1 MeV. Jede Energiestufe besitzt eine gewisse Breite Γ, die etwa 0,001 eV bis 1 eV beträgt. Gelangt ein Kern durch Anregung auf eine Energiestufe der Breite Γ, dann gilt nach der HEISENBERGschen Unsicherheitsrelation[7] für die Halbwertszeit dieses angeregten Zustandes*:

$$\tau \cdot \Gamma = 0{,}693 \cdot h/2\pi = 0{,}457 \cdot 10^{-15} \quad [\text{s eV}] \tag{4.23}$$

Die Resonanzenergie E_r ist eine Eigenschaft des Kerns; für mittlere und schwere Kerne liegt E_r zwischen 1 eV und 40 eV. Wenn das einfallende Teilchen eine Energie gleich der Resonanzenergie besitzt, dann fällt der durch den Beschuß entstehende Anregungszustand des Zwischenkerns mit einer seiner Energiestufen zusammen, und der Wirkungsquerschnitt wird nach (4.22) sehr groß (Resonanzreaktion[8]). Damit beim Beschuß eine Energiestufe des Zwischenkerns erreicht wird, muß die beim Einbau des einfallenden Teilchens frei werdende Bindungsenergie und seine kinetische Energie zusammen genau gleich einer solchen Energiestufe des Zwischenkerns sein. Die Resonanzenenergie ist also gleich der Differenz aus Energiestufe und Bindungsenergie. Da die Energiestufen der Kerne eine bestimmte Breite Γ haben, werden auch Teilchen, deren Energie nicht genau gleich der Resonanzenergie E_r ist, eine noch immer recht starke Reaktion hervorrufen. Wenn jedoch der Abstand der Energiestufen von der Größenordnung der Breiten Γ wird, dann kann man nicht mehr von Resonanzreaktionen sprechen, weil dann die Stufen zusammenfließen (*Überlappungsgebiet*).

Die Bindungsenergie eines Nukleons beträgt im Mittel 8 MeV. Wenn die kinetische Energie des einfallenden Nukleons im Bereich einiger eV liegt, dann kann es bei mittleren und schweren Kernen eine Energiestufe des Zwischenkerns leicht erreichen. Mittlere und schwere Kerne zeigen also gegenüber Neutronen von einigen eV Energie Resonanz. Bei größeren kinetischen Energien kommt das Nukleon bereits in das Überlappungsgebiet; bei kleineren kinetischen Energien wird es die nächstliegende Energiestufe des Zwischenkerns nicht mehr erreichen: in beiden Fällen tritt keine Resonanz ein.

Bei leichten Kernen ist der gegenseitige Abstand der Energiestufen in der 8 MeV-Region recht groß: kinetische Energien von 10 000 eV sind notwendig, um die nächstliegende Stufe und damit Resonanz zu erreichen.

---

* Der Faktor $0{,}693 = \ln 2$ rührt daher, daß die Unsicherheitsrelation für die sogenannte *mittlere Lebensdauer* gilt, die durch $\tau/0{,}693$ gegeben ist.

Die Abhängigkeit von λ_B^2 besagt, daß langsame Teilchen (großes λ_B) einen größeren effektiven „geometrischen" Querschnitt haben und deshalb besser treffen als schnelle. (Vgl. auch Tab. 2, S. 2.)

(4.22) gibt auch an, wie der Wirkungsquerschnitt von der Teilchenenergie abhängt. Wenn die A-Teilchen Neutronen sind, dann gilt

$$\Gamma_A \sim k \sqrt{E}, \qquad k \text{ Konstante} \qquad (4.24)$$

und mit (1.7) folgt aus (4.22)

$$\sigma = \frac{h^2 k}{8\pi m \sqrt{E}} \; \frac{\Gamma_B}{(E - E_r)^2 + \frac{1}{4}\Gamma^2} \qquad (4.25)$$

Man kann nun zeigen (s. Übungsbeispiel 4. a), daß in den Fällen

a) Γ klein, $E \ll E_r$

b) $\Gamma \gg E - E_r$

näherungsweise das $1/v$ Gesetz

$$\boxed{\; \sigma \approx \frac{\text{const}}{v} \; \text{oder} \; \frac{\text{const}}{\sqrt{T}} \; \text{oder} \; \frac{\text{const}}{\sqrt{E}} \;} \qquad (4.26)$$

gilt (exotherme Reaktion, „$1/v$-Gebiet"). Für sehr große E wird asymptotisch der geometrische Querschnitt σ_g erreicht.

Im Resonanzfall, $E \approx E_r$ gilt

$$\sigma_r \approx \frac{\text{const}}{(E - E_r)^2 + \frac{1}{4}\Gamma^2} \qquad (4.27)$$

Eine typische Resonanzkurve — (n,γ) an In oder thermische Spaltung des U 233 — ist in Abb. 1 dargestellt.

Für endotherme Reaktionen (z. B. gewisse (n, α), (n, p) Reaktionen) ist das Verhalten ein ganz anderes; es gilt[9] für geladene emittierte Teilchen, z. B. (n, p) oder (n, α) Reaktion

$$\sigma \sim \sqrt{E - E_{Schwelle}} \cdot e^{-G} \qquad (4.28)$$

— mit wachsender Energie *steigt* die Ausbeute* (s. Abb. 2).

Mit solchen Reaktionen werden wir jedoch wenig zu tun haben.

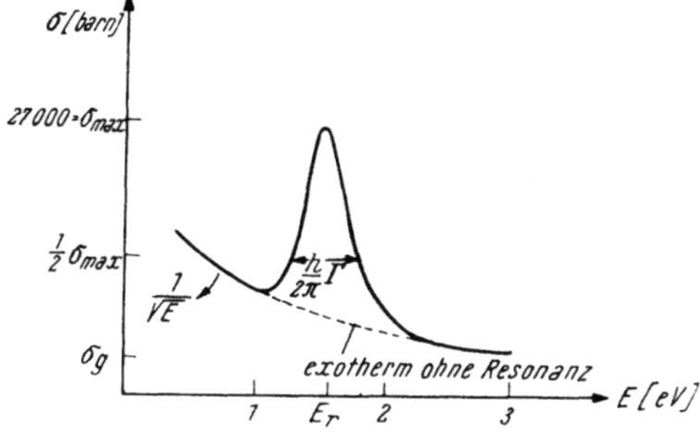

Abb. 1. Resonanz beim Indium. $\Gamma = 0{,}042$ eV, $E_r = 1{,}44$ eV

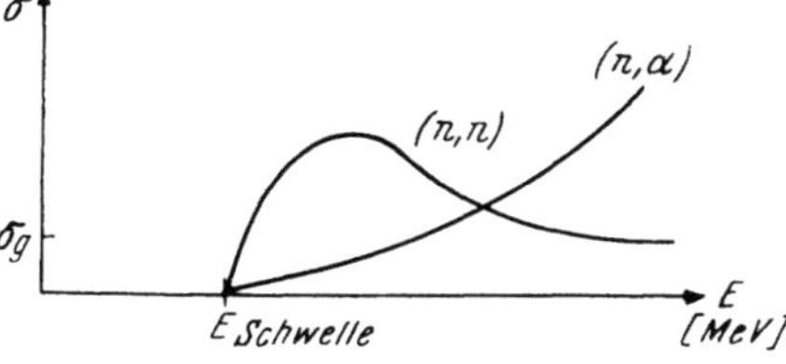

Abb. 2. Endotherme Reaktion (z. B. (n, α) und (n, n) bzw. schnelle Spaltung thermisch nicht spaltbarer Kerne)

---

* e^{-G} ist der sogenannte Coulombfaktor, der davon kommt, daß das geladene B-Teilchen mit dem Coulombpotential des Kerns in Wechselwirkung tritt. Für exotherme Reaktionen ist $e^{-G} \approx$ const. Ist das emittierte Teilchen bei einer endothermen Reaktion ungeladen (z. B. unelastische Streuung), dann ist $G = 0$.

Übungsbeispiele

4 a) Man beweise mit Hilfe von (4.25) die folgenden Näherungsformeln

$$\sigma \approx c_a/v \qquad (4.26\,\text{a})$$

$$\sigma \approx c_c/v \qquad (4.26\,\text{b})$$

Wie groß sind c_a und c_b?

4 b) Man beweise, daß σ für $E = E_r$ den Wert

$$\sigma_{max} = \frac{\text{const}}{\sqrt{E_r}} \qquad (4.29)$$

annimmt. Wie groß ist const? (Γ_B sei unabhängig von E)

4 c) Innerhalb welchen Energiebereiches ist bei einem zugelassenen Fehler von 5% (4.27) für $\dfrac{\sigma}{k\,h^2\,\Gamma_B}$ nach (4.25) gültig bei der (n, γ) Reaktion am Silber? ($\Gamma = 0{,}063$ eV, $E_r = 5{,}2$ eV).

4 d) Ein Medium bestehe aus der folgenden homogenen Mischung:

$$N_a \text{ Kerne/cm}^3 \text{ mit } \Sigma_a,\ \lambda_a,\ \varrho_a$$
$$N_b \text{ Kerne/cm}^3 \text{ mit } \Sigma_b,\ \lambda_b,\ \varrho_b$$

etc. insgesamt l verschiedene Kerne.

Man beweise die Formel (vgl. (26.72)!):

$$\boxed{\Sigma = N_1 \sigma_1 + N_2 \sigma_2 + \ldots\ldots + N_l \sigma_l} \qquad (4.30)$$

Numerisches Beispiel: Natürliches Uran: 99,2% U 238, 0,714% U 235; $\varrho = 18{,}68$, $\sigma_{238} = 2{,}80$ barn, $\sigma_{235} = 650$ barn (Absorption thermischer Neutronen).

4 e) Für eine chemische, l atomige Verbindung $A_m B_n C_p$, $l = m + n + p$, Molekulargewicht G, Dichte ϱ und den Wirkungsquerschnitten σ_A, σ_B, σ_C ist Σ zu berechnen. Numerisches Beispiel: H_2O, $\varrho = 1$, $\sigma_H = 0{,}33$b, $\sigma_O = 0{,}2$ mb (Absorption thermischer Neutronen).

4 f) Man beweise (4.11) bis (4.18)!

4 g) Berechne für den In-Kern ($M = 115$) die Fläche $R^2 \pi$ eines Größtkreises. Man berechne $R^2 \pi : \lambda_B^2 : \sigma$ für 1,44 eV Neutronen.

4 h) Wie groß müßte nach (3.16) und (4.6) der Neutronenfluß F [Neutronen cm^{-2} s^{-1}] in einem Reaktor sein, um innerhalb 1 Woche 10 mC/g Co 60 zu erzeugen? ($A \sim 60 = M$, $Z = 27$, $\tau = 5{,}3$ a, $\sigma = 30$ b für $_{27}\text{Co}^{59}$ (n, γ) $_{27}\text{Co}^{60}$).

4 i) Man berechne den Energiegewinn der exothermen Reaktion

$$_1\text{H}^2 + {}_1\text{H}^2 = {}_2\text{He}^4 \qquad \text{(d-d Reaktion)}$$

Welcher Temperatur entspricht die kinetische Energie der erzeugten α-Teilchen? Welche Energiemenge (kWh) würde frei, wenn es gelänge, alle Kerne in 1 kg Deuterium zu dieser Reaktion zu zwingen?

4 j) Man zeige an Hand der folgenden 3 Kernreaktionen, daß der Energiesatz erfüllt ist:

$$_5\text{B}^{10} + \text{d} + 17{,}5\,\text{MeV} = {}_4\text{Be}^8 + \alpha$$
$$_5\text{B}^{10} + \text{d} \qquad\quad = {}_5\text{Be}^{11} + \text{p} + 9{,}11\,\text{MeV}$$
$$_5\text{B}^{11} + \text{p} \qquad\quad = {}_4\text{Be}^8 + \alpha + 8{,}49\,\text{MeV}$$

4 k) Wenn $n\,(E)$ [Neutronen/cm^3] die *Neutronendichte* und v [cm s^{-1}] die Neutronengeschwindigkeit ist, wieso ist dann der *Neutronenfluß* φ bei der Energie E durch

$$\varphi\,(E) = n\,(E)\,v\,(E) \qquad (4.31)$$

und der *totale Neutronenfluß* F durch

$$F = \int_0^\infty n\,(E)\,v\,(E)\,dE \quad [\text{cm}^{-2}\,\text{s}^{-1}] \tag{4.32}$$

gegeben ?

(4.2) drückt die Anzahl P''' der pro cm³ und sec durch Neutronen einer bestimmten Energie hervorgerufenen Kernprozesse aus. Man beweise, daß für *alle* Neutronenenergien P'''_{tot} gegeben ist durch

$$P'''_{tot} = \int_0^\infty \sigma\,(E)\,N\,n\,(E)\,v\,(E)\,dE = \overline{\Sigma}\,F \tag{4.33}$$

Man berechne $\overline{\Sigma}$ für (4.26) und für eine MAXWELL-BOLTZMANNsche Energieverteilung[10]

$$n\,(E) = \frac{2\,\pi}{(\pi\,k\,T)^{3/2}} \cdot e^{-\frac{E}{k\,T}} \cdot E^{1/2} \cdot n_0 \tag{4.34}$$

mit

$$n_0 = \int_0^\infty n\,(E)\,dE \quad \text{(eine Konstante, die sich wegkürzt!)}.$$

4 l) Man zeige, daß

$$\overline{\lambda} = \frac{\int_0^\infty \lambda\,(E)\,n\,(E)\,v\,(E)\,dE}{\int_0^\infty n\,(E)\,v\,(E)\,dE} \neq \frac{1}{\overline{\Sigma}} \tag{4.35}$$

$$\text{mit} \quad \lambda\,(E) = \frac{1}{\Sigma\,(E)}$$

4 m) Man berechne

$$\overline{E} = \frac{\int_0^\infty E\,n\,(E)\,dE}{\int_0^\infty n\,(E)\,dE}$$

für die Verteilung (4.34).

§ 5. Physik der Neutronen

Erzeugung, physikalische Eigenschaften, Nachweis von Neutronen. Kernreaktionen mit Neutronen, Geschwindigkeitsselektoren, Messung von Wirkungsquerschnitten.

Die Kernreaktionen besitzen eine fundamentale Bedeutung in der reinen und angewandten Kernphysik: sie sind nicht nur für reine Forschungsaufgaben, sondern auch für die Isotopenerzeugung und die Energieproduktion von größter Wichtigkeit. Wegen der geringen Ergiebigkeit der Beschleunigungsmaschinen* erreicht man mit geladenen Teilchen nur bei den thermonuklearen Reaktionen wesentliche Ausbeuten („Wasserstoffbombe"). Da die friedliche Verwendung dieser Reaktionen bisher noch nicht gelungen ist (vgl. auch § 6), beschränken wir uns im folgenden auf Neutronen, die, wie wir schon wissen, besonders geeignet sind, Kernreaktionen auszulösen.

---

* Die größten derzeit erreichbaren Teilchenflüsse liegen bei 10^8 Teilchen/cm² sec, einem Wert, den schon allerkleinste Reaktoren für Neutronen spielend erreichen.

Die Erzeugung von Neutronen

Abgesehen von der Höhenstrahlung, in der sich vereinzelt Neutronen finden, kommen diese Teilchen in der Natur nicht frei vor — man muß sie also durch Kernreaktionen vom Typ $(A, x\mathrm{n})$, $x = 1, 2, 3\ldots$ erzeugen. Vermischt man beispielsweise Radium mit Beryllium, so rufen die vom Radium ausgesandten a-Teilchen die folgende Kernreaktion hervor

$$_4\mathrm{Be}^9 \,(a,\ \mathrm{n})\ \ _6\mathrm{C}^{12} + 5{,}76\ \mathrm{MeV} \tag{5.1}$$

Mit diesen *Radium-Beryllium-Quellen* kann man Flüsse bis zu 10^5 Neutronen/cm^2 sec erzeugen*; anstatt Ra dienen auch Po, Rn u. a. als a-Quelle. Solche Neutronenquellen werden meist für das Starten von Reaktoren verwendet und sind im Handel erhältlich. Eine andere zur Neutronenerzeugung verwendete Reaktion ist der *Kernphotoeffekt*, z. B. am Deuteron

$$_1\mathrm{H}^2 \,(\gamma,\ \mathrm{n})\ p - 2{,}23\ \mathrm{MeV} \tag{5.2}$$

Die aufzuwendende Energie von mindestens 2,23 MeV entspricht im wesentlichen der Bindungsenergie des Deuteronkerns. Die Reaktion (5.2) tritt in Schwerwasser-Reaktoren auf und ist für gewisse Untersuchungen von Bedeutung. Auch mit Beschleunigern werden mit Hilfe von (p, n), (d, n), $(a,$ n)-Reaktionen (Neutronengeneratoren) Neutronen erzeugt[11]. Die ergiebigste Neutronenquelle bleibt jedoch der Kernreaktor, mit dem Teilchenströme bis 10^{15}/cm^2 sec erreichbar sind. Sehr schnelle Neutronen (etwa 100 MeV) können auch durch den „*stripping process*" gewonnen werden. Schießt man im Synchrozyklotron beschleunigte Deuteronen der Energie von etwa 200 MeV auf Materie, so streifen sie beim Zusammenstoß mit Kernen ihr Proton ab, so daß freie Neutronen entstehen. Auch durch die *Austauschstreuung* an Kernen, bei der Protonen ihre Ladung abgeben, entstehen Neutronen[12].

Die physikalischen Eigenschaften der Neutronen wurden seit ihrer Entdeckung durch CHADWICK, 1932 in England, eingehend untersucht. Die Methoden, die zur Erforschung dieser Eigenschaften dienen, sind in jedem größeren Lehrbuch der Atomphysik beschrieben (vgl. das Literaturverzeichnis am Ende des Buches). Wir müssen uns hier auf die Wiedergabe der wichtigsten Ergebnisse beschränken. Neutronen sind elektrisch neutrale Teilchen der Masse $1{,}6749 \cdot 10^{-24}$ g oder 1,00895 atomare Masseneinheiten (physikalische Skala). Das Neutron ist also schwerer als das Proton; es ist instabil und kann, wie schon besprochen, in Proton, Elektron und Neutrino zerfallen. Man weiß heute sicher, daß das Neutron *keine* Elektronen enthält; Proton, Elektron und Neutrino werden erst beim radioaktiven Zerfall des Neutrons gebildet. Die Halbwertszeit dieses Zerfallsprozesses beträgt zirka 15 min. So wie das Proton besitzt auch das Neutron einen Eigendrehimpuls (*Spin*) und — trotz des Fehlens einer elektrischen Ladung — ein magnetisches Moment. Ferromagnetica, in deren Innerem starke magnetische Felder herrschen, können daher auf Neutronen einwirken und sie polarisieren, d. h. ihre Spins ausrichten. Der Radius des Neutrons ist nach (2.10) von der Größenordnung $1{,}4 \cdot 10^{-13}$ cm. Neutronen ionisieren praktisch überhaupt nicht und haben daher in Materie sehr große Reichweiten[13]; eine Abschirmung ist daher nur durch Absorption möglich.

Wenn sich Neutronen in einem nicht absorbierenden Medium der Temperatur T befinden, dann nehmen sie infolge von Zusammenstößen (Streu-

---

* Eine Mischung von 5 g Be $+$ 1 g Ra emittiert in den vollen Raumwinkel $1{,}5 \cdot 10^7$ Neutronen pro Sekunde. $_{98}\mathrm{Cf}^{252}$ besitzt eine so kleine Halbwertszeit gegen *Spontanspaltung* (s. S. 26), daß 30 mg $_{98}\mathrm{Cf}^{252}$ genau so viel Neutronen wie 10 kg Ra Be emittieren (10^{11} Neutronen pro Sekunde).

prozesse, s. § 7) nach einiger Zeit die Geschwindigkeit der Atome oder Moleküle dieses Mediums an: Sie werden zu thermischen Neutronen und gehorchen der MAXWELL-BOLTZMANNschen Energieverteilung (4.34). Wenn jedoch das Bremsmedium absorbiert, dann gehorchen die thermischen Neutronen *nicht* der Energieverteilung (4.34). Da nach (4.26) langsame Neutronen besser absorbiert werden als schnelle, verarmt der Teilchenfluß an langsamen Neutronen und die Energieverteilung verschiebt sich zugunsten der schnelleren Neutronen. Diesen Effekt nennt man die *Härtung der Energieverteilung*; er kann in schwach absorbierenden Medien vernachlässigt werden. Da als Bremsmittel nur schwach absorbierende Stoffe in Frage kommen, ist dieser Effekt für uns von geringerem Interesse.

Der *Nachweis von Neutronen* kann nur indirekt erfolgen; es gibt verschiedene Methoden[14]: Beispielsweise kann man Zählrohre[15] mit dem Gas BF_3 füllen oder ihre Wände mit Bor belegen. Es geht dann in einem solchen Zählrohr der Prozeß

$$\text{B } 10 \text{ (n, } \alpha \text{) Li } 7 + 2{,}79 \text{ MeV} \tag{5.3}$$

vor sich; die α-Teilchen werden gezählt. Wird nicht reines B 10 verwendet, so können noch andere Reaktionen auftreten. Ist der Rauminhalt des Rohres und die Zahl der Borkerne bekannt, dann kann man aus der Anzahl der α-Teilchen die Neutronendichte berechnen (s. Übungsbeispiel 5. a). Weiters kann man durch Neutronen hervorgerufene Kernprozesse (Spaltung, Erzeugung radioaktiver Isotope) zum Neutronennachweis verwenden. Insbesondere kleine Indiumfolien werden zur Messung der Neutronendichten und des Neutronenflusses — vgl. Übungsbeispiel 4 k und 5 c — oft benützt*. Auch die Resonanzstreuung, photographische Emulsionen mit Borzusatz und die durch schnelle Neutronen bei Atomzusammenstößen erzeugten Rückstoßkerne werden zum Neutronennachweis herangezogen. Wenn Neutronenquellen ganz mit Bor umkleidet werden, kann man auch totale Quellstärken messen. Zur Flußmessung in Reaktoren wird meist Gold oder Bor verwendet, da diese Elemente das $1/v$-Gesetz gut erfüllen (vgl. Übungsbeispiel 5 a). Die Neutronendichte kann man so auf 3% genau messen; multipliziert man mit der Neutronengeschwindigkeit, so erhält man den Fluß. Zur gleichzeitigen Messung von Neutronen und Gammastrahlen für Zwecke der Strahlungsüberwachung dienen meist spezielle Ionisationskammern[16] (*Kompensationskammern*).

Die Kernreaktionen mit Neutronen wurden in den letzten Jahrzehnten eingehend untersucht. Für die Theorie der Reaktoren ist der *Strahlungseinfang* [(n, γ) Reaktion] besonders wichtig. Beim Strahlungseinfang in Wasser

$$n_{therm} + {}_1H^1 = {}_1D^2 + \gamma \tag{5.4}$$

wird die Bindungsenergie des gebildeten Deuterons in der Form von γ-Strahlung frei. Die Reaktion (5.4) ist die Umkehrreaktion von (5.2); sie ist eine der wenigen Kernreaktionen, die man heute theoretisch vollkommen beherrscht. Für den Wirkungsquerschnitt ergibt sich[17]

$$\sigma_E = \frac{6{,}4 \cdot 10^4}{v} \qquad \sigma_E \text{ [barn]}, \ v \text{ [cm s}^{-1}] \tag{5.5}$$

Für thermische Neutronen erhält man 0,29 barn. Bei anderen leichten Kernen ergeben die Messungen 0,001—0,01 barn. Da durch die (n, γ) Reaktionen die Neutronenzahl des getroffenen Kerns erhöht wird, wird dieser meist radioaktiv. Dies gilt z. B. für die (n, γ) Reaktion an In 115, wodurch In 116, ein β-Strahler mit der Halbwertszeit von 54 min, entsteht (sogenannte *induzierte Radioaktivität*).

---

* Mit Indiumfolien kann man sogar noch 1 langsames Neutron/cm² sec nachweisen.

Bei der (n, γ) Reaktion an Cd 113 oder H entsteht hingegen kein radioaktives Isotop. Trotzdem muß, wenn man Neutronen durch Substanzen, die (n, γ) Reaktionen erleiden, abschirmen will (Beton, Wasser), ein Radioaktivitätsschutz vorhanden sein, da die entstehende γ-Strahlung Energien bis zu 9 MeV besitzen kann. Mit den sehr häufigen (n, γ) Reaktionen werden viele Arten von Isotopen und von Transuranen in Reaktoren erzeugt (s. § 46).

(n, a) und (n, p) Reaktionen treten nur bei wenigen leichten Kernen auf und sind für den Betrieb von Reaktoren praktisch bedeutungslos.

(n, 2n) Reaktionen kommen nur bei höheren Energien (1 MeV und mehr) vor und sind für unsere Zwecke ebenfalls unwichtig. Schnelle Neutronen (über 1 MeV) bevorzugen (n, a) und (n, p) Reaktionen gegenüber den (n, γ) Reaktionen*. Neutronen mit Energien über 10 MeV können auch mehrere Teilchen aus dem getroffenen Kern herausschlagen.

Die Kenntnis der Wirkungsquerschnitte für alle mit Neutronen von Energien von 0,01 eV bis 10 MeV vor sich gehenden Kernreaktionen ist für den Reaktorbau sehr wichtig. Es gibt mehrere Methoden zur Messung[18] der Wirkungsquerschnitte, etwa die *Durchtrittsmethode* (Übungsbeispiel 5 b), *die Aktivierungsmethode* (Übungsbeispiel 5 c), massenspektroskopische Methoden u. a. Auch mit Hilfe von Reaktoren kann man Wirkungsquerschnitte messen, da sich durch die (z. B. periodische) Einführung absorbierender Substanzen in den Reaktor die Neutronendichte in diesem in einer oft schon am Kontrollbrett bemerkbaren Weise ändert (*Oszillationsmethode* u. ä.).

Um die Wirkungsquerschnitte bei genau bestimmten Energien messen zu können, muß man im Bereich von 1 eV bis einigen keV *Neutronenmonochromatoren (Geschwindigkeitsselektoren)* verwenden. Diese werden nach verschiedenen Prinzipien gebaut[19]: Es sind *Flugzeitselektoren, mechanische Selektoren*, Filter, die die Resonanzabsorption ausnützen, *Kristallspektrometer* (vgl. § 45) u. a. im Gebrauch (vgl. Übungsbeispiele 5 d und folgende).

Thermische Neutronen erhält man aus Reaktoren unter Zuhilfenahme der *thermischen Säule*; diese besteht aus einem Graphitblock, der die aus dem Reaktorinneren heraustretenden Neutronen auf thermische Geschwindigkeiten abbremst.

Höhere Energien kann man durch spezielle Neutronenquellen erreichen; Ra-Be-Quellen liefern beispielsweise Neutronen im Energiebereich 0 bis 13 MeV. der Kernphotoeffekt (z. B. Sb 124 — Be-Mischung, 0.03 MeV Neutronen) liefert praktisch monoenergetische Neutronen.

Es muß noch betont werden, daß nicht alle Kerne Resonanzen zeigen. Wenn Γ sehr groß ist, kann das $1/v$-Gesetz im Bereich 0,01 eV bis 1000 eV gelten (z. B. (n, a) Reaktion an B 10). Die Wirkungsquerschnitte vieler leichter Kerne bleiben daher immer im Bereich einiger barn.

Die *Ergebnisse* von Wirkungsquerschnittsmessungen findet man in einigen Sammelwerken übersichtlich zusammengefaßt[20]. Einige Wirkungsquerschnitte für alle Reaktionen, bei denen der Kern Neutronen absorbiert (*Absorptionswirkungsquerschnitt*), findet man in Tab 4.

Tabelle 4. *Absorptionswirkungsquerschnitte σ_A für thermische Neutronen in* [barn].

H	0,32	Cd	3500	In	191
D_2O	0,0009	Pb	0,2	Be	0,011
C	0,0045	Al	0,22	natürl. U	7,42

---

* Die Wirkungsquerschnitte schneller Neutronen, deren Wellenlänge von der Größenordnung der Kerne ist, betragen etwa 10 barn. In diesem Bereich sind Streuwirkungsquerschnitt und Absorptionswirkungsquerschnitt etwa gleich groß.

Übungsbeispiele

5 a) Ein Neutronenzählrohr vom Rauminhalt 20 cm³ enthalte pro cm³ 10^{19} B 10 Kerne. Es werden über dem Untergrund 100 Zählungen pro Sekunde erhalten. Der Wirkungsquerschnitt der Reaktion (5.3) gehorcht für B 10 dem Gesetz

$$\sigma = A/v \qquad (5.6)$$

wo A zu bestimmen ist aus $\sigma = 3960$ barn für $v = 2200$ m/sec. Wie groß ist die totale Neutronendichte $\int n\,(v)\,dv$? (Man beachte, daß (4.33) wegen (5.6) — aber nur bei (5.6)! — in $\int n\,(v)\,dv$ übergeht!)

5 b) Man leite aus (4.13) eine Formel für σ_A ab *(Durchtrittsmethode)*. Ein Fluß von 10^{12} thermischen Neutronen pro cm² und Sekunde treffe auf eine große Cadmiumplatte. ($\sigma_A = 3500$ barn). Wie dick muß die Cadmiumplatte sein, um den Neutronenfluß auf 1/100 zu reduzieren ?

5 c) *(Aktivierungsmethode)* Eine Folie von 1 g eines Elementes A mit dem Atomgewicht 100 werde in einem Reaktor mit einem thermischen Neutronenfluß $F = 10^{12}$/cm² sec eingeführt. Im Reaktor finde die Reaktion A (n, γ) B statt. Der Kern B sei radioaktiv mit einer Halbwertszeit $\tau = 3$ h. Nach einer Bestrahlungszeit von 2 h werde die Folie aus dem Reaktor entfernt und bleibe dann während der Zeit $T = 2,5$ h liegen. Nach Ablauf dieser Zeit werde die Aktivität der Folie gemessen, wobei sich 10 μC/g ergeben soll. Man leite eine allgemeine Formel für den Wirkungsquerschnitt σ der Reaktion A (n, γ) B ab und berechne diesen numerisch. (Verwende (3.2) (3.16) (4.6) sinngemäß.)

5 d) *(Flugzeitselektor)* Man leite aus $\dfrac{1}{v} = \dfrac{t\,[\mu s]}{s\,[m]}$ und (1.9) eine Formel für die Energie, ausgedrückt durch die Flugzeit für 1 m her. E [eV]. Wie genau kann E bestimmt werden, d. h. wie groß ist $\Delta E/E$, wenn der Fehler bei der Zeitmessung Δt ist ?

5 e) *(Kristallmonochromator)* Auch für Neutronen gilt die BRAGGsche Beziehung für die Reflexion einer Wellenstrahlung an der Oberfläche eines Kristalls

$$n\,\lambda_B = 2\,d \sin \vartheta_n \qquad n = 1, 2, 3 \ldots \qquad (5.7)$$

d Gitterkonstante, ϑ_n Glanzwinkel (Reflexionswinkel). Es sei $d = 3 \cdot 10^{-8}$ [cm] ($= 3$ Å). Unter welchen Winkel werden, jeweils für $n = 1$ und $n = 2$, Neutronen der Energie 0,01 eV bzw. 0,03 eV reflektiert ?

5 f) Man berechne für reinsten Kohlenstoff die freie Weglänge in bezug auf die Absorption thermischer Neutronen.

5 g) Man berechne die Neutronendichte n [cm^{-3}] für einen Neutronenfluß $F = 10^{12}$ [cm^{-2} s^{-1}] und für $v = 2200$ m/sec. Wenn nach § 1 $2,7 \cdot 10^{19}$ Teilchen/cm³ dem Druck 1 at entsprechen, welchem Druck entspricht die eben berechnete Neutronendichte ? (Annahme der idealen Gasgleichung $pV = NRT$, $V = 1$ cm³, $RT = $ const)

5 h) Man beweise, daß für $E = E_r$ aus (4.22)

$$\sigma_{max} = \frac{\lambda_B^2}{\pi}\,\frac{\Gamma_A\,\Gamma_B}{\Gamma^2} \qquad (5.8)$$

folgt und berechne σ_{max} für $\Gamma_A\Gamma_B/\Gamma^2 = 0,1$ für Neutronen der Energie 1 eV.

5 i) Man berechne durch Aufsuchen des Extremums von (4.34) die wahrscheinlichste Neutronenenergie und beweise, daß man nicht (1.11) erhält. Man führe in (4.34) durch $E = m\,v^2/2$ v als Variable ein und berechne durch Aufsuchen des Extremums die wahrscheinlichste Geschwindigkeit. Man zeige, daß für die Energie, die zur wahrscheinlichsten Geschwindigkeit gehört, (1.11) gilt.

5 j) Wieviel % aller absorbierten Neutronen werden in einer homogenen Uran-Graphit-Mischung vom Uran absorbiert ? (10 Gewichts-% natürliches Uran, 90 Gewichts-% Graphit.)

§ 6. Spaltung und Verschmelzung von Atomkernen

Kernspaltung, Bruchstücke und ihre Häufigkeit, Energie des Spaltprozesses, Spaltneutronen — unmittelbare und verzögerte, Neutronenstrahler, Schwellenenergie der Spaltung, BOHRsche Regel, Kernverschmelzung.

Kernreaktionen können zur Energiegewinnung herangezogen werden, wenn die Bindungsenergie ε_1 der entstehenden Kerne größer ist als die Bindungsenergie ε_2 der reagierenden Kerne. Bei einer solchen Reaktion hat sich gemäß (1.13) die Materiemenge $\frac{|\varepsilon_1 - \varepsilon_2|}{c^2}$ in Energie umgewandelt. Da wir selbstverständlich nur stabile oder sehr langlebig radioaktive* Kerne für die technische Energieerzeugung verwenden können, genügt es, wenn wir die Bindungsenergie der praktisch stabilen Kerne mit Hilfe von (2.2) nach (2.4) berechnen. Trägt man dann die Bindungsenergie pro Nukleon gegen M auf (s. Abb. 3), dann bemerkt man, daß die mittelschweren Kerne am stärksten gebunden sind. Man kann also auf zwei verschiedene Arten Kernenergie gewinnen:

1. durch Spaltung schwerer Kerne,
2. durch Verschmelzung leichter Kerne.

In beiden Fällen entstehen mittelschwere Kerne.

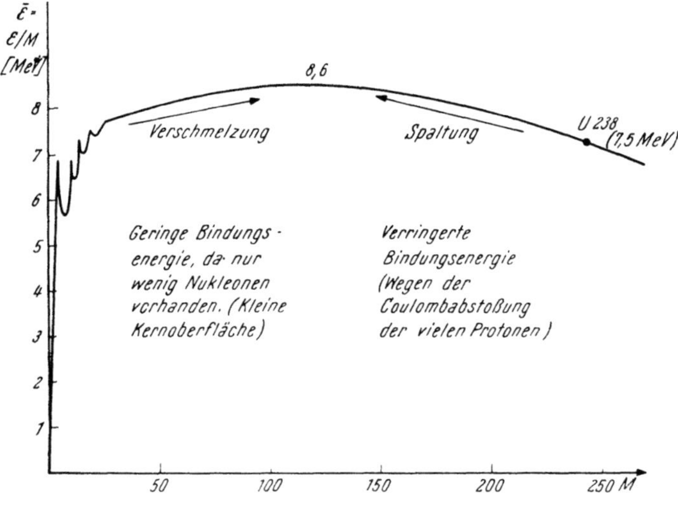

Abb. 3. Bindungsenergie pro Nukleon

Die *Kernspaltung* wurde 1939 von HAHN und STRASSMANN entdeckt[22]. Je nach der Kernart und den verwendeten Geschoßen ist zur Erzielung der Kernspaltung eine bestimmte Energie notwendig: U 235, U 233 und Pu 239 werden schon durch thermische Neutronen gespalten, Thorium und U 238 benötigen schnelle Neutronen zur Spaltung; aber auch α-Teilchen von 32 MeV. Protonen von 7 MeV und Gammastrahlen von 6,3 MeV spalten natürliches Uran, während zur Spaltung von Blei, Wismuth, Gold, Platin, Quecksilber etc. Geschoßenergien von mindest 100 MeV nötig sind[23]. In der Technik werden zur Zeit nur Neutronen für die Kernspaltung verwendet, da sie wegen Fehlens einer elektrischen Ladung am leichtesten in schwere Kerne eindringen. Wenn ein solcher schwerer Kern infolge des Anpralls des Neutrons in zwei (oder ganz selten in drei oder vier) mittelschwere Kerne zerschlagen wird, dann muß dies nicht immer auf dieselbe Art und Weise geschehen. Bei einer exakten Halbierung der Kernladung

---

* Es muß allerdings darauf hingewiesen werden, daß man auch versucht hat, kurzlebige radioaktive Isotope zur Energiegewinnung heranzuziehen. Bei der Genfer Atomkonferenz 1955 wurden verschiedene Versuche der direkten Verwandlung radioaktiver Strahlung in elektrische oder mechanische Energie diskutiert[21].

(*symmetrische Spaltung*) würden bei Uran ($Z = 92$) zwei Pd Kerne ($Z = 46$) als Spaltprodukte auftreten. An Hand von Kerntabellen sieht man aber, daß die Summe der Massenzahlen zweier Pd Kerne nur 220, niemals aber 236 erreichen kann. Es entstehen deswegen bei der Spaltung vorwiegend ein schwerer und ein leichter Kern, deren Massenzahlsumme durchwegs größer ist als 220, z. B. (*unsymmetrische Spaltung*)

$$_{92}U^{235} + n = {}_{57}La^{147} + {}_{35}Br^{87} + 2\ _{0}n^{1} \tag{6.1}$$

Man bemerkt, daß die Summe der Massenzahlen noch immer nicht 236 erreicht; dies erklärt sich dadurch, daß bei der Spaltung neben den Spaltprodukten noch ein bis drei Neutronen in Freiheit gesetzt werden (*Spaltneutronen*). Neben (6.1) treten noch mindestens 30 andere Arten der Spaltung auf — oft ist es gar nicht möglich, zu sagen, welche Bruchstücke zusammen gehören. Man findet zwischen Zink ($Z = 30$) und Gadolinium ($Z = 64$) praktisch alle Kerne vertreten; wegen des Neutronenüberschusses der schwersten Kerne enthalten die Spaltprodukte fast durchwegs zuviel Neutronen relativ zum jeweiligen stabilen Kern und sind daher hochradioaktiv. Man kennt ganze *Zerfallsreihen*, z. B.

$$_{54}Xe^{140} \rightarrow {}_{55}Cs^{140} \rightarrow {}_{56}Ba^{140} \rightarrow$$
$$\rightarrow {}_{57}La^{140} \rightarrow {}_{58}Ce^{140} \tag{6.2}$$

Trägt man die Häufigkeit, mit der bestimmte Kerne gebildet werden, gegen die Massenzahl auf, so erhält man eine typische Sattelkurve[24] (s. Abb. 4).

In der leichten Gruppe finden sich Kr, Rb, Y, in der schweren Gruppe Xe, Ba und La am häufigsten. Da auch fast alle Zerfallsprodukte der Bruchstücke radioaktiv sind, entstehen bei Spaltprozessen zirka 200 hochradioaktive Kerne. Die zeitliche Veränderung der Aktivität dieser radioaktiven Kerne wird durch komplizierte Aggregate von Exponentialfunktionen beschrieben; WIGNER und WAY haben eine empirische Näherungsformel angegeben[25], die allerdings erst nach dem Verstreichen von 10 sec nach der Spaltung ($t = 0$) gültig ist:

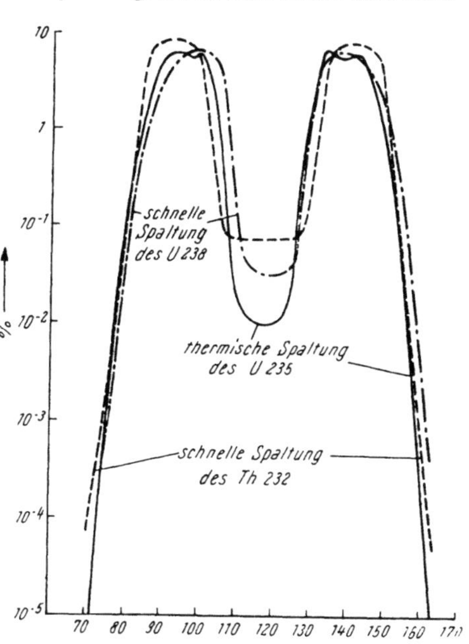

Abb. 4. Häufigkeit der Spaltprodukte bei U und Th

Zahl der γ Quanten pro Spaltprozeß und pro sec zur Zeit t

$$\boxed{\approx 1{,}9 \cdot 10^{-6}\ t^{-1,2}} \quad t\ [\mathrm{d}] \tag{6.3}$$

Zahl der β-Teilchen pro Spaltprozeß und pro sec zur Zeit t

$$\boxed{\approx 3{,}8 \cdot 10^{-6}\ t^{-1,2}} \quad t\ [\mathrm{d}] \tag{6.4}$$

Da die mittlere Energie der γ Quanten 0,7 MeV und die des β-Teilchens 0,4 MeV ist, erhält man für die Strahlungsenergie der Bruchstücke

$$\text{pro Spaltprozeß} \quad 2,66 \cdot 10^{-6} \; t^{-1,2} \; \text{MeV/sec} \tag{6.5}$$

und

$$\text{pro gespaltenem g U 235} \quad \boxed{1,1 \cdot 10^3 \; t^{-1,2} \; [\text{Wg}^{-1}]} \quad t \; [\text{d}] \tag{6.6}$$

Diese Energie wird von der Kernspaltung aufgebracht.

Die kinetische Energie, mit der die Bruchstücke auseinanderfliegen, wird ebenfalls durch den Spaltprozeß geliefert; sie beträgt[26] im Mittel 162 MeV*. Diese Energie verteilt sich gemäß dem Massenverhältnis $m_1/m_2 \approx 1,45$ auf die beiden Bruchstücke. Ihre Geschwindigkeit beträgt nach (1.7) $1,4 \cdot 10^9$ [cm s^{-1}] für den leichten und $0,93 \cdot 10^9$ [cm s^{-1}] für den schweren Kern. Trotz ihrer großen Geschwindigkeit haben die Bruchstücke keine großen Reichweiten, da sie meist hoch (etwa 20 fach) ionisiert sind und daher durch die elektrischen Felder in der Materie stark gebremst werden; gemessen wurden Reichweiten von 2,5 cm in Luft, in kompakter Materie erreicht man völlige Abschirmung durch eine Flächenmasse von 4 mg/cm^2 (in Uran bis 13 mg/cm^2).

Die gesamte bei der Spaltung frei werdende Energie kann man leicht ausrechnen. Aus (2.4) ergibt sich für die Kernmasse von U 235 235,1124 atomare Masseneinheiten; zusammen mit der Masse 1,00895 des spaltenden Neutrons ergibt sich für (U 235 + n) die Masse 236,1213. Beim Einbau des Neutrons in den U 235 Kern werden 6,81 MeV Bindungsenergie frei; die entsprechende Masse von 0,0073 atomaren Masseneinheiten muß daher abgezogen werden, so daß sich für U 236 die Masse 236,1140 ergibt. Wir nehmen nun an, daß dieser Kern nach (6.1) gespalten wird. Aus (2.4) ergeben sich die Kernmassen

$$_{57}\text{La}^{147} : 147,0332 \qquad _{35}\text{Br}^{87} : 86,9842.$$

Die Summe rechts vom Gleichheitszeichen in (6.1) ist dann gegeben durch 236,0353. Zieht man dies von 236,1213 ab, so erhält man nach (2.7), (1.13), (1.4) für die beim Prozeß (6.1) frei werdende Energie

$$E_{Sp} = \frac{0,0860 \cdot \zeta \cdot c^2}{1,601 \cdot 10^{-6}} = 81 \; \text{MeV} \tag{6.7}$$

Wir erhalten einen verhältnismäßig kleinen Wert, weil wir für diese Rechnung ein selten auftretendes Massenpaar herausgegriffen haben; würden wir z. B. von den Kernmassen 94,945 und 138,955 ausgehen, so würden wir gerade 198 MeV erhalten. Tatsächlich werden bei der Kernspaltung im Durchschnitt insgesamt 198 MeV frei, die sich nach neueren Messungen[26] wie folgt verteilen:

γ Strahlung von U 239, Np 239 0,5
(n, γ) Prozesse am U 235, γ-Energie 1,0
(n, γ) Prozesse am U 238 (erzeugt U 239), γ-Energie 4,0
(n, γ) Prozesse am Graphit (Bremsmittel), γ-Energie 1,4
(n, γ) Prozesse in anderen Stoffen, γ-Energie 0,2

Bruchstücke 180,6

     und zwar: kinetische Energie 168,9
            Betazerfall, ohne Neutrinos (9 MeV) . . 4,8
            Gammastrahlung 6,9
                                   180,6

Fortsetzung s. S. 25

---

* Die ersten Messungen wurden von den Wiener Physikern JENTSCHKE und PRANKL durchgeführt.

alle Spaltneutronen 5
Betazerfall von U 239 → Np 239 → Pu 239 0,5
unmittelbare Gammastrahlung bei der Spaltung 4,6

$$\overline{}$$
197,8 [MeV]
(Wärmeenergie)

Während bei chemischen und thermonuklearen Reaktionen die kinetische Energie der reagierenden Teilchen die Reaktion weiterführt, besorgen dies bei der Kernspaltung die Spaltneutronen. Die Anzahl der pro Spaltprozeß im Durchschnitt freigesetzten Neutronen wird meist mit ν bezeichnet; sie ist von Kern zu Kern leicht verschieden.

Neuere Messungen[27] ergaben folgende Werte: Für die Spaltung durch Neutronen verschiedener Geschwindigkeiten (th = thermisch):

Tabelle 5. *Anzahl der Spaltneutronen*

	U 235	U 233	U 238	Pu 239	Pu 241
ν_{th}	$2,48 \pm 0,15$	$2,49 \pm 0,15$	2,3	$2,90 \pm 0,18$	$3,00 \pm 0,21$
ν bei 1 MeV	$2,85 \pm 0,20$	2,6	2,45	2,98	
ν bei 10 MeV	2,9	2,7	2,50	3,10	

Bei Spontanspaltung ist ν etwas kleiner. Im allgemeinen ist ν eine lineare Funktion von E, wenn E die Energie der spaltenden Neutronen ist.

Die Spaltneutronen können in zwei deutlich getrennte Gruppen eingeteilt werden: etwa 99,25% werden sofort ausgesandt (*unmittelbare Neutronen*); es gilt für sie $\overline{\nu} = 0,9925\,\nu$.

Der Rest von etwa 0,76% wird nicht im Augenblick der Spaltung*, sondern erst später ausgesandt (*verzögerte Neutronen*). Man weiß, daß *alle* Spaltneutronen von den hochangeregten Bruchstücken ausgesandt werden — diese stellen also tatsächlich *Neutronenstrahler*** dar. Die verzögerten Neutronen werden deshalb erst später ausgesandt, weil das Bruchstück nicht nur angeregt, sondern auch radioaktiv ist. So emittiert z. B. Br 87 zuerst ein Elektron, wird dadurch zum Kr 87 und erst dieser Kern ist der Neutronenstrahler. Man kennt heute mehrere Gruppen von verzögerten Neutronen; sie werden nach der Halbwertszeit des Neutronenstrahlers eingeteilt, die natürlich mit der Zeit, innerhalb welcher die verzögerten Neutronen nach der Spaltung emittiert werden, im wesentlichen zusammenfällt (s. Tab. 6 und § 24).

Tabelle 6. *Verzögerte Neutronen* (bei thermischer Spaltung)

i	τ_i [sec]	β_i (Anteil) für U 235	E_i [MeV]		β_i (Pu 239)
1	$0,114 \pm 0,010$	0,0003	0,30		?
2	$0,439 \pm 0,006$	0,00083	0,42		0,00040
3	$2,11 \pm 0,03$	0,0024	0,62		0,00105
4	$5,50 \pm 0,08$	0,0021	0,43		0,00112
5	$19,78 \pm 0,19$	0,0017	0,56	J-Isotop	0,00094
6	$54,31 \pm 0,33$	0,00026	0,25	Br-Isotop	0,00012
		$\sum_i \beta_i = \beta = 0,00759$			$\beta = 0,00363$

* Ein Spaltprozeß dauert[22] zirka 4.10^{-15} sec, nicht zu verwechseln mit der *Spaltzeit* ($\sim 10^{-4}$ sec) der Zeit, die für ein Neutron in einem Reaktor zwischen zwei Spaltungen vergeht.

** Es sind auch *angeregte* leichte Kerne bekannt, die Neutronen statt Positronen aussenden.

Ebenso wie ν hängen auch die Angaben β_i der Tabelle 6 von der Energie der die Spaltung hervorrufenden Neutronen ab. Während die verzögerten Neutronen diskrete Energien besitzen, findet man bei den unmittelbaren Neutronen ein kontinuierliches Spektrum, das neueren Messungen zufolge für die thermische U 235 Spaltung durch

$$\left(\int_0^\infty n\,(E)\,dE \right) n\,(E) = 0{,}484 \cdot e^{-E\,0{,}965} \cdot \mathfrak{Sin}\,\sqrt{2{,}29\,E} \approx 0{,}484\,\sqrt{E} \cdot e^{-E/1{,}29} \quad (6.8)$$

dargestellt werden kann.

(Diese Formel gilt im Bereich von 0,05 bis 18 MeV). Die meisten unmittelbaren Neutronen haben eine Energie von 0,8 MeV, doch kommen auch thermische und sehr schnelle Neutronen vor; der Mittelwert $\overline{E}$ ergibt recht genau 2 MeV:

$$\overline{E} = \frac{\int_0^\infty E n\,(E)\,dE}{\int_0^\infty n\,(E)\,dE}$$

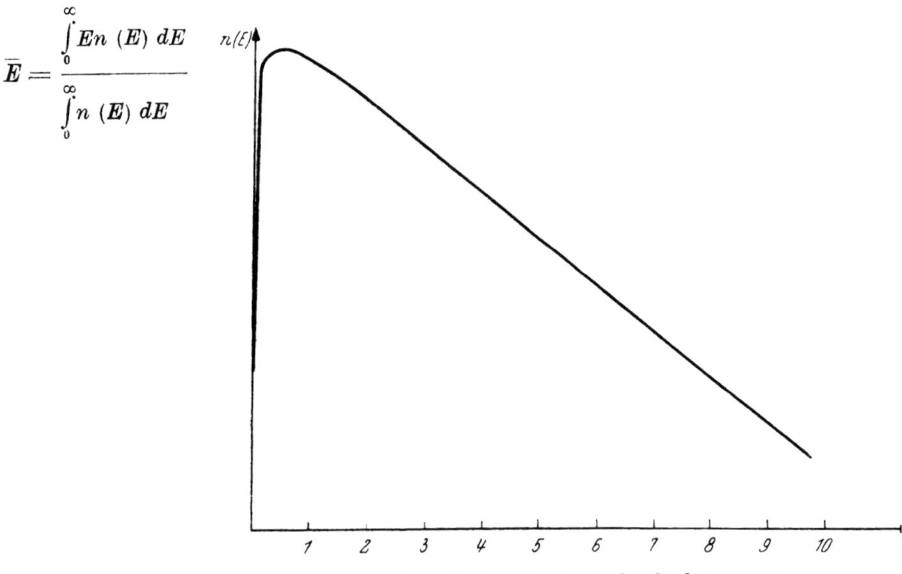

Abb. 5. Das Spektrum der Spaltneutronen

Schon bald nach Bekanntwerden der Entdeckung der Kernspaltung erschienen die ersten theoretischen Arbeiten darüber[28]. Man weiß heute, daß sich ein schwerer Kern so wie ein Wassertropfen verhält; die Nukleonen werden wie die Wassermoleküle durch Kräfte, die mit der Entfernung rasch abnehmen, zusammengehalten (*Tröpfchenmodell des Atomkerns*[1]). Wie ein Wassertropfen kann auch der Atomkern in Schwingungen geraten — werden diese zu heftig, dann bricht der Kern auseinander. Während ein Wassertropfen nur durch äußeren Anstoß in Schwingungen geraten kann, kann ein Kern auch ohne äußeren Einfluß ins Schwingen kommen und auseinanderbrechen (*Spontanspaltung*). Die Nukleonen besitzen nämlich (auch wenn der Kern stabil, nicht angeregt, also im Grundzustand ist) eine gewisse Energie (*Nullpunktsenergie*); infolge statistischer Schwankungen kann es dazu kommen, daß schwere oder mittelschwere Kerne ($M > 100$) infolge der Nullpunktsenergie in Schwingungen geraten. Allerdings ist dies sehr selten der Fall — die Halbwertszeiten für die Spontanspaltung sind daher sehr groß (s. Tab. 7). Die Tatsache der Spontanspaltung wurde 1940 von den russischen Physikern PETRJAK und FLEROV nachgewiesen[29]; sie tritt nach der Theorie für $Z^2/M > 45$ (ab $M \approx 260$, $Z \approx 110$) augenblicklich nach der Entstehung dieses Kerns auf ($\tau_0 \approx 10^{-20}$ sec). Diese Kerne kann es also in der Natur nicht geben.

In 1 g natürlichem Uran treten pro Stunde 23 Spontanspaltungen und Spaltungen durch Höhenstrahlungsneutronen auf.

Tabelle 7. *Halbwertszeiten der Spontanspaltung τ_0*

Kern	τ_0	$\tau_{rad.\,Zerfall}$	Z^2/M
$_{92}U^{235}$	$1,8 \cdot 10^{17}$ a	$8,8 \cdot 10^8$ a	36,0
$_{92}U^{238}$	$8,0 \cdot 10^{15}$ a	$4,5 \cdot 10^9$ a	35,6
$_{94}Pu^{239}$	$5,5 \cdot 10^{15}$ a	$2,4 \cdot 10^4$ a	36,9
$_{96}Cm^{242}$	$7,2 \cdot 10^6$ a	162,5 d	38,1
$_{99}E^{253}$	$3 \cdot 10^5$ a	19,3 d	38,0
$_{100}Fm^{256}$	3,5 h	4 h	38,3

Um eine Spaltung zu erzielen, muß man daher einem Kern mit $Z^2/M < 45$ Energie zuführen (*Aktivierungs-* oder *Schwellenenergie*). Diese Aktivierungsenergie E_A ist von Kern zu Kern verschieden; man kann sie recht genau berechnen. Für Kerne mit den Massenzahlen um 200 herum liegt sie noch bei 50 MeV und erst bei U und Pu kommt man in den Bereich einiger MeV. E_A fällt mit steigendem Z^2/M (s. Tab. 8).

Tabelle 8. *Aktivierungs- und Anregungsenergien für spaltbare Kerne*

Ursprünglicher Kern	U 238	U 235	Pu 239	$+\,n =$
= spaltender Kern	U 239	U 236	Pu 240	
Z^2/M	35,4	36,0	36,8	
E_A [MeV]	7,0	6,5	5,1	
E_E [MeV]	5,5	6,8	5,1	
E_n	1,5	~ 0	~ 0	

Die Kerne U 233, U 235 und Pu 239 können nicht nur durch schnelle, sondern auch durch thermische Neutronen gespalten werden. Wenn nämlich ein Neutron der kinetischen Energie E_n von einem spaltbaren Kern eingefangen wird, so erhält der entstehende Zwischenkern eine *Anregungsenergie E_E*, die gleich ist der Summe von Bewegungsenergie E_n und Einbauenergie* des absorbierten Neutrons. Ist $E_E > E_A$, dann wird der Kern gespalten; ist hingegen $E_E < E_A$, dann reicht die Heftigkeit der Kernschwingungen zu einer Spaltung nicht aus; die Anregungsenergie wird einem ausgesandten Teilchen mitgegeben. Da die Bindungsenergie der Kerne gemäß (2.5) wesentlich davon abhängt, ob die Neutronenzahl $N = M - Z$ ungerade ist oder nicht, konnte BOHR die nach ihm benannte Regel ableiten, daß im allgemeinen Kerne mit einer ungeraden Neutronenzahl (großes E_E) durch thermische Neutronen spaltbar sind, während Kerne mit einer geraden Neutronenzahl (kleines E_E) nur durch schnelle Neutronen spaltbar sind.

Die thermischen Spaltquerschnitte vieler schwerer Kerne und ihre Energieabhängigkeit wurden im letzten Jahrzehnt in mehreren Ländern gemessen[30]; auch auftretende Resonanzen wurden eingehend untersucht. Über die Wirkungsquerschnitte gegenüber schnellen Neutronen findet man nur sehr wenige Veröffentlichungen.

---

* Diese Einbauenergie ist natürlich gleich der Differenz der Bindungsenergien von Zwischenkern und absorbierendem Kern; sie ist weiter gleich dem Energieäquivalent der Massendifferenz (absorbierender Kern + 1 Neutron) — (Zwischenkern).

Für thermische Neutronen wurden bei der Genfer Atomkonferenz 1955 die folgenden internationalen Mittelwerte festgelegt ($v = 2200$ m/sec).

Tabelle 9. *Internationale Werte der Wirkungsquerschnitte thermisch spaltbarer Kerne*

	σ_A (ohne Spaltung)	σ_{Ages}	σ_{Sp}	σ_{Sp} (Spaltneutronen [2 MeV])
U 233	69 ± 8	593 ± 8	524 ± 8	2
U 235	108 ± 10	698 ± 10	590 ± 15	1,32
Pu 239	303 ± 15	1032 ± 15	729 ± 15	2
Pu 241	≈ 360	≈ 1400	≈ 1060	

Bei der *Kernverschmelzung*[31] stehen uns nur zwei Möglichkeiten zur Verfügung:

a) Beide Stoßpartner sind *geladen* — da die COULOMBsche Abstoßung überwunden werden muß, müssen die Kerne kinetische Energien von mindest einigen hundert eV haben, um praktisch bedeutsame Ausbeuten zu erzielen — man kommt also gezwungenermaßen zu den thermonuklearen Reaktionen.

b) Ein Partner ist ein *Neutron*. In diesem Fall ist eine Kettenreaktion nicht möglich, da durch die Einzelreaktionen zwar Neutronen verbraucht, aber keine produziert werden. (Reaktionen vom Typ (n, n) liefern nur sehr wenig Energie.) Es scheint daher nur noch die Möglichkeit zu bestehen, Neutronen zu erzeugen (z. B. vermittels der Photospaltung des Deuterons nach (5.2), wobei mindest 2.23 MeV aufgewendet werden müssen) und diese dann in einen leichten Kern einzubauen (Energiegewinn: Bindungsenergie — 2,23 MeV $\approx$ 5 MeV). Ob eine solche Reaktion als Kettenreaktion geführt werden kann, ist heute noch nicht bekannt.

Übungsbeispiele

6 a) Man berechne die Energiemenge [kWh], die sich nach (1.13) bei der vollständigen Umwandlung von

α) 1 kg Materie beliebiger Art,

β) 1 Elektron und 1 Positron (Massen je $9,11 \cdot 10^{-28}$ g),

γ) 1 Proton und 1 Antiproton (gleiches Gewicht wie das Proton, aber negative Ladung),

δ) 1 U 235 Kern
in Energie ergibt.

6 b) Welche Energiemenge [kWh] erhält man, wenn 1 kg U 235 vollkommen gespalten wird? Welchen Geldwert repräsentiert 1 kg U 235, wenn man als Preis für die kWh 0,25 öS annimmt? Welchen Wirkungsgrad besitzt die Kernspaltung in bezug auf die theoretisch maximal mögliche Umwandlung von Materie in Energie?

6 c) Welche Menge U 235 [g] muß in einem Energiereaktor täglich gespalten werden, damit dieser eine Leistung von 1 MW ($= 1000$ kW) erreicht? Vergleiche dies mit der mittleren Leistung des radioaktiven Zerfalls eines g von $1,6 \cdot 10^{-7}$ kW.

6 d) In einem Energiereaktor, der mit leicht angereichertem Uran arbeitet, kann man maximal 2% aller U 235 Kerne verbrauchen, bevor der Brennstoff erneuert werden muß. Der Preis angereicherten Urans (20% U 235, 80% U 238) ist derzeit 25000 $ pro kg U 235. Ist Atomstrom, unter Berücksichtigung des amerikanischen Strompreises von 0,005 $/kWh, teuer oder nicht?

6 e) 1 kg Uranmetall (natürliches Isotopenverhältnis: 140 Teile U 238, 1 Teil U 235) kostet zirka 40 $/kg. In einem mit natürlichem Uran betriebenen Energiereaktor kann man, bevor neuer Brennstoff eingefüllt werden muß, 1% der vorhandenen U 235 Kerne spalten. Ist der erwähnte Uranpreis vom energetischen Standpunkt hoch?

6 f) Man berechne mittels (2.3) die Energie eines α-Teilchens des U 235.

6 g) Um wievielmal ist der Heizwert von reinem U 235, das zu 2% ausgenützt wird, größer als der Heizwert von Steinkohle (8000 kcal/kg)? Hat Steinkohle oder natürliches Uran (Ausnützung des U 235 Anteils zu 1%) den größeren Heizwert?

6 h) Der Weltenergieverbrauch betrug 1953 29 · 10^{12} kWh. Hätten 10^6 t natürliches Uran zur Deckung dieses Bedarfes ausgereicht? (Natürliches Uran enthält 7 kg U 235 pro Tonne, das zu etwa 1% gespalten werden kann, bevor der Kernbrennstoff chemisch entgiftet (s. § 36) werden muß.)

6 i) Man beweise:

$$\boxed{3{,}16 \cdot 10^{13} \text{ Spaltungen/sec} = 1 \text{ kW Leistung}} \tag{6.9}$$

6 j) Gleich nach der Spaltung befinden sich die Bruchstücke in einem Abstand, der der Summe ihrer Radien gleich ist. Man berechne für die Kerne $Z_1 = 38$, $M_1 = 95$ und $Z_2 = 54$, $M_2 = 139$ mit Hilfe von (2.10) (1.3) und von $\dfrac{Z_1 Z_2 e^2}{(R_1 + R_2)}$ die Abstoßungsenergie.

6 k) Die Verschmelzungsreaktion

$$_1D^2 + {}_1D^2 = {}_2He^3 + {}_0n^1 \tag{6.10}$$

liefert 3,256 MeV bei hohen Deuteronenenergien und 2,5 MeV für Deuteronen der Energie 400 keV und weniger. Für Deuteronen im Energiebereich 2 bis 3 MeV ist der Wirkungsquerschnitt 0,1 barn, bei 1 MeV nur mehr 0,02 barn. Experimente, bei denen Deuteronen durch einen dicken Schwerwasser-Eisblock gebremst wurden, ergaben nach FERMI die folgenden Ausbeuten:

Deuteronenenergie E_D	Prozesse pro Deuteron, P''/F	
0 [keV]	10^{-7}	
50	0,2	
100	0,68	
200	3,0	
300	6,9	
500	19	
1000	81	$\sigma = 0{,}02$ barn
2000	400	$\sigma = 0{,}1$ barn

Man berechne für verschiedene Deuteronenenergien die frei werdende Energie und $\sigma(E)$ aus der Zahl der Kernprozesse und den Angaben für 1 MeV und 2 MeV. (Man verwende (4.1) und berechne $N \cdot d$ aus der Angabe für 2 MeV.)

Welche Energie kann man mit einem Deuteronenstrom von 10^5 D/cm^2 sec bei der Deuteronenenergie 50 keV mit dieser Anordnung pro sec gewinnen?

II. Die Bremsung von Neutronen

§ 7. Die Streuung von Neutronen

Streuung und Bremsung, elastischer und unelastischer Stoß, Massenbruch, Energieverteilungen nach dem Stoß, mittlere logarithmische Bremsung, Bremskraft und Bremsverhältnis.

Bei der Bewegung durch Materie gelangen Neutronen sehr oft in unmittelbare Nähe eines Atomkerns, ohne daß es zu einer Kernreaktion kommt. Da bei geringem Abstand zwischen Kern und Neutron die Kernkräfte wirksam werden, tritt bei einer solchen Annäherung eine Richtungsänderung des Neutrons ein. Diesen Vorgang nennt man *Streuung*; auch für sie kann man einen Wirkungsquerschnitt, den schon erwähnten *Streuquerschnitt* (s. S. 13) definieren, dessen Abhängigkeit vom Streuwinkel ϑ und von der Teilchenenergie man aus den Kernkräften ableiten kann[4]. Diese Wechselwirkung zwischen Kern und Neutron kann als Stoß zwischen zwei Massenpunkten aufgefaßt werden, bei dem die Neutronen Energie an die Atomkerne abgeben. Mit der Streuung ist also eine *Bremsung* verbunden. Der Einfachheit halber wollen wir annehmen, daß die Kerne im Koordinatensystem des Laboratoriums (*Laborsystem*) ruhen. Da in der Praxis Bremsmittel und Kernbrennstoffe, in denen die Untersuchung der Neutronenstreuung von Interesse ist, feste oder flüssige Substanzen sind, können die Kerne dieser Stoffe nur kleine Schwingungen um eine Ruhelage ausführen; diese Schwingungsenergie ist beispielsweise bei Graphit 0,2 eV. Die thermischen Energien sind noch kleiner. Da die Kerne (mit Ausnahme von Wasserstoff!) schwerer sind als die Neutronen, haben sie bei 0,2 eV recht geringe Geschwindigkeiten, so daß wir sie als ruhend ansehen können. Die im folgenden besprochene Theorie gilt also für Wasserstoff (gewöhnliches Wasser) immer nur in grober Näherung; bei anderen Bremsmitteln ist die Näherung für schnelle Neutronen sehr gut, für langsame Neutronen immerhin gut brauchbar.

Wenn wir die Masse des Kerns mit A, seine Geschwindigkeit mit $\mathfrak{w}$, die Masse des Neutrons mit m, seine Geschwindigkeit mit $\mathfrak{v}$ bezeichnen, und wenn sich ungestrichene Größen auf den Zustand *vor*, gestrichene Größen auf den Zustand *nach* dem Stoß beziehen, dann gilt im Laborsystem

$$m\mathfrak{v} = A\mathfrak{w}' + m\mathfrak{v}' \qquad \text{(Impulssatz)} \qquad (7.1)$$

und

$$\frac{m\mathfrak{v}^2}{2} = \frac{A\mathfrak{w}'^2}{2} + \frac{m\mathfrak{v}'^2}{2} + Q \quad \text{(Energiesatz)} \qquad (7.2)$$

Q ist derjenige Betrag an kinetischer Energie, der beim Stoß in eine andere Energieform (z. B. Anregungsenergie des Kerns) umgewandelt wird. Ist $Q = 0$, dann spricht man von einem elastischen Stoß (*elastische Streuung*); für $Q \neq 0$ heißt die Streuung *unelastisch*. Nur dann, wenn das Neutron mit dem Kern in enge Wechselwirkung tritt, kann es zu einer unelastischen Streuung kommen, das Neutron wird in diesem Fall vom Kern eingefangen und wieder emittiert, man nennt daher die unelastische Streuung auch (n, n)- oder $(n, n\gamma)$-Reaktion.

Q ist bei der unelastischen Streuung immer kleiner als die kinetische Energie $mv^2/2$ des Neutrons; wenn sich im Extremfall dessen kinetische Energie nur auf den Kernrückstoß und auf Q aufteilt, so daß $\mathfrak{v}' = 0$, dann wird das Neutron nicht emittiert, sondern es tritt eine $(n. B)$-Reaktion auf (B irgendein emittiertes Teilchen).

Für mittlere und schwere Kerne im Grundzustand ist der Abstand der Kernenergiestufen zirka 0,1 MeV, für leichtere Kerne ist er noch größer; Neutronen müssen daher eine Energie von mindestens 0,1 MeV besitzen*, damit es zu einem unelastischen Streuprozeß kommen kann. Da die Bremsmittel aus leichten Elementen bestehen und die Spaltneutronen sehr rasch auf Energien unter 0,1 MeV abgebremst werden, kommen unelastische Streuprozesse sehr selten vor und können vernachlässigt werden. Weil die unelastische Streuung immer erst ab einer gewissen Schwellenenergie ($m\mathfrak{v}^2/2 >$ Anregungsenergie) vor sich geht, ist sie ein endothermer Prozeß und der Wirkungsquerschnitt wächst mit steigender Neutronenenergie[32] (s. Abb. 6).

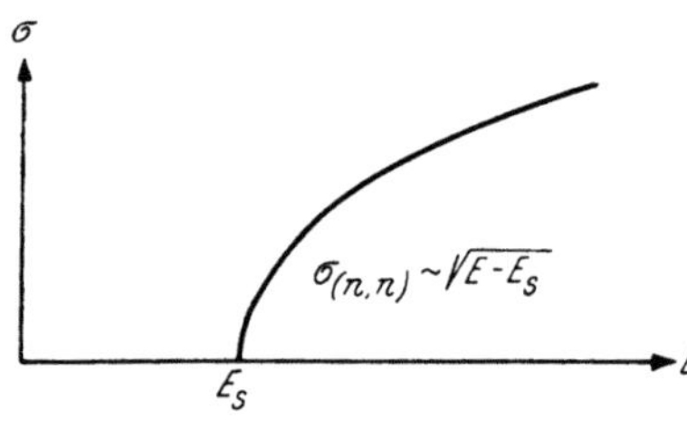

Abb. 6. Wirkungsquerschnitt der unelastischen Streuung

Die Energieabhängigkeit des elastischen Streuwirkungsquerschnittes folgt bei Resonanzenergien der BREIT-WIGNER-Formel (4.22) mit $\Gamma_A = \Gamma_B = \Gamma_\text{n}$

---

* Bei ganz leichten Kernen ($Z \approx 10$) liegt die erste Energiestufe zirka 1 MeV über dem Grundzustand.

und außerhalb des Resonanzgebietes (*Potentialstreuung*) dem allgemeinen Gesetz[4] σ (*E, ϑ*). Für Neutronen unterhalb 1 MeV kann man jedoch annehmen, daß der Streuwirkungsquerschnitt des Bremsmittels (im Schwerpunktssystem, s. später) vom Streuwinkel und von der Energie unabhängig ist[4]. Dies bestätigen auch zahlreiche Messungen[33] (vgl. Tab. 10).

Tabelle 10. *Totale Streuwirkungsquerschnitte für 1 bis 10^5 eV*

$_1\mathrm{H}^1$	$\sim$ 20 barn	$_6\mathrm{C}^{12}$	4,8 barn
$_4\mathrm{Be}^9$	7,0 barn	$_8\mathrm{O}^{16}$	4,2 barn
$_1\mathrm{H}^2 = \mathrm{D}$	7,6 barn	$_{92}\mathrm{U}^{238}$	8,2 barn

Es erweist sich als zweckmäßig, die weitere Berechnung der Stoßvorgänge im *Schwerpunktssystem* durchzuführen*. Dieses Koordinatensystem ist mit dem Schwerpunkt S des Systems Kern — Neutron verbunden; alle Größen, die sich auf dieses System beziehen, versehen wir mit einem Querstrich. Während der Stoß im Laborsystem so verläuft, wie es Abb. 7 zeigt[4], verläuft er im Schwerpunktssystem so, daß sich vor dem Stoß Neutron und Kern auf den Schwerpunkt zu bewegen und sich nach dem Stoß von ihm entfernen — der Schwerpunkt selbst liegt dabei immer auf der Verbindungslinie zwischen Kern und Neutron.

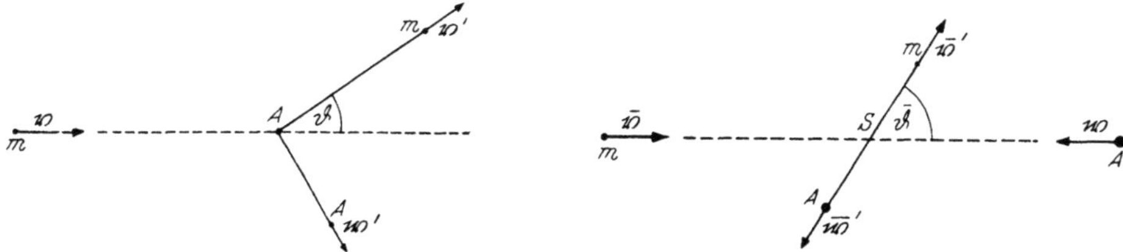

Abb. 7. Stoß im Laborsystem   Abb. 8. Stoß im Schwerpunktssystem

Da sich der Schwerpunkt im Laborsystem mit der Geschwindigkeit

$$\mathfrak{v}_s = \frac{m\,\mathfrak{v} + A\,\mathfrak{w}}{m + A} = \frac{m}{m + A}\,\mathfrak{v} \quad (\mathfrak{w} = 0) \tag{7.3}$$

bewegt, gilt

$$\bar{\mathfrak{v}} = \mathfrak{v} - \mathfrak{v}_s = \frac{A}{m + A}\,\mathfrak{v}; \quad \bar{\mathfrak{w}} = -\mathfrak{v}_s = -\frac{m}{m + A}\cdot\mathfrak{v} \tag{7.4}$$

für die Größen im Schwerpunktssystem, weil sich dieses mit der gleichförmigen Geschwindigkeit $\mathfrak{v}_s$ relativ zum Laborsystem bewegt. Man sieht, daß $\bar{\mathfrak{v}}$ und $\bar{\mathfrak{w}}$ in derselben Geraden liegen; Kern und Neutron bewegen sich im Schwerpunktssystem auf derselben Geraden (vgl. Abb. 8). Im Schwerpunktssystem ist bekanntlich die Impulssumme immer Null; es gilt daher:

Vor dem Stoß:

$$m\,\bar{\mathfrak{v}} + A\,\bar{\mathfrak{w}} = 0 \tag{7.5}$$

was mit Hilfe von (7.4) sofort (7.3) liefert.

---

* Im Schwerpunktssystem sind die Rechnungen einfacher und übersichtlicher; außerdem werden in der Theorie der Teilchenstreuung die Wirkungsquerschnitte immer in diesem System angegeben.

Nach dem Stoß:

$$m\,\overline{\mathfrak{v}}' + A\,\overline{\mathfrak{w}}' = 0 \tag{7.6}$$

mit

$$\overline{\mathfrak{v}}' = \mathfrak{v}' - \mathfrak{v}_s = \mathfrak{v}' - \frac{m}{m+A}\,\mathfrak{v}; \tag{7.7}$$

$$\overline{\mathfrak{w}}' = \mathfrak{w}' - \mathfrak{v}_s = -\frac{m}{A}\,\overline{\mathfrak{v}}'$$

Hierbei wurde

$$\mathfrak{v}_s' = \frac{m\,\mathfrak{v}' + A\,\mathfrak{w}'}{m+A} = \frac{m}{m+A}\,\mathfrak{v} = \mathfrak{v}_s$$

verwendet [dies ergibt sich mit Hilfe von (7.1)]. Im Schwerpunktssystem liegen Kern und Teilchen also auch nach dem Stoß mit S auf einer gemeinsamen Geraden. Wie man weiter leicht beweisen kann (vgl. Übungsbeispiel 7 a) gilt

$$|\overline{\mathfrak{v}}| = |\overline{\mathfrak{v}}'|; \qquad |\overline{\mathfrak{w}}| = |\overline{\mathfrak{w}}'| \tag{7.8}$$

Im Schwerpunktssystem findet beim Stoß also keine Geschwindigkeitsänderung, sondern nur eine Richtungsänderung statt.

Der Energiesatz im Schwerpunktssystem lautet

$$\frac{m}{2}\,\overline{\mathfrak{v}}^2 + \frac{A}{2}\,\overline{\mathfrak{w}}^2 = \frac{m}{2}\,\overline{\mathfrak{v}}'^2 + \frac{A}{2}\,\overline{\mathfrak{w}}'^2$$

oder unter Verwendung von (7.4)

$$\frac{m}{2}\left(\frac{A}{m+A}\right)^2 \mathfrak{v}^2 + \frac{A}{2}\left(\frac{m}{m+A}\right)^2 \mathfrak{v}^2 = \frac{m}{2}\,\overline{\mathfrak{v}}'^2 + \frac{A}{2}\,\overline{\mathfrak{w}}'^2 \tag{7.9}$$

Wenn man (7.9) und (7.6) nach $\overline{\mathfrak{v}}'$ und $\overline{\mathfrak{w}}'$ auflöst, so erhält man für die Geschwindigkeiten nach dem Stoß im Schwerpunktssystem

$$|\overline{\mathfrak{w}}'| = \pm\frac{A}{m+A}\,|\mathfrak{v}|; \qquad |\overline{\mathfrak{w}}'| = \pm\frac{m}{m+A}\,|\mathfrak{v}| \tag{7.10}$$

Was uns nun hauptsächlich interessiert, ist die *Bremsung* des Neutrons, d. h. das Verhältnis der kinetischen Energien vor und nach dem Stoß im Laborsystem.

Aus

$$\mathfrak{v}' = \mathfrak{v}_s + \overline{\mathfrak{v}}' \text{ folgt } \mathfrak{v}'^2 = \mathfrak{v}_s^2 + \overline{\mathfrak{v}}'^2 + 2\,\mathfrak{v}_s\,\overline{\mathfrak{v}}'$$

Um das innere Produkt $\mathfrak{v}_s\,\overline{\mathfrak{v}}'$ gemäß $|\mathfrak{v}_s|\,|\overline{\mathfrak{v}}'|\cos(\mathfrak{v}_s,\,\overline{\mathfrak{v}}')$ berechnen zu können, müssen wir den Winkel $(\mathfrak{v}_s,\,\overline{\mathfrak{v}}')$ zwischen diesen beiden Vektoren kennen. Aus (7.3) folgt, daß $\mathfrak{v}_s$ parallel ist zu $\mathfrak{v}$; $\mathfrak{v}'$ schließt mit $\mathfrak{v}$ gemäß Abb. 7 den Winkel ϑ

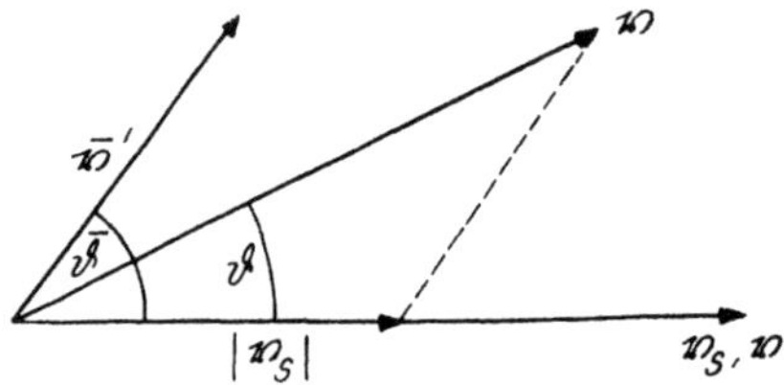

Abb. 9. Lage der Geschwindigkeitsvektoren beim Stoß

ein und der Winkel zwischen $\overline{\mathfrak{v}}'$ und $\overline{\mathfrak{w}}$, d. h. nach (7.4) $\mathfrak{v}$, ist $\overline{\vartheta}$. Es ergibt sich somit die in Abb. 9 dargestellte Situation.

Daher gilt $\cos(\mathfrak{v}_s,\,\overline{\mathfrak{v}}') = \cos\overline{\vartheta}$, und man erhält für die kinetische Energie des Neutrons im Laborsystem mit $|\mathfrak{v}'| = v'$ etc.

$$\frac{m}{2}\,v'^2 = \frac{m}{2}\,v_s^2 + \frac{m}{2}\,\overline{v}'^2 + m\,v_s\,\overline{v}'\cos\overline{\vartheta}. \tag{7.11}$$

Mit (7.3) und (7.10) ergibt sich dann für die Bremsung

$$E/E' = v^2/v'^2 = \frac{(m + A)^2}{m^2 + A^2 + 2\,m\,A\cos\overline{\vartheta}}. \tag{7.12}$$

Führt man nun den *Massenbruch* r

$$\boxed{r = \left(\frac{A - m}{A + m}\right)^2 \sim \left(\frac{M - m}{M + m}\right)^2} \tag{7.13}$$

ein, so wird aus (7.12)

$$\boxed{\left(\frac{E}{E'}\right)^{-1} = \frac{E'}{E} = \frac{1 + r}{2} + \frac{1 - r}{2}\cos\overline{\vartheta}} \tag{7.14}$$

Die Bremsung hängt also vom Massenbruch, d. h. für Neutronen ($m \approx 1$) im wesentlichen von der Massenzahl M der Kerne des Bremsmittels, und vom Streuwinkel $\overline{\vartheta}$ im Schwerpunktssystem ab. In diesem System erfolgt nach den Aussagen der Streutheorie[4] die Streuung *isotrop*, d. h. es ist kein Streuwinkel $\overline{\vartheta}$ bevorzugt, $\sigma\,(\overline{\vartheta})$ ist konstant. Im Laborsystem hingegen ist die Streuung keineswegs isotrop; wie man aus Abb. 9 ersieht, gilt

$$v'\cos\vartheta = \overline{v}'\cos\overline{\vartheta} + v_s$$

so daß mit (7.3) und (7.10)

$$\cos\vartheta = \frac{A\cos\overline{\vartheta} + m}{\sqrt{A^2 + 2\,m\,A\cos\overline{\vartheta} + m^2}} \tag{7.15}$$

Für den Mittelwert

$$\overline{\cos\vartheta} = \frac{1}{4\,\pi}\int\limits_{\omega}\sigma\,(\overline{\vartheta})\cos\vartheta\,d\omega = \frac{1}{2}\int\limits_{\pi}^{0}\frac{1 + A/m\cdot\cos\overline{\vartheta}}{\sqrt{1 + (A/m)^2 + 2\,\frac{A}{m}\cos\overline{\vartheta}}}\,\sigma\,(\overline{\vartheta})\sin\overline{\vartheta}\,d\overline{\vartheta}$$

ergibt sich, wenn $\overline{\sigma} = 1$ (auf 1 normierter mittlerer Wirkungsquerschnitt der isotropen Streuung),

$$\boxed{\overline{\cos\vartheta} = \frac{2}{3\,A} \sim \frac{2}{3\,M}.} \tag{7.16}$$

Die im Schwerpunktssystem anisotrope Streuung[4], die bei höheren Energien ($> 10\,\text{MeV}$) auftritt, wird auch in der Spezialliteratur[33] nur kurz behandelt, da sie für Reaktorprobleme bedeutungslos ist.

Man sieht aus (7.12), daß der Energieverlust stark vom Streuwinkel abhängt: Für $\overline{\vartheta} = 0$ ergibt sich die kleinste Bremsung

$$\left(\frac{E}{E'}\right)_{\min} = 1, \tag{7.17}$$

das Neutron verliert überhaupt keine Energie; für $\bar{\vartheta} = \pi$ ergibt sich die größtmögliche Bremsung

$$\left(\frac{E}{E'}\right)_{\max} = \frac{1}{r} \tag{7.18}$$

Da die Bremsmittel auch Neutronen absorbieren können, ist es von Vorteil, die Spaltneutronen durch möglichst wenige Zusammenstöße abzubremsen; Kerne, die einen kleinen Massenbruch r haben, erweisen sich daher nach (7.18) als sehr geeignet. Wie man aus Tab. 11 ersieht, wäre aus *diesem* Grund Wasserstoff (gewöhnliches Wasser, Paraffin) am günstigsten*, da das Neutron bei einem einzigen Zusammenstoß seine ganze Energie verlieren kann.

Tabelle 11. *Massenbruch und Mittelwerte von cos ϑ für verschiedene Kerne*

Kern	M	r	$\overline{\cos \vartheta}$	Kern	M	r	$\overline{\cos \vartheta}$
H	1	0	0,667	C	12	0,716	0,0556
D	2	0,111	0,333	O	16	0,780	0,0417
He	4	0,360	0,167	Na	23	0,835	0,0290
Li	7	0,562	0,0954	U	238	0,983	0,00280
Be	9	0,640	0,0743	großes M		$\sim \dfrac{4}{2+M}$	$\dfrac{2}{3M}$

Für Mischungen findet man nähere Angaben in der Spezialliteratur[34] und in § 8.

Bei einem Stoß wird also nach (7.17) und (7.18) die Energie E eines Neutrons auf einen zwischen $E' = E$ und $E' = rE$ liegenden Wert vermindert; welche Energie das Neutron nun tatsächlich nach dem Zusammenstoß besitzt, weiß man nicht, man kann nur eine Wahrscheinlichkeit $W_1(E')\,dE'$ für das Erreichen eines Energiewertes E' zwischen E' und $E' + dE'$ angeben.

Die Wahrscheinlichkeit eines Vorganges ist — für sehr große Zahlen — als das Verhältnis der günstigen zu den überhaupt möglichen Fällen, bzw. als Verhältnis der Anzahl der tatsächlich ablaufenden Prozesse zur Anzahl der überhaupt denkbaren Prozesse definiert. Nach (4.2) finden im cm³ P''' Prozesse pro sec statt, insgesamt könnten FN Prozesse stattfinden, da die maximale Anzahl von Kernprozessen dann eintritt, wenn jeder der N Kerne von allen der insgesamt eintreffenden F Teilchen getroffen wird. Die Wahrscheinlichkeit für das Eintreten eines Kernprozesses ist daher durch

$$\sigma(E', \vartheta) = P'''/NF \tag{7.19}$$

gegeben. $\sigma(E', \vartheta)$ mißt also die Wahrscheinlichkeit, ein Neutron mit der ursprünglichen Energie E nach einem Streuprozeß innerhalb des Raumwinkels $2\pi \sin \vartheta'\,d\vartheta'$ wiederzufinden**

$$W_1(E', \bar{\vartheta}) = \int_0^{2\pi} \sigma(E', \bar{\vartheta}) \sin \bar{\vartheta}\,d\bar{\vartheta}\,d\varphi = 2\pi\,\sigma(E', \bar{\vartheta})\,d\cos \bar{\vartheta} \tag{7.20}$$

---

* Warum Wasserstoff oder Wasser nicht bzw. nur selten verwendet wird, wird am Ende dieses Paragraphen ausgeführt.

** Wie in der physikalischen Wahrscheinlichkeitstheorie[35] gezeigt wird, verschwindet die Wahrscheinlichkeit, daß ein spezieller Wert E' erreicht wird; man kann immer nur Wahrscheinlichkeiten für das Erreichen eines Wertes innerhalb eines (beliebig kleinen) *Toleranzintervalls* dE' angeben. Im Schwerpunktssystem ändert sich $\bar{E}$ nicht, ($\bar{E}' = \bar{\bar{E}}'$), doch hängt $\bar{\vartheta}$ nach (7.12) von E und E' ab. Ob man $W(E', \bar{\vartheta})$ oder konsequenterweise $W(\bar{E}', \vartheta)$ schreibt, ist gleichgültig, da man nach (7.41) E' und $\bar{E}'$ immer ineinander überführen kann.

Da im Energiebereich unter 1 MeV die Streuung im Schwerpunktssystem isotrop, also von $\overline{\vartheta}$ unabhängig ist, muß W_1 eine reine Energiefunktion sein; ferner ist aber unter 10 MeV σ auch von E' unabhängig, so daß die Wahrscheinlichkeit, das Neutron mit einer bestimmten Energie anzutreffen, konstant ist, d. h. die Wahrscheinlichkeit, ein Neutron der Primärenergie E nach dem Stoß mit einer Energie im Bereich E' bis $E' + dE'$ anzutreffen, ist von E' unabhängig.

Aus (7.20) ergibt sich, wenn man (7.12) differenziert und für $\sin \overline{\vartheta}\, d\overline{\vartheta}$ einsetzt

$$W_1 (E')\, dE' = \pi\, \sigma\, \frac{(m + A)^2}{m\, E\, A}\, dE' \cdot C \qquad (7.21)$$

wo C eine Normierungskonstante ist (Laborsystem).

Da die Wahrscheinlichkeit, das Neutron zwischen $(E/E')_{min}$ und $(E/E')_{max}$ anzutreffen, gleich 1 ist (Sicherheit), gilt wegen $\sigma = $ const

$$\int\limits_{rE}^{E} W_1 (E')\, dE' = 1 = \frac{C\, \pi\, \sigma\, (m + A)^2}{m\, E\, A}\, (E - rE), \qquad (7.22)$$

woraus

$$C = \frac{m\, E\, A}{\pi\, \sigma\, (m + A)^2\, (E - rE)}\,, \qquad (7.23)$$

so daß man für (7.22) erhält:

$$W_1 (E')\, dE' = \frac{dE'}{E - rE} \cdot \qquad (7.24)$$

Für den Mittelwert $\overline{E'}$ erhält man leicht

$$\overline{E'} = \int\limits_{rE}^{E} E'\, W_1 (E')\, dE' = \frac{E}{2}\, (1 + r), \qquad (7.25)$$

was für Wasserstoff $\overline{E'}_H = E/2$ ergibt.

Wenn die nach dem ersten Stoß erreichte Energieverteilung $W_1 (E')\, dE'$ durch einen zweiten Stoß in $W_2 (E'')\, dE''$ übergeht, dann müssen nach den Gesetzen der Wahrscheinlichkeitsrechnung[35] die Wahrscheinlichkeiten (7.21), (7.24) der beiden Stoßprozesse miteinander multipliziert werden, um W_2 zu erhalten:

$$W_2 (E'')\, dE'' = \int\limits_{E''}^{E} W_1 (E')\, dE' \cdot \frac{dE''}{E'} \qquad (7.26)$$

so daß

$$W_2 (E'')\, dE'' = \frac{1}{E - rE}\, \ln \frac{E}{E''} \qquad (7.27)$$

und allgemein für n Stöße

$$W_n (E^{n'})\, dE^{n'} = \int\limits_{E^{n'}}^{E} W_{n-1}\, (E^{(n-1)'})\, \frac{dE^{(n-1)'}}{E^{(n-1)'}} \qquad (7.28)$$

Mit Hilfe dieser Rekursionsformel kann man so die Energieverteilungen nach beliebig vielen Stößen[36] ausrechnen; für uns genügt es, zu sehen, daß bei allen höheren Verteilungen ($n > 1$) der $\ln E/E^{n'}$ auftritt. Deshalb, und wegen verschiedener Vorteile, erweist es sich als zweckmäßig, den Begriff der *mittleren logarithmischen Bremsung* ξ einzuführen*:

$$\xi_n = \ln \frac{E}{E n'} = \frac{\int\limits_{rE}^{E} \ln \frac{E}{E n'} \cdot W_n (E n') \, dE n'}{\int\limits_{rE}^{E} W_n (E n') \, dE n'} \qquad (7.29)$$

Für den ersten Stoß erhält man mit (7.24), (7.22)

$$\xi = \int\limits_{rE}^{E} \ln \frac{E}{E'} \frac{dE}{E - r E} = 1 + \frac{r}{1 - r} \ln r \qquad (7.30)$$

oder mit (7.13)

$$\boxed{\xi = 1 + \frac{(M - 1)^2}{2 M} \ln \frac{M - 1}{M + 1} \approx \frac{2}{M + 2/3}} \qquad (7.31)$$

(vgl. Übungsbeispiel 7 b; es gilt weiters $\xi = \xi_n$, s. Übungsbeispiel 7 f).
Mit Hilfe von ξ kann man abschätzen, wieviele Stöße Spaltneutronen ($E = 2$ MeV) bis zur Erreichung thermischer Energie ($E' = 0,025$ eV) erleiden müssen. Es muß ja die Gesamtbremsung, dividiert durch die mittlere Bremsung pro Stoß, die Anzahl der notwendigen Stöße ergeben; dasselbe Ergebnis liefert der Bruch logarithmische Gesamtbremsung/mittlere logarithmische Bremsung, also:

$$\boxed{\ln \frac{2 \cdot 10^6}{0,025} \Big/ \xi = 18,2/\xi.} \qquad (7.32)$$

Wie man aus Tab. 12 ersieht, steht Wasserstoff wieder an der Spitze.

Tabelle 12. *Mittlere logarithmische Bremsung*

Kern	M	ξ	$18,2/\xi$	Kern	M	ξ	$18,2/\xi$
H	1	1,000	18	C	12	0,158	115
D	2	0,725	25	O	16	0,120	151
He	4	0,425	43	Na	23	0,0845	215
Li	7	0,268	68	U	238	0,00838	2178
Be	9	0,290	87	großes M		$\frac{2}{M + 2/3}$	$9,1\,M + 6$

Allerdings genügen ein großes ξ und ein kleines r *nicht*, damit der betreffende Kern ein gutes Bremsmittel abgibt. Es kommt ja nicht so sehr auf die Einzelbremsung, als vielmehr darauf an, daß möglichst viele Spaltneutronen möglichst stark abgebremst werden und hierbei die Absorption auf ein Minimum beschränkt bleibt. Diese Eigenschaften werden durch die *Bremskraft*

$$\boxed{\xi \Sigma_S = \xi N \sigma_S = \xi \varrho \sigma_S N_L/A \quad [\text{cm}^{-1}],} \qquad (7.33)$$

---

* Man kann ξ natürlich auch für die anisotrope Streuung definieren[33].

wo A gemäß (1.2) das Atom- oder Molekulargewicht ist, und durch das *Bremsverhältnis*

$$\xi \, \Sigma_S / \Sigma_A = \xi \, \frac{\sigma_S}{\sigma_A} \quad [0]$$

(7.34)

beschrieben.

Wie man aus Tab. 13 ersieht, ist schweres Wasser das beste und reinster Graphit (Kohlenstoff) das zweitbeste Bremsmittel; gewöhnliches Wasser (Wasserstoff) kommt erst an vierter Stelle.

Tabelle 13. *Bremskraft und Bremsverhältnis*
(* Meßwert für technisches D_2O: 5800)

Bremsmittel	Bremskraft [cm^{-1}]	Bremsverhältnis	σ_A [barn]
Schweres Wasser	0,170	21000 *	0,0009
Graphit	0,064	170	0,0045
Beryllium	0,176	159	0,01
Gewöhnliches Wasser ...	1,53	72	0,66
Helium (Normalzustand)	$1,6 \cdot 10^{-5}$	∞ (83, 95)	≈ 0

Übungsbeispiele

7 a) Man beweise (7.8).

7 b) Man beweise, daß die Formel $\xi = \dfrac{2}{M + 2/3}$ für $M > 3$ keinen größeren Fehler als 3% hat (vgl. (7.31). Wie groß ist der Fehler für $M = 2$?

7 c) Die Dichte von Graphit ist 1,65 g/cm³, $\sigma_S = 4,8$ barn. Welchen Weg muß ein Neutron der Energie von 2 MeV bis zur Erreichung einer Energie von 0,025 eV in Graphit zurücklegen? Warum wird es, wenn das Ergebnis d cm ist, eine Platte der Dicke $d/2$ während dieser Bremsung trotzdem kaum verlassen?

7 d) Wieviel % Energie verliert ein Neutron beim Zusammenstoß mit einem Kern der Masse 100 bzw. 200?

7 e) In der amerikanischen Literatur wird gelegentlich der Begriff der *Neutronenlethargie u*

$$u\,(E) = \ln \frac{E_{Spaltung}}{E}$$

(7.35)

verwendet. Wie groß ist die Lethargie der Spaltneutronen? Man zeichne $E\,(u)$ auf. Man suche den Zusammenhang zwischen ξ und der mittleren Lethargieänderung pro Stoß. Man begründe, wieso ein Neutron bei den ersten Stößen mehr Energie verliert, als bei späteren Stößen.

7 f) Man leite

$$W_n\,(E^{n\prime}) = \frac{1}{(n-1)!\,E} \left(\ln \frac{E}{E^{n\prime}} \right)^{n-1}$$

(7.36)

aus (7.28) für $r = 0$ (Wasserstoff) ab. Vgl. BREIT und CONDON, Phys. Rev. *49*, 229 (1936). Man leite

$$\overline{E^{n\prime}} = \frac{1}{2^n}\,E$$

(7.37)

ab. Man beweise, daß ξ von n unabhängig ist.

7 g) Man berechne gemäß (7.18) $(E/E^{n\prime})_{max}$ für n Stöße.

7 h) Es sei $\varepsilon = \ln E$, $\varepsilon_0 = \ln E_{Sp}$. Beweise, daß sich ε pro Stoß um ξ verringert. $n\,(\varepsilon)\,d\,\varepsilon$ sei die Anzahl der Neutronen innerhalb des „Energie"intervalls $d\,\varepsilon = d\,E/E$. Welche Bedeutung hat die sogenannte *asymptotische Bremsdichte q*?

$$q_{as}\,(\varepsilon) = n\,(\varepsilon)\,v\,\xi\,\sigma_S\,N.$$

(7.38)

7 i) Wie würde (7.14) lauten, wenn man annimmt, daß die Kerne des Bremsmittels nicht ruhen, sondern eine mittlere kinetische Energie von 2 eV haben. Wie groß ist der Fehler von (7.14)?

7 j) Der Streuquerschnitt $\sigma(\bar{E}', \bar{\vartheta})$ gibt für das Schwerpunktssystem die Wahrscheinlichkeit an, ein einmal gestreutes Neutron mit der Energie $\bar{E}' = \bar{E}$ unter dem Streuwinkel $\bar{\vartheta}$ anzutreffen. Man zeige, daß der Streuquerschnitt im Laborsystem durch

$$\sigma(\bar{E}', \bar{\vartheta}) = \frac{\left(1 + \left|\frac{m}{A}\right|^2 + 2\frac{m}{A}\cos\bar{\vartheta}\right)^{3/2}}{1 + \frac{m}{A}\cos\vartheta}\,\sigma(\bar{E}', \bar{\vartheta}) \tag{7.39}$$

gegeben ist und daß

$$\bar{E} = \frac{A}{A+m}E = \bar{E}' = \frac{A\,E'/(m+A)}{m^2 + A^2 + 2\,m\,A\cos\vartheta} \tag{7.40}$$

gilt. Die Wellenmechanik gestattet es, den Streuquerschnitt $\sigma(\bar{E}', \bar{\vartheta})$ im Schwerpunktssystem zu berechnen[4]. Die Neutronenenergie E' (im Laborsystem nach der Streuung) ergibt sich aus $\bar{E}'$ nach (7.40). Die Wahrscheinlichkeit, ein Teilchen der Masse $m = 1$, das durch einen Stoß von E auf E' abgebremst wurde, im Laborsystem unter dem Streuwinkel ϑ anzutreffen, ist durch

$$W(\vartheta, E, E') = \left(-\frac{(A+1)^2}{2A}\cdot\frac{B}{E}\right)\cdot\delta\left(\cos\vartheta - \left|-\frac{A+1}{2}\left|\frac{E'}{E} - \frac{A-1}{2}\right|\frac{E}{E'}\right|\right) \tag{7.41}$$

gegeben (vgl. MARSHAK[45]). Wie muß die Normierungskonstante B gewählt werden damit $\int\int\int W(\vartheta, E, E')\,dE'\sin\vartheta\,d\vartheta\,d\varphi = 1$ wird? Man beachte, daß der erste Faktor in (7.41) gleich $\frac{E\,d\cos\bar{\vartheta}}{dE'}$ ist. $\delta(\dots)$ ist eine DIRACsche δ-Funktion (vgl. S. 93). Sie ist dadurch definiert, daß sie für jeden Wert des Argumentes verschwindet, außer für Null, wo sie unendlich wird. Das Integral einer δ-Funktion über den gesamten Variabilitätsbereich ihres Argumentes ist gleich eins. Man beweise, daß man durch Integration über den Raumwinkel aus (7.41) die „asymptotische Form"

$$W(E') = \text{const}/E \tag{7.24}$$

erhält (vgl. § 8).

§ 8. Verschiedene Bremsmittel

Sonderstellung des Wasserstoffs, Stoßdichte und Bremsdichte in H, schnelle und langsame Neutronengruppe in schweren Bremsmitteln, asymptotische Bremsdichte, Mischung mehrerer Bremsmittel, Übergänge zwischen den drei Energiespektren.

Wasserstoff und seine chemischen Verbindungen nehmen unter allen Bremsmitteln eine Sonderstellung ein: nur H-Kerne ($r = 0$) können bei einem einzigen Zusammenstoß mit Neutronen deren gesamte Energie übernehmen. Außerdem sind die H-Kerne so leicht, daß man sie nur bei sehr großen Neutronenenergien als ruhend ansehen kann. In anderen Substanzen kann man dies, wie schon erwähnt, bis zu etwa 1 eV annehmen. Bei wasserstoffhaltigen Verbindungen kommt noch ein weiterer Umstand hinzu: Während für langsame Neutronen (etwa 1 eV bis 10^4 eV) der Streuwirkungsquerschnitt 20 barn beträgt, steigt er für thermische Neutronen auf 80 barn. Dies hat folgenden Grund: die Bindungsenergie der H-Atome in Molekülen ist von der Größenordnung 3 bis 4 eV. Neutronen gegenüber, die eine größere kinetische Energie als 4 eV besitzen, verhält sich der Wasserstoffkern so, als wäre er ungebunden. Hat jedoch das Neutron eine kleinere kinetische Energie, dann wird es am ganzen Molekül gestreut. Wie die Theorie zeigt und die Messung bestätigt, wird dadurch der Streuwirkungs-querschnitt der Wasserstoffkerne viermal so groß[37] (vgl. Abb. 10), während dieser Effekt bei schwereren Kernen ($M \geq 2$) keine Rolle spielt.

Um die Bremsung der Neutronen in verschiedenen Substanzen zu untersuchen, wollen wir annehmen, daß in einem unendlich großen, mit Bremsmittel erfüllten Raumbereich dauernd n Neutronen der Primärenergie E_0 in cm³ vorhanden seien. Da das Gebiet als unendlich groß angenommen wird,

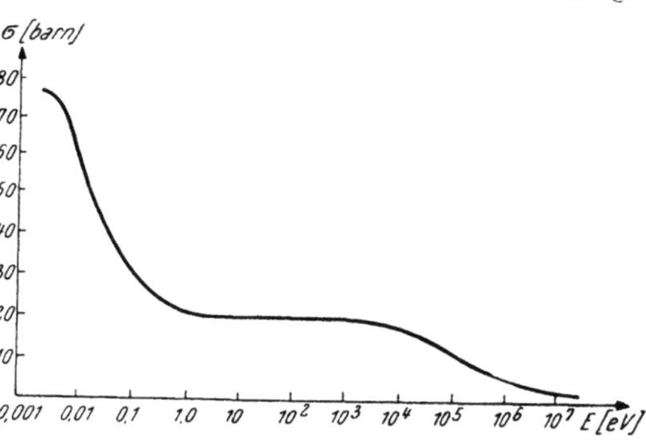

Abb. 10. Streuwirkungsquerschnitt des Wasserstoffs

können keine Neutronen entweichen. Weiter werden im nicht absorbierenden Medium ($\sigma_A = 0$), das auch keine spaltbaren schweren Kerne enthält, Neutronen weder entstehen noch verschwinden — die Gesamtzahl der Neutronen pro cm³ muß daher bei der Bremsung konstant bleiben*. Infolge der Zusammenstöße mit den Kernen des Bremsmittels wird sich auf der Energieleiter ein Neutronenstrom von der Primärenergie E_0 zu kleineren Energien hin ausbilden, dessen Intensität von der Bremskraft des Mediums abhängt. $n\,(E)\,dE$ ist die Anzahl der im cm³ enthaltenen Neutronen mit einer Energie im Intervall E bis $E + dE$; die *Stoßdichte* P, die angibt, wieviele Zusammenstöße pro cm³ und sec die Neutronen dieses Energieintervalls erleiden, ist dann gemäß (4.2) gegeben durch

$$\boxed{P\,(E)\,dE = N\,\sigma_S\,(E)\,n\,(E)\,v\,(E)\,dE} \qquad v\,(E) = \sqrt{\frac{2\,E}{m}} \qquad (8.1)$$

Um die Anzahl q der Neutronen zu erhalten, die pro cm³ und sec eine be-stimmte Energie E erreichen (*Bremsdichte*), müssen Integrationen durchgeführt werden. Da diese für Wasserstoff und alle anderen Bremsmittel ($M \geq 2$) ver-schieden verlaufen, müssen wir diese beiden Fälle getrennt untersuchen.

Wasserstoff ($r = 0$)

Nach (7.24) ist die Wahrscheinlichkeit dafür, daß ein Neutron der Primär-energie E_0 durch *einen* ersten Zusammenstoß mit einem Wasserstoffatom auf eine Energie des Intervalls dE' abgebremst wird, gegeben durch

$$W_1\,(E')\,dE' = \frac{dE'}{E_0} \qquad (8.2)$$

Da im cm³ n Neutronen der Primärenergie E_0 vorhanden sind, die *alle einmal*

---

* Um zu der für die folgenden Ableitungen notwendigen Vorstellung eines in seiner Intensität zeitunabhängigen Neutronenstromes auf der Energieleiter zu kommen, kann man annehmen, daß alle Neutronen, die die Energie 0 (oder thermische Energie) erreicht haben, aus der Betrachtung ausscheiden und daß im Bremsmittel homogen verteilte Neutronenquellen pro cm³ und sec gerade so viel Neutronen der Primär-energie E_0 nachliefern, als „unten" verschwinden.

ihre erste Streuung erleben, ist die Anzahl der insgesamt durch einen ersten Stoß auf eine Energie des Intervalls dE' gebremsten Neutronen, gegeben durch

$$n\,(E_0)\,W_1\,(E')\,dE' = \frac{dE'}{E_0}\,n\,(E_0) \qquad (8.3)$$

Nach dem ersten Stoß sind also $\frac{dE'}{E_0}\,n\,(E_0)$ Neutronen pro cm³ im Energieintervall E' bis $E' + dE'$ vorhanden. Diese Neutronen werden abermals gestreut; ihre Energie E' spielt für diese weiteren Streuungen die Rolle der Primärenergie und liegt irgendwo zwischen der alten Primärenergie E_0 und der Endenergie E. Die Wahrscheinlichkeit dafür, daß Neutronen der Energie E' durch diese Streuungen in das Energieintervall zwischen E und $E + dE$ gelangen werden, ist nach (7.24) gegeben durch

$$W\,(E)\,dE = \frac{dE}{E'} \qquad (8.4)$$

Die Anzahl *aller* Streuprozesse, die Neutronen der Energie E' erleiden, ist nach (8.1) gegeben durch

$$P\,(E')\,dE' = \Sigma_S\,(E')\,n\,(E')\,v\,(E')\,dE' \qquad (8.5)$$

Das Produkt der Wahrscheinlichkeit (8.4) des speziellen, auf dE führenden Prozesses mit der Gesamtzahl (8.5) der Streuungen gibt die Anzahl der tatsächlich auf Energien des Intervalls E, $E + dE$ führenden Prozesse.

Es werden daher *nach* dem ersten Stoß insgesamt wegen $E \le E' \le E_0$

$$\left[\int\limits_{E}^{E_0} P\,(E')\,dE'\,W\,(E)\right] dE = \left[\int\limits_{E}^{E_0} \Sigma_s\,(E')\,n\,(E')\,v\,(E')\,\frac{dE'}{E'}\right] dE \qquad (8.6)$$

Neutronen beliebiger Energie E' pro cm³ und sec in den Energiebereich dE gelangen. Addiert man hierzu nach (8.3) die Anzahl der Neutronen, die bereits beim ersten Stoß E (statt E') erreichten, dann ist die Anzahl aller Neutronen, die pro cm³ und sec *genau* auf die Energie E (Ersatz von dE durch E) abgebremst wurden, gegeben durch die *Bremsdichte* $q\,(E)$

$$q\,(E) = \frac{n\,(E_0)}{E_0}\,E + \left[\int\limits_{E}^{E_0} \Sigma_S\,(E')\,n\,(E')\,v\,(E')\,\frac{dE'}{E'}\right] E \qquad (8.7)$$

(Eine strenge Ableitung dieser Formel werden wir etwas später kennen lernen.)

Andererseits ist die Gesamtzahl der Neutronen, die ins Energieintervall zwischen E und $E + dE$ gelangen, gegeben durch

$$P\,(E)\,dE = \frac{n\,(E_0)}{E_0}\,dE + dE \cdot \int\limits_{E}^{E_0} P\,(E')\,\frac{dE'}{E'} \qquad (8.8)$$

wobei (8.1) verwendet wurde. Da nämlich weder Entweichen, noch Absorption oder Vermehrung möglich ist, muß die Anzahl $P\,(E)$ der Neutronen, die pro cm³ und sec infolge von Zusammenstößen das Energieintervall dE verlassen, gleich sein der Anzahl der Neutronen, die pro cm³ und sec (infolge Abbremsung) die höhere Energie E' ($E_0 > E' > E$) verlieren und auf E abgebremst werden. Die Anzahl der Neutronen, die von hohen Energien E' herkommend infolge Abbremsung ins Energieintervall E bis $E + dE$ eintreten (rechte Seite von (8.8)!), ist also gleich der Anzahl der Neutronen, die gebremst werden und daher nach kleinen Energien hin das Intervall E bis $E + dE$ verlassen (linke Seite von (8.8)!).

(8.8) stellt eine Integralgleichung für die Stoßdichte $P(E)$ dar, die man durch Differenzieren lösen kann. Die Lösung lautet (vgl. Übungsbeispiel 8 a)

$$P(E) = \frac{n(E_0)}{E} = \frac{\text{const}}{E} \qquad (8.9)$$

bzw. für $q(E) = n(E_0) = \text{const.}$

Für den Neutronenfluß (Teilchen/cm² sec) der Energie E ergibt sich dann mit (8.1)

$$\boxed{n(E)\, v(E) = \frac{n(E_0)}{E\, \Sigma_S}} \qquad (8.10)$$

Weitere Einzelheiten findet man in der Spezialliteratur[36].

Nun wenden wir uns den

schweren Bremsmitteln $(r \neq 0,\ M > 1)$

zu. Da in diesen Neutronen niemals durch einen einzigen Stoß die Energie 0, sondern nur rE_0 erreichen, müssen wir zwei Gruppen von Neutronen unterscheiden, je nach dem, ob ihre Energie $E \gtrless rE_0$ ist.

Schnelle Gruppe $(rE_0 < E < E_0)$

So wie bei Wasserstoff ist die Wahrscheinlichkeit dafür, daß ein Neutron der Primärenergie E_0 durch einen ersten Zusammenstoß auf eine Energie des Intervalls dE' abgebremst wird, nach (7.24) gegeben durch

$$W_1(E')\, dE' = \frac{dE'}{E_0\,(1-r)} \qquad (8.11)$$

Nach dem ersten Stoß sind dann $\dfrac{dE'}{E_0\,(1-r)}\, n(E_0)$ Neutronen pro cm³ im Energieintervall E' bis $E' + dE'$ vorhanden. Durch ganz analoge Überlegungen wie beim Wasserstoff ergibt sich für die Gesamtzahl der Neutronen, die ins Energieintervall zwischen E und $E + dE$ gelangen, statt (8.8)

$$P_{S_1}(E)\, dE = \frac{n(E_0)}{E_0\,(1-r)}\, dE + dE \int\limits_{E}^{E_0} P_{S_1}(E')\, \frac{dE'}{E'\,(1-r)}. \qquad (8.12)$$

(Der Index S_1 deutet auf schweres Bremsmittel, schnelle Neutronengruppe hin.)

Durch Differenzieren und Lösung der entstehenden Differentialgleichung erhält man

$$P_{S_1}(E) = \frac{n(E_0)\, E_0^{\frac{r}{1-r}}}{1-r}\, \frac{1}{E^{\frac{1}{1-r}}}. \qquad (8.13)$$

Wie man sieht, ergeben sich für $r = 0$ aus (8.11), (8.12) und (8.13) sofort die für Wasserstoff gültigen Gleichungen (8.2), (8.8), (8.9). In der schnellen Gruppe erhält man also durch das Nullsetzen von r in den Formeln für schwere Bremsmittel die gleichen Ergebnisse, wie sie für beliebige Energien bei Wasserstoff erhalten wurden. Bei Wasserstoff gibt es nur eine, nämlich eine von E_0 bis 0 reichende schnelle Gruppe.

Langsame Gruppe $(0 < E < rE_0)$

Dieser können *nur* solche Neutronen angehören, die bereits Zusammenstöße erlitten haben und sich daher vor Eintritt in die langsame Gruppe auf der Energie

$E' < E_0$ befunden haben. Die Anzahl der Neutronen, die durch Zusammenstöße während ihres Aufenthaltes im Energieintervall dE' auf die Energie E bis $E + dE$ abgebremst werden, ist in Analogie zu (8.6) gegeben durch

$$\left[\int_E^{E/r} P_{S_2}(E')\, dE' \cdot W(E)\right] dE = \left[\int_E^{E/r} \Sigma_S(E')\, n(E')\, v(E')\, \frac{dE'}{E'(1-r)}\right] dE \qquad (8.14)$$

Hierbei ist E/r die größte Energie, die ein Neutron dieser Gruppe *vor* dem auf E führenden Zusammenstoß haben kann. Da innerhalb der langsamen Gruppe keine *ersten* Stöße vorkommen, erhalten wir für $P_{S_2}(E)$ die Integralgleichung

$$P_{S_2}(E) = \int_E^{E/r} P_{S_2}(E')\, \frac{dE'}{E'(1-r)} \qquad (8.15)$$

In dieser Gleichung ist im Gegensatz zu (8.8) und (8.12) die obere Grenze des Integrals keine Konstante mehr. Die Lösung dieser Integralgleichung ist daher komplizierter (vgl. Übungsbeispiel 8 c).

Es liegt nun nahe, zu vermuten, daß an der Stelle $E = rE_0$ die Lösungen der beiden Gruppen stetig ineinander übergehen (vgl. Abb. 11).

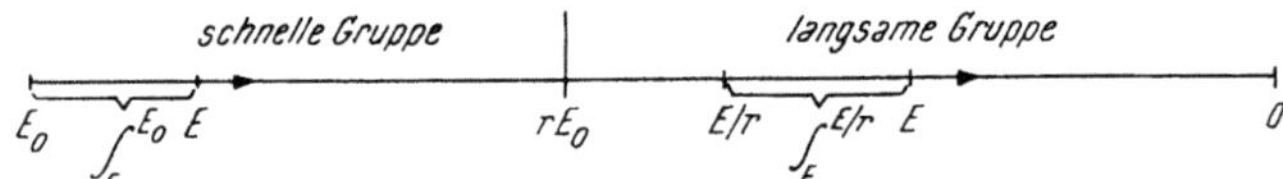

Abb. 11. Die Energie der beiden Neutronengruppen in schweren Bremsmitteln

Um dies zu überprüfen, schreiben wir beide Lösungen in der Integralform auf:

$$P_{S_1}(E) = \frac{n(E_0)}{E_0(1-r)} + \int_E^{E_0} P_{S_1}(E')\, \frac{dE'}{E'(1-r)} \; ;$$

$$P_{S_2}(E) = \int_E^{E/r} P_{S_2}(E')\, \frac{dE'}{E'(1-r)}$$

Wenn wir $E = rE_0$ setzen, so ergibt sich für die Differenz:

$$P_{S_2}(rE_0) - P_{S_1}(rE_0) = - \frac{n(E_0)}{E_0(1-r)} \qquad (8.16)$$

Während also für Wasserstoff Stoßdichte und Bremsdichte nach (8.8) bzw. (8.7) durch stetige Funktionen beschrieben werden, ist dies für ein schweres Bremsmittel nicht möglich — die Stoßdichte ist unstetig und erleidet an der Stelle rE_0 den durch (8.16) gegebenen Sprung.

Wie man sich weiter überlegen kann[36], besitzt die Stoßdichte nicht nur an der Stelle rE_0, sondern auch an den Stellen $E_0 r^n$, $n = 0,1,2.\ldots\ldots$ Unstetigkeiten. Es gibt also im Gegensatz zu Wasserstoff bei schweren Bremsmitteln keine analytische Funktion, die $P(E)$ im gesamten Energiebereich $0 \le E \le E_0$ darstellt. Der physikalische Grund für dieses Verhalten liegt in der diskreten Primärenergie E_0 der vorgegebenen Neutronen. Alle Teilchen mit Energien im Bereich E_0 bis rE_0 gehören zur schnellen Gruppe — d. h., daß zu dieser Gruppe zunächst alle $n(E_0)$ beitragen; in die Gruppe mit Energien $< rE_0$ treten aber nicht alle vorgegebenen Neutronen *sofort* ein.

Die Grenze zwischen den beiden Gruppen liegt für Spaltneutronen $(E_0 \sim 2\,\text{MeV})$ in verschiedenen Bremsmitteln bei den in Tab. 14 angegebenen Werten.

Tabelle 14. *Grenze der zwei Neutronengruppen für $E_0 = 2\,MeV$*

Bremsmittel	H	D	He	Li	Be	C	O	Na	U
Massenbruch	0	0,111	0,360	0,562	0,640	0,716	0,780	0,835	0,983
Grenze $r\,E_0$ [MeV]	0	0,222	0,720	1,24	1,28	1,43	1,56	1,67	1,96
Asymptotische Grenze $r^3\,E_0$ [MeV]	0	0,027	0,093	0,35	0,52	0,74	0,95	1,16	1,93

Der Einfluß der zweimal gestreuten Neutronen reicht auf der Energieleiter bis höchstens $r^2 E_0$, die dreimal gestreuten Neutronen beeinflussen die Energieverteilung bis $r^3 E_0$ hinunter. Je mehr Zusammenstöße sich ereignet haben, desto gleichmäßiger wird die Energieverteilung der Neutronen, bis schließlich alle dem MAXWELL-BOLTZMANNschen Verteilungsgesetz gehorchen. In der Praxis hat sich gezeigt, daß schon zu einem Zeitpunkt, in dem alle Neutronen mindestens drei Stöße erlitten haben, also für Energien $< r^3\,E_0$, eine glatte, d. h. von den kleiner werdenden Unstetigkeiten immer weniger gestörte Energieverteilung erreicht wird. $r^3\,E_0$ wird daher die *asymptotische Grenze* genannt. Im Bereich $E \ll E_0$, d. h. ab $E \approx r^3\,E_0$, ist const/E eine Lösung von (8.15). (Vgl. Übungsbeispiel 8 b). Die *asymptotische Stoßdichte* ist also durch

$$P_{as}(E) = \frac{\text{const}}{E} = n(E)\,v(E)\,\Sigma_S \tag{8.17}$$

gegeben; dies stimmt bis auf einen Zahlenfaktor mit den Ergebnissen (8.9), (8.10), die wir für Wasserstoff erhielten, überein. Um die *asymptotische Bremsdichte* für schwere Bremsmittel zu berechnen, dürfen wir nun nicht, wie wir es bei Wasserstoff taten, einfach dE durch E ersetzen, was bei Wasserstoff wegen der durchgehenden Integration $\int_{E}^{E_0}$ formal möglich war. Im asymptotischen Fall sind nämlich die Integrationsgrenzen durch die Grenzen $\int_{E}^{E\,r}$ der langsamen Gruppe festgelegt. (8.5) gibt an, wieviel Neutronen des Energieintervalls dE' gestreut werden, d. h. dieses Intervall verlassen; der Prozentsatz der Stöße, die auf eine Energie im Intervall dE führen, ist durch (8.11) gegeben. (Für die Primärenergie im Nenner muß man natürlich $E'(1-r)$ setzen, im Zähler steht dE). Um die Bremsdichte zu erhalten, müßten wir nun dE durch einen scharfen Energiewert E ersetzen. Wir können aber hier nicht einfach E an Stelle von dE schreiben, da ja E in der langsamen Gruppe nur zwischen E' und rE' (nicht 0) variieren kann. Da die Wahrscheinlichkeit als das Verhältnis der Anzahl der günstigen zur Anzahl der möglichen Fälle definiert ist, können wir an Stelle von (8.11) schreiben:

$$W_1(E) = \frac{E - rE'}{E' - rE'} \tag{8.18}$$

Die günstigen Fälle sind Streuprozesse, die Neutronen der Primärenergie E' in den zwischen rE' und E ($> rE'$, maximal gleich E') liegenden Bereich abbremsen. möglich sind Energien zwischen E' und rE'. Da (8.18) an die Stelle von (8.11) tritt, gilt für die Anzahl der Streuprozesse, die zur Energie E führen (Bremsdichte)

$$q = \int\limits_{E}^{E/r} P_{as}(E') \frac{E - rE'}{E'(1 - r)} \, dE' \tag{8.19}$$

Mit (8.17) ergibt sich

$$q = \int\limits_{E}^{E/r} \frac{\text{const}}{E'} \cdot \frac{E - rE'}{E'(1 - r)} \, dE' = \text{const}\left(1 + \frac{r}{1 - r} \ln r\right), \tag{8.20}$$

was mit (7.30) übergeht in

$$q = \text{const} \cdot \xi \tag{8.21}$$

Das gleiche Ergebnis liefert (8.7) für Wasserstoff. Mit (8.6) lautet (8.7)

$$q(E) = \frac{n(E_0)}{E_0} \, dE + \int\limits_{E}^{E_0} P(E') \, dE' \; W(E) \, dE \tag{8.22}$$

Für $W(E) \, dE$ setzen wir in Analogie zu (8.18)

$$W(E) = E/E', \qquad dE \to E, \tag{8.23}$$

und erhalten aus (8.22) mit (8.9)

$$q(E) = \frac{n(E_0)}{E_0} E + \int\limits_{E}^{E_0} \frac{n(E_0)}{E'} \frac{E}{E'} \, dE' = n(E_0) = \text{const}, \tag{8.24}$$

was man aus (8.20) oder (8.21) sofort für $r = 0$ oder $\xi = 1$ erhält. Wir haben damit nicht nur die *Bremsdichte für Wasserstoff*, die oben — (8.7) — ohne weitere Begründung angeschrieben wurde, abgeleitet, sondern auch gezeigt, daß die asymptotische Bremsdichte (8.20) der schweren Bremsmittel mit der exakten Formel für Wasserstoff übereinstimmt, wenn man in (8.20) $r = 0$ setzt. Die asymptotische Bremsdichte in schweren Bremsmitteln und die Bremsdichte in Wasserstoff sind also von der Energie unabhängig; es muß daher gelten

$$q = n(E_0) \quad \text{und} \quad \text{const} = (n E_0)$$

Wegen (8.9), (8.5) gilt dann aber für Wasserstoff allgemein und für schwere Bremsmittel asymptotisch:

$$\boxed{q_{as} = E \, \xi \, \Sigma_S \, n(E) \, v(E)} \tag{8.25}$$

Die asymptotische Bremsdichte pro Energieeinheit ist also das Produkt aus der Bremskraft des Mediums und dem Neutronenfluß.

Wenn nicht bloß ein Bremsmittel, sondern eine Mischung mehrerer Substanzen vorhanden ist (auch Uran bremst ja etwas!), dann muß man für jede von insgesamt K verschiedenen Substanzen die obigen Überlegungen getrennt durchführen und dann die von den einzelnen Kernarten herrührenden Anteile summieren:

$$\boxed{\Sigma_{S\,ges.} = \sum_{k=1}^{K} N_k \, \sigma_{S\,k}} \tag{8.26}$$

Wirkungsquerschnitte normiert man zweckmäßigerweise mit Hilfe einer Division durch $\Sigma_{S\,ges.}$. Man erhält so für die asymptotische Bremsdichte eines Gemisches

$$q = \sum_{k=1}^{K} \int_{E}^{E/r_k} \frac{\Sigma_{S\,k}}{\Sigma_{S\,ges.}}\, \overline{P}(E')\, \frac{E - r_k E'}{E'\,(1 - r_k)}\, dE' = E\, \overline{\xi}\, \Sigma_{S\,ges.}\, n\,(E)\, v\,(E) \qquad (8.27)$$

mit $\overline{P} = \Sigma_{S\,ges.}\, P_k / \Sigma_{S\,k}$; P_k nach (8.1), und

$$\overline{\xi} = \frac{\sum\limits_{k=1}^{K} \sigma_{S\,k}\, \xi_k\, N_k}{\Sigma_{S\,ges.}} \qquad \text{und analog} \qquad (8.28)$$

$$\overline{(\cos \vartheta)}_{Mischung} = \frac{\sum\limits_{k=1}^{K} \overline{(\cos \vartheta)}_k\, \sigma_{S\,k}\, N_k}{\Sigma_{S\,ges.}}$$

Die Energieverteilung der Neutronen ändert sich in einem Reaktor sehr stark: Die Spaltneutronen besitzen bei ihrer Entstehung — abgesehen von den verzögerten Neutronen — das Energiespektrum (6.8) s. Abb. 5; die thermischen Neutronen gehorchen im wesentlichen dem MAXWELL-BOLTZMANNschen Verteilungsgesetz (4.34), s. Abb. 12. Die zwischen diesen beiden Extremen liegenden schnellen und langsamen Neutronen gehorchen Energieverteilungen der Art (8.30).

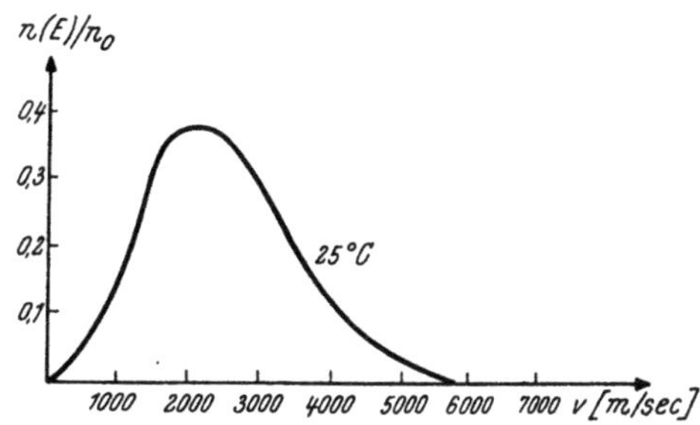

Abb. 12. Die Energieverteilung thermischer Neutronen (MAXWELL-BOLTZMANN-Verteilung)

Aus (8.25), (8.24) folgt für die Anzahl der im cm³ enthaltenen Neutronen der Energie E:

$$n\,(E) = \frac{n\,(E_0)}{E\, \xi\, \Sigma_S\, v} \qquad (8.29)$$

Nach Abb. 10 ist Σ_S für Wasserstoff im Bereich 1 eV bis $2 \cdot 10^3$ eV konstant, ebenso ist ξ konstant; v kann man mit Hilfe von (1.7) durch E ausdrücken, so daß

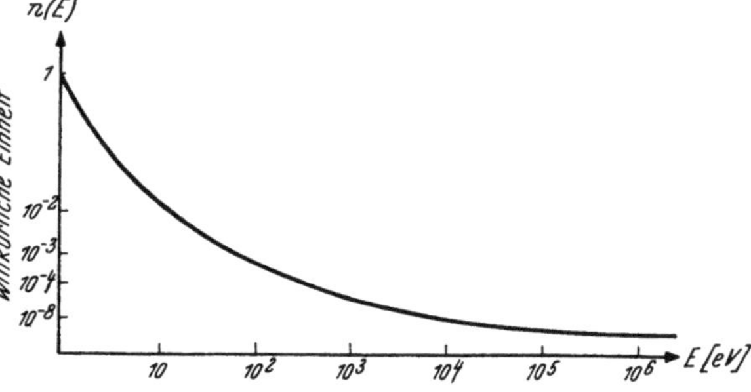

Abb. 13. Die Energieverteilung der schnellen Neutronen

$$n\,(E) = \frac{n\,(E_0)}{\xi\, \Sigma_S\, E\, \sqrt{\dfrac{2E}{m}}} = \frac{\text{const}}{E^{3/2}} \qquad (8.30)$$

die Energieverteilung der schnellen Neutronen im asymptotischen Gebiet (vgl. Tab. 14) darstellt. Wie Abb. 13 zeigt, hat diese Verteilung ein ganz anderes Aussehen als die MAXWELL-BOLTZMANN-Verteilung; den Übergang zwischen den beiden Verteilungen hat H. KOPPE[36] besprochen.

Es zeigt sich, daß man bis zu $E/kT = 4$ die MAXWELL-Verteilung und für höhere Energien die Summe aus MAXWELL-Verteilung und $E^{-3/2}$-Gesetz verwenden kann.

Übungsbeispiele

8 a) Man löse die Integralgleichung (8.8) durch Differenzieren und anschließende Integration der entstehenden Differentialgleichung unter Berücksichtigung der Anfangsbedingung $P(E_0) = \dfrac{n(E_0)}{E_0}$. Man leite (8.12) ab.

8 b) Man verifiziere (8.17) durch Einsetzen in (8.15).

8 c) Man löse (8.15) nach Phys. Rev. *69*, 423 (1946).

8 d) Man leite (8.27) und (8.28) ab.

8 e) Man drücke $P(E)$ und $q(E)$ allgemein und im asymptotischen Gebiet als Funktion der Lethargie (vgl. Übungsbeispiel 7 e) aus. Man drücke $P(E)$ für die schnelle Gruppe schwerer Bremsmittel als Funktion von u aus.

8 f) Man leite für Wasserstoff ($r = 0$) die Formel (8.7) für die Bremsdichte direkt — ohne Verwendung von (8.20) — ab mit Hilfe der Überlegungen, die zu (8.20) führten.

8 g) Leite $q(E) = $ const, also Formel (8.9) ab aus (8.7) (8.10).

8 h) Indium ($A = 115$) besitzt für Neutronen der Energie 1,44 eV (vgl. Abb. 1) eine sehr starke Resonanz. Schirmt man durch Cadmium alle thermischen Neutronen ab, so kann man näherungsweise annehmen, daß $\sigma_{In} = 27\,000$ barn für $E = 1,44$ eV und sonst überall $\sigma \approx 0$. Dann kann man die asymptotische Bremsdichte bei der Energie 1,44 eV messen. Man leite unter Verwendung von (3.17), (4.6), (4.32), (8.25), (3.14) für eine R [g] schwere Indiumfolie die Formel

$$q(E_{res}) = \frac{N_\infty\, 3{,}7 \cdot 10^{10} \cdot 115}{\overline{\xi}\, \Sigma_S\, R\, N_L \displaystyle\int_0^\infty \sigma_{In}(E)\, \frac{dE}{E}} \tag{8.31}$$

ab; $\overline{\xi}$ folgt aus (8.28), $\Sigma_S \approx$ const. Das Integral $\displaystyle\int_0^\infty \sigma_{In}(E)\, \frac{dE}{E}$ ist näherungsweise

($\sigma = 0$, außer an der Stelle $E = (1{,}44 \pm 0{,}04)$ eV) und genauer unter Benützung von Meßwerten[20] durch graphische Integration zu bestimmen.

§ 9. Bremsung mit Absorption

Absorption und Resonanzabsorption, Bremsdichte bei Absorption, Lebenserwartung der Neutronen und Resonanzintegral, Stoßdichte bei Absorption, Näherungen für die asymptotische Bremsdichte.

Wie wir aus Tab. 13 ersehen, gibt es kein Bremsmittel, das nicht auch Neutronen absorbiert*, wenngleich diese Absorption für manche Stoffe sehr gering ist. Wir müssen daher untersuchen, welche Änderungen sich in den Formeln für die Bremsung unter Berücksichtigung der Absorption ergeben.

Da der Absorptionswirkungsquerschnitt in seiner Abhängigkeit von der Neutronenenergie auch Resonanzen besitzen kann (*Resonanzabsorption, Resonanzeinfang*), müssen wir damit rechnen, daß für bestimmte *Resonanzenergien* E_r der Absorptionswirkungsquerschnitt plötzlich sehr groß wird: dies bedeutet

---

* In leichten Stoffen erfolgt die Absorption vorwiegend durch (n, a) oder (n, p) Reaktionen. Bei schweren Kernen überwiegen $(n. \gamma)$ Reaktionen.

eine sehr starke Absorption bei ganz bestimmten Energiewerten. Das Bremsmittel wirkt in diesem Fall als *Senke* (negative Quelle). Im § 8 haben wir gesehen, daß die diskrete Energie E_0 der Spaltneutronen in schweren Bremsmitteln Unstetigkeiten in der Stoßdichte hervorruft; wir werden also zu erwarten haben, daß jede Resonanzstelle der Energie E_r weitere Unstetigkeiten erzeugt.

Wir wollen nun ganz allgemein die Bremsung mit Absorption besprechen, wobei wir uns zunächst auf Wasserstoff bzw. den asymptotischen Grenzfall bei schweren Bremsmitteln beschränken. (8.1) gibt an, wieviele Stoßprozesse Neutronen der Energie E pro cm³ und sec erleiden; die Anzahl der erlittenen Absorptionsprozesse ist nach (4.2) gegeben durch*

$$P_A (E)\, dE = n (E)\, v (E)\, \Sigma_A (E)\, dE. \tag{9.1}$$

Für die Gesamtzahl von Stoß- und Absorptionsprozessen, also die Zahl der Prozesse überhaupt, gilt dann

$$\widetilde{P} (E)\, dE = n (E)\, v (E)\, dE\, (\Sigma_A (E) + \Sigma_S (E)), \tag{9.2}$$

und für die Bremsdichte (asymptotisch oder in H) nach (8.25)

$$\widetilde{q}_{as} = n (E)\, v (E)\, E\, \xi\, [\Sigma_S (E) + \Sigma_A (E)] \quad \text{bzw.} \quad \Sigma_A \to \Sigma_{A\,ges} \tag{9.3}$$

(Die Welle $\sim$ bedeutet: mit Absorption.)

Während ohne Absorption die Bremsdichte konstant ist, da Neutronen weder entweichen noch entstehen können, wird die Bremsdichte kleiner, sobald Absorption auftritt; es verschwinden dann im Energieintervall dE genau so viel Neutronen, wie nach (9.1) absorbiert werden. Es gilt daher:

$$\frac{d\widetilde{q}_{as}}{dE} = -\, n (E)\, v (E)\, \Sigma_A (E). \tag{9.4}$$

Eliminiert man nv aus (9.3) und (9.4), so erhält man die folgende Differentialgleichung für die *asymptotische Bremsdichte bei Absorption*:

$$\frac{d\widetilde{q}_{as}}{dE} = -\, \frac{\widetilde{q}_{as}\, \Sigma_A (E)}{E\, \xi\, [\Sigma_S (E) + \Sigma_A (E)]}\,, \tag{9.5}$$

die für $\xi = 1$ in die exakte Gleichung für Wasserstoff übergeht. Nach Trennung der Variablen kann man (9.5) integrieren und erhält:

$$\widetilde{q}_{as} (E) = \text{const} \cdot e^{\displaystyle -\frac{1}{\xi} \int_E^{E_0} \frac{\Sigma_A (E)}{\Sigma_S (E) + \Sigma_A (E')} \cdot \frac{dE}{E}} =$$
$$= n (E_0) \cdot e^{\displaystyle -\frac{1}{\xi} \int_E^{E_0} \frac{\Sigma_A (E)}{\Sigma_S (E) + \Sigma_A (E)} \frac{dE}{E}} \tag{9.6}$$

Die Integrationskonstante wird aus der Anfangsbedingung

$$\widetilde{q}_{as} (E_0) = n (E_0) \tag{9.7}$$

bestimmt.

---

* Unter Σ_A ist hierbei der gesamte Absorptionsquerschnitt aller Stoffe zu verstehen; finden z. B. neben gewöhnlichen Absorptionsprozessen noch Spaltungen (die ja auch Neutronen verbrauchen!) statt, so ist Σ_A durch $\Sigma_{A\,ges} = \Sigma_A + \Sigma_{Sp}$ zu ersetzen.

Ein Vergleich mit (8.24) zeigt, daß

$$\tilde{q}_{as}(E) = q_{as}(E) \cdot p(E) \tag{9.8}$$

gilt, wobei $p(E)$ nach (9.6) gegeben ist durch

$$\boxed{p(E) = e^{-\frac{1}{\xi}\int_E^{E_0} \frac{\Sigma_A(E')}{\Sigma_S(E') + \Sigma_A(E')}\frac{dE'}{E'}} \leqq 1,} \quad \text{bzw. } \Sigma_A \to \Sigma_{A\,ges}, \tag{9.9}$$

Man muß also die Bremsdichte im absorptionsfreien Fall mit dem Faktor p multiplizieren, um die Bremsdichte bei Berücksichtigung der Absorption zu erhalten. Die physikalische Bedeutung dieses Faktors $p(E)$ ist die Wahrscheinlichkeit, daß Neutronen der Energie E_0 bis zur Abbremsung auf E der Absorption entrinnen. Diesen in der englischen Literatur etwas umständlich „resonance escape probability" genannten Faktor wollen wir *Lebenserwartung* nennen, da Absorption den Tod des Neutrons bedeutet. Für das in (9.9) auftretende Integral hat sich der Name *Resonanzintegral* eingebürgert, auch für solche Fälle, in denen Σ_A und Σ_S frei von Resonanzen sind. Mit diesen Resonanzintegralen werden wir uns im § 10 ausführlich zu befassen haben.

Für die *Stoßdichte mit Absorption* erhält man bei Wasserstoff durch ganz analoge Überlegungen wie im § 8 unter Verwendung von (9.2) die Integralgleichung*

$$\tilde{P}_H(E) = \frac{n(E_0)}{E_0} + \int_E^{E_0} \frac{\Sigma_S}{\Sigma_A + \Sigma_S} \frac{\tilde{P}_H(E')}{E'} dE'. \tag{9.10}$$

Bei der Ableitung wurde angenommen, daß die sehr schnellen Primärneutronen einen ersten Stoß erleiden, bevor sie absorbiert werden. Durch Differenzieren von (9.10) ergibt sich

$$\frac{d\tilde{P}_H(E)}{dE} = -\frac{\Sigma_S}{\Sigma_A + \Sigma_S}\frac{\tilde{P}_H(E)}{E}. \tag{9.11}$$

Diese Differentialgleichung besitzt für die Anfangsbedingung

$$\tilde{P}_H(E_0) = \frac{n(E_0)}{E_0} \tag{9.12}$$

die Lösung

$$\tilde{P}_H(E) = \frac{n(E_0)}{E_0} \cdot e^{\int_E^{E_0} \frac{\Sigma_S}{\Sigma_A + \Sigma_S}\frac{dE'}{E'}} \tag{9.13}$$

die mit Hilfe von

$$\frac{\Sigma_S}{\Sigma_A + \Sigma_S} = 1 - \frac{\Sigma_A}{\Sigma_A + \Sigma_S} \tag{9.14}$$

übergeht in

$$\tilde{P}_H(E) = \frac{n(E_0)}{E} \cdot e^{-\int_E^{E_0} \frac{\Sigma_A}{\Sigma_A + \Sigma_S}\frac{dE'}{E}} \qquad (\xi = 1) \tag{9.15}$$

---

* Einfacher ist es, durch einen Vergleich von (8.1) mit (9.2) zu überlegen, warum (8.8) in (9.10) übergehen muß. Eine strenge Ableitung von (9.10) findet man im Übungsbeispiel 12 k, S. 82.

Wenn man für schwere Bremsmittel die asymptotische Stoßdichte berechnen will (die asymptotische Bremsdichte (9.6) kennen wir bereits), so muß man von den Formeln für die langsame Gruppe ausgehen; die Absorption innerhalb der schnellen Gruppe ($E_0 > E > rE_0$) ist ja recht klein* und kann vernachlässigt werden.

Durch Überlegungen analog zu jenen in § 8 ergibt sich

$$\widetilde{P}_{S2}(E) = \int\limits_{E}^{E/r} \frac{\Sigma_S}{\Sigma_A + \Sigma_S}\, \frac{\widetilde{P}_{S2}(E')}{1-r}\, \frac{dE'}{E'}.$$

(9.16)

(In $\widetilde{P}_{S2}$ deutet S auf das schwere Bremsmittel, 2 auf die langsame Gruppe.) Für verschwindende Absorption ($\Sigma_A = 0$) geht dies in (8.15) über. Die Lösung dieser Integralgleichung ist auch im asymptotischen Grenzfall schwierig, da $\Sigma_S(E)$, $\Sigma_A(E)$ nicht als analytische Funktionen gegeben sind. Im § 8 hatten wir die asymptotische Bremsdichte dadurch abgeleitet, daß wir die asymptotische Lösung (8.17) der Integralgleichung (8.15) in (8.19) einsetzten. Auf ähnlichem Wege hatten wir die Bremsdichte für Wasserstoff (8.24) erhalten. *Hier* (im Falle der Absorption) hatten wir die asymptotische Bremsdichte (9.6) aus der Differentialgleichung (9.5) gewonnen. Die Bremsdichte für Wasserstoff konnten wir auch aus (9.5) berechnen; eine Verifikation des Ergebnisses (9.6) für $\xi = 1$ ist möglich, da wir in (9.10) die Stoßdichte für Wasserstoff zu Verfügung haben. Allerdings müssen wir die nur für $\Sigma_A = 0$ gültige Bremsdichtenformel (8.22) durch eine analoge Formel ersetzen; eine strenge Ableitung, aber auch ein einfacher Vergleich von (8.8) mit (9.10) oder von (8.1) mit (9.2) zeigt, daß im Falle der Berücksichtigung der Absorption die Zuordnung (vgl. S. 200)

$$P(E') \to \frac{\Sigma_S}{\Sigma_A + \Sigma_S}\, \widetilde{P}(E')$$

(9.17)

gilt, so daß aus (8.22) die neue Formel

$$\breve{q}_{\mathrm{H}}(E) = \frac{n(E_0)}{E_0}\, E + \int\limits_{E}^{E_0} \frac{\Sigma_S}{\Sigma_A + \Sigma_S} \cdot \frac{\widetilde{P}_{\mathrm{H}}(E')\, E\, dE'}{E'}$$

(9.18)

entsteht. Anstatt nun — was naheliegend wäre — $\widetilde{P}_H$ aus (9.15) einzusetzen, ist es einfacher, das Integral

$$\int\limits_{E}^{E_0} \frac{\Sigma_S}{\Sigma_A + \Sigma_S}\, \widetilde{P}_H(E')\, \frac{dE'}{E'}$$ aus (9.10) zu berechnen, so daß

$$\breve{q}_{\mathrm{H}}(E) = \frac{n(E_0)}{E_0}\, E + E\left[\widetilde{P}_{\mathrm{H}}(E) - \frac{n(E_0)}{E_0}\right] = E\, \widetilde{P}_{\mathrm{H}}(E)$$

(9.19)

folgt.

Für die Bremsdichte in Wasserstoff bei Berücksichtigung der Absorption ergibt sich daher mit Benützung von (9.15) genau der schon früher abgeleitete Wert (9.6). Für Wasserstoff gilt also (9.6) exakt.

Wir wollen nun versuchen, ob wir das Resultat (9.6) auch für schwere Bremsmittel (langsame Gruppe) verifizieren können**. Wenn

---

* Weil σ_A für große Energien sehr klein ist, vgl. [20].
** Die weiteren Rechnungen sind — mit Ausnahme derer am Ende dieses Paragraphen — für praktische Berechnungen bedeutungslos und können überschlagen werden. Sie dienen nur der Ableitung der in der Literatur gelegentlich verwendeten Formel (9.37).

man in (8.19) $P(E')$ gemäß (9.17) ersetzt, so ergibt sich für die Bremsdichte

$$\widetilde{q}_{S2}(E) = \int\limits_{E}^{E/r} \widetilde{P}_{S2}(E') \frac{\Sigma_S}{\Sigma_A + \Sigma_S} \frac{E - rE'}{E'(1-r)} \, dE'. \tag{9.20}$$

Wie man sich leicht überzeugt, führt hier wegen $r \neq 0$ der bei Wasserstoff verwendete Trick nicht zum Ziel. Wir müssen daher mit Näherungsmethoden arbeiten oder nur den asymptotischen Fall betrachten. Aber auch im asymptotischen Fall kommen wir nicht weiter — wir kennen weder $\widetilde{P}_{as}$, noch ist der Wasserstoff-Trick für $\widetilde{P}_{as}$ anwendbar (wieder wegen $r \neq 0$). Die asymptotische Bremsdichte $\widetilde{q}_{as}$ nach (9.6) kann also auf direktem Weg (d. h. durch Berechnung aus $\widetilde{P}_{as}(E)$) für $\xi \neq 0$ nicht verifiziert werden. Während also die Ansätze (9.3) und (9.4) für Wasserstoff streng gelten — wie die Verifizierung (9.19) bewies — ist dies für schwere Bremsmittel nicht der Fall und (9.6) stellt bei diesen nur eine Näherung für $\widetilde{q}_{as}$ dar.

Um den Grad dieser Näherung abzuschätzen, und um zu verstehen, wieso (9.3), (9.4) und (9.6) für Wasserstoff exakt gelten, wollen wir die folgenden Rechnungen durchführen. Zunächst setzen wir in (9.20) den störenden Bruch $\dfrac{\Sigma_S(E')}{\Sigma_A(E') + \Sigma_S(E')}$ gleich einer Konstanten $\varkappa$:

$$\frac{\Sigma_S(E')}{\Sigma_A(E') + \Sigma_S(E')} = \varkappa \tag{9.21}$$

Dies ist sicher gestattet, wenn $\Sigma_S(E')$ und $\Sigma_A(E')$ nur schwach veränderliche Funktionen von E' sind. Verhalten sich beide Wirkungsquerschnitte so wie $1/v = \text{const}/\sqrt{E'}$, so ist (9.21) sicher erfüllt.

Mit (9.21) erhält man aus (9.20)

$$\widetilde{q}_{S2}(E) = \int\limits_{E}^{E/r} \widetilde{P}_{S2}(E') \frac{E - rE'}{E'(1-r)} \varkappa \, dE'. \tag{9.22}$$

Wenn $\varkappa$ praktisch konstant (bzw. langsam veränderlich) ist, dann wird sich $\widetilde{P}_{S2}$ von P_{S2} nur wenig unterscheiden; dies legt ein Vergleich von (9.22) mit (8.19) nahe. Dann wird aber auch $\widetilde{P}_{S2}(E)$ ein wesentliches Glied der Art (8.17) enthalten. Da die Abweichung des $\widetilde{P}_{S2}(E)$ vom $P_{S2}(E)$ in schwach absorbierenden Medien klein ist, können wir sie an der Stelle E in eine TAYLORreihe entwickeln, die wir nach dem linearen Glied abbrechen. Unter Einbeziehung aller Konstanten in P_N setzen wir daher

$$\varkappa \widetilde{P}_{S2}(E') = \frac{1}{E'} P_N(E') = \frac{1}{E'}\left(P_N(E) + (E' - E) \frac{dP_N}{dE} \right). \tag{9.23}$$

Geht man damit in (9.22) ein, so erhält man nach Integration

$$\widetilde{q}_{S2}(E) = \xi \, P_N(E) + A \frac{dP_N(E)}{dE} E. \tag{9.24}$$

Hierbei wurde (8.20) verwendet; A ist die Abkürzung für

$$A = \frac{1}{1-r} (-\ln r + 2r - 2 - r \ln r). \tag{9.25}$$

Nun differenzieren wir (9.22) unter Verwendung der bekannten Formel

$$\frac{d}{dE} \int_{v(E)}^{u(E)} f(E, E')\, dE' = \int_{v(E)}^{u(E)} \frac{\partial f(E, E')}{\partial E}\, dE' + f[E, u(E)]\, u' - f[E, v(E)]\, v'$$

$$(9.26)$$

und erhalten schließlich mit (9.23)

$$\frac{d\widetilde{q}_{S_2}(E)}{dE} = - \frac{dP_N(E)}{dE} \left(1 + \frac{\ln r}{1 - r}\right) = - B \frac{dP_N(E)}{dE}. \qquad (9.27)$$

Nun eliminieren wir $\dfrac{dP_N}{dE}$ aus (9.24) und (9.27) und erhalten

$$B\, \widetilde{q}_{S_2} + \frac{d\widetilde{q}_{S_2}}{dE}\, A\, E = B\, P_N\, \xi. \qquad (9.28)$$

Eliminiert man $d\widetilde{q}_{S_2}/dE$ mit Hilfe von (9.4), so ergibt sich

$$n\, v = \frac{\widetilde{q}_{S_2}}{\xi\, \Sigma_S + \gamma\, \Sigma_A}\, \frac{1}{E}, \quad \text{bzw.} \quad \Sigma_A \to \Sigma_{Ages}, \qquad (9.29)$$

was bis auf das Auftreten von

$$\gamma = \frac{A}{B} = \frac{-\ln r + 2\, r - 2 - r \ln r}{1 - r + \ln r} = \xi\, \delta \qquad (9.30)$$

an Stelle von ξ mit (9.3) übereinstimmt. Die Konstante

$$\delta = \frac{-\ln r + 2\, r - 2 - r \ln r}{1 - r + \ln r} \cdot \frac{1 - r}{1 - r + r \ln r} \qquad (9.31)$$

mißt die Abweichung von (9.3), also den Grad der Näherung von (9.3). Je nach der Art des Ansatzes für $\widetilde{P}$ erhält man verschiedene Ergebnisse für δ. GOERZEL und GREULING haben z. B. mit der Lethargie als unabhängiger Variabler (statt E) gerechnet und erhalten[38]

$$\delta' = \frac{1 - r + r \ln r - r/2 \cdot \ln^2 r}{(1 - r)}, \qquad (9.32)$$

während die Näherung nach FERMI (s. weiter unten)

$$\delta'' = 0 \qquad (9.33)$$

und die Rechnung nach WIGNER

$$\delta''' = 1 \qquad (9.34)$$

ergibt, so daß dann (9.29) mit (9.5) übereinstimmt. Die von HEISENBERG angegebene Näherung wurde unter Verwendung ganz anderer Methoden gewonnen[38].

(9.29) ist ebenso genau wie die Rechnung von WIGNER[38], und die Abweichung der Formel (9.5) von (9.29) wird z. B. durch (9.32) gegeben. Einige Werte für δ' findet man in Tab. 15.

Aus (9.4) und (9.29) erhält man

$$\frac{d\widetilde{q}_{S_2}}{dE} = - \frac{\Sigma_A\, \widetilde{q}_{S_2}}{(\xi\, \Sigma_S + \gamma\, \Sigma_A)\, E} \qquad (9.35)$$

und nach Integration

$$\tilde{q}_{S2}(E) = \tilde{q}(E_0) \cdot e^{-\int_E^{E_0} \frac{\Sigma_A(E')}{\xi \Sigma_S(E') + \gamma \Sigma_A(E')} \cdot \frac{dE'}{E'}} \tag{9.36}$$

so daß sich für die Lebenserwartung

$$\boxed{p_{S2}(E) = e^{-\int_E^{E_0} \frac{\Sigma_A(E')}{\xi \Sigma_S(E') - \gamma \Sigma_A(E')} \cdot \frac{dE'}{E'}}} \quad \text{bzw. } \Sigma_A \to \Sigma_{A\,ges} \tag{9.37}$$

ergibt. Diese Formel wird in der Literatur öfters zur Berechnung der Lebenserwartung verwendet[39]. Aus (9.29) und (9.36) kann man noch ableiten (vgl. (18.4)), daß

$$n(E) = \frac{n(E_0)\, p_{S2}(E)\, \sqrt{m}}{(\xi \Sigma_S + \gamma \Sigma_A)\sqrt{2}} \frac{1}{E^{3/2}} \approx \text{const } E^{-3/2}\, e^{-\text{const} \cdot E^{-1/2}} \tag{9.38}$$

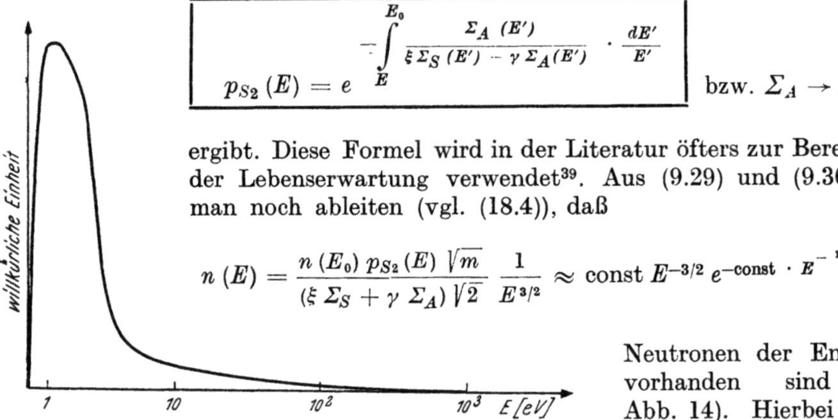

Abb. 14. Energieverteilung der schnellen Neutronen bei Absorption

Neutronen der Energie E vorhanden sind (vgl. Abb. 14). Hierbei wurde (4.26) und $\Sigma_S \approx$ const. $\gamma \approx 0$ verwendet.

Fermische Näherung

Wenn $\Sigma_A \ll \Sigma_S$, dann kann man — ungeachtet des Wertes von δ ($|\delta|$ ist meist < 1) — im Nenner des Resonanzintegrals in (9.6) und (9.37) Σ_A gegen Σ_S vernachlässigen; wie Tab. 15 zeigt, ist dies tatsächlich immer zulässig.

Tabelle 15. *Spezielle Werte für Bremsmittel*

Bremsmittel	H	D	Be	C	
δ' nach (9.32)	1,000	0,583	0,149	0,116	
σ_A nach Tab. 4	0,32	0,0009	0.011	0,0045	[barn]
σ_S nach Tab. 10	20	7,6	7,0	4,8	[barn]
σ_A/σ_S	0,016	0,00012	0,00157	0,00094	

Treten jedoch Resonanzen (z. B. im Uran) auf, dann muß man sowieso nach den Methoden des § 10 vorgehen. Allerdings haben ja die in Tab. 15 angeführten Bremsmittel leichte Kerne, deren Energieterme mindestens 100 000 eV über dem Grundzustand liegen[32], so daß Resonanzen bei der Absorption eine geringe Rolle spielen.

Mit dieser von FERMI vorgeschlagenen Näherung, die rein formal (9.33) entspricht, gilt also

$$\boxed{p_{S2}(E) = e^{-\int_E^{E_0} \frac{1}{\xi} \frac{\Sigma_A(E')}{\Sigma_S(E')} \frac{dE'}{E'}}} \quad \text{bzw. } \Sigma_A \to \Sigma_{A\,ges} \tag{9.39}$$

an Stelle von (9.37). Mit dieser Formel wird in der Praxis viel gerechnet (vgl. § 18). Bei Mischungen aus verschiedenen Stoffen sind natürlich Σ_A, Σ_S, ξ durch die entsprechenden Mittelwerte nach (8.26), (8.28) zu ersetzen.

Wegen der Absorptionsgefahr ·müssen die Neutronen rasch durch möglichst wenig Stöße gebremst werden; ist dies der Fall, dann ist die Lebenserwartung p groß (≈ 1) und die Bremsdichte mit Absorption unterscheidet sich nur wenig von der Bremsdichte ohne Absorption. Ein Vergleich von (9.39) mit (7.34) zeigt, daß im Resonanzintegral gerade der Kehrwert des Bremsverhältnisses steht — letzteres ist also das beste Kriterium für die Güte eines Bremsmittels (vgl. Tab. 13, S. 37). Je größer das Bremsverhältnis ist, desto kleiner ist das Resonanzintegral, desto größer ist die Lebenserwartung p und desto besser ist das Bremsmittel.

Übungsbeispiele

9 a) Aus (8.9) und (8.24) ersieht man, daß $q_H = E \cdot P_H$. Gilt dies auch dann, wenn die Absorption berücksichtigt wird ? (Verwende (9.6) und (9.15).)

9 b) Man berechne (9.39) für $\sigma_S =$ const, $\sigma_A = \dfrac{\text{const}}{v}$

9 c) Man leite (9.24) aus (9.23) ab.

9 d) Man verifiziere das Integral in (8.20).

9 e) Ein Neutron ($n\,(E) = 1$) erleidet nach (4.2) im cm³ pro sec $v\,\Sigma_S$ Stoßprozesse; da ξ nach Definition der mittlere logarithmische Energieverlust ist, verliert das Neutron in der Zeit dt den Betrag $d\ln E = \xi\,v\,\Sigma_S\,dt$ an Energie. Man leite die Formel

$$\tau_{Brems} = \frac{\overline{\lambda_S}}{\xi}\,\sqrt{2m}\left(\frac{1}{E_{therm}} - \frac{1}{E_{Spalts}}\right)\;[\text{s}] \;\approx\; \frac{\overline{\lambda_S}}{\overline{\xi v}}\,\ln\frac{E_0}{E_{th}}\;[\text{s}] \tag{9.40}$$

ab, wobei nach (4.35) $\overline{\lambda_S}$ der Mittelwert von λ_S im Energieintervall E_{Spalts} bis E_{therm} ist. Berechne die Bremszeit τ_{Brems} für Wasser, schweres Wasser, Beryllium und Graphit. Ist die Bremszeit größer oder kleiner als die durch

$$\tau_{Leben} = \frac{\lambda_A}{v} = \frac{1}{\Sigma_A v}\;[\text{s}] \qquad \text{bzw.}\;\; \Sigma_A \to \Sigma_{A\,ges} \tag{9.41}$$

gegebene mittlere Lebensdauer eines Neutrons ? (Nicht zu verwechseln mit der Halbwertszeit!)

9 f) In größerer Höhe werden in der Atmosphäre der Erde durch die Höhenstrahlung n Neutronen der Primärenergie 10^5 eV pro cm³ und sec erzeugt. Für die zu zirka 4/5 aus Stickstoff und zu 1/5 aus Sauerstoff bestehende Luft gilt für Neutronen der Geschwindigkeit v

	O_2	N_2	
σ_A	0	$3{,}85 \cdot 10^{-19}/v$	[cm²]
σ_S	4,2	11	[barn]

Man berechne den Fluß thermischer Neutronen in der Atmosphäre unter Berücksichtigung von $\Sigma_A \ll \Sigma_S$.

9 g) Man beweise folgende Formeln: (8.20), (7.31), (9.11), (9.38) und bestimme das Maximum der Funktion (9.38).

§ 10. Das Resonanzintegral

Diskussion der BREIT-WIGNER-Formel, Temperaturverbreiterung der Resonanzlinien. Das effektive Resonanzintegral, die Abhängigkeit des Resonanzintegrals vom Mischungsverhältnis Brennstoff zu Bremsmittel; Resonanzintegral bei einzelnen Resonanzstellen, Methoden zur Vergrößerung der Lebenserwartung, das heterogene Resonanzintegral.

Bisher hatten wir angenommen, daß die Absorption frei von Resonanzen ist; für leichte Kerne ist dies im allgemeinen zulässig, da diese in dem für uns interessanten Energiebereich überhaupt keine oder nur sehr verschwommene, breite Resonanzen besitzen[20,32]. Reaktoren enthalten aber auch schwere Kerne, z. B. Urankerne; wir müssen daher wissen, wie das Resonanzintegral und die Lebenserwartung beim Vorhandensein scharfer Resonanzen zu berechnen sind.

Tabelle 16. *Einige Resonanzdaten schwerer Kerne (Streuung und Einfang) E in* eV, *Γ in* MeV *(Laborsystem)*

U 233	$E_1 = 1{,}70$	$\Gamma_\gamma^1 = 70$	$\Gamma_n^1 = 0{,}49$	$\Gamma_{Spaltung} = 380$
U 235	$E_1 = 0{,}29$	$\Gamma_\gamma^1 = 31$	$\Gamma_n^1 = 0{,}004$	$\Gamma_{Spaltung} = 110$
	$E_2 = 1{,}12$	$\Gamma_\gamma^2 = 15$	$\Gamma_n^2 = 0{,}016$	$\Gamma_{Spaltung} = 130$
U 238	$E_1 = 6{,}7$	$\Gamma_\gamma^1 = 24$	$\Gamma_n^1 = 1{,}52$	
	$E_2 = 21$	$\Gamma_\gamma^2 = 25$	$\Gamma_n^2 = 8{,}9$	
	$E_3 = 36{,}9$	$\Gamma_\gamma^3 = 29$	$\Gamma_n^3 = 32{,}5$	
	$E_4 = 66{,}3$	$\Gamma_\gamma^4 = 27$	$\Gamma_n^4 = 25$	etc.
Pu 239	$E_1 = 0{,}296$	$\Gamma_\gamma^1 = 41$	$\Gamma_n^1 = 0{,}12$	$\Gamma_{Spaltung} = 47$
(C 12	$E_1 = 2.080\,000$	$\Gamma_\gamma^1 = 10$)		

Der Verlauf des Wirkungsquerschnittes in Abhängigkeit von der Energie wird durch die BREIT-WIGNER-Formel (4.22) gegeben (vgl. auch Tab. 16). Da nur Neutronen als einfallende Teilchen (A-Teilchen) für uns interessant sind, gilt[6] $\Gamma_A = \Gamma_S$; diese Größe ist nach (4.23) gleich der reziproken Aufenthaltsdauer des „eingedrungenen" Neutrons* im Kern (d. h. im betreffenden Resonanzniveau), vgl. auch (4.24). Weiters gilt $\Gamma_A = \Gamma_B = \Gamma_S$, da bei der Streuung das A- und das B-Teilchen identisch sind. Für die Absorption gilt $\Gamma_B = \Gamma_{Abs.}$. Je nachdem, ob nach der Absorption ein Quant oder ein Neutron emittiert wird (Strahlungseinfang oder unelastische Streuung), schreibt man für $\Gamma_{Abs.}$ auch Γ_γ bzw. Γ_n (s. Tab. 15). Γ_p und Γ_n spielen kaum eine Rolle. so daß Γ, die gesamte Resonanzbreite. gegeben ist durch

$$\Gamma = \Gamma_S + \Gamma_{Abs.}; \quad \Gamma_{Abs.} = \Gamma_n + \Gamma_\gamma \tag{10.1}$$

Auch Γ_n spielt bei schweren Kernen kaum eine Rolle, da z. B. bei Uran unelastische Streuung erst ab 10^5 eV, der niedersten Anregungsenergie, möglich ist*. In schweren Kernen erfolgt die Absorption also praktisch nur als Strahlungseinfang. In (4.22) ist E die Energie des einfallenden Teilchens im Schwerpunktssystem. Da die Resonanzdaten meist im Laborsystem gegeben sind (vgl. Tab. 16), müssen wir die Umrechnungsformel kennen. Aus (7.11) und (7.3) erhält man unter Berücksichtigung von $A \gg m$

$$E_{Schwerp.} = E_{Lab.} - m \cdot v_{Neutron} \cdot v_{Kern} \cdot \overline{\cos \vartheta} \tag{10.2}$$

Wegen $E_{Schwerp.} < E_{Lab.}$ wird nach (4.24) der Wirkungsquerschnitt für großes v_{Kern} größer, die Resonanzen werden durch höhere Temperaturen verbreitert. Wenn man v_{Kern}^2 durch die Temperatur und $v_{Neutron}$ durch $E_{Neutron}$ ersetzt, dann erhält man

$$m\, v_{Neutr.}\, v_{Kern} = \sqrt{2\,m\,E_{Neutr.}\, 3\,kT/A} \tag{10.3}$$

$\dfrac{h}{2\,\pi}\, \Gamma$ hat nach Abb. 1 die Bedeutung der *Halbwertsbreite einer Resonanzlinie*, d. h. es mißt die Breite der Resonanzkurve (Resonanzlinie) in der Höhe des halben Maximums. Die *Temperaturverbreiterung* der Resonanzlinien kann man

---

* Zum besseren Verständnis möchten wir darauf hinweisen, daß bei einer Absorption durch Strahlungseinfang das Neutron in den Kern aufgenommen wird, so daß im Mittel 8 MeV frei werden. Es erreichen daher schon langsame Neutronen eine Kernenergiestufe. Ein (n, n) Prozeß ($\Gamma_B = \Gamma_{Abs.} = \Gamma_n$) stellt eine unelastische Streuung dar, bei der die Bindungsenergie *nicht* frei wird; da die niederste Anregungsenergie (Kernenergiestufe) beim Uran bei 10^5 eV liegt, können nur sehr schnelle Neutronen eine (n, n) Reaktion hervorrufen. $\Gamma_A = \Gamma_B = \Gamma_S$ liefert die Resonanzstellen der Streuung, bei der das Neutron, um von den Resonanzniveaus des Kerns Kenntnis nehmen zu können. in diesen „virtuell eindringt" (vgl. auch S. 30).

daher nur dann vernachlässigen, wenn $2\,\pi\,m\,v_{Neutr}.\;v_{Kern} \ll h\,\Gamma$ ist. Bei dieser Temperaturverbreiterung bleibt $\int \sigma_A\,(E)\,dE$ und damit die Lebenserwartung konstant; trotzdem steigt die Neutronenabsorption in *dicken* Materieschichten mit steigender Temperatur an. Dieser für den Betrieb eines Kernreaktors wichtige Effekt rührt nach einer Überlegung von HEISENBERG daher[39], daß sich bei kleinen Temperaturen in dicken Schichten die Wirkungsquerschnitte überlappen, wodurch die Absorption verringert wird. Durch die Temperaturverbreiterung werden nun diese Wirkungsquerschnitte über einen größeren Energiebereich verteilt, so daß die dann geringere Überlappung eine Vergrößerung der Gesamtabsorption erzeugt. Bei der Erwärmung eines Kernreaktors durch den Betrieb wird also die Lebenserwartung der Neutronen verringert — der Reaktor kann sich selbst stabilisieren.

Bevor wir nun (9.6) auswerten, möchten wir darauf hinweisen, daß die Lebenserwartung nicht nur vom Bremsmittel, sondern auch vom Mischungsverhältnis Bremsmittel : Brennstoff und den Kerneigenschaften des Spaltmaterials (Brennstoff) abhängt (vgl. Übungsbeispiel 10a). Wenn eine homogene Mischung N_A Atome des Resonanzabsorbers pro cm³ enthält (in der Praxis fast durchwegs U 238, s. § 11), dann gilt unter Vernachlässigung der relativ sehr geringen Absorption im Bremsmittel:

$$\frac{\Sigma_{A\,ges}}{\Sigma_{S\,ges} + \Sigma_{A\,ges}} = \frac{N_A\,\sigma_{A\,ges}}{\Sigma_{S\,ges}} \cdot \frac{\Sigma_{S\,ges}}{\Sigma_{S\,ges} + \Sigma_{A\,ges}} \tag{10.4}$$

Da Σ_S sowohl für das Bremsmittel als auch für den Brennstoff im ganzen Resonanzbereich E_1 bis E_2 praktisch konstant ist, und da wir $\Sigma_{A\,ges}$ außerhalb des Resonanzbereiches Null setzen können, folgt mit (10.4) aus (9.9)

$$p = e^{\displaystyle -\frac{N_A}{\bar{\xi}\,\Sigma_{S\,ges}} \int_{E_1}^{E_2} \frac{\sigma_{A\,ges}\,\Sigma_{S\,ges}}{\Sigma_{S\,ges} + \Sigma_{A\,ges}} \cdot \frac{dE}{E}} \; ; \tag{10.5}$$

hierin bedeutet $\Sigma_{S\,ges}$ den Streuwirkungsquerschnitt von Bremsmittel und Brennstoff gemäß (8.26), und $\bar{\xi}$ ist der Mittelwert von Brennstoff und Bremsmittel. Das in (10.5) auftretende Integral nennt man das *effektive Resonanzintegral*. Weiters definiert man einen *effektiven Absorptionswirkungsquerschnitt* durch

$$\sigma_{A\,eff} = \sigma_{A\,ges}\,\frac{\Sigma_{S\,ges}}{\Sigma_{S\,ges} + \Sigma_{A\,ges}} \tag{10.6}$$

so daß

$$p = e^{\displaystyle -\frac{N_A}{\bar{\xi}\,\Sigma_{S\,ges}} \int_{E_1}^{E_2} \sigma_{A\,eff}\,\frac{dE}{E}} \tag{10.7}$$

oder

$$p = e^{\displaystyle -\frac{N_A}{\bar{\xi}\,N_S\,\sigma_S} \int_{E_1}^{E_2} \sigma_{A\,eff}\,\frac{dE}{E}} \; , \tag{10.8}$$

wenn man annimmt, daß die gesamte Streuung nur durch das Bremsmittel (N_S-Kerne/cm³) verursacht wird.

Ist N_A/N_S groß (viel Uran, wenig Bremsmittel), dann ist p klein: es werden viele Neutronen absorbiert; ist hingegen N_A/N_S klein, dann werden wenig Neutronen absorbiert, und die Lebenserwartung wird groß. Formt man (10.6) mit Hilfe von

$\Sigma_{A\,ges} = N_A\,\sigma_{A\,ges}$ (*nur* Brennstoff!) um, dann kann man die Abhängigkeit des effektiven Resonanzintegrals von N_A und N_S diskutieren. Man erhält*:

$$\sigma_{A\,eff} = \frac{\sigma_{A\,ges}}{1 + \dfrac{N_A\,\sigma_{A\,ges}}{\Sigma_{S\,ges}}} \, . \qquad (10.9)$$

Die Größe

$$\frac{\Sigma_{S\,ges}}{N_A} = \frac{\sigma_{S_1}\,N_S + \sigma_{S_2}\,N_A}{N_A} \, ,$$

der gesamte Streuquerschnitt dividiert durch die Anzahl der Uran- bzw. Resonanzabsorberkerne/cm³, hat einen maßgeblichen Einfluß auf das effektive Resonanzintegral und damit auf die Lebenserwartung.

Diese Überlegungen gestatten es, Grenzen für das effektive Resonanzintegral anzugeben: es erreicht seinen kleinsten Wert in reinem Uran (9,25 barn) und seinen größten Wert (240 barn) für $\sigma_{A\,eff} \to \sigma_{A\,ges}$. Ist das Mischungsverhältnis Brennstoff:Bremsmittel sehr klein, geht also das effektive Resonanzintegral in das gewöhnliche Resonanzintegral

$$\int\limits_{E_1}^{E_2} \frac{\sigma_A\,\Sigma_{S\,ges}}{\Sigma_{S\,ges} + \Sigma_{A\,ges}}\,\frac{dE}{E} = \int\limits_{E_1}^{E_2} \sigma_{A\,eff}\,(E)\cdot\frac{dE}{E} \to \int\limits_{E_1}^{E_2} \sigma_{A\,ges}\,(E)\,\frac{dE}{E} \qquad (10.10)$$

über. Dieses Integral haben wir schon in (9.39) kennengelernt; es ist natürlich größer als das effektive Resonanzintegral. Wenn $\sigma_{A\,ges}\,(E)$ und $\sigma_{S\,ges}\,(E)$ durch Messungen bekannt sind, dann kann man das effektive Resonanzintegral nach (10.10) oder (9.37) ausrechnen; man erhält es als Funktion von Σ_{Sges}/N_A. Es zeigt sich, daß das effektive Resonanzintegral von der Art des Bremsmittels, mit dem das Uran gemischt ist, nicht wesentlich abhängt; es kommt nur auf $\Sigma_{S\,ges}$ an. Die Meßergebnisse[39] lassen sich bis zu einem Wert von 1000 barn pro Uranatom von $\Sigma_{S\,ges}/N_A$ recht gut durch

$$\int\limits_{E_1}^{E_2} \sigma_{A\,eff}\,\frac{dE}{E} = 3,9\,(\Sigma_{S\,ges}/N_A)^{0,415} \qquad (10.11)$$

ausdrücken, vgl. Tab. 17.

Tabelle 17. *Effektives Resonanzintegral für Uran in einem beliebigen Bremsmittel* (nach (10.11))

$\Sigma_{S\,ges}/N_A$	[barn]	8,2	50	100	300	500	1000	∞
$\int\limits_{E_1}^{E_2} \sigma_{A\,eff}\,\dfrac{dE}{E}$	[barn]	9,3** (reines Uran)	20	26	42	51	69	240 $\left(= \int\limits_{E_1}^{E_2} \sigma_{A\,ges}\,\dfrac{dE}{E}\right)$

An Stelle von $\Sigma_{S\,ges}/N_A$ kann man wegen (10.9) auch N_S/N_A als Variable wählen; man muß dann allerdings σ_{S_1}, d. h. die Art des Bremsmittels kennen (vgl. Übungsbeispiel 10a).

---

* Man beachte die verschiedene Bedeutung des Index ges in $\Sigma_{A\,ges}$ und $\Sigma_{S\,ges}$.
** Eine Berechnung[39] nach (9.37) gibt 8,4 barn. Experimentell erhält man 9,25 barn.

Das Resonanzintegral darf man nur dann nach (10.7) berechnen, wenn die Resonanzen so weit auseinander liegen, und so scharf sind, daß sie sich gegenseitig nicht beeinflussen*; weiters muß man sich im asymptotischen Energiebereich befinden, da nur für diesen (9.6), (9.9), (10.7) gültig sind. Wenn man den Einfluß *einer einzelnen* Resonanzstelle im asymptotischen Bereich erfassen will, dann hat man (4.22) in (10.5) einzusetzen. Solche Rechnungen[39] sind jedoch für den Betrieb von Reaktoren ohne Interesse, so daß wir sie hier nicht besprechen.

Die Berechnung des Resonanzintegrals außerhalb des asymptotischen Bereiches ist für schwere Bremsmittel aus den im § 9 angeführten Gründen mit Hilfe eines geschlossenen Integralausdruckes *nicht* möglich. Es müssen numerische Methoden zur Lösung der entsprechenden Integralgleichungen (vgl. § 9) herangezogen werden.

Die Theorie der Kettenreaktion (vgl. § 11) zeigt, daß man mit den p-Werten des natürlichen Urans zu keiner Kettenreaktion mit langsamen Neutronen kommen kann. Man hat daher nach Möglichkeiten gesucht, die Lebenserwartung der thermischen Neutronen zu vergrößern. Da ja vom Uran (U 238) nur Neutronen ganz bestimmter Energien so stark absorbiert werden, wäre es von großem Vorteil, wenn man es erreichen könnte, daß die Neutronen gerade dann, wenn sie während des Bremsprozesses die Resonanzenergien erreichen, nicht mit U 238-Kernen zusammenstoßen können. Dies kann auf zwei Arten geschehen:

1. *Man ändert das Isotopenverhältnis* des natürlichen Urans. Dieses enthält 99,3% U 238 (starke Resonanzabsorption), 0,714% U 235 (spaltet mit thermischen Neutronen) und 0,0057% U 234 (spielt wegen seiner geringen Menge keine Rolle). Wenn man auf 5, 10, 20 oder gar 90% U 235 Gehalt anreichert**, dann wird $N_{A\,Res}$ kleiner und die Häufigkeit von Spaltprozessen (die ja die Neutronen vermehren!) größer. Wenn $N_{A\,Res}$ kleiner wird, dann wird zwar nach Tab. 17 das effektive Resonanzintegral größer, aber es steigt schwächer als linear mit $\Sigma_{S\,ges}/N_A$ an; die Lebenserwartung hingegen, deren Exponent nach (10.7) nicht nur dem effektiven Resonanzintegral, sondern auch $N_{A\,Res}$ direkt proportional ist, wird größer. Durch dieses Gegenspiel von effektivem Resonanzintegral und N_A erhält man durch Anreicherung keine wesentliche Vergrößerung der Lebenserwartung. Dessen ungeachtet werden gelegentlich Reaktoren, die mit *angereichertem Brennstoff* arbeiten, gebaut, da sie verschiedene andere Vorteile besitzen (z. B. die Möglichkeit, Leichtwasser als Bremsmittel zu verwenden; es sind nämlich η, f und k_∞ größer, vgl. § 11).

2. *Die räumliche Trennung* von Bremsmittel und Brennstoff ist eine wirksamere Maßnahme. Wenn man das (natürliche) Uran *nicht* mit dem Bremsmittel homogen mischt („*homogener Reaktor*"), sondern Würfel, Stäbe, Platten usw. anfertigt und in das Bremsmittel versenkt („*heterogener Reaktor*"), dann kann man erreichen, daß die Neutronen mit Resonanzenergien (*Resonanzneutronen*) sich vorwiegend im Bremsmittel aufhalten.

Die exakte Theorie der Resonanzabsorption in Stäben, Platten u. dgl. (*Brennstoffelemente*) hat die Kenntnis der räumlichen Verteilung der Neutronen im Reaktor zur Voraussetzung (vgl. Kapitel III, insbes. §§ 12, 13 und 26). Wenn man sich jedoch überlegt, daß die vom Bremsmittel in die Brennstoffelemente eindringenden Resonanzneutronen vorwiegend in den äußersten Uranschichten absorbiert werden, so daß im Inneren der *Resonanzfluß* sehr gering sein wird,

---

* Dies ist, wie die genaue Theorie der Resonanzabsorption zeigt, dann nicht der Fall, wenn der Abstand $E_{n1} - E_{n2}$ von zwei Resonanzen größer ist als $r^4\,E_{n2}$.

** Dies geschieht mit Hilfe eines der Verfahren zur Isotopentrennung, vgl. S. 259.

dann kann man ohne genaue Kenntnis der räumlichen Verteilung des Resonanzflusses eine halbempirische Formel für das *heterogene effektive Resonanzintegral*
angeben[40]:

$$\int\limits_{hetero} \sigma_{A\,eff}\,\frac{dE}{E} = \int\limits_{Brennstoff} \sigma_{A\,eff}\,\frac{dE}{E} + \mu\,\frac{S}{M} \qquad (10.12)$$

Hierin bedeuten

M die Masse [g] des Brennstoffelementes und
S die Oberfläche [cm^2] des Brennstoffelementes.

$\mu\,\dfrac{S}{M}$ beschreibt die Resonanzabsorption in den Oberflächenschichten; die
Größe μ führt den Namen *Oberflächenkoeffizient* und ist eine Funktion der Energie.

Da Brennstoff und Bremsmittel räumlich getrennt sind, gilt an Stelle von (10.6)

$$\sigma^K_{A\,eff} = \sigma_{A\,ges}\,\frac{\sigma_S}{\sigma_S + \sigma_{SA\,ges}} \qquad (10.13)$$

worin sich alle Wirkungsquerschnitte *nur* auf den Brennstoff bzw. auf die Brenn-
stoffverbindung, z. B. UO_2 beziehen. Es gilt, wie man mit Hilfe von (10.6) fest-
stellt:

$$\frac{\sigma^K_{A\,eff}}{\sigma_{A\,ges}} = \frac{\sigma_S}{\sigma_S + \sigma_{A\,ges}} < 1. \qquad (10.14)$$

Das heterogene effektive Resonanzintegral über den reinen Brennstoff ist daher
immer kleiner als das gewöhnliche Resonanzintegral (das sich ja ebenfalls immer
nur auf den Brennstoff bezieht). Tatsächlich beträgt, wie Tab. 17 und 18 zeigen,
das effektive Resonanzintegral über reines Uran 9,25 barn, während das gewöhnliche Resonanzintegral 240 barn beträgt.

Das effektive Resonanzintegral über eine homogene Mischung ist hingegen
stets größer als das heterogene effektive Resonanzintegral; dies zeigt:

$$\frac{\sigma_{A\,eff}}{\sigma_{A\,eff\,B}} = \frac{\sigma_{S1}\,\sigma_{S2}\,N_{S1} + \sigma_{S1}\,\sigma_A\,N_{S1} + \sigma^2_{S2}\,N_A + \sigma_{S2}\,\sigma_{A\,ges}\,N_A}{\sigma_{S1}\,\sigma_{S2}\,N_S + \sigma^2_{S2}\,N_A + \sigma_{A\,ges}\,\sigma_{S2}\,N_A} > 1 \qquad (10.15)$$

Man kann also erwarten, daß sich bei günstig gewähltem S/M nach (10.12)
eine größere Lebenserwartung für die Neutronen im Brennstoff ergibt, als mit
(10.11).

Für μ kann man den Ausdruck

$$\mu = \frac{\varrho}{4\,N_A}\int\left(\frac{\Sigma_{A\,ges}\,(E)}{\Sigma_S\,(E) + \Sigma_{A\,ges}\,(E)}\right)^2 \cdot \frac{dE}{E} \qquad (10.16)$$

ableiten[40] (vgl. § 26), wo ϱ die Brennstoffdichte und N_A wie bisher die Anzahl
der Absorberkerne/cm^3. Σ_S und $\Sigma_{A\,ges}$ beziehen sich natürlich ebenfalls nur auf
den Brennstoff. Experimentell ergibt sich für reines Uranmetall (natürliches
Isotopengemisch) $\mu = 24{,}7$ [barn g cm^{-2}]. Mit dem schon bekannten Wert von
9,25 barn für das effektive Resonanzintegral reinen Urans (vgl. Tab. 17) ergibt
sich somit

$$\int\limits_{hetero} \sigma_{A\,eff}\,\frac{dE}{E} = 9.25 + 24.7\,\frac{S}{M} \qquad [barn] \qquad (10.17)$$

Diese Näherungsformel gilt für Wasserstoff als Bremsmittel und einen sehr schweren Absorber exakt. Für leichtere Absorberkerne hängt das heterogene effektive Resonanzintegral auch noch von der Kernmasse des Brennstoffes ab.

Tabelle 18. Resonanzintegrale

$\displaystyle\int \frac{\Sigma_{A\,ges}(E)}{\Sigma_S(E) + \Sigma_{A\,ges}(E)}\,\frac{dE}{E}$	Resonanzintegral	(9.9)
$\displaystyle\int \frac{\Sigma_{A\,ges}(E)}{\Sigma_S(E) + \delta\,\Sigma_{A\,ges}(E)}\,\frac{dE}{E}$	Resonanzintegral nach GREULING	(9.37)
$\displaystyle\int \sigma_{A\,ges}(E)\,\frac{dE}{E}$	Gewöhnliches Resonanzintegral (FERMI) (240 barn für natürliches Uranmetall)	(9.39) (10.10)
$\displaystyle\int \frac{\sigma_{A\,ges}(E)\,\Sigma_{S\,ges}(E)}{\Sigma_{S\,ges}(E) + \Sigma_{A\,ges}(E)}\,\frac{dE}{E}$	Effektives Resonanzintegral (9,25 barn für reines Uran, d. h. $\Sigma_{S\,ges} = \Sigma_{S\,Uran}$)	(10.5)
$\displaystyle\int_{hetero} \frac{\sigma_{A\,ges}(E)\,\Sigma_S(E)}{\Sigma_S(E) + \Sigma_{A\,ges}(E)}\,\frac{dE}{E}$	Heterogenes effektives Resonanzintegral [größer als 9,25 barn, kleiner als (10.5)]	(10.17)

Übungsbeispiele

10 a) Man berechne das effektive Resonanzintegral und die Lebenserwartung für ein homogenes Uran-Graphit-Gemisch unter Verwendung von (10.11) mit

$$\sigma_{S1} = 4{,}8 \text{ barn (Graphit)}, \quad \sigma_{S2} = 8{,}2 \text{ barn (Uran)}$$

und

$$N_S/N_A = 0,\ 10,\ 100,\ 200,\ 300,\ 400,\ 500,\ 800,\ 1000.$$

Man stelle die Abhängigkeit des effektiven Resonanzintegrals vom Mischungsverhältnis graphisch dar. Hat die sich ergebende Kurve ein Maximum?

10 b) Nach Tabelle 17 hat das effektive Resonanzintegral den Wert 26 barn für $\Sigma_{S\,ges}/N_A = 100$. Welchem Mischungsverhältnis N_S/N_A entspricht dies, wenn angenommen wird, daß das Bremsmittel schweres Wasser und der Resonanzabsorber natürliches Uran ist? Es gilt $\sigma_{S2} = 8{,}2$ barn; σ_{S1} (D_2O) ist nach Übungsbeispiel 4 e zu berechnen aus

$$\sigma_{SD} = 7{,}6 \text{ barn}, \quad \sigma_{SO} = 4{,}2 \text{ barn}, \quad \varrho_{D_2O} = 1{,}108 \text{ g cm}^{-3}$$

Verifiziere die Bremskraft $0{,}170$ cm^{-1} von D_2O (Tabelle 13).

10 c) In einem Tank mit schwerem Wasser werden zylindrische Uranstäbe der Länge H und vom Radius R eingetaucht. Welche Abmessungen müssen diese Stäbe haben, damit die Lebenserwartung im Uran den gleichen Wert erreicht, wie bei dem (sehr günstigen) Mischungsverhältnis $N_S/N_A = 300$ aus Beispiel 10 a. $\sigma_S = 8{,}2$ barn, ξ ist zu berechnen. $\varrho_{Uranmetall} = 18{,}68$ g cm^{-3}. Die Abmessungen der Stäbe sind so zu wählen, daß S/M ein Minimum wird.

10 d) Man leite (9.34) aus (9.39) ab.

10 e) Man berechne $\sigma_{A\,ges}/\sigma_{A\,eff}$ als Funktion von $N_A/\Sigma_{S\,ges}$ und von N_S/N_A. Wie ändert sich $\sigma_{A\,ges}/\sigma_{A\,eff}$ mit N_A/N_S? Man drücke μ unter dem Integralzeichen als Funktion von $\Sigma_{S\,ges}/N_A$ aus.

10 f) Man berechne δ' nach (9.32) für H, D, Be, C.

10 g) Man berechne die Lebenserwartung für $\dfrac{\Sigma_S}{\Sigma_S + \Sigma_{A\,ges}} = 1$.

10 h) Wann wird die Lebenserwartung Null?

10 i) Für die Stoßdichte $P(E) = N_S \sigma_S \, n v$ in Wasserstoff haben wir die Integralgleichung (8.8) unter Vernachlässigung der Absorption abgeleitet. Wenn die Absorption berücksichtigt wird, gilt (9.10). Man begründe den Ansatz

$$n v \, \Sigma_S \left(1 + \frac{C}{(E - E_r)^2 + B} \right) dE = \int\limits_{E}^{E_0} \frac{n v \, (E') \, dE'}{E'} \, dE', \qquad (10.18)$$

und beweise, daß

$$P \equiv n v \, \Sigma_S = \frac{\text{const}}{E \left(1 + \dfrac{C}{(E - E_r)^2 + B} \right)} \, e^{-\int\limits_{E}^{E_0} \frac{C \, dE'}{E' \, (E' - E_r)^2 + B + C}} \qquad (10.19)$$

eine Lösung der sich aus (10.18) durch Differenzieren ergebenden Differentialgleichung ist. Man beweise weiters, daß (9.15) für $E \ll E_r$, $|E - E_r| \gg B$ eine asymptotische Lösung ist, wenn man das Resonanzintegral gleich einer Konstanten setzt. Wie drückt sich diese Konstante M durch B, C und E_r aus?

10 j) Man diskutiere an Hand von (10.19) die Tatsache, daß $P(E)$ an der Stelle E_r ein Minimum besitzt, dessen Tiefe um so größer ist, je kleiner $\dfrac{\Sigma_{S\,Uran}}{N_{Uran}}$. Man zeige, daß die Konstante C das Mischungsverhältnis N_S/N_U enthält und diskutiere die Abhängigkeit der Anzahl der absorbierten Neutronen vom Mischungsverhältnis.

§ 11. Die Kettenreaktion

Schnelle und langsame Kettenreaktionen, Materialeinflüsse und geometrische Faktoren, Kettenreaktion im unendlich großen homogenen Reaktor, im endlich großen homogenen und heterogenen Reaktor, Spaltungszahl, Neutronenfluß und Leistung.

Wenn man größere Energiemengen gewinnen will, ist es notwendig, chemische oder nukleare Prozesse als *Kettenreaktionen* ablaufen zu lassen, d. h. die Umwandlungsreaktion zu zwingen, in der reagierenden Substanz immer weiter um sich zu greifen. Bei chemischen und thermonuklearen Prozessen entstehen Kettenreaktionen in geeigneten Substanzen von selbst, da die Translationsenergie der reagierenden Atome bzw. Kerne ausreicht, bei Zusammenstößen die Reaktion mit dem Stoßpartner einzuleiten (vgl. § 4, S. 12).

Da bei thermonuklearen Reaktionen notwendigerweise immer extrem hohe Temperaturen auftreten, werden diese Reaktionen in naher Zukunft für friedliche Zwecke keine Rolle spielen[31]. Verschmelzungsreaktionen sind ebenfalls derzeit uninteressant, da man sie bisher noch nicht als Kettenreaktionen führen kann (vgl. §§ 5 und 6). Es steht daher für die friedlich technische Gewinnung der Atomenergie heute nur die Spaltungsreaktion zur Verfügung. Sie hat den großen Vorteil, gerade diejenigen Teilchen in vermehrter Anzahl zu erzeugen, die die Reaktion auslösen. Wenn die durch eine Spaltung entstandenen Neutronen auf ihrem Weg durch die Materie keine Absorberatome und keine Bremsatome treffen, dann können sie, ohne Geschwindigkeitsverluste erlitten zu haben, beim Auftreffen auf spaltbare Kerne mit ausreichend großem Spaltwirkungsquerschnitt weitere Spaltungen hervorrufen, so daß sich eine *schnelle Kettenreaktion* ausbildet. Wenn das betreffende Stück Kernbrennstoff so groß ist, daß im Inneren des Stückes mehr schnelle Spaltneutronen entstehen als durch die Oberfläche entweichen, dann kann die schnelle Kettenreaktion wesentliche Teile des Kernbrennstoffes erfassen und es kommt zu einer Explosion *(Atombombe)*. Aus den oben angeführten Gründen ist eine schnelle Kettenreaktion *nur* in hinreichend großen Stücken aus praktisch reinem U 235, Pu 239, Protaktinium etc. — nicht aber z. B. in U 238 — möglich. Wenn man allerdings derartigen Kernexplosivstoff mit einem Mantel, z. B. aus U 238 umgibt, so wird durch den aus dem Inneren kommenden intensiven Strom von Spaltneutronen eine beträchtliche Anzahl von U 238-Kernen gespalten. Auch in Kernreaktoren kommt die *schnelle Spaltung* der U 238-, (sowie der Pu 239-, U 235- etc.) Kerne vor, allerdings nur in geringem Ausmaß. U 238-Kerne benötigen ja zur schnellen Spaltung Neutronen mit mindest 1,5 MeV Energie, über die nur wenige Spaltneutronen verfügen.

Im natürlichen Uran (Metall oder Oxyd u. dgl. mit dem in der Natur vorkommenden Isotopenverhältnis) ist wegen der starken Resonanzabsorption des U 238, seinem kleinen Spaltwirkungsquerschnitt und seiner großen Schwellenenergie, vgl. Tab. 8, und wegen der großen Seltenheit der U 235-Kerne eine schnelle Kettenreaktion nicht möglich*. Aus diesen Gründen und weiters wegen des explosionsartigen Charakters der schnellen Kettenreaktionen kann man vorläufig nur die Kettenreaktion mit thermischen, langsamen und intermediären Neutronen für friedliche Zwecke verwenden[41]. Man unterscheidet demgemäß

thermische Reaktoren	(0,03 eV)
langsame Reaktoren	(0,03 bis einige eV)
intermediäre (epithermische) Reaktoren	(0,03 bis einige 10^3 eV)
schnelle Reaktoren	(über 10^4 eV)
Atomexplosivstoffe	(Spaltneutronen, 2 MeV)

Der Brennstoff thermischer Reaktoren besteht aus Atomen, deren Kerne nach der BOHRschen Regel (vgl. § 6) auch thermisch spaltbar sind, wobei naturgemäß solche mit großen thermischen Spaltwirkungsquerschnitten z. B. U 235, Pu 239, U 233 (vgl. Tab. 9, S. 28) vorgezogen werden. Sehr oft enthält der Brennstoff aber auch noch andere Kerne (U 238, u. a.). Wenn wesentliche Mengen von Absorberkernen (z. B. U 238) vorhanden sind, dann reicht die sehr geringe Bremskraft der Brennstoffkerne nicht aus, um genügend Neutronen vor dem Resonanzeinfang zu bewahren. Es wird dann die Lebenserwartung zu klein, und die thermische Kettenreaktion kann sich nicht ausbilden. Dies ist im natürlichen Uran der Fall**.

Um die Lebenserwartung der Neutronen zu vergrößern, muß man entweder die Absorberkerne (U 238) entfernen, oder man muß den Brennstoff mit einem Bremsmittel mischen, das selbst wenig absorbiert, aber eine so große Bremskraft besitzt, daß viele Neutronen sehr rasch das Resonanzgebiet passieren. Durch die Beifügung eines Bremsmittels zum natürlichen Uran erhält man so viele thermische Neutronen, daß der Spaltwirkungsquerschnitt von wenigen barn zur Aufrechterhaltung einer Kettenreaktion ausreicht. Die Lebenserwartung der thermischen Neutronen kann durch einen heterogenen Aufbau noch verbessert werden; allerdings zeigt ein Vergleich der thermischen Spaltwirkungsquerschnitte von natürlichem Uran und von reinem *Aktinuran* (U 235), daß die Methode der Anreicherung viel wirksamer sein dürfte. Dies bestätigt auch die Erfahrung, doch sind die Isotopentrennung (§ 30) und die Pu 239- bzw. U 233-Erzeugung (§ 46) teuer und kompliziert, so daß man in der Praxis sehr oft natürliches Uran als Reaktorbrennstoff verwendet.

----

* Gegenüber sehr schnellen Neutronen (10^5 bis 10^6 eV) besitzt natürliches Uran einen Streuwirkungsquerschnitt von 1 bis 6 barn und einen Spaltwirkungsquerschnitt von 0,001 bis 0,015 barn (vgl. Tab. 19). Die entstehenden Spaltneutronen werden daher fast ausschließlich gestreut und solange gebremst, bis sie das Resonanzgebiet erreichen und eingefangen werden.

** Natürliches Uran besitzt gegenüber thermischen Neutronen die folgenden Wirkungsquerschnitte: Spaltung 3,0 bis 4,18 barn, Streuung 8,2 barn; für U 235 gilt hingegen: Spaltung 590 barn, Streuung 8,2 barn; für Pu 239: 729 bzw. 9,6 barn.

Je größer die Oberfläche des Brennstoffes ist, desto mehr Neutronen entweichen; je größer das Volumen ist, desto mehr Neutronen werden durch Spaltungen erzeugt. Da die Oberfläche nur mit der zweiten, das Volumen aber mit der 3. Potenz des Durchmessers wächst, gibt es ein sogenanntes *kritisches Volumen*; wird dieses erreicht oder überschritten, dann überwiegt der Volumseffekt. Nukleare Kettenreaktionen können daher ganz allgemein nur dann ablaufen, wenn die Masse des vorhandenen Kernbrennstoffes die *kritische Masse* erreicht oder überschreitet. Die Berechnung der kritischen Masse ist daher das Hauptproblem der Reaktortechnik (vgl. § 20). Zwei Faktoren sind es, die im wesentlichen das kritische Volumen festlegen:

1. Die Materialeigenschaften von Bremsmittel, Brennstoff und anderen Stoffen, wie z. B. Verunreinigungen, Kühlrohren u. dgl. *(Fremdstoffe)*.

2. Die geometrische Form und die innere Struktur des Reaktors.

Da der Einfluß der geometrischen Form und der inneren Struktur von der räumlichen Verteilung der Neutronen, also von der *Neutronendiffusion* abhängt, kann man die an die Materialeigenschaften gebundenen Einflüsse getrennt untersuchen, wenn man annimmt, daß der ganze Raum homogen von einer gleichmäßigen Mischung aus Bremsmittel, Absorber und Brennstoff erfüllt ist (unendlich großer homogener Reaktor). Da reine oder angereicherte Kernbrennstoffe Grenzfälle des natürlichen Urans darstellen, genügt es, wenn wir nur das natürliche Uran besprechen.

In einem *unendlich großen homogenen Reaktor* spielen sich, wenn die Kettenreaktion läuft*, die folgenden Vorgänge ab:

1. Schnelle Spaltung des U 235, U 238, Pu 239 etc., verbunden mit der Produktion von Spaltneutronen;

2. Absorption schneller und langsamer Neutronen während des Bremsprozesses durch Bremsmittel, Brennstoff und Fremdstoffe;

3. Streuung und Bremsung schneller und langsamer Neutronen, vorwiegend durch das Bremsmittel, in geringem Ausmaß auch durch den Brennstoff und die Fremdstoffe;

4. Absorption der Resonanzneutronen durch U 238;

5. Thermische Spaltung des U 235, Pu 239 usw.

Wenn die Kettenreaktion im Gleichgewicht ist, Leistung und Neutronenfluß also zeitlich konstant sind, dann müssen pro sec genau so viele Neutronen durch die Prozesse 1 und 5 erzeugt werden, wie durch die Prozesse 1 bis 5 verschwinden. Nehmen wir an, es seien zur Zeit t im Reaktor pro cm³ n thermische Neutronen vorhanden, die alle nur vom Brennstoff absorbiert werden. Die Gesamtzahl der thermischen Absorptionsprozesse pro cm³ und sec ist dann nach (4.2) durch

$$P''' = n\, v\, \Sigma_{A\,ges} = n\, v\, (\Sigma_{Spaltg.} + \Sigma_A) \qquad (11.1)$$

gegeben. Da pro Spaltung v neue Neutronen erzeugt werden, (vgl. Tab. 5) stehen nachher $v\, n\, v\, \Sigma_{Sp}$ Spaltneutronen zur Verfügung. Es sei η die Anzahl der Spaltneutronen, die im Mittel pro cm³ und sec und pro Gesamtabsorption thermischer Neutronen im Brennstoff (Index K) entstehen. Dann gilt

$$v\, n\, v\, \Sigma_{Sp}^K = \eta\, n\, v\, (\Sigma_{Sp}^K + \Sigma_A^K) \qquad (11.2)$$

---

* Die Kettenreaktion wird durch eine Neutronenquelle oder durch Neutronen der Höhenstrahlung gestartet, die die erste Spaltung hervorrufen.

so daß

$$\boxed{\eta = \frac{\text{Neutronenproduktion}}{\text{Gesamtabsorption im Brennstoff}} = \left(\frac{v\, \Sigma_{Sp}^{K}}{\Sigma_{Sp}^{K} + \Sigma_{A}^{K}} \right)_{thermisch}} \qquad (11.3)$$

bzw.

$$\eta = \left(\frac{v\, \sigma_{Sp}}{\sigma_{Sp} + \sigma_{A}} \right)_{th} \qquad (11.4)$$

Die echte Absorption erfolgt im Brennstoff fast durchwegs durch einen (n, γ)-Prozeß (Strahlungseinfang, vgl. § 5); auch im Bremsmittel und in den Fremdstoffen überwiegt der Strahlungseinfang.

(11.4) gilt für *reinen* Brennstoff. Sind mehrere Isotope vorhanden, dann gilt

$$\Sigma_{Sp} = N_{1Sp}\, \sigma_{1Sp} + N_{2Sp}\, \sigma_{2Sp} \qquad (11.5)$$

$$\Sigma_{A} = N_{1Sp}\, \sigma_{1A} + N_{2Sp}\, \sigma_{2A} \qquad (11.6)$$

Für Uran mit einem Mischungsverhältnis $N_{235}/N_{238} = R$ gilt daher

$$\boxed{\eta = v_{235} \cdot \frac{R\, \sigma_{235Sp}}{R\, \sigma_{235Sp} + R\, \sigma_{235A} + \sigma_{238A}}} \qquad \sigma_{238Sp} \approx 0 \quad (11.7)$$

Einige der insgesamt $\eta\, n\, v\, (\Sigma_{A}^{K} + \Sigma_{Sp}^{K})$-Spaltneutronen besitzen sicherlich Energien über 1,5 MeV und können daher U 238-Kerne spalten; andere Spaltneutronen werden schnelle Spaltungen am U 235 hervorrufen. Dadurch wird die Anzahl der Spaltneutronen auf $\varepsilon\, \eta\, n_{th}\, v_{th}\, (\Sigma_{A}^{K} + \Sigma_{Sp}^{K})_{th}$ erhöht. ε heißt *Schnellvermehrungsfaktor*, d. h. ein Spaltneutron erzeugt durch einen schnellen Spaltprozeß $\varepsilon - 1$ neue Spaltneutronen. Diese Zahl ist nach (25.11) für einen unendlich großen homogenen Reaktor durch

$$\boxed{\frac{1}{p} \cdot \frac{v_{schnell}}{v_{th}} \cdot \frac{\Sigma_{Sp\,schnell}^{K}}{\Sigma_{Sp\,th}^{K}} = \varepsilon - 1} \qquad \varepsilon \geq 1 \qquad (11.8)$$

gegeben. (Bezüglich der Ableitung dieser Formel vgl. § 25)

Die $\varepsilon\, \eta\, (n\, v)_{th}\, (\Sigma_{A}^{K} + \Sigma_{Sp}^{K})_{th}$-Spaltneutronen werden nun gebremst, und man kann annehmen, daß sie vor Erreichen des Resonanzgebietes kaum absorbiert werden. Im Resonanzgebiet werden viele Neutronen vom U 238 absorbiert; die Wahrscheinlichkeit, ohne Absorption davonzukommen, wird durch die Lebenserwartung p gemessen. Jenseits des Resonanzgebietes sind daher nur mehr $p\, \varepsilon\, \eta\, (n\, v)_{th}\, (\Sigma_{A}^{K} + \Sigma_{Sp}^{K})_{th}$ langsame Neutronen vorhanden. Diese Neutronen werden weiter gebremst, bis sie thermische Geschwindigkeiten erreichen und schließlich absorbiert werden. Es werden aber nicht alle thermischen Neutronen vom Brennstoff absorbiert, sondern ein gewisser Prozentsatz $f - 1$ wird durch das

Bremsmittel und die Fremdstoffe absorbiert. Wenn man f, den sogenannten *thermischen Verwertungsgrad*, durch

$$f = \frac{\text{Gesamtabsorption im Brennstoff}}{\text{Gesamtabsorption überhaupt}} = \frac{\Sigma^K_{A\,ges}}{\Sigma_{A\,ges\,th\,überhaupt}} = \frac{\Sigma^K_A + \Sigma^K_{Sp\,th}}{\Sigma_{A\,ges\,th\,überhaupt}}\,; \tag{11.9}$$

$$\eta\,f\,\Sigma^{überhpt}_{A\,ges\,th} = \nu\,\Sigma_{Sp}$$

definiert, dann werden zur Zeit $t + \varDelta t\; f\,p\,\varepsilon\,\eta\,(n\,v)_{th}\,(\Sigma^{überhpt}_A + \Sigma_{Sp})_{th}$ thermische Neutronen pro cm³ und sec vom Brennstoff absorbiert. $\varDelta t$ ist die mittlere Lebensdauer einer Neutronengeneration ($\sim 10^{-3}$ sec). Damit die Kettenreaktion stationär wird, muß also gelten:

zur Zeit $t + \varDelta t$:   zur Zeit t:

$$f\,p\,\varepsilon\,\eta\,(nv)_{th}(\Sigma^{überhpt}_A + \Sigma^K_{Sp})_{th} = (nv)_{th}(\Sigma^{überhpt}_A + \Sigma^K_{Sp})_{th} = k_\infty\,(nv)_{th}\,\Sigma^{überhpt}_{A\,ges\,th} \tag{11.10}$$

oder der sogenannte *thermische Vermehrungsfaktor* des unendlich großen homogenen Reaktors

$$k_\infty = f\,p\,\varepsilon\,\eta = \nu\,\varepsilon\,p\,\frac{\Sigma^K_{Sp\,th}}{\Sigma^{überhpt}_{A\,ges\,th}} \tag{11.11}$$

muß gleich 1 sein*.

Wenn $k_\infty > 1$, dann wächst die Anzahl der Neutronen lawinenartig, der *Reaktor geht durch*; ist $k_\infty < 1$, dann kommt die Kettenreaktion zum *Erlöschen*.

Wenn der Reaktor kein U 238 enthält, dann gibt es keine Resonanzabsorption und die Lebenserwartung $p = 1$; der Schnellvermehrungsfaktor wird praktisch 1, da die schnelle Spaltung des U 235 in der thermischen Kettenreaktion wenig ausgibt. Da sowohl p als auch f vom Mischungsverhältnis Brennstoff zu Bremsmittel abhängen, wird man dieses Verhältnis so wählen, daß $p\,f$ ein Maximum wird; $p\,f$ kann auch durch eine heterogene Struktur des Reaktors vergrößert werden.

Wir haben bisher nur den Idealfall des unendlich großen homogenen Reaktors besprochen, der nicht zu verwirklichen ist, dessen Theorie aber von großer Bedeutung für den Reaktorbau ist. Gebaut werden:

1. der endlich große homogene Reaktor,
2. der endlich große heterogene Reaktor.

In beiden Fällen ist die Kenntnis der räumlichen Verteilung des Neutronenflusses zur Berechnung von k_{eff}, dem *thermischen Vermehrungsfaktor des endlich großen Reaktors (effektiver Vermehrungsfaktor)* erforderlich, da nicht nur z. B.

---

* Wenn man in (11.1) nicht alle Absorptionsprozesse betrachtet, sondern nur diejenigen, die zu einer Spaltung führen und demgemäß $\widetilde{f}$ durch $\Sigma^K_{Sp\,th}/\Sigma^{überhpt}_{A\,ges\,th}$ definiert, erhält man ebenfalls (11.11).

p und f von der räumlichen Verteilung der Neutronen abhängen, sondern weil ja beim endlich großen Reaktor Neutronen aller Geschwindigkeiten entweichen. (Vgl. Abb. 15 und 16).

Man erkennt, daß für den *endlich* großen Reaktor die eben berechnete und in Abb. 15 dargestellte *Neutronenbilanz* nicht mehr stimmen kann.

Im *endlich großen (homogenen oder heterogenen) Reaktor* haben die Größen ε, p, f, η andere Werte. Die Lebenserwartung p, der thermische Verwertungsgrad f

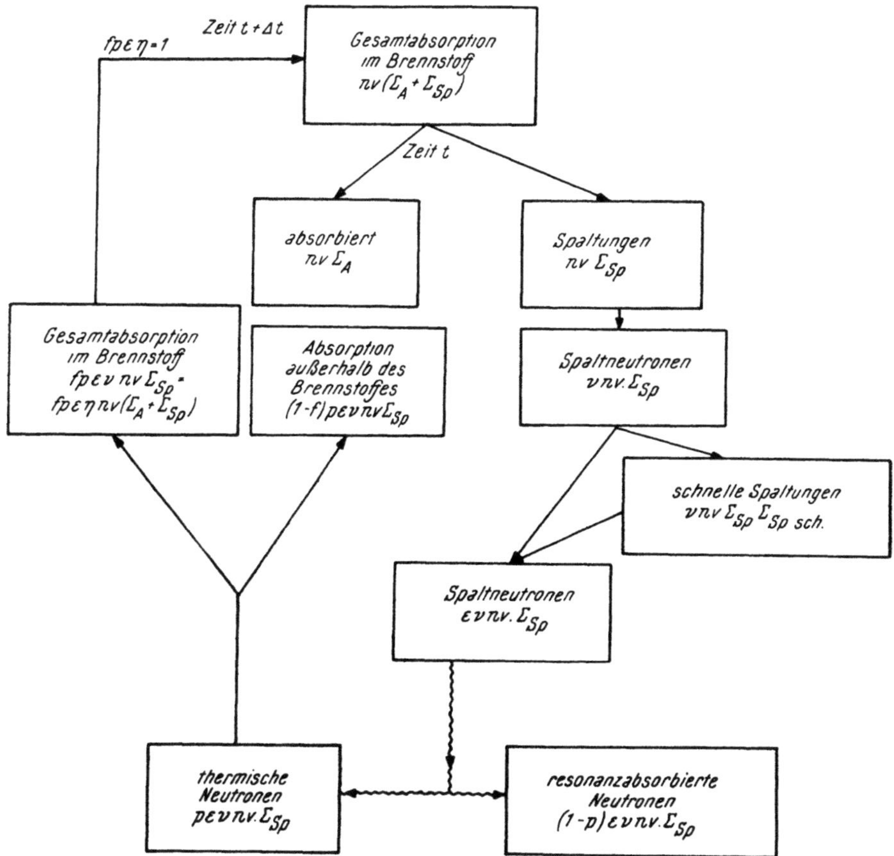

Abb. 15. Die Geschicke einer Neutronengeneration im unendlich großen homogenen Reaktor

und der Schnellvermehrungsfaktor ε sowie η hängen als Funktionen der Energie vom Neutronenspektrum ab. Im endlich großen Reaktor kann die Bremsung der Neutronen nicht mehr unabhängig von deren räumlicher Verteilung berechnet werden (vgl. § 18), so daß die räumliche Neutronendiffusion und damit die geometrische Form des endlich großen homogenen Reaktors die Lebenserwartung, den thermischen Verwertungsgrad und den Schnellvermehrungsfaktor beeinflussen (vgl. § 26). Beim heterogenen Reaktor kommt hinzu, daß ε^*, p^*, η^* und f^* auch noch direkt von der Neutronendichteverteilung in Brennstoff und Bremsmittel abhängen. Wir wollen die Größen für den endlich großen homogenen .

Reaktor mit ε', p', f' und für den endlich großen heterogenen Reaktor mit ε^* p^*, f^* bezeichnen. Da auch η einen anderen Wert annimmt, (vgl. § 26), gilt*

$$\boxed{k'_\infty = \varepsilon'\, p'\, f'\, \eta'} \qquad \text{(homogen)} \qquad (11.12)$$

$$\boxed{k^*_\infty = \varepsilon^*\, p^*\, f^*\, \eta^*} \qquad \text{(heterogen)} \qquad (11.13)$$

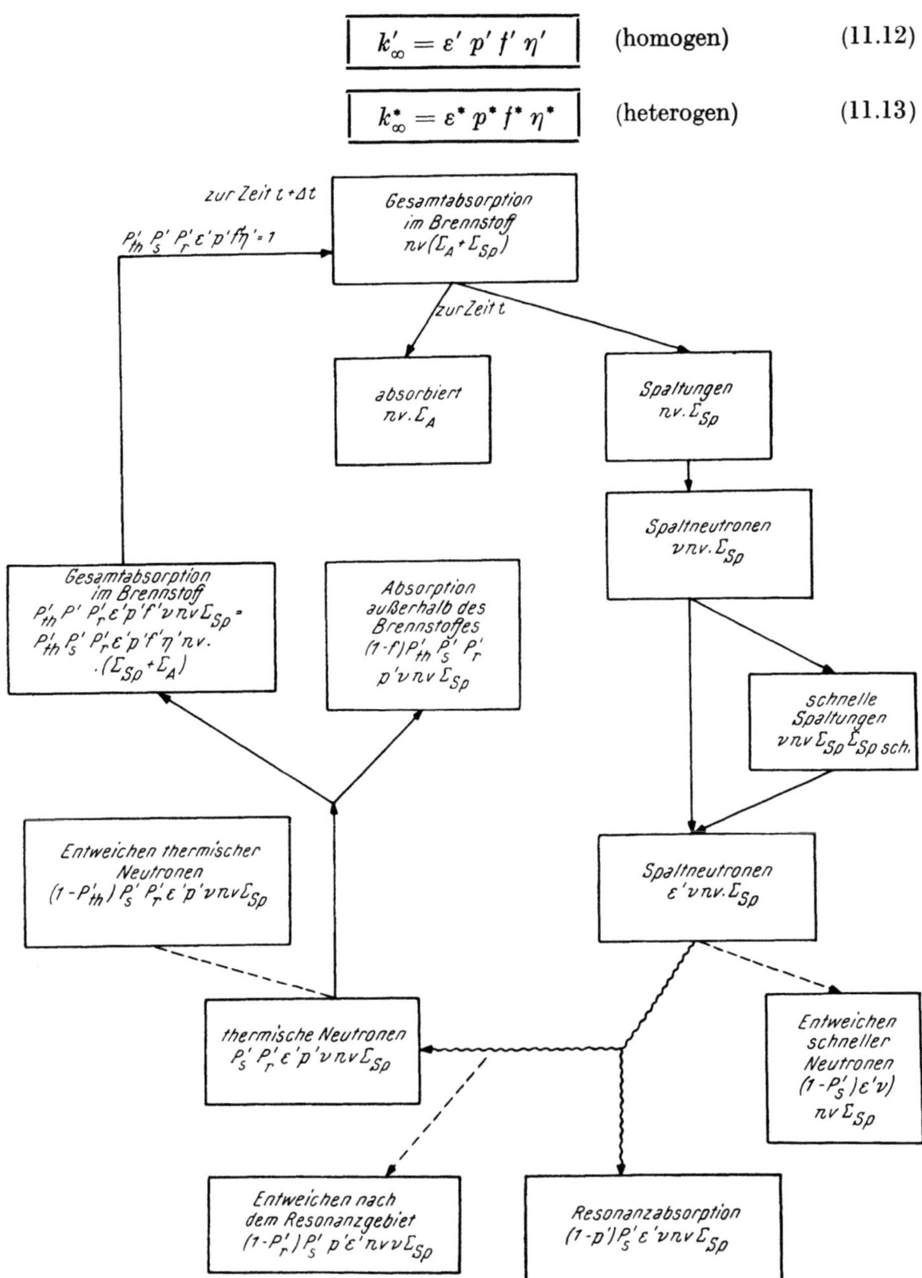

Abb. 16. Die Geschicke einer Neutronengeneration im endlich großen Reaktor (′ gilt für den homogenen Reaktor, für den heterogenen ist ′ durch * zu ersetzen. ∿∿∿ Bremsung, − − − Entweichen)

---

* Die Praxis zeigt, daß $f' \approx f$, $\varepsilon' \approx \varepsilon$, $p' \approx p$, $\eta' \approx \eta$ (aber nur für ′ *nicht* für *, vgl. §§ 26 und 27).

Darüber hinaus muß noch das Entweichen der Neutronen berücksichtigt werden. Wir müssen daher die Neutronenbilanz nochmals aufstellen (vgl. Abb. 16).

Wenn man mit $P'_s{}^{(*)}$ bzw. $P'_{th}{}^{(*)}$ bzw. $P'_r{}^{(*)}$ die Wahrscheinlichkeit bezeichnet, daß ein schnelles, bzw. thermisches bzw. Resonanzneutron *nicht* entweicht, dann gilt, wie man aus Abb. 16 leicht abliest, als Gleichgewichtsbedingung für einen endlich großen Reaktor

$$\boxed{k'_{eff}{}^{(*)} = P'_s{}^{(*)}\, P'_r{}^{(*)}\, P'_{th}{}^{(*)}\, k'_\infty{}^{(*)} = 1} \qquad (11.14)$$

(Die ' gelten für den homogenen Reaktor und sind für den heterogenen Reaktor durch die * zu ersetzen.) Ein k_∞ (Vermehrungsfaktor für den unendlich großen homogenen Reaktor) wird in unseren weiteren Rechnungen nie vorkommen; wir werden es stets mit k'_∞ oder k^*_∞ (Vermehrungsfaktor des endlich großen homogenen bzw. heterogenen Reaktors bei Vernachlässigung des Entweichens) zu tun haben. Wir werden daher in den folgenden Paragraphen statt k'_∞ oder k^*_∞ immer *nur* k_∞ schreiben — schon auch um anzudeuten, daß alle für den homogenen Reaktor abgeleiteten Formeln im wesentlichen (vgl. § 27) auch für den heterogenen Reaktor gelten. Ebenso lassen wir im folgenden bei P_{th}, P_s, P_r, η, ε, p, f, k_{eff} die Zeichen ' und * weg. Nur dort, wo es auf den Unterschied z. B. zwischen f und f^* ankommt, verwenden wir wieder diese Indizes. Ist $k_{eff} > 1$, geht der Reaktor durch (falls die *Kontrollstäbe* nicht den Überschuß $k_{eff} - 1$ aufnehmen, vgl. §§ 24, 29); ist $k_{eff} < 1$, dann kommt es zu keiner stationären Kettenreaktion. Aus (11.14) ersieht man, daß an Brennstoff, Bremsmittel und Fremdstoffe die Forderungen

$$k_\infty > 1 \qquad (11.15)$$

$$k'_\infty{}^{(*)} > 1 \qquad (11.16)$$

gestellt werden müssen.

Wir möchten darauf hinweisen, daß die hier besprochene Theorie des Vermehrungsfaktors nicht exakt ist, da sie auf die Tatsache, daß die spaltenden Neutronen verschiedene Energien haben, nur roh Rücksicht nimmt (durch ε). Allgemein gilt als Gleichgewichtsbedingung[41] für einen unendlich großen Reaktor

$$k_\infty = \frac{\displaystyle\int_0^\infty \nu\, \Sigma_{Sp}\, n v\, dE}{\displaystyle\int_0^\infty \Sigma_{A\,ges}^{\ddot{u}berhpt}\, n v\, dE} = 1 \qquad (11.17)$$

Ist ν von der Energie unabhängig, dann gilt

$$k_\infty = \frac{\nu\, J\, n v}{\displaystyle\int_0^\infty \Sigma_{A\,ges}^{\ddot{u}berhpt}\, n v\, dE} \qquad (11.18)$$

wo J das Spaltungsintegral ist[42]. Werden die Neutronen nicht gebremst, ist

$$k_\infty = \nu\, \frac{\Sigma_{Sp}}{\Sigma_{A\,ges}^{\ddot{u}berhpt}} = \nu \tilde{f} = \eta \tilde{f} \qquad (11.19)$$

wobei die in der Fußnote S. 64 erwähnte Definition für $\tilde{f}$ verwendet wurde. Wenn man nicht nur Spaltungen, die durch Neutronen beliebiger Energie E'

hervorgerufen werden, sondern auch noch das Spektrum der Spaltneutronen berücksichtigt, dann gilt für die Anzahl A der im cm³ pro sec erzeugten *Spaltneutronen* der Energie E

$$A\,(E) = \int_0^\infty \Sigma_{Sp}\,(E')\,\varphi\,(E',\mathfrak{r}_0)\,\nu\,(E',E)\,dE' \approx \overline{\Sigma_{Sp}}\,\overline{\varphi}\,n\,(E)$$

$\nu\,(E',E)$ gibt an, wieviel Spaltneutronen der Energie E bei einer Spaltung durch Neutronen der Energie E' entstehen;

$$n\,(E) = \int_{0\,\mathrm{eV}}^{0,1\,\mathrm{eV}} \nu\,(E',E)\,dE'$$

ist das Spektrum der Spaltneutronen bei thermischer Spaltung, vgl. (6.8). Der Vermehrungsfaktor für Neutronen der Energie E ist dann durch

$$k_\infty\,(E) = \frac{\displaystyle\int_0^\infty \Sigma_{Sp}\,(E')\,\varphi\,(E')\,\nu\,(E',E)\,dE'}{\Sigma_{A\,ges}^{\ddot{u}berhpt}\,(E)\,\varphi\,(E)} =$$

$$= \frac{\displaystyle\int_0^\infty \eta\,(E',E)\,f\,(E')\,\Sigma_{A\,ges}^{\ddot{u}berhpt}\,(E')\,\varphi\,(E')\cdot dE'}{\Sigma_{A\,ges}^{\ddot{u}berhpt}\,(E)\,\varphi\,(E)} \approx \overline{\eta}\,(E)\,\overline{f}\,(E) \qquad (11.17\mathrm{a})$$

gegeben, wobei nach (11.3) und (11.9)

$$\eta\,(E',E) = \nu\,(E',E)\,\frac{\Sigma_{Sp}^{K}\,(E')}{\Sigma_{A\,ges}^{K}\,(E')}\;; \qquad f\,(E') = \frac{\Sigma_{A\,ges}^{K}\,(E')}{\Sigma_{A\,ges}^{\ddot{u}berhpt}\,(E')}$$

gilt. Der Vermehrungsfaktor für Neutronen beliebiger Energie unter Berücksichtigung von Spaltprozessen, die durch Neutronen beliebiger Energie hervorgerufen werden, ist dann

$$k_\infty = \frac{\displaystyle\int_0^\infty\int_0^\infty \eta\,(E',E)\,f\,(E')\,\Sigma_{A\,ges}^{\ddot{u}berhpt}\,(E')\,\varphi\,(E')\,dE'\,dE}{\displaystyle\int_0^\infty \Sigma_{A\,ges}^{\ddot{u}berhpt}\,(E)\,\varphi\,(E)\,dE} \approx \overline{\overline{\eta}}\,\overline{\overline{f}}. \qquad (11.17\,\mathrm{b})$$

Unter Vernachlässigung des Spektrums der Spaltneutronen geht dies wieder in (11.17) über. Da der Neutronenfluß ortsabhängig ist, wäre $k_\infty'^{(*)}$ strenggenommen im endlich großen Reaktor auch ortsabhängig; setzt man Mittelwerte für φ ein bzw. bildet man $\int_{V_R} k_\infty'^{(*)}\,(\mathfrak{r})\,d\tau$, so sieht man leicht ein, daß $k_\infty \neq k_\infty^{*} \neq k_\infty'$, da die Flußverteilung verschieden ist.

Für die Spaltung durch *nur* thermische Neutronen ($\varepsilon = 1$) erhalten wir mit Berücksichtigung der Absorption wieder

$$k_\infty = (\nu\widetilde{f})\cdot p = (\eta\,f)\cdot p \qquad (11.11)$$

vgl. (20.48).

In Tab. 19 haben wir die wichtigsten Daten und Meßergebnisse zur Berechnung von k_∞ zusammengestellt.

Tabelle 19. *Daten zur Berechnung von* k_∞ *(σ in barn) (vgl. Tab. 4, 5, 9, 10, 12:* s. dort wegen der Fehlergrenzen)
Wirkungsquerschnitte für thermische Neutronen (2200 m/sec)

Größe	U 233	U 235	U 238	nat. U ($R = 0{,}00\,715$)	Pu 239	Pu 241
$\sigma_{A\,ges}$ (mit Sp.)	593	698	2,8005	7,68	1032	1440
σ_{Sp}	524	590	0,0005	4,18	729	1060
σ_S	8,2	8,2	8,2	8,2	9,6	9,6
$\sigma_E = \sigma_A$	69	108	2,80	3,50	303	380
ν	2,49	2,48	$\approx 2{,}3$?	2,46	2,90	3,00
η	2,31	2,08	$\approx 4 \cdot 10^{-4}$	1,34	2,03	2,22

Wirkungsquerschnitte für Spaltneutronen (2 MeV)

Größe	U 233	U 235	U 238	nat. U	Pu 239
$\sigma_A = \sigma_E$		0,40	0,05	0,04	≈ 2
σ_{Sp}	1,92	1,32	0,52	0,29	2,04 (bis 50 keV hinunter)
σ_S	≈ 3	$\approx 3{,}2$	$\approx 3{,}9$	3,97	≈ 3
$\nu_{schnell} \approx \nu_{th}$	$\approx 2{,}6$	2,85	$\approx 2{,}5$	$\approx 2{,}5$	≈ 3
$\begin{pmatrix}\varepsilon\\\sigma_{Sp}\end{pmatrix}$ (1 MeV)	≈ 1 / 2	≈ 1 / 1,27	≈ 1 / 0,015	1,03 (bis 1,10) / 0,015	≈ 1 / $\approx 1{,}9$

Mischungen (günstige Werte)

Größe	nat. U-Graphit				heterogen	D_2O-nat. U
N_C/N_U	200	300	400	500	—	225
p	0,64	0,70	0,74	0,77	0,85 bis 0,95	$pf \approx 0{,}872$
f	0,89	0,84	0,80	0,76	0,89 bis 0,92	
k_∞	0,57	0,59	0,59	0,59	1,20	1,20

Wenn eine Kettenreaktion stationär verläuft, dann werden — abgesehen von statistischen Schwankungen — im Reaktor pro sec stets gleich viele Kerne gespalten. Da bei einer Spaltung etwa 200 MeV frei werden, liefern gemäß (6.9) $3{,}16 \cdot 10^{13}$ Spaltungen pro sec 1 kW; für P Spaltungen pro sec gilt:

$$\boxed{P \text{ Spaltungen/sec} = P \cdot 3{,}2 \cdot 10^{-14} \text{ kW}} \qquad (11.20)$$

Die Anzahl der im cm³ pro sec stattfindenden Spaltprozesse ist nach (4.2) gegeben durch

$$P = F \Sigma_{Sp}. \qquad (11.21)$$

F ist der räumlich-energetische Mittelwert des Flusses φ der die Spaltungen auslösenden Neutronen. Sei V_{Sp} das Volumen [cm³], in dem Spaltprozesse vor sich gehen, dann gilt für den Zusammenhang von Fluß und Leistung

$$\boxed{\text{Leistung [kW]} = 3{,}2 \cdot 10^{-14} \cdot V_{Sp} F \cdot \Sigma_{Sp}} \qquad (11.22)$$

Tab. 19. *Daten zur Berechnung von k_∞. Bremsmittel (2200 m/s, σ je nach Reinheit)*

Größe	H$_2$O	D$_2$O	O	Be	Graphit	N	nat. U-Metall	U 238
σ_A	0,66	0,00092	0,0002	0,011	0,0045	1,88	7,42 (ges)	2,8
Σ_A [cm^{-1}]	0,022	0,000080	10^{-8}	0,0013	0,000372	10^{-4}	0,351 (ges)	0,132
σ_S (1 bis 10^5 eV)	110	15,3	4,2	7,0	4,8	0,2	8,2 bis 8,5	8,2
ξ	0,927	0,510	0,120	0,209	0,158	0,137	0,00838	0,00838
$\xi\,\Sigma_S$ [cm^{-1}]	1,53	0,170	$2,71 \cdot 10^{-5}$	0,176	0,064	$7,5 \cdot 10^{-5}$	0,00325	0,00325
ϱ	1,000	1,108	1,429/l	1,84	1,62	1,2506/l	18,685 (13°C)	$\approx$ 18,7
N/cm^3	$3,35 \cdot 10^{22}$	$3,32 \cdot 10^{22}$	$5,38 \cdot 10^{19}$	$1,23 \cdot 10^{23}$	$8,05 \cdot 10^{22}$	$5,37 \cdot 10^{19}$	$4,73 \cdot 10^{22}$	$4,73 \cdot 10^{22}$

Daraus kann man folgende wichtige Schlüsse ziehen:

1. Die Leistung eines Reaktors ist seinem Neutronenfluß, seinem Volumen und dem Spaltwirkungsquerschnitt proportional.

2. Je kleiner der Spaltwirkungsquerschnitt ist, desto größer ist bei gleicher Leistung der Neutronenfluß. Schnelle Reaktoren haben daher nach Tab. 19, S. 69 einen sehr hohen Neutronenfluß.

3. Der Neutronenfluß ist umso größer, je größer die Leistung und je kleiner das Volumen des Reaktors ist.

Da 1 g U 235 $2,565 \cdot 10^{21}$ Kerne enthält, kann es durch Spaltung maximal $8,21 \cdot 10^{10}$ Wsec $= 2,28 \cdot 10^4$ kWh liefern. Bei einer Leistung von Q [kW] werden daher

$$\boxed{\begin{aligned} \text{U 235 g/sec} &= 1,22 \cdot 10^{-8}\, Q = \\ &= 3,84 \cdot 10^{-22}\, V_{Sp} F \Sigma_{Sp} \end{aligned}} \qquad (11.23)$$

g U 235 pro sec gespalten. *Verbraucht* wird insgesamt mehr, da sich die Zahl der Brennstoffkerne auch durch Absorption verringert. Der Verbrauch an Kernbrennstoff ist also direkt proportional der Reaktorleistung, wie ja nicht anders zu erwarten war. Bei gleichem Fluß (und gleichem Σ_{Sp}) verbrauchen größere Reaktoren mehr Brennstoff (vgl. (40.15) und Übungsbeispiel 40f).

Nach (11.23) hat ein Reaktor mit einem *Tagesverbrauch von 1 g U 235 (durch Spaltung allein) eine Leistung von 940 kW oder rund 1 MW.* Bei einem Strompreis von 0,25 öS pro kWh stellt somit 1 g U 235 einen Wert von 5630 öS dar. 1 g U 235 (in der Form von 20% angereichertem Uran) kostet am Weltmarkt derzeit 25 $ oder zirka 650 öS. Allerdings kann man in einem Reaktor mit angereichertem Brennstoff maximal nur einige % der vorhandenen U 235-Menge energetisch ausnützen, da der Brennstoff durch die Spaltprodukte sehr rasch „*vergiftet*" wird (vgl. § 36). Der echte energetische Wert des U 235 hängt daher vorwiegend von den Kosten der (chemischen) Entgiftung ab, da diese bis zum vollständigen Verbrauch des U 235 mehrere Male vorgenommen werden muß.

Übungsbeispiele

11 a) Man berechne unter der Annahme, daß der Radius einer kugelförmigen nuklearen Explosionsladung größenordnungsmäßig durch die freie Weglänge zwischen zwei schnellen Spaltprozessen gegeben ist, das kritische Volumen einer U 235-Atombombe ($\sigma_{Sp\,sch} = 1{,}32$ barn, $\varrho_{U\,nat} = 18{,}7$ g cm^{-3} [Isotopenverhältnis 140:1], berechne $\varrho_{U\,235}$). 1 g TNT (Trinitrotoluol, ein hochbrisanter Sprengstoff) liefert eine Energie von zirka 1000 cal; wievielen Tonnen TNT ist die eben berechnete Sprengladung äquivalent bei a) völliger Spaltung, b) Spaltung von 1% der Kerne? Wieviele g Materie werden im Fall b) in Energie umgewandelt?

11 b) Man berechne durch Differentiation von (6.8) die wahrscheinlichste Geschwindigkeit der Spaltneutronen.

11 c) Wieviel g U 235 verbraucht das Atom-U-Boot Nautilus monatlich allein durch Spaltprozesse, wenn es eine Leistung von 30 000 PS hat? (1 PS = 1,361 kW.) Man rechne auch mit (40.13) (Berücksichtigung der Absorption).

11 d) Man berechne k_∞ für eine Mischung aus natürlichem Uran und Graphit mit $\eta = 1{,}34$, $\varepsilon = 1{,}03$, $\varrho_U = 18{,}7$ g cm^{-3}, $\varrho_{S\,Gr} = 1{,}6$ g cm^{-3}, $\sigma_{S\,Gr} = 4{,}8$ barn, $\sigma_{A\,Gr} = 4{,}5$ mb, $\sigma_{A\,ges\,nat\,U} = 7{,}42$ barn für die Mischungsverhältnisse $N_C/N_U = 100$, 200, 300, 400, 500, 600, 800, 1000.

11 e) Ist eine Kettenreaktion möglich in einer homogenen Lösung von nat. UO_2SO_4 in D_2O, wenn 100 bzw. 500 bzw. 1000 Mole D_2O auf 1 Mol U_{nat} kommen? $\eta = 1{,}32$, $\varepsilon = 1{,}03$, $\varrho_{D_2O} = 1{,}1056$, $\xi_{D_2O} = 0{,}510$, $\sigma_{A\,D_2O} = 0{,}92$ mb, $\sigma_{S\,D_2O} = 10{,}5$ barn (epithermisch, pro Molekül), $\sigma_{A\,nat\,U} = 7{,}42$ barn, $\sigma_{A\,S} = 0{,}49$ barn, $\sigma_S \approx 0$ für S und U. Wie groß muß die Konzentration von UO_2SO_4 in H_2O mindestens sein, wenn 10 bzw. 90% des U aus U 235 bestehen, damit eine Kettenreaktion zustande kommt?

11 f) Wie groß muß die Mindestkonzentration (g/lit) von $Pu^{239}\,O_2(NO_3)_2$ in gewöhnlichem Wasser sein, damit eine Kettenreaktion zustande kommt? ($\eta = 2{,}03$, $\varepsilon = 1$, $p = 1$), $\sigma_{A\,ges\,Pu} = 1025$, $\sigma_{A\,N_2} = 1{,}78$, $\sigma_{A\,H_2O} = 0{,}66$ barn.

11 g) Man stelle η und Σ_{Sp}^{K} als Funktion des Anreicherungsgrades R von U 235 in natürlichem Uran im Bereich 0,00715 bis 0,90 graphisch dar. Beweise, daß Σ_{Sp}^{K} (und Σ_A, Σ_S analog) für eine Mischung aus U 235 und U 238 durch

$$\Sigma_{Sp}^{K} = \frac{\sigma_{Sp}^{235}\,N_L\,18{,}7\,R + \sigma_{Sp}^{238}\,N_L\,18{,}7\,(1-R)}{235\,R + 238\,(1-R)} \tag{11.24}$$

gegeben ist. Es werde angenommen, daß die Dichte des Urans $\varrho = 18{,}7$ von R unabhängig ist.

11 h) Ein homogener Leichtwasserreaktor, der reines U 235 in 15 l H_2O enthält, möge mit einer Leistung von 25 kW arbeiten. $N_H/N_U = 500$. Wie groß ist der mittlere thermische Fluß und der tägliche Uranverbrauch?

11 i) Man berechne das für das Eintreten einer Kettenreaktion mindestens notwendige Isotopenverhältnis U 235:U 238 für einen homogenen Graphitreaktor.

11 j) Man drücke für einen Reaktor mit natürlichem Uran und den Bremsmitteln a) Graphit, b) Schweres Wasser, k_∞ als Funktion des Brennstoff-Bremsmittel-Verhältnisses und des Isotopenmischungsverhältnisses U 238:U 235 aus. Setze $k_\infty = 1{,}00$ bzw. 1,05 und 1,10 und berechne, wo die Funktion Brennstoff-Bremsmittel-Verhältnis in Abhängigkeit vom Isotopenmischungsverhältnis ihr Maximum hat.

11 k) Welche Bedeutung hat $v_{eff} = v\,\sigma_{Sp}/\sigma_E$? (Bezüglich der Messung von v_{eff} vgl. z. B. ALICHANOW[27].)

11 l) Der mittlere thermische Fluß F wird in der Praxis oft dadurch gemessen, daß eine Probe von w [g] U_3O_8 oder von einer anderen Uranverbindung in den Reaktor eingeführt wird. Da U_3O_8 einen Gewichtsanteil f (= 0,848) von nat. Uran enthält, gehen infolge des Neutronenbeschusses in der Probe Spaltprozesse vor sich. Bei der Kernspaltung entsteht u. a. Ba 140 mit der Häufigkeit γ (= 0,061) und der Halbwertszeit τ (= 12,8 d). Man mißt nun die Aktivität A (Zerfälle/sec) des Ba 140, die nach einer Bestrahlungszeit von t [sec] erzeugt wurde und berechnet F nach

$$F = \frac{A\,\tau}{\dfrac{0{,}693\,w\,f\,R}{238} - 0{,}602\,\gamma\,t\,\sigma_{Sp}} \quad [\text{Neutronen cm}^{-2}\,\text{sec}^{-1}] \tag{11.25}$$

wobei R das Isotopenverhältnis (U 235/U 238 $= 0{,}0072$) und σ_{Sp} der Spaltwirkungsquerschnitt von U 235 ist. Man leite (11.25) ab und berechne diejenige Aktivität A [Curie], die sich bei einem Fluß $1{,}58 \cdot 10^8$ Neutronen cm^{-2} sec^{-1} ergibt. Wenn dieser Reaktor (Übungsreaktor der Oak Ridge School of Reactor Technology) bei diesem Fluß eine Leistung von 1 kW hat, wie groß ist dann nach (11.2) $V_{Sp}\,\Sigma_{Sp}$? Innerhalb welcher Grenzen muß V_{Sp} liegen, wenn der Typ des Reaktors nicht bekannt ist? Wie groß wäre V_{Sp} für einen Graphit-nat. Uran-Reaktor?

III. Die Diffusion der Neutronen

§ 12. Kinetische Neutronentheorie

Neutronenkinetik und Diffusionstheorie, verschiedene Neutronendichten und ihre Mittelwerte, der Neutronenfluß in verschiedenen Näherungen, Vektorfluß und Transportgleichung, Lösung der zeitabhängigen Transportgleichung und Ableitung der Diffusionsgleichung und des Diffusionskoeffizienten.

Der Zweck der Reaktortheorie ist die Erforschung des Verhaltens der Neutronen bei Absorption, Streuung und Bremsung — also bei ihrer Bewegung durch die Materie — sowie die Untersuchung der Neutronenvermehrung durch Spaltprozesse. Im Kapitel I haben wir uns mit der Absorption und der Vermehrung der Neutronen beschäftigt. Im Kapitel II behandelten wir die Streuung und Bremsung der Neutronen im unendlich ausgedehnten Medium. Da wir einen unendlich großen Raumbereich betrachtet hatten, brauchten wir uns um die räumliche Verteilung der Neutronen nicht zu kümmern*, wir untersuchten daher nur die Bremsvorgänge. Jetzt wollen wir die räumliche Verteilung der Neutronen in der Materie untersuchen, dafür aber annehmen, daß alle Neutronen die gleiche Energie besitzen (z. B. thermische Energie). Wir werden also die bei den Streuprozessen auftretende Bremsung vernachlässigen. Da die Annahme eines unendlich großen Raumes mathematisch nur eine spezielle Randbedingung darstellt, und da uns ja in der Praxis *nur* endlich große Räume interessieren, werden wir uns in Hinkunft nur mehr mit solchen beschäftigen.

Neutronen sind Elementarteilchen, die man nach der Quantentheorie[43] sowohl als Partikel als auch als Welle ansehen muß. Das wellenmäßige Verhalten wird durch die de BROGLIE-Wellenlänge (1.7) beschrieben. Ist diese Wellenlänge klein gegenüber den Strecken, auf welchen sich die das betreffende Teilchen beeinflussenden Kraftfelder wesentlich ändern, dann kann man die Wellennatur des Teilchens vernachlässigen und es als einen der klassischen Mechanik gehorchenden Massenpunkt ansehen. Die Wellennatur der Neutronen spielt, wie Tab. 2, S. 2 zeigt, nur bei der Streuung eine Rolle; sie geht in den Streuwirkungsquerschnitt ein. Da wir jetzt die mikroskopischen Feinheiten des Streuprozesses vernachlässigen, können wir die Neutronen als Massenpunkte betrachten. Dadurch werden also auch Interferenz- und Beugungseffekte der Neutronenwellen in Substanzen mit Gitterstruktur (vgl. § 45) vernachlässigt.

Für viele, sich regellos bewegende Massenpunkte hat die klassische Physik eine eigene Theorie, die *kinetische Gastheorie (Gaskinetik)* geschaffen[44]; ganz analog hierzu kann man eine *kinetische Neutronentheorie (Neutronenkinetik oder Transporttheorie der Neutronen)* aufbauen[45]. Da uns Zusammenstöße, Geschwindigkeitsverteilungen oder Zustandsgleichungen des Neutronengases hier nicht interessieren, brauchen wir vorwiegend nur die *Diffusion*, insbesondere die so-

---

* Ob dies wirklich berechtigt war, können wir erst jetzt entscheiden. Jedenfalls sei bereits daran erinnert, daß die Streuung nur im Schwerpunktssystem, nicht aber im Laborsystem isotrop ist.

genannten *Transportvorgänge** untersuchen. Wir wollen von Neutronen*kinetik* dann sprechen, wenn die betreffenden Rechengrößen von Richtungen (z. B. ϑ, φ) abhängen und von *Diffusion*, wenn sie richtungsunabhängig sind.

Jedes einzelne Neutron ist durch 6 Zahlenwerte, den drei Ortskoordinaten x, y, z und den 3 Komponenten seiner Geschwindigkeit v_x, v_y, v_z charakterisiert. Die Ortskoordinaten und die Geschwindigkeitskomponenten sind Funktionen der Zeit; kennt man x (t), y (t), z (t) dann kann man v_x $(t) = \dot{x}$, v_y $(t) = \dot{y}$, v_z $(t) = \dot{z}$ leicht berechnen. x (t), y (t), z (t) sind Lösungen der NEWTONschen Bewegungsgleichung. Da man jedoch die Anfangsbedingungen x (0), y (0), z (0) gar nicht kennt, und da die Kräfte, die bei den Zusammenstößen auf ein einzelnes Neutron wirken, im Einzelfall gar nicht bekannt sind, da sie vom Ort der streuenden Atomkerne abhängen, ist es unmöglich, aus den Bewegungsgleichungen irgendwelche Aussagen zu gewinnen: wir müssen mit statistischen Methoden arbeiten (MAXWELL, BOLTZMANN).

Den Ort der Neutronen, die sich innerhalb des Volumselementes $d\tau$ befinden, bezeichnen wir mit x, y, z; die Richtung der Geschwindigkeitsvektoren legen wir durch die Koordinaten ϑ und φ auf der Einheitskugel fest. Es sei n $(x, y, z, t, \vartheta, \varphi, v)$ $d\tau$ $d\varphi$ $\sin \vartheta$ $d\vartheta$ dv dt die Anzahl der im Volumselement $d\tau = dx\, dy\, dz$ an der Stelle x, y, z zur Zeit t bis $t + dt$ vorhandenen Neutronen, deren Geschwindigkeitsbetrag zwischen v und dv liegt und deren Geschwindigkeitspfeil im Raumwinkel $d\omega = d\varphi \sin \vartheta\, d\vartheta$ liegt. Dies ist die allgemeinste *Definition der Neutronendichte*. Die Anzahl aller Neutronen in $d\tau$ an der Stelle x, y, z zur Zeit t mit einem Geschwindigkeitspfeil innerhalb $d\omega$ ist dann gegeben durch die geschwindigkeitsunabhängige *kinetische Neutronendichte*

$$n\,(x, y, z, t, \vartheta, \varphi)\, d\tau\, d\varphi \sin \vartheta\, d\vartheta\ = \left[\int_0^\infty n\,(x, y, z, t, \vartheta, \varphi, v)\, dv\right] \cdot$$
$$\cdot\, d\tau\, d\varphi \sin \vartheta\, d\vartheta \tag{12.1}$$

(Normierungsfaktoren wurden weggelassen)
In diesem und den folgenden Paragraphen gehen wir gleich von n $(x, y, z, t, \vartheta, \varphi)$ aus. Die Anzahl der Neutronen mit der Geschwindigkeit v in $d\tau$ an der Stelle x, y, z zur Zeit t ist gegeben durch die *isotrope Neutronendichte*

$$n\,(x, y, z, t, v)\, d\tau\, dv = \left[\int_0^\pi \int_0^{2\pi} n\,(x, y, z, t, \vartheta, \varphi, v)\, d\varphi \sin \vartheta\, d\vartheta\right] \cdot d\tau\, dv, \tag{12.2}$$

während die Anzahl der Neutronen mit der Geschwindigkeit v im cm³ eines im Gleichgewichtszustand befindlichen Reaktors ($\partial/\partial t = 0$) gegeben ist durch

$$n\,(v)\, dv = \left[\int_{1\,\mathrm{cm}^3} n\,(x, y, z)\, d\tau\right] dv \tag{12.3}$$

Mit dieser Neutronendichte haben wir im Kapitel II gerechnet. Die *geschwindigkeitsunabhängige isotrope Neutronendichte*, die in der Diffusionstheorie der Neutronen (vgl. § 13) verwendet wird, ergibt sich aus (12.2) durch

$$n\,(x, y, z, t)\, d\tau = \left[\int_0^\infty n\,(x, y, z, t, v)\, dv\right] \cdot d\tau \tag{12.4}$$

---

* Unter einem Transportvorgang versteht man die Erscheinung, daß die Neutronen gewisse, ihnen lokal anhaftende Eigenschaften, wie etwa bestimmte mittlere Geschwindigkeiten oder Konzentrationen durch ihre Diffusion an andere Orte übertragen („transportieren").

Alle zeitabhängigen Dichten kann man noch mit dt multiplizieren, um anzudeuten, daß die betreffende Aussage nur für das Zeitintervall t bis $t + dt$ gilt; Integrationen $\int \ldots dt$ liefern dann zeitunabhängige Mittelwerte (vgl. Übungsbeispiel 12a). Um volle Klarheit über alle diese Möglichkeiten zu schaffen, haben wir diese in Tab. 20 zusammengestellt.

Tabelle 20. *Übersicht über sämtliche Neutronendichten*

Neutronendichte	Formel	Theoretische Verwendung	Im Paragraph	Mittelwert über
1. $n(x, y, z, t, \vartheta, \varphi, v)$.	(25.47)	Allgemeinste Reaktortheorie	25	—
2. $n(t, \vartheta, \varphi, v)$	—	Ohne Bedeutung	—	Raum
3. $n(x, y, z, \vartheta, \varphi, v)$ ..	—	Neutronenkinetik mit Bremsung	(Reaktorhandbuch[32])	Zeit
4. $n(x, y, z, t, v)$	(12.2)	Diffusion mit Bremsung, Fermialter	18, 24, 25	Richtung
5. $n(x, y, z, t, \vartheta, \varphi)$ ...	(12.1)	Neutronenkinetik mit konst. v	12	Geschwindigkeit
6. $n(v, \vartheta, \varphi)$	(7.21)	Streutheorie[4], Bremsung	7	Raum, Zeit
7. $n(t, v)$	(24.33)	Energieabhängige Reaktordynamik	24	Raum, Richtung
8. $n(t, \vartheta, \varphi)$	—	Ohne Bedeutung	—	Raum, Geschwindigkeit
9. $n(x, y, z, v,)$	(18.2)	Mehrgruppentheorie, Reaktordynamik	18, 22, 24	Richtung, Zeit
10. $n(x, y, z, \vartheta, \varphi)$	(12.42)	Zeitunabhängige Neutronenkinetik	12	Zeit Geschwindigkeit
11. $n(x, y, z, t)$	(12.4)	Diffusionstheorie mit konst v	13ff, 24	Richtung Geschwindigkeit
12. $n(v)$	(12.3)	Bremsung im ∞ großen Raum	7ff	Raum, Zeit, Richtung
13. $n(\vartheta, \varphi)$	(7.15) (7.16)	Energieunabhängige Streutheorie[4]	7	Raum, Zeit, Geschwindigkeit
14. $n(t)$	(24.10)	Reaktordynamik	24	Raum, Richtung, Geschwindigkeit
15. $n(x, y, z)$	(15.4)	Zeitunabhängige Diffusionstheorie	13ff	Zeit, Richtung, Geschwindigkeit
16. n	(4.32)	Totale Dichte, Kernreaktionen	4	Alle Variablen

Da man in der Reaktortheorie nicht nur die Neutronendichte, sondern auch den Neutronenfluß $\mathfrak{B}$ benötigt, müssen wir auch dessen *allgemeinste Definition* angeben*.

$\mathfrak{B} = n(x, y, z, t, \vartheta, \varphi, v)\,\mathfrak{v}$ ist die Anzahl der Neutronen, die an der Stelle x, y, z zur Zeit t mit einer Geschwindigkeit v und in der durch ϑ und φ definierten Richtung pro sec durch den cm² einer senkrecht zur Geschwindigkeit $\mathfrak{v}$ gestellten

---

* Wir lassen nun die Toleranzintervalle dv, $d\tau$ etc. der Kürze halber weg.

Meßfläche hindurchtreten. *(Vektorfluß)*. $\mathfrak{v}$ ist ein von x, y, z und t unabhängiger Vektor, dessen Richtung durch ϑ und φ und dessen Betrag durch $v = |\mathfrak{v}|$ gegeben ist; ϑ, φ und v sind in der Neutronenkinetik unabhängige Variable. Den *isotropen* (oder *skalaren*) *Neutronenfluß* erhält man durch

$$n\,(x, y, z, t, v) \cdot v = \int\limits_{\Omega} n\,(x, y, z, t, \vartheta, \varphi, v)\,\mathfrak{v}\,d\omega \qquad (12.5)$$

woraus der in der Diffusionstheorie (§ 13) verwendete *geschwindigkeitsunabhängige isotrope Neutronenfluß* $n\,(x, y, z, t) \cdot v$ abgeleitet wird ($v =$ $=$ const).

Wir wollen nun die *neutronenkinetische Transportgleichung für konstante Geschwindigkeiten* ableiten. (Eine ähnliche Gleichung hat schon BOLTZMANN in der Gaskinetik aufgestellt).

In das Volumelement $d\tau$ (vgl. Abb. 17) fließen durch die

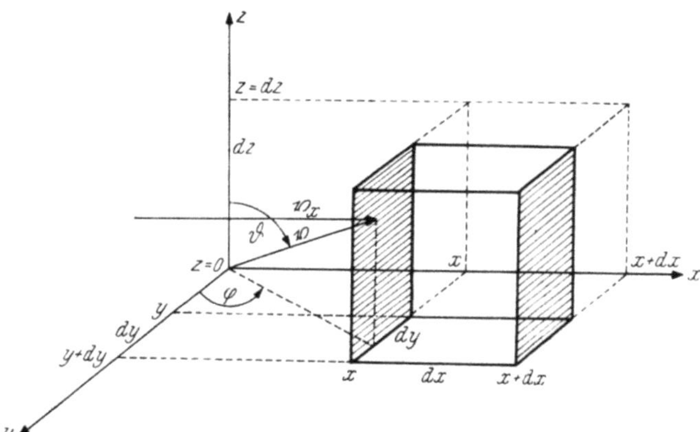

Abb. 17. Neutronenkinetik im Volumelement

Seitenfläche $dy\,dz$ pro sec an der Stelle x von links $\mathfrak{V}_x\,(x, y, z, t, \vartheta, \varphi) \cdot dy\,dz$ Neutronen. Da sich der Vektorfluß auf der Strecke dx nur sehr wenig ändert, entwickeln wir ihn in eine TAYLORreihe, die wir nach dem linearen Glied abbrechen.

$$\mathfrak{V}_x\,(x + dx, y, z, t, \vartheta, \varphi) = \mathfrak{V}_x\,(x, y, z, t, \vartheta, \varphi) + dx\,\frac{\partial\,\mathfrak{V}_x\,(x, y, z, t, \vartheta, \varphi)}{\partial x} \qquad (12.6)$$

Da $\mathfrak{V}_x\,(x, y, z, t, \vartheta, \varphi)\,dy\,dz$ die Anzahl der einfließenden und $\mathfrak{V}_x\,(x + dx, y, z, t, \vartheta, \varphi)\,dy\,dz$ die Anzahl der ausfließenden Neutronen ist, ändert sich die Neutronendichte $n\,(x, y, z, t, \vartheta, \varphi)$ in $d\tau$ infolge der Neutronenbewegung längs der Achse um

$$- dx\,\frac{\partial\,\mathfrak{V}_x\,(x, y, z, t, \vartheta, \varphi)}{\partial x}$$

Auf gleiche Weise berechnet man die Änderungen der Neutronendichte, die durch Ströme parallel zur y-bzw. z-Achse hervorgerufen werden.

Für die gesamte Änderung $\dfrac{\partial}{\partial t}\,n\,(x, y, z, t, \vartheta, \varphi) \cdot d\tau$ erhält man daher

$$\frac{\partial n}{\partial t}\,d\tau = -\left(\frac{\partial\,\mathfrak{V}_x}{\partial x} + \frac{\partial\,\mathfrak{V}_y}{\partial y} + \frac{\partial\,\mathfrak{V}_z}{\partial z}\right) d\tau \qquad (12.7)$$

oder die *Erhaltungsgleichung (Kontinuitätsgleichung)*

$$- \frac{\partial n}{\partial t} = \operatorname{div}\mathfrak{V} \qquad (12.8)$$

die jedoch Richtungseffekte nicht berücksichtigt.

Neben dem Abfluß durch die Eigenbewegung können infolge Absorption*

---

* Ist das betrachtete Medium ein Spaltstoff bzw. eine Mischung mit Spaltstoff, dann ist neben der Berücksichtigung der Neutronenerzeugung noch $\Sigma_A \to \Sigma_{A\,ges}$ zu setzen. Hierbei ist allerdings zu beachten, daß viele der folgenden Näherungen nur für schwache Absorber gelten.

$N_A\,\sigma_A\,|\mathfrak{B}\,(x, y, z, t, \vartheta, \varphi)|$ Neutronen pro sec aus dem Volumselement verschwinden; infolge Spaltung oder durch eine Neutronenquelle können $Q\,(x, y, z, t, \vartheta, \varphi)$ Neutronen pro sec im Volumelement $d\tau$ entstehen. Infolge von Streuprozessen (die in unserer Näherung nur die Richtung, nicht aber die Geschwindigkeit ändern) können $M\,(x, y, z, t, \vartheta, \varphi)$ Neutronen pro sec innerhalb des Volumselementes in den Raumwinkelbereich $d\omega$ eintreten oder diesen verlassen.

Wir erhalten so die *erweiterte Kontinuitätsgleichung*

$$\frac{\partial n}{\partial t} = -\operatorname{div}\mathfrak{B} - N_A\,\sigma_A\,|\mathfrak{B}| + Q + M; \quad |\mathfrak{B}| = n\,v \qquad (12.9)$$

Q ist durch die Eigenschaften der Neutronenquelle bzw. durch die Häufigkeit der Spaltprozesse und die Winkelkorrelation der Spaltneutronen[27] bestimmt; M zerfällt in zwei Teile:

a) Neutronen die infolge von Streuprozessen innerhalb $d\tau$ den Winkelbereich $d\omega$ verlassen müssen:

$$-N_S\,\sigma_S\,|\mathfrak{B}|$$

b) Neutronen, die mit beliebigem $\vartheta' \neq \vartheta$, $\varphi' \neq \varphi$ in $d\tau$ bereits vorhanden sind und die durch eine Streuung innerhalb $d\tau$ auf ϑ, φ gebracht werden und daher $n\,(x, y, z, t, \vartheta, \varphi)$ vermehren. Insgesamt ergibt sich also für (12.9) ($v = \text{const}$, vgl. (25.1) und Übungsbeispiel 12 k)

$$\frac{\partial n}{\partial t} = -\operatorname{div}\mathfrak{B} - N_A\,\sigma_A\,|\mathfrak{B}| + Q - N_S\,\sigma_S\,|\mathfrak{B}| +$$
$$+ \int_0^{2\pi}\!\!\int_0^{\pi} N_S\,\sigma_S\,(\vartheta, \vartheta', \varphi, \varphi')\,|\mathfrak{B}|\,\sin\vartheta'\,d\vartheta'\,d\varphi' \qquad (12.10)$$

Das ist die *Transportgleichung für konstante Geschwindigkeit*; sie beschreibt den Transport der Konzentration (Dichte) n durch $\mathfrak{B}$. Wir möchten an dieser Stelle nochmals darauf hinweisen, daß alle bisherigen und die folgenden Überlegungen ausschließlich für Neutronen gelten, deren Geschwindigkeitspfeile die Richtung (ϑ, φ) besitzen; will man alle Neutronen unabhängig von der Richtung ihrer Geschwindigkeit erfassen, dann muß man über ϑ und φ integrieren (vgl. § 13).

$\sigma\,(\vartheta, \vartheta', \varphi, \varphi') = \sigma\,(\tilde{\vartheta})$ ist der Streuwirkungsquerschnitt im Laborsystem, vgl. (7.39). Vor der Streuung hat die Teilchengeschwindigkeit die Richtung (ϑ', φ'), nach der Streuung weist der Geschwindigkeitspfeil in die Richtung (ϑ, φ). Der Winkel, den diese beiden Richtungen einschließen, ist der Streuwinkel $\tilde{\vartheta}$. (Wir verwenden $\tilde{\vartheta}$ für den Streuwinkel im Laborsystem, da ϑ hier eine andere Bedeutung hat.) Da die Streuung fast immer von $\tilde{\varphi}$ unabhängig ist[4], gilt $\sigma\,(\vartheta, \vartheta', \varphi, \varphi') = \sigma\,(\tilde{\vartheta})$. Wie man aus $\sigma\,(\tilde{\vartheta})$, das ja aus der Streutheorie bekannt ist[4] $\sigma\,(\vartheta, \vartheta', \varphi, \varphi')$ berechnet, werden wir gleich besprechen (vgl. Abb. 18).

Um die *kinetischen Effekte* (Transportvorgänge) abzuschätzen, genügt es, von der eindimensionalen Form von (12.10) auszugehen*. Mit $\partial/\partial y = \partial/\partial z = 0$ folgt aus (12.10) die *eindimensionale Transportgleichung* der Neutronenkinetik mit konstanter Geschwindigkeit:

$$\frac{\partial n}{\partial t} + \frac{\partial \mathfrak{B}_x\,(x, \vartheta, \varphi, t)}{\partial x} + \Sigma\,|\mathfrak{B}| = Q\,(x, \vartheta, \varphi, t) + N_S \int_0^{2\pi}\!\!\int_0^{\pi}\sigma_S\,(\vartheta, \vartheta', \varphi, \varphi')\cdot$$
$$\cdot\,|\mathfrak{B}\,(x, \vartheta', \varphi', t)|\,\sin\vartheta'\,d\vartheta'\,d\varphi' \qquad (12.11)$$

---

* Die folgenden Rechnungen können bis zum Schluß des Paragraphen übergangen werden; sie dienen nur zur Ableitung der in § 13 verwendeten Diffusionsgleichung und einiger anderer für die Praxis wichtiger Formeln, sowie zur Abschätzung der Genauigkeit der Diffusionstheorie (§ 13).

wobei

$$N_S\,\sigma_S + N_A\,\sigma_A = \Sigma \tag{12.12}$$

gesetzt wurde.

Nimmt man noch an, daß die Emission der Quelle unabhängig von φ erfolgt und daß $\partial\mathfrak{B}/\partial\varphi' = \partial\mathfrak{B}/\partial\varphi = 0$, dann gilt

$$\frac{\partial n}{\partial t} + \frac{\partial\mathfrak{B}_x(x,\vartheta,t)}{\partial x} + \Sigma(\widetilde{\vartheta})\,|\mathfrak{B}| = Q(x,\vartheta,t) +$$
$$+ N_S \int\limits_0^{2\pi}\int\limits_0^{\pi} \sigma_S(\vartheta,\vartheta',\varphi,\varphi')\,|\mathfrak{B}(x,\vartheta',t)|\,\sin\vartheta'\,d\vartheta'\,d\varphi' \tag{12.13}$$

Wenn $|\mathfrak{B}| = \sqrt{\mathfrak{B}_x^2 + \mathfrak{B}_y^2 + \mathfrak{B}_z^2} = F(x,\vartheta,t)$ der Betrag des Vektorflusses ist, dann gilt wegen

$$\mathfrak{B}_x = |\mathfrak{B}|\cos\vartheta = F(x,\vartheta,t)\cos\vartheta = n(x,\vartheta,t)\cdot v\cdot\cos\vartheta \tag{12.14}$$

(vgl. Abb. 17) anstatt von (12.13)

$$\frac{\partial n(x,t,\vartheta)}{\partial t} + \cos\vartheta\cdot\frac{\partial F(x,\vartheta,t)}{\partial x} + \Sigma(\widetilde{\vartheta})\cdot F(x,\vartheta,t) = \tag{12.15}$$
$$= Q(x,\vartheta,t) + N_S \int\limits_0^{2\pi}\int\limits_0^{\pi} \sigma_S(\vartheta,\vartheta',\varphi,\varphi')\cdot F(x,\vartheta',t)\cdot\sin\vartheta'\,d\vartheta'\,d\varphi'$$

(12.15) kann nur dann gelöst werden, wenn $\sigma(\vartheta,\vartheta',\varphi,\varphi')$ bekannt ist. Dieser Wirkungsquerschnitt beschreibt die Richtungsstreuung $(\vartheta',\varphi') \to (\vartheta,\varphi)$; d. h. die Änderung der Richtung (ϑ',φ') auf die Richtung (ϑ,φ); Streuwinkel $\widetilde{\vartheta}$ ist daher der Winkel zwischen diesen beiden Richtungen (vgl. Abb. 18).

Der Wirkungsquerschnitt $\sigma_S(\widetilde{\vartheta})$ ergibt sich in der Streutheorie[4] als eine Summe über LEGENDRE*sche* *Polynome*[46] $P_l(\cos\widetilde{\vartheta})$ *(Kugelfunktionen)*

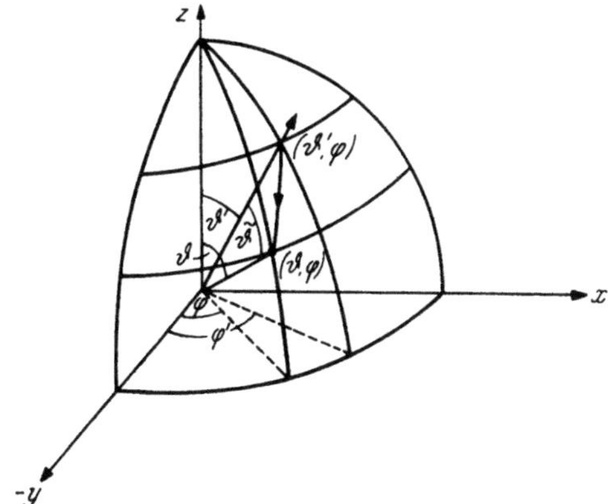

Abb. 18. Richtungsstreuung

$$\sigma_S(\cos\widetilde{\vartheta}) = \sum_{l=0}^{\infty} A_l\,P_l(\cos\widetilde{\vartheta}), \tag{12.16}$$

wobei

$$P_0 = 1 \qquad P_1 = \cos\widetilde{\vartheta}$$
$$P_2 = \frac{3}{2}\cos^2\widetilde{\vartheta} - \frac{1}{2} \qquad P_3 = \frac{5}{2}\cos^3\widetilde{\vartheta} - \frac{3}{2}\cos\widetilde{\vartheta} \tag{12.17}$$

Wie man aus Abb. 18 ersieht, gilt

$$\cos\widetilde{\vartheta} = \cos\vartheta\cos\vartheta' + \sin\vartheta\sin\vartheta'\cos(\varphi - \varphi') \tag{12.18}$$

Um $\widetilde{\vartheta}$ in (12.16) durch $\vartheta,\vartheta',\varphi,\varphi'$ auszudrücken, benützen wir das *Additionstheorem der Kugelfunktionen*

$$P_l(\cos\widetilde{\vartheta}) = \sum_{k=-l}^{+l} \frac{(l-|k|)!}{(l+|k|)!}\cdot P_l^k(\cos\vartheta)\,P_l^k(\cos\vartheta')\,e^{ik\,(\varphi-\varphi')}$$

Die P_l^k sind die *zugeordneten* LEGENDRE *Polynome*[46]. Es ergibt sich dann

$$\sigma_S (\cos \widetilde{\vartheta}) = \sum_{l=0}^{\infty} A_l \sum_{k=-l}^{+l} \frac{(l-|k|)!}{(l+|k|)!} \, P_l^k (\cos \vartheta) \, P_l^k (\cos \vartheta') \cdot e^{ik\,(\varphi - \varphi')} =$$

$$= \sigma_S (\vartheta, \vartheta', \varphi, \varphi') \tag{12.19}$$

Setzt man (12.19) in (12.15) ein, so erhält man nach Durchführung von Integrationen über φ und φ' und Kürzung von 2π

$$\frac{\partial n\,(x,\vartheta,t)}{\partial t} + \cos \vartheta \, \frac{\partial F\,(x,\vartheta,t)}{\partial x} + \Sigma \cdot F\,(x,\vartheta,t) = Q\,(x,\vartheta,t) +$$

$$+ N_S \sum_{l=0}^{\infty} A_l \, P_l\,(\cos \vartheta) \int_0^{\pi} P_l\,(\cos \vartheta') \cdot F\,(x,\vartheta',t) \cdot \sin \vartheta' \, d\vartheta' \tag{12.20}$$

(Man beachte, daß $P_l^0 = P_l$ ist!)

Es ist nun zweckmäßig, $F\,(x,\vartheta,t)$ und $n\,(x,\vartheta,t)$ nach Kugelfunktionen zu entwickeln; diese Methode wird in der Reaktortheorie oft gebraucht *(Methode der Kugelfunktionen*, auch *Momentenmethode* genannt[45]).

$$F\,(x,\vartheta,t) = \sum_{l=0}^{\infty} \frac{2l+1}{2} \, F_l\,(x,t) \cdot P_l\,(\cos \vartheta) \tag{12.21}$$

Multiplikation mit $P_n\,(\cos \vartheta) \, d\cos \vartheta$ und Integration liefern unter Verwendung der *Orthogonalitätsrelationen der* LEGENDRE-*Polynome*

$$\int_{-1}^{+1} P_l\,(\cos \vartheta) \, P_n\,(\cos \vartheta) \, d\cos \vartheta = \begin{matrix} 0 & \text{für } l \neq n \\ \dfrac{2}{2l+1} & \text{für } l = n \end{matrix} \tag{12.22}$$

$$F_l\,(x,t) = \int_{-1}^{+1} F\,(x,\vartheta,t) \, P_l\,(\cos \vartheta) \, d\cos \vartheta \tag{12.23}$$

Wir erhalten also

$$F_0\,(x,t) = \int_{-1}^{+1} F\,(x,\vartheta,t) \, d\cos \vartheta \; ; \tag{12.24}$$

das ist nach (12.5) nichts anderes als der skalare Neutronenfluß.

Weiters ist

$$F_1\,(x,t) = \int_{-1}^{+1} \cos \vartheta \, F\,(x,\vartheta,t) \, d\cos \vartheta ; \tag{12.25}$$

diese Größe nennt man den *mittleren Nettostrom* (oder *Stromdichte*). Bricht man die Reihenentwicklung (12.21) nach dem 2. Glied ab, dann gilt gemäß (12.21)

$$F\,(x,\vartheta,t) = \frac{1}{2} \, F_0\,(x,t) + \frac{3}{2} \, F_1\,(x,t) \cos \vartheta \tag{12.26}$$

Multipliziert man (12.20) mit $P_m\,(\cos \vartheta) \, d\cos \vartheta$ und integriert, dann erhält man mit (12.22) für $m = 0$

$$\frac{\partial n_0\,(x,t)}{\partial t} + \frac{\partial F_1\,(x,t)}{\partial x} + \Sigma \, F_0\,(x) = \int_{-1}^{+1} Q\,(x,\vartheta) \, d\cos \vartheta +$$

$$+ N_S \, 2 \, A_0 \, F_0\,(x) \tag{12.27}$$

und für $m = 1$

$$\frac{\partial n_1}{\partial t} + \frac{1}{3} \frac{dF_0(x)}{dx} + \Sigma\, F_1(x) = \int\limits_{-1}^{+1} \cos\vartheta\, Q(x, \vartheta)\, d\cos\vartheta + {} $$
$$+ N_S\, A_1\, F_1(x) \cdot \frac{2}{3} \qquad (12.28)$$

Bei der Ableitung wurde das Integral

$$\int\limits_{-1}^{+1} \cos\vartheta\, P_m(\cos\vartheta)\, P_l(\cos\vartheta)\, d\cos\vartheta = \begin{array}{ll} 0 & \text{für } l \neq m+1 \\[2mm] \dfrac{m+1}{(2m+1)\,[(m+1)+{}^1\!/_2]} & \text{für } l = m+1 \end{array} \qquad (12.29)$$

verwendet.

Wenn man (12.16) mit $P_m(\cos\widetilde{\vartheta})\, d\cos\widetilde{\vartheta}$ multipliziert und integriert, dann erhält man unter Verwendung von (12.22)

$$A_l = \frac{2\,l+1}{2} \int\limits_{-1}^{+1} \sigma_S(\cos\widetilde{\vartheta})\, P_l(\cos\widetilde{\vartheta})\, d\cos\widetilde{\vartheta} \qquad (12.30)$$

und daher

$$A_0 = \frac{1}{2} \int\limits_{-1}^{+1} \sigma_S(\cos\widetilde{\vartheta})\, d\cos\widetilde{\vartheta} = \bar{\sigma}_S \cdot \frac{1}{2} \qquad (12.31)$$

$$A_1 = \frac{3}{2} \int\limits_{-1}^{+1} \sigma_S(\cos\widetilde{\vartheta})\, \cos\widetilde{\vartheta}\, d\cos\widetilde{\vartheta} = \frac{3}{2} \overline{\cos\widetilde{\vartheta}\,\sigma_S} = \frac{1}{M}\, \bar{\sigma}_S \qquad (12.32)$$

wobei (7.16) verwendet wurde. Für isotrop abstrahlende Quellen ergibt sich aus (12.27) und (12.28)

$$\frac{\partial n_0}{\partial t} + \frac{\partial F_1(x, t)}{\partial x} + \Sigma\, F_0 = Q(x) + N_S\, \bar{\sigma}_S\, F_0 \qquad (12.33)$$

$$\frac{\partial n_1}{\partial t} + \frac{1}{3} \frac{\partial F_0(x, t)}{\partial x} + \Sigma\, F_1 = N_S\, \overline{\cos\widetilde{\vartheta}\,\sigma_S}\, F_1 \qquad (12.34)$$

Eliminiert man F_1, so ergibt sich mit (12.12) und $\bar{\sigma}_S \approx \sigma_S$

$$-\frac{\partial n_0}{\partial t} + D\, \frac{\partial^2 F_0}{\partial x^2} - \Sigma_A\, F_0 + Q(x) = -3\, D \frac{\partial^2 n_1}{\partial x\, \partial t} \qquad (12.35)$$

mit

$$\boxed{D = \frac{1}{3\,(\Sigma_A + \Sigma_S - \Sigma_S\, \overline{\cos\widetilde{\vartheta}})}} \qquad \text{bzw. } \Sigma_A \to \Sigma_{A\,ges} \qquad (12.36)$$

Die Größe D wird *Diffusionskoeffizient* genannt.

Wenn die Absorption sehr schwach ist, geht (12.36) über in

$$\boxed{D_0 = \frac{1}{3\,\Sigma_S\,(1 - \overline{\cos\widetilde{\vartheta}})} = \frac{\lambda_S}{3} \cdot \frac{1}{1 - \overline{\cos\widetilde{\vartheta}}} = \frac{\lambda_t}{3}} \qquad (12.37)$$

Die in (12.37) definierte Größe λ_t heißt *Transportweglänge*, λ_S ist die *Streuweglänge*, die wir schon in (4.20) kennen lernten. $\cos\widetilde{\vartheta}$ mißt die *Vorwärtsstreuung**
im Laborsystem; je größer diese ist, desto größer ist der mittlere Nettostrom F_1.
Die Transportweglänge ist nichts anderes, als die mit der Anisotropiekorrektur
versehene Streuweglänge; sie hat mit eigentlichen Transportvorgängen nichts
zu tun und erhielt ihren Namen nur infolge ihrer Ableitung aus der Transportgleichung. Für sehr schwere Kerne ist die Streuung bekanntlich auch im Laborsystem isotrop (vgl. § 7); Transportweglänge und Streuweglänge werden dann
einander gleich.

(12.35) bestimmt den skalaren Neutronenfluß (12.5) $F_0\,(x,\,t) = n_0\,(x,\,t)\cdot v$,
wo v eine Konstante ist. Entwickelt man $n_0\,(x,\,t)$ und $n_1\,(x,\,t)$ in TAYLORreihen,
so sieht man, daß $\dfrac{\partial^2 n_1}{\partial x\,\partial t}$ von der Größenordnung $\dfrac{\partial^3 n_0}{\partial x^3}$ ist. Wenn $\dfrac{\partial^3 n_0}{\partial x^3}$ gegen die
erste Ableitung vernachlässigt werden kann, gilt

$$- \frac{\partial n_0}{\partial t} + D\,\frac{\partial^2\,(n_0 v)}{\partial x^2} - \Sigma_A\,n_0\,v + Q = 0 \qquad (12.38)$$

Die entsprechende dreidimensionale Gleichung lautet

$$\boxed{- \frac{\partial n_0}{\partial t} + D\,\Delta\,n_0\,v - \Sigma_A\,n_0\,v + Q = 0} \qquad (12.39)$$

Sie heißt *Diffusionsgleichung* und gilt dann, wenn

1. $F\,(x,\,y,\,z,\,t,\,\vartheta,\,\varphi)$ so schwach richtungsabhängig ist, daß man die Reihe
(12.21) nach 2 Gliedern abbrechen kann; dies ist z. B. im Inneren der gegen
λ_t großen Reaktoren, nicht aber in deren Randgebieten der Fall;

2. alle Neutronen gleiche, konstant bleibende Geschwindigkeit haben, so
daß auch alle Wirkungsquerschnitte als energieunabhängig angesehen werden
können;

3. $\dfrac{\partial^3 n_0}{\partial x^3} \ll \dfrac{\partial n_0}{\partial x}$ etc. für alle Ableitungen. (Erfüllt z. B. im Inneren eines Reaktors.)

(12.39) beschreibt, wie sich die Neutronendichte (Neutronenkonzentration)
räumlich-zeitlich ändert. Mit der Neutronenkinetik werden wir uns nur ganz
gelegentlich zu befassen haben, da sie bei praktischen Rechnungen nur eine
geringe Rolle spielt. Sie dient hauptsächlich zur Berechnung des Diffusionskoeffizienten (12.37) (12.40), zur Ableitung und Verfeinerung der Randbedingungen (§ 14) und zur Abschätzung der Gültigkeit der Diffusionstheorie sowie
zur Berechnung kleiner Reaktoren und von Atomexplosivladungen.

Neutronenkinetische Probleme wurden von BOTHE, HEISENBERG, WIGNER
FERMI, WEINBERG u. a. behandelt[45].

Übungsbeispiele

12 a) Man stelle, ausgehend von Tab. 20, alle 16 Arten, einen Neutronenfluß
zu definieren, systematisch zusammen und schreibe die entsprechenden Formeln an.
In gleicher Weise schreibe man diejenigen Definitionsformeln für Neutronendichten
an, die in § 12 nicht vorkommen.

------

* Unter Vorwärtsstreuung versteht man die Bevorzugung kleiner Streuwinkel.
die nach (7.16) im Laborsystem auch dann auftritt, wenn die Streuung im Schwerpunktssystem isotrop ist.

12 b) Man berechne den sogenannten *Transportwirkungsquerschnitt* σ_t aus der Transportweglänge mit Hilfe der allgemeinen Formel (4.19).

12 c) Man berechne die Transportweglängen thermischer Neutronen in H_2O, D_2O, Graphit und natürlichem Uran. Man vergleiche mit λ_A und λ_S. Ist die Anisotropie der Neutronenstreuung in Graphit oder in Wasser größer?

12 d) Wie groß sind λ_S, λ_t und D für technisch reines D_2O, das $^1/_2\%$ H_2O enthält?

12 e) Man berechne D, D_1 und D_0 für H_2O, D_2O, Graphit und natürliches Uran (vgl. Beispiel 12 f).

12 f) Die asymptotische Lösung von (12.20) in einem absorbierenden Medium (vgl. Beispiel 12 h) liefert die Formel

$$D_1 = \frac{1}{3\,\Sigma\,(1-\overline{\cos\widetilde{\vartheta}})\left(1-\dfrac{4}{5}\dfrac{\Sigma_A}{\Sigma}+\dfrac{\Sigma_A}{\Sigma}\dfrac{\overline{\cos\widetilde{\vartheta}}}{1-\overline{\cos\widetilde{\vartheta}}}+\cdots\right)} \qquad (12.40)$$

Welche Vernachlässigungen führen zu (12.36) und (12.37) und wie genau sind diese Formeln?

12 g) Man berechne für H_2O, D_2O und Graphit die sogenannte *Diffusionsweglänge*

$$\lambda_D = \frac{1}{\Sigma - \Sigma_S\,\overline{\cos\widetilde{\vartheta}}} = 3\,D \qquad (12.41)$$

und vergleiche mit λ_A, λ_S und λ_t. Beweise, daß für H $\lambda_t = 3\,\lambda_S$.

12 h) Wenn man $\partial/\partial t = Q = 0$ setzt (*zeitunabhängige Neutronenkinetik im quellfreien Medium*) und die Reihenentwicklung unter dem Integral in (12.20) nach dem zweiten Glied abbricht, dann erhält man

$$\cos\vartheta\,\frac{\partial F(x,\vartheta)}{\partial x} + \Sigma F(x,\vartheta) = \frac{1}{2}\,N_S\,\sigma_S\left(\int_0^\pi F(x,\vartheta')\sin\vartheta'\,d\vartheta' + \right.$$
$$\left. + 3\cos\vartheta\,\overline{\cos\widetilde{\vartheta}}\cdot\int_0^\pi \cos\vartheta'\,F(x,\vartheta')\sin\vartheta'\,d\vartheta'\right) \qquad (12.42)$$

Diese Gleichung hat die Annahme einer sehr schwachen anisotropen Streuung zur Voraussetzung; dies kann nur im Inneren eines Reaktors gelten — weit weg von den Randflächen, an denen sich, wie wir in § 14 sehen werden, ein anisotroper Strom nach außen ausbildet. Da (12.42) nur für größere Entfernungen ($\approx 20\,\lambda_t$) von Randflächen und Quellen gilt, spricht man auch von der *asymptotischen Transportgleichung* (im absorbierenden Medium). Man zeige, daß

$$F(x,\vartheta) = \text{Const. } e^{\pm\,\varkappa x}\,\frac{A + \cos\vartheta\,\overline{\cos\widetilde{\vartheta}}}{\Sigma \pm \varkappa\cos\vartheta} \qquad (12.43)$$

für spezielle A und $\varkappa$ eine Lösung von (12.42) ist. Man leite die Beziehung $A(\varkappa;\Sigma,\Sigma_S,\overline{\cos\widetilde{\vartheta}};\vartheta)$ ab, die zwischen A und $\varkappa$ bestehen muß, damit (12.43) eine Lösung von (12.42) ist. Da A noch die Varialble ϑ enthält, führe man einen Koeffizientenvergleich der Glieder durch, die ϑ enthalten, bzw. nicht enthalten. Man erhält so $A(\Sigma,\varkappa,\Sigma_S,\overline{\cos\widetilde{\vartheta}})$ und $\varkappa(\Sigma,\Sigma_S,\overline{\cos\widetilde{\vartheta}})$. Man entwickle unter der Annahme $\Sigma_A \ll \Sigma_S$ letztere Beziehung in eine Reihe und zeige, daß man (12.40) erhält, wenn man die im § 14 angeschriebene Gleichung (14.23) $D = \Sigma_A/\varkappa^2$ verwendet. Daß das hier und das dort verwendete $\varkappa$ tatsächlich dieselben Größen sind, zeigt ein Vergleich von (12.43) mit (13.23). $1/\varkappa$ hat die Dimension [cm] und heißt *Diffusionslänge*. Auf ihre Bedeutung hat BOTHE hingewiesen[45].

12 i) Für ein nicht absorbierendes Medium gilt $\Sigma_A = 0$, so daß sich (12.42) vereinfacht (*asymptotische Transportgleichung im nichtabsorbierenden Medium*). Man zeige, daß

$$F(x, \vartheta) = \frac{1}{2} F_0(x) + \frac{3}{2} F_1(x) \cdot \cos \vartheta + F_2(x) \tag{12.44}$$

$$F_0(x) = 2A + 2Bx; \quad F_1(x) = \frac{2}{3} C; \quad F_2(x) \approx 0 \tag{12.45}$$

eine Lösung der asymptotischen Transportgleichung im nichtabsorbierenden Medium ist und suche die hiefür notwendige Beziehung zwischen den Konstanten A, B, C.

12 j) Man leite die folgende Formel für $\overline{\cos \vartheta}$ eines Gemisches ab

$$\boxed{\overline{\cos \vartheta} = \frac{2}{3} \sum_i \frac{N_i \, \sigma_{Si}}{A_i} \Big/ \sum_i N_i \, \sigma_{Si}} \tag{12.46}$$

12 k) Läßt man variable Energien zu, dann lautet[45] die Transportgleichung

$$\frac{\partial n}{\partial t} = - \mathfrak{v} \, \mathrm{grad}\, n - \Sigma_A(E)\, n \sqrt{\frac{2E}{m}} + Q - \Sigma_S(E)\, n \sqrt{\frac{2E}{m}} +$$

$$+ \int\limits_0^{2\pi} \int\limits_0^{\pi} \int\limits_0^{\infty} W(\vartheta, \vartheta', \varphi, \varphi', E', E)\, n \sqrt{\frac{2E'}{m}}\, \Sigma_S(E')\, dE' \sin \vartheta'\, d\vartheta'\, d\varphi' \tag{12.47}$$

wo $n(x, y, z, t, E, \vartheta, \varphi)$ die allgemeinste Neutronendichte ist. Unter dem Integral gilt $n(x, y, z, t, E', \vartheta', \varphi')$.

Für konstant gehaltene Energie geht dies wieder in (12.10) über. Man leite (12.47) durch Verallgemeinerung von (12.10) ab, wobei man

$$\mathrm{div}\, \mathfrak{B} = \mathrm{div}\,(n\, \mathfrak{v}) = \mathfrak{v}\, \mathrm{grad}\, n + n\, \mathrm{div}\, \mathfrak{v} = \mathfrak{v}\, \mathrm{grad}\, n \tag{12.48}$$

und (7.22) benützt. ($\mathfrak{v}$ ist immer eine von x, y, z unabhängige Variable.) Die Wahrscheinlichkeit $W(\vartheta, \vartheta', \varphi, \varphi', E', E)$, daß ein Neutron der Energie E' durch *einen* Stoß von der Richtung ϑ', φ' auf die Richtung ϑ, φ gestreut wird und hierbei die Energie E erhält, ist durch (7.41) gegeben; $\Sigma_S(E')\, n\, v$ gibt die Zahl der Streuprozesse an. (Man beachte den Unterschied in der Bezeichnungsweise; der Streuwinkel $\widetilde{\vartheta}$ (in § 7: ϑ) ist durch ϑ, ϑ' (Richtungen) bestimmt.)

Wenn man (12.47) für den stationären Fall $\left(\dfrac{\partial}{\partial t} = 0 \right)$ über das Volumen und über alle Richtungen integriert ($\int\int\int\int\int \ldots\ldots dx\, dy\, dz.\ \sin \vartheta\, d\vartheta\, d\varphi$), dann ergibt sich eine Gleichung für $n(E)$. Man zeige, daß mit $P(E) = (\Sigma_A(E) + \Sigma_S(E))\, n\, v$ und mit (7.42), (12.47) dann in (9.10) übergeht. ($Q(E_0) = n(E_0)/E_0$).

§ 13. Die Diffusionsgleichung

Neuerliche Ableitung der Diffusionsgleichung, Berechnung des Entweichens der Neutronen durch eine Oberfläche.

Wenn bei der Streuung der Neutronen keine Richtung bevorzugt wird, die Geschwindigkeitspfeile also gleichmäßig über alle Richtungen verteilt sind, dann kann man an Stelle des Vektorflusses $\mathfrak{B} = n(x, y, z, t, \vartheta, \varphi, v) \cdot \mathfrak{v}$ den isotropen Neutronenfluß (12. 5) $n(x, y, z, t, v) \cdot v$ verwenden. Wird weiters die Bremsung vernachlässigt, so daß alle Neutronen die gleiche, konstante Geschwindigkeit besitzen, dann beschränkt man sich auf die Verwendung des geschwindigkeitsunabhängigen isotropen Neutronenflusses $n(x, y, z, t) \cdot v$ wobei $v = |\mathfrak{v}|$. Integriert man (12.9) über den Raumwinkel und kürzt durch 4π, dann erhält man wegen $|\mathfrak{B}| = |n\, \mathfrak{v}| = n\, |\mathfrak{v}| = n\, v$.

$$\frac{\partial n(x, y, z, t)}{\partial t} = - \mathrm{div}\, \mathfrak{B}(x, y, z, t) - N_A\, \sigma_A\, n\, v + Q \quad (\text{bzw. } \sigma_A \to \sigma_{A\, ges}) \tag{13.1}$$

Die Größe M verschwindet, da Richtungseffekte keine Rolle spielen.

Ein Vergleich von (13.1) mit der Diffusionsgleichung (12.39) läßt vermuten, daß diese beiden Gleichungen zumindest näherungsweise das gleiche aussagen; es ist ja zu beachten, daß D in (12.39) nach (12.36) schwache Anisotropiekorrekturen enthält, während (13.1) nur für exakt isotrope Neutronenkinetik (Diffusion) gilt. Ein *isotroper Diffusionskoeffizient* D_2 wäre wegen $\overline{\widetilde{\cos \vartheta}} = 0$ für isotrope Streuung nach (12.37) durch

$$D_2 = \lambda_S/3 \qquad (13.2)$$

gegeben. In der Theorie der Gasdiffusion gilt das *Ficksche Gesetz*

$$\mathfrak{J} = - D_2\, v \operatorname{grad} n = - D_2 \operatorname{grad} nv \qquad (\text{bzw. } \mathfrak{B} \to \mathfrak{J},\ \text{s. S. 85}) \qquad (13.3)$$

d. h. man nimmt an, daß der Nettostrom (die Stromdichte) proportional dem Konzentrationsgefälle ist.

Es wird sich zeigen, daß die Proportionalitätskonstante D_2 in (13.3) tatsächlich mit D_2 aus (13.2) identisch ist. Die Verwendung von D_0 nach (12.37), von D nach (12.36) oder von D_1 nach (12.40) bedeutet eine Verbesserung der Diffusionstheorie. Die in der Reaktortheorie verwendete Diffusionsgleichung (12.39) leistet also mit (12.37) oder (12.36) oder (12.40) mehr, als die exakt isotrope Diffusionsgleichung mit D_2, die wir nun aus (13.1) und (13.3) ableiten wollen.

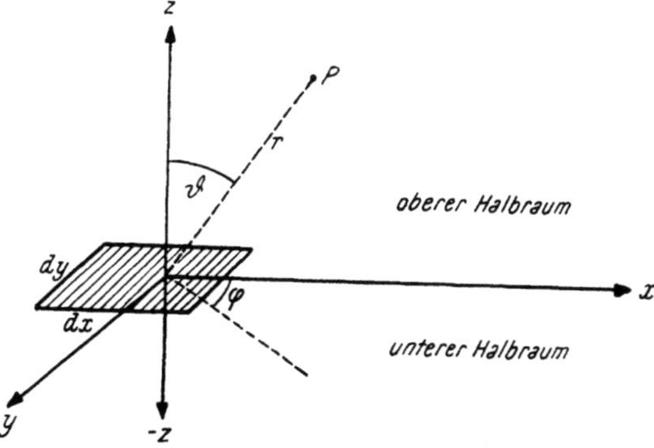

Abb. 19. Fluß durch eine Seitenfläche des Volumelementes

Der in das Volumelement $d\tau$ eindringende Fluß kommt dadurch zustande, daß aus dem ganzen Raum Neutronen nach $d\tau$ hineingestreut werden — gleichgültig aus welcher Richtung. Wenn wir z. B. die obere Deckfläche $dx\,dy$ betrachten (vgl. Abb. 19), so sehen wir, daß von einem beliebigen Punkt $P\,(r, \vartheta, \varphi)$ des oberen Halbraumes aus

$$nv\, \Sigma_S \cdot e^{-r/\lambda_S}\, \frac{|\cos \vartheta|}{4\pi r^2}\, dx\,dy\, d\tau_P$$

Neutronen durch Streuung in die Fläche $dy\,dx$ gelangen:

$n\,(x, y, z, t)\, v\, \Sigma_S\, d\tau_P$ ist nach (8.1) die Zahl aller Streuungen innerhalb $d\tau_P$ an der Stelle $P\,(x, y, z)$

e^{r/λ_S} ist nach (4.12) die Wahrscheinlichkeit, daß das Neutron auf der Strecke r nicht noch einmal gestreut wird (und daher in $dx\,dy$ hineintrifft).

$\dfrac{|\cos \vartheta|\, dx\,dy}{4\pi r^2}$ ist die Treffwahrscheinlichkeit, also das Verhältnis der senkrecht auf r stehenden Projektion der Fläche $dx\,dy$ (günstige Fälle) zu der Fläche, durch die alle von einem beliebigen Punkt $P\,(r)$ nach O strebenden Teilchen hindurch müssen, d. h. der Kugeloberfläche $4\pi r^2$ (mögliche Fälle).

Da es völlig gleichgültig ist, aus welcher Richtung das Neutron kommt, integrieren wir über den ganzen oberen Halbraum und erhalten für die pro sec durch die obere Deckfläche $dx\,dy$ insgesamt in $d\tau = dx\,dy\,dz$ einfließenden Neutronen

$$dx\,dy\,J_{oben} = dx\,dy \int\limits_0^\infty \int\limits_0^{2\pi} \int\limits_0^{\pi/2} nv\ \Sigma_S\ e^{-r/\lambda_S}\ \frac{|\cos\vartheta|}{4\,\pi\,r^2}\ r^2 \sin\vartheta\ d\vartheta\ d\varphi\ dr \qquad (13.4)$$

Für $d\tau_P$ haben wir hierbei nach (13.7) Kugelkoordinaten eingeführt.

Für die durch die untere Deckfläche eindringenden Neutronen erhält man analog durch Integration über den unteren Halbraum

$$dx\,dy \cdot J_{unten} = - dx\,dy \cdot \int\limits_0^\infty \int\limits_0^{2\pi} \int\limits_{\pi/2}^{\pi} nv\ \Sigma_S \cdot e^{-r/\lambda_S}\ \frac{|\cos\vartheta|}{4\,\pi\,r^2}\ r^2 \sin\vartheta \cdot d\vartheta\ d\varphi\ dr \qquad (13.5)$$

Da r nicht sehr groß ist — je weiter man nämlich weggeht, desto weniger Neutronen tragen wegen der Kleinheit von λ_S zum Fluß in $d\tau$ bei — berechnen wir nv an der Stelle $P\,(x, y, z)$ durch eine Mac Laurin-Entwicklung

$$\begin{aligned}
n\,(x, y, z, t)_0\,v = {}& n_0\,v + x\left(\frac{\partial nv}{\partial x}\right)_0 + y\left(\frac{\partial nv}{\partial y}\right)_0 + z\left(\frac{\partial nv}{\partial z}\right)_0 + \\
& + \frac{1}{2!}\left\{\left(\frac{\partial^2 nv}{\partial x^2}\right)_0 \cdot x^2 + \left(\frac{\partial^2 nv}{\partial y^2}\right)_0 \cdot y^2 + \left(\frac{\partial^2 nv}{\partial z^2}\right)_0 z^2 + \right. \\
& + \left. 2\left(\frac{\partial^2 nv}{\partial x\,\partial y}\right)_0 xy + 2\left(\frac{\partial^2 nv}{\partial x\,\partial y}\right)_0 \cdot xz + \left(\frac{\partial^2 nv}{\partial y\,\partial z}\right)_0 \cdot yz \right\} +
\end{aligned} \qquad (13.6)$$

$+$ zeitabhängige Glieder.

Drückt man die cartesischen Koordinaten vermittels

$$\begin{aligned}
x &= r \sin\vartheta \cos\varphi \\
y &= r \sin\vartheta \sin\varphi \\
z &= r \cos\vartheta
\end{aligned} \qquad (13.7)$$

durch Kugelkoordinaten aus und setzt (13.7) in (13.6), (13.6) in (13.4) und (13.5) ein, so erhält man nach Integration und Rücktransformation

$$\left|J_{oben}\right| = \frac{n_0\,v}{4} + \frac{\lambda_S}{6}\left(\frac{\partial nv}{\partial z}\right)_0 + \frac{\lambda_S^2}{16}\left\{\left(\frac{\partial^2 nv}{\partial x^2}\right)_0 + \left(\frac{\partial^2 nv}{\partial y^2}\right)_0 + 2\left(\frac{\partial^2 nv}{\partial z^2}\right)_0\right\} \qquad (13.8)$$

für den Strom von oben nach unten, also in der negativen z-Richtung, und

$$\left|J_{unten}\right| = \frac{n_0\,v}{4} - \frac{\lambda_S}{6}\left(\frac{\partial nv}{\partial z}\right)_0 + \frac{\lambda_S^2}{16}\left\{\left(\frac{\partial^2 nv}{\partial x^2}\right)_0 + \left(\frac{\partial^2 nv}{\partial y^2}\right)_0 + 2\left(\frac{\partial^2 nv}{\partial z^2}\right)_0\right\} \qquad (13.9)$$

für den Strom von unten nach oben, also in der positiven z-Richtung. Die höheren, λ_S^3 usw. proportionalen Glieder der Reihe können wegen der Kleinheit von λ_S vernachlässigt werden. Dies ist ähnlich wie beim Übergang von der Gaskinetik zur Strömungslehre in der klassischen Physik: wenn die freie Weglänge der Zusammenstöße klein ist gegenüber den maßgeblichen Abmessungen (Apparatabmessungen), dann braucht man sich um die Einzelteilchen nicht mehr kümmern und kann von einem („kontinuierlichen") Strömungsmedium sprechen. Sind Richtungsverteilungen uninteressant, dann braucht man von $\mathfrak{B}$ nur die beiden ersten Glieder, also nach (12.21) nur F_0 und F_1, den isotropen Strom und den mittleren Nettostrom zu berücksichtigen. Wir haben deshalb J statt $\mathfrak{B}$ geschrieben.

Der effektive Fluß nach $d\tau$, der mittlere Nettostrom (gleich F_1 aus (12.25)), ergibt sich für die positive z-Richtung

$$J_z = -\,|J_{oben}| + |J_{unten}|\,, \tag{13.10}$$

oder mit (13.8), (13.9)

$$J_z = -\frac{\lambda_S}{3}\left(\frac{\partial\,nv}{\partial z}\right)_0 \quad (= F_1), \tag{13.11}$$

richtig bis auf Glieder dritter Ordnung in λ_S. Die Glieder nullter Ordnung ($F_0 = nv$, skalarer Fluß) und zweiter Ordnung (F_2) heben sich weg.

Wenn man in analoger Weise noch den Nettofluß in positiver Achsenrichtung durch die vier Seitenflächen berechnet und addiert, erhält man

$$\mathfrak{B} \approx \mathfrak{J} = F_1 = -\frac{\lambda_S}{3}\,\mathrm{grad}\,(nv) = -D_2\,\mathrm{grad}\,(nv),$$

bzw.
$$\mathfrak{J} = -\frac{\lambda_t}{3}\,\mathrm{grad}\,(nv) \tag{13.12}$$

In unserer Näherung ist aber $\mathfrak{J}$ nichts anderes als $\mathfrak{B}$, so daß aus (13.12) und (13.3) sofort (13.2) folgt und die Annahme der Gültigkeit des FICKschen Gesetzes für die Neutronendiffusion bestätigt ist.

Aus (13.1) erhält man die isotrope Diffusionsgleichung

$$\boxed{\;\frac{\partial n}{\partial t} = D_2\,\Delta nv - N_A\,\sigma_A\,nv + Q\;} \quad \text{bzw. } \sigma_A \to \sigma_{A\,ges} \tag{13.13}$$

da ja div grad $= \Delta$ gilt[47] und D_2 von x, y, z unabhängig ist.

In (13.13) bringt man in der Reaktortheorie durch Ersatz von D_2 durch D_0, D oder D_1 eine kleine Anisotropiekorrektur an, so daß man statt von (13.13) von (12.39) ausgeht.

(13.12) kann man auch direkt aus der Transporttheorie herleiten; man kommt so zu einer Formel, in der D_2 durch D ersetzt ist (vgl. Übungsbeispiel 13 a).

Die verschiedenen in die Diffusionsgleichung eingehenden Materialkonstanten können entweder durch Berechnung oder durch direkte Messung bestimmt werden; meist ergeben sich infolge von Meßfehlern, Verunreinigungen usw. kleine Differenzen zwischen den auf diesen beiden Wegen gewonnenen Werten (s. Tab. 21).

Tabelle 21. Diffusionskoeffizienten
(* bedeutet Meßwert; bei D_2O Messung bei $^1/_2\%$ H_2O Verunreinigung)

	H_2O	D_2O	Be	Graphit	nat. Uran	Formel
λ_S [cm]	0,31*	2,2*	1,16	2,5*	2,57	(4.19)
λ_t [cm]	0,426*	2,4*	2,1*	2,71*	2,73	(12.37)
λ_D [cm]	0,426	2,40	2,10	2,709	1,356	(12.41)
D [cm]	0,142*	0,80*	0,70*	0,903*	0,452	(12.36)
D_0 [cm]	0,142	0,80	0,70	0,91	0,91	(12.37)
λ_A [cm]	57	12 500 (340*)	770	2760	2,85 (ges)	(4.19)

Wir sind nun in der Lage, das Entweichen der Neutronen durch eine Oberfläche zu berechnen. Nach (12.8) ist der Abfluß durch div $\mathfrak{B}$ gegeben. Mit dem

verbesserten FICKschen Gesetz ergibt sich für das Entweichen aus der Volumseinheit in der Näherung der Diffusionstheorie

$$\boxed{\operatorname{div} \mathfrak{B} = - D\Delta\, nv \qquad [\text{Neutronen cm}^{-3}\,\text{s}^{-1}]} \qquad (13.14)$$

Wenn man die Lösung der Diffusionsgleichung (12.39) für einen beliebigen
Körper kennt, dann kann man mit Hilfe von (13.14) berechnen, wieviele Neutronen den Körper durch dessen Oberfläche verlassen. Um die Diffusionsgleichung
lösen zu können, muß man die *Randbedingungen* kennen, denen der Neutronenfluß gehorcht. Mit diesen, das Verhalten des Neutronenflusses an Begrenzungsflächen beschreibenden Gleichungen werden wir uns im nächsten Paragraphen
beschäftigen.

Übungsbeispiele

13 a) Man multipliziere (12.20) mit $P_1(\cos\vartheta)$ und integriere über $\cos\vartheta$ von
— 1 bis + 1. Es ergibt sich für den stationären Fall $\partial/\partial t = 0$ und $Q = 0$.

$$F_1(x) = -\frac{1}{\Sigma - \Sigma_S \overline{\cos\vartheta}}\frac{d}{dx}\int_{-1}^{+1}\cos^2\vartheta\, F(x,\vartheta)\, d\cos\vartheta \qquad (13.15)$$

Man zeige, daß (13.15) mit (13.12) identisch wird, wenn 1. anstatt D_2 in (13.12) das
allgemeinere D gesetzt wird, 2. wenn zur Berechnung von

$$\int_{-1}^{+1}\cos^2\vartheta\, F(x,\vartheta)\, d\cos\vartheta = \overline{\cos^2\vartheta}\int_{-1}^{+1} F(x,\vartheta)\, d\cos\vartheta \qquad (13.16)$$

(12.24) verwendet wird.

Man erhält dann

$$F_1(x) \equiv \mathfrak{J}(x) = - \lambda_D\,\overline{\cos^2\vartheta}\,\frac{\partial F_0}{\partial x} = - \lambda_D\,\overline{\cos^2\vartheta}\,\frac{\partial\, nv}{\partial x} \qquad (13.17)$$

Hierbei wurde angenommen, daß $\overline{\cos^2\vartheta}$ von x unabhängig ist. Man zeige dadurch,
daß man in (13.16) (12.26) einsetzt und $\overline{\cos^2\vartheta}$ berechnet, daß dieses dann von x
unabhängig und gleich $^1/_3$ ist, wenn $F_2(x)/F_0(x)$ von x unabhängig ist. Man beweise,
daß dies im Falle der zwei asymptotischen Lösungen (Übungsbeispiele 12 h und 12 i)
gilt.

13 b) Man zeige, daß

$$F(x,\vartheta) = \frac{1}{4\pi}\int_{-\infty}^{+\infty}\frac{e^{ikx}}{1 - \dfrac{\Sigma_S}{2\,i\,k}\ln\zeta}\frac{dk}{\Sigma + ik\cos\vartheta} \qquad (13.18)$$

mit

$$\zeta = \frac{\Sigma + ik}{\Sigma - ik} \qquad (13.19)$$

eine strenge Lösung ist von

$$\cos\vartheta\,\frac{\partial F(x,\vartheta)}{\partial x} + \Sigma F(x,\vartheta) = N_S A_0 \int_{-1}^{+1} F(x,\vartheta)\, d\cos\vartheta + \frac{1}{2}\delta(x) \qquad (13.20)$$

(stationäres eindimensionales Problem mit isotroper Streuung, wenn für die ebene
Quelle die FOURIERintegral-Darstellung[46]

$$\delta(x) = \frac{1}{2\pi}\int_{-\infty}^{+\infty} e^{ikx}\, dk \qquad (13.21)$$

gilt* (vgl. § 15)). Man berechne $F_0(x)$ aus (13.18). Welche Bedeutung hat k?

13 c) Man prüfe, ob

$$F_0(x)_{as} = \frac{\varkappa}{\Sigma_S} \frac{\Sigma^2 - \varkappa}{\varkappa^2 - \Sigma \Sigma_A} e^{-\varkappa|x|} \tag{13.22}$$

eine asymptotische Lösung von (13.20) ist ($\varkappa = \pm i k$).

13 d) Man transformiere den LAPLACE-Operator Δ auf Kugel- bzw. Zylinderkoordinaten[46] und schreibe die Diffusionsgleichung (12.39) in diesen Koordinaten an.

13 e) Man beweise, daß

$$nv = \frac{\varkappa}{2\,\Sigma_A} e^{-\varkappa|x-x_0|} \tag{13.23}$$

eine Lösung der eindimensionalen stationären, quellenfreien Form von (12.39) ist. Um welchen Faktor unterscheiden sich (13.23) und (13.22) voneinander und welche physikalische Bedeutung hat dieser Faktor? Welche numerische Größe besitzt er für H_2O, für natürliches Uran, für reines U 235? Für welche Stoffe ist daher (13.23) eine ausreichende Näherung und für welche nicht?

13 f) Man bringe die zeitunabhängige ($\partial/\partial t = 0$) Diffusionsgleichung auf die Form

$$\Delta nv - \varkappa^2\,nv = Q/D \tag{13.24}$$

Was ist $\varkappa$? (Vgl. Übungsbeispiel 12 h.)

§ 14. Die Randbedingungen der Diffusionstheorie

Randbedingungen in der Neutronenkinetik, Randbedingungen in der Diffusionstheorie, Anisotropie- und Transportkorrekturen, Grenzfläche Medium-Vakuum, Diffusionslänge.

Eine Lösung der Transportgleichung oder der Diffusionsgleichung ist erst dann sinnvoll und einem speziellen Problem (einer speziellen geometrischen Form) angepaßt, wenn sie die entsprechenden Randbedingungen befriedigt. Da der Neutronenfluß überall stetig, positiv und endlich groß sein muß, wird man zur Annahme gezwungen, daß an der *Grenzfläche zwischen zwei streuenden Medien*, z. B. Uran und Graphit, die Normalkomponente des Vektorflusses für jedes ϑ, φ, v, t stetig übergeht, d. h. daß (vgl. Abb. 20)

$$\mathfrak{B}_{n2}(x_P, y_P, z_P, t, \vartheta, \varphi, v) = \mathfrak{B}_{n1}(x_P, y_P, z_P, t, \vartheta, \varphi, v) = |\mathfrak{B}|_{P1} \cdot \cos\psi =$$
$$= |\mathfrak{B}|_{P2} \cdot \cos\psi \quad \text{für } P \tag{14.1}$$

Die Anzahl der Neutronen kann sich an der Grenzfläche zwischen zwei Medien nur dann ändern, wenn man annimmt, daß sich in der Grenzfläche eine unendlich dünne Absorber- oder Quellschicht befindet. Für eine „Brechung", d. h. Richtungsänderung von $\mathfrak{B}$ ist keinerlei Anlaß, da an der Grenzfläche die Neutronengeschwindigkeit in beiden Medien gleich ist.

Im eindimensionalen geschwindigkeitsunabhängigen Fall gilt wegen (12.14)

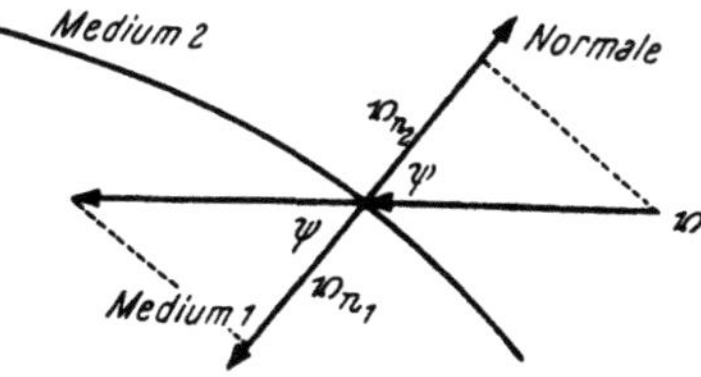

Abb. 20. Stetigkeit der Normalkomponente des Neutronenflusses

$$F_{(1)}(x_P, t, \vartheta) = F_{(2)}(x_P, t, \vartheta) \tag{14.2}$$

Die eingeklammerten Indices beziehen sich auf die beiden Medien 1 und 2. In-

---

* $\delta(x) = 0$ für jedes x außer $x = 0$; $\delta(0) = \infty$, $\int_{-\infty}^{+\infty} \delta(x)\,dx = 1$ (DIRACsche δ-Funktion, s. S. 93).

folge der Reihenentwicklung (12.21) gilt weiters

$$F_{l(1)}(x_P, t) = F_{l(2)}(x_P, t) \tag{14.3}$$

für jedes l, so daß

$$F_{0(1)}(x_P, t) = F_{0(2)}(x_P, t), \text{ oder } |n(x_P, t)v|_{(1)} = |n(x_P, t)v|_{(2)} \tag{14.4}$$

folgt und mit (13.12) gilt:

$$F_{1(1)}(x_P, t) = F_{1(2)}(x_P, t), \text{ oder} \\ \lambda_{S(1)}(\mathrm{grad}_P\, nv)_{(1)} = \lambda_{S(2)}(\mathrm{grad}_P\, nv)_{(2)} \tag{14.5}$$

Für asymptotische Lösungen (vgl. Übungsbeispiel 12 h, 12 i) bzw. in der Näherung der Diffusionstheorie genügt also die Stetigkeit von skalarem Fluß und mittlerem Nettofluß, d. h. die Stetigkeit der mit λ_S multiplizierten Ableitung von nv, um die Lösung eindeutig zu bestimmen. Dies muß auch so sein, da die Diffusionsgleichung (12.39) eine Differentialgleichung 2. Ordnung ist, deren Lösungen durch Angabe der Funktion und ihrer Ableitung am Rande eindeutig bestimmt werden. Wenn eines der beiden Medien (1 oder 2) so stark absorbiert, daß Σ_A gegen Σ_S nicht mehr vernachlässigt werden kann, dann reichen allerdings (14.4) und (14.5) zur Bestimmung der Lösung nicht mehr aus. Wie wir im Übungsbeispiel 12 h, Seite 81, sahen, müssen für ein absorbierendes Medium *mehr* als zwei Glieder der Reihenentwicklung (12.21) genommen werden; man hat dann (14.4) und (14.5) durch (14.3) zu ersetzen, und die Diffusionstheorie gilt nicht mehr. (12.39) ist *nur* in schwach absorbierenden Medien gültig! In der Praxis wird allerdings die Diffusionstheorie auch für mittelstark absorbierende Stoffe verwendet; man muß dann (14.4), (14.5) bzw. (14.6), (14.7) verwenden und erhält in höherer Ordnung als der ersten eine Unstetigkeit des Neutronenflusses (F_2 usw.). So wie in (13.13) bringen wir noch die Anisotropiekorrekturen an, was man ähnlich wie für (12.39), (12.37) ebenfalls aus der Transporttheorie ableiten kann. Die Randbedingungen für die Diffusionsgleichung (12.39) mit D nach (12.37), eventuell (12.36), lauten dann*

$$\boxed{(nv)_{(1)} = (nv)_{(2)}} \tag{14.6}$$

$$\boxed{\lambda_{t(1)}(\mathrm{grad}\, nv)_{(1)} = \lambda_{t(2)}(\mathrm{grad}\, nv)_{(2)}} \tag{14.7}$$

An der *Grenzfläche zwischen einem streuenden Medium und dem Vakuum* ist die Situation eine völlig andere: aus dem Vakuum fließen keine Neutronen in das Medium zurück. Das Vakuum wirkt daher wie ein Absorber mit $\Sigma_A = \infty$. Es gibt nur einen Fluß vom Medium ins Vakuum, aber nicht umgekehrt. Während eine Grenzfläche zwischen zwei schwach absorbierenden streuenden Medien noch im „Inneren" liegt, so daß die asymptotischen Lösungen der Transporttheorie, bzw. die Diffusionstheorie verwendet werden können, ist dies bei der Grenzfläche zum Vakuum nicht mehr der Fall. Da vom Vakuum kein Rückfluß erfolgt, sinken Neutronendichte n und Neutronenfluß nv am Rande ab, es bildet sich ein anisotroper Strom in der Richtung nach außen aus. Die Voraussetzungen für die Gültigkeit der Diffusionstheorie sind daher nicht mehr erfüllt. Will man sie trotzdem anwenden, so muß man die üblichen Anisotropiekorrekturen erweitern.

---

* Die Neutronen*dichte* erleidet daher einen Knick an der Grenzfläche.

Die Diffusionstheorie liefert folgende Näherung: Unter der Annahme, daß die obere Deckfläche eines Volumselementes $d\tau$ einen Teil der Körperoberfläche bildet (vgl. Abb. 19), so daß das Vakuum den oberen Halbraum darstellt, gilt nach (13.8) unter Berücksichtigung der üblichen Anisotropiekorrektur $\lambda_S \to \lambda_t$

$$J_{oben} = 0 = \frac{n_0\,v}{4} + \frac{\lambda_t}{6}\left(\frac{\partial\,nv}{\partial z}\right)_0 +$$
$$+ \frac{\lambda^2_t}{16}\left\{\left(\frac{\partial^2\,nv}{\partial x^2}\right)_0 + \left(\frac{\partial^2\,nv}{\partial y^2}\right)_0 + 2\left(\frac{\partial^2\,nv}{\partial z^2}\right)_0\right\} \tag{14.8}$$

Unter Vernachlässigung der Glieder zweiter Ordnung, deren Berücksichtigung bei der groben Näherung, wie sie die Anwendung der Diffusionstheorie auf die Grenzfläche Medium-Vakuum darstellt, sinnlos wäre, gilt dann, wenn man $-\left(\frac{\partial\,nv}{\partial z}\right)_{Vak.}$ annähert durch $\frac{n_0\,v}{d}$,

$$-\left(\frac{\partial\,nv}{\partial z}\right)_{Vak.} \approx \frac{n_0\,v}{d} = \frac{3}{2\,\lambda_t}\,n_0\,v, \tag{14.9}$$

so daß sich für die sogenannte *Extrapolationslänge* d nach der Diffusionstheorie

$$d = \frac{2}{3}\,\lambda_t \tag{14.10}$$

ergibt. Für den Fluß im Vakuum folgt daher

$$\boxed{(nv)_{Vak.} \approx -\frac{n_0\,v}{d}\,z + n_0\,v} \tag{14.11}$$

da ja für $z = 0$

$$\boxed{(nv)_{Vak.} = n_0\,v} \tag{14.12}$$

gelten muß. Wie man aus (14.11) ersieht, ist die Extrapolationslänge dadurch definiert, daß für $z = d$ der Vakuumfluß verschwindet und daß er für $z > d$ negativ wird. Dies ist sicher falsch. Um trotzdem mit der Diffusionstheorie rechnen zu können, leitet man aus der Transporttheorie eine Formel für die Extrapolationslänge ab und begeht bewußt diesen Fehler.

In der Transporttheorie gilt als Vakuumrandbedingung

$$F\,(x, \vartheta) = 0 \qquad \text{für}\ \begin{cases} \cos\vartheta \leq 0 \\ x = x_0\ \text{(Grenzfläche)} \end{cases} \tag{14.13}$$

Kein Rückfluß aus dem Vakuum möglich! (Vgl. Abb. 23, S. 105.)

In der Diffusionstheorie, die nur zwei Glieder der Reihenentwicklung von $F\,(x, \vartheta)$ umfaßt, ist die Erfüllung von (14.13) unmöglich. Man geht daher, um die „Extrapolationslänge der Transporttheorie" (ein der exakten Theorie völlig fremder Begriff!) abzuleiten, von

$$J_{oben} = F_{1\,oben} = \int\limits_{0}^{-1} \cos\vartheta\,F\,(x_0, \vartheta)\,d\cos\vartheta = 0 \tag{14.14}$$

mit $\cos\vartheta \leq 0$

aus: Je nachdem, welche Näherungsfunktion man für $F\,(x_0, \vartheta)$ in (14.14) einsetzt, erhält man* verschiedene Resultate für d. Da $F(x_0, \vartheta)$ durch Lösung der Transportgleichung unter Berücksichtigung der Randbedingung (14.13) der Transporttheorie gewonnen wird, hängt das Ergebnis auch von der geometrischen Form der Körperoberfläche ab. Es gilt:

Ebene Grenzfläche:

Nichtabsorbierendes Medium

$$\boxed{d = 0{,}7104\ \lambda_t} \qquad (14.15)$$

Absorbierendes Medium

$$\boxed{d \approx 0{,}71\ \frac{\Sigma}{\Sigma_S}\ \lambda_t} \qquad (14.16)$$

Gekrümmte Grenzfläche (Kugeloberfläche, Zylinderoberfläche usw.):

$$d > 0{,}71\ \lambda_t$$

Sehr kleine Vakuumkugel im Streumedium

$$d = \frac{4}{3}\lambda_t \qquad (14.17)$$

Diese Formeln dürfen nicht zur Annahme verleiten, daß nach der Transporttheorie im Abstand d von der Grenzfläche der Fluß verschwindet; (14.15), (14.16) geben nur eine Verbesserung der Diffusionstheorie an. In der Nähe der Grenzfläche ($x \approx \lambda_t$) unterscheidet sich der Fluß nach der Transporttheorie wesentlich vom Fluß nach der Diffusionstheorie: er sinkt sowohl im Vakuum als auch im Medium rascher ab. An einer ebenen Grenzfläche beträgt er etwa 81% des Flusses nach der Diffusionstheorie und sinkt schon in der Entfernung $\lambda_t/\sqrt{3}$ auf praktisch Null ab (z. B. bei HEISENBERG[48]).

Macht man in der Nähe einer Vakuumgrenzfläche im Medium Messungen der Neutronendichte, so kann man durch lineare Extrapolation d und damit λ_t bestimmen. Dies ist die meist verwendete Methode zur Messung der Transportweglänge.

Übungsbeispiele

14 a) Differenziert man (12.45), so ergibt sich

$$\frac{dF_0(x)}{dx} = 2B \qquad (14.18)$$

Einsetzen von (12.44) in die asymptotische Transportgleichung nichtabsorbierender Medien ergibt

$$C = -\lambda_t B \qquad (14.19)$$

Aus (12.26) folgt daraus mit (12.45)

$$F(x, \vartheta) = \frac{1}{2} F_0(x) - \frac{1}{2} \lambda_t \frac{\partial F_0}{\partial x} \cos \vartheta \qquad (14.20)$$

Man setze (14.20) in (14.14) ein und leite die Extrapolationslänge d ab. Warum ergibt sich genau (14.10)?

14 b) Eine unendlich große Fläche ($x = 0$) eines streuenden Mediums sei mit einer unendlich dünnen homogenen Flächenquelle belegt, die senkrecht zur Fläche nach einer Seite $\frac{1}{2} Q_0$ Neutronen pro sec und cm² abstrahlt. Man löse die für das

---

* Die Einzelheiten der ziemlich umständlichen Rechnung[48] müssen wir übergehen.

Problem zuständige stationäre eindimensionale Diffusionsgleichung, die sich aus (12.39) ergibt zu

$$D \frac{d^2(nv)}{dx^2} - \Sigma_A (nv) = 0 \qquad (14.21)$$

Dies gilt für den ganzen Halbraum oberhalb der yz-Ebene ($x > 0$), außer für $x = 0$. Da die Quelle flächenhaft ist, tritt sie in (14.21) nicht auf. Man zeige, daß

$$nv = a\,e^{-\sqrt{\frac{\Sigma_A}{D}} \cdot x} + b\,e^{+\sqrt{\frac{\Sigma_A}{D}} \cdot x} \qquad (14.22)$$

die Lösung von (14.18) ist. Die Integrationskonstanten a und b sollen aus den folgenden Bedingungen bestimmt werden:

1. nv überall endlich, auch für $x \to \infty$,

2. der Strom $\mathfrak{J}$ nach (13.12) ist gegeben durch $\frac{1}{2} Q_0$. ($x = 0$)

Wenn man zur Abkürzung

$$\boxed{\varkappa^2 = \frac{\Sigma_A}{D}} \quad [\text{cm}^{-2}] \quad (\text{bzw. } \Sigma_A \to \Sigma_{A\,ges}) \qquad (14.23)$$

setzt (vgl. Übungsbeispiele 12 h, 13 e, 13 f), so mißt, wie man aus (14.22) abliest,

$$\boxed{L = 1/\varkappa = \sqrt{\frac{D}{\Sigma_A}}} \quad [\text{cm}] \qquad (14.24)$$

die Entfernung, innerhalb welcher der Fluß auf den e-ten Teil absinkt. L heißt *Diffusionslänge* (vgl. § 16). Man berechne L für Graphit.

14 c) Man beweise, daß

$$\boxed{L^2 = \frac{\lambda_t \lambda_A}{3} \text{ bzw. } \frac{\lambda_D \lambda_A}{3}} \qquad (14.25)$$

gilt. Welche Formel für L^2 ergibt sich mit (12.40)?

14 d) Zwischen zwei Blenden mit dem Abstand x verlaufe ein Neutronenstrahl, der beim Austritt aus der zweiten Blende die Intensität J_0 besitzt. Bringt man in den gesamten Raum zwischen die Blenden eine nicht absorbierende Streusubstanz, dann verringert sich die Intensität nach der zweiten Blende infolge von Streuprozessen auf J. Man berechne λ_S aus J, J_0 und x.

14 e) Wenn sich im Mittelpunkt einer mit Schwerwasser gefüllten Hohlkugel eine Quelle schneller Neutronen befindet, dann wirkt die Oberfläche der Kugel als Quelle thermischer Neutronen. Man beweise, daß außerhalb der Kugel der thermische Neutronenfluß durch

$$nv = Q \frac{\mathfrak{Sin}\,(r/L)}{r} \cdot \text{const}; \quad \text{const} = \frac{-3}{4\pi \lambda_t \left(- \mathfrak{Sin}\,\frac{R}{L} + \frac{R}{L} \mathfrak{Cof}\,\frac{R}{L} \right)} \qquad (14.26)$$

$R = $ Kugelradius,

dargestellt wird, weil (14.26) eine Lösung der sich aus (12.39) ergebenden quellenfreien stationären kugelsymmetrischen Diffusionsgleichung

$$\frac{d^2 nv}{dr^2} + \frac{2}{r} \frac{d\,nv}{dr} - \varkappa^2\,nv = 0 \qquad (14.27)$$

ist. Diese Lösung ist nämlich gerade diejenige, die für $r = 0$ endlich bleibt. Wie kann man mittels eines *Neutronenindikators* für eine die Kugel umgebende Substanz Σ_A messen, wenn die effektive Quellstärke Q und λ_S bekannt sind? (Vgl. § 15, Rechnungen ab (15.53).)

14 f) Die Messung von Neutronendichten erfolgt meist mittels *Neutronenindikatoren* nach der Aktivierungsmethode (vgl. Übungsbeispiel 5 c). Diese Indikatoren bestehen aus dünnen Folien eines Elementes, dessen Kerne durch Neutronen aktiviert werden (z. B. Indium, Silber, Dysprosium u. a.). Diese Indikatoren verringern infolge ihres großen Absorptionsvermögens die Neutronendichte, so daß man mit ihnen stets zu kleine Werte mißt. Eine gewisse Größe müssen die Indikatoren aber haben, da sonst die in ihnen erzeugte Aktivität zu schwach ist und nicht mehr gemessen werden kann. Man muß daher berechnen, welche Fehler durch die Einführung des Indikators entstehen (*Indikatorkorrektur*). Mit diesem Problem haben sich BOTHE und HEISENBERG beschäftigt[49]. Rechnet man in erster Näherung eindimensional, dann muß der Neutronenfluß von der Form (14.22) sein. Infolge der Linearität der Diffusionsgleichung kann man Lösungen superponieren, d. h. die Summe oder Differenz von zwei Lösungen ist wieder eine Lösung. Es sei

$$n v = A + B\, e^{-\varkappa x} + C\, e^{\varkappa x} \qquad (14.28)$$

die allgemeine Lösung. Sie enthält die folgenden 5 Partiallösungen:

$(n v)_0$ weit weg vom Indikator (ursprünglicher Fluß ohne Indikator),
$(n v)_1$ Fluß in den Indikator von rechts $(x > 0)$,
$(n v)_2$ Fluß in den Indikator von links $(x < 0)$,
$(n v)_3$ Fluß aus dem Indikator nach rechts $(x > 0)$,
$(n v)_4$ Fluß aus dem Indikator nach links $(x < 0)$.

Der Indikator selbst möge sich an der Stelle $x = 0$ befinden. Die Indikatorlösungen müssen folgende Randbedingungen erfüllen:

1. Der Fluß darf nirgends, auch für $x \to \infty$ nicht, unendlich werden.

2. Weit weg vom Indikator muß $(n v)_0$ asymptotisch erreicht werden, also z. B. $(n v)_1 + (n v)_3 = n v_0$ für $x \to \infty$.

3. Der Indikator absorbiert pro sec und cm³ $n v\ \Sigma_A \cdot d$ Neutronen; d. h. es gilt z. B. $(n v)_2 - (n v)_3 = (n v)_2\, \Sigma_A \cdot d$. d ist hier die Indikatordicke.

4. An den zwei Grenzflächen Indikator-Medium gilt (14.12), da beide Grenzflächen des Indikators, der ja ein starker Absorber ist, wie Vakuum-Grenzflächen wirken.

Aus Kontinuitätsgründen muß gelten:

$$(n v)_1 + (n v)_4 = (n v)_3 + (n v)_2 = (n v)_{Indik.} \qquad (14.29)$$

was man aus 4 ableiten kann.

Man zeige, daß für die Indikatorkorrektur

$$(n v)_{Indik.} = (n v)_0 \left(1 - \frac{3}{2}\, d\, \Sigma_A \cdot \frac{1}{\lambda_t \varkappa} \right) \qquad (14.30)$$

gilt. Diese Formel gilt nach HEISENBERG nur für $d\, \Sigma_A < 0{,}01$.

§ 15. Spezielle Lösungen der Diffusionsgleichung

Verschiedene Formen der zeitunabhängigen Diffusionsgleichung, Diffusion im Quader, in der Platte, in der Kugel, im Zylinder, effektive Abmessungen, Punkt und Flächenquellen, GREENsche Funktionen und Integralkerne.

Wenn man Differentialgleichungen der Art (12.39) für bestimmte geometrische Formen zu lösen hat (Kugel, Quader, Zylinder usw.), dann ist es zweckmäßig, solche Koordinaten einzuführen, deren Koordinatenflächen mit den Begrenzungsflächen des Körpers übereinstimmen. Die an den Begrenzungsflächen geltenden Randbedingungen sind dann viel einfacher zu erfüllen, da man sie bloß für gewisse konstante Koordinatenwerte anzusetzen hat — beispielsweise auf der Kugel für $r = R = $ const, da die Fläche $r = R$ in Polarkoordinaten nichts anderes als die Kugelfläche ist.

Wir wollen nun erstmals annehmen, daß eine Produktion von Neutronen durch Spaltprozesse erfolge. Wenn Brennstoff und Bremsmittel homogen gemischt sind, dann ist die Quelldichte homogen, d. h. wir haben es mit stetig über den ganzen Raum verteilten Quellen zu tun. $Q(x, y, z, t)$ ist dann eine analytische

Funktion. Da infolge von Spaltprozessen die Neutronenzahl nach (11.1) und (11.10) pro sec und cm³ und pro Absorptionsprozeß um k_∞ vermehrt wird, folgt mit $\Sigma_A \to \Sigma_{A\,ges}$ aus (12.39)

$$\boxed{-\frac{\partial n}{\partial t} + D\,\Delta nv + (k_\infty - 1)\,\Sigma_{A\,ges}\,nv = 0} \qquad [\text{Neutronen cm}^{-3}\,\text{s}^{-1}]$$

$$(15.1)$$

Die Tatsache, daß die spaltenden (thermischen) Neutronen ganz andere Geschwindigkeiten haben als die Spaltneutronen, haben wir hiebei völlig außer acht gelassen. Die Diffusion mit Bremsung werden wir ja erst in § 18 behandeln.

Für $k_\infty = 1$ stellt sich ein Gleichgewichtszustand nur im unendlich großen, nicht aber im endlich großen Reaktor ein; in letzterem ändert sich die Neutronendichte infolge Entweichens und die Kettenreaktion kommt zum Stillstand. Ist $k_\infty = 0$, dann werden keine Neutronen erzeugt.

Für Punkt- bzw. Flächenquellen gilt ebenfalls $Q = 0$, nur in den Quellpunkten selbst ist $Q \neq 0$. Da die Quelldichte nur in einem genau bekannten Punkt, z. B. $r = 0$ oder auf einer Fläche, z. B. $x = 0$, von Null verschieden ist, geht sie nämlich in die für den ganzen Raum geltende Diffusionsgleichung (12.39) nicht ein. Derartige diskrete Quellen werden durch δ-Funktionen beschrieben[50]; diese sind am Ort der Quelle singulär, also unendlich, aber so, daß das Integral

$$\frac{Q_0}{4\pi} \int\limits_0^\infty \int\limits_0^{2\pi} \int\limits_0^\pi \frac{\delta(r)}{r^2}\sin\vartheta\,d\vartheta\,d\varphi\,r^2\,dr = Q_0 \quad \text{bzw.} \quad \int\limits_{-\infty}^{+\infty} Q_0\,\delta(x)\,dx = Q_0 \qquad (15.2)$$

das die gesamte Quellstärke darstellt, endlich ist*.

$\delta(r)$ bzw. $\delta(x)$ ist also eine Funktion, die überall Null ist, außer an der Stelle $r = r_0 = 0$ bzw. in der Fläche $x = x_0 = 0$, wo die Funktion unendlich ist, jedoch so, daß die Integrale (15.2) trotzdem endlich und gleich dem gesamten Strom der Quelle sind. Bei diskreten Quellen gehorcht die Lösung der Diffusionsgleichung mit $Q = 0$; die Quellstärke geht über eine Randbedingung der Art (15.2) in die Lösung ein (vgl. Übungsbeispiele 13 b, 13 c, 13 e, 14 b und die Ausführungen in diesem Paragraphen).

Da uns die Zeitabhängigkeit der Neutronendichte nur für die Reaktordynamik und Reaktorsteuerung interessiert (§§ 24, 38) wollen wir für alle weiteren Überlegungen $\partial/\partial t = 0$ setzen, wir nehmen also einen Gleichgewichtszustand an, d. h. $k_{eff} = 1$, aber $k_\infty \neq 1$.

Aus (15.1) folgt dann

$$\Delta n + \frac{(k_\infty - 1)\,\Sigma_{A\,ges}}{D}\,n = 0 \qquad (15.3)$$

was mit $k_\infty = 0$ nach (14.23) übergeht in

$$\Delta n - \varkappa^2\,n = 0 \quad \text{oder} \quad \Delta n - \frac{1}{L^2}\,n = 0 \qquad (15.4)$$

---

* Eine Punktquelle an der Stelle $x_0 = y_0 = z_0 = 0$ würde in cartesischen Koordinaten durch $\delta(x, y, z) = \delta(x)\,\delta(y)\,\delta(z)$ und $\int\limits_{-\infty}^{+\infty} \int\limits_{-\infty}^{+\infty} \int\limits_{-\infty}^{-\infty} \delta(x)\,\delta(y)\,\delta(z)\,dx\,dy\,dz = 1$ beschrieben werden; sitzt die Quelle an der Stelle x_0, y_0, z_0 dann gilt

$$\int\limits_{-\infty}^{+\infty} \int\limits_{-\infty}^{+\infty} \int\limits_{-\infty}^{+\infty} \delta(x - x_0)\,\delta(y - y_0)\,\delta(z - z_0)\,dx\,dy\,dz = 1$$

Wenn wir für

$$\frac{k_\infty - 1}{D}\, \Sigma_{A\,ges} = -\varkappa'^2 \qquad (15.5)$$

setzen, so gelten alle Lösungen von (15.4) auch für (15.3) — wir haben nur in den Lösungen von (15.4) $\varkappa$ durch $\varkappa'$ zu ersetzen; außerdem wird ja die Lösung von (15.3) erst dann sinnvoll, wenn man die Bremsung der Spaltneutronen berücksichtigt. Deshalb gehen wir von der einfacheren Gleichung (15.4) aus.

Als erstes Beispiel besprechen wir die Diffusion der Neutronen in einem Quader. Wir benützen ein cartesisches Koordinatensystem und erhalten für (15.4)

$$\frac{\partial^2 n}{\partial x^2} + \frac{\partial^2 n}{\partial y^2} + \frac{\partial^2 n}{\partial z^2} - \varkappa^2 n = 0. \qquad (15.6)$$

Da diese Differentialgleichung linear ist, können wir $n\,(x,\,y,\,z)$ aufspalten. Wir setzen

$$n\,(x,\,y,\,z) = X\,(x) \cdot Y\,(y) \cdot Z\,(z) \qquad (15.7)$$

in (15.6) ein und erhalten nach Division durch $n\,(x,\,y,\,z)$

$$\frac{X''}{X} + \frac{Y''}{Y} + \frac{Z''}{Z} = \varkappa^2 \qquad (15.8)$$

Die ersten drei Glieder dieser Gleichung hängen nur von je einer Variablen ab. Diese Variablen ändern sich völlig unabhängig voneinander; wenn trotzdem die Summe dieser Glieder gleich der Konstanten $\varkappa^2$ ist, dann muß jedes Glied selbst konstant sein. Diese Konstanten, die sogenannten *Separationskonstanten*, nennen wir α^2, β^2 und γ^2, so daß sich ergibt

$$\alpha^2 + \beta^2 + \gamma^2 = \varkappa^2 > 0. \qquad (15.9)$$

Weiters folgt

$$X'' - \alpha^2 X = 0, \qquad (15.10)$$

$$Y'' - \beta^2 Y = 0, \qquad (15.11)$$

$$Z'' - \gamma^2 Z = 0 \qquad (15.12)$$

Die Lösungen dieser Gleichungen sind bekannt; es gilt

$$X = A\,e^{+\alpha x} + B\,e^{-\alpha x} \qquad (15.13)$$

$$Y = C\,e^{+\beta y} + D\,e^{-\beta y} \qquad (15.14)$$

$$Z = E\,e^{+\gamma z} + F\,e^{-\gamma z} \qquad (15.15)$$

α, β, γ können hierbei reell, rein imaginär oder komplex sein*. Ist z. B. $\alpha = i\,\alpha'$ rein imaginär, $\alpha^2 < 0$, dann kann man (15.10), (15.13) auch in der Form

$$X'' + \alpha'^2 X = 0 \qquad (15.16)$$

$$X = A'\cos \alpha'\,x + B'\sin \alpha'\,x \qquad (15.17)$$

schreiben; ist z. B. γ rein reell, $\gamma^2 > 0$, dann gilt auch

$$Z = E'\,\mathfrak{Cof}\,\gamma\,z + F'\,\mathfrak{Sin}\,\gamma\,z \qquad (15.18)$$

Da die Differentialgleichungen linear sind, können Lösungen superponiert werden; die allgemeine Lösung von (15.6) lautet daher, wenn wir in geeigneter Weise

---

* Ist $\varkappa^2 > 0$, wie es bei reinen Diffusionsproblemen der Fall ist, dann kommen allerdings nur für zwei Größen imaginäre Werte in Frage.

positive und negative Potenzen zusammenfassen und v in die Konstanten hineinnehmen

$$vn\,(x, y, z) = \sum_{k=-\infty}^{+\infty} \sum_{m=-\infty}^{+\infty} \sum_{n=-\infty}^{+\infty} A_n\,C_m\,E_k\,e^{n\alpha x}\,e^{m\beta y}\,e^{k\gamma z}, \qquad (15.19)$$

wobei nun

$$n^2\,\alpha^2 + m^2\,\beta^2 + k^2\,\gamma^2 = \varkappa^2, \qquad n, m, k = 0, \pm 1, \pm 2, \ldots \qquad (15.20)$$

an die Stelle von (15.9) tritt.

Die allgemeine Lösung in cartesischen Koordinaten wollen wir nun zur Berechnung der Neutronendiffusion in einem Quader mit den Seiten a', b', c' verwenden. Um mit den Randbedingungen besser arbeiten zu können, fügen wir zu den wahren Abmessungen die Extrapolationslängen hinzu und schreiben für die *effektiven* Abmessungen

$$a = a' + 2\,d \quad b = b' + 2\,d$$
$$c = c' + d \qquad (15.21)$$

(vgl. Abb. 21).

Wenn wir nun annehmen, daß dieser Quader von unten, d. h. von der xy-Ebene aus, von einem Neutronenstrom Q getroffen wird (dies entspricht der Annahme einer Flächenquelle der Quellstärke $2\,Q$ auf der unteren Deckfläche $z = 0$), dann gelten die folgenden Randbedingungen:

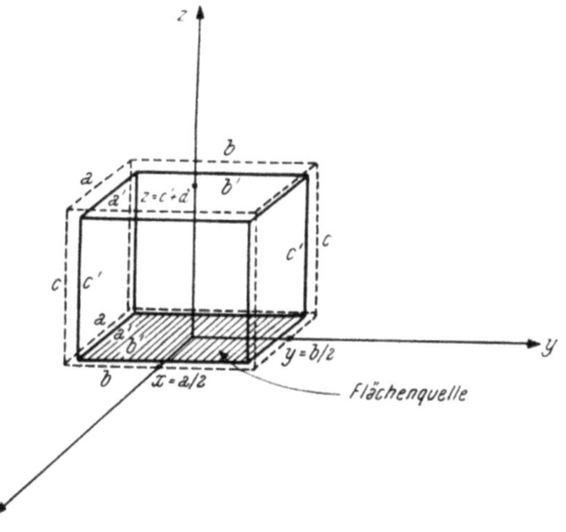

Abb. 21. Diffusion im Quader

$$\begin{aligned}
&\text{a) } vn\,(\pm a/2, y, z) = 0 \qquad -b/2 \leq y \leq +b/2 \\
&\text{b) } vn\,(x, \pm b/2, z) = 0 \qquad -a/2 \leq x \leq +a/2 \\
&\text{c) } vn\,(x, y, c) = 0 \\
&\text{d) } -\frac{\lambda_t}{3}\,(\mathrm{grad}\ nv)_{x, v, 0} = Q \\
&\text{e) } vn\,(x, y, z) = \,< \infty \qquad 0 \leq z \leq c
\end{aligned} \qquad (15.22)$$

Mit (15.22a) folgt aus (15.19)

$$e^{n\alpha\frac{a}{2}} = e^{-n\alpha\frac{a}{2}} = 0 \qquad (15.23)$$

Dies ist nur mit imaginärem α erfüllbar, da die Exponentialfunktion mit reellem Exponenten keine Nullstellen hat: Wir verwenden daher (15.17). Da nach (15.22a) die x-Abhängigkeit durch eine symmetrische Funktion beschrieben werden muß, ist $B'_n = 0$ und wir erhalten

$$X_n = A'_n \cos\,n\alpha' x, \qquad \alpha' = \pi/a, \quad n = 1, 3, 5 \ldots. \qquad (15.24)$$

Mit (15.22b) folgt aus (15.19)

$$e^{m\beta\frac{b}{2}} = e^{-m\beta\frac{b}{2}} = 0 \qquad (15.25)$$

und analog $D'_n = 0$ und

$$Y_m = C'_m \cos m\beta'\pi, \qquad \beta' = \pi/b, \quad m = 1, 3, 5 \ldots \tag{15.26}$$

Setzt man $\alpha = i\,\alpha'$ und $\beta = i\,\beta'$ in (15.20) ein, so erhält man

$$k^2\gamma^2 = \varkappa^2 + n^2\frac{\pi^2}{a^2} + m^2\frac{\pi^2}{b^2} = \gamma^2_{mn} \quad n, m = 1, 3, 5 \ldots. \tag{15.27}$$

was zur Bestimmung von γ dient. Die speziellen Werte α und β, für die die Lösung (15.19) gerade auf unseren Quader paßt, nennt man übrigens die *Eigenwerte* des Problems. Sind Grenzflächen vorhanden, dann ist die Diffusionsgleichung (12.39) eine *Eigenwertgleichung*, d. h. sie besitzt nur für bestimmte Werte von α, β, γ eine Lösung. Der Eigenwert γ der Diffusionsgleichung wird nach (15.27) berechnet; die *Eigenfunktionen*, die zu den Eigenwerten α bzw. β gehören, sind (15.24) bzw. (15.26).

Mit (15.22 c) folgt aus (15.19)

$$e^{k\gamma c} = 0 \tag{15.28}$$

Da nun keine Symmetrieforderung besteht, müssen wir von einer zweigliedrigen Lösung ausgehen. Da γ^2 nach (15.27) positiv sein muß, kommt nur eine Lösung der Form (15.18), mit $\gamma =$ reell, in Frage. Wir haben also

$$Z_k = E'_k \,\mathfrak{Cof}\,\gamma\,kc + F'_k\,\mathfrak{Sin}\,\gamma\,kc = 0 \tag{15.29}$$

Daraus folgt die Beziehung

$$F'_k = -\,E'_k\,\frac{\mathfrak{Cof}\,\gamma\,kc}{\mathfrak{Sin}\,\gamma\,kc} \tag{15.30}$$

Über k können wir nicht mehr verfügen, da $k\gamma$ durch (15.27) festgelegt ist. Mit den bekannten Definitionen der hyperbolischen Funktionen

$$\mathfrak{Cof}\,\gamma\,kz = \frac{e^{\gamma kz} + e^{-\gamma kz}}{2}\;; \quad \mathfrak{Sin}\,\gamma\,kz = \frac{e^{\gamma kz} - e^{-\gamma kz}}{2} \tag{15.31}$$

folgt dann als Lösung

$$v\,n\,(x, y, z) = \underset{n\ m}{\Sigma\ \Sigma}\,A'_n \cdot \cos n\,\frac{\pi}{a}\,x \cdot C'_m \cos m\,\frac{\pi}{b}\,y\,\cdot$$
$$\cdot\,\overline{E}_{k(m\,n)}\,e^{-\gamma\,m\,n^z}[\,1 - e^{2\gamma\,m\,n^z} \cdot e^{-2\gamma\,m\,n^c}\,] \tag{15.32}$$

Hierbei haben wir die Abkürzungen

$$\overline{E}_k = \frac{E'_k}{2\,\mathfrak{Sin}\,\gamma\,kc}\,e^{\gamma\,kc} \tag{15.33}$$

$$\gamma_{mn} = \gamma\,k\,(m, n, a, b) \tag{15.34}$$

verwendet und v wieder in die Entwicklungskoeffizienten hineingesteckt. Wir haben nun alle Randbedingungen bis auf (15.22 d) erfüllt.

Aus dieser gewinnen wir nun

$$B_{n\,m} = A'_n\,C'_m\,\overline{E}_{k\,(n\,m)} \tag{15.35}$$

Wenn man die Quellfunktion Q, die auch eine Konstante sein kann (vgl. aber §16 und Übungsbeispiel 13 b), in eine Doppel-FOURIERreihe entwickelt

$$Q\,(x, y) = \underset{m\ n}{\Sigma\ \Sigma}\,Q_{mn}\cos\frac{n\pi x}{a}\cos\frac{m\pi y}{b} \tag{15.36}$$

mit $\cos\dfrac{l\pi x}{a}\cos\dfrac{p\pi y}{b}$ multipliziert und über x von $-a/2$ bis $+a/2$ und über y von $-b/2$ bis $+b/2$ integriert, so erhält man

$$\int\limits_{-a/2}^{+a/2}\int\limits_{-b/2}^{+b/2} Q\,(x,y)\cos\frac{n\pi x}{a}\cos\frac{m\pi y}{b}\,dy\,dx = Q_{mn}\frac{ab}{4}, \qquad (15.37)$$

da rechts vom Gleichheitszeichen nur diejenigen Integrale nicht verschwinden, in denen gleichzeitig $l = n$ und $p = m$ ist; diese ergeben $\dfrac{ab}{4}$.

Für den Nettostrom erhält man aus (13.12), (15.32)

$$\Im_{mn}\,(x,y,0) = -\frac{\lambda_t}{3}\left(\frac{\partial n v}{\partial z}\right)_{z=0} = +\gamma_{mn}\frac{\lambda_t}{3}\,B_{mn}\;\cdot$$

$$\cdot\,\cos\frac{n\pi x}{a}\cos\frac{m\pi y}{b}\,[1 + e^{-2\gamma_{mn}c}]. \qquad (15.38)$$

Da jede Partiallösung eine für sich allein gültige Lösung ist, die die Kontinuitätsgleichung erfüllen muß, gilt wegen (15.36)

$$Q_{mn}\cos\frac{n\pi x}{a}\cos\frac{m\pi y}{b} = \Im_{mn}, \qquad (15.39)$$

so daß mit (15.37) und

$$Q_{mn} = \gamma_{mn}\frac{\lambda_t}{3}\,B_{mn}\,[1 + e^{-2\gamma_{mn}c}], \qquad (15.40)$$

die B_{mn} aus Q berechnet werden können.

Damit sind alle Randbedingungen befriedigt und alle Konstanten bestimmt und das Problem der Diffusion der Neutronen in einem Quader ist gelöst. ($Q\,(x,y)$ muß gegeben sein, vgl. (16.13)).

Läßt man b' und c' gegen unendlich gehen, dann entartet der Quader in eine unendlich große Platte der Dicke a'.

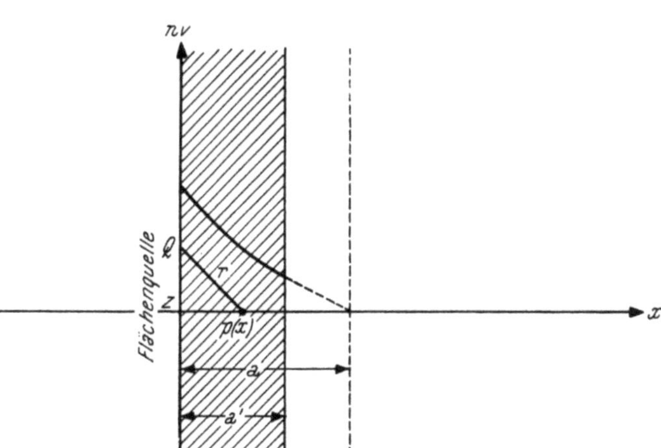

Abb. 22. Diffusion in der unendlich großen Platte

Die Neutronendichte hängt dann nur mehr von x ab; es gilt nach (15.13)

$$vn\,(x) = A\cdot e^{+ax} + B\cdot e^{-ax} \qquad (15.41)$$

Da wir es nun nicht mehr mit einer partiellen, sondern mit einer totalen Differentialgleichung 2. Ordnung zu tun haben, gibt es nur zwei Partikularlösungen. Die Randbedingungen an den Stellen $x = a = a' + d$ bzw. $a' + 0{,}71\,\lambda_t$ und $x = 0$ lauten, wenn man das Koordinatensystem so legt, wie Abb. 22 zeigt,

$$-\frac{\lambda_t}{3}\, v\, (\mathrm{grad}\, n)_0 = Q, \quad \text{oder} \quad \lim_{x \to 0}\left(-D\,\frac{d\,n\,v}{dx}\right) = Q \qquad (15.42\,\mathrm{a})$$

$$n\,(a) = 0 \qquad (15.42\,\mathrm{b})$$

$$n\,(x) < \infty \qquad (15.42\,\mathrm{c})$$

Q ist die Intensität des Neutronenstroms*, der von negativem x herkommend, die Platte auf der linken Seitenfläche $x = 0$ treffen möge (Flächenquelle der Intensität $2\,Q$ in $x = 0$). Aus (15.42 b) folgt

$$A = -\,B \cdot e^{-2\,\alpha a}, \qquad (15.43)$$

so daß man für den Fluß in der unendlich großen Platte

$$nv = B\,(e^{-\alpha x} - e^{-2\,\alpha a} \cdot e^{+\,\alpha x}) \qquad (15.44)$$

erhält. B bestimmt man aus (15.42 a) zu

$$B = \frac{3\,Q}{\lambda_t\,\alpha\,(1 + e^{-2\,\alpha a})}, \qquad (15.45)$$

während sich für α

$$\alpha = \varkappa \qquad (15.46)$$

durch Einsetzen von (15.41) in die eindimensionale stationäre Diffusionsgleichung ergibt. In *Kugelkoordinaten* $(r,\ \vartheta,\ \varphi)$ nimmt die Diffusionsgleichung (15.4) die Form[46]

$$\frac{1}{r^2}\frac{\partial}{\partial r}\left(r^2\frac{\partial n v}{\partial r}\right) + \frac{1}{r^2\sin\vartheta}\frac{\partial}{\partial\vartheta}\left(\sin\vartheta\,\frac{\partial n v}{\partial\vartheta}\right) + \frac{1}{r^2\sin^2\vartheta}\frac{\partial^2 n v}{\partial\varphi^2} - \varkappa^2 n v = 0 \qquad (15.47)$$

an. Ein Separationsansatz nach der Art von (15.7) liefert nach einigen Zwischenrechnungen[51] die Lösung

$$v n\,(r, \vartheta, \varphi) = \sum_{n=0}^{\infty}\ \sum_{m=-n}^{+n} r^n\left(\frac{d}{r\,dr}\right)^n P_n^{|m|}\,(\cos\vartheta)\ \cdot$$

$$\cdot \left(A_{mn}\,e^{im\varphi}\,\frac{1}{r}\,e^{\varkappa r} + B_{mn}\,e^{im\varphi}\,\frac{1}{r}\,e^{-\varkappa r}\right). \qquad (15.48)$$

In der Praxis ist die Neutronendichte in Kugelreaktoren fast durchwegs zentralsymmetrisch, d. h. $\partial/\partial\vartheta = \partial/\partial\varphi = 0$.

(15.47) entartet dann zu

$$\frac{d^2 n v}{dr^2} + \frac{2}{r}\frac{dnv}{dr} - \varkappa^2 n v = 0 \qquad (15.49)$$

und hat die Lösung

$$nv = A\,\frac{e^{-\varkappa r}}{r} + B\,\frac{e^{\varkappa r}}{r}. \qquad (15.50)$$

Je nach den Randbedingungen (strahlende Kugeloberfläche, vgl. Übungsbeispiel 14 e) erhält man daraus (14.26) oder

$$nv = A\,\frac{e^{-\varkappa r}}{r} \qquad (15.51)$$

---

* $Q\,[\text{Neutronen cm}^{-2}\text{s}^{-1}]$ ist hier eine Konstante; Q könnte nur von y und z abhängen, doch haben wir dies durch Annahme eines eindimensionalen Problems ausgeschlossen.

für eine Punktquelle in $r = 0$, da in dieser der Fluß unendlich werden darf. A bestimmt man aus der Quellstärke Q [Neutronen cm^{-2} s^{-1}]. Nach (15.42a) gilt für den Nettostrom durch eine Kugeloberfläche mit dem Radius r

$$Q = 4\,\pi\,r^2\,\frac{\lambda_t}{3}\,A\,e^{-\varkappa r}\left(\frac{\varkappa}{r} + \frac{1}{r^2}\right) \quad [\text{Neutronen cm}^{-2}\,\text{s}^{-1}] \qquad (15.52)$$

Da sich die Punktquelle an der Stelle $r = 0$ befindet, folgt durch $\lim\limits_{r \to 0}$

$$A = \frac{3\,Q}{4\,\pi\,\lambda_t}. \qquad (15.53)$$

Wenn sich eine solche Neutronenquelle im Mittelpunkt einer Kugel vom Radius R aus streuendem Material, dessen Transportweglänge λ_t ist, befindet, entweichen gemäß (13.14) aus der Kugel

$$-D\,(\Delta\,nv)_R = -\frac{\varkappa^2\,Q}{4\,\pi}\,\frac{e^{-\varkappa R}}{R} \qquad (15.54)$$

Neutronen pro cm^3 und sec.

Wenn sich eine Punktquelle nicht an der Stelle $\mathfrak{r} = 0$, sondern an der Stelle $\mathfrak{r}_0$ befindet, dann gilt an Stelle von (15.51) für den von ihr am Ort $\mathfrak{r}$ erzeugten Fluß

$$nv = \frac{3\,Q}{4\,\pi\,\lambda_t}\,\frac{e^{-\varkappa|\mathfrak{r}-\mathfrak{r}_0|}}{|\mathfrak{r} - \mathfrak{r}_0|} \quad [\text{Neutronen cm}^{-2}\,\text{s}^{-1}] \qquad (15.55)$$

Da man Quellen aller Art aus Punktquellen variabler Ergiebigkeit $Q\,(\mathfrak{r})$ zusammensetzen kann, muß sich jede Lösung der Diffusionsgleichung in Kugelkoordinaten

$$\Delta\,nv - \varkappa^2\,nv = -\,Q/D \qquad (15.56)$$

in der Form

$$nv = \frac{3}{4\,\pi\,\lambda_t}\int\limits_{\text{Quellgebiet}} \frac{e^{-\varkappa|\mathfrak{r}-\mathfrak{r}_0|}}{|\mathfrak{r}-\mathfrak{r}_0|}\,Q\,(\mathfrak{r}_0)\,d\tau_0 \quad \text{bzw.} \quad \frac{1}{D}\int Q\,(\mathfrak{r}_0)\,G\,(\mathfrak{r},\,\mathfrak{r}_0)\,d\tau_0 \qquad (15.57)$$

anschreiben lassen (GREENsche *Methode* der Lösung einer linearen inhomogenen Differentialgleichung[46]). Die Funktion

$$G\,(\mathfrak{r},\,\mathfrak{r}_0) = \frac{e^{-\varkappa|\mathfrak{r}-\mathfrak{r}_0|}}{4\pi|\mathfrak{r}-\mathfrak{r}_0|} = G\,(r,\,r_0,\,\vartheta,\,\vartheta_0,\,\varphi,\,\varphi_0) \qquad (15.58)$$

heißt GREENsche *Funktion* der Kugel oder *Integralkern* in Kugelkoordinaten; man kann sie nach den in (15.48) enthaltenen Eigenfunktionen entwickeln[46]. Analoge GREENsche Funktionen („*Diffusionskerne*") gibt es auch für ebene und räumliche cartesische, zylindrische und andere Koordinatensysteme. Sie spielen in der Reaktortheorie eine gewisse Rolle[51] (vgl. § 22). Für eine zentralsymmetrisch strahlende Punktquelle an der Stelle $r_0 = 0$

$$Q\,(r_0,\,\vartheta_0,\,\varphi_0) = Q_0\,\delta\,(r_0) \cdot \frac{1}{4\,\pi\,r^2_0} \qquad (15.59)$$

erhält man aus (15.57) wegen*

$$\int\limits_0^\infty f\,(r-r_0)\,\delta\,(r_0)\,dr_0 = f\,(r) \qquad (15.60)$$

sofort (15.51).

---

* Diese Formel kann man leicht aus (15.2) ableiten. Der Integrand ist ja wegen der δ-Funktion überall Null außer an der Stelle $r_0 = 0$.

Für axiale Symmetrie schreiben wir (15.4) in Zylinderkoordinaten an und erhalten mit $\partial/\partial\varphi = 0$

$$\frac{1}{r}\frac{\partial}{\partial r}\left(r\frac{\partial nv}{\partial r}\right) + \frac{\partial^2 nv}{\partial z^2} = \varkappa^2\, nv \tag{15.61}$$

Als Lösung erhält man vermittels eines Separationsansatzes

$$v n\,(r, z) = \sum_n Z_0\,(\beta_n\, r)\,(A_n\, e^{+\,a_n z} + B_n\, e^{-\,a_n z}) \tag{15.62}$$

wobei

$$\beta_n^2 = a_n^2 - \varkappa^2 \tag{15.63}$$

$Z_p\,(\beta r)$ ist eine *Zylinderfunktion* der Ordnung p, die der BESSELschen Differentialgleichung

$$Z_p'' + \frac{1}{r} Z_p' + \left(\beta_n^2 - \frac{p^2}{r^2}\right) Z_p = 0 \tag{15.64}$$

gehorcht[46]. Welche Zylinderfunktion man zu nehmen hat, hängt von den Randbedingungen des Problems ab (vgl. Übungsbeispiel 15a).

Übungsbeispiele

15 a) Man stelle sich vor, daß in Abb. 21 statt einem Quader ein Zylinder auf der xy-Ebene steht, dessen wahre Abmessungen R' und c' seien. Es soll nun die Lösung (15.62) den Randbedingungen

$$
\begin{aligned}
&\text{a)}\ v n\,(R, z) = 0 && R = R' + d\\
&\text{b)}\ v n\,(r, c) = 0 && c = c' + d\\
&\text{c)}\ -\frac{\lambda_t}{3}\,(\mathrm{grad}\ nv)_{r,\,0} = Q && \tag{15.65}\\
&\text{d)}\ v n\,(r, z) < \infty && 0 \leq z \leq c\\
&&& 0 < r \leq R
\end{aligned}
$$

angepaßt werden. Man behandle zuerst die r-abhängigen Teile. Die Zylinderfunktionen Z_p teilen sich in folgende 4 Klassen ein:

J_p BESSEL*sche Funktion* für $r = 0$ endlich, periodisch

N_p oder Y_p NEUMANN*sche Funktion* für $r = 0$ singulär, verschwindet für $r = \infty$

$H_p^{(1)}$ HANKEL*sche Funktion 1. Art* reell nur für imaginäres Argument, für $r = 0$ singulär, verschwindet für $ir = +\infty$

$H_p^{(2)}$ HANKEL*sche Funktion 2. Art* reell nur für imaginäres Argument, für $r =$ singulär, verschwindet für $ir = -\infty$

Hierbei wurde angenommen, daß p ganzzahlig und positiv ist.

Weiters gibt es für $\beta^2 < 0$ die *modifizierten* BESSEL*funktionen* (BESSELfunktionen mit rein imaginärem Argument). Sei $\beta^2 = (i\,\beta')^2 = -\beta'^2$, dann verhalten sich $I_p\,(\beta'\,r)$ und $K_p\,(\beta'\,r)$ am Nullpunkt und im Unendlichen als Funktion des reellen Argumentes $\beta'\,r$ ähnlich wie $J_p\,(\beta\,r)$ und $N_p\,(\beta\,r)$. Beide Funktionen sind für reelle Argumente reell. I_p ist für $r = 0$ endlich, ist aber nicht periodisch und wird für $r \to \infty$ singulär. K_p ist für $r = 0$ singulär $(+\infty,\ $ während $N_0\,(0) = -\infty)$ und verschwindet für $r = \infty$.

Wenn $\varkappa'^2 > 0$, haben wir ein Diffusionsproblem und eine stationäre Kettenreaktion kann nicht stattfinden; ist $\varkappa'^2 < 0$, kann es nach (15.5) eine Kettenreaktion geben. Welche Zylinderfunktion paßt für einen Zylinder, in dem eine Kettenreaktion abläuft? (Vgl. Tab. 47, S. 240 und Abb. 44, S. 243.)

15 b) Man lasse a' in (15.44) gegen unendlich gehen und zeige, daß man (13.23) erhält, wenn man $Q_0 = 1/2$ und $x_0 = 0$ setzt. Welche physikalische Bedeutung hat diese Lösung?

15 c) Man stelle (15.44) vermittels der Funktion $\mathfrak{Sin}$ dar.

15 d) Man leite (13.23) aus der Tatsache ab, daß die das Medium bedeckende Flächenquelle aus Punktquellen besteht. Wenn x der Ort des Beobachtungspunktes P auf der x-Achse ist (vgl. Abb. 22), dann ist der Abstand jede$\blacktriangleright$ am Kreis $z =$ const

befindlichen Punktquelle Q (z) von P durch $r^2 = z^2 + x^2$ gegeben. Am Orte P erzeugt nun die Quelle Q einen Fluß, der durch (15.51) gegeben ist. Eine Integration $\int\limits_0^z$ über sämtliche mit Punktquellen besetzten Kreisringe der Fläche $2\,\pi\,z\,dz$ muß dann zu (13.23) führen.

15 e) Man leite (14.26) aus (15.50) ab.

15 f) Drei unendlich große Platten der wahren Dicken a', b' und c' liegen aufeinander und parallel zur xy-Ebene. Die untere Deckfläche der untersten Platte fällt mit der xy-Ebene zusammen und trägt eine Flächenquelle, die in die positive z-Richtung, also in die Platten hinein, Q Neutronen pro cm² und sec emittiert. Man berechne den Neutronenfluß in den drei Platten.

15 g) An Hand von (15.44) berechne man nv/Q für Graphit ($D = 0{,}90$ cm, $\varkappa = 0{,}02$ cm⁻¹) für $\varkappa\,a = 0{,}5, 1, 2, 3, 4$. Welche physikalische Bedeutung hat $1/\varkappa$? (Vgl. Übungsbeispiel 14 b.) Ab welcher Dicke kann man eine Platte als praktisch unendlich dick betrachten? (Vgl. mit (14.24).)

15 h) Die Achse eines c' cm langen Zylinders vom Radius R' sei eine Linienquelle. Der Zylinder ruht im Vakuum. Man löse das Diffusionsproblem und gebe die GREEN-sche Funktion für eine Linienquelle an.

15 i) Die *thermische Säule* ist ein in das den Reaktor umgebende Schutzschild eingefügter Granitblock, der zur Erzeugung von thermischen Neutronen dient. Dieser Block habe einen quadratischen Querschnitt der Seitenlänge l' und sei c' cm lang. Die quadratische Bodenfläche rage in den Reaktor hinein; das Koordinatensystem sei so gelegt, daß diese Bodenfläche mit der xy-Ebene zusammenfalle. Die Bodenfläche ist demnach eine Flächenquelle von (schnellen) Neutronen. Man löse (15.6) mit den Randbedingungen $n = 0$ für $x = 0$ und $x = l = l' + d$ sowie für $y = 0$ und $y = l$ und weiters $-\dfrac{\lambda_t}{3}\,\mathrm{grad}\,nv = Q_0\,(x)$ und zeige, daß für eine gute thermische Säule

$$l' > L \tag{15.66}$$

gelten muß.

§ 16. Die Diffusionslänge

Mittleres Abstandsquadrat der Neutronen von der Quelle, verschiedene Formeln für die Diffusionslänge, Messung der Diffusionslänge, Diffusionslänge in Mischungen.

Die Diffusionslänge L haben wir in den Übungsbeispielen 12 h, S. 81 und 14 b, S. 90, erstmals erwähnt und dort als die Strecke [cm] definiert, innerhalb welcher die Neutronendichte infolge von Absorption und Diffusion auf den e-ten Teil absinkt. L hat jedoch noch eine andere Bedeutung, die wir hier besprechen wollen.

Der Fluß einer Punktquelle ist nach (15.52) und (14.26) durch

$$nv = A\,\frac{e^{-r/L}}{r} \tag{16.1}$$

gegeben.

Das mittlere Abstandsquadrat eines Neutrons von der Quelle ist dann durch

$$\overline{r^2} = \frac{\int r^2\, nv\, d\tau}{\int nv\, d\tau} \tag{16.2}$$

gegeben, was mit (16.1) und dem bekannten Integral[46]

$$\int\limits_0^\infty r^n\, e^{-r/L}\, dr = n!\, L^{n+1} \qquad n = 1, 2, 3 \ldots \tag{16.3}$$

$$\overline{r^2} = 6\, L^2 \tag{16.4}$$

ergibt. Das Quadrat der Diffusionslänge ist also nichts anderes als $^1/_6$ des mittleren Abstandsquadrates des Ortes der Absorption eines thermischen Neutrons von seiner Quelle. Nach Definition ist L in der Diffusionstheorie immer durch

$$\boxed{L = \frac{1}{\varkappa} = \sqrt{\frac{D}{\Sigma_A}} = \sqrt{\frac{\overline{r^2}}{6}}} \qquad \text{bzw. } \Sigma_A \to \Sigma_{A\,ges} \qquad (14.24)$$

gegeben (vgl. (16.19)).

Je nach dem für D verwendeten Ausdruck erhält man verschiedene Näherungsformeln. Es liefern
D_2 nach (13.2)

$$L^2 \approx \frac{\lambda_S \lambda_A}{3} \qquad (16.5)$$

D nach (12.36)

$$\boxed{L^2 \approx \frac{\lambda_D \lambda_A}{3}} \qquad (14.25)$$

(Man verwechsle nicht Diffusionsweglänge und Diffusionslänge!)
D_0 nach (12.37)

$$L^2 \approx \frac{\lambda_t \lambda_A}{3} \qquad (14.25)$$

D_1 nach (12.40) liefert einen genaueren Wert. Die Berechnung des mittleren Quadrates der Stoßweglänge ergibt schließlich eine noch gröbere Näherung als (16.5).

Man erhält

$$\overline{r^2} = \int\limits_0^\infty r^2 \, e^{-r/\lambda_S} \, \frac{d\,r}{\lambda_S} = 2\,\lambda_S^2 \qquad (16.6)$$

Setzt man dies dem mittleren Abstandsquadrat nach (16.2) gleich, so ergibt sich

$$L^2 \approx \frac{\lambda_S^2}{3} \qquad (16.7)$$

Die Neutronenkinetik liefert natürlich wesentlich bessere Werte. BOTHE hat für die Diffusionslänge die transzendente Gleichung

$$\frac{L}{2\,\lambda_S} \ln \frac{L + \lambda}{L - \lambda} = 1 \qquad (16.8)$$

abgeleitet[49] (vgl. Übungsbeispiel 12 h). Hierin ist nach (4.20)

$$1/\lambda = 1/\lambda_A + 1/\lambda_S \qquad (16.9)$$

Entwickelt man den ln und bricht nach dem zweiten Glied ab

$$\ln \frac{1 + \lambda/L}{1 - \lambda/L} = 2 \left(\frac{\lambda}{L} + \left(\frac{\lambda}{L}\right)^3 \cdot \frac{1}{3} + \ldots \right) \qquad (16.10)$$

so erhält man als weitere Näherungsformel

$$L^2 = \frac{\lambda_A \lambda_S}{3} \left(\frac{\lambda_A}{\lambda_S + \lambda_A} \right)^2 \qquad (16.11)$$

Eine ähnliche Formel, nämlich

$$L^2 = \frac{\lambda_A \lambda_t}{3} \frac{\lambda_A}{\lambda_t + \lambda_A}$$

erhält HEISENBERG[49].

Es ist jedoch nicht notwendig, L nach einer dieser Formeln zu berechnen; man kann L direkt messen. Wenn man am Ende eines Paraffinblockes in $x=y=z=0$ (vgl. Abb. 21) eine thermische Neutronenquelle anbringt, dann dringen die Neutronen in den Block ein und verteilen sich in ihm infolge von Diffusion. Die Punktquelle wird durch eine δ-Funktion der Art (15.2) dargestellt:

$$\int\limits_{-\infty}^{+\infty}\int\limits_{-\infty}^{+\infty} Q\,(x,y)\,dx\,dy = \int\limits_{-\infty}^{+\infty}\int\limits_{-\infty}^{+\infty} Q_0\,\delta\,(x,y)\,dx\,dy = Q_0 \tag{16.12}$$

Um die schon bekannte Lösung des Diffusionsproblems im Quader (15.32) verwenden zu können, müssen wir $Q\,(x,y)$ nach (15.36) in eine Doppel-Fourierreihe entwickeln.
Wir setzen an:

$$Q\,(x,y) = Q_0\,\delta\,(x,y) = \sum_{m=1}^{\infty}\sum_{n=1}^{\infty} Q_{mn}\cos\frac{n\pi x}{a}\cos\frac{m\pi y}{b} \tag{16.13}$$

wobei sich dann für die Q_{mn} aus (15.37) mit (15.60)

$$Q_{mn} = \frac{4\,Q_0}{a\,b} \tag{16.14}$$

ergibt. Wir können dann mittels (15.40) die B_{mn} berechnen und erhalten für die Lösung unseres Diffusionsproblems

$$v\,n\,(x,y,z) = \sum_m\sum_n \frac{12\,Q_0}{a\,b\,\gamma_{mn}\,\lambda_t\,[1+e^{-2\gamma mnc}]}\cos\frac{n\pi}{a}x\;\cdot$$

$$\cdot\;\cos\frac{m\pi}{b}y\,e^{-\gamma mnz}\,[1-e^{2\gamma mnz}\cdot e^{-2\gamma mnc}] \tag{16.15}$$

$$m,n = 1,3,5\ldots.$$

Ist der Paraffinblock in der z-Richtung sehr lang (c sehr groß), dann kann man die Funktion mit $-c$ im Exponenten vernachlässigen; weiters ist nach (15.27), (15.34) γ_{mn} für große m,n groß, so daß die Beiträge der *Oberschwingungen* $\cos\dfrac{n\pi}{a}x\,\cdot$ $\cdot\,\cos\dfrac{m\pi}{b}y$ wegen des Faktors $e^{-\gamma mnz}$ immer kleiner werden. Für $c'=50$ cm kann man sich daher mit der Näherung

$$n\,v = \sum_{n,m=1}^{3} \frac{12\,Q_0}{a\,b\,\gamma_{mn}\,\lambda_t}\cos\frac{n\pi}{a}x\cos\frac{m\pi}{b}y\cdot e^{-\gamma mnz} \tag{16.16}$$

begnügen. Für $c' > 100$ cm kann man auch die Glieder mit $m,n = 3$ vernachlässigen. Wenn man im Block die Neutronendichte $n(z)$ längs der z-Achse mißt*, dann kann man aus

$$n(z) = \frac{12\,Q_0}{a\,b\,v\,\gamma_{11}\cdot\lambda_t}\,e^{-\gamma_{11}z} \tag{16.17}$$

γ_{11} berechnen. Aus γ_{11} ergibt sich mit Hilfe von (15.27) $\varkappa^2$ und daraus mit (14.24) die Diffusionslänge. Es wurden zahlreiche Messungen dieser Art durchgeführt[52]; einige Ergebnisse findet man in Tab. 22.

---

* Es ist eine Genauigkeit von einigen Prozenten erreichbar.

Tabelle 22. *Diffusionslängen*

Größe	H$_2$O	H$_2$O 80° C	D$_2$O techn.	Be	BeO	Graphit	nat. U
D [cm]	0,142	0,18	0,80	0,70 [0,49]	0,48	0,903	0,452
λ_D [cm]	0,426	—	2,40	2,10	—	2,709	1,356
L [cm]	2,85	—	100*	23,6	28,6	50,2	1,550
Andere Autoren....	[2,7]	3,1	—	[22,1]	—	[49]	[1,15]

* Bei reinstem D$_2$O: 170.

Da die nach (14.24) bzw. (16.5) usw. bestimmten Größen energieabhängig sind, ist natürlich auch die Diffusionslänge eine Funktion der Energie; die Ausführungen in diesem Paragraphen bezogen sich ausschließlich auf thermische Neutronen, die alle die gleiche konstante Geschwindigkeit v besitzen. Weiters besprachen wir nur die Diffusionslängen in einem reinen Stoff; wenn z. B. für ein Bremsmittel (Index 1)

$$L_1^2 = \frac{1}{3\,\sigma_{A1}\,(N_1)^2\,\sigma_{S1}} \tag{16.18}$$

gilt, so gilt für eine Mischung mit einem zweiten Stoff, z. B. dem Brennstoff, (Index 2)

$$L^2_{(1,2)} = \frac{1}{3\,(\sigma_{A1}\,N_1 + \sigma_{S_p}\,N_2 + \sigma_{A2}\,N_2)\,(\sigma_{S1}\,N_1 + \sigma_{S2}\,N_2)} \tag{16.19}$$

Übungsbeispiele

16 a) Man vergleiche an Hand eines numerischen Beispieles die Genauigkeit der verschiedenen Formeln für die Diffusionslänge (z. B. D$_2$O).

16 b) Man leite aus (14.23) und (12.40) eine Formel für die Diffusionslänge ab und spezialisiere dann auf isotrope Streuung.

16 c) Man schreibe (16.16) explizit an und überlege, wie man mit Hilfe von (15.27) nach einer ersten rohen Messung von L diesen Wert mit (16.16) verbessern kann. Wie könnte man c messen?

16 d) Man berechne die thermische Diffusionslänge in Graphit.

16 e) Man begründe:

$$\overline{(r^2)}_{ges} = 2\,(P_{th} + P_s)\,\lambda_t\,\overline{\lambda_A} \tag{16.20}$$

wo P_{th} bzw. P_s die Anzahl der Stöße ist, die ein thermisches bzw. ein schnelles Neutron erleidet.

16 f) Eine Messung der Neutronendichte in Wasser ergab[52], wobei auf die Dichte n_0 an der Grenzfläche $z = c'$ normiert wurde:

$\widetilde{z}$	3	2	1,5	1,0	0,5	0,4	0,3	0,2	0,1	0
n/n_0	6,426	4,690	3,819	2,942	2,042	1,859	1,669	1,471	1,261	1,000

$\widetilde{z}$ ist hierbei der Abstand von der Grenzfläche, gemessen in λ (gesamte freie Weglänge $\lambda = 1/\Sigma$, $\Sigma = \Sigma_A + \Sigma_t$, Σ_t makroskopischer Transportquerschnitt $\Sigma_S\,(1 - \cos\widetilde{\vartheta})$). Man berechne L ($d = 0{,}71\,\lambda_t$).

16 g) Wie groß ist die Diffusionslänge eines nicht absorbierenden Mediums?

§ 17. Die Reflexion von Neutronen

Reflektor und Reflexionsvermögen, verschiedene spezielle Formeln hiefür, Extrapolationslänge und Reflexionsvermögen, das Reflexionsvermögen als Randbedingung, Reflexionsvermögen neutronenproduzierender Stoffe, Anzahl der Grenzflächenpassagen eines Neutrons, Messung des Reflexionsvermögens.

PERRIN schlug schon 1939 vor[53], das Entweichen der Neutronen zu vermindern, indem man den Reaktor mit einem die Neutronen reflektierenden Material umgibt. Dadurch kann man das kritische Volumen und damit die notwendige Menge an Kernbrennstoff stark herabsetzen*. Eine solche Neutronenreflexion kann durch Streuung zustande kommen; die Reflexion von Neutronenwellen durch mikroskopische Vorgänge, wie Interferenz und Beugung an Kristallgittern (vgl. § 45) kommt dafür nicht in Betracht.

Befindet sich ein Reaktor im Vakuum, so gibt es von dort aus keinen Rückfluß, und es gilt (14.13) als Randbedingung. Ist er jedoch von einem streuenden Medium umgeben, dann kommt es sehr wohl zu einem Rückfluß der Neutronen: Das Medium reflektiert. *Jedes streuende Medium ist also gleichzeitig ein reflektierendes Medium.*

Ebenso wie in der Optik definiert man den *Reflexionskoeffizienten***

$$\beta = \frac{|\mathfrak{B}(x_{no},\vartheta_1)|}{|\mathfrak{B}(x_{no},\vartheta_2)|} \quad \cos\vartheta_1 \leq 0 \quad \cos\vartheta_2 \geq 0 \tag{17.1}$$

als das Verhältnis von Rückfluß zum Fluß aus dem Reaktor in den Reflektor (vgl. Abb. 23). Diese Definition ist natürlich immer nur für eine Grenzfläche

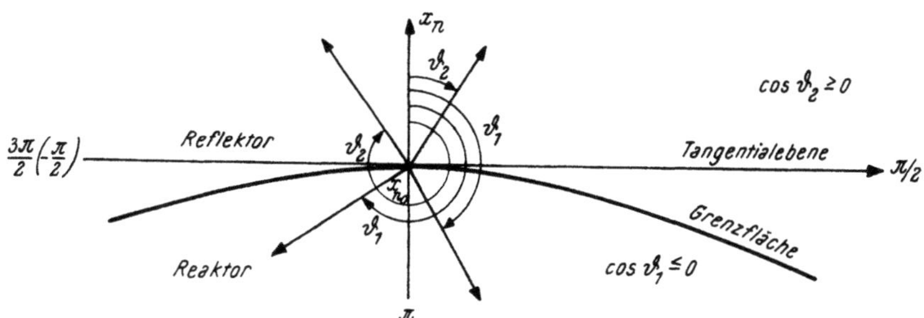

Abb. 23. Neutronenströme an Grenzflächen nach der Neutronenkinetik

gültig; die Eigenschaften des Reaktormaterials sind hier — im Gegensatz z. B. zur Reflexion elektromagnetischer Wellen an einer Grenzfläche — irrelevant. x_n ist die auf der Grenzfläche in jedem Punkt senkrecht nach außen stehende Koordinate („Normalenkoordinate") und der Index 0 bezeichnet den Wert von x_n in der Grenzfläche. Neutronen mit $\vartheta = \vartheta_1$, $\pi/2 \leq \vartheta_1 \leq 3\pi/2$ oder $\cos\vartheta_1 \leq 0$ fließen vom Reflektor in den Reaktor zurück (vgl. auch die Ableitung von (14.13)); Neutronen mit $\vartheta = \vartheta_2$, $-\pi/2 \leq \vartheta_2 \leq +\pi/2$ oder $\cos\vartheta_2 \geq 0$ verlassen den Reaktor (vgl. Abb. 23).
Um die Aussagen der Diffusionstheorie zu erhalten, kann man, statt über die Einfallsrichtungen zu mitteln, auch von (13.8) und (13.9) ausgehen. J_{unten}, das nach (13.5) die Integrationsgrenzen $\int\limits_{\pi/2}^{\pi}\int\limits_{0}^{2\pi} d\varphi \sin\vartheta \, d\vartheta$ besitzt, umfaßt den

---

* Wichtige Beiträge zur Theorie der Neutronenreflexion nach der kinetischen Theorie stammen von BOTHE[49].

** Auch *Albedo* oder *Reflexionsvermögen* genannt.

unteren Halbraum, d. h. es stellt den Gesamtstrom dar, der von „unten" nach „oben" vom Reaktor ins Vakuum bzw. in den Reflektor fließt; J_{oben} ist der Rückfluß. Es gilt daher

$$\boxed{\beta = \frac{J_{oben}}{J_{unten}} = \left(\frac{\frac{1}{2} + \frac{\lambda_t}{3} \frac{\partial}{\partial x_n} (\ln nv)}{\frac{1}{2} - \frac{\lambda_t}{3} \frac{\partial}{\partial x_n} (\ln nv)} \right)_{Grenzfläche}} \qquad (17.2)$$

Hierbei wurde durch $nv/2$ dividiert und die Anisotropiekorrektur $\lambda_S \to \lambda_t$ berücksichtigt. Wie man sieht, hängt das Reflexionsvermögen β nicht nur von der Transportweglänge des reflektierenden Mediums, sondern auch von x_n bzw. $\partial nv/\partial x_n$, d. h. von der geometrischen Form und den Abmessungen der Grenzfläche ab. Je nach der verwendeten speziellen Lösung erhält man daher für β verschiedene Werte:

Quader

Das Reflexionsvermögen ist nach (15.32) ortsabhängig (vgl. Übungsbeispiel 17a).

Unendlich große Platte der Dicke $a' = a—d$

Mit (15.44) erhält man aus (17.2)

$$\beta_P = \frac{1 - 2 \frac{\varkappa \lambda_t}{3} \mathfrak{Cotg}\, \varkappa a}{1 + 2 \frac{\varkappa \lambda_t}{3} \mathfrak{Cotg}\, \varkappa a} \qquad (17.3)$$

wobei für den Ort der Grenzfläche $x = 0$ angenommen wurde. Die Hyperbelfunktion $\mathfrak{Cotg}$ ist hierbei üblicherweise definiert durch

$$\mathfrak{Cotg}\, \varkappa a = \frac{e^{+\varkappa a} + e^{-\varkappa a}}{e^{+\varkappa a} - e^{-\varkappa a}} \qquad (17.4)$$

Unendlich großes Medium

Für $a \to \infty$ erhält man das größtmögliche Reflexionsvermögen, das eines nach allen drei Raumrichtungen bis ins Unendliche ausgedehnten Mediums

$$\beta_\infty = \frac{1 - 2\varkappa D}{1 + 2\varkappa D} \approx \frac{1 - 2/3 \cdot \varkappa \lambda_t}{1 + 2/3 \cdot \varkappa \lambda_t} \qquad (17.5)$$

Die Formel mit D ist genauer, da sie ja die ursprüngliche aus der Neutronenkinetik stammende Definition des Flusses enthält, vgl. (13.12). Den maximalen Reflexionskoeffizienten verschiedener, als Reflektoren verwendeter Stoffe entnimmt man Tab. 23.

Tabelle 23. *Maximales Reflexionsvermögen und $\varkappa$-Werte*

	H_2O	D_2O	Be	BeO	Graphit	nat. Uran
β_∞	0,821	0,968	0,889	0,930	0,930	0,120
$\varkappa$	0,351	0,01	0,0423	0,035	0,01994	0,87

Wie zu erwarten, sind gute Bremsmittel gleichzeitig gute Reflektoren. Je kleiner λ_S bzw. λ_t ist, um so kürzer ist die Strecke, innerhalb der das Neutron nach dem Eindringen in den Reflektor gestreut wird, umso eher gelangt es also wieder in den Reaktor zurück. Weiters muß natürlich λ_A möglichst groß, d. h. Σ_A möglichst klein sein: Der Reflektor ist also umso besser, je kleiner $\varkappa D$ ist. Da $\varkappa^2 = \Sigma_A/D$, folgt, daß $\Sigma_A D$ klein sein soll, oder mit (12.37), daß Σ_t/Σ_A groß sein soll. Vergleicht man dies mit (7.34), so sieht man, daß das Reflexionsvermögen dem Bremsverhältnis proportional ist.

Mit Hilfe der Extrapolationslänge d, die nach (14.9) definiert ist durch

$$d = -\left(nv \Big/ \frac{\partial (nv)}{\partial x_n}\right)_{Grenzfläche} \tag{17.6}$$

können wir (17.2) auch in die Form

$$\beta = \frac{1 - \dfrac{2}{3}\dfrac{\lambda_t}{d}}{1 + \dfrac{2}{3}\dfrac{\lambda_t}{d}} \tag{17.7}$$

bringen. Umgekehrt kann man aus dem Reflexionsvermögen vermittels

$$d = \frac{2\lambda_t}{3}\left(\frac{1 + \beta}{1 - \beta}\right) \tag{17.8}$$

auch die Extrapolationslänge bestimmen. Die Extrapolationslänge nach (17.8) oder neutronenkinetisch verbessert

$$\boxed{d = 0{,}71\,\lambda_t \frac{1 + \beta}{1 - \beta}} \tag{17.9}$$

hängt mit der früher für Vakuumgrenzflächen definierten Extrapolationslänge in keiner Weise zusammen. Von einer Extrapolationslänge im Sinne von (14.9) kann man bei Grenzflächen zwischen zwei streuenden Medien nur dann sprechen, wenn das eine Medium (der Reflektor) nur eine dünne Schicht bildet ($a' \approx \lambda_t$), so daß man die Diffusionstheorie gar nicht mehr anwenden kann. λ_t in (17.9) bezieht sich dann so wie in (14.10) auf das erste Medium, den Reaktor, und nur β bezieht sich auf die dünne Reflektorschicht. Geht deren Dicke gegen Null, schließt also an den Reaktor das Vakuum an, dessen Reflexionsvermögen 0 ist, dann gehen (17.8) und (17.9) über in (14.10) bzw. (14.15). Für dünne Schichten eines Mediums verwendet man also nicht (14.6), (14.7), sondern (14.11), (14.12) mit (17.8) als Randbedingungen.

(17.7) drückt das Reflexionsvermögen β_1 eines Mediums 1 aus, das durch λ_{t1} charakterisiert wird und in dem der Neutronenfluß nach der Strecke d_1 auf Null absinkt; in gleicher Weise kann man für ein zweites, an 1 angrenzendes Medium 2 das Reflexionsvermögen β_2 berechnen. Da sich in der Grenzfläche keine Neutronen anhäufen können, gelten die Randbedingungen (14.4) und (14.5). Aus (17.2), (17.6) und (17.7) folgt daher für zwei dünne Materieschichten

$$\beta_1 = \beta_2, \tag{17.10}$$

woraus

$$\boxed{\frac{\lambda_{t1}}{d_1} = \frac{\lambda_{t2}}{d_2}} \tag{17.11}$$

folgt.

Wir haben bisher von der Neutronenreflexion durch einen an der Grenzfläche eines Reaktors befindlichen Reflektor gesprochen, ohne zu bedenken, daß (15.44), das wir zur Ableitung von (17.3) verwendet haben, nur für ein quellenfreies

Medium gilt. Wenn auch im Reflektor Spaltprozesse vor sich gehen, dann ist (15.6) durch (15.3) zu ersetzen. Anstatt von (15.44) müssen wir gemäß (15.5) von

$$nv = \frac{3\,Q}{\lambda_t \varkappa'\,(1 + e^{-2a\varkappa})}\,(e^{-\varkappa x} - e^{-2\varkappa'a}\,e^{-\varkappa x}) \tag{17.12}$$

ausgehen.

Setzen wir (17.12) in (17.2) bzw. (17.3) ein, so erhalten wir

$$\beta_P = \frac{1 - \dfrac{2}{3}\varkappa'\lambda_t\,\mathfrak{Cotg}\,\varkappa'a}{1 + \dfrac{2}{3}\varkappa'\lambda_t\,\mathfrak{Cotg}\,\varkappa'a} \tag{17.13}$$

oder

$$1 - \beta_P = \frac{4/3 \cdot \varkappa'\lambda_t\,\mathfrak{Cotg}\,\varkappa'a}{1 + 2/3 \cdot \varkappa'\lambda_t\,\mathfrak{Cotg}\,\varkappa'a} \tag{17.14}$$

Aus (15.5) und (14.23) folgt nun

$$\varkappa' = \sqrt{\frac{1 - k_\infty}{D}\,\Sigma_{Ages}} = \frac{\sqrt{1 - k_\infty}}{L} = \sqrt{1 - k_\infty} \cdot \varkappa \tag{17.15}$$

so daß man an Stelle von (17.14) auch

$$1 - \beta_P = \frac{\dfrac{4\,\lambda_t}{3\,L}\sqrt{1 - k_\infty}\,\mathfrak{Cotg}\,(\sqrt{1 - k_\infty} \cdot a/L)}{1 + \dfrac{2\,\lambda_t}{3\,L}\sqrt{1 - k_\infty}\,\mathfrak{Cotg}\,(\sqrt{1 - k_\infty} \cdot a/L)} \tag{17.16}$$

verwenden kann.

Für $k_\infty < 1$, wenn also Absorption und Entweichen die Produktion überwiegen, ist $\beta < 1$; für $k_\infty = 0$ erhält man $\varkappa' = \varkappa$ und daher (17.3). Ist jedoch $k_\infty > 1$, überwiegt also die Produktion, dann erhält man wegen

$$i\,\mathfrak{Cotg}\,ix = \cotg x \tag{17.17}$$

aus (17.16) den neuen Ausdruck

$$1 - \beta_P = \frac{\dfrac{4\,\lambda_t}{3\,L}\sqrt{k_\infty - 1} \cdot \cotg\,(\sqrt{k_\infty - 1} \cdot a/L)}{1 + \dfrac{2\,\lambda_t}{3\,L}\sqrt{k_\infty - 1} \cdot \cotg\,(\sqrt{k_\infty - 1} \cdot a/L)} \tag{17.18}$$

Für bestimmte Werte von k_∞ und L kann nach (17.18) der Reflexionskoeffizient eines neutronenproduzierenden Mediums gleich 1 oder auch größer als 1 werden.

Der Reflexionskoeffizient β_2 ist für dicke Medienschichten ($a' \gg \lambda_t$) nichts anderes als die Wahrscheinlichkeit dafür, daß ein auf die Oberfläche eines Mediums 2 auftreffendes Neutron in den Halbraum, aus dem es gekommen ist, wieder zurückgestreut wird. Über das weitere Schicksal des Neutrons wird dabei *nichts* ausgesagt. Die Wahrscheinlichkeit dafür, daß ein Neutron im Reflektor (Medium 2) bleibt, ist daher gegeben durch $1 - \beta_2$. Der Reflexionskoeffizient β_1 des ersten Mediums, aus dem die Neutronen ursprünglich kommen, mißt die Wahrscheinlichkeit dafür, daß ein vom Reflektor kommendes Neutron in diesen wieder zurückgestreut wird. Da ein aus dem Reflektor kommendes Neutron ein solches sein kann, das kurz vorher den Reaktor verlassen hatte und vom Reflektor mit der Wahrscheinlichkeit β_2 zurückgestreut wurde, mißt $\beta_2\beta_1$ die

Wahrscheinlichkeit einer doppelten Reflexion, also einer mindest dreifachen Passage der Grenzfläche (vgl. Abb. 24). Nur diejenigen Neutronen, die nach einer einmaligen Reflexion in dem einen oder dem anderen Medium verbleiben, erleiden sicher *nur zwei* Grenzflächenpassagen. Die Wahrscheinlichkeit für *nur* zwei Passagen ist daher gegeben durch $\beta_1 (1 - \beta_2)$ oder $\beta_2 (1 - \beta_1)$.

Die Wahrscheinlichkeit für eine nur dreifache Passage ist dann gegeben durch $\beta_2 \beta_1 (1 - \beta_1)$ oder $\beta_1 \beta_2 (1 - \beta_2)$, und $(\beta_1 \beta_2)^2 (1 - \beta_2)$ mißt die Wahrscheinlichkeit der fünffachen Passage.

Für genau μ-fache Passage gilt dann:

$$W_\mu = (\beta_1 \beta_2)^{\frac{\mu - 1}{2}} (1 - \beta_2) \qquad \mu = 1, 3, 5 \ldots . \tag{17.19}$$

μ ist hierbei eine ungerade Zahl, weil wir bei der Ableitung angenommen haben, daß das Neutron zuletzt nicht in dem Medium verbleibt, in dem es entstanden

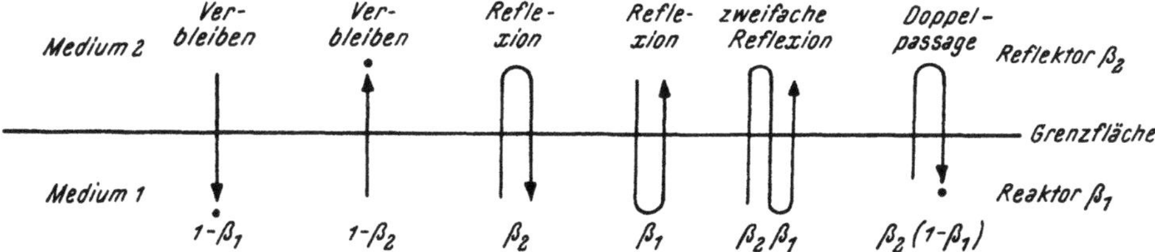

Abb. 24. Grenzflächendurchgänge bei der Reflexion

ist. Für eine gerade Anzahl von Passagen läßt sich eine ganz analoge Formel ableiten, die natürlich zum gleichen Mittelwert führt.

Für die mittlere Anzahl $\overline{\mu}$ der Passagen erhält man dann

$$\overline{\mu} = \frac{\underset{\mu\ unger.}{\Sigma}\ \mu\ W_\mu}{\underset{\mu\ unger.}{\overset{\infty}{\Sigma}}\ W_\mu} = \frac{1 + 3\,\beta_1\,\beta_2 + 5\,\beta_1{}^2\,\beta_2{}^2 + \ldots}{1 + \beta_1\,\beta_2 + \beta_1{}^2\,\beta_2{}^2 + \ldots}$$

und

$$\boxed{\overline{\mu} = \frac{1 + \beta_1\,\beta_2}{1 - \beta_1\,\beta_2}} \tag{17.20}$$

Mit Hilfe von (17.20) kann man auch die mittlere Passagenzahl durch eine gedachte Fläche im Inneren eines Mediums berechnen. Da sich dann das Neutron nach einer beliebigen Anzahl von Passagen immer in diesem als unendlich groß gedachten Medium befinden muß, muß die Summe aller Wahrscheinlichkeiten gleich eins sein. Es gilt daher mit $\beta_1 = \beta_2 = \beta$ für μ gerade *und* ungerade

$$\overset{\infty}{\underset{\mu=1}{\Sigma}}\ W_\mu = \overset{\infty}{\underset{\mu=1}{\Sigma}}\ \beta^{\mu-1} (1 - \beta) =$$

$$= (1 - \beta) (1 + \beta + \beta^2 + \beta^3 + \beta^4 + \ldots .) = \frac{1 - \beta}{1 - \beta} = 1 \tag{17.21}$$

An Stelle von (17.20) gilt dann weiters

$$\boxed{\overline{\mu}_M = \frac{1 + \beta^2}{1 - \beta^2}} \tag{17.22}$$

In der Literatur wird gelegentlich für $\overline{\mu}_M$ der falsche Ausdruck

$$\overline{\mu}_M = \frac{1 + \beta}{1 - \beta} \qquad (17.23)$$

verwendet[53].

Das Reflexionsvermögen β eines Stoffes kann man auch direkt messen. Wenn man eine Quelle thermischer Neutronen in den Stoff einführt, so wird eine Indiumfolie, die sich innerhalb des Stoffes (in gewisser Entfernung von den Grenzflächen) befindet, aktiviert. Der Gesamtfluß thermischer Neutronen wird dann durch die erzeugte Folienaktivität X gemessen. Bedeckt man eine Seite des Indikators mit Cadmium, dann können die Neutronen nur von der anderen Seite in den Indikator eindringen. Die mit dem halbbedeckten Indikator gemessene Aktivität Y wird daher kleiner sein als X. Wenn im Mittel von beiden Seiten auf den Indikator gleichviele Neutronen auftreffen, dann wird der Gesamtfluß der von beiden Seiten auf den halbbedeckten Indikator auftrifft, durch $2\,Y$ bestimmt. Auf der nichtbedeckten Seite steht der Indikator in direktem Kontakt mit dem Medium, dessen Reflexionsvermögen man messen will. Neutronen, die in ihm nicht absorbiert werden, also zur Aktivität $2\,Y$ nichts beitragen, können vom Medium ein oder mehrmals reflektiert werden, bis sie schließlich im Indikator absorbiert werden. Der Gesamtfluß verstärkt durch die Reflexionen ist daher durch die Aktivität des Indikators ausgedrückt durch

$$X = 2\,Y\,(1 + \beta + \beta^2 + \beta^3 + \ldots) = 2\,\frac{Y}{1-\beta} \qquad (17.24)$$

gegeben.

X/Y ist das Verhältnis der Aktivitäten des unbedeckten und des halbbedeckten Indikators (*Cadmiumverhältnis*).

Aus (17.24) erhält man das Reflexionsvermögen als Funktion des gemessenen Cadmiumverhältnisses:

$$\beta = 1 - 2\,\frac{Y}{X} \qquad (17.25)$$

Übungsbeispiele

17 a) Man bestimme aus (15.32), (17.2) das Reflexionsvermögen eines einen Quader umgebenden Reflektors.

17 b) Wann ist das Reflexionsvermögen genau 1 ?

17 c) Warum hat eine endlich dicke, unendlich große Platte ein kleineres Reflexionsvermögen als die unendlich dicke, unendlich große Platte (Halbraum) ?

17 d) Eine Albedomessung in reinem Wasser habe β_1 ergeben. Nun werde dem Wasser eine lösliche Borverbindung zugesetzt und das Reflexionsvermögen werde abermals gemessen. Das Meßergebnis sei β_2. Ist β_2 größer oder kleiner als β_1 ? Wie ist es, wenn man das Wasser mit schwerem Wasser mischt ?

17 e) Man beweise folgende Formeln für das Reflexionsvermögen:

a) *Kugel*, bestehend aus dem Medium 1, in deren Mittelpunkt sich eine Neutronenquelle befindet und die in einem unendlich großen, von einem Medium 2 erfüllten Raum eingebettet ist

$$\beta_2 = \frac{1 - 2\,D\,(\varkappa + 1/R)}{1 + 2\,D\,(\varkappa + 1/R)}, \qquad (17.26)$$

wo R der Kugelradius ist. Man vergleiche mit (17.5) und (17.7). (Zur Berechnung gehe man von (15.51) aus.)

b) *Reflexionsvermögen* einer Kugel, bestehend aus dem Medium 2, die sich in einem unendlich großen, von Neutronen und dem Medium 1 erfüllten Raum befindet

$$\beta_2 = f\,(\varkappa R,\ \mathfrak{Cotg}\,\varkappa R) \qquad (17.27)$$

(Zur Berechnung geht man von (14.26) aus.)

Man berechne in beiden Fällen die Extrapolationslängen nach (17.9).

17 f) Wenn die Quellstärke der Neutronen in der Grenzfläche F örtlich variabel ist, dann wird auch das Reflexionsvermögen eine Ortsfunktion. Man definiert dann ein totales Reflexionsvermögen durch

$$\beta_{tot} = \frac{\int\limits_F J_{oben}\, df}{\int\limits_F J_{unten}\, df} \tag{17.28}$$

Man berechne β_{tot} für Übungsbeispiel 17 a.

17 g) Man beweise (13.9) durch explizite Berechnung des Integrals (13.5).

17 h) Ist der Neutronenfluß nahe der Grenzfläche eines nicht Neutronen produzierenden, aber von Neutronen und von U 238 erfüllten Halbraumes größer oder kleiner als in einem anschließenden Graphitreflektor der Dicke c' (unendlich große, endlich dicke Platte)? Um welchen Faktor wird der Neutronenfluß im Uran im Abstand $5\,\lambda_t$ von der Grenzfläche durch das Vorhandensein des Reflektors vermehrt?

§ 18. Diffusion mit Bremsung

Theorie der stetigen Bremsung und Mehrgruppentheorie, Material- und Formeinflüsse, Fermi-Alter und Altersgleichung, Bremsung ohne und mit Absorption, Lösung der Altersgleichung für spezielle Fälle, Bremskerne, Bremsdichte als Quellfunktion der Diffusionstheorie.

Die Diffusion der Neutronen mit Berücksichtigung der Bremsung ist das schwierigste Problem der Reaktortheorie; es ist nur einer schrittweisen Lösung durch Näherungen zugänglich. Die Neutronendichte ist in der allgemeinsten Definition eine Funktion des Ortes, der Zeit, der Richtung und des Betrages des Geschwindigkeitsvektors bzw. der Energie (vgl. § 12). Die bei einer Kernspaltung innerhalb eines Volumselementes $d\tau$ an der Stelle x, y, z zur Zeit t mit den verschiedenen Richtungen ϑ, φ und der Energie E_0 die Kerne verlassenden Spaltneutronen $n\,(x, y, z, t, \vartheta, \varphi, E_0)$ erleiden sehr bald Zusammenstöße — sei es mit Kernen des Brennstoffes, des Bremsmittels oder mit Fremdstoffkernen. Während des Fluges vom Entstehungsort x, y, z zum Ort des ersten Zusammenstoßes x_1, y_1, z_1 zur Zeit t_1 ändern sich x, y, z und t. Beim Zusammenstoß ändern sich ϑ, φ und E in Abhängigkeit vom Streuwirkungsquerschnitt $\sigma_S\,(\vartheta, \varphi, E)$ der streuenden Kernart. In den allermeisten Fällen kann man die Streuung auch im Laborsystem im Mittel als isotrop ansehen, so daß man mit der Näherung nach der Diffusionstheorie das Auslangen findet. Die so gewonnenen Lösungen werden dann durch die Anisotropiekorrektur $\lambda_S \rightarrow \lambda_t$ verbessert, bzw. geht man gleich von einer korrigierten Diffusionsgleichung aus. Arbeiten, die sich mit der Neutronenkinetik unter gleichzeitiger Berücksichtigung der Bremsung beschäftigen, sind nicht sehr zahlreich[54].

Die *erste Vereinfachung*, die wir machen, ist der Ersatz von $n\,(x, y, z, t, \vartheta, \varphi, E)$ durch $n\,(x, y, z, t, E)$ nach (12.2).

In den bisherigen Paragraphen dieses Kapitels hatten wir angenommen, daß v bzw. E während der Diffusion konstant bleibt. Wenn wir nun eine Änderung von v bzw. E zulassen, dann müssen wir

1. für jedes v bzw. E von E_0 bis E_{therm} eine eigene Diffusionsgleichung aufstellen,

2. angeben, wie sich v bzw. E im Laufe der Diffusion ändern,

3. angeben, wie sich n dadurch ändert, daß nun Neutronen auf v abgebremst werden (Quellterm!) bzw. den Wert v infolge von Bremsung verlassen (Verlust!).

Die in den §§ 6, 8 und 9 besprochenen Energieverteilungen zeigen, daß theoretisch jeder Energiewert E_i zwischen ∞ und 0, praktisch zwischen etwa 20 MeV (vgl. (6.8)) und etwa 0,001 eV (vgl. (4.34)) vertreten sein wird. Man müßte also für jedes E_i eine eigene Diffusionsgleichung anschreiben, so daß man zu einem System von unendlich vielen Diffusionsgleichungen käme, dessen Lösung praktisch natürlich unmöglich ist*.

Man muß daher noch eine *zweite Vereinfachung* machen. Dies geschieht, indem man entweder

a) aus den ∞ vielen E_i einige herausgreift, d. h. die Neutronen zu *Gruppen* zusammenfaßt (vgl. § 22, *Mehrgruppentheorie*), oder daß man

b) annimmt, die Energie der Neutronen durchlaufe *stetig* jeden Wert von E_0 bis E_{th} und daß erst die thermischen Neutronen diffundieren; bei Beginn der Diffusion hört die Bremsung auf (Theorie des sogenannten FERMI*alters*).

In der Mehrgruppentheorie wird angenommen, daß es Neutronen *nur* mit den Energien E_i gibt; z. B. kann man schnelle Neutronen, epithermische Neutronen, Resonanzneutronen und thermische Neutronen unterscheiden. Man berücksichtigt dabei aber nicht, daß die Gruppe der schnellen Neutronen sowohl Neutronen der Energie von 20 MeV als auch von 10^5 eV umfaßt; man nimmt einfach an, daß alle Neutronen der gleichen Gruppe dieselbe Energie besitzen. Bei der Viergruppentheorie erhält man demgemäß vier verschiedene Diffusionsgleichungen. Weitere Bremstheorien werden wir in § 25 kennenlernen.

In der *Theorie der stetigen Bremsung* (Theorie des FERMI*alters*) nimmt man nun umgekehrt fälschlicherweise an, daß ein Neutron stetig alle Energiestufen durchläuft und daß alle Neutronen *genau* die *gleiche* stetige Kurve $E(t)$ durchlaufen. Nun wissen wir aus § 7, daß bei einem Stoß die Energie E_0 der beteiligten Partikel Werte zwischen E_0 und rE_0 annehmen kann. Je näher r bei 1 liegt — je schwerer also nach (7.13) das Bremsmittel ist, desto kleiner ist das Intervall, desto „stetiger" erfolgt die Bremsung. Die Theorie der stetigen Bremsung ist also für Wasserstoff und auch noch für Deuterium sicher ganz falsch[54]; bei H_2O ergeben sich Fehler bis zu 200% und mehr. Für Graphit erhält man bereits akzeptable Resultate, die jedoch von den Meßergebnissen immer noch stärker abweichen als die Ergebnisse etwa der Viergruppentheorie. Trotzdem besprechen wir die Theorie des FERMI*alters*, da sie es gestattet, auf einfache und rasche Weise einen Näherungswert für das kritische Volumen eines Reaktors abzuleiten. Weiters hat die Theorie der stetigen Bremsung den Vorteil, daß die *Materialeinflüsse*, also die Einflüsse der physikalischen Daten von Brennstoff, Bremsmittel usw., klar getrennt von den *Formeinflüssen*, also den Einflüssen der Größe, der geometrischen Form und der inneren Struktur des Reaktors behandelt werden können (vgl. § 20).

Da uns nur die räumliche Änderung der Neutronendichte n bzw. des Neutronenflusses nv und die Abhängigkeit dieser Größen von der Energie E interessiert, setzen wir $\partial/\partial t = 0$ und erhalten aus (12.39) als Diffusionsgleichung für Neutronen der Geschwindigkeit

$$v = \sqrt{\frac{2E}{m}} \qquad (18.1)$$

die Gleichung

$$\boxed{D\,\Delta\,nv - \Sigma_{A\,ges}\,nv\,(x,y,z,E) = -Q_R} \qquad (18.2)$$

wobei v bzw. E *konstante Größen* sind**.

---

* Würde man im Sinne der Neutronenkinetik noch die verschiedenen ϑ, φ berücksichtigen, so käme man zu ∞^3 Diffusionsgleichungen bzw. ∞^1 Transportgleichungen.

** Die Schreibweise $nv\,(x, y, z, E)$ wird als Abkürzung für $n\,(x, y, z, E)\,v\,(E)$ verwendet.

Wir müssen nun beachten, daß sich nv nicht nur durch das Entweichen von Neutronen bzw. deren Absorption (und infolge einer Neutronenproduktion) ändert, sondern auch dadurch, daß einige Neutronen von E auf E' abgebremst werden und daher $nv\,(x, y, z, E)$ kleiner wird, während $nv\,(x, y, z, E')$ um den gleichen Betrag wächst. Es muß daher (18.2) noch abgeändert werden: im Gleichgewicht ($\partial/\partial t = 0$) werden aus dem Volumselement gerade so viele Neutronen entweichen, dort absorbiert werden oder durch Bremsung von $nv\,(x, y, z, E)$ in $nv\,(x, y, z, E')$ übertreten, als durch Kernreaktionen erzeugt werden und durch Bremsung von $nv\,(x, y, z, E'')$ in $nv\,(x, y, z, E)$ übertreten ($E'' > E > E'$). Die Änderung des Neutronenflusses, die durch diese zwei Arten von Bremsprozessen hervorgerufen wird, ist uns bereits bekannt; nach den Ausführungen in den Paragraphen 8 und 9 ist diese Änderung gleich $\dfrac{\partial \widetilde{q}}{\partial E}\,dE$. Dieser Differentialquotient gibt ja an, wieviel Neutronen das Energieintervall dE pro cm^3 und sec verlassen. $\partial \widetilde{q}/\partial E$ hat, wie man sich leicht überzeugt, dieselbe Dimension wie die Glieder in (18.2). Es ist daher möglich, die folgende Neutronenbilanz aufzustellen:

$$D\,\Delta\,nv - \Sigma_{A\,ges}\,nv = \frac{\partial \widetilde{q}}{\partial E} - Q_R \tag{18.3}$$

Diese Gleichung ist keine echte Diffusionsgleichung mehr, da nun E variabel ist. Um diese Gleichung lösen zu können, benötigen wir eine Beziehung zwischen dem Fluß $nv\,(x, y, z, E)$ und der Bremsdichte $\widetilde{q}\,(E)$. $Q_R\,(x, y, z, E)$ ist eine räumliche Quellverteilung; ebenso wie bei Diffusionsproblemen gehen auch in die *Bremsgleichung* (18.3) nur räumliche Quellen ein. Flächen- und Punktquellen werden nur durch Randbedingungen erfaßt. Q_R kann das Spektrum der Spaltneutronen erfassen; nimmt man aber an, daß alle Spaltneutronen dieselbe Energie E_0 haben, dann gilt $Q_R\,(x, y, z, E) = Q_0\,(x, y, z) \cdot \delta\,(E_0 - E)$, so daß Q_R verschwindet (vgl. § 20).

Für den asymptotischen Grenzfall schwerer Bremsmittel steht uns eine solche Beziehung zwischen nv und $\widetilde{q}$ in (9.29) zur Verfügung, die für jeden Raumpunkt, also auch für x, y, z und für beliebiges t gilt. Unter Weglassung der hier uninteressanten Indices gilt also:

$$\boxed{nv\,(x, y, z, t, E) = \frac{\widetilde{q}\,(x, y, z, t, E)}{\xi\,\Sigma_S + \gamma\,\Sigma_A} \cdot \frac{1}{E}} \quad \text{bzw. } \Sigma_A \to \Sigma_{A\,ges} \tag{18.4}$$

(E variabel, x, y, z, t festgehalten, aber beliebig) und

$$n\,(x, y, z, t, E) = \frac{\widetilde{q}\,(x, y, z, t, E)}{\xi\,\Sigma_S + \gamma\,\Sigma_A}\,\sqrt{\frac{m}{2}}\,E^{-3/2}, \text{ vgl. (9.38)} \tag{18.4'}$$

Setzt man dies in (18.3) ein und berücksichtigt gleichzeitig (14.23), dann erhält man, wenn man nun im Sinne der FERMI-Näherung x, y, z, t variieren läßt,

$$\Delta\,\widetilde{q} - \varkappa^2\,\widetilde{q} - \frac{E\,(\xi\,\Sigma_S + \Sigma_A)}{D}\,\frac{\partial \widetilde{q}}{\partial E} = - Q_R/D\,(\xi\,\Sigma_S + \gamma\,\Sigma_A)\,E \tag{18.5}$$

wobei $\widetilde{q} = \widetilde{q}\,(x, y, z, t, E) = \widetilde{q}\,(x, y, z, E) \cdot T\,(t)$. (bzw. $\Sigma_A \to \Sigma_{A\,ges}$)
Wir führen nun durch

$$\frac{d\tau}{dE} = \frac{D}{E\,(\xi\,\Sigma_S + \gamma\,\Sigma_A)} \tag{18.6}$$

eine neue Variable ein. Mit Hilfe von

$$\frac{\partial \widetilde{q}}{\partial E} = \frac{\partial \widetilde{q}}{\partial \tau} \frac{d\tau}{dE} \qquad (18.7)$$

erhält man dann aus (18.5) für $\widetilde{q}\,(x, y, z, \tau)$

$$\boxed{\Delta \widetilde{q} - \varkappa^2 \widetilde{q} - \frac{\partial \widetilde{q}}{\partial \tau} = - Q_R/DE\,(\xi\,\Sigma_S + \gamma\,\Sigma_A)} \qquad (18.8)$$

Werden überhaupt keine Neutronen absorbiert, dann gilt an Stelle von (18.5)

$$\Delta q - \frac{E\,\xi\,\Sigma_S}{D} \frac{\partial q}{\partial E} = - Q_R/D\,(\xi\,\Sigma_S + \gamma\,\Sigma_A)\,E \qquad (18.9)$$

Mit Hilfe der Transformation

$$\frac{d\tau}{dE} = \frac{D}{E\,\xi\,\Sigma_S} \qquad (18.10)$$

die mit der Fermi-Näherung $\gamma = 0$ (vgl. S. 51) aus (18.6) hervorgeht, erhält man dann mit $Q_R = 0$ (d. h. Annahme, daß Spaltneutronen bzw. durch Kernreaktionen erzeugte Neutronen nur eine diskrete Energie, aber kein Spektrum besitzen)

$$\boxed{\Delta q = \frac{\partial q}{\partial \tau}} \qquad (18.11)$$

für $q\,(x, y, z, \tau)$ bzw. $q\,(x, y, z, t, \tau)$.

Diese Gleichung heißt *Fermische Altersgleichung*; sie hat mit Diffusion nichts zu tun, sondern beschreibt die Bremsung in ihrer Abhängigkeit von Zeit und Ort. τ nach (18.10) heißt Fermi-*Alter* oder *symbolisches Alter der Neutronen*, obwohl es *nicht* die Dimension einer Zeit hat. Der Name rührt daher, daß zwischen dem symbolischen Alter und dem *wirklichen Bremsalter* (oder *Bremszeit*) $\tau_{Bremsung}$, nach (9.40) jener Zeit, die das Neutron braucht, um thermisch zu werden, ein enger Zusammenhang besteht. Im Falle von Absorption ist die *Lebensdauer* der Neutronen nicht mehr durch die Bremszeit, sondern durch die *maximale Diffusionszeit* τ_{Leben} (9.41) bestimmt. q ist die Anzahl der Neutronen, die pro cm³ und sec genau E erreichen und durch (8.25) gegeben. Ist nur *ein* Neutron da, dann ändert jeder Stoß dessen Energie, und es folgt mit $n = 1$ aus (8.25)

$$q \to \frac{dE}{dt} = \xi\,v\,E\,\Sigma_S \qquad (18.12)$$

Mit (18.1) ergibt sich

$$\frac{dt}{dE} = \frac{\lambda_S}{E\,\xi\,v} = \frac{\lambda_S}{E^{3/2}\,\xi}\sqrt{\frac{m}{2}} \qquad (18.13)$$

woraus man durch Integration (9.40) erhält. Ein Vergleich von (18.10) mit (18.13) liefert die folgende Beziehung zwischen Bremsalter und Fermi-Alter

$$v\,dt = \frac{1}{D}\,d\tau \qquad (18.14)$$

oder nach Integration

$$\boxed{\tau = \int v\,D\,dt} \qquad [\text{cm}^2] \qquad (18.15)$$

Andererseits ergibt sich aus (18.10) für das FERMI-Alter

$$\tau = \int \frac{D}{E\,\xi\,\Sigma_S}\,dE \qquad\qquad (18.16)$$

Bevor wir an die Lösung von (18.8) gehen, erinnern wir uns daran, daß nach (9.8) die Bremsdichte bei Berücksichtigung der Absorption als Produkt der Bremsdichte im absorptionsfreien Fall und der Lebenserwartung p gegeben war. Wir versuchen daher den folgenden Ansatz

$$\widetilde{q}\,(x,\,y,\,z,\,t,\,E) = q\,(x,\,y,\,z,\,t,\,E) \cdot p\,(E) \qquad\qquad (18.17)$$

wobei p durch (9.37) gegeben ist*. Setzt man $\widetilde{q}$ in (18.8) ein, so erhält man unter Verwendung von (18.6) wieder (18.11), nur steht jetzt rechts vom Gleichheitszeichen $-\,Q_R/D\,p\,E\,(\xi\,\Sigma_S + \gamma\,\Sigma_A)$.

Wir müssen also (18.8) gar nicht lösen — es genügt, wenn wir (18.11) mit $Q_R \neq 0$ lösen; wir erhalten dann mit Hilfe von (18.17) die Lösung von (18.8). Im folgenden beschränken wir uns auf zeitunabhängige Bremsdichten, d. h. wir kürzen durch $T\,(t)$. Auch für $q\,(x,\,y,\,z,\,E)$ gilt dann (18.8) bzw. (18.11), doch sind die Quelldichten noch durch $T\,(t)$ dividiert.

Während (12.39) die räumliche Verteilung der Neutronen beschreibt („Diffusion"), gibt (18.11) die energetische Verteilung („Bremsung") an; infolge der Kopplung hängen beide Verteilungsfunktionen, sowohl nv als auch q, von den Variablen beider Funktionen ab. (18.2) beschreibt die Diffusion bei festgehaltenem E; ändert sich E in E', dann geht man zu einer anderen Diffusionsgleichung über, die genau so wie (18.2) aussieht, aber E' statt E enthält. (18.8) beschreibt unabhängig von der Diffusion die jetzt räumlich variable Verteilung der Bremsdichte auf die Energieleiter (vgl. § 7 ff.). Die Altersgleichung (18.11) hat dieselbe Form wie die zeitabhängige Diffusionsgleichung (12.39) oder wie die Wärmeleitungsgleichung[46]. Während jedoch letztere auch in stetig inhomogenen Medien gilt, ist dies bei der Altersgleichung nicht der Fall; auf die bei inhomogenen Medien wegen (18.6) auftretenden Schwierigkeiten können wir jedoch hier nicht eingehen und verweisen auf die Spezialliteratur[55] (vgl. auch § 23).

Wir wollen uns nun mit den Lösungen von (18.11) beschäftigen; als Randbedingung verwenden wir

$$q\,(x,\,y,\,z,\,t,\,0) = Q\,(x,\,y,\,z,\,t) \qquad\qquad (18.18)$$

wobei Q die Anzahl der an der Stelle $x,\,y,\,z$ zur Zeit t infolge von Spaltungen oder anderen Kernreaktionen erzeugten Neutronen des Alters $\tau = 0$, d. h. nach (18.29) der Energie E_0 angibt. Flächen oder Punktquellen treten natürlich in den Altersgleichungen (18.3) (18.8) (18.11) nicht auf. Dies ist nur bei *räumlichen* Verteilungen Q_R mit kontinuierlichem Energiespektrum der Fall.

Wie bei der Wärmeleitungsgleichung machen wir den Ansatz

$$q\,(x,\,y,\,z,\,t,\,\tau) = U\,(\tau) \cdot V\,(x,\,y,\,z) \cdot T\,(t) \qquad\qquad (18.19)$$

Mit $Q_R = 0$ erhalten wir durch Einsetzen in (18.11) und nach Division durch q

$$\frac{\Delta V}{V} = \frac{dU}{d\tau} \cdot \frac{1}{U} \qquad\qquad (18.20)$$

---

* Da sich diese Überlegungen im wesentlichen sowohl auf homogene als auch auf heterogene Reaktoren beziehen, lassen wir * und ' bei p weg.

So wie bei der Lösung der Diffusionsgleichung erhält man dann durch Separation

$$\Delta V + \overline{a}^2\, V = 0 \tag{18.21}$$

und

$$\frac{dU}{d\tau} + \overline{a}^2\, U = 0 \tag{18.22}$$

wobei $\overline{a}^2$ die Separationskonstante ist.

Die Lösung von (18.22) lautet

$$U(\tau) = A \cdot e^{-\overline{a}^2\tau} \tag{18.23}$$

oder mit (18.16)

$$U(E) = A \cdot e^{-\overline{a}^2 \int \frac{D}{E\,\xi\,\Sigma_S}\,dE} \tag{18.24}$$

Die Gleichung (18.21) kann man durch Ersetzen von $\overline{a}^2$ durch $-\varkappa^2$ in die Form von (15.4) bringen. Beachtet man diesen Übergang, so kann man die allgemeinen Lösungen von (15.4), nicht aber die durch Randbedingungen spezialisierten Lösungen übernehmen. Man erhält so für $\widetilde{q} = q\,p = UVp$ nach (15.19) für den *Quader*

$$\widetilde{q} = \sum_{k,\,m,\,n}^{\infty} A_{nmk} \cdot e^{-\overline{a}^2 \int\limits_{E}^{E_0} \frac{D}{E'\,\xi\,\Sigma_S}\,dE'} \cdot e^{\,n\alpha x\,-\,m\beta y\,+\,\gamma_{mn}z} \cdot e^{-\int\limits_{E}^{E_0} \frac{\Sigma_A(E')}{\xi\,\Sigma_S+\gamma\,\Sigma_A}\frac{dE'}{E'}}$$

$$\text{bzw. } \Sigma_A \to \Sigma_{A\,ges} \tag{18.25}$$

Die A_{nmk} ergeben sich aus (18.18), die γ_{mn} aus

$$-\gamma^2_{mn} = -\overline{a}^2 + n^2\,a^2 + m^2\,\beta^2 \qquad n, m = 1, 3, 5\ldots \tag{18.26}$$

und $\overline{a}$ ist noch frei. α und β ergeben sich aus dem Verschwinden der Bremsdichte an den extrapolierten Grenzflächen. Die weitere Behandlung von (18.25) ist Thema des Übungsbeispiels 18c.

Die unendlich große Platte endlicher Dicke ist Gegenstand des Übungsbeispiels 18a; für den eine Flächenquelle enthaltenden unendlich großen, von Bremsmittel erfüllten Raum gilt ein zu (15.13) bzw. (15.41) analoger Ausdruck. Da die Bremsdichte mit wachsendem FERMI-Alter, d. h. mit kleiner werdender Energie — wie (18.29) zeigt — kleiner wird, muß $\overline{a}^2$ in (18.23) positiv sein. Dann ist aber $\varkappa^2 = -\overline{a}^2$ sicher negativ; damit ist $\overline{a}^2$ in (15.13) bzw. (15.41) wegen (15.46) negativ, und wir müssen nach (15.17) von der für (18.11) geltenden Lösung

$$q = e^{-\overline{a}^2\tau} \cdot (A \cos \overline{a}\,x + B \sin \overline{a}\,x) \tag{18.27}$$

ausgehen. ($\gamma_{mn} = \beta = 0$ liefert aus (18.26) $\overline{a} = a$ für $n = 1$). Als Anfangsbedingung gilt

$$q(x, 0) = Q_0\,\delta(x) \tag{18.28}$$

Wenn Neutronen der Primärenergie (Quellenenergie) E_0 das Alter 0 haben, dann gelten für τ in (18.16) die Integrationsgrenzen

$$\tau(E) = \int\limits_{E}^{E_0} \frac{D}{E'\,\xi\,\Sigma_S}\,dE' \approx \ln\left(\frac{E_0}{E}\right)^{\overline{D}/\xi\,\overline{\Sigma}_S} \quad ; \quad q \sim \left(\frac{E}{E_0}\right)^{\frac{\overline{D}\,\overline{a}^2}{\xi\,\Sigma_S}} \tag{18.29}$$

die wir schon in (18.25) verwendet haben.

Da (18.27) noch den freien Parameter $\bar{a}$ enthält, stellt es noch keine allgemeine Lösung dar[46]; jeder Wert von $\bar{a}_n$ gibt eine neue Lösung. Wir schreiben daher

$$q = \sum_{a_n} e^{-\bar{a}^2_n \tau} (A_n \cos \bar{a}_n x + B_n \sin \bar{a}_n x) \tag{18.30}$$

Das ist eine FOURIERreihe. Da diese aber nur die Werte $\bar{a}_n = \bar{a} \cdot n$, $n = 1, 2, 3, \ldots$ erfaßt, wir aber *alle* $\bar{a}$-Werte erfassen wollen, gehen wir zum Fourierintegral über

$$q = \int\limits_{-\infty}^{+\infty} e^{-\bar{a}^2 \tau} \cdot (A(\bar{a}) \cos \bar{a} x + B(\bar{a}) \sin \bar{a} x) \, d\bar{a} \tag{18.31}$$

in dem nun $\bar{a}$ eine kontinuierlich veränderliche Variable ist. Wären wir nicht vom eindimensionalen Problem des Halbraumes ausgegangen, sondern vom Quader, so würden wir anstelle von (18.25) die allgemeine Lösung von (18.21), (18.22) in der Form eines dreifachen FOURIERintegrals[46]

$$q(x, y, z, \tau) = \int\limits_{-\infty}^{+\infty} \int\limits_{-\infty}^{+\infty} \int\limits_{-\infty}^{+\infty} A(\bar{a}_x, \bar{a}_y, \bar{a}_z) \cdot e^{i(\bar{a}_x x + \bar{a}_y y + \bar{a}_z z) - \bar{a}^2 \tau} \cdot d\bar{a}_x \, d\bar{a}_y \, d\bar{a}_z;$$

$$\bar{a}^2 = \bar{a}^2_x + \bar{a}^2_y + \bar{a}^2_z \tag{18.32}$$

erhalten. Dieses umfaßt *alle* Lösungen der Altersgleichung, also auch die später besprochene Punktquelle, wenn man die Koeffizientenfunktion A in geeigneter Weise wählt.

Aus (18.28) und (18.31) folgt für die Flächenquelle (eindimensionales Problem)

$$q(x,0) = Q_0 \, \delta(x) = \int\limits_{-\infty}^{+\infty} (A(\bar{a}) \cos \bar{a} x + B(\bar{a}) \sin \bar{a} x) \, d\bar{a} \tag{18.33}$$

Da sich mit Exponentialfunktionen leichter rechnen läßt, bringen wir auch (18.33) mit Hilfe der bekannten EULERschen Formel

$$e^{\pm i\bar{a}x} = \cos \bar{a} x \pm i \sin \bar{a} x \tag{18.34}$$

auf die Form von (18.32). Da die Koeffizientenfunktion, die an Stelle der alten Konstanten trat, auch komplex sein kann und vorerst willkürlich ist, brauchen wir auf Konstanten keine Rücksicht zu nehmen und schreiben

$$q(x, \tau) = \int\limits_{-\infty}^{+\infty} e^{-\bar{a}^2 \tau + i\bar{a}x} A(\bar{a}) \, d\bar{a} \tag{18.35}$$

$$q(x, 0) = Q_0 \, \delta(x) = \int\limits_{-\infty}^{+\infty} A(\bar{a}) \, e^{+i\bar{a}x} \, d\bar{a} \tag{18.36}$$

Wir multiplizieren (18.36) mit $e^{-i\bar{a}x'}$ und integrieren

$$\int\limits_{-\infty}^{+\infty} q(x', 0) \, e^{-i\bar{a}x} \cdot dx' = \int\limits_{-\infty}^{+\infty} \int\limits_{-\infty}^{+\infty} A(\bar{a}) \, e^{+i(\bar{a}x - \bar{a}x')} \, d\bar{a} \, dx' = 2\pi A(\bar{a}) \tag{18.37}$$

Die Integration verifiziert man leicht durch Einsetzen in (18.36) oder durch Verwendung des FOURIERschen Integraltheorems[46] (vgl. Übungsbeispiel 18 b). Mit (18.36) erhält man wegen (15.60)

$$A(\bar{a}) = Q_0/2\pi, \tag{18.38}$$

so daß

$$q(x, \tau) = \frac{Q_0}{2\pi} \int\limits_{-\infty}^{+\infty} e^{-\bar{a}^2\tau + i\bar{a}x}\, d\bar{a} \qquad (18.39)$$

Um dieses Integral auszuwerten, ist die aus der Theorie der Wärmeleitung bekannte Transformation

$$\bar{a} = \frac{ix}{2\tau} + \frac{u}{\sqrt{\tau}}\,; \quad d\bar{a} = d u/\sqrt{\tau} \qquad (18.40)$$

geeignet. Man erhält dann

$$q(x, \tau) = \frac{Q_0}{2\pi\sqrt{\tau}}\, e^{-x^2/4\tau} \int\limits_{-\infty}^{+\infty} e^{-u^2}\, d u = \frac{Q_0}{2\pi\sqrt{\tau}} \cdot \sqrt{\pi} \cdot e^{-x^2/4\tau} \qquad (18.41)$$

(Vgl. Übungsbeispiel 18 d)

Befindet sich die Flächenquelle nicht auf der Fläche $x = 0$, sondern in der Fläche $x = x_0$, dann gilt

$$q(x, x_0, \tau) = \frac{Q_0}{2\sqrt{\pi}\sqrt{\tau}}\, e^{-\frac{|x - x_0|^2}{4\tau}} \qquad (18.42)$$

Wären wir von (18.32) und einer zentralsymmetrisch strahlenden Punktquelle an der Stelle $x = y = z = 0$ ausgegangen, so wären wir wegen $x^2 + y^2 + z^2 = r^2$ zu

$$q(r, \tau) = \frac{Q_0}{(4\pi\tau)^{3/2}}\, e^{-r^2/4\tau} \qquad (18.43)$$

gelangt — also ohne (18.21) auf Polarkoordinaten transformieren zu müssen. Andererseits kann man aus Punktquellen am Orte $\mathfrak{r}_0$

$$q(r, \tau) = \frac{Q_0}{(4\pi\tau)^{3/2}}\, e^{-|r - r_0|^2/4\tau} \qquad (18.44)$$

(bzw. $\tau \to \tau - \tau_0$)

jede andere Quellverteilung aufbauen und so andere Lösungen, z. B. die Lösung (18.42) gewinnen. (Vgl. § 15, S. 99).

In der Diffusionstheorie haben wir den Fluß einer Punktquelle Diffusionskern genannt; (vgl. S. 99); durch Multiplikation des der jeweiligen Geometrie angepaßten Diffusionskerns mit der Quellverteilung $Q(\mathfrak{r}_0)$ und Integration dieses Produktes über den ganzen, Quellen enthaltenden Raum konnten wir jede Lösung der homogenen und der inhomogenen Diffusionsgleichung (15.4) (15.56) darstellen. In analoger Weise nennen wir nun die GREENschen Funktionen von (18.11) *Bremskerne. (Integralkern der Altersgleichung).* Als Lösung von (18.11) ergibt sich dann, wenn

$G_B(\mathfrak{r}, \mathfrak{r}_0, \tau, \tau_0) = G(x, y, z, x_0, y_0, z_0, \tau, \tau_0)$ ein Bremskern ist, ganz analog zu (15.57)

$$q(\mathfrak{r}, \tau) = \frac{1}{D} \int\limits_{Vol} Q(\mathfrak{r}_0)\, G_B(\mathfrak{r}, \mathfrak{r}_0, \tau, \tau_0,)\, d\tau_{Vol} \qquad (18.45)$$

Die Bremskerne sind bei Zentralsymmetrie durch (18.44), bei Ebenensymmetrie durch (18.42) usw. gegeben[56] und führen wegen (15.60) für Punkt-bzw.Flächen-quellen von (18.45) zu (18.43) bzw. (18.41) zurück.

Um den zur jeweiligen Bremsdichte $\widetilde{q}\,(E, x, y, z)$ gehörenden Neutronenfluß $n\,v\,(x, y, z; E)$ zu erhalten, darf man nun nicht etwa q in (18.4) einsetzen. Für die Diffusion sind ja nicht der zur Untersuchung der Bremsung gemachte Ansatz (18.3) und die Verallgemeinerung (18.4) maßgebend, sondern einzig und allein die Diffusionsgleichung (18.2). Allerdings wird nun q, bestimmt durch (18.11), in Q von (18.2) eingehen. Wenn wir bei Diffusionsproblemen variable Energien zulassen, dann müssen wir immer vor Aufstellung der i verschiedenen Diffusionsgleichungen angeben, welche Energiewerte E_l, $l = 1 \ldots i$ in Betracht kommen sollen. Im Rahmen der FERMIschen Theorie der stetigen Bremsung wird nun angenommen, daß die Bremsung von der Primärenergie E_0 auf E_{therm} bzw. ein beliebiges E_e stetig erfolgt (wobei die jeweilige Bremsdichte $q\,(x, y, z, t, E)$ durch (18.11) festgelegt ist) und daß daher *erst die thermische Neutronen* bzw. *die Neutronen der Energie E_e diffundieren*. Die Tatsache, daß auch q eine Funktion der Ortskoordinaten ist, sagt nur aus, daß die Bremsung $E_0 \rightarrow E_{therm}$ nicht an allen Punkten des Raumes in gleicher Weise erfolgt. Da z. B. in größerer Entfernung von einer Punktquelle die Neutronendichte geringer ist, erfolgt dort die Bremsung gemäß (18.43) langsamer. Weil bei großen Werten von r an sich weniger Neutronen da sind, können pro cm³ und sec auch nur weniger Neutronen gebremst werden: q ist für große r kleiner als für kleine r und damit vom Ort abhängig. Nach (18.29) gilt:

$$\tau\,(E_{th}) = \tau_{th} = \int\limits_{E_{th}}^{E_0} \frac{D}{E'\,\xi\,\Sigma_S}\,d\,E' \qquad [\text{cm}^2] \qquad (18.46)$$

τ_{th} ist eine Größe, die von den Eigenschaften des Bremsmittels abhängt (vgl. § 19). Wenn wir nach (4.31) für den thermischen Fluß $nv\,(x, y, z, E_{th})$ die Größe $\varphi\,(x, y, z)$ einführen, dann erhält man aus (18.2) die thermische Diffusionsgleichung

$$D\,\Delta\,\varphi\,(x, y, z) - \Sigma_{Ages}\,\varphi\,(x, y, z) = -\,Q_{therm}\,(x_0, y_0, z_0) \qquad (18.47)$$

Q_{therm} ist die Anzahl *thermischer Neutronen*, die pro cm³ und sec durch Spaltprozesse oder andere Kernreaktionen entstehen; Q_{therm} ist immer eine *räumliche* Quellverteilung. Thermische Neutronen entstehen aber nicht direkt; es entstehen vielmehr $Q\,(x, y, z)$ schnelle Neutronen mit der Energie E_0, die auf thermische Geschwindigkeiten abgebremst und dabei zum Teil absorbiert werden. Wir müssen also, um Q_{therm} abzuleiten, (18.11) mit der Randbedingung $q = 0$ (am extrapolierten Rand) lösen. Die Quellverteilung Q der schnellen Neutronen ist räumlich (Reaktorinneres) oder flächenhaft (vgl. Übungsbeispiel 15i) oder punktartig (Radium-Berylliumquelle).

Wenn keine Spaltprozesse vor sich gehen, sondern nur $Q(x, y, z)$ schnelle Neutronen der Energie E_0 von einer Quelle emittiert werden ($Q_R = 0$), dann gilt (18.18) neben (18.11). Daraus gewinnt man die Bremsdichte $q\,(x, y, z, \tau)$, die für thermische Neutronen den Wert $q\,(x, y, z, \tau_{th})$ annimmt. Wenn man nun die während des Bremsprozesses stattfindende Absorption nach (18.17) berücksichtigt, dann gilt für die Anzahl der Neutronen, die pro cm³ und sec thermische Energien E_{th}, d. h. ein Alter τ_{th} erreichen:

$$\widetilde{q}\,(x, y, z, \tau_{th}) = q\,(x, y, z, \tau_{th}) \cdot p = Q_{th}\,(x, y, z) \qquad (18.48)$$

Diese Gleichung — und *nicht* (18.4) — ist das Bindeglied zwischen Diffusions-

und Bremsproblem. Die Diffusionsgleichung für thermische Neutronen lautet daher nach (18.47)

$$\Delta \varphi (x, y, z) - \varkappa^2_{th} \varphi (x, y, z) = - \frac{p}{D_{th}} q (x_0, y_0, z_0, \tau_{th}) \qquad (18.49)$$

wobei nach (14.23)

$$\varkappa_{th} = \sqrt{\frac{\Sigma_{A\,ges\,th}}{D_{th}}} \qquad (18.50)$$

verwendet wird. Den Ort, in dem der Neutronenfluß gemessen wird, bezeichnen wir mit x, y, z, den Ort der räumlich verteilten Quellen mit x_0, y_0, z_0. Die Gleichung (18.49) stimmt in der Form mit (15.56) überein und hat daher dieselbe Lösung (15.57). Diese Lösungsmethode der Diffusionsgleichungen (18.49) (15.56) ist mathematisch formal gleich der Lösungsmethode (18.45) für die Altersgleichung (18.11); physikalisch haben diese beiden Lösungen gar nichts miteinander zu tun: in (15.57) gehen die GREENschen Funktionen der Diffusionsgleichung, in (18.45) die GREENschen Funktionen der Altersgleichung ein. Die Lösung von (18.49) lautet in cartesischen Koordinaten unter Verwendung der GREENschen Funktionen der Ebene (13.23) (vgl. Übungsbeispiel 15 b)

$$\varphi (x) = \frac{1}{2 D \varkappa} \int p (\tau_{th}) q (x_0, \tau_{th}) \cdot e^{-\varkappa |x - x_0|} d x_0 \qquad (18.51)$$

Da wir in (18.51) die GREENschen Funktionen der Ebene verwendet haben, können wir damit auch nur ein ebenes Problem lösen. Beispielsweise stellt die Schutzwand ($x = 0$) eines Reaktors in erster Näherung eine unendlich große Platte endlicher Dicke c' dar, die auf der dem Reaktor zugewandten Seite eine Flächenquelle schneller Neutronen trägt, deren Bremsung durch (18.11) beschrieben wird. Für die Bremsdichte der schnellen Neutronen gilt dann (18.42) und für den thermischen Fluß gilt nach (18.51)

$$\varphi (x) = \frac{1}{2 D \varkappa} p (E_{th}) \int_0^c \frac{Q_0}{2 \sqrt{\pi} \sqrt{\tau_{th}}} e^{-x^2_0/4\tau} \cdot e^{-\varkappa |x - x_0|} dx_0 \qquad (18.52)$$

mit $x > 0$.

Wenn wir in (18.42) τ durch τ_{th} ersetzen, erhalten wir die Bremsdichte $q (x_0, \tau_{th})$ solcher thermischer Neutronen, die durch eine in $x = 0$ befindliche Flächenquelle schneller Neutronen infolge Bremsung am Ort x_0 entstehen. $q (x_0, \tau_{th})$ spielt für die thermische Diffusionsgleichung (18.2) (18.47) die Rolle einer *räumlichen* Quellverteilung thermischer Neutronen. Das kommt daher, daß ja nicht alle schnellen Neutronen innerhalb der unendlich dünnen Flächenquelle sofort thermisch werden, sondern erst nachdem sie die Strecke x_0 zurückgelegt haben. Je weiter man sich von der Flächenquelle entfernt, desto mehr schnelle Neutronen sind bereits thermisch geworden und desto kleiner ist daher die thermische Quelldichte. Die Neutronenbremsung bewirkt also, daß diskreten Punkt- und Flächenquellen schneller Neutronen räumliche Quellverteilungen thermischer Neutronen entsprechen. Für einen unendlich großen von absorbierendem Medium erfüllten Raum, der in der Fläche $x = 0$ eine Flächenquelle schneller Neutronen der Ergiebigkeit Q_0 besitzt, geht (18.52) über in

$$\varphi (x) = n v_{th} (x) = \frac{Q_0 \, p (E_{th})}{4 \sqrt{\pi \tau_{th}} D \varkappa} \int_{-\infty}^{+\infty} e^{-x^2_0/4\tau} \cdot e^{-\varkappa |x - x_0|} dx_0 \qquad (18.53)$$

Zur Berechnung von (18.53) teilt man das Integral nach FERMI[57] in zwei Teile: $\int\limits_{-\infty}^{x}$ für $x > x_0$ und $\int\limits_{x}^{+\infty}$ für $x < x_0$. Man erhält dann unter Verwendung des GAUSS-schen Fehlerintegrals

$$\Phi(x) = \frac{2}{\sqrt{\pi}} \int\limits_0^x e^{-u^2}\, du, \quad u = \frac{x_0}{2\sqrt{\tau}} \pm \varkappa \sqrt{\tau} \tag{18.54}$$

$$\varphi(x) = \frac{Q_0\, p\,(E_{th})\, e^{\varkappa^2 \tau th}}{4\,\varkappa\, D} \left\{ e^{+\varkappa x}\left[1 - \Phi\left(\frac{x}{2\sqrt{\tau}} + \varkappa\sqrt{\tau}\right)\right] + \right.$$

$$\left. + e^{-\varkappa x}\left[1 + \Phi\left(\frac{x}{2\sqrt{\tau}} - \varkappa\sqrt{\tau}\right)\right]\right\} \tag{18.55}$$

Es ist lehrreich, diesen Neutronenfluß mit (13.23) zu vergleichen. Für große x nähert sich (18.55) der Verteilung (13.23), da die Quelldichte (18.42) der thermischen Neutronen rascher gegen Null geht als (13.23). In der Nähe einer Quelle schneller Neutronen haben die thermischen Neutronen eine GAUSSsche Verteilung $e^{-k x^2}$, in größerer Entfernung sinkt die Neutronendichte nach einer e-Potenz ab.

Übungsbeispiele

18 a) Man löse unter Benützung von (15.41) die Altersgleichung (18.8) für die mit einer Flächenquelle schneller Neutronen belegte unendlich große endlich dicke Platte. Warum ist *hier* eine Randbedingung $q = 0$ an den extrapolierten Grenzflächen der Platte nötig, während bei den im Text behandelten Beispielen keine derartige Randbedingung erforderlich war?

18 b) Man beweise[46] (18.37).

18 c) Man beweise, daß die Altersgleichung (18.11) für einen unendlich hohen Quader, der in der Mitte seiner Grundfläche in $x = y = z = 0$ eine Punktquelle schneller Neutronen trägt, die Lösung

$$q(r, \tau) = \frac{c_1\, e^{-z^2/4\tau}}{\sqrt{\tau}} \sum_{m,\, n} (-1)^{(m+n)/2} \cdot \sin\frac{m\pi x}{a} \cdot \sin\frac{n\pi y}{b}\, e^{-c_2\tau} \quad m, n = 1, 3, 5 \ldots \tag{18.56}$$

besitzt. Man bestimme die Konstanten c_1 und c_2. Als Randbedingung nehme man an, daß q überall an der effektiven (extrapolierten) Begrenzung mit *Ausnahme der Grundfläche* verschwindet. Man suche zunächst die Lösung für endliche Höhe h, die den Term $\Sigma \cos\dfrac{c_3 z}{h}\, e^{-c_3 \tau}$ enthält, gehe von der Summe zum FOURIERintegral $\int dc_3$ über und mache dann den Grenzübergang $h \to \infty$. Warum darf q auf der Grenzfläche nicht verschwinden?

18 d) Man beweise (18.41), in dem man das Integral

$$\int e^{-u^2}\, du \to \sqrt{\pi} \tag{18.57}$$

quadriert und das Doppelintegral $\int\int du\, du'$ auf Polarkoordinaten transformiert.

18 e) Man beweise die Beziehung

$$\frac{d\,Q_F(x, \tau)}{d x} = -2\pi\, Q_P(x, \tau) \cdot x \tag{18.58}$$

für Punktquellen (P) und Flächenquellen (F).

18 f) Man leite mit (18.45) und (18.58) (18.43) aus (18.41) ab.

18 g) Man zeige, daß bei gleichen geometrischen Verhältnissen die Lösung der Diffusionsgleichung für Neutronen, die eine Quelle B mit der Energie E erzeugt, mit der Lösung der Diffusionsgleichung für Neutronen, die von einer Quelle A mit der Energie $E^* > E$ erzeugt und dann auf E stetig abgebremst werden und dann erst diffundieren, identisch wird, wenn die Quelle A durch die Quelle B ersetzt wird. Man weise dies an (18.55) und (13.23) nach (durch $\tau = 0$ setzen!).

§ 19. Das Fermi-Alter

Berechnung des FERMI-Alters, FERMI-Alter als mittleres Abstandsquadrat, Bremslänge und effektive Diffusionslänge, Messung des FERMI-Alters.

Das symbolische Neutronenalter oder FERMI-Alter, das nach (18.15) eng mit dem wahren Alter, dem Bremsalter, zusammenhängt, ist eine wichtige Materialkonstante. Diese hat die Dimension cm² und wird meist auf thermische Neutronen bezogen. Nimmt man in erster Näherung an, daß D und Σ_S konstant sind bzw. durch Mittelwerte ersetzbar sind, dann ergibt sich aus (18.46)

$$\tau_{th} = \frac{\overline{D}}{\xi\,\overline{\Sigma}_S} \int\limits_{E_{th}}^{E_0} \frac{dE'}{E'} = \frac{\overline{D}}{\xi\,\overline{\Sigma}_S}\,(\ln E_0 - \ln E_{th}) = 18{,}2\,\frac{\overline{D}}{\xi\,\overline{\Sigma}_S} = \frac{18{,}2}{\xi}\,\overline{D}\,\bar{\lambda}_S \qquad (19.1)$$

Eine kurze Rechnung und ein Vergleich mit den Meßwerten (Tab. 25) zeigt, daß (19.1) unter Verwendung der thermischen Werte von D und Σ_S als Ersatz für die nicht bekannten Mittelwerte ganz falsche Werte liefert. Das gleiche gilt für (18.15). Das FERMI-Alter muß also gemessen oder mit (18.46) berechnet werden.

Da das FERMI-Alter die Dimension des Quadrates eines Abstandes hat, wird man vermuten, daß ihm eine geometrische Bedeutung zukommt. Für eine punktförmige Quelle schneller Neutronen gibt $q\,(r, \tau)$ nach (18.43) an, wieviel Neutronen pro cm³ und sec in der Entfernung r von der Quelle das Alter τ erreichen. Das *mittlere Abstandsquadrat* dieser Neutronen von der Quelle ergibt sich daher zu

$$\overline{r^2\,(\tau)} = \frac{\int\limits_0^{\infty} r^2 \cdot 4\,\pi\,r^2\,q\,(r, \tau)\,dr}{\int\limits_0^{\infty} 4\,\pi\,r^2\,q\,(r, \tau)\,dr} = 6\,\tau \qquad (19.2)$$

Das FERMI-Alter τ ist also nichts anderes als $^1/_6$ des mittleren Abstandsquadrates eines auf τ gebremsten Neutrons von seiner Quelle. Es muß darauf hingewiesen werden, daß $\overline{r^2}$ etwas anderes ist als $\overline{\mathfrak{r}^2}$; letztere Größe wollen wir *mittleres vektorielles Abstandsquadrat* nennen. Mit der Berechnung von $\overline{\mathfrak{r}^2}$ hat sich HEISENBERG ausführlich befaßt[58], allerdings ohne Berücksichtigung der Absorption.

Setzt man $\Sigma_A = 0$ und verwendet (13.2), dann erhält man aus (19.1)

$$\tau_{th} = \frac{\lambda_S^2}{3}\,\frac{1}{\xi}\,\ln\frac{E_0}{E_{th}} \quad \text{oder} \quad \frac{\lambda_t^2}{3}\,\frac{1}{\xi}\,\ln\frac{E_0}{E_{th}} \qquad (19.3)$$

Mit (7.30) ergibt dann (19.2) näherungsweise[58] (16.6) oder

$$\overline{r^2} \approx 2\,\lambda_S^2 \approx 6\,\tau \qquad (19.4)$$

Diesen Ausdruck kann man natürlich auch direkt aus

$$\overline{r^2} = \int r^2\,e^{-r/\lambda_S}\,dr \cdot \frac{1}{\lambda_S} = 2\,\lambda_S^2 \approx 6\,\tau \qquad (19.5)$$

ableiten. (19.4) und (19.5) gelten aber nur bei Vernachlässigung der Absorption. Für $\overline{\mathfrak{r}^2}$ erhält HEISENBERG im Bereich $1\ \text{eV} < E < 2000\ \text{eV}$ den Näherungswert[58] für Wasserstoff

$$\overline{\mathfrak{r}^2} = 2\,\lambda_S^2\left(2 + 3\ln\frac{E_0}{E}\right) \qquad (19.6)$$

und für schwere Bremsmittel für thermische Neutronen

$$\overline{\mathfrak{r}^2} = \lambda_S^2\left(4 + 2\cdot\frac{18{,}2}{\xi}\right) \qquad (19.7)$$

Wird zwar die Absorption berücksichtigt, aber die Bremsung vernachlässigt, dann erhält man ein anderes Abstandsquadrat. Dieses haben wir bereits in (16.4) kennen gelernt und mit der Diffusionslänge in Zusammenhang gebracht.

$\sqrt{\overline{r_D^2}} = \sqrt{6}\,L$ mißt nach (16.4) die Strecke, die ein bereits thermisches Neutron von seiner (thermischen) Quelle bis zum Ort seiner Absorption im Mittel zurücklegt.

$\sqrt{\overline{r_B^2}} = \sqrt{6}\,\sqrt{\tau_{th}}$ mißt nach (19.2) den mittleren Abstand zwischen der Quelle eines ursprünglich schnellen Neutrons und dem Ort, an dem es thermische Geschwindigkeit erreicht. $\sqrt{\tau_{th}}$ nennt man daher auch *Bremslänge*. Da in diesem Abstand zu den schon vorhandenen thermischen Neutronen weitere hinzukommen, muß nun bei Berücksichtigung der Bremsung die Formel (16.4) korrigiert werden. Man definiert daher eine *effektive Diffusionslänge (Wanderungslänge)*:

$$\boxed{L_{eff}^2 = L^2 + \tau_{th}} \quad [\text{cm}^2] \tag{19.8}$$

$\sqrt{6}\,L_{eff}$ mißt dann die mittlere Entfernung, die Neutronen von einer schnellen Quelle bis zum Ort ihrer Absorption zurücklegen. Da die Definition sich immer auf die mittleren Quadrate und nicht auf die Strecken selbst beziehen, gilt natürlich:

$$\sqrt{6}\,L_{eff} \neq \sqrt{6}\,L + \sqrt{6}\,\sqrt{\tau_{th}} \tag{19.9}$$

In Tab. 24 sind die verschiedenen „Längen" zusammengestellt.

Tabelle 24. *Zeiten und Längen bei Bremsung und Diffusion*

Name	Symbol	[cm] (D$_2$O)	Formel	Numerische Werte in Tab.	Auf Seite
Streuweglänge ...	$\lambda_S, \bar{\lambda}_S$	2,2	(4.20) (4.35) (19.1)	21, 25	85
Absorptions- (Einfang-) Weglänge .	λ_A, λ_E	340	(4.20)	21	85
Gesamtweglänge ..	λ	218,5	(4.21) (16.9)	—	—
Diffusionskoeffizient	D, D_0, D_1, D_2	0,80	(12.36) (12.37) (12.40) (13.2)	21	85
Diffusionsweglänge	λ_D	2,40	(12.41)	21	85
Transportweglänge	λ_t	2,4	(12.37)	21	85
Extrapolationslänge	d	1,7	(14.15) (14.16) (14.17)	—	—
Diffusionslänge ...	L	100	(14.24) (14.25) (16.8) ff.	22	104
Mittleres Abstandsquadrat (Diffusion)	$\overline{r^2} = 6\,L^2$	—	(16.4) (16.19)	—	—
Fermi-Alter	τ	—	(18.29) (19.1)	25	124
Mittleres Abstandsquadrat (Bremsung)	$\dfrac{\overline{r^2}_B}{6}$	120	(19.2)	25	124
Bremslänge	$\sqrt{\tau_{th}}$	19,6	(19.8)	25	124
Effektive Diffusionslänge	L_{eff}	101	(19.8)	25	124
Bremszeit........	τ_{Brems}	[sec] 4,6 · 10^{-5}	(9.40)	25	124
Mittlere Lebensdauer (Diffusionszeit)	τ_{Leben}	0,15	(9.41)	25	124

Wenn man eine Punktquelle schneller Neutronen z. B. in einen Graphitblock oder in einen Wassertank versenkt, dann kann man durch Messung der Aktivierung von Indiumfolien nach (8.31) die Bremsdichte q der 1,44 eV Neutronen an beliebigen Stellen messen. Aus (18.43) folgt nun

$$\ln q\,(r, \tau) = \ln \frac{Q_0}{(4\,\pi\,\tau)^{3/2}} - \frac{r^2}{4\,\tau} \tag{19.10}$$

Das reziproke FERMIalter τ^{-1} ist also nichts anderes als die Steigung der Geraden im Diagramm Meßwert $4 \cdot \ln q\,(r)$ gegen r^2, wo r der Abstand von der Neutronenquelle ist. Wenn man die Meßwerte mit Rücksicht darauf korrigiert, daß 1,44 eV noch nicht thermischer Geschwindigkeit entspricht, dann erhält man[59] τ_{therm} (vgl. Tab. 25).

Tabelle 25. *Fermi-Alter, Bremslänge und effektive Diffusionslänge.* (Nur für Be und Graphit gilt (19.2), so daß dann die erste Zeile von **Tab. 25** das FERMI-Alter gibt)

Größe	H$_2$O	D$_2$O	Be	BeO	Graphit
$\dfrac{\overline{r^2}}{6}$ [cm²]	32	120	97,2	133	350—364
$\sqrt{\dfrac{\overline{r^2}}{6}}$ [cm]	4,8 (5,74*)	10,96 (11,0*)	9,90*	12,0*	18,7*
$\bar\lambda_S^*$ [cm]	1,1	2,6	1,60		2,6
λ_S^* [cm]	0,31	2,2	1,16		2,5
$\tau_{Bremsung}$ [sec] ..	10^{-5}	$4,6 \cdot 10^{-5}$	$6,7 \cdot 10^{-5}$	$7,8 \cdot 10^{-5}$	$1,5 \cdot 10^{-4}$
τ_{Leben} [sec]	$2,1 \cdot 10^{-4}$	0,15	$4,3 \cdot 10^{-3}$	$6,8 \cdot 10^{-3}$	$1,2 \cdot 10^{-2}$
L_{eff} [cm]	6,43	101* (105)	24,51 (25,8*)		53,6*

* Meßwerte.

Ein Vergleich von L_{eff} mit L zeigt, daß in schweren Bremsmitteln die Diffusion und in leichten Bremsmitteln die Bremsung überwiegt. Bezüglich der Werte für homogene Mischungen und für heterogene Anordnungen vgl. § 27.

Übungsbeispiele

19 a) Man beweise für N Zusammenstöße

$$\overline{r^2} - \overline{r}^2 = 2 \sum_{\substack{i,\,k \\ i > k}}^{N} \overline{\mathfrak{r}_i\,\mathfrak{r}_k\,\cos(\mathfrak{r}_i,\,\mathfrak{r}_k)} \tag{19.11}$$

$\mathfrak{r}_i$ ist der Ortsvektor *nach* dem i-ten Stoß; $\mathfrak{r} = \sum_i \mathfrak{r}_i$

19 b) Welchen Ansatz muß man an Stelle von (18.3) machen, um zu folgender Formel für das FERMI-Alter zu kommen

$$\tau\,(E) = \int\limits_E^{E_0} \frac{1}{3\,\xi\,\Sigma_S\,\Sigma_t} \frac{d\,E'}{E'} \tag{19.12}$$

19 c) Man beweise (19.2) durch partielle Integration.

19 d) Man drücke das FERMI-Alter τ_{th} direkt durch die im Abstand r von der Quelle erzeugte Aktivität der Indiumfolien aus.

19 e) Wird eine τ-Messung größere oder kleinere Werte ergeben, wenn man Spaltneutronen an Stelle von Neutronen aus einer Ra-Be-Quelle verwendet?

19 f) Man überlege, in welchen Fällen die Theorie des FERMI-Alters *nicht* gilt.

19 g) Im Abstand c von einer unendlich großen Flächenquelle thermischer Neutronen, die pro cm² und sec 2 Q_0 Neutronen aussendet, befinde sich eine unendlich dünne Platte aus U 235. Rechts von dieser Platte ($x > c$) sei der Halbraum von Graphit erfüllt. Man berechne $q\,(x, \tau_{th})$ für $x > c$ und $n\,v_{th}\,(x)$.

19 h Man berechne Bremslänge und effektive Diffusionslänge für Graphit.

19 i) Man zeige, daß die effektive Diffusionslänge in Uran-Graphit-Reaktoren von der Größenordnung 22 cm ist.

19 k) Man zeige, daß für eine Entfernung entsprechend der dreifachen effektiven Diffusionslänge von einer diskreten Quelle schneller Neutronen der thermische Fluß bereits durch die Lösung der Diffusionsgleichung für thermische Neutronen, die von einer diskreten thermischen Quelle ausgesandt werden, in bester Näherung gegeben ist.

19 m) Man leite aus (9.40) und (19.1) die Näherungsformel

$$\tau_{th} \approx \bar{v}\, \bar{D}\, \tau_{Bremsung} \tag{19.13}$$

ab. Wie genau ist diese Formel?

IV. Die Theorie des homogenen Reaktors
§ 20. Das kritische Volumen

Kritisches Volumen nach Eingruppentheorie und Theorie der stetigen Bremsung, kritische Gleichung, geometrische und materialabhängige Reaktorkonstante, Messung des kritischen Volumens, Wahrscheinlichkeiten P_s, P_r, P_{th} für das Nichtentweichen von Neutronen, Spaltzeit, allgemeine kritische Gleichung, Reaktorempfindlichkeit.

Wie in § 11 gezeigt wurde, muß eine gewisse Mindestmenge von Kernbrennstoff vorhanden sein, damit eine stationäre Kettenreaktion ablaufen kann. Da Neutronen aus den Grenzflächen des in der Praxis ja stets endlich großen Reaktors entweichen, genügt es *nicht*, daß der Vermehrungsfaktor des Materials $k'_{\infty}{}^{(*)}$ gleich oder größer als 1 ist (vgl. (11.12)); es muß vielmehr auch der das Entweichen berücksichtigende formabhängige effektive Vermehrungsfaktor $k'{}_{eff}^{(*)}$ 1 erreichen.

Das Problem des kritischen Volumens lautet daher für den endlich großen Reaktor: Wie groß müssen bei gegebener geometrischer Form und bei einer homogenen oder heterogenen Mischung eines bestimmten Brennstoffes mit einem bestimmten Bremsmittel deren Massen sein, damit $k'{}_{eff}^{(*)} \geq 1$ wird?

Der Vermehrungsfaktor $k'{}_{eff}^{(*)}$ wird durch die physikalischen Eigenschaften von Brennstoff und Bremsmittel (Materialeinflüsse) sowie durch Form, innere Struktur und Abmessungen (Formeinflüsse) des Reaktors festgelegt.

In einem Reaktor spielen sich folgende Vorgänge ab:

1. *Bremsung* (Materialeigenschaft) charakterisiert durch

$$\Sigma_S,\ \xi,\ \lambda_S,\ \Sigma_A,\ p,\ q \qquad (\S\,\S\,7\text{—}10)$$

(beim heterogenen Reaktor auch Formeinflüsse, vgl. (10.12) und § 27).

2. *Diffusion* (Material- und Formeinfluß) charakterisiert
a) seitens des Materials durch

$$D,\ \varkappa,\ \lambda_t,\ \lambda_D,\ L,\ \Sigma_A \qquad (\S\,\S\,12,\ 13,\ 16)$$

b) seitens der Form durch

$$nv,\ \Delta nv,\ \text{Randbedingungen} \qquad (\S\,\S\,14,\ 15,\ 17)$$

(Für den heterogenen Reaktor vgl. § § 27, 28).

3. *Wechselwirkung von Diffusion und Bremsung*, charakterisiert durch

$$\tau,\ q,\ nv,\ \Delta nv,\ \Delta q,\ L_{eff} \qquad (\S\,\S\,18,\ 19,\ 25)$$

4. *Erzeugung von Neutronen durch Spaltprozesse* (Material- und Formeinfluß) charakterisiert

a) seitens des Materials durch

$$k_\infty, \ v, \ \eta, \ \varepsilon, \ p, \ f, \ \varkappa', \ \text{Absorption durch Spaltung} \ (\S\S 11, 15)$$

b) seitens Material und Form durch

$$k_\infty, \ v, \ \varepsilon', \ p', \ f', \ \eta', \ k'_{eff}, \ P'_s, \ P'_r, \ P'_{th}, \ \Delta nv \ \text{mit} \ \varkappa' \ (\S\S 11,15)$$

(für den heterogenen Reaktor vgl. §§ 26, 27).

Die Schwierigkeiten bei der Berechnung der kritischen Masse liegen in dem nur näherungsweise lösbaren Problem der Diffusion bei Berücksichtigung der Bremsung. Abgesehen von der sehr schwierigen neutronenkinetischen Methode, die zur Berechnung des kritischen Volumens[60] von schnellen Reaktoren und Atomexplosivladungen wegen deren kleinen Abmessungen unbedingt verwendet werden muß, gibt es im Rahmen der diffusionstheoretischen Näherung (vgl. § 18) folgende Methoden:

1. *Eingruppentheorie* (s. § 20),

2. *Theorie der stetigen Bremsung* (s. § 18 und § 20).

3. *Mehrgruppentheorie* (s. §§ 22, 23),

4. *Reaktorgleichung* (s. § 25).

Nur bei den Methoden 1 bis 3 ist es möglich, Materialeinflüsse und Formeinflüsse sauber getrennt zu erfassen.

Die Eingruppentheorie ist nichts anderes als die Theorie der Diffusion in einem nur thermische Neutronen erzeugenden Medium; unter Vernachlässigung jeglicher Bremsung wird also angenommen, daß die Spaltneutronen bereits thermische Geschwindigkeiten besitzen.

In der Theorie der stetigen Bremsung berücksichtigt man zwar die schnellen Spaltneutronen, nimmt aber an, daß diese *nur* gebremst werden und erst dann diffundieren, wenn sie thermische Geschwindigkeiten erreicht haben.

In der Mehrgruppentheorie faßt man Neutronen, deren Geschwindigkeiten innerhalb festgelegter Intervalle liegen, zu Gruppen zusammen; dabei werden Bremsung und Diffusion für alle Gruppen berücksichtigt. Bezüglich der Reaktorgleichung müssen wir auf § 25 verweisen.

Wir besprechen nun die Berechnung des kritischen Volumens nach der *Eingruppentheorie* und gehen von der Diffusionsgleichung thermischer Neutronen in einem produzierenden Medium aus. Diese Gleichung haben wir für den Gleichgewichtszustand ($\partial/\partial t = 0$) in (15.3) schon kennen gelernt.

Wir werden sie unter Berücksichtigung von (14.24) in der Form ($v = \text{const}$)

$$\Delta n + \frac{k'^{(*)}_\infty - 1}{L^2} \, n = 0 \qquad k'^{(*)}_\infty = \eta'^{(*)} f'^{(*)} \ \text{bezw.} \ v \qquad (20.1)$$

wobei nun

$$\frac{1}{L} = \sqrt{\frac{\Sigma_{A\,ges}}{D}} = \sqrt{\frac{\Sigma_A + \Sigma_{Sp}}{D}} \quad [\text{cm}^{-1}] \qquad (20.2)$$

gilt*. Mit (15.5) geht (20.1) über in

$$\Delta n - \varkappa'^2 n = 0 \qquad (20.3)$$

---

* Eine Resonanzabsorption gibt es in der Eingruppentheorie nicht, da alle Neutronen dieselbe Geschwindigkeit haben. Die gesamte Absorption wird durch $\Sigma_{A\,ges}$ erfaßt. Die Zeichen ' bzw. * lassen wir im folgenden weg, da alle Rechnungen im wesentlichen in gleicher Weise für homogene und heterogene Reaktoren gelten (vgl. § 26). Alle in diesem Paragraphen und in Kapitel IV verwendeten Materialparameter wie $\Sigma_{A\,ges}$, L, ξ usw. beziehen sich nicht auf *eine* Substanz, sondern auf die Brennstoff-Bremsmittel-Mischung (vgl. § 27).

Beim Eigenwertproblem (15.4) hatten wir die Eigenwerte α, β, γ nach (15.9), (15.27) aus $\varkappa$, a und b, also aus den Materialeigenschaften D, Σ_A und den Abmessungen des Körpers berechnet; beim Eigenwertproblem (20.3) wollen wir den Eigenwert $\varkappa'$ berechnen und umgekehrt aus (20.15) die Abmessungen, also das kritische Volumen aus den Materialeigenschaften k_∞, L bzw. L_{eff} berechnen. Dieses Eigenwertproblem ist nach (15.5) nur für $\varkappa'^2 < 0$, also für imaginäres $\varkappa'^2$ möglich; nur dann ist $k_\infty > 1$. Für positive $\varkappa'^2$ gibt es nach (15.5) wegen $k_\infty < 1$ keine stationäre Kettenreaktion, wir haben es mit einem reinen Diffusionsproblem zu tun (vgl. § 15).

Um der Tatsache, daß die Spaltneutronen nicht thermisch sind, wenigstens teilweise Rechnung zu tragen, ersetzen wir L durch L_{eff} nach (19.8). Wir gehen also von

$$\Delta n - \varkappa^2_{eff}\, n = 0 \tag{20.4}$$

aus, wobei

$$\varkappa^2_{eff} = \frac{1 - k_\infty}{L^2_{eff}} \tag{20.5}$$

Als Beispiel betrachten wir einen zylindrischen Reaktor der Höhe h' und des Radius R'. Wenn wir annehmen, daß die Mischung von Brennstoff und Bremsmittel vollkommen homogen ist, dann wird sich beim Anlaufen der Kettenreaktion eine axialsymmetrische Verteilung der Neutronen ausbilden. Gemäß (15.61), (15.62) lautet dann die allgemeine Lösung von (20.4)

$$n\,(r, z) = \sum_l Z_0\,(\beta_l\, r)\,(A_l\, e^{+\,a_l z} + B_l\, e^{-\,a_l z}) \tag{20.6}$$

wobei die Eigenwerte durch

$$-\beta_l^2 + a_l^2 = +\varkappa^2_{eff} = -\frac{k_\infty - 1}{L^2_{eff}}\,(= -B^2_m,\ \text{s. § 21}) \tag{20.7}$$

gegeben sind.

Für $k_\infty = 0$ (reines Diffusionsproblem) oder $k_\infty < 1$ (keine stationäre Kettenreaktion) ist $\varkappa^2_{eff}$ positiv. Ob a imaginär oder (reell und β imaginär oder reell) ist, hängt von den Randbedingungen ab (vgl. Tab. 47, S. 240). Von den Werten, die a bzw. β annehmen, hängt auch die Wahl der Funktion ab. Ist $k_\infty \geq 1$, kann es zu einer stationären Kettenreaktion kommen: die Werte von a und β hängen wieder von den Randbedingungen ab. Verschwindet **der** Fluß an der ganzen Oberfläche (voller Reaktor, ohne Reflektor, ohne Spalten, Kanäle oder Hohlräume), dann ist a imaginär und β reell. Es ist dann für die Zylinderfunktion Z ein Linearaggregat von Besselscher und Neumannscher Funktion anzusetzen und die Exponentialfunktionen liefern $\sin az$ bzw. $\cos az$.

Unsere Lösung lautet daher

$$n\,(r, z) = \sum_l (A_l \sin a_l z + B_l \cos a_l z)\,(J_0\,(\beta_l\, r) + C_l\, N_0\,(\beta_l\, r)) \tag{20.8}$$

Wenn wir das Koordinatensystem so legen, daß sich der Ursprung in halber Zylinderhöhe $h'/2$ auf der Achse des Zylinders befindet, dann sind die Randbedingungen nach (15.65) wie folgt anzusetzen:

a) $n\,(R, z) = 0 \qquad R = R' + d$

b) $n\,(r, +h/2) = n\,(r, -h/2) = 0 \qquad h = h' + 2\,d \tag{20.9}$

c) $n\,(r, z) < \infty$ für $\begin{array}{l} 0 \leq r \leq R \\ -h/2 \leq z \leq +h/2 \end{array}$

(20.9 b) fordert die Symmetrie der z-abhängigen Funktion, so daß

$$A_l = 0 \qquad (20.10)$$

Weiter folgt

$$\cos a_l \frac{h}{2} = 0, \qquad a_l = \frac{l\pi}{h}, \qquad l = 1, 3, 5 \qquad (20.11)$$

Da die NEUMANNsche Funktion für $r = 0$ singulär wird (vgl. Übungsbeispiel 15a), scheidet sie wegen (20.9c) aus und es gilt mit $C_l = 0$

$$n\,(r, z) = \sum_l B_l \cos \frac{l\pi}{h} z \cdot J_0\,(\beta_l\, r) \qquad (20.12)$$

wobei β_l durch (20.7) bestimmt wird.

Die Randbedingung (20.9a), die das Verschwinden des Neutronenflusses am „effektiven" Zylindermantel ausdrückt, gibt nun eine *weitere* Bedingung für β_l — dies ist im Gegensatz zu den Diffusionsproblemen neu*. Es gilt

$$n\,(R, z) = \sum_l B_l \cos \frac{l\pi}{h} z \cdot J_0\,(\beta_l\, R) \qquad (20.13)$$

β_l wird also durch die Nullstellen der BESSELschen Funktion J_0 bestimmt. Die erste, kleinste Nullstelle, die den kleinsten Wert für β_l liefert, ist[46] 2,4048. Wir haben daher

$$\beta_1 = \frac{2{,}4048}{R' + d}; \qquad \beta_2 = \frac{5{,}5201}{R' + d} \qquad (20.14)$$

Setzt man dies in (20.7) ein, so erhält man mit (20.11) und $k_{eff} = 1$ die *kritische Gleichung*

$$k_\infty = 1 + L^2{}_{eff} \left(\frac{\pi^2}{(h' + 2\,d)^2} + \frac{(2{,}405)^2}{(R' + d)^2} \right); \qquad (20.15)$$

$$k_{eff} = \frac{k_\infty}{1 + L^2{}_{eff}\,(\ldots)}$$

Manche Autoren bezeichnen auch die mit (20.19) verwandte Gleichung (20.5) als kritische Gleichung. Wie man sich leicht überzeugt, liefert $l = 1$ den kleinsten Wert für das kritische Volumen. Da es andere größere kritische Volumina, bei denen eine stationäre Kettenreaktion ebenfalls möglich ist, nicht geben kann, genügt es, immer nur die erste Eigenfunktion ($l = 1$) zu berücksichtigen.

Um Kernbrennstoff zu sparen, wird man die Form des Zylinders so wählen, daß er bei gegebener Oberfläche ein möglichst kleines Volumen hat. Das Volumen des effektiven (extrapolierten) Zylinders ist gegeben durch

$$V = \pi\, R^2\, h \qquad (20.16)$$

Für ein Minimum des Volumens folgt

$$\frac{dV}{dh} = \pi \left(2\, Rh\, \frac{dR}{dh} + R^2 \right) = 0 \qquad (20.17)$$

Berechnet man $dR/dh = d(R' + d)/d(h' + 2\,d)$ aus (20.15), so kann man dies eliminieren und erhält für die besten Werte R_0 und h_0 (effektive Abmessungen)

---

* Man beachte, daß bei der Kettenreaktion die Randbedingungen das Verschwinden des Neutronenflusses auf der *gesamten* extrapolierten Oberfläche fordern; bei Diffusionsproblemen bleibt stets eine Fläche „offen" — und zwar die Quellen enthaltende Fläche, durch welche die Neutronen überhaupt erst in den Diffusionsraum gelangen. Bei der Kettenreaktion besteht daher eine zusätzliche Bedingung für die Eigenparameter, welche das kritische Volumen festlegt.

$$\frac{(2{,}405)^2}{R_0^2} = \frac{2\,\pi^2}{h_0^2} \tag{20.18}$$

Drückt man damit h_0 durch R_0 aus, so erhält man für die *kritische Gleichung des günstigsten Zylinders*

$$k_\infty = 1 + L^2{}_{eff}\,(2{,}405)^2 \cdot 3/2\,R_0^2 \tag{20.19}$$

Ist die Brennstoff-Bremsmittel-Mischung gegeben, also k_∞, L_{eff}, $\varkappa_{eff}$ festgelegt, dann folgt für die *wahren* Abmessungen des günstigsten kritischen Volumens

$$h_0' = \frac{\pi}{|\varkappa_{eff}|}\,\sqrt{3} - 2\,d; \qquad R_0' = \frac{2{,}405}{|\varkappa_{eff}|}\,\sqrt{\frac{3}{2}} - d \tag{20.20}$$

Sind hingegen die Zylinderabmessungen gegeben, dann berechnet man mit (20.19) bzw. (20.15) das für eine stationäre Kettenreaktion notwendige k_∞.

Genauere Werte für das kritische Volumen liefert die *Theorie der stetigen Bremsung*. Wenn wir wieder nv an Stelle von φ schreiben und den Index th weglassen, so geht (18.49) über in*

$$\Delta\,nv - \varkappa^2\,nv = -\frac{p}{D}\,q \tag{20.21}$$

$q\,(x, y, z, \tau)$ wird hierbei durch (18.11) und die Anfangsbedingung (18.18), die wir nun in der Form

$$q\,(x, y, z, 0) = Q_s\,(x, y, z) \tag{20.22}$$

verwenden, bestimmt**. Q_s sind die pro cm³ und sec erzeugten Spaltneutronen ($\tau = 0$). Da für Q_s gemäß § 11 und Abb. 16 sowie wegen (11.3), (11.12)

$$Q_s = f\,\varepsilon\,\nu\,nv\,\Sigma_{Sp} = f\,\varepsilon\,\eta\,nv\,\Sigma_{A\,ges} = \frac{k_\infty}{p}\,nv\,\Sigma_{A\,ges} \tag{20.23}$$

gilt, folgt für (20.22)

$$q\,(x, y, z, 0) = \frac{k_\infty}{p}\,nv\,\Sigma_{A\,ges} \tag{20.24}$$

Das Vorhandensein einer Neutronenquelle darf nun *nicht* angenommen werden, da ja die von ihr erzeugten zusätzlichen Neutronen das Gleichgewicht der Kettenreaktion stören würden. Als Randbedingungen für (20.21), die Diffusionsgleichung der thermischen Neutronen, sowie für die Altersgleichung (18.11) wird man natürlich das Verschwinden von q und n an den extrapolierten Grenzflächen verlangen. Wenn man (18.11) vermittels des Ansatzes (18.19) löst, so erhält man, wenn die Separationskonstanten nun mit $B_l{}^2$ bezeichnet werden

$$q\,(x, y, z, \tau_{th}) = \sum_l A_l\,e^{-B_l^2\,\tau_{th}}\,V_l\,(x, y, z) \tag{20.25}$$

wobei die V_l gemäß (18.21) bestimmt sind durch

$$\Delta\,V_l + B_l^2\,V_l = 0 \tag{20.26}$$

(Der Index l steht symbolisch für die drei Indices von $V_l\,(x, y, z) \to U_m\,(x)$ $W_l\,(y)\,R_k\,(z)$ bzw. $U_m\,(r)\,W_l\,(\vartheta)\,R_k\,(\varphi)$ usw.). Löst man (20.26) mit der Randbedingung, daß q an der *gesamten* extrapolierten Begrenzungsfläche verschwindet.

---

* Es ist zu beachten, daß $\varkappa$ der für die Brennstoff-Bremsmittel-Mischung geltende Wert ist!

** $\tilde{q}$ ist nach (18.17) zu berechnen.

dann werden die Eigenwerte B_l durch die geometrischen Abmessungen des Reaktors eindeutig festgelegt (vgl. § 21). Die Lösung von (18.11) lautet dann für einen Reaktor

$$q\,(\mathfrak{r}, \tau_{th}) = \sum_{l=1}^{\infty} A_l \, V_l\,(\mathfrak{r})\, e^{-B_l^2 \tau_{th}} \tag{20.27}$$

Um anzudeuten, daß dies für jede beliebige geometrische Form gilt, haben wir $\mathfrak{r}$ für die Koordinaten geschrieben. Die A_l folgen aus (20.24). Da für die Berechnung des kritischen Volumens nur die erste Eigenfunktion V_1 maßgeblich ist (alle anderen verschwinden im Gleichgewichtszustand), folgt aus (20.24)

$$A_1 \, V_1\,(\mathfrak{r}) = \frac{k_\infty}{p} \, nv \, \Sigma_{A\,ges} \tag{20.28}$$

oder

$$n\,(\mathfrak{r}) = \frac{p\,A_1}{k_\infty\,v\,\Sigma_{A\,ges}} \, V_1\,(\mathfrak{r}) \tag{20.29}$$

Setzt man dies in (20.21) ein, so folgt mit (20.25), (20.26), (18.50)

$$L^2\,B_1^2 + 1 = k_\infty\,e^{-B_1^2\,\tau_{th}} \tag{20.30}$$

Läßt man den nun überflüssigen Index bei B weg und bedenkt, daß im Gleichgewicht $k_{eff} = 1$, dann folgt als *kritische Gleichung*

$$\boxed{\; k_{eff} \equiv \frac{k_\infty\,e^{-B^2\,\tau_{th}}}{1 + L^2\,B^2} = 1 \;} \tag{20.31}$$

Die kritische Gleichung (20.15) der Eingruppentheorie ist nichts anderes als eine Näherung von (20.31) (vgl. Übungsbeispiel 20a).

Die Konstante B [cm^{-1}] wollen wir *Reaktorkonstante* nennen; in der englischen Literatur führt B den Namen „buckling" oder „Laplacian" ($\varDelta$) (B mißt die Krümmung (buckling) des Neutronenflusses im kritischen Reaktor).

Es gibt zwei Arten von Reaktorkonstanten. Die eine heißt die *geometrische Reaktorkonstante B_g*; sie ist definiert als der kleinste Eigenwert von (20.26) und umfaßt, da sie von den Randbedingungen an den Grenzflächen des kritischen Reaktors abhängt, alle Formeinflüsse (vgl. § 21). Die *materialabhängige Reaktorkonstante B_m* beschreibt die Materialeinflüsse und ist als Wurzel der transzendenten Gleichung (20.31), aber *nur* für $k_{eff} = 1$, definiert. Im Gleichgewichtszustand sind natürlich die beiden Reaktorkonstanten gleich groß; *nur* dann verschwinden die A_l für $l \neq 1$. Ist $B_g < B_m$, dann ist der Reaktor überkritisch ($k_{eff} > 1$) und geht durch; ist $B_g > B_m$, dann überwiegen die Formeinflüsse (Entweichen durch die Oberfläche) die Materialeinflüsse (Spaltungen im Volumen); der Reaktor ist unterkritisch ($k_{eff} < 1$) und eine Kettenreaktion kann nicht stattfinden bzw. kommt zum Erlöschen. Ist $k_{eff} \neq 1$, dann berechnet sich k_{eff} aus B_g mit Hilfe von (20.31). Mit nichtstationären Zuständen von Reaktoren ($k_{eff} \neq 1$, $\partial/\partial t \neq 0$) werden wir uns erst in § 24 beschäftigen.

Sind Form und Abmessungen des Reaktors gegeben, dann ist B_g bekannt und das notwendige k_∞ ist aus (20.31) durch Einsetzen von B_g für $B = B_m$ zu berechnen. Wenn umgekehrt Brennstoffe und Bremsmittel vorgegeben sind, dann sind k_∞, τ_{th} und L bekannt und $B_m = B_g$ ist aus (20.31) zu berechnen. Form und Abmessungen des Reaktors sind so zu wählen, daß B_g der kleinste Eigenwert von (20.26) wird (vgl. § 21). In der Praxis wählt man nach dem Verwendungszweck des Reaktors zunächst Form, Brennstoff und Bremsmittel (vgl. § 39) und berechnet dann die kritischen Abmessungen als Funktion des Mischungsverhältnisses Brennstoff zu Bremsmittel. Bei der Berechnung der einzelnen Materialgrößen, wie L, ξ, D, Σ_A usw., ist zu beachten, daß sich diese Größen auf die Mischung von Brennstoff, Bremsmittel und Fremdstoffen beziehen. Es sind also geeignete Mittelwerte zu bilden (vgl. (4.30), (16.19), (8.28), (20.52) und § 27).

Bevor man jedoch einen Reaktor wirklich baut, wird man das kritische Volumen mit Hilfe eines sogenannten *Exponentialexperimentes* messen. Dieser Name kommt daher, daß der Fluß einer Flächenquelle thermischer Neutronen in einem anschließenden Medium gemäß (15.44) nach einer Exponentialfunktion absinkt. Da dies jedoch nur für große Entfernungen in guter Näherung gilt, ist diese Methode nur für große Reaktoren anwendbar. Das Exponentialexperiment besteht darin, daß man einen unterkritischen *Modellreaktor* in verkleinertem Maßstab (etwa 1 : 3 oder 1 : 4) herstellt, der eine Neutronenquelle enthält. Aus Messungen des Neutronenflusses in diesem Modell, das dem geplanten Reaktor in jeder Weise entspricht, wird die materialabhängige Reaktorkonstante experimentell bestimmt. Da solche Exponentialexperimente meist mit heterogenen Modellreaktoren durchgeführt werden, wollen wir die Theorie dieses Versuches hier noch nicht besprechen (vgl. § 27).

Eine zweite Methode zur Bestimmung des kritischen Volumens ist der *stufenweise Aufbau* eines Versuchsreaktors in natürlicher Größe (*Methode der kritischen Anordnung*). Diese Methode ist für beliebige Reaktortypen verschiedenster Größe anwendbar, wird aber in der Praxis meist nur für kleinere Typen verwendet, da man ja genau so viel Material wie für den geplanten Reaktor braucht.

Brennstoff und Bremsmittel werden so lange stufenweise vermehrt, bis das kritische Volumen beinahe erreicht ist. In der Mitte des Versuchsreaktors befindet sich eine stärkere Neutronenquelle (etwa 10^7 Neutronen/sec). Infolge von Spaltprozessen im Brennstoff wird nun der Neutronenfluß vermehrt; aus dieser Vermehrung kann man das kritische Volumen bestimmen. Der effektive Vermehrungsfaktor k_{eff} einer solchen Anordnung ist natürlich stets kleiner als 1, wäre er gleich 1, dann würde der Versuchsreaktor überkritisch werden und durchgehen.

Wenn man den Versuchsreaktor schrittweise vergrößert, so nimmt die Neutronendichte nach jeder Stufe zu. Während des Aufbaues werden nun laufend Messungen der Neutronendichte vorgenommen; durch Extrapolation dieser Messungen kann man das kritische Volumen bestimmen. Wenn die Neutronenquelle Q_0 schnelle Neutronen pro sec aussendet, dann sind nach Vollendung eines Kreislaufes (vgl. Abb. 16) $Q_0 k_{eff}$ thermische Neutronen vorhanden. Während des Experimentes finden sehr viele solcher Kreisläufe statt; nach Vollendung des zweiten sind bereits $k_{eff} Q_0 + k_{eff}^2 Q_0$ thermische Neutronen und insgesamt, da ja die Quelle dauernd schnelle Neutronen emittiert, $Q_0 (1 + k_{eff} + k_{eff}^2)$ Neutronen vorhanden. Da $k_{eff} < 1$ kann man die unendliche geometrische Reihe aufsummieren:

$$Q_0 (1 + k_{effi} + k_{effi}^2 + k_{effi}^3 + \ldots) = \frac{Q}{1 - k_{effi}} = F_i Q_0 \qquad (20.32)$$

Den Vermehrungsfaktor der i-ten Aufbaustufe haben wir hierbei mit k_{effi} bezeichnet.

Die Quelle allein liefert Q_0 Neutronen pro sec; durch den Aufbau des Versuchsreaktors wird k_{effi} immer größer und größer und Q_0 wird in der i-ten Stufe um den Faktor $F_i = 1/(1 - k_{effi})$ vermehrt. Je mehr sich der Aufbau dem kritischen Volumen nähert, desto näher kommt $k_{eff\,i}$ an den kritischen Wert $k_{eff\,p} \approx 1$ heran, und desto größer wird F_i. Nach Abschluß der letzten, p-ten Stufe ist das kritische Volumen erreicht und F_p wird unendlich. So weit läßt man es aber gar nicht kommen. Man mißt $F_i Q_0$ und trägt $1/F_i$ als Funktion von i, also als Funktion der eingebauten Brennstoffmenge auf (s. Abb. 25). Knapp vor Erreichen des Wertes $1/F_i = 0$ beendet man den Aufbau und extrapoliert die gewonnene Kurve auf $1/F_p = 0$. Der Schnittpunkt der extrapolierten Kurve mit der Abszisse (Stufenzahl, Brennstoffmenge) liefert das kritische Volumen.

Meist wird dann die kritische Masse als Funktion des Mischungsverhältnisses Brennstoff-Bremsmittel graphisch dargestellt und das günstigste Verhältnis ermittelt. So liegt z. B. das günstigste Mischungsverhältnis für U 235 in H_2O bei $z \approx 500$, in D_2O bei $z \approx 1.5 \cdot 10^4$, in Graphit $z \approx 2,5 \cdot 10^4$, wobei

$$z = \frac{\text{Bremsmittelmoleküle } [\text{cm}^{-3}]}{\text{Brennstoffatome } [\text{cm}^{-3}]}$$

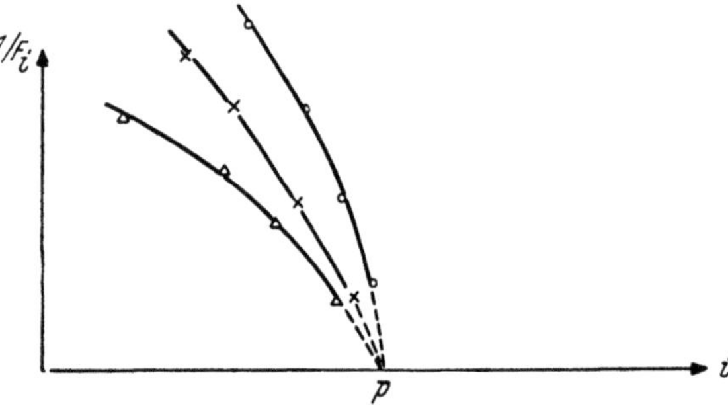

Abb. 25. Die Messung des kritischen Volumens nach der Methode des stufenweisen Aufbaues

Oberhalb eines bestimmten maximalen Verdünnungsgrades kommt es zu keiner Kettenreaktion mehr. k_∞ wird kleiner als 1. Diese Verdünnung liegt für H_2O bei $z = 2250$, für D_2O bei $z \approx 3.10^5$ usw. (vgl. Übungsbeispiel 20 e).

Zahlreiche weitere Meßergebnisse nach der Methode des stufenweisen Aufbaues oder des Exponentialexperimentes findet man in der Literatur[61]. $F_i Q_0$ bestimmt man aus der Neutronendichte $n\,(\mathfrak{r}_0, t)$, die in einem festen Abstand $\mathfrak{r}_0$ von der im Mittelpunkt (Ursprung des Koordinatensystems) befindlichen Neutronenquelle laufend gemessen wird. Beim Aufbau einer jeden Stufe steigt n ($\mathfrak{r}, t$) zunächst schlagartig an und sinkt dann immer wieder asymptotisch nach einer Exponentialfunktion $e^{-(k_{eff\,i}-1)at}$ ab, so daß sich nach jeder Stufe schließlich eine Art Gleichgewichtszustand einstellt (vgl. Abb. 30, S. 173). Der Zustand vor dem Durchgehen wird durch $e^{-(k_{eff\,p}-1)at}$ festgelegt. Da in der Praxis $k_{eff\,p} - 1$ von der Größenordnung 10^{-10} ist (vgl. Übungsbeispiel 20 b) und $a \approx 10^3\ \text{sec}^{-1}$, ändert sich die Exponentialfunktion wenig und man hat es mit praktisch zeitunabhängigen Neutronendichten $n\,(\mathfrak{r}_0)$ zu tun. Aus diesen bestimmt man $F_i Q_0$.

Die Eigenfunktionen des sich in einem Gleichgewichtszustand ($\partial/\partial t \approx 0$) befindlichen Reaktors sind durch (20.26) bestimmt. Wir entwickeln den Neutronenfluß der Punktquelle, die sich im Ursprung des Koordinatensystems befindet, nach diesen Eigenfunktionen:

$$Q_0\,(x, y) = \sum_l Q_{li}\, V_{li}\,(\mathfrak{r}); \quad Q_{li} = \zeta_i Q_0 \tag{20.33}$$

Die (konstanten) Entwicklungskoeffizienten Q_{li} finden wir auf schon bekannte Art und Weise (vgl. § 15). Bei Punktquellen sind die Q_{li} der Quellstärke Q_0 proportional, vgl. (16.14). Der Proportionalitätsfaktor ζ_i hängt von der Form des Reaktors und der Stufenzahl i ab.

Bei Vorhandensein einer Quelle gilt als Anfangsbedingung für $q_i(\mathfrak{r}, \tau)$ an Stelle von (20.24)

$$q_i(\mathfrak{r}, 0) = \frac{k_\infty}{p} n_i v \, \Sigma_{A\,ges} + \sum_l Q_l V_{li}(\mathfrak{r}) \tag{20.34}$$

Daraus kann man $n_i(\mathfrak{r})$ berechnen. Unter Berücksichtigung von (20.27) ergibt sich

$$n_i(\mathfrak{r}) = \frac{p}{k_\infty \Sigma_{A\,ges} v} \sum_l \{ A_{li} V_{li}(\mathfrak{r}) - Q_l V_{li} \} \tag{20.35}$$

Setzt man dies in (20.21) ein, so erhält man mit (20.25) (20.26) und (18.50) wegen der Linearität von (20.21) für jedes l für die i-te Aufbaustufe

$$A_{li} - \frac{\zeta_i Q_0}{L^2 B_{li}^2 + 1} = \frac{A_{li} k_\infty e^{-B_{li}^2 \tau_{th}}}{L^2 B_{li}^2 + 1} \tag{20.36}$$

Wir definieren nun

$$\frac{k_\infty e^{-B_{li}^2 \tau_{th}}}{1 + L^2 B_{li}^2} \equiv k_{eff\,li} < 1 \tag{20.37}$$

als den zur l-ten Eigenfunktion und zur i-ten Aufbaustufe gehörenden effektiven Vermehrungsfaktor. Die A_{li} sind durch die Randbedingungen der Diffusionsgleichung (20.21), die B_{li} durch die Randbedingungen der Altersgleichung festgelegt. Mit (20.37) und (20.36) folgt aus (20.35) durch Elimination der A_{li}

$$n_i(\mathfrak{r}) = \frac{p}{k_\infty \Sigma_{A\,ges} v} \sum_l V_{li}(\mathfrak{r}) \frac{Q_0 \zeta_i}{(L^2 B_{li}^2 + 1)(1 - k_{eff\,li})} \tag{20.38}$$

Je mehr man sich dem kritischen Zustand nähert, desto mehr überwiegt die erste Eigenfunktion ($l = 1$) alle anderen. Es gilt daher für die letzten Stufen ($i \approx p$) an der Stelle $\mathfrak{r}_0$ ($|\mathfrak{r}_0| = R$)

$$n_i(R) = \frac{p}{k_\infty \Sigma_{A\,ges} v} V_{1i}(R) \frac{Q_0 \zeta_i}{(L^2 B_{1i}^2 + 1)(1 - k_{eff\,1i})} =$$
$$= \frac{p}{k_\infty \Sigma_{A\,ges} v} V_{1i}(R) \frac{\zeta_i}{(L^2 B_{1i}^2 + 1)} F_i Q_0 \sim E_{th}^{-3/2} \tag{20.39}$$

Durch Messung von $n_i(R)$ in der Nähe des kritischen Volumens kann man daher $F_i Q_0$ bestimmen. In der Praxis wird der Versuch mehrmals mit verschieden starken Neutronenquellen durchgeführt; dies ergibt eine Kontrolle der Messungen. da sich ja alle extrapolierten Kurven in $1/F_p = 0$ treffen müssen.

Aus den $k_{eff\,1i}$ kann man für $i \approx p$ nach (20.31) auch die materialabhängige Reaktorkonstante B_m bestimmen. Als Kontrolle gilt, daß für $i \to p$, $B_m \to B_{1p}$ ($= B_g$) gelten muß. B_m hängt natürlich auch vom Mischungsverhältnis Brennstoff zu Bremsmittel ab[61] (vgl. Tab. 26).

Aus (20.31) und (11.14) kann man die Wahrscheinlichkeiten für das Entweichen bzw. Nichtentweichen von Neutronen verschiedener Energie berechnen (vgl. Abb. 16). Man erhält:

$$P_s P_r P_{th} = \frac{e^{-B_g^2 \tau_{th}}}{1 + L^2 B_g^2} \tag{20.40}$$

Zur Trennung dieses Produktes sind jedoch eingehendere Überlegungen notwendig. Die pro cm³ und sec entweichenden Neutronen V sind durch (13.14) gegeben. Die pro cm³ und sec absorbierten Neutronen A sind nach Abb. 16 durch $n v \, \Sigma_{A\,ges}$

Tabelle 26. *Quadrate der materialabhängigen Reaktorkonstante.* z = *Anzahl Brennstoffatome pro Moleküle (Atome) Bremsmittel.* $z' = 1/z$ (* *Meßwerte*)

z	$2 \cdot 10^{-3}$	10^{-3}	$2,5 \cdot 10^{-4}$	$2 \cdot 10^{-4}$	10^{-4}	10^{-5}
z'	$5 \cdot 10^{2}$	10^{3}	$4 \cdot 10^{3}$	$5 \cdot 10^{3}$	10^{4}	10^{5}
B_m^2 für U 235 in D$_2$O	$6 \cdot 10^{-3}$	$5 \cdot 10^{-3}$	$3,15 \cdot 10^{-3}$* $(2,9 \cdot 10^{-3})$	$2,77 \cdot 10^{-3}$* $(2,6 \cdot 10^{-3})$	$1,72 \cdot 10^{-3}$* $(1,8 \cdot 10^{-3})$	$1,9 \cdot 10^{-4}$
B_m^2 für Pu 239 in D$_2$O	—	—	$3,65 \cdot 10^{-3}$*	$3,32 \cdot 10^{-3}$*	$2,23 \cdot 10^{-3}$*	—
B_m^2 für U 235 in Graphit	$2,2 \cdot 10^{-3}$	$2 \cdot 10^{-3}$	$1,8 \cdot 10^{-3}$	$1,7 \cdot 10^{-3}$	$1,5 \cdot 10^{-3}$	$1,8 \cdot 10^{-4}$
B_m^2 für U 235 in H$_2$O	10^{-2}	$1,5 \cdot 10^{-3}$	0	0	0	0

gegeben. Setzt man für $n\,v$ den thermischen Fluß des kritischen Reaktors ein, so ergibt sich mit Berücksichtigung von (20.26)

$$\frac{V}{A} = \frac{D B_g^2}{\Sigma_{A\,ges}} = L^2 B_g^2 \qquad (20.41)$$

Für den Bruchteil der absorbierten thermischen Neutronen erhält man daher

$$\frac{A}{V + A} = \frac{1}{1 + L^2 B_g^2} = P_{th} \qquad (20.42)$$

und für den entweichenden Anteil gilt

$$\frac{V}{V + A} = \frac{L^2 B_g^2}{1 + L^2 B_g^2} = 1 - P_{th} \qquad (20.43)$$

Aus (20.40) erhält man für den Anteil der nichtentweichenden Resonanzneutronen und schnellen Neutronen

$$P_s P_r = e^{-B_g^2 \tau_{th}} \left(= \frac{e^{-B_g^2 \tau_{th}}}{p} \cdot p \right) \qquad (20.44)$$

Im nächsten Paragraphen werden wir sehen, daß die geometrische Reaktorkonstante B_g für große Reaktoren klein ist; nach (20.42) und (20.44) entweichen daher aus großen Reaktoren nur wenig Neutronen. Bei großen Abmessungen überwiegt der Volumseffekt (Erzeugung) den Oberflächeneffekt (Entweichen). Auch das FERMI-Alter hat einen Einfluß auf V: ist τ_{th} groß, dann ist $P_s P_r$ klein.

Die mittlere Lebensdauer (maximale Diffusionszeit) eines Neutrons ist durch (9.41) bestimmt. Dies gilt jedoch nur unter der Voraussetzung, daß kein Neutron entweicht (unendlich ausgedehntes Medium!). Infolge des Entweichens verringert sich nun die mittlere Lebensdauer auf

$$\tau_{Sp} = \frac{1}{\Sigma_A v} \cdot \frac{1}{1 + L^2 B_g^2}$$
$$\text{bzw. } \Sigma_A \to \Sigma_{A\,ges} \qquad (20.45)$$

Diese Zeit nennen wir *Spaltzeit* (vgl. S. 25); sie entspricht der mittleren Lebensdauer einer Neutronengeneration, also der Dauer eines Kreislaufes nach Abb. 16. Sie liegt für thermische Reaktoren je nach deren Größe bei 10^{-4} bis 10^{-3} sec.

Wenn ein Reaktor pro cm³ n Spaltneutronen der Primärenergie E_0 enthält, dann erreichen $n\, p\,(E_0, E)\, e^{-\tau\,(E_0,\, E)\, B_g^2}$ Neutronen die Energie E.

$n\, p\,(E_0,\, E_{th})\, e^{-\tau_{th} B_g^2}$ Neutronen erreichen thermische Energien; von diesen entweichen

$$n\,\frac{p\,(E_0, E_{th})\, e^{-\tau_{th}\,(E_0,\, E_{th})\, B_g^2}}{1 + L^2 B_g^2}\ \text{Neutronen } nicht$$

und werden daher absorbiert. Schon vor Erreichung thermischer Energien werden

$$n \int_{E_{th}}^{E_0} e^{-\tau\,(E_0,\, E)\, B_g^2}\,\frac{dp\,(E_0, E)}{dE}\, dE$$

Neutronen absorbiert.

Ein gewisser Bruchteil dieser Absorptionsprozesse führt zu Spaltungen, die somit durch Neutronen der Energie $E\,(E_0 > E > E_{th})$ hervorgerufen werden. Den Vermehrungsfaktor für diese Spaltprozesse nennen wir nach (11.17) $k_\infty\,(E)$. Da auch die thermischen Neutronen Spaltprozesse auslösen, entstehen aus den n ursprünglichen Spaltneutronen insgesamt

$$n\left\{\frac{p\,(E_0, E_{th})\, e^{-\tau_{th}\,(E_0,\, E_{th})\, B_g^2}}{1 + L^2 B_g^2}\, k_\infty\,(E_{th}) + \int_{E_{th}}^{E_0} k_\infty\,(E) \cdot e^{-\tau\,(E_0,\, E)\, B_g^2}\,\frac{dp\,(E_0, E)}{dE}\, dE\right\}$$

neue Spaltneutronen. Führt man Mittelwerte ein, so gilt, wenn $n\gamma$ den *Zuwachs* an Spaltneutronen angibt, die folgende *allgemeine kritische Gleichung*

$$\boxed{\ \frac{p_{th} \cdot e^{-\tau_{th} B_g^2}}{1 + L^2 B_g^2}\, k_\infty\,(E_{th}) + \overline{e^{-\tau B_g^2}}\,(1 - p_{th})\,\overline{k_\infty\,(E)} = 1 + \gamma\ } \qquad (20.46)$$

Nimmt man an, daß die Spaltungen *nur* durch thermische Neutronen erfolgen, daß also $k_\infty\,(E) = 0$, $\varepsilon = 1$, dann erhält man

$$\frac{e^{-\tau_{th} B_g^2}}{1 + L^2 B_g^2}\, p_{th}\, k_\infty\,(E_{th}) = 1 + \gamma = k_{eff} \qquad (20.47)$$

Für $\gamma = 0$ und $p_{th}\, k_\infty\,(E_{th}) = k_\infty$ geht dies in (20.31) über. Für $k_\infty\,(E_{th})$ gilt also (vgl. auch (11.19) und (25.10))

$$k_\infty\,(E_{th}) = \frac{k_\infty}{p_{th}} = k_{\infty th} = \frac{\Sigma_{Sp}\,(E_{th})}{\Sigma_{A\,ges}\,(E_{th})}\, \nu\,(E_{th}) = \widetilde{f}\,\nu\,; \quad (\varepsilon = 1) \qquad (20.48)$$

Für den Faktor γ erhalten wir

$$\gamma = \frac{k_\infty\, e^{-\tau_{th} B_g^2} - 1 - L^2 B_g^2}{1 + L^2 B_g^2} = \varrho\,\frac{e^{-\tau_{th} B_g^2}}{1 + L^2 B_g^2} \qquad (20.49)$$

Die durch

$$\varrho = k_\infty - (1 + L^2 B_g^2) \cdot e^{+\tau_{th} B_g^2} = \frac{k_{eff} - 1}{k_{eff}}\, k_\infty \approx k_{eff} - 1 \qquad (20.50)$$

definierte Größe nennen wir die *Empfindlichkeit* des Reaktors *(Reaktoremp-findlichkeit)*; sie ist für die Reaktordynamik (vgl. § 24) von Wichtigkeit.

Übungsbeispiele

20 a) Man entwickle die Exponentialfunktion in (20.31) in eine Potenzreihe, die man nach dem 2. Glied abbricht. Man zeige, daß sich (20.5) als Näherung für (20.31) ergibt. Warum ist diese Näherung um so besser, je größer der Reaktor ist? (Man beachte $\varkappa^2_{eff} = - B^2$.)

20 b) Der Fluß in einem unterkritischen Versuchsreaktor sei $2 \cdot 10^{13}$ thermische Neutronen pro cm² und pro sec, $v = 2 \cdot 10^5$ cm/sec. Man berechne aus der Neutronendichte und der mittleren Lebenszeit 10^{-3} sec, wieviel Neutronen im Reaktor pro cm³ und sec erzeugt werden. Wieviel Neutronen kommen pro cm³ und sec durch eine Neutronenquelle von 10^7 Neutronen/sec hinzu, wenn das Reaktorvolumen 10^6 cm³ ist. Man berechne F_i und k_{eff}. Um wieviel weicht das k_{eff} dieser Aufbaustufe von 1 ab?

20 c) Ein homogener Reaktor bestehe aus reinem U 235 bzw. einem anderen reinen Kernbrennstoff (Pu 239 usw., Symbol K) und einem Bremsmittel (Symbol B), das im Verhältnis $z' =$ Anzahl der Uranatome/Anzahl der Bremsmittelmoleküle beigemischt ist. Man zeige, daß bei Vernachlässigung der Absorption ($p \approx 1$) und der schnellen Spaltung ($\varepsilon \approx 1$) die folgenden Formeln gelten

$$k_\infty = \frac{\nu_K \, \sigma^K_{Sp} \, z'}{\sigma^K_{A \, ges} \cdot z' + \sigma^B_A} \tag{20.51}$$

$$L^2 = \frac{1}{3 \, N^2_B \, (\sigma^K_{A ges} z' + \sigma^B_A + \sigma^K_S z' + \sigma^S_B - \sigma^K_t z' - \sigma^B_t)(\sigma^K_{A ges} z' + \sigma^B_A)} \tag{20.52}$$

Man suche dasjenige Mischungsverhältnis $z = 1/z'$, bei dem k_∞ am größten ist. Bei welchem Mischungsverhältnis wird $k_\infty = 1$? Man berechne k_∞, L und k_{eff} für mehrere Werte von z. Wie ändert sich L mit z? Man berechne für mehrere z-Werte B_m für $k_{eff} = 1$, indem man die e-Potenz in eine Reihe entwickelt und die Näherungslösungen durch bekannte Methoden verbessert. (Eine graphische Methode zur Lösung der Gleichung für B_m stammt von Soodac[62]).

Man entnehme ν_K, σ^K_A, σ^K_{Sp}, σ^K_S und σ^B_A, σ^B_S, $N_B \approx N_{reines \, B}$ für Graphit und Beryllium bzw. für U 235 aus Tab. 19.

20 d) Man berechne z für $L = 23,6$ cm, $\tau = 98$ cm², $\sigma^B_A = 0,009$ barn, $\sigma^K_{A \, ges} = 650$ barn, $\eta = 2,2$ und $B_m = 2 \cdot 10^{-3}$, $3,8 \cdot 10^{-3}$, $4 \cdot 10^{-3}$ cm⁻². Man suche für U 235 mit Graphit, H_2O, D_2O und Be als Bremsmittel, $L \approx L_B$, $\tau \approx \tau_B$, $p = \varepsilon = 1$, dasjenige z, bei dem B_m Null wird. Warum können die in den Beispielen 20 c und 20 d beschriebenen thermischen Reaktoren nur als Rechenbeispiele dienen und nicht gebaut werden?

Man suche denjenigen Wert von z, bei dem ein U 235-Be-Reaktor, dessen geometrische Reaktorkonstante $B_g = 3 \cdot 10^{-3}$ cm⁻² sei, kritisch wird ($L = L_{Be}$, $\tau = \tau_{Be}$ für thermische Neutronen).

20 e) Man zeige, daß für einen Leichtwasser-Reaktor mit U 235 als Brennstoff $k_\infty \to 1$ für $z' \approx 2250$. Wie groß ist dann B_m?

20 f) Um welchen Faktor ist die mittlere Lebensdauer eines thermischen Neutrons in reinem Graphit größer, als die Spaltzeit in einem Graphit-U 235-Gemisch $z' = 2 \cdot 10^4$. Man versuche, die Spaltzeit ganz allgemein als Funktion von f auszudrücken.

20 g) Man beweise, daß ein homogener Reaktor mit *natürlichem Uran* als Brennstoff und Graphit als Bremsmittel bei beliebiger Form und Größe und bei beliebigem Mischungsverhältnis niemals kritisch werden kann, weil stets $k_\infty < 1$.

20 h) Wieso gibt es nur sehr wenige Typen von homogenen Reaktoren, für welche die in § 20 entwickelte Theorie in guter Näherung gilt? (*Exakt* ist nur die Neutronenkinetik.) Man unterscheide zwischen

a) H_2O-, D_2O-Reaktoren mit natürlichem Uran,

b) H_2O-, D_2O-Reaktoren mit leicht angereichertem Uran oder Plutonium,

c) Reaktoren mit Graphit oder Beryllium als Bremsmittel und mit natürlichem Uran

und schließlich

d) Reaktoren mit Graphit oder Be als Bremsmittel und leicht angereichertem Brennstoff.

20 i) Man stelle eine Liste zusammen, die
a) alle Reaktorparameter (L, τ, B usw.),
b) alle Gleichungen zwischen ihnen,
c) die „Freiheitsgrade'' (z, Abmessungen usw.)
enthalten möge.

20 j) Man beweise mit Hilfe von (20.28) (20.26), daß für den kritischen Fluß die Differentialgleichung

$$\boxed{\Delta\, nv + B_g^2\, nv = 0}\qquad(20.53)$$

gilt.

20 k) Wie könnte man die kritische Brennstoffmasse mit Hilfe einer Extremaufgabe $\dfrac{dM_K}{dR} = 0$ (20.54) ableiten ? (R = Hauptabmessung).

20 l) Interpretiere

$$\nabla D \nabla \varphi - \varphi\, \Sigma_A \div n\,(u)\, v \int\limits_0^\infty \varphi\,(u)\, \Sigma_{Sp}\, du = \frac{\partial\,(\varphi\xi\Sigma_s)}{\partial u} + \frac{1}{v}\,\frac{\partial\,\varphi}{\partial t}\qquad(20.55)$$

§ 21. Verschiedene Reaktorformen

Reaktorrandbedingung, Reaktoren in der Form von Quader, Würfel, Kugel, Zylinder, günstigster Zylinder, kritische Eigenfunktionen, B_g und Übersicht über die Reaktorparameter.

Die Theorie der stetigen Bremsung gestattet es, Materialeinflüsse und Formeinflüsse getrennt zu untersuchen. Die physikalischen Eigenschaften der im Reaktor enthaltenen Stoffe werden durch die materialabhängige Reaktorkonstante B_m erfaßt, die durch (20.31) definiert ist. Die Formeinflüsse drücken sich in der geometrischen Reaktorkonstante B_g aus, die als Eigenwert von (20.26) unter Berücksichtigung der Randbedingung

$$\sum_l^\infty A_l\, V_l\,(\mathfrak{r}_R) = 0\qquad(21.1)$$

$\mathfrak{r}_R$: alle Punkte der effektiven Reaktorbegrenzungsflächen

zu berechnen ist. (21.1) nennen wir die *Reaktor-Randbedingung*. Im *kritischen Zustand*, d. h. wenn eine im Gleichgewichtszustand befindliche Kettenreaktion abläuft, ist $B_g = B_m$ und von den unendlich vielen Eigenfunktionen V_l ist nur die erste vorhanden — alle andern liefern keinen Beitrag (vgl. § 20). In der *Reaktorstatik* (Kettenreaktion im Gleichgewicht, nv und q unabhängig von der Zeit) spezialisiert sich die Reaktorrandbedingung daher auf

$$V_1\,(\mathfrak{r}_R) = 0\qquad(21.2)$$

während in der *Reaktordynamik*, in welcher die zeitliche Veränderung des Neutronenflusses untersucht wird ($B_m \neq B_g$, $\partial/\partial t = 0$, vgl. § 24), die allgemeinere Randbedingung (21.1) verwendet werden muß.

Um B_g berechnen zu können, müssen wir (20.26) für Reaktoren verschiedener geometrischer Formen lösen. Die Gleichung (20.26) hat dieselbe Form wie die Diffusionsgleichung (15.4); man hat nur $-\varkappa^2$ durch $+ B_l^2$ zu ersetzen, um aus den Lösungen von (15.4) die Lösungen von (20.26) zu erhalten. Da in der Reaktorstatik die höheren Eigenfunktionen fehlen, sind die Lösungen einfacher gebaut.

Betrachten wir zunächst einen *quaderförmigen Reaktor*. Nach (15.13), (15.14) und (15.15) ist die Lösung von (20.26) durch e-Potenzen gegeben. Da nach (21.1) für alle drei Koordinaten das Verschwinden der Lösung in allen Randpunkten gefordert wird und da $B^2 > 0$, müssen die Exponenten rein imaginär sein — die Lösung besteht also gemäß (15.17) aus trigonometrischen Funktionen.

Es ist zweckmäßig, das Koordinatensystem so zu wählen, daß sich der Ursprung im Mittelpunkt des Reaktors befindet. Wenn a', b', c' die wirklichen und $a = a' + 2\,d$, $b = b' + 2\,d$, $c = c' + 2\,d$ die effektiven Abmessungen des Quaders sind (vgl. §§ 14, 15), dann nehmen die Randbedingungen die Form

$$V_1\,(+\,a/2, y, z) = V_1\,(-\,a/2.\ y, z) = 0 \quad \begin{array}{l} -\,b/2 \leq y \leq b/2 \\ -\,c/2 \leq z \leq c/2 \end{array} \tag{21.3}$$

an. (Analog für y und z.)

Da es sich demgemäß bei den V_l um symmetrische Funktionen handelt, lautet die Lösung

$$V_1\,(x, y.\ z) = A\,\cos\frac{\pi}{a}\,x \cdot \cos\frac{\pi}{b}\,y \cdot \cos\frac{\pi}{c}\,z \tag{21.4}$$

und

$$q\,(x, y, z, \tau) = A \cdot e^{-B_g^2 \tau}\cos\frac{\pi}{a}\,x \cdot \cos\frac{\pi}{b}\,y \cdot \cos\frac{\pi}{c}\,z. \tag{21.5}$$

Setzt man (21.4) in (20.26) ein, so ergibt sich

$$\boxed{\begin{aligned} B_g^2 &= \pi^2\,(1/a^2 + 1/b^2 + 1/c^2) = \pi^2\left(\frac{1}{(a' + 2\,d)^2} + \right. \\ &\left. +\,\frac{1}{(b' + 2\,d)^2} + \frac{1}{(c' + 2\,d)^2}\right) \end{aligned}} \tag{21.6}$$

Die Dimension von B_g ist natürlich gleich der von B_m [cm^{-1}]. Läßt man b' und c' gegen ∞ gehen, dann erhält man die geometrische Reaktorkonstante für die unendlich große Platte

$$\boxed{B_g^2 = \frac{\pi^2}{a^2} = \frac{\pi^2}{(a' + 2\,d)^2}} \tag{21.7}$$

Die gleiche Formel ergibt sich auch aus der Eingruppentheorie, in der allerdings $B_m = -\,i\,\varkappa_{eff}$ durch (20.7) bestimmt ist.

Bekanntlich ist der Quader, der bei gegebenem Volumen die kleinste Oberfläche hat, ein Würfel. Um das Entweichen der Neutronen durch die Oberfläche auf ein Minimum zu beschränken, wird man einem Quader den Würfel vorziehen. Für diesen erhält man aus (21.6)

$$\boxed{B_g^2 = \frac{3\,\pi^2}{(a' + 2\,d)^2} = \frac{3\,\pi^2}{a^2}} \tag{21.8}$$

Für das Volumen des Würfels ergibt sich daher

$$\boxed{V_{kr} = a'^3 = \left(\frac{\sqrt{3}\,\pi}{B_g} - 2\,d\right)^3} \quad [\text{cm}^3] \tag{21.9}$$

Ersetzt man darin B_g durch B_m aus (20.31), so erhält man das kritische Volumen. Die öfters in der Literatur angegebene Formel

$$V_{kr} = \left(\sqrt{3} \cdot \frac{\pi}{B_m} \right)^3 = \frac{161}{B_m^3} \tag{21.10}$$

ist nur näherungsweise richtig, da diese Formel gemäß (21.8) nur das *Volumen* des *extrapolierten* Würfels liefert, das für den Konstrukteur ganz uninteressant ist.

Für einen *kugelförmigen Reaktor* folgt aus (15.48) bzw. (15.49) als *kritische Lösung* von (20.26) der Ausdruck

$$V_1 (r) = \frac{A e^{-ar}}{r} + \frac{B e^{+ar}}{r} \tag{21.11}$$

Infolge der Randbedingungen

    a) V überall endlich $0 \leq r \leq R$

    b) $V (R) = 0$ $R = R' + d, \quad R'$ Kugelradius,

ergibt sich aus (21.11)

$$V_1 (r) = C \, \frac{\sin B_g \, r}{r} = C \, \frac{\sin (\pi r / R)}{r} \tag{21.12}$$

mit

$$\boxed{B_g^2 = (\pi / R)^2 = \pi^2 / (R' + d)^2} \tag{21.13}$$

Für das kritische Volumen erhält man dann

$$\boxed{V_{kr} = \frac{4 \pi}{3} R'^3 = \frac{4 \pi}{3} \left(\frac{\pi}{B_m} - d \right)^3} \tag{21.14}$$

Für den kritischen (tatsächlichen, nicht effektiven) Radius erhält man aus (21.13)

$$R' = \frac{\pi}{B_m} - d \quad [\text{cm}] \tag{21.15}$$

Da die Extrapolitationslänge für eine große Kugel nach § 14 näherungsweise durch $\lambda_t / \sqrt{3}$ gegeben ist, folgt mit (20.7)

$$R' = \frac{\pi L_{eff}}{\sqrt{k_\infty - 1}} - \lambda_t / \sqrt{3} \tag{21.16}$$

Diese Formel wurde beim Bau des deutschen Uranreaktors 1941/44 verwendet[63].

Für einen *zylindrischen Reaktor* der Höhe $h' = h - 2d$ und des Radius' $R' = R - d$ lautet nach (20.8), (20.9), (20.12), (20.14) die Lösung von (20.26)

$$V_1 (r, z) = C \cos \left(\frac{\pi z}{h' + 2d} \right) \cdot J_0 \left(\frac{2{,}40}{R' + d} \, r \right) \tag{21.17}$$

Setzt man dies in (20.26) ein, so ergibt sich

$$\boxed{B_g^2 = \frac{(2{,}405)^2}{R^2} + \frac{\pi^2}{h^2} = \frac{(2{,}405)^2}{(R' + d)^2} + \frac{\pi^2}{(h' + 2d)^2}} \tag{21.18}$$

Verwendet man an Stelle von (20.31) die Näherungsformel

$$B_g^2 = B_m^2 = \frac{k_\infty - 1}{L_{eff}^2} \tag{21.19}$$

der Eingruppentheorie, so geht (21.18) in (20.15) über. Für den günstigsten Zylinder erhält man aus (20.17) unter Verwendung von (21.18) an Stelle von (20.15) auch in der Theorie der stetigen Bremsung (20.18). Aus (21.18) folgt dann

$$B_g^2 = (2{,}405)^2 \cdot \frac{3}{2\,R_0^2} = (2{,}405)^2 \cdot \frac{3}{2\,(R_0' + d)^2}\,, \qquad (21.20)$$

was mit (21.19) in (20.19) übergeht.

Für den kritischen Radius des günstigsten Zylinders ergibt sich aus (21.20)

$$R_0' = \frac{2{,}405}{B_m}\,\sqrt{\frac{3}{2}} - d = \frac{2{,}405}{B_m}\,\sqrt{\frac{3}{2}} - 0{,}7104\,\lambda_t \qquad (21.21)$$

während für die zugehörige Höhe aus (20.18)

$$h_0' = \pi/B_m \cdot \sqrt{3} - 2\,d \qquad (21.22)$$

folgt*. Für das kritische Volumen erhält man

$$V_{kr} = R'^2\,\pi\,h' = \pi\,\left(\frac{2{,}405}{B_m} \cdot \sqrt{\frac{3}{2}} - d\right)^2 \cdot \left(\frac{\pi}{B_m}\,\sqrt{3} - 2\,d\right) \qquad (21.23)$$

Auch für andere geometrische Formen (Halbkugel, elliptischer Zylinder usw.) wurde das kritische Volumen berechnet; bezüglich solcher spezieller Formen und anderer Berechnungsmethoden (z. B. Variationsverfahren) müssen wir auf die Originalarbeiten verweisen[62].

Für die drei gebräuchlichsten Formen, Würfel, Zylinder und Kugel haben wir die Ergebnisse in Tab. 27 zusammengefaßt. Eine Darstellung der zugehörigen kritischen Eigenfunktionen (21.4), (21.17) und (21.12) findet man in Abb. 26. Der jeweilige kritische Neutronenfluß ergibt sich aus (20.29). Der Koeffizient A_1 in (20.29) ist frei, über ihn kann noch verfügt werden. (Anfangsbedingung, jeweiliger maximaler Fluß usw.).

Tabelle 27. *Die wichtigsten Werte der geometrischen Reaktorkonstante*

Form	B_g^2	V_{kr}	vgl.
Quader	$\pi^2\left(\dfrac{1}{(a'+2d)^2} + \dfrac{1}{(b'+2d)^2} + \dfrac{1}{(c'+2d)^2}\right)$	$(a'+2d)\,(b'+2d)\,(c'+2d)$	(21.6)
Würfel	$\dfrac{3\,\pi^2}{(a'+2d)^2}$	$\left(\dfrac{\sqrt{3}\,\pi}{B_m} - 2\cdot0{,}710\,\lambda_t\right)^3$	(21.8)
Kugel	$\dfrac{\pi^2}{(R'+d)^2}$	$\dfrac{4\,\pi}{3}\left(\dfrac{\pi}{B_m} - \dfrac{\lambda_t}{\sqrt{3}}\right)^3$	(21.13)
Zylinder	$\left(\dfrac{2{,}405}{R'+d}\right)^2 + \dfrac{\pi^2}{(h'+2d)^2}$	$\pi\,(R'+d)^2\,(h'+2d)$	(21.18)
günstigster Zylinder	$\dfrac{3\cdot(2{,}405)^2}{2\,(R_0'+d)^2}$	$\pi\left(\dfrac{2{,}405}{B_m}\,\sqrt{\dfrac{3}{2}} - 0{,}710\,\lambda_t\right)^2\cdot \\ \cdot\left(\dfrac{\pi}{B_m}\,\sqrt{3} - 2\cdot0{,}710\,\lambda_t\right)$	(21.20)
	$R_0' = \dfrac{2{,}405}{B_m}\,\sqrt{\dfrac{3}{2}} - 0{,}710\,\lambda_t$	$h_0' = \dfrac{\pi}{B_m}\,\sqrt{3} - 2\cdot0{,}710\,\lambda_t$	(21.21)

---

* Mangels einer neutronenkinetischen Lösung des Randwertproblems beim Zylinder wird die Extrapolationslänge auch für diesen durch $0{,}7104\,\lambda_t$ ausgedrückt.

Die Berechnung eines Reaktors erfolgt in zwei Schritten: Die *primären Parameter* liegen meist schon der Größenordnung nach durch den Verwendungszweck und die zur Verfügung stehenden finanziellen Mittel fest. Die *sekundären Parameter* durch die dann das kritische Volumen und die benötigten Stoffmengen

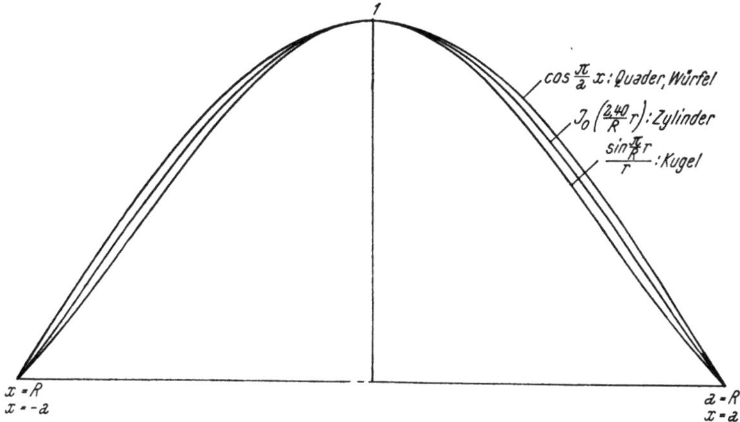

Abb. 26. Die kritischen Eigenfunktionen

bestimmt werden, kann man nach den besprochenen Formeln berechnen. Tabelle 28 gibt eine Übersicht über die Reaktorparameter und die Zusammenhänge zwischen ihnen.

Tabelle 28. *Reaktorparameter (homogener Reaktor ohne Reflektor)*
Primäre Parameter

	Formel
a) Frei wählbar	
α) *Materialeinfluß:*	
Mischungsverhältnis $z = N_B/(N'_{K_1} + N_{K_2})$ oder z'	
Isotopenverhältnis $R = N_{K_1}/N_{K_2}$	
Verunreinigung durch Fremdstoffe $N_F/(N_{K_1} + N_{K_2})$	
(Beimischung, Kühlsystem usw.)	
β) *Formeinfluß:* Form (Kugel, Zylinder usw.) V_ι	(20.26)
Abmessungen → Randbedingungen → V_λ	(21.2)
Geometrische Reaktorkonstante B_g, d (Material!)	(21.18)
b) Durch Stoffwahl festgelegt	
α) K: Kernbrennstoff: Zahl der Spaltneutronen ν, η	(11.3)
Schnellvermehrungsfaktor ε	(11.8)
ferner $\sigma_S^{K_1}$, $\sigma_S^{K_2}$, $\sigma_A^{K_1}$, $\sigma_A^{K_2}$	
β) B: Bremsmittel: Massenbruch r und $\overline{\cos \vartheta}$	(7.13) (12.46)
Mittlere logarithmische Bremsung $\xi\,(r)$ $\bar{\xi}$	(7.31) (8.28)
Streuwirkungsquerschnitt σ_S^B	
Absorptionswirkungsquerschnitt σ_A^B	
σ_S^F, σ_A^F (Fremdstoffe)	

Sekundäre Parameter

Parameter	Abhängig von	Formel
Lebenserwartung p	$\sigma_S^{K_1}(E)$, $\sigma_S^{K_2}(E)$, $\sigma_S^{B}(E)$, $\sigma_S^{F}(E)$, $\sigma_A^{K_1}(E)$, $\sigma_A^{K_2}(E)$, $\sigma_A^{B}(E)$, N_B, N_F, N_{K_1}, N_{K_2} bzw. z, R; E_0, ξ, r	(9.37)
Thermischer Verwertungsgrad f	$\sigma_A^{K_1}$, $\sigma_A^{K_2}$, σ_A^{B}, σ_A^{F}, $\sigma_{Sp}^{K_1}$, $\sigma_{Sp}^{K_2}$, z, R, N_F	(11.9)
Vermehrungsfaktor k'_∞ ..	ε', p', η', f' oder ε', ν, p', $\widehat{f}'$	(11.11)
Diffusionskoeffizient D	alle σ_A, σ_S, $\overline{\cos\widetilde{\vartheta}}$, z, R, N_F	(12.36)
Diffusionslänge L	wie D	(12.40) (14.21)
Thermisches Fermi-Alter τ_{th}	ξ, alle σ_S, z, R, N_F, D, E_0	(18.46)
Materialabhängige Reaktorkonstante B_m ...	k'_∞, L, τ_{th}	(20.31)
Wahrscheinlichkeit P'_{th} ...	L, B_g	(20.42)
Wahrscheinlichkeit $P_r\,P'_s$ ..	B_g, τ_{th}	(20.44)
Effektiver Vermehrungsfaktor k'_{eff}	B_g, τ_{th}, L, k'_∞	(20.31)
Empfindlichkeit $\varkappa$	wie k'_{eff}	(20.50)
Kritisches Volumen V_{kr} ...		vgl. Tab. 26

Übungsbeispiele

21 a) Man beweise, daß bei gegebenem B_m der Kugelreaktor von den besprochenen Reaktorformen das kleinste kritische Volumen hat. Man verifiziere diese Behauptung auch durch eine numerische Nachprüfung für $B_m = 10^{-4}\,\mathrm{cm}^{-2}$.

21 b) Man berechne den kritischen Radius einer Kugel aus reinem U 235 und vergleiche unter der Annahme, daß bei einer schnellen Kettenreaktion 1% der Kerne spalten, die Energieproduktion des Urans mit derjenigen von 20000 t TNT (vgl. Übungsbeispiel 11 a; man verwende (20.7), da $\tau_{th} = 0$. Weiters gelte natürlich $k_\infty \approx \eta_{th}$; φ, Σ_S, Σ_{Sp}, λ_t entnehme man aus Tab. 19 usw., $d = 0,71\,\lambda_t$).

21 c) Der „LOPO"-Homogenreaktor in Los Alamos besteht aus einer Stahlkugel vom Rauminhalt 14,8 Liter. Dieses Gefäß enthält zirka 565 g angereichertes Uran (Isotopenverhältnis $N_{238}:N_{235} = 6$) in der Form einer UO_2SO_4-Lösung in H_2O. Man vergleiche B_m mit B_g. Die beiden Werte unterscheiden sich vor allem deshalb, weil der „LOPO"-Reaktor mit einem Reflektor ausgestattet ist und dieser hier nicht berücksichtigt wurde.

Daten: S: $\sigma_{A\,ges} = 0,49$ barn; für U 235, U 238, H_2O s. Tab. 19.

N ist für alle Atome aus den Angaben zu berechnen, für ξ, τ, λ_t, σ_S nehme man angesichts der großen Verdünnung des Kernbrennstoffes die Werte von Wasser. Das effektive Resonanzintegral für U 238 ergibt sich als Funktion von $\Sigma_S/N_{U\,238}$ aus (10.11).

21 d) Man berechne für den „LOPO" unter der Annahme eines maximalen Flusses von $3 \cdot 10^6$ Neutronen/sec cm² Leistung, Uranverbrauch und Anzahl der entweichenden Neutronen, der absorbierten Neutronen usw. (Zahlen der Neutronen in *allen* Kästchen von Abb. 16).

21 e) Man berechne für einen quaderförmigen Reaktor das kritische Volumen nach der Eingruppentheorie.

21 f) Man berechne B_g nach der Theorie der stetigen Bremsung für eine Halbkugel.

21 g) In einem Kugelreaktor variiere das Mischungsverhältnis $z = $ U 235:Graphit so, daß die Energieerzeugung räumlich konstant ist[64]. Man suche $z(r)$.

21h) Man bringe (20.31) in die Form

$$e^{-x} = A + Bx \tag{21.24}$$

Wie groß sind A und B? Wie genau ist die Näherungslösung, wenn man e^{-x} durch $1 - x$ ersetzt? Wie kann man diesen Näherungswert auf einfachste Weise verbessern? (Vgl. auch MILES[62].)

21 i) **Man** berechne die Neutronendichte $n\,(r)$ für einen Kugelreaktor nach der Eingruppentheorie.

21 j) **Man** berechne für $L = 23,6$ cm, $\tau_{th} = 98$ cm², $\sigma_A^B = 0,009$ barn, $\sigma_{A\,ges}^K = 650$ barn, $z = 10^4$, $\eta = 2,1$, $p = 1$, $\varepsilon = 1$ das kritische Volumen eines Kugelreaktors und die Anzahl der entweichenden Neutronen.

21 k) Das Ritzsche Verfahren gestattet es[46], sehr rasch eine gute Näherung für den Eigenwert einer Differentialgleichung zu erhalten, indem man diese in ein Variationsproblem umformt und letzteres durch eine Versuchsfunktion näherungsweise löst. Man zeige, daß das Variationsproblem $\delta J = 0$

$$J = \int (\mathrm{grad}\ V)^2\, d\tau - B_g^2 \int V^2\, d\tau \qquad (21.25)$$

mit der Versuchsfunktion

$$V = \alpha_1\,(r - R)^2 + \alpha_2\,(r - R)^4 \qquad (21.26)$$

für einen Kugelreaktor aus

$$\partial J/\partial \alpha_1 = 0, \quad \partial J/\partial \alpha_2 = 0 \qquad (21.27)$$

einen guten Näherungswert für B_g^2 liefert.

§ 22. Die Mehrgruppentheorie

Gruppeneinteilung und Gruppenparameter, Zweigruppentheorie und deren kritische Gleichung, Mehrgruppentheorie, Integralkerne der Mehrgruppentheorie.

Die Theorie der stetigen Bremsung und die — noch etwas ungenauere — Eingruppentheorie[62] ist für die Berechnung von Leicht- bzw. Schwerwasserreaktoren nicht anwendbar, da ein Neutron in Wasser bei einem einzigen Stoß seine ganze, in Schwerwasser bis zu 89% seiner Energie verlieren kann. (Vgl. § 18, Einleitung und Tab. 11, S. 34.) Man muß daher in allen Fällen, wo Wasser bzw. Schwerwasser als Bremsmittel verwendet wird, mit der Mehrgruppentheorie arbeiten.

Wir besprechen zunächst die Zweigruppentheorie und unterscheiden schnelle und thermische Neutronen (mit den Energien E_s bzw. E_{th}). Für jede der beiden Gruppen gilt eine Diffusionsgleichung der Art (12.39); wir unterscheiden sie durch die Indizes s und th. Zur schnellen Gruppe sollen alle Neutronen gehören, die nicht thermische Energien besitzen. Die in der Diffusionsgleichung auftretenden Parameter wie D, $\Sigma_{A\,ges}$ oder L sind energieabhängig; wir müssen daher auch diese Größen indizieren und sprechen dann von *Gruppenparametern*.

Ein Neutron gehört so lange zur schnellen Gruppe, soll also so lange seine Primärenergie $E_0 = E_s$ unverändert beibehalten, bis es nach (7.32) $18{,}2/\xi$ Zusammenstöße erlitten hat. Dann erst tritt es in die thermische Gruppe über. Man vernachlässigt so das Energiespektrum der Spaltneutronen gemäß (6.8) und das der thermischen Neutronen gemäß (4.34) sowie die Bremsung im Zwischengebiet, nimmt also an, daß alle schnellen Neutronen die gleiche Energie E_s und alle thermischen Neutronen die gleiche Energie E_{th} besitzen.

Die Anzahl der Zusammenstöße, die die Neutronen der schnellen Gruppe pro cm³ und sec erleiden, ist durch (4.33) gegeben, doch müssen wir nun andere Integrationsgrenzen anschreiben

$$P_{tot}''' = \int_{E_{th}}^{E_s} \sigma_S\,(E)\, N_S\, n\,(x, y, z, E)\, v\,(E)\, dE = \overline{\Sigma}_S\, \varphi_s\,(x, y, z) \qquad (22.1)$$

wobei wir den Fluß der schnellen Gruppe mit

$$\varphi_s\,(x,y,z) = \int\limits_{E_{th}}^{E_s} n\,(x,\,y,\,z,\,E)\,v\,(E)\,dE \tag{22.2}$$

bezeichnet haben.

(7.32) gibt die Anzahl der Stöße, die zur Abbremsung von E_s auf E_{th} führen; pro cm³ und sec werden daher

$$P = \frac{\overline{\Sigma_S\,\varphi_s}}{\dfrac{1}{\xi}\,\ln\dfrac{E_s}{E_{th}}} = \Sigma_s\,\varphi_s\,; \tag{22.3}$$

schnelle Neutronen in die thermische Gruppe übertreten. Der durch (22.3) definierte Wirkungsquerschnitt Σ_s heißt *Bremsquerschnitt* der schnellen Gruppe.

Ein anderer Gruppenparameter ist die Diffusionskonstante der schnellen Gruppe

$$D_s = \frac{\displaystyle\int\limits_{E_{th}}^{E_s} D\,(E)\,\operatorname{grad}\varphi_s\,(x,\,y,\,z,\,E)\,dE}{\displaystyle\int\limits_{E_{th}}^{E_s}\operatorname{grad}\varphi\,(x,\,y,\,z,\,E)\,dE} \tag{22.4}$$

die man durch Mittelwertbildung aus (13.3) erhält. Nimmt man für den Augenblick an, daß die Theorie der stetigen Bremsung *innerhalb* der einzelnen Gruppe gilt, daß also $\varphi_s\,(x,\,y,\,z,\,E)$ als Produkt einer nur von E und einer nur von $x,\,y,\,z$ abhängigen Funktion gegeben ist, dann folgt durch Kürzen des ortsabhängigen Faktors

$$D_s = \frac{\displaystyle\int\limits_{E_{th}}^{E_s} D\,(E)\,\varphi_s\,(E)\,dE}{\displaystyle\int\limits_{E_{th}}^{E_s}\varphi\,(E)\,dE} \tag{22.5}$$

Mit der asymptotischen Näherung (8.17) folgt

$$D_s = \frac{\displaystyle\int\limits_{E_{th}}^{E_s} D\,(E)\,dE/E}{\ln\dfrac{E_s}{E_{th}}} \tag{22.6}$$

Aus D_s kann man dann mit Hilfe von (14.24) L_s berechnen. Analoge Formeln erhält man für die thermische Gruppe; für eine beliebige Gruppe gilt

$$\boxed{\,D_i = \frac{\displaystyle\int\limits_{E_{i+1}}^{E_i} D\,(E)\,\frac{dE}{E}}{\ln\dfrac{E_i}{E_{i+1}}}\,} \tag{22.7}$$

Als Diffusionsgleichung für die i-te Gruppe kann man jedoch nicht einfach (15.3) oder (20.1) anschreiben und den Index th oder s hinzufügen, denn der Übergang zwischen den einzelnen Gruppen muß ja berücksichtigt werden. Für zeitunabhängige Vorgänge gilt nach (13.13) die allgemein gültige Diffusionsgleichung

$$\operatorname{div}(D \operatorname{grad}\varphi) - \Sigma_{A\,ges}\varphi + Q = 0, \tag{22.8}$$

oder mit (22.5) statt (22.4)

$$D\,\Delta\varphi - \Sigma_{A\,ges}\varphi + Q = 0. \tag{22.9}$$

Durch die von thermischen Neutronen ausgelösten Spaltprozesse entstehen pro cm³ und sec

$$k_{\infty\,th}\,\Sigma_{A\,ges\,th}\,\varphi_{th}$$

schnelle Neutronen*, während infolge der Bremsung gemäß (22.3) pro cm³ und sec $\Sigma_s\varphi_s$ Neutronen der schnellen Gruppe in die thermische Gruppe übertreten. Es gilt daher

$$Q_s = k_{\infty\,th}\,\Sigma_{A\,ges\,th}\,\varphi_{th} - \Sigma_s\varphi_s \tag{22.10}$$

und die Diffusionsgleichung für die schnelle Gruppe lautet

$$D_s\,\Delta\varphi_s - \Sigma_{A\,ges\,s}\,\varphi_s + k_{\infty\,th}\,\Sigma_{A\,ges\,th}\,\varphi_{th} - \Sigma_s\varphi_s = 0 \tag{22.11}$$

$k_{\infty\,th}$ ist hiebei durch (20.48) definiert. Verwendet man diese Beziehung, dann kann man in allen folgenden Rechnungen k_∞ an Stelle von $k_{\infty\,th}$ schreiben, wobei allerdings der Fluß der schnellen Neutronen nicht durch φ_s, sondern durch φ_s/p gegeben ist. Da es auf den Fluß nicht ankommt, wollen wir fortan k_∞ verwenden. Für die thermischen Neutronen gilt

$$Q_{th} = + \Sigma_s\varphi_s \tag{22.12}$$

so daß aus (22.9)

$$D_{th}\,\Delta\varphi_{th} - \Sigma_{A\,ges\,th}\,\varphi_{th} + \Sigma_s\varphi_s = 0 \tag{22.13}$$

folgt. Nimmt man näherungsweise an, daß die Extrapolationslängen für schnelle und thermische Neutronen gleich groß sind, dann gelten gemäß (14.6) (14.7) die Randbedingungen

$$\varphi_{th} = \varphi_s = 0 \tag{22.14a}$$

an der extrapolierten Grenzfläche zum Vakuum und

$$\varphi_{th} = \text{stetig}, \quad \varphi_s = \text{stetig}, \quad D_{th}\operatorname{grad}\varphi_{th} = \text{stetig}, \quad D_s\operatorname{grad}\varphi_s = \text{stetig} \tag{22.14b}$$

für eine Zwischenfläche.

Wir suchen nun solche Lösungen der gekoppelten Differentialgleichungen (22.11) (22.13), für die analog zu (20.53)

$$\Delta\varphi_{th} + B_g^2\varphi_{th} = 0, \quad \Delta\varphi_s + B_g^2\varphi_s = 0 \tag{22.15}$$

gilt, wobei B_g^2 in beiden Gleichungen *dieselbe Konstante* ist. Die geometrische Reaktorkonstante B_g wird nach den Methoden des § 21 aus (22.15) (22.14)

---

* Die Energieabhängigkeit von k_∞ haben wir vorerst vernachlässigt (vgl. § 25). Weiters haben wir ´ bzw. * weggelassen, da die entwickelten Formeln sich sowohl auf homogene als auch auf heterogene Reaktoren beziehen. Für heterogene Reaktoren hat man nur für jedes Stoffgebiet eigene Diffusionsgleichungen aufzustellen (vgl. § 23).

bestimmt. Nehmen wir die Gültigkeit von (22.15) an, so daß also die φ_i ($i = th, s$) hierdurch und durch (22.14) vollkommen bestimmt sind, dann folgt aus (22.11)

$$(- D_s B_g^2 - \Sigma_{A\,ges\,s} - \Sigma_s)\,\varphi_s + k_\infty\,\Sigma_{A\,ges\,th}\,\varphi_{th} = 0, \qquad (22.16)$$

während (22.13)

$$\Sigma_s\,\varphi_s + (- D_{th}\,B_g^2 - \Sigma_{A\,ges\,th})\,\varphi_{th} = 0 \qquad (22.17)$$

ergibt. Diese Gleichungen für φ_s und φ_{th} sind homogen und besitzen daher dann und nur dann eine nichttriviale Lösung, wenn die Koeffizientendeterminante verschwindet. Es gilt daher

$$(+ D_s\,B_g^2 + \Sigma_{A\,ges\,s} + \Sigma_s)\,(+ D_{th}\,B_g^2 + \Sigma_{A\,ges\,th}) = k_\infty\,\Sigma_{A\,ges\,th}\,\Sigma_s \qquad (22.18)$$

Dividiert man durch $\Sigma_{A\,ges\,th}\,\Sigma_s$ und führt nach (14.24)

$$L_{th}^2 = \frac{D_{th}}{\Sigma_{A\,ges\,th}} \qquad (22.19)$$

und

$$L_s^2 = D_s/\Sigma_s \qquad (22.20)$$

ein, so erhält man die *kritische Gleichung der Zweigruppentheorie* $B_g = B_m$

$$\left(L_s^2\,B_m^2 + \frac{\Sigma_{A\,ges\,s}}{\Sigma_s} + 1\right)(L_{th}^2\,B_m^2 + 1) = k_\infty \qquad (22.21)$$

Die durch diese Gleichung bestimmte Reaktorkonstante ist B_m; sie stimmt aber mit B_g überein, da wir ja nur Gleichgewichtszustände behandeln. Aus (22.3) und (19.1) folgt nun

$$L_s^2 \approx \tau_{th} \qquad (22.22)$$

so daß sich

$$\frac{k_\infty}{\left(1 + B_m^2\,\tau_{th} + \dfrac{\Sigma_{A\,ges\,s}}{\Sigma_s}\right)(1 + L_{th}^2\,B_m^2)} = 1\ (= k_{eff}) \qquad (22.23)$$

ergibt. (Vgl. auch § 28.) Da für jedes gute Bremsmittel $\Sigma_{A\,ges\,s} \ll \Sigma_s$, kann man auch

$$k_{eff} = \frac{k_\infty}{(1 + B_m^2\,\tau_{th})\,(1 + L_{th}^2\,B_m^2)} = 1 \qquad (22.24)$$

schreiben. Dies ist eine Gleichung 4. Grades für B_m

$$B_m^4 + \left(\frac{1}{\tau_{th}} + \frac{1}{L_{th}^2}\right) B_m^2 - \frac{k_\infty - 1}{\tau_{th}\,L_{th}^2} = 0 \qquad (22.25)$$

mit den vier Lösungen

$$B_{m+} = \pm \sqrt{- \frac{1}{2}\left(\frac{1}{\tau_{th}} + \frac{1}{L_{th}^2}\right) + \sqrt{\frac{1}{4}\left(\frac{1}{\tau_{th}} + \frac{1}{L_{th}^2}\right)^2 + \frac{k_\infty - 1}{\tau_{th}\,L_{th}^2}}} \qquad \text{[reell]}$$

$$\qquad (22.26)$$

$$B_{m-} = \pm \sqrt{- \frac{1}{2}\left(\frac{1}{\tau_{th}} + \frac{1}{L_{th}^2}\right) - \sqrt{\frac{1}{4}\left(\frac{1}{\tau_{th}} + \frac{1}{L_{th}^2}\right)^2 + \frac{k_\infty - 1}{\tau_{th}\,L_{th}^2}}} \qquad \text{[imaginär]}$$

Die Gleichungen der Form (22.15) besitzen daher je zwei Lösungen φ_1 und φ_2, die durch

$$\Delta\varphi_1 + B_{m+}^2\,\varphi_1 = 0 \qquad \Delta\varphi_2 + B_{m-}^2\,\varphi_2 = 0 \tag{22.27}$$

festgelegt sind. Gemäß Abb. 26, Seite 141, lauten die symmetrischen Lösungen für den eindimensionalen Fall, wie Tab. 29 und 47 angeben.

Tabelle 29. Grundlösungen der Zweigruppentheorie

Geometrische Form	φ_1	φ_2
Unendlich große Platte	$\cos B_{g+}\,x$	$\mathfrak{Cof}\,B_{g-}\,x$
Kugel	$\dfrac{\sin B_{g+}\,r}{r}$	$\dfrac{\mathfrak{Sin}\,B_{g-}\,r}{r}$
Unendlich langer Zylinder	$J_0\,(B_{g+}\,r)$	$I_0\,(B_{g-}\,r)$

Ein System aus zwei Differentialgleichungen zweiter Ordnung wie (22.11) (22.13) besitzt vier Lösungspaare, z. B. sin, cos, $\mathfrak{Sin}$ und $\mathfrak{Cof}$, aus denen mit Hilfe von unbestimmten Koeffizienten die allgemeine Lösung hergestellt wird. Die Forderung, nur symmetrische Lösungen zuzulassen (weil das Koordinatensystem so gewählt wurde, daß sich dessen Ursprung im Reaktormittelpunkt befindet), engt die Lösungsmannigfaltigkeit ein.

Die Lösungen von (22.11) und (22.13) lauten daher

$$\varphi_{th} = A_{th}\,\varphi_1 + C_{th}\,\varphi_2 \tag{22.28}$$
$$\varphi_s = A_s\,\varphi_1 + C_s\,\varphi_2$$

Die Lösung φ_2 ist jedoch für einen Reaktor, in dem eine stationäre Kettenreaktion abläuft, nicht brauchbar, da sie die Randbedingung: Verschwinden an der extrapolierten Grenzfläche zum Vakuum, nicht zu erfüllen vermag; es gilt daher

$$C_{th} = C_s = 0 \tag{22.29}$$

Durch die Materialeigenschaften ist auch in der Zweigruppentheorie B_m nach (22.26) festgelegt. Die geometrische Reaktorkonstante ist als Eigenwert von (22.15) definiert. Berechnet man B_g aus (22.15) und (22.14), dann erhält man — so wie in § 21 — B_g als Funktion der Reaktorabmessungen. Setzt man dann $B_g = B_m$ so kann man, ebenso wie in § 21, die kritischen Abmessungen in Abhängigkeit von den Materialeigenschaften berechnen (oder umgekehrt die zum Eintreten des kritischen Zustandes eines vorgegebenen Reaktors notwendigen Materialkonstanten bestimmen).

Wir wollen nun ein einfaches Beispiel berechnen. Für den Plattenreaktor folgt aus (22.15), (22.28), (22:29), bzw. Tab. 29, wenn sich der Ursprung des Koordinatensystems im Mittelpunkt des Reaktors befindet,

$$\varphi_{th} = A_{th}\,\varphi_1 = A_{th}\cos B_{g+}\,x \tag{22.30}$$

$$\varphi_s = A_s\,\varphi_1 = A_s\cos B_{g+}\,x \tag{22.31}$$

Hat der Plattenreaktor die Dicke a', so folgt mit $a = a' + 2\,d$ aus (22.14a)

$$\varphi_{th}\,(a'/2 + d) = \varphi_{th}\,(-a'/2 - d) = A_{th}\cos B_{g+}\,a/2 = 0 \tag{22.32}$$

und

$$\varphi_s\,(-a'/2 + d) = \varphi_s\,(-a'/2 - d) = A_s\cos B_{g+}\,a/2 = 0, \tag{22.33}$$

so daß sich

$$B_{g+} = \pi/a = \pi/(a' + 2\,d) \tag{22.34}$$

ergibt. Dies stimmt mit (21.7) und mit der entsprechenden Formel der Eingruppentheorie *genau* überein. Der Unterschied zwischen Eingruppentheorie, *Mehrgruppentheorie* und Theorie der stetigen Bremsung liegt also *nicht* in der Berechnung von B_g — alle drei Theorien liefern in gleicher Weise die in Tab. 27 zusammengestellten Formeln für B_g. Der Unterschied zwischen den drei Theorien besteht *nur* in der Berechnung von B_m (vgl. Tab. 32, Seite 155). Für die Eingruppentheorie gilt (21.19), für die Mehrgruppentheorie gilt (22.21) und in der Theorie der stetigen Bremsung verwendet man (20.31). Da man jedoch zur Berechnung des kritischen Volumens $B_m = B_g$ setzen muß, ergeben sich in den drei Theorien für die kritischen Abmessungen verschiedene Werte. Man vergleiche z. B. (20.19) mit(21.21).

Setzt man $B_{g+} = B_{m+}$ aus (22.34) in (22.26) ein, so erhält man eine Beziehung zwischen den Materialkonstanten und den kritischen Abmessungen.

Für den Plattenreaktor ergibt sich so die kritische Dicke

$$a' = \frac{\pi - 2\,d\,B_{m+}}{B_{m+}} \tag{22.35}$$

Die Lösungen mit B_{g-}, die einem Diffusionsproblem entsprechen, haben auch beim Reaktor eine physikalische Bedeutung, auf die wir in § 23 zurückkommen.

Die Verallgemeinerung der besprochenen Rechnungen auf mehr als zwei Gruppen ist nicht schwer. Um die einzelnen Gruppen voneinander zu unterscheiden, führen wir den Index i ein. $i = 1$ entspricht der schnellsten Gruppe (Spaltneutronen mit den Energien E, $E_1 > E > E_2$), $i = n$ entspricht der letzten Gruppe (thermische Neutronen). Es wird nun angenommen, daß sämtliche zur i-ten Gruppe gehörenden Neutronen, die in Wirklichkeit die Energie E, $E_i > > E > E_{i+1}$ besitzen, die Energie E_i haben.

Für die Diffusionsgleichung der i-ten Gruppe gilt dann ohne Berücksichtigung von Spaltvorgängen durch Neutronen dieser Gruppe

$$\boxed{D_i\,\Delta\,\varphi_i - \Sigma_i\,\varphi_i + \Sigma_{i-1}\,\varphi_{i-1} - \Sigma_{A\,ges\,i}\,\varphi_i = 0} \tag{22.36}$$

bzw. muß man, wie in (22.8), D_i unter div hineinnehmen.

Die Σ_i und Σ_{i-1} sind die Bremsquerschnitte gemäß

$$\Sigma_i = \frac{\xi \int\limits_{E_{i+1}}^{E_i} \Sigma_S\,(E)\,dE}{\ln\,(E_i/E_{i+1})} = \frac{\xi\,\overline{\Sigma}_{Si}}{\ln\,(E_i/E_{i+1})} \tag{22.37}$$

$i = 1, 2, 3, \ldots n - 1;$

$$\Sigma_{i-1} = \frac{\xi \int\limits_{E_i}^{E_{i-1}} \Sigma_S\,(E)\,dE}{\ln\,(E_{i-1}/E_i)} = \frac{\xi\,\overline{\Sigma}_{Si-1}}{\ln\,(E_{i-1}/E_i)} \tag{22.38}$$

$i = 1, 2, 3, \ldots n - 1$

wobei jedoch

$$\Sigma_0\,\varphi_0 = k_{\infty\,th}\,\Sigma_{A\,ges\,th}\,\varphi_n \qquad i - 1 = 0 \tag{22.39}$$

gilt. $\overline{\Sigma}_S$ folgt aus (22.1), $- \Sigma_i \varphi_i$ gibt die Anzahl der Neutronen an, die pro cm³ und sec die i-te Gruppe verlassen und in die $(i + 1)$te Gruppe eintreten; $+ \Sigma_{i-1} \varphi_{i-1}$ gibt die Anzahl der Neutronen an, die pro cm³ und sec in die i-te Gruppe dadurch eintreten, daß sie die (höher energetische) $(i - 1)$te Gruppe verlassen haben. Da es zur schnellsten Gruppe $(i = 1)$ keine noch schnellere gibt, die Gruppe $i = 1$ jedoch von Spaltungsvorgängen gespeist wird, gilt (22.39).

Weiters gilt

$$\Sigma_n = 0, \tag{22.40}$$

da thermische Neutronen nicht mehr gebremst werden und ihre Anzahl abgesehen von dem durch $\Delta \varphi_n$ beschriebenen Entweichen nur durch Absorptionsprozesse verringert werden kann. $k_{\infty\,th}$ ist durch (20.48) gegeben und ist gleich k_∞, wenn keine Resonanzabsorption auftritt. Tritt eine solche auf, dann kann man trotzdem $k_{\infty\,th}$ durch k_∞ ersetzen, muß aber beachten, daß der Fluß der ersten Gruppe nicht durch φ_1, sondern durch φ_1/p gegeben ist.

Eine völlig analoge Rechnung führt bei Vernachlässigung von $\Sigma_{A\,ges\,i}/\Sigma_i$ $(i = 1 \ldots n)$ gegenüber der Resonanzabsorption und gegenüber Σ_0, d. h. der Absorption durch Spaltungsprozesse, zur *kritischen Gleichung der Mehrgruppentheorie*:

$$\boxed{\frac{k_\infty}{(1 + L_1^2 B_m^2)\,(1 + L_2^2 B_m^2)\,(1 + L_3^2 B_m^2) \ldots\ldots (1 + L_n^2 B_m^2)} = 1} \tag{22.41}$$

mit

$$\boxed{L_i^2 = D_i/\Sigma_i} \qquad L_n = L_{th} \tag{22.42}$$

Die ist eine Gleichung $2n$-ten Grades für B_m. Es gibt daher n Lösungen für B_m^2. (Materialabhängige Reaktorkonstante, übereinstimmend mit B_g). Für unendlich feine Gruppenunterteilung $(n \to \infty)$ geht (22.41) in die kritische Gleichung der Theorie der stetigen Bremsung über (vgl. Übungsbeispiel 22b). Für sehr große Reaktoren (B_g^2 sehr klein) können die höheren Potenzen von B_m ab B_m^2 vernachlässigt werden und man kommt zur Eingruppentheorie zurück (vgl. Übungsbeispiel 22c).

Für Wasser als Bremsmittel muß man mindestens 4 bis 5 Gruppen verwenden, um Theorie und Experiment miteinander in Einklang zu bringen. Die Gruppen werden hierbei so gewählt, daß sie den ganzen Energiebereich gleichmäßig überdecken und daß ihre Grenzen mit den durch die vorhandenen Neutronenselektoren wählbaren Neutronenenergien übereinstimmen (L_i-Messung!)

Die Diffusionslängen und die anderen Parameter der einzelnen Gruppen kann man, wenn die Geschwindigkeiten der Neutronen einer in die Brennstoff-Bremsmittel-Mischung getauchten Quelle bekannt sind, messen[65]; einige Werte findet man in Tab. 30.

Tabelle 30. *Diffusionslängen für verschiedene Gruppen*

Stoff	$3 \cdot 10^6$	$10^4 - 2 \cdot 10^6$	$10^2 - 10^4$	$0,17 - 10^2$	$0,025$	eV
H_2O	4,49	2,45	2,05	1,00	2,85	L [cm]
H_2O	?	1,34	0,57	0,52	0,14	D [cm]

Es ist nicht zweckmäßig, den Neutronenfluß nach der Mehrgruppentheorie in analoger Weise wie bei der Zweigruppentheorie zu berechnen, da dies sehr kompliziert ist und es bessere, auf der Mehrgruppentheorie beruhende Methoden gibt, vgl. § 25 und (22.43).

In § 15 hatte es sich als zweckmäßig erwiesen, die Lösung der Diffusionsgleichung (22.9) mit Hilfe von Integralkernen G in der Form

$$\varphi\,(\mathfrak{r}) = \frac{1}{D} \int Q\,(\mathfrak{r}_0)\,G\,(\mathfrak{r},\,\mathfrak{r}_0)\,d\,\tau_0 \qquad (22.43)$$

anzuschreiben (vgl. (15.57)). Für die Altersgleichung wurde diese Methode in (18.45) ebenfalls angewendet; sie ist auch in der Mehrgruppentheorie vorteilhaft.

Wir wollen mit $P_i\,(|\mathfrak{r}_i - \mathfrak{r}_{i-1}|)$ die Wahrscheinlichkeit dafür bezeichnen, daß pro cm³ und sec ein Neutron, das an der Stelle $\mathfrak{r}_{i-1}$ in die i-te Gruppe eintritt, an der Stelle $\mathfrak{r}_i$ die i-te Gruppe wieder verläßt. *(Bremswahrscheinlichkeit)*. Wenn sich an der Stelle $\mathfrak{r}_0$ eine Quelle befindet, die 1 Neutron der i-ten Gruppe pro sec emittiert (Einheitsquelle), so treten im Volumselement $d\tau_1$ an der Stelle $\mathfrak{r}_1\,P_1\,(|\mathfrak{r}_1 - \mathfrak{r}_0|)\,d\tau_1$ Neutronen pro sec in die zweite Gruppe über. Die Wahrscheinlichkeit des Übertrittes in die dritte Gruppe wird durch $P_1\,(|\mathfrak{r}_1 - \mathfrak{r}_0|) \cdot P_2\,(|\mathfrak{r}_2 - \mathfrak{r}_1|)\,d\tau_1$ gegeben; vgl. Tab. 31.

Tabelle 31. *Bremswahrscheinlichkeiten der Mehrgruppentheorie*

Ort des Eintrittes in die Gruppe i				Ort des Austrittes	Wahrscheinlichkeit (Austritt)
$\mathfrak{r}_0$	E_1	τ_1	1	$\mathfrak{r}_1$	$P_1\,(|\mathfrak{r}_1 - \mathfrak{r}_0|)$
$\mathfrak{r}_1$	E_2	τ_2	2	$\mathfrak{r}_2$	$P_2\,(|\mathfrak{r}_2 - \mathfrak{r}_1|)$ — $P_{12}\,(|\mathfrak{r}_2 - \mathfrak{r}_0|)$
$\mathfrak{r}_2$	E_3	τ_3	3	$\mathfrak{r}_3$	
$\vdots$	$\vdots$	$\vdots$	$\vdots$	$\vdots$	
$\mathfrak{r}_{i-1}$	E_i	τ_i	i	$\mathfrak{r}_i$	P_i
$\vdots$	$\vdots$	$\vdots$		$\vdots$	
$\mathfrak{r}_{n-2}$	E_{n-1}	τ_{n-1}	$n-1$	$\mathfrak{r}_{n-1}$	$P_{n-1}\,(|\mathfrak{r}_{n-1} - \mathfrak{r}_{n-2}|)$
$\mathfrak{r}_{n-1}$	E_n	τ_n	n	$\mathfrak{r}_n$	

Ist andererseits die Gesamtzahl aller pro cm³ und sec von der ersten in die dritte Gruppe gelangenden Neutronen für eine Einheitsquelle durch $P_{12}\,(|\mathfrak{r}_2 - \mathfrak{r}_0|)$ gegeben, so gilt, da der Zwischenort $\mathfrak{r}_1$ ganz beliebig variieren kann,

$$P_{12}\,(|\mathfrak{r}_2 - \mathfrak{r}_0|) = \int P_1\,(|\mathfrak{r}_1 - \mathfrak{r}_0|)\,P_2\,(|\mathfrak{r}_2 - \mathfrak{r}_1|)\,d\tau_1 \qquad (22.44)$$

Von allen Neutronen, die an der Stelle $\mathfrak{r}_0$ mit der Energie E_1 von einer Quelle der Quellstärke Q_0 erzeugt werden, tritt pro cm³ und sec an der Stelle $\mathfrak{r}_2$ der Bruchteil $P_{12}\,(|\mathfrak{r}_2 - \mathfrak{r}_0|)$ in die Gruppe 3 (Energie E_3) ein. Dieser ist aber andererseits für ein allseitig ins Unendliche ausgedehntes Medium nach (18.44) auch durch

$$P_{12}\,(|\mathfrak{r}_2 - \mathfrak{r}_0|) = \frac{1}{[4\,\pi\,(\tau_3 - \tau_1)]^{\,3/2}}\,e^{-|\mathfrak{r}_2 - \mathfrak{r}_0|^2/4(\tau_3 - \tau_1)} \qquad (22.45)$$

gegeben. Wenn nämlich die E_i nicht zu weit auseinanderliegen, dann kann man auch die Theorie der stetigen Bremsung anwenden. Die Bremswahrscheinlichkeit $P_{12}\,(|\mathfrak{r}_2 - \mathfrak{r}_0|)$ ist also nichts anderes als der Integralkern der Altersgleichung für eine Einheitsquelle.

Für die n-Gruppentheorie ergibt sich analog zu (22.44) die Formel

$$P_{1n-1}\left(|\mathfrak{r}_{n-1} - \mathfrak{r}_0|\right) = \int\int \dots \int P_1\left(|\mathfrak{r}_1 - \mathfrak{r}_0|\right) P_2\left(|\mathfrak{r}_2 - \mathfrak{r}_1|\right) \dots \tag{22.46}$$

$$\dots P_{n-1}\left(|\mathfrak{r}_{n-1} - \mathfrak{r}_{n-2}|\right) d\tau_1 \dots d\tau_{n-2}$$

P_{1n-1} entspricht dem Integralkern der Altersgleichung (Bremskern) für eine Einheitsquelle, der nach der Theorie der stetigen Bremsung den folgenden Bremsvorgang beschreibt:

Entstehen des Neutrons mit der Energie E_1 am Punkt $\mathfrak{r}_0$, Bremsung mit dem Durchlaufen der Orte $\mathfrak{r}_1$, $\mathfrak{r}_2$, …, wobei die Energien E_2, E_3 … erreicht werden, bis das Neutron schließlich am Orte $\mathfrak{r}_{n-1}$ die thermische Energie E_n erreicht.

Wir gehen nun zur Zweigruppentheorie zurück. Aus (22.9) folgt mit

$$Q_s = \overline{Q}_s - \Sigma_s \varphi_s \tag{22.47}$$

wobei $\overline{Q}_s$ die Spaltneutronen und andere durch Kernreaktionen erzeugte Neutronen umfaßt, und mit (22.20) folgt die Diffusionsgleichung für die Gruppe 1 (schnelle Gruppe)

$$\Delta \varphi_s - \frac{\Sigma_{A\,ges\,s}\,\varphi_s}{D_s} - \frac{1}{L_s{}^2}\varphi_s = -\frac{\overline{Q}_s}{D_s} \tag{22.48}$$

Dies stimmt natürlich mit (22.11) überein.

Vernachlässigt man wieder die Absorption $\Sigma_{A\,ges}$ (diese spielt ja nur im Resonanzgebiet und bei der Spaltung durch thermische Neutronen eine nennenswerte Rolle), dann nimmt (22.48) die Form (15.56) an und besitzt daher nach (15.57), (22.43) für Kugelkoordinaten die Lösung

$$\varphi_s(\mathfrak{r}) = \frac{1}{4\pi D_s} \int \overline{Q}_s(\mathfrak{r}^*) \frac{e^{-\frac{|\mathfrak{r}-\mathfrak{r}^*|}{L_s}}}{|\mathfrak{r} - \mathfrak{r}^*|} d\tau^* \tag{22.49}$$

Für eine Punktquelle schneller Neutronen an der Stelle $\mathfrak{r}_0$ gilt

$$\overline{Q}_s(\mathfrak{r}^*) = Q_0 \cdot \delta(\mathfrak{r}^* - \mathfrak{r}_0) \tag{22.50}$$

Q_0 sei die Ergiebigkeit der Quelle, so daß sich dann aus (22.49)

$$\varphi_s(\mathfrak{r}) = \frac{Q_0}{4\pi D_s} \frac{e^{-\frac{|\mathfrak{r}-\mathfrak{r}_0|}{L_s}}}{|\mathfrak{r} - \mathfrak{r}_0|} \tag{22.51}$$

ergibt.

Mit (22.20) folgt für die Einheitsquelle ($Q_0 = 1$)

$$\varphi_s(\mathfrak{r})\,\Sigma_s = \frac{1}{4\pi L_s{}^2} \frac{e^{-\frac{|\mathfrak{r}-\mathfrak{r}_0|}{L_s}}}{|\mathfrak{r} - \mathfrak{r}_0|} \tag{22.52}$$

Dieser Ausdruck gibt an, wieviel Neutronen an der Stelle $\mathfrak{r}$ pro cm³ und sec infolge von Bremsprozessen gemäß (22.3) von der schnellen in die langsame Gruppe übertreten. Es gilt daher

$$\boxed{\begin{aligned} P_1\left(|\mathfrak{r} - \mathfrak{r}_0|\right) = \varphi_s(\mathfrak{r})\,\Sigma_s &= \frac{1}{4\pi L_s{}^2} \frac{e^{-\frac{|\mathfrak{r}-\mathfrak{r}_0|}{L_s}}}{|\mathfrak{r} - \mathfrak{r}_0|} \approx \\ \approx q\left(\mathfrak{r}, \mathfrak{r}_0, \tau_1, \tau_2\right) &= \frac{1}{[4\pi(\tau_2 - \tau_1)]^{3/2}} e^{-|\mathfrak{r} - \mathfrak{r}_0|^2/4(\tau_2 - \tau_1)} \end{aligned}} \tag{22.53}$$

$q\,(\mathfrak{r}, \mathfrak{r}_0, \tau_1, \tau_2)$ heißt ebenso wie (18.44) Integralkern der Altersgleichung,

$$\frac{1}{4\,\pi\,L_s{}^2}\;\frac{e^{-\frac{|\mathfrak{r}-\mathfrak{r}_0|}{L_s}}}{|\mathfrak{r}-\mathfrak{r}_0|}$$

ist wie (15.58) ein Integralkern der Diffusionsgleichung (GREENsche Funktion, s. S. 99) und die Bremswahrscheinlichkeit P_1 nennen wir den *Integralkern der Zweigruppentheorie (Bremskern)*. Zur Diffusionsgleichung der i-ten Gruppe, (22.36), die wir nun mit $\Sigma_{A\,ges\,i} = 0$ und unter Verwendung von (22.42) in der Form

$$\Delta\,\varphi_i - \frac{1}{L_i{}^2}\,\varphi_i = -\,\frac{Q_i}{D_i} \qquad (22.54)$$

schreiben, wobei

$$Q_i = \overline{Q}_i + \Sigma_{i-1}\,\varphi_{i-1} \qquad (22.55)$$

sei, erhält man in analoger Weise den *Integralkern der i-ten Gruppe*

$$P_i\,(|\mathfrak{r}_i - \mathfrak{r}_{i-1}|) = \frac{e^{-\frac{|\mathfrak{r}_i-\mathfrak{r}_{i-1}|}{L_i}}}{4\,\pi\,L_i{}^2|\mathfrak{r}_i-\mathfrak{r}_{i-1}|} \qquad (22.56)$$

Dieser Ausdruck gibt nach Tab. 31 die Wahrscheinlichkeit dafür, daß ein zunächst an der Stelle $\mathfrak{r}_{i-1}$ befindliches Neutron der i-ten Gruppe an der Stelle $\mathfrak{r}_i$ die i-te Gruppe verläßt.

Setzt man die P_i nach (22.56) in (22.46) ein, so erhält man den über alle Gruppen integrierten gesamten Integralkern der Mehrgruppentheorie, welcher dem Integralkern der Altersgleichung in der Theorie der stetigen Bremsung entspricht. Mit Hilfe dieses gesamten Integralkern kann man Bremsdichte und Neutronenfluß in Wasser berechnen und auch die Spaltung durch Neutronen beliebiger Energie erfassen (vgl. § 25).

Übungsbeispiele

22 a) Man logarithmiere (22.41) und zeige, daß man mit

$$\lim_{n\to\infty} \sum_{i}^{n-1} L_i{}^2 = \tau \qquad (22.57)$$

und

$$\lim_{n\to\infty} \sum_{i=1}^{n-1} \ln\,(1 + L_i{}^2\,B^2) = \sum_{i=1}^{n-1} L_i{}^2 \qquad (22.58)$$

(20.31) erhält. Man begründe (22.57) und (22.58).

22 b) Man beweise, daß man für große Reaktoren (kleine B^2) bei Vernachlässigung aller höheren Potenzen von B^2 aus (22.41) die kritische Gleichung der Eingruppentheorie erhält, wenn

$$\sum_i L_i{}^2 = L_{eff}^2 \qquad (22.59)$$

gilt.

22 c) Man leite aus (18.3) durch Integration über das i-te Energieintervall die Diffusionsgleichung der i-ten Gruppe in der Form

$$D_i\,\Delta\,\varphi_i\,(\mathfrak{r}) - \Sigma_{A\,ges\,i}\,\varphi_i\,(\mathfrak{r}) - \widetilde{q}_i\,(\mathfrak{r}) + \widetilde{q}_{i-1}\,(\mathfrak{r}) = -\int_{E_{i-1}}^{E_i} Q_R\,(E,\mathfrak{r})\,dE \qquad (22.60)$$

ab. Welcher Zusammenhang besteht in der *hier* besprochenen Mehrgruppentheorie zwischen $\widetilde{q}_i$ und φ_i? (Dies gilt *nicht* allgemein[65]!)

22 d) Man leite eine Differentialgleichung für q_i ab[65].

22 e) Man berechne das kritische Volumen eines Kugelreaktors nach der Zweigruppentheorie. Kernbrennstoff: reines U 235, Bremsmittel: D_2O.

22 f) Man berechne $\overline{r^2}$ für den Fluß der schnellen Neutronen nach der Zweigruppentheorie (Punktquelle). Wieso kann man mit dieser Rechnung (22.22) begründen?

22 g) In Übungsbeispiel 13 c (vgl. S. 87) haben wir in (13.22) eine asymptotische, für isotrope Streuung im Laborsystem geltende Lösung der eindimensionalen Transportgleichung gefunden. Ein Vergleich von (13.22) mit (13.23) zeigt, daß man die diffusionstheoretische Lösung (13.23) mit einer neutronenkinetischen Korrektur, der *Quellenkorrektur* versehen muß, wenn man größere Genauigkeit anstrebt (vgl. Übungsbeispiel 13 e). Rechnungen mit der Vier-, Sechs-Gruppentheorie sind also nur dann sinnvoll, wenn man die Quellterme (Bremsdichten) mit der Quellenkorrektur versieht. Man stelle unter Berücksichtigung der (zu begründenden) Näherung

$$\frac{2\,\Sigma_A}{\Sigma_S} \cdot \frac{\Sigma^2 - \varkappa^2}{\varkappa^2 - \Sigma\,\Sigma_A} \approx 1 - \frac{4}{5}\,\frac{\Sigma_A}{\Sigma}, \qquad \Sigma_A \gg \Sigma \qquad (22.61)$$

die neutronenkinetisch korrigierten Diffusionsgleichungen der Viergruppentheorie auf (vgl. HÖCKER[65] et al).

§ 23. Der Reaktor mit Reflektor

Vorteile eines Reflektors, System Reaktor + Reflektor nach der Eingruppentheorie, Einsparung an Brennstoff, dicke und dünne Reflektoren, System Reaktor + Reflektor nach der Zweigruppentheorie.

Umgibt man einen Reaktor mit einem Neutronen reflektierenden Medium, so hat das ein Absinken des Neutronenverlustes zur Folge; es werden mehr Neutronen absorbiert und nach (20.42), (20.40) wird das kritische Volumen kleiner. Mit Hilfe eines solchen Reflektors kann man also Kernbrennstoff einsparen. Weiters wird durch einen Reflektor der Neutronenfluß in den Randzonen des Reaktors vergrößert, wodurch der mittlere Neutronenfluß steigt und die Leistung erhöht wird (vgl. Übungsbeispiel 23a). Gleichzeitig wird der in den äußeren Schichten des Reaktors befindliche Kernbrennstoff besser ausgenützt.

Es liegt nahe, auch für die Berechnung eines mit einem Reflektor versehenen Reaktors die drei im § 20 verwendeten Methoden, nämlich

1. Eingruppentheorie
2. Theorie der stetigen Bremsung
3. Mehrgruppentheorie

heranzuziehen.

Der Verwendung der Theorie der stetigen Bremsung stellen sich jedoch große Schwierigkeiten entgegen, da die physikalischen Eigenschaften von Reaktor und Reflektor stark verschieden sind. Dies hat zur Folge, daß die Bremsdichte q, die im Reflektor ohne Reaktor nach (18.4), und im Reaktor ohne Reflektor nach (20.24) dem Fluß proportional ist, im System Reaktor + Reflektor nicht mehr in einfacher Weise mit dem Fluß zusammenhängt. Aus diesem Grunde wird die Theorie der stetigen Bremsung nur sehr selten zur Berechnung des Systems Reaktor + Reflektor verwendet[66]. Man muß ja auch bedenken, daß nicht nur thermische Neutronen diffundieren und entweichen, sondern daß auch wesentliche Mengen schneller Neutronen (die nach der Theorie der stetigen Bremsung gar nicht diffundieren!) aus dem Reaktor entweichen und als thermische Neutronen in den Reaktor zurückkehren. Die Mehrgruppentheorie ist daher im Rahmen der diffusionstheoretischen Näherung die am besten geeignete Methode zur Berechnung des Systems Reaktor + Reflektor. Bevor wir diese Methode anwenden, wollen wir jedoch untersuchen, ob nicht schon die Eingruppentheorie genügt, die Eigenschaften des Systems Reaktor + Reflektor wenigstens näherungsweise zu beschreiben.

Um diejenigen Größen, die sich auf den Reaktor beziehen, von denjenigen, die sich auf den Reflektor beziehen, unterscheiden zu können, wollen wir letztere mit einem Kreuz (†) versehen. Nach der Eingruppentheorie gilt gemäß (20.4) für den Reaktor

$$\Delta \varphi + \frac{k_\infty - 1}{L^2_{eff}}\, \varphi = 0 \tag{23.1}$$

Da diese Gleichung bei Ersatz von $k_\infty = k'_\infty$ durch k^*_∞ in recht guter Näherung auch für den heterogenen Reaktor gilt, lassen wir die Zeichen ′ bzw. * bei k_∞ weg.

Da der Reflektor keine Neutronen produziert, gilt

$$\Delta \varphi^\dagger - \frac{1}{L^{\dagger 2}}\, \varphi^\dagger = 0 \tag{23.2}$$

Da für die materialabhängige Reaktorkonstante $B_m = B_g$ nach der Eingruppentheorie (21.19) gilt, kann man (23.1) auch in der Form

$$\Delta \varphi + B_g^2 \varphi = 0 \tag{23.3}$$

schreiben.

Wir haben nun (23.2) und (23.3) mit den aus § 14 folgenden Randbedingungen zu lösen. Diese lauten gemäß (14.6), (14.7) und (14.11) für die Grenzfläche Reaktor-Reflektor

$$\varphi = \varphi^\dagger; \quad \frac{\lambda_t}{3}\, \mathrm{grad}\, \varphi = \frac{\lambda_t^\dagger}{3}\, \mathrm{grad}\, \varphi^\dagger \quad \left(\text{bzw. } \frac{\lambda_t}{3} \to D\right) \tag{23.4}$$

und für die extrapolierte Grenzfläche Reflektor-Vakuum

$$\varphi^\dagger = 0 \tag{23.5}$$

Da die Eingruppentheorie nur näherungsweise richtige Ergebnisse liefert, wollen wir ein ganz einfaches idealisiertes Beispiel durchrechnen. Wir nehmen an, daß der Reaktor die Form einer unendlich großen Platte der Dicke a' hat und beiderseits (also für $x < -a'/2$ und $x > a'/2$) von einem Reflektor der Dicke t' umgeben ist (vgl. Abb. 27). Die allgemeine Lösung der Gleichungen (23.2) und (23.3) ist für die unendlich große Platte durch (15.41) gegeben. Da nach (21.19) $B_g{}^2 > 0$, gilt

$$\alpha = i\, B_g \tag{23.6}$$

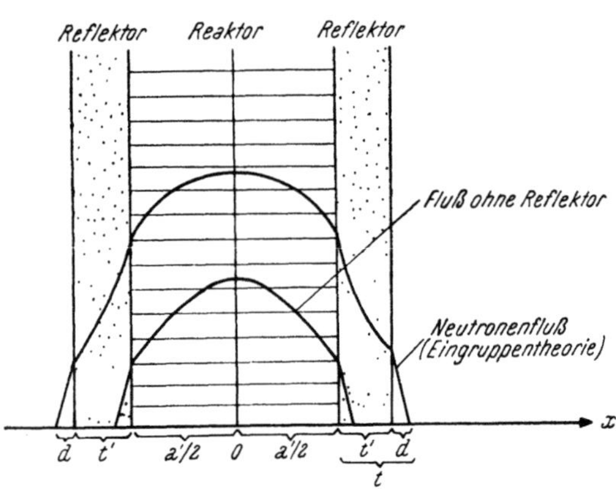

Abb. 27. Plattenreaktor mit Reflektor der extrapolierten Dicke $t = t' + d$

und daher

$$\varphi = A \cos B_g x + C \sin B_g x \tag{23.7}$$

Da der Ursprung des Koordinatensystems in der Mitte des Reaktors liegt (vgl. Abb. 27), muß φ eine symmetrische Funktion sein. Mit $C = 0$ erhalten wir

$$\varphi(x) = A \cos B_g x \tag{23.8}$$

Dieses Ergebnis hätte man auch erhalten, wenn man die Abmessungen b' und c' des quaderförmigen Reaktors aus § 21 gegen ∞ hätte gehen lassen: (21.4) liefert dann mit (21.7) genau (23.8).

Für den Reflektor gilt ebenfalls die allgemeine Lösung (15.41), die wir wegen $-1/L^{\dagger 2} < 0$ in der Form

$$\varphi^\dagger(x) = A^\dagger \operatorname{\mathfrak{Cof}}(x/L^\dagger) + C^\dagger \operatorname{\mathfrak{Sin}}(x/L^\dagger) \tag{23.9}$$

anschreiben.

Die Lösungen (23.8) und (23.9) müssen nun die Randbedingungen erfüllen. Aus (23.5) folgt

$$\varphi^\dagger \, (a'/2 + t) = A^\dagger \, \mathfrak{Cof} \, \frac{a'/2 + t}{L^\dagger} + C^\dagger \, \mathfrak{Sin} \, \frac{a'/2 + t}{L^\dagger} = 0 \qquad (23.10)$$

und daraus

$$\frac{C^\dagger}{A^\dagger} = - \, \mathfrak{Cotg} \, \frac{a'/2 + t}{L^\dagger} \qquad (23.11)$$

so daß

$$\varphi^\dagger \, (x) = A^\dagger \left(\mathfrak{Cof} \, \frac{x}{L^\dagger} - \mathfrak{Cotg} \, \frac{a'/2 + t}{L^\dagger} \cdot \mathfrak{Sin} \, \frac{x}{L^\dagger} \right) \qquad (23.12)$$

Mit Hilfe des Additionstheorems für die Hyperbelfunktionen kann man dies auch in die Form

bringen.
$$\varphi^\dagger \, (x) = D^\dagger \, \mathfrak{Sin} \, \frac{1}{L^\dagger} \, (t + a'/2 - x) \qquad (23.13)$$

Aus (23.4) folgt mit (23.8) für $x = a'/2$

$$D^\dagger \, \mathfrak{Sin} \, \frac{t}{L^\dagger} = A \cos B_g \, \frac{a'}{2} \qquad (23.14)$$

und

$$\lambda_t{}^\dagger \, D^\dagger \, \frac{1}{L^\dagger} \, \mathfrak{Cof} \, \frac{t}{L^\dagger} = \lambda_t \, A \, B_g \sin B_g \, \frac{a'}{2} \qquad (23.15)$$

Dividiert man (23.15) durch (23.14), so kürzen sich die beiden willkürlichen Konstanten A und $D\dagger$ und man erhält die kritische Gleichung für den Reaktor mit Reflektor nach der Eingruppentheorie

$$\boxed{\lambda_t{}^\dagger \, \frac{1}{L^\dagger} \, \mathfrak{Cotg} \, \frac{t}{L^\dagger} = \lambda_t \, B_g \, \mathrm{tg} \, B_g \, \frac{a'}{2}} \qquad (23.16)$$

Diese Formel tritt an Stelle von (22.34); durch Hinzufügen eines Reflektors wird also der Zusammenhang zwischen B_g und den Reaktorabmessungen geändert. Die Formel für B_m wird jedoch innerhalb derselben Theorie durch das Hinzutreten des Reflektors nicht geändert (vgl. Tab. 32).

Tabelle 32. *Geometrische und materialabhängige Reaktorkonstante beim Reaktor mit Reflektor*

Theorie	Ohne Reflektor		Mit Reflektor	
	B_g (Eigenwertgleichung)	B_m (kritische Gleichung)	B_g (Eigenwertgleichung)	B_m (kritische Gleichung)
Eingruppentheorie	gleiche	(21.19)	z. B. (23.16)	(21.19)
Mehrgruppentheorie	Formeln	(22.24)	z. B. (23.47)	(22.24)
Theorie der stetigen Bremsung ..	z. B. (22.34)	(20.31)	verschiedene Formeln	—

Andere Theorie, gleiche Form	B_g gleich	B_m verschieden
Gleiche Theorie, andere Form	B_g verschieden	B_m gleich
Gleiche Theorie und Form mit Reflektor	B_g verschieden	B_m gleich
Andere Theorie, gleicher Reaktor mit Reflektor	B_g verschieden	B_m verschieden

In (23.16) sind die Materialkonstanten λ_t, $B_g = B_m$, $\lambda_t{}^\dagger$, $L^\dagger$ für ein gegebenes Reaktor-Reflektor-System bekannt. (23.16) gibt daher die echte kritische Abmessung a' des Reaktors als Funktion der extrapolierten Reflektordicke $t = t' + d$ an. B_m ist in der Eingruppentheorie durch (21.19) gegeben.

Ist umgekehrt die Abmessung des Reaktors gegeben, so liefert (23.16) die materialabhängige Reaktorkonstante $B_m = B_g$ als Funktion von t. Aus B_m bestimmt man dann nach (21.19) die Art des Reaktormaterials.

Für einen sehr dünnen Reflektor $(t \to 0)$ folgt wegen $\mathfrak{Cotg}\, \dfrac{t}{L^\dagger} \to \infty$ und $\operatorname{tg} \pi/2 = \infty$ aus (23.16) die Beziehung

$$B_g\, a' = \pi \tag{23.17}$$

Vergleicht man dies mit (21.7), so sieht man, daß bis auf den Unterschied zwischen a und a' die Eingruppentheorie des Systems Reaktor + Reflektor für verschwindende Reflektordicke das Ergebnis der Eingruppentheorie für den „nackten" Reaktor liefert. Die halbe Differenz ε der „Hauptabmessungen" (Plattendicke, Kugelradius, Würfelkante, Radius des günstigsten Zylinders usw.) des nackten und des mit einem Reflektor umkleideten Reaktors ist ein Maß für die durch den Reflektor erreichte *Einsparung an Kernbrennstoff*. Aus (23.17) und (23.16) folgt

$$\varepsilon = \frac{1}{2}\, \frac{1}{B_g}\, \left(\pi - 2\, \operatorname{arctg}\left[\frac{\lambda_t{}^\dagger}{\lambda_t\, B_g\, L^\dagger}\, \mathfrak{Cotg}\, \frac{t}{L^\dagger}\right]\right) \tag{23.18}$$

Ist der Reflektor sehr dünn $\left(\dfrac{t}{L^\dagger} \ll 1\right)$ oder der Reaktor groß, so daß B_g klein ist, dann ist das Argument der arcustangens-Funktion sehr groß und man kann diese Funktion durch ihren asymptotischen Wert $\pi/2$ ersetzen; dann ist $\varepsilon = 0$. Für etwas kleinere Argumente verwenden wir eine asymptotische Entwicklung nach reziprokem Argument

$$\operatorname{arctg}\left[\frac{\lambda_t{}^\dagger}{\lambda_t\, B_g\, L^\dagger}\, \mathfrak{Cotg}\, \frac{t}{L^\dagger}\right] \approx \frac{\pi}{2} - \frac{\lambda_t\, B_g\, L^\dagger}{\lambda_t{}^\dagger}\, \mathfrak{Tg}\, \frac{t}{L^\dagger} \tag{23.19}$$

Aus (23.18) ergibt sich dann

$$\varepsilon \approx \frac{\lambda_t\, L^\dagger}{\lambda_t{}^\dagger}\, \mathfrak{Tg}\, \frac{t}{L^\dagger} \tag{23.20}$$

Für sehr dünne Reflektoren kann man nun die hyperbolische Tangensfunktion durch ihr Argument ersetzen und erhält

$$\varepsilon \approx \frac{\lambda_t}{\lambda_t{}^\dagger}\, t \tag{23.21}$$

Besteht der Reflektor aus einem Stoff mit $\lambda_t^\dagger < \lambda_t$, dann ist $\varepsilon > t$; das bedeutet, daß die Hauptabmessung des Systems Reaktor + Reflektor *kleiner* ist als die Hauptabmessung des Reaktors ohne Reflektor.

Für sehr dicke Reflektoren $(t > 5\, L^\dagger)$ nähert sich der hyperbolische Tangens in (23.20) dem Wert 1 und es gilt mit (12.37) (14.24)

$$\varepsilon \approx \frac{\lambda_t}{\lambda_t{}^\dagger}\, L^\dagger = \lambda_t\, \Sigma_S^\dagger\, (1 - \overline{\cos \widetilde{\vartheta}})\, \sqrt{\overline{D^\dagger / \Sigma_A^\dagger}} \tag{23.22}$$

Aus dieser Formel ersieht man, daß Reflektoren am besten aus guten Bremsmitteln (große $\Sigma_S^\dagger$, kleines $\Sigma_A^\dagger$) hergestellt werden.

Ab einer gewissen Dicke $(t > 5\,L^\dagger)$ ist nach (23.22) die Wirkung des Reflektors von seiner Dicke praktisch unabhängig; die Verwendung von Reflektoren, die dicker als einige Diffusionslängen des Reflektormaterials sind, ist daher nicht sinnvoll. (Wenn $t/L^\dagger = 2$, ist $\mathfrak{Tg}\,t/L^\dagger$ bereits 0,96). Es ist noch erwähnenswert, daß die Eingruppentheorie des Systems Reaktor + Reflektor für schnelle Reaktoren gute Ergebnisse liefert, da bei diesen die Annahme einer einzigen (schnellen) Neutronengeschwindigkeit nicht so schlecht ist wie bei thermischen Reaktoren. Die Formeln (23.16), (23.20) usw. könnte man durch Verwendung von D an Stelle von $\lambda_t/3$ noch verbessern, doch ist dies im Rahmen der ja nur näherungsweise gültigen Eingruppentheorie nicht notwendig. Immerhin wurden nach dieser Theorie zahlreiche Beispiele berechnet[66] (vgl. auch Übungsbeispiel 23 b). Neben einigen neutronenkinetischen Rechenmethoden[67] wird jedoch zur Berechnung des Systems Reaktor + Reflektor meist die Mehrgruppentheorie herangezogen[66]. Diese liefert natürlich bessere Resultate, da sie auch das Entweichen und die Reflexion der schnellen Neutronen berücksichtigt. Vernachlässigt man die schnellen Neutronen, erhält man für das kritische Volumen zu große Werte. Die Eingruppentheorie liefert der Erfahrung gemäß einen Wert, der bei etwa $0,70\,\varepsilon$ bis $0,80\,\varepsilon$ des wahren ε-Wertes liegt. Bei Verwendung der Zweigruppentheorie erhält man für Beryllium- und Graphitreaktoren eine Genauigkeit von 80 bis 90%.

Wir stellen nun die Gleichungen der Zweigruppentheorie für Reaktor und Reflektor auf. Bei Vernachlässigung der Absorption und Erfassung der Resonanzabsorption in k_∞ gilt nach (22.11) und (22.20) für die schnelle Gruppe im Reaktor:

$$\Delta \varphi_s + k_\infty \frac{\Sigma_{A\,ges\,th}}{D_s}\,\varphi_{th} - \frac{1}{L_s^2}\,\varphi_s = 0 \tag{23.23}$$

Für die thermische Gruppe im Reaktor gilt gemäß (22.13) und (22.19) analog

$$\Delta \varphi_{th} + \frac{\Sigma_s}{D_{th}}\,\varphi_s - \frac{1}{L_{th}^2}\,\varphi_{th} = 0 \tag{23.24}$$

Für den Reflektor, in dem ja keine Neutronen erzeugt werden $(k_\infty = 0)$, gilt für die schnelle Gruppe

$$\Delta \varphi_s^\dagger - \frac{1}{L_s^{\dagger 2}}\,\varphi_s^\dagger = 0 \tag{23.25}$$

während sich für die thermische Gruppe

$$\Delta \varphi_{th}^\dagger + \frac{\Sigma_s^\dagger}{D_{th}^\dagger}\,\varphi_s^\dagger - \frac{1}{L_{th}^{\dagger 2}}\,\varphi_{th}^\dagger = 0 \tag{23.26}$$

ergibt.

Diese Gleichungen sind nun mit den bekannten Randbedingungen
1. φ_s und φ_{th} überall positiv und endlich,
2. φ_s, φ_{th} und ihre Ableitungen stetig an den Grenzflächen,
3. φ_s und φ_{th} verschwinden an den extrapolierten Grenzflächen zum Vakuum,
zu lösen. Hierbei kann man für die nicht sehr genaue Zweigruppentheorie annehmen, daß die Extrapolationslängen für beide Neutronengruppen dieselben sind. (23.23) und (23.24) haben wir in § 22 bereits mit den Randbedingungen (22.14a) (Reaktor ohne Reflektor) gelöst. Wir mußten hierbei die allgemeine Lösung (22.28) d. h. nach Tab. 29:

$$\varphi_{th} = A_{th}\varphi_1 + C_{th}\varphi_2 = A_{th} \cos B_{g+}\,x + C_{th}\,\mathfrak{Coj}\,B_{g-}\,x$$

$$\varphi_s = A_s\varphi_1 + C_s\varphi_2 = A_s \cos B_{g+}\,x + C_s\,\mathfrak{Coj}\,B_{g-}\,x \tag{23.27}$$

mit (22.29) einschränken. Dies ist nun, da wir an Stelle von (22.14a) die anderen Randbedingungen (22.14b) haben, nicht mehr notwendig. Wir *müssen* sogar auch φ_2 verwenden, da diese Funktion die Rückdiffusion der schnellen (bzw. thermischen) Neutronen aus dem Reflektor in den Reaktor beschreibt. (Bezüglich der Eingruppentheorie vgl. Übungsbeispiel 23a.)

Um die Konstanten in (23.27) zu bestimmen, gehen wir zunächst in (23.23) ein und verwenden (22.27). (23.27) löst ja nicht nur (22.15), sondern auch (23.23) und (23.24). Da sowohl φ_1 als auch φ_2 eine Lösung sein muß, erhalten wir nach Wegkürzen dieser Funktionen mit (22.22)

$$\frac{A_{th}}{A_s} = \frac{\tau_{th} B_{g+}^2 + 1}{k_\infty \, \Sigma_{A\,ges\,th} \, \tau_{th}} D_s \tag{23.28}$$

und

$$\frac{C_{th}}{C_s} = \frac{\tau_{th} B_{g-}^2 + 1}{k_\infty \, \Sigma_{A\,ges\,th} \, \tau_{th}} D_s \tag{23.29}$$

Mit (22.24) ergibt sich dann aus (23.28)

$$\frac{A_{th}}{A_s} = \frac{D_s}{(1/L_{th}^2 + B_{g+}^2)} \, \frac{1}{\Sigma_{A\,ges\,th} \, \tau_{th} \, L_{th}^2} \tag{23.30}$$

und aus (23.29)

$$\frac{C_{th}}{C_s} = \frac{D_s}{(1/L_{th}^2 + B_{g-}^2)} \, \frac{1}{\Sigma_{A\,ges\,th} \, \tau_{th} L_{th}^2} \tag{23.31}$$

Aus (22.19) folgt nun

$$\Sigma_{A\,ges\,th} \, L_{th}^2 = D_{th} \tag{23.32}$$

so daß

$$\frac{A_{th}}{A_s} = \frac{D_s}{(1/L_{th}^2 + B_{g+}^2) \, \tau_{th} \, D_{th}} \tag{23.33}$$

und

$$\frac{C_{th}}{C_s} = \frac{D_s}{(1/L_{th}^2 + B_{g-}^2) \, \tau_{th} \, D_{th}} \tag{23.34}$$

folgt.

Selbstverständlich erhält man genau dieselben Ausdrücke, wenn man von (23.24) statt von (23.23) ausgeht. (Vgl. Übungsbeispiel 23c.)

Als Lösung von (23.23) und (23.24) ergibt sich so für den *Reaktor*:

$$\varphi_{th} = \frac{1}{1/L_{th}^2 + B_{g+}^2} \, \frac{D_s}{D_{th} \, \tau_{th}} A_s \varphi_1 + \frac{1}{1/L_{th}^2 + B_{g-}^2} \, \frac{D_s}{D_{th} \, \tau_{th}} C_s \varphi_2 \tag{23.35}$$

$$\varphi_s = A_s \varphi_1 + C_s \varphi_2 = A_s \cos B_{g+} x + C_s \operatorname{\mathfrak{Cof}} B_{g-} x$$

Die Konstanten A_s und C_s sind noch frei, B_{g+} und B_{g-} müssen noch bestimmt werden. Für andere Reaktorformen entnimmt man φ_1 und φ_2 der Tab. 29. Will man den Fluß der schnellen Neutronen berechnen, so muß man beim Vorhandensein von Resonanzabsorption φ_s noch durch p dividieren. $B_{m\pm}$ berechnet man aus (22.24) und kann dies für den kritischen Reaktor mit Reflektor gleich $B_{g\pm}$ setzen.

In (23.35) sind bereits die Bedingungen berücksichtigt, daß weder φ_s noch φ_{th} negativ oder unendlich werden darf und daß es sich um symmetrische Funktionen handeln muß, weil sich der Ursprung des Koordinatensystems im Mittelpunkt des Reaktors befindet.

Um die Randbedingungen (22.14b) erfüllen zu können, müssen wir zuerst (23.25), (23.26) lösen. Dies kann entweder direkt geschehen (Auflösung von (23.25), Einsetzen in (23.26) und Lösung dieser Gleichung), oder mit derselben Methode, die wir beim Reaktor verwendet haben. Wir wollen diese Methode verwenden und verlangen, daß auch für den Reflektor zwei Gleichungen von der Form (22.15) gelten:

$$\Delta \varphi_s^\dagger + K^2 \varphi_s^\dagger = 0; \qquad \Delta \varphi_{th}^\dagger + K^2 \varphi_{th}^\dagger = 0 \tag{23.36}$$

Die Konstanten K sollen wieder in beiden Gleichungen gleich groß sein. Da man die homogene Gleichung (23.25) sicher in diese Form bringen kann, muß eine Lösung für K lauten:

$$K_- = i/L_s^\dagger = i/\sqrt{\tau_{th}^\dagger} \qquad \text{(rein imaginär, wie } B_g\text{)} \tag{23.37}$$

Hierbei wurde wieder (22.22) verwendet. Mit (23.36) ergibt sich aus (23.25) und (23.26) das folgende homogene Gleichungssystem für $\varphi_s^\dagger$ und $\varphi_{th}^\dagger$

$$\begin{aligned}
\varphi_s^\dagger \left(- K^2 - 1/L_s^{\dagger 2}\right) &+ 0 \cdot \varphi_{th}^\dagger &= 0 \\
\varphi_s \; \Sigma_s^\dagger / D_{th}^\dagger &+ \left(- K^2 - 1/L_{th}^{\dagger 2}\right) \varphi_{th}^\dagger &= 0
\end{aligned} \tag{23.38}$$

Damit dieses System eine nichttriviale Lösung besitzt, muß die Koeffizientendeterminante verschwinden. Mit (22.22) liefert diese Bedingung

$$(K^2 \tau_{th}^\dagger + 1)(K^2 L_{th}^{\dagger 2} + 1) = 0, \tag{23.39}$$

was man auch durch Ersatz von B durch K und mit $k_\infty = 0$ aus (22.24) hätte gewinnen können. (23.39) stellt gewissermaßen die „kritische" Gleichung für den Reflektor nach der Zweigruppentheorie dar. Man erhält die beiden Lösungen (23.37) und

$$K^\dagger = i/L_{th}^\dagger \qquad \text{(\textit{auch} rein imaginär!)} \tag{23.40}$$

Da der Reflektor keine Neutronen erzeugt, muß K^2 immer negativ sein (Diffusionsproblem).

Die Lösungen von (23.36) sind uns bereits bekannt (vgl. § 15). Für die unendlich große Platte ergeben sich für ein Diffusionsproblem die Exponentialfunktionen bzw. die hyperbolischen Funktionen. Die Gleichung (23.36) hat dieselbe Form wie (23.2), doch sind beide Werte $L_{th}^\dagger$ und $L_s^\dagger$ und nicht bloß $L^\dagger$ allein zugelassen. Berücksichtigen wir dies, dann können wir die aus (23.2) und (23.5) gewonnene Lösung (23.13) auch für die Zweigruppentheorie verwenden. Als allgemeine Lösung von (23.36) ergibt sich daher

$$\varphi_s^\dagger (x) = C_s^\dagger \operatorname{\mathfrak{Sin}} \frac{1}{L_{th}^\dagger} (t + [a'/2] - x) + A_s^\dagger \operatorname{\mathfrak{Sin}} \frac{1}{L_s^\dagger} (t + [a'/2] - x)$$

und
$$\tag{23.41}$$

$$\varphi_{th}^\dagger (x) = C_{th}^\dagger \operatorname{\mathfrak{Sin}} \frac{1}{L_{th}^\dagger} (t + [a'/2] - x) + A_s^\dagger \operatorname{\mathfrak{Sin}} \frac{1}{L_s^\dagger} (t + [a'/2] - x)$$

$$\tag{23.42}$$

Da (23.41) nicht nur die Lösung von (23.36) sondern auch von (23.25) ist, muß $C_s^\dagger$ verschwinden. Die beim Reaktor verwendete Methode liefert also für den

Reflektor eine zu große Lösungsmannigfaltigkeit. Um die Konstanten zu bestimmen, setzen wir nun (23.42) und

$$\varphi_s^\dagger (x) = A_s^\dagger \, \mathfrak{Sin} \, \frac{1}{L_s^\dagger} \, (t + [a'/2) - x) \tag{23.43}$$

in (23.26) ein. Man erhält

$$\frac{A_{th}^\dagger}{A_s^\dagger} = \frac{\Sigma_s^\dagger}{D_{th}^\dagger \, (1/L_{th}^{\dagger\,2} - 1/L_s^{\dagger\,2})} \, , \tag{23.44}$$

und als Lösung für den Reflektor folgt:

$$\varphi_{th}^\dagger (x) = C_{th}^\dagger \, \mathfrak{Sin} \, \frac{1}{L_{th}^\dagger} \left(t + \frac{a'}{2} - x \right) + \frac{\Sigma_s^\dagger}{D_{th}^\dagger \, (1/L_{th}^{\dagger\,2} - 1/L_s^{\dagger\,2})} \, A_s^\dagger \, \cdot$$

$$\cdot \, \mathfrak{Sin} \, \frac{1}{L_s^\dagger} \left(t + \frac{a'}{2} - x \right) \tag{23.45}$$

$$\varphi_s^\dagger (x) = A_s^\dagger \, \mathfrak{Sin} \, \frac{1}{L_s^\dagger} \left(t + \frac{a'}{2} - x \right)$$

Die Lösungen (23.35) und (23.45) müssen an der Grenzfläche Reaktor-Reflektor den vier Randbedingungen

$$\varphi_s \left(\frac{a'}{2} \right) = \varphi_s^\dagger \left(\frac{a'}{2} \right) \tag{23.46a}$$

$$\varphi_{th} \left(\frac{a'}{2} \right) = \varphi_{th}^\dagger \left(\frac{a'}{2} \right) \tag{23.46b}$$

$$D_s \, \frac{d\varphi_s}{dx} \bigg|_{a'/2} = D_s^\dagger \, \frac{d\varphi_s^\dagger}{dx} \bigg|_{a'/2} \tag{23.46c}$$

$$D_{th} \, \frac{d\varphi_{th}}{dx} \bigg|_{a'/2} = D_{th}^\dagger \, \frac{d\varphi_{th}^\dagger}{dx} \bigg|_{a'/2} \tag{23.46d}$$

gehorchen.

Diese vier Gleichungen bestimmen die restlichen in (23.35) und (23.45) noch unbestimmten Koeffizienten A_s, C_s, $A_s^\dagger$ und $C_{th}^\dagger$ in Abhängigkeit von den Materialkonstanten D_s, D_{th}, $D_s^\dagger$, $D_{th}^\dagger$, $L_s^\dagger$, $L_{th}^\dagger$ und von den Abmessungen $t' = t - d$, a', sowie von B_{g+} und B_{g-}. Für den kritischen Reaktor mit Reflektor kann man $B_{g\pm}$ durch $B_{m\pm}$ nach (22.24) ersetzen. Die vier, A_s, C_s, $A_s^\dagger$ und $C_{th}^\dagger$ bestimmenden Gleichungen sind gemäß (23.46), (23.45), (23.35) homogen. Damit dieses Gleichungssystem eine nichttriviale Lösung hat, muß seine Determinante verschwinden. Dies liefert eine komplizierte transzendente Gleichung zwischen a' und t', in der D_s, D_{th}, $D_s^\dagger$, $D_{th}^\dagger$, $L_s^\dagger$, $L_{th}^\dagger$ und $B_{m\pm}$ als Parameter auftreten (vgl. Übungsbeispiel 23 d). Ebenso wie aus (23.16) könnte man dann a' als Funktion von t' bei bekanntem B_m, oder B_m als Funktion von t' und a', oder $t' = t' (a', B_m)$ berechnen. Eine geschlossene Lösung der *kritischen Gleichung für den Reaktor mit Reflektor nach der Zweigruppentheorie*

$$\Delta \, (a', t', D_s, D_{th}, D_s^\dagger, D_{th}^\dagger, L_s^\dagger, L_{th}^\dagger, d, B_m) = 0 \tag{23.47}$$

ist jedoch für den einfachen Spezialfall des unendlich großen Plattenreaktors nicht möglich.

Zur Lösung von (23.47) müssen daher Näherungsmethoden verwendet werden. Meist verwendet man das Ergebnis der Eingruppentheorie als erste Näherung und variiert dieses so lange, bis die Determinante Δ praktisch verschwindet.

Man geht hierbei z. B. so vor, daß man bei konstant gehaltenen a' und B_m zwei Werte von t' wählt, Δ berechnet und aus diesen beiden Werten durch lineare Interpolation dasjenige t' sucht, für das $\Delta = 0$. Diese Vorgangsweise kann dann mit anderen a' bzw. B_m-Werten wiederholt werden. Bezüglich genauerer Methoden und bezüglich numerischer Auswertung der Mehrgruppentheorie müssen wir auf die Literatur verweisen[66].

Die Anwendung der Mehrgruppentheorie auf räumlich getrennte Gebiete mit physikalisch verschiedenen Eigenschaften (z. B. homogener Reaktor + Reflektor oder heterogener Reaktor) führt zu mathematischen Problemen, deren numerische Lösung sehr schwierig ist. Mit Hilfe spezieller Methoden, wie etwa die Verwendung von Matrizen, der *Monte Carlo* Methode, der Annahme räumlich variabler Reaktorkonstanten B_m (insbes. bei räumlich variabler Konzentration des Kernbrennstoffes*) oder mit dem Einsatz großer Elektronenrechenmaschinen gelingt es aber in fast allen Fällen, diese für die Praxis wichtigen Probleme auch numerisch zu lösen.

Übungsbeispiele

23 a) Der maximale Fluß in einem unendlich großen Plattenreaktor (mit oder ohne Reflektor) ist nach der Eingruppentheorie gemäß (23.8) durch A gegeben. Der mittlere Fluß $\overline{\varphi}$ ist durch

$$\overline{\varphi} = \frac{1}{V} \int\limits_{Vol} \varphi\,(\mathfrak{r})\,d\tau \tag{23.48}$$

definiert; diese Formel spezialisiert sich für den Plattenreaktor auf

$$\overline{\varphi} = \frac{A}{a'} \int\limits_{-a'/2}^{+a'/2} \cos B_g\,x\,dx = \frac{2\,A}{B_g\,a'} \sin \frac{B_g\,a'}{2} \tag{23.49}$$

Man drücke $A/\overline{\varphi}$ als Funktion der Dicke des Reflektors aus. Weiter berechne man unter Verwendung von (11.22) und (22.34), um welchen Faktor sich die Leistung eines Reaktors durch Anbringen eines Reflektors der Dicke t' steigert.

23 b) Man berechne nach der Eingruppentheorie einen Kugelreaktor mit Reflektor (Hohlkugel der Dicke t'). Man zeige, daß sich für kleine B_g eine Formel ergibt, die (23.20) recht ähnlich ist. Ist es richtig, daß das kritische Volumen eines Kugelreaktors mit Reflektor etwa 1/8 des kritischen Volumens dieses Reaktors ohne Reflektor ist?

23 c) Man leite (23.33) und (23.34) durch Einsetzen von (23.27) in (23.24) ab.

23 d) Man leite die explizite Form von (23.47) ab.

23 e) Man berechne für den „LOPO" (Übungsbeispiel 21 c) den kritischen Radius nach der Eingruppentheorie unter der Annahme, daß der Reaktor mit einem unendlich dicken Beryllium-Reflektor umgeben ist.

23 f) Man berechne das kritische Volumen eines U 235-D_2O-Kugelreaktors zunächst ohne, dann mit Graphitreflektor ($t' = 50$ cm).

23 g) Während der Fluß der schnellen Neutronen im Reflektor nach (23.43) einen glatten Verlauf zeigt, ist dies für den thermischen Fluß nicht der Fall; dieser erreicht im Reflektor ein Maximum. Wo liegt dieses Maximum und wie ist es physikalisch zu erklären? Kann dieses Maximum größer als der Maximalwert des thermischen Flusses im Reaktor werden?

23 h) Man berechne das kritische Volumen eines Graphitreaktors mit natürlichem Uran, der in der Form eines Würfels gebaut und von einem überall 150 cm dicken Graphitreflektor umgeben ist. Man verwende ein $k_\infty^* = 1,05$, das nur bei heterogenem Aufbau erreicht wird, rechne aber sonst nach der Theorie des Homogenreaktors.

---

* Also bei „*inhomogenen*" aber doch nicht *heterogenen* und bei inhomogenen und gleichzeitig heterogenen Reaktoren.

§ 24. Reaktordynamik

Instationäre Kettenreaktionen nach der Eingruppentheorie und der Theorie der stetigen Bremsung, die Reaktorperiode, Berücksichtigung der verzögerten Neutronen, promptkritische Reaktoren, Dollar und reziproke Stunde als Einheiten der Reaktorempfindlichkeit, dynamische Vorgänge beim Anlassen, Abstellen, im Betrieb und beim Oszillieren.

Bisher haben wir uns nur mit stationären Kettenreaktionen beschäftigt, also angenommen, daß zwischen Neutronenerzeugung einerseits, Entweichen und Absorption andererseits Gleichgewicht besteht. Ist jedoch dieses Gleichgewicht gestört, dann wird die Kettenreaktion instationär: Überwiegt die Produktion, dann ist die Reaktion überkritisch, die Neutronendichte nimmt zu und die Kettenreaktion wird divergent; überwiegen die Verluste, dann ist der Reaktor unterkritisch, die Neutronendichte sinkt und die Kettenreaktion ist konvergent, d. h. sie kommt nach einer gewissen Zeit zum Stillstand.

Mit solchen *instationären Kettenreaktionen* beschäftigt sich die *Reaktordynamik*. Das Hauptproblem der Reaktordynamik besteht im Aufsuchen der Funktion $n\,(x, y, z, t, \vartheta, \varphi, E)$ (vgl. Tab. 20, S. 74). Da es jedoch bei dynamischen Problemen auf Richtungseffekte in keiner Weise ankommt[68], wird durchwegs die diffusionstheoretische Näherung verwendet; es genügt daher, $n\,(x, y, z, t, E)$ zu berechnen. Bezüglich der Wahl der Neutronenenergie E stehen nun wieder die drei Methoden: Eingruppentheorie, Mehrgruppentheorie und Theorie der stetigen Bremsung zur Verfügung. Ferner kann man annehmen, daß die Neutronendichte räumlich konstant ist und daß man nach geeigneter Mittelwertbildung (vgl. § 12) zu $n\,(t, E)$ übergehen kann.

Die folgenden Überlegungen beziehen sich zur Gänze auf homogene thermische Reaktoren ohne Reflektor. Für heterogene Reaktoren und für Reaktoren mit Reflektor sind die gewonnenen Ergebnisse im großen und ganzen jedoch ebenfalls gültig[69].

Die Neutronendichte $n\,(x, y, z, t, E)$ wird durch die Diffusionsgleichung

$$-\frac{\partial n}{\partial t} + D\,\Delta\,nv - \Sigma_{A\,ges}\,nv + Q = 0 \tag{24.1}$$

bestimmt. Befindet sich im Ursprung des Koordinatensystems eine punktförmige Neutronenquelle („*Fremdquelle*") dann gilt[69]

$$Q = Q_0\,\delta\,(\mathfrak{r}) + S\,(\mathfrak{r}, E, t). \tag{24.2}$$

In der Eingruppentheorie ist die Neutronenproduktion durch eine Kettenreaktion durch

$$S\,(\mathfrak{r}, t; E_1) = k_\infty\,(E_1)\,\Sigma_{A\,ges}\,(E_1)\,nv \tag{24.3}$$

gegeben. Für die Mehrgruppentheorie erhalten wir gemäß (22.36)

$$S\,(\mathfrak{r}, t, E_i) = -\,\Sigma_i\,(nv)_i + \Sigma_{i-1}\,(nv)_{i-1} \tag{24.4}$$

und für die Theorie der stetigen Bremsung gemäß (20.24)

$$S\,(\mathfrak{r}, t, E_0) = \frac{k_\infty}{p}\,\varphi\,\Sigma_{A\,ges}. \tag{24.5}$$

(24.5) gibt die Anzahl der durch thermische Spaltprozesse pro cm³ und sec erzeugten Spaltneutronen. Da wir einen thermischen Reaktor betrachten, interessiert uns jedoch die Anzahl der pro cm³ und sec infolge von Spaltprozessen entstehenden thermischen Neutronen. Diese haben nicht das Alter $\tau = 0$, sondern das Alter τ_{th}. Es gilt daher nach (20.21) und (20.27)

$$S\,(\mathfrak{r},\,t,\,E_{th}) = k_\infty\,nv\,\Sigma_{A\,ges}\,e^{-B^2\,\tau_{th}} \tag{24.6}$$

Wäre keine Fremdquelle vorhanden, dann würde S mit der Bremsdichte $q\,(\mathfrak{r},\,\tau_{th})$ thermischer Neutronen übereinstimmen. Wir behandeln zunächst die Reaktordynamik nach der *Eingruppentheorie* und nehmen an, daß keine Fremdquelle vorhanden ist. ($Q_0 = 0$). Die Diffusionsgleichung lautet dann

$$-\frac{1}{v}\frac{\partial n}{\partial t} + D\,\Delta\,n + \Sigma_{A\,ges}\,n\,(k_\infty - 1) = 0 \tag{24.7}$$

Macht man den Separationsansatz

$$n\,(\mathfrak{r},\,t) = \sum_l V_l\,(\mathfrak{r}) \cdot U_l\,(t) \tag{24.8}$$

so erhält man mit (14.24) für jedes Summenglied

$$\Delta V_l + B_l^2\,V_l = 0 \tag{24.9}$$

und

$$\dot{U}_l - \left(\frac{k_\infty - 1}{L^2} - B_l^2\right) v\,D\,U_l = 0 \tag{24.10}$$

(24.9) stimmt mit (20.26) überein; die Separationskonstante B_l^2 ist also nichts anderes als die geometrische Reaktorkonstante. Der räumlich variable Teil V_l interessiert uns jedoch hier weiter nicht.

Nach (20.15) gilt für die Eingruppentheorie die Definition

$$\boxed{k_{eff\,l} = \frac{k_\infty}{1 + L_{eff}^2\,B_l^2}} \tag{24.11}$$

Wenn man (21.19) bzw. $k_{eff} = 1$ verwenden würde, erhielte man den stationären Gleichgewichtszustand. Mit (24.11) und (14.24) sowie $L^2 \to L_{eff}^2$ ergibt sich aus (24.10)

$$\dot{U}_l - \frac{(k_{eff\,l} - 1)}{\tau_{Sp}}\,U_l = 0 \tag{24.12}$$

wobei nach (20.45)

$$\tau_{Sp} = \frac{1}{\Sigma_A\,v} \cdot (1 + L_{eff}^2\,B^2) \tag{24.13}$$

gilt.

Wie man sich leicht überzeugt, besitzt (24.12) die Lösung*

$$U_l\,(t) = \text{Const} \cdot e^{\dfrac{k_{eff\,l} - 1}{\tau_{Sp}}\,t} \tag{24.14}$$

Für $k_{eff\,l} > 1$ (überkritischer Reaktor) nimmt also die Neutronendichte exponentiell mit der Zeit zu, für $k_{eff\,l} < 1$ (unterkritischer Reaktor) sinkt sie exponentiell mit der Zeit. Die allgemeine Lösung von (24.7) lautet daher

$$n\,(\mathfrak{r},\,t) = \sum_l A_l\,V_l\,(\mathfrak{r})\,e^{\dfrac{k_{eff\,l} - 1}{\tau_{Sp}}} \tag{24.15}$$

In der Praxis unterscheidet sich $k_{eff\,1}$ immer nur sehr wenig von 1 (vgl. § 20), so daß wir also niemals weit vom kritischen Zustand entfernt sind. Wir können daher annehmen, daß alle A_l mit Ausnahme von A_1 verschwinden. Auch der nicht genau kritische Reaktor wird daher in sehr guter Näherung nur durch die kritische Eigenfunktion V_1 beschrieben werden können*. Dann gibt es aber nur *eine* geometrische Reaktorkonstante $B_g = B_1$ und ein $k_{eff\,1} = k_{eff}$. In der *Theorie der stetigen Bremsung*[69] erhalten wir ganz analoge Ergebnisse. Es dauert eigentlich eine gewisse Zeit (Bremszeit), bis aus den Spaltneutronen thermische Neutronen geworden sind; wie man aus Tab. 25, S. 124 ersieht, ist jedoch die Lebensdauer der thermischen Neutronen τ_{Leben} groß gegen τ_{Brems}, so daß man die Bremszeit gegenüber der Lebensdauer vernachlässigen kann. Dies wird bei der Behandlung dynamischer Probleme nach der Theorie der stetigen Bremsung stets gemacht. Ist eine Fremdquelle thermischer Neutronen an der Stelle $\mathfrak{r}_0$ vorhanden, so lautet die Diffusionsgleichung gemäß (24.1), (24.2) und (24.6):

$$-\frac{\partial n}{\partial t} + D\,\Delta\,nv - \Sigma_{A\,ges}\,nv + Q_0\,\delta\,(\mathfrak{r}_0) + k_\infty \cdot nv\,\Sigma_{A\,ges} \cdot e^{-B^2 \cdot \tau_{th}} = 0 \qquad (24.16)$$

Sendet die Quelle jedoch schnelle Neutronen aus, dann ist Q_0 durch $Q_0\,p\,e^{-B^2\tau_{th}}$ zu ersetzen. Wir führen für nv_{th} wieder φ ein und erhalten mit (14.24) und (9.41)

$$-\tau_{Leben}\,\frac{\partial\varphi}{\partial t} + L^2\,\Delta\,\varphi + (k_\infty\,e^{-B^2\tau_{th}} - 1)\,\varphi + \frac{Q_0}{\Sigma_{A\,ges}}\,\delta\,(\mathfrak{r}_0) = 0 \qquad (24.17)$$

Die δ-Funktion entwickeln wir gemäß (20.33) nach den durch (24.9) definierten Eigenfunktionen $V_l\,(x,\,y,\,z)$ in eine Reihe. Macht man für φ einen Separationsansatz der Art (24.8), so erhält man, wenn die Separationskonstante wieder mit B_l^2 bezeichnet wird

$$-\tau_{Leben}\,\dot{U}_l\,V_l + L^2\,U_l\,\Delta V_l + (k_\infty\,e^{-B_l^2\,\tau_{th}} - 1)\,U_l\,V_l + Q_l'\,V_l = 0 \qquad (24.18)$$

Die durch $\Sigma_{A\,ges}$ dividierten Entwicklungskoeffizienten der δ-Funktion haben wir hierbei mit Q_l' bezeichnet. Da die Eigenfunktionen V_l durch (24.9) bestimmt sein sollen (vgl. auch § 20), können wir ΔV_l durch $-V_l\,B_l^2$ ersetzen und erhalten nach Kürzung durch V_l

$$\tau_{Leben} \cdot \dot{U}_l = U_l\,(-L^2\,B_l^2 + k_\infty\,e^{-B_l^2\,\tau_{th}} - 1) + Q_l' \qquad (24.19\,\mathrm{a})$$

Mit Hilfe der Definitionen (20.37) und (20.45) läßt sich dies auch in die Form

$$\tau_{Sp}^l\,\frac{d\,U_l\,(t)}{d\,t} = U_l\,(k_{eff\,l} - 1) + \frac{Q_l'}{1 + L^2\,B_l^2} = 0 \qquad (24.19\,\mathrm{b})$$

bringen**. Bis auf den Quellterm stimmt (24.19) mit (24.12) überein. Wie man sich leicht überzeugt, ist die Lösung von (24.19) durch

$$U_l\,(t) = \text{const}\cdot e^{\frac{k_{eff\,l}-1}{\tau_{Sp}^l}\,t} + \frac{Q_l'}{(1 + L^2\,B_l^2\,(1 - k_{eff\,l})} \qquad (24.20)$$

---

* Für $k_{eff\,1} - 1$ kommen zwar immer alle höheren Eigenfunktionen ins Spiel, doch sind ihre Amplituden für kleine $k_{eff\,1} - 1$ sehr klein. Größere $k_{eff\,1} - 1$ kann man aber aus Sicherheitsgründen nicht zulassen.

** τ_{Sp}^l sei der zu B_l gehörende Wert.

gegeben, so daß man als Lösung von (24.17)

$$nv \equiv \varphi\,(\mathfrak{r}, t) = \sum_l V_l\,(\mathfrak{r}) \cdot \left\{ A_l\, e^{\frac{k_{eff\,l} - 1}{\tau^l_{Sp}}\,t} + \frac{Q'_l}{(1 + L^2 B^2)\,(1 - k_{eff\,l})} \right\} \qquad (24.21)$$

erhält. Die A_l sind aus den Anfangsbedingungen zur Zeit $t = 0$ zu bestimmen. Für $k_{eff\,l} < 1$ stellt sich daher bei der Methode des stufenweisen Aufbaus eines Reaktors (vgl. § 20) nach Ablauf einer gewissen Zeit $t \gg \tau_{Sp}$ ein Gleichgewichtszustand her: Die Exponentialfunktionen werden praktisch konstant und (24.21) geht bis auf eine additive Konstante in (20.38) über. Da man sich in der Praxis immer ganz nahe beim kritischen Gleichgewichtszustand befindet, können wir (24.21) bei Vernachlässigung des Quellterms wieder vereinfachen zu

$$\boxed{\varphi = V_1\,(\mathfrak{r})\,A_1\, e^{\frac{k_{eff\,1} - 1}{\tau^1_{Sp}}\,t}} \qquad (24.22)$$

Verstreicht die Zeit

$$\boxed{T = \frac{\tau_{Sp}}{k_{eff} - 1}} \quad \text{wobei} \quad \begin{aligned} k_{eff} &= k_{eff\,1} \\ \tau^1_{Sp} &= \tau_{Sp} \end{aligned} \qquad (24.23)$$

so ändert sich die Neutronendichte um den Faktor e. Die Größe T nennt man die *Reaktorperiode**. Für $\tau_{Sp} = 10^{-3}$ und 10^{-4} sec (für schnelle Reaktoren $< 10^{-6}$ bis 10^{-8} sec) haben wir in Tab. 33 einige Werte von T zusammengestellt und angegeben, um welchen Faktor sich die Neutronendichte innerhalb einer Sekunde ändert. Je größer T ist (bzw. je kleiner $\bar{\varrho}$ ist), desto langsamer ändert sich die Neutronendichte. Für den Gleichgewichtszustand ($k_{eff} = 1$) gilt $T = \infty$.

Tabelle 33. *Reaktorperiode, Reaktorempfindlichkeit und Neutronenvermehrung*

G r ö ß e	$\tau_{Sp} = 10^{-3}$ sec			$\tau_{Sp} = 10^{-4}$ sec		
k_{eff}	1,001	1,005	1,01	1,001	1,005	1,01
$k_{eff} - 1 = \widetilde{\varrho}$	0,001	0,005	0,01	0,001	0,005	0,01
$\bar{\varrho}$ nach (24.25)	0,00099	0,00498	0,0099	0,00099	0,00498	0,0099
T [sec] nach (24.23)	1	0,2	0,1	0,1	0,02	0,01
$e^{1/T}$ (Vermehrung) ..	2,718	150	$2,2 \cdot 10^4$	$2,2 \cdot 10^4$	$5,2 \cdot 10^{21}$	10^{43}

Wie man aus Tab. 33 ersieht, würden theoretisch schon sehr kleine Änderungen von k_{eff} genügen, die Neutronendichte um einen sehr großen Faktor zu ändern. Es sieht daher so aus, als ob es kaum möglich wäre, eine stationäre Kettenreaktion im Gleichgewicht zu erhalten. Schon kleinste Temperatur- oder Dichteschwankungen könnten $k_{eff} = 1$ abändern und damit das Gleichgewicht zerstören. An dieser Aussage ändert auch die Verwendung der *Mehrgruppentheorie* zur Lösung des Hauptproblems der Reaktordynamik nichts; wir verweisen diesbezüglich auf die einschlägige Literatur[69] (Vgl. auch § 25).

Es ist ein ganz anderer Umstand, der die bisher besprochenen Formeln stark abändert und der auch in der Praxis dafür maßgebend ist, daß es überhaupt gelingt, Kettenreaktionen stationär zu erhalten. Bisher hatten wir nämlich ange-

---

* Manche Autoren definieren die Reaktorempfindlichkeit durch $\widetilde{\varrho} = k_\infty + - (1 + L^2 B^2) = k_{eff} - 1$ und drücken T durch $\tau_{Leben}/\widetilde{\varrho}$ aus. Oft wird $k_{eff} - 1 \equiv k_{ex}$ gesetzt.

nommen, daß alle Spaltneutronen sofort nach der Spaltung, d. h. innerhalb von Zeiträumen, die kleiner als τ_{Brems} ($\sim 10^{-5}$ sec) sind, emittiert werden. Dies ist tatsächlich für 99,24% aller Spaltneutronen der Fall (unmittelbare Neutronen). Wie Tab. 6, Seite 25 zeigt, gibt es aber mehrere Gruppen von verzögerten Neutronen, die erst nach Zeiträumen bis zu einer Minute nach der Spaltung freigegeben werden*. Im Mittel über alle Gruppen ergibt sich für Uran eine Verzögerungszeit von $\sum_i \beta_i \tau_i / 0{,}693 \approx 0{,}1$ sec. (Diese Verzögerungszeit ist nicht durch die Halbwertszeit τ_i, sondern durch die mittlere Lebensdauer $\tau_i/0{,}693$ bestimmt.) Dadurch wird die mittlere *effektive Lebenszeit* eines Neutrons von $\tau_{Sp} \approx 10^{-3}$ sec auf 0,101 sec erhöht. Für $k_{eff} = 1{,}005$ und $\tau_{Sp} = 0{,}1$ sec ergibt sich so an Stelle von 150 ein Vermehrungsfaktor von nur 1,05. Die Berücksichtigung der verzögerten Neutronen ändert daher die Situation grundlegend. Wenn $\beta = \sum_i \beta_i$ der Bruchteil der verzögerten Spaltneutronen sämtlicher Gruppen** ist, dann muß ν in (11.11) durch $\bar{\nu} = \nu (1-\beta)$ ersetzt werden. Für den unendlich großen Reaktor ist also $k_\infty (1-\beta)$ der *Vermehrungsfaktor der unmittelbaren Neutronen*, während der *Vermehrungsfaktor der verzögerten Neutronen* durch $k_\infty \beta$ gegeben ist. k_∞ ist bei dieser Definition durch (11.11) gegeben. Ist in einem unendlich großen Reaktor $k_\infty (1-\beta)$ kleiner oder höchstens gleich eins, dann haben die unmittelbaren Neutronen keinen Einfluß auf die *instationären* Vorgänge; diese hängen nur mehr von den verzögerten Neutronen ab. Für die Spaltung durch thermische Neutronen ist für U 235** gemäß Tab. 6, Seite 25, $\beta = 0{,}0076$; für $1 \leq k_\infty \leq 1{,}0076$ wird der thermische Reaktor daher nur durch die verzögerten Neutronen gesteuert. Ein solcher Reaktor heißt *prompt-kritisch*, weil, wie wir später sehen werden, die unmittelbaren („prompten") Neutronen allein genügen, um den Reaktor kritisch zu machen. Allerdings werden *alle* unmittelbaren Neutronen zur Aufrechterhaltung der stationären Kettenreaktion verbraucht und es bleiben nur die verzögerten Neutronen für instationäre Vorgänge übrig. Wird $k_\infty > 1{,}0076$ (*prompt-überkritischer* Bereich), dann werden *sehr* rasch verlaufende instationäre Vorgänge nur durch die unmittelbaren Neutronen bestimmt. Der Vorgang muß allerdings so rasch verlaufen, daß er zu Ende ist, bevor die Vermehrung der verzögerten Neutronen wirksam wird. Bei solchen Vorgängen kann der Neutronenfluß für Zeiten der Größenordnung 0,1 sec einen um Zehnerpotenzen größeren Wert als im stationären Betrieb annehmen ohne daß der Reaktor durch zu hohen Temperaturanstieg Schaden erleidet. Für die Rückschaltvorgänge stehen nach einer Untersuchung von ROXIN und SCHULTEN[6] 10 bis 20 sec zur Verfügung. Derjenige Wert der Reaktorempfindlichkeit („*Reaktivität*") $\bar{\varrho}$, der den Reaktor gerade promptkritisch macht, dient manchmal als Einheit und führt den Namen *Dollar*. Der hundertste Teil hievon heißt *Cent*. Je nach der verwendeten Definition von ϱ ist dieser Dollar anders definiert; das Reaktorhandbuch der US Atomenergiekommission gibt die Formel[69]

$$1\ \$ = 1/\beta = 1{,}32 \cdot 10^2; \qquad \bar{\varrho}\ [\$] = (k_{eff} - 1)/\beta \qquad (24.24)$$

an (für U 235).

Dies entspricht einer Definition der Empfindlichkeit

$$\bar{\varrho} = (k_{eff} - 1)/k_{eff}\ [0] = \bar{\varrho}\ [\$] \cdot \beta/k_{eff} \qquad (24.25)$$

(Vgl. Übungsbeispiel 24a)

---

* Man unterscheide den Begriff der Neutronengruppe in der Mehrgruppentheorie vom Begriff der Gruppe bei den verzögerten Neutronen.
** Für Pu 239 gilt $\beta = 0{,}0036$, für U 233: $\beta = 0{,}0024$.

Auch wenn man die verzögerten Neutronen berücksichtigt, gilt die Diffusionsgleichung (24.1), doch sieht nun der Quellterm Q anders aus. Um diesen berechnen zu können, ist es nach HEISENBERG zweckmäßig, den Begriff der *latenten Neutronendichte* einzuführen[69]. Man versteht darunter die Anzahl der pro cm³ latent vorhandenen Neutronen. Die latente Neutronendichte der i-ten Gruppe nimmt dadurch zu, daß bei einer Spaltung mit der relativen Häufigkeit β_i ein Zwischenkern der Art i entsteht, der latente Neutronen enthält. Nach Ablauf der Halbwertszeit τ_i ist von all diesen Zwischenkernen nur mehr der Bruchteil $\beta_i/2$ vorhanden; $\beta_i/2$ Kerne sind zerfallen und haben die tatsächliche Neutronendichte vergrößert — um den gleichen Betrag hat sich natürlich die latente Neutronendichte verringert.

Die Erzeugung von Spaltneutronen ist durch (24.3) bzw. (24.5) gegeben; die Anzahl der Zerfallsakte gibt (3.3) an. Für die latente Neutronendichte $\bar{n}_i$ gilt daher ganz allgemein

$$\frac{d\bar{n}_i}{dt} = -\frac{0{,}693}{\tau_i}\,\bar{n}_i + \beta_i\,S \tag{24.26}$$

oder, wenn man die räumliche Abhängigkeit berücksichtigt, in der *Eingruppentheorie*

$$\frac{\partial\bar{n}_i\,(\mathfrak{r},\,t)}{\partial t} = -\frac{0{,}693}{\tau_i}\,\bar{n}_i + \beta_i\,k_\infty\,\Sigma_{A\,ges}\,nv \tag{24.27}$$

und in der *Theorie der stetigen Bremsung*

$$\frac{\partial\bar{n}_i\,(\mathfrak{r},\,t)}{\partial t} = -\frac{0{,}693}{\tau_i}\,\bar{n}_i + \beta_i\,(k_\infty/p)\,\Sigma_{A\,ges}\,nv \tag{24.28}$$

Statt k_∞/p kann man nach (20.48) natürlich auch $k_{\infty\,th}$ schreiben. Die Werte von τ_i und β_i entnimmt man Tab. 6, Seite 25. Da i von 1 bis 6 läuft, gibt es mindestens 6 verschiedene latente Neutronendichten. Die entsprechenden Gleichungen der Mehrgruppentheorie lassen sich mit Hilfe von (24.4) ebenfalls leicht anschreiben.

Ist keine Fremdquelle vorhanden, dann gilt also für die tatsächliche Neutronendichte in der *Eingruppentheorie*

$$-\frac{1}{v}\frac{\partial n\,(\mathfrak{r},t)}{\partial t} + D\,\Delta\,n - \Sigma_{A\,ges}\,n + (1-\beta)\,k_\infty\,\Sigma_{A\,ges}\,n + \frac{1}{v}\,0{,}693\sum_{i=1}^{6}\frac{\bar{n}_i}{\tau_i} = 0 \tag{24.29}$$

und in der *Theorie der stetigen Bremsung* mit $nv = \varphi$

$$-\frac{1}{v}\frac{\partial\varphi\,(\mathfrak{r},\,t)}{\partial t} + D\,\Delta\,\varphi - \Sigma_{A\,ges}\,\varphi + (1-\beta)\,k_\infty\,\Sigma_{A\,ges}\,\varphi\cdot e^{-B^2\,\tau th} +$$
$$+\,p\cdot e^{-B^2\,\tau th}\cdot 0{,}693\sum_{i=1}^{6}\frac{\bar{n}_i}{\tau_i} = 0 \tag{24.30}$$

Analoge Formeln ergeben sich in der Mehrgruppentheorie [69]. Da sich die Ergebnisse der Eingruppentheorie (vgl. Übungsbeispiel 24 b) von jenen der Theorie der stetigen Bremsung wiederum nur wenig unterscheiden, besprechen wir bloß letztere. Wir machen für alle sieben unbekannten Funktionen einen Separationsansatz

$$\varphi\,(\mathfrak{r},\,t) = V\,(\mathfrak{r})\,U\,(t); \qquad \bar{n}_i\,(\mathfrak{r},\,t) = w_i\,(\mathfrak{r})\,u_i\,(t) \tag{24.31}$$

und fordern, daß $V\,(\mathfrak{r})$ durch (24.9) bestimmt wird. Auf eine Summierung über verschiedene Eigenfunktionen V_l, U_l usw. können wir verzichten, da wir bereits wissen, daß praktisch nur die erste Eigenfunktion eine Rolle spielt. Es gilt dann

$$\frac{\Delta \varphi}{\varphi} = - B^2 \qquad (24.32)$$

und aus (24.30) folgt mit (9.41) und (14.24)

$$- \tau_{Leben} \frac{1}{T} \frac{dU(t)}{dt} - L^2 B^2 - 1 + (1 - \beta) k_\infty e^{-B^2 \tau_{th}} +$$

$$+ \frac{1}{\Sigma_{A\,ges}} p\, e^{-B^2 \tau_{th}} \cdot 0,693 \sum_{i=1}^{6} \frac{w_i(\mathfrak{r})\, u_i(i)}{V(\mathfrak{r})\, \tau_i \cdot U(t)} = 0 \qquad (24.33)$$

während sich aus (24.28)

$$\frac{1}{u_i} \frac{du_i(t)}{dt} = - \frac{0,693}{\tau_i} + \beta_i \frac{k_\infty}{p} \Sigma_{A\,ges} \frac{V(\mathfrak{r})\, U(t)}{w_i(\mathfrak{r})\, u_i(t)} \qquad (24.34)$$

ergibt. (24.33) und (24.34) bilden ein System von sieben totalen Differentialgleichungen für die Funktionen $U(t)$ und $u_i(t)$, das für beliebige Werte von $\mathfrak{r}$ und t gilt. Die $\mathfrak{r}$-abhängigen Teile müssen daher konstant sein:

$$w_i(\mathfrak{r})/V(\mathfrak{r}) = C_i \qquad (24.35)$$

Wie früher machen wir nun den Ansatz

$$U(t) = A \cdot e^{t/T} \; ; \qquad u_i(t) = F_i \cdot e^{t/T} \qquad (24.36)$$

wobei allerdings die hier verwendete Größe T von vorneherein nicht mit der Reaktorperiode T identisch sein muß. Mit (24.35) und (24.36) ergibt sich aus (24.33)

$$\frac{- \tau_{Leben}}{T} - (L^2 B^2 + 1) + (1 - \beta) k_\infty e^{-B^2 \tau_{th}} +$$

$$+ \frac{0,693\, p}{\Sigma_{A\,ges}} e^{-B^2 \tau_{th}} \sum_{i=1}^{6} \frac{C_i F_i}{\tau_i A} = 0 \qquad (24.37)$$

während (24.34)

$$\frac{1}{T} = - \frac{0,693}{\tau_i} + \beta_i \frac{k_\infty}{p} \Sigma_{A\,ges} \frac{A}{C_i F_i} \qquad (24.38)$$

oder

$$\frac{C_i F_i}{A} = \frac{\beta_i k_\infty \Sigma_{A\,ges}}{p\,(1/T + 0,693/\tau_i)} \qquad (24.39)$$

liefert.

Setzt man (24.39) in (24.37) ein, so erhält man mit (20.45), (9.41) und (20.31)

$$\frac{\tau_{Sp}}{T} = - 1 + (1 - \beta) k_{eff} + 0,693\, k_{eff} \sum_{i=1}^{6} \frac{\beta_i}{(\tau_i/T + 0,693)} \qquad (24.40)$$

Sind alle $\beta_i = 0$ (keine verzögerten Neutronen), so geht (24.40) in (24.23) über. In diesem Grenzfall ist also das hier definierte T tatsächlich mit der Reaktorperiode identisch. (24.40) stellt eine Gleichung 7. Grades (bei m Gruppen von verzögerten Neutronen $(m + 1)$-ten Grades) für T dar, die man meist in der Form

$$\frac{k_{eff}-1}{\tau_{Sp}} = \frac{1}{T} + \frac{k_{eff}}{\tau_{Sp}} \sum_{i=1}^{6} \frac{\beta_i \tau_i}{\tau_i + 0{,}693\,T} \quad (= \widetilde{\varrho}/\tau_{Sp}) \tag{24.41}$$

anschreibt. (NORDHEIMsche Formel).

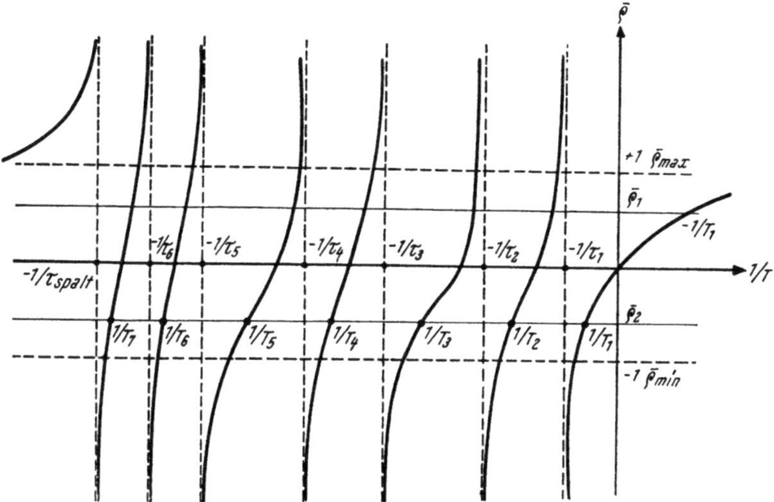

Abb. 28. Reaktorperioden für verschiedene Empfindlichkeiten

Stellt man $(k_{eff}-1)/k_{eff}$ als Funktion von $1/T$, also

$$\frac{k_{eff}-1}{k_{eff}} = \frac{\tau_{Sp}}{T+\tau_{Sp}} + \frac{T}{T+\tau_{Sp}} \sum_{i=1}^{6} \frac{\beta_i \tau_i}{\tau_i + 0{,}693\,T} \qquad (\equiv \bar{\varrho}) \tag{24.42}$$

graphisch dar (vgl. Abb. 28), so kann man die Lage der Wurzeln von (24.41) diskutieren.

Wie man sieht, besitzt die Funktion 7 Pole, und zwar an den Stellen $T = -\tau_{Sp}, -\tau_6, -\tau_5, -\tau_4, -\tau_3, -\tau_2$ und $-\tau_1$. Für negative Empfindlichkeiten, z. B. $\bar{\varrho}_2$ (s. Abb. 28) sind alle Wurzeln T_1 bis T_7 negativ, die Neutronendichte sinkt mit der Zeit. Für positive $\bar{\varrho}$, (z. B. $\bar{\varrho}_1$), also für $k_{eff} > 1$, existiert *eine* positive Wurzel, T_1, während alle anderen Wurzeln negativ sind. Die positive Wurzel T_1 nennen wir die *stabile Reaktorperiode*, sie ist für die Zunahme der Neutronendichte verantwortlich (vgl. Abb. 29).

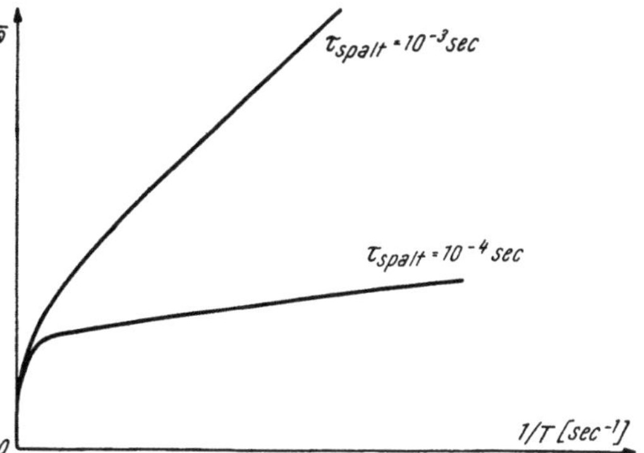

Abb. 29. Die Abhängigkeit der stabilen Reaktorperiode von der Reaktorempfindlichkeit (für U 235, bei Berücksichtigung von sechs Gruppen verzögerter Neutronen)

Alle anderen Wurzeln, die wir *Übergangsperioden* nennen wollen, verzögern diesen Anstieg. Die allgemeine Lösung von (24.30) lautet

$$\varphi\,(\mathfrak{r},\,t) = V\,(\mathfrak{r}) \sum_{n=1}^{7} A_n \cdot e^{t/T_n}\;;\quad n_i\,(\mathfrak{r},\,t) = w_i\,(\mathfrak{r}) \cdot \sum_n F_{i\,(n)}\, e^{t/T_n} \qquad (24.43)$$

Faßt man alle verzögerten Neutronen zu einer einzigen Gruppe *(Mittelgruppe)* zusammen, der man die Mittelwerte $\beta = \sum\limits_i \beta_i = 0{,}0076$ und $\tau = \sum\limits_i \beta_i\,\tau_i/\beta = 8{,}66$ sec (für U 235) zuordnet, dann gilt an Stelle von (24.42) *näherungsweise* (vgl. Übungsbeispiel 24c und (24.61))

$$\bar\varrho \equiv \frac{k_{eff} - 1}{k_{eff}} \approx \frac{\tau_{Sp}}{T + \tau_{Sp}} + \frac{T}{T + \tau_{Sp}} \cdot \frac{\beta\,\tau}{\tau + 0{,}693\,T} \qquad (24.44)$$

Vernachlässigt man im Nenner τ_{Sp} gegen T, dann ergibt sich

$$\bar\varrho \approx \frac{\tau_{Sp}}{T} + \frac{\beta\,\tau}{\tau + 0{,}693\,T} \qquad (24.45)$$

Löst man (24.44) nach T auf, so erhält man

$$T_{1,2} = -\frac{1}{2}\left(\frac{\tau}{0{,}693} - \frac{\tau_{Sp}}{\bar\varrho} - \frac{\beta\,\tau}{\bar\varrho \cdot 0{,}693}\right) \cdot$$

$$\cdot \left\{ 1 \pm \sqrt{1 + \frac{4\,\tau_{Sp} \cdot \tau}{0{,}693\,\bar\varrho \left(\dfrac{\tau}{0{,}693} - \dfrac{\tau_{Sp}}{\bar\varrho} - \dfrac{\beta\,\tau}{\bar\varrho \cdot 0{,}693}\right)^2}} \right\} \qquad (24.46)$$

Entwickelt man die Wurzel nach dem binomischen Lehrsatz und bricht ab, so ergeben sich die folgenden Näherungslösungen

$$\boxed{\begin{aligned} T_1 &\approx -\frac{\tau}{0{,}693} + \frac{\tau_{Sp}}{\bar\varrho} + \frac{\beta\,\tau}{0{,}693\,\bar\varrho} \\[2ex] T_2 &\approx \frac{\tau_{Sp} \cdot \dfrac{\tau}{0{,}693}}{\dfrac{\tau}{0{,}693}\,\bar\varrho - \tau_{Sp} - \beta\,\dfrac{\tau}{0{,}693}} \end{aligned}} \qquad (24.47)$$

(die man auch aus (24.45) erhalten kann).

Diese Formeln gelten nur für kleine Empfindlichkeiten ($\bar\varrho < 0{,}006$).

Es ist lehrreich, die Werte von T_1 nach (24.47) mit den Werten von T zu vergleichen (s. Tab. 34). In dieser Näherung, die für eine erste Orientierung genügt, lauten also die Lösungen von (24.30)

$$\varphi\,(\mathfrak{r},\,t) = V\,(\mathfrak{r})\,(A_1\,e^{t/T_1} + A_2\,e^{t/T_2}) \qquad (24.48)$$

und von (24.28)

$$\bar n\,(\mathfrak{r},\,t) = w\,(\mathfrak{r})\,(F_{(1)} \cdot e^{t/T_1} + F_{(2)} \cdot e^{t/T_2}) \qquad (24.49)$$

(vgl. Übungsbeispiel 24d)!

Tabelle 34. *Stabile Reaktorperiode für U 235* ($\tau = 8{,}66$ sec; $\beta = 0{,}0076$)

Größe	$\tau_{Sp} = 10^{-3}$ sec					Formel
k_{eff}	0,9975	1,001	1,005	1,0076	1,01	(24.11)
$\bar{\varrho}$ [0]	— 0,0025	0,00099	0,00498	0,0076	0,0099	(24.25)
T [sec]	— 0,4	1	0,2	0,132	0,1	(24.23)
$\bar{\varrho}$ [\$]	— 0,329	0,132	0,658	1,00	1,32	(24.24)
T_1 [sec]......	— 50,9	84,4	7,17	—	—	(24.47)
T_1 (6 Gruppen)		60	2,5	0,6	0,3	(24.42)

Größe	$\tau_{Sp} = 10^{-4}$ sec					
k_{eff}	1,000	1,001	1,005	1,0076	1,01	1,10
$\bar{\varrho}$ [0]	0	0,00099	0,00498	0,0076	0,0099	0,099
T [sec]	∞	0,1	0,02	0,0132	0,01	0,001
$\bar{\varrho}$ [\$]	0	0,132	0,658	1,00	1,32	13,2
T_1 [sec]......	∞	83,5	6,59	0,013	—	—
T_1 (6 Gruppen)	∞	60	2,5	0,1	0,04	—

$$T_1 = 1\,h \to \bar{\varrho} = 1\,[h^{-1}] \to 2{,}54 \cdot 10^{-5}\,[0] \to 0{,}00334\ \$$$

Die Dimension von T ist [sec], die Empfindlichkeit $\bar{\varrho}$ ist nach (24.42) dimensionslos. Diejenige Empfindlichkeit $\bar{\varrho}$ oder $\tilde{\varrho}$ die zu einer stabilen Reaktorperiode von einer Stunde Anlaß gibt, wird in der englischen Literatur als Einheit festgelegt. Diese Einheit heißt „*inhour*" *(reziproke Stunde)*. Für die Empfindlichkeit in reziproken Stunden [h⁻¹] gilt dann gemäß (24.41)

$$\bar{\varrho}\,[h^{-1}] = \frac{\dfrac{\tau_{Sp}}{T_1\,k_{eff}} + \sum_{i}^{6} \dfrac{\beta_i\,\tau_i}{\tau_i + 0{,}693\,T_1}}{\dfrac{\tau_{Sp}}{3600\,k_{eff}} + \sum_{i}^{6} \dfrac{\beta_i\,\tau_i}{\tau_i + 0{,}693 \cdot 3600}} \approx$$

$$\approx \frac{\dfrac{\tau_{Sp}}{T_1\,k_{eff}} + \dfrac{\beta\,\tau}{\tau + 0{,}693\,T_1}}{\dfrac{\tau_{Sp}}{3600\,k_{eff}} + \dfrac{\beta\,\tau}{\tau + 0{,}693 \cdot 3600}} \qquad (24.50)$$

τ_{Sp} und τ_i sind hier in [sec] einzusetzen. Bezüglich der Näherung vgl. die folgenden Definitionen und (24.61). Für U 235 wird in der Literatur oft die Formel

$$\tilde{\varrho}\,[h^{-1}] \equiv k_{eff} - 1 = \frac{54}{T_1} + \frac{20{,}3}{T_1 + 0{,}62} + \frac{204}{T_1 + 2{,}19} +$$
$$+ \frac{535}{T_1 + 6{,}50} + \frac{2036}{T_1 + 31{,}7} + \frac{787}{T_1 + 80{,}3};\quad T_1\,[\text{sec}] \qquad (24.51)$$

verwendet. In analoger Weise kann man auch (24.42) in reziproke Stunden umrechnen. (24.50) heißt die *inhour-Formel* (Reziproke Stunden-Formel) (vgl. Übungsbeispiel 24 a).

Die wichtigsten Resultate der Reaktordynamik sind im wesentlichen von der verwendeten Theorie unabhängig. Sowohl die Mehrgruppentheorie als auch die Reaktorgleichung* (§ 25) liefern ähnliche Ergebnisse[69] wie die Theorie der stetigen Bremsung.

In der Praxis spielen dynamische Probleme bei folgenden Vorgängen eine große Rolle:

1. Anlassen des Reaktors
2. Abstellen des Reaktors
3. Stabilisierung der stationären Kettenreaktion
4. Oszillieren des Reaktors.

Wir werden später sehen, daß sich die Empfindlichkeit eines Reaktors während des Betriebes infolge von Temperaturschwankungen u. ä. ändert und ganz allgemein infolge der sogenannten „*Vergiftung*" des Kernbrennstoffes abnimmt. (Vgl. § 28). Es ist daher notwendig, einen Reaktor immer überkritisch zu bauen. Um die überschüssige Empfindlichkeit zu kompensieren und um zur Stabilisierung der Kettenreaktion die Empfindlichkeit willkürlich verändern zu können, wird der Reaktor mit sogenannten *Kontrollstäben* aus Bor- oder Cadmiumstahl versehen (vgl. § 29). Da Bor und Cadmium für thermische Neutronen große Absorptionswirkungsquerschnitte besitzen (vgl. Tab. 4, S. 20) wird die Neutronendichte im Reaktor durch die Eintauchtiefe der Kontrollstäbe sehr stark beeinflußt: Zieht man diese ganz heraus, wird der Reaktor überkritisch und geht durch; versenkt man sie zur Gänze, dann werden so viele Neutronen absorbiert, daß die Kettenreaktion abbricht. In einer — vom Alter des Brennstoffes abhängigen — Zwischenstellung wird die *Überschußempfindlichkeit* k_{eff} — 1 gerade kompensiert und es stellt sich eine stationäre Kettenreaktion ein.

1. Das Anlassen des Reaktors

Da die von der Höhenstrahlung und von Spontanspaltungen herrührenden Neutronen nicht sehr zahlreich sind, wird in einen Reaktor stets eine Neutronenquelle eingebaut. Es wäre nämlich sehr gefährlich, größere Mengen von Spaltmaterial anzuhäufen, ohne sie dauernd mit einem kräftigen Neutronenstrom zu bestrahlen. Ist ein solcher Quellstrom, dessen Vermehrung im Spaltmaterial laufend von Zählern überprüft wird, nicht vorhanden, dann kann es beim Aufbau oder beim Anlassen leicht geschehen, daß das kritische Volumen plötzlich überschritten wird, ohne das die Kontrollinstrumente zeitgerecht durch die Anzeige einer starken Quellstromvermehrung gewarnt hätten. Bei Erreichen des kritischen Volumens wird die Neutronenquelle entfernt (vgl. Abb. 30).

Ist das kritische Volumen bereits bekannt, so erfolgt das Anlassen durch langsames Herausziehen der Kontrollstäbe und Entfernen der Neutronenquelle bei einer bestimmten Stellung der Kontrollstäbe. Bei manchen Reaktortypen (z. B. großen Energiereaktoren) wird die Neutronenquelle nach dem Anlassen nicht entfernt, da bei großen Reaktoren so wie bei großen Neutronendichten eine Quelle in der Nähe des kritischen Zustandes k_{eff} praktisch nicht mehr beeinflußt (vgl. Übungsbeispiel 20b).

Bei den bisherigen Überlegungen hatten wir stillschweigend angenommen, daß ein bestimmtes $k_{eff} \gtreqless 1$, $k_{eff} \neq 1$, vorgegeben sei oder durch ruckartiges Verändern der Reaktorempfindlichkeit hergestellt werde[70]. Ein langsames kontinuierliches Herausziehen der Kontrollstäbe entspricht aber einem $\frac{\partial k_{eff}}{\partial t} \neq 0$.

---

* Um zu den dynamischen Gleichungen der allgemeinen Bremstheorie zu kommen, muß man $e^{-B^2 \tau_{th}}$ durch $p\,\bar{P}$ ersetzen (§ 25).

Wir müssen uns daher überlegen, wie die dynamischen Gleichungen für ein zeitlich variables $k_{eff}(t)$ aussehen.

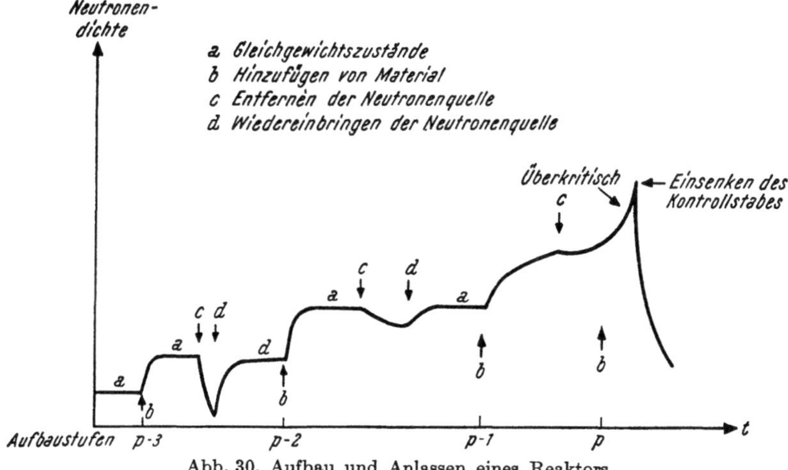

Abb. 30. Aufbau und Anlassen eines Reaktors

Da bei der Aufstellung der Gleichungen (24.1), (24.28), (24.30) usw. nicht vorausgesetzt wurde, daß k_∞ konstant ist, können wir aus ihnen die für beliebiges $k_\infty(t)$ bzw. $k_{eff}(t)$ gültigen *dynamischen Grundgleichungen* ableiten. Diese lauten nach der Theorie der stetigen Bremsung*

$$\frac{dT(t)}{dt} = \frac{T(t)}{\tau_{Sp}} [k_{eff}(t) - 1 - \beta\, k_{eff}(t)] + {} + p \cdot e^{-B^2 \tau_{th}} \sum_i C_i\, u_i(t) \frac{0{,}693}{\tau_i} + Q_1 \tag{24.52}$$

und

$$\frac{du_i(t)}{dt} = - \frac{0{,}693}{\tau_i} u_i(t) + \frac{\beta_i\, k_{eff}(t)}{p\, \tau_{Sp}} e^{B^2 \tau_{th}} \frac{T(t)}{C_i} \tag{24.53}$$

Q_1 ist hierbei der durch τ_{Sp} dividierte, zur kritischen Eigenfunktion V_1 gehörende Entwicklungskoeffizient der δ-Funktion. Setzt man u_i aus (24.53) in (24.52) ein, so erhält man

$$T' = \frac{T}{\tau_{Sp}}(k_{eff} - 1) - p \cdot e^{-B^2 \tau_{th}} \sum_i u_i'\, C_i + Q_i \tag{24.54}$$

Für die weitere Rechnung ist es zweckmäßig, wieder zu einer Mittelgruppe verzögerter Neutronen überzugehen (vgl. Übungsbeispiel 24c). Macht man dies und differenziert (24.52), so erhält man durch Elimination von $C\,u'$ mit Hilfe von (24.54)

$$T'' - T' \left\{ \frac{k_{eff} - 1 - \beta\, k_{eff}}{\tau_{Sp}} - \frac{0{,}693}{\tau} \right\} + {} - T \left\{ \frac{k'_{eff}(1 - \beta)}{\tau_{Sp}} + \frac{k_{eff} - 1}{\tau_{Sp}} \right\} = Q_1 \frac{0{,}693}{\tau} \tag{24.55}$$

---

* Bezüglich der dynamischen Grundgleichungen nach der Eingruppentheorie vgl. Übungsbeispiel 24e. Auch diese Gleichungen werden in der Literatur häufig verwendet.

Die Lösung dieser Gleichung ist schon für einfache Fälle, z. B. $k_{eff} = a\,t + b$, kompliziert[70]. Außerdem besteht zwischen der Herausziehgeschwindigkeit der Kontrollstäbe und der Änderung von k_{eff} ein nicht ganz einfacher Zusammenhang (vgl. § 29); wir wollen daher (24.55) nicht weiterbehandeln, sondern nur festhalten, daß diese Gleichung es gestattet, bei gegebenem $k_{eff}(t)$ die zeitliche Änderung der Neutronendichte zu berechnen. Solche Aufgaben werden in der Praxis mit Hilfe von Analogierechengeräten *(Reaktor-Simulatoren)* gelöst[71].

2. Das Abstellen des Reaktors

Werden die Kontrollstäbe langsam in den Reaktor versenkt, dann fällt die Reaktorperiode vom Gleichgewichtswert $T = \infty$ auf negative Werte, der Neutronenfluß sinkt ab* und wenn die mittlere Lebensdauer der längstlebigen Gruppe verzögerter Neutronen (≈ 80 sec) verstrichen ist, wird der Neutronenfluß Null bzw. gleich dem Strom der Fremdquelle.

Enthält der Reaktor jedoch Substanzen, die (γ, n) Reaktionen zeigen (z. B. D_2O, Be), dann werden noch längere Zeit, bis zu einigen Stunden, Neutronen in erheblichen Mengen erzeugt. Ein Wiederanlassen innerhalb dieses Zeitraumes ist daher leichter und weniger gefährlich.

Infolge irgendwelcher Defekte (z. B. Versagen der Kühlung) kann die Kettenreaktion außer Kontrolle gelangen, so daß es notwendig wird, die Kontrollstäbe oder einen besonderen *Sicherheitsstab* sehr rasch (d. h. binnen ca. 0,1 sec) in den Reaktor fallen zu lassen. Meist sorgen besondere automatische Sicherheitsvorrichtungen dafür, daß das Herabfallen des Sicherheitsstabes bei einer Überschreitung der normalen Reaktorleistung von etwa 30% selbsttätig eintritt. Dadurch wird $k_{eff} = 1$ schlagartig geändert und die Reaktorperiode sinkt schlagartig auf einen großen negativen Wert.

Das Absinken des Neutronenflusses unmittelbar nach der ruckartigen Änderung von k_{eff} wird durch $1/T_1$ bestimmt (vgl. Übungsbeispiel 24 f).

3. Die Stabilisierung der stationären Kettenreaktion

Da auch Temperatur, Druck, Vergiftungserscheinungen usw. den Ablauf der Kettenreaktion wesentlich beeinflussen (vgl. § § 28, 36) wollen wir hier nur die Frage untersuchen, ob auch aus den dynamischen Grundgleichungen die kritischen Gleichungen folgen, die in § 20 abgeleitet wurden. Für die stationäre Kettenreaktion erhält man aus (24.54) mit $d/dt = 0$ tatsächlich $T = \infty$ und $k_{eff} = 1$. Aus (24.33) und (24.34) kann man leicht

$$(1 - \beta)\,k_{eff} + \beta\,k_{eff} = 1 = k_{eff} \tag{24.56}$$

ableiten.

Der erste Term beschreibt den Anteil der unmittelbaren, der zweite Term den Anteil der verzögerten Neutronen. Für einen, infolge der unmittelbaren Neutronen allein schon kritischen Reaktor (prompt-kritischer Reaktor, vgl. S. 166) gilt also bei Berücksichtigung des Entweichens von Neutronen

$$(1 - \beta)\,k_{eff} = 1 \quad \text{oder} \tag{24.57}$$

$$k_{eff} = 1/(1 - \beta) = 1{,}00765 \quad \text{und} \quad \bar{\varrho} = \beta \tag{24.58}$$

---

* Es ist zu beachten, daß infolge der verzögerten Neutronen das Absinken des Neutronenflusses schon kurze Zeit nach dem Schaltvorgang viel langsamer erfolgt als das Ansteigen des Neutronenflusses bei gleichem $|\bar{\varrho}|$.

Infolge des Vorhandenseins der verzögerten Neutronen ist ein solcher Reaktor aber nicht mehr im Gleichgewicht. Für einen allein durch die verzögerten Neutronen kritischen Reaktor gilt nach (24.56)

$$k_{eff} = 1/\beta = 1{,}32 \cdot 10^2 \tag{24.59}$$

Ein solcher Reaktor wäre höchst überkritisch und existiert nicht.

Man kann die dynamischen Grundgleichungen auch zur Berechnung des kritischen Volumens verwenden, indem man diejenigen Materialkonstanten bzw. Reaktorabmessungen aufsucht, für die $1/T = 0$ wird (HEISENBERG[69]). Bezüglich der *Stabilitätskriterien* bei Berücksichtigung aller die Reaktorempfindlichkeit beeinflussenden Umstände müssen wir auf die Literatur verweisen[69]. (Vgl. auch § § 28 und 36).

4. Das Oszillieren des Reaktors

Verändert man die Reaktorempfindlichkeit periodisch (sogenanntes *Oszillieren*), entstehen Neutronendichtewellen, aus deren Verhalten wichtige dynamische Reaktordaten, Wirkungsquerschnitte u. ä. mehr (vgl. § 28) bestimmt werden können[72]. Das Oszillieren kann durch periodisches Heben und Senken der Kontrollstäbe, durch eine periodisch modulierte Neutronenquelle, am besten aber mit Hilfe des sogenannten *Reaktoroszillators* erzielt werden. Dieser besteht aus einem mechanischen Gerät, das es gestattet, eine neutronenabsorbierende Materialprobe periodisch in den Reaktor einzutauchen. Auch für periodisch veränderliches k_{eff} gelten (24.52) und (24.53); die Lösung dieser Gleichungen für periodische Reaktorempfindlichkeit übersteigt jedoch den Rahmen dieses Lehrbuches.

Übungsbeispiele

24 a) Wie groß sind k_{eff} und $\bar{\varrho}\,[0]$ für eine Empfindlichkeit von 1,50 \$? Begründe

$$\frac{1}{\bar{\varrho}} \sum_{i}^{6} \frac{\beta_i \tau_i}{0{,}693} \approx \frac{3600}{[\mathrm{h}^{-1}]} \tag{24.60}$$

Wie groß sind T, T_1 und T_2 ? ($\tau_{Sp} = 10^{-3}$ sec.) Zeige, daß 1 h^{-1} einer Empfindlichkeit von $2{,}54 \cdot 10^{-5}$ [0] entspricht und berechne $\bar{\varrho}$ auch in [h^{-1}] (nur für die Mittelgruppe verzögerter Neutronen). Berechne $\bar{\varrho}$ aus Tab. 34 in [h^{-1}] (alle Gruppen).

24 b) Man leite unter Berücksichtigung aller Gruppen von verzögerten Neutronen $k_{eff} = 1$ als Funktion von T, β_i, τ_i nach der Eingruppentheorie ab und zeige, daß man das gleiche Ergebnis erhält, wenn man in (24.41) auf der rechten Seite k_{eff} durch k_∞ ersetzt.

24 c) Man berechne τ aus Tab. 6, S. 25 und prüfe für verschiedene angenommene Werte von T die Genauigkeit der Näherung

$$\sum_{i}^{6} \frac{\beta_i \tau_i}{\tau_i + 0{,}693\,T} \approx \frac{\beta\,\tau}{\tau + 0{,}693\,T} \tag{24.61}$$

24 d) Man stelle durch Einsetzen von (24.48) und (24.49) in (24.34) $F_{(1)}$ und $F_{(2)}$ als Funktionen der A_1, A_2 dar. Zu diesem Zweck muß man natürlich vorerst (24.34) für die Mittelgruppe der verzögerten Neutronen spezialisieren. Wenn $t = 0$ der Zeitpunkt ist, an dem $k_{eff} = 1$ plötzlich abgeändert wird, dann muß weiters $\left(\dfrac{\partial u_i}{\partial t}\right)_{t=0} = 0$ gelten; dies gibt eine weitere Gleichung für die Entwicklungskoeffizienten. Zur Zeit $t = 0$ gilt weiter $A_1 + A_2 = n_0$, $F_{(1)} + F_{(2)} = \bar{n}_0$. Man berechne $n\,(\mathfrak{r}, t)/n_0$ und $n\,(\mathfrak{r}, t)/\bar{n}_0$. Als numerische Werte wähle man $\beta = 0{,}0076$, $\tau = 8{,}66$ sec, $\tau_{Sp} = 10^{-3}$ sec und $\bar{\varrho} = \pm\,0{,}003$. Nach Ablauf welcher Zeit t' kann man eines der beiden Glieder von (24.48) vernachlässigen ? Man versuche, t' durch β, τ_{Sp}, τ und

$\bar{\varrho}$ auszudrücken. Wieso kann bei raschem Abstellen eines Reaktors die stabile Periode auch bei Verstreichen längerer Zeit nicht kleiner als — 80,2 sec werden?

24 e) Man leite die dynamischen Grundgleichungen ab für

1. Theorie der stetigen Bremsung, eine Mittelgruppe verzögerter Neutronen,

2. Eingruppentheorie, mit Berücksichtigung aller Gruppen von verzögerten Neutronen.

In beiden Fällen ist der Zusammenhang zwischen k_{eff} und T zu berechnen.

24 f) Wird $k_{eff} = 1$ zur Zeit $t = 0$ ruckartig auf $k_{eff} \gtrless 1$ abgeändert, dann wird der relative Anstieg(Abfall) $\dfrac{1}{n} \dfrac{\partial n}{\partial t}$ der Neutronendichte im ersten Augenblick $(t \approx 0)$ in recht guter Näherung durch

$$\boxed{\left(\frac{1}{n} \frac{\partial n}{\partial t}\right)_0 = \left(\frac{1}{T_1}\right)_0 = \frac{0{,}693\,\bar{\varrho}\,\beta}{(\beta - \bar{\varrho})^2\,\tau} + \frac{\bar{\varrho}}{\tau_{Sp}}} \qquad t \approx 0 \qquad (24.62)$$

gegeben. Man leite diese Formel aus (24.36), (24.48) und (24.49) unter Berücksichtigung von Übungsbeispiel 24 d ab. Man zeige, daß für kleine Reaktorempfindlichkeiten $(T_1)_0 \approx T$ gilt (T gemäß (24.23)). Man löse (24.19) für $Q_l = 0$ und $k_{eff} - 1 \equiv$ $\equiv \bar{\varrho}\,(t) = a \cdot t$ und drücke die durch $\dfrac{1}{U} \dfrac{dU(t)}{dt}$ definierte Reaktorperiode T_1 durch $\ln \dfrac{U(t)}{U(0)}$, a und τ_{Sp} aus, indem man t eliminiert. Man beantworte dann die Frage, wieviel Zeit ($\approx T_1$) bei einem Reaktor mit angereichertem U 235 ($\tau_{Sp} =$ $= 10^{-4}$ sec) zum Abschalten zur Verfügung steht, wenn sich beim Herausziehen der Kontrollstäbe k_{eff} pro Sekunde um $1^0/_{00}$ ändert, so daß die Leistung bzw. die Neutronendichte zur Zeit t_1 mit $n\,(t_1) = 10^{12}\,n\,(0)$ einen bedrohlichen Wert erreicht hat!

24 g) Man leite für große ($T \ll \tau_i$) und für kleine ($T \gg \tau_{Sp}$) Reaktorempfindlichkeiten $\bar{\varrho}$ aus (24.42) Näherungsformeln für T ab.

24 h) Ist im Gleichgewichtszustand die wirkliche oder die latente Neutronendichte größer?

24 i) Man berechne τ_{Sp} für einen Graphitreaktor (Brennstoff reines U 235, $N_C/N_U = 2000$). Wie groß ist die Reaktorperiode bei $k_{eff} = 1{,}015$?

24 j) Das dynamische Verhalten eines Reaktors kann man nach WEINBERG (Nucleonics, *11*, No. 5, p. 18 (1953)) auch durch Erfassen der zeitlichen Änderung der Leistung P beschreiben:

$$\frac{dP}{dt} = \frac{k_{eff} - 1}{\tau_{Sp}}\,P\,(t) \qquad (24.63)$$

$$\frac{dQ}{dt} \equiv \frac{dU}{dt}\,C = P \qquad (24.64)$$

(Vernachlässigung der verzögerten Neutronen und der Kühlung.) C ist die Wärmekapazität des Reaktors. Man berechne $U\,(t)$.

§ 25. Die Reaktorgleichung

Theorie des kritischen Volumens für beliebige Bremsdichten, Aufstellung und Spezialisierung der Reaktorgleichung, Berücksichtigung von Energiespektren der Neutronen und der Spaltung durch nichtthermische Neutronen, Lösung der Reaktorgleichung, kritische Gleichung für beliebige Bremstheorie, Methode der Bildquellen, Fermi-Alter bei Berücksichtigung des Spektrums der Spaltneutronen, Überlagerung von Bremswahrscheinlichkeiten.

Die Theorie des thermischen Reaktors war bisher auf folgenden Voraussetzungen aufgebaut:

1. daß die diffusionstheoretische Näherung ausreicht,

2. daß die Bremsung der Neutronen durch die Ein- oder Mehrgruppentheorie bzw. durch die Theorie der stetigen Bremsung ausreichend genau beschrieben werden kann,

3. daß Spaltungen praktisch nur durch thermische Neutronen erfolgen,

4. daß die Neutronenenergiespektren in allen Gruppen vernachlässigt werden können,

5. daß der Reaktor homogen sei, d. h. daß er aus einer homogenen Mischung von Kernbrennstoff und Bremsmittel bestehe und daß die Konzentration beider Stoffe räumlich konstant sei.

Wir wollen uns nun überlegen, inwieweit diese Voraussetzungen berechtigt waren. Die diffusionstheoretische Näherung (Transportweglänge klein gegen die Reaktorabmessungen) wird sicherlich für große thermische Reaktoren, also für Reaktoren des Typs: Natürliches Uran—Graphit, Natürliches Uran—Schwerwasser, und eventuell auch für thermische Reaktoren mit leicht angereichertem Uran als Brennstoff gelten. Hoch angereicherte Reaktoren und nicht thermische Reaktoren (vgl. § 40) wird man jedoch nach der neutronenkinetischen Theorie berechnen müssen. Da die Theorie der stetigen Bremsung auf leichte Bremsmittel nicht anwendbar ist und da die Mehrgruppentheorie zu komplizierten Formeln führt, ist es wünschenswert, noch eine weitere Theorie der Neutronenbremsung zur Verfügung zu haben. Es wäre z. B. von großem Vorteil, wenn es gelänge, eine Theorie des kritischen Volumens für *beliebige*, z. B. experimentell bestimmte Bremsdichten aufzubauen. Man müßte sich dann nicht mehr auf die nach mehr oder weniger genauen Theorien berechneten Bremsdichten $q\,(x, y, z, v)$ verlassen, sondern man könnte q messen und damit in allgemein gültige Formeln eingehen. Eine solche Theorie wurde von WEINBERG, FRANKEL et al. aufgestellt[56]; wir wollen uns mit ihr in diesem Paragraphen beschäftigen.

Die Voraussetzung, daß in thermischen Reaktoren die Spaltungen vorwiegend durch thermische Neutronen erfolgen, können wir gemäß der Definition des thermischen Reaktors auch in der allgemeinen Theorie aufrechterhalten — schließlich haben wir ja die Spaltung durch schnelle Neutronen schon in k_∞ durch ε pauschal berücksichtigt. Die Neutronenspektren, deren Berücksichtigung bisher nicht möglich gewesen war, müssen jedoch erfaßt werden. Da sich das Spektrum der thermischen Neutronen auf höchstens einige Zehntel eV erstreckt, wird es allerdings genügen, das Spektrum der Spaltneutronen zu erfassen.

Mit heterogenen Reaktoren werden wir uns erst im Kapitel V beschäftigen; homogene Reaktoren mit inhomogener Brennstoffverteilung (vgl. Übungsbeispiel 21g) spielen in der Praxis kaum eine Rolle.

Die *Reaktorgleichung*, die Diffusion, Bremsung und Streuung, Erzeugung und Absorption von Neutronen beliebiger Energie in einem endlich großen, von produktivem Medium (Brennstoff-Bremsmittel-Mischung bzw. -Anordnung) erfüllten Raum beschreibt, lautet[56] nach (12.47) für energieunabhängiges v mit $|\mathfrak{v}| = v$ und bei Nichtberücksichtigung der verzögerten Neutronen:

$$\frac{\partial}{\partial t}\, n\,(x, y, z, t, v, \vartheta, \varphi) = -\,\mathrm{div}\,(\mathfrak{v} \cdot n\,(x, y, z, t, v, \vartheta, \varphi)) +$$
$$-\,N_{A\,ges}\,(x, y, z, t)\,\sigma_A\,(x, y, z, v, \vartheta, \varphi) \cdot$$
$$\cdot\, n\,(x, y, z, t, v, \vartheta, \varphi)\, v + \qquad\qquad (25.1)$$
$$+\, Q_{Fr}\,(x, y, z, t, v, \vartheta, \varphi) + v\,\Gamma\,(x, y, z, t, v, \vartheta, \varphi) +$$
$$+\, \Lambda\,(x, y, z, t, v, \vartheta, \varphi).$$

(vgl. (12.10) und (25.47) sowie (25.12a) und Übungsbeispiel 25i).

Q_{Fr} stellt eine — allenfalls modulierte — Fremdquelle dar, Γ und Λ sind Integrale über Wirkungsquerschnitte und $v' \cdot n\,(x, y, z, t, v', \vartheta', \varphi')$ nach $dv'.\sin \vartheta'\, d\vartheta'\, d\varphi'$; Γ beschreibt die Neutronenproduktion einschließlich der Abbremsung auf v und enthält $N_{A\,ges}\,(x, y, z, t)$, $\sigma_{A\,ges}\,(x, y, z, v, v', \vartheta, \vartheta', \varphi, \varphi')$ sowie $k_\infty\,(x, y, z, t, v, v', \vartheta, \vartheta', \varphi, \varphi')$, Λ beschreibt die Änderung des Vektorflusses $\mathfrak{W} = n\,(x, y, z, t, v, \vartheta, \varphi) \cdot \mathfrak{v}$ infolge von Streuprozessen und enthält $N_{S\,ges}\,(x, y, z, t)$ und $\sigma_S\,(x, y, z, t, \vartheta, \vartheta', \varphi, \varphi')$, vgl. (12.19) und (25.47). Eine allgemeine Lösung von (25.1) scheint bisher noch nicht gelungen zu sein, vgl. jedoch Ussachov[56]). Geht man unter Verwendung von

$$\varphi\,(x, y, z, t, v) = \int n\,(x, y, z, t, v, \vartheta, \varphi)\,\mathfrak{v}\,d\mathfrak{f} \qquad (25.2)$$

zur diffusionstheoretischen Näherung über, (vgl. § 13) so verschwindet Λ bis auf $- \Sigma_S \varphi$ und man erhält aus (25.1) die *Reaktorgleichung der Diffusionstheorie**

$$\frac{\partial n\,(\mathfrak{r}, t, v)}{\partial t} = + \operatorname{div}\,(D\,(\mathfrak{r})\,\operatorname{grad} \varphi) - \Sigma_{A\,ges}\,(\mathfrak{r}, v)\,\varphi + \qquad (25.3)$$
$$+ \, Q_{Fr}\,(\mathfrak{r}, v) + \nu\,\Gamma\,(\mathfrak{r}, t, v) - \Sigma_S\,(\mathfrak{r}, v)\,\varphi, \qquad \varphi\,(\mathfrak{r}, v, t)$$

$\Sigma_S \varphi$ gibt an, wieviele Neutronen pro cm³ und sec infolge von Streuprozessen unter v abgebremst werden. Um auszudrücken, daß die Koordinatenwahl willkürlich erfolgen kann, haben wir für x, y, z wieder $\mathfrak{r}$ gesetzt; der Einfachheit halber haben wir angenommen, daß $\partial Q_{Fr}/\partial t = 0$ gilt. Sind alle im Reaktor befindlichen Substanzen homogen und mit räumlich konstanter Konzentration verteilt und soll (25.3) nicht als Ausgangspunkt der Mehrgruppentheorie dienen, so daß D als ortsunabhängig angenommen werden kann, dann folgt für die Diffusion von thermischen Neutronen der Geschwindigkeit v (keine Bremsung mehr der Neutronen der Geschwindigkeit v, $\Sigma_S \varphi$ fällt weg)

$$\boxed{\begin{aligned} \frac{1}{v}\,\frac{\partial \varphi\,(\mathfrak{r}, t)}{\partial t} &= D\,\Delta \varphi\,(\mathfrak{r}, t) - \Sigma_{A\,ges} \cdot \varphi\,(\mathfrak{r}, t) + \\ &\quad + Q_{Fr}\,(\mathfrak{r}, v) + \nu \cdot \Gamma\,(\mathfrak{r}, t, v) \end{aligned}} \qquad (25.4)$$

φ ist hierbei der Fluß der Neutronen mit der Geschwindigkeit v. Da die Geschwindigkeit der von der Fremdquelle emittierten Neutronen nicht gleich v ist, müssen wir annehmen, daß Q_{Fr} in (25.4) nicht nur die Ergiebigkeit ausdrückt, sondern auch noch als Faktor Terme enthält, die die Abbremsung von der Primärgeschwindigkeit v_1 auf v beschreiben. (In der Theorie der stetigen Bremsung müßte demgemäß die Ergiebigkeit der Fremdquelle mit dem Faktor $p \cdot e^{-B^2 \tau}$ multipliziert werden — vgl. (24.6).)

$\nu\,\Gamma$ gibt an, wieviele Neutronen der Geschwindigkeit v pro cm³ und pro sec zur Zeit t am Orte $\mathfrak{r}$ dadurch „entstehen", daß Spaltneutronen, die an irgend einer anderen Stelle $\mathfrak{r}_0$ mit einem bestimmten Energiespektrum entstanden sind, bei der Diffusion von $\mathfrak{r}_0$ nach $\mathfrak{r}$ auf v abgebremst wurden. Die Anzahl der Neutronen, die pro cm³ und sec die Geschwindigkeit v erreichen, ist aber definitionsgemäß durch die Bremsdichte q bzw. $\widetilde{q}$ bei Berücksichtigung der Absorption gegeben. $\nu\,\Gamma\,(\mathfrak{r}, v, t) + Q_{Fr}\,(\mathfrak{r}, v)$ ist daher nichts anderes als die Bremsdichte**.

---

* Eigentlich müßte $\Sigma_{A\,ges}^{\,\ddot{u}berhaupt}$ oder $\Sigma_{A\,ges}^{\,\ddot{U}}$ (alle Stoffe) geschrieben werden, doch lassen wir das $\ddot{U}$ weg, um die Schreibweise nicht zu stark zu überlasten.

** Ein Vergleich von (25.4) mit (20.21) zeigt dies in einfachster Weise.

Wir wollen jedoch nun *nicht* die Bremsdichten der bisher betrachteten Theorien verwenden, sondern vielmehr annehmen, daß $\widetilde{q}$ experimentell gegeben ist oder mit Hilfe einer neuen, erst hier zu entwickelnden Theorie berechnet werden kann. Kennt man $Q_{Fr} + v\,\Gamma = \widetilde{q}$, dann kann man die inhomogene Differentialgleichung

$$L^2\,\Delta\varphi - \varphi - \tau_{Leben}\,\frac{\partial\varphi}{\partial t} = -\frac{Q_{Fr}}{\Sigma_{A\,ges}} - \frac{v\cdot\Gamma}{\Sigma_{A\,ges}} \equiv \frac{-\widetilde{q}}{\Sigma_{A\,ges}} \tag{25.5}$$

mit der Methode der Greenschen Funktion lösen (§ 15, S. 99); es ist nur zu beachten, daß man nun den *zeitabhängigen Integralkern* zu verwenden hat (vgl. Übungsbeispiel 25a). Ist $\widetilde{q}$ zeitunabhängig, dann genügt der gewöhnliche Integralkern.

Hier wollen wir jedoch die Methode von Weinberg zur Lösung von (25.5) verwenden. Zunächst müssen wir $Q_{Fr}\,(\mathfrak{r}, v)$ berechnen. Wenn am Ort $\mathfrak{r}_0$ pro cm³ und sec· $Q_0\,(\mathfrak{r}_0, v_1)$ Neutronen der Geschwindigkeit v_1 von der Fremdquelle emittiert werden, dann mißt $P\,(|\mathfrak{r} - \mathfrak{r}_0|)$ gemäß Tab. 31, S. 150) die Wahrscheinlichkeit dafür, daß ein Neutron an der Stelle $\mathfrak{r}$ die Geschwindigkeit v erreicht. Da bei einer räumlich ausgedehnten Fremdquelle die Stelle $\mathfrak{r}_0$ variiert, gilt

$$Q_{Fr}\,(\mathfrak{r}, v) = \int\limits_{Reaktor} Q_0\,(\mathfrak{r}_0, v_1)\,P\,(\mathfrak{r}, \mathfrak{r}_0, v)\,d\,\tau_0 \tag{25.6}$$

Da dieses Integral nicht über den ganzen Raum, sondern nur über das Reaktorvolumen zu erstrecken ist, können wir die in § 22 abgeleiteten Bremswahrscheinlichkeiten nicht einsetzen. Da die für endliche Raumgebiete geltenden Bremswahrscheinlichkeiten nicht mehr Funktionen von $|\mathfrak{r} - \mathfrak{r}_0|$ sind, sondern auch in anderer Weise von $\mathfrak{r}$ und $\mathfrak{r}_0$ abhängen könnten, haben wir nun $P\,(\mathfrak{r}, \mathfrak{r}_0)$ geschrieben.

In einem unendlich ausgedehnten Medium mißt nun $p\,(v)$ die Lebenserwartung von Neutronen der Geschwindigkeit v, d. h. die Wahrscheinlichkeit, daß diese Neutronen ohne absorbiert zu werden, die Geschwindigkeit v auch tatsächlich erreichen. Es muß daher

$$\int P\,(\mathfrak{r}, \mathfrak{r}_0, E)\,d\tau_0 = p\,(E) \tag{25.7}$$

gelten. Wie schon (22.53) zeigte, enthalten die Bremswahrscheinlichkeiten P auch die Energie E, auf welche die Neutronen abgebremst werden. Es ist daher üblich, E (oder v oder das entsprechende Fermialter τ) als Parameter in das Symbol hineinzunehmen. Das Integral in (25.7) ist so wie die Integrale (22.46) und (22.49) über den ganzen Raum zu erstrecken, da sich die verwendeten Lösungen z. B. (22.45) ebenfalls auf ein unendlich großes Raumgebiet beziehen. In (25.6) dürfen wir jedoch nur über das Volumen des Reaktors integrieren; ein Ersatz von P durch z. B. (22.45) ist daher unzulässig.

Wenn Neutronen beliebiger Energie E Spaltprozesse hervorrufen, dann ist der Vermehrungsfaktor k_∞ durch (11.17) definiert. In einem thermischen Reaktor werden die Spaltungen praktisch nur durch thermische Neutronen hervorgerufen. Um jedoch die wenigen durch schnelle Neutronen hervorgerufenen Spaltprozesse berücksichtigen zu können, verwandeln wir das Integral in (11.17) in eine Summe und schreiben unter Annahme einer Zweigruppentheorie

$$k_\infty\,(E_{th}) = \frac{v_{th}\,\Sigma_{Sp\,th}\,\varphi_{th} + v_s\,\Sigma_{Sp\,s}\,\varphi_s}{\Sigma_{A\,ges\,th}\,\varphi_{th} + \Sigma_{A\,ges\,s}\,\varphi_s} \tag{25.8}$$

Gemäß Definition von k_∞ gilt dies für unendlich große Raumbereiche. φ_{th} und φ_s hängen daher nur von E ab. Versteht man unter φ_{th} und φ_s die über das thermische (MAXWELLsche) bzw. das schnelle Energiespektrum gemittelten Flüsse, so ist φ_s/φ_{th} eine Konstante. Ein Vergleich von (24.5) mit (24.6) lehrt uns aber. daß für den unendlich großen Raum $(B_g = 0)\, \varphi_s/\varphi_{th} = 1/p$ gilt. Wegen $\Sigma_{A\,th} \gg \Sigma_{A\,s}$ folgt dann

$$k_\infty\,(E_{th}) = v_{th}\,\frac{\Sigma_{S\,p\,th}}{\Sigma_{A\,ges\,th}} + v_s\,\frac{\Sigma_{S\,p\,s}}{\Sigma_{A\,ges\,s}}\,\frac{1}{p} = v_{th}\,\frac{\Sigma_{s\,p\,th}}{\Sigma_{A\,ges\,th}}\,\varepsilon \tag{25.9}$$

Dies definiert den Schnellvermehrungsfaktor ε und ergibt unter Verwendung von (20.48)

$$k_\infty\,(E_{th})\,p = k_\infty = v_{th}\cdot\widetilde{f}\cdot\varepsilon\cdot p \approx k'_\infty = v'_{th}\cdot\widetilde{f}'\cdot\varepsilon'\cdot p' \tag{25.10}$$

und

$$\boxed{\;\varepsilon - 1 = \frac{1}{p}\,\frac{v_s}{v_{th}}\,\frac{\Sigma_{S\,p\,s}}{\Sigma_{S\,p\,th}}\;} \tag{25.11}$$

Damit haben wir (11.8) abgeleitet*. (Vgl. Übungsbeispiel 15b.) Man beachte, daß $\varepsilon \approx \varepsilon' \neq \varepsilon^*$ (vgl. § 26). Der Unterschied zwischen ε, $\widetilde{f}$, p, v (unendlich großer homogener Reaktor und ε', $\widetilde{f}'$, p', v' (endlich großer homogener Reaktor) kommt daher, daß beim endlich großen Reaktor φ_s und φ_{th} ortsabhängig sind, so daß auch die Energieverteilung, von der v', ε', $\widetilde{f}'$ und p abhängen, variiert; diese Mittelwerte der Flüsse unterscheiden sich daher von jenen für den unendlich großen Reaktor. Bezüglich der Berechnung von ε', η', f', $\widetilde{f}'$ und p' vergleiche man die Ausführungen in § 26, S. 190ff.).

Nach (20.23) entstehen nun an der Stelle $\mathfrak{r}_0$ pro cm³ und sec $\dfrac{k_\infty}{p}\,\varphi_{th}\,(\mathfrak{r}_0, t)\cdot\Sigma_{A\,ges}$ Spaltneutronen. Das verspätete Entstehen einiger Neutronen, das an sich ohne weiteres berücksichtigt werden kann, wollen wir nicht beachten. Wenn wir so wie bei der Ableitung von (25.10) *vorläufig* noch eine Mittelung über die Energieverteilung der Spaltneutronen annehmen, dann gibt uns

$$\frac{k_\infty}{p}\,\varphi_{th}\,(\mathfrak{r}_0, t)\cdot\Sigma_{A\,ges}\cdot P\,(\mathfrak{r}, \mathfrak{r}_0, E_{th})$$

an, wieviele von $\mathfrak{r}_0$ kommende Neutronen an der Stelle $\mathfrak{r}$ die Energie E_{th} erreichen. Da die Spaltprozesse in einem homogenen Reaktor überall erfolgen, nimmt $\mathfrak{r}_0$ jeden Wert innerhalb des Reaktors an, so daß wir über das ganze Reaktorvolumen integrieren müssen. Für $v_{th}\,\Gamma\,(\mathfrak{r}, t, E)$ gilt daher $(V_R =$ Reaktorvolumen$)$

$$\frac{1}{\Sigma_{A\,ges}}\,v_{th}\,\Gamma\,(\mathfrak{r}, t, E_{th}) = \int\limits_{V_R}\frac{k_\infty}{p}\,\varphi_{th}\,(\mathfrak{r}_0, t)\,P\,(r, \mathfrak{r}_0, E_{th})\,d\tau_0 \tag{25.12}$$

so daß

$$\frac{\widetilde{q}}{\Sigma_{A\,ges}} = \frac{qp}{\Sigma_{A\,ges}} = \int\limits_{V_R}\left\{\frac{Q_0\,(\mathfrak{r}_0)}{\Sigma_{A\,ges}} + \frac{k_\infty}{p}\,\varphi_{th}\,(\mathfrak{r}_0, t)\right\}P\,(\mathfrak{r}, \mathfrak{r}_0, E_{th})\,d\tau_0 \tag{25.13}$$

folgt.

---

* Eine etwas anders gebaute Formel, nämlich

$$\varepsilon - 1 = \frac{v_s\,\Sigma_{S\,p\,s}}{\Sigma_{S\,p\,s}\,\Sigma_{S\,ges}} \tag{25.11 a}$$

gibt STEPHENS[73] ohne Ableitung an.

Berücksichtigt man auch Spaltprozesse, die durch nichtthermische Neutronen hervorgerufen werden, dann gilt folgendes: es sei $\nu\,(E, E')$ die Anzahl von Spaltneutronen der Energie E (verzögerte und unmittelbare, vgl. aber (25.48)), die durch Spaltungen, hervorgerufen durch Neutronen der Energie E', entstehen,

$$\nu\,(E') = \int\limits_0^\infty \nu\,(E, E')\,dE; \quad \nu_{th} = \nu\,(E'_{th});\ \text{das Spektrum (6.8) der Spaltneutronen}$$

bei thermischer Spaltung ist dann durch $n\,(E) = \int\limits_{0\,\text{eV}}^{0{,}1\,\text{eV}} \nu\,(E, E')\,dE'$ gegeben.

$\dfrac{k_\infty}{p}\,\varphi_{th}\,(\mathfrak{r}_0, t)\,\Sigma_{A\,ges}$ ist dann bei Berücksichtigung von a) nichtthermischen Spaltprozessen und b) des Spektrums der Spaltneutronen nach (11.11) durch $\eta\,f\,\Sigma_{A\,ges} = \nu\,\Sigma_{Sp}$, d. h. durch

$$\int\limits_0^\infty \Sigma_{Sp}\,(E')\,\varphi\,(E', \mathfrak{r}) \cdot \nu\,(E', E)\,dE' \quad \text{zu ersetzen,}$$

so daß $\nu\,(E)\,\Gamma\,(\mathfrak{r}, t, E) = \int\limits_{V_R} \int\limits_0^\infty \Sigma_{Sp}\,(E')\,\varphi\,(E', \mathfrak{r}_0)\,\nu\,(E'\,E)\,dE' \cdot$

$$\cdot P\,(\mathfrak{r}, \mathfrak{r}_0, E)\,d\tau_0 = \int\limits_{V_R} \int\limits_0^\infty \Sigma_{A\,ges}\,(E'),\varphi\,(E', \mathfrak{r}_0)\,\eta\,(E', E) \cdot \tag{25.12 a}$$

$$\cdot f\,(E') \cdot \varphi\,(E', \mathfrak{r}_0)\,dE' \cdot P\,(\mathfrak{r}, \mathfrak{r}_0, E)\,d\tau_0$$

angibt, wieviele Neutronen der Energie E an der Stelle $\mathfrak{r}$ dadurch „entstehen", daß an der Stelle $\mathfrak{r}_0$ Spaltungen durch Neutronen beliebiger Energie hervorgerufen werden. Dies hat man in (25.4) einzusetzen, da die Division durch $\Sigma_{A\,ges}$ nun nicht mehr möglich ist.

Aus (25.5) folgt dann für die *Reaktorgleichung in diffusionstheoretischer Näherung* mit $\varphi_{th} = \varphi$

$$\boxed{\begin{aligned} L^2\,\Delta\varphi\,(\mathfrak{r}, t) - \varphi\,(\mathfrak{r}, t) - \tau_{Leben}\,\frac{\partial\varphi\,(\mathfrak{r}, t)}{\partial t} &= -\int\limits_{V_R} \left\{ \frac{Q_0\,(\mathfrak{r}_0)}{\Sigma_{A\,ges}} + \right. \\ + \frac{k_\infty}{p}\,\varphi\,(\mathfrak{r}_0, t) &\Bigg\} \cdot P\,(\mathfrak{r}, \mathfrak{r}_0, E_{th}) \cdot d\tau_0 \end{aligned}} \tag{25.14}$$

Diese Integrodifferentialgleichung ist nun unter Beachtung der bekannten Randbedingungen für φ zu lösen. $\tilde{q}$ ist entweder durch Messungen gegeben oder muß mit Hilfe von (25.13) berechnet werden. Für die Bremswahrscheinlichkeit P wird man solche Integralkerne einsetzen, die sich als Lösung einer bekannten homogenen linearen Differentialgleichung (Altersgleichung, Diffusionsgleichung, Transportgleichung) bestimmen lassen. Die Integralkerne (22.45) (Gaußscher Integralkern) oder (22.52) (ein Diffusionskern), die sich auf einen unendlich großen Raum beziehen, darf man aber *nicht* in das Integral (25.14) einsetzen. Wir machen nun den folgenden Ansatz

$$\varphi\,(\mathfrak{r}, t) = \sum_l A_l\,V_l\,(\mathfrak{r})\,T_l\,(t) \tag{25.15}$$

und nehmen wieder an, daß die $V_l\,(\mathfrak{r})$ durch

$$\boxed{\Delta\,V_l + B_l^2\,V_l = 0} \tag{25.16}$$

bestimmt werden. Die geometrische Reaktorkonstante B_l wird wie üblich aus den Randbedingungen, d. h. aus Größe, Form und Lage der extrapolierten Grenzfläche bestimmt.

Wir setzen weiter

$$Q_0\,(\mathfrak{r}_0) = \sum_l Q_l\,V_l\,(\mathfrak{r}_0) \tag{25.17}$$

und mit

$$\frac{\widetilde{q}}{\Sigma_{A\,ges}} = \int\limits_{\dot{V}_R} \sum_l \left\{ \frac{Q_l}{\Sigma_{A\,ges}}\,V_l\,(\mathfrak{r}_0) + \frac{k_\infty}{p}\,A_l\,V_l\,(\mathfrak{r}_0)\,T_l\,(t) \right\} \cdot$$

$$P\,(\mathfrak{r},\,\mathfrak{r}_0,\,E_{th})\,d\tau_0 = \int\limits_{\dot{V}_R} \sum_l C_l\,V_l\,(\mathfrak{r}_0)\,P\,(\mathfrak{r},\,\mathfrak{r}_0,\,E_{th})\,d\tau_0 \tag{25.18}$$

folgt dann durch Gleichsetzen der entsprechenden Summenglieder

$$C_l = \frac{Q_l}{\Sigma_{A\,ges}} + \frac{k_\infty}{p}\,A_l\,T_l \tag{25.19}$$

Setzt man dies alles in (25.14) ein, so ergibt sich mit

$$\tau_{Sp}^{(l)} = \tau_{Leben}\,(1 + L^2\,B_l^2)^{-1} \tag{25.20}$$

und mit der Abkürzung

$$\frac{1}{V_l\,(\mathfrak{r})} \int\limits_{\dot{V}_R} V_l\,(\mathfrak{r}_0)\,P\,(\mathfrak{r}_0,\,\mathfrak{r},\,E_{th})\,d\tau_0 = \overline{P} \tag{25.21}$$

nach kurzer Zwischenrechnung

$$A_l\,(T_l + \tau_{Sp}^{(l)}\,T_l') = \frac{\left(\dfrac{Q_l}{\Sigma_{A\,ges}} + \dfrac{k_\infty}{p}\,A_l\,T_l \right)}{L^2\,B_l^2 + 1} \cdot \overline{P}$$

Umgeformt ergibt dies mit $\overline{P}\,Q_l/\Sigma_{A\,ges} \cdot A_l = Q_l'$

$$\frac{\tau_{Sp}^{(l)}\,dT_l\,(t)}{dt} = \frac{Q_l'}{(1 + L^2\,B_l^2)} + \left[\frac{k_\infty\,\overline{P}}{(1 + L^2\,B_l^2)\,p} - 1 \right] T_l\,(t) \tag{25.22}$$

Wir werden später sehen, daß die *mittlere Bremswahrscheinlichkeit* $\overline{P}$ von $\mathfrak{r}$ nicht abhängt und eine nur von E_{th} und B_l abhängige Funktion ist, so daß wir unsere totale Differentialgleichung für $T_l\,(t)$ integrieren können. (25.22) hat genau die gleiche Form wie (24.19b); man hat nur

$$\boxed{k_{eff\,l} = \frac{k_\infty \cdot \overline{P}}{(1 + L^2\,B_l^2)\,p}} \tag{25.23}$$

zu setzen, um dies zu sehen. Die Lösung von (25.22) ist daher ebenfalls durch (24.20) gegeben. Alle Schlüsse, die wir aus (24.21) gezogen hatten, gelten unverändert auch für die Lösung der Reaktorgleichung (25.14) (vgl. Übungsbeispiel 25 c). Der kritische Zustand (ohne Fremdquelle sich selbst erhaltende stationäre Kettenreaktion) wird also durch $k_{eff\,1} = 1$, $Q_l' = 0$, $B_g = B_1$ definiert.

Um $\overline{P}$ berechnen zu können, wollen wir versuchen, die über das Reaktorvolumen erstreckten Integrale von Bremswahrscheinlichkeiten $P\,(\mathfrak{r},\,\mathfrak{r}_0,\,E)$, die

für endlich große Raumgebiete definiert sind, in Integrale über den ganzen
Raum von Bremswahrscheinlichkeiten $P\left(|\mathfrak{r} - \mathfrak{r}_0|, E\right)$, (die für den unendlich
großen Raum definiert sind), umzuformen. Dies gelingt mit einer auch sonst
in der theoretischen Physik häufig verwendeten Methode: *Der Methode der Bilder*[74]. Diese besteht darin, daß man die Randbedingungen, die an den Grenzflächen eines endlich großen Körpers gelten, dadurch erfüllt, daß man sich
außerhalb dieses Körpers Quellen denkt, deren Lage und Ergiebigkeit so gewählt
wird, daß das von ihnen erzeugte Feld zusammen mit dem ursprünglichen Feld
die Randbedingungen befriedigt. Wenn man z. B. die Reflexion einer elektromagnetischen Welle an einer Grenzfläche betrachtet, so kann man annehmen,
daß die reflektierte Welle nichts anderes ist, als eine Welle, die von einer spiegelbildlich zur Primärquelle hinter der Grenzfläche liegenden scheinbaren Quelle
erzeugt wird und die Grenzfläche ungehindert durchdringt. Auch für Wärmeleitungsprobleme, Diffusionsprobleme oder die Auflösung der Altersgleichung ist
diese Methode anwendbar. Wenn also $P\left(|\mathfrak{r} - \mathfrak{r}_0|, E\right)$ die Bremswahrscheinlichkeit für einen unendlich großen Raumbereich ist, (Integralkern der Diffusionsgleichung z. B. für eine Punkt- oder Flächenquelle im allseitig unendlich ausgedehnten Medium, vgl. § 15, S. 99) dann erhält man die Bremswahrscheinlichkeit $P\left(\mathfrak{r}, \mathfrak{r}_0, E\right)$ für ein endlich großes Gebiet R dadurch, daß man außerhalb
dieses Gebietes virtuelle Quellen („*Bilder*") annimmt, und zwar so, daß deren
Lösung $P\left(\mathfrak{r}, \mathfrak{r}^*, E\right)$ zusammen mit $P\left(\mathfrak{r}, \mathfrak{r}_0, E\right)$ die Randbedingungen von
$P\left(|\mathfrak{r} - \mathfrak{r}_0|, E\right)$ an den Grenzflächen von R erfüllt: durch Überlagerung von
Bremswahrscheinlichkeiten für unendlich große Räume, die Quellen und deren
Bilder enthalten, erhält man also die Bremswahrscheinlichkeit für endlich große
Gebiete; man hat nur die Quellverteilung des endlich großen Gebietes über dessen
Rand hinaus analytisch fortzusetzen. (Vgl. Übungsbeispiel 25d).

Es gilt also ganz allgemein ($V_R = $ Reaktor)

$$\int\limits_{V_R} S\left(\mathfrak{r}_0\right) P\left(\mathfrak{r}, \mathfrak{r}_0, E\right) d\tau_0 = \int\limits_{V_R} S_f\left(\mathfrak{r}_0\right) P\left(|\mathfrak{r} - \mathfrak{r}_0|, E\right) d\tau_0 \qquad (25.24)$$

Hierin bedeutet $S_f\left(\mathfrak{r}_0\right)$ die analytische Fortsetzung der im Reaktor herrschenden
Quellverteilung über dessen Rand hinaus. $S\left(\mathfrak{r}_0\right)$ liest man aus den betreffenden
Integralen, also z. B. aus (25.13) oder (25.21) ab.

Mit Hilfe von (25.24) folgt aus (25.21)

$$\overline{P} = \frac{1}{V_l\left(\mathfrak{r}\right)} \int\limits_{V_R} V_l\left(\mathfrak{r}_0\right) P\left(\mathfrak{r}_0, \mathfrak{r}, E_{th}\right) d\tau_0 =$$
$$= \frac{1}{V_l\left(\mathfrak{r}\right)} \int\limits_{V_R} V_{lf}\left(\mathfrak{r}_0\right) \cdot P\left(|\mathfrak{r} - \mathfrak{r}_0|, E_{th}\right) d\tau_0 \qquad (25.25)$$

$P\left(|\mathfrak{r} - \mathfrak{r}_0|, E\right)$ ist nun als GREENsche Funktion der Diffusionsgleichung oder
der Altersgleichung (Lösung für eine diskrete Quelle) bekannt; die $V_{lf}\left(\mathfrak{r}_0\right)$ sind
nichts anderes als die *jetzt* auch außerhalb des Reaktors, d. h. außerhalb der bekannten extrapolierten Grenzfläche definierten Eigenfunktionen von (25.16),
so daß wir den Index f auch ruhig weglassen können. Wir verwenden nun die
FOURIERtransformation[46] $\overline{V}_l\left(\mathfrak{k}\right)$

$$\overline{V}_l\left(\mathfrak{k}\right) = \int\limits_{-\infty}^{+\infty} e^{i\mathfrak{k}\mathfrak{r}} V_l\left(\mathfrak{r}\right) d\tau \qquad (25.26)$$

bzw. mit $dk = d\mathfrak{k}_x\, d\mathfrak{k}_y\, d\mathfrak{k}_z$

$$V_l(\mathfrak{r}) = \frac{1}{(2\,\pi)^3} \int\limits_{-\infty}^{+\infty} e^{-i\mathfrak{k}\mathfrak{r}}\, \overline{V}_l(\mathfrak{k})\, dk \tag{25.27}$$

dieser Eigenfunktionen, um $\overline{P}$ zu berechnen. Setzt man (25.27) in (25.25) ein, so ergibt sich

$$\overline{P}\,V_l(\mathfrak{r}) = \int\limits_{-\infty}^{+\infty} \frac{1}{(2\,\pi)^3} \int\limits_{-\infty}^{+\infty} e^{-i\mathfrak{k}\mathfrak{r}}\, \overline{V}_l(\mathfrak{k})\, dk\, P\,(|\mathfrak{r} - \mathfrak{r}_0|, E_{th})\, d\tau_0 \tag{25.28}$$

Da bei der Integration über den gesamten Raum eine Verschiebung $d\tau_0 \rightarrow d(|\mathfrak{r}_0 - \mathfrak{r}|)$ vollkommen irrelevant ist, folgt mit $\mathfrak{r}_0 = \mathfrak{r} - (\mathfrak{r} - \mathfrak{r}_0)$ aus (25.28)

$$\overline{P}\,V_l(\mathfrak{r}) = \int\limits_{-\infty}^{+\infty} \frac{1}{(2\,\pi)^3} \int\limits_{-\infty}^{+\infty} e^{-i\mathfrak{k}\mathfrak{r}}\, V_l(\mathfrak{k})\, dk \cdot P\,(|\mathfrak{r} - \mathfrak{r}_0|, E_{th}) \cdot e^{i\mathfrak{k}\,(\mathfrak{r} - \mathfrak{r}_0)}\, d\,(|\mathfrak{r}_0 - \mathfrak{r}|) \tag{25.29}$$

Mit (25.27) erhält man daraus

$$\overline{P} = \int\limits_{-\infty}^{+\infty} e^{i\mathfrak{k}\,(\mathfrak{r} - \mathfrak{r}_0)}\, P\,(|\mathfrak{r} - \mathfrak{r}_0|, E_{th})\, d\,(|\mathfrak{r}_0 - \mathfrak{r}|) \tag{25.30}$$

Diese Größe $\overline{P}$ ist also sicher von $\mathfrak{r}$ und $\mathfrak{r}_0$ unabhängig; wie ein Vergleich mit (25.26) zeigt, ist $\overline{P}$ nichts anderes als die FOURIER-Transformierte von $P\,(|\mathfrak{r} - \mathfrak{r}_0|, E_{th})$. Die Richtung des Vektors $\mathfrak{k}$ ist willkürlich, wir legen ihn parallel zu $(\mathfrak{r} - \mathfrak{r}_0)$, so daß $\mathfrak{k}\,(\mathfrak{r} - \mathfrak{r}_0) = |\mathfrak{k}| \cdot |\mathfrak{r} - \mathfrak{r}_0|$ gilt. Um $|\mathfrak{k}|$ zu bestimmen, setzen wir (25.27) in (25.16) ein und erhalten

$$|\mathfrak{k}|^2 = B_l^2, \qquad |\mathfrak{k}| = \pm\, B_l \tag{25.31}$$

Damit nimmt (25.30) die Form

$$\boxed{\;\overline{P}\,(B_l, E_{th}) = \int\limits_{-\infty}^{+\infty} e^{i\,B_l\,(|\mathfrak{r} - \mathfrak{r}_0|)}\, P\,(|\mathfrak{r} - \mathfrak{r}_0|, E_{th})\, d\,(|\mathfrak{r}_0 - \mathfrak{r}|)\;} \tag{25.32}$$

an und für die gesamte Bremsdichte folgt aus (25.18) nach FOURIER-Transformation der Bremswahrscheinlichkeit (vgl. Übungsbeispiel 25e)

$$\widetilde{q} = \sum_l C_l\, V_l(\mathfrak{r}_0)\, \overline{P}\,(B_l, E_{th}) \tag{25.33}$$

Mit Hilfe dieser Formel kann man $\overline{P}$ aus experimentell bestimmten Bremsdichten $\widetilde{q}$ berechnen. Wird die Bremsung der Neutronen mit Hilfe irgend einer Bremstheorie bestimmt, dann kann man umgekehrt die Bremsdichte (und vorher $\overline{P}$) aus dem Integralkern $P\,(|\mathfrak{r} - \mathfrak{r}_0|, E_{th})$ der betreffenden Theorie berechnen. (Vgl. Übungsbeispiele 25f und 25g).

Die Reaktorgleichung (25.14) gilt auf Grund ihrer Ableitung nur für thermische Neutronen. Will man auch Neutronen anderer Energiebereiche erfassen, dann hat man nicht nur k_∞ durch $k_\infty(E)$ nach (11.17) zu ersetzen, sondern man muß beachten, daß bei der Methode der Bilder stillschweigend angenommen wurde, daß die Extrapolationslänge energieunabhängig ist (was natürlich nur für thermische Neutronen gilt). Die Reaktorgleichung in der Form

$$L^2(E)\, \Delta\varphi(\mathfrak{r}, t, E) - \varphi(\mathfrak{r}, t, E) - \tau_{Leben}(E)\, \frac{\partial\varphi(\mathfrak{r}, t, E)}{\partial t} +$$
$$+ \frac{k_\infty(E)}{p(E)} \int\limits_{-\infty}^{+\infty} \varphi_f(\mathfrak{r}_0, t, E) \cdot P(|\mathfrak{r} - \mathfrak{r}_0|, E)\, d\tau_0 = 0 \tag{25.34}$$

gilt daher nur asymptotisch, d. h. für große Reaktoren in einem gewissen Abstand von der Grenzfläche. Die zu einem solchen Reaktor gehörende kritische Gleichung ist durch $k_{eff\,1} = 1$ gegeben, wobei $k_{eff\,1}$ nach (25.23) zu berechnen ist. $k_{eff\,1} = 1$ definiert dann die materialabhängige Reaktorkonstante $B_m = B_1$ als Lösung der kritischen Gleichung. Aus Messungen des Neutronenflusses in unterkritischen, eine Neutronenquelle enthaltenden Anordnungen (Exponentialexperiment, vgl. §§ 20 und 27, S. 131 und 213) kann man mit Hilfe von (25.16) $B_m = B_g$ und damit das kritische Volumen bestimmen. Da nach (20.42) $P_{th} = (1 + L^2 B_g^2)^{-1}$ den Bruchteil der absorbierten Neutronen mißt und der Bruchteil P_r der nichtabsorbierten Resonanzneutronen durch p gegeben ist, folgt für den Anteil P_s der nicht entweichenden schnellen Neutronen wegen (11.14), (25.23) und

$$P_s\, P_r\, P_{th} = \frac{k_{eff}}{k_\infty} = \frac{\overline{P}}{(1 + L^2 B^2)\, p} \tag{25.35}$$

sofort

$$P_s = \frac{\overline{P}}{p^2} \tag{25.36}$$

und die Wahrscheinlichkeit $P_s\, P_r$ für das Nichtentweichen schneller und thermischer Neutronen ist dann durch

$$P_s\, P_r = \overline{P}/p \tag{25.37}$$

gegeben, was für spezielle $\overline{P}$ wieder in bekannte Formeln, z. B. (20.44) übergeht (vgl. Übungsbeispiel 25 g).

Die Theorie der stetigen Bremsung ist am besten geeignet, das Energiespektrum der Spaltneutronen zu berücksichtigen[75].

Das FERMI-Alter wird nach (18.46) durch

$$\tau(E) = \int\limits_{E}^{E_0} \frac{D}{E'\, \xi\, \Sigma_S}\, dE' \equiv \tau(E, E_0) \tag{25.38}$$

definiert. Sei nun $n(E_0)$ das Spektrum der Spaltneutronen, dann ist (25.38) durch

$$\overline{\tau}(E) = \int\limits_{E}^{\infty} \tau(E, E_0)\, n(E_0)\, dE_0 \tag{25.39}$$

zu ersetzen. In analoger Weise gilt

$$P(|\mathfrak{r} - \mathfrak{r}_0|, E) = \int\limits_{E}^{\infty} P(|\mathfrak{r} - \mathfrak{r}_0|, E, E_0)\, n(E_0)\, dE_0 \tag{25.40}$$

worin $P(|\mathfrak{r} - \mathfrak{r}_0|, E, E_0)$ z. B. nach der Theorie der stetigen Bremsung durch

$$P(|\mathfrak{r} - \mathfrak{r}_0|, E, E_0) = \frac{e^{-|\mathfrak{r} - \mathfrak{r}_0|^2/4\,\tau\,(E,\,E_0)}}{[4\,\pi\,\tau\,(E,\,E_0)]^{3/2}} \cdot p(E) \tag{25.41}$$

gegeben ist. [vgl. Übungsbeispiel 25g und (22.45)].

Setzt man für die Bremswahrscheinlichkeit die Integralkerne der Mehrgruppentheorie ein, so genügen $n - 1$ Kerne zur Erfassung der n-Gruppentheorie (vgl. Übungsbeispiel 25h). Um die Resonanzabsorption zu berücksichtigen, multipliziert man den Integralkern der Diffusionsgleichung mit der Lebenserwartung. Sitzt z. B. die Neutronenquelle im Ursprung des Koordinatensystems ($\mathfrak{r}_0 = 0$), dann gilt für die Wahrscheinlichkeit des Übertrittes in die thermische Gruppe in der Entfernung $r = |\mathfrak{r}|$ von der Quelle gemäß (22.53)

$$P_1(r) = \frac{p \cdot e^{-r/L_s}}{4\,\pi\,L_s^2} \tag{25.42}$$

Die Anwendung der FOURIER-Transformation in räumlichen Polarkoordinaten ergibt

$$\overline{P}_1 = 4\,\pi \int\limits_0^\infty \frac{p \cdot e^{-r/L_s}}{4\,\pi\,L_s^2\,r} \; \frac{\sin B\,r}{B\,r} \; r^2\,dr = \frac{p}{1 + L_s^2\,B^2} \tag{25.43}$$

Setzt man dies in die allgemeine kritische Gleichung (25.23) ein, so erhält man die kritische Gleichung der Zweigruppentheorie (22.24). Auch die kritische Gleichung (22.41) der n-Gruppentheorie ist in der allgemeinen kritischen Gleichung (25.23) enthalten. Um dies zu sehen, muß nur $\overline{P}$ durch das Produkt (22.56) der Integralkerne der Diffusionsgleichungen aller n Gruppen ersetzt werden, d. h. (22.46) anzuwenden und dann eine FOURIER-Transformation vorzunehmen:

$$\boxed{\overline{P} = \overline{P}_1(B_1)\,\overline{P}_2(B_2)\dots\overline{P}_n(B_n)} \tag{25.44}$$

Die kritische Gleichung (25.23) erhält daher die Form (22.41) und so viele Faktoren im Nenner als Gruppen angenommen werden. Da $\overline{P}_n = 1$ (die thermischen Neutronen werden nicht mehr gebremst) sind $(n - 1)$ Integralkerne (Bremswahrscheinlichkeiten) zur Darstellung der n-Gruppentheorie notwendig.

Übungsbeispiele

25 a) Man leite durch Integration von

$$\frac{\partial^2 \varphi}{\partial x^2} - \frac{1}{L^2}\,\varphi - \frac{\tau_{Leben}}{L^2}\,\frac{\partial \varphi}{\partial t} = \frac{1}{L^2}\,\delta(x)\,\delta(t) \quad \text{und von}$$

$$\frac{\partial^2 \varphi}{\partial r^2} + \frac{2}{r}\,\frac{\partial \varphi}{\partial r} - \frac{1}{L^2}\,\varphi - \frac{\tau_{Leben}}{L^2}\,\frac{\partial \varphi}{\partial t} = \frac{1}{L^2}\,\delta(r)\,\delta(t)$$

mit Hilfe der Methode der GREENschen Funktion die zeitabhängigen Integralkerne der Diffusionsgleichung für ebene und sphärische Symmetrie ab.

25 b) Man berechne ε für natürliches Uran nach (25.11) und vergleiche mit den experimentellen Daten, die an *heterogenen* Anordnungen gemessen wurden (vgl. Tab. 39, S. 207).

25 c) Man zeige, daß nach Verlauf einer gewissen (wie großen?) Zeit nach Errichtung eines unterkritischen Reaktors mit Fremdquelle, charakterisiert durch Q_l, L, B_l und $k_{eff\,l}$, der Neutronenstrom zeitunabhängig (stationär) wird und durch

$$\varphi\,(\mathfrak{r}) = \sum_{l} \frac{Q_l\,V_l\,(\mathfrak{r})\,\overline{P}(B_l)}{\Sigma_A\,(1 + L^2\,B_l^2)\,(1 - k_{eff\,l})} \tag{25.45}$$

gegeben ist. Man interpretiere diese Formel und vergleiche mit (20.38). Was geschieht, wenn $k_{eff\,l} = 1$ ist?

25 d) Man überprüfe (25.24) an Hand eines eindimensionalen Beispieles. ($S\,(\mathfrak{r}_0)$ bleibt als solches stehen, $S_f\,(\mathfrak{r}_0) = -\,S\,(|\mathfrak{r}_0|)$, für $P\,(|\mathfrak{r} - \mathfrak{r}_0|, E)$ verwendet man irgendeinen der bisher besprochenen Integralkerne). Für eine Flächenquelle in der Ebene $x = x_0$ gilt z. B.

$$P\,(|x - x_0|, E) = \frac{e^{-|x - x_0|^2/4\,\tau(E)}}{[4\,\pi\,\tau\,(E)]^{1/2}}\,.$$

Damit die Bremsdichte (und auch P) in der Ebene $x = 0$ verschwindet (die Randbedingung erfüllt), muß man das Bild der Flächenquelle in die Ebene $x = -\,x_0$ setzen. Man leite $P\,(x, x_0, E)$ ab und verifiziere (25.24).

25 e) Die Reihenentwicklung (25.33) kann man mit $q_l = C_l\,V_l\,\overline{P}\,(B_l, E_{th})$ auch in der Form $\sum\limits_{l} q_l$ schreiben. q_l heißt üblicherweise Bremsdichte der „*Neutronenart*"* l. $q_l\,(\mathfrak{r}, E_0)/q_l\,(\mathfrak{r}, E)$ ist das Verhältnis der Anzahl der erzeugten Neutronen der Neutronenart l zur Anzahl der die Energie E erreichenden Neutronen der gleichen Art l. Man zeige, daß nach der FOURIER-Transformation (wegen $p = 1$ für die Quellneutronen) $\overline{P}$ die Wahrscheinlichkeit mißt, daß die Quellneutronen die Energie E erreichen, ohne absorbiert zu werden oder zu entweichen.

25 f) Man entwickle $\dfrac{\sin B\,r}{B\,r}$ in eine TAYLOR-Reihe und integriere gliedweise, so daß sich für $|\mathfrak{r}| = r$, $\mathfrak{r}_0 = 0$

$$\overline{P} = 4\,\pi \int\limits_{0}^{\infty} P\,(r)\,\frac{\sin B\,r}{B\,r}\,r^2\,dr = 4\,\pi \sum_{n} D_n \int\limits_{0}^{\infty} r^{2n}\,P\,(r)\,r^2\,dr$$

ergibt. Man berechne die D_n und das Integral mit Hilfe von (25.7) und von

$$\overline{r^{2n}} = \frac{\displaystyle\int\limits_{0}^{\infty} r^{2n}\,P\,(r)\,r^2\,dr}{\displaystyle\int\limits_{0}^{\infty} P\,(r)\,r^2\,dr} \tag{25.46}$$

(sogenanntes *Moment 2n-ter Ordnung der Bremsdichte*). Man zeige, daß die kritische Gleichung (25.23) für

$$\sum_{n} D_n\,\overline{r^{2n}} \approx 1 - \frac{1}{6}\,B^2\,\overline{r^2}$$

wegen (19.5) und (19.8) für $\dfrac{1}{6}\,B^2\,r^2 \ll 1$ in die kritische Gleichung der Eingruppentheorie übergeht. Wie kann man $\overline{r^{2n}}$ experimentell bestimmen? Wie kann man in der kritischen Gleichung der Eingruppentheorie das Spektrum der Spaltneutronen berücksichtigen?

25 g) Man berechne $\overline{P}$ nach der Theorie der stetigen Bremsung. (Es genügt, den kugelsymmetrischen Integralkern der Altersgleichung zu verwenden und anzunehmen, daß sich die Quelle im Ursprung des Koordinatensystems befindet.) Man leite die kritische Gleichung der Theorie der stetigen Bremsung ab. Wie ist diese zu verändern, wenn das Spektrum der Spaltneutronen berücksichtigt werden soll? Man berechne $P_s\,P_r$ und begründe, warum P_{th} unabhängig von der Bremstheorie durch $(1 + L_{th}^2 B^2)^{-1}$ gegeben ist.

25 h) Man leite die kritische Gleichung der Zweigruppentheorie aus (25.23) ab, wobei man die Definition (25.46) für $n = 1$ und (19.5) verwendet.

---

* Man denkt sich also die Bremsdichte q als Summe der Bremsdichten q_l der „Neutronenarten". Die auf diese Weise eingeführte Neutronenart besitzt keine tiefere physikalische Bedeutung.

25 i) Wenn man in (25.1) noch das Spektrum der Spaltneutronen und die Energieabhängigkeit von ν berücksichtigt, dann ergibt sich nach den Ausführungen von S. 181 als Reaktorgleichung für ein beliebiges neutronenerzeugendes Medium die *allgemeinste Reaktorgleichung*

$$\frac{\partial}{\partial t}\, n\,(x,\,y,\,z,\,t,\,E,\,\vartheta,\,\varphi) = -\,\mathfrak{c}\,\sqrt{\frac{2\,E}{m}}\,\operatorname{grad} n\,(x,\,y,\,z,\,t,\,E,\,\vartheta,\,\varphi) +$$

$$-\,\Sigma_{A\,ges}\,(x,\,y,\,z,\,t,\,E)\,\sqrt{\frac{2\,E}{m}}\,\cdot n\,(x,\,y,\,z,\,t,\,E,\,\vartheta,\,\varphi) +$$

$$-\,\Sigma_S\,(x,\,y,\,z,\,t,\,E)\,\cdot n\,(x,\,y,\,z,\,t,\,E,\,\vartheta,\,\varphi)\,\sqrt{\frac{2\,E}{m}} + \int\limits_0^\infty dE' \cdot$$

$$\cdot \int\limits_0^{2\pi}\int\limits_0^{\pi} n\,(x,\,y,\,z,\,t,\,E',\,\vartheta',\,\varphi')\cdot\sqrt{\frac{2\,E'}{m}}\,\Sigma_{Sp}\,(x,\,y,\,z,\,t,\,E')\cdot \qquad (25.47)$$

$$\cdot\,\nu\,(E,\,E',\,\vartheta,\,\vartheta',\,\varphi,\,\varphi')\,\sin\vartheta'\,d\vartheta'\,d\varphi' + Q_{Fr}\,(x,\,y,\,z,\,t,\,E,\,\vartheta,\,\varphi) +$$

$$+ \sum_{i=1}^{8}\frac{0{,}693}{\tau_i}\,\delta\,(E - E_i)\,\bar{n}_i\,(x,\,y,\,z,\,t) + \int\limits_E^\infty dE' \int\limits_0^{2\pi}\int\limits_0^{\pi}\Sigma_S\,(E') \cdot$$

$$\cdot\,W\,(E,\,E',\,\vartheta,\,\vartheta',\,\varphi,\,\varphi',\,x,\,y,\,z,\,t)\,n\,(x,\,y,\,z,\,t,\,E',\,\vartheta',\,\varphi') \cdot$$

$$\cdot\,\sqrt{\frac{2\,E'}{m}}\cdot\sin\vartheta'\,d\vartheta'\,d\varphi'$$

$$\text{wobei}$$

$$\frac{\partial\bar{n}_i\,(x,\,y,\,z,\,t)}{\partial t} = -\,\frac{0{,}693}{\tau_i}\,\bar{n}_i\,(x,\,y,\,z,\,t) + \int\limits_E^\infty \beta_i\,(x,\,y,\,z,\,E') \cdot$$

$$\cdot \int\limits_0^{2\pi}\int\limits_0^{\pi} n\,(x,\,y,\,z,\,t,\,E',\,\vartheta',\,\varphi')\,\sqrt{\frac{2\,E'}{m}}\,\Sigma_{Sp}\,(x,\,y,\,z,\,t,\,E')\,\sin\vartheta'\,d\vartheta'\,d\varphi'\,dE'$$

Man leite (25.47) als Verallgemeinerung von (25.1) bzw. (12.47) ab, wobei (12.48) zu berücksichtigen ist. Unter $\nu\,(E,\,E',\,\vartheta,\,\vartheta',\,\varphi,\,\varphi')$ verstehen wir die Anzahl von unmittelbaren Spaltneutronen der Energie E und der Flugrichtung $\vartheta,\,\varphi$, die an der Stelle $x,\,y,\,z$ durch ein Neutron der Energie E' und der Anflugrichtung $\vartheta',\,\varphi'$ pro Spaltung entstehen. In homogenen Medien sind die Wirkungsquerschnitte und ν ortsunabhängig. Die Zeitabhängigkeit der makroskopischen Wirkungsquerschnitte rührt vom Oszillieren und von Störeffekten her (vgl. § 28). $\mathfrak{c}$ ist ein Einheitsvektor in der Richtung von $\mathfrak{v}$, also in der Richtung $\vartheta,\,\varphi$. $\nu\,(E,\,E',\,\vartheta,\,\vartheta',\,\varphi,\,\varphi')$ enthält natürlich auch die Winkelkorrelationen[27] zwischen den unmittelbaren Spaltneutronen. $Q_{Fr}\,(x,\,y,\,z,\,t,\,E,\,\vartheta,\,\varphi)$ ist die Anzahl von Neutronen der Energie E mit einem Geschwindigkeitspfeil in der Richtung $\vartheta,\,\varphi$, die an der Stelle $x,\,y,\,z$ zur Zeit t durch Fremdquellen (kosmische Strahlung, Neutronenquellen, Spontanspaltung) neu hinzukommen, ohne vorher gebremst worden zu sein. Es wird also vorausgesetzt, daß Q_{Fr} ein Energie- und Richtungsspektrum besitzt. τ_i und E_i beziehen sich auf die verzögerten Neutronen $(i = 1 \ldots 6)$ und auf die Photoneutronen $(i = 7,\,8,\,\text{vgl.}$ Tab. 44, S. 225); $\bar{n}_i$ sind wieder die latenten Neutronendichten. Die δ-Funktionen $\delta\,(E - E_i)$ beinhalten die Diskretheit der Energien der verzögerten Neutronen. $W\,(E,\,E',\,\vartheta,\,\vartheta',\,\varphi,\,\varphi',\,x,\,y,\,z,\,t)$ gibt schließlich die Wahrscheinlichkeit dafür an, daß ein Neutron der Energie E', das mit der Richtung $\vartheta',\,\varphi'$ auf die Stelle $x,\,y,\,z$ zukommt, dort zur Zeit t in die Richtung $\vartheta,\,\varphi$ gestreut und auf die Energie $E < E'$ abgebremst wird (vgl. Übungsbeispiel 7 j und 12 k).

Man diskutiere (25.47) und zeige, daß die diffusionstheoretische Näherung für

$$n\,(x, y, z, t, E)\,\sqrt{\frac{2\,E}{m}} = \varphi\,(\mathfrak{r}, t, E)$$

$$
\begin{aligned}
\frac{\partial}{\partial t}\,n\,(\mathfrak{r}, t, E) &= \operatorname{div}\,(D\,(\mathfrak{r}, t, E)\,\operatorname{grad}\varphi\,(\mathfrak{r}, t, E)) + \\
&\quad - \Sigma_{A\,ges}\,(\mathfrak{r}, t, E)\,\varphi\,(\mathfrak{r}, t, E) - \Sigma_S\,(\mathfrak{r}, t, E)\,\varphi\,(\mathfrak{r}, t, E) + \\
&\quad + \int\limits_{0}^{\infty} \varphi\,(\mathfrak{r}, t, E')\,\Sigma_{Sp}\,(\mathfrak{r}, t, E')\,\nu\,(E, E')\,dE' + Q_{Fr}\,(\mathfrak{r}, t, E) + \\
&\quad + \int\limits_{E}^{\infty} W\,(E, E')\,\varphi\,(\mathfrak{r}, t, E')\,\Sigma_S\,(E')\,dE' + \sum_{i=1}^{8} \frac{0{,}693}{\tau_i}\,\delta\,(E - E_i)\,\bar{n}_i\,(\mathfrak{r}, t) \\
\frac{\partial \bar{n}_i}{\partial t} &= - \frac{0{,}693}{\tau_i}\,\bar{n}_i + \beta_i \int\limits_{E}^{\infty} n\,(x, y, z, t, E')\,\sqrt{\frac{2\,E'}{m}}\,\Sigma_{Sp}\,(x, y, z, t, E)\cdot dE'
\end{aligned}
$$

$$(25.48)$$

lautet. Man vergleiche (25.48) mit (25.3) und (25.4). Auch (25.48) stellt noch unendlich viele Differentialgleichungen dar — E ist ja eine kontinuierlich veränderliche
Variable. Man diskutiere den Übergang von (25.48) zu *einer* Diffusionsgleichung
für thermische Neutronen von der Art (25.14) (Reaktorgleichung für große thermische
Reaktoren). Wie würde der Übergang von (25.47) bzw. (25.48) zu den n Gleichungen
der n-Gruppentheorie (die es natürlich auch in der Neutronenkinetik gibt!) erfolgen?
Wie kann man $W\,(E, E')$ bestimmen? (Vgl. Übungsbeispiele 12 k und 7 j.) Warum
ist die untere Grenze des Integrals über $W\,(E, E')$ nicht Null, sondern E?

Man schreibe (25.47) und (25.48) unter der Voraussetzung an, daß die verzögerten
Neutronen der i-ten Gruppe nicht die diskreten Energiewerte E_i, sondern ein Spektrum $\nu_i\,(E)$ haben.

25 j) Man spezialisiere (25.47) auf die Eingruppentheorie, führe Kugelkoordinaten
ein und nehme Zentralsymmetrie an. Die sich ergebende Transportgleichung für
$n\,(r, \vartheta)$ ist mit der Methode des § 12 zu lösen und die sich für $v = \text{const}$ ergebende zu (12.36) analoge Formel für D ist abzuleiten. Man versuche die Reaktorrandbedingung der Neutronenkinetik, also (14.13), mit einer dreigliedrigen Lösung
zu befriedigen. Warum ist (14.13) mit einer — der diffusionstheoretischen Näherung
entsprechenden — zweigliedrigen Lösung nicht zu befriedigen? (Man beachte auch,
daß ϑ in $n\,(r, \vartheta)$ nicht eine Winkelkoordinate der Kugelkoordinaten ist, sondern
eine von den Raumkoordinaten unabhängige Koordinate.) Kann man durch Be-
friedigung von (14.13) das kritische Volumen nach der neutronenkinetischen Eingruppentheorie berechnen?

V. Die Theorie des heterogenen Reaktors
§ 26. Der Vermehrungsfaktor

Vorteile und Nachteile des heterogenen Reaktors, Berechnung der Anzahl der
Spaltneutronen, Berechnung des thermischen Verwertungsgrades, der Lebenserwartung, des Verwertungsgrades für Resonanzneutronen, des Schnellvermehrungsfaktors und des Vermehrungsfaktors k'_∞ und k^*_∞ für endlich große homogene und
heterogene Reaktoren.

Um Brennstoff und damit Bremsmittel, Gewicht und Kosten zu sparen, wird
man in der Praxis diejenige Reaktorbauweise und Type verwenden, der das
kleinste kritische Volumen eigen ist. Der wichtigste, das kritische Volumen
beeinflussende Materialparameter ist der Vermehrungsfaktor k_∞. Wie wir schon
früher (§§ 10, 11) erwähnten, kann man den Vermehrungsfaktor dadurch ver-

größern, daß man Brennstoff und Bremsmittel räumlich trennt (heterogene Bauweise). Weitere Möglichkeiten bieten sich in der Verwendung *inhomogener Brennstoffkonzentration*[64] (in homogenen oder heterogenen Reaktoren, vgl. auch Übungsbeispiel 21 g, S. 142), angereicherten Urans und Plutoniums*. (Vgl. §§ 11, 30 und 40).

In diesem Paragraphen wollen wir besprechen, wie der Vermehrungsfaktor k_∞ bei heterogenem Aufbau des Reaktors zu berechnen ist. Es ist dabei nicht gleichgültig, welche Form und Größe man den Brennstoffelementen gibt und wie man sie anordnet: die Lebenserwartung p wird zwar durch einen heterogenen Aufbau immer vergrößert, aber der thermische Verwertungsgrad f wird vermindert. Denjenigen heterogenen Aufbau, der das Maximum von $p^* f^*$ bzw. von $\overset{*}{k}_\infty$ ergibt, nennt man das *günstigste Gitter* oder die *beste innere Geometrie*. Übrigens wirkt auch die mittlere logarithmische Bremsung ξ bei der durch den heterogenen Aufbau erzielten Verbesserung mit, da wegen $\xi_K \ll \xi_B$ (vgl. Tab. 12, S. 36, $K =$ Kernbrennstoff, $B =$ Bremsmittel) die Neutronen im Brennstoff wenig Energie verlieren und daher fast durchwegs mit hohen Energien in das Bremsmittel eintreten. In den Brennstoff kommen aber die meisten Neutronen erst nach Erreichung thermischer Geschwindigkeiten wieder zurück.

Auch der Schnellvermehrungsfaktor ε wird bei heterogenem Aufbau vergrößert, da die Spaltneutronen nach ihrer Entstehung nun eine gewisse Strecke in reinem Brennstoff zurücklegen müssen, wo sie Spaltungen hervorrufen können. Ein weiterer Vorteil des heterogenen Reaktors ist die Möglichkeit, die Brennstoffelemente leicht auswechseln zu können. Nachteilig beim heterogenen Aufbau ist nur die Verringerung des thermischen Verwertungsgrades f^*, die dadurch zustande kommt, daß thermische Neutronen in reinem Brennstoff stärker absorbiert werden als in einer Mischung. Für dicke Brennstoffelemente ist außerdem zu beachten, daß die Absorption in dicken Schichten stärker ist als in dünnen**.

Wir wollen nun die vier Faktoren, aus denen man $\overset{*}{k}_\infty$ nach (11.13) berechnet, einzeln besprechen. Die Anzahl ν^* der pro Spaltung entstehenden Neutronen ist nur vom Atomkern und der Energie der spaltenden Neutronen abhängig. Da im endlich großen Reaktor die Bremsung und damit die Energieverteilung ortsabhängig ist, werden sich die über den ganzen endlichen Reaktor *gemittelten* Werte ν^* und ν' vom wahren ν etwas unterscheiden. Es ist jedoch unmöglich, diesen Effekt rechnerisch zu erfassen. Man setzt daher $\nu \approx \nu' \approx \nu^*$ bzw. nimmt man das $\nu^{*(')}$ in das $\eta^{*(')}$ hinein und berechnet nur dieses. Der Faktor $\eta^{*(')}$ ist das Verhältnis der durch thermische Spaltungen erzeugten Spaltneutronen zu den im Brennstoff insgesamt absorbierten thermischen Neutronen. $\eta^{*(')}$ ist ebenfalls von den geometrischen Verhältnissen abhängig; diese beeinflussen ja den thermischen Neutronenfluß φ_{th}, den man zur Berechnung von $\eta^{*(')}$ braucht.

Nach (11.2) lautet die Definition von $\eta^{*(')}$

$$\eta^{*(')} = \frac{\text{Neutronenproduktion}}{\text{Gesamtabsorption im Brennstoff}} =$$

$$= \frac{\dfrac{1}{V_K} \displaystyle\int\limits_K \int\limits_{E_{th}}^{E_0} \nu\,(E)\; \Sigma_{S_p}\,(E)\, \varphi\,(\mathfrak{r}, E)\, dE\, d\tau}{\dfrac{1}{V_K} \displaystyle\int\limits_K \int\limits_{E_{th}}^{E_0} \Sigma_{A\,ges}\,(E)\, \varphi\,(\mathfrak{r}, E)\, dE\, d\tau} \qquad (26.1)$$

---

* Die beiden letztgenannten Maßnahmen vergrößern η.

** Aus mechanischen Gründen müssen aber alle Brennstoffelemente in diesem Sinne „dick" sein.

K bedeutet Integration über das vom Brennstoff eingenommene Volumen V_K. Erfolgt die Spaltung *nur* durch thermische Neutronen* dann geht (26.1) in (11.3) d. h.

$$\eta_{th}^{*(')} = \frac{v_{th}^{*(')} \, \Sigma_{Sp\,th}^{K} \int\limits_{K} \varphi_{th}(\mathfrak{r}) \, d\tau}{\Sigma_{A\,ges\,th}^{K} \int\limits_{K} \varphi_{th}(\mathfrak{r}) \, d\tau} = \frac{v_{th}^{*(')} \, \Sigma_{Sp\,th}^{K}}{\Sigma_{A\,ges\,th}^{K}} = \eta \qquad (26.2)$$

über. Trotzdem ist in der Praxis $\eta^* \neq \eta \neq \eta'$, da die Spaltungen durch Neutronen verschiedener Energie hervorgerufen werden, so daß nicht φ_{th}, sondern ein vom Neutronenspektrum und der Bremsung, damit aber von der Geometrie abhängiger energetischer Mittelwert $\bar{\varphi}(\mathfrak{r})$, der wegen der verschiedenen Energieabhängigkeit von Σ_{Sp} und Σ_{Ages} in Zähler und Nenner etwas verschieden ist, unter den Integralen in (26.2) auftaucht. Zu beachten ist weiters, daß die Integrale in (26.2) über den ganzen unendlichen Raum erstreckt werden müssen, wenn man η berechnen will; der Fluß ist dann räumlich konstant und energieunabhängig und (26.2) gilt *genau*. Denkt man an einen endlich großen Reaktor, dann ist der vom Brennstoff erfüllte Raum endlich groß. Die Integrationen führen dann zu η^* bzw. η'. Da auch in einem unendlich großen heterogenen Reaktor der Brennstoff niemals den ganzen Raum einnimmt (die Heterogenität besteht ja darin, daß der Brennstoff an gewissen Stellen — periodisch bis ins Unendliche fortgesetzt — konzentriert wird), kann man die Integration über den vom Brennstoff eingenommenen Raum nur sehr schwer ausführen. Beschränkt man sich auf ein Brennstoffelement (endliches Volumen!), so kommt man zu dem für den endlich großen heterogenen Reaktor definierten η^*. Beim endlich großen homogenen Reaktor ist über das gesamte Reaktorvolumen V_R ($V_R = V_K$) zu integrieren, um η' zu erhalten. Die so gewonnenen Mittelwerte unterscheiden sich natürlich von denen des heterogenen Reaktors etwas. Aus allen diesen Gründen ist $\eta^{*(')}$ von η ein wenig verschieden.

Die Bildung von Mittelwerten von φ ist beim homogenen Reaktor viel eher berechtigt, so daß $\eta \approx \eta'$. Es bezieht sich ja auch η auf den Brennstoff allein, so daß eine Bremsmittelbeimischung keine Rolle spielt ($\eta \approx \eta'$). Die Veränderlichkeit von φ und damit die Geometrie des heterogenen Reaktors wirkt sich hingegen aus ($\eta \neq \eta^*$). Da die Berechnung von η^* bei heterogenen Reaktoren die Kenntnis des Flusses voraussetzt, müßte man so vorgehen, daß man in erster Näherung $\eta^* = \eta$ setzt und damit k_∞^*, k_{eff} und den Fluß bestimmt. Kennt man den Fluß, dann kann man η^* nach (26.1) berechnen. In der Praxis werden ε^*, p^* und f^* berechnet, k_∞^* wird gemessen (Exponentialexperiment) und η^* wird aus (11.13) berechnet. Diese Methode liefert recht genaue Ergebnisse[76] (vgl. Tab. 35).

Tabelle 35. *Thermische η-Werte (η^*-Messungen bei verschiedenen Geometrien)*

Art des η-Wertes	Nat. Uran	U 235	Pu 239
$\eta_{th} \approx \eta'_{th}$	1,34 $\pm$ 0,05	2,08	2,03
η_{th}^* (gemessen)	1,308 $\pm$ 0,05	—	—
η_{th}^* (gerechnet)	1,315 $\pm$ 0,05	—	—

---

* Vgl. Engel und Winterberg[80].

Viel stärker als η^* ist der *thermische Verwertungsgrad* f^* geometrieabhängig, da dieser im Gegensatz zu η^* nicht nur durch die Eigenschaften des Brennstoffes, sondern auch durch die des Bremsmittels festgelegt wird. Da wir in diesem Kapitel nur thermische Reaktoren besprechen und den Effekt von Spaltprozessen durch nicht thermische Neutronen bereits am Beispiel von η^* (und von ε', vgl. § 25, S. 180) diskutiert haben, beschränken wir uns auf Spaltungen durch thermische Neutronen.

Wenn wir die Absorption durch Fremdstoffe (Verunreinigungen, Kühlmittel usw.) vernachlässigen, dann gilt für den Verwertungsgrad gemäß (11.9):

$$f = \frac{\text{Gesamtabsorption im Brennstoff}}{\text{Gesamtabsorption überhaupt}} =$$

$$= \frac{\int\limits_K \Sigma_{A\,ges\,th}\, \varphi_{th}\,(\mathfrak{r})\, d\tau}{\int\limits_R (\Sigma^K_{A\,ges\,th} + \Sigma^B_{A\,th})\, \varphi_{th}\,(\mathfrak{r})\, d\tau} \tag{26.3}$$

bzw.

$$\widetilde{f} = \frac{\int\limits_K \Sigma_{Sp\,th}\, \varphi_{th}\,(\mathfrak{r})\, d\tau}{\int\limits_R (\Sigma^K_{A\,ges\,th} + \Sigma^B_{A\,th})\, \varphi_{th}\,(\mathfrak{r})\, d\tau} \tag{26.4}$$

K bzw. B bedeutet Integration über das Volumen des Kernbrennstoffes bzw. des Bremsmittels, R bezieht sich auf das gesamte Reaktorvolumen. Da die Verwendung der Größe $\widetilde{f}$ keinen Vorteil bringt (vgl. § 11), behandeln wir nur (26.3). Für einen unendlich großen homogenen Reaktor ist φ_{th} konstant und wir erhalten (11.9), also f. Für einen *homogenen* Reaktor endlicher Größe folgt aus (26.3) bei Verwendung geeigneter räumlicher Mittelwerte $f' \approx f$. Für einen *heterogenen* Reaktor ergibt sich hingegen

$$f^* = \frac{\int\limits_K \Sigma^K_{A\,ges\,th}\, \varphi_{th}\,(\mathfrak{r})\, d\tau}{\int\limits_K \Sigma^K_{A\,ges\,th}\, \varphi_{th}\,(\mathfrak{r})\, d\tau + \int\limits_B \Sigma^B_{A\,th}\, \varphi_{th}\,(\mathfrak{r})\, d\tau} \tag{26.5}$$

Definiert man Mittelwerte des thermischen Flusses gemäß

$$\overline{\varphi}^K_{th} = \frac{1}{V_K} \int\limits_K \varphi^K_{th}\,(\mathfrak{r})\, d\tau; \quad \overline{\varphi}^B_{th} = \frac{1}{V_B} \int\limits_B \varphi^B_{th}\,(\mathfrak{r})\, d\tau \tag{26.6}$$

so erhält man

$$\boxed{f^* = \frac{\Sigma^K_{A\,ges\,th}}{\Sigma^K_{A\,ges\,th} + \Sigma^B_{A\,th}\, g}} \quad ; \quad g = \frac{V_B\, \overline{\varphi}^B_{th}}{V_K\, \overline{\varphi}^K_{th}} \tag{26.7}$$

bzw.

$$\frac{\Sigma^K_{A\,ges\,th}}{\Sigma^K_{A\,ges\,th} + g\,(\Sigma^B_{A\,th} + \Sigma^F_{A\,th})}$$

wenn die Fremdstoffe (F) berücksichtigt werden, bezügl. g s. (26.47).

Für einen endlich großen homogenen Reaktor ($\overline{\varphi}^B_{th} \approx \overline{\varphi}^K_{th}$; $V_K = V_B = V_R$) geht dies sofort in $f' \approx f$ über. Für einen unendlich großen homogenen Reaktor gilt $\bar{\varphi}_{th}^B = \bar{\varphi}_{th}^K$ und (26.7) geht *genau* in (11.9) über. Da $\bar{\varphi}_{th}^K < \bar{\varphi}_{th}^B$, ist das *Flußverhältnis* $\bar{\varphi}_{th}^B/\bar{\varphi}_{th}^K > 1$, so daß bei gleichem Mischungsverhältnis von Brennstoff und Bremsmittel $f^* < f'$ gilt, d. h. der homogene Reaktor nützt die vorhandenen thermischen Neutronen besser aus als der heterogene. Trotzdem ist der heterogene Reaktor überlegen, da in ihm wegen $p^* > p'$ mehr thermische Neutronen vorhanden sind.

Die meisten heterogenen Reaktoren besitzen eine gleichmäßige Verteilung der Brennstoffelemente, d. h. diese sind völlig regelmäßig angeordnet (in den Mittelpunkten von Quadraten, Dreiecken, Sechsecken u. dgl.). Nur in wenigen heterogenen Reaktoren sind die Brennstoffelemente ungleichmäßig („inhomogen") verteilt: Wenn man z. B. am Rand die Brennstoffelemente dichter setzt, kann man den Neutronenfluß „glätten" (vgl. Übungsbeispiel 23a) und die Leistung erhöhen. Wir wollen annehmen, daß der Reaktor ein gleichmäßiges Gitter besitzt. Dieses Gitter wird umso günstiger sein, je günstiger das Verhältnis des Volumens zur Oberfläche der Brennstoffelemente ist. Während die Anzahl der erzeugten Spaltneutronen proportional zum Volumen des Brennstoffelementes ist, wird die Resonanzabsorption im wesentlichen der Oberfläche proportional sein. Neutronen, die mit der Resonanzenergie in das Brennstoffelement eindringen, werden praktisch innerhalb einer sehr dünnen Oberflächenschicht absorbiert; Neutronen anderer Geschwindigkeiten werden — abgesehen von thermischen Neutronen — vom Brennstoff kaum absorbiert. Die günstigsten Formen für Brennstoffelemente sind daher: 1. Kugel, 2. Würfel, 3. Zylindrische Stäbe, 4. Platten. Aus technischen Gründen (Herstellung, leichte Auswechselbarkeit während des Betriebes) werden die Brennstoffelemente fast durchwegs in der Form von zylindrischen Stäben verwendet: Unter den im folgenden gemachten Voraussetzungen wird es daher genügen, *eine* zylindrische *Zelle* zu betrachten und anzunehmen, daß der so berechnete f^*-Wert für alle Zellen gleich ist. Der Radius R einer solchen Zelle wird so gewählt, daß das Volumen $n\,(V_K + V_B)$ aller n Zellen zusammen gleich dem Reaktorvolumen V_R ist (vgl. Abb. 31). Der Radius des zylindrischen Brennstoffelementes sei a; der gegenseitige Abstand zweier Brennstoffelemente sei $2\,\widetilde{R}$.

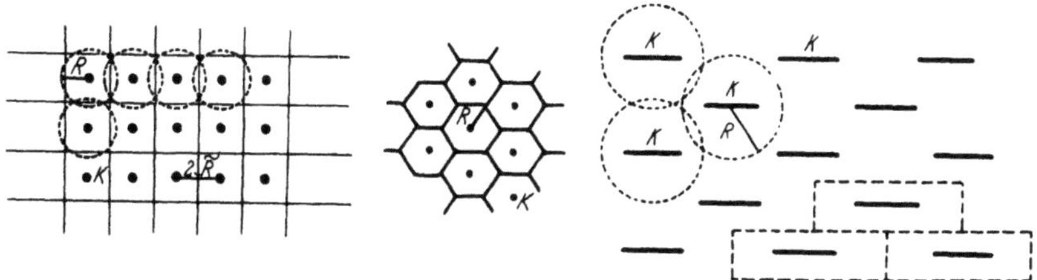

Abb. 31. Verschiedene Gitterstrukturen und Elementarzellen (K: Brennstoffelement, weiß: Bremsmittel)

In der Literatur wurde f^* für verschiedene Gitter mit diversen Abmessungen und Formen der Brennstoffelemente berechnet[77]; bei den meisten Rechnungen werden die folgenden Annahmen gemacht, die für große Reaktoren — zumindest im Inneren — sicher zutreffen:

1. Die Einzelzelle verliert keine thermischen Neutronen (es entweichen also genau so viele thermische Neutronen als hineindiffundieren — für einen unendlich großen Reaktor gilt dies sicher*).

---

* Wir berechnen ja auch k_∞^*, das definitionsgemäß der Vermehrungsfaktor des endlich großen heterogenen Reaktors bei Vernachlässigung des Entweichens ist.

2. Die Bremsung der Neutronen erfolgt nur im Bremsmittel (es kann also ξ_K gegen ξ_B vernachlässigt werden und $q_K = 0$). Dies wird gelten, sobald der Zellenradius gegenüber der Bremslänge nicht zu groß ist.

3. Die Bremsung im Bremsmittel soll gleichmäßig erfolgen, es soll also $q_B = $ const sein*. Weiter sollen alle betrachteten (thermischen) Neutronen die gleiche Geschwindigkeit haben.

4. Es soll die diffusionstheoretische Näherung gelten (durch diese Annahme wird ein Fehler von etwa 2% verursacht[77].

5. Die Länge des zylindrischen Brennstoffelementes soll im Verhältnis zum Radius R so groß sein, daß der Neutronenfluß nur von r abhängt.

Auf Grund der Annahmen 2 bis 5 folgt nach (20.21) für das Bremsmittel ($p = 1$)

$$D_B \frac{d^2\varphi_B(r)}{dr^2} + \frac{D_K}{r}\frac{d\varphi_B(r)}{dr} - \Sigma_{A\,ges}^B \varphi_B(r) + q_B = 0 \qquad (26.8)$$

wo φ der thermische Fluß und r der Abstand von der Brennstoffelementachse (= Achse der Zylinderkoordinaten; $\Sigma_{A\,ges} = \Sigma_{A\,ges\,th}$).

Für das Brennstoffelement selbst gilt

$$D_K \varphi_K'' + \frac{D_K}{r}\cdot\varphi_K' - \Sigma_{A\,ges}^K \varphi_K = 0 \qquad (26.9)$$

Führt man nach (14.23) $\varkappa$ ein, so folgt

$$\varphi_B'' + \frac{1}{r}\varphi_B' - \varkappa_B^2 \varphi_B + q_B/D_B = 0 \qquad (26.10)$$

und

$$\varphi_K'' + \frac{1}{r}\varphi_K' - \varkappa_K^2 \varphi_K = 0 \qquad (26.11)$$

Diese beiden Gleichungen sind für die Einzelzelle mit den folgenden Randbedingungen zu lösen:

a) Stetigkeit des Flusses an der Grenzfläche Brennstoffelement—Bremsmittel

$$\varphi_K(a) = \varphi_B(a) \qquad (26.12\,\text{a})$$

b) Stetigkeit des Nettostromes an der Grenzfläche Brennstoffelement—Bremsmittel

$$D_K \left(\frac{d\varphi_K}{dr}\right)_a = D_B \left(\frac{d\varphi_B}{dr}\right)_a; \qquad (26.12\,\text{b})$$

c) Kein Neutronenverlust, also kein Nettostrom nach außen an der Zellengrenze (Annahme 1)

$$D_B \left(\frac{d\varphi_B}{dr}\right)_R = 0 \qquad (26.12\,\text{c})$$

d) Fluß überall endlich im Definitionsgebiet der Lösung ($0 \leq r \leq a$ für φ_K, $a \leq r \leq R$ für φ_B).

Die Funktion, die durch (26.11) und d) bestimmt wird, ist für $\partial/\partial z = 0$ gemäß (15.62) durch

$$\varphi_K(r) = B\,I_0(\varkappa_K r) \qquad (26.13)$$

gegeben. (Modifizierte BESSELfunktion, vgl. Übungsbeispiel 15a). Die Lösung von (26.10) besteht aus der allgemeinen Lösung der homogenen Gleichung ($q_B = 0$) und einer partikulären Lösung der inhomogenen Gleichung. Da (26.10)

---

* Überprüft man dies für ein Gitter $R < 2\sqrt{\tau_{th}}$ nach der Theorie der stetigen Bremsung, so zeigt sich, daß die Annahme 3 sehr gut erfüllt ist. Die Abweichung rührt daher, daß einige wenige Neutronen absorbiert werden, bevor sie thermische Geschwindigkeiten erreicht haben.

für $q_B = 0$ in eine homogene Gleichung der Form (26.11) übergeht, lautet die Lösung für $\partial/\partial z = 0$ gemäß Übungsbeispiel 15a und Tab. 47, S. 240.

$$\varphi_B(r) = A\,I_0(\varkappa_B\,r) + C\,K_0(\varkappa_B\,r) + q_B/D_B\,\varkappa_B^2 \tag{26.14}$$

Die restlichen drei Randbedingungen liefern unter Verwendung der bekannten Differentiationsformeln* für Zylinderfunktionen[46]

$$B\,I_0(\varkappa_K\,a) = A\,I_0(\varkappa_B\,a) + C\,K_0(\varkappa_B\,a) + q_B/D_B\,\varkappa_B^2 \tag{26.15}$$

$$D_K\,B\,\varkappa_K\,I_1(\varkappa_K\,a) = D_B\,A\,\varkappa_B\,I_1(\varkappa_K\,a) - D_B\,C\,\varkappa_B\,K_1(\varkappa_B\,a) \tag{26.16}$$

$$D_B\,A\,\varkappa_B\,I_1(\varkappa_B\,R) - D_B\,C\,\varkappa_B\,K_1(\varkappa_B\,R) = 0 \tag{26.17}$$

Diese drei Gleichungen legen die willkürlichen Konstanten A, B und C fest. Für die Mittelwerte in (26.7) erhält man** nun[46] mit $d\tau = 2\,\pi\,r\,dr$

$$V_K\,\bar{\varphi}_K = 2\,\pi\,B\int_0^a I_0(\varkappa_K\,r)\,r\,dr = \frac{2\,\pi\,B\,a}{\varkappa_K}\,I_1(\varkappa_K\,a) \tag{26.18}$$

und

$$V_B\,\bar{\varphi}_B = 2\pi\int_a^R \left\{ A\,I_0(\varkappa_B\,r) + C K_0(\varkappa_B\,r) + q_B/D_B\,\varkappa_B^2 \right\} r\,dr =$$

$$= \frac{2\,\pi\,A}{\varkappa_B}\,[R\,I_1(\varkappa_B\,R) - a I_1(\varkappa_B\,a)] + \tag{26.19}$$

$$+ \frac{2\,\pi\,C}{\varkappa_B}\,[R\,K_1(\varkappa_B\,R) - a K_1(\varkappa_B\,a)] + \frac{\pi\,q_B}{D_B\,\varkappa_B^2}\,(R^2 - a^2)$$

Berechnet man nun C aus (26.17) und setzt dies in (26.15) und (26.16) ein, so kann man aus den beiden letzten Gleichungen B ausrechnen. Man erhält nach kurzer Zwischenrechnung

$$q_B/B = D_B\,\varkappa_B^2 \left\{ I_0(\varkappa_K\,a) + \right.$$

$$\left. - \frac{D_K\,\varkappa_K\,I_1(\varkappa_K\,a)\,[I_0(\varkappa_B\,a)\,K_1(\varkappa_B\,R) + I_1(\varkappa_B\,R)\,K_0(\varkappa_B\,a)]}{D_B\,\varkappa_B\,[I_1(\varkappa_K\,a)\,K_1(\varkappa_B\,R) - I_1(\varkappa_B\,R)\,K_1(\varkappa_B\,a)]} \right\} \tag{26.20}$$

Setzt man die für A und C erhaltenen Ausdrücke in (26.19) ein, so ergibt sich

$$V_B\,\bar{\varphi}_B = \frac{2\,\pi}{\varkappa_B}\,M\,B + \frac{2\,\pi}{\varkappa_B}\,N\,B + \frac{\pi\,q_B}{D_B\,\varkappa_B^2}\,(R^2 - a^2) \tag{26.21}$$

wobei M und N Abkürzungen für Aggregate von modifizierten BESSELfunktionen sind (vgl. Übungsbeispiel 26a). (26.18) und (26.21) in (26.7) eingesetzt, ergibt

$$f^* = \frac{\Sigma_{A\,ges}^K\,I_1(\varkappa_K\,a)}{\Sigma_{A\,ges}^K\,I_1(\varkappa_K\,a) + \Sigma_A^B\left(\dfrac{\varkappa_K}{a\,\varkappa_B}\,M + \dfrac{\varkappa_K}{a\,\varkappa_B}\,N + \dfrac{(R^2 - a^2)\,\varkappa_K}{2\,a}\,\dfrac{q_B}{B D_B\,\varkappa_B^2}\right)} \tag{26.22}$$

Setzt man hierin für M und N ein und verwendet nach (14.23) die Beziehungen

$$D_K\,\varkappa_K^2 = \Sigma_{A\,ges}^K; \quad D_B\,\varkappa_B^2 = \Sigma_{A\,ges}^B \tag{26.23}$$

so ergibt sich

$$f^* = \frac{2\,a\,B\,\Sigma_{A\,ges}^K\,I_1(\varkappa_K\,a)}{\Sigma_{A\,ges}^K\,I_1(\varkappa_K\,a)\,(1 + L)\,2\,a\,B + (R^2 - a^2)\,\varkappa_K\,q_B} \tag{26.24}$$

---

* Es gilt: $I_0'(\alpha\,r) = \alpha\,I_1(\alpha\,r)$; $K_0'(\alpha\,r) = -\alpha\,K_1(\alpha\,r)$.

** $\int Z_0(\alpha\,r)\,r\,dr = \dfrac{r}{\alpha}\,Z_1(\alpha\,r)$, wo $Z_0 = I_0$ oder K_0.

wo L wieder ein komliziert gebautes Aggregat von modifizierten BESSELfunktionen ist (vgl. Übungsbeispiel 26a).

Man kann jedoch f^* auf einfachere Weise berechnen. Gemäß (26.3) gilt ja (A_K = Gesamtabsorption im Brennstoff, A_B = Absorption im Bremsmittel)

$$f^* = A_K/(A_K + A_B) \tag{26.25}$$

Die Annahme 1 fordert nun, daß die Einzelzelle im Gleichgewicht keine Neutronen verliert. Sei P die Anzahl der in der Einzellzelle erzeugten thermischen Neutronen, dann muß für eine *stationäre* Kettenreaktion

$$P = A_K + A_B, \qquad f^* = A_K/P \tag{26.26}$$

gelten. Nach Annahme 2 werden die entstehenden Spaltneutronen nur im Bremsmittel gebremst. Die Produktion von thermischen Neutronen ist daher durch das Produkt Volumen pro Längeneinheit mal Bremsdichte des Bremsmittels gegeben:

$$P = q_B\,\pi\,(R^2 - a^2) \tag{26.27}$$

Die Gesamtabsorption pro Längeneinheit des Brennstoffelementes ist durch

$$A_K = \int_0^a \Sigma_{A\,ges}^K\,\varphi_K\,(r)\,2\,\pi\,r\,dr = \frac{2\,\pi}{\varkappa_K}\,B\,a\,\Sigma_{A\,ges}^K\,I_1\,(\varkappa_K\,a) \tag{26.28}$$

gegeben, so daß nach (26.26)

$$f^* = \frac{2\,aB\,\Sigma_{A\,ges}^K\,I_1\,(\varkappa_K\,a)}{\varkappa_K\,q_B\,(R^2 - a^2)} \tag{26.29}$$

folgt. Setzt man hier nun B/q_B aus (26.20) ein, so erhält man die mit (26.24) natürlich übereinstimmende Formel

$$\boxed{\frac{1}{f^*} = \frac{V_B\,\Sigma_A^B}{V_K\,\Sigma_{A\,ges}^K}\cdot F + E} \tag{26.30}$$

Diese Formel gilt für eine beliebige geometrische Form der Einzelzelle. Die formabhängigen Funktionen E und F findet man in Tab. 36 (nach WEINBERG[77]). Den Verlauf von φ_{th}^B und φ_{th}^K und φ_s ersieht man aus Abb. 32. Da der Nettostrom an den Grenzflächen stetig sein muß, erleidet die Neutronendichte nach (26.12b) einen Knick.

Tabelle 36. *Charakteristische Funktionen für den thermischen Verwertungsfaktor f^**

Form	F	E
Unendlich große Platte	$\varkappa_K\,a\,\mathfrak{Cotg}\,\varkappa_K\,a$	$\varkappa_B\,(R - a)\,\mathfrak{Cotg}\,\varkappa_B\,(R - a)$
Unendlich langer Zylinder	$\dfrac{\varkappa_K\,a\,I_0\,(\varkappa_K\,a)}{2\,I_1\,(\varkappa_K\,a)}$	$\dfrac{\varkappa_B\,(R^2 - a^2)}{2\,a}\,\dfrac{I_1\,(\varkappa_B\,R)\,K_0\,(\varkappa_B\,a) + I_0\,(\varkappa_B\,a)\,K_1\,(\varkappa_B\,R)}{I_1\,(\varkappa_B\,R)\,K_1\,(\varkappa_B\,a) - I_1\,(\varkappa_B\,a)\,K_1\,(\varkappa_B\,R)}$
Kugel	$\dfrac{\varkappa_K^2\,a^2}{3}\cdot\dfrac{\mathfrak{Tg}\,\varkappa_K\,a}{\varkappa_K\,a - \mathfrak{Tg}\,\varkappa_K\,a}$	$\dfrac{\varkappa_B^2\,(R^3 - a^3)}{3\,a}\,\dfrac{1 - \varkappa_B\,R\,\mathfrak{Cotg}\,\varkappa_B\,(R - a)}{1 - \varkappa_B^2\,R\,a - \varkappa_B\,(R - a)\,\mathfrak{Cotg}\,\varkappa_B\,(R - a)}$

Läßt man die Annahme 1 und damit die Randbedingung (26.12 c) fallen, dann gelten (26.17) und (26.26) nicht mehr und man erhält aus (26.5) einen das Entweichen berücksichtigenden Faktor f_{eff}^{*} (HEISENBERG[77]). Die Formel für f_{eff}^{*} hat die gleiche Form wie (26.7), nur tritt an Stelle von $V_{B}\overline{\varphi}_{th}^{B}/V_{K}\,\overline{\varphi}_{th}^{K}$ ein *Geometriefaktor* g^{*} ($g^{*}=1$ für den homogenen Reaktor, $g^{*}=1{,}3$ für günstigste Kugelgeometrie in D_2O, und $1{,}2$ für Graphit).

Es wurden auch Rechnungen publiziert, die den Einfluß des die Brennstoffelemente umspülenden Kühlmittels, der Brennstoffschutzhülle usw. erfassen; wir verweisen bezüglich dieser sehr umfangreichen, aber praktisch wichtigen Formeln auf die Originalarbeiten[78] und auf § 28. Auch der Einfluß von Luftkanälen, die der Kühlung, der Isotopenerzeugung usw. dienen, wurde berechnet[78] (vgl. Übungsbeispiel 27d).

Für einfachere Uran-Graphit-Gitter ergeben sich für f^{*} in Abhängigkeit von der Zellengröße typische Kurven (vgl. Abb. 33).

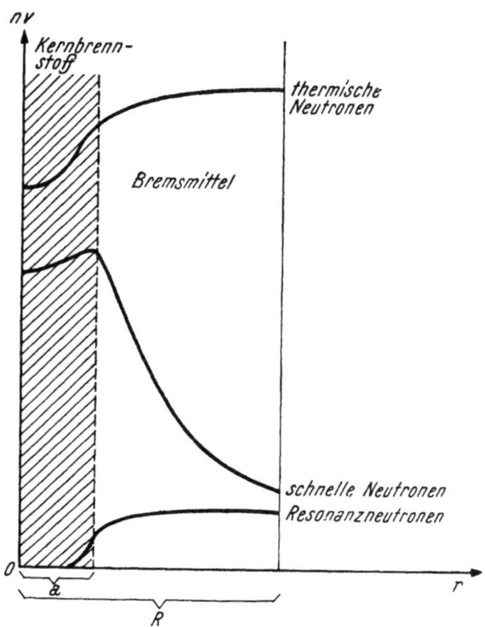

Abb. 32. Neutronenfluß in einer Zelle eines heterogenen Reaktors

Für das Resonanzintegral J_{eff} haben wir bereits in § 10 eine halbempirische Formel, nämlich (10.12) angegeben. Nun wollen wir weitere Formeln kennenlernen.

Da man p nach (9.9) immer vermittels des effektiven Resonanzintegrals J_{eff} (vgl. Tab. 18, S. 59), also mit Hilfe von

$$p\,(E) = e^{-\alpha\,J_{eff}\,(E)} \qquad (26.31)$$

berechnen kann, genügt es, Formeln für J_{eff} und α abzuleiten. Allgemein gilt

$$J_{eff}\,(E) = \int_{E}^{E_0} \sigma_{A\,eff}\,(E')\,\frac{dE'}{E'} \qquad (26.32)$$

Will man für den unendlich großen homogenen Reaktor p berechnen, kann man wie in § 10 vorgehen: Man definiert $\sigma_{A\,eff}$ gemäß (10.6)

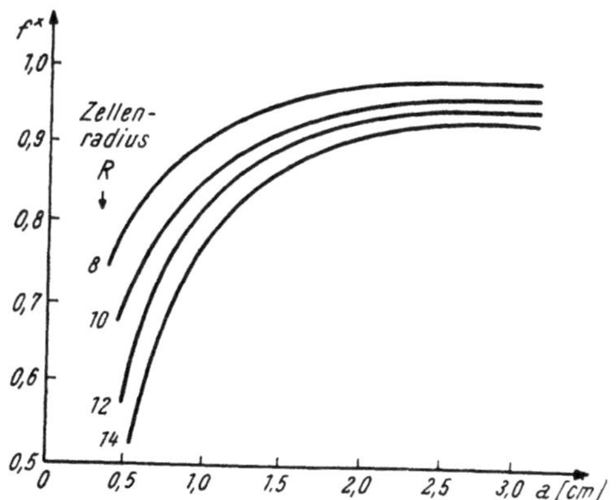

Abb. 33. Der thermische Verwertungsgrad für Uran-Graphit-Zellen

und integriert, ohne Rücksicht auf die geometrischen Verhältnisse zu nehmen, so daß p durch (10.8) gegeben wird. Betrachtet man jedoch einen endlich großen homogenen Reaktor, dann gilt aus den schon angeführten Gründen nur näherungsweise $p' \approx p$. Wir wollen nun zunächst p berechnen und dann auf p' und p^{*} spezialisieren.

Im endlich großen heterogenen Reaktor unterscheidet man (vgl. § 10) zwischen der Volumsabsorption und der Oberflächenabsorption; von letzterer werden vorwiegend die Resonanzneutronen betroffen. Analog zu (10.12) gilt daher für die Zahl $A\,(E)$ der pro sec im Brennstoffelement absorbierten Neutronen der Energie E der Ansatz

$$A\,(E) = \int\limits_{V_K} N_K\,\sigma_{A\,ges}^{(1)\,K}\,(E)\,\varphi_K\,(E,\,\mathfrak{r})\,d\tau + \int\limits_{S} N_K\,\sigma_{A\,ges}^{(2)\,K}\,(E)\,\varphi_K\,(E,\,\mathfrak{r})\,df \qquad (26.33)$$

Verwendet man (26.6) und definiert einen über die Oberfläche S des Brennstoffelementes gemittelten Fluß

$$\ddot\varphi_{SK}\,(E) = \frac{1}{S} \int\limits_{S} \varphi_K\,(E,\,\mathfrak{r})\,df \qquad [\text{Neutronen cm}^{-2}\,\text{s}^{-1}] \qquad (26.34)$$

dann folgt

$$A\,(E) = N_K\,\sigma_{A\,ges}^{(1)\,K}\,(E)\,\bar\varphi_K\,V_K + N_K\,\sigma_{A\,ges}^{(2)\,K}\,(E)\,\bar\varphi_{SK}\,S \qquad (26.35)$$

Während $\sigma_{A\,ges}^{(1)\,K}$ ein normaler Wirkungsquerschnitt ist [cm²], hat der *Oberflächenwirkungsquerschnitt* $\sigma_{A\,ges}^{(2)\,K}$ eine andere Dimension nämlich [cm³]; er muß also von den Abmessungen des Brennstoffelementes abhängen. Damit wir $N_K\,V_K$ herausheben können und die Oberflächenabsorption durch Oberfläche S [cm²] und Masse M_K [g] des Brennstoffelementes ausgedrückt werden kann, definieren wir

$$\sigma_{A\,ges}^{(3)\,K} = \sigma_{A\,ges}^{(2)\,K}\,\frac{M_K}{V_K} \qquad [\text{cm}^2\,\text{g cm}^{-2}] \qquad (26.36)$$

Auch $\sigma_{A\,ges}^{3)\,K}$ ist also kein echter Wirkungsquerschnitt.

Nun wenden wir uns dem Bremsmittel zu. Die Anzahl der Neutronen, die pro cm³ und sec die Energie E erreichen, ist definitionsgemäß durch die Bremsdichte q gegeben. Für diese gilt nach (9.3) bei *Nichtberücksichtigung der Absorption* näherungsweise

$$q\,(E) = \varphi\,(E,\,\mathfrak{r})\,E\,\xi\,\Sigma_S\,(E) = \text{const} \qquad (26.37)$$

Für die Gesamtzahl B der im Bremsmittel pro sec die Energie E erreichenden Neutronen gilt daher unter Verwendung von (26.6)

$$B\,(E) = \int\limits_{V_B} \varphi\,(E,\,\mathfrak{r})\,\xi_B\,E \cdot \Sigma_S^B\,(E)\,d\tau = \bar\varphi_B\,(E)\,V_B\,\xi_B\,E\,\Sigma_S^B = \text{const} \qquad (26.38)$$

Nun berücksichtigen wir die Absorption, wir gehen also von q bzw. B zu $\tilde q$ und B über. Die Änderung von $\tilde B$ ist nun gemäß (9.4) nur durch die Absorption A gegeben, da wir ja annahmen, daß die Einzelzelle durch Entweichen keine Neutronen verliert. Es gilt also

$$\frac{dB}{dE} = -A \qquad (26.39)$$

Die Lebenserwartung p ist nun ganz allgemein nach (9.8) als das Verhältnis der Bremsdichte $\tilde B$ mit Berücksichtigung der Absorption zur Bremsdichte B ohne Berücksichtigung der Absorption definiert:

$$p = \tilde B/B; \qquad \ln p = \ln \tilde B/B = \int \frac{d}{dE} \ln \frac{\tilde B}{B}\,dE \qquad (26.40)$$

so daß wegen $dB/dE = 0$ die *allgemeine Definition der Lebenserwartung* durch

$$p(E) = e^{-\int_E^{E_0} \frac{A(E')}{B(E')}\,dE'} \tag{26.41}$$

gegeben ist.

Für den *endlich großen homogenen Reaktor* gilt gemäß (9.3) nach Integration über das Reaktorvolumen $V_R = V_K = V_B$

$$\widetilde{B}(E) = \overline{\varphi}_R(E')\,V_R\,E'\,\overline{\xi}\,[\Sigma_S(E') + \Sigma_{A\,ges}(E')] \tag{26.42}$$

worin sich $\overline{\xi}$, Σ_S und $\Sigma_{A\,ges}$ auf die homogene Mischung beziehen, vgl. (8.28) und (4.30). Aus (26.35) folgt bei Vernachlässigung der nur bei größeren kompakten Brennstoffstücken auftretenden Oberflächenabsorption

$$A(E') = \Sigma_{A\,ges}(E')\,V_R\,\overline{\varphi}_R(E') \tag{26.43}$$

so daß wir aus (26.41)

$$\boxed{p' = e^{-\frac{1}{\overline{\xi}}\int_E^{E_0} \frac{\Sigma_{A\,ges}(E')}{\Sigma_S(E') + \Sigma_{A\,ges}(E')}\,\frac{dE'}{E'}} \approx p} \tag{26.44}$$

und mit (10.6)

$$\boxed{\begin{aligned} J'_{eff} &= \int_E^{E_0} \sigma_{A\,eff}(E')\,\frac{dE'}{E'} \approx J_{eff} \\ \alpha' &= N_A/\overline{\xi}\,\Sigma_S \end{aligned}} \tag{26.45}$$

erhalten. Obwohl (26.45) mit (10.8) übereinstimmt, gilt aus den bereits früher in diesem Paragraphen angeführten Gründen nur $p \approx p'$. Kennt man den Resonanzfluß $\varphi(E, \mathfrak{r})$, dann kann man p' genau berechnen.

Im *endlich großen heterogenen Reaktor* sind Brennstoff und Bremsmittel räumlich getrennt. Da die Resonanzabsorption im Brennstoff die Absorption im Bremsmittel weitaus überwiegt, kann man annehmen, daß das Bremsmittel überhaupt nicht absorbiert. Die Definition (26.41) gilt aber für den gesamten Raum, so daß wegen der Absorption im Brennstoff $d\widetilde{B}/dE \neq 0$ ist. Für die Lebenserwartung im heterogenen Reaktor gilt daher nach (26.40), (26.35), (26.36) und (26.38)

$$p^* = \exp\left\{ -\frac{N_K V_K}{\overline{\xi}\,V_B\,\overline{\Sigma}_S}\int_E^{E_0} \left[\sigma_{A\,ges}^{(1)K}(E')\,\frac{\overline{\varphi}_K(E')}{\overline{\varphi}_B(E')} + \right.\right.$$
$$\left.\left. + \sigma_{A\,ges}^{(3)K}(E')\,\frac{\overline{\varphi}_{SK}(E')}{\overline{\varphi}_B(E')} \cdot \frac{S_K}{M_K} \right]\frac{dE'}{E'} \right\} \tag{26.46}$$

Um der Streuung im Brennstoff Rechnung zu tragen, haben wir hiebei ξ_B durch den Mittelwert $\overline{\xi}$ ersetzt [vgl. Übungsbeispiel 26e und (26.73)]. $\overline{\Sigma}_S$ ist ein über die Energie genommener Mittelwert von Σ_S^K und Σ_S^B [vgl. (27.1)], doch ist die Kenntnis von $\overline{\Sigma}_S$ (das man auch näherungsweise durch Σ_S^B ersetzt) nicht notwendig, vgl. (26.57).

In großen Reaktoren wird nun $\bar{\varphi}_K/\bar{\varphi}_B \approx \bar{\varphi}_{SK}/\bar{\varphi}_B$ gelten. Setzen wir für den *Geometriefaktor* g_r *des Resonanzflusses*

$$g_r = \frac{V_B\,\bar{\varphi}_B}{V_K\,\bar{\varphi}_K} \tag{26.47}$$

(den Geometriefaktor des thermischen Flusses haben wir schon in (26.7) verwendet) und nehmen wir an, daß er für Resonanzneutronen energieunabhängig ist, dann erhalten wir mit $\sigma_{A\,ges}^{(1)K} = \sigma_{A\,eff}^{K}$ [vgl. (10.13)]

$$J_{eff}^{*} = \int\limits_{E}^{E_0} \sigma_{A\,eff}^{(1)K}\,\frac{dE'}{E'} + \frac{S_K}{M_K}\int\limits_{E}^{E_0} \sigma_{A\,ges}^{(3)K}\,\frac{dE'}{E'} =$$
$$= \int\limits_{hetero} \sigma_{A\,eff}\,\frac{dE'}{E'} = J_{eff\,K} + \mu\,\frac{S}{M} \tag{26.48}$$

und

$$\alpha^{*} = \frac{N_K}{\bar{\xi}\,\overline{\Sigma}_S^{B}\,g_r} \approx \frac{\alpha'}{g_r} \tag{26.49}$$

(26.48) hat die gleiche Form wie (10.12). Die Identifizierung von $\sigma_{A\,ges}^{(1)K}$ und $\sigma_{A\,eff}$ bzw. $\sigma_{A\,eff}^{K}$ wird dadurch erzwungen, daß (26.48) für einen homogenen Reaktor ($S_K = 0$, $g_r = 1$) in (26.45) übergehen muß. Wir müssen nun noch den „Wirkungsquerschnitt" der Oberflächenabsorption $\sigma_{A\,ges}^{(3)K}$ bzw. gemäß (10.16) den *Oberflächenkoeffizienten*

$$\mu = \frac{\varrho}{4\,N_A^K}\int\limits_{E}^{E_0}\left(\frac{\Sigma_{A\,ges}(E')}{\Sigma_S(E') + \Sigma_{A\,ges}(E')}\right)^2 \frac{dE'}{E'} = \int\limits_{E}^{E_0} \sigma_{A\,ges}^{(3)K}\,\frac{dE'}{E'} \tag{26.50}$$

berechnen[40].

Ein Vergleich von $\sigma_{A\,ges}^{K}$ und $\sigma_{A\,eff}^{K} = \sigma_{A\,ges}^{K}\,\dfrac{\sigma_S^K}{\sigma_S^K + \sigma_{A\,ges}^K}$ nach (10.13) zeigt zunächst, daß bei Betrachtung von Resonanzneutronen der bekannte Ausdruck $N_A^K\,\sigma_{A\,ges}^K\,\varphi$ für die pro cm³ und sec absorbierten Neutronen durch $N_A^K\,\sigma_{A\,eff}^K\,\varphi$ ersetzt werden muß. Der Faktor $\dfrac{\Sigma_S^K}{\Sigma_S^K + \Sigma_{A\,ges}^K}$ gibt also an, um welchen Betrag der Fluß im Brennstoff vermindert wird:

$$\varphi(E_{res}) = \varphi(E) - \frac{\Sigma_S^K}{\Sigma_S^K + \Sigma_{A\,ges}^K}\,\varphi(E) = \frac{\Sigma_{A\,ges}^K}{\Sigma_S^K + \Sigma_{A\,ges}^K}\,\varphi(E) \tag{26.51}$$

Erfahrungsgemäß treffen $^1/_4$ der Resonanzneutronen die Oberfläche der gebräuchlichen Brennstoffelemente[40], so daß diese pro cm² und sec von $\dfrac{\Sigma_{A\,ges}^K}{4(\Sigma_{A\,ges}^K + \Sigma_S^K)}\,\varphi(E)$ Neutronen getroffen werden, von denen jedes mit der Wahrscheinlichkeit

$\dfrac{\Sigma_{A\,ges}^{K}}{\Sigma_{A\,ges}^{K} + \Sigma_{S}^{K}}$ absorbiert wird*. Insgesamt werden daher pro cm² und sec

$\dfrac{1}{4}\left(\dfrac{\Sigma_{A\,ges}^{K}}{\Sigma_{A\,ges}^{K} + \Sigma_{S}^{K}}\right)^{2} \varphi(E)$ Resonanzneutronen absorbiert. Da pro g Brennstoff

N_K/ϱ Brennstoffatome vorhanden sind, ist die Oberflächenabsorption im Energieintervall E_0 bis E pro cm² und pro g Brennstoff durch

$$N_K\, V_K \int\limits_{E}^{E_0} \frac{\varrho}{4\,N_K}\left(\frac{\Sigma_{A\,ges}^{K}}{\Sigma_{A\,ges}^{K} + \Sigma_{S}^{K}}\right)^{2} \overline{\varphi}_{SK}(E')\,dE' = \int\limits_{E}^{E_0} N_K\, V_K\, \sigma_{A\,ges}^{(3)K}(E')\,\overline{\varphi}_{SK}(E')\,dE' \tag{26.52}$$

gegeben. Damit haben wir $\sigma_{A\,ges}^{(3)K}$ und den Oberflächenkoeffizienten μ, also auch (10.16) und (26.50) abgeleitet. Dabei haben wir allerdings angenommen, daß die Anzahl N_A^K der resonanzabsorbierenden Brennstoffkerne (z. B. U 238) durch die Anzahl N_K, der Brennstoffkerne überhaupt (z. B. nat. Uran) ersetzt werden kann.

In der Praxis wird sowohl der Oberflächenkoeffizient μ als auch das effektive Resonanzintegral J_{eff} durch Messung der beim Resonanzeinfang $U^{238} + n$ erzeugten U^{239}-Aktivität in mit Cadmium bedeckten, also gegen thermische Neutronen abgeschirmten Brennstoffelementen gemessen**. Wieso trotz — besser wegen — der starken Oberflächenabsorption $J_{eff}^{*} < J_{eff}'$ bzw. J_{eff} gilt, wurde in § 10 ausführlich erläutert***. Es soll nur noch darauf hingewiesen werden, daß p temperaturabhängig ist. Werden nämlich die Resonanzlinien Γ breiter, dann wird ein breiteres Neutronenspektrum absorbiert und es kommen daher weniger Neutronen mit dem Leben davon. Messungen zeigten, daß sich J_{eff} pro 1° C um etwa 0,01 % ändert. Es gelangen weniger Resonanzneutronen in das Bremsmittel, so daß die Anzahl der durch Bremsprozesse erzeugten thermischen Neutronen kleiner wird.

Wir wollen nun noch g_r und eine sehr gebräuchliche Formel für die Lebenserwartung ableiten[80] und definieren zu diesem Zweck analog zu (26.26) und (26.30) durch

$$f_r^{*} = \frac{\text{Gesamtresonanzabsorption}}{\text{Produktion von Resonanzneutronen}},$$

$$\boxed{\frac{1}{f_r^{*}} = \frac{V_B\,\overline{\Sigma}_{Ar}^{B}}{V_K\,\overline{\Sigma}_{A\,eff\,r}^{K}}\,F + E} \tag{26.53}$$

einen *Verwertungsgrad für Resonanzneutronen*. Kennt man $\overline{\Sigma}_{Ar}^{B}$ und $\overline{\Sigma}_{A\,eff\,r}^{K}$, dann kann man f_r^{*} und g_r ausrechnen. Unter $\overline{\Sigma}_{A\,eff\,r}^{K}$ verstehen wir dabei

---

* Da die Neutronen nur absorbiert oder gestreut werden können, sind die möglichen Fälle durch $\Sigma_{A}^{K}\varphi + \Sigma_{S}^{K}\varphi$, die günstigen durch $\Sigma_{A}^{K}\varphi$ gegeben.

** Auch durch Oszillieren solcher Brennstoffelemente und Messung der periodischen Veränderung der Reaktorempfindlichkeit können diese Größen bestimmt werden.

*** Es sind vorwiegend zwei Gründe: 1. Infolge der starken Oberflächenabsorption werden nur sehr wenige Resonanzneutronen im Inneren des Brennstoffelementes absorbiert — also weniger, als vom gleichen Volumen einer homogenen Mischung absorbiert würden. 2. Manche schnelle Neutronen gelangen erst als thermische Neutronen erstmalig wieder in den Brennstoff zurück.

den zu $\bar{\sigma}^{K}_{A\,eff\,r}$ gehörenden energetischen Mittelwert des makroskopischen Wirkungsquerschnittes für die Gesamtabsorption (Volums- plus Oberflächenabsorption) von Resonanzneutronen im Kernbrennstoff. Andererseits muß aber auch für f^{*}_{r} eine Formel der Art (26.7) gelten, woraus man das Flußverhältnis $\bar{\varphi}^{B}_{r}/\bar{\varphi}^{K}_{r}$ für Resonanzneutronen berechnen kann. Man erhält

$$\frac{\bar{\varphi}^{B}_{r}}{\bar{\varphi}^{K}_{r}} = \frac{\overline{\Sigma}^{K}_{A\,eff\,r}}{\overline{\Sigma}^{B}_{Ar}} \frac{V_{K}}{V_{B}} \left(\frac{1}{f^{*}_{r}} - 1\right) = \frac{V_{K}}{V_{B}} g_{r} \tag{26.54}$$

Führt man dies in (26.46) ein und berücksichtigt (26.48), so ergibt sich mit $\overline{\Sigma}_{S} \approx \overline{\Sigma}^{B}_{Sr}$

$$p^{*} = \exp\left\{-\frac{N_{K}\,\overline{\Sigma}^{B}_{Ar}}{\xi\,\overline{\Sigma}^{B}_{Sr}\,\overline{\Sigma}^{K}_{A\,eff\,r}} \frac{f^{*}_{r}}{1-f^{*}_{r}} J^{*}_{eff}\right\} =$$
$$= \exp\left\{-\frac{N_{K}}{\xi\,\overline{\Sigma}^{B}_{Sr}g_{r}} J^{*}_{eff}\right\} \tag{26.55}$$

Da nun

$$\frac{N_{K}\,\overline{\Sigma}^{B}_{Ar}}{\xi\,\overline{\Sigma}^{B}_{Sr}\,\overline{\Sigma}^{K}_{A\,eff\,r}} J^{*}_{eff} = 1 \tag{26.56}$$

gilt (vgl. Übungsbeispiel 26b), folgt aus (26.55) die bequeme Formel

$$p^{*} = \exp\left\{-\frac{f^{*}_{r}}{1-f^{*}_{r}}\right\} \tag{26.57}$$

die oft verwendet wird[80].

$\overline{\Sigma}^{B}_{Ar}$ und $\overline{\Sigma}^{K}_{A\,eff\,r}$, die makroskopischen Absorptionswirkungsquerschnitte für Resonanzneutronen für Bremsmittel bzw. Brennstoff sind Mittelwerte über das ganze Resonanzgebiet — bei thermischen Neutronen konnten wir $\Sigma_{A\,ges\,th}$ durch $\Sigma_{A\,ges\,th}$ ersetzen, da das thermische Neutronenspektrum relativ schmal ist. Dies ist hier nicht möglich, da ja über ein ziemlich breites Energieintervall (E_{1} bis E_{2}) gemittelt werden muß. Es gilt daher im Sinne der Zweigruppentheorie (Resonanzneutronen und thermische Neutronen) analog zu (22.6)

$$\overline{\Sigma}^{K}_{A\,eff\,r} = \frac{\int_{E_{2}}^{E_{1}} \Sigma^{K}_{A\,eff}(E)\,\frac{dE}{E}}{\ln\frac{E_{1}}{E_{2}}} = \frac{J^{*}_{eff}\,N_{K}}{\ln\frac{E_{1}}{E_{2}}} \tag{26.58}$$

und analog zu (22.3) für den Bremsquerschnitt

$$\overline{\Sigma}^{B}_{Ar} = \frac{\overline{\Sigma}^{B}_{Sr}}{\frac{1}{\xi}\ln\frac{E_{1}}{E_{2}}} \tag{26.59}$$

da im Resonanzgebiet im Bremsmittel keine Absorption, wohl aber eine durch die Bremsung verursachte Verringerung der Neutronenzahl eintritt. Nach den

Formeln (26.58) und (26.59) können die beiden gesuchten Wirkungsquerschnitte berechnet werden. $\varkappa_K$ und $\varkappa_B$ erhält man aus (14.23) bzw. aus der Diffusionslänge; für Σ_A ist hierbei $\overline{\Sigma}_{A\,r}^K$ einzusetzen. Einige Meßwerte haben wir in Tab. 37 zusammengestellt, $\overline{\Sigma}_{A\,eff\,r}^K$ hängt von den Abmessungen der Brennstoffelemente ab und ist nach (26.58) zu berechnen.

Tabelle 37. *Daten zur Berechnung von* f_r^*

Stoff	ϱ [g cm^{-3}]	$\ln \dfrac{E_1}{E_2}$	D_{th} [cm]	$\varkappa_{K\,th}$ [cm^{-1}]	$\varkappa_{K\,r}$	D_r
Natürliches Uranmetall	18,6	5,6	0,565	0,766	0,420	0,441
Uranoxyd (U$_3$O$_8$)	6	7,3	—	—	—	—
Aluminium (Schutzhülle)	2,7	—	4,06	0,057	—	—

Stoff	$\overline{\Sigma}_{A\,r}^B$ [cm^{-1}] bei U-Metall	$\overline{\Sigma}_{A\,r}^B$ bei U$_3$O$_8$	$\varkappa_B$ bei U-Metall	$\varkappa_B$ bei U$_3$O$_8$
H$_2$O	0,241	0,185	0,583	0,512
D$_2$O	0,00313	0,00252	0,155	0,136
Be	0,0276	0,0212	0,237	0,208
Graphit	0,0108	0,0083	0,1075	0,0945

Ergebnisse von p^*, f^*, und $p^* f^*$-Berechnungen für verschiedene Gitter wurden mehrfach publiziert[80]; vgl. Abb. 34 und 35.

Es ist offensichtlich, daß es günstige Gitteranordnungen gibt. Wird Schwerwasser als Bremsmittel verwendet, so sind die Abmessungen der Brennstoffelemente nach HEISENBERG[80] wie folgt zu wählen: Plattendicke 1,2—2 cm, Zylinderradius 1,3—2,8 cm, Kugelradius 3—4 cm. Auch für Graphit als Bermsmittel gelten ähnliche Werte.

Der *Schnellvermehrungsfaktor* ε^* ist, verglichen mit den anderen Faktoren, am kompliziertesten zu berechnen. Wir gehen hierbei nach ENGEL und WINTERBERG vor[79]. Um ausrechnen zu können, wieviele schnelle Neutronen, die selbst vor dem Thermischwerden keine Spaltung hervorrufen, infolge von Spaltprozessen durch schnelle Neutronen entstehen, müssen wir wissen, wieviele Zusammenstöße ein primäres Spaltneutron der Energie E_0 erleidet*. Die

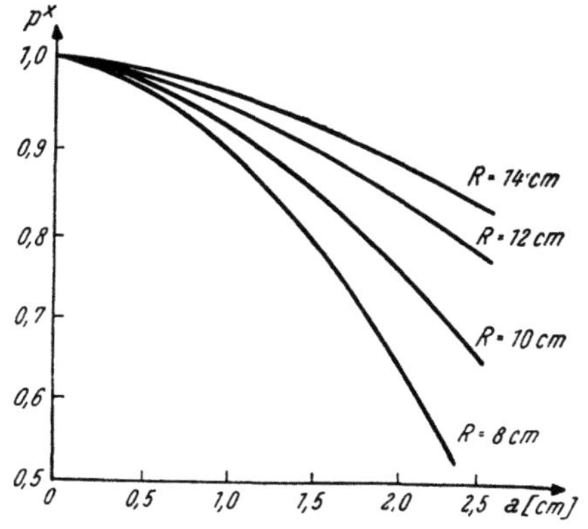

Abb. 34. Lebenserwartungen für verschiedene Uran-D$_2$O-Gitter

Stoßwahrscheinlichkeit P hängt von Gestalt und Größe der Brennstoffelemente ab. Eine allgemein gültige Formel für P werden wir gleich kennen lernen; spezielle

---

* Das Spektrum der Spaltneutronen lassen wir außer Betracht; diese Vernachlässigung entspricht einem Fehler von 3% von $\varepsilon - 1$.

Berechnungen[79] für Zylinder und Kugel haben ERTAUD und MERCIER durchgeführt; mit innen hohlen Brennstoffelementen beschäftigten sich MURRAY und MENIUS.

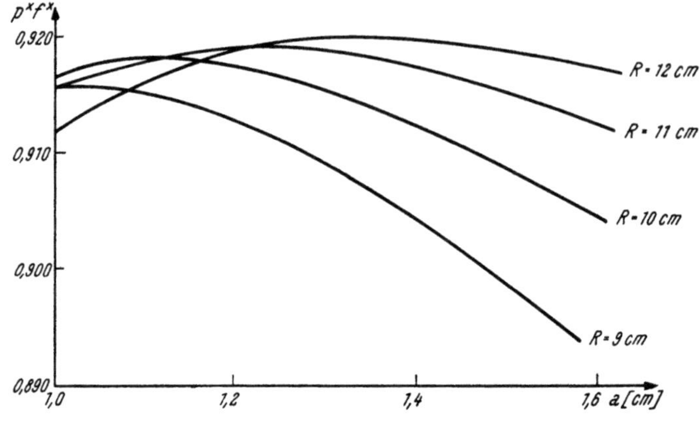

Abb. 35. $p^* f^*$-Werte für Uran-D$_2$O-Gitter

Beim Zusammenstoß eines schnellen Neutrons (Energie E_0) mit einem Brennstoffkern können sich folgende Vorgänge abspielen:

1. Spaltung, Wirkungsquerschnitt σ_{Sp} (bei U 238 muß $E_0 > 1,1$ MeV sein).

2. Unelastische Streuung σ_S' (möglich für $E_0 > 0,1$ MeV an schweren Kernen, vgl. § 7, S. 30). Bei der stark bremsenden unelastischen Streuung geht dem Neutron die Fähigkeit, einen Spaltprozeß hervorrufen zu können, verloren.

3. Elastische Streuung σ_S'', Gesamtstreuung $\sigma_S = \sigma_S' + \sigma_S''$. (Die Spaltfähigkeit bleibt erhalten, da ξ_K sehr klein ist).

4. Absorption (Kernreaktion — im wesentlichen Strahlungseinfang) σ_A.

Die Summe σ dieser vier Teilwirkungsquerschnitte nennen wir den totalen Wirkungsquerschnitt. Werte dieser Wirkungsquerschnitte haben wir in Tab. 38 für einige Kerne zusammengestellt.

Tabelle 38. *Brennstoff-Wirkungsquerschnitte für schnelle Neutronen ($E \approx 1$ MeV)*

[barn]	v_s	σ_{Sp}	σ_S'	σ_S''	σ_S	σ_A	ε_{max}^*	$\sigma_{A\,ges}$	σ
Nat. U .	2,5	0,29	2,47	1,50	3,97	0,04	1,2	0,33	4,30
U 238 ..	2,5	0,02	2,46	1,5	3,9	0,25	1,2	0,2	4,47
U 235 ..	2,85	1,28	1,05	1,5	3,2	0,4 ?	—	≈ 3 ?	6,5
Pu 239 .	2,90	2,04	—	—	3	—	—	4,5	7,5

Wenn P die Wahrscheinlichkeit eines Zusammenstoßes beliebiger Art ist, den ein noch spaltfähiges schnelles Neutron im Brennstoffelement erleidet, dann wird

die Wahrscheinlichkeit für einen elastischen Stoß durch $P\,\dfrac{\sigma_S''}{\sigma}$,

die Wahrscheinlichkeit für einen unelastischen Stoß, die gleich ist der Wahrscheinlichkeit unter die Spaltungsschwelle abgebremst zu werden, durch $P\,\dfrac{\sigma_S'}{\sigma}$

und die Wahrscheinlichkeit für einen Spaltprozeß durch $P\,\dfrac{\sigma_{Sp}}{\sigma}$

gegeben. Da *alle* schnellen Neutronen entweder aus dem Brennstoffelement entweichen oder dort irgend einen Zusammenstoß erleiden, ist die Wahrscheinlichkeit für das Entweichen gleich der Wahrscheinlichkeit $1 - P$ für das Vermeiden eines Stoßes. (Für ein Neutron.) Die Anzahl der im Brennstoffelement erzeugten Spaltneutronen ist durch $v_s P \dfrac{\sigma_{Sp}}{\sigma}$ gegeben. Nach dem ersten Zusammenstoß sind daher $v_s P \dfrac{\sigma_{Sp}}{\sigma} + P \dfrac{\sigma_S''}{\sigma} = P\gamma$ schnelle, noch spaltfähige Neutronen vorhanden. $\left(\gamma = v_s \dfrac{\sigma_{Sp}}{\sigma} + \dfrac{\sigma_S''}{\sigma}\right)$. Die durch thermische Spaltungen erzeugten Spaltneutronen besitzen eine der thermischen Neutronendichte proportionale räumliche Verteilung; die durch schnelle Neutronen erzeugten Spaltneutronen sind im Gegensatz dazu infolge der großen freien Weglänge $1/N_K \sigma$ sehr gleichmäßig über das ganze Brennstoffelement verteilt. Die Stoßwahrscheinlichkeit P' eines solchen Spaltneutrons ist daher nicht durch P gegeben. Für die zweiten Zusammenstöße ist daher nicht γP^2, sondern $PP'\gamma$ maßgebend; für die $(n+1)$-ten Zusammenstöße ist $P(P'\gamma)^n$ maßgebend und für die Wahrscheinlichkeiten gilt

Zusammenstöße im Brennstoffelement	$P(P'\gamma)^n$
elastische Stöße	$P(P'\gamma)^n \dfrac{\sigma_S''}{\sigma}$
erzeugte Spaltneutronen (pro Neutron)	$v_s P(P'\gamma)^n \dfrac{\sigma_{Sp}}{\sigma}$
unelastische Stöße (nicht mehr spaltfähig)	$P(P'\gamma)^n \dfrac{\sigma_S'}{\sigma}$
Entweichen	$(1 - P')P\gamma^n P'^{n-1}$

Auf eine thermische Spaltung kommen ε^* schnelle Neutronen, die aus Spaltprozessen schneller Neutronen hervorgegangen sind, selbst aber keine Spaltungen auslösen, sondern nur gebremst werden. ε^* ist demgemäß durch die Summe der entweichenden und durch unelastische Stöße abgebremsten schnellen Neutronen gegeben, wobei über alle Zusammenstöße summiert werden muß:

$$
\begin{aligned}
\varepsilon^* = 1 - P + P\,\frac{\sigma_S'}{\sigma} + & \qquad\qquad\qquad\big|\; n = 0 \\
+ (1 - P')\,P\gamma + PP'\gamma\,\frac{\sigma_S'}{\sigma} + & \qquad\qquad\qquad\big|\; n = 1 \\
+ (1 - P')\,P\gamma^2 P' + PP'^2\gamma^2\,\frac{\sigma_S'}{\sigma} + \ldots = & \qquad\qquad\big|\; n = 2 \\
= 1 + P\left(\frac{\sigma_S'}{\sigma} - 1\right) + \left[\frac{P}{P'} + P\left(\frac{\sigma_S'}{\sigma} - 1\right)\right]&\left(\frac{1}{1 - P'\gamma} - 1\right)
\end{aligned}
\tag{26.60}
$$

Führt man den Ausdruck für γ ein, dann erhält man beim Übergang zu den makroskopischen Wirkungsquerschnitten des Brennstoffes

$$
\boxed{\;\varepsilon_0^* = 1 + \frac{[(v_s - 1)\,\Sigma_{Sps} - \Sigma_{As}]P}{\Sigma_s - (v_s \Sigma_{Sps} + \Sigma_{Ss}'')\,P'}\;}
\tag{26.61}
$$

Da sich alle Wirkungsquerschnitte auf schnelle Neutronen beziehen, haben wir den Index s hinzugefügt. Weiter haben wir ε^* mit dem Index $_0$ versehen um anzudeuten, daß ε_0^* nur für *ein* Brennstoffelement (Wechselwirkung nullter Ordnung mit den anderen Brennstoffelementen) gilt. Da aber noch andere Brennstoffelemente vorhanden sind, müssen wir beachten, daß ein gewisser Bruchteil G' der aus dem ersten Brennstoffelement austretenden schnellen, noch spaltfähigen Neutronen, ohne im Bremsmittel unter die für eine Spaltung notwendige Energieschwelle abgebremst worden zu sein, in ein benachbartes Brennstoffelement eintreten und dort Spaltungen hervorrufen kann. Sei G der Bruchteil der pro thermischer Spaltung aus dem ersten Brennstoffelement austretenden schnellen Neutronen, so gilt

$$G = 1 - P + (1 - P')\, P\gamma + \ldots = 1 + P\,\frac{\gamma - 1}{1 - P'\gamma} \qquad (0 \le G \le 1) \qquad (26.62)$$

und bei Berücksichtigung *eines* Nachbarelementes

$$\varepsilon_1^* = \varepsilon_0^* - G\,G' \qquad (26.63)$$

Bei Berücksichtigung von unendlich vielen Nachbarelementen ist wieder eine unendliche geometrische Reihe aufzusummieren und man erhält

$$\boxed{\;\varepsilon_\infty^* \equiv \varepsilon^* = \frac{\varepsilon_0^* - G\,G'}{1 - G\,G'}\;} \qquad (26.64)$$

Wir müssen nun noch P, P' und G' berechnen. Da die Anzahl der an der Stelle $\mathfrak{r}_0$ erzeugten Neutronen, die an der Stelle $\mathfrak{r}$ einen Stoßprozeß erleiden, proportional der Bremswahrscheinlichkeit, also gemäß § 25 z. B. durch

$$\sigma\,N\,\frac{e^{-|\mathfrak{r}_0 - \mathfrak{r}|/\sigma N}}{|\mathfrak{r}_0 - \mathfrak{r}|^2\,4\pi}$$

gegeben ist, folgt

$$P = \frac{\Sigma}{4\pi}\,\frac{\displaystyle\iint_{V_K} \frac{n(\mathfrak{r}_0)}{|\mathfrak{r}_0 - \mathfrak{r}|^2}\exp\left[-\Sigma\,|\mathfrak{r}_0 - \mathfrak{r}|\right] d\tau_0\,d\tau}{\displaystyle\int_{V_K} n(\mathfrak{r}_0)\,d\tau_0} \qquad (26.65)$$

$n(\mathfrak{r}_0)$ ist die Dichte der thermischen Neutronen. Für P ergeben[79] sich Werte zwischen 0,118 und 0,800 für zylindrische Brennstoffelemente des Radius' 0,5 bis 5 cm. Ersetzt man $n(\mathfrak{r}_0)$ durch die konstante Dichte der schnellen Neutronen, dann erhält man

$$P' = \frac{\Sigma_s}{4\pi}\,\frac{\displaystyle\iint_{V_K} \frac{e^{-\Sigma_s|\mathfrak{r}_0 - \mathfrak{r}|}}{|\mathfrak{r}_0 - \mathfrak{r}|^2}\,d\tau_0\,d\tau}{V_K} \qquad (26.66)$$

(Es ergibt sich[79] $0,2 < P' < 0,9$, je nach den Abmessungen).

Für die Berechnung von G' ist die Kenntnis von $q(\mathfrak{r}, v)$ erforderlich. Da G' nur einen Korrekturfaktor darstellt, kann man sich‚ damit begnügen, $q(\mathfrak{r}, \tau)$ nach der Theorie der stetigen Bremsung zu berechnen. τ ist dann das FERMI-Alter*, das der Abbremsung von etwa 2,5 MeV auf etwa 1,1 MeV entspricht, also $\tau \approx 8,5$ cm². $q(\mathfrak{r}, \tau)$ gibt dann an, wieviele Neutronen an der Stelle $\mathfrak{r}$ unter

---

* Man unterscheide das FERMI-Alter τ vom Volumselement $d\tau_B$.

die Spaltschwelle abgebremst werden. Der auf ein Neutron und das ganze Bremsmittel einer Zelle bezogene Bruchteil ergibt sich daher durch Integration von q über V_B. Der nicht soweit abgebremste Bruchteil G' ist daher durch

$$G' = 1 - \int_{V_B} q\,(\mathfrak{r},\tau)\,d\tau_B \tag{26.67}$$

gegeben. Für Brennstoffelemente in Plattenform erhält[79] man z. B.

$$G' = 1 - \Phi\,(d/2\,\sqrt{\tau}) \tag{26.68}$$

wo Φ das GAUSSsche Fehlerintegral und d der Abstand der Brennstoffplatten ist. Die ohne Wechselwirkungskorrektur für zylindrische Brennstoffelemente aus natürlichem Uran berechneten ε^* Werte zeigt Abb. 36.

Bei einem *homogenen* Reaktor hängen P und P' nur von Größe und Form des Reaktors ab; die Wechselwirkungskorrekturen G und G' treten nicht auf. Für große homogene Reaktoren wird man ε' wegen $P' \approx 1$, $P \approx 1$ (Vernachlässigung des Entweichens) durch

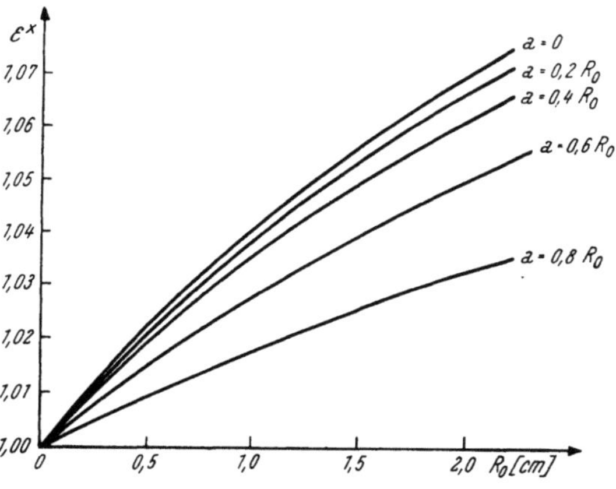

Abb. 36. Schnellvermehrungsfaktor für zylindrische Hohlstäbe (a innerer Radius, R_0 äußerer Radius)

$$\varepsilon' \approx 1 + \frac{[(\nu_s - 1)\,\Sigma_{Sps} - \Sigma_{As}]}{\Sigma_{Sps}\,(1 - \nu_s) + \Sigma_{As} + \Sigma'_{Ss}} \tag{26.69}$$

annähern dürfen. Diese Formel stimmt *nicht* mit (25.11) überein, da bei der Ableitung von ganz verschiedenen Annahmen ausgegangen wurde. Eine allgemein anerkannte Theorie des Schnellvermehrungsfaktors für homogene Reaktoren wurde bisher anscheinend nicht publiziert.

Für verschiedene Formen und Größen von Brennstoffelementen wurden Werte des Schnellvermehrungsfaktors veröffentlicht[79], vgl. Tab. 39.

Tabelle 39. *Schnellvermehrungsfaktoren für verschiedene Brennstoffelemente* Uran-Metallzylinder (Graphitreaktor) $\eta = 1{,}315$

$\widetilde{R} = 10$ cm	ε^*	V_B/V_K	f^*	p^*	k^*_∞
$a = 1$ cm	1,0224	120	0,839	0,929	1,049
1,2 cm	1,0261	83	0,875	0,904	1,068
1,4 cm	1,0299	61	0,898	0,878	1,068
1,6 cm	1,0333	47	0,914	0,851	1,056
1,7 cm	1,0350	42	0,919	0,837	1,048
$\widetilde{R} = 10{,}5$ cm					
$a = 1$ cm	1,0224	—	—	—	1,038
1,2 cm	1,0261	—	—	—	1,065
1,4 cm	1,0299	—	—	—	1,071
1,6 cm	1,0333	—	—	—	1,064
1,7 cm	1,0350	—	—	—	1,057

Zylinder	$a = 1,71$ cm	$\varepsilon^* = 1,032 \pm 0,003$	Messung	1,036	Rechnung
Kugel	$a = 3,22$ cm	$\varepsilon^* = 1,042 \pm 0,004$		1,041	

Zylinder	a [cm]	0,476	0,762	0,953	1,40	1,72
$\widetilde{R} = 10$ cm	ε^*	1,012	1,020	1,027	1,035	1,043

Vgl. Nat. Uran-Leichtwasser (homogene Mischung)

V_B/V_K	0	1	2	3	4	5
ε'	1,18	1,10	1,075	1,058	1,045	1,04

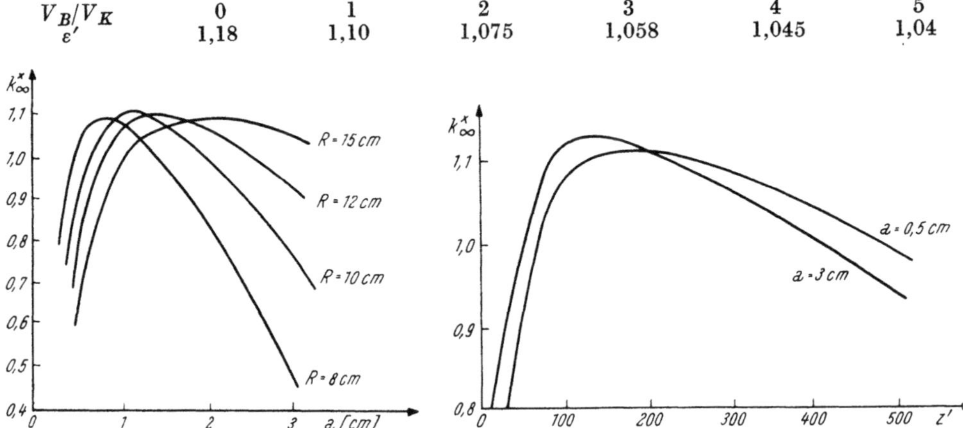

Abb. 37. k_∞^* als Funktion der Abmessungen zylindrischer Zellen (Uran-Graphit-Reaktor)

Abb. 38. k_∞^* als Funktion des Radius zylindrischer Uranstäbe und der Bremsmittelmenge (Graphitreaktor mit natürlichem Uran)

Kennt man die Faktoren $\eta^*, p^*, \varepsilon^*, f^*$, dann kann man den *Vermehrungsfaktor* $k_\infty^* = \eta^* p^* \varepsilon^* f^*$ leicht berechnen. k_∞^* ist eine Funktion verschiedener Materialparameter und der Geometrie des Gitters[81]. $k_\infty^* (R, a)$ für zylindrische Brennstoffelemente zeigen Abb. 37 und 38 (vgl. Übungsbeispiel 26c und 26d).

Tabelle 40. *Vermehrungsfaktor k_∞ für verschiedene Reaktoren*

Heterogen				*Homogen*			
Nat. Uran—Graphit, $a = 1,25$ cm				Nat. Uran—Graphit			
$\eta^* = 1,308$ bis 1,316				$\eta' = 1,30$, $\varepsilon' = 1,01$			
$\varepsilon^* = 1,022$ bis 1,035 $\quad (R = 11,5$ cm)							
	f^*	p^*	k_∞^*	f'	p'	k_∞'	
$R = 10$ cm	0,907	0,866	1,055	0,889	0,64	0,754	$z' = 200$
11 cm	0,888	0,905	1,063	0,842	0,70	0,775	$z' = 300$
12 cm	0,877	0,909	1,060	0,804	0,74	0,80	$z' = 400$
13 cm	0,846	0,923	1,049	0,762	0,77	0,77	$z' = 500$
Zirka 50 t Uran, 280 t Graphit							
Bestwert: $a = 1,4$ cm, $R = 11,5$ cm, max $f^* = 0,889$, max $k_\infty^* = 1,065$				*Bestwert:* $k_\infty' = 0,80$, $z' \approx 405$		Reaktor unmöglich	
Nat. Uran—Schwerwasser				Nat. Uran—Schwerwasser			
$\eta^* = 1,32$, $\varepsilon^* = 1,03$				$\eta' = 1,3$, $\varepsilon' = 1$			
f^*	p^*	k_∞^*		f'	p'	k_∞'	
0,95	0,96	1,15 bis 1,25		0,92	0,94	1,12 bis 1,25	
$a = 2,75$ cm, $R = 13,5$ cm (Bestwert)				Mischungsverhältnis:			
Zirka 4 t Uran, 7 t Schwerwasser				$z' = 225$ (Bestwert)			

k'_∞ hängt im wesentlichen nur von Materialparametern und dem Brennstoff-Bremsmittel-Mischungsverhältnis, kaum aber von der Größe des Reaktors ab ($k'_\infty \approx k_\infty$).

GUGGENHEIM und PRYCE und andere Autoren[81] geben für k^*_∞ die in Tab. 40 angeführten Werte an, die unter Berücksichtigung einer 1,15 mm starken Al-Hülle um die Brennstoffelemente gewonnen wurden. Durch solche Rechnungen bei denen a und R variiert werden oder auch direkt durch Bestimmung von Extremalwerten mit Hilfe der Differentialrechnung (ATKINSON, MURRAY[81]) kann man das günstigste Gitter berechnen. Meßergebnisse haben diese Rechnungen bestätigt.

Übungsbeispiele

26 a) Man berechne M, N und L in (26.21) und (26.24) und verifiziere dann (26.30).

26 b) Man beweise (26.56).

26 c) Man verifiziere die Umrechnungsformel

$$z' \equiv \frac{\overline{N}_B}{\overline{N}_K} = \frac{\varrho_B \, V_B \, A_K}{\varrho_K \, V_K \, A_B} \tag{26.70}$$

($\overline{N}_\alpha$: Anzahl der Atome in der „*äquivalenten homogenen*" Mischung (vgl. § 27) pro cm^3, M_α Masse, A_α Atomgewicht $\alpha = K$ oder B) und die zur Berechnung von Bremsmittel und Brennstoffmenge dienende Formel

$$
\begin{aligned}
M_\alpha &= n \, \varrho_\alpha \, V_\alpha & V_K &= a^2 \, \pi \, l \\
M_K + M_B &= \varrho_{Misch} \cdot V_R & V_B &= \pi \, l \, (R^2 - a^2) \\
& & V_R &= (V_K + V_B) \, n = R^2_{kr} \, \pi \, h_{kr}
\end{aligned}
\tag{26.71}
$$

(ϱ_α gewöhnliche Dichte des nicht gemischten Materials im heterogenen Reaktor, l Länge der Brennstoffelemente $\approx h_k$)

26 d) Man berechne k^*_∞ für den folgend beschriebenen heterogenen nat. Uran-Graphit-Reaktor. Die Brennstoffelemente haben einen quadratischen Querschnitt der Seitenlänge $a = 4,47$ cm und ein Volumen $V_K = 200$ cm^3. Die quadratische Einzelzelle habe eine Seitenlänge $2\,\widetilde{R} = 20$ cm ($R = \dfrac{20}{\sqrt{\pi}} = 11,5$ cm) und ein Volumen $V_K + V_B = 4200$ cm^3. Man nehme Fremdmaterial $\overline{N}_F = 10^{20}$ Atome/cm^3 mit $\sigma_A{}^F = 0,80$ barn an und verwende $\eta^* = 1,32$ (vgl. Tab. 35), $\varepsilon^* = 1,03$ (vgl. Tab. 39), (26.7), Flußverhältnis $= 1,5$, (10.17), (26.31), (26.49), $g_r \approx g$. Werte von ϱ, ξ, σ_S, σ_A usw. entnehme man den entsprechenden Tabellen.

26 e) Man begründe die folgenden Formeln

$$\overline{N}_\alpha = N_\alpha \, V_\alpha / V_R \tag{26.72}$$

worin $\overline{N}_\alpha$ die Anzahl der Atome ($\alpha = K$ oder B) in der *äquivalenten homogenen* Mischung angibt, und

$$\overline{\xi} = \frac{N_B \, V_B \, \sigma_S^B \, \xi_B + N_K \, V_K \, \sigma_S^K \, \xi_K}{N_B \, V_B \, \sigma_S^B + N_K \, V_K \, \sigma_S^K} \tag{26.73}$$

gilt. Man stelle eine Formel für ϱ_{Misch} auf (vgl. Übungsbeispiel 26 c). Zeige, daß (26.73) mit (8.28) identisch ist.

26 f) Man berechne k_∞^* für den BEPO-Reaktor (British Experimental Pile 0 Energy, Harwell, England). Gegeben sei der Radius a des Brennstoffelementes (nat. Uran) mit 1,143 cm, $\varrho_{Uran} = 18,7$ [g cm^{-3}], $V_B/V_K = 81,64$; $\eta^* = 1,32$. Gesucht wird: S/M, p^*, f^*, ε^*, k_∞^*.

26 g) Man berechne den thermischen Verwertungsgrad f^* für eine zylindrische Einzelzelle, die aus einem unendlich langen Hohlzylinder aus natürlichem Uran (bzw. aus U 235) (äußerer Radius a_1, innerer Radius R_1) besteht, der in seinem Inneren von Schwerwasser erfüllt ist. Wie ändern sich die Formeln, wenn der Hohlzylinder endlich lang ist? (l cm).

26 h) Man berechne ε, ε', ε^* und vergleiche die Ergebnisse ($P = P' = 1$).

26 i) Man berechne die Eindringtiefe von Resonanzneutronen in natürlichem Uran, d. h. diejenige Strecke, auf welcher der Fluß auf den e-ten Teil absinkt. ($\sigma_{A\,ges} = 7,68$ barn, $\varrho = 18,7$ g cm^{-3}).

§ 27. Der Modellreaktor

Berechnung von Wirkungsquerschnitten, Diffusionslänge und Bremslänge beim heterogenen Reaktor, der äquivalente homogene Reaktor, Grenzen dieser Näherung. Theorie des Exponentialexperimentes, Messung der materialabhängigen Reaktorkonstante.

Das kritische Volumen heterogener Reaktoren wird niemals *nur* durch eine Rechnung bestimmt. Es gibt dafür zwar spezielle Berechnungsmethoden[81], doch sind diese infolge der zahlreichen Randbedingungen an den einzelnen Brennstoffelementen sehr kompliziert und die Ergebnisse sind immer etwas unsicher. Man begnügt sich daher, das kritische Volumen nach der gleichen Methode wie sie beim homogenen Reaktor verwendet wird, näherungsweise zu berechnen und dann den so erhaltenen Wert durch Messungen zu verbessern. Die Methode des stufenweisen Aufbaues (kritische Anordnung), die wir schon in § 20 besprochen haben. wird aus praktischen Gründen nur für kleine Reaktoren verwendet (dies sind. wie wir später sehen werden, im wesentlichen Reaktoren mit angereichertem Kernbrennstoff). Große Reaktoren (Graphit- oder Schwerwasser-Reaktoren mit natürlichem Uran) bloß zur Messung des kritischen Volumens in natürlicher Größe aufzubauen, wäre zu unpraktisch und auch zu kostspielig. Diese Methode wurde nur beim allerersten Reaktor (CP 1 vgl. § 44, S. 391) verwendet. Es ist einfacher und billiger, ein Exponentialexperiment vorzunehmen, also einen Modellreaktor in verkleinertem Maßstab zu bauen (vgl. S. 131).

Bevor wir diese wichtige Methode besprechen, müssen wir uns überlegen. wie der *äquivalente homogene Reaktor* beschaffen ist, dessen kritisches Volumen uns einen ersten (schon sehr guten) Näherungswert für die kritischen Abmessungen des heterogenen Reaktors liefert. Nach Tab. 28, S. 141, ist ein endlich großer Reaktor ohne Reflektor durch die folgenden Parameter bestimmt: Mischungsverhältnis z, geometrische Reaktorkonstante B_g, Diffusionskoeffizient D und Diffusionslänge L, FERMI-Alter bzw. Bremslänge usw.

Hierbei haben wir angenommen, daß Kernbrennstoff und Bremsmittel sowie die Abmessungen der Elementarzellen und damit k_∞^* bereits festliegen.

Unter einem *äquivalenten homogenen Reaktor* wollen wir einen Reaktor verstehen, der in homogener gleichmäßiger Mischung genau dieselben Mengen an Kernbrennstoff, Bremsmittel und Fremdstoffen (Kühlmittel u. ä.) enthält wie der zu berechnende heterogene Reaktor und für den $\varepsilon' = \varepsilon^*$, $p' = p^*$, $f' = f^*$. $\eta' = \eta^*$, $k_\infty' = k_\infty^*$ gilt. Da uns die Abmessungen der Einzelzelle und damit V_K und V_B bereits bekannt sind (vgl. § 26), können wir zunächst nach (26.70) das Mischungsverhältnis ausrechnen. Mit dessen Hilfe und den aus unseren Tabellen bekannten Werten von Σ_A, Σ_{Sp}, $\Sigma_{A\,ges}$, Σ_S, ξ, D, L, τ usw. für das reine Bremsmittel und den reinen Kernbrennstoff können wir nun, so wie früher beim homogenen Reaktor die Werte $\overline{\xi}$, $\overline{D}$, $\overline{L}$ usw. der Mischung berechnen. Wirkungsquerschnitte für Stoffgemische berechnet man mit Hilfe von (4.30), der mittlere logarithmische Bremsverlust für eine Mischung folgt aus (8.28), (26.73); die Berechnung der Lebenserwartung $p' = p^*$ für Brennstoff-Bremsmittelmischungen haben wir ausführlich in § 10 besprochen, vgl. (10.8), doch ist es nicht nötig, p', f', ε', η', k'_∞ neu zu berechnen; man setzt ja diese Werte gleich p^*, f^*, ε^*, η^*, k^*_∞, die bekannt sind.

Die Diffusionslänge $\overline{L}$ muß hingegen berechnet werden; sie ist zwar für eine homogene Mischung in der diffusionstheoretischen Näherung* immer durch (14.24) bzw. (20.2) definiert, doch ist es vorteilhaft, auch andere Formeln als (16.19) kennen zu lernen[82]. Es ist nämlich nicht zweckmäßig, $\Sigma_{A\,ges}$ nach (4.30) zu berechnen, da man zu diesem Zweck erst die $\overline{N}_\alpha$ nach (26.72) aufsuchen muß, also wissen muß, wieviel Atome des Brennstoffes, des Bremsmittels usw. pro cm³ der Mischung vorhanden sind. Man geht daher besser von der Definition

$$\Sigma_{A\,ges} = \frac{V_K\,\Sigma^K_{A\,ges}\,\overline{\varphi}_K + V_B\,\Sigma^B_{A\,ges}\,\overline{\varphi}_B\;(+\;\text{Fremdstoffe!})}{V_K\,\overline{\varphi}_K + V_B\,\overline{\varphi}_B\;(+\;\text{Fremdstoffe!})} \tag{27.1}$$

aus. Da sich alle Überlegungen nur auf thermische Reaktoren beziehen, lassen wir den Index th weg. Aus (26.7) folgt nun

$$\frac{\Sigma^K_{A\,ges}\,V_K\,\overline{\varphi}_K}{V_B\,\overline{\varphi}_B} = \Sigma^B_{A\,ges}\,\frac{f^*}{1-f^*} \tag{27.2}$$

so daß sich für (27.1) nun

$$\begin{aligned}
\Sigma_{A\,ges} &= \Sigma^B_{A\,ges}\,\frac{1}{1-f^*}\,\frac{1}{1 + \dfrac{V_K\,\overline{\varphi}_K}{V_B\,\overline{\varphi}_B}} = \\[2ex]
&= \frac{\Sigma^B_{A\,ges}}{1-f^*}\,\frac{1}{1+1/g} = \Sigma^B_{A\,ges}\,\frac{1}{1-f^*}\,\frac{g}{g+1}
\end{aligned} \tag{27.3}$$

ergibt. Der Geometriefaktor g, der sich nach (26.7) zu

$$g = \frac{\Sigma^K_{A\,ges}}{\Sigma^B_{A\,ges}}\,\frac{1-f^*}{f^*} = \frac{V_B\,\overline{\varphi}_B}{V_K\,\overline{\varphi}_K}\;,\;\text{etwa } 1{,}5 \cdot V_B/V_K \tag{27.4}$$

ergibt, ist groß gegen 1 (vgl. Übungsbeispiel 26d), so daß

$$\Sigma^K_{A\,ges} \approx \frac{\Sigma^B_{A\,ges}}{1-f^*} \tag{27.5}$$

---

* Kleine Reaktoren kann man nicht mehr mit der diffusionstheoretischen Näherung berechnen. Man hat also die Neutronenkinetik heranzuziehen, so daß an die Stelle der Diffusionsgleichung die Transportgleichung tritt, bzw. kann bei roher Berechnung die neutronenkinetisch verbesserte Diffusionsgleichung verwendet werden (Ersatz von (14.24) durch (16.8)). Hat der Reaktor Luftspalten, so müssen auch in großen Reaktoren bei der Berechnung von L Anisotropieeffekte berücksichtigt werden[82].

Für die Diffusionslänge folgt dann aus (14.24)

$$\bar{L} = \sqrt{\frac{\bar{D}}{\Sigma^B_{A\,ges}}\,(1 - f^*)} \tag{27.6}$$

vgl. auch (27.27).

In ähnlicher Weise kann man auch eine Formel für τ_{S_p} ableiten (s. Übungsbeispiel 27a und 27b). Den Diffusionskoeffizienten $\bar{D}$ hat man nach einer der in § 12 angegebenen Formeln zu berechnen, wobei für die Wirkungsquerschnitte die Werte für die Mischung einzusetzen sind bzw. kann man, wie man sich leicht durch eine numerische Nachrechnung überzeugen kann, $\bar{D} \approx D_B$ setzen.

Auch für das FERMI-Alter bzw. für die Bremslänge wird meist $\tau \approx \tau_B$ angenommen; genauere Formeln findet man in der Literatur[82] (vgl. 27.28). Die Erfahrung zeigt, daß τ im heterogenen Reaktor um maximal etwa 10% größer ist als in reinem Bremsmittel, z. B. $\tau_{Graphit} = 350$ cm², $\tau_{Reaktor} = 380$ bis 390 cm². Meist benötigt man jedoch $\tau_{Reaktor}$ gar nicht — im allgemeinen sind die heterogenen Reaktoren so groß, daß die Eingruppentheorie zu ihrer Berechnung ausreicht (vgl. Übungsbeispiel 22b). Man muß daher nur die effektive Diffusionslänge L_{eff} kennen, um nach (21.19) die materialabhängige Reaktorkonstante zu berechnen. Aus $B_m = B_g$ ergeben sich aber dann nach den Formeln des § 21 die kritischen Abmessungen des Reaktors (vgl. Übungsbeispiel 27c). Diese legen auch die Zellenanzahl $n = V_R/(V_K + V_B)$ fest. Da es unwahrscheinlich ist, für n eine natürliche Zahl zu erhalten, wird man auf- oder abrunden bzw. bei zu großen Abweichungen von der nächsten natürlichen Zahl R oder a etwas abändern, so daß die ganze Brennstoffmenge auf lauter gleich große Elemente aufgeteilt werden kann.

In der exakten Theorie des heterogenen Reaktors[81] spielt das Brennstoffelement die Rolle einer Linienquelle schneller Neutronen und einer Liniensenke für thermische Neutronen. Bei den meisten diesbezüglichen Rechnungen wird jedoch angenommen, daß sich das periodische Gitter der Brennstoffelemente bis ins Unendliche erstreckt; auch mehrfache und gestörte Gitter (Brennstoffelemente verschiedener Form und Eigenschaft, Kontrollstäbe, „Reflektorstäbe", Kanäle für die Isotopenerzeugung) wurden berechnet. Im allgemeinen kann man sagen. daß die Berechnung heterogener Reaktoren mit Hilfe äquivalenter homogener Reaktoren immer dann möglich ist, wenn die folgenden Voraussetzungen erfüllt sind:

1. Zellenanzahl $n > 20$,
2. regelmäßiges periodisches Gitter,
3. keine Kontrollstäbe und keine Kanäle für die Isotopenerzeugung,
4. nicht zu dichte Packung der Brennstoffelemente (die sonst allerdings günstig ist).

Bei den meisten heterogenen Reaktoren sind diese Voraussetzungen in guter Näherung erfüllt, so daß das kritische Volumen (*die äußere Geometrie*) nach den Methoden des § 20 berechnet werden kann. Der Neutronenfluß kann nach diesen Methoden allerdings nur „im Großen" berechnet werden („*makroskopischer Fluß*"): „im Kleinen", d. h. in Gebieten von der Größe der Einzelzelle (*innere Geometrie*) muß der „*mikroskopische Fluß*" nach den Methoden des § 26 für die Einzelzelle berechnet werden[83] (vgl. Abb. 39).

Der *Modellreaktor* gestattet es, sowohl Aussagen über die räumliche Verteilung des Neutronenflusses im Reaktor natürlicher Größe zu machen, als auch die

Reaktorkonstante (und damit die kritischen Abmessungen) zu messen. Wie wir
in § 25 gesehen haben, gilt im Inneren eines großen Reaktors in gewissen Entfernungen von den Grenzflächen und von Fremdquellen die Reaktorgleichung
(25.14) und für den Neutronenfluß gilt insbesondere (25.16), d. h.

$$\Delta V_l + B_l^2 \, V_l = 0 \tag{27.7}$$

Mit Hilfe der Reaktorrandbedingung (21.1) könnte man daraus die geometrische
Reaktorkonstante B_g des kritischen äquivalenten homogenen Reaktors be-

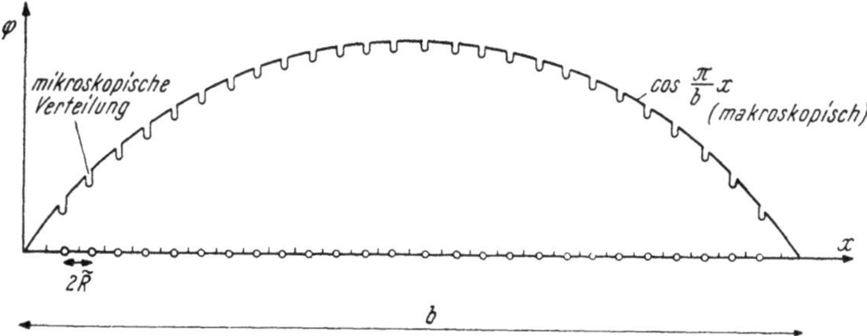

Abb. 39. Makroskopischer und mikroskopischer Fluß (Querschnitt durch einen würfelförmigen Reaktor)

rechnen. Andererseits kann man die materialabhängige Reaktorkonstante B_1
in genügend großer Entfernung von der Neutronenquelle und von den Randflächen des Modellreaktors auch durch Messungen der örtlichen Änderung des
Neutronenflusses bestimmen — die Beiträge der höheren Eigenwerte B_l $(l > 1)$
klingen ja sehr rasch ab (vgl. § 16, S. 103). Wir nehmen an, daß der Modellreaktor
so auf der xy-Ebene steht, daß der Mittelpunkt seiner Grundfläche mit dem
Koordinatenursprung zusammenfällt.

Die Neutronenquelle muß sich in einem solchen Abstand $-z = H \approx 3 \sqrt{\tau}$
von der Grundfläche des Modellreaktors befinden, daß die in den Modellreaktor
eintretenden Neutronen sicher thermisch sind (vgl. Übungsbeispiel 19k). Als
Neutronenquelle kann auch ein kleiner Reaktor (Forschungsreaktor) dienen. Der
Maßstab, in dem der Modellreaktor gebaut wird, ist meist 1 : 3 oder 1 : 4, seine
äußere und innere Geometrie entspricht genau der Geometrie des Reaktors
natürlicher Größe. Die tatsächliche Höhe sei h', die extrapolierte Höhe sei h.
Die Grundfläche F des zylindrischen Reaktors sei beliebig, z. B. ein Kreis oder
auch ein Quadrat (Quader). Die Koordinaten in der xy-Ebene seien der Form
der Grundfläche angepaßt, wir schreiben für sie symbolisch $\mathfrak{Z}$. Um (27.7) zu lösen,
machen wir den Ansatz

$$V_l \, (x, y, z) = V_l \, (\mathfrak{Z}, z) = \sum_m U_m \, (\mathfrak{Z}) \, W_l \, (z) \tag{27.8}$$

und erhalten, wenn wir unter $\Delta_{\mathfrak{Z}}$ den Laplace-Operator der $\mathfrak{Z}$-Koordinaten
verstehen,

$$\Delta_{\mathfrak{Z}} \, U_m + \alpha_m^2 \, U_m = 0 \tag{27.9}$$

wo α_m eine Separationskonstante ist und

$$W_l'' \, (z) - \gamma_l^2 \, W_l \, (z) = 0 \tag{27.10}$$

gilt; γ_l^2 ist ebenfalls eine Separationskonstante, für die

$$\gamma_l^2 = \alpha_m^2 - B_l^2 \tag{27.11}$$

gilt. Da der Modellreaktor unterkritisch ist und in ihm nur deshalb eine stationäre

Kettenreaktion abläuft, weil er unter Neutronenbeschuß steht, haben wir es mit einem reinen Diffusionsproblem zu tun. Die α_m werden durch die Randbedingungen am extrapolierten Zylindermantel bestimmt, sie sind sicher alle reell*. *Wäre* der Modellreaktor *ohne* Fremdquelle kritisch, dann wäre $\alpha_m < B_l$ und γ_l wäre negativ (stationäre Kettenreaktion). In diesem Fall gilt an *beiden* Deckflächen (auch für $z = 0$) eine Randbedingung, γ_l wäre kein freier Parameter mehr, sondern von h' abhängig und würde die geometrische Reaktorkonstante des kritischen Reaktors bestimmen. Der Modellreaktor besitzt aber wesentlich kleinere Abmessungen als der kritische Reaktor; da α_m umso größer ist, je kleiner der Reaktor ist (vgl. die Fußnote!), ist $\alpha_m > B_l$ und $\gamma_l > 0$ (reines Diffusionsproblem). So wie in (16.15), S. 103, erhalten wir daher

$$W_l(z) = A_l\, e^{-\gamma_l z}\,(1 - e^{2\,\gamma_l\,(z-h)}) \tag{27.12}$$

und

$$V_l = \sum_m A_{ml}\, U_m(\mathfrak{z})\, e^{-\gamma_l z}(1 - e^{2\,\gamma_l\,(z-h)}) \tag{27.13}$$

Für die höheren Eigenfunktionen (größere m) wird α_m und damit γ_l immer größer, so daß die höheren Eigenfunktionen immer rascher abnehmen. Für Orte, deren z-Koordinate größer ist als 100 cm (vgl. § 16), kann man daher die höheren Eigenfunktionen vernachlässigen und der Neutronenfluß ist dann durch

$$V = \sum_m A_m\, U_m(\mathfrak{z})\, e^{-z\gamma_1}\,(1 - e^{2\,\gamma_1(z-h)}) \approx C\, e^{-\gamma_1 z} \tag{27.14}$$

gegeben. Für eine zur z-Achse parallele Gerade ist $\sum\limits_m A_m\, U_m$ eine Konstante; mißt man mit Indikatoren den Neutronenfluß längs solcher Geraden, dann kann man γ_1 und damit aus (27.11) auch die Reaktorkonstante B_1 bestimmen[84]. (Vgl. Übungsbeispiel 27e.)

Wie schon erwähnt, kann diese Methode aber nur für *große* Reaktoren verwendet werden (vgl. § 25). Die so bestimmte Reaktorkonstante B_1 ist die *materialabhängige* Reaktorkonstante des den Modellreaktor aufbauenden Materials; sie ist von seinen Abmessungen unabhängig. Ein aus demselben Material in natürlicher Größe aufgebauter kritischer Reaktor besitzt dieselbe *materialabhängige* Reaktorkonstante. Da dieser Reaktor kritisch ist und keine Neutronenquelle vorhanden ist, so daß der Neutronenfluß auf der gesamten extrapolierten Randfläche verschwindet, kann man für ihn auch eine *geometrische* Reaktorkonstante definieren, die natürlich gleich B_1 ist**. Aus B_1 berechnet man dann leicht nach den Methoden des § 21 die kritischen Abmessungen. Einige Werte von B_m haben wir in Tab. 41 zusammengestellt, vgl. auch Abb. 40 und 41.

---

* Ist die Grundfläche z. B. ein Quadrat, dann gilt gemäß § 15 $U_m = \sum\limits_n e^{\alpha'_n x}\, e^{\alpha''_m y}$.

$\alpha'^2_n + \alpha''^2_m + \alpha^2_m = 0$. Die Randbedingungen (Verschwinden am extrapolierten Mantel, Fluß symmetrisch) lassen sich dann nur mit imaginären α'_n, α''_m und nur mit der cos-Funktion erfüllen, so daß $\alpha^2_m = -\alpha'^2_n - \alpha''^2_m > 0$ und

$$\alpha'_n = i\,\frac{n\pi}{b}, \qquad \alpha''^2_m = i\,\frac{m\pi}{b} \qquad n, m = 1, 2\ldots$$

wo b die extrapolierte Seitenlänge der quadratischen Grundfläche ist.

** Nach den Ausführungen des § 21 kann man eine geometrische Reaktorkonstante nur für solche Raumgebiete definieren, an deren gesamter extrapolierter Begrenzungsfläche der Neutronenfluß verschwindet, vgl. (21.1).

Tabelle 41. *Materialabhängige Reaktorkonstante für verschiedene Geometrien*
Schwerwasser-Nat. Uran, $\tau = 107 \pm 5\ \mathrm{cm^2}$ (mit Al-Mantel)

$2\,a = 2{,}5$ cm	$2\,\widehat{R} = 11{,}3$ cm	$V_B/V_K = 24{,}8$	$B_m^2 = 8{,}47 \cdot 10^{-4}\ [\mathrm{cm^{-2}}]$
	15,0	45,0	$7{,}25 \cdot 10^{-4}$
	22,5	102,8	$3{,}92 \cdot 10^{-4}$
$2\,a = 3{,}75$ cm	15,0	19,4	$8{,}65 \cdot 10^{-4}$
	22,5	45,0	$6{,}29 \cdot 10^{-4}$

Graphit-Nat. Uran (mit Al-Mantel)

$\widetilde{R} = 10$ cm	$L^2\ [\mathrm{cm^2}]$	L_{eff}^2	B_m^2
$a = 1\ \ $ cm	515	945	$5{,}16 \cdot 10^{-5}$
$1{,}2$ cm	391	818	$8{,}35 \cdot 10^{-5}$
$1{,}4$ cm	310	735	$9{,}34 \cdot 10^{-5}$
$1{,}6$ cm	256	677	$8{,}32 \cdot 10^{-5}$
$1{,}7$ cm	234	654	$7{,}28 \cdot 10^{-5}$

$\widetilde{R} = 10{,}5$ cm (bestes $\widetilde{R}$), trocken (kein H_2O), $a = 1{,}7$ cm, $B_m^2 = 11{,}5 \cdot 10^{-5}$

$\widetilde{R} = 10{,}0$ cm, feucht, $B_m^2 = 8{,}5 \cdot 10^{-5}$

Die Methode des stufenweisen Aufbaues (kritische Anordnung, die für Reaktoren beliebiger Art und Größe verwendet werden kann) liefert übereinstimmende Ergebnisse.

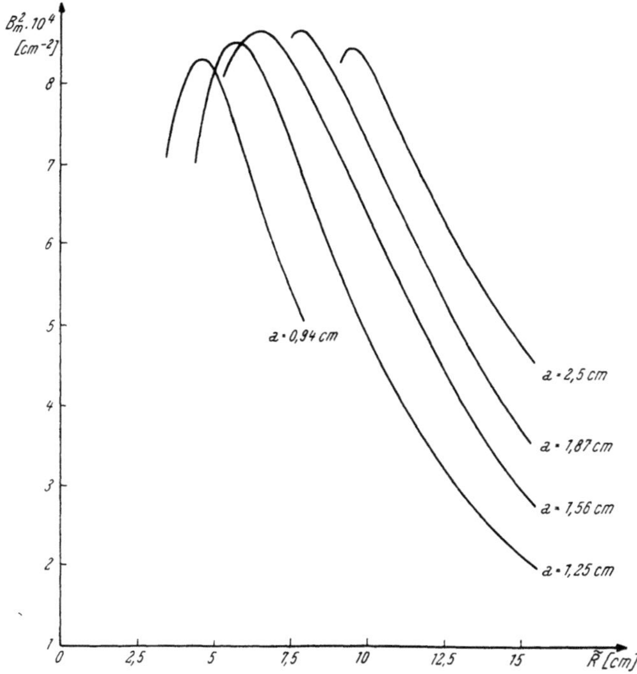

Abb. 40. Materialabhängige Reaktorkonstante für Schwerwasserreaktoren (natürliches Uran in Aluminiumhüllen)

Tab. 41 zeigt, daß die Meßergebnisse ziemlich variieren und z. B. vom Feuchtigkeitsgehalt des Brennstoffes, vom Druck, von der Art der Interpretation der

Flußmessungen u. a. m. abhängen. Wie DOPCHIE et. al. zeigten[84], ergeben sich dadurch Abweichungen von mehreren Prozenten.

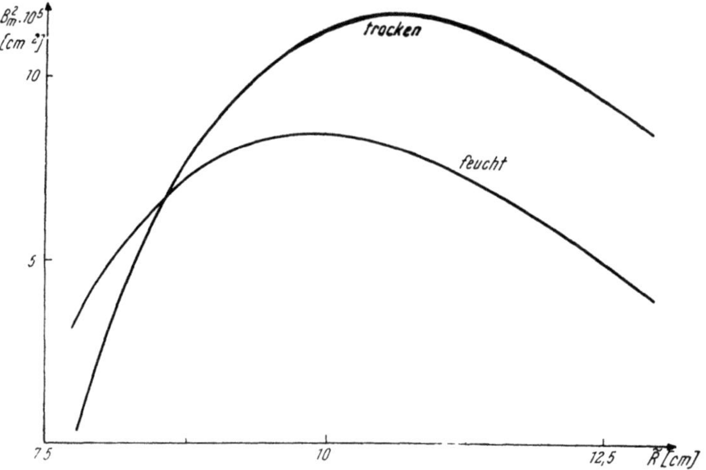

Abb. 41. Materialabhängige Reaktorkonstante für Graphitreaktoren. $a = 1,7$ cm

Übungsbeispiele

27 a) Man bringe die Formel (20.45) für τ_{Sp} in die Form

$$\tau_{Sp}^* = \frac{\tau_B\,(1 - f^*)}{1 + L_B^2\,B_m^2\,(1 - f^*)} \tag{27.15}$$

wobei $\tau_B = 1/v\,\Sigma_A^B$ gilt und L_B die Diffusionslänge im reinen Bremsmittel ist. Gilt (27.15) auch für τ_{Sp}', wenn f^* durch f' ersetzt wird?

27 b) Man interpretiere die folgende Formel (GAST[82])

$$\overline{L^2} = \sum_i L_i^2\,f_i \tag{27.16}$$

wo i die i-te Komponente (Brennstoff, Bremsmittel, Aluminium-Schutzhülle usw.) anzeigt und vergleiche die so erhaltenen Werte mit den aus anderen Formeln gewonnenen.

27 c) Man berechne einen würfelförmigen Graphitreaktor mit natürlichem Uran als Brennstoff. Es sei nach Tab. 39 $k_\infty^* = 1,068$, $f^* = 0,898$, $\widetilde{R} = 10$ cm, $a = 1,4$ cm. Die Länge des Brennstoffelementes sei gleich der Seitenlänge des kritischen Reaktors, $L_B^2 = 2500$ cm² (Tab. 22, S. 104), $\tau_{Reaktor} = 380$ cm². Man berechne B_m (Eingruppentheorie und Theorie der stetigen Bremsung) und V_R sowie die benötigten Brennstoff- und Bremsmittelmengen. Aus wieviel Zellen besteht der Reaktor?

27 d) Man zeige, daß für den thermischen Verwertungsgrad f^* eines in Aluminium eingefaßten luftgekühlten Brennstoffelementes in einem Graphitreaktor (vgl. Abb. 43) die Formel

$$\frac{1}{f^*} - 1 = A_B + B_{Al} + S_B + A_{Al} + S_{Al} \tag{27.17}$$

gilt (GUGGENHEIM und PRYCE[78]). Diese ist eine Verallgemeinerung von (26.30); es bedeuten die A_α *relative Absorptionen* in der Substanz α, d. h. A_α gibt an, wieviele thermische Neutronen in der Substanz α, $(\alpha \neq K)$ pro im Kernbrennstoff absorbiertem thermischen Neutron absorbiert werden; S_α ist die *Überschußabsorption* und gibt an (wieder pro im Kernbrennstoff absorbiertem thermischen Neutron), wieviele thermische Neutronen in der Substanz deshalb mehr absorbiert werden, weil in dieser die Neutronendichte größer ist als im Luftspalt. B_{Al} ist die *Blockierungswirkung der Aluminiumhülle* und gibt an, wieviele thermische Neutronen pro im Kernbrennstoff absorbiertem thermischen Neutron im Graphit absorbiert werden, weil die Neutronendichte an der Kernbrennstoff-Aluminium-Grenzfläche infolge der Blockierung durch das Al größer ist als an der Graphit-Luft-Grenzfläche. (Bezüglich der ausführlichen Theorie dieser Terme sei auf GUGGENHEIM und PRYCE verwiesen.)

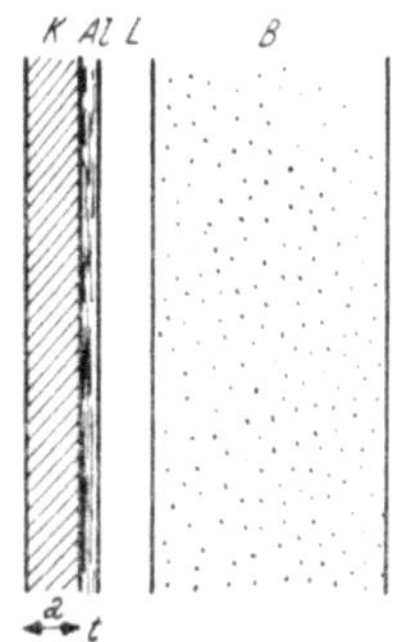

K = Kernbrennstoff
Al = Aluminium
L = Luftspalt
B = Bremsmittel
(Graphit)

Abb. 42. Zylindrische Zelle mit eingefaßtem Brennstoffelement

Setzt man für die Neutronendichte n_{Al} an der Aluminiumoberfläche

$$n_{Al}^{Oberfl} = n_K^{Oberfl} + t \left(\frac{dn_{Al}}{dr} \right)_a \qquad (27.18)$$

so erhält man wegen

$$n_K^{Oberfl} = A \, I_0 \, (\varkappa_K \, a) \qquad (27.19)$$

— vgl. (26.13) — aus den Randbedingungen an der Brennstoff-Aluminium-Grenzfläche

$$n_{Al}^{Oberfl} = n_K^{Oberfl} + t \frac{D_K}{D_{Al}} A \, \varkappa_K \, I_1 \, (\varkappa_K \, a)$$

Nimmt man an, daß im Luftspalt keine Neutronen absorbiert werden (fließt im Kühlkanal ein absorbierendes Kühlmittel, dann werden die Formeln noch komplizierter — vgl. HOUSTON[78]), dann ist $\frac{1}{f^*} - 1$ gleich dem Verhältnis der Anzahl der in Graphit und Aluminium absorbierten Neutronen zur Anzahl der im Kernbrennstoff absorbierten Neutronen, und man kann (27.17) ansetzen. Es gilt weiter

$$A_B = \frac{\Sigma_A^B \, V_B}{\Sigma_{A\,ges}^K \, V_K} \, F_0 \, (\varkappa_K \, a) \qquad (27.20)$$

$$A_{Al} = \frac{\Sigma_A^{Al} \, V_{Al}}{\Sigma_{A\,ges}^K \, V_K} \, F_0 \, (\varkappa_K \, a) \qquad (27.21)$$

$$S_B = (1 + A_{Al}) \, E_0 \, (\varkappa_B \, c, \varkappa_B \, R) \qquad (27.22)$$

$$S_{Al} = \frac{1}{2} \, (\varkappa_{Al})^2 \, \frac{V_{Al}}{V_K} \, \frac{t}{2\,a} \qquad (27.23)$$

$$B_{Al} = \frac{\Sigma_S^{Al}}{\Sigma_S^B} \, (\varkappa_B \, a)^2 \, \frac{V_B}{V_K} \, \frac{t}{2\,a} \qquad (27.24)$$

und analog zu Tab. 36

$$F_0 \, (x) = \frac{x \, I_0 \, (x)}{2 \, I_1 \, (x)} \approx 1 + \frac{1}{2} \frac{x^2}{4} - \frac{1}{12} \frac{x^4}{16} + \frac{1}{48} \frac{x^6}{64} \cdots \qquad (27.25)$$

$$E_0 \, (x, y) = \frac{y^2 - x^2}{2\,x} \cdot \frac{I_1 \, (y) \, K_0 \, (x) + K_1 \, (y) \, I_0 \, (x)}{I_1 \, (y) \, K_1 \, (x) - K_1 \, (y) \, I_1 \, (x)} \qquad (27.26)$$

Man berechne f^* für $a = 1{,}7$ cm, $t = 0{,}115$ cm, $R = 9$ cm, $c - a = 1$ cm, $\varkappa_{K\,th} = 0{,}770$ cm^{-1}, $\varkappa_{B\,th} = 0{,}0200$ cm^{-1}, $\Sigma_S^A / \Sigma_S^C = 0{,}2$. Welche Größenordnung haben die einzelnen Terme? Man berechne $\bar{L}$ für diesen Reaktor und beweise

$$\boxed{\bar{L}^2 = L_B^2 \cdot f^* \cdot (A_B + B_{Al} + S_B)} \qquad (27.27)$$

[da $\bar{L}^2 = L_B^2 \times$ (Bruchteil der im Bremsmittel absorbierten Neutronen)].

Die Bremslänge $\sqrt{\tau_{th}^B} = L_s^B$ (vgl. (22.22), S. 123 und 146) des Bremsmittels gilt für schnelle Neutronen, die ohne unelastische Stöße im Brennstoff erlitten zu haben, ins Bremsmittel eintreten (z. B. für Graphit $(L_s^B)^2 = 360$ bis 390 cm², vgl. Tab. 41). Schnelle Neutronen, die bereits einen unelastischen Zusammenstoß im Brennstoff erlitten haben, sind schon vorgebremst und ihre Bremslänge ist kleiner (z. B. $(L_{s1}^B)^2 = 231$ cm² für Graphit). Man begründe die folgende Formel[82] für die Bremslänge (das FERMI-Alter) in einem heterogenen Reaktor

$$(\overline{L}_s^R)^2 = \left| (L_s^B)^2 \left(1 - \frac{\sigma_S^{'K}}{\sigma^K} P \right) + (L_{s1}^B)^2 \frac{\sigma_S^{'K}}{\sigma} P \right| \cdot W \qquad (= \tau_{th}^R) \qquad (27.28)$$

(bezüglich $\sigma_S^{'K}$, σ^K, und P s. S. 204).

Die [...]-Klammer in (27.28) ist das Quadrat der Bremslänge in einem Brennstoffelemente enthaltenden reinen Bremsmittel; W ist ein von der inneren Geometrie abhängiger Korrekturfaktor

$$W = \left(\frac{V_K + V_B + V_{Al} + V_L}{V_B + 1/2 \cdot V_K} \right)^2 \qquad (27.29)$$

Man berechne $\overline{L}_s^R$ und L_{eff} sowie B_m nach der Eingruppentheorie ($k_\infty^* = 1{,}06$).

27 e) Ein zylindrischer Schwerwasserreaktor mit natürlichem Uran als Brennstoff ($a = 1,4$ cm, $R = 7$ cm) sei zu berechnen. Ein Modellreaktor mit dem Radius 56 cm und der günstigsten Höhe wird gebaut und durch Messung des Neutronenstromes wird $\gamma_1 = 29$ cm⁻¹ festgestellt. Man berechne die Reaktorkonstante, die günstigste kritische Höhe und den günstigsten kritischen Radius des Schwerwasserreaktors. Man berechne die notwendigen Mengen an Bremsmittel und Brennstoff.

27 f) Man berechne den makroskopischen Absorptionswirkungsquerschnitt für den homogenen Reaktor, der dem Oak Ridge X 10 Reaktor äquivalent ist. Für diesen gilt $a = 1,40$ cm, $R = 10$ cm (quadratische Zelle, $R =$ halbe Seitenlänge). Die Brennstoffelemente aus natürlichem Uran sind zylindrisch ($\varrho = 18,7$), als Bremsmittel dient Graphit.

27 g) Man berechne das kritische Volumen eines Schwerwasserreaktors, der nur ein einziges Brennstoffelement aus natürlichem Uran besitzt. Dieses habe die Form eines Hohlzylinders (äußerer Radius a_1, innerer Radius R_1, vgl. Übungsbeispiel 26 g). Das Innere des Hohlzylinders sei von Schwerwasser erfüllt, außen sei Vakuum. Die Länge l und der äußere Radius a_1 werden bei festgehaltenem inneren Radius und gegebener Gesamtoberfläche so bemessen, daß das Volumen ein Minimum wird. Man berechne die materialabhängige Reaktorkonstante und die kritischen Abmessungen
a) mit Hilfe des Begriffes des äquivalenten homogenen Reaktors (Eingruppentheorie und Theorie der stetigen Bremsung);
b) durch Integration der Diffusionsgleichung für Brennstoff und Bremsmittel analog zu § 26, S. 194 ff. unter Berücksichtigung der endlichen Länge und der Vakuumrandbedingung bei Verwendung der Theorie der stetigen Bremsung (§ 20). (Es gelten also die Annahmen 2 und 4. — Wie ändern sich die Ergebnisse, wenn man Annahme 3 hinzunimmt?)
R_1 nehme man als gegeben an (z. B. 5 cm) und k_∞^* ist nach § 26 zu berechnen.

§ 28. Die Störungstheorie

Temperaturkoeffizienten der Reaktorempfindlichkeit, Dichte-, Druck- und Ausdehnungseffekte, Verbrauch und Vergiftung des Brennstoffes, Photoneutronen und Brennstoffausscheidung, allgemeine Störungstheorie, Formel für k_{eff}, Einflußfunktion und adjungierte Eigenfunktion, Reaktorgleichung in Matrizenschreibweise, Störoperator und Störung von k_{eff}.

Die mathematische Beschreibung eines Reaktors erfolgt durch ein System von Parametern, die in komplizierter Weise miteinander verknüpft sind. Ändert sich ein Parameter ein wenig, so werden dadurch fast alle anderen zu einer mehr oder weniger starken Änderung veranlaßt. Diese Änderungen sind im allgemeinen so klein, daß sie als kleine Störungen des Normalwertes angesehen und mit störungstheoretischen Näherungsmethoden* berechnet werden können. Alle derartigen Störungen wirken sich in irgendeiner Weise auf die Reaktorempfindlichkeit aus (vgl. Tab. 42). Auch statistische Schwankungen, z. B. des Neutronenflusses, gehören in das Gebiet der Störungstheorie. Diese von WIGNER und WEINBERG entwickelte Störungstheorie[25] bezieht sich sowohl auf homogene als auch auf heterogene Reaktoren, doch besitzt sie für letztere eine viel größere Bedeutung, da zur Beschreibung von heterogenen Reaktoren weitaus mehr Parameter erforderlich sind: Schwankungen der Dicke des Aluminiummantels der Brennstoffelemente, der Abmessungen der Einzelteile usw. sind Störungen, die nur beim heterogenen Reaktor auftreten können.

Tabelle 42. *Einige Störeffekte*

Primäreffekt → Sekundäreffekte

Temperaturänderungen:

(direkt) → v, Σ_A (v), L, D → B_m, k_∞, k_{eff}, $\bar{\varrho}$

(indirekt) → ϱ_B, ϱ_K, V_B, V_K (Dichteeffekte) → Σ_A, B_m, k_∞, k_{eff}, $\bar{\varrho}$

Spaltbruchstückerzeugung → Σ_A → f, k_∞, k_{eff}, $\bar{\varrho}$

Abmessungen a, R, t → f, p, k_∞, k_{eff}, $\bar{\varrho}$

R_{krit}, Höhe des Schwerwasserspiegels (Ausdehnungseffekt) → B_g, k_{eff}, $\bar{\varrho}$

Luftdruck → Stickstoffdruck im Reaktor → Σ_A → k_{eff}, $\bar{\varrho}$

Schwankungen in der Kühlung → Temperaturänderung → k_∞, B_m, $\bar{\varrho}$

Änderung der Brennstoffmenge (homogener Reaktor mit flüss. Brennstoff) →

   → Leistung, k_{eff}, $\bar{\varrho}$

Schwankungen des Mischungsverhältnisses, der Geometrie etc. → k_∞, k_{eff}, $\bar{\varrho}$

Brennstoffverbrauch → Σ_{Sp} → k_∞ → k_{eff}, $\bar{\varrho}$

Photoneutronen → φ, Σ_{Sp} → k_{eff}, $\bar{\varrho}$

Isotopenerzeugung, Experimentierkanäle → Σ_A, φ → k_{eff}, $\bar{\varrho}$

Gammastrahlenwirkung → k_{eff}, $\bar{\varrho}$

Bevor wir die allgemeine Störungstheorie, die sich mit der Beeinflussung von k_{eff} und $\hat{\varrho}$ durch Parameteränderungen befaßt, besprechen, wollen wir einige spezielle Parameteränderungen diskutieren. Der *Einfluß der Temperatur*[86] des Brennstoffelementes und des Bremsmittels ist ein doppelter: einerseits hängen die Form des Neutronenspektrums, die Wirkungsquerschnitte und damit auch Diffusionslänge, Diffusionskoeffizient und Reaktorempfindlichkeit von der Temperatur ab (*direkter Temperatureffekt*), andererseits beeinflußt die Temperatur die Abmessungen (*Ausdehnungseffekt*) und die Dichte aller im Reaktor enthaltenen Substanzen und damit ebenfalls die Reaktorempfindlichkeit (*indirekter Temperatureffekt*).

Absorptionswirkungsquerschnitte und Spaltwirkungsquerschnitte sind nach (1.7) und (4.26) Funktionen der Temperatur. Es gilt daher**

$$\boxed{\sigma_A = \sigma_A^0 \left(\frac{T_0}{T}\right)^{1/2}} \quad \text{bzw.} \quad \sigma_A \to \sigma_{A\,ges} \tag{28.1}$$

---

* Diese Methoden werden auch sonst in der Physik viel verwendet[43,46].

** Wir müssen die mikroskopischen Wirkungsquerschnitte besprechen, da die makroskopischen Querschnitte auch noch Dichteeffekte enthalten.

wo σ_A^0 der Wirkungsquerschnitt bei der Temperatur T_0 ist. Streuwirkungsquerschnitte ändern sich hingegen nur wenig mit der Teilchenenergie und sind daher praktisch temperaturunabhängig. Da das Fermi-Alter thermischer Neutronen nach (19.1) und (12.37) durch

$$\tau_{th} = \tau\,(E_{th}) \approx \frac{\lambda_t}{3\,\xi\,\overline{\Sigma}_S}\ln\frac{E_0}{E_{th}} = \frac{18{,}2\cdot\lambda_t}{3\,\xi\,\overline{\Sigma}_S} \qquad (28.2)$$

also durch $\overline{\Sigma}_S$ bestimmt ist, ist es ebenfalls praktisch energieunabhängig. In einer genaueren Theorie muß auch die Temperaturabhängigkeit des Streuwirkungsquerschnittes berücksichtigt werden. Man macht meist den halbempirischen Ansatz

$$\sigma_S\,(T) = \sigma_S^0\left(\frac{T_0}{T}\right)^{\nu},\quad \gamma \approx 0{,}1 \qquad (28.3)$$

Für das Fermi-Alter τ_{th} thermischer Neutronen gilt dann

$$\boxed{\;\tau_{th}\,(T) = \tau_{th}\,(T_0) - \frac{\lambda_t^0}{3\,\xi\,\Sigma_S^0}\ln\frac{T}{T_0}\;} \qquad (28.4)$$

Die Diffusionslänge ist in doppelter Weise von der Temperatur abhängig:

$$L^2\,(T) = L_0^2\left(\frac{T}{T_0}\right)^2 + H \qquad (28.5)$$

der erste Term rührt von (28.1) her (direkter Effekt), der Korrekturterm H von der Veränderung des makroskopischen Wirkungsquerschnittes infolge der temperaturbedingten Dichteänderung (indirekter Effekt, vgl. Übungsbeispiel 28a). Bei der Ableitung von (28.5) wurde vorausgesetzt, daß sich die Diffusionslänge näherungsweise aus (14.24) und (12.37), d. h. aus

$$L^2 = \frac{\lambda_t}{3\,\Sigma_A} = \frac{1}{3\,\Sigma_t\,\Sigma_A} = \frac{1}{3\,N^2\,\sigma_S\,\sigma_A\,(T)} \quad \text{bzw. } \sigma_A \to \sigma_{A\,ges} \qquad (28.6)$$

berechnen läßt. N ist die Anzahl aller Atome pro cm³, σ_S und σ_A sind geeignete Mittelwerte der Stoffmischung. Berücksichtigt man die Temperaturabhängigkeit der Wirkungsquerschnitte, vernachlässigt aber H, so erhält man

$$\boxed{\;L^2 = L_0^2\left(\frac{T}{T_0}\right)^{\gamma + 1/2}\;} \qquad (28.7)$$

so daß z. B. für Wasser $L\,(300^\circ\,K) = 2{,}8$ cm, $L\,(400^\circ\,K) = 3{,}2$ cm, $L\,(500^\circ\,K) =$ $= 3{,}56$ cm wird[86] (für einen Graphitreaktor gilt etwa $dL^2/dT \approx 0{,}35$ cm²/° K).

L, τ bzw. L_{eff} bestimmen neben k_∞ die materialabhängige Reaktorkonstante. Diese ist für $k_{eff} = 1$ als Wurzel der kritischen Gleichung definiert. $B_m\,(T)$ kann man daher aus (20.15), (20.31), (22.41) oder (25.23) berechnen. (Für Leichtwasserreaktoren gilt etwa $-2.10^{-5} < dB_m^2/dT < 2.10^{-5}[\text{cm}^{-2}]$, $dL/dT = 0{,}006$).

In der Praxis ist die Situation umgekehrt: die geometrische Reaktorkonstante ist durch die Abmessungen des Reaktors gegeben. Sie ist temperaturunabhängig, da die äußeren (kritischen) Abmessungen des Reaktors von Temperaturänderungen kaum beeinflußt werden. B_g, L und τ bzw. L_{eff} und k_∞ bestimmen nun nach der kritischen Gleichung ein $k_{eff}\,(T)$ und damit eine temperaturabhängige Reaktorempfindlichkeit $\varrho\,(T)$. Für große Reaktoren gibt die Eingruppentheorie eine brauchbare Näherung (vgl. aber Übungsbeispiel 28 b). Es gilt daher

$$k_{eff} = \frac{k_\infty}{1 + L_{eff}^2 B_g^2} \qquad (28.8)$$

und mit (24.25) folgt

$$\frac{k_{eff} - 1}{k_{eff}} \equiv \bar{\varrho} = \frac{k_\infty - 1 - B_g^2 L_{eff}^2}{k_\infty} = \frac{k_\infty - 1 - B_g^2 (L^2 + \tau)}{k_\infty} \qquad (28.9)$$

Setzt man für L und τ ein, so ergibt sich

$$\bar{\varrho}(T) = \frac{k_\infty - 1}{k_\infty} - \frac{B_g^2}{k_\infty}\left[\tau_{th}(T_0) - \frac{\lambda_t^0}{3\,\xi\,\bar{\Sigma}_S^0}\ln\frac{T}{T_0} + L_0^2\left(\frac{T}{T_0}\right)^{\nu + 1/2}\right] \qquad (28.10)$$

k_∞ kann in erster Näherung als temperaturunabhängig angesehen werden, hängt aber genau genommen infolge der in ihm enthaltenen Wirkungsquerschnitte auch von T ab. Obige Formel gibt noch nicht die volle Temperaturabhängigkeit der Reaktorempfindlichkeit, da bei ihrer Ableitung alle indirekten Effekte vernachlässigt wurden. (Auch die Veränderung der Form des Neutronenspektrums wurde nicht berücksichtigt, vgl. diesbezüglich das Reaktorhandbuch[86]).

Von den indirekten Effekten überwiegt der *Dichteeffekt* alle anderen. Die Dichte ϱ aller im Reaktor befindlichen Stoffe ist eine Temperaturfunktion. Sie legt fest, wieviele Atome im cm³ einer reinen Substanz vorhanden sind,

$$N(T) = \frac{N_L \varrho(T)}{A} \qquad (28.11)$$

so daß dadurch der makroskopische Wirkungsquerschnitt auch noch indirekt temperaturabhängig wird:

$$\Sigma_A(T) = \sigma_A N_A = \sigma_A^0\left(\frac{T_0}{T}\right)^{1/2}\frac{N_L}{A}\varrho(T) \qquad (28.12)$$

Wenn a der lineare thermische Ausdehnungskoeffizient* ist, dann gilt für die Volumsausdehnung

$$V(T) = V(T_0)(1 + a[T - T_0])^3 \approx V_0(1 + 3\,a\,[T - T_0]) \qquad (28.13)$$

so daß sich

$$\varrho(T) \approx \frac{\varrho(T_0)}{1 + 3\,\alpha\,(T - T_0)} \qquad (28.14)$$

und

$$\frac{d\varrho}{dT} = \frac{-3\,\alpha\,\varrho(T_0)}{[1 + 3\,\alpha\,(T - T_0)]^2} \qquad (28.15)$$

ergibt**. Setzt man nun in Σ_A ein, so erhält man

$$\boxed{\Sigma_A(T) = \Sigma_A^0\left(\frac{T_0}{T}\right)^{1/2}\frac{3\,\alpha}{[1 + 3\,\alpha\,(T - T_0)]^2}} \qquad \text{bzw. } \Sigma_A \to \Sigma_{A\,ges} \qquad (28.16)$$

---

* Ein Mittelwert z. B. von Graphit und Uran ist $10^{-5}/^\circ$ C.

** Man beachte, daß die Dichte mit ϱ und die Reaktorempfindlichkeit mit $\bar{\varrho}$ bezeichnet wird.

Wenn wir umgekehrt die direkten Effekte vernachlässigen, dann erhalten wir nach (28.12) als reine Dichteeffekte

$$L^2(T) = L_0^2 \left(\frac{\varrho(T_0)}{\varrho(T)}\right)^2; \quad D^2(T) = D^2(T_0)\left(\frac{\varrho(T)}{\varrho(T_0)}\right)^2 \tag{28.17}$$

und

$$\boxed{L_{eff}^2(T) = L_{eff}^2(T_0)\left(\frac{\varrho(T_0)}{\varrho(T)}\right)^2} \tag{28.18}$$

so wie

$$\boxed{\bar{\varrho}(T) = \frac{k_\infty - 1}{k_\infty} - \frac{B_g^2}{k_\infty}\left[L_{eff}(T_0)\,\frac{\varrho(T_0)}{\varrho(T)}\right]^2} \tag{28.19}$$

Allgemein betrachtet, ist $\bar{\varrho}$ eine komplizierte Funktion von k_∞, τ, L bzw. L_{eff}, d. h. von σ_A, σ_S, der Dichte ϱ und den Reaktorabmessungen. Da alle diese Parameter Funktionen der Temperatur sind (bezüglich anderer Einflüsse s. unten), ist die Reaktorempfindlichkeit ebenfalls eine Temperaturfunktion. $\partial\bar{\varrho}/\partial T$ explizit auszurechnen, ist aber praktisch unmöglich, so daß man sich mit der Angabe der folgenden Temperaturkoeffizienten begnügen muß*:

$\left(\dfrac{\partial\bar{\varrho}}{\partial T}\right)_{\varrho,\,B_g}$: *direkter Temperaturkoeffizient*, bei konstanter Dichte ϱ und Reaktorgröße (B_g konstant) für variable mikroskopische Wirkungsquerschnitte (direkter Temperatureffekt).

$\left(\dfrac{\partial\bar{\varrho}}{\partial T}\right)_{B_g,\,\sigma_A,\,\sigma_S}$: *Dichte-Temperaturkoeffizient* bei konstanten mikroskopischen Wirkungsquerschnitten und Reaktorabmessungen für variable Dichte (Dichteeffekt).

$\left(\dfrac{\partial\bar{\varrho}}{\partial T}\right)_{\Sigma_A,\,\Sigma_S,\,\varrho}$: *Reaktor-Temperaturkoeffizient* bei konstanten makroskopischen Wirkungsquerschnitten und bei konstanter Dichte für variable Reaktorabmessungen (Ausdehnungseffekt).

Den *direkten Temperaturkoeffizienten* erhält man für konstantes k_∞ durch Differenzieren von (28.10)

$$\left(\frac{\partial\bar{\varrho}}{\partial T}\right)_{\varrho,\,B_g} = -\frac{B_g^2}{k_\infty\,T_0}\left[-\frac{\lambda_t^0}{3\,\xi\,\Sigma_S^0}\,\frac{T^0}{T} + (\gamma + 1/2)\left(\frac{T}{T_0}\right)^{\gamma - 1/2}\cdot L_0^2\right] \tag{28.20}$$

Setzt man numerische Werte ein, so ergibt sich** für $T = T_0$

$$10^5\left(\frac{\partial\bar{\varrho}}{\partial T}\right)_{\varrho,\,B_g} = -2{,}5 \text{ bis } -2.9/^\circ\,\mathrm{C} \qquad \text{(Graphitreaktor)} \tag{28.21}$$

Den *Dichte-Temperaturkoeffizient* erhält man durch Differenzieren von (28.19) mit (28.14) und (28.15)

$$\left(\frac{\partial\bar{\varrho}}{\partial T}\right)_{B_g,\,\sigma_A,\,\sigma_S} = -\frac{2\,B_g^2\,L_{eff}^2(T_0)}{k_\infty}\,\frac{\varrho^2(T_0)}{\varrho^3(T)}\,\frac{d\varrho}{dT} =$$

$$= -\frac{2\,B_g^2\,L_{eff}^2(T_0)}{k_\infty}\,3\,\alpha\,[1 + 3\,\alpha\,(T - T_0)] \tag{28.22}$$

---

　* Da wir später noch andere Einflüsse neben den Temperatureffekten zu berücksichtigen haben, müssen wir partielle Differentialquotienten anschreiben.

　** Die theoretischen Werte stimmen mit den Meßergebnissen ganz gut überein; die Messung der Reaktorempfindlichkeit besprechen wir im § 38.

Numerisch ergibt sich für $T = T_0$

$$10^5 \left(\frac{\partial \bar{\varrho}}{\partial T}\right)_{B_g, \sigma_A, \sigma_S} = - \, 0{,}25 \text{ bis } - 0{,}35/^\circ \text{ C} \qquad \text{(Graphitreaktor)} \qquad (28.23)$$

Der *Reaktor-Temperaturkoeffizient* ergibt sich schließlich durch Differenzieren von (28.9)

$$\left(\frac{\partial \bar{\varrho}}{\partial T}\right)_{\Sigma_A, \Sigma_S, \varrho} = - \, \frac{2 \, B_g^2 \, L_{eff}^2 \, (T_0)}{k_\infty} = - \, \frac{2 \, (k_\infty - 1)}{k_\infty \, B_g} \qquad (28.24)$$

Wie sich B_g mit den Abmessungen des Reaktors und dadurch mit der Temperatur ändert, hängt von der Form des Reaktors ab (vgl. § 21 und Übungsbeispiele 28 c, 28 d). Numerisch gilt

$$10^5 \left(\frac{\partial \bar{\varrho}}{\partial T}\right)_{\Sigma_A, \Sigma_S, \varrho} = + \, 0{,}090 \text{ bis } 0{,}15 \qquad \text{(Graphitreaktor)} \qquad (28.25)$$

Der Reaktor-Temperaturkoeffizient ist also als einziger Temperaturkoeffizient positiv; da er sehr klein ist, ist sein Einfluß gering. Nur bei homogenen Reaktoren mit flüssigem Brennstoff erreicht er infolge des großen Ausdehnungskoeffizienten der Brennstofflösung größere Werte, doch überwiegen auch dann die anderen Koeffizienten, so daß der gesamte Temperaturkoeffizient $\partial \bar{\varrho}/\partial T$, der nichts anderes als die Summe der drei besprochenen Temperaturkoeffizienten ist, nicht größer als $- \, 10^{-4}$ bis $- \, 10^{-3}/^\circ$ C wird. Dies reicht zu einer Selbststeuerung des Wasserkochers aus* (vgl. §§ 39, 41). Bei anderen Reaktoren liegt $\partial \bar{\varrho}/\partial T$ bei $- \, 5 \cdot 10^{-5}/^\circ$ C (vgl. Tab. 43).

Tabelle 43. *Temperaturkoeffizienten*

Art des Reaktors	$\partial \bar{\varrho}/\partial T$
Graphitreaktor	$- \, 2 \cdot 10^{-5}$ bis $- \, 5 \cdot 10^{-5}/^\circ$ C
Schwerwasserreaktor	$- \, 10^{-4}/^\circ$ C
Wasserkocher	$- \, 5 \cdot 10^{-4}/^\circ$ C
Schwerwasserreaktor mit angereichertem Brennstoff	$- \, 5 \cdot 10^{-2}/^\circ$ C

Der negative Gesamt-Temperaturkoeffizient bewirkt eine *Selbststabilisierung* der Reaktoren: Steigt die Temperatur ($T > T_0$), so sinkt $\bar{\varrho}$, so daß die Kettenreaktion gedämpft wird und die Temperatur wieder sinkt; fällt die Temperatur ($T - T_0 < 0$), so steigt $\bar{\varrho}$ von $\bar{\varrho} \, (T_0)$ auf

$$\bar{\varrho} \, (T) = \bar{\varrho} \, (T_0) + \left(\frac{\partial \bar{\varrho}}{\partial T}\right)_{T_0} (T - T_0); \quad \partial \bar{\varrho}/\partial T < 0 \qquad (28.26)$$

und es spielt sich wieder ein Gleichgewichtszustand ein. Hat ein Reaktor einen negativen Gesamt-Temperaturkoeffizienten, dann nennt man ihn *statisch stabil*. Ist der Temperaturkoeffizient positiv, dann heißt der Reaktor *instabil*. Bei einer Temperaturänderung ändert sich $\bar{\varrho}$ nicht augenblicklich, da (infolge der eine gewisse Zeit beanspruchenden Ausdehnungsprozesse) der Temperaturkoeffizient seinen vollen negativen Wert erst nach einiger Zeit erreicht. Ist jedoch die Änderung des Temperaturkoeffizienten, also $(\partial^2 \bar{\varrho}/\partial T^2)_{T_0}$ groß, dann werden die Leistungsschwankungen rasch gedämpft und der Reaktor heißt dann *dynamisch stabil*.

---

* Reaktoren, die Wasser (H_2O oder D_2O) als Bremsmittel enthalten, haben immer große negative Gesamt-Temperaturkoeffizienten. Ihre Selbststabilisierung kann so groß sein, daß sie zu einer Selbststeuerung ausreicht (keine Kontrollstäbe).

Wir haben bisher angenommen, daß k_∞ praktisch temperaturunabhängig ist (vgl. Übungsbeispiele 28e und 28f). Dies ist zweifellos berechtigt, da f nicht von der Temperatur abhängt, wenn alle im Reaktor vorhandenen Substanzen dem $1/v$-Gesetz (28.1) gehorchen. $\frac{1}{f}\frac{\partial f}{\partial T}$ erreicht z. B. in Graphit höchstens $4.10^{-5}/°\,\mathrm{C}$, η und ε sind ebenfalls fast temperaturunabhängig $\left(\frac{1}{\eta}\frac{\partial \eta}{\partial T} \approx\right.$ $\approx -7.10^{-5}/°\,\mathrm{C}, \frac{1}{\varepsilon}\frac{\partial \varepsilon}{\partial T} \approx 10^{-6}/°\,\mathrm{C}\Big)$ und nur p kann sich bei steigender Temperatur etwas verringern, weil das Resonanzintegral infolge der Temperaturverbreiterung (§ 10, S. 54) anwächst; dieser Effekt ist nicht groß $\Big(0,01\%$ pro $1°\,\mathrm{C}$ oder $\frac{1}{p}\frac{\partial p}{\partial T} \approx -2.10^{-5}/°\,\mathrm{C}\Big)$, er verkleinert k_{eff} und $\bar\varrho$ und wirkt daher stabilisierend.

Befindet man sich in der Nähe einer Resonanzstelle (von Σ_{S_p} oder Σ_A), dann kann sich f stark ändern, so daß sogar der Temperaturkoeffizient positiv wird. Man wird daher trachten, *Reaktoren in solchen Temperaturbereichen* arbeiten zu lassen, daß es im Reaktormaterial zu *keiner Resonanzabsorption* von spaltenden Neutronen kommt.

Auch Dichteänderungen, die das Mischungsverhältnis z bzw. das Volumsverhältnis V_K/V_B ändern, haben wenig Einfluß auf k_∞. Eine genaue Überlegung zeigt nämlich, daß jede durch ein dz hervorgerufene Änderung von k_∞ durch eine Änderung von p gut kompensiert wird. Ebenso sind die Änderungen von k_α, die durch Veränderung der inneren Abmessungen (a, R etc.) entstehen, minimal. Der Dichte-Temperaturkoeffizient des Kühlmittels ist hingegen von Wichtigkeit: dieses ist meist ein guter Neutronenabsorber (z. B. H_2O). Steigt die Temperatur, dann sinkt die Kühlmitteldichte und die Anzahl der pro Volumseinheit im Reaktor vorhandenen Kühlmittelkerne nimmt ab, so daß die Neutronenabsorption im Kühlmittel ebenfalls kleiner wird und die Reaktorempfindlichkeit ansteigt. Dieser positive Temperaturkoeffizient des Kühlwassers kann ziemlich groß sein, so daß er z. B. den negativen Koeffizienten des Wassers als Bremsmittel zum Teil kompensiert.

Die Temperaturabhängigkeit der Reaktorempfindlichkeit macht es erst möglich, den Reaktor als Energiequelle zu verwenden und Leistung und Neutronenfluß durch die Kontrollstäbe zu regulieren. Ein gerade kritischer Reaktor hat einen sehr geringen Neutronenfluß und eine minimale Leistung (einige Watt). Zieht man nun die Kontrollstäbe etwas heraus, so wird der Reaktor kurzzeitig überkritisch, der Neutronenfluß nimmt zu, wodurch Leistung und Temperatur ansteigen. Dadurch wird die Reaktorempfindlichkeit wieder kleiner, doch wird nicht unbedingt der frühere Wert $k_{eff} = 1$ erreicht — die Kettenreaktion kann divergent bleiben. Kühlt man jedoch, dann sinkt die Temperatur und es stellt sich bei nach wie vor herausgezogenen Kontrollstäben ein neuer Gleichgewichtszustand ein. Die Leistungsfähigkeit der Kühlanlage legt also fest, wie weit man die Kontrollstäbe herausziehen darf, wie groß Neutronenfluß und Leistung werden können (vgl. § 38).

Der *Einfluß des Druckes* auf die Reaktorempfindlichkeit ist gering und spielt nur in zwei Fällen eine Rolle[37]:

1. In großen Reaktoren, die Luft und damit Stickstoff enthalten.

2. In gasgekühlten Reaktoren.

In beiden Fällen ist die Veränderung des makroskopischen Wirkungsquerschnittes Σ_A des betreffenden Gases, der ja nicht nur von der Temperatur, sondern auch vom Gasdruck* abhängt, für die Änderung der Reaktorempfindlichkeit verantwortlich. Bei einem luftgekühlten Reaktor ist dieser Effekt (*Druckeffekt, Barometereffekt*) von der Größenordnung $\partial \varrho / \partial p \approx -10^{-5}/\mathrm{Torr}$, während der von der thermischen Ausdehnung der Kühlluft herrührende Effekt $\approx + 2.10^{-5}/^\circ$ C ist. Immerhin ist aber der Barometereffekt gut meßbar, so daß ein Reaktor als Barometer verwendet werden kann[87].

Die *Veränderungen im Brennstoff* sind am schwerwiegendsten. Einerseits wird der Brennstoff mit der Zeit verbraucht, so daß sich der makroskopische Spaltwirkungsquerschnitt ändert, andererseits entstehen Spaltprodukte, die zum Teil große Absorptionswirkungsquerschnitte für thermische Neutronen haben (sogenannte *Vergiftung des Brennstoffes*, s. § 36). Beide Effekte führen zu einer Verkleinerung von k_∞. Auch durch *Brennstoffausscheidung* (z. B. chemischer Niederschlag des Urans in Homogenreaktoren, vgl. § 41) kann Σ_{Sp} und damit k_∞ verkleinert werden. Einzig und allein der *Strahlungseinfang* (Resonanzeinfang) epithermischer Neutronen im Uran 238

$$_{92}\mathrm{U}^{238} + {}_0\mathrm{n}^1 = {}_{92}\mathrm{U}^{239} + \gamma \tag{28.27}$$

vermehrt die Anzahl der spaltbaren Kerne. Das entstehende Uranisotop $_{92}\mathrm{U}^{239}$ ist nämlich ein Betastrahler (Halbwertszeit 23 min) und geht in $_{93}\mathrm{Np}^{239}$ über. Dieses Neptuniumisotop ist ebenfalls ein Betastrahler (Halbwertszeit 2,3 d) und geht in das Plutoniumisotop $_{94}\mathrm{Pu}^{239}$ über (sog. *Brüten*, s. § 40). Pu 239 ist durch schnelle und thermische Neutronen spaltbar und sein Vorhandensein vergrößert k_∞.

Die Veränderungen im Brennstoff beeinflussen daher auch die Reaktorempfindlichkeit, wobei der Vergiftungseffekt alle anderen Effekte überwiegt (vgl. Tab. 45). Die Theorie dieser vom Brennstoff hervorgerufenen Effekte besprechen wir später. Auch die bei der Spaltung entstehende sowie die von Spaltprodukten ausgesandte Gammastrahlung hat in Schwerwasserreaktoren einen Einfluß auf k_{eff}; sie ruft im Schwerwasser den Kernphotoeffekt (5.2) hervor, so daß Neutronen (Photoneutronen) entstehen[88]. Derjenige Teil der Photoneutronen, der durch die unmittelbare Gammastrahlung ausgelöst wird, entsteht sofort; der überwiegende Teil wird jedoch von der Gammastrahlung der Spaltprodukte ausgelöst und sein Auftreten hängt daher von der Halbwertszeit des Gammastrahlers ab. Die Photoneutronen können daher als verzögerte Neutronen mit speziellen Gruppenparametern angesehen werden (vgl. Tab. 44).

Tabelle 44. *Photoneutronen als verzögerte Neutronen*

i	$0{,}693/\tau_i$	β_t
7	0,277	$20 \cdot 10^{-5}$
8	0,0169	$6 \cdot 10^{-5}$

Die von den Photoneutronen noch Stunden, ja sogar Tage nach dem Abschalten des Reaktors erzeugte Leistung kann einige 10^{-2} Watt erreichen. Ein weiterer Effekt der Gammastrahlung ist die Strahlungserwärmung des Brennstoffes und des Strahlungsschutzschildes (vgl. §§ 32, 33).

In Schwerwasserreaktoren hat natürlich auch die Höhe h des Schwerwasserspiegels einen Einfluß auf die Reaktorempfindlichkeit[89]. Schwankungen des Schwerwasserspiegels können alle möglichen Ursachen haben — vor allem

---

* Weil die Anzahl der Gasatome pro cm³ vom Druck abhängt.

Temperatureinflüsse. Eine Näherungsformel für $\partial k_{eff}/\partial h$ läßt sich leicht ableiten (vgl. Übungsbeispiel 28g und Tab. 45).

Tabelle 45. *Störungen der Reaktorempfindlichkeit $\bar{\varrho}$ (δ zeigt die Störungen, $\partial/\partial T$ die partiellen Ableitungen an)*

		Graphitreaktoren
Direkter Temperaturkoeffizient	$\left(\dfrac{\partial\bar{\varrho}}{\partial T}\right)_{\varrho,\,B_g}$	$-\,(2{,}5 \text{ bis } 2{,}9)\cdot 10^{-5}/^\circ\,\text{C}$
Dichte-Temperaturkoeffizient	$\left(\dfrac{\partial\bar{\varrho}}{\partial T}\right)_{B_g,\,\sigma_A,\,\sigma_S}$	$-\,(0{,}25 \text{ bis } 0{,}35)\cdot 10^{-5}/^\circ\,\text{C}$
Reaktor-Temperaturkoeffizient	$\left(\dfrac{\partial\bar{\varrho}}{\partial T}\right)_{\Sigma_A,\,\Sigma_S,\,\varrho}$	$+\,(0{,}09 \text{ bis } 0{,}15)\cdot 10^{-5}/^\circ\,\text{C}$
Temperaturkoeffizient	$\dfrac{\partial\bar{\varrho}}{\partial T}$	$-\,(2 \text{ bis } 5)\cdot 10^{-5}/^\circ\,\text{C}$
Temperatureffekt der Kühlluft	$\dfrac{\partial\bar{\varrho}}{\partial T}$	$+\,2\cdot 10^{-5}/^\circ\,\text{C}$

k_∞-Temperatureffekt $\qquad \dfrac{1}{k_\infty}\left|\dfrac{\partial k_\infty}{\partial T}\right| < 5\cdot 10^{-5}/^\circ\,\text{C} \qquad\qquad \dfrac{1}{f}\dfrac{\partial f}{\partial T} \approx +\,4\cdot 10^{-5}/^\circ\,\text{C}$

$\dfrac{1}{\eta}\dfrac{\partial\eta}{\partial T} \approx -\,7\cdot 10^{-5}/^\circ\,\text{C} \qquad\qquad\qquad\qquad \dfrac{1}{\varepsilon}\dfrac{\partial\varepsilon}{\partial T} \approx +\,10^{-6}/^\circ\,\text{C}$

$\dfrac{1}{p}\dfrac{\partial p}{\partial T} \approx -\,2\cdot 10^{-5}/^\circ\,\text{C} \qquad\qquad\qquad\quad \dfrac{1}{J_{eff}}\dfrac{\partial J_{eff}}{\partial T} = 10^{-4}/^\circ\,\text{C}$

Barometereffekt (Stickstoff) $\partial\bar{\varrho}/\partial p \approx -\,10^{-5}/\text{Torr}$ (Schwerwasserreaktor)

Brennstoffverbrauch (max. bis 8% möglich) zeitabhängig, bis $\delta k_{eff} = 0{,}04$

Vergiftungseffekt (Gleichgewichtswert für Xe) $\delta\bar{\varrho} \approx -\,0{,}050$, (maximal bei $\varphi = 2\cdot 10^{14}$ $-\,0{,}51$); Sm: $-\,0{,}012$ (max. $-\,0{,}042$ bei $\varphi = 2\cdot 10^{14}$)
   Meßwert z. B. $\delta k_{eff} = -\,6\cdot 10^{-3}$

Brennstoffausscheidung (Wasserkocher) $\dfrac{\delta\bar{\varrho}}{\bar{\varrho}}$ bis $-\,0{,}05$

Photoneutronen $\delta k_{eff} \approx +\,10^{-3}$ (abhängig von der Leistung)
   $\delta\bar{\varrho}/\bar{\varrho} \approx +\,10^{-4}$
Schwerwasserspiegel $10^5\cdot\partial k_{eff}/\partial h \approx 4$ bis $10/\text{mm}$
Isotopenerzeugung, Experimentierkanäle $\delta k_{eff}/k_{eff} \approx 0{,}02$

Die Reaktorempfindlichkeit wird ferner von der Menge des Kühlmittels u. a. beeinflußt. Eine zusätzliche Reaktorempfindlichkeit von etwa 0,003 ist schließlich zum Steuern (Anlassen mit einer Periode von einigen Minuten) erforderlich, so daß unter Berücksichtigung aller Effekte eine Empfindlichkeit ϱ von zirka 0,03 bis 0,18 zum Betrieb notwendig ist* ($k_{eff} > 1$). Im stationären Betrieb ($\bar{\varrho} = 0$, $k_{eff} = 1$) wird diese Überschußempfindlichkeit durch die besprochenen Effekte und die Kontrollstäbe ($\varDelta\bar{\varrho} = 0{,}08$ bis $0{,}2$) kompensiert (vgl. Tab. 46).

Die allgemeinste Störungstheorie, die bisher veröffentlicht wurde, dürfte von USSACHOV stammen[56]; sie geht von der allgemeinsten Reaktorgleichung (25.47) aus

---

* Wenn z. B. ein Reaktor von 1 W binnen 5 min $= 300$ sec auf 100 kW Leistung gebracht werden soll, so muß (vgl. § 24) $n/n_0 = 10^5 = e^{300/T}$ gelten, so daß $T = 26$ sec und $\delta k_{eff} = 0{,}0024$.

und ergibt $\bar{\varrho}$ als mehrfaches Integral über n. Wir besprechen hier nur die diffusionstheoretische Näherung dieser Gleichung, nämlich (25.48); alle im folgenden besprochenen Rechnungen lassen sich aber ohne große Schwierigkeit auf die Neutronenkinetik übertragen. Wir schreiben die diffusionstheoretische Näherung der allgemeinen Reaktorgleichung nochmals an, wobei wir nun $\delta\,(E - E_i)$ durch $f_i\,(E)$ ersetzen (vgl. Übungsbeispiel 25i)

$$-\frac{1}{v}\,\frac{\partial\varphi\,(\mathfrak{r},\,t,\,E)}{\partial t} + \operatorname{div}\,(D\,(\mathfrak{r},\,t,\,E)\,\operatorname{grad}\varphi\,(\mathfrak{r},\,t,\,E)) +$$

$$-\Sigma_{A\,ges}\,(\mathfrak{r},\,t,\,E)\,\varphi\,(\mathfrak{r},\,t,\,E) - \Sigma_S\,(\mathfrak{r},\,t,\,E)\,\varphi\,(\mathfrak{r},\,t,\,E) +$$

$$+\int_0^\infty \varphi\,(\mathfrak{r},\,t,\,E')\,\Sigma_{Sp}\,(\mathfrak{r},\,t,\,E')\,\nu\,(E,\,E')\,dE' + Q_{Fr}\,(\mathfrak{r},\,t,\,E) + \tag{28.28}$$

$$+\int_0^\infty W\,(E,\,E')\,\varphi\,(\mathfrak{r},\,t,\,E')\,\Sigma_S\,(E')\,dE' + \sum_{i=1}^{8}\frac{0{,}693}{\tau_i}\,f_i\,(E)\,\bar{n}_i\,(\mathfrak{r},\,t) = 0$$

$$\frac{\partial\bar{n}}{\partial t} = -\frac{0{,}693}{\tau_i}\,\bar{n}_i + \int_0^\infty \beta_i\,(E')\,\varphi\,(\mathfrak{r},\,t,\,E')\,\Sigma_{Sp}\,(\mathfrak{r},\,t,\,E')\,dE' \tag{28.29}$$

so daß

$$\bar{n}_i\,(\mathfrak{r},\,t) = \int_{-\infty}^{t} e^{-\frac{0{,}693}{\tau_i}\,(t-t')}\int_0^\infty \varphi\,(\mathfrak{r},\,t',\,E')\,\Sigma_{Sp}\,(\mathfrak{r},\,t',\,E')\cdot\beta_i\,(E')\,dE'\,dt' \tag{28.30}$$

So wie in § 24 führen wir nun wieder die Größe $\beta = \sum_i \beta_i$ ein, so daß

$$\nu\,(E,\,E') = [1 - \beta\,(E')]\cdot\nu\,(E')\cdot f_0\,(E) \tag{28.31}$$

gilt.

$[1 - \beta\,(E')]\cdot\nu\,(E')$ ist die Anzahl der unmittelbaren Spaltneutronen, die bei einer Spaltung durch Neutronen der Energie E' entstehen. $f_0\,(E)$ ist das Spektrum der unmittelbaren Spaltneutronen; das Spektrum aller Spaltneutronen ist dann durch $f\,(E) = [1 - \beta\,(E')]\,f_0\,(E) + \sum_i \beta_i\,(E')\,f_i\,(E)$ gegeben (vgl. Übungsbeispiel 40 j).

Wir gehen wieder zur Neutronendichte $n\,(\mathfrak{r},\,t,\,E)$ über und führen zur Abkürzung die folgenden, auf die Neutronendichte n wirkenden *Operatoren* ein:

$$-Vn = \left\{\,v\,\operatorname{div}D\,\operatorname{grad} - \Sigma_{A\,ges}\,v - \Sigma_s\,v\,\right\}\cdot n\,(\mathfrak{r},\,t,\,E) \tag{28.32}$$

V nennen wir den *Verlustoperator*: er beschreibt, wieviele Neutronen zur Zeit t pro cm³ und sec das Volumselement $d\tau$ oder den Energiebereich dE infolge Entweichens, Absorption oder Bremsung verlassen. V ist ein Differentialoperator. Weiters sei:

$$Kn = \int_0^\infty \left(W\,(E,\,E')\cdot\Sigma_S\,(E')\,\sqrt{\frac{2\,E'}{m}} + \Sigma_{Sp}\,(E')\,[1 - \beta\,(E')]\cdot\right.$$

$$\left.\cdot\,\nu\,(E')\,\sqrt{\frac{2\,E'}{m}}\cdot f_0\,(E)\right)\cdot n\,(\mathfrak{r},\,E')\,dE' \tag{28.33}$$

K nennen wir den *Zuwachsoperator*; er gibt an, wieviele Neutronen der Energie E zur Zeit t infolge Abbremsung von höheren Energien ($> E$) oder infolge von Spaltprozessen pro cm³ und sec am Orte hinzukommen („erzeugt werden"). K erfaßt jedoch eine Neutronenvermehrung infolge Vorhandenseins einer Fremd-

quelle oder infolge einer Änderung der latenten Neutronendichte *nicht*. Diese
Effekte möge der *Quellfaktor G* (kein Operator) erfassen.

$$G = Q_{Fr}\,(\mathfrak{r}, t, E) + \sum_{i=1}^{8} \frac{0{,}693}{\tau_i}\, f_i\,(E)\, \bar{n}_i\,(\mathfrak{r}, t) \qquad (28.34)$$

Mit Hilfe dieser Abkürzungen nimmt nun (28.28) die Form

$$\frac{\partial n}{\partial t} = -\, Vn + Kn + G \qquad (28.35)$$

an.

Ist keine Fremdquelle vorhanden, dann kann man mit Hilfe von (28.30) G
ebenfalls in der Form Qn schreiben, wo Q ein Operator ist. Die Operatorgleichung
(28.35) wird dann homogen. Betrachtet man nicht nur *eine* Energie E, sondern
einen Satz von n verschiedenen Energien E_k (Mehrgruppentheorie), dann erhält
man infolge der dann nicht mehr von 0 bis ∞, sondern nur von E_{k+1} bis E_k
reichenden Integrationsgrenzen in (28.33) und wegen des Auftretens verschiedener
Diffusionskoeffizienten D_k bzw. verschiedener Wirkungsquerschnitte, verschiedene Operatoren V_k und K_k.

Ziel der Störungstheorie ist die Berechnung der Reaktorempfindlichkeit bzw.
der Reaktorperiode. Hiefür haben wir in § 24 die Gleichungen (24.52) und (24.53)
verwendet. Wir wollen nun (28.28) und (28.29) auf diese Form bringen, wobei
wir jedoch nicht die Theorie der stetigen Bremsung, sondern die Eingruppentheorie ($p = 1$, $\tau_{th} = 0$) anwenden.

Wir definieren eine *Einflußfunktion* $F\,(\mathfrak{r}, E)$ — in der Neutronenkinetik
hängt F natürlich auch von ϑ und φ ab*; wie F bestimmt wird, werden wir später
besprechen. Wir multiplizieren nun (28.35) von links mit F und integrieren über
das Reaktorvolumen und den betreffenden Energiebereich [0 bis ∞ (Eingruppentheorie) oder E_{k+1} bis E_k (Mehrgruppentheorie)]. Es ergibt sich

$$\frac{\partial}{\partial t} \int_{V_R} \int_0^\infty F\,(\mathfrak{r}, E)\, n\,(\mathfrak{r}, t, E)\, dE\, d\tau = - \int_{V_R} \int_0^\infty F\,(\mathfrak{r}, E)\, Vn\,(\mathfrak{r}, t, E)\, dE\, d\tau +$$

$$+ \int_{V_R} \int_0^\infty F\,(\mathfrak{r}, E)\, Kn\,(\mathfrak{r}, t, E)\, dE\, d\tau + \int_{V_R} \int_0^\infty F\,(\mathfrak{r}, E)\, G\, dE\, d\tau \qquad (28.36)$$

In gleicher Weise ergibt sich aus (28.29)

$$\frac{\partial}{\partial t} \int_{V_R} \int_0^\infty F\,(\mathfrak{r}, E)\, \bar{n}_i\, dE\, d\tau = - \frac{0{,}693}{\tau_i} \cdot \int_{V_R} \int_0^\infty F\,(\mathfrak{r}, E)\, n_i\, dE\, d\tau +$$

$$+ \int_{V_R} \int_0^\infty \int_0^\infty F\,(\mathfrak{r}, E)\, \beta_i\,(E')\, n\,(\mathfrak{r}, t, E')\, \sqrt{\frac{2\,E'}{m}}\, \Sigma_{Sp}\,(\mathfrak{r}, t, E')\, dE'\, dE\, d\tau \qquad (28.37)$$

---

* Die physikalische Bedeutung von F ist die folgende[85]: Wenn man einen gerade
noch unterkritischen Reaktor betrachtet, der eine Fremdquelle enthält, dann rufen
die Quellneutronen eine stationäre Kettenreaktion hervor. $F\,(\mathfrak{r}, E)$ ist dann gleich
der Anzahl aller in diesem Reaktor enthaltenen Neutronen, wenn eine Punktquelle
an der Stelle $\mathfrak{r}$ Neutronen der diskreten Energie E aussendet. F kann natürlich direkt
gemessen werden. F ist in der Mehrgruppentheorie, zu der wir später übergehen.
eine Matrix, so daß es bei der Multiplikation auf die Reihenfolge der Faktoren ankommt.

Damit nun (28.36) und (28.37) die sich nach der Eingruppentheorie ($p = 1$, $\tau_{th} = 0$, $W(E, E') = 0$) ergebende Form von (24.52) und (24.53), also

$$\frac{dT(t)}{dt} = \frac{T(t)}{\tau_{Sp}} k_{eff} - \frac{T(t)}{\tau_{Sp}} - \beta k_{eff} \frac{T(t)}{\tau_{Sp}} + \sum_i C_i u_i(t) \frac{0{,}693}{\tau_i} + Q \qquad (28.38)$$

und

$$\frac{du_i(t)}{dt} = -\frac{0{,}693}{\tau_i} u_i(t) + \frac{\beta_i k_{eff}}{\tau_{Sp}} \frac{T(t)}{C_i} \qquad (28.39)$$

annehmen, müssen die folgenden Gleichungen gelten

$$T(t) = \int\limits_{V_R} \int\limits_0^\infty F(\mathfrak{r}, E)\, n(\mathfrak{r}, t, E)\, dE\, d\tau \qquad (28.40)$$

$$\frac{T(t)}{\tau_{Sp}} = \int\limits_{V_R} \int\limits_0^\infty F(\mathfrak{r}, E)\, V\, n(\mathfrak{r}, t, E)\, dE\, d\tau \qquad (28.41)$$

$$u_i(t) = \int\limits_{V_R} \int\limits_0^\infty F(\mathfrak{r}, E)\, \bar{n}_i(r, t)\, dE\, d\tau \qquad (28.42)$$

$$\frac{T(t)}{\tau_{Sp}} k_{eff} = \int\limits_{V_R} \int\limits_0^\infty \int\limits_0^\infty F(\mathfrak{r}, E)\, f(E)\, \Sigma_{Sp}(E')\, \nu(E') \sqrt{\frac{2E'}{m}} \cdot n(\mathfrak{r}, t, E')\, dE\, dE'\, d\tau \qquad (28.43)$$

$$Q = \int\limits_{V_R} \int\limits_0^\infty F(\mathfrak{r}, E)\, Q_{Fr}(\mathfrak{r}, t, E)\, dE\, d\tau \qquad (28.44)$$

$$\frac{\beta_i k_{eff}\, T(t)}{\tau_{Sp}} = C_i \int\limits_{V_R} \int\limits_0^\infty \int\limits_0^\infty F(\mathfrak{r}, E)\, \beta_i(E')\, n(\mathfrak{r}, t, E') \sqrt{\frac{2E'}{m}} \cdot$$
$$\cdot\, \Sigma_{Sp}(\mathfrak{r}, t, E')\, dE'\, dE\, d\tau \qquad (28.45)$$

$$\frac{\beta k_{eff}\, T(t)}{\tau_{Sp}} = \int\limits_{V_R} \int\limits_0^\infty \int\limits_0^\infty F(\mathfrak{r}, E) \cdot \Sigma_{Sp}(E')\, \sum_i \beta_i(E)\, f_i(E)\, \nu(E') \cdot$$
$$\cdot \sqrt{\frac{2E'}{m}}\, n(\mathfrak{r}, t, E')\, dE'\, dE\, d\tau \qquad (28.46)$$

$$C_i u_i(t) \frac{0{,}693}{\tau_i} = \int\limits_{V_R} \int\limits_0^\infty F(\mathfrak{r}, E)\, \frac{0{,}693}{\tau_i} f_i(E)\, \bar{n}_i(\mathfrak{r}, t)\, dE\, d\tau \qquad (28.47)$$

wobei zu beachten ist, daß für die Eingruppentheorie $W(E, E') = 0$ gilt. Durch Division von (28.43) durch (28.41) ergibt sich als *Definition* von k_{eff}

$$k_{eff}(t) = \frac{\displaystyle\int\limits_{V_R} \int\limits_0^\infty \int\limits_0^\infty F(\mathfrak{r}, E)\, f(E)\, \Sigma_{Sp}(E')\, \nu(E') \sqrt{\frac{2E'}{m}}\, n(\mathfrak{r}, t, E')\, dE\, dE'\, d\tau}{\displaystyle\int\limits_{V_R} \int\limits_0^\infty F(\mathfrak{r}, E)\, V\, n(\mathfrak{r}, t, E)\, dE\, d\tau} \qquad (28.48)$$

würde man die Integration über E weglassen, so würde man k_{eff} (E, t) erhalten.

Wäre V_R unendlich groß, der Fluß φ $(t, E) \equiv \sqrt{\dfrac{2\,E}{m}} \cdot n\,(t, E)$ und Σ_{Sp}, D ortsunabhängig, $\Delta\varphi = 0$, so erhielte man für Gleichgewichtszustände $(\partial/\partial t = 0)$ für beliebige Energien (so daß $\Sigma_S \to 0$, da keine Neutronen durch Streuung verloren gehen) $k_{eff} \to k_\infty$

$$k_\infty = \frac{\displaystyle\int_0^\infty \int_0^\infty f\,(E)\,\Sigma_{Sp}(E')\,\nu\,(E')\,\varphi\,(E')\,dE\,dE'}{\displaystyle\int_0^\infty \Sigma_{A\,ges}\,(E)\,\varphi\,(E)\,dE} \tag{28.49}$$

Da $\displaystyle\int_0^\infty f\,(E)\,dE = 1$ sein muß (Normierung des Spektrums, damit

$\displaystyle\int_0^\infty \int_0^\infty f\,(E)\,\nu\,(E')\,dE\,dE' = \nu$, Zahl der pro Spaltung erzeugten Spaltneutronen), ist (28.49) mit (11.17) identisch. τ_{Sp} folgt im allgemeinen Fall aus (28.41) und (28.40), die β_i ergeben sich aus (28.45) und (28.43), die C_i folgen aus (28.47) und (28.42) und β folgt schließlich aus (28.46) und (28.43). Ist die Einflußfunktion F $(\mathfrak{r}, E)$ bekannt, so kann man für einen beliebigen gestörten Reaktor alle diese Größen berechnen. Das dynamische Verhalten dieses Reaktors, einschließlich der Störeffekte, wird dann durch (28.38) und (28.39) bestimmt. Voraussetzung für diese Rechnung ist jedoch die Kenntnis des Flusses φ $(\mathfrak{r}, t, E)$ im Reaktor. Da wir jedoch nur kleine Störungen untersuchen wollen, können wir für φ $(\mathfrak{r}, t, E)$ in erster Näherung den Fluß des ungestörten Reaktors einsetzen (s. später).

Laufen die Integrationen über die Energien von 0 bis ∞, so ist φ durch die Eingruppentheorie, bei den Grenzen E_{k+1} bis E_k durch die Mehrgruppentheorie bestimmt. Da die Eingruppentheorie nur ein Spezialfall der Mehrgruppentheorie ist, besprechen wir nur letztere. Bei der Untersuchung von Störungseffekten in einem kritischen Reaktor ist $Q_{Fr} = 0$, so daß (28.35) für insgesamt l Gruppen in der Form

$$\frac{\partial n_k}{\partial t} = -\,V_k n_k + K_k n_k + G_k n_k = M_k n_k \qquad k = 1,2\ldots l \tag{28.50}$$

geschrieben werden kann (vgl. Übungsbeispiel 28 h). Werden verzögerte Neutronen und Photoneutronen nicht berücksichtigt, dann ist $G_k = 0$, $\beta = 0$. (28.50) stellt l Gleichungen dar, die man jedoch in eine *Matrixgleichung* zusammenfassen kann, wenn man für die Neutronendichten

$$n = \begin{pmatrix} n_1 \\ n_2 \\ \cdot \\ \cdot \\ \cdot \\ n_l \end{pmatrix} \tag{28.51}$$

(*Spaltenmatrix*)

und den *Matrixoperator* M

$$M = \begin{pmatrix} M_{11} & M_{12} & \cdots & M_{1l} \\ M_{21} & M_{22} & \cdots & M_{2l} \\ \multicolumn{4}{c}{\cdots\cdots\cdots\cdots\cdots} \\ M_{l1} & M_{l2} & \cdots & M_{ll} \end{pmatrix} \tag{28.52}$$

l-reihige·Matrizen setzt, deren Elemente so bestimmt sind, daß unter Beachtung der *Matrizenmultiplikation** $M\,n = \sum\limits_{j=1}^{l} M_{kj}\, n_j = \partial n_k/\partial t$

$$\frac{\partial n}{\partial t} = M\,n \tag{28.53}$$

mit (28.50) übereinstimmt. n ist der Fluß im ungestörten Reaktor; er ist durch die Matrixgleichung (28.53) bestimmt. Diese geht im stationären Fall ($\partial/\partial t = 0$) natürlich in (22.36) über. Ein Vergleich zeigt, daß außer den *Diagonalelementen* (M_{kk}, $k = 1..l$) nur noch wenige Matrixelemente in M von Null verschieden sind. Diese Tatsache erleichtert die numerische Auswertung der Mehrgruppentheorie außerordentlich[90].

M ist ein *Differentialoperator* in Matrixform, der auf die *Funktionsmatrix* n wirkt. Differentialgleichungen, die nur für bestimmte Parameterwerte (*Eigenwerte*) eine Lösung (*Eigenfunktion*) besitzen, haben wir bereits in § 15 kennengelernt. Andererseits haben auch Matrizen Eigenwerte. Wenn man eine Matrix auf *Diagonalform* bringen, d. h. so transformieren kann, daß die Matrix nur mehr Diagonalelemente M_{kk} enthält, dann sind diese Diagonalelemente die Eigenwerte der Matrix. Jede sogenannte *normale Matrix* läßt sich auf Diagonalform bringen[46]. Wenn man eine Matrix M um ihre *Hauptdiagonale* spiegelt, also M_{kj} durch M_{jk} ersetzt, dann entsteht die *transponierte Matrix* $\widetilde{M}$. Ersetzt man jedes Element der transponierten Matrix durch das hiezu konjugiert-komplexe, so entsteht die *adjungierte* Matrix $\widetilde{M}^* = M^\dagger$, die für eine reelle Matrix M gleich der transponierten Matrix $\widetilde{M}$ ist. Wenn für eine Matrix M

$$M\,M^\dagger = M^\dagger\,M \tag{28.54}$$

gilt, dann heißt die Matrix M *normal* und besitzt Eigenwerte. Die Erfahrung zeigt, daß die in der Reaktorstörungstheorie auftretenden Matrizen immer normale Matrizen sind. Wir können daher die Existenz von l-Eigenwerten μ_k, die durch

$$M\,n = \mu_k\,n \qquad k = 1,2\ldots.l \tag{28.55}$$

definiert sind, voraussetzen. n stellt dann die zeitunabhängigen Teile $n_k\,(\mathfrak{r}, E)$ der Eigenfunktionen in Matrixschreibweise dar. Zwischen Matrizen und Differentialoperatoren bestehen ja bekanntlich enge Beziehungen, die in der Quantentheorie von großer Wichtigkeit sind[43]. Gilt für eine Matrix

$$M = M^\dagger \tag{28.56}$$

wobei

$$n^\dagger\,M^\dagger = \mu_p^*\,n^\dagger \tag{28.57}$$

gilt, dann heißt sie *selbstadjungiert* (*hermitesch*).

$n^\dagger$ sind die *adjungierten Eigenfunktionen* (n_1^*, n_2^*, $n_3^*,\ldots$) (*Zeilenmatrix*). Da auch die Matrix der Eigenfunktionen umgeklappt wurde (Spaltenmatrix $\rightarrow$ Zeilen-

---

* „Zeile der linken Matrix mal Spalte der rechtsstehenden Matrix, jedes Zeilenglied mit jedem Spaltenglied multipliziert, aber jedes Glied der ersten Matrix nur einmal verwendet", also

$$\frac{\partial}{\partial t}\begin{pmatrix} n_1 \\ n_2 \end{pmatrix} = \begin{pmatrix} M_{11} & M_{12} \\ M_{21} & M_{22} \end{pmatrix}\begin{pmatrix} n_1 \\ n_2 \end{pmatrix} = \begin{pmatrix} M_{11}\,n_1 + M_{12}\,n_2 \\ M_{21}\,n_1 + M_{22}\,n_2 \end{pmatrix} \quad \text{d. h.} \quad \begin{aligned} \frac{\partial n_1}{\partial t} &= M_{11}\,n_1 + M_{12}\,n_2 \\ \frac{\partial n_2}{\partial t} &= M_{21}\,n_1 + M_{22}\,n_2 \end{aligned}$$

matrix), wirkt der Matrixoperator nun nach *links**. Auch bei Differentialoperatoren gibt es bekanntlich den Begriff der *Adjungiertheit* und der *Selbstadjungiertheit*.

Wenn wir (28.55) linksseitig mit $n^\dagger$, (28.57) rechtsseitig mit n multiplizieren und „adjungieren", dann die eine Gleichung von der anderen subtrahieren und über V_R integrieren, dann erhalten wir

$$\int\limits_{V_R} (n^\dagger \, M \, n - n^\dagger \, M \, n) \, d\tau = 0 = (\mu_k - \mu_p) \int\limits_{V_R} n^\dagger \, n \, d\tau \qquad (28.58)$$

so daß

$$\int\limits_{V_R} n^\dagger \, n \, d\tau = 0 \qquad \text{für } \mu_k \neq \mu_p \quad (k \neq p) \qquad (28.59)$$
$$k, p = 1, 2, \ldots l$$

folgt, d. h. die adjungierten Eigenfunktionen, die gemäß (28.57) durch den adjungierten Operator $M^\dagger$ definiert werden, sind zu den ursprünglichen Eigenfunktionen *orthogonal*. Die Eigenfunktionen eines selbstadjungierten Operators sind von vorneherein orthogonal.

Um einen Ausdruck für die Einflußfunktion F ableiten zu können, bringen wir (28.36) für Q_{Fr} unter Berücksichtigung von (28.50) und (28.55) in die Form

$$\int\limits_{V_R} \int\limits_{E_{k+1}}^{E_k} F_p \, (\mathfrak{r}, E) \, M \, n_k \, (\mathfrak{r}, E) \, dE \, d\tau = \int\limits_{V_R} \int\limits_{E_{k+1}}^{E_k} F_p \, (\mathfrak{r}, E) \, \mu_k \, n_k \, (\mathfrak{r}, E) \, dE \, d\tau \qquad (28.60)$$

Da wir nun wissen, daß mehrere Funktionen F, n auftreten können, haben wir die Indices k und p verwendet; gleichzeitig vermeiden wir dadurch die Matrixschreibweise.

Wenn wir andererseits (28.55) linksseitig mit $n_p^\dagger$ multiplizieren und integrieren, so ergibt sich

$$\int\limits_{V_R} \int\limits_{E_{k+1}}^{E_k} n_p^\dagger \, (\mathfrak{r}, E) \, M \, n_k \, (\mathfrak{r}, E) \cdot dE \, d\tau = \int\limits_{V_R} \int\limits_{E_{k+1}}^{E_k} n_p^\dagger \, (\mathfrak{r}, E) \, \mu_k \, n_k \, (\mathfrak{r}, E) \, dE \, d\tau \qquad (28.61)$$

Ein Vergleich mit (28.60) zeigt, daß die Einflußfunktion F nichts anderes ist als die *adjungierte Eigenfunktion* $n^\dagger$, d. h. die Lösung der durch den adjungierten ($M^\dagger$), bzw. wegen des Auftretens von nur reellen Matrixelementen durch den transponierten Differentialoperator $\widetilde{M}$, definierten Differentialgleichung (bzw. Integrodifferentialgleichung).

Wenn sich nun irgendwelche Parameter im Reaktor ändern, dann ändert sich M, d. h. es tritt ein *Störungsoperator* S hinzu und (28.55) geht über in**

$$(M + S) \, n_p' = \mu_p' \, n_p' \qquad (28.62)$$

---

* Da der Übergang zu den adjungierten Matrizen durch $(\widehat{AB})^* = \widetilde{B}^* \, \widetilde{A}^* = B^\dagger \, A^\dagger$ erfolgt[46], kann man (28.57) leicht aus (28.55) ableiten. Ferner gilt $\widetilde{\widetilde{A}} = A$ und $(\widehat{ABC}) = \widetilde{C} \, \widetilde{B} \, \widetilde{A}$. Dies kann man mittels zwei- oder dreireihiger Matrizen leicht direkt verifizieren. Für Differentialoperatoren, deren Randintegral verschwindet, kann man $\int \widetilde{n} M n \, d\tau = \int n \widetilde{M} \widetilde{n} \, d\tau$ direkt durch partielle Integration beweisen.

** Wir haben k durch p ersetzt, da es uns *jetzt* auf die Störung einer Eigenfunktion und ihres Eigenwertes und nicht auf die Beziehung zwischen verschiedenen Eigenfunktionen ankommt.

wo n_p' die *gestörte Eigenfunktion* und μ_p' der *gestörte Eigenwert* ist. Durch links-seitige Multiplikation von (28.62) mit der ungestörten adjungierten Eigenfunktion $\boldsymbol{F} = \boldsymbol{n}^{\dagger}$, durch rechtsseitige Multiplikation von (28.57) mit n, Adjungieren und Subtrahieren sowie Integration ergibt sich

$$\int\limits_{V_R} \int\limits_{E_{p+1}}^{E_p} \boldsymbol{F}_p \, \boldsymbol{M} \, (n_p' - n_p) \, dE \, d\tau + \int\limits_{V_R} \int\limits_{E_{p+1}}^{E_p} \boldsymbol{F}_p \, \boldsymbol{S} \, n_p' \, dE \, d\tau =$$

$$= \mu_p' \int\limits_{V_R} \int\limits_{E_{p+1}}^{E_p} \boldsymbol{F}_p \, n_p' \, dE \, d\tau - \mu_p \int\limits_{V_R} \int\limits_{E_{p+1}}^{E_p} \boldsymbol{F}_p \, n_p \, dE \, d\tau \qquad (28.63)$$

Da sich die gestörte Neutronendichte n_p' bei kleinen Störungen S nur sehr wenig von der ungestörten Dichte n_p unterscheidet, und da es uns nur auf die Eigen-wertstörung $\mu_p' - \mu_p$ ankommt, setzen wir in erster Näherung $n_p \approx n_p'$ und erhalten

$$\mu_p' - \mu_p = \frac{\displaystyle\int\limits_{V_R} \int\limits_{E_{p+1}}^{E_p} \boldsymbol{F}_p \, (\mathfrak{r}, E) \, S \, n_p \, (\mathfrak{r}, E) \, dE \, d\tau}{\displaystyle\int\limits_{V_R} \int\limits_{E_{p+1}}^{E_p} \boldsymbol{F}_p \, (\mathfrak{r}, E) \, n_p \, (\mathfrak{r}, E) \, dE \, d\tau} \qquad (28.64)$$

Die physikalische Bedeutung des Eigenwertes μ_p ergibt sich leicht aus (28.50) und (28.55). Man erhält

$$\frac{\partial n_p}{\partial t} = \mu_p \, n_p \qquad (28.65)$$

Da wir es in der Störungstheorie nur mit kleinen Abweichungen vom kritischen Zustand zu tun haben, können wir (28.65) mit (24.62) vergleichen. Hiebei zeigt sich, daß $1/\mu_p$ nichts anderes als die zur p-ten Gruppe gehörende stabile Reaktor-periode ist. Da jedoch alle Gruppengleichungen durch die Bremsdichten mit-einander gekoppelt sind, müssen alle μ_p untereinander gleich sein. Für stationäre Vorgänge ergibt sich aus (28.65) $\mu_p = 0$, d. h. $T_1 = \infty$. Damit bei einer Störung S der Reaktor kritisch bleibt, muß daher $\int\int \boldsymbol{F} \boldsymbol{S} \boldsymbol{n} \, dE \, d\tau = 0$ gelten.

Mit $\boldsymbol{M}\boldsymbol{n} = 0$ folgt wegen $\boldsymbol{G} = 0$ für $\partial/\partial t = 0$ (vgl. Übungsbeispiel 28 h) aus (28.50)

$$\boldsymbol{K}\,\boldsymbol{n} = \boldsymbol{V}\,\boldsymbol{n} \qquad (28.66)$$

Nun gibt es aber stationäre Vorgänge (kritischer Zustand, wenn $Q_{Fr} = 0$) nur dann, wenn die Reaktorparameter bestimmte Werte haben. Wenn wir will-kürlich $\partial/\partial t = 0$ setzen, also $\boldsymbol{M}\boldsymbol{n} = 0$ annehmen, fügen wir eine einschränkende Nebenbedingung hinzu. Um diese wieder zu kompensieren, versehen wir (28.66) mit einem Parameter a; dieser spielt dann die Rolle des Eigenwertes der Dif-ferentialgleichung

$$a\,\boldsymbol{K}\,\boldsymbol{n} = \boldsymbol{V}\,\boldsymbol{n} \qquad (28.67)$$

Für *einen* bestimmten Wert von a ist diese Gleichung erfüllt; dieser Wert legt dann die Bedingungen fest, denen die in $\boldsymbol{K}$ und $\boldsymbol{V}$ enthaltenen Parameter ge-horchen müssen, damit die Kettenreaktion stationär verläuft.

Wir beschränken uns wieder auf die Eingruppentheorie $[W(E, E') = 0]$. Multipliziert man (28.67) mit F, integriert über V_R und E und setzt für K und V ein, so erhält man genau (28.48) (vgl. Übungsbeispiel 28 h). Der Parameter $1/a$ ist also nichts anderes als k_{eff}:

$$k_{eff} \equiv a^{-1} = \frac{\int\limits_{V_R} \int\limits_0^\infty F(\mathfrak{r}, E) \, K n(\mathfrak{r}, E) \, dE \, d\tau}{\int\limits_{V_R} \int\limits_0^\infty F(\mathfrak{r}, E) \, V n(\mathfrak{r}, E) \, dE \, d\tau} \qquad (28.68)$$

Treten nun Störungen im Reaktor auf, so ist in (28.68) k_{eff} durch $k_{eff} + \delta k_{eff}$ und $K n$ durch $K n + S n$ zu ersetzen, so daß sich

$$\boxed{\; \delta k_{eff} = \frac{\int\limits_{V_R} \int\limits_0^\infty F(\mathfrak{r}, E) \, S n(\mathfrak{r}, E) \, dE \, d\tau}{\int\limits_{V_R} \int\limits_0^\infty F(\mathfrak{r}, E) \, V n(\mathfrak{r}, E) \, dE \, d\tau} \;} \qquad (28.69)$$

ergibt. Wird diese Formel auf die Mehrgruppentheorie angewendet, dann ist zu beachten, daß die Integration über die Energie $\int\limits_0^\infty = \int\limits_{E_1}^{E_0} + \int\limits_{E_2}^{E_1} + \cdots + \int\limits_{E_n}^{E_{n-1}}$ bereits in den Ausgangsgleichungen durchgeführt wurden und die n_k von der Energie nicht mehr abhängen. Für F, K, V und n sind in der Mehrgruppentheorie wieder die betreffenden Matrizen zu verwenden. Die Matrizenprodukte $F K n$ und $F V n$ sind jedoch, wie man sich leicht überzeugt, keine Matrizen, so daß k_{eff} auch keine Matrix ist.

(28.69) muß alle Störungen der Reaktorempfindlichkeit beschreiben, also z. B. auch Temperatureffekte, Dichteeffekte usw. Jede Änderung eines in K oder V enthaltenen Parameters gibt einen Beitrag zu S. Wir wollen die Berechnung von S an einem Beispiel zeigen und wählen die Zweigruppentheorie. Wie ein Vergleich von (22.11), (22.13) mit (28.67) zeigt, gilt:

$$\boldsymbol{V n} = \begin{pmatrix} -v_s \operatorname{div} D_s \operatorname{grad} + v_s \Sigma_{A\,ges\,s} + v_s \Sigma_s & 0 \\ -\Sigma_s v_s & -v_{th} \operatorname{div} D_{th} \operatorname{grad} + v_{th} \Sigma_{A\,ges\,th} \end{pmatrix} \begin{pmatrix} n_s \\ n_{th} \end{pmatrix}$$

$$\boldsymbol{K n} = \begin{pmatrix} 0 & v_{th}\, k_{\infty\,th}\, \Sigma_{A\,ges\,th} \\ 0 & 0 \end{pmatrix} \begin{pmatrix} n_s \\ n_{th} \end{pmatrix} \qquad (28.70)$$

$$\boldsymbol{M n} = \begin{pmatrix} +v_s \operatorname{div} D_s \operatorname{grad} - v_s \Sigma_{A\,ges\,s} - v_s \Sigma_s; & v_{th}\, k_{\infty\,th}\, \Sigma_{A\,ges\,th} \\ \Sigma_s v_s & v_{th} \operatorname{div} D_{th} \operatorname{grad} - v_{th} \Sigma_{A\,ges\,th} \end{pmatrix} \begin{pmatrix} n_s \\ n_{th} \end{pmatrix}$$

(vgl. auch mit (28.32) und (28.33). Die erste Zeile der Matrixoperatoren entspricht den schnellen Neutronen, die zweite Zeile den thermischen Neutronen. Mit Hilfe von (28.70) kann man alle durch (28.40) bis (28.48) definierten Größen berechnen.

F ist als Lösung von $F M^{\dagger} = 0$ bzw., da alle Matrixelemente reell sind, durch $F M = 0$, d. h. durch

$$(n_s,\, n_{th}) \begin{pmatrix} v_s \,\mathrm{div}\, D_s \,\mathrm{grad} - v_s \Sigma_{A\,ges\,s} - \Sigma_s\, v_s & \Sigma_s\, v_s \\ v_{th}\, k_{\infty th}\, \Sigma_{A\,ges\,th} & v_{th} \,\mathrm{div}\, D_{th}\,\mathrm{grad} - v_{th} \Sigma_{A\,ges\,th} \end{pmatrix} = 0 \tag{28.71}$$

gegeben, wobei nun die Differentialoperatoren in $\widetilde{M}$ nach *links* wirken. Wie man sich leicht überzeugt, genügt F bei dem hier besprochenen Beispiel *genau* derselben Gleichung wie n, so daß $F \sim n$.

Der Störungsoperator S umfaßt alle denkbaren Störungen des Operators M

$$S = \delta M = \delta K - \delta V \tag{28.72}$$

so daß, wenn wir mit δ die Änderungen der Parameter bezeichnen, aus (28.70)

$$S = \begin{pmatrix} S_{11} & S_{12} \\ S_{21} & S_{22} \end{pmatrix} \tag{28.73}$$

folgt; wobei

$S_{11} = v_s\,(\mathrm{grad}\,\delta D_s \cdot \mathrm{grad} + \delta D_s \cdot \Delta - \delta \Sigma_{A\,ges\,s} - \delta \Sigma_s) + \delta v_s\,(\mathrm{grad}\,D_s \cdot \mathrm{grad} + D_s \Delta - \Sigma_{A\,ges\,s} - \Sigma_s);$

$S_{12} = \delta v_{th}\, k_{\infty th}\, \Sigma_{A\,ges\,th} + v_{th}\,\delta k_{\infty th}\, \Sigma_{A\,ges\,th} + \delta \Sigma_{A\,ges\,th}\, v_{th}\, k_{\infty th}$

$S_{21} = \delta \Sigma_s \cdot v_s + v_s\,\delta \Sigma_s;$

$S_{22} = v_{th}\,(\mathrm{grad}\,\delta D_{th} \cdot \mathrm{grad} + \delta D_{th}\,\Delta - \delta \Sigma_{A\,ges\,th}) + \delta v_{th}\,(\mathrm{grad}\,D_{th} \cdot \mathrm{grad} + D_{th}\,\Delta - \Sigma_{A\,ges\,th})$

Hiebei wurden die Veränderungen

$$\begin{aligned} v_s &\to v_s + \delta v_s & \Sigma_s &\to \Sigma_s + \delta \Sigma_s \\ D_s &\to D_s + \delta D_s & v_{th} &\to v_{th} + \delta v_{th} \\ \Sigma_{A\,ges\,s} &\to \Sigma_{A\,ges\,s} + \delta\, \Sigma_{A\,ges\,s} & D_{th} &\to D_{th} + \delta D_{th} \\ \Sigma_{A\,ges\,s} &\to \Sigma_{A\,ges\,th} + \delta\, \Sigma_{A\,ges\,th} & k_{\infty th} &\to k_{\infty th} + \delta k_{\infty th} \end{aligned} \tag{28.74}$$

angenommen und die folgenden Formeln

$$\begin{aligned} &\mathrm{div}\, U\,\mathfrak{A} = \mathfrak{A}\,\mathrm{grad}\, U + U\,\mathrm{div}\,\mathfrak{A} \\ &\mathrm{div}\, \{(D_s + \delta D_s)\,\mathrm{grad}\,\} = \mathrm{grad}\,(D_s + \delta D_s)\,\mathrm{grad} + \\ &\quad + (D_s + \delta D_s)\,\Delta \quad (\mathrm{grad})^2 = \mathrm{div}\,\mathrm{grad} = \Delta \end{aligned} \tag{28.75}$$

aus der Vektoranalysis verwendet[47]. Gleichzeitig wurde angenommen, daß *Störungen zweiter Ordnung*, d. h. Produkte aus zwei Störungen erster Ordnung, also z. B. $\delta v_s \cdot \delta D_s$ so klein sind, daß sie gegenüber Störungen erster Ordnung vernachlässigt werden können. Wie die Störungen erster Ordnung berechnet werden, haben wir bereits am Anfang dieses Paragraphen besprochen.

Statistische Probleme[90], wie z. B. Intensitätsschwankungen des Neutronenflusses, die auch zur Störungstheorie gehören, würden den Rahmen dieser Einführung überschreiten.

Übungsbeispiele

28 a) Man berechne H in (28.5).

28 b) Man berechne $\overline{\varrho}\,(T)$ nach der Theorie der stetigen Bremsung und leite eine zu (28.10) analoge Formel ab.

28 c) Man zeige, daß für einen Kugelreaktor der Reaktortemperaturkoeffizient nach der Eingruppentheorie durch

$$\left(\frac{\partial \overline{\varrho}}{\partial T}\right)_{\Sigma_A,\,\Sigma_S,\,\varrho} = \frac{\partial \varrho}{\partial B_m}\,\frac{\partial B_m}{\partial T} = \frac{2\,(k_\infty - 1)}{k_\infty}\cdot\alpha \tag{28.76}$$

gegeben ist. Man berechne für einen Graphitreaktor, der bei 350° K arbeitet, die drei Temperaturkoeffizienten und vergleiche mit (28.21), (28.23) und (28.25).

28 d) Man versuche, die für einen Homogenreaktor mit flüssigem Brennstoff geltende Formel

$$\frac{1}{k_{eff}}\,\frac{\partial k_{eff}}{\partial m} = \frac{2}{3\,m}\,(1 - k_{eff}/k_\infty) \tag{28.77}$$

abzuleiten. m ist die Masse des flüssigen Brennstoffes. Es sei $m = 20$ kg, $k_\infty = 1,6$; wieviel Brennstoff muß hinzugefügt werden, damit k_{eff} um 1% steigt?

28 e) Man leite aus (28.8) die Störungsformel

$$\frac{\delta k_{eff}}{k_{eff}} = \frac{\delta\varepsilon}{\varepsilon} + \frac{\delta\eta}{\eta} + \frac{\delta f}{f} + \frac{\delta p}{p} - \frac{2\,B\,\delta L_{eff}}{1 + L^2 B^2} \tag{28.78}$$

ab. Welcher Zusammenhang besteht zwischen δf und $\dfrac{1}{f}\,\dfrac{\partial f}{\partial T}$? Man berechne δk_{eff} für einen Graphitreaktor.

28 f) Man leite aus (26.30) unter den Annahmen, daß Σ_A^B und $\Sigma_{A\,ges}^K$ dem $1/v$-Gesetz gehorchen, daß die Transportquerschnitte konstant und die D durch (12.37) gegeben seien, eine Formel für $\dfrac{df^*}{dT}$ ab. Wenn ein Brennstoffelement von einem absorbierenden Kühlmittel F umflossen wird, dann gilt

$$\frac{1}{f_{korr}} - \frac{1}{f} \equiv \delta\left(\frac{1}{f}\right) \approx \frac{V_F\,\Sigma_A^F}{V_K\,\Sigma_{A\,ges}^K}\,\frac{\overline{\varphi}_{SK}\,(a)}{\overline{\varphi}_K}\;;\quad \frac{\overline{\varphi}_{SK}\,(a)}{\overline{\varphi}_K} \approx F \tag{28.79}$$

[gemäß (26.30)] wobei $\dfrac{\overline{\varphi}_{SK}}{\overline{\varphi}_K} \approx 1$ (s. S. 192 u. 200) oder 1,12 (gemessen). Man versuche (28.79) zu begründen und berechne $\delta\left(\dfrac{1}{f}\right)$ für $V_F/V_K = 1$, $\Sigma_A^F = 0,012$ (Natrium).

28 g) Man versuche, eine Formel für die Abhängigkeit des k_{eff} von der Höhe des Schwerwasserspiegels in einem zylindrischen Reaktor abzuleiten (HOROWITZ, RAIEVSKI[89]).

28 h) Man zeige, daß Gn durch

$$Gn = \sum_{i=1}^{8} \frac{0,693}{\tau_i}\,f_i\,(E)\int_{-\infty}^{t} e^{-\frac{0,693}{\tau_i}\,(t-t')}\cdot\int_{0}^{\infty}\varphi\,(\mathfrak{r},E',t')\,\Sigma_{Sp}\,(E')\,\beta_i\,(E')\,dE'\,dt' \tag{28.80}$$

gegeben ist. Warum verschwindet Gn bei der Betrachtung zeitunabhängiger Vorgänge?

28 i) Der Temperaturkoeffizient eines Reaktors sei bei 180° C $-3\cdot10^{-4}/°$ C. Nun werde $\overline{\varrho}$ um $3^0/_{00}$ erhöht — welche neue Arbeitstemperatur stellt sich ohne Kühlung ein?

§ 29. Die Kontrollstäbe

Methoden der Reaktorkontrolle, Theorie des zylindrischen Kontrollstabes, Kontrollbereich, relative Wirksamkeit und Stellung der Kontrollstäbe, Wechselwirkung zwischen mehreren Kontrollstäben, Abstellstäbe, Regulierstäbe, Sicherheitsstäbe, Materialien für Kontrollstäbe.

Würde man einen Reaktor bauen, dessen Größe genau den kritischen Abmessungen entspricht ($k_{eff} = 1$, $\overline{\varrho} = 0$), so könnte dieser nur eine ganz geringe Leistung abgeben und würde infolge Vergiftung und Brennstoffverbrauch sehr bald unterkritisch werden. Man ist daher gezwungen, alle Reaktoren überkritisch zu bauen; die über den jeweiligen, durch Leistung, Kühlung, Vergiftungsgrad usw. bestimmten Gleichgewichtszustand hinausgehende Reaktorempfindlichkeit muß durch eine *Kontrollvorrichtung* kompensiert werden. Nach COLE[91] muß diese in der Lage sein, ein $\Delta\bar{\varrho}$ von 0,06 bis 0,4 zu kompensieren (vgl. § 28 und Tab. 46).

Tabelle 46. *Notwendige Reserven der Reaktorempfindlichkeit* $\bar{\varrho} = (k_{eff} - 1)/k_{eff}$

Effekt	$\Delta\bar{\varrho}$ Forschungsreaktor (100 kW)	$\Delta\bar{\varrho}$ Energiereaktor (30 000 kW)
Temperatureffekte	0,00375	0,008
Vergiftung des Brennstoffs ...	0,0045	0,100
Brennstoffverbrauch (für 2400 Stunden Betrieb) .	0,0015	0,035
Steuerung..................	0,003	0,003
Isotopenerzeugung u. a.	0,020	0,020
Summe	0,033	0,166
+ 100% als Sicherheitsfaktor ergibt	0,066	0,332

Prinzipiell gibt es fünf Methoden, den Vermehrungsfaktor eines bereits gebauten Reaktors zu verändern:

Änderung der Menge oder der Anordnung
1. des Brennstoffes,
2. des Bremsmittels,
3. des Reflektors,
4. der Fremdstoffe und
5. Modulierung einer eingebauten Neutronenquelle.

Darüber hinaus ist eine Steuerung auch noch mit Hilfe der verzögerten Neutronen möglich (vgl. § 41). Am gebräuchlichsten ist die Steuerung durch Kontrollstäbe nach Methode 4. Diese besitzt jedoch den Nachteil, große Neutronenverluste zu verursachen.

Für große Reaktoren, zu deren Steuerung mehrere Kontrollstäbe erforderlich sind, ist es daher zweckmäßig, sich gleichzeitig mehrerer Methoden zu bedienen.

In schnellen Reaktoren können absorbierende Kontrollstäbe wegen der kleinen Spaltzeit τ_{Sp} und wegen der Kleinheit der Absorptionswirkungsquerschnitte für schnelle Neutronen nicht verwendet werden; die Steuerung erfolgt durch unelastisch streuende Kontrollstäbe (z. B. Uran), durch Änderung der Anordnung des Brennstoffes oder des Reflektors bzw. durch die verzögerten Neutronen.

Schwerwasserreaktoren können durch Verändern der Höhe des Schwerwasserspiegels gesteuert werden.

In diesem Abschnitt wollen wir uns jedoch nur mit den absorbierenden Kontrollstäben beschäftigen. Der *Kontrollbereich* aller Stäbe muß eine Empfindlichkeit von 0,06 bis 0,4 umfassen (vgl. Tab. 46); die (relative) *Wirksamkeit* der Kontrollstäbe hängt davon ab, wie weit sie in den Reaktor eingetaucht werden. Das Hauptproblem der Theorie der Kontrollstäbe[91] besteht im Aufsuchen des Zusammenhanges zwischen Stellung und Wirksamkeit der Kontrollstäbe. Man unterscheidet *schwarze Kontrollstäbe*, das sind solche, die alle auf sie einfallenden (thermischen) Neutronen absorbieren, und *graue Stäbe*, bei denen eine teilweise

Rückdiffusion infolge der Streuung berücksichtigt wird (vgl. etwa ZARETSKY, KUSHNERIUK[91]).

In erster Näherung wird die Diffusionstheorie verwendet. Diese gilt bekanntlich dann, wenn der Gradient der Neutronendichte klein gegenüber der Bremslänge ist. Da sich die Kontrollstäbe jedoch im Bremsmittel bzw. in einer homogenen Bremsmittel-Brennstoffmischung befinden (so daß die Neutronen in ihrer Umgebung gebremst werden), und da infolge der starken Absorption im Kontrollstab große Gradienten der Neutronendichte auftreten, muß man von der Transportgleichung oder zumindest von der Zweigruppentheorie ausgehen.

Wir betrachten einen zylindrischen homogenen Reaktor, dessen effektive Abmessungen h und R seien und dessen Achse ein zylindrischer Kontrollstab vom Radius a und der Länge h bilden möge (vgl. Abb. 43).

Die Neutronendichte im Reaktor hängt bei dieser zentralen Lage des Kontrollstabes nur von z und r ab, so daß die Neutronen-

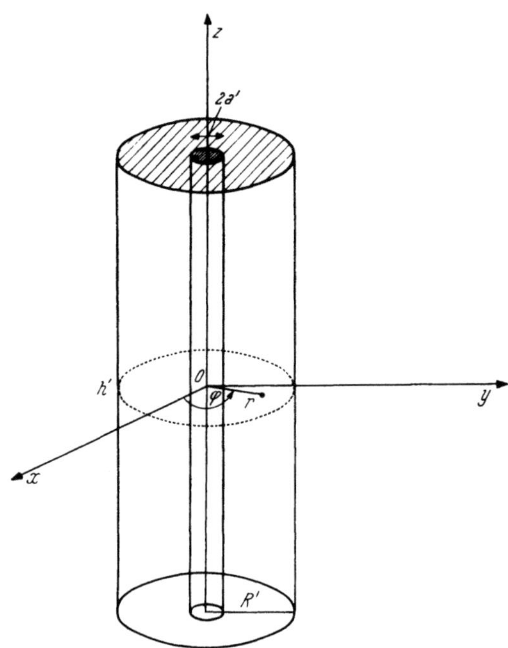

Abb. 43. Zylindrischer Reaktor mit axialem Kontrollstab
(a', R', h' sind die wirklichen Abmessungen)

flüsse gemäß (22.11) und (22.13) durch

$$D_s \left(\frac{\partial^2 \varphi_s (r, z)}{\partial r^2} + \frac{2}{r} \frac{\partial \varphi_s (r, z)}{\partial r} + \frac{\partial \varphi_s (r, z)}{\partial z} \right) - \Sigma_{A\,ges\,s}\, \varphi_s (r, z) +$$
$$+ k_{\infty\,th}\, \Sigma_{A\,ges\,th}\, \varphi_{th} (r, z) - \Sigma_s\, \varphi_s (r, z) = 0 \qquad (29.1)$$

und durch

$$D_{th} \left(\frac{\partial^2 \varphi_{th} (r, z)}{\partial r^2} + \frac{2}{r} \frac{\partial \varphi_{th} (r, z)}{\partial r} + \frac{\partial \varphi_{th} (r, z)}{\partial z} \right) +$$
$$+ \Sigma_{A\,ges\,th}\, \varphi_{th} (r, z) + \Sigma_s\, \varphi_s (r, z) = 0 \qquad (29.2)$$

bestimmt werden.

Als Randbedingungen gelten nun:

für den schnellen Fluß

$$\frac{\partial \varphi_s (r, z)}{\partial r} = 0 \qquad \text{für } r = a' \qquad (29.3)$$

da ebenso viele schnelle Neutronen den Kontrollstab verlassen, wie in ihn eintreten. An der extrapolierten Reaktorgrenzfläche gilt natürlich

$$\varphi_s (R, z) = 0$$
$$\varphi_{th} (R, z) = 0 \qquad (29.4)$$

Der thermische Neutronenfluß muß infolge der Absorption im Kontrollstab an der nach innen extrapolierten Kontrollstabgrenzfläche verschwinden, d. h.

$$\varphi_{th}\,(a' - d, z) = 0 \tag{29.5}$$

wobei gemäß § 12

$$0{,}71\,\lambda_t < d < \frac{4}{3}\,\lambda_t \tag{29.6}$$

gilt. An den Deckflächen des Reaktors gilt (20.9 b), d. h.

$$\varphi_s\,(r, + h/2) = \varphi_s\,(r, - h/2) = 0$$
$$\varphi_{th}\,(r, + h/2) = \varphi_{th}\,(r, - h/2) = 0 \tag{29.7}$$

wobei wieder angenommen wurde, daß die Extrapolationslänge $2\,d = 0{,}71\,\lambda_t = h - h'$ für schnelle und thermische Neutronen die gleiche ist.

Die allgemeine Lösung der beiden Gleichungen (29.1) und (29.2) können wir leicht anschreiben. Zunächst muß die Gültigkeit von (22.15) angenommen werden, woraus sofort die bekannte kritische Gleichung (22.21) mit den für $\Sigma_{A\,ges\,s} = 0$ geltenden Lösungen (22.26) folgt. Die kritischen Lösungen von (22.15) bzw. (22.27), also

$$\frac{\partial^2\varphi_{1,2}\,(r, z)}{\partial r^2} + \frac{2}{r}\,\frac{\partial\varphi_{1,2}\,(r, z)}{\partial r} + \frac{\partial\varphi_{1,2}\,(r, z)}{\partial z} + B_\pm^2 \cdot \varphi_{1,2}\,(r, z) = 0 \tag{29.8}$$

wobei φ_1 und φ_2 wie in § 22 die partikulären Lösungen sind, lauten dann gemäß (15.62)

$$\varphi_1 = Z_0\,(\beta_+ r)\,(E e^{+\alpha_+ z} + A e^{-\alpha_+ z}) \tag{29.9}$$

$$\varphi_2 = Z_{0\,mod}\,(\beta_- r)\,(E e^{+\alpha_- z} + A e^{-\alpha_- z}) \tag{29.10}$$

wobei nach (15.63) und (20.7)

$$\beta_\pm^2 = + \alpha_\pm^2 + B_\pm^2 \tag{29.11}$$

gelten muß. Die allgemeinen Lösungen ergeben sich dann gemäß (22.28) zu

$$\varphi_{th} = A_{th}\,\varphi_1 + C_{th}\,\varphi_2$$
$$\varphi_s = A_s\,\varphi_1 + C_s\,\varphi_2 \tag{29.12}$$

Aus (29.7) folgt, daß die Lösungen symmetrisch sein müssen und daß [vgl. § 21, insbesonders (21.17)] für die z-Abhängigkeit die cos-Funktion zu nehmen ist:

$$\varphi_1\,(r, z) = Z_0\,(\beta_+ r) \cdot \cos\frac{\pi}{h}\,z$$

$$\varphi_2\,(r, z) = Z_{0\,mod}\,(\beta_- r) \cdot \cos\frac{\pi}{h}\,z \tag{29.13}$$

Damit ist über A und E bereits verfügt.

Aus (29.11) folgt dann, da $\alpha_\pm$ imaginär ist

$$\beta_\pm^2 = - \frac{\pi^2}{h^2} + B_\pm^2 \tag{29.14}$$

d. h. das Vorzeichen von $\beta_\pm$ ist durch das Vorzeichen von $B_\pm$ bestimmt, wobei nach (21.18) für einen kritischen Reaktor $\left|B_\pm^2\right| > \left|\frac{\pi^2}{h^2}\right|$ gelten muß*. Da B_+^2

---

* Die Formeln für die geometrische Reaktorkonstante sind ja von der jeweiligen Bremstheorie unabhängig, vgl. Tab. 32, sie hängen nur von der Form des Reaktors ab. Da wir hier einen Hohlzylinder besprechen, wird allerdings (21.18) nicht *genau* gelten.

reell ist, ist $\beta_\pm$ positiv; da B^2 negativ ist, ist β_- rein imaginär. Ist $\beta_-\, r$ rein imaginär, dann muß aber $Z_{0\,mod}\,(\beta_-\,r)$ eine modifizierte Zylinderfunktion sein (vgl. Übungsbeispiel 15a und Tab. 47), was wir durch den Index $_{mod}$ bereits angedeutet haben.

Tabelle 47. *Axialsymmetrische Zylinderlösungen von* $\Delta\varphi - \varkappa^2\,\varphi = 0$, $\Delta\varphi + B^2\,\varphi = 0$

Für $\varphi\,(r, z) = e^{\alpha z}\,Z_0\,(\beta r)$ gilt $\alpha^2 - \beta^2 = \varkappa^2 = -B^2$

Für $\varphi\,(r, z) = \cos\alpha'z \cdot Z_0\,(\beta r)$ gilt $\alpha'^2 + \beta^2 = B^2$, $\alpha = i\alpha'$

Für $\varphi\,(r, z) = \cos\alpha'z \cdot Z_{0\,mod}(\beta'r)$ gilt $\alpha'^2 - \beta'^2 = -\varkappa^2$, $\beta = i\beta'$

Für $\varphi\,(r, z) = e^{\alpha z} \cdot Z_{0\,mod}\,(\beta'r)$ gilt $\alpha^2 + \beta'^2 = \varkappa^2$

$$\varkappa^2 > 0: \textit{Diffusion} \;(\S\, 15)$$

$\varphi = 0$ für $z = z_0, z_1$ α imaginär, $\cos\alpha'z$, $\sin\alpha'z$ β imaginär, $I_0\,(\beta'r)$: Zylinder, $I_0\,(\beta'r)$, $K_0\,(\beta'r)$: Hohlzylinder. Querdiffusion, Quelle am Mantel, § 26	$\varphi = 0$ am Mantel β reell, $J_0\,(\beta r)$, $N_0\,(\beta r)$ α reell: $e^{\pm az}$, $\mathfrak{Cof}\,\alpha z$, $\mathfrak{Sin}\,\alpha z$ Quelle an der Deckfläche. Längsdiffusion, § 15

$$\alpha \text{ reell, } \beta \text{ imaginär: } \varphi = 0 \text{ an der ganzen Oberfläche, Quelle im Inneren}$$

$$\alpha \text{ imaginär: unmöglich bei reellem } \beta$$

$$\varkappa^2 < 0: \textit{Kettenreaktion} \;(\S\, 21)$$

$\varphi = 0$ an der Reaktoroberfläche α imaginär, $\cos\alpha'z$, $\sin\alpha'z$ β reell: $J_0\,(\beta r)$: Zylinder $J_0\,(\beta r)$, $N_0\,(\beta r)$: Hohlzylinder oder: β imaginär: $I_0\,(\beta'r)$: Zylinder $I_0\,(\beta'r)$, $K_0\,(\beta'r)$: Hohlzylinder §§ 23, 29 (Zusätzliche Querdiffusion, z. B. Reflektor am Mantel oder Kontrollstab)	$\varphi = 0$ am Mantel β reell, $J_0\,(\beta r)$, $N_0\,(\beta r)$ α imaginär: s. linke Spalte oder: α reell: $e^{\pm az}$, $\mathfrak{Cof}\,\alpha z$, $\mathfrak{Sin}\,\alpha z$ (Zusätzliche Längsdiffusion) z. B. Reflektor an den Deckflächen

$$\beta \text{ imaginär: unmöglich bei reellem } \alpha$$

Wenn A und C neue Konstante sind, gilt also

$$Z_0\,(\beta_+r) = J_0\,(\beta_+r) + A\,N_0\,(\beta_+r)$$
$$Z_{0\,mod}\,(\beta_-r) = C\,I_0\,(\beta_-r) + K_0\,(\beta_-r) \tag{29.15}$$

wobei J_0, N_0 wieder die BESSELsche bzw. NEUMANNsche und I_0 und K_0 wieder die modifizierten Funktionen bezeichnen, so daß

$$\varphi_1\,(r, z) = (J_0\,(\beta_+r) + A\,N_0\,(\beta_+r))\cos\frac{\pi}{h}\,z$$
$$\varphi_2\,(r, z) = (C\,I_0\,(\beta_-r) + K_0\,(\beta_-r)) \cdot \cos\frac{\pi}{h}\,z \tag{29.16}$$

folgt. Damit φ_{th} und φ_s nach (29.12) die Randbedingung (29.4) erfüllen, muß

$$A_{th}\,(J_0\,(\beta_+R) + A\,N_0\,(\beta_+R)) + C_{th}\,(C\,I_0\,(\beta_-R) + K_0\,(\beta_-R)) = 0$$
$$A_s\,(J_0\,(\beta_+R) + A\,N_0\,(\beta_+R)) + C_s\,(C\,I_0\,(\beta_-R) + K_0\,(\beta_-R)) = 0 \qquad (29.17)$$

gelten*. Aus (29.3) folgt die Bedingung

$$A_s(\beta_+\,J_1\,(\beta_+a') - \beta_+\,A\,N_1\,(\beta_+a')) + C_s\,(C\beta_-\,I_1\,(\beta_-a') - \beta_-\,K_1\,(\beta_-a')) = 0$$
$$(29.18)$$

und (29.5) liefert mit $a' - d = a$

$$A_{th}\,(J_0\,(\beta_+a) + A\,N_0\,(\beta_+a)) + C_{th}\,(C\,I_0\,(\beta_-a) + K_0\,(\beta_+a)) = 0 \qquad (29.19)$$

Die vier Gleichungen (29.17), (29.19) und (29.20) bestimmen die sechs unbekannten Konstanten A, C, A_{th}, C_{th}, A_s und C_s; β_+ und β_- sind durch (29.14), die *material-abhängigen* Reaktorkonstanten B_+, B_- durch (22.26) festgelegt. Die *geometrischen* Reaktorkonstanten, die in dem hier behandelten stationären Fall mit B_+, B_- übereinstimmen, sind nun, da wir es mit einem Hohlzylinder zu tun haben, nicht mehr durch (21.18) bestimmt (Vollzylinder).

Fassen wir $B_\pm$ als die geometrischen Reaktorkonstanten auf, dann sind die $B_\pm$ *nicht* mehr durch (22.26) gegeben — wir müssen vielmehr $\beta_\pm$ aus den Randbedingungen (29.4) bestimmen und erhalten dann die geometrischen Reaktorkonstanten aus (29.11). Um $\beta_\pm$ berechnen zu können, ist noch eine weitere Bedingung nötig, die wir so wie in § 23 durch das Einsetzen von (29.12) in (29.2) erhalten:

$$D_{th}\,(-A_{th}\,B_+^2\,\varphi_1 - C_{th}\,B_-^2\,\varphi_2) - \Sigma_{A\,ges\,th}\,(A_{th}\,\varphi_1 + C_{th}\,\varphi_2) +$$
$$+ \Sigma_s\,(A_s\,\varphi_1 + C_s\,\varphi_2) = 0 \qquad (29.20)$$

(Ebenso hätten wir auch in (29.1) einsetzen können). Da sowohl φ_1 als auch φ_2 für sich eine Lösung sein muß, erhalten wir

$$-D_{th}\,A_{th}\,B_+^2 - \Sigma_{A\,ges\,th}\,A_{th} + \Sigma_s\,A_s = 0 \qquad (29.21)$$

und

$$-D_{th}\,C_{th}\,B_-^2 - \Sigma_{A\,ges\,th}\,C_{th} + \Sigma_s\,C_s = 0 \qquad (29.22)$$

woraus

$$\frac{A_{th}}{A_s} = \frac{\Sigma_s}{D_{th}\,B_+^2 + \Sigma_{A\,ges\,th}} \equiv \gamma_+; \qquad \frac{C_{th}}{C_s} = \frac{\Sigma_s}{D_{th}\,B_-^2 + \Sigma_{A\,ges\,th}} \equiv \gamma_- \qquad (29.23)$$
$$\gamma_-/\gamma_+ = \gamma$$

folgt.

Führt man dies in (29.17), (29.18) und (29.19) ein, so ergibt sich mit $C_s/A_s = G_s$

$$J_0\,(\beta_+R) + A\,N_0\,(\beta_+R) + G_s\,\gamma \cdot (C\,I_0\,(\beta_-R) + K_0\,(\beta_-R)) = 0 \qquad (29.24)$$
$$J_0\,(\beta_+R) + A\,N_0\,(\beta_+R) + G_s\,(C\,I_0\,(\beta_-R) + K_0\,(\beta_-R)) = 0 \qquad (29.25)$$

---

* Das Auftreten von so vielen Funktionen im Vergleich zu der einen kritischen Eigenfunktion (21.17) können wir uns wie folgt klarmachen: Infolge der Zweigruppentheorie kommen wir von φ zu φ_s und φ_{th}; so wie in § 23 müssen wir φ_2 berücksichtigen, weil (dort durch den Reflektor, hier durch den Kontrollstab) der kritische Fluß J_0 abgeändert wird. Daß nun auch die NEUMANNschen Funktionen auftreten, liegt wie in § 26 bei der Berechnung von f^* daran, daß wir von einem Hohlzylinder ausgehen, dessen Randbedingungen nur durch BESSEL- und NEUMANN-Funktion gemeinsam erfüllt werden können. In der Eingruppentheorie des Kontrollstabes treten nur J_0 und N_0 auf.

$$\beta_+ \, J_1 \, (\beta_+ a') - \beta_+ \, A \, N_1 \, (\beta_+ a') + G_s \, (C\beta_- \, I_1 \, (\beta_- a') - \beta_- \, K_1 \, (\beta_- a')) = 0 \qquad (29.26)$$

$$J_0 \, (\beta_+ a) + A \, N_0 \, (\beta_+ a) + G_s \gamma \, (C \, I_0 \, (\beta_- a) + K_0 \, (\beta_- a)) = 0 \qquad (29.27)$$

Das sind vier Gleichungen für A, C, G_s und $\beta_\pm$. Aus (29.24) und (29.25) folgt

$$A = - \frac{J_0 \, (\beta_+ R)}{N_0 \, (\beta_+ R)} \; ; \quad C = - \frac{K_0 \, (\beta_- R)}{I_0 \, (\beta_- R)} \qquad (29.28)$$

Aus (29.26) folgt G_s

$$G_s = \frac{\beta_+ \, J_1 \, (\beta_+ a') + \beta_+ \, [J_0 \, (\beta_+ R)/N_0 \, (\beta_+ R)] \cdot N_1 \, (\beta_+ a')}{\beta_- \, I_1 \, (\beta_- a') \cdot [K_0 \, (\beta_- R)/I_0 \, (\beta_- R)] + \beta_- \, K_1 \, (\beta_- a')} \qquad (29.29)$$

Setzt man A, C und G_s in (29.27) ein, so ergibt sich eine komplizierte transzendente Gleichung für $\beta_\pm$. Ist jedoch der Radius a' des Kontrollstabes klein gegenüber dem Reaktorradius R', dann wird sich $\beta_\pm$ nur wenig von demjenigen $\beta_\pm^0$ unterscheiden, das man für den zylindrischen Reaktor ohne Kontrollstab erhält. Für diesen gilt* nach (21.18)

$$B_g^2 = B_\pm^2 = \pm \left(\frac{(2{,}405)^2}{R^2} + \frac{\pi^2}{h^2} \right), \text{ so daß aus (29.14), das ja ganz allgemein gilt,}$$

$$\left(\beta_+^0 \right)^2 = \frac{(2{,}405)^2}{R^2} \qquad (29.30)$$

und

$$\left(\beta_-^0 \right)^2 = - 2 \, \frac{\pi^2}{h^2} - \frac{(2{,}405)^2}{R^2} \qquad (29.31)$$

folgt. Ein Vergleich von (29.30) mit (21.18) zeigt, daß β_+^0 mit β nach (20.14) übereinstimmt, während β_-^0 sinnlos ist; $\beta_+^0 = \dfrac{2{,}405}{R}$ gilt gemäß § 21.

B_+^0 und B_-^0 sind Näherungswerte für die exakten geometrischen Reaktorkonstanten B_+ und B_-, die sich in Abhängigkeit von $\beta_\pm$ aus (29.14) berechnen lassen. Wir machen nun den Ansatz

$$\beta_+ = \beta_+^0 + \Delta\beta_+ \qquad (29.32)$$

wo $\Delta\beta_+$ eine kleine, vom Vorhandensein des Kontrollstabes herrührende Störung ist. Dann können wir aber die Zylinderfunktionen in eine rasch abbrechende TAYLORreihe entwickeln.

$$J_0 \, (\beta_+ R) \approx J_0 \left(\beta_+^0 R \right) - J_1 \left(\beta_+^0 R \right) \cdot \Delta\beta_+ R = - \, 0{,}519 \, \Delta\beta_+ R; \qquad (29.33)$$

da $J_0 \left(\beta_+^0 R \right) = J_0 \, (2{,}405) = 0; \quad J_1 \left(\beta_+^0 R \right) = J_1 \, (2{,}405) = 0{,}519$

$$N_0 \, (\beta_+ R) \approx N_0 \left(\beta_+^0 R \right) = N_0 \, (2{,}405) = 0{,}510 \qquad (29.34)$$

Ferner gelten für kleine Argumente ($a \ll R$) die asymptotischen Entwicklungen[46]

$$J_1 \, (\beta_+ a') \to 0; \quad J_0 \, (\beta_+ a) \to 1$$

$$N_0 \, (\beta_+ a) \to - \frac{2}{\pi} \left(0{,}116 + \ln \frac{1}{\beta_+ a} \right);$$

$$K_0 \, (\beta_- a) \to 0{,}116 + \ln \frac{1}{\beta_- a} \; ; \quad I_1 \, (\beta_- a') \to 0;$$

$$N_1 \, (\beta_+ a') \to - \frac{2}{\pi \, a' \, \beta_+} \; ; \quad K_1 \, (\beta_- a') \to \frac{1}{\beta_- a'} \; ; \quad I_0 \, (\beta_- a) \to 1{,}000$$

$$(29.35)$$

(vgl. auch Abb. 44).

---

* (21.18) gilt auch in der Zweigruppentheorie, aber ohne Reflektor (dem hier der Kontrollstab entspricht), vgl. Tab. 32, S. 155.

x	0	1	2	3	4	5	6
J_0	1,000	+ 0,765	+ 0,224	— 0,260	— 0,397	— 0,178	+ 0,150
J_1	0,000	+ 0,440	+ 0,577	+ 0,334	— 0,066	— 0,328	— 0,277
N_0	— ∞	+ 0,088	+ 0,510	+ 0,377	— 0,017	— 0,309	— 0,288
N_1	— ∞	— 0,781	— 0,107	+ 0,325	+ 0,398	+ 0,148	— 0,175
I_0	1,000	1,266	2,280	4,881	11,30	27,72	67,23
I_1	0,000	0,565	1,591	3,953	9,759	24,34	61,34
K_0	+ ∞	0,422	0,110	0,035	0,011	0,004	0,001
K_1	+ ∞	0,625	0,140	0,040	0,013	0,004	0,001

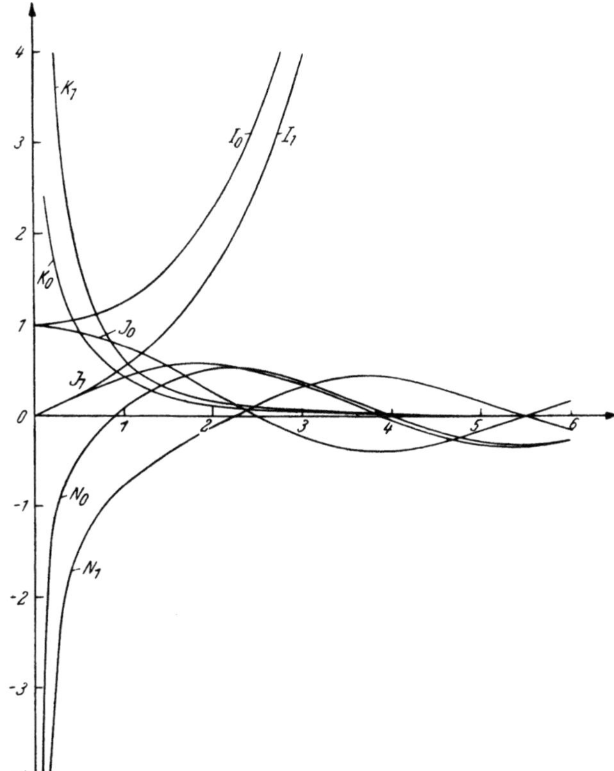

Abb. 44. Der Verlauf der Zylinderfunktionen

Für kleine Argumente gilt

$$\frac{K_0\,(\beta_- R)}{I_0\,(\beta_- R)}\; I_0\,(\beta_- a) \ll K_0\,(\beta_- a) \tag{29.36}$$

so daß der linke Term vernachlässigt werden kann. Berücksichtigt man alle diese Näherungen und (29.30), dann erhält man

$$A = 2{,}44 \cdot \Delta\beta_+/\beta_+^0\,; \quad C\,I_0\,(\beta_- a) \approx 0 \tag{29.37}$$

$$G_s = 2{,}44 \cdot \Delta\beta_+/\beta_+^0 \cdot 2/\pi \tag{29.38}$$

und aus (29.27) folgt

$$1 = \frac{2{,}44\,\Delta\beta_+}{\beta_+^0}\,\frac{2}{\pi}\,[(0{,}116 + \ln\,(1/\beta_+ a)) - \gamma\,(0{,}116 + \ln\,(1/\beta_- a))] \tag{29.39}$$

woraus β_+ zu berechnen ist. Mit Hilfe von (29.14) ergibt sich nun aus (22.24)

$$k_{eff} = \frac{k_\infty}{\left(1 + \tau_{th}\left[\beta_\pm^2 + \dfrac{\pi^2}{h^2}\right]\right) \cdot \left(1 + L_{th}^2\left[\beta_\pm^2 + \dfrac{\pi^2}{h^2}\right]\right)} \tag{29.40}$$

und

$$\frac{\Delta k_{eff}}{\Delta \beta_+} \approx \frac{dk_{eff}}{d\beta_+} = -\frac{k_{eff}}{\left(1 + \tau_{th}\left[\beta_+^2 + \pi^2/h^2\right]\right)\tau_{th}\,2\,\beta_+} + \\ -\frac{k_{eff}}{\left(1 + L_{th}^2\left[\beta_+^2 + \pi^2/h^2\right]\right)L_{th}^2\,2\,\beta_+} \tag{29.41}$$

Da wir es nur mit kleinen Abweichungen vom kritischen Zustand ($B_g = B_m$) zu tun haben und da die Funktion ln eine sehr schwache Funktion ist, können wir β_+ und β_- als Beiträge zur materialabhängigen Reaktorkonstante ansehen und aus (29.14) (22.26) berechnen. Die durch den Kontrollstab hervorgerufene Änderung $\Delta\beta_+$ der geometrischen Reaktorkonstanten kann dann aus (29.39) mit Hilfe von (29.30) berechnet werden. Aus (29.41) ergibt sich so Δk_{eff}. Die sich für die Radienverhältnisse a'/R' 0,001 bis 0,01 ergebenden Werte liegen zwischen 0,02 und 0,08. Ähnliche Werte ergeben sich auch mit der Eingruppentheorie (vgl. Übungsbeispiel 29a).

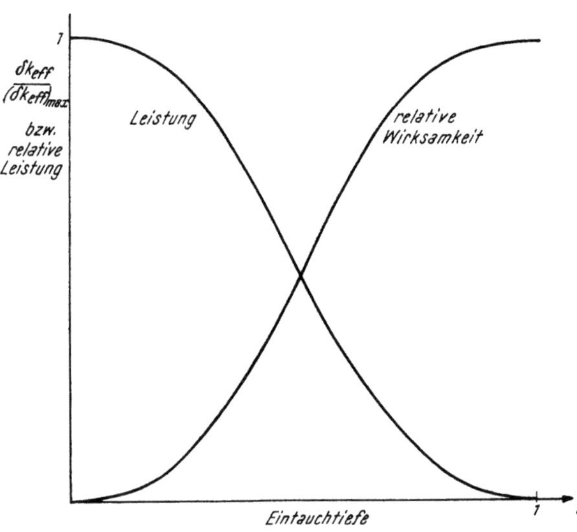

Abb. 45. Wirksamkeit eines zentralen Kontrollstabes

Die eben besprochene Rechnung liefert den maximalen Wert $(\delta k_{eff})_{max}$, der nur bei vollständig versenktem Kontrollstab erreicht wird. Will man δk_{eff} als Funktion der *Stellung* des Kontrollstabes haben, müssen die Randbedingungen geändert werden: sie gelten dann nicht mehr für jeden Wert von z, sondern nur für ein von der Stellung des Kontrollstabes abhängiges Intervall. Derartige Rechnungen sind sehr kompliziert und können hier nicht besprochen werden (vgl. WHEELER[91] und Abb. 45).

Muß außerdem ein Reflektor berücksichtigt werden, dann werden die Rechnungen noch komplizierter und umfangreicher (ADLER[91]). Mit Hilfe der Methoden der Störungsrechnung ist es jedoch möglich, für $k_{eff}(x)$ eine brauchbare Näherungsformel zu gewinnen (Reaktor ohne Reflektor). Nach (28.69) können wir

$$\delta k_{eff} = \frac{\displaystyle\int_{Stab}\int_0^\infty S\varphi^2(\mathfrak{r}, E)\,dE\,d\tau}{\displaystyle\int_{V_R}\int_0^\infty V\varphi^2(\mathfrak{r}, E)\,dE\,d\tau} \approx \frac{a'^2\,\pi\displaystyle\int_0^x S\varphi_E^2(x')\,dx'}{R'^2\,\pi\displaystyle\int_0^{h'} V\varphi_E^2(x')\,dx'} \tag{29.42}$$

setzen, wobei φ_E^2 der Fluß nach der Eingruppentheorie und x die Eintauchtiefe ist. Ferner gilt

$$\Delta k_{eff} = (\delta k_{eff})_{max} \approx \frac{a'^2 \pi \int\limits_0^{h'} S\varphi_E^2 (x')\, dx'}{R'^2 \pi \int\limits_0^{h'} V\varphi_E^2 (x')\, dx'} \tag{29.43}$$

da die maximale Eintauchtiefe durch die wahre Höhe h' des Reaktors gegeben ist. Mit $h \approx h'$ folgt dann für einen Plattenreaktor* ($b = c = \infty$, $a = h$) wegen (21.4)

$$\boxed{\frac{\delta k_{eff}(x)}{(\delta k_{eff})_{max}} = \frac{\int\limits_0^x \varphi_E^2 (x')\, dx'}{\int\limits_0^h \varphi_E^2 (x')\, dx'} = \frac{x}{h} - \frac{\sin\dfrac{2\pi}{h} x}{2\pi}} \tag{29.44}$$

Hierbei wurde angenommen, daß S von x unabhängig ist und weggekürzt werden kann.

Tatsächlich erreicht ein Kontrollstab in der Praxis niemals das berechnete $(\delta k_{eff})_{max}$, da der Kontrollstab sich in einem Kanal auf und ab bewegen muß und daher immer ein dünner Luftspalt zwischen ihm und dem Reaktor besteht. Dieser gibt Anlaß zu kleinen Neutronenverlusten, die rechnerisch kaum erfaßt werden können. Es ist deshalb zweckmäßig, die Wirksamkeit des Kontrollstabes auch experimentell zu bestimmen. Meist geht man hierbei so vor, daß man einen Reaktor durch Herausziehen des Kontrollstabes überkritisch macht und die stabile Reaktorperiode mißt (vgl. § 38). Nach der NORDHEIMschen Formel (24.41) kann man dann $\tilde{\varrho}$ und k_{eff} berechnen (ERTAUD et al[91]). Wichtig ist auch zu wissen, wie schnell die Kontrollstäbe wirken — eine Frage, die im wesentlichen vom Bewegungsgesetz des Kontrollstabes abhängt (vgl. Übungsbeispiel 29b).

Die Wirksamkeit des Kontrollstabes ist natürlich auch von seiner Anordnung im Reaktor stark abhängig; es ist klar, daß ein zentral angebrachter Kontrollstab, der in das Maximum des Neutronenflusses eintaucht, die größte Wirksamkeit besitzt. Weitere Kontrollstäbe werden dann am Rand des Reaktors oder auch im Reflektor angeordnet. Meist ist ja ein einziger Stab nicht in der Lage, das zur Steuerung großer Reaktoren notwendige δk_{eff} zu liefern. Die Theorie der Wirksamkeit mehrerer Kontrollstäbe ist wegen deren gegenseitiger Beeinflussung recht schwierig[92] — jeder Stab verändert ja den Neutronenfluß im ganzen Reaktor und am Ort des Stabes wird der Fluß singulär. Meist führt nur eine Iterationsmethode zum Ziel. Es ergeben sich folgende Gesetzmäßigkeiten:

1. Es gibt eine bestimmte Entfernung der Kontrollstäbe untereinander, die zu einem Maximum der Wirksamkeit führt.

2. Überschreitet die Entfernung zweier Kontrollstäbe eine gewisse Minimalentfernung, dann ist ihre Wirksamkeit größer als die Summe der Wirksamkeiten der Einzelstäbe (,,*positiver Schatten*'').

---

* Man benütze $\int\limits_0^y \cos^2 x\, dx = \left| \dfrac{1}{2}\sin x \cos x + \dfrac{x}{2} \right|_0^y$ und $\sin 2\alpha = 2\sin\alpha\cos\alpha$.

3. Sind die Kontrollstäbe sehr nahe beisammen, dann ist die Gesamtwirksamkeit geringer als die Summe der Einzelwirksamkeiten (*„negativer Schatten"*).

4. Die Wirksamkeit eines Stabes an einer Stelle ist ungefähr proportional dem Quadrat des dort herrschenden Neutronenflusses [gilt nur für nicht zu große $(\delta k_{eff})_{max}$].

Je nach dem Zweck, dem der Kontrollstab dient, unterscheidet man:

Abstellstäbe: Diese dienen zur Grobregulierung der Leistung, zum Einschalten und Abstellen. Sie dürfen sich nur langsam bewegen (k_{eff} um $0,01^0/_{00}$ pro sec geändert) und müssen ein großes $(\delta k_{eff})_{max}$ besitzen, entsprechend der gesamten Reaktorempfindlichkeit.

Regulierstäbe: Diese dienen zur Feinregulierung, zur Stabilisierung einer festgelegten Leistung und zur Kompensierung von Störungen. Die Regulierstäbe müssen daher rasch beweglich sein (Änderung von k_{eff} um $0,1^0/_{00}$ bis $1^0/_{00}$ pro sec), ihr $(\delta k_{eff})_{max}$ kann klein sein, $\tilde{\varrho}$ soll den Wert 0,0076 (bei U 235) nicht überschreiten, so daß ein — etwa durch einen Fehler bewirktes — vollkommenes Herausziehen der Regulierstäbe den Reaktor nicht prompt überkritisch macht. Regulierstäbe sollen auf 0,001% von k_{eff} genau kalibriert sein ($\pm$ 0,03 cm Genauigkeit der Stellung).

Sicherheitsstäbe: Diese dienen zum raschen Abstellen des Reaktors bei Gefahr. Sie müssen daher sehr rasch beweglich sein (Änderung von k_{eff} um $1^0/_{00}$ pro sec) und ihr $(\delta k_{eff})_{max}$ muß stets so groß sein, daß der Reaktor unabhängig von Vergiftung, Abbrand, Temperatur usw. jederzeit schnellstens unterkritisch gemacht werden kann.

Die hier besprochene Theorie bezieht sich auf absorbierende Kontrollstäbe. Um mit möglichst dünnen Stäben auszukommen, verwendet man für absorbierende Kontrollstäbe solche Stoffe, die für thermische Neutronen* einen möglichst großen makroskopischen Wirkungsquerschnitt haben, also z. B. Bor oder Cadmium (in der Form von Borstahl, als Cadmiumlegierung, Boral (B_4C + Al), B_4C, BN, HfO_2 usw.).

Bor besitzt den Vorteil, daß bei der Absorption der Neutronen — (n, α)-Prozeß — keine γ-Strahlung entsteht, die bei der Verwendung von Cadmium auftritt [(n, γ)-Prozeß]. Aber auch U 238 oder natürliches Uran, Thorium und andere Stoffe (Bremsmittel, wie Graphit, Beryllium oder Ausgangsstoffe für die Isotopenproduktion) werden für die Kontrollstäbe verwendet[92, 93].

Bei der Verwendung von reinem Cd ist der niedrige Schmelzpunkt dieses Elementes zu beachten (vgl. Tab. 48).

Große Absorption, gute mechanische Festigkeit, kleine Dichte (daher kleine Masse und rasche Beweglichkeit), Beständigkeit bei Hitze und Strahlung — das sind einige der Forderungen, die an gute Kontrollstäbe gestellt werden müssen. Für die Herstellung der Kontrollstäbe können verschiedene Methoden verwendet werden: Walzen, Gießen, Ziehen, pulvermetallurgische Methoden usw., vgl. Reaktorhandbuch, Materialprobleme[93]; auch bezüglich des Vorkommens der Erze und der Gewinnung von Kontrollstabmaterial findet man dort nähere Angaben.

Die Steuerung von Reaktoren muß jedoch nicht nur durch absorbierende Kontrollstäbe erfolgen — diese Methode ist wegen der mit ihr verbundenen

---

* Gelegentlich werden auch Kontrollstäbe, die epithermische Neutronen absorbieren, verwendet (z. B. mit Wasser gefüllte Cd-Zylinder — das Wasser bremst die durch das Cadmium eindringenden Neutronen einer Energie > 0,4 eV auf thermische Energien ab, so daß auch diese epithermischen Neutronen vom Cd absorbiert werden können.

Tabelle 48. *Eigenschaften von Kontrollstabmaterial*

Stoff	σ_A [barn]	Dichte [g cm^{-3}]	Preis [ö.S/kg]	Schmelz- punkt [° C]	Chem. Atom- gewicht	Wärme- leit- fähigkeit [cal s^{-1} cm^{-1}/° C]	Ausdeh- nungsko- effizient [/° C]
B .... (B 10)	750 (4000)	2,33	700	2300	10,82	$\sim$ 0,3	8,3 · 10^{-6}
Cd .... (Cd 113) ...	2400 (19 500)	8,65	100	321	112,41	0,2	30 · 10^{-6}
Hf .... (Hf 174) ...	115 (1500)	13,1	sehr teuer	2100	178,6	—	6 · 10^{-6}
Gd .... (Gd 157) ...	44 000 (160 000)	7,9	extrem teuer	1200	156,9	—	—
Hg	380	13,35 (100° C)	40	— 38,8	200,61	0,025	0,18 · 10^{-3} (Volumen)

großen Neutronenverluste eigentlich recht schlecht — man kann Stäbe aus Bremsmittel oder Brennstoff (Uranstäbe bei schnellen Reaktoren, vgl. § 40) verwenden oder überhaupt mit anderen Methoden[94] arbeiten.

Es gibt, abgesehen von den Kontrollstäben, folgende Möglichkeiten der Stabilisierung:

1. Veränderung der Brennstoffmenge in dem Maß, in dem Geräte und Apparate in den Reaktor eingeführt oder aus ihm entfernt werden,

2. Regulierung des Zu- und Abflusses flüssiger zirkulierender Brennstoffe,

3. Veränderung der Höhe des Schwerwasserspiegels,

4. Bewegung des Reflektors (*Sicherheitsblocks*, vgl. § 40),

5. Selbststeuerung des Wasserkochers infolge des großen Temperatur- koeffizienten,

6. Verbrauch von Giften (Absorbern) durch (n, x)-Reaktionen (erhöht k_{eff}, sogenannte „*Giftverbrennung*"),

7. BF$_3$-Gas unter variierbarem Druck in einem im Reaktorinneren befind- lichen Behälter,

8. Beifügung von Absorbern zum Kühlmittel,

9. Verdrehen von Scheiben, deren eine Hälfte aus Bremsmittel, die andere Hälfte aus einem Absorber besteht,

10. Strömungen im Bremsmittel[94].

Die eingehende Besprechung dieser Methoden würde den Rahmen dieses Buches jedoch übersteigen.

Übungsbeispiele

29 a) Man versuche, unter Zugrundelegung der Eingruppentheorie die Nähe- rungsformel

$$(\delta k_{eff})_{max} \approx \frac{7{,}5 \, L_{eff}^2}{R^2} \left(0{,}116 + \ln \frac{R}{2{,}4 \, a} \right) \qquad (29.45)$$
$$a = a' - d$$

abzuleiten.

29 b) Ein ganz herausgezogener Kontrollstab, dessen $(\delta k_{eff})_{max} = 0{,}05$ sei, werde in den Reaktor so weit fallen gelassen, daß eine plötzlich auftretende Störung $\delta k_{eff} = + 0{,}01$ gerade kompensiert werde. Welche Strecke muß der Kontrollstab fallen (Strecke sei $x = g t^2/2$) und welche Zeit benötigt er hierzu, wenn $h = 1{,}2$ m ? Wodurch ist die Zeit, die der Reaktor nach erreichter Kompensierung zur Rückkehr in den kritischen Zustand braucht, festgelegt ? (Vgl. auch Yvon[91].)

29 c) Man leite die Formel

$$\frac{d\,\delta k_{eff}\,(t)}{dt} = \frac{2}{h}\,\frac{dx\,(t)}{dt}\,(\delta k_{eff})_{max}\,\sin^2\left(\frac{\pi\,x(t)}{h}\right) \qquad (29.46)$$

für die Abhängigkeit der Wirksamkeit eines Kontrollstabes von seiner Stellung ab
und berechne, wie schnell ein Stab zur Erreichung einer Änderung von k_{eff} um $0{,}1^0/_{00}$
pro sec in einem 60 cm hohen Reaktor bewegt werden muß; $(\delta k_{eff})_{max}$ sei 0,005.
Wie lange dauert das vollkommene Herausziehen dieses Regulierstabes?

29 d) Man begründe die Näherungsformel

$$T\,(t) \approx \frac{(k_{eff}\,(t) - 1)\,h}{2\,\dfrac{dx\,(t)}{dt}\,(\delta k_{eff})_{max}\,\sin^2\left(\dfrac{\pi\,x(t)}{h}\right)} \qquad (29.47)$$

(T Reaktorperiode).

29 e) Wenn sich — z. B. durch die Einführung eines Kontrollstabes — die materialabhängige Reaktorkonstante B örtlich ändert, dann gilt

$$\overline{B} = \frac{\displaystyle\int B\,\varphi^2\,d\tau}{\displaystyle\int \varphi^2\,d\tau} \qquad (29.48)$$

wo φ der ungestörte Fluß ist. Man begründe und interpretiere (29.48). Das *statistische
Gewicht* W eines Teilgebietes G eines Reaktors ist durch

$$W_G = \frac{\displaystyle\int_G \varphi^2\,d\tau}{\displaystyle\int_{V_R} \varphi^2\,d\tau} \qquad (29.49)$$

gegeben. Man berechne W für einen zentralen zylindrischen Kontrollstab in einem
zylindrischen Reaktor. Man stelle W als Funktion von a'/R' graphisch dar. Zeige, daß

$$B^2_{Reaktor} = B^2_G\,W_G + B^2_{(V_R - G)}\cdot W_{(V_R - G)} \qquad (29.50)$$

gilt.

29 f) Welche Empfindlichkeit absorbiert ein zylindrischer Cd-Stab vom Durchmesser 6,89 cm, der allseitig mit einer 1 cm dicken Al-Hülle umgeben und 1,80 m
lang ist?

VI. Der Bau von Reaktoren
§ 30. Kernbrennstoffe

Vorkommen der Kernbrennstoffe, Erze, Gewinnung, Verarbeitung und physikalische Eigenschaften, Spaltstofflegierungen, Form und Herstellung der Brennstoffelemente, Schutzhüllen, flüssiger Brennstoff und Brennstoffschlamm, angereicherter
und reiner Brennstoff, Brüten, Brennstoffkreislauf und Lagerung.

Alle Elemente und jede chemische Verbindung, die spaltbare Atomkerne
enthalten, können an sich als Kernbrennstoffe Verwendung finden; demnach
müßten alle schweren Elemente (Ordnungszahl größer als etwa 75) als Kernbrennstoffe dienen können. Allerdings werden Elemente wie Gold, Wismut,
Quecksilber usw. nur durch sehr schnelle Neutronen ($E \approx 100\ \text{MeV}$ und mehr)
gespalten, so daß — zumindest derzeit — z. B. Quecksilber-Reaktoren* nicht
möglich sind. Im Energiebereich 0 bis 2 MeV stehen heute nur Isotope des Urans
und des Plutoniums als Kernbrennstoffe (*Spaltstoffe*) zur Verfügung. Für sämt-

---

* Von denen die Tagespresse zu berichten wußte.

liche schnellen, intermediären und thermischen Reaktoren, die bisher gebaut wurden, wurden ausschließlich diese beiden Elemente als Brennstoff verwendet*. In der Praxis (Forschung, Energieerzeugung) hat man es fast durchwegs mit thermischen Reaktoren zu tun (vgl. aber § 40). Für diese Reaktortype kommen als Brennstoffe nur die thermisch spaltbaren Isotope von Uran und Plutonium in Frage, also U 233, U 235, Pu 239 und eventuell Pu 241. Aber auch für schnelle Reaktoren wurde bisher anscheinend nur U 235 und Pu 239 verwendet. Von den vier erwähnten Kernen kommt nur U 235 in der Natur in nennenswerten Mengen vor, Pu findet sich — allerdings in einer Konzentration von $1 : 10^{11}$ — in der Pechblende, vermutlich als Folge des Prozesses (28.27). Pu 239 entsteht in jedem U 238 enthaltenden Uranreaktor infolge des Resonanzeinfanges (28.27) („*Uranbrüten*“), U 233 entsteht durch den analogen Prozeß in Thorium („*Thoriumbrüten*“):

$$_{90}\text{Th}^{232} \ (n, \gamma) \ _{90}\text{Th}^{233} \tag{30.1}$$

Th 233 ist ein Betastrahler mit der Halbwertszeit 23 min und wandelt sich in $_{91}\text{Pa}^{233}$ um, das mit einer Halbwertszeit von 27,4 d durch einen β^--Zerfall in $_{92}\text{U}^{233}$ übergeht. U 233 ist ein α-Strahler (vgl. Tab. 49), Pu 241 entsteht durch zweimaligen (n, γ)-Prozeß am Pu 239 oder durch einen (n, γ)-Prozeß an U 239 und zwei darauffolgende β-Zerfallsprozesse und einen weiteren (n, γ)-Prozeß — es ist daher schwerer als U 233 oder Pu 239 herzustellen (vgl. Abb. 49).

Tabelle 49. *Eigenschaften von Spaltstoffen und schweren Kernen*
*(*Brütquerschnitt)*

Kern	Natürliches Isotopenverhältnis	σ_{Sp} [barn]	Zerfall $\tau_{rad.}$		τ_0	ν_{th}	η_{th}	σ_A [barn]
U 233	0%	524	$1,63 \cdot 10^5$ a	α	10^{15} a	2,49	2,31	69
U 235	0,715%	590	$7,1 \cdot 10^8$ a	α	$1,8 \cdot 10^{17}$ a	2,48	2,08	108
Pu 239	0%	729	$2,43 \cdot 10^4$ a	α	$5,5 \cdot 10^{15}$ a	2,90	2,03	303
Pu 241	0%	1060	14 a	α	10^{11} a	3,00	2,22	380
Th 232	100%	0,15 (5 MeV)	$1,39 \cdot 10^{10}$ a	α	10^{18} a	—	—	7,30*
Th 233	0%	20 (th)	23,3 min	β^-				1400 (th)
U 234	0,0058%	0,1 (3 MeV)	$2,7 \cdot 10^5$ a	α	10^{16} a	—	—	89
U 237	0%		6,8 d	β^-	10^{16} a	—	—	
U 238	99,28%	0,52 (2 MeV)	$4,5 \cdot 10^9$ a	α	$8,0 \cdot 10^{15}$ a	2,3	26,6	2,80*
U 239	0%	12 (th)	23 min	β^-	10^{14} a	—	—	22 (th)
Np 239	0%	3 (th)	2,3 d	β^-				80 (th)
Cm 242	0%	5 (th)	162,5 d	α	$7,2 \cdot 10^6$ a	—	—	20 (th)
E 253	0%		19,3 d	α	$7 \cdot 10^5$ a	—	—	160 (th)
Fm 256	0%		4 h		3,5 h	—	—	

Uran- und Thoriumerze sind daher derzeit die einzigen Rohstoffe für den Betrieb von Reaktoren. Die beiden Elemente U und Th kommen als verschiedene

---

* Noch schwerere Elemente als Pu kommen kaum in Frage, da die Halbwertszeiten des radioaktiven Zerfalls und der Spontanspaltung schon recht klein sind (vgl. Tab. 7, S. 27) und da diese Elemente nur in kleinen Mengen erzeugt werden können und in der Natur nicht vorkommen.

Mineralien und in sehr geringen Konzentrationen auch in Gesteinen*, z. B. in Granit vor[95] (vgl. Tab. 50). Das Isotopenverhältnis ist so wie bei allen anderen Elementen konstant, d. h. von Art und Ort des Vorkommens und der chemischen Zusammensetzung des Erzes vollkommen unabhängig**. Die Vorräte an Uran und Thoriumerzen sind nicht genau bekannt; man nimmt an, daß die ganze Erdkugel zirka 10^{14} t Uran enthält (vgl. Tab. 51 und 52).

Tabelle 50. *Uran- und Thoriumerze (150 Uran-, 30 Thorium-Minerale überhaupt)*

Name des Minerals	Chemische Formel	Spaltstoffgehalt	Vorkommen
Pechblende (Uraninit)	UO_2, U_3O_8 usw. (65—80%)	1—4%	Kanada, CSR, belg. Kongo
Carnotit	$K_2O \cdot (UO_2)_2 \cdot V_2O_5 \cdot x\,H_2O$	0,1—0,5%	Arizona, Colorado-Plateau
Hydronasturan	$UO_2 \cdot k\,UO_3 \cdot n\,H_2O$	UO_2-Gehalt 22%	USSR
Autunit	$CaO \cdot 2\,UO_3P_2O_5 \cdot x\,H_2O$	0,1—0,5%	CSR, Cornwall
Tyuyamunit	$CaO \cdot UO_3 \cdot V_2O_5 \cdot 3\,H_2O$	0,1—0,4%	Ferghana, USA
Urgit	$UO_3 \cdot n\,H_2O$	UO_3-Gehalt 70%	
Thorianit	$(Th, U)\,O_3$	12—30% UO_3	Ceylon
Betafit, Roskoelit	Nb_2O_5, TiO_2, Ta_2O_5, U_3O_8	9—27% U_3O_8	
Torbernit	$CuO \cdot 2\,UO_3P_2O_5 \cdot 8\,H_2O$	0,02—0,08%	Schweden, Deutschland
Pechblende	in Seifen	0,02%	Südafrika
Uran-Phosphate		0,01%	USA, Algier
Nenadkevit	U, Y, Ce, Th, Ca, Mg, Pb, Si, O, H	U-Oxyde 66%	USSR
Braunkohle		0,01%	Ungarn, Österreich (Zillingdorf)
Monazitsand	Th-Ce-Phosphat	ThO_2: 5—8%	Brasilien, Ceylon
Thorit, Orangit	$ThSiO_4$	ThO_2: 50—70%	Norwegen, Indien
Aldanit	$x\,ThO_2 \cdot y\,UO_2 \cdot z\,UO_3 \cdot t\,PbO_2$		
Granit	Zirkon, Allanit	U: 0,0009% Th: 0,0012%	
Erdkruste: Uran	alle Erze	0,0004%	
Erdkruste: Thorium	alle Erze	0,0008%	
Ozeane	—	$1,2 \cdot 10^{-6}\,\mathrm{gl}^{-1}$	

Sinkt der Urangehalt unter 0,01 bis 0,001%, dann ist die Ausbeute allerdings nicht mehr rentabel. Auch das in den Weltmeeren vorhandene Uran und Thorium wird kaum gewonnen werden können.

* Gute Strahlungsmeßgeräte zeigen einen U_3O_8-Gehalt von 0,001% durch 2 bis 5 Zählungen pro sec an.

** Bisher wurden nur wenige Abweichungen vom *Gesetz der konstanten Isotopenverhältnisse* gefunden. So sind — infolge der Stoffwechselvorgänge — die Verhältnisse der Kohlenstoff- und Sauerstoffisotope in lebender organischer Materie etwas verschieden von den Werten in anorganischer und toter organischer Materie.

Tabelle 51. *Einige Uran-Vorkommen*

Vorkommen	Urangehalt (U_3O_8)	Ungefähre Menge (Erz)
Bulgarien, Stara Zagora		
CSR, Joachimstal	einige 0,1%	10^5 t
Deutschland, Schwarzwald, Sachsen .	einige 0,1%	
England, Cornwall	bis 0,5%	
Frankreich, Zentralplateau, Vogesen.	bis 0,5%	
Italien, Roccaforte		
Portugal, Spanien	0,1% bis 1%	$4 \cdot 10^4$ t
Schweden, Billingen	Uran-Schieferton, 300 g U/t	
Schweiz, Brissago		
USSR, Ferghana, Karelien, Usbekistan	einige 0,1% (Carnotit)	10^5 t ?
Australien, Radium Hill, Rum Jungle	U_3O_8 in Kupfererzen	
Belg. Kongo, Katanga	einige % (Pechblende)	$2,5 \cdot 10^6$ t
Brasilien	0,2% (Pechblende)	
Indien, Japan		
Kanada, Großer Bärensee	1% (Pechblende)	$6 \cdot 10^5$ t
Blind River..............	2% (Pechblende)	$8 \cdot 10^5$ t
Madagaskar	0,1%	10^5 t
Südafrika, Witwatersrand	U max 0,1%	
USA, Colorado, Utah..............	0,1% u. mehr (Carnotit)	$2,5 \cdot 10^6$ t
Floridaphosphate	0,01%	
Weltvorkommen		$25 \cdot 10^6$ t

Tabelle 52. *Einige Thoriumvorkommen*

Vorkommen	Thorium-Gehalt	Ungefähre Menge
Australien, King Island, Tasmanien		
Brasilien, Bahia, Rio de Janeiro	einige %	10 000 t
Ceylon................................		
Indien, Travancore	bis 10%	170 000 t
Nigeria...............................		
Skandinavien, Schweden, Arendal		
Spanien, Balares.......................		
USA, Savannah River usw., Texas,		
Western Carolinas usw.		
USSR, Baikalsee, Ural		
Afrika, Van Rhynsdorp		
Weltvorkommen		10^6 t

Die Preise von Uran bzw. Thorium sinken von Jahr zu Jahr und liegen derzeit
(1956) etwa bei den Werten der Tab. 53 (1 $ ≈ 4 DM ≈ 25 ö. S).

Tabelle 53. *Uran- und Thoriumpreise* (ö. S/kg)
(Dezember 1956)

Uranerz (0,2% U_3O_8)	150.—/kg U_3O_8	
Extraktion	1000.—	
Metallisches Uran	1000.—	40 $; deutsche
Uran mit 0,02% U 235...........	1050.—	Eigenerzeugung
		400—700 DM/kg
Metallisches Thorium	1000.—	43 $
Angereichertes Uran (20% U 235) ..	625 000.—	25 $ pro g
Plutonium	300 000.—	12 $ pro g
Uran 238	1800.—	72 $ pro kg
UF_6 mit 20% U 235	400 000.—	16 $ pro g
Uran 235, 90%ig	390 000.—	15,7 $ pro g
Urannitrat (U 233)................	370 000.—	15 $ pro g

Das metallische Uran wird nach verschiedenen Methoden aus den Erzen gewonnen[96]. Nach dem *Aufbereiten* und *Sortieren* (nur bei Erzen mit hohem Urangehalt) werden die Erze meist noch am Gewinnungsort konzentriert (bis $10^0\!/_0$ Urangehalt und mehr). Dieses *Konzentrieren* geschieht auf mechanischem oder elektrostatischem Wege. Die auf Nußgröße zermahlenen Erze kommen dann in eine chemische Fabrik. Es gibt verschiedene chemische Verfahren, nach denen aus den Erzkonzentraten Uransalze oder metallisches Uran gewonnen werden. Am häufigsten werden der *Säureprozeß* (vgl. Abb. 46), der *Karbonatprozeß* und vor allem der *Fluorierungsprozeß* (Abb. 47) verwendet. Die Wahl des Prozesses und allfälliger Abänderungen hängt von der Zusammensetzung des Uranminerals ab.

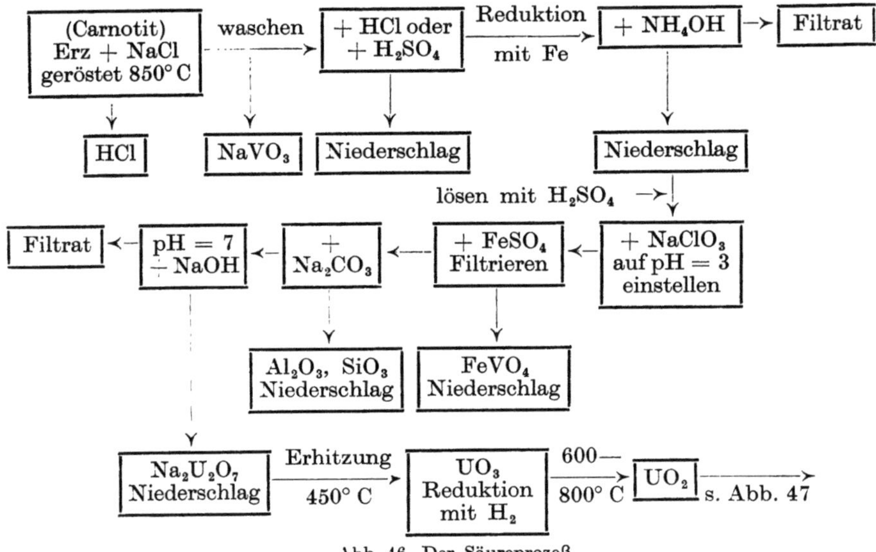

Abb. 46. Der Säureprozeß

Der Karbonatprozeß ist dem Säureprozeß recht ähnlich und führt zu UO_2.

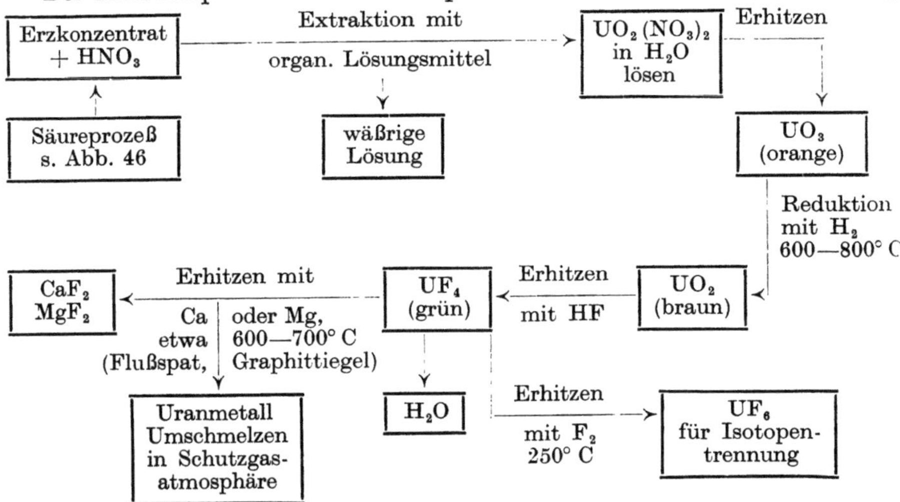

Abb. 47. Der Fluorierungsprozeß

Der Reaktorbrennstoff muß möglichst frei von Elementen mit großem Absorptionswirkungsquerschnitt sein. Auch aus Gründen der Korrosionsvermeidung ist chemisch reines Uran wünschenswert; Störelemente werden entweder schon vor dem Röstprozeß oder aber erst vor der Metallherstellung entfernt. Dies geschieht durch Extraktion des Urans mittels Diäthyläther, n-Tributylphosphat und anderer organischer Substanzen[96], wobei man von UO_2, U_3O_8 ausgeht*. Durch die sich an die Extraktion anschließenden Schritte wird die Reinheit des Urans wieder etwas herabgesetzt**.

Zur Darstellung des Thoriums[97] dient vor allem der *Alkaliprozeß* (vgl. Abb. 48) und ein modifizierter Säureprozeß.

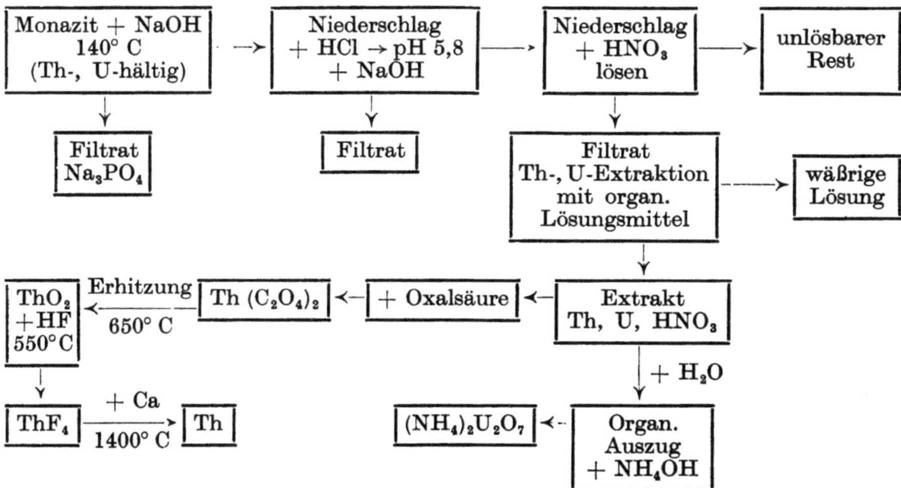

Abb. 48. Der Alkaliprozeß

Die physikalischen Eigenschaften von Uran und Thorium wurden in den letzten Jahren eingehend untersucht und sind heute recht gut bekannt[98] (vgl. Tab. 54).

Von großer praktischer Bedeutung ist die Phasenumwandlung des Urans bei 662° C, da sie mit einer plötzlichen Ausdehnung verbunden ist. Da man das Uran zum Schutz gegen Korrosion in *Schutzhüllen* geben muß, die bei der $\alpha \to \beta$-Phasenumwandlung aufplatzen, kann man derzeit heterogene Reaktoren nur im Temperaturbereich unter 660° C betreiben. (Durch Legierung des Urans (z. B. mit Cr) kann man allerdings den Stabilitätsbereich der β-Phase bis zu 40° C und tiefer ausdehnen).

---

* Uran ist praktisch das einzige Element, dessen Nitrat in Äthyläther löslich ist. Äther ist leicht regenerierbar, aber explosiv.

** Ein gutes Kriterium für die Reinheit des Urans ist die Dichte: 18,2 ist verwendbar, aber „unrein", 18,6 ist schon äußerst reines Reaktoruran. Eine solche Reinheit ist nur durch Verwendung von Spezialtiegeln beim Erhitzen erreichbar, vgl. VAN IMPE[96]. Durch Verwendung von Graphittiegeln erhält man eine Verunreinigung des Urans von 150 bis 300 ppm Kohlenstoff.

Tabelle 54. *Physikalische Eigenschaften von Spaltstoffen*

Eigenschaft	Metallisches Thorium	Uran	Plutonium
Aussehen	silbrig dunkel, halb-hart, pyrophor	grau-weiß, hart, pyrophor	metallisch-dunkel
Schmelzpunkt	1690° C	1133° C	640° C
Phasen α	unter 1400° C, $\varrho = 11,66$	unter 662° C $\varrho = 18,60$ (25° C)	unter 122° C $\varrho = 19,6$
β	1400—1500° C	662—772° C, $\varrho = 18,70$	122—206° C, $\varrho = 17,6$
γ	—	772—1133° C, $\varrho = 18,06$	206—319° C, $\varrho = 17,2$
Therm. Ausdehnung ..	isotrop: $12 \cdot 10^{-6}$ (25—500° C)	anisotrop: vgl. Tab. 55	vgl. Tab. 56
Wärmeleitfähigkeit (vgl. § 32) .... [cal s^{-1} cm^{-1}/° C] ...	0,090 (100° C) 0,108 (650° C)	0,060 (25° C)	
BRINELL (bei 650°C) ROCKWELL -Härte		200—260 (13) 90—120	
Elastizitätsmodul [kg mm^{-2}]	7000	17000	
POISSONsche Zahl	0,23—0,26	0,20—0,25	
Spez. Wärme [cal g^{-1}/° C]	0,028	0,028 (20° C)	
Zugfestigkeit [kg mm^{-2}]	24,4	63 (20° C)	

Eine weitere, vom technologischen Standpunkt aus unangenehme Eigenschaft ist die durch den Kristallbau bedingte anisotrope Wärmeausdehnung der α-Phase des Urans (vgl. Tab. 55).

Tabelle 55. *Wärmeausdehnung der α-Phase des Urans*
(für 25° — 650°)

Richtung (MILLER-Index)	Ausdehnungskoeffizient/° C
[100]	$+ 36,7 \cdot 10^{-6}$
[010]	$- 9,3 \cdot 10^{-6}$
[001]	$+ 34,2 \cdot 10^{-6}$

Auch die Wärmeleitfähigkeit und andere Eigenschaften des α-Urans sind anisotrop, doch werden in der Literatur meist nur die Mittelwerte angegeben. Während bei Thorium die Phasenumwandlungen keine Rolle spielen und die physikalischen Eigenschaften infolge des kubischen Gitters isotrop sind, hat Plutonium sechs Phasen (vgl. Tab. 56) und einen sehr niedrigen Schmelzpunkt.

Tabelle 56. *Phasen des Plutoniums*

Phase		Dichte	Ausdehnungskoeffizient
α	unter 122° C	19,7	$+ 51 \cdot 10^{-6}$
β	122—206° C	17,6	$+ 38 \cdot 10^{-6}$
γ	206—319° C	17,2	$+ 35 \cdot 10^{-6}$
δ	319—451° C	15,9	$- 10 \cdot 10^{-6}$
δ' (η)	451—476° C	16,0	$- 120 \cdot 10^{-6}$
ε	476—640° C	16,5	$+ 26 \cdot 10^{-6}$

Thorium, Uran und Plutonium können mit den üblichen Metallbearbeitungsmethoden wie Gießen, Walzen, Schmieden, Ziehen, Fräsen, Schweißen usw. weiterverarbeitet werden[98]; man muß nur beachten, daß diese Metalle leicht oxydieren und pyrophor sind, so daß unter Luftabschluß gearbeitet werden muß.

Da Uran, aber auch die sich chemisch recht ähnlich verhaltenden Elemente Thorium und Plutonium mit Wasser chemisch reagieren, da außerdem diese Elemente von geringer mechanischer Festigkeit sind und leicht der Korrosion unterliegen*, verwendet man den Kernbrennstoff

1. als Legierung ⎱ Brennstoffelemente
2. in einer Schutzhülle ⎰ spezieller Form
(dünnes Blech, Galvanisierung usw.),
3. in flüssiger Form (Lösung, flüssige Legierung, Suspension, Schlamm),
4. Spezialformen (keramische, pulvermetallurgische Brennstoffelemente).

Spaltstofflegierungen: Es werden meist solche Legierungen verwendet, bei denen geringe Mengen eines Metalls im Uran in fester Lösung enthalten sind (Zr, Ti, Cb, Mo) oder die echte intermetallische Verbindungen darstellen (z. B. UAl_2, UAl_3, UAl_4). Tab. 57 gibt einen Überblick über gebräuchliche Spaltstofflegierungen[99]. Manche dieser Legierungen zeigen eine überraschende Festigkeit und Korrosionsbeständigkeit, so z. B. 70% Th + 30% Zr.

Tabelle 57. *Legierungen und Verbindungen von Uran, Thorium und Plutonium (Die % sind Gewichtsprozente)*

Thoriumlegierungen und -verbindungen

Th—Al	45% Th bei 750° C	Th—C	Dichte 10,7,
Th—Be	30% Be bei 1215° C		Schmelzpunkt 2625° C
Th—Bi	0,3% Th bei 600° C	Th—Cr	0 bis 90% Cr bei 1250° C
Th—Ni	30% Ni bei 1000° C	Th—Cu	Schmelzpunkt 950° C
Th—U	20 bis 90% U bei 1100° C	Th—Zr	70% Th

Uranlegierungen und -verbindungen

U—Al	meist angereicherter Brennstoff	U—Zr	2% Zr; korrosionsfest
U—Be	z. B. UBe_{13} schmilzt bei 2000° C	U—Fe	z. B. UFe_2 schmilzt
U—Ti	Schmelzpunkt etwa 1180° C		bei 1235° C
U—Bi	flüssig	U—Cu	Schmelzpunkt 1080° C
U—S	schmilzt bei 1700° C	U—Mo	korrosionsfest
U—Cr	5% Cr; 840° (Schmelzpunkt)	U—Ni	38% Ni bei 740° C
U—Hg	UHg_4 Dissoziation bei 360° C	U—N	Schmelzpunkt 2630° C
U—Si	U_3Si_2 2% Si; korrosionsfest,	U—C	Schmelzpunkt 2270° C
	Schmelzpunkt 1700° C	U—Pb	Schmelzpunkt 1280° C
U—Sn	U_5Sn_4 schmilzt bei 1500° C	U—Ta	Schmelzpunkt 1175° C
	USn_3 $\varrho = 10$	U—V	ab ca. 1000° C flüssig
U—Bi—Pb	flüssig	U—Nb	3—6%, korrosionsfest

Plutoniumlegierungen und -verbindungen

Pu—C	Dichte 13,9	Pu—N	
Pu—S		Pu—Si	
Pu—Al	13,2% Pu, schmilzt bei 647° C	Pu—Bi	4% Pu bei 600° C

* Korrosion in kochendem destillierten Wasser:
Th: — 0,006 mg/cm², h   Oxydation: + 0,03 mg/cm², h
Korrosion in NaK flüssig: — 0,006 mg/cm², h
U: — 0,7 bis 3 mg/cm², h   ($U + 2 H_2O = UO_2 + 2 H_2$)

Form und Herstellung der Brennstoffelemente: Um betriebssicher zu sein, müssen die Brennstoffelemente (auch *Spaltstoffpatronen* genannt — MÜNZINGER) einer Reihe von Forderungen genügen, und zwar

1. mechanische Festigkeit und Formkonstanz, auch unter Hitze- und Strahlungseinwirkung,

2. Korrosionsfestigkeit (gegen Luft, Kühlmittel, Bremsmittel usw.),

3. gute Wärmeleitfähigkeit, große Oberfläche, guter Wärmeübergang,

4. leichte, nicht zu teuere Fabrikation,

5. Zurückhaltung der Spaltprodukte. (Das Entweichen des Xenons und die Verseuchung des Kühlmittels könnte man bei porösen keramischen Brennstoffelementen zulassen, da diese Reaktionstemperaturen bis 1500° C und mehr zulassen, besser gekühlt werden und eine bessere Ausnützung der Neutronen gewährleisten.)

Eine optimale Form und Herstellungsart konnte bisher noch nicht gefunden werden; in mehreren Ländern, insbesondere in den USA, werden noch immer entsprechende Untersuchungen durchgeführt[99]. Tab. 58 gibt eine Übersicht über die bisher bekannt gewordenen Arten, Brennstoffelemente herzustellen bzw. den Kernbrennstoff in Reaktoren zu verwenden.

Tabelle 58. *Arten der Verwendung des Kernbrennstoffes*
Fester Brennstoff (Brennstoffelemente)

a) Spaltstoff in Schutzhülle

1. Aluminiumhülle (bis 250° C), z. B. 0,002 bis 0,003 cm dick   (auch 1 mm[81]); Schmelzpunkt 660° C, $\sigma_A = 0{,}21$ barn, Wärmeleitfähigkeit $\approx 0{,}3$ [cal s^{-1} cm^{-1}/° C].

2. Stahlhülle (bis 650° C), Schmelzpunkt 1400° C, $\sigma_A \approx 2{,}4$ barn, Wärmeleitfähigkeit $\approx 0{,}18$ [cal s^{-1} cm^{-1}/° C].

3. Zirkoniumhülle (bis 400° C), teuer, enthält meist Hf (1%, $\sigma_{A\,Hf} = 115$ barn), Schmelzpunkt 1850° C, $\sigma_A = 0{,}18$ barn, Wärmeleitfähigkeit 0,057 [cal s^{-1} cm^{-1}/° C].

4. Keramische Hülle.

5. Magnesium, Schmelzpunkt 651° C, $\sigma_A = 0{,}06$ barn.

6. Galvanische Überzüge, z. B. UO_2 (3 mg cm^{-2}) auf Al oder umgekehrt.

7. Nb-, V, Ni-Hüllen usw. für schnelle Reaktoren.

b) Spaltstofflegierungen u. ä., keramisches Material, Karbide

1. Urandioxyd UO_2, Schmelzpunkt 2500° C, UN, USi.

2. Urankarbid UC_2, Schmelzpunkt 2270° C.

3. Al—U (16 Gewichtsprozent, angereichertes U), UA_4 in Al, UO_2 in Al, U in Th.

4. UO_2 oder UC_2 in Stahl, BeO, SiC, ThO_2, Graphit usw.; oder UO_2—BeO-Pulver.

Formen: Platten, Stangen, Stäbe, Hohlstäbe, Drähte, Scheiben, Kugeln, Sandwichplatten, Platten-Netzwerk, Fächer u. ä. (10 cm bis 4 m lang).

Flüssiger Brennstoff (Lösung, Emulsion im Kühl- oder Bremsmittel)

a) Wäßrige Lösung von UO_2SO_4, $UO_2(NO_3)_2$, 30—150 g U 235 pro Liter H_2O, 5 g U 235 pro Liter D_2O, UO_2CO_3, auch UO_2F_2 oder $(UO_2)_3(PO_4)_2$* (bis 450° C, sonst Lösungen nur bis 250° C), $Pu(NO_3)_4$ usw.

b) Geschmolzenes Salz u. ä., UF_4 in Fluoriden (große Korrosion), Bi—U in KCl—LiCl-Schmelze, 450° C, LiF—BeF$_2$—ThF$_4$, UO_3 in NaOH usw.

c) Flüssige Legierung, z. B. 8% U in Bi (580° C) in Cr-Behältern, 2% bei 400° C.

d) Aufschwemmungen (Schlamm): UBi_3 in Bi (bis 510° C), UO_2 in Na (bis 870° C), div. Uranoxyde in H_2O, D_2O (Gefahr des Absetzens), UO_2 in NaK, U_3O_8, UO_2, UO_3 in He, U_3Bi_5 in Bi, ThO_2, $UO_3 \cdot H_2O$ (bäckt zusammen), Th_3Bi_5 in geschmolzenem Bi.

Gasförmiger Brennstoff

Z. B. UF_6; trockener Gasstrom (He) mit suspendiertem Uranstaub (UO_2). Bisher nur theoretische Überlegungen und einige praktische Vorversuche.

---

* Nach neueren Untersuchungen (Veröffentl. Weltkraftkonferenz, Wien 1956) gut geeignet.

Um den Forderungen 2 und 5 zu genügen, wird der Brennstoff mit einer *Schutzhülle* umkleidet (z. B. in eine Aluminium-Schutzhülle dringen die Spaltbruchstücke etwa 0,01 mm, ihre β-Strahlen, die in Al etwa eine Reichweite von 4 mm haben, durchdringen die zirka 0,02 mm dicke Schutzhülle). Ferner werden Legierungen und keramische Materialien verwendet, die zwar bei niedrigen Temperaturen keine große mechanische Festigkeit besitzen, die aber höheren Temperaturen gegenüber widerstandsfähiger sind als Metall. Die Sprödigkeit und die geringen makroskopischen Spaltungsquerschnitte der keramischen Materialien sind hingegen nachteilig; diese Stoffe müssen, selbst wenn sie genügend korrosionsfest sind, wegen Forderung 5 mit einer Schutzhülle versehen werden. Das Hüllenmaterial selbst muß nicht nur den angegebenen fünf Forderungen genügen, sondern muß auch einen möglichst kleinen Absorptionsquerschnitt besitzen. Wichtig ist ferner eine möglichst gute Verbindung zwischen Brennstoff und Schutzhülle (sattes Anliegen, keine Poren in der Hülle usw.). Es wurde daher neben der mechanischen Verbindung (Einpressen in „Kannen") auch die metallurgische Bindung Al oder Stahl an U durch Al-Si oder Na, NaK als Zwischenschicht u. ä. verwendet*.

Ein Mittel zur Verringerung der Korrosion ist auch die Verwendung von destilliertem oder deionisiertem Wasser als Kühlmittel. Flüssige Brennstoffe, wie Legierungen oder Lösungen von Uranverbindungen in Wasser sind ihrerseits sehr korrosiv; Aufschwemmungen sind viel weniger korrosiv, doch ist auch bei ihrer Verwendung das Korrosionsproblem noch nicht gelöst. An diesem Problem wird heute intensiv gearbeitet, da flüssige Brennstoffe den großen Vorteil haben, daß die Entfernung der Spaltprodukte und die Erneuerung des Brennstoffes technisch sehr einfach durchgeführt werden kann (Kreislauf des Spaltstoffes, HALBAN, KOWARSKI 1941). Dadurch kann flüssiger Brennstoff viel besser ausgenützt werden, vgl. § 39. Die kernphysikalischen Daten vieler Brennstofflösungen und Aufschwemmungen sind heute genau bekannt (vgl. Tab. 59).

Tabelle 59. *Einige Daten von flüssigen Brennstoffen*

UO_2SO_4 in H_2O (natürliches Uran): Dichte 1,3 bis 1,5, Viskosität 0,9—4 Centi Poise (20° C).

H_2O/U	10	20	40	60	90	140	[Moleküle/Atom]
p′	0,88	0,915	0,94	0.95	0,96	0,97	Lebenserwartung

$$\left[\frac{\text{Mole } UO_2SO_4}{\text{Liter } H_2O}\right]$$

Löslichkeit: 81°C: 4,7; 106°C: 5,26; 141°C: 6,55; 311°C: 7,57.

UO_2F_2 in H_2O: 25° C, 5 Mol/Liter, $\varrho = 2,4$, pH $\approx 1,5$.

USn_3 (fest) in 56% Bi-, 38% Pb-, 6% Sn-Legierung (Schmelzpunkt $\approx 115°$ C), USn_3-Suspension und -Legierung haben beide die Dichte 10, so daß kein Absetzen der Suspension eintritt.

ThO_2—D_2O-*Schlamm*

Th [g/Liter]	1000	1000	500	500
Temperatur [°C] .	20	250	20	250
D_{th} [cm]	0,885	1,152	0,897	1,198
D_r [cm]	1,180	1,429	1,236	1,537
Σ_A [cm^{-1}]	4,86	4,62	2,87	2,72
τ [cm²]	121	187	120	191

ThO_2-Erzeugung: Glühen des Oxalates oder Karbonates.

UO_3 in NaOH: 2% bei 750° C.

Kritische Massen: UO_2F_2: 800 g U 235, 588 g U 233; $Pu(NO_3)_4$: 690 g Pu 239.

---

* Silizium im Brennstoffelement (UAl_3Si_3-Bindemittel[99]) kann bei der Brennstoffwiedergewinnung aus chemischen Gründen nachteilig sein. Diffusion zwischen Schutzhülle und Brennstoff ist wegen Forderung 5 möglichst zu verhindern.

Spezielle Brennstoffelemente haben in letzter Zeit große praktische Bedeutung erlangt. In vielen Reaktoren des Tauchsiedertyps (vgl. § 39) wird eine Verbindung aus Aluminium und angereichertem Uran, eingebettet in Aluminium oder andere „*Matrizen*" verwendet (vgl. Tab. 60).

Tabelle 60. *Brennstoffelemente vom Dispersionstyp*

Brennstoffverbindung			Matrix			
Verbindung	ϱ [g cm^{-3}]	Schmelzpunkt [°C]	Element	Schmelzpunkt [°C]	σ_A [barn]	Σ_A [cm^{-1}]
U	18,7	1133	Al	660	0,22	0,013
UAl$_2$	8,1	1590	Be	1282	0,010	0,0013
UAl$_3$	6,7	1320	Fe	1539	2,4	0,20
UAl$_4$	4.37	730	Mg	651	0,059	0,0025
(Partikel zirka 40 μ groß)			Nb	2415	1,1	0,061
			Zr	1852	0,18	0,008

22 Gewichts-% U—Al: $\varrho = 3,2$ [g cm^{-3}], $\alpha = 20 \cdot 10^{-6}/°$ C, $E = 7800$ [kg mm^{-2}]; $k = 0,39$ [cal s^{-1} cm$^{-1}/°$ C]; Festigkeit 13 [kg mm^{-2}].

Da die Spaltstoffverbindung feinst verteilt ist, spricht man von *Brennstoffelementen des Dispersionstyps*. Zu beachten ist, daß die Beifügung nicht spaltender Elemente zum Brennstoff dessen k_∞^* vermindert (vgl. Tab. 61), so daß man in den meisten Fällen nicht mehr natürliches Uran verwenden kann, sondern angereichertes Uran — bzw. Schwerwasser als Bremsmittel — verwenden muß.

Tabelle 61. *Der Einfluß von nichtspaltenden Elementen auf* k_∞^*

Brennstoff	ϱ [g cm^{-3}]	k_∞^*	Brennstoff	ϱ [g cm^{-3}]	k_∞^*
U	18	1,08	U$_3$O$_8$	6	1,04
U locker	9	1,07	UF$_3$	6	1,03
U geschüttet	6	1,06	UO$_2$	1	1,02
UO$_2$	6	1,05	UF$_6$	3,7	1,01

Es wurde auch versucht, Brennstoffelemente vom Dispersionstyp mit Hilfe pulvermetallurgischer Methoden herzustellen*, doch konnte oft die notwendige höchste Reinheit der Ausgangsmaterialien nicht erreicht werden. Da man mit pulvermetallurgischen Methoden unter dem Schmelzpunkt aller Komponenten arbeiten und Werkstücke beliebiger Form, bestehend aus homogenen Mischungen von Komponenten ganz verschiedener Dichte herstellen kann, sind diese Methoden nach wie vor von großem Interesse. So wurden z. B. die Brennstoffelemente des bei der Genfer Atomkonferenz ausgestellten Reaktors mit speziellen pulvermetallurgischen Methoden hergestellt (WEBER, HIRSCH[99], HAUSNER[106]).

Geschmolzene Uransalze und in Wasser gelöste Uranverbindungen sind ebenso wie geschmolzene Uranlegierungen und Aufschwemmungen in geschmolzenen Metallen sehr korrosiv, Aufschwemmungen in Schwerwasser sind auf den Temperaturbereich unter 350° C beschränkt, da die kritische Temperatur des Schwerwassers bei 371° C liegt und da hohe Drucke (bis 80 at) erforderlich sind, um die Verdampfung zu verhindern.

---

* Reduktion zu Metallpulver oder Hydrierung der Metallbarren und thermische Zersetzung des Hydrids.

In Anbetracht dieser Schwierigkeiten denkt man daran, die großen Vorteile des kontinuierlichen Brennstofftransportes mit Hilfe von gasförmigem Brennstoff auszunützen[99]. Ein Reaktor, dessen Brennstoff (z. B. UO_2) mit einem Gas durchgeblasen wird, könnte wahrscheinlich bei Temperaturen von 600° C und darüber arbeiten. Die Gasleitungsrohre könnten aus BeO bestehen, das gleichzeitig als Bremsmittel wirken könnte.

Angereichertes Uran kann man aus natürlichem Uran durch Isotopentrennung gewinnen. Da die Methoden der Isotopentrennung nicht Gegenstand dieses Buches sein können, begnügen wir uns mit einer Aufzählung (vgl. Tab. 62) und verweisen im übrigen auf die Spezialliteratur[100]. Für die Abtrennung des U 238 wird heute fast durchwegs die Methode der Diffusion von UF_6 durch poröse Wände benützt. Infolge des geringen Massenunterschiedes zwischen U 238 und U 235 ist die Ausbeute bei einmaliger Diffusion sehr gering; bei 2000maliger Diffusion erhält man aus 200 kg natürlichem Uran (U 235-Gehalt 0,00714 : 1) täglich zirka $^1/_4$ kg angereichertes Uran mit einem Gehalt an U 235 von 0,80 : 1. Hiezu ist eine Pumpleistung von etwa 40 MW erforderlich! Man unterscheidet:

Uranart	U 235-Gehalt	η	$k_{\infty max}$
Ausgebranntes Uran	0,43%	1,09	< 0,97
Natürliches Uran	0,71%	1,34	0,97
Leicht angereichertes Uran (bis etwa 10%)	1%	1,48	1,1
	2%	1,73	1,3
Angereichertes Uran	20%	2,05	1,5
Höchst angereichertes Uran	90% und mehr	2,07	1,6
Reines Aktinuran (reiner Kernbrennstoff)	100%	2,08	1,6 (2,08)

(Vgl. (11.7), (11.24) und Übungsbeispiel 30a)

Tabelle 62. Methoden der Isotopentrennung

In kleinem Maßstab

1. Parabelmethode von THOMSON, Massenspektrograph von ASTON, HERZOG und MATTAUCH.
2. Verdampfung bei tiefen Temperaturen.
3. Thermodiffusion in Flüssigkeiten.
4. Trennung in Überschallstrahlen.
5. CLUSIUSsches Trennrohr.
6. Ultrazentrifuge, Gaszentrifuge.
7. Gleichgewicht zwischen Gas und Lösung.
8. Chemischer Austausch $H_2O + HD \rightleftharpoons HDO + H_2$ u. ä.
usw.

In großem Maßstab

1. Diffusion durch feinporige Membran (UF_6) (sehr kostspielig, Anlage etwa $3 \cdot 10^9$ $).
2. Calutron (Mehrfachmassenspektrograph) (geringe Produktionskapazität).
3. Elektrolyse (D_2O-Gewinnung).
4. Fraktionierte Destillation (D_2O, BCl_3 usw.)
5. Trenndüse[100] (Hochdrucküberschall-Ausströmung, im Planungsstadium, Großanlage etwa 10^9 $).

Reinen Kernbrennstoff erhält man in der Form von U 233 und Pu 239 auch durch das *Brüten*. Gegenüber der Isotopentrennung hat dieser Prozeß den Vorteil, daß aus dem *Brütstoff* (Thorium bzw. Uran) neue Elemente (U 233 bzw. Pu 239) entstehen, die durch *chemische* Methoden abgetrennt werden können.

Allerdings ist auch dieser Prozeß nicht ganz einfach, da sich die im periodischen System nach dem Aktinium stehenden Elemente chemisch so ähnlich verhalten, so daß — in Analogie zu den Seltenen Erden — häufig angenommen wird, daß diese Elemente innerhalb der dritten Spalte eine Gruppe (Aktinidengruppe*) bilden. Da im bestrahlten Uran nicht nur Plutonium, sondern auch Spaltprodukte (und andere Transurane, vgl. Abb. 49) entstehen, ist die Abtrennung des Plutoniums aus dem verbrauchten Brennstoff (vgl. § 37) chemisch schwieriger als die des U 233 nach dem Thoriumbrüten.

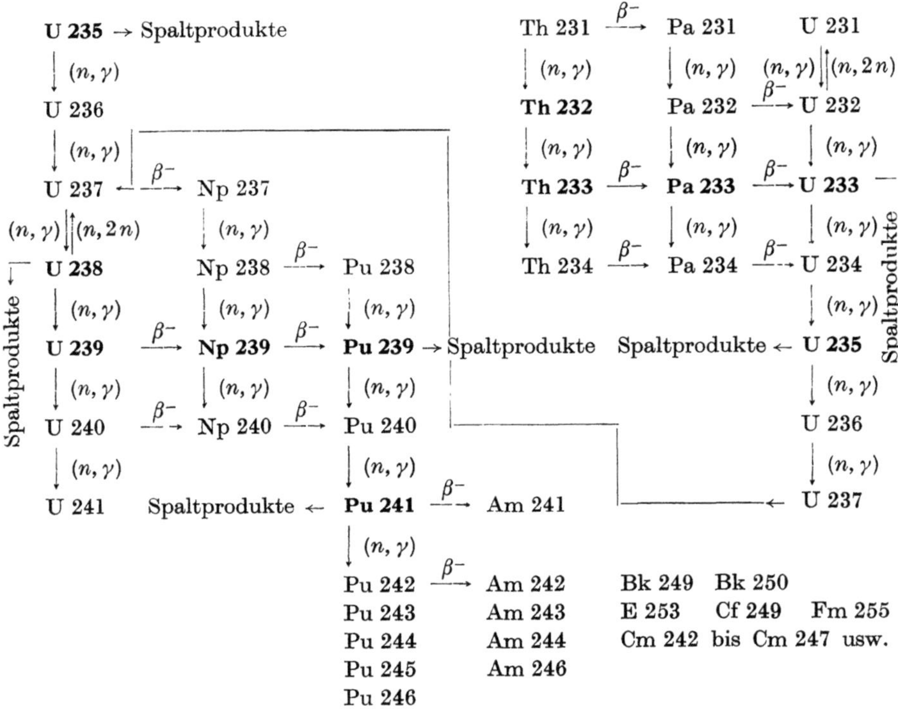

Abb. 49. Erzeugung schwerer Kerne in Uran und Thorium bei Neutronenbestrahlung

Die Brütprozesse gestatten es nicht nur, *Brennstoffkreisläufe*[102] anzugeben, sondern auch sich selbst regulierende Brennstoffanordnungen zu ersinnen (vgl. § 46 und Abb. 50).

So wie alle anderen im Reaktor befindlichen Stoffe erleidet auch der Brennstoff *Strahlungsschäden* (vgl. § 31). Es treten Form- und Strukturveränderungen auf, die durch Verwendung spezieller Legierungen oder durch besondere metallurgische Behandlung verringert werden können[103].

Die *Lagerung*[104] von Uran und Thorium, die wegen der Oxydationsgefahr unter Mineralöl, Tetrachlorkohlenstoff, ja auch unter Wasser erfolgt**, stellt

---

* Diese Auffassung blieb nicht unwidersprochen, vgl. z. B. GÖPPERT-MAYER, HAYEK, CAP[101].

** Bei der Aufbewahrung von Uran unter Wasser muß für den Abtransport des entstehenden Wasserstoffs Sorge getragen werden.

kaum Probleme; angereichertes Uran und reiner Kernbrennstoff dürfen jedoch nur in unterkritischen Mengen aufbewahrt werden. Bei Berücksichtigung eines Sicherheitskoeffizienten von 2/3 erhält man die folgenden Höchstwerte, die nicht überschritten werden dürfen: 464 g Pu pro Behälter — wobei kugelförmige Behälter am gefährlichsten sind — und einen Abstand der einzelnen Behälter untereinander von 30 cm, bei einer Lösungskonzentration von 4,4 g pro Liter.

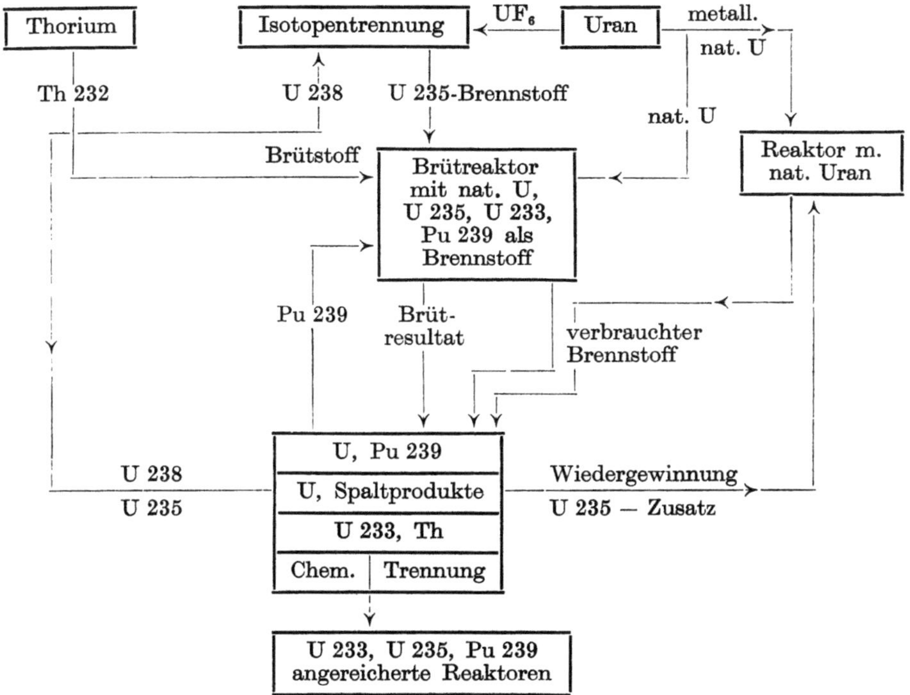

Abb. 50. Brennstoffkreisläufe

Übungsbeispiele

30 a) Welcher Anreicherungsgrad ist notwendig, um $\eta = 2,0$, 1,8, 1,6, 1,4 zu erzielen? Man berechne Σ_{Sp} für diese Anreicherungsgrade (verwende (11.24)).

30 b) Ein kugelförmiger Tank vom Durchmesser $^3/_4$ m soll mit gesättigter wäßriger $U^{235}O_2SO_4$-Lösung gefüllt werden. Die Lagerungstemperatur sei 81° C (vgl. Tab. 59). Wieviel Liter dürfen bei Berücksichtigung eines Sicherheitsfaktors 2/3 eingefüllt werden?

30 c) Der *Anreicherungsfaktor*[100] α bei der Isotopentrennung durch Gasdiffusion von UF_6 ist durch

$$\alpha = \sqrt{\frac{M^{238}}{M^{235}}} - 1 = \sqrt{\frac{352}{349}} - 1 = 0,0043 \tag{30.2}$$

gegeben (M sind die Molekülmassen). Sei x der Gehalt an U 235 und n die Nummer der Diffusionsstufe, dann gilt, wenn insgesamt N Wände durchlaufen werden müssen,

$$\begin{aligned} x\,(0) &= 0,0071 \text{ Eingang} \\ x\,(N) &= \text{Endgehalt, z. B. 0,90.} \end{aligned} \tag{30.3}$$

Da viele Stufen vorhanden sein müssen und sich x von Stufe zu Stufe nur sehr wenig ändert, kann man $x(n)$ als kontinuierliche Funktion ansehen. Wird während des Diffusionsprozesses kein Material entnommen, dann gilt

$$\frac{dx(n)}{dn} = \alpha\, x\,(1 - x) \tag{30.4}$$

Man integriere (30.4) und berechne, wieviele Stufen N mindestens erforderlich sind, um (30.3) zu erfüllen.

30 d) Man begründe an Hand der Abb. 49, daß die Differentialgleichung für den Th 233-Gehalt beim Thoriumbrüten näherungsweise durch

$$\frac{dx^{233}}{dt} = \sigma^{232}\,\varphi\,x^{232} - \frac{0,693}{\tau_{Th\,233}}\,x^{233} - \sigma^{233}\,\varphi\,x^{233} \tag{30.5}$$

gegeben ist. φ ist der Neutronenfluß im Brütreaktor und σ^{232} ist der Einfangquerschnitt des Prozesses (30.1). Die x sind Konzentrationen (Kerne/cm³).

30 e) Welche Leistung muß ein Reaktor haben, damit er täglich 0,5 kg Plutonium erzeugt? (Man nehme an, daß der Plutoniumgehalt sich durch Zerfalls- oder (n, γ)-Prozesse nicht vermindert und daß pro Spaltung ein Pu-Atom erzeugt wird.) Man berechne den Verbrauch von U 235 [kg] durch die Spaltprozesse.

30 f) Sei $\alpha = \dfrac{\sigma_A}{\sigma_{Sp}}$ der *relative Neutronenverlust*, dann ist die *Güte g_K eines Kernbrennstoffes* durch

$$\boxed{g_K = \frac{\eta}{\alpha}} \tag{30.6}$$

gegeben. Man berechne g_K unter Verwendung der Angaben von Tab. 114 für U 233, Pu 239 und U 235 für verschiedene Energien und gebe an, welcher Kernbrennstoff für thermische, intermediäre und schnelle Reaktoren am besten geeignet ist.

§ 31. Baustoffe und Bremsmittel

Eigenschaften, Beurteilung und Auswahl von Baustoffen und Bremsmitteln, Erzeugung von Beryllium und Graphit, Einfluß der Strahlung auf Werkstoffeigenschaften; Versprödung, Verhärtung, Dichte- und Formänderung, Zersetzung des Wassers, induzierte Radioaktivität.

Werkstoffprobleme spielen in der Reaktortechnik eine große Rolle, da es sehr schwer ist, Stoffe zu finden, die den Forderungen

1. mechanische Festigkeit und Formkonstanz, auch unter Hitze- und Strahlungseinwirkung,

2. Korrosionsfestigkeit,

3. einfache, nicht zu teuere Fabrikation,

4. möglichst kleiner Absorptionsquerschnitt,

5. Erfüllung der speziellen Funktion

genügen[105]. Je nach Art der Funktion des betreffenden Bestandteiles sind die erwähnten Forderungen noch zu variieren — Kernbrennstoffe und Materialien für Kontrollstäbe haben wir bereits in § 30 bzw. § 29 behandelt. In diesem Paragraphen sollen Baustoffe (innerer Aufbau des Reaktors, Schwerwassertank, Stützen und Streben, Material für Brennstoffschutzhüllen, Kühlrohre u. ä.) sowie Bremsmittel (Baustoffe des Reflektors) besprochen werden; Kühlmittel behandeln wir in § 33, Strahlenschutzmaterialien in § 34.

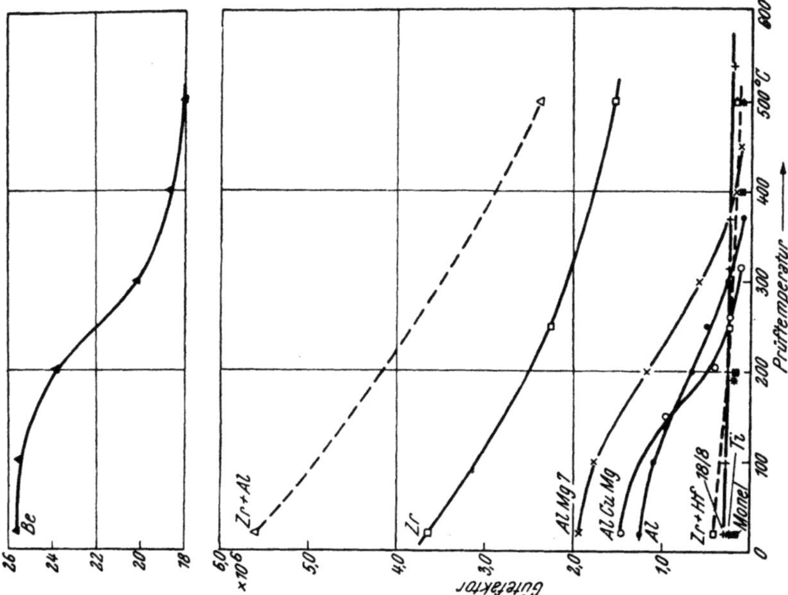

Abb. 52. Temperaturabhängigkeit des Gütefaktors

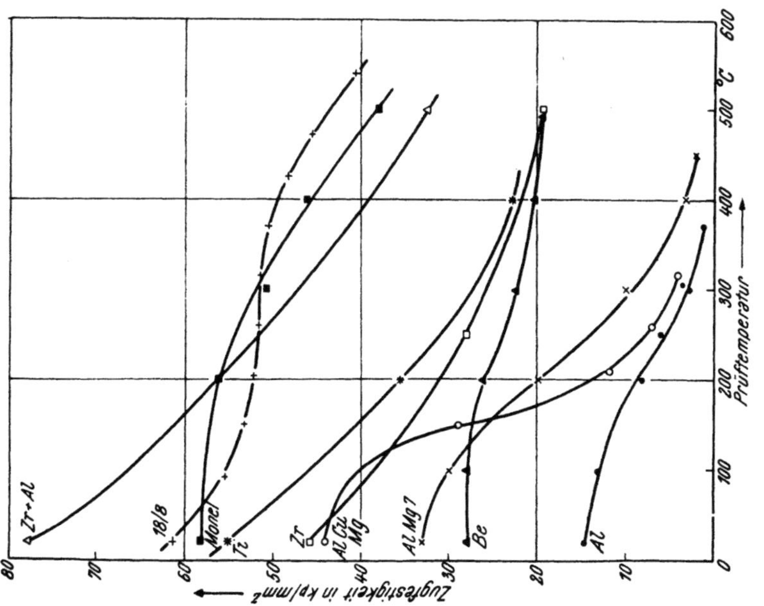

Abb. 51. Zugfestigkeit verschiedener Baustoffe

Da Zugfestigkeit F und Absorptionsquerschnitt bei der *Beurteilung* eines Baustoffes die größte Rolle spielen, definiert man durch

$$g = F/\Sigma_A \qquad (31.1)$$

einen *Gütefaktor* g. Da F und Σ_A von der Temperatur abhängen, ist auch der Gütefaktor temperaturabhängig (vgl. Abb. 51 und Abb. 52 nach LINTNER und SCHMID[103]).

Diese Kurven und Tab. 63 zeigen, daß als Reaktorbaustoffe vor allem

bis 300° C	*über 300° C*
Aluminium	Stahllegierungen
Beryllium	Titan
Zirkonium	Keramik
Ni-Cr-Legierungen	Verbundwerkstoffe
(Inconel, Monel, Nichrom usw.)	Cobalt ($\sigma_A = 34{,}8$!)

in Frage kommen.

Tabelle 63. *Eigenschaften von Reaktorbaustoffen*

Stoff	$g \cdot 10^{-3}$	Σ_A [cm⁻¹]	Festigkeit [kgmm⁻²]	Atomgewicht	Korrosionsfestigkeit	Schmelzpunkt ° C	Preis ö. S/kg
Be	24	0,0013	22—40	9,02	mittel	1300	6000
Mg	11	0,0026	22—35	24,32	schlecht	651	20
Al	1	0,013	7—20	26,97	mittel bis 250° C	660	15
Ti	0,19	0,31	57—88	47,90	gut	1660	250
V	0,25	0,33	57—109	50,95	gut	1720	1500
Cr	—	0,24	—	52,01	gut	1860	300
Nb	0,65	0,06	35—70	92,91	gut	2420	3900
Ta	0,10	1,14	90—120	180,88	gut bis 400° C	3030	1720
Fe	0,35	0,21	60—80	55,85	gut	1539	1,20
Ni	0,2	0,41	50—100	58,69	gut	1455	40
Zr	2,3	0,0077 (0,018)	25—70	91,22	gut bis 350° C	1845 (2% Hf)	500
Mo	0,36	0,16	50—70	95,95	gut	2620	400
Pb	0,33	0,006	1—3	207,21	schlecht	327	8
W	0,8	1,26	60—100	183,92	gut	3390	500
Bi	—	0,001	—	209,00	mittel	271	130
Al_2O_3	3,27	0,011	36	101,94	gut	2030	—
BeO	17,5	0,0008	14	25,02	gut	2520	500
MgO	0,63	0,0032	2	30,32	gut	2800	—
SiC	0,31	0,0064	2	40,07	gut	2200	—
ZrO_2	—	—	—	123,22	gut	2700	—
Cr_3C_2+WC	—	—	—	—	gut	1890	—
SiC+Metall	—	—	—	—	gut	2200	—
Stahllegierungen	0,4	0,26	40—130	≈55	gut	1400—1500	20—300
Magnox (97% Mg + + Be, Ca, Al)	—	—	25—45	≈24	gut 300° C (CO, H_2O)	630	≈1000
Be_2C	—	0,0010	—	30,04	schlecht	2200	5000

Eigenschaft	Al	W	Stahl	Be	Mg	Zr	Mo	Ni	Ta	Ti
Wärmeleit-fähigkeit k [cal s^{-1} cm^{-1}/°C]	0,50	0,476	0,04	0,35	0,35	0,047	0,346	0,14	0,13	0,41
10^6 · Ausdeh-nungskoeffizient [/°C]	24	4,0	16,7	12	26	5,8	5,5	13	6,5	8,5
Elastizitäts-modul E [kg mm^{-2}] · 10^{-3}	7	36	21	28	4	10	33	20	19	11
Spez. Wärme c_p [cal g^{-1}/°C]	0,22	0,03	0,12	0,50	0,24	0,07	0,06	0,11	0,03	0,126
Dichte [g cm^{-3}]	2,70	19,3	7,6	1,85	1,74	6,5	10,2	8,90	16,6	4,5

Wichtig bei der Beurteilung nach Tab. 63 ist, ob die verwendeten Stoffe vollkommen rein sind. Technisches Zirkonium z. B. enthält 0,5 bis 3% Hafnium (bei 2% Zr-Preis 30 $ pro Pfund), so daß wegen des großen Absorptionsquerschnittes von Hf ($\Sigma_A = 4,6$ cm^{-1}) der Gütefaktor des technischen Zirkoniums wesentlich kleiner ist als der Wert, den Tab. 63 angibt*. Weiter sieht man, daß keramische Stoffe (Al_2O_3, Be) und *Verbundwerkstoffe* (Keramik mit Metall, z. B. 80% Cr_3C_2 + 2% WC + 18% Ni u. ä.) für höhere Temperaturen vorteilhaft sind[107]. Schließlich sind noch Vorkommen und Produktionskosten wichtige Faktoren bei der Auswahl[106] der Baustoffe. So wären Beryllium und Zirkonium sehr geeignet, doch sind beide Elemente derzeit noch sehr teuer. Mit der Verbesserung der Gewinnungs- und Bearbeitungsmethoden** werden jedoch Be und Zr eine immer größere Bedeutung erlangen.

Auch Plastikmaterialien (Furan, Phenole, Teflon) sind in letzter Zeit als Dichtungsmittel, Isoliermaterial usw. in Reaktoren verwendet worden, da sie eine große Strahlungsbeständigkeit zeigen (bis $3 \cdot 10^{18}$ Neutronen cm^{-2}).

Unsere bisherigen Betrachtungen bezogen sich auf thermische Reaktoren. Infolge der Energieabhängigkeit der Absorptionsquerschnitte werden für intermediäre und schnelle Reaktoren weitere Stoffe in Betracht gezogen werden können (vgl. Tab. 64).

Tabelle 64. *Mögliche Baustoffe für schnelle Reaktoren*

Element	σ_{As} [barn]	Schmelzpunkt [°C]
Nb	8	2420
Fe	5	1539
Mo	8	2620
Cu	2	1083
V	1,5	1720
Ti	2	1660
Co-Legierungen (hochwarmfest)		2300—2800

---

* Methoden[106] zur chemischen Trennung von Zr und Hf sind daher für die Reaktortechnik von großer Wichtigkeit. In USA darf Reaktor-Zr maximal 100 ppm Hf enthalten, Preis 300 $ für 435 g; in Deutschland wurden 50 ppm erreicht (DEGUSSA).

** Z. B. Zr- und Be-Pulvermetallurgie (vgl. HAUSNER[106]).

Tabelle 65. *Nukleare Eigenschaften von Bremsmitteln*

$$\left(* \text{ Meßwerte. Angaben bei He schwanken sehr stark, } \sigma_A \approx 0; \quad D_2 : \frac{\Sigma_S \cdot \xi}{\Sigma_A} = 5200 \right)$$

Substanz	$\xi\,\Sigma_S$ [cm⁻¹] (7.34)	A [Mol]	$\Sigma_S\,\xi/\Sigma_A$ (7.35)	$\Sigma_{A\,th}$ [cm⁻¹]	ϱ [g cm⁻³]	D [cm]	L [cm]	τ [cm²]	L_{eff} [cm]	Σ_S epitherm. [cm⁻¹]
H₂O	1,53 (1,36*)	18	72 (62*)	0,022	1,00	0,18 (0,14*)	2,88 (2,85)	32 (33)	6,43	1,64
D₂O techn.	0,170	20	21000 (5000*)	0,000085	1,10	0,80*	100	120	101	0,35
Be	0,176	9,01	159 (145*)	0,0013	1,84	0,61 (0,70*)	23,6	98 (97,2*)	26 (24,5)	0,74
BeO	0,11	25,0	180 (182*)	0,0006	2,80	0,56	30	110	32	0,66
Graphit	0,064	12,0	170 (202*)	0,000372	1,62 (2,30)	0,92* (0,90)	50,2	350	53,6	0,39
He	1,6 · 10⁻⁵	4,003	83 ? (94)	0	0,0002					
He (100 at)	0,0016	4,003	∞ ?	0	0,018					
Polystyrol	0,80	13	62	0,015	1,07					
Paraffin	1,24	14	62	0,024	0,9					

Es werden daher laufend nicht nur experimentelle (Materialprüfungsreaktor, Oszillieren[72]), sondern auch theoretische (WEISSKOPF[105]) Untersuchungen über die Energieabhängigkeit der Absorptionsquerschnitte sehr vieler Elemente und ihrer Legierungen vorgenommen.

Eine Sonderstellung nehmen die *Bremsmittel* ein, da bei ihnen noch die Forderung eines kleinen Atomgewichtes hinzukommt (vgl. § 7). Als Material für Reflektoren und als Bremsmittel kommen wohl nur Leichtwasser, Schwerwasser, Beryllium und seine Verbindungen, Metallhydride, Graphit und organische Substanzen in Frage[107].

Alle diese Stoffe sind — ausgenommen H₂O — in der erforderlichen Reinheit nur durch komplizierte und teuere Prozesse zu gewinnen. Schwerwasser kommt in der Natur mit dem Isotopenverhältnis 1 : 6500 vor und wird mittels der Methoden der Isotopentrennung aus gewöhnlichem Wasser gewonnen (vgl. Tab. 62, S. 259); einige physikalische Eigenschaften von Bremsmitteln findet man in Tab. 65 und 66 zusammengestellt.

Tabelle 66. *Physikalische Eigenschaften von Bremsmitteln*
(*senkrecht zur Gitterebene; parallel: 1,4 · 10⁻⁶)

Eigenschaft	D_2O (giftig ?)	Be (giftig!)	BeO	Graphit (ungiftig)
Schmelzpunkt ° C ...	3,82	1280	2550	3650 (sublimiert)
Siedepunkt ° C	101,42	2970	4260	—
Isotopenverhältnis ...	0,0146%	100%	100%	98,9%
Preis ö. S/kg	1400.—	6000.—	500.—	50.—
Therm. Ausdehnungs-koeffizient/° C	—	$12 \cdot 10^{-6*}$	$6 \cdot 10^{-6}$	$3,2 \cdot 10^{-6}$
Wärmeleitfähigkeit [cal cm⁻¹ s⁻¹/°C] ...	—	0,35	0,12	0,25 bis 0,40
BRINELLHÄRTE	—	97—120—140	MOHS: 9	MOHS: 1
Korrosionsfestigkeit..	—	mittel bis 600° C	gut	gut bis 600° C

Eigenschaft	H_2O	D_2O
Dichtemaximum bei	3,98° C	11,23° C
Maximale Dichte	1,000	1,106
Viskosität bei 35° C [Centi Poise] [g cm⁻¹ s⁻¹]	0,721	0,864
Dampfdruck bei 90° C [mm Hg]	525,72	495,5
Schmelzpunkt [° C]	0,00	3,81
Kritische Temperatur [° C]	374,1	371,5

Schwerwasserpreise: USA 28 $ für 450 g; Norwegen 10³ DM/kg, Deutschland 600 DM/kg

Beryllium gewinnt man aus dem Mineral Beryll, $3\,BeO \cdot Al_2O_3 \cdot 6\,SiO_2$ (Erze mit 3—4% Be Gehalt), z. B. nach dem Schema von Abb. 53.

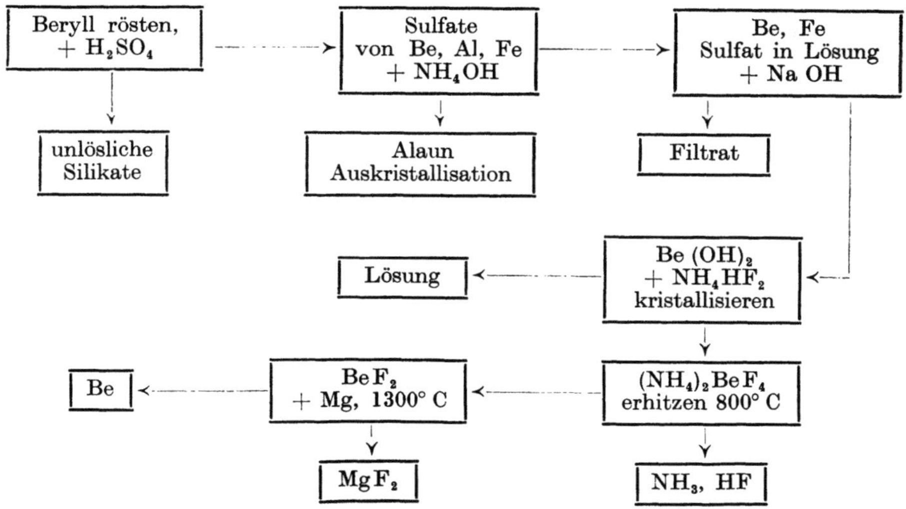

USSR: 400° C Destillation von $BeO \cdot Be_3\,(CH_3COO)_6$.

Abb. 53. Darstellung von Beryllium

Beryll kommt vor allem in Brasilien, Indien, USA und USSR vor. In der Natur vorkommender Graphit ist für kernphysikalische Zwecke unrein, so daß

Reaktorgraphit meist durch Graphitierung von Petroleumruß, Anthrazit, Retortenkohle oder natürlichem Graphit (Erhitzen bis zu 3000° C) hergestellt wird[107]. Künstlich erzeugter Graphit hat infolge seiner Porosität eine Dichte von nur 1,62; durch Ölzusatz erreicht man höhere Dichte (bis 1,74 g cm^{-3}) und Geschmeidigkeit. Naturgraphit erreicht Dichten bis 2,30; ein in Westdeutschland vorkommender Naturgraphit, der durch chemische Methoden auf Reaktorreinheit gebracht werden kann*, hat die Dichte 2. Auch in Ceylon und Madagaskar gibt es Graphitvorkommen.

In letzter Zeit wurden auch organische Substanzen (Diphenylverbindungen, Paraffin $(CH_2)_n$, Polystyrol $(CH)_n$) versuchsweise als Bremsmittel verwendet (OMRE = Organic Moderator Reactor Experiment[107]). Diese Bremsmittel haben jedoch den Nachteil einer geringen thermischen Stabilität und zum Teil geringen Strahlungsfestigkeit. Von Vorteil ist der hochliegende Siedepunkt (viel höher als H_2O und D_2O). Auch Metallhydride könnten als Bremsmittel Verwendung finden, z. B. BeH_2 (zersetzt sich bei 125° C) oder PuH_2, PuH_3, UH_3, ThH_2, ThH_4 (zersetzen sich bei einigen hundert Grad Celsius).

Die *Strahlungsbeständigkeit* (*Strahlungsfestigkeit*) der Werkstoffe ist das wichtigste Problem der *Reaktortechnologie*. Es hat sich nämlich gezeigt, daß wichtige physikalische Eigenschaften vieler Stoffe durch Strahlungseinwirkung** verändert werden. Insbesondere schnelle Neutronen und Spaltbruchstücke sind sehr wirksam, da sie in der Lage sind, Atome aus ihren normalen Plätzen im Kristallgitter herauszuschießen. Diese Atome können selbst wieder andere Atome entfernen, so daß z. B. ein 2 MeV-Neutron in Graphit insgesamt 1900 Atome von ihren Plätzen entfernen kann (3500 Atome in Pu 239); diese nehmen dann einen *Zwischengitterplatz* ein, so daß im Kristallgitter ein FRENKEL-Defekt (Paar von *Leerstelle* und besetztem Zwischengitterplatz) entsteht. Auf die dadurch entstehenden Äderungen der physikalischen Eigenschaften können wir hier nicht näher eingehen, doch verweisen wir auf den Bericht von LINTNER und SCHMID[103]. Spaltbruchstücke können in Bereichen der Größenordnung von 10^4 bis 10^6 Atome (in Pu 239 etwa 10^{-3} cm Wegstrecke) den größten Teil aller Atome anstoßen, so daß sie während $\approx 10^{-10}$ sec lokale Temperaturspitzen von 700—1000° C erzeugen (vgl. auch Übungsbeispiele 31a und 31d). Langsame Neutronen erzeugen zwar keine FRENKEL-Defekte (hiezu sind mindestens 20 eV nötig), doch rufen sie, so wie die γ-Strahlung, Ionisationen und Kernanregungen hervor. Diese Prozesse ändern zwar die physikalischen Eigenschaften der bestrahlten Stoffe kaum***, doch können auch (n, γ), (n, α) usw. Prozesse eintreten, wodurch — wegen der Kleinheit der Absorptionsquerschnitte der ausgewählten Reaktorbaustoffe allerdings sehr selten — Fremdatome infolge Kernumwandlung ins Gitter eingebaut werden. Im allgemeinen treten bei Bestrahlung die folgenden Effekte auf: Versprödung (bis $+ 30\%$), Verhärtung (bis $+ 100\%$), Absinken (bis $- 50\%$) oder Ansteigen der Zugfestigkeit (bis $+ 100\%$), Änderungen der

---

* Dieser Graphit ist allerdings stark anisotrop und besitzt eine geringe mechanische Festigkeit.

** In einem Reaktor treten folgende Strahlungen auf (vgl. § 34): α, β^+, β^-, ν, γ, schnelle, intermediäre und thermische Neutronen und Spaltbruchstücke (hochionisierte Atome).

*** Dies gilt für metallische Werkstoffe; in anderen Stoffen, z. B. Plastik, kann die Strahlung Polymerisations- und Entpolymerisationsprozesse auslösen (vgl. auch §49). Auch Viskositätsänderungen und Änderungen des elektrischen Widerstandes (Isolierfähigkeitr) treten auf. Manche Plastikmaterialien, z. B. Styrole, Phenole sind hingegen sehr strahlungsfest, vgl. SISMAN[103] (bis 10^9 Röntgen).

Dichte, des Diffusionskoeffizienten, der Wärmeleitfähigkeit usw. (vgl. Tab. 67). Alle diese Effekte müssen natürlich bei der Konstruktion von Reaktoren berücksichtigt werden. Selbstverständlich ist die Größe dieser Effekte nicht nur von der Strahlungsdosis und der Temperatur, sondern auch von „Erholungsmöglichkeiten" abhängig.

Tabelle 67. *Strahlungseinflüsse auf Reaktorwerkstoffe*
(* r = *Röntgen, vgl.* § 35; n = *Neutronen-Totaldosis*)

Verhärtung	Cu $5 \cdot 10^{19}$ r Dosis* Rockwellhärte $43 \to 90$ ($40°$ C) Monel $4 \cdot 10^{19}$ r Rockwellhärte $50 \to 55$ ($280°$ C) Ni 10^{20} r Rockwellhärte bis 100
Versprödung	Änderung der Zugfestigkeit bis $+ 40$ kg mm^{-2} beobachtet; Monel $61 \to 65$ kg mm^{-2}; ($4 \cdot 10^{19}$ r bei $280°$ C); Kohlenstoffstahl -41% Änderung der Brucharbeit. Graphitfestigkeit bis auf das Dreifache gestiegen; Austenit-Stahl: 10^{19} n cm^{-2} $0,3\%$ Änderung des Elastizitätsmoduls.
Dichteänderung	Monel $8,836$ $\quad -0,05\%$ Stähle $7,9$ $\quad\quad -0,09\%$
Formänderung	U Brennstoffelement $\Delta l = -31\%$ $\quad \Delta a = +19\%$ Graphit $\quad\quad\quad\quad \Delta l = 20\%$, u. U. 30%
Wärmeleitfähigkeit	k [cal cm^{-1} s^{-1}/$°$ C] Graphit bis auf $1/50$ (!!) abgesunken. Graphit unbestrahlt: $0,20$ bis $0,43$; bestrahlt: $0,01$ bis $0,004$
Ausdehnungskoeffizient $\cdot 10^6$/$°$ C	Graphit (unbestrahlt) 1 bzw. $4,8$ ($\parallel$ und $\perp$ zur Gitterebene) bestrahlt $1,1$ bzw. $5,0$

Es können aber auch durch Ionisierung chemische Reaktionen hervorgerufen werden, z. B.

$$2\,H_2O + \gamma = H_2 + H_2O_2 \to H_2O + \frac{1}{2}\,O_2 + H_2 \quad \text{(temperaturabhängig)}$$

$$2\,D_2O + \gamma = 2\,D + 2\,OD \to D_2O_2 + D_2 \to D_2O + \frac{1}{2}\,O_2 + D_2 \quad (31.2)$$

$$e^- + H_2O = OH^- + H \; (+ K^+ \to KOH)$$

$$C_2H_4^+ = C_2H_3^+ + H$$

$$\text{Luft} + H_2O + \text{Strahlung} \to H_2O_2 + HNO_3$$

Es ist klar, daß durch solche Prozesse die Korrosionsanfälligkeit der Baustoffe verstärkt wird. Wird in einem Reaktor Wasser (H_2O oder D_2O) verwendet, dann muß mit Gaserzeugung nach (31.2) gerechnet werden. In der ZOE (französischer Schwerwasserreaktor, vgl. § 39) enthält die Atmosphäre über dem Schwerwassertank $1,5\%$ D_2 (explosiv wären erst 8%); in der P_2 (vgl. § 43) werden 120 cm^3 D_2 pro kWh erzeugt[103]. Werden im Wasser (immer) enthaltene Ionen z. B. durch Ionenaustausch entfernt, dann geht die Gaserzeugung stark zurück (auf 10^{-2} bis 10^{-3} des ursprünglichen Wertes). Der spezifische Widerstand von Wasser, das in Reaktoren verwendet wird, sollte 10^6 Ω cm nicht unterschreiten. Er liegt jedoch beim D_2O mancher Reaktoren bei 4.10^4 Ω cm.

Es ist ferner wichtig, die Änderung der Wärmeleitfähigkeit zu beachten, die ebenso wie die elektrische Leitfähigkeit durch Bestrahlung *kleiner* wird. Da Spaltprodukte die stärksten Wirkungen hervorrufen, leidet der Brennstoff in

dessen Innerem die Bruchstücke ja entstehen, am meisten*. Die Brennstoffelemente vergrößern bei langer Bestrahlung ihr Volumen und krümmen sich
(vgl. das Titelbild *Nucleonics* September 1952 — es treten bis zu 30%ige Änderungen der Abmessungen auf[103]). Durch spezielle metallurgische Prozesse (Walzen
bei 300° C, Legieren mit 0,2% Cr, 9% Mo) kann man diese Effekte stark
abschwächen. Viele dieser Effekte können durch Erhitzen wieder rückgängig
gemacht werden.

Eine spezielle Strahlungswirkung ist die durch Kernreaktionen *induzierte
Radioaktivität*[108]. Ganz abgesehen davon, daß viele der im Reaktor enthaltenen
Stoffe durch Aufnahme geringster Mengen von Spaltprodukten radioaktiv
werden, können nämlich durch (n, x)-Prozesse in praktisch allen Stoffen radioaktive Kerne erzeugt werden. Der Neutronenfluß im Reaktor, die Halbwertszeit
des erzeugten Kerns, Art und Energie seiner Strahlung sowie der *Aktivierungsquerschnitt* (Wirkungsquerschnitt der betreffenden Kernreaktion) des betreffenden Isotops und dessen Häufigkeit sind maßgebend für die erzeugte Aktivität
(vgl. Tab. 68 und Übungsbeispiel 31c).

Tabelle 68. Induzierte Radioaktivität

Häufig-keit % des Kerns	Kern	Prozeß	Dich-te ϱ	Aktivie-rungs-quer-schnitt $(\mp \sigma_A)$ [barn]	Strahlung (Auswahl)	Halb-werts-zeit
100	$_{11}\mathrm{Na}^{23}$	$(n, \gamma)\ _{11}\mathrm{Na}^{24}$	0,971	0,49	β^- 1,39, γ 2,76 u. 1,38 MeV	15 h
11,3	$_{12}\mathrm{Mg}^{26}$	$(n, \gamma)\ _{12}\mathrm{Mg}^{27}$	1,74	0,059	β^- 1,8, γ 0,84 MeV	9,6 min
100	$_{13}\mathrm{Al}^{27}$	$(n, \gamma)\ _{13}\mathrm{Al}^{28}$	2,69	0,22	β^- 3,0, γ 1,78 MeV	2,3 min
99,8	$_{23}\mathrm{V}^{51}$	$(n, \gamma)\ _{23}\mathrm{V}^{52}$	5,96	4,7	β^- 1,98 MeV	3,9 min
4,4	$_{24}\mathrm{Cr}^{50}$	$(n, \gamma)\ _{24}\mathrm{Cr}^{51}$	7,1	16,3	K-Einfang, γ 0,32 MeV	26,5 d
100	$_{25}\mathrm{Mn}^{55}$	$(n, \gamma)\ _{25}\mathrm{Mn}^{56}$	7,2	12,6	β^- 2,8, γ 0,84 MeV	2,6 h
0,33	$_{26}\mathrm{Fe}^{58}$	$(n, \gamma)\ _{26}\mathrm{Fe}^{59}$	7,85	0,8	β^-, γ 1,3 MeV	47 d
100	$_{27}\mathrm{Co}^{59}$	$(n, \gamma)\ _{27}\mathrm{Co}^{60}$	8,9	37	β^- 0,31, γ 1,3 MeV	5,3 a
69	$_{29}\mathrm{Cu}^{63}$	$(n, \gamma)\ _{29}\mathrm{Cu}^{64}$	*) 8,93	4,3	β^+ 0,66, β^- 0,57 MeV, γ 1,34 MeV	12,9 h
31	$_{29}\mathrm{Cu}^{65}$	$(n, \gamma)\ _{29}\mathrm{Cu}^{66}$		2,11	β^- 2,6, γ 1,3 MeV	4,3 min
48,9	$_{30}\mathrm{Zn}^{64}$	$(n, \gamma)\ _{30}\mathrm{Zn}^{65}$	7,14	0,5	K; β^+, γ 1,1 MeV	250 d
18,6	$_{30}\mathrm{Zn}^{68}$	$(n, \gamma\ _{30}\mathrm{Zn}^{69}$		0,1 / 1,0	γ 0,44 MeV / β^- MeV	14 h / 52 min
24	$(_{48}\mathrm{Cd}^{112})$	$(n, \gamma)\ _{48}\mathrm{Cd}^{113}$	8,65	3100	Viele Isotope z. B. $_{48}\mathrm{Cd}^{113}$	5,1 a
17,4	$_{40}\mathrm{Zr}^{94}$	$(n, \gamma)\ _{40}\mathrm{Zr}^{95}$	6,4	0,1	γ 0,92 MeV	65 d

Kühlwasser

0,23	$_8\mathrm{O}^{18}$	$(n, \gamma)\ _8\mathrm{O}^{19}$	1	$\sigma = 0,21$ mb	β^-, γ 1,6 MeV	29,4 sec
				(durch thermische Neutronen)		
~100	$_8\mathrm{O}^{16}$	$(n, p)\ _7\mathrm{N}^{16}$	1	$\sigma = 0,014$ mb	β^-, 6; γ 6,2 MeV	7,35 sec
				(durch schnelle Neutronen)		

Kühlluft

$_{18}\mathrm{A}^{40}$: 1% in Luft, $_{18}\mathrm{A}^{40}\ (n, \gamma)\ _{18}\mathrm{A}^{41}\ \beta^-$, $\tau = 110$ min, $\sigma = 0,6$ barn, $\varrho = 1,78$ [gl^{-1}]
(einige 10^3 Curie täglich in großen Reaktoren) β^- 1,5 MeV γ 1,37 MeV
$_6\mathrm{C}^{14}$ 5100 a (aus CO_2); $_7\mathrm{N}^{14}\ (n, p)\ _6\mathrm{C}^{14}$; $\sigma_A = 1$ barn, β^-, 0,14 MeV; kein γ

(* Cu 64 ist einer der wenigen doppelt instabilen Kerne, der Elektronen oder Positronen
aussendet — es gibt auch schwere Kerne, die entweder ein α oder ein β^- Teilchen
aussenden.)

---

* Werden 5% des Kernbrennstoffs verbraucht, so ist, da ein Kern bei der Spaltung in 2 Bruchstücke zerfällt, die Konzentration der Bruchstücke 10%.

Übungsbeispiele

31 a) Unter der Voraussetzung, daß ein hochionisiertes Spaltbruchstück nur 6% seiner ursprünglichen Energie (vgl. S. 25) bei Kernstößen verliert und daß ein Stoß im Uran 400 eV verbraucht, ist die Anzahl der von Spaltbruchstücken angestoßenen Atome abzuschätzen.

31 b) Man berechne, wie sich Absorptionsquerschnitt und Diffusionslänge in Graphit ändern, wenn diesem $10^{-3}\%$ Bor beigefügt wird.

31 c) Unter Zuhilfenahme der Tab. 68 berechne man die Aktivität [Curie bzw. Zerfallsprozesse/sec] in der Legierung 99% Al, 0,52% Fe, 0,15% Si, 0,15% Cu, 0,15% Mn und 0,03% Zn, die durch eine Bestrahlung von 10^{12} Neutronen $cm^{-2}\,s^{-1}$ innerhalb von 5 Jahren induziert wird (vgl. § 3).

31 d) Man berechne, welche Wärmemenge im Bremsmittel als Folge der Bremsung schneller Neutronen entsteht. Es handle sich um einen Homogenreaktor, dessen Fluß (infolge eines Reflektors) als räumlich konstant angesehen werden kann. Aus Volumen und Leistung sei nach (11.22) berechnet worden, daß im cm^3 pro sec 10^{12} Spaltungen stattfinden. Als Bremsmittel dient Beryllium ($r = 0{,}640$ nach Tab. 11). Der Streuquerschnitt für Neutronen der Energie $E = 2\,MeV$ sei $\Sigma_S = 0{,}20$ [cm^{-1}], unelastische Streuprozesse mögen vernachlässigt werden. Wie man aus § 7 leicht ableiten kann, erhält ein zunächst ruhender Bremsmittelkern beim Zusammenstoß mit einem Neutron der Energie E höchstens die Energie

$$E - E' = E\,(1 - r), \quad \text{im Mittel } \frac{1}{2} E\,(1 - r) \tag{31.3}$$

Man berechne, wieviel cal $cm^{-3}\,s^{-1}$ im Bremsmittel infolge der Bremsprozesse bei einem Fluß von 10^{10}, 10^{12} schnellen Neutronen $cm^{-2}\,s^{-1}$ frei werden. (Messungen zeigten, daß etwa 4 bis 12% der bei den Spaltprozessen freiwerdenden Energie zur Bremsmittelerwärmung Anlaß geben.)

31 e) Ein Reaktor mit dem thermischen Fluß 10^{13} und einem Fluß 10^{12} schneller Neutronen wird durch chemisch reinstes Wasser gekühlt, das den Reaktor in 2 sec durchfließt. Welche Aktivität (Curie und Zerfallsprozesse/sec) besitzt 1 cm^3 Wasser beim Verlassen des Reaktors? (Man verwende Tab. 68).

31 f) Ist ein Reaktor mit reinem U 235 und Beryllium oder ein Schwerwasserreaktor mit natürlichem Uran als Brennstoff teurer?

31 g) Welche γ-Strahlungsenergie [eV] ist notwendig, um in 1 g einer organischen Substanz mit dem Molekulargewicht A (20, 80, 2000 usw.) alle Bindungen (pro Molekül etwa 20 eV) aufzulösen?

§ 32. Kühlung und Wärmetransport

Wärmeerzeugung und radiale Wärmeleitung im Brennstoff, Wärmeübergang ins Kühlmittel, Wärmeübergangszahlen für verschiedene Kühlmittel, freie Konvektion, Änderung der Kühlmitteltemperatur längs eines Brennstoffelementes, höchste Brennstofftemperatur, Wärmespannungen und Temperaturstoß, Strahlungskühlung.

Um größere Neutronenflüsse zu erreichen, müssen nach den Ausführungen im § 28 Reaktoren gekühlt werden. Bei Reaktoren, die zur Energieerzeugung dienen, muß die im Reaktorinneren in den Brennstoffelementen erzeugte Wärmemenge nach außen abgeführt werden, um dort nutzbringend verwendet werden zu können.

Wärme kann man auf verschiedene Arten abführen: durch *Leitung* (zwischen den unmittelbar benachbarten Teilchen eines festen, flüssigen oder gasförmigen Körpers), durch *Strahlung* (in der Form von elektromagnetischen Wellen) und durch *Konvektion*, d. h. durch Abtransport erwärmter Teilgebiete eines flüssigen oder gasförmigen Mediums (*Kühlmittel*). An Begrenzungswänden (*Kühlrohre, Kühlflächen*) tritt durch Leitung und darauffolgende *selbsttätige (freie)* oder (durch Pumpen) *erzwungene* Konvektion ein *Wärmeübergang* (Abtransport von Wärme) auf. Für Reaktoren kommt nur der Wärmeübergang als Kühlung in Frage — die Kühlung durch Strahlung ist praktisch unwirksam (vgl. Übungsbeispiel 32a).

Wie schon erwähnt, ist die aus einem Reaktor vor Erschöpfung des Brennstoffes erhältliche Leistung theoretisch unbegrenzt; eine praktische Begrenzung tritt durch das Kühlsystem ein. Auch die Temperatur in einem Reaktor ist theoretisch nahezu unbegrenzt (Atombombe!) — eine praktische Begrenzung tritt nur dadurch ein, daß die Temperatur die Schmelz- bzw. *Erweichungstemperatur** der Reaktorbaustoffe und der Brennstoffelemente bzw. den Siedepunkt flüssiger Brennstoffe nicht überschreiten darf.

Die gesamte in einem Reaktor erzeugte Wärme stammt letzten Endes von Spaltungsprozessen. Der größte Teil dieser Wärme (zirka 90%) entsteht durch die Abbremsung der hochionisierten Spaltprodukte im Brennstoff. Aber auch die verschiedenen Strahlungen (vgl. S. 24) erzeugen im ganzen Reaktor Wärme (vgl. Übungsbeispiel 32b) — ein Effekt, der noch lange Zeit nach dem Abschalten anhält**; im Bremsmittel entsteht Wärme infolge der Abbremsung der schnellen Neutronen (zirka 5% der Gesamtwärmemenge, vgl. auch Übungsbeispiel 31d).

Die durch Kühlung erreichte Gleichgewichtstemperatur im Reaktor hängt von der Umlaufgeschwindigkeit des Kühlmittels, den Wärmeverlusten, den Wärmeverlusten während des Transportes und der Temperatur des *Wärmeverbrauchers* (Fernheizung, Dampfturbine, Atmosphäre, Flußwasser usw.) ab.

Die *Wärmeerzeugung im Brennstoff*[109] ist durch

$$Q_K = E_K \, \Sigma_{Sp} \, \varphi_K \;\; [\text{cal s}^{-1} \text{cm}^{-3}]$$
$$Q_{ges} = E_K \, \Sigma_{Sp} \, V_{Sp} \, F_K \;\; [\text{cal s}^{-1}] \tag{32.1}$$

gegeben. $\Sigma_{Sp} \, F_K$ gibt die Anzahl der pro cm³ und sec durch einen Fluß F_K der spaltenden (z. B. thermischen) Neutronen im Brennstoff hervorgerufenen Spaltprozesse an und E_K ist die pro Spaltung im Brennstoff freiwerdende Wärmeenergie ($\approx 90\%$ von 197,8 MeV, vgl. S. 25)

$$E_K = 178 \text{ bis } 180 \, \text{MeV} \approx 6,88 \cdot 10^{-12} \, \text{cal} \tag{32.2}$$

während man aus (11.22)

$$Q' = 0,884 \cdot 10^{-17} \, \Sigma_{Sp} \, \varphi_K \; [\text{kWh s}^{-1} \text{cm}^{-3}] =$$
$$= 7,60 \cdot 10^{-12} \, \Sigma_{Sp} \, \varphi_K \; [\text{cal s}^{-1} \text{cm}^{-3}] \tag{32.3}$$

erhält, $Q \approx 0,90 \cdot Q'$ (vgl. Tab. 69).

Tabelle 69. *Wärmeerzeugung Q_K im Brennstoff* [cal s⁻¹ cm⁻³]

Brennstoff	Σ_{Sp} nach (11.24)	$\varphi = 10^{10}$	$\varphi = 10^{11}$	10^{12}	10^{13}	10^{14}
Ausgebranntes Uran...	0,12	Kettenreaktion erlischt				
Natürliches Uran	0,20	0,0138	0,138	1,38	13,8	138
5% angereichert	1,38	0,0950	0,950	9,50	95	950
20% angereichert	5,63	0,388	3,88	38,8	388	3 880
90% angereichert	25,1	1,726	17,26	172,6	1726	17 260
Reines U 235	28,1	1,940	19,40	194	1940	19 400

Vgl. Dampfkessel: 2,39   Düsenmotor: 11   V 2-Rakete: 4800

* Wir verstehen darunter diejenige Temperatur, bei welcher die Festigkeit zu klein wird.

** Nach dem Abschalten entstehen in den Brennstoffelementen infolge von verzögerten Neutronen, Photoneutronen und infolge des radioaktiven Zerfalls der Spaltprodukte noch längere Zeit zirka 5% und mehr der normalen Betriebsleistung, während im Strahlungsschutzschild infolge der Absorption der γ-Strahlung der Spaltprodukte zirka 10% der während des Betriebes im Schild erzeugten Wärmemenge frei wird. Ein Reaktor muß also auch noch *nach* dem Abschalten gekühlt werden. Bei einem speziellen Reaktortyp wird z. B. nach dem Abschalten zur Zeit t die Leistung $Q(t) = 0,08 \, Q_{ges} \, t^{-0,2}$ frei.

Formel (32.1) gilt zunächst nur für das einzelne Brennstoffelement und für einen homogenen Reaktor; da sich Temperaturdifferenzen aber rasch ausgleichen, kann man die Gültigkeit von (32.1) auch für den heterogenen Reaktor voraussetzen, wenn man für F den Mittelwert über die kritische Eigenfunktion φ (r) einsetzt. Z. B. für einen zylindrischen Reaktor der effektiven Höhe h und vom effektiven Radius R folgt nach (21.17) durch Integration (Mittelwertbildung) über das wahre Volumen des Reaktors

$$F = \frac{\varphi_0}{R'^2 \pi h'} \int\limits_{0}^{R'} \int\limits_{-h'/2}^{+h'/2} \cos\left(\frac{\pi z}{h}\right) J_0\left(\frac{2,405}{R} r\right) 2 \pi r \; dz \; dr =$$

$$= \frac{\varphi_0}{R'^2 \pi h'} 4 h \sin\left(\frac{\pi h'}{2 h}\right) \frac{R R'}{2,405} J_1\left(\frac{2,405}{R} R'\right) \tag{32.4}$$

(φ_0 der maximale Fluß).

Setzt man nun für große Reaktoren näherungsweise $R \approx R'$, $h \approx h'$, so folgt mit Hilfe von (32.1) für das Verhältnis der maximalen zur mittleren Wärmeerzeugung (maximaler zu mittlerem Fluß)

$$\frac{Q_0}{\overline{Q}} = \frac{\varphi_0}{F} = \frac{2,405 \, \pi}{4 \, J_1 \, (2,405)} = 3.64 \tag{32.5}$$

In gleicher Weise kann man $Q_0/\overline{Q}$ auch für andere Reaktorformen berechnen (vgl. Übungsbeispiel 32 c).

Ein bestimmtes Q_0 kann wegen Gefährdung der inneren Struktur des Reaktors und der Brennstoffelemente nicht überschritten werden; je kleiner $Q_0/\overline{Q}$ ist, desto besser kann man die im Reaktor erzeugte Energie abtransportieren.

$\overline{Q}$ ist umso größer, je gleichmäßiger der Fluß im Reaktor ist. Diese Glättung des Flusses kann man durch folgende Maßnahmen erzielen:

1. Reflektor,
2. inhomogene Brennstoffverteilung (vgl. GOERTZEL[109]),
3. inhomogene Verteilung des Bremsmittels,
4. geeignete Anordnung der Kontrollstäbe,
5. variabler U 235-Anreicherungsgrad R (R (r) $\sim 1/\varphi_{th}$ (r)),
6. örtlich verschiedene Leistungsfähigkeit der Kühlanlage.

Die Temperatur, die der Brennstoff erreicht, kann man aus (32.1) berechnen, wenn bekannt ist, welche Wärmemengen pro cm^2 und sec durch Leitung und Konvektion abgeführt werden. Die *Wärmeleitung*[110] wird durch eine partielle Differentialgleichung, die *Wärmeleitungsgleichung*, beschrieben, die wir nun ableiten wollen.

Erfahrungsgemäß ist die pro sec durch eine senkrecht zur Strömungsrichtung gelegene Querschnittsfläche von $1 \, cm^2$ hindurchtretende Wärmemenge, die *Wärmestromdichte** q, dem *Temperaturgefälle* grad T proportional, d. h. $q = -k \cdot$ grad T. Da der *Wärmeinhalt* W eines Volumelementes $d\tau$ durch das Produkt aus Masse $\varrho \, d\tau$, spezifischer Wärme c_p [cal $g^{-1}/°$ C] und Temperatur T [° C] gegeben ist, folgt bei Integration über einen Teilbereich G bzw. dessen Oberfläche F für den Gesamtstrom als Bilanz

$$\frac{\partial W (r, t)}{\partial t} \equiv \frac{\partial}{\partial t} \int\limits_{G} c_p \varrho \, T \, d\tau = k \int\limits_{F} \text{grad} \; T \, df + Q_{ges} \; [\text{cal s}^{-1}] \tag{32.6}$$

---

* Die Vektornatur von q lassen wir unberücksichtigt, da wir sie nie benötigen.

Q_{ges} ist die innerhalb des ganzen Gebietes G erzeugte Wärmemenge $= \int\limits_G Q\,(\mathfrak{r}, t)\,d\tau$. Unter Verwendung des Gaussschen Integralsatzes

$$\int\limits_F \operatorname{grad} T\,d\mathfrak{f} = \int\limits_G \Delta T\,d\tau \tag{32.7}$$

und der Tatsache, daß obige Gleichungen für völlig willkürliche Gebiete G und deren Oberflächen F, also nicht nur für die Integrale, sondern auch für die Integranden gelten müssen, folgt für die *Temperaturverteilung* $T\,(\mathfrak{r}, t)$ die *Wärmeleitungsgleichung*

$$\boxed{\;\frac{\partial T\,(\mathfrak{r}, t)}{\partial t} = \frac{k}{c_p\,\varrho}\,\Delta T\,(\mathfrak{r}, t) + \frac{Q\,(\mathfrak{r}, t)}{c_p\,\varrho}\,[^{\circ}\mathrm{C}\ \mathrm{s}^{-1}]\;} \tag{32.8}$$

Der Proportionalitätsfaktor k, dessen Dimension nach (32.6) durch cal/sec cm^2 $^{\circ}$C/cm $= [\mathrm{cal}\ \mathrm{cm}^{-1}\,\mathrm{s}^{-1}/^{\circ}\,\mathrm{C}]$ gegeben ist, heißt *Wärmeleitfähigkeit* (vgl. Tab. 54 und 70) und hängt bei größeren Temperaturdifferenzen von der Temperatur ab. $k/c_p\,\varrho$ hat die Dimension $[\mathrm{cm}^2\ \mathrm{s}^{-1}]$ und heißt *Temperaturleitfähigkeit*. Hat man durch Lösung von (32.8) unter Berücksichtigung der betreffenden Randbedingungen $T\,(\mathfrak{r}, t)$ gefunden, so kann man den jeweiligen Wärmeinhalt W, den Gesamtstrom $\int\limits_F q\,d\mathfrak{f}$ und die Stromdichte

$$q = -\,k\ \operatorname{grad} T\ [\mathrm{cal}\ \mathrm{cm}^{-2}\ \mathrm{s}^{-1}] \tag{32.9}$$

leicht berechnen.

Wenn das Kühlsystem gerade so viel Wärme wegschaffen soll, wie in den Brennstoffelementen oder im Bremsmittel bzw. im ganzen Reaktor pro cm^3 und sec erzeugt wird, dann muß

$$\frac{\partial W}{\partial t} = 0 = k\int\limits_F \operatorname{grad} T\,d\mathfrak{f} + Q_{ges} = \int\limits_G (k\,\Delta T + Q)\,d\tau;\quad Q_{ges} = \int\limits_G Q\,d\tau \tag{32.10}$$

also

$$\boxed{\;k\,\Delta T = -\,Q\;} \tag{32.11}$$

gelten: Wir haben es mit einem stationären Problem zu tun ($\partial T/\partial t = 0$).

Als Randbedingungen treten meistens folgende Forderungen auf:

1. In der Mitte des Gebietes (z. B. Achse, Zentrum, Mittelebene eines Brennstoffelementes) soll eine bestimmte Temperatur (*Zentraltemperatur*) T_0 weder unter- noch überschritten werden, d. h. $T\,(0) = T_0 = \mathrm{const}$.

2. An der Oberfläche soll die Temperatur stetig in die Temperatur T_1 des angrenzenden Stoffes (*Zwischentemperatur*) übergehen und die Stromdichte q soll stetig sein ($q_1 = q_2$).

Wir wollen nun die Wärmeleitung in einem zylindrischen Brennstoffelement vom wahren Radius a berechnen, das in einer Aluminiumschutzhülle der Dicke $c-a$ steckt und von Wasser gekühlt wird. Wir nehmen an, daß die Länge des Elementes so groß ist gegen a, daß die Temperaturverteilung näherungsweise als von der Längskoordinate z unabhängig angesehen werden kann. Die Wärmeleitungsgleichung (32.11) lautet dann

$$\frac{d^2\,T\,(r)}{dr^2} + \frac{1}{r}\,\frac{dT}{dr} = -\,\frac{Q}{k} \tag{32.12}$$

T sei die Temperatur im Brennstoff, $\widetilde{T}$ die Temperatur in der Schutzhülle. Beide Funktionen werden durch (32.12) bestimmt, nur ist für die Schutzhülle $Q = 0$. Die allgemeine Lösung dieser Gleichung, die man mit der Methode der Variation der Konstanten erhält*, lautet, wenn Q [cal cm^{-3} s^{-1}] konstant ist (gleichmäßige Wärmeerzeugung)

$$T(r) = B \ln r + C - \frac{Q r^2}{4 k} \quad \text{bzw.}$$
$$\widetilde{T} = \widetilde{B} \ln r + \widetilde{C} \tag{32.13}$$

Die Konstanten B und C bestimmen wir aus den Randbedingungen

$$T(0) = T_0 \qquad \left(\frac{dT}{dr}\right)_0 = 0$$
$$T(a) = \widetilde{T}(a) = T_1 \quad k\left(\frac{dT}{dr}\right)_a = \widetilde{k}\left(\frac{d\widetilde{T}}{dr}\right)_a \tag{32.14}$$
$$\widetilde{T}(c) = T_2 \; (\neq T_3) \tag{32.15}$$

vgl. Abb. 54.

Ähnliche Randbedingungen ergeben sich bei der Berechnung der Wärmeleitung in einem Hohlzylinder (innen gekühltes Brennstoffelement oder Bremsmittelkühlung, vgl. Übungsbeispiel 32 d). Für andere geometrische Formen gelten analoge Randbedingungen (vgl. Übungsbeispiel 32 e).

Man findet leicht, daß die Randbedingungen (32.14) zu den Lösungen

$$T(r) = T_0 - \frac{Q}{4 k} r^2 \quad \text{(Brennstoff)}$$
$$\widetilde{T}(r) = T_1 - \frac{Q a^2}{2 \widetilde{k}} \ln \frac{r}{a} \quad \text{(Schutzhülle)} \tag{32.16}$$

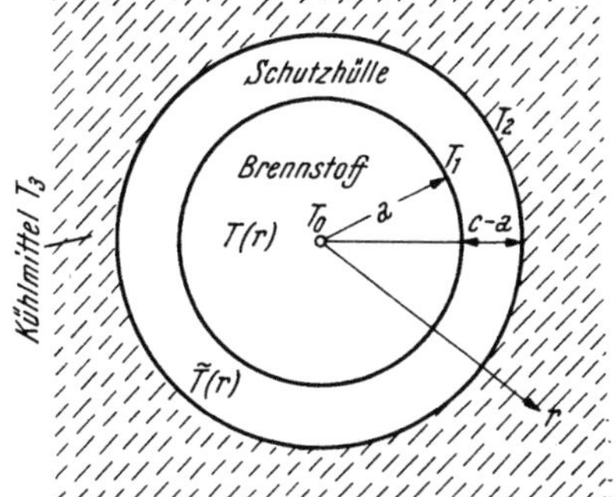

Abb. 54. Wärmeleitung durch die Schutzhülle eines Brennstoffelementes

führen. Die Zwischentemperatur T_1 und die *Oberflächentemperatur* T_2 sind durch

$$T_1 = T_0 - \frac{Q a^2}{4 k} \tag{32.17}$$
$$T_2 = T_1 - \frac{Q a^2}{2 \widetilde{k}} \ln \frac{c}{a} \tag{32.18}$$

gegeben; die Zentraltemperatur T_0 wird durch die *Kühlmitteltemperatur* T_3 und die Kühlmittelkonvektion (Umlaufgeschwindigkeit) bestimmt.

Der *Wärmetransport durch Konvektion* wird durch die Newtonsche *Abkühlungsgleichung*

$$q = \gamma (T_2 - T_3) \qquad \text{[cal cm}^{-2}\text{ s}^{-1}\text{]} \tag{32.19}$$

gegeben. Sie besagt, daß die Abkühlung einer Oberfläche proportional ist der Differenz von Oberflächentemperatur T_2 und *Umgebungstemperatur* T_3 *(Kühlmitteltemperatur)*. Die Proportionalitätskonstante γ heißt *Wärmeübergangszahl* oder *äußere Wärmeleitfähigkeit* und hat die Dimension [cal cm^{-2} s^{-1}/° C]. Der

---

* Lösung von $T_0'' + \frac{1}{r} T_0' = 0$, Ansatz: $T(r) = A(r) \cdot T_0(r)$

Wärmestrom an der Oberfläche eines Körpers kann aber auch mit (32.9) berechnet werden, so daß sich als *Kühlmittelrandbedingung*[*]

$$\gamma\,(T_2 - T_3) = - k\,\big|\,(\mathrm{grad}_n\,\widetilde{T})_{\text{Oberfläche}}\,\big| \qquad \text{(z. B. } r = c) \qquad (32.20)$$

ergibt. Die Wärmeübergangszahl γ hängt von den physikalischen Eigenschaften des Kühlmittels, von Form und Größe der Oberfläche des heißen Körpers und von anderen Faktoren ab; sie wird durchwegs durch Messung bestimmt. Eine halbempirische Berechnungsmethode werden wir etwas später kennenlernen.

Aus (32.20) ergibt sich mit Hilfe von (32.17) und (32.18) nach kurzer Rechnung

$$T_0 = T_3 + \frac{Q\,a^2}{2\,c\,\gamma} + \frac{Q\,a^2}{4\,k} + \frac{Q\,a^2}{2\,\widetilde{k}}\,\ln\frac{c}{a} \qquad (32.21)$$

Diese Formel stellt den gesuchten Zusammenhang zwischen der Kühlmitteltemperatur T_3 und der Brennstoffzentraltemperatur T_0 her; c und a sind Abmessungen (vgl. Abb. 54), k und $\widetilde{k}$ sind bekannte Materialkonstante (vgl. Tab. 70).

Tabelle 70. *Wärmeleitfähigkeit* k [cal cm^{-1} s^{-1}/$^\circ$ C] *einiger Stoffe*

	H$_2$O	D$_2$O	Be	BeO	Graphit	Al	Mg
k	$1{,}495 \cdot 10^{-3}$	$1{,}4 \cdot 10^{-3}$	0,35	0,12	0,25—0,40	0,50	0,35
Bei $^\circ$ C .	40	40			Zimmertemperatur		

	Na	Zr	Mo	Stahl	Th	U	22% U — Al
k	0,206	0,047	0,346	0,04	0,090	0,060	0,39
Bei $^\circ$ C .	100	25	25	20	100	25	25

Es zeigt sich, daß die Kühlmittel in Reaktoren mit wenigen Ausnahmen (freie Konvektion z. B. beim Bassinreaktor, vgl. § 39) *turbulent* strömen. Die turbulente Strömung[111] kann jedoch derzeit theoretisch noch nicht einwandfrei gedeutet werden. Man weiß eigentlich nicht viel mehr, als daß Strömungen in Rohrleitungen oder längs Begrenzungsflächen je nach der Wandrauhigkeit und anderen Umständen bei Erreichen der sogenannten *kritischen* REYNOLDS-*schen Zahl Re* turbulent werden (starke Wirbel, abgeflachtes Geschwindigkeitsprofil usw.). Die REYNOLDSsche Zahl *Re* ist eine dimensionslose Kennziffer, die durch

$$Re = \frac{d\,v\,\varrho}{\eta} \qquad (32.22)$$

definiert ist; v ist die Geschwindigkeit des Kühlmittels [cm s^{-1}], ϱ ist die Dichte [g cm^{-3}], η die Zähigkeit des Kühlmittels [g cm^{-1} s^{-1}] = [Poise] und d ist eine charakteristische Abmessung („*hydraulischer Durchmesser*"); beispielsweise ist d bei zylindrischen Röhren gleich dem inneren Rohrdurchmesser [cm]. Handelt es sich um nicht vollzylindrische Röhren, dann ist erfahrungsgemäß $d = 4 \cdot$

---

[*] grad$_n$ sei die Ableitung senkrecht zur Oberfläche.

Querschnitt B der Strömung/Umfang (vgl. Übungsbeispiel 32f). Für unseren Fall (vgl. Abb. 55) gilt also

$$d = \frac{4\,B}{2\,e\,\pi} = \frac{2\,(e^2 - c^2)}{e}$$

Für die kritische REYNOLDSzahl Re^* gilt

$$\begin{aligned} Re^* &> 2500 \qquad \text{(Übergangsgebiet)} \\ Re^* &> 4000 \qquad \text{(turbulent)} \end{aligned} \tag{32.23}$$

Messungen an Gasen, Flüssigkeiten und flüssigen Metallen liefern für γ eine Reihe von empirischen Formeln[110], die für l (Rohrlänge) $\gg d$ gelten:

Flüssigkeit:

$$\boxed{\gamma = m\,\frac{k}{d}\,(Re)^{0,8} \cdot \left(\frac{c_p\,\eta}{k}\right)^n} \qquad \begin{aligned} &Pr > 1 \\ &0,35 \leq n \leq 0,45 \\ &0,022 \leq m \leq 0,024 \end{aligned} \tag{32.24}$$

wobei $\frac{c_p\,\eta}{k}$ ebenfalls eine dimensionslose Zahl, die PRANDTL*sche Zahl* Pr ist.

Für *Gase* gilt:

$$\gamma = 0,02 + \frac{k}{d}\,(Re)^{0,78}\,(Pr)^{0,78} \quad (Pr < 1) \tag{32.25}$$

oder

$$\gamma = 0,033\,\frac{(G\,c_p)^{0,78}\,k^{0,22}}{d^{1,78}} \ [\text{kcal}\ \text{m}^{-2}\,\text{h}^{-1}/^\circ\,\text{C}] \tag{32.26}$$

wobei c_p, die spezifische Wärme bei konstantem Druck, nun in $[\text{kcal}\ \text{kg}^{-1}/^\circ\,\text{C}]$ und die Wärmeleitzahl k in $[\text{kcal}\ \text{m}^{-1}\,\text{h}^{-1}/^\circ\,\text{C}]$ angegeben wird; d [m] und G ist die Gasmenge in $[\text{kg}\ \text{m}^{-1}]$. Zu beachten ist, daß γ von der Temperatur abhängt, da auch η und k temperaturabhängig sind.

Für *flüssige Metalle* (insbesondere Alkalimetalle) gilt[112] für Rohre mit kreisförmigem Querschnitt $d^2\pi/4$:

$$\gamma = 7\,\frac{k}{d} + 0,025\left(\frac{d\,v\,\varrho\,c_p}{k}\right)^{0,8}\frac{k}{d} \tag{32.27}$$

Da die Wärmeleitung nun die Konvektion überwiegt, kommt statt $\eta\,c_p/k$ in der Formel vor. Eine Steigerung der Umlaufgeschwindigkeit des Kühlmittels gibt daher bei flüssigen Metallen nur sehr wenig aus. Für Pb, Bi und Hg ist γ nur etwa 50% von dem durch (32.27) gegebenen Wert.

Ist die Erhitzung des Kühlmittels sehr stark, dann kann dieses zum Kochen kommen. Da hiebei die *Siedewärme* verbraucht wird, kann man durch *Verdampfungskühlung* sehr große γ-Werte erreichen (*Verdampfungsübergangszahl*). Bei der Verdampfungskühlung ist man durchwegs auf empirische Gleichungen wie z. B.

$$\boxed{\gamma = a\,(T_2 - T_3)^m} \qquad \begin{aligned} &1,40 \leq m \leq 4,0 \\ &T_2 - T_3 < 100^\circ\,\text{C} \end{aligned} \tag{32.28}$$

oder

$$\gamma = 152\,q^{0,26}\ [\text{kcal}\ \text{m}^{-2}\ \text{h}^{-1}/^\circ\,\text{C}] \quad (q: [\text{kcal}\ \text{m}^{-2}\ \text{h}^{-1}]) \tag{32.29}$$

angewiesen[110]. Der Proportionalitätsfaktor a hängt vom Druck des Kühlmitteldampfes ab, für Wasser von

	1 at	14,64	25,02	35,04 at
gilt $a =$	0,174	0,340	0,373	0,414 [cal s^{-1} cm^{-1}/° C]

und allgemein $a \sim p^{0,25}$.

Die bisher besprochenen Wärmeübergangszahlen beziehen sich auf durch Pumpen erzwungene Konvektion; bei der freien Konvektion (z. B. Kühlung von Brennstoffelementen, die in das Bremsmittel — das dann auch als Kühlmittel dient — hineinhängen: Bassinreaktor) liegen andere Verhältnisse vor. Man erhält[110]

$$\gamma = 0,52 \frac{k}{d} \left(\frac{d^3 \varrho^2 \, \overline{\alpha} \, g \, \Delta T}{\eta^2} \right)^{0,25} \left(\frac{c_p \, \eta}{k} \right)^{0,25} \tag{32.30}$$

g ist die Erdbeschleunigung, $\overline{\alpha}$ der Volumausdehnungskoeffizient des Kühlmittels, ϱ die Dichte, $\Delta T = T_2 - T_3$ (vgl. Übungsbeispiel 33d).

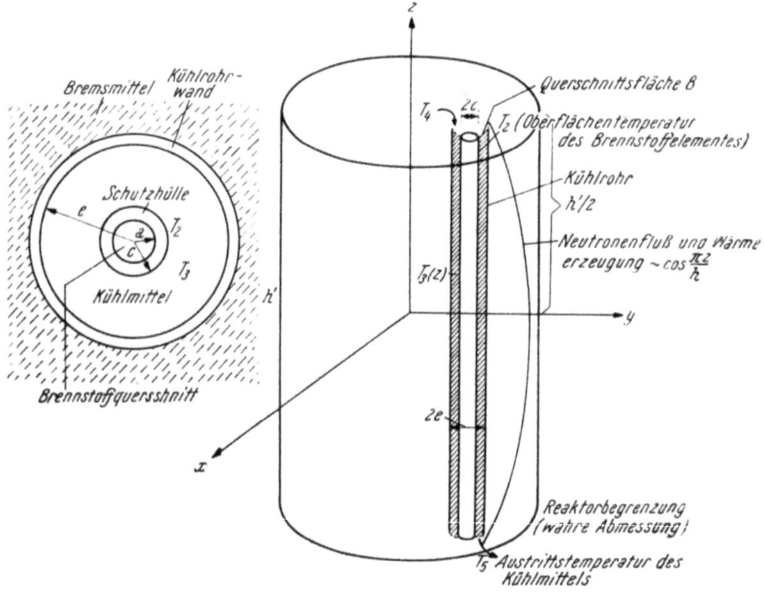

Abb. 55. Kühlrohr in einem zylindrischen Reaktor

Bisher haben wir den radialen Wärmetransport betrachtet; da sich der Fluß z. B. in einem zylindrischen Reaktor nach (21.17) ändert, ist Q in (32.8) von z abhängig*. Legt man in einem zylindrischen Reaktor die Kühlrohre parallel zur Reaktorachse, also parallel zur z-Achse (vgl. Abb. 55), dann tritt längs des Kühlrohres im Kühlmittel ein Temperaturgefälle auf. Wenn das Kühlmittel mit der Geschwindigkeit v [cm s^{-1}] fließt, dann treten pro sec durch den Querschnitt $B = \pi \, (e^2 - c^2)$ des Kühlrohres $\varrho \, v \, B$ [g s^{-1}] Kühlmittel. Ist die *Eintritts-*

---

* Eine Abhängigkeit $Q = Q \, (r)$ tritt z. B. im Strahlenschutzschild ein, da die in diesem erzeugte Wärmemenge der jeweiligen Intensität der γ-Strahlen proportional ist; letztere nimmt aber exponentiell nach außen ab (vgl. Übungsbeispiele 32 g und 32 h).

temperatur des Kühlmittels (an der Stelle $z = + h/2$) gleich T_4 und die Temperatur des Kühlmittels an der Stelle z durch $T_3(z)$ gegeben, dann nimmt das Kühlmittel, wenn sich auf der Strecke dz die Temperatur von T_4 auf $T_4 + dT_3$ erhöht, auf dieser Strecke die Wärmemenge $\varrho\, v\, B\, c_p\, dT_3$ [cal s^{-1}] auf; andererseits fließt auf der Strecke dz durch die innere Mantelfläche $df = 2\,\pi c \cdot dz$ des Kühlrohres in der Zeiteinheit im Gleichgewicht $(\partial/\partial t = 0)$ die Wärmemenge

$$\int_0^a Q(r, z, t)\, 2\,\pi r \cdot dr\, dz \quad [\text{cal s}^{-1}]$$ zu, so daß sich die Bilanz

$$\varrho\, v\, B\, c_p\, dT_3(z) = \int_0^a Q(r, z)\, 2\,\pi\, r\, dr\, dz \tag{32.31}$$

ergibt. Durch Integration $\displaystyle\int_{h'/2}^{z}\int_{0}^{a}$ folgt* wegen $T_3\left(\dfrac{h'}{2}\right) = T_4$ für $\dfrac{\partial Q}{\partial r} = 0$

$$T_3(z) = T_4 - \frac{\pi a^2}{\varrho\, v\, B\, c_p} \int_{h'/2}^{z} Q(z')\, dz \quad [^\circ\text{C}]$$

a ist wieder der Radius des Uranstabes (ohne Schutzhülle). Setzt man aus (32.1) ein und berücksichtigt die longitudinale Veränderung des Flusses — eine radiale Änderung ist im Brennstoffelement kaum vorhanden — (vgl. aber** (26.13), S. 194) durch

$$Q(z) = \frac{1}{2} Q_0 \cos(\pi z/h), \quad Q_0 = \varphi_0\, \Sigma_{Sp}\, E_K, \quad \text{dann folgt} \tag{32.32}$$

$$T_3(z) = T_4 - \frac{h\, a^2\, Q_0}{2\, \varrho\, v\, B\, c_p} \left[\sin(\pi z/h) - \sin(\pi h'/2\, h)\right] \tag{32.33}$$

oder mit $h \approx h'$, $h'\pi a^2 = V_{Sp}$ (Brennstoffvolumen der Einzelzelle)

$$\boxed{T_3(z) = T_4 + \frac{V_{Sp}\, \varphi_0\, \Sigma_{Sp}\, E_K}{2\, \varrho\, v\, c_p\, \pi\, (e^2 - c^2)}\, [1 - \sin(\pi z/h)]} \tag{32.34}$$

Diese Formel liefert die longitudinale Veränderung der Kühlmitteltemperatur $T_3(z)$ in einem ein zylindrisches Brennstoffelement vom Radius a (Schutzhüllendicke c—a, vgl. Abb. 55) umschließenden Kühlrohr vom inneren Radius e und mit der Querschnittsfläche $B = \pi(e^2 - c^2)$. Statt den maximalen Fluß φ_0 kann man mit Hilfe von (32.5) auch den mittleren Fluß (gemittelt über den ganzen Reaktor) einsetzen.

Die Temperatur T_5, mit der das erwärmte Kühlmittel den Reaktor an der Stelle $z = - h'/2 \approx - h/2$ verläßt (vgl. Abb. 55) (*Austrittstemperatur*), ist nach (32.34) leicht zu berechnen:

$$\boxed{T_5 = T_4 + \frac{V_{Sp}\, \varphi_0\, \Sigma_{Sp}\, E_K}{\varrho\, v\, B\, c_p}}, \quad \text{vgl. (33.14)} \tag{32.35}$$

---

* Es ist $V_{Sp}(z) = \pi a^2 \displaystyle\int_{h'/2}^{z} dz'$; $\quad Q_{ges} = \int Q(\mathfrak{r})\, d\tau$; $\quad Q(\mathfrak{r})$ [cal cm^{-3} s^{-1}]

** Wie ist die Rechnung abzuändern, wenn $Q(\mathfrak{r}) = \dfrac{1}{2} Q_0 \cos(\pi z/h) \cdot I_0(\varkappa_K\, r)$ gilt? Man beachte, daß dann (32.32) nicht mehr gilt. Der Faktor $\dfrac{1}{2}$ muß hinzugefügt werden, damit (32.35) und (33.14) übereinstimmen. Man könnte auch $Q = \text{const} \cdot \cos\left(\dfrac{\pi z}{h}\right)$ setzen und const aus der Forderung bestimmen, daß (32.35) und (33.14) übereinstimmen müssen.

Für die Oberflächentemperatur T_2 des Brennstoffelementes folgt aus (32.19) zunächst $qf = \gamma\,(T_2 - T_3) = Q\,V_{Sp}$ (f = Wärmeübergangsfläche, hier $2\pi c h'$), so daß ($h \approx h'$)

$$T_2(z) = T_3(z) + \frac{Q\,V_{Sp}}{\gamma\,f} = T_3(z) + \frac{Q_0\,V_{Sp}}{2\,\gamma\,f}\cos(\pi z/h) \qquad (32.36)$$

gilt. Mit (32.34) folgt

$$T_2(z) = T_4 + \frac{V_{Sp}\,Q_0}{2\,\varrho\,v\,B\,c_p}\left(1 - \sin\frac{\pi z}{h}\right) + \frac{V_{Sp}\,Q_0}{2\,\gamma\,2\,\pi\,c\,h}\cos\frac{\pi z}{h} \qquad (32.37)$$

Wie man sich durch Differenzieren leicht überzeugt, erreicht die Oberflächentemperatur T_2 des Brennstoffelementes an der Stelle $\hat{z}$

$$\hat{z} = \frac{h}{\pi}\operatorname{arcctg}\left(-\frac{\varrho\,v\,B\,c_p}{2\,\gamma\,c\,h\,\pi}\right) \qquad (32.38)$$

das Maximum $\hat{T}_2$.

Die höchste Zentraltemperatur $\hat{T}_0$ ist dann nach (32.17) und (32.18) durch

$$\hat{T}_0 = \hat{T}_2 + \hat{Q}\left(\frac{a^2}{4\,k} + \frac{a^2}{2\,\tilde{k}}\ln\frac{c}{a}\right) \qquad (32.39)$$

gegeben, wobei

$$\hat{Q} = \frac{1}{2}\,Q_0\cos(\pi\hat{z}/h) \quad [\text{cal cm}^{-3}\,\text{s}^{-1}] \qquad (32.40)$$

Das Brennstoffelement (Brennstoff + Schutzhülle) steht also unter dem Einfluß eines maximalen Temperaturgefälles $\hat{T}_0 - \hat{T}_2$, der Brennstoff besitzt demnach das maximale Gefälle $\hat{T}_0 - \hat{T}_1$. (Die Temperatur $\hat{T}_1$ kann man mit Hilfe von (32.17) berechnen.) Da die eng anliegende Schutzhülle die Ausdehnung des Brennstoffes zum Teil verhindert (der thermische Ausdehnungskoeffizient der Schutzhülle ist wesentlich kleiner als der des Brennstoffes*), kommt es zu *Wärmespannungen* im Brennstoffelement. Diese sind bei der Bemessung der Brennstoffelemente zu berücksichtigen. Sind die Wärmespannungen zu groß, dann kommt es zum *Kriechen* (langsame Formveränderung) des Materials; Legierung mit Ni, Cr, Co usw. vermindert die Kriechneigung. Wärmespannungen kann man am einfachsten dadurch berechnen, daß man sich die normalerweise bei Erwärmung stattfindende Ausdehnung als bereits erfolgt denkt und dann berechnet, welche Kräfte notwendig sind, um den warmen Körper in seine ursprüngliche Form zurückzubringen. Die Elastizitätstheorie liefert[113] folgende allgemeine Formel für die Wärmespannungen

$$\sigma = \frac{\alpha\,E}{1 - \varepsilon\,\mu}\,F(\mathfrak{r},\,T) \quad [\text{kg cm}^{-2}] \qquad (32.41)$$

Hierin ist α der lineare thermische Ausdehnungskoeffizient, E ist der *Elastizitätsmodul* [kg mm^{-2}], $\varepsilon = 0$, 1 oder 2, je nachdem, ob der Körper in 1, 2 oder 3 Richtungen festgehalten wird. μ ist die POISSONsche *Zahl* und $F(\mathfrak{r},\,T)$ ist eine von der Form des Körpers und der Temperaturverteilung abhängige Funktion. Im Falle eines eindimensionalen Problems ($\varepsilon = 0$) folgt z. B. aus der thermischen Ausdehnung $\alpha\,\Delta T$ nach dem HOOKEschen *Gesetz* $\sigma_x = -E \cdot \alpha\,\Delta T$ sofort $F(\mathfrak{r},\,T) = \Delta T$. Die Formel

$$\boxed{\;|\sigma| \approx \frac{\alpha\,E}{1 - \varepsilon\,\mu}\,(\Delta T)_{max}\;} \qquad (32.42)$$

---

* Der Ausdehnungskoeffizient des Al ist nach Tab. 63, S. 265, $24 \cdot 10^{-6}$, der des Urans ist nach Tab. 55, S. 254 von der Größenordnung $36 \cdot 10^{-6}$.

genügt meist, um die Größenordnung der Wärmespannungen abzuschätzen. Da man $(\varDelta T)_{max}$ nach Formeln der Art (32.39) durch Q und die Wärmeleitfähigkeit ausdrücken kann, gilt ferner $(c = 0)$

$$\sigma \approx \frac{\alpha E}{(1 - \varepsilon \mu) k} \hat{Q} \zeta, \quad \text{z. B. } \zeta = a^2/4 \tag{32.43}$$

Man sieht, daß $\alpha E/(1 - \varepsilon \mu) k$ die für die Wärmespannungen maßgebliche Materialkonstante ist. Ordnet man verschiedene Reaktormaterialien nach steigender *Wärmespannungskonstante*, so ergibt sich die Reihenfolge der Tab. 71:

Tabelle 71. *Wärmespannungskonstanten* $\alpha E/k$ $(1 - \mu)$ [kg mm^{-2}/cal cm^{-1} s^{-1}]
(für $\varepsilon = 1$)

Stoff	$\dfrac{\alpha E}{(1 - \varepsilon \mu) k}$	μ	E	Festigkeit [kg mm^{-2}]	$10^6 \, \alpha$ [/° C]
Graphit	0,04		800	2	2,4—7,8
Al	0,50	0,33	7 000	7—20	23
22% U—Al ..	0,75		7 800	13	20
Zr	1,8	0,33	10 000	25—50	14 ?
Be	2,4	0,024	28 000	22—40	15 ?
BeO	5,2	0,34	26 000	14	16
Uran	11 ?	0,23	17 000	63	36
Stahl	13	0,28	21 000	60—130	16,7

Will man die Wärmespannungen klein halten, dann müssen also folgende Forderungen erfüllt sein:

1. kleiner Elastizitätsmodul,
2. kleiner Ausdehnungskoeffizient,
3. kleine Abmessungen,
4. große Wärmeleitfähigkeit,
5. kleine POISSONsche Zahl.

Für die Materialwahl ist auch die mechanische Festigkeit von Bedeutung, da man bei großer Festigkeit höhere Wärmespannungen zulassen kann. Die obigen Überlegungen gelten für den Gleichgewichtszustand; beim Einschalten eines Reaktors kommt es infolge des *Temperaturstoßes* zu einer größeren Wärmespannung. Wird ein Reaktor mit flüssigem Natrium gekühlt, so überträgt dieses infolge seiner guten Wärmeleitfähigkeit sehr rasch alle Temperaturschwankungen auf die tragende Stahlkonstruktion. Da der Baustahl in Reaktoren hochwarmfest und strahlungsfest, also *austenitisch* sein muß und da austenitischer Stahl die Wärme schlecht leitet, entstehen in Na-gekühlten Reaktoren viel eher starke periodische Wärmespannungen und damit Ermüdungsbrüche. Man wird daher für solche Reaktoren elastische Stahlkonstruktionen mit kleiner Wandstärke wählen.

Übungsbeispiele

32 a) Die *Strahlungskühlung* eines Körpers der absoluten Temperatur T [° K] ist durch das STEFAN-BOLTZMANNsche Gesetz

$$q = 4{,}965 \left(\frac{T}{100}\right)^4 \text{[kcal m}^{-2}\text{h}^{-1}\text{/° K}^4\text{]} \tag{32.44}$$

gegeben. Der durch Strahlung zwischen zwei sehr großen Platten der Temperatur T_1

bzw. T_2 (Emissionskoeffizienten e_1 und e_2) entstehende Wärmestrom ist dann durch

$$q = \frac{4{,}965}{\dfrac{1}{e_1} + \dfrac{1}{e_2} - 1} \left[\left(\frac{T_1}{100}\right)^4 - \left(\frac{T_2}{100}\right)^4 \right] \qquad [\text{kcal m}^{-2}\,\text{h}^{-1}/\,^\circ\,\text{K}^4] \tag{32.45}$$

gegeben (GRÖBER[110]). Für Al bei 170° C ist $e_1 = 0{,}039$, für eine Ziegelmauer bei 20° C gilt $e_2 = 0{,}93$. Welche Energie wird zwischen einer Al-Wand (2 × 5 m) von 170° C und einer Ziegelwand von 20° C (10 m²) durch Strahlung transportiert? Man zeige, daß die Strahlungskühlung gegenüber der Kühlung durch ein Kühlmittel und durch freie Konvektion vernachlässigbar klein ist (vgl. Übungsbeispiele 32f und 33d). (Durch erzwungene Konvektion ist mit heutigen technischen Mitteln ein Wärmestrom von maximal 10^6 [kcal m^{-2} h^{-1}] erreichbar).

32 b) Aus den (n, γ)-Einfangquerschnitten und der Energie der γ-Strahlung kann man berechnen, welche Wärmemengen durch die γ-Strahlung erzeugt werden. In einem Bassinreaktor (vgl. § 39) werden pro Spaltprozeß nach GLASSTONE (Nuclear Reactor Engineering) durch U 235 0,185, durch Al 0,090 und durch H_2O 0,274 Neutronen eingefangen, wobei 6,8 bzw. 12,6 bzw. 2,23 MeV als Photonen verschiedener Energie frei werden. Man zeige, daß nicht mehr als 3 MeV (von 198 MeV) infolge von (n, γ)-Prozessen pro Spaltung frei werden. Außerdem entstehen 5 γ Quanten durch die Spaltung (insgesamt 4,6 MeV, s. S. 25) und beim radioaktiven Zerfall der Spaltprodukte werden pro Spaltprozeß 2 Photonen mit insgesamt 2,5 bis 3,5 MeV frei. Da pro kW $3,2 \cdot 10^{13}$ Spaltungen/sec nötig sind, gilt also z. B.

1 MeV Photonen (Spaltung)....... $5 \cdot 3,2 \cdot 10^{13} = 16 \cdot 10^{13}$ [MeV s^{-1} kW^{-1}]

3 MeV Photonen (Spaltprodukte) . $3 \cdot 2 \cdot 3,2 \cdot 10^{13} = 19,2 \cdot 10^{13}$ [MeV s^{-1} kW^{-1}]

Auf diese Weise kann man für Photonen jeder Energie die pro sec und kW Reaktorleistung freigesetzte Energie (in MeV oder cal s^{-1} kW^{-1}) ausrechnen. Welche Wärmemengen hiedurch entstehen, hängt von der Absorption der γ-Strahlung ab (vgl. § 34). Da pro (n, γ)-Prozeß mehrere Photonen verschiedener Wellenlänge frei werden (vgl. MITTELMAN[114] muß man den Unterschied zwischen der Energie des Einzelphotons und der pro (n, γ)-Prozeß insgesamt freigesetzten γ-Energie beachten. Bei 3 MeV (n, γ) Photonen werden z. B. in Al 3,8 MeV pro Prozeß frei, so daß $0,09 \cdot 3,2 \cdot 10^{13} \cdot 3,8 = 0,11 \cdot 10^{14}$ [MeV s^{-1} kW^{-1}] pro Spaltprozeß frei werden. Die durch (n, α). (n, p) und ähnliche Reaktionen erzeugte Wärme ist sehr klein; sie ist, da alle Sekundärteilchen infolge ihrer kurzen Reichweite noch innerhalb des Reaktors absorbiert werden, dem Wirkungsquerschnitt der betreffenden Reaktion und dem Neutronenfluß streng proportional. Der Einfluß der Strahlungsheizung auf die Wärmeübergangszahl γ ist vernachlässigbar klein[114].

32 c) Man beweise

Tabelle 72. *Verhältnis von maximalem zu mittlerem Fluß*

Flußverhältnis	Kugel	Quader	Zylinder	Zylinder mit $\partial \varphi / \partial r = 0$
$Q/\overline{Q} = \varphi_0/F$	3,29	3,87	3,64	1,57

32 d) Die Wärmeleitung in einem Hohlzylinder spielt eine Rolle bei hohlen, innen gekühlten Brennstoffelementen und bei der Berechnung der Temperaturverteilung in einem, ein vollzylindrisches Brennstoffelement umgebenden Bremsmittel. Ein innen gekühlter Brennstoffhohlzylinder (innerer Radius a, äußerer Radius b) sei außen von einem Bremsmittel der Temperatur T_2 ($r = b$) umgeben. Die Temperatur des Brennstoffs an der Innenfläche sei T_1 ($r = a$) und die Temperatur des Kühlmittels T_3. Man zeige, daß mit den Randbedingungen

$$\left(\frac{dT}{dr}\right)_{r=b} = 0, \quad T = T_1 \, (r = a), \quad k\left(\frac{dT}{dr}\right)_{r=a} = \gamma\,(T_1 - T_3) \tag{32.46}$$

aus (32.13)

$$T_1 = T_3 + \frac{Q}{2\gamma}\left(\frac{b^2}{a} - a\right) \tag{32.47}$$

$$T_2 = T_3 + \frac{Q}{2\,k}\left(\frac{a^2}{2} + b^2\left[\ln\frac{b}{a} - \frac{1}{2}\right]\right) + \frac{Q}{2\,\gamma}\left(\frac{b^2}{a} - a\right) \qquad (32.48)$$

folgen. Diese Innenkühlung besitzt vor allem die Vorteile, daß der thermische Fluß im Kühlmittel klein und die Kühlung besser ist (vgl. MURRAY, MENIUS[79].) Weiters wird $\hat{T}_0$ nicht erreicht.

32 e) Eine unendlich große Brennstoffplatte der Dicke $2\,a$ sei beiderseits von einer Schutzhülle der Dicke c umgeben und werde außen beiderseits von einem Kühlmittel der Temperatur T_3 umspült. Die Temperatur in der Mittelebene der Brennstoffplatte sei $\hat{T}_0$, an der Grenzschicht Brennstoff-Schutzhülle T_1 und an der Oberfläche des Brennstoffelementes T_2. Man berechne $T_0 - T_2$ und T_1. Als Brennstoff nehme man eine 22gewichtsprozentige U—Al-Legierung an, die Uran mit 90% U 235 und 10% U 238 enthält; $a = c = 0,5$ mm, $k = 0,39$, $\tilde{k} = 0,50$, $\varphi_{th}^{K} = 10^{14}$, $T_3 = 40°C$, Q ist zu berechnen, ebenso $\varrho_{Legierung}$, $N_{U\,235}$ und γ. $(\varrho_U = 18,7, \varrho_{Al} = 2,7)$ (vgl. Übungsbeispiel 32f).

32 f) Die im vorigen Beispiel beschriebenen Brennstoffelemente seien 7 cm breit und 80 cm lang, die Kühlung erfolge durch Wasser $(\varrho_{40°} = 0,99, c_p = 1)$, das zwischen diesen Platten mit der Geschwindigkeit $v = 90$ [cm s^{-1}] hindurchfließt. Der Abstand zwischen zwei Platten sei 0,3 cm. Die Temperatur des Wassers sei 40° C, die Zähigkeit sei $0,65 \cdot 10^{-2}$ [Poise]. Man berechne d und Re sowie γ $(k_{Wasser} = 1,495 \cdot 10^{-3}$ cal g^{-1} cm^{-1}). Wieviele Kühlkanäle müssen vorhanden sein, wenn der Reaktor mit 1000 kW betrieben wird, die Eintrittstemperatur T_4 des Wassers 40° C ist und die höchste Oberflächentemperatur $\hat{T}_2$ 90° C sein soll? Wie groß ist die Austrittstemperatur T_5 des Kühlwassers? $(QV_{Sp}$ in (32.37) wird aus T_4, $\hat{T}_2$, $\hat{z}$ berechnet!) Die Anzahl n der Kanäle ergibt sich daraus, daß alle n Kanäle zusammen die Gesamtwärmeerzeugung $Q_{ges} = n\bar{Q} \cdot V_{Sp} = 1000$ kW fortschaffen müssen. $Q/\bar{Q}$ folgt aus Übungsbeispiel 32c) (n ist auch gleich der Anzahl der Brennstoffelemente!).

32 g) Eine Hohlkugel aus Stahl (innerer Radius $R_1 = 20$ cm, äußerer Radius $R_2 = 23$ cm) umschließt eine γ-Quelle (Strahlenschutzschild, Tank eines Homogenreaktors). Die γ-Quelle werde als punktförmig angenommen, so daß ihre Intensität durch $A\,\dfrac{e^{-\tilde{\varkappa}r}}{r^2}$ gegeben ist (r Abstand von der Quelle, $\tilde{\varkappa}$ *Energieabsorptionskoeffizient* der Gammastrahlung, vgl. § 34, für Stahl $\tilde{\varkappa} = 0,163$ cm^{-1}, vgl. Tab. 82). Die in der Hohlkugel pro cm^3 und sec erzeugte Strahlungswärme ist dann durch $B\,\dfrac{e^{-\tilde{\varkappa}r}}{r^2}$ gegeben (A, B sind Konstante, vgl. (34.14)). Man berechne die Temperaturverteilung $T(r)$ in der Hohlkugel unter Berücksichtigung der Randbedingungen $T(R_1) = T_1$, $T(R_2) = T_2$.

32 h) Man berechne die Temperaturverteilung in einem unendlich langen Uranstab vom Radius R, in dem der thermische Fluß durch $\varphi = \varphi_0\,I_0\,(\varkappa\,r)$ gegeben ist (s. auch H. GAUS[113]). Es muß sich $T_0 - T_1 \approx (Q/4\,\pi\,k)\,(1 - \varkappa^2\,R^2/16)$ ergeben.

32 i) CARTER[113] gibt für die radiale bzw. tangentiale Wärmespannung in einer Kugel vom Radius R mit einer gleichmäßigen Wärmeerzeugung Q [cal cm^{-3} s^{-1}] die Formeln

$$\sigma_{rad} = \frac{\alpha\,E\,Q}{15\,k\,(1-\mu)}\,(r^2 - R^2) \qquad (32.49)$$

$$\sigma_{tang} = \frac{\alpha\,E\,Q}{15\,k\,(1-\mu)}\,(2\,r^2 - R^2) \qquad (32.50)$$

an. Man berechne σ_{rad} und σ_{tang} für Stahl an den Stellen $r = R/2$ und $r = R$. $(Q = 20$ Watt cm^{-3}, erzeugt durch γ-Strahlung).

§ 33. Kühlmittel und Kühltechnik

Physikalische Eigenschaften der Kühlmittel, primäres und sekundäres Kühlsystem, Theorie des Wärmeaustauschers, Berechnung von Kühlsystemen, Leistung der Kühlpumpen, elektromagnetische Pumpen, Beeinflussung des kritischen Volumens durch das Kühlsystem, systematischer Vergleich von Kühlmitteln, radioaktive Verseuchung des Kühlmittels.

Die Wahl eines für den jeweiligen Reaktortyp geeigneten Kühlmittels hängt von mehreren Faktoren ab. Zu den üblichen Forderungen, wie große spezifische Wärme und gute Wärmeleitfähigkeit, geringe innere Reibung, hoher Siedepunkt und tiefer Schmelzpunkt, chemische Inaktivität und wirtschaftlich erträglicher Preis, treten für ein Reaktor-Kühlmittel noch die speziellen Forderungen eines

Tabelle 73. *Eigenschaften*

Stoff	Schmelz-punkt [°C]	Siede-punkt [°C]	T [°C]	$c_p(T)$ [cal g^{-1}]	$k(T)$ [cal s^{-1} cm^{-1}/° C]
D$_2$O	3,8	101,4	40	1,0	$1{,}4 \cdot 10^{-3}$
H$_2$O	0,0	100	100	1,0070	$1{,}60 \cdot 10^{-3}$
			250	1,25	$1{,}38 \cdot 10^{-3}$
Hg	—38,8	357	100	0,033	0,025
Li	179	1317	200	1,40	0,10
			600	1,04	0,08
Na	97,8	883	100	0,3305	0,206
			400	0,3055	0,170
			600	0,299	0,150
NaK (22 Gew.-% Na)	—11	784	100	0,23	0,058
			400	0,21	0,064
PbBi (44,5 Gew.-% Pb)	125	1670	200	0,035	0,023
			600	0,034	0,035
PbMg (97,5 Gew.-% Pb)	250	1700	300	0,034	0,03
Bi	271	1477	271	0,034	0,037
Dowtherm A	25	252	25	0,508	$\approx 4 \cdot 10^{-4}$
HTS	145				
NaOH	318	1390	350	0,55	$5{,}2 \cdot 10^{-3}$
			550	0,43	$2{,}8 \cdot 10^{-3}$

kleinen Absorptionsquerschnittes für thermische Neutronen und guter Strahlenfestigkeit hinzu (vgl. Tab. 73). Schließlich wäre wünschenswert, daß das Kühlmittel ein kleines Atom- bzw. Molekulargewicht besitzt, um gleichzeitig auch als Bremsmittel wirken zu können.

Gasförmige Kühlmittel haben gegenüber Flüssigkeiten verschiedene Nachteile[115]: c_p und k sind klein, die notwendigen Pumpleistungen sind groß (Drucke bis 70 at), Sauerstoff wirkt korrosiv, Wasserstoff ist explosiv und versprödet Stahl, vgl. Tab. 74. Meist werden daher nur Reaktoren mit geringer Leistung mit Luft gekühlt*.

Flüssige Metalle, Salze und Hydroxyde haben zwar ausgezeichnete Kühleigenschaften (zum Teil besser als Wasser), sind aber sehr korrosiv[112] und infolge der im Vergleich mit Wasser kleineren spezifischen Wärmen müssen größere Mengen durchgepumpt werden, so daß die Pumpleistung meist größer wird als bei Wasser. (Bei Verwendung flüssiger Metalle müssen übrigens die Wände der Kühlrohre sehr dünn gemacht werden, damit sie nicht unzulässig hohen Wärmespannungen unterliegen.) Quecksilber scheidet wegen seines großen thermischen

flüssiger Kühlmittel

$\varrho\,(T)$ [g cm^{-3}]	$\sigma_{A\,th}$ [barn]	$\eta \cdot 10^2$ [g cm^{-1} s^{-1}]	$Pr = c_p\,\eta/k$	Bemerkung
1,104	0,0009	0,656	4,64	teuer
0,958	0,66	0,284	1,75	Reinigung und Deionisierung nötig, σ_A groß, relativ niedriger Siedepunkt
0,794		0,099	0,90	N^{16} (aus O^{16}) 7,5 sec, 7 MeV γ
13,35	380	1,21	0,016	unbrauchbar für thermische Reaktoren wegen zu großem $\sigma_{A\,th}$
0,507	0,033 (Li^7)	0,57	0,08	Li^8 0,83 s induziert, 13 MeV β, γ
0,474	67 (Li)			Li^7 zirka 600 $/kg
0,928	0,490	0,684	0,011	Na^{24} 15 h 2,8 MeV γ
0,854		0,269	0,005	erstarrt außer Betrieb, feuergefährlich
0,76		0,200	0,004	
0,847	1,67	0,468	0,019	Na^{24} 15 h 2,8 MeV γ
0,775		0,205	0,67	K^{42} 12,4 h 1,5 MeV γ
10,46	0,1	1,8	0,027	
9,91		1,17	0,014	Bi^{210} 5 d
10	0,16	2	0,023	Mg^{27} 10 m 1 MeV γ
10,0	0,032	1,66	0,015	
≈ 1	klein	0,374	4,80	Diphenylverbindung, strahlungsempfindlich; γ z. B. 3000
	groß			(NaNO$_2$ + NaNO$_3$ + KNO$_3$) „heat transfer salt" unbrauchbar, σ_A groß
1,79	0,82	4,0	4,20	Na^{24} 15 h 2,8 MeV γ
1,67		1,5	2,30	korrosiv

---

* Ausnahmen bilden z. B. die britischen Plutonium-Produktionsreaktoren (Luftkühlung 1 at) oder der P 2-Reaktor (1500 kW) in Saclay, s. S. 385 (zuerst N$_2$-10 at, später CO$_2$). Auch die britischen Energiereaktoren sollen mit CO$_2$ gekühlt werden[116] (Calder Hall 10 at).

Tabelle 74. *Eigenschaften gasförmiger Kühlmittel*

Stoff (1 at)	T [°C]	$\varrho \cdot 10^4$ [g cm^{-3}]	c_p [cal g^{-1}]	γ [kcal m^{-2} h^{-1}/° C]	$k \cdot 10^4$ [cal s^{-1} cm^{-1}/° C]
H$_2$	100	0,66	3,43	100*	5,33
	300	0,43	3,50	bis 500*	7,36
He	0	1,8	1,25	400* bei 7 at, 30 m/sec	3,61
	100	1,4	1,25	1400* bei 33 at, 30 m/sec	4,00
Luft	100	9,5	0,242	470* bei 7 at, 30 m/sec	0,76
	300	6,2	0,250	1670* bei 35 at, 30 m/sec	1,09
CO$_2$	100	15	0,22	2000	0,50
	300	9,5	0,23	1782	0,90
N$_2$	100	9,2	0,25	1778	0,74
	300	6,0	0,27	1530	0,8
H$_2$O Dampf	100	6,06	0,45	19 300* bei 30 m/sec (bis 30 000)	0,50

Vgl. Na $\gamma = 74\,000$ bei 1 at, $v = 6$ m/sec (theoretisch); praktisch erreichtes $\gamma : 10\,000$.

Absorptionsquerschnittes für thermische Reaktoren aus, ist aber ebenso wie Kalium (schmilzt bei 62° C, $\sigma_A(E_i) = 2$ barn, E_i intermediäre Energie) oder Gallium (schmilzt bei 30° C, $\sigma_A(E_i) = 2,7$ barn) als Kühlmittel für intermediäre und schnelle Reaktoren von Interesse. Auch die Verwendung organischer Stoffe als Kühlmittel wurde diskutiert.

Ein großer Vorteil der flüssigen Metalle ist die Möglichkeit, hohe Kühlmitteltemperaturen (und damit einen guten Wirkungsgrad bei Energiereaktoren) zu erreichen, da $T_2 - T_3$ zwischen 0,3° C ($q = 20\,000$ [kcal m^{-2} h^{-1}]) und 8° C ($q = 500\,000$ [kcal m^{-2} h^{-1}]) liegt, während z. B. für He 15° bis 300° C Temperaturdifferenz auftreten. Bei Na-Kühlung erreicht also das Kühlmittel praktisch die Oberflächentemperatur des Brennstoffelementes.

Beim Vergleich von Kühlmitteln (vgl. Übungsbeispiel 33a) kommt es neben σ_A vor allem auf den *spezifischen Wärmeinhalt* $\varrho\, c_p$ [cal cm^{-3}/° C] und auf die Wärmeübergangszahl γ an. Aus Tab. 73—75 ersieht man, daß vor allem H$_2$O, D$_2$O, NaK, He und Luft sowie CO$_2$ als Reaktorkühlmittel in Frage kommen.

Bei Verwendung von flüssigem Brennstoff kann dieser herausgepumpt werden und selbst als Wärmeträger dienen (vgl. Übungsbeispiel 33b). Nachteilig bei dieser Methode ist jedoch die starke Radioaktivität des Brennstoffes. Man muß deshalb neben dem primären Kühlsystem (Brennstoffkreislauf), das die Wärme aus dem Reaktor herausschafft, sich aber noch als ganzes innerhalb des Strahlenschutzschildes befinden muß, ein *sekundäres Kühlsystem* vorsehen. Dieses transportiert mit Hilfe eines zweiten (nicht mehr radioaktiven) Kühlmittels die Wärme nach außen. Die Verwendung von zwei Kühlsystemen (vgl. Abb. 56) ist übrigens fast immer notwendig, da das Kühlmittel, das aus dem Reaktor kommt, immer ein wenig radioaktiv ist.

Die Ursachen dieser Radioaktivität sind

1. die Verseuchung durch die Spaltprodukte,

2. die im Kühlmittel induzierte Radioaktivität (vgl. Tab. 73 und 74).

*(*γ für d = 0,6 cm nach Power, April 1955)*

σ_A [barn]	$\eta \cdot 10^2$ [g cm s^{-1}]	$Pr = c_p \eta/k$	Bemerkungen
0,33	0,0106 0,0139	0,682 0,662	Keine induzierte Radioaktivität, explosiv, Stahl wird spröde
≈ 0	0,0265 0,027	0,918 0,844	Keine induzierte Radioaktivität, teuer, strahlungsfest, inaktiv, $\xi_{He} = 0,43$
1,5	0,022 0,028	0,701 0,642	Billig; N^{16} 7,3 sec, 6 MeV γ induziert $_{18}Ar^{41}$, 1,8 h, 1,4 MeV γ, $\xi_{Luft} = 0,13$
0,003	0,0222 0,029	0,980 0,742	Reagiert mit Graphit bei höheren Temperaturen
1,88	0,020 0,023	0,676 0,777	σ_A groß, $N^{14}\,(n, p)\,C^{14} \to$ radioaktiv
0,66			Gute Stabilisierung von $\tilde{\varrho}$

Tabelle 75. *Vergleich von Kühlmitteln und Kühlmethoden.*
γ *nach (32.24), (32.25), (32.26), (33.25), für d = 4 cm, n = 0,40*

	T	$\varrho\, c_p$	v	Re	q bei $\Delta T = 50°$ C	γ
H$_2$O .	250	0,993	$6 \cdot 10^2$	$1,9 \cdot 10^6$	$14,3 \cdot 10^5$	0,797
D$_2$O .	40	1,104	$6 \cdot 10^2$	$4,0 \cdot 10^5$	$8,0 \cdot 10^5$	0,448
NaK .	400	0,163	$6 \cdot 10^2$	$9,07 \cdot 10^5$	$9,7 \cdot 10^5$	0,539
He lat	100	$2,25 \cdot 10^{-4}$	$3 \cdot 10^3$	$6,3 \cdot 10^3$	$1,8 \cdot 10^5$	0,099
Luft 10 at	300	$1,55 \cdot 10^{-3}$	$3 \cdot 10^3$		$6,2 \cdot 10^5$	0,348
CO$_2$ 1 at.	300	$2,18 \cdot 10^{-4}$	$3 \cdot 10^3$	$5,2 \cdot 10^4$	$1,6 \cdot 10^5$	0,088
10 at		$2,18 \cdot 10^{-3}$	$3 \cdot 10^3$		$7,6 \cdot 10^5$	0,422
	[° C]	[cal cm^{-3}/° C]	[cm s^{-1}]	[0]	[kcal m^{-2} h^{-1}]	[cal cm^{-2} s^{-1}/° C]

Vergleiche

Strahlungskühlung (32a) (32.45) $q = 1,6$ [kcal m^{-2} h^{-1}] bei $\Delta T = 150°$ C

Freie Konvektion (33d) H$_2$O (32.30), $\bar{a} = 0,00018$

  $\gamma = 0,0175$ $q = 1,26 \cdot 10^4$ [kcal m^{-2} h^{-1}] bei $\Delta T = 20°$ C, $\eta = 0,284 \cdot 10^{-2}$

$q_{max} = $ etwa 2 [cal cm^{-2} s^{-1}], $\Delta T = 20°$ C.

Verdampfung (32.28) $m = 1,42$, $\Delta T = 50°$ C, $a = 0,174$

  $\gamma = 45,0$ [cal cm^{-2} s^{-1}], $q = 8,1 \cdot 10^7$ [kcal m^{-2} h^{-1}]

Heute erreichbar: $q = 10^6$ [kcal m^{-2} h^{-1}] (kochendes H$_2$O in Stahlrohren).

Die Verseuchung kann durch luftdichte Schutzhüllen vollkommen vermieden werden, wenn diese so mit dem Brennstoff verbunden sind, daß die Spaltprodukte durch sie nicht hindurchdiffundieren können. Die Intensität der induzierten Radioaktivität hängt von Art und Reinheit des Kühlmittels ab[108] (vgl. Übungsbeispiele 31e und 33c); sie entspricht nach UNTERMEYER dann, wenn Kühlwasser den Reaktor in Dampfform verläßt, etwa der 1000fachen *Toleranzdosis* (vgl. § 35).

Das aus dem Reaktor austretende erhitzte Kühlmittel wird einem *Wärmeaustauscher* oder *Dampferzeuger* zugeführt — nur in seltenen Fällen wird im Reaktor selbst Dampf erzeugt (UNTERMEYER[110]) oder das primäre Kühlmittel selbst verwendet, z. B. für Fernheizung. *Blasenverdampfung* in einem Reaktor kann zugelassen werden (γ ist größer als vor dem Kochen); kommt es aber zur *Filmverdampfung*, so besteht Gefahr, daß das Kühlsystem versagt*. Das Versagen eines Reaktorkühlsystems kann aber schwerwiegende Folgen nach sich ziehen[117] (Überhitzung der Brennstoffelemente, Undichtwerden der Schutzhüllen, starke radioaktive Verseuchung des Kühlmittels und unter Umständen des Reaktorgebäudes — zu einer Atomexplosion kommt es jedoch weder beim Versagen der Kühlung noch beim völligen Herausziehen der Kontrollstäbe.) Zu einem Versagen des Kühlsystems kam es im Jahre 1952 beim kanadischen NRX-Reaktor, bei dem an zwei verschiedenen Rohren gleichzeitig ein Leck entstand, so daß

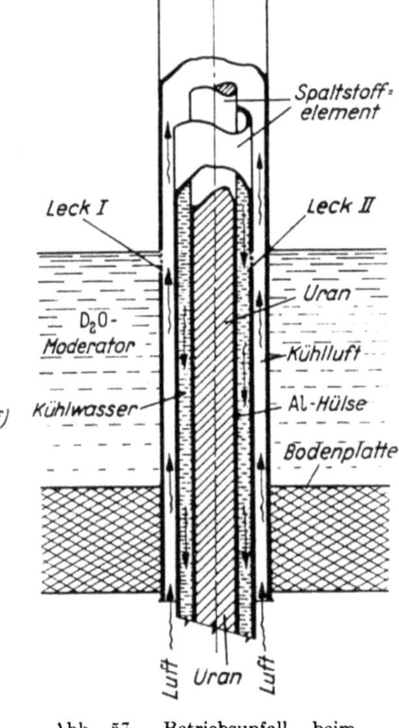

Abb. 57. Betriebsunfall beim NRX-Reaktor

Abb. 56. Primäres und sekundäres Kühlsystem

das Kühlwasser und das Bremsmittel (Schwerwasser) verseucht wurden und in den Raum unterhalb des Reaktors austraten (vgl. Abb. 57).

Wärmeaustauscher und Dampferzeuger, die für Reaktoren verwendet werden, müssen besonders dicht und korrosionsfest gebaut werden.

Es sei T_5 die Temperatur des primären Kühlmittels beim Austritt aus dem Reaktor und beim Eintritt in den Wärmeaustauscher, T_7 die *innere* und T_8 die *äußere Wandtemperatur* des Kühlrohres (innerer Radius R_1, äußerer Radius R_2, Wärmeleitfähigkeit k, vgl. Abb. 58) und T_9 sei die Temperatur des kochenden

---

* Eine dünne Dampfschicht zwischen Kühlrohrwand und Flüssigkeit verringert γ infolge des LEIDENFROSTschen Phänomens und infolge des durch die Filmverdampfung eintretenden Druckabfalles wird der Zustrom des Kühlmittels geringer.

Wassers bzw. die *Temperatur des sekundären Kühlmittels*. Es gelten dann die folgenden Randbedingungen

$$T_6\,(0) = T_5\,(x = 0); \quad T_6\,(l) = T_4\,(x = l) \tag{33.1}$$

$$T\,(R_1) = T_7\,(x), \; r = R_1 \tag{33.2}$$

$$T\,(R_2) = T_8\,(x), \; r = R_2 \tag{33.3}$$

$$\gamma_1\,(T_6 - T_7) = -\,k\left(\frac{dT}{dr}\right)_{R_1} \quad (\mp q) \tag{33.4}$$

$$q = \gamma_2\,(T_8 - T_9) = -\,k\left(\frac{dT}{dr}\right)_{R_2} \quad [\mathrm{cal\ s^{-1}\,cm^{-2}}] \tag{33.5}$$

T_4 ist die Temperatur des primären Kühlmittels beim Austritt aus dem Wärmeaustauscher, d. h. beim Wiedereintritt in den Reaktor. γ_1 ist die Wärmeübergangszahl des Überganges primäres Kühlmittel → innere Kühlrohrwand, γ_2 die Wärmeübergangszahl (Verdampfungsübergangszahl) des Überganges äußere Kühlrohrwand → sekundäres Kühlmittel. l ist die Länge des Kühlrohres im Wärmeaustauscher; die Wärmeverluste in den Verbindungsrohren sind sehr gering und werden vernachlässigt.

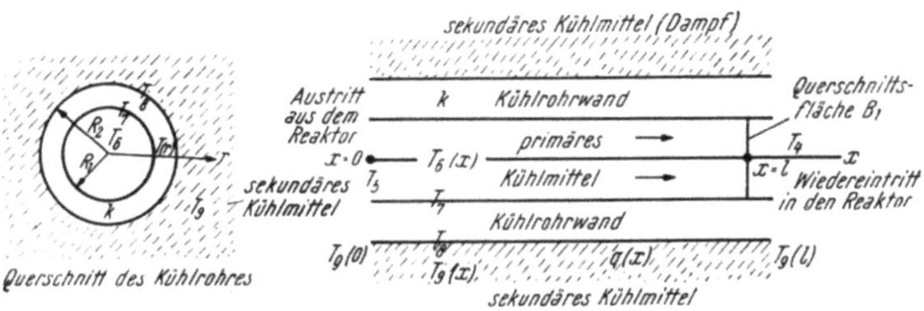

Abb. 58. Der Wärmeaustauscher

Da in der Kühlrohrwand keine Wärme erzeugt wird ($Q = 0$), ist die Temperaturverteilung $T\,(r)$ in der Kühlrohrwand nach (32.13), (33.2) und (33.3) durch

$$T\,(r) = T_7 - \frac{T_8 - T_7}{\ln \dfrac{R_1}{R_2}} \ln \frac{r}{R_1} \tag{33.6}$$

gegeben. Daraus erhält man mit Hilfe von (33.4) und (33.5) durch Addition die Temperaturdifferenz zwischen den beiden Kühlmitteln

$$T_6\,(x) - T_9\,(x) = (T_8\,(x) - T_7\,(x))\left(\frac{k}{\gamma_1\,R_1 \ln \dfrac{R_1}{R_2}} + \frac{k}{\gamma_2\,R_2 \ln \dfrac{R_1}{R_2}} - 1\right) \tag{33.7}$$

Der Wärmestrom $\gamma_1\,(T_6 - T_7)$ vom primären Kühlmittel in die Kühlrohrwand ist auf Grund der geometrischen Verhältnisse ($R_1 < R_2$) größer als der Wärmestrom q von der Kühlrohrwand ins sekundäre Kühlmittel. q ist durch (33.5) gegeben; im Gleichgewicht muß jedoch das primäre Kühlmittel genau *die* Wärmemenge Q [cal s^{-1}] herbeischaffen, die durch die *äußere* Mantelinnenfläche f_1 (hier $2\,\pi\,R_2 \cdot l$) des Kühlrohres insgesamt abfließt, d. h. wenn B_1 der Querschnitt des Kühlrohres ist (hier $B_1 = R_1{}^2\,\pi$, v_1 Strömungsgeschwindigkeit im Querschnitt B_1), dann muß für die ganze Rohrlänge l

$$Q = \int dQ = 2\pi\,R_2 \int_0 q\,(x)\,dx = B_1\,c_p\,\varrho\,v_1\,(T_5 - T_4) \quad [\mathrm{cal\ s^{-1}}] \tag{33.8}$$

gelten, so daß der mittlere Wärmestrom $\bar{q}$ durch

$$\bar{q} = \frac{\varrho\, v_1\, B_1\, c_p\, (T_5 - T_4)}{f_1} = \frac{Q}{f_1} \tag{33.9}$$

gegeben ist. Für eine beliebige Rohrstelle x gilt

$$dQ\,(x) = q\,(x)\; df_1(x) = \varrho\, B_1\, c_p\, v_1\, d(T_6\,(x) - T_9\,(x)),$$
$$\text{hier:}\; df_1(x) = 2\,\pi\, R_2\, dx \tag{33.10}$$

Aus (33.5) und (33.6) folgt nun

$$T_8\,(x) - T_7\,(x) = \frac{1}{k}\, q\,(x)\, R_2 \ln\frac{R_1}{R_2}, \;\text{wobei}$$

$$q\,(x) = \gamma_2\,(T_8\,(x) - T_9\,(x))$$

unbekannt ist. (33.7) nimmt nun die endgültige Form

$$\boxed{T_6\,(x) - T_9\,(x) = \frac{1}{k}\, q\,(x)\, R_2 \ln\frac{R_2}{R_1} + \frac{q\,(x)}{\gamma_2} + \frac{q\,(x)\, R_2}{\gamma_1\, R_1}} \tag{33.11}$$

an*. Die Auswertung dieser Formel wird im Übungsbeispiel 33h, S. 298, besprochen. Für $x = l$ ergibt sich daraus mit (33.1) (vgl. Abb. 58)

$$T_4 = T_9\,(l) + \gamma_2\,(T_8\,(l) - T_9\,(l))\left(\frac{R_2}{k}\ln\frac{R_2}{R_1} + \frac{1}{\gamma_2} + \frac{R_2}{R_1\,\gamma_1}\right) \tag{33.12}$$

$T_9\,(l)$ ist die Temperatur, mit der der Dampf (das sekundäre Kühlmittel) bei bestens isolierten Verbindungsleitungen in die Turbine (bzw. den Wärmeverbraucher) gelangt (*Arbeitstemperatur*). γ_2 ist beim Dampferzeuger von $T_6\,(x)$ — — $T_9\,(x)$ abhängig, vgl. (32.28), so daß die Auflösung der obigen Gleichungen kompliziert wird (vgl. Übungsbeispiel 33h). Die vom Verbraucher (Fernheizwerk, Dampfturbine) geleistete Arbeit A ergibt sich aus der Differenz $T_9\,(l)$ — — $T_9\,(0)$; hat das sekundäre Kühlmittel die Materialkonstanten ϱ_1, c_{p1} und ist seine Zirkulationsgeschwindigkeit in n Röhren vom Querschnitt B_2 durch v_2 gegeben, dann gilt:

$$\boxed{A = \eta\, J\,(\varrho_1\, v_2\, B_2\, c_{p1}\, n\,(T_9\,(l) - T_9\,(0))\, t \quad [\text{kWh}]} \tag{33.13}$$

Wird Dampf erzeugt, dann ist die Formel komplizierter, da noch die Verdampfungswärme bzw. die Art des Kochens und der Überhitzung berücksichtigt werden muß. J ist ein Umrechnungsfaktor $0{,}116 \cdot 10^{-5}$ kWh/cal und η der Wirkungsgrad des Verbrauchers, $t =$ Betriebsdauer in sec.

Die Strömungsgeschwindigkeiten hängen von den jeweiligen Rohrquerschnitten, der Reibung und den Leistungen der Pumpen ab, d. h. die Pumpen sind so zu bemessen, daß sie bestimmte Geschwindigkeiten und Massenflüsse $\varrho\, v\, B$ gewährleisten (s. später). Schließlich besteht noch ein Zusammenhang zwischen der *thermischen Reaktorleistung* Q_{ges} [cal s^{-1}] oder [kW] und dem Fluß des primären Kühlmittels durch den Reaktor ($\bar{T}_2$ und $\bar{T}_3$ sind Mittelwerte über

---

* In dieser Gleichung besitzen die Terme rechts vom Gleichheitszeichen die folgende Bedeutung: Der erste Term ist $T_7 - T_8$, der zweite $T_8 - T_9$ und der dritte $T_6 - T_7$.

die Länge des Kühlrohres, also z. B. $\overline{T}_3 = (T_5 + T_4)/2$, $2\,\overline{T}_2 = T_2\,(h'/2) + T_2\,(-h'/2))$

$$Q_{ges} = n\,\varrho\,v\,B\,c_p\,(T_5 - T_4) = n\,\overline{Q} \cdot V_{Sp} \qquad \text{(Transport)} \qquad (33.14\,\text{a})$$

$$Q_{ges} = \gamma\,n\,f\,(\overline{T}_2 - \overline{T}_3) \qquad \text{(Übergang)} \qquad (33.14\,\text{b})$$

(vgl. Übungsbeispiele 32f und 33f). Für eine erste Näherung kann man erfahrungsgemäß für $nB = 1/18$ der „unkorrigierten" kritischen Reaktoroberfläche setzen, vgl. (33.23).

In einem Energiereaktor ist also ein Temperaturgefälle von $\hat{T}_0$ bis $T_9\,(0)$ vorhanden, das durch eine große Anzahl von Parametern bestimmt wird (vgl. Tab. 76). Bei dieser Übersicht wird — so wie bei allen Rechnungen — angenommen, daß alle Verbindungsrohre so gut isoliert sind, daß keine Wärmeverluste auftreten. Diesem Idealzustand kommt man mit modernen Isolationsmitteln schon sehr nahe. Die Berechnung eines Kühlsystems wird in den meisten praktischen Fällen dem Schema der Tab. 76 folgen; mit Hilfe der angegebenen Formeln können jedoch auch andere Probleme gelöst werden.

Tabelle 76. Temperaturgefälle und Parameter der Kühlung

$\hat{T}_0$ Höchste Zentraltemperatur des Brennstoffes, Stelle $\hat{z}$ (32.39) (höchstens 660° C)

$T_0\,(z)$ Zentraltemperatur des Brennstoffes, variabel (32.21), (32.32)

$\hat{T}_1$ Höchste Zwischentemperatur (Brennstoffoberfläche) Stelle $\hat{z}$ (32.17) (32.32), (32.38)

$T_1\,(z)$ Zwischentemperatur (Brennstoffoberfläche), variabel (32.17), (32.32)

$\hat{T}_2$ Höchste Oberflächentemperatur (Brennstoffelement), Stelle $\hat{z}$ (32.37), (32.38)

$T_2\,(z)$ Oberflächentemperatur des Brennstoffelementes, variabel (32.37)

$T_3\,(z)$ Kühlmitteltemperatur (primär), variabel (32.34)

T_4 Eintrittstemperatur des primären Kühlmittels, $z = h'/2$, $x = l$ (33.12)

T_5 Austrittstemperatur des primären Kühlmittels, $z = -h'/2$, $x = 0$ (33.14)

$T_6\,(x)$ Temperatur des primären Kühlmittels im Wärmeaustauscher

$T_7\,(x)$ Innere Wandtemperatur (Wärmeaustauscher) ⎫

$T_8\,(x)$ Äußere Wandtemperatur (Wärmeaustauscher) ⎬ (33.10), (33.11)

$T_9\,(x)$ Temperatur des sekundären Kühlmittels ⎭

$T_9\,(l)$ Arbeitstemperatur (z. B. 300° C), $x = l$ (33.12)

$T_9\,(0)$ Endtemperatur (tiefste Temperatur) (33.13)

1. Hauptparameter (vorgegeben)

Gasdruck bei gasförmigem Kühlmittel

$$Q_{ges},\ T_9\,(l),\ A/\eta \left.\begin{array}{c} \\ \downarrow \\ T_9\,(0) \end{array}\right\} \to T_4 \to T_5 \to n\varrho\,vB \qquad nB \approx \frac{1}{18}\ \text{kritische Oberfläche}$$

$$\downarrow$$
$$v$$

$V_{Sp},\ Q,\ v,\ R_1,\ R_2,\ a,\ c,\ \varphi_0,\ h,\ h',\ e$

2. Materialwahl

$T_0,\ \varrho,\ \varrho_1,\ c_p,\ c_{p1},\ k,\ \widetilde{k},\ \eta,\ \Sigma_{Sp}$

3. Abgeleitete Parameter (berechnet aus *1.*, *2.* und den Formeln im Text)

$v,\ v_1,\ v_2,\ n,\ B,\ B_1,\ f,\ f_1,\ l,\ \gamma_1,\ \gamma_2,\ Re,\ Pr,\ z,\ e,\ d,\ \mu,\ N$

Nebenparameter und Temperaturverteilungen (meist uninteressant)

$\hat{T}_1,\ \hat{T}_2,\ T_0\,(z),\ T_1\,(z),\ T_2\,(z),\ T_3\,(z),\ T_6\,(x),\ T_7\,(x),\ T_8\,(x),\ T_9\,(x)$

Zur Bemessung des Kühlsystems gehört auch die Berechnung der benötigten *Pumpleistung*. Diese hängt vom *Druckabfall* in der Strömung ab. Da die turbulente Strömung heute noch nicht berechnet werden kann, muß man sich mit halbempirischen Formeln begnügen. Ein Druckabfall kommt

1. infolge Reibung an der Rohrwand (einschließlich Verlusten in Ventilen usw.)

2. infolge von Geschwindigkeitsänderungen (Beschleunigung oder Verzögerung infolge Änderung des Strömungsquerschnittes, Richtungsänderungen),

3. infolge von Verdampfung,

4. infolge Überwindung von Höhenunterschieden

zustande. (Der Druckabfall infolge von Dichteänderungen oder von Kompressibilitätseffekten kann meist vernachlässigt werden, vgl. aber das Reaktorhandbuch[118]).

Die BERNOULLIsche *Gleichung** beschreibt den Druckabfall Δp reibungsfreier Strömungen infolge von Höhen- und Geschwindigkeitsänderungen $v_0 \to v$

$$\Delta p = -\varrho\, g\, \Delta h - \frac{\varrho}{2}\left(v^2 - v_0^2\right) \quad [\text{dyn cm}^{-2}]\ \text{d. h.}\ [\text{g s}^{-2}\,\text{cm}^{-1}] \quad (33.15)$$

g ist die Erdbeschleunigung (981 [cm s^{-2}]), die Höhendifferenz h [cm] heißt die *Druckhöhe*. Die zur Überwindung der Reibung benötigte Kraft $\Delta p_r\, d^2 \pi/4$ ist erfahrungsgemäß proportional der benetzten Fläche $\pi\, d\, L$ (d hydraulischer Rohrdurchmesser, L Länge eines Kreislaufes) und dem Staudruck $\varrho\, v^2/2$, so daß sich

$$\Delta p_r = \mu\, 4\, \frac{L}{d}\, \frac{\varrho v^2}{2} \quad (L = h'\ \text{oder}\ l\ \text{oder}\ h' + l\ \text{bzw. größer}) \quad (33.16)$$

für den durch Reibung hervorgerufenen Druckverlust ergibt. μ ist eine dimensionslose Proportionalitätskonstante, die der Erfahrung gemäß durch

$$\boxed{\ \mu = 0{,}079\ Re^{-0,25}\ } \qquad\qquad (33.17\,\text{a})$$
$$\boxed{\ \mu = 0{,}046\ Re^{-0,20}\ } \qquad\qquad (33.17\,\text{b})$$

zu berechnen ist (Gleichung von BLASIUS bzw. FANNING). Die Reibung hat aber auch Einfluß auf die Form des kinetischen Gliedes: es treten Korrekturfaktoren K_i auf. Die $K_1 = \dfrac{\mu\, 4\, l}{d}$, K_2, K_3 usw. erfassen hierbei den Reibungsverlust sowie alle Verluste bei stetiger oder unstetiger Verengung oder Erweiterung, an Krümmungen der Rohrleitungen, in Ventilen, in *Flußmessern* usw. Für den gesamten Druckverlust ergibt sich daher

$$\boxed{\ \Delta p = -\varrho\, g\, \Delta h - \frac{\varrho}{2}\sum_i v_i^2\, K_i - \Delta p_{Verdampfung}\ } \qquad (33.18)$$

Die K_i sind Erfahrungswerte, vgl. Tab. 77 (alle Ortsangaben, z. B. „vor" sind in bezug auf die Strömungsrichtung zu verstehen).

Die Angaben für K_2 und K_3 gelten für plötzliche Änderungen; bei stetigen Änderungen ist der Druckabfall kleiner und kann für Änderungen, bei denen sich die Wandneigung um weniger als zirka 5° ändert, vernachlässigt werden. Zu beachten ist, daß alle K_i-Werte von der Wandrauhigkeit abhängen, so daß sich zwischen den Meßreihen einzelner Autoren Unterschiede bis zu 100% ergeben können.

---

* Die Ableitung dieser Gleichung findet man in jedem größeren Lehrbuch der Physik.

Tabelle 77. *Der Druckabfall*

i	Effekt	K_i	v_i	Bedeutung
1	Reibung	$\dfrac{\mu\,4\,l}{d}$	v_1	Örtliche Geschwindigkeit
2	Erweiterung des Querschnittes $B \to B'$	$\left(1 - \dfrac{B}{B'}\right)^2$	v_2	Geschwindigkeit *vor* der Erweiterung
3	Verengung $B \to B''$	$K_3\left(\dfrac{B''}{B}\right)$	v_3	Geschwindigkeit *nach* der Verengung

empirisch für $Re \gg 10^4$:

B''/B	0	0,1	0,2	0,3	0,4	0,5	0,6	0,7	0,8	1
K_3	0,40	0,39	0,38	0,36	0,33	0,30	0,25	0,20	0,14	0

4 Richtungsänderung
$K_4\,(R/d)$ v_4 örtliche Geschwindigkeit, R Krümmungsradius
empirisch $Re \approx 10^5$

R/d	1	2	4	6	10
$90° \sphericalangle$ K_4	0,23	0,15	0,11	0,09	0,09
$45° \sphericalangle$ K_4	0,13	0,08	0,07	0,07	0,06

$5 \to 6$ Stetige Querschnittsänderung

$K_5 = K_6 = 1$ unbeeinflußt von Reibung $\dfrac{\varrho}{2}\left(v_5^2 - v_6^2\right)$ $B \to B'$, $v_5 \to v_6$
Reibungseffekte in K_1 enthalten
v_5, v_6 örtliche Geschwindigkeiten (vorher und nachher)

7 Ventile usw. v_7 örtliche Geschwindigkeit
$K_7 = 0,1$ bis 15 und mehr, je nach Bauart des Ventils, Flußmessers etc.

$1,01325 \cdot 10^6$ [dyn cm^{-2}] $= 1$ phys. at $= 1,033$ techn. at [kg cm^{-2}]

Der Druckabfall infolge von Verdampfung kann nur empirisch erfaßt werden; da er von vielen Parametern abhängt, gibt es eine große Zahl von empirischen Formeln und Berechnungsmethoden[118], auf die wir hier nicht eingehen können.

Mit Hilfe des gesamten Druckabfalles Δp kann die benötigte Pumpleistung für n Kanäle

$$\boxed{N \text{ [kW]} = 10^{-10}\,\Delta p\,B\,v\,n}$$

Δp [dyn cm^{-2}]
B [cm^2] (33.19)
v [cm s^{-1}]

leicht berechnet werden*. Da die Pumpleistung mit der dritten Potenz der *Zirkulationsgeschwindigkeit* v des Kühlmittels wächst, kann man v nicht beliebig erhöhen; für Flüssigkeiten liegt die obere Grenze bei $v = 10$ m/sec. Jedenfalls ist aber v immer so groß als nur irgend möglich zu wählen, da der Wärmeübergang mit v steigt — eine Ausnahme bilden die flüssigen Metalle, da bei diesen der Wärmeübergang nicht so stark von v abhängt, die Pumpleistung wegen der großen Dichte aber sehr stark ansteigt; hier wird $v = 7$ m/sec eine obere Grenze bilden. Bei gasförmigen Kühlmitteln liegen die Geschwindigkeiten wesentlich höher: 30 bis 50 m/sec und mehr**. Als Richtlinie kann gelten, daß die Pumpleistung 15% der Reaktorleistung nicht überschreiten soll.

---

* Der Zahlenfaktor rührt von der Umrechnung [erg s^{-1}] $\to$ [kWs, s^{-1}] her.

** Allerdings ist auch hier die Pumpleistung sehr groß — z. B. 25 000 kW bei dem mit 10 at He gekühlten 350 000-kW-Reaktor der Commonwealth Edison Co, Chicago (in Konstruktion).

Pumpen für die Reaktorkühlung werden in üblicher Bauweise ausgeführt; eine Übersicht über handelsübliche Pumpen und ihre Daten findet man in der Literatur[118].

Wichtig ist, daß alle Leitungen, Verbindungen und Ventile vollkommen dicht sind — nicht nur wegen der Gefahr der radioaktiven *Verseuchung*, sondern auch um Kühlmittelverluste zu vermeiden. Um die Undurchlässigkeit der Rohrverbindungen und Ventile überprüfen zu können, hat man hochempfindliche Geräte entwickelt wie z. B. Massenspektrographen. die auf allergeringste Spuren entweichenden Heliums (als Prüfmittel) ansprechen.

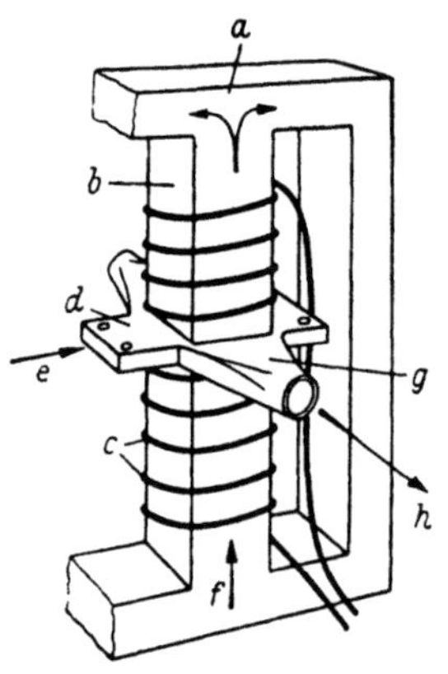

Abb. 59. Elektromagnetische Pumpe

a Magnetkern, *b* Polschuhe, *c* Erregerwicklungen, *d* Stromanschluß, *e* elektrischer Strom, *f* Magnetfeld, *g* Leitung für flüssiges Natrium, *h* Strömrichtung des flüssigen Natriums

Flüssige Metalle greifen infolge ihrer stark korrosiven Eigenschaften die Pumpendichtungen an, so daß man für diese spezielle elektromagnetische Pumpen konstruiert hat, die keine Dichtungen und keine mechanisch bewegten Teile besitzen. Das Prinzip dieser Pumpen beruht auf der bekannten Tatsache, daß ein stromdurchflossener Leiter, in diesem Falle das querdurchströmende Kühlmittel, in einem Magnetfeld (konstant oder variabel, je nach Art der Pumpe) seitlich abgelenkt wird. Da nur innerhalb des Magnetfeldes, also innerhalb der Pumpe auf das Kühlmittel eine Kraft ausgeübt wird, genügt es, das Kühlmittel nur innerhalb der Pumpe unter Strom zu setzen (vgl. Abb. 59).

Ist B [Γ = Gauß] das magnetische Feld ($\approx 2 \cdot 10^3\ \Gamma$), J [A] ($\approx 10^4$ A) der Strom im flüssigen Metall und R_1 bzw. R_2 die Breite bzw. Höhe der rechteckigen Röhre (Höhe in Richtung des Feldes), dann gilt für das von der Pumpe erzeugte Druckgefälle*

$$p = \frac{B\,J\,R_1}{10\,R_1\,R_2} = \frac{B\,J}{10\,R_2} \quad [\text{dyn cm}^{-2}] \tag{33.20}$$

(R_1 spielt hier die Rolle der „Länge des Leiters".) Mit Hilfe des OHMschen Gesetzes kann man ferner die Formel (W der Widerstand des flüssigen Metalls in Ω)

$$E = \mathrm{J}W + \frac{B\,v\,R_1}{10^8} \quad [\text{Volt}], \quad v\ [\text{cm s}^{-1}] \tag{33.21}$$

ableiten[118]. Man erhält so *Spannungen* von einigen Volt und einen Leistungsbedarf von einigen kW; damit erreicht man Förderleistungen von 2 bis 40 [lit s⁻¹] bei einem Wirkungsgrad von 10 bis 20%. Für größere Reaktoren sind demnach 10—30 Pumpen notwendig. Bessere Wirkungsgrade (35% und mehr sowie größere Förderleistungen (80[lit s⁻¹])—aber dafür kleinere Druckgefälle—erhält man bei Verwendung von *Induktionspumpen* oder *Wanderfeldpumpen* (300 V, 300 A). In gleicher Weise hat man sich die hohe elektrische Leitfähigkeit der flüssigen Metalle bei der Messung der Spiegelhöhe in Vorratsbehältern zunutze gemacht: man bestimmt diese durch Messung des inneren Widerstandes[118]. Auf dem Induktionsprinzip basierend, wurden auch *Flußmesser* konstruiert.

Ausführung und räumliche Anordnung der Kühlung hängen von der Type und der Bauweise des Reaktors ab; es sind flache und runde Rohre, Einfach- und Doppelrohre in Verwendung (vgl. Abb. 60 und 61).

---

* Die Ableitung dieser Formel findet man in jedem größeren Lehrbuch der Physik. Der Faktor 1/10 rührt von der Umrechnung der elektromagnetischen Stromstärkeeinheiten in Ampère her.

Das Kühlmittel durchläuft entweder das Innere des Brennstoffelementes oder umspült dieses — in beiden Fällen muß bei der Konstruktion darauf geachtet werden, daß das Brennstoffelement auch zusammen mit dem Kühlrohr leicht auswechselbar ist und daß der Kühlmittelkreislauf dicht ist (vgl. Abb. 62 und 63).

Die Beeinflussung der kernphysikalischen Eigenschaften des Reaktors durch die Kühlung wurde bereits ausführlich behandelt[78] (vgl. Übungsbeispiele 27d

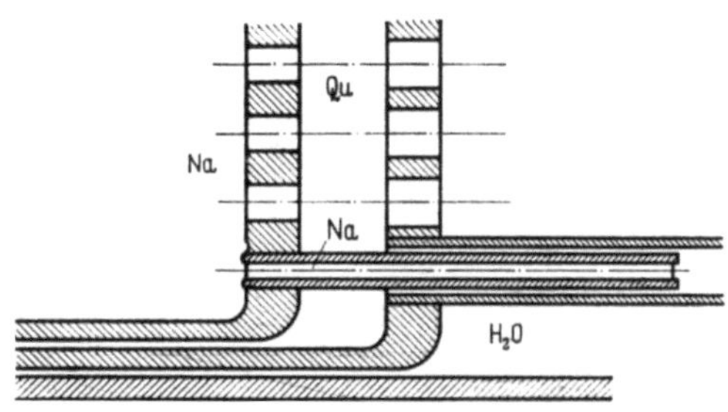

Abb. 60. Sicherheitsdoppelrohre bei Natriumkühlung (Qu Füllmittel, z. B. Quecksilber)

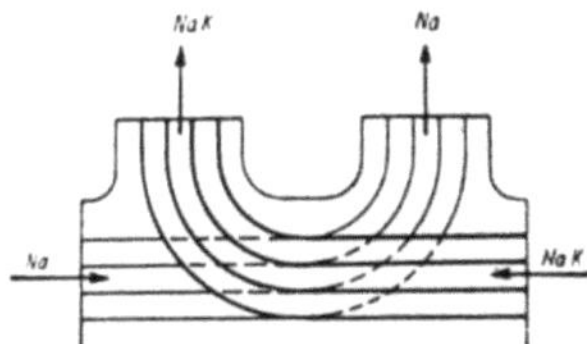

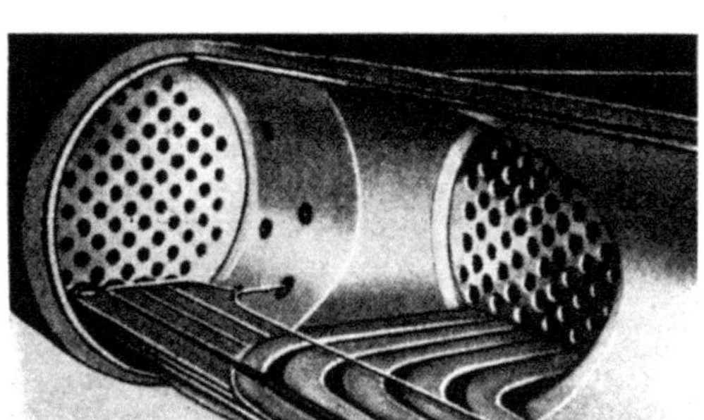

Abb. 61. Wärmeaustauscher für Na → NaK

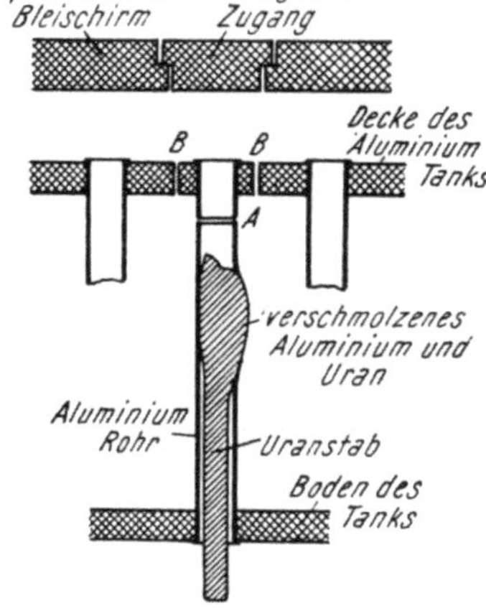

Abb. 62. Auswechslungsmöglichkeit der Brennstoffelemente

und 28f), doch soll darauf hingewiesen werden, daß nicht nur der thermische Verwertungsgrad f^*, sondern auch der Schnellvermehrungsfaktor ε^* beeinflußt wird (MURRAY und MENIUS[79]). Bei Verwendung von Luft muß man mit einem Verlust an Empfindlichkeit von der Größenordnung $\Delta k_{eff} \approx 0{,}003$ rechnen. (CO_2 und He: $\Delta k_{eff} \approx 0$, H_2: $\Delta k_{eff} \approx 0{,}0007$, H_2O: $\Delta k_{eff} \approx 0{,}0007$). Außerdem ist die durch den Einbau der Kühlung notwendig gewordene Vergrößerung des kritischen Volumens zu beachten. Wenn V_1 das kritische Volumen

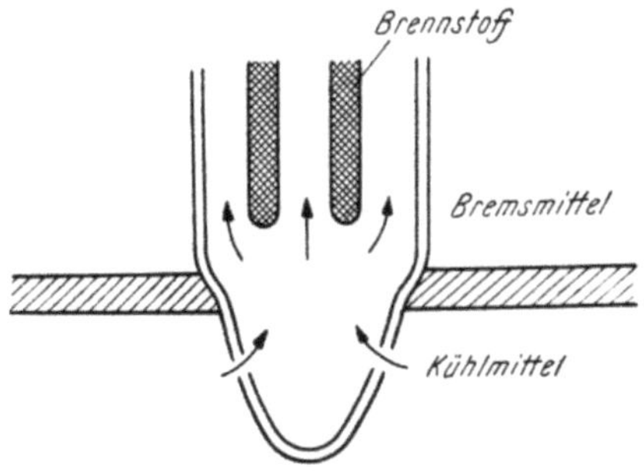

Abb. 63. Dichter Abschluß des Kühlmittelkreislaufes bei auswechselbaren Brennstoffelementen

ohne eingebautem Kühlsystem und V_2 das Volumen des Kühlsystems ist, dann ist das korrigierte kritische Volumen V_4 *nicht* durch $V_3 = V_1 + V_2$ gegeben. Sei $V_2/V_3 = \delta$ ($\delta \approx 1/3$ bei gasgekühlten Reaktoren), dann wird die Dichte (und damit die reziproke Diffusionslänge L^{-1}) durch den Einbau des Kühlsystems auf $V_1/(V_1 + V_2) = (1 - \delta)$ des ursprünglichen Wertes verringert. L^2 und τ werden also um den Faktor $(1 - \delta)^{-2}$ vergrößert und B^2 wird nach (20.31) um den Faktor $(1 - \delta)^2$ verringert. Um diese Verringerung der materialabhängigen Reaktorkonstante zu kompensieren, muß nach (21.14)

$$\boxed{V_4 = V_1 \, (1 - \delta)^{-3}} \qquad \text{z. B.} \quad V_4/V_1 = 27/8 \tag{33.22}$$

gelten, während die Mengen von Brennstoff und Bremsmittel (die jetzt nur das Volumen $(1 - \delta) \, V_3$ einnehmen können), um den Faktor $(1 - \delta)^{-2}$ vergrößert werden müssen. Mit $B \approx d^2 \pi/4$, Reaktoroberfläche $= 6 \, h'^2$ erhält man dann auch leicht die früher erwähnte Näherungsformel

$$n \, B = \frac{\pi^2 \, \delta \, (1 - \delta)^2}{6.4} \cdot \text{Reaktoroberfläche} \approx \frac{\text{Reaktoroberfläche}}{18} \tag{33.23}$$

Die Kosten einer Kühlanlage kann man mit zirka 5 \$/kW annehmen.

Übungsbeispiele

33 a) Um Kühlmittel miteinander zu vergleichen, muß man alle wesentlichen Faktoren in Betracht ziehen. Setzt man (32.24) in (33.14b), (32.16) und (33.17b) in (33.19) ein, so erhält man mit $L = h'$, $h' B \, n = V$ (Volumen des Kühlmittels im Reaktor) durch Division ($m = 0{,}023$)

$$\frac{N}{Q_{ges}} = \frac{4 \cdot V \, \eta \, v^2}{k \, Pr^{0,4} \, (\overline{T}_2 - \overline{T}_3) \, f \, d \, n}$$

Multipliziert man nun (33.14a) beiderseits mit h', quadriert und eliminiert v^2, so ergibt sich mit $\dfrac{4 \, V}{d \, n f} = \dfrac{2 \, e \, \pi \, h'}{f} = 1$ (s. S. 277)

$$\frac{N}{Q_{ges}} = \frac{Q_{ges}^2 \, h'^2}{(\overline{T}_2 - \overline{T}_3) \, V^2 \, (T_5 - T_4)^2} \cdot \frac{\eta}{k \, Pr^{0,4} \, \varrho^2 \, c_p^2} \qquad [0] \tag{33.24}$$

Der erste Faktor stellt eine Kennziffer für die geometrisch-thermischen Verhältnisse, der zweite eine *Kühlmittelkennziffer* dar. Man berechne letztere für einige Kühlmittel (soweit die notwendigen Materialkonstanten angegeben wurden) und zeige, daß sich hiebei die folgende Reihung ergibt:

H_2O, (Na), (Bi), $NaNO_2$, Diphenyl, H_2, D_2, He, H_2O-Dampf, CO_2, Luft, N_2, CO, O_2, Hg-Dampf

Welche Dimension hat die Kühlmittelkennziffer? Welche Reihung gilt für flüssige Metalle? Wieso gilt (33.24) für diese nur sehr roh?

33 b) Die Berechnung des Wärmetransportes und der Kühlung bei flüssigem Brennstoff ist nicht nur infolge der Turbulenz der Strömung der Wärmequellen im Strömungsmedium, sondern auch wegen eines Temperaturgradienten ΔT Rohrmitte $\rightarrow$ $\rightarrow$ Rohrwand (hervorgerufen durch die verschiedenen Strömungsgeschwindigkeiten) sehr kompliziert[119]. Man kommt aber auch hier mit einer halbempirischen Methode zu brauchbaren Näherungswerten. In der Literatur findet man folgende Angaben Q [cal s^{-1} cm^{-3}]

Pr	10	4	1	0,1	0,01		$\dfrac{4 \, \Delta T \, k}{Q d^2} = x$
x	10^{-5}	$3 \cdot 10^{-5}$	10^{-4}	$7 \cdot 10^{-4}$	$5 \cdot 10^{-3}$	$Re = 10^5$	
x	$1{,}5 \cdot 10^{-6}$	$3 \cdot 10^{-6}$	$1{,}5 \cdot 10^{-6}$	10^{-4}	10^{-3}	$Re = 10^6$	

Man berechne den Wärmestrom $\gamma \, \Delta T$ für $k = 6{,}1 \cdot 10^{-3}$ [cal s^{-1} cm^{-1}/° C] (wäßrige Lösung eines Uransalzes), $Pr = 10$, $Re = 10^5$ $d = 1$ cm.

33 c) Im Übungsbeispiel 31 e haben wir die in reinem Wasser induzierte Aktivität berechnet; chemisch reines Wasser gibt es aber in der Natur nicht. Eine Wasseranalyse ergibt[108] folgende Spuren (ppm = 1 Gewichtsteil auf 10^6 Teile Wasser):

Ag	1	Ca	4	Fe	20	Na	100	Ti	3
Al	1	Cr	5	Mg	0,3	Ni	4	Zn	30
Be	0,05	Cu	10	Mn	1	Si	2	Zr	1,5

und nach Verwendung als Kühlwasser in einem Reaktor die folgenden Aktivitäten (mit Halbwertszeit):

Na 24	15 h	Cu 64	12,8 h	Mg 27	9,5 min
Mn 56	2,6 h	Al 28	2,3 min	Ag 110	270 d
N 16	7,35 s	Fe 59	47 d	Cr 51	26,5 d
		Zn 65	250 d			

Man berechne für einen thermischen Fluß von 10^{14} die Gesamtaktivität nach 1 min Bestrahlungszeit für 1 m³ Kühlwasser unter Verwendung der Aktivierungsquerschnitte der Tab. 68, S. 270 und deren zeitliches Abklingen ($0 \leq t \leq 3000$ sec).

Warum ist der Aktivierungsquerschnitt nicht gleich dem Absorptionsquerschnitt? Für Trinkwasser gilt 10^{-5} μC/mlit als maximal erlaubte Konzentration; um welchen Faktor überschreitet das 1 sec lang bestrahlte Kühlwasser diese Toleranz? Gereinigtes und deionisiertes Kühlwasser soll folgenden Anforderungen genügen (ppm)

feste Teilchen	< 1	Fe	< 0,2
Na	< 0,5	pH 6 bis 7	
Cl	< 0,2	elektrischer Widerstand	> 10^6 Ω cm

33 d) Reaktoren kleiner Leistung kommen mit Strahlungskühlung und Kühlung durch freie Konvektion aus. Bis zu welcher Leistung Q_{ges} ist dies in H_2O für Brennstoffplatten der Abmessungen gemäß Übungsbeispiel 32 f der Fall? Man berechnet zunächst d und dann γ nach (32.30) und den Angaben des Übungsbeispiels 32 f sowie von $\bar{\alpha} = 2,8 \cdot 10^{-4}/°$ C, $\Delta T = 20°$ C. Ganz allgemein muß man damit rechnen, daß Bassinreaktoren (vgl. § 39) für Leistungen, die 150 kW übersteigen, gekühlt werden müssen. Wie groß ist der Druckabfall infolge der Reibung? Wie groß ist die Druckänderung beim Ein- bzw. Austritt des frei zirkulierenden Wassers in bzw. aus dem Plattenzwischenraum ($B''/B = 0$)?

33 e) Man verifiziere die Umrechnungsformeln

$$27,78 \cdot 10^{-6} \ [\text{cal s}^{-1} \text{cm}^{-2}] = 1 \ [\text{kcal h}^{-1} \text{m}^{-2}] \tag{33.25}$$

$$242 \ [\text{cal s}^{-1} \text{cm}^{-1}/° \text{C}] = [\text{Btu ft}^{-1} \text{h}^{-1}/° \text{F}] \tag{33.26}$$

und leite aus

$$T \ [° \text{C}] = \frac{5}{9} \ (T \ [° \text{F}] - 32) \tag{33.27}$$

ab, wieviel cal eine British thermal unit (Btu) umfaßt. Das Verhältnis von Fuß (ft) zu cm berechne man aus

$$62,43 \ [\text{g cm}^{-3}] = [\text{lb ft}^{-3}] \tag{33.28}$$

und

$$1 \ [\text{lb}] = 453,5 \ [\text{g}] \tag{33.29}$$

33 f) Man leite aus (33.23) für eine Reaktoroberfläche $\approx 6 \, h'^2$ die Näherungsformel

$$n \approx \frac{4 \, h'^2}{3 \, \pi \, d^2} \tag{33.30}$$

ab (n Zahl der Kühlkanäle, $d \approx 2 \, e$, $B \approx \pi \, d^2/4$). Mit $f \approx \pi \, d \, h'$ ergibt sich dann für die gesamte Wärmeübergangsfläche

$$n f \approx \frac{4 \, h'^3}{3 \, d} \tag{33.31}$$

Man leite durch Elimination von γ aus (32.24) und (33.14b) mit Hilfe von (33.31) eine Formel für $d = d \, (k, v, \varrho, Pr, Q_{ges}, \overline{T}_2, \overline{T}_3, h')$ ab. Man versuche aus den Formeln der §§ 32 und 33 andere Formeln für d und n, auch in Abhängigkeit von γ und von Q_{ges} abzuleiten.

Nach den im Text abgeleiteten Formeln ist ferner folgendes Beispiel zu berechnen:

Ein kubischer Reaktor sei ohne Kühlsystem mit 7,88 kg U 235 (100% rein) und 6400 kg Graphit kritisch; $h' = 152$ cm. Nun werde eine Heliumkühlung eingebaut: $\delta = 1/3$, $Q_{ges} = 500\,000$ kW. $T_4 = 150°$ C, $T_5 = 750°$ C, $\overline{T}_2 = 1000°$ C, $p_{He} = 10$ at, $c_p = 1,25$.

Wie groß ist das korrigierte kritische Volumen, um wieviel steigt der Bedarf an U 235 und an Graphit? Man bestimme ferner $\varrho\, v\, B$, v, B, γ, schließlich n, d und N sowie den mittleren Neutronenfluß F aus V_{Sp} ($\neq V_4$). Für gekühlte Reaktoren gilt ja

$$V_{Sp} = V_1 \left[(1 - \delta)^{-3} - \delta\,(1 - \delta)^{-1}\right] \tag{33.32}$$

33 g) Für flüssige Metalle, die in Rohren mit einem Brennstoffkern des Radius c fließen, gilt

$$\gamma = 5,3\, \frac{k}{d} + 0,019 \left(\frac{d\, v\, \varrho\, c_p}{k}\right)^{0,8} \frac{k}{d} \left(\frac{e}{c}\right)^{0,3} \tag{33.33}$$

Für flüssige Metalle ist nämlich die Formel für d nicht mehr gültig, so daß man für jede Röhrenform eine neue Formel ableiten muß. In (33.33) ist $d = (e + c)/2$ zu setzen und zu untersuchen, welchen Fehler (32.27) gibt, wenn man diese Formel statt (33.33) für *Rohre mit Kern* verwenden würde.

33 h) Für Wärmeaustauscher und Dampferzeuger mit der Wärmeübergangsfläche $n\, f_1$ gilt näherungsweise

$$f_1 \approx C\, \varrho\, v_1\, B_1\, \left([T_4 - T_9\,(l)]^{-0,2} - [T_5 - T_9\,(0)]^{-0,2}\right) \tag{33.34}$$

(folgt aus (33.10), s. weiter unten).

Man berechne C und überprüfe die Genauigkeit dieser Näherungsformel, indem man f_1 auch nach (33.37) berechnet. Die Schwierigkeit der Wärmeaustauscherprobleme liegt darin, daß *zwei* Randbedingungen durch die NEWTONsche Abkühlungsgleichung mit *variablen* Temperatursprüngen gegeben sind. Dadurch entsteht eine komplizierte gegenseitige Abhängigkeit der zwei unbekannten Variablen $q\,(x)$ und $T_6\,(x) -$ $- T_9\,(x)$. γ_1 bzw. auch γ_2 werde als eine durch (32.24) gegebene konstante Größe angesehen. In der Praxis hat man es meist nicht mit Wärmeaustauschern, sondern mit Dampferzeugern zu tun, so daß γ_2 durch (32.28) gegeben ist. Der im folgenden beschriebene Rechengang ist jedoch unabhängig davon, ob γ_2 variabel ist oder nicht. Setzt man (32.28) in (33.11) ein, dann erhält man mit $1/2,42 = 0,413$, ($m = 1,42$)

$$T_6\,(x) - T_9\,(x) = \frac{1}{k}\, q\,(x)\, R_2 \ln \frac{R_2}{R_1} + a^{-0,413}\, q\,(x)^{0,413} + q\,(x)\, R_2/\gamma_1\, R_1 \tag{33.35}$$

Diese Gleichung bestimmt $q\,(x)$. Da eine Auflösung nicht möglich ist (es ist ja weder $T_6\,(x)$ noch $T_9\,(x)$ bekannt!), differenzieren wir sie und erhalten mit (33.10)

$$d(T_6\,(x) - T_9\,(x)) = \frac{1}{k}\, R_2 \ln \frac{R_2}{R_1}\, dq\,(x) + a^{-0,413} \cdot 0,413\, q^{-0,587}\, dq +$$

$$+ (R_2/\gamma_1\, R_1) \cdot dq = \frac{q\,(x)\, df_1\,(x)}{\varrho\, B_1\, c_p\, v_1} \tag{33.36}$$

so daß sich nach Integration $\displaystyle\int_{q_0}^{q_l}$ über die Differentiale (*nicht* über x) als Gleichung für q mit $q(0) = q_0$, $q(l) = q_l$

$$\int df_1 = f_1 = 2\,\pi\, R_2\, l = \varrho\, B_1\, c_p\, v_1 \cdot \left(\left[\frac{1}{k}\, R_2 \ln \frac{R_2}{R_1} + \frac{R_2}{\gamma_1\, R_1}\right] \ln \frac{q_l}{q_0} + \right.$$

$$\left. - 0,7035 a^{-0,413}\, (q_l^{-0,587} - q_0^{-0,587}) \right) \tag{33.37}$$

ergibt. (33.34) stellt eine Näherungslösung dieser Gleichung dar, wobei q_l und q_0 durch $T_5 - T_9 (0)$ bzw. $T_4 - T_9 (l)$ ausgedrückt wurden. Zur Überprüfung der Genauigkeit von (33.34) hat man f_1 nach (33.37) und (33.34) auszurechnen, wobei man q_l und q_0 aus

$$T_5 - T_9 (0) = \frac{1}{k} q_0 R_2 \ln \frac{R_2}{R_1} + a^{-0,413} q_0^{0,413} + q_0 \frac{R_2}{\gamma_1 R_1} \qquad (33.38)$$

$$T_4 - T_9 (l) = \frac{1}{k} q_l R_2 \ln \frac{R_2}{R_1} + a^{-0,413} q_l^{0,413} + q_l \frac{R_2}{\gamma_1 R_1} \qquad (33.39)$$

durch Aufzeichnen von q_0 bzw. q_l als Funktion von $T_5 - T_9 (0)$ bzw. $T_4 - T_9 (l)$ bestimmt (folgt aus (33.35)!).

Für die numerische Rechnung gelte:

$Q_{ges} = 40\,000$ kW, $\quad T_4 = 240°$ C, $\quad T_5 = 280°$ C, $\quad v = v_1 = 3$ m s^{-1}, $\quad T_9 (l) = T_9 (0) = 230°$ C, $\quad a = 0,414$ [cal s^{-1} cm^{-1}/° C], $\quad R_2 = 0,5$ cm, $\quad R_1 = 0,3$ cm, $c_p = 1,24$ [cal g^{-1}/° C], $\varrho_{280° C} = 0,79$ [g cm^{-3}] (Wasser unter Hochdruck), $k = 0,04$ [cal s^{-1} cm^{-1}/° C], $\eta_{280° C} = 0,098$ (vgl. Tab. 73).

Man berechne f_1 (nach beiden Formeln) sowie n und l in folgender Reihenfolge: γ_1 aus (32.24), $n \varrho v B c_p$ aus (33.14a), $n \varrho v B$, n, q_0 und q_l aus (33.38), (33.39) (graphisch), f_1, l.

33 i) Man suche die axialsymmetrische Lösung $T (r, z)$ der Wärmeleitungsgleichung (32.11) in Zylinderkoordinaten im Bereich $0 \leq r \leq R$, $-h'/2 \leq z \leq h'/2$ mit den Randbedingungen

$$T (0, z) = T_0, \quad \left(\frac{\partial T}{\partial r} \right)_{r=0} = 0, \quad (T (R, z) - T_3 (z)) = - k \left(\frac{\partial T}{\partial r} \right)_{r=0},$$

T_0, T_1, T_4, T_5 sind bekannte Konstante;

$$Q (r, z) = \frac{1}{2} Q_0 \cdot \cos \frac{\pi z}{h'} I_0 (r) \text{ und } \frac{1}{2} Q_0 \cos \frac{\pi z}{h'} ; \quad T (r, h'/2) = T_4 = T_3 \left(\frac{h'}{2} \right),$$

$$T (r, -h'/2) = T_5 = T_3 (-h'/2); \left(\frac{\partial T}{\partial z} \right)_{\pm h'/2} = 0 \text{ (isoliert)}.$$

Man vergleiche die Ergebnisse mit den Formeln der §§ 32 und 33.

33 j) Man vergleiche die maximale spezifische Wärmeerzeugung der folgend beschriebenen Uranreaktoren mit Wasserkühlung

a) zylindrische Brennstoffstäbe mit 2,5 cm Durchmesser
b) zylindrische Brennstoffstäbe mit 1 cm Durchmesser

Der Temperatursprung ΔT Brennstoff-Kühlmittel sei in beiden Fällen derselbe. Man verwende

$$Q = \frac{4 \gamma k \Delta T}{R (R \gamma + 2 k)} \qquad (33.40)$$

was mit $c = a$ aus (31.21) folgt.

§ 34. Der Strahlungsschutz

Der Reaktor als Strahlungsquelle, Strahlungsarten und -umwandlungen, Verhalten von geladenen Teilchen, γ-Quanten, Neutronen und Neutrinos in dünnen und dicken Materieschichten, Reichweite, Flächenmasse, Absorptionskoeffizienten, Wärmeschild und biologisches Schild, Baumaterialien für Strahlungsschutzschilde, Berechnung von Schutzschilden, Wärmeerzeugung und Wärmespannung im Schutzschild.

Ein Reaktor ist eine intensive Quelle von Strahlungen verschiedenster Art: der Kernbrennstoff sendet α-Teilchen aus, bei der Kettenreaktion entstehen Neutronen verschiedenster Geschwindigkeiten, die Spaltprodukte senden β^- und γ-Strahlen aus, durch Kernreaktionen entsteht induzierte Radioaktivität, Kernbrennstoff, Spaltprodukte und radioaktive Substanzen senden γ-Strahlen aus. Zwischen diesen Strahlungsarten besteht eine ganze Reihe von Umwandlungsmöglichkeiten: durch (γ, n), (n, γ), (n, p), (α, n) und analoge Prozesse finden Umwandlungen der einen in eine andere Strahlenart statt (vgl. Abb. 64). γ-Strahlen ($E > 1$ MeV), deren Impuls beim Stoß gegen Atomkerne von diesen aufgenommen wird, können sich in Elektron-Positron-Paare* verwandeln *(Paarerzeugung)* und geladene Teilchen, insbesondere Elektronen und Positronen senden bei ihrer Bremsung in der Materie kurzwellige elektromagnetische Strahlung (*Bremsstrahlung*) aus. Treffen ein Elektron und ein Positron zusammen, so verwandeln sich beide Teilchen in γ-Strahlung* (*Paarzerstrahlung*).

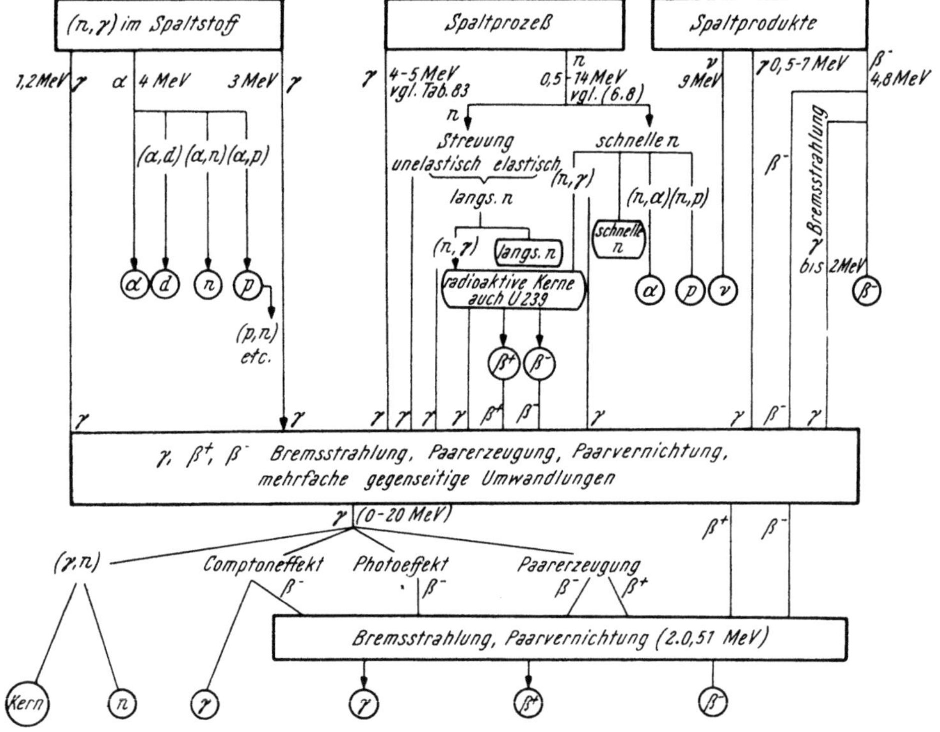

Abb. 64. Strahlungsarten, die ein Reaktor aussendet (a, d, p, n, γ, ν, β^+, β^-) (vgl. Tab. 83, S. 310)
primär: a, γ, n, β^-, ν sekundär: β^+, p, d

Alle diese Strahlungen sind biologisch wirksam; überschreitet die *Strahlungsdosis D* einen bestimmten Grenzwert, die sogenannte *Toleranzdosis D_T*, oder erreichen die in Luft, Wasser, im menschlichen Körper usw. stets vorhandenen radioaktiven Substanzen eine bestimmte Menge, die *Toleranzaktivität*** M_T, dann tritt, je nach der Überschreitung $D - D_T$, nach Konstitution, bereits vorangegangener Bestrahlung, eine gesundheitliche Schädigung ein.

---

* Nach (1.13) entspricht der Ruhmasse des Elektrons (Positrons) die γ Strahlenenergie von 0,51 MeV, so daß zur Paarerzeugung mindest 1,02 MeV nötig ist — umgekehrt besteht die *Vernichtungsstrahlung* ebenfalls aus (mindest 2) γ Quanten der Gesamtenergie von mindest 1,02 MeV.

** Diese ist dadurch definiert, daß ihre Strahlung je nach den Gegebenheiten (geometrische Verhältnisse, Art des Körperorganes usw.) die Toleranzdosis überschreitet; vgl. aber S. 316.

Es ist daher notwendig, ab einer gewissen Reaktorleistung (einige W), d. h. ab einer gewissen Strahlungsintensität, den Reaktor und die radioaktives Kühlmittel enthaltenden Teile mit einem *Strahlungsschutzschild* zu umgeben. Um ein solches bauen zu können, muß man die *Wechselwirkungen mit Materie* aller in Frage kommender Strahlungsarten kennen.

Geladene Teilchen (α-Strahlen, Protonen, Elektronen, Positronen, Deuteronen und Kernbruchstücke) ionisieren Materie und werden dadurch sehr rasch abgebremst[120]. Von verschiedenen Teilchen gleicher Energie bewegen sich die schwersten am langsamsten; je kleiner aber die Teilchengeschwindigkeit ist, desto mehr Zeit steht zur Wechselwirkung mit einem Atom zu Verfügung und desto leichter erfolgen Ionisationsprozesse. Die schweren Kernbruchstücke werden also viel rascher, d. h. durch viel dünnere Materieschichten abgebremst als etwa α-Teilchen gleicher Energie. Die *spezifische Ionisierungskraft* geladener Teilchen wird durch die Dichte der *Ionenpaare** längs ihrer Bahn gemessen. α-Teilchen von einigen MeV erzeugen z. B. in Luft 5.10^4 bis 10^5 Ionenpaare pro cm Wegstrecke, während Elektronen der gleichen Energie nur auf 20—400 Ionenpaare pro cm kommen. Bei der Erzeugung eines Ionenpaares in Luft verliert ein geladenes Teilchen durchschnittlich 34,7 eV; aus der spezifischen Ionisierungskraft und der Primärenergie kann man daher die ungefähre *Reichweite*** (Eindringtiefe) des Teilchens berechnen. Hat das Teilchen seine ganze Energie verloren, so wird es von einem Atom (bzw. Atomkern) absorbiert oder es ergänzt sich durch Einfang von Elektronen zu einem Atom (He-Atom, Atom des Spaltbruchstück-Elementes).

Die Reichweiten R geladener Teilchen werden meist für Luft angegeben (vgl. Tab. 78); um daraus die Reichweiten in anderen Stoffen berechnen und

Tabelle 78. Reichweiten und Flächenmassen

α-*Teilchen* (doppelt geladen)	*Spaltbruchstücke* (im Mittel 22fach ionisiert)
Reichweiten	
10 MeV Au 43 [mg cm^{-2}]	$A \approx 95$ $A \approx 140$
5 MeV Au 13 [mg cm^{-2}]	100 MeV 65 MeV
5 MeV Luft 3,6 cm	Luft: 2,5 cm 1,9 cm
4 MeV Luft 2,5 cm	a_M Al: 2,6 [mg cm^{-2}] $R = 0,01$ mm
$R_{Al} = \dfrac{1}{1660} R_{Luft}$	a_M Cu: 5,2 [mg cm^{-2}] a_M U$_3$O$_8$: 10 [mg cm^{-2}]
(α, p 1 bis 10 MeV)	a_M U: 12,6 [mg cm^{-2}]
$R_{H_2O} = \dfrac{1}{1000} R_{Luft}$ (α, p)	(Die a_M sind Mittelwerte für ca. 90 MeV)

Elektronen (maximal 3 MeV)

3 MeV Al $a_M = 1,5$ [g cm^{-2}]	1 MeV Al $a_M = 0,4$ [g cm^{-2}]
0,5 MeV Al $a_M = 0,18$ [g cm^{-2}]	3 MeV Luft: 12 m
0,5 MeV Luft: 1,5 m	1 MeV Luft: 2,7 m
0,1 MeV Luft: 0,11 m	β^- von Spaltprodukten in Al 4 mm

Energieverluste dE/da (α-Teilchen) 8,34 MeV Luft: 0,07 [MeV mm^{-1}]

4 MeV Luft: 890 [MeV g^{-1} cm^{-2}]

Energieverlust [eV] *pro Ionenpaar* (energieabhängig!)

Luft: 34,7; He: 30,2; Al: 164 (Protonen) AgBr: 7,6; N$_2$: 35,9; O$_2$: 32,3.

---

* Bei der Ionisierung eines Atoms entsteht ein Elektron und ein positiv geladener Atomrumpf, das Ion. Elektron und Ion zusammen heißen Ionenpaar.

** Man beachte, daß die Reichweite nicht mit der Weglänge übereinstimmt, da die Teilchen infolge der Streuprozesse einen Zick-Zack-Weg zurücklegen. Bei Elektronen ist die Weglänge bis 4mal so groß wie die Eindringtiefe.

vergleichen zu können, führt man den Begriff der *Flächenmasse a* [g cm^{-2}] ein;
diese gibt an, welche Materiemenge das betreffende Teilchen pro cm^2 „vor sich
hat". Diejenige Flächenmasse a_M, die der betreffende Stoff bei einer mit R über-
einstimmenden Dicke hat, ist dann durch

$$a_M = \varrho \, R; \quad \text{allgemein: } a = \text{Dichte} \times \text{Schichtdicke} \tag{34.1}$$

gegeben.

Verschiedene Substanzen kann man dann mit Hilfe des Begriffes der *äquivalenten Flächenmasse* vergleichen. Protonen der Energie 1 bis 5 MeV erleiden
z. B. in Luftschichten von 1 cm Dicke den gleichen Energieverlust wie durch
1,48 [mg cm^{-2}] Aluminium. Diese Vergleiche sind jedoch sehr roh, da der Energieverlust geladener Teilchen nicht nur von der Teilchenart (Masse, Anzahl der
Ladungen), sondern auch von der Ordnungszahl und der Dichte der durchstrahlten Stoffe, vor allem aber von der Teilchenenergie[120] abhängt.

Je leichter das Teilchen und je größer seine Energie ist, desto mehr tritt der
Energieverlust infolge von Ionisation gegenüber dem Energieverlust durch
*Bremsstrahlung** zurück[120]. Bei Elektronen der Energie von 10 MeV sind die Verluste durch Ionisierung bzw. durch Bremsstrahlung etwa gleich groß. Alle diese
Einzelheiten sind jedoch für uns ohne Interesse, da, wie Tab. 78 zeigt, die Abschirmung geladener Teilchen mit Energien, wie sie bei Reaktoren vorkommen
(maximal α: 6 MeV, β: 3 MeV) gar kein Problem darstellt: alle geladenen Teilchen werden in den Raumbereichen, in denen sie erzeugt werden, sicher abgebremst und absorbiert. Es gelten die empirischen Formeln:

$$a_M \text{ [g cm}^{-2}] = 0,52 \, E \text{ [MeV]} - 0,09 \quad (\beta^+, \beta^-: 0,5 \text{ bis } 3 \text{ MeV}) \tag{34.2}$$

$$a_M \text{ [g cm}^{-2}] = 412 \, E^n, \quad n = 1,265 - 0,0954 \ln E, \quad (\beta^+, \beta^-: 0,01 \text{ bis } 3 \text{ MeV}) \tag{34.3}$$

Die Absorption der β-Strahlen ist also von der Art des Materials praktisch
unabhängig; für α und p gilt:

$$R_1 \text{ [cm]} = 2,6 \cdot 10^{-4} \frac{\sqrt{A_1}}{\varrho_1} R_{Luft} \text{ [cm]} \qquad \varrho_1 \text{ Dichte, } A_1 \text{ Atom-} \atop \text{gewicht Stoff 1} \tag{34.4}$$

$$R_{Luft} \text{ [cm]} = 0,32 \, E^{3/2} \qquad E \text{ [MeV]} \qquad (\text{für } \alpha) \tag{34.5}$$

Gammastrahlen sind weder geladen, noch besitzen sie eine von Null verschiedene Ruhmasse** — ihre Abschirmung ist daher sehr schwierig[120]. In
Materie rufen sie den *Photoeffekt* (Ionisierung von Atomen), den COMPTON*effekt*
(Stoß zwischen Quant und Elektron, mit Streuung, d. h. Richtungs- und Energie-
änderung) und ab 1,02 MeV *Paarbildungseffekte* hervor; außerdem kommt es
zu (γ, n)-Prozessen. Die Wirkungsquerschnitte dieser Prozesse sind stark energieabhängig, vgl. Abb. 65; ferner hängen sie von der Ordnungszahl Z des durchstrahlten Materials ab.

Wenn σ der gesamte Wechselwirkungsquerschnitt ist, dann gilt nach (4.13)
für die Absorption der γ-Quanten in dünnen Schichten (keine Mehrfachstreuung)

$$n = n_0 \, e^{-\sigma N x} = n_0 \, e^{-\mu \varrho x} = n_0 \, e^{-\varkappa x} \tag{34.6}$$

---

* Werden elektrische Ladungsträger stark verzögert, so entsteht nach der MAX-
WELLschen Theorie die sogenannte Bremsstrahlung, eine kurzwellige elektromagnetische Strahlung, für deren Energie die Bewegungsenergie des Teilchens aufkommen
muß. Bewegen sich die Teilchen schneller als die Lichtgeschwindigkeit c_0/n,
($c_0 = 3 \cdot 10^{10}$ cm s^{-1}, n Brechungsindex des betreffenden Mediums), dann erfolgt
die Ausbreitung der Bremsstrahlung in bestimmter Weise, sogenannte Čerenkovstrahlung.

** Ihre Masse, vgl. Tab. 2, S. 2, rührt *nur* von der Masse der elektromagnetischen
Strahlungsenergie her.

μ ist der *Massenabsorptionskoeffizient* [g⁻¹ cm²], ϱ die Dichte, $\varkappa$ der *Absorptionskoeffizient* [cm⁻¹] (vgl. Tab. 79); μ ist von der Art der Substanz ziemlich unabhängig und beträgt für viele Stoffe für γ-Strahlen von 4 MeV, 0,032 [cm² g⁻¹]. $\varkappa^{-1}$ ist die Schichtdicke, die die Intensität der γ-Strahlung auf den e-ten Teil des ursprünglichen Wertes n herabdrückt. Infolge des Exponentialgesetzes (34.6)

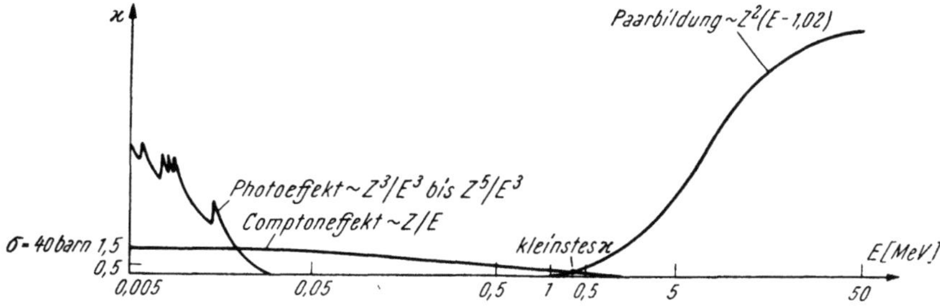

Abb. 65. Wechselwirkung von γ-Strahlung mit Materie (in Blei)

gibt es für γ-Strahlen nicht den Begriff der Reichweite; γ-Strahlen können daher immer nur auf einen bestimmten Bruchteil ihrer ursprünglichen Intensität, nie auf die Intensität Null abgeschwächt werden. Wichtig ist auch die starke Energieabhängigkeit von $\varkappa$; genaue Voraussagen über die Wirksamkeit eines Schutzschildes lassen sich daher nur machen, wenn das Spektrum der γ-Strahlen bekannt ist (vgl. Tab. 83, S. 310).

Tabelle 79. *Absorptionskoeffizienten $\varkappa_\gamma$ [cm⁻¹] für γ-Strahlung*

E	Beton	H₂O	Graphit	Al	U	Fe	Pb	4 MeV
0,5	0,18	0,090	0,08	0,23		0,63	1,7	W 0,68 Na 0,030
1,0	0,14	0,067	0,096	0,16	1,27	0,44	0,77	BeO 0,076 B₄C 0,072
2,0	0,09	0,048	0,037	0,12	0,95	0,33	0,51	Be 0,053 Luft 2,5·10⁻⁵
3,0	0,079	0,038	0,058	0,090	0,66	0,30	0,47	1 MeV Pb:
4,0	0,075	0,033	0,052	0,082	0,72	0,27	0,48	$\sigma_{Compton}$ 18 barn
5,0	0,066	0,030	0,044	0,074	0,72	0,24	0,48	$\sigma_{Photoeff.}$ 6,2 barn
7,0	0,058	0,025	0,037	0,069	0,72	0,24	0,50	1,5 MeV Pb:
9,0	0,055	0,018	0,033	0,063	0,77	0,23	0,55	σ_{Paar} 0,6 barn

2 MeV: Körpergewebe 0,047.

Von *Neutrinos* kennt man bisher weder eine Wechselwirkung mit Materie, die eine Abschirmung ermöglichen würde, noch irgendwelche biologische Einflüsse — sie treten mit Materie nicht in Wechselwirkung*. Die Abbremsung schneller und die Absorption langsamer Neutronen haben wir bereits ausführlich besprochen [vgl. (19.2) und (14.24)]. Die Ionisierungskraft der Neutronen (herrührend von ihrem magnetischen Moment) ist sehr gering und braucht nicht eigens besprochen zu werden.

Ein Reaktorschutzschild hat daher die Aufgabe, γ-Strahlen und langsame Neutronen abzuhalten. Da Wasser und manche andere leichte Stoffe gegenüber schnellen Neutronen kleine Wirkungsquerschnitte haben und da die γ-Strahlung durch schwere Elemente (großes Z, großes ϱ, vgl. Abb. 65 und Tab. 79) besser abgeschirmt wird, werden Schutzschilde aus Blei (insbesondere gegen γ allein), Eisen, Barium, Spezialbeton usw. gebaut. Blei ist für den

---

* $\sigma \approx 10^{-44}$ cm², freie Weglänge $\approx$ 100 Lichtjahre

Gebrauch bei Reaktoren zu weich und besitzt einen zu tiefen Schmelzpunkt. Für die Absorption der langsamen Neutronen wird man vorzugsweise solche Stoffe verwenden, die wenig (n,γ)-Reaktionen erleiden, bzw. nur solche mit energiearmen γ-Strahlen; die Erzeugung von intensiver oder energiereicher γ-Strahlung innerhalb des Schildes würde ja dessen Wert herabsetzen. Barium Cadmium und zum Teil Eisen, scheiden dadurch wieder aus (vgl. Tab. 80).

Tabelle 80. *Erzeugung von γ-Strahlen durch Neutronen im Schutzschild*

Kern	Pro-zeß	Häufig-keit [%]	ϱ [g cm^{-3}]	σ [barn]	γ [MeV]	schädlich (vgl. Tab. 68)
$_3$Li^6	(n,α)	100	0,534	910	—	Be (n,γ): 6,8 MeV
$_5$B^{10}	(n,α)	100	2,34	3800	0,48	C^{12} (n,γ): 4,9 MeV $\quad(\sigma = 5 \cdot 10^{-3})$
$_7$N^{14}	(n,p)	94	1,25 [g l^{-1}]	1,7	—	Fe (n,γ): 7,5 MeV (ein Photon)
	(n,γ)	6	—	0,10	10,8	(Fe wird geleg. verwendet)
$_{56}$Ba	(n,γ)	—	3,5 viele Isotope,	1,17	viele γ	Cd (n,γ): 2—3 MeV pro Photon, (insgesamt 7,5 MeV)
$_1$H^1	(n,γ)	$\approx$ 100	0,089 [g l^{-1}]	0,33	2,2	Al (n,γ): 7,7 MeV Pb (n,γ): 7 MeV U 235 (n,γ): 5 MeV; $\sigma_A = 108$ U 238; $\sigma_A = 2,80$, (n,γ): 2 $\times$ 1MeV $\qquad\qquad\qquad$ 3 $\times$ 1MeV

im Schild immer vorhanden:

Ca $\quad \sigma = 0,43$, $\quad \varrho = 1,55$, 8,40 MeV; Si $\sigma = 0,13$, $\varrho = 2,42$, 6,8 und 10 MeV;

Mg $\quad \sigma = 0,059$, $\varrho = 1,74$, 7 und 10 MeV.

Im Durchschnitt bei Ca, Si und Mg 3 Photonen à 3 MeV.

Unelastische Streuung von 2,5 MeV Neutronen

Element	γ Energie	σ'_S [barn]
Be......		0,013
Cr	1,4	1,2
Fe	0,8	1,8
	2,2	0,14
Mg	1,4	0,75
S	2,35	0,38

An sich erleiden — mit Ausnahme von He 4 — *alle* Kerne (n, γ)-Reaktionen; manche der hiedurch erzeugten Tochterkerne sind selbst wieder γ-Strahler (z. B. Na 24, Al 28).

Neben einfachen Schichten wurden auch Spezialkombinationen als Schutzschilde verwendet, z. B. *Masonit*, bestehend aus abwechselnden Schichten eines wasserstoffreichen Holzkomprimates und Eisen. Es zeigte sich jedoch, daß alle Kombinationen sehr teuer und auch nicht wesentlich wirksamer waren, so daß man wieder zu einfachen Schutzschilden zurückkehrte. Ein weiterer Faktor, der die Wahl des Schutzmaterials beeinflußt, ist das Gewicht; es spielt z. B. bei Atomflugzeugen eine bedeutendere Rolle als der Preis des Materials. Tab. 81 gibt eine Übersicht über gebräuchliche Schutzmaterialien und ihre Eigenschaften[121]. Für die Zukunft sind sicherlich auch die Karbide, Boride und Nitride schwerer Elemente sowie Metallhydride, z. B. TiH$_2$, ZrH$_2$ für den Strahlungsschutz von Interesse.

Tabelle 81. *Schutzschildmaterialien*

Material	Preis [öS/kg]	Dichte [g cm^{-3}]	$\varkappa$ [cm^{-1}] für $\gamma \approx 2$ MeV	$\varkappa$ [cm^{-1}] für schnelle n	Bemerkung
Portlandbeton	0,10—0,20	2,22	0,067	0,091	1,4 · 10^{22} H-Atome/ cm^3
Barytbeton ..	0,50	3,5	0,12—0,17	0,12	60% Baryt, (BaSO$_4$), 11% Zement Rest H$_2$O, Limonit
MgO—MgCl$_2$- Beton	1,50	5,8	0,29	0,16	
Borbeton	teuer	2	$\approx 0,1$	0,132	50% Colemanit: 2 CaO · 3 B$_2$O$_3$ · · 5 H$_2$O
Eisenbeton ...	5,00	4,3	0,162	0,16	57% Stahlkörper, 26% Limonit (2 Fe$_2$O$_3$ · 3 H$_2$O) 13% Zement
Boral	teuer	2,53	0,088		35% B$_4$C, 45% Al
Boraxal......	billig	2,4			Al, B$_2$O$_3$ Preis $^1/_6$ vom Preis des Boral
Wasser	0	1	0,033	0,1	
Marmor......		2,69	0,16		
Mallory	1000.—	16,96	$\approx 0,60$		Kunstmetall, Indianapolis, USA
Schwermetall .	600.—	17	9,4 mm*		Kunstmetall, Reutte, Österreich, 91% W, 2% Cu + Ni
Eisen	1,20	7,8	0,27	0,167	
Luft.........	0	0,00129	3 · 10^{-5}		
Be$_2$C	5000.—	1,9	$\approx 0,08$		
Bleiglas		6,4	$\approx 0,30$		Graphit $\varkappa = 0,11$ Be: $\varkappa = 0,11$; $\varkappa\gamma = 0,05$
Blei	8.—	11,34	0,51		

* Halbwertsdicke für 2 MeV γ. — Da $\varkappa = \Sigma$, vgl. auch Tab. 83.

Um das Hauptschild (*biologisches Schild*) vor der Hitze des Reaktorkernes zu schützen, wird oft zwischen dieses und den Reaktor ein *Wärmeschild* (aus Stahl) eingeschoben. Das Wärmeschild besteht fast immer aus einem Stück; das biologische Schild wird gelegentlich auch in Einzelstücken hergestellt (herausnehmbare Betonklötze, Bleiziegel usw.).

Ein Reaktor stellt eine räumliche Strahlenquelle mit *Eigenabsorption* dar; die dem Schutzschild zugekehrte Frontfläche des Reaktors bildet eine Flächenquelle, deren Ergiebigkeit leicht abzuschätzen ist. Der Fluß in einem kritischen Reaktor ist durch die Funktionen der Abb. 26, also z. B. für einen zylindrischen Reaktor nach (21.17) durch $\varphi_0 J_0\left(\dfrac{2,40}{R}\, r\right)\cos\dfrac{\pi z}{h}$ gegeben. Für das Verhältnis von mittlerem Fluß F zum maximalen Fluß folgt $\varphi_0/F = 3,64$. Da man den mittleren Fluß F mit Hilfe von (11.22) aus der Reaktorleistung berechnen kann, ist auch der maximale Fluß φ_0 immer bekannt. Der Nettostrom nach außen ist

durch (13.2) bzw. (13.12) gegeben; für den radialen Strom an der Reaktoroberfläche gilt daher

$$J = -3{,}64\, F\, \frac{\lambda_t}{3}\, \frac{2{,}405}{R}\, J_1\,(2{,}405) \qquad [\text{Neutronen cm}^{-2}\,\text{s}^{-1}] \qquad (34.7)$$

Besitzt der Reaktor einen Reflektor, dann gilt diese Formel zwar nicht mehr,
aber der Strom ist sicher wesentlich kleiner als (34.7) angibt.

Für die Ausbreitung von γ-Strahlen gilt im Vakuum das $1/r^2$-Gesetz; in
schwach absorbierenden dünnen Schichten ist also im Abstand r von einer
Punktquelle die Anzahl der γ-Quanten pro cm² und sec durch $\sim e^{-\varkappa r}/r^2$ gegeben. Infolge von Streuprozessen ändern die γ-Strahlen ihre Richtung, so daß
in dicken Materieschichten $(r > \varkappa_\gamma^{-1})$ ihre Ausbreitung nicht mehr geradlinig
erfolgt: der Strahl wird durch die *Mehrfachstreuung* breiter. (Bei Neutronen ist
dieser Effekt schon in der Diffusionstheorie enthalten). Dieser Strahlverbreite-
rung wird durch die *Korrekturfunktion* $B(r)$ Rechnung getragen. Für die γ-
Intensität im Abstand r von einer Punkt- bzw. Flächenquelle der Ergiebigkeit Q_0
gilt daher

$$J_\gamma\,(r) = Q_0\,B(r)\,\frac{e^{-\varkappa_\gamma r}}{4\,\pi\,r^2} \qquad (34.8)$$

bzw.

$$J_\gamma\,(x) = Q_0\,B(x)\,\frac{e^{-\varkappa_\gamma x}}{2\,\pi\,x} \qquad (34.9)$$

Die Korrekturfunktion B ist eine komplizierte Funktion der Schilddicke,
der Ordnungszahl des Schildmaterials und der Energie der einfallenden
Strahlung. Für dünne Schilde $(\varkappa r \ll 1)$ gilt näherungsweise $B \approx 1$, für dicke
Schilde $(\varkappa r \gg 1)$ gilt $B \approx \varkappa r$. Wenn die γ-Quellen im Reaktor gleichmäßig
verteilt sind, dann ist die Intensität, die ein Punkt P der Oberfläche (vgl.
Abb. 66) von allen Punkten des Reaktorinneren erhält, für $B(r) = 1$ durch

$$J_P = \frac{Q_0}{4\,\pi}\int\limits_0^a\int\limits_0^{2\pi}\int\limits_0^{\pi/2}\frac{e^{-\varkappa_\gamma r}}{r^2}\,r^2\,\sin\vartheta\;d\vartheta\;d\varphi\;dr = \frac{Q_0}{2\,\varkappa_\gamma}\,(1 - e^{-\varkappa_\gamma a}) \qquad (34.10)$$

gegeben. Selbst für $a \to \infty$ ist daher die Ergiebigkeit Q_F der γ-Flächenquelle*
an der Reaktoroberfläche nicht größer als
$Q_0/\varkappa_\gamma$ (vgl. Übungsbeispiel 34a). (34.10) kann
man auch für Neutronen verwenden, wenn man
$\varkappa_\gamma$ durch $\varkappa$ ersetzt.

Kennt man die Teilchenströme J und J_P,
dann kann man die notwendige Dicke des
Schutzschildes berechnen. Ist dieses nicht direkt
an den Reaktor bzw. Reflektor angebaut, dann
tritt infolge des Spaltes eine kleine, nach (34.9)
$(B = 1, \varkappa_\gamma$ für Luft) bzw. nach (15.44) zu berechnende Schwächung ein.

Wir führen die Berechnung der Schutz-
schilddicke für $B = 1$ und $B = \varkappa r$ gleichzeitig
durch, wobei wir die Formel, die für $B = \varkappa r$

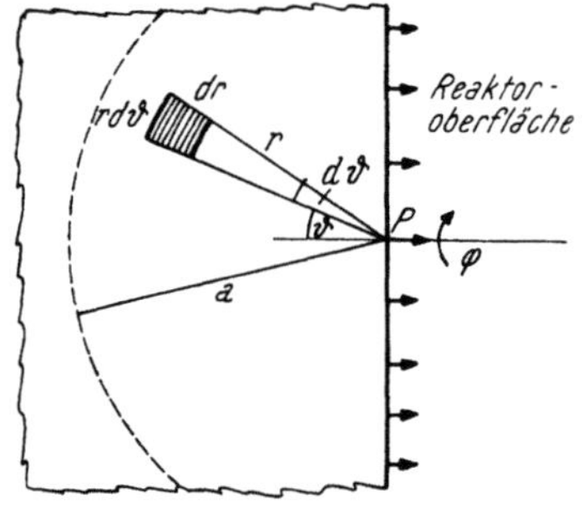

Abb. 66. Berechnung der Oberflächen-
intensität für γ-Strahlen

---

* Man beachte, daß eine Flächenquelle nach zwei Richtungen strahlt, während
J_P den Fluß in einer Richtung angibt, so daß $Q_F = 2\,J$ bzw. $2\,J_P$.

gilt, mit a bezeichnen. Wenn die Rückseite eines unendlich großen ebenen Schutzschildes von einem Teilchenstrom J (Neutronen oder Photonen) ge-, troffen wird, diese also eine Flächenquelle der Ergiebigkeit Q_F [Teilchen cm⁻² s⁻¹] trägt (vgl. Abb. 67)

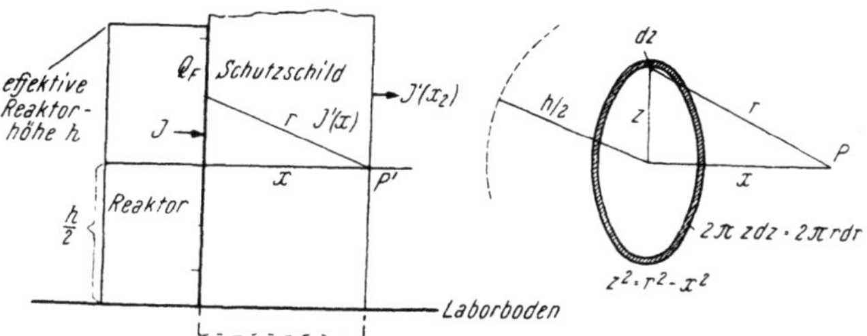

Abb. 67. Berechnung der Dicke x eines Schutzschildes

dann treffen in P

$$J' = \int_x^{\sqrt{h^2/4+x^2}} \frac{Q_F(z)}{4\pi r^2} B(r)\, e^{-\varkappa r} \cdot 2\pi r\, dr \qquad [\text{Teilchen cm}^{-2}\,\text{s}^{-1}] \qquad (34.11)$$

ein. Für $Q_F = \text{const}$ erhält man mit $Ei(y) = \int_y^\infty \frac{e^{-y}}{y}\, dx$ (Exponentialintegral)

$$J' = \frac{Q_F}{2}\left(Ei(\varkappa x) - Ei(\varkappa\sqrt{h^2/4 + x^2})\right) \qquad (34.12)$$

und

$$J' = \frac{Q_F}{2}\left(e^{-\varkappa x} - e^{-\varkappa\sqrt{h^2/4 + x^2}}\right) \approx J_P\, e^{-\varkappa x} \qquad (34.12\,\text{a})$$

vgl. (4.13) und (15.44).

Diese Formeln gelten für einen Reaktor mit kreisförmiger Stirnfläche. Diesen Kreis wird man bei anderen Reaktorformen so groß wählen, daß er immer die Stirnfläche überdeckt. Für die praktische Berechnung setzt man zunächst $h = \infty$ und berechnet dann mit (34.12) einen ersten Näherungswert x_1 für die Schilddicke. Dann tastet man sich an den wahren (kleineren) Wert x_2 durch Einsetzen von x_1 und h in (34.12) heran oder benützt die Näherungsformel[122]

$$J'(x_2) \approx \frac{J'(x_1)}{\dfrac{1}{2} + \dfrac{8}{h^2\varkappa^2}(x_1\varkappa + 1)} \qquad (34.13)$$

Die höchst zulässige Strahlungsintensität J' außerhalb des Schildes wird durch die Toleranzdosis festgelegt (vgl. § 35); damit ergeben sich Schilddicken von $^1/_2$ bis 3 m Beton.

Bisher haben wir uns nur mit der Abschirmung der auf das Schild auftreffenden Strahlung befaßt; es entsteht jedoch auch im Schild selbst γ-Strahlung, und zwar vorwiegend infolge der unelastischen Streuung schneller Neutronen, zum weitaus geringeren Teil als Folge der Absorption thermischer Neutronen (vgl. Tab. 80). Vom Reaktor aus gesehen entstehen, daher bis zu einer Tiefe von $\varkappa\tau$ [cm] Gammastrahlen; τ ist das Alter der thermischen Neutronen, $\varkappa$ bezieht sich auf die schnellen Neutronen*. $\varkappa\tau$ ist für praktisch alle Schildmaterialien ≈ 30 cm. Um diese Strecke muß also das nach (34.13) be-

---

* Schnelle Neutronen sind mindestens bis zu einer Tiefe $\varkappa^{-1}$ [cm] vorhanden und werden auf einer Strecke $\sim \sqrt{\tau}$ gebremst, vgl. (18.53).

rechnete Schutzschild dicker gemacht werden, um auch gegen die in ihm selbst erzeugten γ-Strahlen zu schützen. (Stark vereinfachte Berechnung!)

Das Schutzschild muß den Reaktor allseitig umschließen und darf nicht unten oder oben offen sein, da die Strahlungen in der Luft oder an weiter entfernten Gegenständen gestreut werden und so auf Umwegen vor das Schild gelangen können (vgl. Übungsbeispiel 34h).

Gemäß (1.4) entspricht ein Fluß von 10^{13} schnellen Neutronen der Energie 1 MeV $[\text{cm}^{-2}\,\text{s}^{-1}]$ einem Energiestrom von $1{,}6 \cdot 10^{-13}$ $[\text{W cm}^{-2}]$. Im MTR-Reaktor (vgl. § 39) wird bei einer Leistung von 30 000 kW im thermischen Schild pro sec eine Wärmemenge von 48 kWs und im biologischen Schild 2 kWs frei. Die im Strahlungsschutzschild erzeugten Wärmemengen und die durch sie erzeugten Wärmespannungen müssen also bei größeren Reaktoren unbedingt berücksichtigt werden. Allerdings ist die durch die Neutronen erzeugte Wärmemenge sehr gering[123]; Neutronen können nur durch elastische Stöße Wärme erzeugen — bei unelastischen Stößen und bei der Absorption entstehen vorwiegend γ-Strahlen.

Der größte Teil der im Schutzschild erzeugten Wärme ist daher eine Folge der γ-Strahlung. Wie schon mehrfach erwähnt (vgl. Übungsbeispiele 32c und 32i) gibt es mehrere Quellen der γ-Strahlung: der Spaltprozeß (5 Photonen, insgesamt etwa 4,6 MeV, vgl. Tab. 83), die Spaltprodukte (2,5—3,5 MeV pro Photon, insgesamt 1,2 MeV im Durchschnitt, vgl. § 37), der radioaktive Zerfall des Kernbrennstoffes (vernachlässigbare Intensität, d. h. wenig Photonen), die unelastische Streuung (0,5—11 MeV, je nach Kern und Neutronenmenge), (n, γ)-Prozesse (2—9 MeV), die Strahlung der Produkte der (n, γ)-Prozesse (wichtig z. B. Na 24, Al 28) und schließlich die Bremsstrahlung (vgl. auch Abb. 64). Da die γ-Strahlung auch gestreut wird, umfaßt der totale makroskopische Wirkungsquerschnitt $\Sigma \equiv \varkappa_\gamma$ auch Σ_S; da im wesentlichen nur die Absorptionsprozesse zu einer Aufheizung führen, wird $(\Sigma - \Sigma_S) \approx \widetilde{\varkappa}$ *Energieabsorptionskoeffizient* genannt (vgl. Tab. 82). Ist E [MeV] die Energie des Einzelphotons, $f(E)$ das Energiespektrum und $J(x, E)$ die Intensität der γ-Strahlen am Ort x im Schild (vgl. (34.12) und (34.12a) bzw. die Näherungen $J_P e^{-\widetilde{\varkappa}x}$, $\dfrac{J_P}{r^2} e^{-\widetilde{\varkappa}r}$, $\dfrac{J_p}{r} e^{-\widetilde{\varkappa}r}$ usw., es ist $\widetilde{\varkappa}_\gamma$ durch $\varkappa$ zu ersetzen!), dann ist die Aufheizung durch

$$Q(x) = 3{,}825 \cdot 10^{-14} \int_0^\infty J(x, E)\, \widetilde{\varkappa}(E)\, E f(E)\, dE =$$
$$= 3{,}825 \cdot 10^{-14}\, \widetilde{\varkappa}\, \overline{J}(\overline{x})\, \overline{E} \quad [\text{cal s}^{-1}\,\text{cm}^{-3}] \tag{34.14}$$

gegeben (vgl. § 35, S. 313); für ein unendlich großes Schild der Dicke x_0 (Wärmeleitfähigkeit k), an dessen Innenseite die Temperatur T_1 und an dessen Außenseite die Temperatur T_2 herrscht, erhält man z. B. für $Q(x) = Q_0\, e^{-\widetilde{\varkappa}x}$ durch Lösung der Wärmeleitungsgleichung den Temperaturverlauf

$$T(x) = T_1 + (T_2 - T_1)\,\frac{x}{x_0} + \frac{Q_0}{k\,\widetilde{\varkappa}^2}\left[\left(e^{-\widetilde{\varkappa}x_0} - 1\right)\frac{x}{x_0} - e^{-\widetilde{\varkappa}x} + 1\right] \tag{34.15}$$

Die Maximaltemperatur $T(\hat{x})$ tritt an der Stelle

$$\hat{x} = -\frac{1}{\widetilde{\varkappa}}\ln\left[(T_1 - T_2)\,\frac{k\,\widetilde{\varkappa}}{Q_0\, x_0} + \frac{1 - e^{-\widetilde{\varkappa}x_0}}{\widetilde{\varkappa}\, x_0}\right] \tag{34.16}$$

auf. $T(\hat{x})$ kann einige hundert ° C erreichen; so daß im Schild erhebliche Wärmespannungen entstehen (vgl. Übungsbeispiel 34j).

Übungsbeispiele

34 a) Ein Graphitreaktor mit natürlichem Uran als Brennstoff und der Mischdichte $\varrho = 1{,}76$ [g cm^{-3}] leiste 5000 kW. Das Volumen des Reaktors sei 10^8 cm^3, $\Sigma_{S_p} = 3 \cdot 10^{-3}$ cm^{-1}. Man nehme an, daß 15 MeV γ-Energie im Durchschnitt pro Spaltung frei werden (alle γ-Quellen, vgl. auch Übungsbeispiel 34 j) und berechne Q_0 und Q_F. $\varkappa_\gamma$ berechne man aus ϱ und $\mu = \varkappa_\gamma/\varrho = 0{,}032$ [cm^2 g^{-1}]. Wieviele Neutronen entweichen pro cm^2 und sec an der Reaktoroberfläche? (Man vergleiche die Ergebnisse nach (34.7), (34.10) für $a = {}^3\!/\overline{10^8}$ und nach (20.43); man nehme Würfelform des Reaktors und $k_\infty = 1{,}10$ an.)

34 b) Wenn ein Behälter 5 Gramm einer radioaktiven Substanz (z. B. verbrauchten Brennstoff oder radioaktives Kühlmittel) der Halbwertszeit τ und des Atomgewichtes A enthält, dann ist die Anzahl der pro sec ausgesandten Photonen durch (3.5) gegeben. Sind verschiedene Substanzen (A_i, S_i, τ_i) vorhanden, deren Photonen die Energie E_i besitzen, dann gilt

$$Q = 4{,}17 \cdot 10^{23} \sum_i \frac{S_i E_i}{A_i \tau_i} \qquad \text{[MeV s}^{-1}\text{]} \tag{34.17}$$

Man berechne, welche Energie [MeV s^{-1} cm^{-3}] in Natrium entsteht, das bis zum Erreichen der Sättigungsaktivität des Na 24 (vgl. (3.14)) einem Fluß von 10^{13} thermischen Neutronen ausgesetzt wird (σ, ϱ aus Tab. 73) ($E_1 = 1{,}38$, $E_2 = 2{,}75$ MeV, 2 Photonen dieser Energien entstehen pro Zerfall, $E = 4{,}13$ MeV). Berechne die erzeugte Aktivität auch in Curie.

34 c) Man berechne die zur Intensitätsverminderung $1 : 10^{-10}$ von schnellen Neutronen notwendige Dicke eines a) endlich großen, b) unendlich großen Schutzschildes aus gewöhnlichem Beton. ($B = 1$ und $\varkappa r$). Vergleiche mit dem Ergebnis, das man mit Hilfe der Näherung $J = J_0\, e^{-\varkappa x}$ erhält. Wie dick müßte das Schild sein, wenn damit die γ-Strahlung des Natriums aus Beispiel 34 b auf die Toleranzdosis 4000 [MeV cm^{-2} s^{-1}] abgeschwächt werden soll?

34 d) Ein kugelförmiger Reaktor vom Radius R' werde von einem satt anliegenden Schild der Dicke $x - R'$ umgeben. Man zeige, daß die Strahlungsintensität im Punkt $P(x)$ an der Schildaußenfläche durch

$$J_P(x) = \frac{R' Q_0}{2 x \varkappa} \left[Ei\,(\varkappa x - \varkappa R') - Ei\,(\varkappa \sqrt{x^2 - R'^2}) \right] \tag{34.18}$$

gegeben ist, wenn Q_0 die *räumliche* Quelldichte der Strahlung ist. Man vergleiche mit (34.12).

34 e) Ein γ-Schutzschild der Dicke x_0 sei so konstruiert, daß außerhalb die Toleranzdosis gerade erreicht wird. Auf welchen Wert kann man die Dicke verringern, wenn dafür gesorgt wird, daß sich niemand dem Schutzschild auf mehr als 5 m nähern kann? (Man verwende das $1/r$- und $1/r^2$-Gesetz und vernachlässige die Absorption der γ-Strahlung in der Luft). $x_0 = 2$m, $\varkappa_\gamma^{-1} = 15$ cm.

34 f) Für den in Beispiel 34 a beschriebenen Reaktor ist ein Schutzschild aus Barytbeton zu berechnen. Man gehe schrittweise vor: 1. Schnelle Neutronen (pro Spaltung entstehen 2,5), $\varkappa_{Reaktor} \approx \varkappa_{Graphit}$; $J'(x_2) = 10$ schnelle Neutronen pro cm^2 und sec. 2. γ-Strahlen vom Reaktor, $\varkappa_\gamma$ s. Beispiel 34a, $J'(x_2) = 1000$ [MeV cm^{-2} s^{-1}]. 3. Im Schild erzeugte γ-Strahlen: Man nehme an, daß pro schnellem Neutron ein γ-Quant der Energie 4 MeV entsteht. $J'(x_2) = 1000$ [MeV cm^{-2} s^{-1}]. Durch welche Strahlungsart wird die Schilddicke bestimmt?

34 g) Für große ebene Schilde aus Wasser und schweren Kernen wird oft anstelle von $\varkappa$ ein experimentell bestimmter energieunabhängiger *effektiver Schwächungsquerschnitt* σ_r verwendet[122]. Eine halbempirische Formel gibt

$$\sigma_r = 0{,}011\, A^{2/3} + 0{,}56\, A^{1/2} - 0{,}35 \qquad \text{[barn]} \tag{34.19}$$

Man vergleiche die mit Hilfe von $J' = J_0\, e^{-\Sigma_r x}$ errechneten Schwächungen J'/J_0 mit den Ergebnissen nach den früher besprochenen Formeln (vgl. Tab. 82).

Tabelle 82. *Effektiver Schwächungsquerschnitt für Neutronen und Energieabsorptionskoeffizient für γ-Strahlen*

Energie [MeV]	Stahl $\widetilde{\varkappa}\,[\mathrm{cm}^{-1}]$	Luft $\widetilde{\varkappa}\,[\mathrm{cm}^{-1}]$	H_2O $\widetilde{\varkappa}/\varrho$	Al $\widetilde{\varkappa}/\varrho$	Pb $\widetilde{\varkappa}/\varrho$	Element	σ_r [barn]
0,10	1,04	$3,0 \cdot 10^{-5}$	0,0253	0,037	2,16	Al	1,2
0,50	0,62	$3,5 \cdot 10^{-5}$	0,0330	0,029	0,090	C	0,84
1	0,446	$3,3 \cdot 10^{-5}$	0,0311	0,027	0,039	Cu	2,0
2	0,309	$3,0 \cdot 10^{-5}$	0,0261	0,023	0,027	Fe	2,0
3	0,244	$2,5 \cdot 10^{-5}$	0,0229	0,021	0,026	Pb	3,4
5	0,163	$2,3 \cdot 10^{-5}$	0,0194	0,019	0,032	Be	1,07
7	0,172	$2,1 \cdot 10^{-5}$	0,0176	0,018	0,037	B_4C	4,3
9	0,182	$2,0 \cdot 10^{-5}$	0,0165	0,018	0,041	D_2O	2,8

34 h) Wenn sich in der Mitte des Bodens eines oben offenen zylindrischen Gefäßes (Radius r [cm], Höhe h [cm]), eine Punktquelle (radioaktive Substanz, z. B. 1 Curie Co 60, 2γ von 1,17 und 1,33 MeV pro Zerfall, $\tau = 5,3\,a$) befindet, dann wird ein außerhalb des Gefäßes im Abstand des Radius r [cm] von der Gefäßwand in Bodenhöhe befindlicher Punkt infolge der Streuung der γ-Strahlen in Luft (Normalzustand) von der Intensität

$$J \approx \frac{3,6 \cdot 10^{20}\, Q \cdot 0,72 \cdot 10^{-26}\,\omega}{4\,\pi \cdot 2\,r}\,(\psi_1 - \psi_2)\left(\pi - \frac{\psi_2}{2} - \frac{3\,\psi_1}{2}\right) \qquad (34.20)$$

$$[\gamma\text{-Quanten cm}^{-2}\,\mathrm{s}^{-1}]$$

getroffen (STEPHENSON, Nuclear Engineering); $\omega = 180 - 2\,\psi_1$, $\mathrm{tg}\,\psi_1 = h/r$, $\psi_2 = 180 - \psi_1 \cdot Q$ [γ-Quanten s^{-1}]. Man berechne J für $r = 10\,\mathrm{cm}$, $h = 50\,\mathrm{cm}$. (Die Wandstärke des Gefäßes werde vernachlässigt.)

34 i) Bei der Berechnung von Schutzschilden muß eigentlich das Energiespektrum der Strahlungen berücksichtigt werden (vgl. Tab. 83). Man führe diese Rechnung für einen 5000 kW Reaktor, $V_{Sp} = 10^8\,\mathrm{cm}^3$ $\Sigma_{Sp} = 3 \cdot 10^{-3}\,\mathrm{cm}^{-1}$, durch. Es ist zu berechnen: der thermische Fluß, Q_F für schnelle Neutronen, (1, 3, 5, 7, 9 MeV), Schild aus gewöhnlichem Beton, (O, Si, Ca, Mg). Die Absorptionsquerschnitte Σ_A für Neutronen verschiedener Energien in Beton kann man, wenn die chemische Zusammensetzung des Betons bekannt ist, unter Zuhilfenahme von $\sigma(E)$ Kurven[20] berechnen. Man benütze Tab. 83.

Tabelle 83. *Energiespektren pro Spaltprozeß*

E [MeV]	schnelle Neutronen	γ (Spaltung)	γ (Spaltprodukt)	γ von U 235 (n, γ)	andere (n, γ) (pro Einfang)	Σ_ABeton (n)
1	1,104	3,91	5,31	0,09	U 238 : 2γ	0,101
3	0,678	0,29	0,30	0,20	U 238 : 1γ	0,092
5	0,165	0,04	0,03	0,029	N : 2γ	0,088
7	0,0404	0,003	0,0004	0,012		0,088
9	0,0102	0,0005	0,0003	0,021		0,096
9—15	$\approx 0,0024$	0				0,105
Teilchensumme: 2,0000 Gesamtenergie [MeV]: 4,4—5 (O—1 MeV: 0,5 Neutronen)		4,3—4,8 4,5—5,0	5,6—6,6 6 —6,9	0,35—0,40 1,1 —1,2	1,6	

Insgesamt $\approx$ 12,2 MeV/Spaltung

Wie dick muß ein Betonschild sein, damit der Neutronenfluß der Energie 1, 3, 5, 7, 9 MeV die Dosis $J'(x_2) = 3 \cdot 10^{-3}$ [$\mathrm{cm}^{-2}\,\mathrm{s}^{-1}$] nicht überschreitet? Man berechne $Q_F(E)$ [Photonen $\mathrm{cm}^{-2}\,\mathrm{s}^{-1}$] für die γ-Strahlen der Energien 1—9 MeV unter Berücksichtigung der Tab. 83. $\varkappa_{\gamma Reaktor} = \varkappa_{\gamma Graphit} + \varkappa_{\gamma Uran}$, vgl. Tab. 79; hiebei ist zu beachten, daß von Graphit $8 \cdot 10^{22}$ und von Uran $7 \cdot 10^{20}$ Atome pro cm^3 im betreffenden Reaktor vorhanden sind. Aus σ_A und der γ-Energie, vgl. Tab. 80, berechne man die Anzahl der von U 238, N 14, C 12 durch (n, γ)-Prozesse (neben den (n, γ)-

Prozessen am U 235) erzeugten γ-Quanten. Wie groß ist bei 1, 3, 5, 7, 9 MeV Energie die Anzahl [cm^{-2} s^{-2}] der γ-Quanten nach Durchdringen des oben berechneten Neutronenschildes? Man berechne schließlich Q_F für die thermischen Neutronen und wieviele γ-Quanten (zu je 8 MeV) von Ca, Si, Mg (vgl. Tab. 80) im Schild pro cm^2 und sec erzeugt werden. Welche zusätzliche Intensität erhält man dadurch außerhalb des Schildes? Wieviele γ-Quanten werden durch die unelastische Streuung schneller Neutronen im Schilde durch Mg erzeugt? (Vgl. Tab. 80).

34 j) Eine 5 cm (x_1) dicke unendlich große Stahlplatte wird auf beiden Oberflächen auf der Temperatur $T_1 = T_2 = 250°$ C gehalten. Die Platte wird von einem Photonenstrom J_P von 10^{15} [MeV cm^{-2} s^{-1}] getroffen. $J(x) = J_P e^{-\tilde{\varkappa}x}$. Wie groß ist $T(x)$? Man berechne mit $\varepsilon = 1$ nach (32.42) die Wärmespannungen.

Welchen Fehler begeht man, wenn man die Wärmeerzeugung als ortsunabhängig annimmt und wie folgt abschätzt:

Wenn $J_P e^{-\tilde{\varkappa}x}$ die Intensität an der Stelle x ist, dann wurde nach (4.14) der Bruchteil $(1 - e^{-\tilde{\varkappa}x})$ bis zur Stelle x und bis x_1 (Dicke) $(1 - e^{-\tilde{\varkappa}x_1})$ absorbiert. Damit gilt aber

$$\overline{Q} \,[\text{cal s}^{-1}\,\text{cm}^{-3}] = 3{,}825 \cdot 10^{-14}\, J_P \,(1 - e^{-\tilde{\varkappa}x})\, E/x_1 \tag{34.21}$$

und $\quad \Delta T = \overline{Q}\, x_1^2/2\,k$ (woher?) $\tag{34.22}$

VII. Der Betrieb von Reaktoren

§ 35. Strahlungsüberwachung und Sicherheitsprobleme

Strahlungsmessung und Teilchennachweis, Detektoren, Dosis und Dosiseinheiten, r, rep, rbe, rem, rad, rhm, Indifferenz- und Toleranzdosis, Toleranzmengen, gefährliche Stoffe in Reaktoren, Sicherheits- und Vorsichtsmaßnahmen, Radius des Gefahrenbereiches, meteorologische Einflüsse.

Aus Sicherheitsgründen und um den Betrieb des Reaktors zu überwachen, muß innerhalb des Reaktors und außerhalb des Schutzschildes die Strahlungsintensität laufend gemessen werden. Es gibt zwei Typen von *Strahlungsmeßgeräten:* die eine Art zählt die Teilchen, die pro cm^2 und sec auf das Gerät einfallen (*Zähler*), die andere mißt die Teilchenenergie (*Ionisationskammern*). Beide Typen beruhen auf der Ionisationsfähigkeit geladener Teilchen und der γ-Strahlung. Bei den Zählern ruft das geladene Teilchen (bzw. γ-Quant) entweder in einem Gasraum zwischen zwei Elektroden (GEIGER-MÜLLER-*Zähler*, *Proportionalitätszähler*, *Spitzenzähler*) oder in einem Kristall (*Kristallzähler*, *Szintillationszähler*) einen Ionisationsstoß hervor, der zu einem Stromstoß bzw. Lichtblitz führt, der dann verstärkt wird (Verstärker, Photozelle mit Elektronenvervielfacher usw.). Diese *Zählimpulse* werden von mechanischen oder elektrischen *Zählwerken* einzeln oder gruppenweise registriert. Die Zählung eines Teilchens nimmt eine gewisse Zeit in Anspruch (*tote Zeit*), nach deren Ablauf eine neue Zählung erfolgen kann. In den Ionisationskammern erzeugen die Teilchenströme im Füllgas (Luft, Argon u. a.) eine ihrer Gesamtenergie (= Teilchenzahl mal Teilchenenergie), proportionale Anzahl von Ionenpaaren, die zu einem Ionisationsstrom (bzw. Stromimpuls) Anlaß gibt. Stärke und Dauer dieses Stromes sind dann unter Berücksichtigung der (ab 200 V Spannung sehr kleinen) *Wiedervereinigung (Rekombination)* der Ionen ein Maß für die gesamte in der Kammer durch die Strahlung erzeugte Energie bzw. für die Teilchenzahl.

Es gibt heute eine große Anzahl von Strahlungsmeßgeräten (*Detektoren*) und Teilchennachweismethoden; bezüglich der Einzelheiten müssen wir auf die sehr umfangreiche Spezialliteratur verweisen[15] (vgl. auch Tab. 84).

Tabelle 84. Strahlungsmeßgeräte

Zähler

Geiger-Müller-Zähler (ca 1000 V Spannung); Feldstärken 20 kV cm^{-1}, tote Zeit (2 bis 4) · 10^{-4} sec; α, β, γ. Füllgas z. B. Argon mit Alkoholdampf, 0,1 — 1 at, Eintrittsfensterdicke einige mg cm^{-2}; Empfindlichkeit: 20 Zählungen pro min über dem Hintergrund (20 pro min); 0,05 bis 20 mrh^{-1} (bis 1000 Zählungen pro sec).

Proportionalitätszähler (bis 1000 V Spannung); tote Zeit 10^{-5} — 10^{-6} sec, Empfindlichkeit: 300—80000 α pro min.

Szintillationszähler α, β insbesondere für γ. 5 · 10^{-3} bis 5 mr h^{-1}, wärmeempfindlich, tote Zeit 10^{-7} bis 10^{-8} sec. (Čerenkovzähler 10^{-9} sec) ZnS, NaJ, Anthrazen, Naphthalin, CaWO$_4$, Plastik; Elektronenvervielfacher (Verstärkung bis 1 : 10^6).

Ionisationskammern (ca. 200 V Spannung); tote Zeit 10^{-6} sec; Volumen: wenige cm^3 bis einige dm^3; Ionisationsströme 10^{-13} bis 10^{-6} A; Anzeige z. B. „integrierend" durch Ausschlagrückgang eines eingebauten aufgeladenen Elektroskopes oder elektrodynamisch (kontinuierlich). Impulskammer für Zählimpulse mit Zählwerk. 100 cm^2 BF$_3$-Kammer z. B. 10^{-10} A Ionisationsstrom bei 10^4 thermischen Neutronen [cm^{-2} s^{-1}]. Empfindlichkeit: 0—20 mrh^{-1}, oder (mit B) 1500 thermische Neutronen cm^{-2} s^{-1} für 8 Stunden. γ Zählbereich bis 10^5 mrh^{-1} und viel höher.

Filmstreifen 20 mr bis 20 r.

Neutronennachweis (vgl. § 5)

langsame Neutronen	schnelle Neutronen
BF$_3$-Zählrohr (B-Rohr), photogr. Emulsion mit B, (hohe Flüsse).	Rückstoßprotonen in Anthrazen,
B, Li Ionisationskammer (bis 4 · 10^3 th. Fluß), Kompensationskammer	Proportionalitätszähler mit Paraffin 10 bis 10^4 Neutronen [cm^{-2} s^{-1}].
Spaltungskammer (300 V Spannung)	
Neutron-Thermoelement (mit B), Fluß 10^{12} gibt 10^{-2} Volt; Proportionalitätszähler (mit B); Au, In, Cd-Folien.	

Glasdosimetrie für γ ab 10^3 bzw. 10^5 r (Färbung von Gläsern).

Chemische Dosimetrie (pH-Änderung, Verfärbung)

Kalorimetrische Dosimetrie

Halbleiterdosimetrie

Verstärker 1 : 10^3, 1 : 10^4 Impulsdauer 0,7 bis 20.10^{-6} sec; logarithmische Verstärker (proportional dem ln der Teilchenzahl)

Zählwerk: mechanisch bis 5 Teilchen/sec, elektrisch bis 10^4 Zählungen/sec.

Für die Praxis sind noch zwei kleine Geräte von Bedeutung: tragbare kleine Ionisationskammern in Füllfedergröße (α, β, γ, 1—1000 mrh^{-1}), deren Elektrode aus dem Netz (Lauritsen) oder mit Hilfe einer eingebauten drehbaren Kugel, die an einem Leder reibt (Cap) aufgeladen wird[15], und kleine Filmstreifen, die unter einer Papierhülle, zum Teil mit Cd-Blech bedeckt, getragen werden. Geladene Teilchen und γ-Strahlen haben nämlich die Eigenschaft, photographische Emulsionen zu schwärzen, so daß man durch wöchentliches Entwickeln und Photometrieren der vom Personal getragenen Filmstreifen die vom Träger empfangene Strahlendosis leicht bestimmen kann. Ein Teil des Filmstreifens dient zum Nachweis der Neutronen, die sich infolge des im Cd ablaufenden (n, γ)-Prozesses bemerkbar machen.

Den Nachweis von Neutronen haben wir bereits besprochen (vgl. § 5 und Tab. 84), wir wollen nur nochmals auf die der gleichzeitigen Neutronen- und γ-Messung dienenden, bei Reaktoren sehr häufig gebrauchten *Kompensationskammern* hinweisen (vgl. Abb. 68).

In neuester Zeit werden auch oft *Spaltungskammern* verwendet, Zähler oder Ionisationskammern, die U 235 oder natürliches Uran enthalten (etwa 1 mg cm^{-2}) und in denen die Neutronen durch die erzeugten Spaltbruchstücke (*zwei* pro Neutron) nachgewiesen werden*.

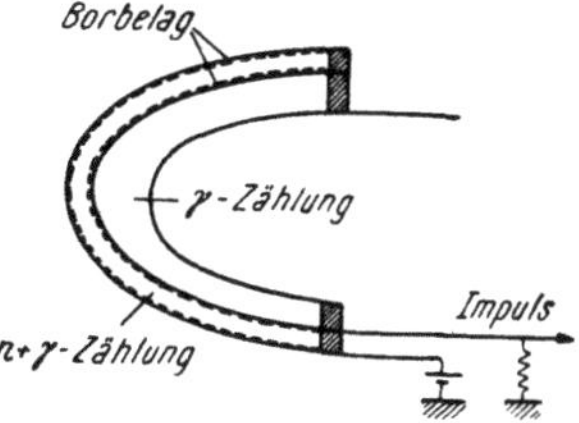

Abb. 68. Kompensationskammer

Die Einheiten für die Teilchenflüsse [T · cm^{-2} s^{-1}] und für die Aktivität radioaktiver Substanzen, das Curie [C] haben wir bereits kennengelernt, vgl. § 3; die Einheit für die *absorbierte Strahlungsenergie* ist das Röntgen [r]. Man versteht darunter jene Menge von Röntgen-(γ)-Strahlen, die in 0,001239 g Luft eine Ionisationsladung von insgesamt einer elektrostatischen Ladungseinheit (2,083 · 10^9 Ionenpaare) bzw. die Energie von 83,8 erg g^{-1} = 5,27 · 10^7 MeV g^{-1} = 6,77 · 10^4 MeV cm^{-3} pro Gramm Luft freisetzt, so daß [r] = = [MeV cm^{-3}].

Wenn ein Fluß von $J(x)$ γ-Quanten pro cm^2 und sec in ein Medium mit dem *Energieabsorptionskoeffizienten* $\tilde{\varkappa}$ [cm^{-1}] eindringt, dann werden auf der Strecke dx [cm] $dJ_0 = J\tilde{\varkappa}\,dx$-Quanten absorbiert. Wenn das einzelne γ-Quant die Energie E [MeV] hat, so ist die im cm^3 pro sec freiwerdende Energie durch $\tilde{\varkappa}\,E\,J$ [MeV cm^{-3} s^{-1}] gegeben; wird dieses Produkt in r gemessen, so sprechen wir von der *Dosis* (*Strahlendosis*). Sei J_i [Quanten cm^{-2} s^{-1}] der Fluß der Quanten der Energie E_i [MeV] (oder handelt es sich um ein kontinuierliches Energiespektrum $f(E)$), dann gilt wegen $(6{,}77 \cdot 10^4)^{-1} = 0{,}1477 \cdot 10^{-4}$

$$D \,[\text{r s}^{-1}] = 0{,}1477 \cdot 10^{-4}\, \varepsilon \sum_i \tilde{\varkappa}_i \, E_i \, J_i \text{ bzw.}$$

$$= 0{,}1477 \cdot 10^{-4}\, \varepsilon \int_0^\infty \tilde{\varkappa}\,(E)\, f(E)\, J(E, x)\, dE \tag{35.1}$$

(vgl. 34.14).

ε ist ein von der Art des durchstrahlten Stoffes abhängiger Umrechnungsfaktor — das Röntgen ist ja für Luft definiert und die gleiche Strahlenmenge, die in Luft 83 erg freimacht, setzt in 1 g Körpergewebe 93 erg frei ($\varepsilon = 1$ für Luft).

Für andere Teilchen als γ-Quanten verwendet man das *physikalische Röntgenäquivalent* (rep-*Einheit***). Unter 1 rep versteht man diejenige Teilchenmenge, die in Körpergewebe die Energie 93 erg freisetzt. Eine andere Einheit für Teilchenstrahlungen ist das rad** definiert als diejenige Strahlenmenge, die in 1 g bestrahlter Materie, gleich welcher Art, die Energie von 100 erg freisetzt.

Als sich zeigte, daß die im Körpergewebe freigesetzte Energie gar nicht als Maß für die biologische Schädigung angesehen werden kann, führte man das *biologische Röntgenäquivalent*** ein (rbe-*Einheit*). Die rbe-Einheit ist eine relative Maßzahl, sie gibt an, um welchen Faktor z. B. ein α-Teilchen biologisch schädlicher ist als diejenige Röntgendosis, die im Körpergewebe die gleiche Energie freimacht. Die absolute Einheit heißt rem (roentgen equivalent man). Wie

---

* Bei B 10-Zählern ist zu beachten, daß die nach (5.3) gleichzeitig entstehenden Li 7-Kerne 4/7 der Energie der α-Teilchen erhalten.

** rep = roentgen equivalent physical; rbe = relative biological effectiveness; rad = roentgen absorbed dose.

Tab. 85 zeigt, sind z. B. α-Teilchen infolge der höheren spezifischen Ionisierungskraft 20 mal so gefährlich wie γ-Strahlen.

Tabelle 85. Biologisches Röntgenäquivalent

Teilchenart	rbe	rep	rem	Teilchenart	rbe	rep	rem
γ	1	1 [r]	1	schnelle Neutronen	10	1	10
β^+, β^-	1	1	1	Protonen	10	1	10
therm. Neutronen	5	1	5	α-Teilchen	20	1	20

1 rem α-Teilchen hat die gleiche biologische Wirksamkeit wie 1 r γ-Quanten, ist aber physikalisch nur wie 0,05 r γ-Strahlung wirksam. Die Röntgeneinheit wird *nur* für γ-Strahlen gebraucht, an ihre Stelle tritt für andere Teilchen bei Betrachtung biologischer Wirkungen das rem, bei physikalischen Wirkungen das rep. Treten verschiedenartige Strahlungen zugleich auf, dann werden zur Berechnung der *biologischen* Wirkungen die rem-Einheiten addiert: 30 mr h$^{-1}\gamma =$ $= 30$ mrem h^{-1} neben 1,5 mrep h^{-1} schnellen Neutronen (15 mrem h^{-1}) gibt 45 mrem h^{-1}. Für die Umrechnung gilt

$$\boxed{D \text{ [rem]} = \text{rbe} \cdot D \text{ [rad] oder rbe} \cdot D \text{ [rep]}} \qquad (35.2)$$

In der Praxis ist leider noch eine Einheit, das rhm, exakt [r h^{-1}], in Gebrauch, das angibt, wieviele r (d. h. $6,77 \cdot 10^4$ MeV cm^{-3}) während einer Stunde im Abstand 1 m von einer punktförmigen Strahlungsquelle auftreten; es entspricht z. B. 1 mg Ra mit 0,5 mm Pt Folie gefiltert 0,846 rhm, so daß sich für Luft

$$\boxed{D \text{ [mr h}^{-1}] = K\, m/d^2} \qquad
\begin{array}{l} K = 8460 \text{ (mr h}^{-1} \text{ mg}^{-1} \text{ cm}^2] \\ \text{bei 0,5 mm Pt-Filter} \\ d \text{ [cm]} \quad m \text{ [mg], für 1 mg} \\ \text{Ra } (= 1 \text{ mC)} \end{array} \qquad (35.3)$$

ergibt. Diese Formel gewinnt man aus (35.1), vgl. Übungsbeispiel 35 a. Die *Dosiskonstante K* kann man für verschiedene Strahlungsquellen aus der allgemeinen Formel (35.5) immer leicht ableiten.

Die radioaktiven Strahlungen sind nicht *an sich*, sondern nur bei Überschreitung einer gewissen Dosis, der Toleranzdosis schädlich. Hiebei spielt die Bestrahlungsdauer und die Größe der von der Strahlung getroffenen Körperfläche sowie die Natur des bestrahlten Organs eine wesentliche Rolle, da Strahlungswirkungen akkumuliert werden und andererseits bei Verteilung der Dosis auf größere Zeiträume die Möglichkeit einer Erholung des Gewebes von den (im wesentlichen chemischen*) Bestrahlungsfolgen besteht.

Die *Indifferenzdosis*, die jeder Mensch ohne irgend einen Schaden zu nehmen, *dauernd* am ganzen Körper, in jedem Organ empfangen kann (und die die Menschheit während mehrerer hunderttausend Jahre empfangen hat), ist die Dosis, die von der *kosmischen Strahlung* und den überall in der Natur vorhandenen Spuren radioaktiver Stoffe herrührt (vgl. Tab. 86). Auf Grund von biologischen Versuchen und der Erfahrung mit der (allerdings energieärmeren!) Röntgenstrahlung

---

* Infolge der Bestrahlung gehen in den Zellen chemische Veränderungen vor sich, so daß Zellgifte entstehen; außerdem kommt es im Zellkern zu Erbänderungen *(Mutationen)*. Die in der Vergangenheit der Erde viel intensivere Höhenstrahlung ist vermutlich die Ursache der großen Mutationsrate in vergangenen geologischen Epochen.

wurde jedoch als zulässige *Toleranzdosis 0,3* rem *pro Woche* festgesetzt. (Handelt es sich um größere Bevölkerungsgruppen oder um die Geschlechtsorgane des Einzelnen, so sieht man nur $1/_{10}$ dieses Wertes als ungefährlich an, um die für größere Gruppen größere Zahl von Mutationen niedrig zu halten.) Lokal öfters und auf den ganzen Körper einmalig kann man viel höhere Dosen applizieren: bei Röntgenbestrahlung der Haut beginnt eine Rötung erst ab 25 r; dieselbe Dosis einmal während des ganzen Lebens auf den ganzen Körper appliziert ist unwirksam, so daß man 25 r als *lokale* (oder einmalige) *Toleranzdosis* bezeichnen kann.

Tabelle 86. *Toleranzdosis und andere Dosen*

Indifferenzdosis	0,001 rem/Tag = 0,007 rem/Woche; Jahresdosis: 0,360 rem Ganzes Leben: 25 rem	
Toleranzdosis	0,06 rem/Tag* = 0,3 rem/Woche 15,6 rem/Jahr	Hände: 5 mal so viel, Geschlechtsorgane: 1/10

(jahrelang ohne Schaden, ganzer Körper)

Leuchtzifferblatt einer Armbanduhr	40 mrem/Jahr (5 μC Ra)
lokale Krebsbehandlung	3000—8000 r
Röntgendurchleuchtung	0,1—125 r (einige Minuten)
Höchstdosis bei kurzzeitiger Gefahr	bis 25 r (einmalig)

keinerlei Effekte nachweisbar	0—25 r	
Blutänderung ohne Schäden	25—50 r	
Leichte Strahlenkrankheit	50—200 r	ganzer Körper einmalige Bestrahlung in kürzestem Zeitraum
Schwere Strahlenkrankheit	200—400 r	
Tod mit 50% Wahrscheinlichkeit	400 r	
Sicherer Tod binnen 2 Wochen	ab 600 r	

* gilt nur für 5-Tage-Woche; bei dauernder Bestrahlung mit 5/7 multiplizieren.

Rechnet man die Toleranzdosis auf Teilchenflüsse oder Energien um, so ergeben sich die Werte der Tab. 87

Tabelle 87. *Toleranzdosis und Teilchenfluß I_T*

Teilchen der Energie E [MeV]	*Toleranzdosis für den ganzen Körper* (0,3 rem/Woche)
Photonen (0,07 bis 2 MeV, $\widetilde{\varkappa}_{Luft} = 3{,}35 \cdot 10^5$ cm^{-1})	$\dfrac{4000}{E}$ [Photonen cm^{-2} s^{-1}]
β-Teilchen (β^+, β^-) 1 MeV (0,3 rep/Woche)	94 [β cm^{-2} s^{-1}]
α-Teilchen 5 MeV (0,075 rep/Woche)	0,0016 [α cm^{-2} s^{-1}]
Thermische Neutronen ((n, γ)-Prozeß in H$_2$, (n, p) in N$_2$)	2000 [therm. Neutronen cm^{-2} s^{-1}]
Schnelle Neutronen (0,03 rep/Woche) (Strahlungswirkung durch Rückstoß- protonen, σ_S Streuquerschnitt)	$\dfrac{3{,}6 \cdot 10^{-22}}{\sigma_S (E) \cdot E}$ [schnelle Neutronen cm^{-2} s^{-1}]

Praktische Näherungswerte für die Toleranzdosis für Neutronen [cm^{-2} s^{-1}]

3—10 MeV	30	1 MeV	60	0,1 MeV	200
2 MeV	40 (22)	0,5 MeV	80	0,01 MeV	1000

1 mrem h^{-1} wird erreicht durch

	480	200	53	14,7	8,7	8,7	6,7	Neutronen cm^{-2} s^{-1}
der Energie	0,02 eV	0,01 MeV	0,1	0,5	1	2	5	MeV

(Gilt nur für 1 Woche = 5.8 = 40 Arbeitsstunden; für 5.24 = 120 Bestrahlungs-stunden wöchentlich sind die Werte der Tab. 87 mit $1/_3$ zu multiplizieren[124])

Werden radioaktive Substanzen in den Körper eingebracht, dann darf man infolge der inneren Bestrahlung der Organe die Toleranzmenge an Substanz nicht einfach aus der Toleranzdosis ausrechnen; man muß auch die Aufenthaltsdauer der radioaktiven Substanz (sogenannte *biologische Halbwertszeit*) sowie die Speicherfähigkeit gewisser Organe in Betracht ziehen (vgl. Tab. 88). Radioaktives Strontium wird beispielsweise in die Knochen eingebaut und bleibt dort jahrelang, Jod wird in der Schilddrüse konzentriert, andere Atome werden dagegen wieder sehr rasch ausgeschieden.

Tabelle 88. *Toleranzaktivität radioaktiver Substanzen*

Menschl. Körper enthält $0{,}01\,\mu$C C14 und $0{,}5\,\mu$C K 40

Normalluft enthält	10^{-4} $[\mu C\ m^{-3}]$	
Normalwasser enthält bis	$5 \cdot 10^{-2}$ $[\mu C\ m^{-3}]$	
Radioaktive Mineralwässer bis	10^{2} $[\mu C\ m^{-3}]$	

Alle radioaktiven Substanzen α-Strahler β-, u. γ-Strahler

Toleranzmenge:	α-Strahler	β-, u. γ-Strahler
Luft	$3 \cdot 10^{-5}$ $[\mu C\ m^{-3}]$	10^{-3} $[\mu C\ m^{-3}]$
Lebendes Gewebe	10^{-3} $[\mu C\ m^{-3}]$	10^{-3} $[\mu C\ m^{-3}]$
Trinkwasser	10^{-1} $[\mu C\ m^{-3}]$	10^{-1} $[\mu C\ m^{-3}]$

Spezielle Substanzen	Toleranzaktivität M_T $[\mu C\ cm^{-3}]$ in Wasser	in Luft	Gefährdetes Organ
Natürliches Uran (wirkt auch chemisch)	$7 \cdot 10^{-5}$	$1{,}7 \cdot 10^{-11}$	Lunge, ·Niere
Pu 239 (Brennstoff)	$1{,}5 \cdot 10^{-6}$	$1{,}6 \cdot 10^{-12}$	Lunge, Knochen, gesamter Körper max $0{,}04\ \mu$C = = $0{,}6\ \mu$g
Spaltprodukte		10^{-9}	
J 131 (Spaltprodukte) ..	$3 \cdot 10^{-5}$	$4 \cdot 10^{-9}$	Schilddrüse (max 400 Zählimpulse/min)
Sr 89 (Spaltprodukte)...	$7 \cdot 10^{-5}$	$2 \cdot 10^{-8}$	Knochen, ges. Körper: $2\ \mu$C
Sr 90	$8 \cdot 10^{-7}$	$2 \cdot 10^{-10}$	Knochen, ges. Körper: $1\ \mu$C
Ar 41 (Luftkühlung!) ..	$5 \cdot 10^{-4}$	$5{,}3 \cdot 10^{-7}$	
Na 24	$8 \cdot 10^{-3}$	$2 \cdot 10^{-6}$	Lunge, ges. Körper: $15\ \mu$C
P 32	$3 \cdot 10^{-4}$	$1 \cdot 10^{-7}$	Knochen, Lunge
C 14 (als CO_2)	$4 \cdot 10^{-3}$	$1 \cdot 10^{-6}$	Knochen, Lunge
Co 60	$1 \cdot 10^{-5}$	$7 \cdot 10^{-9}$	Ges. Körper: $3\ \mu$C
Xe 135, Xe 133	$2 \cdot 10^{-3}$	$3 \cdot 10^{-6}$	
Ra 226	$4 \cdot 10^{-8}$	$8 \cdot 10^{-12}$	Ges. Körper: $0{,}1\ \mu$C

Erlaubte Verseuchung [Zählimpulse pro Minute]

Hände: 700	Persönliche Kleidung: 500	Instrumente: 1000
Schutzkleidung: 500	Schuhe (außen): 10000	Fußboden: $< 0{,}2$ rem h^{-1}

Bezüglich weiterer Einzelheiten müssen wir auf die sehr umfangreiche Literatur verweisen[124].

Wichtig ist wohl noch der Hinweis, daß beim Betrieb von Reaktoren nicht nur radioaktive Substanzen Gefahrenquellen bilden: Natrium ist feuergefährlich, Beryllium und Blei sind giftig, durch Kühlwasser oder Bremsmittelzersetzung entstehender Wasserstoff ist explosiv usw., vgl. Tab. 89.

Es ist unbestreitbar, daß beim Betrieb von Reaktoren gewisse Gefahren bestehen; man darf sie jedoch nicht überschätzen. Unsere genaue Kenntnis der Gefahrenquellen und die genaue Kenntnis der physikalischen Vorgänge im Reaktor ermöglicht es, geeignete Vorkehrungen zu treffen, die einen Atomreaktor viel sicherer machen als z. B. einen Dampfkessel oder ein Benzinlager.

Tabelle 89. *Gefährliche Stoffe in Reaktoren*

Stoff	Toleranzmenge in Luft	Gefahr
Be	2 g m^{-3}	Beryllosis; Be $(NO_3)_2$ explosiv
Bi	2 mg m^{-3}	Nierenschädigung
B	?	gewisse B-Verbindungen leicht giftig
Cd	0,1 mg m^{-3}	sehr giftig
Graphit	—	ungesund
Pb	0,15 mg m^{-3}	giftig
Na	—	chemisch heftig mit H_2O reagierend, feuergefährlich
Stahl	30 mg m^{-3}	Cr-Gehalt giftig
Ti	0,5 mg m^{-3}	'euergefährlich
U	0,25 mg m^{-3}	feuergefährlich, chemisch aktiv
Zr, UZr	—	explosiv und feuergefährlich

Bisher kam es erst zu zwei bedeutenderen Zwischenfällen beim Betrieb von Reaktoren[125], deren Folgen in keiner Weise unerwartet waren. Daraus und aus dem Betrieb anderer Reaktoren konnten folgende Lehren gezogen werden, die man für die Zukunft als Forderungen an alle Reaktorbauten stellen sollte:

1. Alle Teile sollen leicht demontierbar sein.

2. Unterhalb von Reaktoren, in denen Flüssigkeiten Verwendung finden, soll ein wasserdichter Auffangtank (mit Abflußrohr in verseuchbares Becken) — nicht Betonboden — vorhanden sein.

3. Geräte und Instrumente sollen nicht am Boden stehen.

4. Alle horizontalen Flächen sollen glatt und leicht zu reinigen sein.

5. Im Inneren des Reaktorgebäudes oder zumindest unter dem Schutzschild sollte leichter Unterdruck herrschen.

6. Elektrische und mechanische, jedenfalls aber zwei verschiedene Möglichkeiten, die Kontrollstäbe zu betätigen; Vorhandensein von mindestens zwei voneinander unabhängigen Kontrollsystemen.

7. Laufende ärztliche Überwachung des Personals und beste automatische Strahlenregistrierung in allen Teilen des Reaktorgebäudes; 2% des Personals, mindestens aber zwei Personen (Arzt und Physiker) sollen *nur* für Strahlungsschutz eingesetzt werden; persönliche Meßgeräte (Filmstreifen, kleine Ionisationskammern) für das Personal; Bereitstellung von Schutzanzügen und Masken für den Notfall.

8. Die Kamine zum Abblasen der durch radioaktives Ar 41 etwas verseuchten Kühlluft müssen mindestens 70 m hoch sein; die Verunreinigungen in der Kühlluft sollen vor dem Abblasen ausgefiltert oder ausgefroren werden[125]; die Umgebung muß fallweise auf Radioaktivität überprüft werden (*Meßwagen*).

9. Jedes Experiment mit einem Reaktor soll vorher in allen Einzelheiten und unter Bedachtnahme auf alle nur denkbaren Komplikationen mit allen Beteiligten ausführlich besprochen und festgelegt werden; Training und ein gewisser Drill des Bedienungspersonals sind notwendig.

10. Die Kontrollstabeinrichtung sollte mit einem Seismographen gekoppelt sein und auf Erdstöße automatisch ansprechen.

11. Das Reaktorgebäude muß folgenden Anforderungen genügen (vieles kann für kleine Forschungsreaktoren entfallen, gilt aber für Energiereaktoren):

a) Der Boden muß eine Tragfähigkeit von zirka 10 t m^{-2} besitzen.

b) Halle, einige hundert Quadratmeter, mindestens 10 m hoch und ein

Drittel höher (innere lichte Höhe) als der Reaktor und so hoch, daß ein allenfalls vorhandener Reaktortank aus dem Schutzschild herausgehoben werden kann; rund um den Reaktor muß mindestens 5—8 m Platz sein.

c) Ein Laufkran, 20—100 t (Forschungsreaktor 6—20 t) minimale Tragfähigkeit, muß jeden Punkt der Reaktorhalle erreichen können.

d) Rund um das Reaktorgebäude, im möglichen Gefahrenbereich, gemäß (35.4), soll keine große Siedlungsdichte herrschen, sollen sich keine Spitäler und keine Industrien befinden.

e) Das Gebäude sollte luftdicht gebaut sein.

f) Das Gebäude soll von Wasserscheiden entfernt liegen.

g) Vorhandensein strahlengeschützter Lagerplätze für verbrauchten Brennstoff.

h) Bassin für Notablage und Lagerung radioaktiver Stoffe sowie verbrauchten Brennstoffs.

i) Ausreichende Wasserversorgung.

j) Gute Transportmöglichkeiten, Nähe eines chemischen Labors für radioaktive Stoffe.

k) Lage zu größeren Siedlungen so, daß im Jahresmittel der Wind von der Siedlung zum Reaktor streicht.

12. Möglichst dichte Brennstoffschutzhüllen.

13. Erlassung gesetzlicher Vorschriften über Strahlungsschutz und den Betrieb von Reaktoren.

14. Reaktoren sind mit möglichst großen negativen Temperaturkoeffizienten zu bauen.

15. Teilung des Kühlsystems in Teilsysteme, die unabhängig voneinander arbeiten.

16. Mit Wasser gekühlte oder gebremste Reaktoren sollen so gebaut werden, daß sie sich von selbst abschalten, wenn das Wasser zum Kochen kommt (Ausnahme: Tauchsiederreaktor, vgl. § 39).

17. Dünne Brennstoffelemente (Folien, Drähte) sind massiven Elementen (Stangen) vom Sicherheitsstandpunkt aus vorzuziehen.

18. Forschungsreaktoren, die innerhalb von Großstädten errichtet werden, sollen selbststabilisierende Reaktoren sein und so gebaut werden, daß in ihnen keine großen Wärmespannungen auftreten.

Für Forschungsreaktoren können viele der oben aufgestellten Forderungen entfallen oder stark eingeschränkt werden; für sie gilt ein Zehntel der Werte der Formel (35.4) als Gefahrenbereich. Forschungsreaktoren mit einer Leistung bis zu 1000 kW dürfen innerhalb von Großstädten in einer Nähe von bis zu 150 m von Gebäuden, Laboratorien usw. gebaut werden*.

Der Einschluß des ganzen Reaktors in druckfeste Stahlkugeln wird gelegentlich vorgenommen, ist aber *nicht* notwendig.

Reaktoren stellen keine besondere Gefahrenquelle dar, weil bei ihrer Konstruktion und bei ihrem Betrieb ein bisher nie gekanntes Höchstmaß an Sicherheitsfaktoren und an Sicherheitsvorrichtungen vorgesehen ist, weil sie sich zum größten Teil selbst stabilisieren und weil die einzige ernst zu nehmende Gefahr die radioaktiven Spaltprodukte sind; von diesen Substanzen wird aber mit Hilfe der Strahlungsmeßgeräte jedes einzelne Atom entdeckt — eine Genauigkeit,

---

* Der Ausstellungsreaktor bei der Genfer Atomkonferenz, ein *Bassinreaktor*, hatte eine Leistung von 150 kW und stand neben den UNO-Verwaltungsgebäuden. Der ARR (vgl. Tab. 102) steht innerhalb eines dichtbesiedelten Gebietes (Großstadt).

an die auch die modernsten Methoden der Ultramikrochemie nicht heranreichen (vgl. Übungsbeispiel 3k).

Nimmt man an — was jedoch praktisch kaum denkbar ist —, daß auf einen Schlag alle Spaltprodukte eines Reaktors mit der Leistung Q [kW] frei werden, dann erhält eine Person in der Entfernung x [m] vom Reaktor a) durch direkte Bestrahlung, b) durch Einatmen, c) durch Regen und Absinken aus der radioaktiven Wolke abhängig von den meteorologischen Bedingungen (vgl. Übungsbeispiel 35b) eine Dosis D [rep], die etwa bei den Werten der Tab. 90 liegt[125] (vgl. auch Abb. 69).

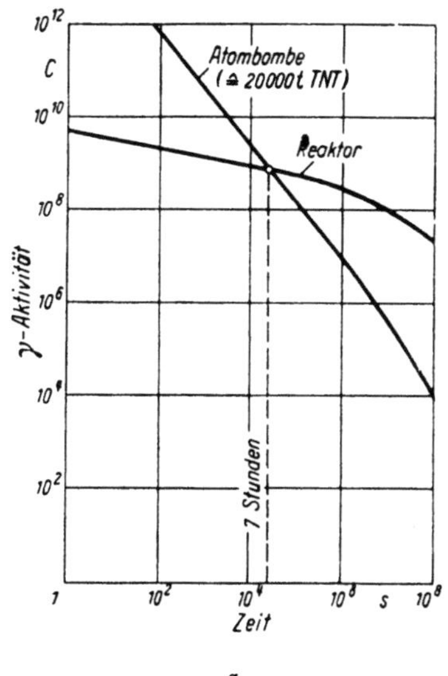

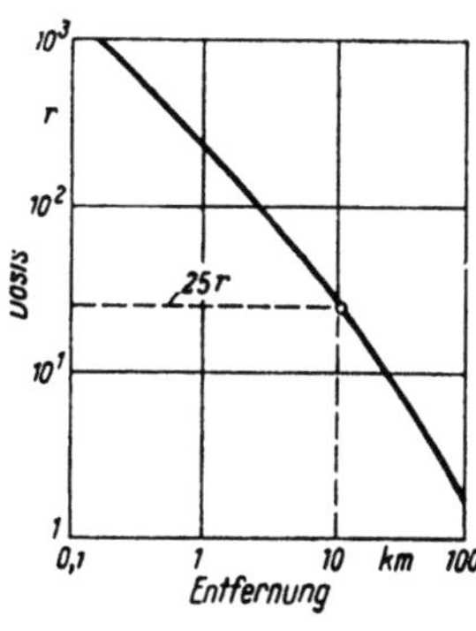

Abb. 69. γ-Aktivität von Reaktor und Atombombe

Tabelle 90. *Dosen D/Q bei allerschwersten Reaktorunfällen*

Art der Wirkung x [m]	10	30	100	300	1000	3000
a) Direkt	1	0,40	0,30	0,09	0,05	0,02
b) Einatmen..........				30	9	2
c) Ausfall 1% pro min D/Q pro Stunde....	1000	10	1	0,1	0,01	0,001

250000-kW-Reaktor: 3.10^8 Curie Spaltprodukte (zirka 100 kg/Jahr) (in 10^6 km³ Luft verstreut = Toleranzmenge).
Die Maximalwerte liegen zwischen den Tabellenwerten und dem Doppelten hievon.

Die amerikanische Atomenergiekommission hat als möglichen Gefahrenbereich den Radius R_g

$$R_g \text{ [km]} = 0{,}015 \sqrt{Q \text{ [kW]}} \qquad (35.4)$$

angegeben. Der mögliche Gefahrenbereich ist dadurch definiert, daß innerhalb seiner Grenzen bei Freisetzung von 50% der Spaltprodukte eines Reaktors Personen Dosen bis zu 300 r erhalten können (vgl. Übungsbeispiel 35c).

In den USA wurde eine ganze Reihe von *Sicherheitsexperimenten* („gewollte Unfälle") durchgeführt*; alle diese Untersuchungen zeigten, daß die theoreti-

---

* SPERT Reaktor (Special Power Excursion Reactor Test), KEWB (Kinetic Experiment on Water Boilers), Reactor Safety Experiment usw.[125]

schen Voraussagen über Radioaktivität, Beschädigungen usw. genauestens zutrafen.

Es haben sich in letzter Zeit auch Versicherungsgesellschaften bereit gefunden, Haftpflicht- und Kaskoversicherungen für Reaktoren abzuschließen (vgl. § 50).

Im Laufe des nächsten Jahrzehntes wird der Atomreaktor zu einer bekannten und nicht mehr gefürchteten üblichen Maschine werden — so wie ein Dampfkessel oder eine Elektrolokomotive heute.

Übungsbeispiele

35 a) Man leite aus (35.1) und $J = J_0\, e^{-\widetilde{\varkappa} r}/4\,\pi\,r^2$ folgende Formel für die Dosis einer punktförmigen Strahlungsquelle ab

$$D\,[\mathrm{mr\,h^{-1}}] = 1{,}573 \cdot 10^{11}\,\gamma\,\frac{\widetilde{\varkappa}_{Luft}\,E\,[\mathrm{MeV}]\,N\,[\mathrm{C}]}{r^2_{Luft}}\,e^{-\widetilde{\varkappa}_{Filter}\,r_{Filter}} \tag{35.5}$$

und spezialisiere sie mit Hilfe von $\widetilde{\varkappa}_{Luft} \approx 3{,}35 \cdot 10^{-5}$ cm^{-1}, $\widetilde{\varkappa}_{Platin} = 1{,}9$ cm^{-1} für γ von Ra, $\gamma E = 1{,}766 \cdot 10^{-3}$ MeV auf (35.3) und (35.4). Man beachte die Dimension $6{,}77 \cdot 10^4$ [MeV cm^{-3} r^{-1}] und die Beziehung

$$J_0\,[\mathrm{Teilchen\,s^{-1}}] = \gamma \cdot 3{,}71 \cdot 10^{10}\,N\,[\mathrm{C}] \tag{35.6}$$

(Wenn pro Zerfallsakt *genau* ein γ-Quant der betrachteten Art emittiert wird.) N ist die Aktivität der Strahlungsquelle in Curie (1 g Ra = 1 Curie).

35 b) Wenn man annimmt, daß durch einen Reaktorschaden (bzw. Atombombe) Q [mg s^{-1}] (oder [C s^{-1}]) radioaktive Substanzen emittiert werden, dann ist die atmosphärische Verteilung X [mg m^{-3}] dieser Produkte am Orte x, y, z (Koordinatenursprung = Quelle) bei einer Windgeschwindigkeit u [m s^{-1}] durch die Sutton-sche Formel[125] gegeben

$$X\,(x, y, z) = Q\,\frac{e^{-\frac{y^2}{C^2_y\,x^{2-n}}}}{\pi\,u\,C_y\,C_x\,x^{2-n}}\left[e^{-\frac{(z-h)^2}{C^2_z\,x^{2-n}}} + e^{-\frac{(z+h)^2}{C^2_z\,x^{2-n}}}\right] \tag{35.7}$$

$0 \le n \le 1$, $C_y \approx C_z \approx 0{,}07$ (abhängig von der Luftturbulenz) x, y, z, in Metern, ebenso h, Höhe der Quelle über dem Erdboden ($z = 0$). Man nehme an, daß in der Höhe a) $h = 10$ m, b) $h = 300$ m eine Aktivität von a) 10^7 C, b) 10^{11} C schlagartig frei wird. Welche Mengen radioaktiver Substanzen werden dann in Bodennähe ($z = 1$, $x = 0$, $y = 10, 100, 10^3, 10^4$ m), b) in der Luft ($z = 10^3$ m, $x = 0$, y wie oben) verstreut?

35 c) Die Emission Z an γ-Quanten und β-Teilchen durch die Spaltprodukte ist zur Zeit t nach (6.3) und (6.4) pro Spaltung und pro sec durch

$$Z\,(t) = 5{,}7 \cdot 10^{-6}\,t^{-1{,}2} \qquad 10\,\mathrm{s} \le t \le 100\,\mathrm{d} \tag{35.8}$$

gegeben. In Energie umgerechnet gilt

$$E\,(t) = 2{,}66 \cdot t^{-1{,}2} \qquad [\mathrm{MeV\,s^{-1}/Spaltung}] \qquad t\,[\mathrm{d}] \tag{35.9}$$

In einem Reaktor mit der Leistung Q [kW] der von $t = -\infty$ bis zur Gegenwart ($t = 0$) gearbeitet hat, wird daher zur Zeit t_1 höchstens eine totale Zerfallsenergie von

$$E\,[\mathrm{MeV}] = -8{,}5 \cdot 10^{13}\,Q \int_{-\infty}^{0} (t - t_1)^{-1{,}2}\,dt = \frac{4{,}25 \cdot 10^{14}\,Q}{t_1^{0{,}2}} \tag{35.10}$$

frei. Welche Energiedichte [MeV cm^{-3}] entsteht in der Entfernung 1 km vom Reaktor, wenn ein vom Reaktor kommender Wind eine Geschwindigkeit von 8 [km h^{-1}] besitzt? Wie lange (t_1) braucht die radioaktive Wolke, um bei diesen Windverhältnissen 1 km zu überbrücken? Wird in dieser Entfernung bei Passage der Wolke (ihr Durchmesser betrage 50 m) die Toleranzdosis überschritten?

35 d) Man versuche, die folgenden Angaben für einen 1 MW-Reaktor zu verifizieren: Das Reaktorinnere erzeugt in 10 m Entfernung eine Dosis von 400 r/min und enthält 30 000 C J 131 und 40 000 C Sr 89 (bei Jod die 10^9 fache Toleranzdosis!).

§ 36. Verbrauch und Vergiftung des Brennstoffes

Die chemische Zusammensetzung verbrauchten Brennstoffs, Erneuerungszeit, effektiver Vergiftungsquerschnitt, Abbrand, Xenonvergiftung, Vergiftungsparameter, Vergiftung durch die Sättigungsaktivität, Vergiftung nach dem Abschalten, maximale Vergiftung und Vergiftungsmaximum, Abhängigkeit der Vergiftung vom Fluß, Betriebszeit und Wartezeit, Samariumvergiftung, Reaktorhalbwertszeit stabiler Kerne, Methode der Gefahrenkoeffizienten und der Entaktivierung, Verbrauch des Kontrollstabmaterials, Abbrandgleichung.

In dem Maß, in dem der Kernbrennstoff an spaltbaren Kernen verarmt und an Spaltprodukten mit großen Absorptionsquerschnitten angereichert („vergiftet") wird, werden Σ_{Sp} und damit η, f und k_∞ bzw. k_{eff} kleiner. Man muß dann die Kontrollstäbe weiter herausziehen, um diesen Verlust an Empfindlichkeit zu kompensieren. Infolge der *Vergiftung* ist der Abbrand der Kernbrennstoffe begrenzt. Sobald die im Reaktor vorhandene Überschußempfindlichkeit zur Kompensation des Vergiftungseffektes verbraucht ist, spätestens aber, wenn k_∞ sich der Eins nähert, muß der vergiftete Brennstoff gegen neuen ausgetauscht werden. Bei Forschungsreaktoren ist dies erst nach 10, 50 oder 100 Jahren, bei Energiereaktoren alle Monate (bzw. laufend) notwendig*.

Für den größtmöglichen Abbrand läßt sich leicht eine Näherungsformel ableiten. Da der Brennstoffverbrauch vorwiegend bei größeren Reaktoren eine Rolle spielt, können wir von der kritischen Gleichung der Eingruppentheorie, also etwa von (28.8) ausgehen. Mit (11.3) und (11.9) erhält man für den frisch gefüllten Reaktor (Index 1)

$$k_{eff\,1} = \frac{N_1^K}{N_1^K + m} \; \frac{\varepsilon \, \sigma_{Sp} \, \nu \, p}{(1 + L_{eff\,1}^2 B^2) \, \sigma_{A\,ges}^K} = 1 \tag{36.1}$$

und für den Zustand des *Maximalverbrauches* (Index 2)

$$k_{eff\,2} = \frac{N_2^K}{N_2^K + m + \sigma_V N_V} \; \frac{\varepsilon \, \sigma_{Sp} \, \nu \, p}{(1 + L_{eff\,2}^2 B^2) \, \sigma_{A\,ges}^K} \tag{36.2}$$

wobei

$$m = \frac{\Sigma_A^B + \Sigma_A^F}{\sigma_{A\,ges}^K} \qquad \begin{array}{l} B\text{: Bremsmittel} \\ F\text{: Fremdstoffe (Kühlmittel usw.)} \end{array} \tag{36.3}$$

σ_V sei der über alle Spaltprodukte gemittelte Absorptionsquerschnitt, den wir *effektiven Vergiftungsquerschnitt* nennen wollen. N_V ist die Anzahl der Spaltproduktkerne pro cm³.

Da $1 + L_{eff}^2 B^2$ nur wenig von 1 verschieden ist, nehmen wir an, daß sich der zweite Faktor in (36.1) während des Abbrandes nur wenig ändert (vgl. Übungsbeispiel 36a). Ist die für Vergiftung und Verbrauch zur Verfügung stehende Empfindlichkeit $\Delta \bar{\varrho}$ (vgl. Tab. 46), dann gilt wegen

$$= (k_{eff} - 1)/k_{eff}, \quad L_{eff\,1} \approx L_{eff\,2}, \quad k_{eff\,1} = 1$$

$$\Delta \bar{\varrho} = \frac{k_{eff\,1} - k_{eff\,2}}{k_{eff\,1} \, k_{eff\,2}} = \frac{\dfrac{m \, (N_1^K - N_2^K)}{N_2^K} + \dfrac{N_1^K \, \sigma_V N_V}{N_2^K}}{N_1^K + m} \tag{36.4}$$

---

* Die Erfahrung zeigt, daß eine Erneuerung nach einer *Verweilzeit* 2000—10 000 MW. Tage/Tonne Brennstoff notwendig ist — je höher die Leistung, desto kürzer die Verweilzeit! (Hängt von der Strahlungsfestigkeit des Brennstoffes ab.)

Setzt man $\sigma_V = 0$, erhält man die nur durch den Abbrand bedingte Änderung von $\bar{\varrho}$ bzw. k_{eff}. Ferner gilt

$$N_{\Gamma} \approx 2\,(N_1^K - N_2^K) \tag{36.5}$$

da für jeden verbrauchten U 235-Kern 2 Kerne von Spaltprodukten entstehen*. (Die Tatsache, daß nur einige Kernarten stark vergiftend wirken, ist im Mittelwert σ_{Γ} bereits berücksichtigt.) Da der Abbrand $N_1 - N_2$ für einen t [sec] lang mit der Leistung P [kW] arbeitenden Reaktor durch

$$N_1^K - N_2^K = \frac{t_E \cdot P \cdot 3{,}16 \cdot 10^{13}}{V_K} \quad \begin{array}{l}\text{[Kerne cm}^{-3}]\\ V_K \text{ Brennstoffvolumen}\end{array} \tag{36.6}$$

gegeben ist (vgl. § 11), kann man die *Erneuerungszeit* t_E leicht aus N_1^K, dem anfänglichen Isotopenverhältnis (dem Anreicherungsgrad) und (36.2), (36.4), (36.5) und (36.6) berechnen.

TARABA gibt ein Nommogramm für die Verbrauchsberechnung an[126]. (Vgl. auch Übungsbeispiel 36 b.)

Die Praxis zeigt, daß nie mehr als etwa 1 bis 5% des Kernbrennstoffes verbrannt werden können**. Man wird daher von vorneherein 5 bis 10% mehr an Kernbrennstoff vorsehen als das kritische Volumen angibt; man muß dann entweder den Reaktor laufend *nachladen* oder den gesamten Brennstoff erneuern, sobald der Abbrand das mögliche Maximum erreicht hat (vgl. Tab. 91). In Reaktoren mit natürlichem Uran als Brennstoff entstehen infolge des *Uranbrütens* (28.27) pro Spaltung ungefähr 0,90 Plutoniumkerne; da diese einen etwas größeren Spaltquerschnitt als U 235 haben, spielt der *Abbrand* in diesen Reaktoren fast kaum eine Rolle; die Vergiftung muß jedoch berücksichtigt werden[126].

Tabelle 91. Abbrand und Vergiftung

Zustand	U 238	U 235	U 236	Spaltprodukte	Pu
1	99,29%	0,71%	—	—	—
2	99,01%	0,43%	0,04%	0,24%	0,28%

Verbrauch	0,1%	1%		2. Beispiel (schwach abgebrannter Brennstoff)	
			Auf $\bar{\gamma}$ bezogener		
Xe 135	70,95%	35,6%	⎫ Anteil	U (alle Isotope)	99,954%
Sm 149	13,98%	7%	⎬ der Spalt-	Plutonium 239 .	0,023%
Seltene Erden .	10,69%	35,6%	⎭ produkte	Spaltprodukte ..	0,023%

Brennstoffabbrand 1 g pro 1000 kW/Tag Betrieb, 1 g Spaltprodukte erzeugt. $\sigma_V \approx 50$ barn/Spaltung. Der Totalverbrauch ist größer, vgl. (40.15).

Da die Kontrollstäbe eine sehr ungleichförmige Neutronendichte erzeugen und da ein ungleichmäßiger Abbrand nicht wirtschaftlich ist, soll man eine Glättung der Neutronendichte und einen Betrieb mit in einer mittleren Lage nach Möglichkeit verbleibenden Kontrollstäben anstreben.

Wir wollen nun unsere Überschlagsrechnung durch eine genauere Berechnung der Vergiftung ergänzen. Da einerseits nur einige wenige Kerne vergiftend wirken,

---

* Der Verbrauch von U 235-Kernen infolge von (n, γ)-Prozessen wird hierbei vernachlässigt, d. h. der Totalverbrauch wird dem Abbrand gleichgesetzt.

** Verwendet man natürliches Uran, so können bis zu 50% des vorhandenen U 235 verbraucht werden; in angereichertem Uran kann man 70%, unter Umständen 150% des U 235 erreichen (durch Verbrauch produzierten Plutoniums).

andererseits diese Kerne radioaktiv sind, sich ihre Konzentration also mit der Zeit ändert, ist (36.5) nur eine grobe Näherung. Es sind praktisch nur zwei Kerne, Xe 135 und Sm 149, die für die Vergiftung verantwortlich sind; die Wirkung aller anderen Kerne kann man gegenüber der Wirkung dieser beiden vernachlässigen. Xe 135 ist radioaktiv und entsteht aus dem Spaltprodukt Te 135 durch folgende Zerfallskette

$$\text{Te } 135 \xrightarrow[2 \text{ min}]{\beta^-} \text{J } 135 \xrightarrow[6,68\,\text{h}]{\beta^-} \text{Xe } 135 \xrightarrow[9,2\,\text{h}]{\beta^-} \text{Cs } 135 \rightarrow$$
$$\rightarrow \xrightarrow[3 \cdot 10^6 \text{ a}]{\beta^-} \text{Ba } 135 \text{ (stabil)} \tag{36.7}$$

Sm 149 ist stabil und entsteht aus dem Spaltprodukt Nd 149

$$\text{Nd } 149 \xrightarrow[1,7\,\text{h}]{\beta^-} \text{Pm } 149 \xrightarrow[54\,\text{h}]{\beta^-} \text{Sm } 149 \text{ (stabil)} \tag{36.8}$$

Der thermische Absorptionsquerschnitt von Xe 135 ist außerordentlich groß: $3,5 \cdot 10^6$ barn, Sm 149 kommt auf $5,3 \cdot 10^4$ barn. Die Konzentration beider Gifte ändert sich infolge von Spaltprozessen (Erzeugung), von (n, γ) Prozessen (die zu den nur wenig absorbierenden Kernen Sm 150 und Xe 136 führen) sowie infolge des radioaktiven Zerfalls (nur bei Xe 135). Während des Betriebes bildet sich ein Gleichgewichtszustand aus, so daß die Anzahl der Absorberkerne praktisch konstant bleibt; nach dem Abschalten des Reaktors steigt jedoch die Xenon-konzentration an, erreicht nach einer gewissen, vom Fluß abhängigen Zeit $\hat{t}_{\text{Xe}}$ ein Maximum und sinkt erst dann, wenn der Zerfall Xe 135 → Cs 135 die Produktion J 135 → Xe 135 überwiegt, wieder ab.

Da Te 135 nur eine sehr kurze Halbwertszeit hat, kann man annehmen, daß das J 135 als Spaltprodukt mit einer Häufigkeit von $\bar{\gamma}_J = \gamma_{\text{Te}} + \gamma_J$ entsteht (vgl. Tab. 92).

Tabelle 92. *Vergiftungsparameter* (U 235)

$\gamma =$ Anzahl der Kerne, die pro Spaltung direkt durch den Spaltprozeß erzeugt werden, bezüglich v vgl. (36.18)

Kern	Halbwertszeit	γ	$\bar{\gamma}$	σ_A [barn]
Te 135	2 min		—	
J 135	6,68 h		0,056	7
Xe 135	9,2 h	0,0031	0,059	$3,5 \cdot 10^6$
Cs 135	$3 \cdot 10^6$ a	0,045	0,063	15
Nd 149	1,7 h	0,001	—	
Pm 149	54 h	0,013	0,014	
Sm 149	$\sim$	0	0,014	$5,3 \cdot 10^4$
Xe 136	$\sim$	0,06	0,08 $(n, \gamma : 0,02)$	5
Sm 150	$\sim$			

Fluß $\bar{\varphi}$	$\bar{v}_{\text{Xe}}$	$\hat{v}_{\text{Xe}}$	$\hat{t}_{\text{Xe}}$	$\bar{v}_{\text{Sm}}$	$\grave{v}_{\text{Sm}}$
10^{11}	0,0008			0,012	0,012
10^{12}	0,0008			0,012	0,012
10^{13}	0,030	0,03	8 h	0,012	0,013
10^{14}	0,046	0,27	10,4 h	0,012	0,027
$2 \cdot 10^{14}$	0,047	0,51	11,5 h	0,012	0,042
10^{15}	0,048	2,0	12 h	0,012	0,162
$\sim$	0,049			0,012	$\times$
	$(\approx (\Delta\bar{\varrho})_{\text{Xe } max})$			$(\approx (\Delta\bar{\varrho})_{\text{Sm } max})$	

Für die Anzahl N_J der J 135-Kerne pro cm³ gilt dann (φ der thermische Fluß, $\bar\varphi$ sein zeitlicher Mittelwert)

$$\frac{dN_J}{dt} = -\frac{0{,}693}{\tau_J} N_J + \bar\gamma_J \Sigma_{S_p} \varphi - \sigma_{AJ} \varphi N_J \tag{36.9}$$

Wie man sich leicht überzeugt, kann man selbst für einen Fluß φ von 10^{15} infolge der Kleinheit von σ_{AJ} die Verluste infolge von (n, γ)-Prozessen an J 135, also das letzte Glied rechts, vernachlässigen. Für die nach einigen Tagen erreichte Gleichgewichtskonzentration $\overline{N}_J$ gilt $d/dt = 0$ und daher

$$\overline{N}_J = \frac{\bar\gamma_J \Sigma_{S_p} \bar\varphi \tau_J}{0{,}693} = 1945 . \Sigma_{S_p} \bar\varphi \ [\text{Kerne cm}^{-3}] \tag{36.10}$$

während allgemein durch Integration von (36.9)

$$N_J(t) = e^{-\frac{0{,}693}{\tau_J} t} \left(\bar\gamma_J \Sigma_{S_p} \int_0^t \varphi(t') \, e^{\frac{0{,}693}{\tau_J} t'} \, dt' + N_J(0) \right) \approx$$
$$\approx \frac{\bar\gamma_J \Sigma_{S_p} \bar\varphi \tau_J}{0{,}693} \left(1 - e^{-\frac{0{,}693}{\tau_J} t} \right) \tag{36.11}$$

folgt.

$N_J(0) = \overline{N}_J$ beim Abschalten; beim Anlassen nach längerer Betriebsruhe ist $N_J(0) = 0$, so daß man bei sehr raschem Anwachsen von $\varphi(t)$ auf den Betriebsmittelwert $\bar\varphi$ die obige Näherungsformel erhält. Für die Xenonkonzentration ergibt sich analog

$$\frac{dN_{Xe}}{dt} = \frac{0{,}693}{\tau_J} N_J + \gamma_{Xe} \Sigma_{S_p} \varphi - \frac{0{,}693}{\tau_{Xe}} N_{Xe} - \sigma_{AXe} \varphi N_{Xe} \tag{36.12}$$

und für die Gleichgewichtskonzentration folgt mit (36.10)

$$\overline{N}_{Xe} = \Sigma_{S_p} \bar\varphi \tau_{Xe} \frac{\overline{\gamma}_J + \gamma_{Xe}}{\sigma_{A\,Xe} \bar\varphi \tau_{Xe} + 0{,}693} \tag{36.13}$$

Durch Integration von (36.12) folgt weiter

$$N_{Xe}(t) = e^{-\int \left(\frac{0{,}693}{\tau_{Xe}} + \sigma_{A\,Xe} \varphi(t) \right) dt} \cdot \left\{ \int_0^t e^{\int \left(\frac{0{,}693}{\tau_{Xe}} + \sigma_{A\,Xe} \varphi(t') \right) dt'} \cdot \right.$$

$$\cdot \left(\frac{0{,}693}{\tau_J} N_J(t') + \gamma_{Xe} \Sigma_{S_p}(t') \right) dt' + N_{Xe}(0) \Bigg\} \approx$$

$$\approx \overline{N}_{Xe} \left\{ 1 + \frac{1}{\overline{\gamma}_J + \gamma_{Xe}} \left(\frac{0{,}693\, \overline{\gamma}_J \tau_{Xe}}{0{,}693\, \tau_J - 0{,}693\, \tau_{Xe} + \sigma_{A Xe}\, \tau_{Xe} \tau_J \bar\varphi} - \gamma_{Xe} \right) \cdot \right.$$

$$\cdot\, e^{-\left(\frac{0{,}693}{\tau_{Xe}} + \sigma_{A Xe} \bar\varphi \right) t} - \frac{\overline{\gamma}_J}{\overline{\gamma}_J + \gamma_{Xe}} \cdot$$

$$\cdot \left(\frac{0{,}693\, \tau_J + \sigma_{A Xe} \varphi \tau_{Xe} \tau_J}{0{,}693\, \tau_J - 0{,}693\, \tau_{Xe} + \sigma_{A Xe} \bar\varphi \tau_{Xe} \tau_J} \right) \cdot e^{-\frac{0{,}693}{\tau_J} t} \Bigg\} \tag{36.14}$$

Beim Anlassen nach längerer Betriebsruhe ist $N_{Xe}(0) = 0$, beim Abschalten ist wieder $N_{Xe}(0) = \overline{N}_{Xe}$.

Während des Betriebes ist die Vergiftung durch Xenon durch (36.13) gegeben; dieser Ausdruck enthält als Effekt höherer Ordnung in Σ_{Sp} wieder den Abbrand. Diesen kann man jedoch wegen der Brütvorgänge meist vernachlässigen, so daß man in (36.13) $\Sigma_{Sp} =$ const. setzen kann. Da zur Zeit $\hat{t}_{Xe} \approx 8$ bis $12\,\mathrm{h}$ nach dem Abschalten das Maximum der Vergiftung erreicht wird, ist ein Wiedereinschalten innerhalb von 5 bis 20 Stunden nach dem Abschalten sehr erschwert. In diesen Zeitraum fällt leider gerade die Dauer des Achtstundentages, so daß eigene Reaktoren für Werke, in denen nicht über Nacht durchgearbeitet wird, einen großen Nachteil besitzen. Nach dem Abschalten verringert sich die während des Betriebes angesammelte Jodmenge $\overline{N}_J$ gemäß dem Zerfallsgesetz

$$N_J^0(t) = \frac{\overline{\gamma}_J \Sigma_{Sp} \overline{\varphi} \tau_J}{0{,}693}\, e^{-\frac{0{,}693}{\tau_J}t} \tag{36.15}$$

(^{0} deutet auf den Zustand nach dem Abschalten).

$\overline{\varphi}$ ist wieder der Mittelwert des thermischen Flusses während des Betriebes des Reaktors. Nach dem Abschalten ist $\varphi(t) = 0$, so daß sich mit (36.15) aus (36.12) für das Xenon die Bilanz

$$\frac{dN_{Xe}^0(t)}{dt} = \overline{\gamma}_J \Sigma_{Sp} \overline{\varphi}\, e^{-\frac{0{,}693}{\tau_J}t} - \frac{0{,}693}{\tau_{Xe}} N_{Xe}^0(t) \tag{36.16}$$

ergibt; man erhält demnach für die *Xenonvermehrung nach dem Abschalten*

$$N_{Xe}^0(t) = e^{-\frac{0{,}693}{\tau_{Xe}}t} \left\{ \frac{(\overline{\gamma}_J + \gamma_{Xe})\Sigma_{Sp} \overline{\varphi} \tau_{Xe}}{0{,}693 + \sigma_{A\,Xe} \overline{\varphi} \tau_{Xe}} + \frac{\overline{\gamma}_J \Sigma_{Sp} \overline{\varphi} \tau_{Xe} \tau_J}{0{,}693(\tau_J - \tau_{Xe})} \cdot \right.$$
$$\left. \cdot \left(e^{+0{,}693\left(\frac{1}{\tau_{Xe}} - \frac{1}{\tau_J}\right)t} - 1 \right) \right\} \tag{36.17}$$

Dieser Ausdruck, bzw. (36.14) gibt, in (36.4) eingesetzt, die infolge der Xenonvergiftung notwendige Überschußempfindlichkeit. Durch Einführung des *Vergiftungsgrades v*

$$v_{Xe}(t) = \frac{\sigma_{A\,Xe} N_{Xe}(t)}{N_K(t)\,\sigma_{A\,ges}^K} \approx \frac{\sigma_{A\,Xe} N_{Xe}(t)}{N_1^K \sigma_{A\,ges}^K} \quad (\sigma_V \equiv \sigma_{A\,Xe}) \tag{36.18}$$

in (36.4) ergibt sich bei Vernachlässigung des Abbrandes $\left(N_1^K = N_2^K = N_K(t)\right)$

$$(\Delta\overline{\varrho})_{Xe} = \frac{v_{Xe}(t)\, N_1^K \sigma_{A\,ges}^K}{N_1^K + m} \tag{36.19}$$

Meist wird jedoch nicht $\Delta\overline{\varrho}$, sondern v_{Xe} als Funktion von t graphisch dargestellt. Abb. 70 zeigt, daß die Vergiftung sehr stark vom Fluß, also von der Leistung des Reaktors abhängt und zirka 12 Stunden nach dem Abschalten ein Maximum erreicht.

Aus (36.13) und (36.18) ergibt sich für die *Vergiftung bei Sättigung*

$$\overline{v}_{Xe} = \frac{\sigma_{A\,Xe} \Sigma_{Sp} \tau_{Xe} (\overline{\gamma}_J + \gamma_{Xe}) \overline{\varphi}}{\Sigma_{A\,ges}^K (0{,}693 + \sigma_{A\,Xe} \tau_{Xe} \overline{\varphi})} \approx \frac{1{,}74 \cdot 10^{-19} \overline{\varphi}}{2{,}1 \cdot 10^{-5} + 3{,}5 \cdot 10^{-18} \overline{\varphi}} \tag{36.20}$$

Für Flüsse unter 10^{11} ist der Vergiftungsgrad klein und durch $8.10^{-15}\,\overline{\varphi}$ näherungsweise gegeben; für sehr große Flüsse ($> 10^{15}$) erhält man als *maximale Vergiftung bei Sättigung*

$$\overline{v}_{Xe\,max} \approx (\overline{\gamma}_J + \gamma_{Xe})\, \Sigma_{Sp}/\Sigma_{A\,ges}^K = 0{,}049 \tag{36.21}$$

(vgl. Übungsbeispiel 36c). Das Vergiftungsmaximum $\hat{v}^0_{Xe}$ stellt sich jedoch nicht während des Betriebes, sondern erst nach dem Abschalten ein; es ist größer als die maximale Vergiftung bei Sättigung, $\hat{v}^0_{Xe} > \bar{v}_{Xe\,max}$. Man kann die Zeit $\hat{t}$, zu der das Maximum eintritt, durch Differenzieren von (36.17) berechnen (vgl. Übungsbeispiel 36c).

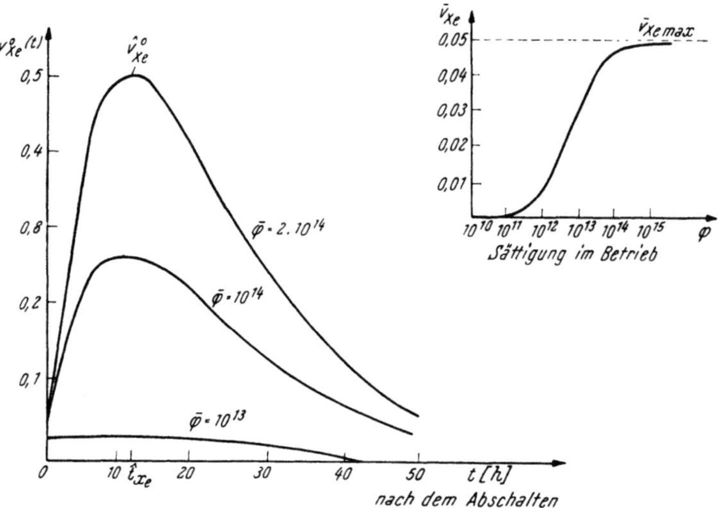

Abb. 70. Die Xenonvergiftung

Bei Reaktoren mit großer Leistung kann es dazu kommen, daß man das Absinken der Xenon-Konzentration abwarten muß, bevor man den Reaktor neuerlich anlassen kann. Für große Energiereaktoren ist also Dauerbetrieb erstrebenswert; kurze Betriebspausen, insbesondere vor Erreichen der Xenonsättigung sind jedoch möglich. Vom Standpunkt der Brennstoffvergiftung aus gesehen, sind also mehrere kleine Energiereaktoren mittlerer Leistung günstiger als ein Großreaktor mit hohem Fluß. Für einen Fluß größer als $5 \cdot 10^{14}$ muß man eine Einrichtung zur laufenden Xenonentfernung vorsehen.

Für Samarium erhält man analog

$$v_{Sm}(t) = \sigma_{A\,Sm}\,\frac{\Sigma_{Sp}}{\Sigma^K_{A\,ges}}\,\bar{\varphi}\left[\frac{\bar{\gamma}_{Pm}\,\tau_{Pm}}{0{,}693}\left(1 - e^{-\frac{0{,}693\,t}{\tau_{Pm}}}\right)\right] + \bar{\gamma}_{Pm}\,\frac{\Sigma_{Sp}}{\Sigma^K_{A\,ges}} \qquad (36.22)$$

$\left(\text{strebt für } t > \dfrac{5}{\sigma_{A\,Sm}\,\bar{\varphi}}\ [\text{s}] \text{ gegen den Sättigungswert } \bar{v}_{Sm} = 0{,}012\right)$ und

$$v_{Sm} = \frac{\sigma_{A\,Sm}\,\bar{\varphi}\,\bar{\gamma}_{Pm}\,\tau_{Pm}\,\Sigma_{Sp}}{0{,}693\,\Sigma^K_{A\,ges}} + \bar{\gamma}_{Pm}\,\frac{\Sigma_{Sp}}{\Sigma^K_{A\,ges}} \approx 1{,}5 \cdot 10^{-16}\,\bar{\varphi} + 0{,}012. \qquad (36.23)$$

Da das Samarium stabil ist, sind die Gleichungen einfacher; so ist z. B. die Vergiftung bei Sättigung vom Fluß unabhängig, so daß es kein $\bar{v}_{Sm\,max}$ gibt. Es gibt auch kein Maximum nach dem Abschalten, sondern nur einen Grenzwert $\hat{v}_{Sm}$.

Bisher hatten wir angenommen, daß die räumliche Verteilung des Xe 135 und des Sm 149 konstant ist; tatsächlich ändert sich jedoch die Konzentration räumlich. Berücksichtigt man diese von der örtlichen Veränderung des Flusses herrührende Verteilung, dann kommt man zu überraschenden Schlüssen (vgl. Übungsbeispiel 36e).

Streng genommen wird jede im Reaktor vorhandene Kernart „verbraucht", da alle Kerne (n, γ)-Reaktionen erleiden — die Spaltung ist ja auch nichts anderes als eine spezielle, unter $\Sigma_{A\,ges} = \Sigma_A + \Sigma_{Sp}$ subsummierte Absorption. Man kann daher für jeden *stabilen* Kern eine *Reaktorhalbwertszeit* τ_R definieren, nach deren Ablauf die Konzentration N_i $(\mathfrak{r}, t)$ des Kernes auf die Hälfte abgesunken ist; bei radioaktiven Kernen überlagert sich diesem Verbrauch der radioaktive Zerfall. Da die Reaktorhalbwertszeit von der Absorptionsrate $\Sigma_{A\,ges}^i \varphi$ abhängt, ist sie von der jeweiligen örtlichen Konzentration und vom Neutronenfluß, also auch vom Ort abhängig. Da allgemein wegen $\Sigma^i = N_i \, \delta \Sigma^i / \delta N_i$

$$\frac{\partial N_i\,(\mathfrak{r}, t)}{\partial t} = - N_i \int \frac{\partial \Sigma_{A\,ges}^i}{\partial N_i} \varphi \,(\mathfrak{r}, \mathfrak{t}) \, dE = - \frac{N_i\, 0{,}693}{\tau_R} \tag{36.24}$$

gelten muß, kann man daraus τ_R als Integral berechnen. Die Störungstheorie gestattet es jedoch, ohne Lösung von (36.24) auch den Einfluß ungleichmäßig verteilter Absorber abzuschätzen. Aus (20.1) und (20.2) folgt

$$\Delta \varphi = - \frac{(k_\infty - 1)\, \Sigma_{A\,ges}^{\ddot u}}{D} = V\,\varphi; \qquad \Sigma_{A\,ges}^{\ddot u} = \Sigma_{A\,ges}^K + \Sigma_A^B + \Sigma_A^F \tag{36.25}$$

Nimmt man an, daß sich D durch die Vergiftung nicht ändert, dann gilt

$$S = \frac{1}{D} \delta\,([k_\infty - 1]\, \Sigma_{A\,ges}^K) = \frac{1}{D} \left[\delta k_\infty\, \Sigma_{A\,ges}^K + (k_\infty - 1)\, \delta \Sigma_{A\,ges}^K \right] \tag{36.26}$$

Aus (28.69) folgt dann unter Weglassung der Integrale $\int_0^\infty \dots dE$

$$\delta k_{eff} = \frac{\displaystyle\int_{V_K} \varphi^2 \left[\Sigma_{A\,ges}^K \, \delta k_\infty + (k_\infty - 1)\, \delta \Sigma_{A\,ges}^K \right] d\tau}{\displaystyle\int_{V_R} \varphi^2\,(k_\infty - 1)\, \Sigma_{A\,ges}^{\ddot u} \, d\tau}; \qquad \delta \Sigma_{A\,ges}^K = \sigma_{\Gamma}\, N_{\Gamma} \tag{36.27}$$

Die Integration im Zähler darf nur über den Brennstoff (V_K) erfolgen, da nur in diesem die Störung auftritt; die Integration im Nenner erfolgt natürlich über den ganzen Reaktor. Sind $\Sigma_{A\,ges}$ und k_∞ ortsunabhängig, bzw. interessiert man sich für die durch die Ortsabhängigkeit des Neutronenflusses φ erzeugte örtliche Abhängigkeit der Vergiftung, dann erhält man unter Verwendung des *statistischen Gewichtes* nach (29.51) und von $f^* \approx f \approx \Sigma_{A\,ges}^K / \Sigma_{A\,ges}^{\ddot u}$

$$\delta k_{eff} = \left[\frac{f\, \delta k_\infty}{k_\infty - 1} + \frac{f\, \delta \Sigma_{A\,ges}^K}{\Sigma_{A\,ges}^K} \right] \cdot W_K \tag{36.28}$$

Andererseits folgt aus (28.68)

$$k_{eff} = \frac{\displaystyle\int_{V_K} K\, \varphi^2\, d\tau}{\displaystyle\int_{V_R} V\, \varphi^2\, d\tau} = \frac{K}{V}\, W_K = \frac{k_\infty}{k_\infty - 1}\, W_K \tag{36.29}$$

so daß

$$\frac{\delta k_{eff}}{k_{eff}} = \frac{\delta k_\infty}{k_\infty} + \frac{f\, \delta \Sigma_{A\,ges}^K\,(k_\infty - 1)}{k_\infty\, \Sigma_{A\,ges}^K} \tag{36.30}$$

folgt. Vernachlässigt man den Brennstoffverbrauch ($\varepsilon\,\eta\,p = $ const), dann folgt mit Hilfe von (11.11) (und $\delta\Sigma_{A\,ges}^{K} = \sigma_{A\,\mathrm{Xe}}\,N_{\mathrm{Xe}}$)

$$\frac{\delta k_\infty}{k_\infty} = \frac{\delta f}{f} = -\frac{f\,\delta\Sigma_{A\,ges}^{K}}{\Sigma_{A\,ges}^{K} + f\,\delta\Sigma_{A\,ges}^{K}}\,;\tag{36.31}$$

und mit Vernachlässigung von $f\,\delta\Sigma_{A\,ges}^{K}$ gegen $\Sigma_{A\,ges}^{K}$ folgt

$$\frac{\delta k_{eff}}{k_{eff}} = -\frac{f\,\delta\Sigma_{A\,ges}^{K}}{k_\infty\,\Sigma_{A\,ges}^{K}} = \frac{f\,\sigma_V\,N_V}{k_\infty\,\sigma_{A\,ges}^{K}\,N_K} = \frac{f}{k_\infty}\,M_V\,K\tag{36.32}$$

M ist die Masse der Spaltprodukte pro cm³ und pro g Brennstoff im cm³. K ist der sogenannte *Gefahrenkoeffizient*

$$K = \frac{\sigma_V\,A_K}{\sigma_{A\,ges}^{K}\,A_i}\tag{36.33}$$

wobei A_i die Atomgewichte sind. $\sigma_V\,N_V$ kann man z. B. für Xenon leicht nach den hier abgeleiteten Formeln ausrechnen.

Die Methode, den Wirkungsquerschnitt σ_V einer Substanz dadurch zu messen, daß man sie in den Reaktor einführt und das erzeugte δk_{eff} mißt, heißt daher die *Gefahrenkoeffizientenmethode*[18]*. Da Xenon die Neutronen stark absorbiert, kann man seinen (und den anderer selbst radioaktiver starker Absorber) auch durch *Entaktivierung* messen: bestrahlt man einen radioaktiven Neutronenabsorber, so geht seine Aktivität [C] zurück, da ein Teil seiner Kerne infolge der (n,γ)-Prozesse in andere Kerne umgewandelt wird.

Schließlich wollen wir noch darauf hinweisen, daß man bei längerem Betrieb großer Reaktoren auch den *Verbrauch des Kontrollstabmaterials* infolge von (n,γ)-Prozessen berücksichtigen muß.

Übungsbeispiele

36 a) Wie ändern sich die Formeln (36.1) und folgende, wenn man die Veränderung von L_{eff} durch Vergiftung und Abbrand berücksichtigt? Man schätze σ_V an Hand von Tab. 92 ab.

36 b) Die Gleichung[126]

$$B(t) = B_0\left(1 - e^{-\sigma_{Sp}^{\mathrm{U\,235}}\,\varphi t}\right)\tag{36.34}$$

heißt *Abbrandgleichung* (für U 235). B gibt den Prozentsatz der zur Zeit bereits verbrauchten U 235 Kerne an und B_0 ist der ursprüngliche Anreicherungsgrad. Man leite (36.34) ab (vgl. § 4). Wie lange muß ein Uranstab mit 5%-igem U 235 Gehalt einem Fluß $2\cdot10^{14}$ ausgesetzt werden, um $B = 2\%$ zu erreichen?

36 c) Man berechne durch Differenzieren von (36.17) das Maximum $\hat{v}_{\mathrm{Xe}}$ und die Zeit $\hat{t}$, zu der es eintritt. Wie hängen beide Größen vom Fluß ab? Nach welcher Zeit wird die Sättigung von Xe, J erreicht? Man leite die für die Sm-Vergiftung geltenden Gleichungen (36.22) und (36.23) ab.

36 d) Welche Xenonmenge (in [g] und in [C]) enthält der in Beispiel 36 b besprochene Uranstab am Ende der Bestrahlung? ($V_K = 1$ dm³). Entspricht dies bereits dem Sättigungswert? Um wieviel liegt das nach dem Aufhören der Bestrahlung auftretende Maximum über dem Wert bei Beendigung der Bestrahlung? Wann tritt dieses Maximum auf?

---

* Wird bei dieser Methode k_{eff} um mehr als 0,7% erniedrigt, dann muß der Neutronenabsorber verläßlich befestigt werden: ein Herunterfallen (lotrechter Bestrahlungskanal) würde die Reaktorempfindlichkeit um $+$ 0,7% ändern, so daß der Reaktor prompt kritisch würde, vgl. S. 166.

36 e) Nach (36.37) und (36.28) gilt für einen heterogenen Reaktor

$$\delta k_{eff} = \left[\frac{f^* \, \delta k_\infty^*}{k_\infty^* - 1} + \frac{p^* \, \delta \Sigma_{A\,ges}^K}{\Sigma_{A\,ges}^K} \right] \cdot \frac{\displaystyle\int_{V_K} \varphi^2 \, d\tau}{\displaystyle\int_{V_R} \varphi^2 \, d\tau} = A\,W_K \tag{36.35}$$

was für einen homogenen Reaktor wegen $W_K = 1$ in A übergeht. Man zeige, daß beim Vergleich zwischen heterogenem und homogenem Reaktor letzterer bei Betrachtung des Vergiftungseffektes wesentlich besser abschneidet. Für φ wähle man z. B. (21.4). Gilt das gleiche auch beim Abbrand?

36 f) Man versuche, die folgenden Empfehlungen für die zur Kompensation von Verbrauch und Vergiftung notwendige *Überschußempfindlichkeit* zu verifizieren:

Betriebsdauer [d]		1	10	50	100	500
Überschußempf.	10^{12}	0,5	0,6	0,7	1	1,5
in % bei einem	10^{13}	2,1	2,6	3,2	4	7
Fluß von	10^{14}	4	6	10	25	≈ 25

§ 37. Die Brennstoffwiedergewinnung und die Beseitigung des radioaktiven Abfalles

Halbwertszeiten und Strahlung der anfallenden Spaltprodukte, Betriebszeit und Lagerungszeit, die chemisch bedeutsamen Spaltprodukte, Trennmethoden, die Vorgangsweise bei der Brennstoffwiedergewinnung, Art und Menge der radioaktiven Abfälle, Methoden zur Beseitigung der radioaktiven Abfälle, Verdünnung, Konzentrierung und Fixierung der Abwässer, die Methoden der radioaktiven Entgiftung.

Da der Brennstoff infolge von Strahlungsschäden und der Vergiftung wesentlich früher unbrauchbar wird als das infolge des Abbrandes allein der Fall wäre, muß versucht werden, ihn durch chemische Abtrennung der Spaltprodukte zu entgiften; danach kann er nach metallurgischer Bearbeitung und allenfalls nach Wiederanreicherung abermals verwendet werden. Wie Tab. 91 zeigt, ist der prozentuale Anteil der Spaltprodukte recht gering — immerhin enthält aber ein 1000 kW-Reaktor nach einem Jahr Betrieb 365 g hochradioaktiver Spaltprodukte und zirka ebensoviel Plutonium. Diese Stoffe sind vom Brennstoffelement abzutrennen; die sehr intensive Strahlung macht ja eine metallurgische Neubearbeitung unmöglich (1 kg Spaltprodukte, einige Stunden alt, erzeugt in einigen Metern Entfernung eine solche Strahlung, daß binnen 10^{-8} sec einige hundert r erreicht werden!).

Nach ihrer Halbwertszeit kann man die Spaltprodukte in drei Klassen einteilen (vgl. Tab. 93). Die erste Klasse umfaßt die ganz kurzlebigen Substanzen mit einer Halbwertszeit, die kleiner ist als die Gültigkeitsgrenze (≈ 10 sec) der Zerfallsformel (6.3). Die Stoffe dieser ersten Klasse sind also zum allergrößten Teil längst zerfallen, bevor es zur Entgiftung der Brennstoffelemente kommt. Die zweite Klasse umfaßt alle jene Elemente, deren Halbwertszeit kleiner als etwa drei Monate ist. Bevor die Brennstoffelemente zur chemischen Aufbereitung kommen, läßt man sie nämlich etwa drei Monate lang, zwecks Verringerung der Radioaktivität — meist unter Wasser — lagern („auskühlen"); für eine sofortige Bearbeitung oder für einen Transport auch nur über kurze Strecken ist ihre Radioaktivität anfangs viel zu groß. Innerhalb dieser drei Monate verwandelt sich auch praktisch alles U 239 und Np 239 in Pu 239. Von den Elementen der zweiten Klasse kommen jedoch noch immer nennenswerte Mengen (höchstens die Hälfte der ursprünglichen Mengen) zur chemischen Aufbereitung. Die Elemente der dritten Klasse umfassen alle langlebigen Elemente ($\tau > 3$ Monate), die in praktisch unveränderter Menge zur Bearbeitung kommen (vgl. Tab. 93).

Tabelle 93. *Die wichtigsten Spaltprodukte von U 235 und einige ihrer Zerfallsprodukte (Insgesamt etwa 30 Elemente mit etwa 80 ursprünglichen Kernen und zirka 120 Tochterkernen) (vgl. auch Tab. 92)*

1. Kurze Halbwertszeit ($\tau < 1$ min)

Kern	Halbwertszeit	% Anteil	Strahlung (Energie in MeV)
Rh 106	30 s	0,46	β 2,3 (20%), 3,6 (80%), γ

2. Mittlere Halbwertszeit (1 min $< \tau <$ 100 d)

Kern	Halbwertszeit	% Anteil	Strahlung (Energie in MeV) (%-Satz der Prozesse mit γ)
Ru 103	41 d	3,7	β 0,2 (95%), γ 0,56
Xe 133	5,3 d	6	β 0,35, γ 0,08
Nd 147	11 d	2,6	β 0,9, γ 0,6
Te 127	90 d	0,03	β 0,7 (isomer 9 h), γ 0,09
Eu 156	15,4 d	0,013	β 2,4 (40%), γ 2 (60%)
Pr 143	13,7 d	5,4	β 0,83, kein γ
Ba 140	12,8 d	6,1	β 1,05, γ 2,5 (3,2%)
Ce 141	28 d	6,2	β 0,55, γ 0,2
Te 129	33,5 d	0,19	β (isomer 72 m) 1,8, γ 0,1
Te 132	77 h	4,5	β, γ 2 (2,7%)
Zr 95	65 d	6,4	β 0,5 (98%), γ 1,5
Kr 88	2,77 h	3,1	β 2,3, γ 2,8 (15%)
Nb 95	35 d	(aus Zr 95)	β 0,15, γ (isomer 90 h) 0,22
J 135	6,7 h	5,6	β 1,40, γ 2,4 (2%)
J 131	8,1 d	2,8	β 0,6 (85%), γ 0,4
Sr 89	53 d	4,6	β 1,5, kein γ
Mo 99	67 h	6,2	β 1,03, γ 0,4
Y 91	61 d	5,4	β 1,53, γ (isomer 51 m) 0,61

3. Lange Halbwertszeit ($\tau > 90$ d)

Kern	Halbwertszeit	% Anteil	Strahlung (Energie in MeV) (%-Satz der Prozesse mit γ)
Ru 106	1 a	0,48	β 0,03, γ 0,8 (2%)
Ce 144	290 d	5,3	β 0,35, γ 2,2 (1%)
Kr 85	10 a	0,24	β 0,74, kein γ
Cs 135	$3 \cdot 10^6$ a	5,9	β 0,2
Sb 125	2,7 a	0,02	β 0,6 (30%), γ 0,6
Cs 137	33 a	6,2	β 0,5 (95%), kein γ
Eu 155	2 a	0,03	β 0,23, γ 0,084
Sr 90	28 a	5	β 0,53, kein γ
Pm 147	3,7 a	2,6	β 0,2, kein γ
Tc 99	$9,4 \cdot 10^5$ a	(aus Mo 99)	β 0,32, γ (isom. 6,6 h) 0,13
Pd 107	$7 \cdot 10^6$ a		

Wenn ein Reaktor t_0 Tage in Betrieb war (*Betriebsdauer* t_0 [d]), dann ist die Strahlungsenergie der Spaltprodukte t_1 Tage nach dem Abschalten gemäß (6.5) durch

$$E \text{ [MeV/sec, Spaltung]} = 2,66 \cdot 10^{-6} \int_{t_0}^{0} (t_1 - t)^{-1,2} \, dt =$$

$$= 1,33 \cdot 10^{-5} [(t_1 - t_0)^{-0,2} - t_1^{-0,2}] \tag{37.1}$$

gegeben.

Hat der Reaktor während des Betriebes die konstante Leistung von P Watt gehabt, dann gilt wegen $3{,}16 \cdot 10^{10}$ Spaltungen/sec $= 1$ Watt

$$E \text{ [MeV/sec, Watt]} = 3{,}63 \cdot 10^{10}\, P\; [(t_1-t_0)^{-0,2} - t_1^{-0,2}] \tag{37.2}$$

oder

$$E \text{ [Watt/Watt]} = 5{,}82 \cdot 10^{-3}\, P\; [(t_1-t_0)^{-0,2} - t_1^{-0,2}] \tag{37.3}$$

Nimmt man an, daß pro Zerfall genau ein β-Teilchen emittiert wird (die Anzahl der γ-Quanten liegt zwischen 0 und etwa 5 und außerdem tritt nicht bei jedem Zerfall einunddesselben Kernes γ-Strahlung auf, vgl. die Angaben in Tab. 93 über den Bruchteil der Zerfallsprozesse, bei denen γ-Strahlung auftritt), dann kann man aus (6.4) die Aktivität der Spaltprodukte berechnen[25]:

$$N \text{ [C/Spaltung]} = 1{,}03 \cdot 10^{-16}\, t^{-1,2} \qquad t \text{ [d]} \tag{37.4}$$

oder

$$\boxed{N \text{ [C]} = 1{,}40\, P\; [(t_1 - t_0)^{-0,2} - t_1^{-0,2}]} \tag{37.5}$$

(vgl. Abb. 71)

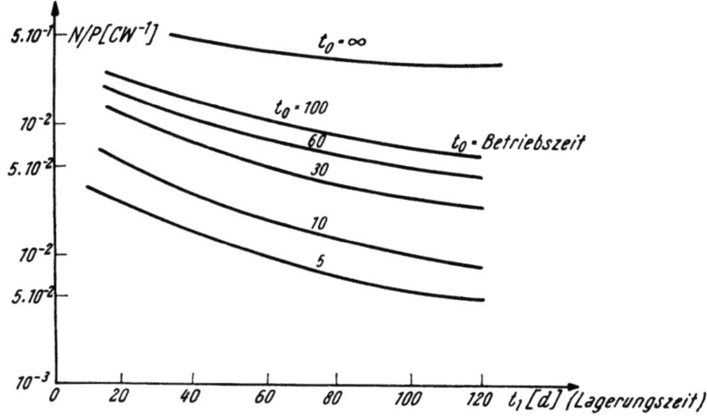

Abb. 71. Die Aktivität der Spaltprodukte

Aus diesen Gleichungen können leicht die Strahlungsdosen berechnet werden, die man in einer bestimmten Entfernung von den Spaltprodukten erhalten würde. 1 g natürliches Uran, das einem Fluß von 10^{12} während $t_0 = 100$ h ausgesetzt wurde, erzeugt z. B. nach einer Lagerungszeit $t_1 = 10$ h im Abstand von 1 cm die Dosis von 500 [r h⁻¹].

Da die Klasse 1 der Spaltprodukte nach Ablauf der Lagerungszeit praktisch nicht mehr vorhanden ist, braucht man sich bei der chemischen Abtrennung nur um Klasse 2 und 3 zu kümmern. Die Elemente, die abgetrennt werden müssen, haben wir in Tab. 94 zusammengestellt.

Es gibt heute eine ganze Reihe von Methoden zur chemischen Abtrennung der Spaltprodukte vom Uran. Da die Behandlung dieser chemischen Probleme nicht Aufgabe dieses Buches sein kann, begnügen wir uns mit einer Zusammenstellung (vgl. Tab. 95) der wichtigsten Methoden und verweisen im übrigen auf die Literatur[127]. Daß auch beim Bau von Trennanlagen darauf geachtet werden muß, daß kritische Mengen nicht überschritten werden, ist wohl selbstverständlich (vgl. S. 261).

Tabelle 94. *Die chemisch bedeutsamen Spaltprodukte, angeordnet nach den Gruppen des periodischen Systems der Elemente*

Gruppe	Elemente	Gewichts-% $(t_1 = 100\ \text{d})$	Trennung vom Brennstoff
0	Edelgase Kr, Xe	12,8	Abzug bei der Auflösung des Brennstoffes
1	Alkali (Rb), Cs	(1,4) 10,8	Salze wasserlöslich, in organischem Lösungsmittel unlöslich
	Edelmetalle (Ag)	—	(Entfällt: %-Satz und Halbwertszeit klein)
2	Erdalkali Sr, Ba........	7,8	Ba-, Sr-Karbonate, Oxalate unlöslich, Sr, Ba β^- La: 21,7% aller Spaltprodukte
	Cadmium (Zn) (Cd)	—	(Entfällt: %-Satz und Halbwertszeit klein)
3	Erdmetalle (Ga) (In)....	—	(Entfällt: %-Satz und Halbwertszeit klein)
	Seltene Erden, Y: 8 Seltene Erden	33,9	Unlösliche Fluoride und Hydroxyde
	Aktinidengruppe Am (Pu, U)	0,2	(Pu etwa soviel wie alle Spaltprodukte zusammen, U zirka 10^3 mal soviel)
4	Kohlenstoffgruppe (Ge) (Sn)	—	(Entfällt: %-Satz und Halbwertszeit klein)
	Zr-Hf-Gruppe Zr	9,9	$Zr(OH)_4$ unlöslich in Alkali, $ZrO(H_2PO_4)$ unlöslich in Säure. Abtrennung schwierig
5	Stickstoffgruppe (As) (Sb)	—	(Entfällt: %-Satz und Halbwertszeit klein)
	Niob-Gruppe Nb........	4,7	Schwierige Abtrennung
6	Sauerstoffgruppe (Se) (Te)	1,2	
	Chromgruppe Mo	8,2	
7	Halogene (Br) J........	0,6	J geht zum Teil bei Auflösung mit den Edelgasen ab
	Mangangruppe (Tc)	2,7	(Sehr große Halbwertszeit)
8	Übergangsgruppe Ru(Rh) (Pd)	5 (2,4)	RuO_4 abdestillieren (schwierig)

Insgesamt bei $t_0 = 150$ d, $t_1 = 30$ d (Reaktor in Windscale, England): 1000 kg Uran enthalten 900 g Pu, 2 g Am, 959 g Spaltprodukte.

Tabelle 95. *Die Abtrennung der Spaltprodukte*

Extraktion aus wäßriger Phase [Literatur unter 127a]:

Lösung in HNO_3, Oxydation, U, Pu, Oxydextraktion durch organische Lösungsmittel, U-Pu-Trennung, Pu-Phosphat ausfällen, Aufarbeitung der Spaltprodukte: Lösungsmittel: Äther, Ketone, Alkohole, Ester, z. B. Diäthylester, Metylisobutylketon, Tributylphosphat, einfach fernzusteuern (Kolonnen).

Verflüchtigungsmethoden [Literatur unter 127b]:

BrF_3 hinzufügen, U-Abtrennung als UF_6; Abtrennung des Pu von den Spaltprodukten, fraktionierte Destillation der Fluoride von Cs, Sr, Ba, Y, La, Ce, Pr, Zr, As, Te, Pu, J, Mo, Nb usw. Pu bei 1700° C von Uran abdestillieren.

Metallurgische Extraktion [Literatur 127c]:

U-Legierung mit Extraktionsmetall, Pu-Extraktion z. B. durch Mg, Extraktion der Spaltprodukte durch Ag (pyrometallurgische Trennung).

Ionen-Austausch (Sorption) [Literatur 127d]:

Mit Silica-Gel, Kunstharzen (Dowex, Amberit, Permutit) Entfernung von Th^{4+}, La^{3+}, Ba^{2+}, Cs^+, Rb^+, Ba^{2+}, Sr^{2+} usw., schließlich U^{3+}, Np^{3+}, bis Pu^{3+}, Am^{3+} verbleiben. (Fraktionierte Sorption in Kolonnen.)

Fällung in wäßriger Phase [Literatur 127e]:

Fällung von Pu und Spaltprodukten mittels Trägersubstanzen (LaF_3, $BiPO_4$) durch Absorption: Lösung in $HNO_3 + La(NO_3)_3$ als Träger — Filtrat (U) + Niederschlag (PuF_4, Spaltprodukte). Spaltprodukte mit HF ausfällen. *Nachteil*: Kleine Mengen von Verunreinigungen in großen Lösungsvolumina.

Extraktion aus geschmolzenen Salzen (für flüssigen U-Bi-Brennstoff) [Literatur 127f]:

Extraktion der Spaltprodukte vorwiegend der seltenen Erden mit LiCl-KCl. Schmelzen bei 450° C. Li-Verunreinigung des Brennstoffes (großes σ_A^{Li}!)

Ferner: *Kristallisation, Szillard-Chalmers Reaktion, Massenspektroskopie.*

Die Aufbereitung des verbrauchten Brennstoffes geht also nach dem Schema der Tab. 96 vor sich:

Tabelle 96. *Schema der Brennstoffwiedergewinnung*

1. Lagerung (20 bis 100 d, meist unter Wasser, 4—6 m tief).

2. Kontrolle und Sortierung, Waschen, Trocknen, Entfernen der Schutzhülle auf mechanisch ferngesteuertem[128] oder chemischem Wege (unter Wasser), z. B. durch 50%iges NaOH in Spezialkessel (für Al-Hülle; bei Zr-Hülle mit HF).

3. Auflösung in HNO_3 (eventuell auch der Schutzhüllen, so diese nicht entfernt wurden), Speisung der Kolonnen einer Trennanlage (ferngesteuert, hinter 1—2 m Betonschild, Energiebedarf: einige 10^5 kW).

4. Sammlung und Lagerung der Produkte der Trennanlage (einige 100 kg U pro Tag in großen Anlagen).

a) Uran (rein: $1:10^6$ bezüglich Spaltprodukte, $1:10^{10}$ bezüglich Pu, Radioaktivität auf 10^{-7} herabgesetzt), Herstellung neuer Brennstoffelemente.

b) Plutonium → Brennstoffelement, Atomwaffen.

c) Spaltprodukte → Vorbereitung zum Abtransport.

5. Deionisierung und Konzentrierung der Spaltprodukte, z. B. Elektrolyse in Zelle mit halbdurchlässiger Membran, Fixierung und Beseitigung des radioaktiven Abfalles, Entseuchung.

6. Wiedergewinnung der beim Trennprozeß verwendeten Chemikalien.

Der Preis einer kompletten Trennanlage mit einer Verarbeitungskapazität von 30 t hochbestrahlten Urans pro Monat wird auf 20 Millionen DM geschätzt.

Hat man die radioaktiven Spaltprodukte vom verbrauchten Brennstoff abgetrennt, dann muß man trachten, sich ihrer in irgend einer Weise zu entledigen; dies kann entweder durch *Ausnützung* für irgendwelche Zwecke (vgl. § 49) oder durch *Beseitigung* erfolgen.

Die Beseitigung radioaktiver Abfälle stellt ein schwieriges Problem dar, da die meisten der noch vorhandenen Spaltprodukte eine lange Halbwertszeit haben, so daß sie nicht nur viele Jahre und Jahrzehnte strahlen, sondern sich auch vermehren, sofern sie Glieder einer Kette langlebiger radioaktiver Kerne sind. Ce 144, Zr 95, Pm 147 und Ru 106 erreichen beispielsweise erst etwa 5 Jahre nach der Entfernung der Brennstoffelemente aus dem Reaktor ihren Sättigungswert, den sie dann über 50 Jahre konstant beibehalten; Sr 90 und Tc 99 erreichen erst 60 Jahre nach dem Herausnehmen der Brennstoffelemente das radioaktive Gleichgewicht*. Die *radioaktiven Abfälle* setzen sich wie folgt zusammen:

---

* Sr 90 ist besonders gefährlich, da es — so wie Ca — in die Knochen eingebaut wird.

1. abgetrennte Spaltprodukte,

2. radioaktiv verseuchte Chemikalien, enthaltend:

   a) diverse, durch (n, γ)-Prozesse erzeugte Kerne,

   b) Brennstoffreste,

   c) schwere Kerne, Pu-Reste, Am, Cm usw.

   d) Al, Zr usw. von der Schutzhülle,

   e) Korrosionsprodukte,

3. verseuchte Geräte, Apparate und Maschinenteile, Mauerwerk, Wäsche u. ä.,

4. verseuchtes Kühlmittel.

Die Mengen an radioaktiv verseuchten Chemikalien und an gelösten Spaltprodukten sind sehr groß, viele tausende Kubikmeter bei Aufarbeitung von einer Tonne Brennstoff. Durch Verdampfung des Wassers werden diese Mengen auf etwa 10^{-3} bis 10^{-4} eingeengt (*Konzentrierung der Spaltprodukte* bzw. der Abfälle). Hiebei ist zu beachten, daß Jod und Ruthenium abdestillieren.

Bei der Beseitigung dieser radioaktiven Abfälle muß man die folgenden Regeln strikt einhalten: Es muß Vorsorge getroffen werden, daß diese Abfälle weder in Nahrungsmittel, noch in das Grundwasser oder auf Felder gelangen und daß durch keinen wie immer gearteten Zufall (Erdbeben, Grabungen) irgendwo und irgendwann Menschen oder Tiere an die Abfälle gelangen können. Es wurden folgende Vorschläge für die Beseitigung der radioaktiven Abfälle gemacht:

1. *Ablagerung in den Weltmeeren.* Dieser Vorschlag ist nur dann gangbar, wenn die gefährlichsten Elemente Cs und Sr, die über tausend Jahre hochaktiv bleiben, vorher abgetrennt wurden und wenn man die Abfälle vor der Ablagerung etwa 13 Jahre abstehen ließ. Andernfalls besteht die Gefahr des Auftretens hoher lokaler Konzentrationen oder des Eintretens des Sr und Cs in den Nahrungsmittelkreislauf (Plankton, Fische). Es wurde auch die Möglichkeit, Tanks und Lösungen mit einer Dichte größer als 1,2 im Meer zu versenken, diskutiert; auch dieser Vorschlag birgt Gefahren, da über die Wasservermischung in den Ozeanen nur sehr wenig bekannt ist. Am ehesten dürfte noch die Ablagerung dichter Behälter in submarinen Schlammtaschen möglich sein.

2. *Die Ablagerung am Land* ist nur in Wüsten oder Berghöhlen (Bergwerke, versiegte Ölquellen) in verlöteten Behältern oder zumindest bei Fixierung der flüssigen Abfälle an feste Körper möglich. Allerdings können auch starkwandige Behälter im Laufe der Jahrhunderte durchrosten oder durch Erdbeben zerstört werden.

3. *Abblasen in die Atmosphäre* ist nur für geringe Mengen ungefährlicher Stoffe wie O 19, Ar 41, N 16, C 14 und Kr, Xe, J (nach 100 d Lagerung) nach Filtrierung von $99{,}99\%$ aller Partikel von 0,5 bis 5 μ Größe möglich. (Kr, Xe werden vorher mit Stickstoff oder Sauerstoff verdünnt.)

4. *Ablagerung im Weltraum* (am Mond, im freien Raum) ist unökonomisch und unter Umständen gefahrenbringend für die künftige Raumschiffahrt.

5. Eine *Verdünnung auf Toleranzkonzentrationen* (vgl. Tab. 88) und nachfolgende beliebige Ablagerung ist oft praktisch unmöglich (2.10^6 MW liefern täglich 3 Tonnen Spaltprodukte; um Sr 90 auf die Toleranzkonzentration zu verdünnen, wären rund 10^8 km³ Wasser nötig! vgl. Übungsbeispiel 37 a) und äußerst gefährlich, da niemand eine gleichbleibende Konzentration garantieren kann.

Die Form der Ablagerung[129] ist sehr verschieden; Gase, wie Stickoxyde oder Joddämpfe, können z. B. durch Alkalilösungen, Kohle oder Silika-Gel absorbiert werden, kleinste Partikel werden in Filtern aus Sand oder Glaswolle fixiert,

Oxyde von Al-U, Zr werden in anderen Keramikmaterialien fixiert, in flüssigen Abfällen wird Dolomitgestein aufgeschlämmt und mit Soda bei 900° C zu einer keramischen Masse gebrannt usw. Auch eine bestimmte Tonart, der *Montmorillonit*, dient zur keramischen Fixierung radioaktiver Abwässer.

Kleinste, aus dem Laborbetrieb stammende Mengen radioaktiver Substanzen, können nach Lagerung von einigen Tagen in die Kanalisation (wenn die Aktivität geringer als 5 μC ist) und in Flußläufe geleitet werden. (In England werden die radioaktiven Abwässer der Themse zugeleitet, aus der London sein Trinkwasser bezieht.) Kleine Mengen von Spaltprodukten oder Plutonium können auch auf biochemischem Wege abgetrennt oder filtriert werden, da bestimmte Bakterienkulturen oxydierend und andere, in Sand oder Kiesel wachsend, filtrierend wirken. Diese Methode entfernt z. B. bis zu 95% von α-Strahlern aus einer ursprünglichen Konzentration von 1,5 [μg l^{-1}]; sie wird u. a. für die Entgiftung des Waschwassers radioaktiv verseuchter Wäsche verwendet.

Bei der Wahl zwischen mehreren Methoden der Beseitigung radioaktiver Abfälle spielen neben Sicherheitsproblemen auch die Kosten des Verfahrens eine Rolle (vgl. Tab. 97).

Tabelle 97. *Kosten der Beseitigung radioaktiver Abfälle*

Bei 7600 Liter täglichem Anfall radioaktiver Flüssigkeit von 20 Curie pro Liter kostet die Beseitigung durch

	[$ pro 100 Liter]
Versprühen	3,95
Aufsaugen durch Betonblöcke, Vergraben in Erde	15,33
Ausfüllen versiegter Ölquellen (Bohrschächte)	15,50
Aufsaugen durch Betonblöcke, Versenken im Ozean (je nach Entfernung von der Küste)	15,70 bis 17.30
Einschmelzen in Glas, Fixieren in Keramik, Vergraben in der Erde	34,50

Insbesondere für die langlebigen und industriell brauchbaren Elemente Cs und Sr ist daher die *Benützung* der Beseitigung vorzuziehen, vgl. § 49.

Wurden wertvolle Geräte radioaktiv vergiftet oder will man bestimmte Teile von Versuchsreaktoren einer genauen Untersuchung unterziehen oder kam es zu einem Unfall, dann ist man gezwungen, die radioaktiven Stoffe zu entfernen, ohne deren Träger wegwerfen zu können; man muß sie entgiften. Es gibt verschiedene Methoden[130] der *radioaktiven Entgiftung*: Die einfachste Methode ist das Waschen mit Wasser oder das Anblasen mit dem Sandstrahlgebläse. Die Verwendung von Chemikalien (z. B. heiße 10%ige Salpetersäure) und das Abschleifen der Oberflächenschicht sind schon wirksamere Methoden, obwohl auch dann z. B. Beton 40%, Blei 75%, Glas 25% und Plastik 1% der ursprünglichen Aktivität beibehält, da die radioaktiven Substanzen in tiefere Schichten diffundiert sind. Im allgemeinen ist jedoch eine Entgiftung im Ausmaß 1 : 10^{-4} möglich.

Es ist natürlich zweckmäßig, es von vorneherein nur zu einer geringen *radioaktiven Verseuchung* kommen zu lassen oder so zu arbeiten, daß eine Entgiftung nicht nötig ist. Folgende Umstände helfen dieses Ziel zu erreichen:

1. Glatte, nicht poröse Oberflächen,
2. Minimale Ionenkonzentrationen,
3. Verwendung von korrosionsfesten Stoffen,
4. Hitzebeständigkeit der verwendeten Stoffe,

5. Verwendung von Stoffen mit geringer Haftwirkung und Adsorption,

6. Verwendung jeweils der kleinsten noch möglichen Menge an radioaktiver Substanz,

7. Beschränkung auf kleinstmögliche Flächen und Raumgebiete,

8. Verwendung von ferngesteuerten Apparaten und Geräten,

9. Lackieren von Geräten mit einem als Häutchen abziehbaren Lack.

Oft läßt sich jedoch eine Verseuchung beim besten Willen nicht vermeiden.

Die völlig gefahrlose und auch auf lange Sicht (zirka 1000 Jahre!) wirksame Beseitigung großer Mengen radioaktiver Abfälle stellt ein heute noch nicht gelöstes Problem dar, mit dessen Lösung jedoch das Schicksal der Atomindustrie eng verknüpft ist.

Übungsbeispiele

37 a) Die amerikanische Atomenergiekomission schreibt vor, daß kleinere Mengen radioaktiver Elemente (A Zerfallsprozesse pro sec) vergraben werden dürfen (mindest 1,5 m tief) wenn sie so stark mit einem stabilen Isotop verdünnt wurden, daß die Energieproduktion der Verdünnung kleiner als 4,2 erg pro g und Tag ist. Man leite folgende Formel

$$M \, [\text{g}] = A \cdot E \cdot 8,6 \cdot 10^4 / 4,15 \tag{37.6}$$

für die Masse M [g] des benötigten stabilen Isotopes ab. E ist die pro Zerfallsprozeß frei werdende Energie [erg]. Man zeige, daß eine Menge von einigen Tonnen Natrium erforderlich ist, um 1 m C Na 24 $\left(\dfrac{0,693}{\tau} = 1,29 \cdot 10^{-5} \, [\text{s}^{-1}], \, E = 5,5 \, \text{MeV} \right)$ unschädlich zu machen.

37 b) Ein Reaktor wurde mit einer Leistung von 10 000 kW 5 Wochen lang betrieben. Welche Menge [C] an J 131 kann man aus den Spaltprodukten innerhalb von 5 Tagen abtrennen? J 131 hat die Halbwertszeit 8 d und emittiert in 85% der Zerfallsprozesse ein 0,36 MeV-Photon und ein 0,64 MeV-Photon bei den restlichen Prozessen. Die erzeugte J 131 Menge soll ohne Schutzschild unter Wasser aufgehoben werden, welche Dicke muß die Wasserschicht haben, damit die im gleichen Raum befindlichen Personen während einer 45-stündigen Arbeitswoche keine höhere Dosis als $^1/_{10}$ der Toleranzdosis erhalten?

37 c) Ein bei einem Reaktor beschäftigter Arbeiter hat nach Aussage seines persönlichen Meßgerätes während 40-stündiger Arbeitszeit in einer Woche 0,015 rep (schnelle Neutronen) erhalten. Am Wochenende soll er zum Abtransport radioaktiven Abfalls verwendet werden. Welchem maximalen Fluß von 1 MeV-Photonen darf er noch ausgesetzt werden?

37 d) Der menschliche Körper besteht zu 15% aus Kohlenstoff und zu 0,5% aus Kalium. Beide Elemente enthalten radioaktive Isotope — C 14 sendet 12,5 β-Teilchen pro Minute und pro Gramm des überhaupt im Körper vorhandenen Kohlenstoffes aus und das Kalium enthält 0,011% an K 40, einem β-Strahler der Halbwertszeit $1,5 \cdot 10^9$ a. Welche Aktivität besitzt ein 80 kg schwerer Mensch?

§ 38. Die Steuerung von Reaktoren

Einfluß von Kühlung und Störungen auf die Dynamik, Grundgleichungen der Leistungssteuerung, der Zusammenhang zwischen Kühlung und Neutronenfluß, Messung der Reaktorempfindlichkeit, der Reaktorperiode und der Reaktorleistung, Anzeigegeräte am Kontrolltisch, die automatische Steuerung von Reaktoren, Sicherheitsanlagen und Sicherheitsmaßnahmen.

Der *ungestörte Reaktor*, mit dessen Dynamik wir uns in § 24 befaßt haben, stellt einen in der Praxis nicht realisierbaren Idealfall dar. Man hat es stets mit *gestörten* und *gekühlten* Reaktoren zu tun. Kühlung und Störungen beeinflussen aber die Dynamik und damit die Steuerung eines Reaktors ganz erheblich, so daß wir nun den Zusammenhang zwischen der Stellung der Kontrollstäbe, der Leistungsfähigkeit der Kühlanlage und der Reaktorleistung besprechen müssen. Auch wissen wir noch nicht, wie die für den Betrieb maßgeblichen Daten wie

Fluß, Reaktorperiode, Leistung, Empfindlichkeit usw. gemessen werden und wie die Kenntnis dieser Daten zur automatischen oder willkürlichen Steuerung der Reaktoren verwendet wird.

Die *dynamischen Grundgleichungen* für veränderliches k_{eff} haben wir in § 24 bereits kennen gelernt; ersetzen wir $pe^{-B^2\tau}$ gemäß (25.35) und (20.40) durch $\overline{P}$, um von der speziellen Bremstheorie unabhängig zu werden, dann gehen die Grundgleichungen (24.52) und (24.53) mit $Q = 0$ in

$$\frac{dU(t)}{dt} = \frac{U(t)}{\tau_{Sp}}\,(k_{eff}(t) - 1 - \beta\,k_{eff}(t)) + \overline{P}\sum_{i=1}^{8} C_i\,u_i(t)\,\frac{0{,}693}{\tau_i} \tag{38.1}$$

und

$$\frac{du_i(t)}{dt} = -\frac{0{,}693}{\tau_i}\,u_i(t) + \frac{\beta_i\,k_{eff}(t)}{\overline{P}\,\tau_{Sp}}\,\frac{U(t)}{C_i} \tag{38.2}$$

über.

Hat man die Parameter τ, β_i usw. im Sinne der Störungstheorie nach (28.40) bis (28.47) bestimmt, dann kann man $\overline{P} = 1$ setzen und (38.1) und (38.2) stimmt für $Q = 0$ mit (28.38) bzw. (28.39) überein. Mit $\overline{P} = 1$ kann man in erster Näherung für k_{eff} einen linearen Ansatz machen[70] und die Gleichungen (38.1) und (38.2) direkt oder mit Hilfe von *Analogierechengeräten*, sogenannten *Reaktor-Simulatoren* lösen. So interessant diese Geräte vom mathematischen und physikalischen, ja auch vom didaktischen Standpunkt sind*, müssen wir doch aus Platzmangel auf ihre Beschreibung verzichten und uns mit einem Hinweis auf die Spezialliteratur begnügen[71]. Außerdem ist es so, daß die Lösungen der dynamischen Grundgleichungen keinen großen praktischen Wert besitzen, da die in die Gleichungen eingehenden Parameter nur auf etwa $\pm 20\%$ genau bekannt sind. Wir wollen uns daher mit der Diskussion der Grundgleichungen und einigen, zwar nur näherungsweise gültigen, praktisch aber sehr wichtigen Aussagen begnügen.

Nach den Ausführungen von § 28 setzt sich k_{eff} wie folgt zusammen (vgl. Tab. 44 und 46):

$$k_{eff}(t, T, \overline{\varphi}) = k_{eff}(0) + \sum_l \delta k_{eff\,l}(t) \tag{38.3}$$

wobei

$$\delta k_{eff\,1}(T) = \frac{\partial k_{eff}(t, T)}{\partial T}\,dT. \quad \left[\text{alle Temperatureffekte, z. B.}\right. \tag{38.4}$$
$$\left.\frac{\partial k_{eff}}{\partial T} \approx 3\cdot 10^{-5}/^{\circ}\text{C}\right]$$

$$\delta k_{eff\,2}(\overline{\varphi}) = \frac{k_{eff}\,f\,\sigma_{A\text{Xe}}\,\tau_{\text{Xe}}\,(\overline{\gamma}_{\text{J}} + \gamma_{\text{Xe}})\,\overline{\varphi}\,\Sigma_{Sp}}{k_{\infty}\,\Sigma_{A\,ges}^{K}\,(\sigma_{A\text{Xe}}\,\overline{\varphi}\,\tau_{\text{Xe}} + 0{,}693)} \approx \frac{a\,\overline{\varphi}}{b\,\overline{\varphi} + 1} \tag{38.5}$$

Xenonvergiftung, aus (36.32) und (36.13) abzuleiten, z. B. $\delta k_{eff2} \approx 6\cdot 10^{-3}$

$$\begin{aligned}\delta k_{eff\,3}(t) &= \text{bis } 0{,}003,\ \text{Steuerung, vgl. Tab. 46, etwa}\\ \delta k_{eff\,3}(t) &= a + bt\ \text{oder nach (29.44)},\ x = x(t)\ \text{gegeben;}\end{aligned} \tag{38.6}$$

$$\delta k_{eff\,4}(t) = \text{bis } 0{,}10,\ \text{Abbrand, vgl. (36.4), (36.34)}. \tag{38.7}$$

Hinzu kommen ferner der Einfluß der Photoneutronen, berücksichtigt in $\sum\limits_{i=1}^{8}\dfrac{C_i\,u_i(t)}{\tau_i}$ durch Summierung bis 8 und kleinere Einflüsse, die im wesentlichen

---

* Simulatoren dienen auch zur Ausbildung von Reaktorphysikern und zum Training des Bedienungspersonals.

von t, T und φ unabhängig sind: Barometereffekte, Isotopenerzeugung, Änderung des Schwerwasserspiegels usw., wofür wir $\delta k_{eff\,5}$ schreiben.

Aus (11.22) und (33.14) erhalten wir nun wegen $\bar{\varphi} \equiv F \equiv U$ den Zusammenhang

$$U(t) = \frac{Q_{ges}}{3{,}2 \cdot 10^{-14}\, V_{Sp}\, \Sigma_{Sp}} = A\, Q_{ges}(t) = \frac{\gamma\, n\, f\, (\bar{T}_2(t) - \bar{T}_3(t))}{3{,}2 \cdot 10^{-14}\, V_{Sp}\, \Sigma_{Sp}} =$$
$$= \frac{n\, \varrho\, v(t)\, B\, c_p\, (T_5 - T_4)}{3{,}2 \cdot 10^{-14}\, V_{Sp}\, \Sigma_{Sp}} \tag{38.8}$$

Der *Fluß im Reaktor* wird demnach durch die Zirkulationsgeschwindigkeit des Kühlmittels, also durch die *Leistungsfähigkeit der Kühlanlage bestimmt*!

Verwenden wir nun die Eingruppentheorie ($\bar{P} = 1$) und gehen im Sinne des § 24 zu einer Mittelgruppe der verzögerten Neutronen über, dann erhalten wir aus (38.1) bis (38.7) folgende *Grundgleichungen* der *Leistungssteigerung*

$$A\, \frac{d\, Q_{ges}(t)}{dt} = \frac{A\, Q_{ges}(t)}{\tau_{Sp}} \left[\left(k_{eff}(0) + \frac{\partial k_{eff}}{\partial T}\, dT(t) + \right.\right.$$
$$\left.\left. + \frac{a\, A\, Q_{ges}(t)}{b\, A\, Q_{ges}(t) + 1} + \sum_{l=3}^{5} \delta k_{eff\,l} \right) \cdot (1-\beta) - 1 \right] + C\, u(t)\, \frac{0{,}693}{\tau} \tag{38.9}$$

$$\frac{du(t)}{dt} = -\frac{0{,}693}{\tau}\, u(t) + \frac{\beta\, A\, Q_{ges}(t)}{\tau_{Sp}\, C}\, k_{eff}(t, T) \tag{38.10}$$

sowie

$$dT(t) = \frac{D\, Q_{ges}(t)\, dt}{v(t)}; \quad D = \frac{A \cdot 3{,}2 \cdot 10^{-14}\, V_{Sp}\, \Sigma_{Sp}}{n\, \varrho\, B\, c_p} \tag{38.11}$$

was mit (24.64) übereinstimmt.

Die Lösung dieses nichtlinearen Differentialgleichungssystems durch Analogierechenmaschinen, durch Linearisierung usw. besitzt geringes praktisches Interesse; theoretisch ist sie jedoch zur Untersuchung der *Reaktorstabilität* von Interesse[131].

Durch Vernachlässigung der verzögerten Neutronen ($\beta = u = 0$) erhalten wir aus (38.9)

$$\frac{d\, Q_{ges}(t)}{dt} = Q_{ges}(t)\, \frac{k_{eff}(T, t) - 1}{\tau_{Sp}} \tag{38.12}$$

was mit (24.63) übereinstimmt. (38.10) fällt weg und (38.11) können wir für $v = $ const auch in der Form

$$\frac{dT(t)}{dt} = G\, Q_{ges}(t) \qquad\qquad G = D/v \tag{38.13}$$

schreiben. Division von (38.12) durch (38.13) liefert mit $k_{eff} - 1 \approx k_{eff}^0 - \varepsilon T$, $\varepsilon > 0$ die folgende Beziehung für *rasche* Leistungsänderung (Vernachlässigung der Vergiftung)

$$\frac{d\, Q_{ges}}{dT} = \frac{k_{eff}^0 - \varepsilon\, T}{G\, \tau_{Sp}} \tag{38.14}$$

Bei der *kritischen Temperatur* $T_k = \dfrac{k_{eff}^0}{\varepsilon}$ hört der Leistungsanstieg

$$Q_{ges}(T) = \frac{k_{eff}^0}{G\, \tau_{Sp}}\, (T - T_0) - \frac{\varepsilon}{2\, G\, \tau_{Sp}}\, (T^2 - T_0^2) \tag{38.15}$$

auf; bei dieser Temperatur erreicht Q_{ges} sein Maximum. Hiebei haben wir als Anfangsbedingung angenommen, daß einige Zeit nach dem Abschalten der auf Zimmertemperatur T_0 abgekühlte Reaktor die Leistung Null hat.

Die Differentialgleichungen für $T(t)$ und $Q_{ges}(t)$ sind komplizierter (vgl. Übungsbeispiel 38a). Man kann aus ihnen ableiten, daß T zur Zeit $\dfrac{t}{T_p} = 20$ sec $\left(T_p = \text{Reaktorperiode}, \approx \dfrac{\tau_{Sp}}{k_{eff} - 1} \right)$, für $\varepsilon = 2 \cdot 10^{-4}/°\text{C}$, $\tau_{Sp} = 10^{-4}$ sec,

$$Q_{ges} = \frac{56\,[\text{kWs}]}{4\,T_p}\,T_{max}\ \text{ein Maximum}\ T_{max} = 2 \cdot T_k\ \text{erreicht.}$$

Nach SCHULTEN[131] kann man schon allein daraus, daß im Gleichgewicht k_{eff} dauernd gleich 1 sein muß, wichtige Schlüsse ziehen. Mit $\beta = u = 0$ und $k_{eff}(0) + \sum\limits_{l=3}^{5} \delta k_{eff\,l} = \Delta k_{eff}$ folgt dann aus (38.9) und (38.8) mit $\partial k_{eff}/\partial T = -\varepsilon$

$$\Delta k_{eff} + \frac{a\,\bar{\varphi}}{b\,\bar{\varphi} + 1} - \varepsilon\,\Delta T \approx 0 \tag{38.16}$$

ΔT ist die Störung der mittleren Temperatur der Brennstoffelemente $\overline{T}_2$, die wir aus (38.8) berechnen können.

$$\overline{T}_2 = \frac{\bar{\varphi}\,3{,}2 \cdot 10^{-14}\,V_{Sp}\,\Sigma_{Sp}}{\gamma\,n\,f} + \overline{T}_3 \tag{38.17}$$

Für die gestörte Temperatur $T_2 + \Delta\overline{T}$ gilt die gleiche Formel, so daß sich in ΔT das kaum gestörte $\overline{T}_3$ weghebt. Setzen wir nun für $\gamma\,n\,f$ aus (38.8) ein und nehmen wir an, daß sich das Verhältnis der Temperatur*differenzen* bei der Störung nicht oder nur wenig ändert, dann können wir

$$\Delta T = \frac{M}{J}\,\bar{\varphi}, \quad J = n\,\varrho\,v\,B\,c_p\,\frac{T_5 - T_4}{T_2 - T_3} \approx \text{const} \tag{38.18}$$

setzen; M ist eine Konstante, J beschreibt die *Leistungsfähigkeit der Kühlanlage*. Aus (38.16) folgt nun

$$\boxed{\begin{aligned} \bar{\varphi} = -\frac{1}{2\,b} + \frac{J}{2\,\varepsilon\,M}\left(\frac{a}{b} + \Delta k_{eff}\right) \pm \left\{ \left[\frac{J}{2\,\varepsilon\,M}\left(\frac{a}{b} + \right.\right.\right. \\ \left.\left.\left. + \Delta k_{eff}\right) - \frac{1}{2\,b}\right]^2 + \frac{\Delta k_{eff}}{2\,b\,\varepsilon\,M}\,J \right\}^{1/2} \end{aligned}} \tag{38.19}$$

Wir unterscheiden nun drei Fälle:

1. $a/b + \Delta k_{eff} > 0$ (Graphitreaktoren, $a/b \approx 0{,}028$ für nat. Uran). Der Neutronenfluß $\bar{\varphi}$ steigt zuerst mit der Wurzel der Leistungsfähigkeit der Kühlanlage, erreicht aber dann bei weiterer Steigerung von J den Sättigungswert

$$\varphi_{max} = \frac{\Delta k_{eff}}{a + b\,\Delta k_{eff}} \tag{38.20}$$

Wir kommen also zu dem wichtigen Ergebnis, daß der *Neutronenfluß in Graphitreaktoren nicht beliebig gesteigert werden kann** (vgl. Abb. 72). Eine noch

---

* Es gilt etwa: Gaskühlung $F = 2.10^{13}$, H_2O-Kühlung $F = 10^{14}$, Na-Kühlung $F = 2.10^{13}$ (natürliches Uran als Brennstoff). Mit angereichertem Uran und Hochleistungskühlung $F = 10^{15}$ erreichbar, in schnellen Reaktoren bis 10^{16}.

stärkere Kühlung vermag nur die Temperatur im Reaktor zu senken, ohne jedoch den Neutronenfluß zu erhöhen.

2. $a/b + \Delta k_{eff} = 0$. Der Neutronenfluß steigt für größeres J proportional der Wurzel aus J an.

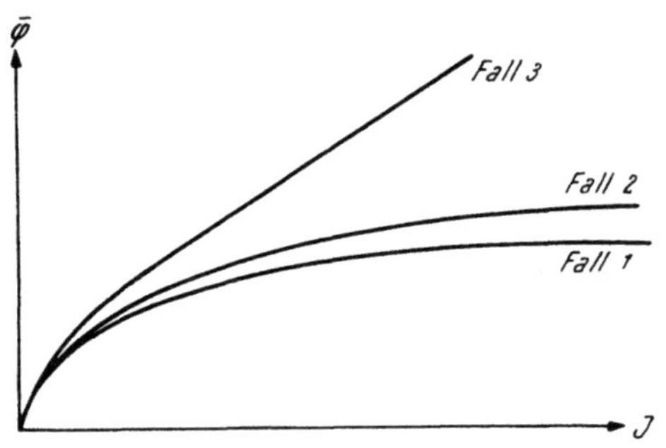

Abb. 72. Die Abhängigkeit des Neutronenflusses von der Leistungsfähigkeit der Kühlanlage

3. $a/b + \Delta k_{eff} < 0$ (großes Δk_{eff}: Reaktoren mit angereichertem Uran, Schwerwasserreaktoren). Der Neutronenfluß steigt für große J linear an.

Umgekehrt bestimmt der jeweilige Neutronenfluß die Reaktorleistung und die notwendige Kühlleistung. Tritt in der vom Verbraucher verlangten Leistung eine Änderung ein, dann ändert sich gemäß den in den §§ 32 und 33 besprochenen Gleichungen auch die Temperatur im Reaktor und damit der Neutronenfluß. Wünscht man die Aufrechterhaltung einer bestimmten Leistung, dann muß der Neutronenfluß durch Heben oder Senken der Kontrollstäbe verändert werden.

Um diese Steuerung von Hand oder automatisch durchführen zu können, ist die Kenntnis der folgenden Daten notwendig:

1. Neutronenfluß F,
2. Empfindlichkeit $\bar{\varrho}$ bzw. Reaktorperiode T
3. Reaktorleistung Q_{ges},
4. Temperaturen T_k (Brennstoffelemente, Kühlmittel),
5. Massenfluß $n \varrho v B$ des Kühlmittels,
6. Intensität der γ-Strahlung (Strahlungsüberwachung),
7. Stellung und Wirksamkeit der Kontrollstäbe.

Zur Messung, Anzeige und Registrierung dieser Daten sowie zur automatischen Kontrolle ist eine große Anzahl von Instrumenten und elektronischen Apparaten erforderlich, die wir jedoch hier nicht besprechen können. Alle diese Instrumente, die zu einem Kontrolltisch zusammengefaßt werden, sind in der Spezialliteratur[132] ausführlich beschrieben; wir beschränken uns daher auf einige Bemerkungen.

Die Messung des Neutronenflusses

erfolgt mit einem der in Tab. 84 angegebenen Geräte, vorwiegend mit Ionisationskammern, deren Strom verstärkt wird. Manche dieser Verstärker arbeiten so, daß der Röhrenstrom proportional dem Logarithmus des Kammerstromes ist; dies gibt die Möglichkeit, sogenannte *ln φ-Messer* zu konstruieren, die den Logarithmus des Neutronenflusses anzeigen. Solche Anzeigegeräte sind deshalb sehr zweckmäßig, weil der Neutronenfluß in großen Reaktoren sich im Verhältnis $1 : 10^{14}$ ändern kann. Sehr oft werden auch Zählwerke verwendet, die nicht integrierend die Summe aller bis zu einem bestimmten Zeitpunkt erfolgten Impulse angeben, sondern die Anzahl der Zählimpulse pro sec anzeigen (*Ratenzählwerke*).

Die Messung des Neutronenflusses erfolgt in den einzelnen Bereichen durch verschiedene Geräte:

10 bis 10^2: Fluß von Neutronenquellen, Messung durch Indikatoren.

10^2 bis 10^5: Anlassen des unterkritischen Reaktors, Messung mit Proportionalitätszähler und logarithmischem Verstärker und Zählwerk.

10^4 bis 10^7: Schwache Leistung, Reaktor wird kritisch, Spaltungskammer mit logarithmischem Verstärker und Ratenzählwerk.

10^6 bis 10^{11}: Mittlere Leistung, kompensierte Ionisationskammer mit logarithmischem Verstärker und Ratenzählwerk.

10^8 bis 10^{15}: Volle Leistung, Ionisationskammer mit Galvanometer; Neutron-Thermoelement.

Die logarithmischen Verstärker können auch einerseits an *Impulskammern* und andererseits an logarithmische Zählwerke (1 bis 10^4 Zählungen pro sec) angeschlossen werden. Da im Bereich unter 10^4 die Wirksamkeit der Zähler nur einige Prozent beträgt, werden die Zählungen durch statistische Schwankungen und durch den Hintergrund so unsicher, daß man in diesem Bereich die Bewegung der Kontrollstäbe nicht automatisch durch die Zählgeräte steuern kann. Auch langsames stetiges Herausziehen der Kontrollstäbe ist gefährlich; besser ist es, zum Anlassen eine starke Neutronenquelle einzusetzen und die Kontrollstäbe durch Handbetrieb ruckweise um vorher festgelegte Strecken herauszuziehen, bis man in den Bereich schwacher Leistung kommt. So wird z. B. der Fluß des MTR-Reaktors durch 0,5 sec dauerndes Herausziehen und 4,5 sec langes Wiedereinsenken der Kontrollstäbe langsam auf den kritischen Wert aufgeschaukelt. Es sollte allgemein Vorschrift sein, die Kontrollstäbe erst dann zu bewegen, wenn ein Neutronenfluß von 10^4, herrührend von der Verstärkung der eingeführten Neutronenquelle (bzw. von Spontanspaltungen), erreicht ist, so daß das Zählwerk der Spaltungskammer anspricht.

Die Messung der Reaktorperiode und der Empfindlichkeit
kann ab einem Fluß von etwa 10^6 erfolgen; gemäß (24.62) wird $\partial \ln n / \partial t = 1/T$ mit Hilfe von Ionisationskammern gemessen, deren Strom durch spezielle Verstärker so transformiert wird, daß er schließlich auf einem Galvanometer direkt die Reaktorperiode, oder, wenn eine der Formeln des § 24, die die Empfindlichkeit mit der Periode verknüpfen, „elektronisch eingebaut" wurde, die Empfindlichkeit anzeigt. In n erhält man aus dem logarithmischen Verstärker, so daß man bloß einen *differenzierenden Stromkreis* einzuschalten hat, um $1/T$ messen zu können (vgl. die Spezialliteratur[132]). Auch die materialabhängige Reaktorkonstante kann laufend bestimmt werden (ERTAUD, BEAUGÉ[132]).

Die Reaktorleistung
ist proportional dem Neutronenfluß und kann daher durch ein Mikroampèremeter, das an eine Ionisationskammer angeschlossen ist, leicht bestimmt werden. Wenn z. B. die ganze Skala des Galvanometers 10^{-4} A entspricht (die Ionisationskammern liefern Ströme von 10^{-10} bis 10^{-4} A), dann kann man durch einen Shunt eine solche Genauigkeit erreichen, daß 10% Ablesegenauigkeit am Galvanometer einer Genauigkeit von $1^0/_{00}$ in der Bestimmung der Reaktorleistung entsprechen. Mit speziellen Elektrometern oder mit Sonderverstärkern kann man Ströme bis zu 10^{-17} A messen. Auch Neutron-Thermoelemente oder die Messung der im Kühlwasser induzierten N16-Aktivität ($8{,}6$ MeV, $\tau = 7$ sec) werden zur Bestimmung der Reaktorleistung verwendet. Die Eichung dieser Geräte erfolgt durch Messung der Kühlmitteltemperaturen T_4 und T_5 sowie von $n \varrho v B c_p$, vgl. (38.8). Ferner kann man die Eichung oder die Messung der Reaktorleistung auch durch eine automatisch arbeitende Brückenschaltung vornehmen: in einer WHEATSTONEschen Brücke muß ein Widerstand der Temperatursteigerung $T_5 - T_4$ proportional sein und ein zweiter dem Wärmefluß $n \varrho v B c_p$, was durch spezielle Schaltungen erreicht werden kann. Für eine automatische Steuerung ist diese Methode nicht geeignet, da sie zu langsam arbeitet. Bei allen Reaktormessungen

wirken die langen Zuleitungen, die naturgemäß eine große Kapazität haben,
sehr störend. Durch spezielle Schaltungen oder durch Verstärker in der Nähe
des Meßgerätes kann dieser Nachteil behoben werden.

Temperaturen und Massenfluß
werden mit üblichen Methoden bestimmt (Widerstandsthermometer, Thermo-
elemente, Rotameter usw.).

Die Strahlungsüberwachung
vor und hinter dem Schutzschild sowie in allen Räumen des Reaktorgebäudes
und die Strahlungsüberwachung des Kühlmittels erfolgt mit Hilfe der in § 35
beschriebenen Geräte. Ihre Impulse werden von Zählwerken und *Kurvenschreibern*
(*Recordern*) angezeigt; bei Erreichung gewisser Schwellwerte (z. B. Toleranzdosis) lösen sie über Relais Warnvorrichtungen aus (Lichtsignale, Alarmglocken).

Die Stellung der Kontrollstäbe
und das Funktionieren der diversen Einrichtungen wird mit üblichen
Methoden überprüft (*synchrone Servomotoren, Synchrogeneratoren,* mechanische
und elektronische Anzeigegeräte, Relais usw.).

Die in einem Reaktor enthaltenen Meßgeräte und die auf einem Kontrolltisch befindlichen Anzeigeinstrumente sind daher zahlreich und von ganz verschiedener Art, eine Übersicht findet man in Tab. 98.

Tabelle 98. *Meßgeräte und Anzeigeinstrumente*

Meßgröße	Messung	Anzeige
1. Neutronenfluß (thermische Neutronen)	Zähler, Ionisationskammern, Spaltungskammern	Zählwerke, Ratenzählwerk, Galvanometer
2. Periode	Ionisationskammer	logar. Ratenzählwerk mit Differentiation
3. Leistung	Ionisationskammer, Neutron-Thermoelement, Brückenschaltung, thermodynamisch durch die Kühlung.	Mikroamperemeter, Galvanometer
4. Temperaturen von Brennstoff, Bremsmittel, Reflektor, Kühlmittel, Schutzschild, Stahlkonstruktion	Widerstandsthermometer, Thermoelement	Galvanometer
5. Kühlmittelkreislauf	Flußmesser, Rotameter	Anzeigegerät
6. Strahlungsüberwachung, schnelle Neutronen	vgl. Tab. 84	Zählwerke, Ratenzählwerk, Galvanometer
7. Kontrollstabstellung	Zahnstange u. Zahnrad, Servomotor	Synchronmotor mit Positionsanzeigegerät
8. Kontrollen	Geräte, Servoeinrichtungen	Lampen, Alarmglocken
9. Höhe des Schwerwasserspiegels, des Kühlmittelvorrates	Wasserstandsglas, Schwimmer, elektr. Kontakt mit der Oberfläche	Fernablesung, Galvanometer

Viele dieser Geräte sind doppelt vorhanden. Fast alle Meßdaten, insbesondere
aber Leistung, Periode und Fluß werden durch Kurvenschreiber registriert,

damit Unterlagen über die Vorgänge im Reaktor, über Leistungsbedarf, Bedienungsfehler und Zwischenfälle zu Verfügung stehen.

Die einzelnen Geräte müssen nun so zusammenwirken, daß Reaktorleistung und Fluß auf einen vorbestimmten Wert stabilisiert werden, und daß stufenweise automatische Anzeigen und Rückschaltungen erfolgen (allenfalls komplette Abschaltung), sobald einer der im folgenden erwähnten Umstände eintritt:

1. Ausfall der Stromversorgung der Antriebs-, Meß- und Kontrolleinrichtungen oder Ausfall der Meßgeräte (Punkte 1—9 aus Tab. 98).

2. Steigen der Reaktorleistung oder des Neutronenflusses über das normale Maß (vgl. Tab. 99).

3. Steigen von k_{eff} oder der Empfindlichkeit (Verkleinerung der Periode, vgl. Tab. 99).

4. Abnormale Temperatursteigerungen (vgl. Tab. 99).

5. Ansteigen der Radioaktivität des Kühlmittels über das normale Maß, Ansteigen der Strahlung über das normale Maß bei Höchstlast.

6. Undichtwerden des Schwerwassertanks oder des Kühlkreislaufes.

Die Berücksichtigung dieser sechs Gefahrenquellen stellt ein Optimum dar; werden weniger als diese berücksichtigt, dann kann es leicht zu einem Unfall kommen — berücksichtigt man mehr, so tritt die automatische Sicherheitskontrolle so oft in Aktion, daß ein nutzbringender Dauerbetrieb des Reaktors in Frage gestellt ist. Gute Erfahrungswerte sind etwa: 3 mal Einsenken des Sicherheitsstabes wegen Bedienungsfehler, 7 mal wegen Ausfall der Stromversorgung, 15 mal wegen Versagen der Instrumente, 26 mal wegen diverser mechanischer Schäden und 33 mal bei Experimenten während einer Betriebsdauer von drei Jahren (MTR-Reaktor).

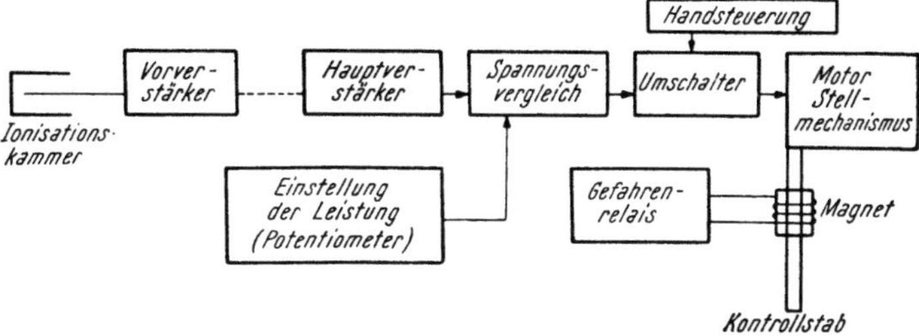

Abb. 73. Die automatische Steuerung der Reaktorleistung

Die automatische Stabilisierung eines vorher eingestellten Neutronenflusses erfolgt so, daß der vom Neutronendetektor kommende Spannungsimpuls mit der an einem Potentiometer eingestellten Spannung verglichen wird (vgl. Abb. 73).

Die Differenzspannung betätigt dann den Motor, der die Kontrollstäbe hebt oder senkt.

Die Gefahrensicherung ist stets mehrfach:

1. *Sperr-Relais*: Diese verhindern z. B. die Betätigung der Kontrollstäbe (von Hand aus oder automatisch), wenn der Kühlkreislauf abgeschaltet ist oder bevor ein Ratenzählwerk eine Anzeige hat; oder die Sicherheitsstäbe können nur dann bewegt werden, wenn die Regulier- und Abstellstäbe ganz eingesenkt sind usw.

2. *Alarmsignale*: Optisch oder akustisch, die von einem der oben erwähnten Umstände (1 bis 6) ausgelöst werden.

3. *Gefahrenrelais*: Bei weiterer Zunahme der Gefahr wird automatisch die Abwärtsbewegung der Kontrollstäbe (des Sicherheitsstabes) ausgelöst und zwar, je nach Größe der Gefahr, mit verschiedener Senkgeschwindigkeit (Regulier- und Abstellstäbe sollten mit mindestens zwei verschiedenen Geschwindigkeiten bewegt werden können).

4. *Katastrophenalarm*: Sirene, Aufforderung zur Evakuierung des Gebäudes, schaltet den Reaktor ganz ab, schaltet ein vom Netz unabhängiges Hilfsaggregat zum Betrieb der Kühlung ein. Tab. 99 gibt eine Übersicht über derartige *Sicherheitsmaßnahmen*.

Tabelle 99. *Sicherheitsmaßnahmen*
(großer Energiereaktor, beim Forschungsreaktor sind nur die letzten beiden Maßnahmen nötig).

Maßnahme bei	Störung des Neutronenflusses	Anstieg der Radioaktivität des Kühlmittels	Periodenänderung auf	Störung der Leistung	Kühldefekt (Menge od. Temperatur)	Ausfall der Stromversorgung
Langsame Einstellung einer kleineren Leistung durch Regulierstäbe	+ 10%	+ 20%	10 sec	+ 10%	(∓) 5%	
Rasches Senken der Regulierstäbe auf kleinere Leistung		+ 30%		+ 20%	(∓) 10%	Spannungsänderung
Senken der Abstellstäbe	+ 20%		5 sec			
Langsames Senken der Sicherheitsstäbe		+ 50%		+ 50%	(∓) 20%	Ausfall
Rasches Senken der Sicherheitsstäbe	+ 50%		1 sec			

Da die Sicherheitsmaßnahmen bei ganz verschiedenen Gefahrenquellen unabhängig voneinander einsetzen müssen, werden alle zur Auslösung solcher

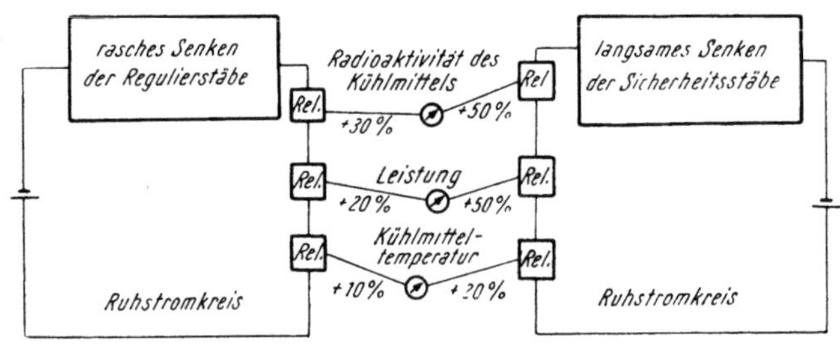

Abb. 74. Ruhstrom- und Relaissysteme

Signale oder Aktionen vorgesehenen Anzeigegeräte mit je einem Relais verbunden, dessen Kontakte normalerweise geschlossen sind. Diese Kontakte werden in Serie angeordnet und bei normalem Betrieb von einem Ruhstrom durchflossen. Jede Unterbrechung dieses Stromes durch Öffnen eines Relais infolge einer Störungsanzeige durch irgendein in diese *Sicherheitskette* eingeschlossenes Gerät bewirkt den Eintritt der durch *diesen* Ruhstrom suspendierten Sicherheitsmaßnahme. Jede Sicherheitsmaßnahme hat ihr eigenes Ruhstrom- und Relaissystem (vgl. Abb. 74).

Alle diese Geräte und Anzeigeinstrumente werden in einem *Kontrolltisch* vereinigt, der von einem bis drei Operateuren bedient wird (vgl. Abb. 75). Gute Kontrollvorrichtungen erreichen eine Genauigkeit von $\pm 1^0/_{00}$ (J. WEILL et al[132]). Diese ist praktisch unabhängig von der Art des Kontrollstabantriebes

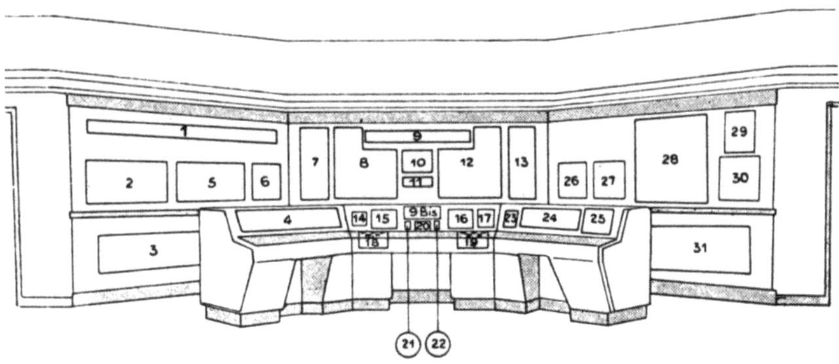

Abb. 75. Kontrolltisch

1 Anzeigegeräte (Strahlungsüberwachung), *2* Registrierung der Anzeigen der Strahlungsmeßgeräte, *3* Verstärker, *4* Schaltpult für die Verstärker der Strahlungsüberwachung, *5* Temperaturanzeiger (Uran, Schwerwasser, Graphit, Beton), *6* Anzeige der Temperatur des Katalysators des Rekombinationssystems und des Sauerstoff- und Deuteriumgehaltes, *7* Signalanlage der automatischen Abschaltvorrichtung, *8* Anzeige und Registrierung der Leistung, System 1, *9* Leuchtanzeige der Leistungsstufen, *9 Bis* Feinmessung der Leistung, *10* Anzeige der Leistung, System 4, *11* Anzeige der Temperatur eines Uranstabes, *12* Anzeige und Registrierung der Leistung, System 2, *13* Anzeige, ob der Reaktor im Betrieb steht, *14* Anzeige der Leistung, System 3, *15* Anzeige der Stellung der Kontrollplatte Nord, *16* Anzeige der Stellung der Kontrollplatte Süd, *17* Telephon und Gegensprechanlage, *18* und *19* Schaltpulte für die Leistungsmeßsysteme, *20* Auslösung des Sicherheitsstabes, *21* Schaltpult für die Meßgeräte der automatischen Abschaltvorrichtung, *22* Einschaltung der Feinmessung der Leistung, *23* Lautsprecher der Gegensprechanlage, *24* Schaltpult für die Schwerwasserpumpen, Servomotoren und für die thermodynamischen Messungen, *25* Kontrolle der Verstärkeranlagen, *26* Registrierung der Reaktorempfindlichkeit, *27* Registrierung der Höhe des Schwerwasserspiegels, *28* Diverse Anzeigegeräte für die thermodynamischen Messungen, *29* Signalanlage (Bestrahlungskanäle), *30* Registrierung der Leistungsfeinmessung, *31* Verstärker für die servomechanischen Einrichtungen (mechanisch, hydraulisch. elektromagnetisch — es sind bis zu 100 kW und mehr nötig —, mit Federkraft. durch Schwerkraft usw.).

Übungsbeispiele

38 a) Man leite aus (38.12), (38.13) Differentialgleichungen für $Q_{ges}(t)$ und $T(t)$ ab und untersuche, ob diese Funktionen Extremwerte besitzen.

38 b) In einer Tonne Uran werden durch Spontanspaltungen 0,2 μW frei. Man verifiziere diese Leistungsangabe.

38 c) Welche *Zählrate* (Zählungen/sec) kann man mit einer zylindrischen BF$_3$-Ionisationskammer (Radius 2,5 cm. Länge 30 cm, 90% Gehalt an B 10 Druck 12 cm Hg) bei einem Fluß von 10^3 Neutronen der Energie 3 eV pro cm^2 und sec erwarten ?

38 d) Ein Reaktor mit einem Fluß 10^{14} verfügt über $\Delta k_{eff} = 0,10$ zur Überwindung der Xenonvergiftung. Nach Ablauf welcher Zeit kann dieser Reaktor wieder eingeschaltet werden, wenn er vor dem Abschalten 70 Stunden in Betrieb war ?

38 e) Ein Reaktor wird durch langsames Herausziehen der Abstellstäbe ($2^0/_{00}$ Änderung von k_{eff} pro sec) beginnend bei einem Fluß von 10^3 gestartet. Bei einem Fluß von 10^{13} spricht die Sicherheitseinrichtung an. Bis zum vollständigen Einsenken der Sicherheitsstäbe dauert es $5 \cdot 10^{-2}$ sec; welchen Fluß erreicht der Reaktor wirklich ? ($\tau_{Sp} = 10^{-4}$ sec).

38 f) Man überlege sich den Zusammenhang zwischen der Geschwindigkeit $\dot{x}$ der Kontrollstabbewegung und der Änderung des Neutronenflusses

$$\dot{x} \to \frac{d k_{eff}}{dt} \to \frac{d T_p}{dt} \to \frac{d^2 \ln \varphi}{dt^2} \to \frac{d^2 \ln Q_{ges}}{dt^2}$$

$$x \to k_{eff} \to T_p \to \frac{d \ln \varphi}{dt} \to \frac{d \ln Q_{ges}}{dt}$$

(vgl. (29.46), (29.47) und $1/T_p = \partial \ln \varphi / \partial t$)

Man vergleiche: Während die Stellung des Gashebels die Leistung des Kraftwagens bestimmt und Stellungsänderungen Leistungsänderungen hervorrufen, ist dies beim Reaktor ganz anders: die *festgehaltene* Stellung der Kontrollstäbe bestimmt die Leistungs*änderung* und die Änderung der Stellung der Kontrollstäbe bestimmt die Geschwindigkeit der Leistungsänderung. Ein gründliches Durchdenken dieser Verhältnisse wird das Verständnis der besonderen Probleme bei der Reaktorsteuerung wesentlich erleichtern.

VIII. Beschreibung von Reaktoren
§ 39. Reaktortypen

Einteilungsmerkmale, Einteilung nach dem Zweck und nach dem Bremsmittel. die Eigennamen der Reaktoren, schnelle und intermediäre Reaktoren, thermische. homogene und heterogene Reaktoren, Größenverhältnisse der Reaktoren, Bewertung von Forschungsreaktoren, Planung und Berechnung eines Reaktors, spezifische Leistung, Verhältnis von Fluß und Leistung, thermische Belastung.

Eine Einteilung der Reaktoren nach Typen kann von ganz verschiedenen Standpunkten aus erfolgen; als Einteilungsmerkmal kann Bauweise, Kühlmittel. Zweck des Reaktors und noch vieles andere angesehen werden. Eine international einheitliche Einteilung hat sich bisher noch nicht durchgesetzt; wir schließen uns daher im wesentlichen dem *Reaktorkatalog* an[133] und teilen die Reaktoren nach der Bauweise in zwei große Gruppen ein, in homogene und heterogene Reaktoren. Die Unterteilung wird nach dem verwendeten Bremsmittel, der Art des Brennstoffes oder des Kühlmittels und dem Zweck des Reaktors vorgenommen (vgl. Tab. 100).

Tabelle 100. *Einteilungsmerkmale*

1. Bauweise: Heterogen, homogen, gleichmäßige und ungleichmäßige Verteilung des Brennstoffes (in beiden Fällen).

2. Brennstoff: Natürliches Uran, angereichertes U 235 (leicht, mittel, höchst angereichert), reiner Spaltstoff: U 235, Pu 239 und U 233 (auch rein oder verdünnt).

3. Bremsmittel und Reflektor: Graphit, Schwerwasser, Leichtwasser, Beryllium, Berylliumoxyd, organische Stoffe; gasförmige Bremsmittel nicht möglich, da Gase viel zu wenig Atome pro cm^3 enthalten.

4. Neutronenenergie: Thermisch, intermediär, schnell.

5. Kühlmittel: Schwerwasser, Leichtwasser, Luft, CO_2, N_2, He, flüssige Metalle.

6. Brennstoffkonsistenz: Fest, flüssig (Salzlösung, Legierung, Schlamm), Partikel in einem Gasstrom.

7. Äußere Ausführung und Form der Brennstoffelemente: Verschiedene Formen (Bassinreaktor, Tauchsiederreaktor, Wasserkocher usw.) Hüllenmaterial: Al, Zr, Al—Mg, Stahl, Mg, Y.

8. Zweck, Fluß und Leistung: 10^7 bis 10^{15}, 0,02 W bis 10^6 kW, Forschung, Kernbrennstoff- und Isotopenerzeugung, Medizin, Industrie, Energieerzeugung, Fahrzeugantrieb.

Aus den besprochenen Merkmalen lassen sich gegen 1000 Kombinationen bilden — nur einige 100 Typen sind realisierbar und nur etwa 20—40 verschiedene Typen wurden bisher gebaut oder ganz durchgerechnet. Nicht alle Kombinationen Brennstoff-Bremsmittel erreichen ein $k_\infty > 1$, nicht jedes Kühlmittel ist für einen bestimmten Reaktortyp geeignet — es kann auch nicht jeder Reaktortyp für jeden Zweck verwendet werden. In den meisten Fällen bestimmen schon allein Zweck, d. h. Neutronenfluß und Leistung, sowie die zur Verfügung stehenden finanziellen Mittel den Reaktortyp. Die am häufigsten gebauten Typen sind:

1. Thermischer heterogener Graphitreaktor mit natürlichem Uran und Luft- oder Wasserkühlung.

2. Thermischer heterogener Schwerwasserreaktor mit natürlichem Uran und Kühlung durch Luft, CO_2, N_2, H_2O, D_2O.

3. Thermischer heterogener Schwer- oder Leichtwasserreaktor mit angereichertem Uran und Wasserkühlung (H_2O oder D_2O).

4. Thermischer homogener Leichtwasserreaktor mit angereichertem Uran und Kühlung durch Wasser oder Brennstoffzirkulation.

5. Schneller Reaktor mit Plutonium oder U 235 mit Natrium oder Quecksilberkühlung.

Nach dem *Zweck* kann man deutlich vier Gruppen unterscheiden (in Klammer steht die betreffende Abkürzung):

1. *Forschungsreaktoren* (F), die der Forschung, Ausbildung, der medizinischen Therapie und zum Teil der Isotopenerzeugung dienen (vgl. §§ 45, 46): *großer Fluß,* kleine Leistung (kalt).

2. *Brütreaktoren* (B), die der Erzeugung von Kernbrennstoff (U 233, Pu 239) dienen (vgl. §§ 40, 46); für Reaktoren zur Isotopenerzeugung gilt gleichfalls die Forderung: *großer Fluß,* kleine Leistung (kalt).

3. *Energiereaktoren* (E), die der Energieerzeugung dienen (vgl. § 47): kleiner Fluß, *große Leistung* (heiß).

4. *Antriebsreaktoren* (A), die dem Schiffs- und Flugzeugantrieb dienen (vgl. § 48): kleiner Fluß, *große Leistung* (heiß).

Mehrzweckreaktoren sind so konstruiert, daß sie zwei der oben erwähnten Zwecken dienen, z. B. 2 + 3 oder 1 + 2. Findet ein Reaktor in der Industrie

Verwendung (z. B. Konservierung von Lebensmitteln oder in der Kunststoff-industrie), so kann man von *Industriereaktoren* sprechen.

Forschungsreaktoren[134] dienen als Neutronenquelle für vielfältige Untersuchungen auf dem Gebiet der Kernphysik, der Reaktorphysik, der Werkstoffforschung usw. Je nach den Arbeiten, die man durchführen will, ist ein bestimmter Neutronenfluß erforderlich (vgl. § 45). Bei Forschungsreaktoren strebt man bei gegebener (möglichst kleiner) thermischer Leistung einen möglichst großen Fluß an. Das kritische Volumen von Forschungsreaktoren soll daher klein sein, d. h. man muß angereicherten Brennstoff verwenden. Wenn man vom Fluß eines Forschungsreaktors spricht, so denkt man in erster Linie an den thermischen Fluß; der Reaktor vermag jedoch auch einen Fluß schneller Neutronen zu liefern ($> 0{,}1$ MeV), der in der Größenordnung von etwa 0,1 bis 1,1 des thermischen Flusses liegt. So haben z. B. Schwerwasserreaktoren hohe thermische und Leichtwasserreaktoren hohe schnelle Flüsse.

Man kann Forschungsreaktoren nach ihrem Fluß in drei Klassen einteilen:

1. Klasse. Fluß 10^{13} bis 10^{16}. Diese Reaktoren sind sehr teuer: 25 bis 100 Millionen ö. S für 10^{13}; bei Verzehnfachung des Flusses kann man roh mit einem zehnfachen Preis rechnen. Sie sind daher nur für reiche Länder und große Organisationen erschwinglich. Es sind spezielle Hochleistungskühlanlagen und besondere Sicherheitsmaßnahmen erforderlich. Nur für Werkstoffuntersuchungen, Korrosionsprobleme, Brennstoffelementprobleme usw. sind Flüsse von 10^{14} notwendig. Derart hohe Flüsse sind nur mit Schwerwasserreaktoren (natürliches oder leicht angereichertes Uran) oder mit höchstangereichertem Uran erreichbar. Graphitreaktoren dieser Klasse sind heiße Reaktoren (Energiereaktoren), die für eine ganze Reihe von Forschungsarbeiten ungeeignet sind. In Reaktoren dieser Klasse wird auch reichlich Plutonium erzeugt und die Vergiftung durch Xenon ist so groß, daß der Brennstoff alle paar Monate erneuert werden muß.

2. Klasse. Fluß 10^{11} bis 10^{13}. Mit Reaktoren dieser Klasse können fast alle Forschungsaufgaben in Angriff genommen werden (Preis: 5 bis 30.10^{6} ö. S). Die Plutoniumerzeugung ist bereits recht gering, die Kühlung macht keinerlei Schwierigkeiten. Diese Reaktoren sind meist *kalte Reaktoren*, Energieerzeugung und Brennstoffverbrauch sind gering (Erneuerung des Brennstoffes alle paar Jahre). Sie werden entweder als Graphitreaktoren oder als Leichtwasserreaktoren mit angereichertem Uran gebaut. Auch die Schwerwasserreaktoren geringerer Leistung (natürliches Uran) gehören zu dieser Klasse.

Die *dritte Klasse* umfaßt Reaktoren mit einem Fluß von 10^{5} bis 10^{11} (ein Zyklotron bringt es auf 10^{7}); es sind stets kalte Reaktoren, die keiner Kühlung bedürfen (freie Konvektion genügt) und der Brennstoff reicht auf gut 100 Jahre. Für Flüsse $< 10^{6}$ kann sogar auf das Strahlenschutzschild verzichtet werden (CP 1). Mit Reaktoren 3. Klasse (Preis unter 5.10^{6} ö. S) kann man nur wenige Forschungsprobleme in Angriff nehmen — sie dienen vor allem als Neutronenquelle für Laboruntersuchungen, insbesondere für Exponentialexperimente, für medizinisch-biologische Untersuchungen, für die Aktivierungsanalyse und für den Unterricht. Für spezielle Untersuchungen (Reaktorphysik, Umbau von Versuchsreaktoren) sind solche kleine Flüsse allerdings unbedingt erforderlich.

Einige ganz typische Forschungsreaktoren sind etwa*:

MTR, CP 5, P 2, JEEP, NRX. RPT, RRR, BEPO,

CLEMENTINE, (schneller Reaktor in Los Alamos, USA.)

---

* Es hat sich eingebürgert, den Reaktoren Namen zu geben und sie unter ihren Initialen zu zitieren (vgl. Tab. 102).

Diese Reaktoren werden in den folgenden Paragraphen besprochen. Alle Reaktoren, gleich welchen Typs, können bei ausreichendem Fluß (vgl. § 46) der *Isotopenerzeugung* dienen.

Brütreaktoren[135] sind fast durchwegs schnelle Reaktoren, da die Erzeugung neuen Kernbrennstoffes mit schnellen Neutronen eine bessere Ausbeute liefert (vgl. § 40). Abgesehen von Versuchsreaktoren und den ersten der Atombombenerzeugung dienenden Reaktoren, werden nun Brütreaktoren immer als Mehrzweckreaktoren gebaut und dienen gleichzeitig der Energieerzeugung.

Brütreaktoren sind z. B.:

Hanford Reactors: 3 Plutonium-Produktionsreaktoren (USA);

Windscale Reactor in Sellafield, England (Pu-Erzeugung);

SRE, Sodium Graphite Experiment, California USA (Vorstufe zum Natrium gekühlten Energie-Brütreaktor);

G 1, Marcoule, Frankreich, Pu-Erzeugung und Energiereaktor;
HRT, HTR, EBR 1, SGR

Energiereaktoren[136] sind notgedrungen immer heiße Reaktoren und können daher kaum für Forschungsarbeiten Verwendung finden. Bisher wurden in der ganzen Welt nur einige wenige Energiereaktoren gebaut:

EBR 1 Experimental Breeder Reactor (1. Energiereaktor, 1951, 200 kW elektrische Leistung).

HRE 1 Homogeneous Reactor Experiment No 1 (2. Energiereaktor, Februar 1953, 150 kW elektrische Leistung).

APS Atomic Power Station, USSR (3. Energiereaktor, Sommer 1954, 5000 kW elektrische Leistung).

BORAX III., USA, Tauchsiederreaktor, 1955, 2500 kW elektrische Leistung.
PIPPA Calder Hall, erster Energie-Großreaktor, England (Herbst 1956, zirka 39.000 kW elektrische Leistung).

BEPO Harwell, England, 1948, erster für Fernheizung verwendeter Reaktor.
G 1, Marcoule, Frankreich (gleichzeitig Pu-Erzeugung).
APPR, transportabler Energiereaktor, USA (1958 fertig).

Antriebsreaktoren[137] (für Schiffe und Flugzeuge) stellen ein großes Problem dar, weil das Strahlenschutzschild sehr schwer ist und daher nur große Schiffe und Riesenflugzeuge in der Lage sind, einen Reaktor zu tragen. Bisher sind nur zwei Antriebsreaktoren in Betrieb:

STR, Antrieb des Atom-U-Bootes Nautilus (thermischer Reaktor).

SIR, Antrieb des Atom-U-Bootes Sea Wolf (intermediärer Reaktor).

Geplant bzw. in Bau sind:

SAR, LSR, ARE. (Vorstufe zum Atomflugzeug).

Wir wollen nun die Reaktoren nicht nach dem Zweck, sondern nach Bauart und Bremsmittel einteilen; welchem Zweck der Reaktor dient und welche Geschwindigkeiten die spaltenden Neutronen besitzen, ergibt sich dann schon meist aus Bauart, Bremsmittel und dem Fluß. In Tab. 101 haben wir nach diesem Gesichtspunkt die Reaktortypen zusammengestellt.

Tabelle 101. *Reaktortypen*

Einteilung nach dem Bremsmittel:

I. Kein oder wenig Bremsmittel:

6 schnelle Reaktoren: CLEMENTINE, ZEPHYR, EBR, ZEUS ⎱ vgl. § 40
1 intermediärer Reaktor (wenig Bremsmittel): SIR ⎰

II. Mit Bremsmittel (thermische Reaktoren):

a) Homogene Reaktoren vgl. § 41 (etwa 10):
    1. Leichtwasser (etwa 14) HRE 1, LOPO, HYPO, SUPO, RRR, WBNS
       LWB, ZETR, ARR, ARF, LAPRE, UCLA;
    2. Schwerwasser (1) HRE 2;
    3. Graphit (1) LPRR;
    4. Beryllium SUSPOP homogen (Plan).

b) Heterogene Reaktoren (etwa 80):
    1. Leichtwasser (§ 42) (angereichertes Uran) STR, APPR, TTR, RPT, GRE,
       BSR, LITR, MTR, RFT, EBWR, PWR, RMF, BORAX;
    2. Schwerwasser (§ 43) (natürliches, leicht und hoch angereichertes Uran):
       CP 3, CP 3', CP 5, E 443, SRR, HWR, P 2, DIMPLE, ZEEP, ZOE, JEEP,
       NRX, SLEEP (bisher insgesamt etwa 20 gebaut);
    3. Graphit (§ 44) (natürliches Uran, angereichertes Uran): BGRR, X 10, CP 1,
       CP 2, SRE, LMFR, SGR, Windscale, Hanford, PIPPA, G 1, G 2, APS,
       (RPT), BEPO, GLEEP (insgesamt über 20 gebaut);
    4. Berylliumoxyd (§ 44) DPP, SUSPOP;
    5. Organische Substanz (§ 42) (Diphenyl) OMRE.

Einteilung nach dem Brennstoff:

1. Natürliches Uran (billig, leicht erhältlich, Eigenproduktion möglich, gut für Isotopenerzeugung; Graphit oder D_2O nötig, Fluß klein, Volumen groß, Reaktor wird heiß bei großem Fluß).

2. Angereichertes Uran (teuer, schwer erhältlich, hoher Fluß bei kaltem Reaktor).

3. Hochangereichertes Uran, Pu (sehr teuer, sehr schwer erhältlich; sehr großer Fluß, insbes. mit D_2O, kleines Volumen).

In Tab. 102 haben wir die Reaktoren ihrem Namen nach alphabetisch geordnet, da wir in Hinkunft die Reaktoren nur mehr unter ihren Initialen anführen werden.

Tabelle 102. *Namensverzeichnis der Reaktoren*

F = Forschungsreaktor   E = Energiereaktor   H = Homogenreaktor
B = Brütreaktor   A = Antriebsreaktor   J = Isotopenerzeugung
Gr = Graphit   0 = Kein Bremsmittel   I = Industriereaktor

Initialen	Name des Reaktors	Land	Zweck	Bremsmittel
ADAM	Swedish Power Reactor (1960)	Schweden	E	D_2O
AFNEF	Air Force Nuclear Engineering Test Facility	USA	F	H_2O
AFP	American Foreign Power (3 Reaktoren)	Südamer.	E	organ.
AGN-201	Aerojet General Nucleonics	USA	F	organ.
ALFA	s. CLEMENTINE			
ALPR	Argonne Low Power Reactor (Planung)	USA	F, E	?
AMFR	American Machine and Foundry Reactor (1956)	USA	F	H_2O
ANP	Aircraft Nuclear Propulsion	USA	A	?
APDAR	Atomic Power Development Associates Reactor (1958)	USA	E, B	0
APPR	Army Package Power Reactor (1958)	USA	E	H_2O
APS	Atomic Power Station (1954)	USSR	E	Gr

Initialen	Name des Reaktors	Land	Zweck	Bremsmittel
ARE	Aircraft Reactor Experiment (1954)	USA	F, A	?
ARF	Armour Research Foundation (1956)	USA	F, I	H_2O, H
ARGONAUT	Argonne National Laboratory Naught (Bassinreaktor)	USA	F	H_2O
ARR	Australian Research Reactor (10 MW, 1957)	Australien	F	Gr
ASTR	Aircraft Shield Test Reactor	USA	F, A	H_2O
A 1 W,	s. LSR			
BEPO	British Experimental Pile 0 (1948)	England	F, J	Gr
BETR, (BTR)	Belgian Engineering Test Reactor, Mol (Planung)	Belgien	F, E	H_2O
BGR	Bismuth Graphite Reaktor (Planung)	USA	E	Gr
BGRR, (BNL)	Brookhaven Graphite Research Reactor (1950)	USA	F, J	Gr
BMR, (BMI)	Batelle Memorial Institute Reactor (1956)	USA	F	H_2O
BNL Med.	Brookhaven National Laboratory Medical Reactor	USA	F (med)	H_2O
BORAX 1 (BER)	Boiling Water Reactor No. 1 (1953) (Siedewasserreaktor)	USA	F	H_2O
BORAX 2 (BER)	Boiling Water Reactor No. 2 (1954) (Boiling Experimental Reactor)	USA	F	H_2O
BORAX 3	Boiling Water Reactor No. 3	USA	F, E	H_2O
BR 1	s. RB 1			
BSF, (BSR)	Bulk Shielding Facility (Reactor) (1950)	USA	F	H_2O
CALDER A, B, 1	etc. s. PIPPA			
CCGCR	Closed Cycle Gas Cooled Reactor (Planung)	USA	A	H_2O
CDR	CO_2—D_2O-Reactor	USA	E	D_2O
CEA	Central Electric Authority (10 Reaktoren)	England	E	?
CER	Consolidated Edison Reactor (1959)	USA	E	H_2O
CGR	CO_2-Graphite Reactor	USA	E	Gr
CIR	Canada-India Reactor (NRX-Typ, Trombay 1957)	Indien	F	D_2O
CISER	CISE-Reaktor (vgl. S. 387) Mailand (1958)	Italien	F	D_2O
CLEMENTINE	Fast Reactor Los Alamos (1946)	USA	F	0
CLINTON	s. X 10			
CP 1	Chicago Pile No 1 (1942)	USA	F	Gr
CP 2	Chicago Pile No 2 (1943)	USA	F	Gr
CP 3	Chicago Pile No 3 (1944)	USA	F	D_2O
CP 3'	Chicago Pile No 3 modified (1950)	USA	F	D_2O
CP 5	Chicago Pile No 5 (1954)	USA	F	D_2O
CPPDC	Consumers Public Power, District of Columbia (1959)	USA	E	Gr
CR (GTR ?)	Convair Reactor, Forth Worth (1954)	USA	F, A	H_2O
CTR	Canel Test Reactor	USA	F, A	?
DIDO = E 443		England	F	D_2O
DIMPLE	Deuterium Moderated Pile Low Energy (1954)	England	F	D_2O
DOUNREAY	Dounreay Energiereaktor (1957) (Pu)	England	E	0
DPP	Daniels Power Pile (nicht gebaut)	USA	E	BeO
E 443 = DIDO	Higher Power Heavy Water Reactor (1956)	England	F	D_2O
EBR 1	Experimental Breeder Reactor No 1 (1950)	USA	F, E, B	0
EBR 2	Experimental Breeder Reactor No 2 (1958)	USA	E, B	0
EBWR	Experimental Boiling Water Reactor (1954/56)	USA	F, E	H_2O
EdF 1 und 2	Electricité de France (1959)	Frankr.	E	Gr
EL 3	Eau Lourde 3	Frankr.	F, J	D_2O

Initialen	Name des Reaktors	Land	Zweck	Brems-mittel
ETR	Engineering Test Reactor (1957)	USA	F	H_2O
EVE (EVA)	Swedish Power Reactor (1961)	Schweden	E	D_2O
FBR	Fast Breeder Reactor	USA	E	0
FIR	Food Irradiation Reactor (Planung)	USA	I	?
FR 1	Forschungsreaktor Nr. 1 (Planung)	Deutsch-land	F	D_2O
G 1	Graphite No 1 in Marcoule (1956)	Frankr.	E, B	Gr
G 2, G 3, G 4	Graphite No 2, 3, 4 in Marcoule (1957)	Frankr.	E, B	Gr
GCR	Gamma Corporation Reactor (1956)	USA	F	H_2O, H
GCRE	Gas Cooled Reactor Experiment	USA	F, E	Gr
GLEEP	Graphite Low Energy Experimental Pile (1947)	England	F	Gr
GRE (GCR)	Geneva Reactor Exhibit (Conference R.) (1955)	Schweiz	F	H_2O
GTR	Ground Test Reactor, Convair	USA	F, A	H_2O
HANFORD (305)	Mehrere Reaktoren (Pu-Erzeugung) (1944—55)	USA	B	Gr
HIFAR	High Flux Australian Reactor	Austral.	F	D_2O
HPRR	High Performance Research Reactor (Planung)	USA	F	H_2O
HRE 1	Homogeneous Reactor Experiment (1952)	USA	F, E	H_2O, H
HRE 2 (HRT)	Homogeneous Reactor Test (1956)	USA	E, B	D_2O, H
HTR = ISHR	Homogeneous Thorium Reactor (im Bau)	USA	E, B	D_2O, H
HWR	Heavy Water Research (1949)	USSR	F	D_2O
HYPO	High Power Homogeneous Reactor (1944)	USA	F	H_2O, H
ISHR = HTR	Intermediate Size Homogeneus Reactor	USA	E, B	D_2O, H
JEEP	Joint Establishment Experimental Pile (1951)	Nor-wegen	F	D_2O
KEWB	Kinetic Experiments on Water Boilers	USA	F	H_2O
LAMPRE	Los Alamos Molten Pu-Reactor Experiment (im Bau)	USA	F, E	?
LAPRE 1 und 2	Los Alamos Power Reactor Experiment	USA	F	H_2O, H
LEO	Low Enrichment Ordinary Water	England	F, E	H_2O
LIDO	?.. Schutzschilduntersuchungen (1956)	England	F	H_2O
LITR	Low Intensity Test Reactor (1950)	USA	F	H_2O
LMFR (E)	Liquid Metal Fuel Reactor (Experiment) (1956)	USA	E, B	Gr
LOPO	Low Power Homogeneous Reactor (1944)	USA	F	H_2O, H
LPRR	Low Power Research Reactor	USA	F	Gr, H
LPTR	Livermore Pool Type Reactor (1957) (Livermore Physical Test Reactor)	USA	F	H_2O
LSR (A 1 W)	Large Ship Reactor (Planung)	USA	A	H_2O
LWB	Livermore Water Boiler (1953)	USA	F	H_2O, H
MERLIN	Medium Energy Light Water Modera-ted Industrial Nuclear Reactor	England	F, I	H_2O
MITR	Massachussetts Institute of Technology Reactor (1958)	USA	F	D_2O
MTR	Materials Testing Reactor (1952)	USA	F	H_2O
NAA	North American Aviation (1 W)	USA	F	H_2O, H
NACA	National Advisory Committee for Aeronautics	USA	F, A	?
NBR	Norwegian Boiling Reactor, Halden (1958)	Nor-wegen	E	D_2O
NDA	Nuclear Development Association	USA	F	?
NERO	Natrium Exp. Reactor O	England	F, E	Gr
NPD	Nuclear Power Demonstration (20 MW el., 1958)	Canada	F, E	D_2O
NPG	Nuclear Power Group (1960)	USA	E	H_2O
NROE	Naval Reactor Organic Experiment	USA	A	organ.

Initialen	Name des Reaktors	Land	Zweck	Bremsmittel
NRL	Naval Research Laboratory Reactor (1956)	USA	F	H_2O
NRU	National Research Universal (1956)	Canada	F, B	D_2O
NRX	National Research Experimental Reactor (1947)	Canada	F, J	D_2O
NTR (NETR)	Nuclear Test Reactor	USA	F	H_2O
NYU	New York University (unterkritischer Ausbildungsreaktor)	USA	F	H_2O
OMRE	Organic Moderator Reactor Experiment (1956)	USA	F	Diphenyl
ORR	Oak Ridge Research Reactor (1957)	USA	F	H_2O
OWR	Omega West, 1 MW Bassinreaktor (MTR-Typ ?)	USA	F	H_2O
P 2	Pile 2 („Cyrano") (1952)	Frankr.	F, J	D_2O
P 34	s. SRR			
PAR	Pennsylvania Advanced Reactor (1962)	USA	E	H_2O, H
PCTR	Physical Constants Test Reactor	USA	F	Gr
PGE	Pacific Gas and Electric	USA	E	H_2O, H
PIPPA	Calder Hall A, Energiereaktor (1956)	England	E	Gr
PLUTO 1 = = RE 775	PLUTO 2 analog (Planung, 1957)	England	F	D_2O
PR 2	Power Reactor 2 (1956)	USSR	E	Gr
PRDC	Power Reactor Development Corporation	USA	E, B	?
PRTR	Plutonium Recycle Test Reactor	USA	F	H_2O, Gr
PSUR	Pennsylvania State University Reactor (1955)	USA	F	H_2O
PTR	Pool Test Reactor	Canada	F	H_2O
PWGR	Pressurized Water Graphite Reactor	USA	E	Gr
PWR	Pressurized Water Reactor (1957)	USA	E	H_2O
R 1 = SLEEP				
R 2	Research Reactor No 2	Schweden	F	D_2O
R 3a, 3b	Swedish Power Reactor (Planung)	Schweden	E	D_2O (25 t)
R 4	Reactor Nr. 4	Schweden	E, B	D_2O
RB 1	Belgischer Forschungsreaktor, auch BR 1 (MoL, 1956, 2,5 MW)	Belgien	F	Gr
RCPA	Rural Cooperative Power Assoziation	USA	E	H_2O
RE 775	s. PLUTO 1			
RERC	Radiation Effects Reactor Convair	USA	F	?
RERL	Radiation Effects Reactor Lockheed	USA	F	?
RFT	Experimental Nuclear Reactor (?)	USSR	F	H_2O
RMF	Reactivity Measurement Facility (1953)	USA	F	D_2O
RPT (PhTR)	Reactor for physical and technical investigations (1952)	USSR	F	H_2O, Gr
RRR	Raleigh Research Reactor (auch NCSR, 1953) (North Carolina State R.)	USA	F	H_2O, H
RWE	Rheinisch-Westfälische Elektrizitätsgesellschaft, Versuchskraftwerk	Deutschland	F, E	H_2O
S 1 C (=SRS)	Submarine 1 Combustion	USA	A	?
S 1 W (=STR)	Submarine 1 Westinghouse	USA	A (F)	H_2O
S 3 G (=SAR)	Submarine 3 General Electrics	USA	A	H_2O
SAR = S 3 G	Submarine Advanced Reactor (im Bau)	USA	A	H_2O
SDR	Sodium D_2O Reactor (Planung)	USA	E	D_2O
SEEN	Société Electronucléaire (1958)	Belgien	E	H_2O
SFR	Submarine Fleet Reactor (Planung)	USA	A	H_2O
SGR	Sodium Graphite Reactor (im Bau)	USA	E, B	Gr
SIR, A, B	Submarine Intermediate Reactor (2 Typen) 1955	USA	A	Be
SLEEP (R 1)	Swedish Low Energy Experimental Pile (1954)	Schweden	F	D_2O
SPERT 1, 2, 3	Special Power Excursion Reactor Test	USA	F, E	H_2O
SR 305	Savannah River Thermal Test Reactor	USA	F	H_2O
SRE	Sodium Graphite Experiment (1956)	USA	F, B	Gr

Initialen	Name des Reaktors	Land	Zweck	Bremsmittel
SRR (P 34)	Swiss Research Reactor (Project 34)	Schweiz	F	D_2O
	(oder Savannah River Reactor, S. 391)	USA	B	Gr
SRS (= S 1 C)	Submarine Reactor Small	USA	A	?
STR (S 1 W)	Submarine Thermal Reactor, 2 Typen (1952)	USA	A (F)	H_2O
SUPO	Super Power Homogeneous Reactor (1951)	USA	F	H_2O, H
SUSPOP	Suspension Oxyde Pile (Planung)	Holland	E	Be
TBR	Thermal Breeder Reactor, Oak Ridge	USA	E, B	D_2O ?
TIR	Tata Institute Reactor	Indien	F	H_2O
TRR	Thermal Research Reactor (?)	USSR	F	H_2O
TSF	Tower Shielding Facility (1954)	USA	F	H_2O
TTR	Thermal Test Reactor (1951)	USA	F	organ.
TTRL	Tower Test Reactor Lockheed	USA	F	?
UCLA	University of California, Los Alamos, Medical (1956)	USA	F, (med)	H_2O, H
UFR	University of Florida Reactor	USA	F	H_2O
UMR	University of Michigan Reactor (1956; Bassinreaktor)	USA	F	H_2O
WAR	Watertown Arsenal Reactor	USA	F	H_2O
WBNS (WBS)	Water Boiler Neutron Source (1952)	USA	F	H_2O, H
WSR	Washington State Reactor	USA	F	H_2O
WINDSCALE	2 Pu-Produktionsreaktoren (1950, 1951)	England	B	Gr
WTR	Westinghouse Test Reactor (1957)	USA	F	H_2O
X 10-ORNL	Oak Ridge National Laboratory (CLINTON) Pile, 1943)	USA	F, J	Gr
ZEEP	Zero Energy Experimental Pile (1945)	Canada	F	D_2O
ZEPHYR	Zero Energy Fast Reactor (1954)	England	F	0
ZETR	Zero Energy Thermal Reactor	England	F	H_2O
ZEUS	Zero Energy Uranium System (1955)	England	F	0
ZOE	Zero, Oxyde d'Uranium Eau Lourde (1948)	Frankr.	F, J	D_2O
YEAR	Yankee Atomic Electric Reactor (1958)	USA	E	H_2O
ZPR 3	Zero Power Reactor (EBR 2)	USA	F, E	0

Schnelle Reaktoren haben überhaupt kein Bremsmittel und dürfen keine leichten Elemente enthalten, da diese bremsend wirken würden. In diesen Reaktoren werden die Spaltungen durch Neutronen mit Energien größer als 0,1 MeV hervorgerufen. Dieser Reaktortyp wird in Zukunft immer größere Bedeutung erlangen, da er für die Erzeugung von Kernbrennstoff besonders geeignet ist (EBR). Dies rührt daher, daß die Absorptionsquerschnitte bei hohen Energien sehr klein sind, so daß die Neutronen besser ausgenützt werden als bei thermischen Energien. Auch die Vergiftung des Brennstoffes spielt daher kaum eine Rolle. Da das Bremsmittel wegfällt und reiner — allerdings teurer — Kernbrennstoff verwendet werden muß (in natürlichem oder schwach angereichertem Uran ist ja eine schnelle Kettenreaktion nicht möglich, vgl. § 11), sind schnelle Reaktoren klein und leicht (vgl. Tab. 103). Trotzdem sind — infolge der großen Geschwindigkeiten — die Neutronenverluste infolge Entweichens größer als bei thermischen Reaktoren.

Ähnliches gilt für *intermediäre Reaktoren,* die gerade soviel Bremsmittel enthalten, daß die spaltenden Neutronen intermediäre Energien (1 bis 10^3 eV und mehr) erreichen. Intermediäre Reaktoren sind ebenfalls kleiner als thermische und können mit Bremsmitteln betr.eben werden, die für thermische Reaktoren nicht geeignet sind. Auch kann man in intermediären Reaktoren das Kühlmittel, z. B. Natrium, zeitweise zur Bremsung heranziehen. Der SIR-Reaktor enthält

z. B. Beryllium als Bremsmittel, das viel höhere Temperaturen als z. B. Graphit verträgt. Intermediäre Reaktoren benötigen angereichertes Uran oder reinen Kernbrennstoff.

Homogene Reaktoren arbeiten entweder mit festem (LPPR) oder mit flüssigem Brennstoff (wässerige Salzlösung, Schlamm, flüssiger metallischer Brennstoff). Die Verwendung von flüssigem oder gasförmigem Brennstoff hat den Vorteil, daß man den Brennstoff kontinuierlich von den Spaltprodukten befreien kann, indem man ihn durch eine chemische Trennanlage pumpt; der Brennstoff kann außerdem gleichzeitig als Wärmeträger dienen. Diese Vorteile sind so groß, daß man nun auch heterogene Reaktoren mit flüssigem oder „verflüssigtem" Brennstoff baut (LMFR, SUSPOP).

Das Kennzeichen des Homogenreaktors ist die homogene Mischung von Brennstoff und Bremsmittel; die Unterscheidung homogener — heterogener Reaktor ist daher nur bei thermischen und intermediären Reaktoren sinnvoll. Die homogene Mischung hat zwei große Vorteile: es müssen keine Brennstoffelemente konstruiert werden und die ganze Konstruktion des Reaktors ist einfacher und billiger. Auch braucht man weniger Kernbrennstoff (insgesamt zirka 1 kg) als z. B. bei heterogenen Leichtwasserreaktoren mit angereichertem Uran (Bassinreaktoren) (2—4 kg); dies kommt daher, daß beim heterogenen Bassinreaktor das U 235 als Al-Legierung in Al-Hülle verwendet werden muß, so daß der Brennstoff viel schlechter ausgenützt wird. Nachteilig beim Homogenreaktor ist die Notwendigkeit, entweder für den Reaktor nur eine geringe Leistung vorzusehen (damit Verbrauch und Vergiftung klein sind) oder einen flüssigen Brennstoff zu verwenden, der ohne Zerlegen des ganzen Reaktors ausgetauscht werden kann. Flüssige Brennstoffe, insbesondere wässerige Uransalzlösungen, sind jedoch sehr korrosiv. Nachteilig ist auch die Möglichkeit des chemisch bedingten Niederschlages des Brennstoffes aus der Lösung (vgl. Tab. 45) und die starke Erzeugung von H_2 und O_2 als Folge der Strahlungseinwirkung. Dieser Effekt begrenzt unabhängig von der Kühlung die Leistung der Homogenreaktoren mit wässeriger Brennstofflösung auf etwa 50 kW (maximal 40 kW/lit.) oder einen Fluß von etwa 10^{12}. Die obere Leistungsgrenze von homogenen Reaktoren mit flüssigem Brennstoff ist dadurch bestimmt, daß die Umpumpgeschwindigkeit der Brennstofflösung so klein bleiben muß, daß die Kreislaufzeit größer als etwa 3 sec bleibt. Ist die Kreislaufzeit kleiner, dann tragen die verzögerten Neutronen zur Steuerung nichts mehr bei und eine kleine Temperaturerniedrigung kann zu katastrophalen Leistungssteigerungen führen. Allerdings sind in den USA Versuche im Gange, homogene Energiereaktoren mit zirkulierendem Brennstoff mit 1 MW Leistung zu bauen (LAPRE).

Ein besonderer Typ von Homogenreaktoren (Uranylsulfat oder -Nitrat in wässeriger Lösung (H_2O oder D_2O) ist unter dem Namen *Wasserkocher (Kocherreaktor, Water Boiler)* bekannt geworden* (SUPO, HRE, RRR). Er ist infolge seines großen negativen Temperaturkoeffizienten, der eine Selbststeuerung erlaubt, beachtenswert.

Heterogene Reaktoren besitzen die Vorteile, daß man die Brennstoffelemente als ganzes auswechseln kann und daß große Leistungen und Flüsse erreicht werden können; allerdings muß — im Gegensatz zum Homogenreaktor — der Reaktor beim Auswechseln des Brennstoffes stillgelegt werden.

Leichtwasserreaktoren müssen stets mit angereichertem Uran arbeiten, da andernfalls $k_\infty > 1$ nicht erreicht wird. Sie besitzen den großen Vorteil, daß das Bremsmittel nichts kostet und gleichzeitig als Kühlmittel (und Reflektor) dienen

---

* Dieser Name ist irreführend, da die Temperatur der Lösung bei den bisher fertiggestellten Typen nicht über 80° C steigt.

kann; außerdem ist ihr Volumen klein. Nachteilig sind die hohen Kosten der Brennstoffelemente, die natürlich korrosionsfest sein müssen. Infolge der Absorption durch das H_2O wird der thermische Fluß verdünnt, der schnelle Fluß ist hingegen groß. Zwei Typen von Leichtwasserreaktoren haben in letzter Zeit die Aufmerksamkeit auf sich gezogen, der Bassinreaktor und der Tauchsiederreaktor.

Der *Bassinreaktor* (*Aquariumreaktor, swimming pool*) besteht aus einem großen, mit H_2O gefülltem Bassin, in das die Brennstoffelemente (U-Al-Legierung unter Al-Hülle) hineingehängt werden. Ist anstelle eines Bassins ein Tank mit umgebendem Schutzschild vorgesehen, dann spricht man auch von einem *Tankreaktor*. Der Bassinreaktor hat viele große Vorteile, die wir in § 42 besprechen werden; da es möglich ist, in das Reaktorinnere hineinzusehen, wird er oft als Forschungsreaktor verwendet (MTR, LITR, GRE). Bis zu einem Fluß von 10^{12} ist keine Kühlung nötig (vgl. Übungsbeispiel 33 d).

Der *Tauchsiederreaktor* (*Siedewasser-Reaktor, Boiling Water Reactor* — nicht zu verwechseln mit dem Water Boiler!) ist ähnlich gebaut, ist aber nicht wie der Bassinreaktor ein kalter, sondern ein heißer Reaktor: es wird im Reaktor selbst Wasserdampf erzeugt (EBWR, BORAX). Von großem Vorteil ist auch hier die mit der Verwendung von Wasser als Bremsmittel verbundene Selbststeuerung (vgl. § 42).

Tabelle 103. *Größenverhältnisse von Reaktoren*

Art des Reaktors	Größe ohne Schild und Reflektor		Brennstoff	Bremsmittel
	relativ	absolut [m]		
Graphitreaktor mit natürlichem Uran*	25	7,5	30—130 t	280—1200 t
Schwerwasserreaktor mit natürlichem Uran	10	3,0	1,8—10 t	4—25 t
Graphitreaktor mit angereichertem Uran	8	2,4	0,5—30 t	einige t
Leichtwasserreaktor mit angereichertem Uran .	5	1,5	0,6—48 kg U 235	10—10⁴ l
Leichtwasserreaktor mit höchstangereichertem Uran	1,5	0,45	0,6—3,5 kg U 235	10—10⁴ l
Schwerwasserreaktor mit höchstangereichertem Uran	1,2	0,36	0,6—4,5 kg U 235	2—7 t
Intermediärer Reaktor..	1,1	0,33	30 kg U 235	keines
Schneller Reaktor	1	0,30	50 kg U 235	keines

* Gesamtgewicht mit Schild und Reflektor: 20 000 t.

Schwerwasserreaktoren müssen gegen Bremsmittelverluste absolut dicht sein und sind teuer*, doch können mit ihnen große thermische Flüsse erreicht werden; bei gleicher Leistung erreicht man einen zehn- bis zwanzigmal so großen Fluß wie in einem Graphitreaktor. Der mit D_2O gebremste Reaktor braucht auch weniger Brennstoff als ein Graphitreaktor. Wird angereichertes Uran verwendet, dann erhält man bei gleicher Leistung einen noch höheren Fluß (CP 3′). Höchstangereichertes Uran ist mit H_2O (MTR) und D_2O (CP 5) verwendet worden, doch ist dies im allgemeinen eine Verschwendung und nur für Höchstleistungsforschungsreaktoren und Brütreaktoren angezeigt.

---

* Durch Verwendung von *Doppelgittern* („Gitter im Gitter", vgl. WINTERBERG[81]) tritt allerdings eine erhebliche Einsparung an D_2O und damit eine Verbilligung ein.

Graphitreaktoren sind billig, aber immer sehr groß, da k_∞ aller Graphit-Brennstoffanordnungen nur wenig über Eins liegt. Setzt man die Hauptabmessung (Würfelkantenlänge, Kugelradius) eines schnellen Reaktors gleich Eins (z. B. 30 cm), dann gelten die Größenverhältnisse der Tab. 103.

Mit Graphitreaktoren kann man keinen hohen Fluß erreichen; infolge ihrer Ausmaße sind sie aber für die Isotopen-Großproduktion gut geeignet. Heute, wo der Preis des Schwerwassers gesunken ist und angereichertes Uran und reiner Kernbrennstoff zur Verfügung steht, ist ihre Verwendung als Forschungsreaktoren infolge ihres Preises und der Umständlichkeit in der Handhabung, kaum mehr interessant — sie werden aber für die Energie- und Isotopenerzeugung noch lange ihren Platz behalten.

Gibt man den verschiedenen Typen von Forschungsreaktoren je nach ihrer Brauchbarkeit für die Bearbeitung verschiedener Probleme Noten von 1 bis 3, so schneidet der Graphitreaktor noch ganz gut ab (vgl. Tab. 104).

Tabelle 104. *Bewertung von Forschungsreaktoren*

Gegenstand	Graphit (BGRR)	Bassin (BSF)	Wasser-kocher	CP 5 (D_2O)	MTR (H_2O)	Schneller Reaktor
Fluß	2	2	2	1	1	1
Großer Raum	1	1	3	2	2	3
Hohe Leistung	3	2	3	1	1	1
Neutronenexperimente	2	1	2	1	1	1
Isotopenerzeugung	1	2	2	2	2	3
Strahlenschutzexperimente	2	1	3	3	3	3
Werkstoffuntersuchungen	3	2	3	1	1	1
Biologische Untersuchungen, medizinische Behandlungen	3	1	3	2	2	2
Bestrahlung großer Stücke	2	1	3	3	3	3
Sterilisierung von Lebensmitteln und Drogen	2	1	1	1	1	3
Neutronenausnützung	3	3	3	2	3	1
Handhabung	3	1	1	3	2	3
Sicherheit	2	1	1	2	2	3
Kosten	2	1	1	3	3	2
Schwierigkeiten	1	1	3	1	2	3
Vergiftungsempfindlichkeit	2	2	2	3	3	1
Lehrzwecke	2	1	3	3	2	3
Fluß F	$4 \cdot 10^{12}$	$5 \cdot 10^{11}$	10^{12}	$3 \cdot 10^{13}$	$4 \cdot 10^{14}$	10^{13}
Leistung Q [kW]	$3 \cdot 10^4$	100	50	10^3	$3 \cdot 10^4$	25
F/Q	$1{,}3 \cdot 10^8$	$5 \cdot 10^9$	$2 \cdot 10^{10}$	$3 \cdot 10^{10}$	$1{,}3 \cdot 10^{10}$	$4 \cdot 10^{11}$
Spezifische Leistung [$W \cdot g^{-1}$]	70	37	50	10^3	$7 \cdot 10^3$	50

Schließlich wurden auch *Beryllium* und *Diphenyl* als Bremsmittel verwendet (SIR, OMRE). Berylium hat etwa die gleichen kernphysikalischen Eigenschaften wie Graphit, ist aber viel teurer; organische Stoffe sind nicht genügend strahlungsfest.

Planung und Berechnung eines Reaktors können beispielsweise nach folgendem Schema vor sich gehen:

1. Feststellung des Zweckes und der zur Verfügung stehenden finanziellen Mittel, Wahl von Leistung bzw. Fluß;

2. Wahl des Brennstoffes und des Bremsmittels, vorläufige Wahl des Kühlmittels, Abschätzung der benötigten Mengen, vgl. (39.1);

3. Entscheidung über Typ und Bauweise;

4. Wahl der Reaktorform, des Gitters, der Brennstoffelemente (der Brennstofflösung), erste Berechnung des kritischen Volumens unter Variierung der Abmessungen der Brennstoffelemente usw.;

5. Berechnung der Temperaturen und des gesamten Kühlsystems; Brennstofftemperatur und Wahl der Schutzhülle, Wahl des Kühlmittels;

6. Korrektur des kritischen Volumens, vgl. (33.22). Festlegung von Form, Art, Herstellung der Brennstoffelemente, endgültige Festlegung der inneren Geometrie und der Anordnung der Kühlrohre;

7. Messungen des kritischen Volumens (Modellreaktor); Aufbau eines Modellreaktors mit Leistung Null, Bestimmung des Temperaturkoeffizienten des Gitters, Versuche mit verschiedenen Reflektoren, Variierung des Gitters, Abgleichung von Theorie und Experiment, Überprüfung von Kontrollstäben, Bestimmung der Empfindlichkeitsänderungen durch Beimischungen (bis 1 $ pro Mol möglich!);

8. Berechnung des Schutzschildes, Entwurf des Strahlungsüberwachungssystems;

9. Berechnung des Kontrollsystems und Skizzierung des Kontrolltisches, der Sicherheits- und Anzeigegeräte usw.;

10. Entwurf des Labors, der Kraftstation, der Brennstoffwiedergewinnungsanlage;

11. Abgleichung aller bisherigen Ergebnisse, Anfertigung von Konstruktionszeichnungen, statische und elektrotechnische Berechnungen, Lage, Grundstückwahl, Gebäude, Transportmöglichkeiten, Organisation der Verwaltung usw.

Jedenfalls sollte man nicht übersehen, daß bei einem Atomreaktor die einzelnen Bauelemente, Brennstoff und Bremsmittel, Kühlsystem, Struktur usw. viel mehr untereinander zusammenhängen als etwa bei einem Kraftwerk üblicher Bauart.

Übungsbeispiele

39 a) Man vergleiche die gelegentlich in der Literatur diskutierten theoretischen *spezifischen Leistungen* (pro Tonne Uran):

Natürliches Uran + D_2O	(ca. 300 W/cm²) 3 000 kW/t
1,2% angereichertes Uran + H_2O	24 000 kW/t
Hochangereichertes Uran + H_2O	max. 7 500 000 kW/t
Leicht angereichertes Uran + H_2O	2 000 000 kW/t
Schneller Reaktor............................	50 000 kW/t
Schneller Brütreaktor	1 500 000 kW/t
Intermediärer Reaktor	2 000 000 kW/t

mit den Angaben der Paragraphen 39—44. (Nach dem derzeitigen Stand der Reaktortechnik ist die spezifische Leistung thermischer Reaktoren höher als die schneller Reaktoren.)

39 b) Man berechne für mehrere Reaktoren die *thermische Belastung* kcal/m³ h, bezogen auf das Reaktorvolumen und auf das Brennstoffvolumen. Inwieweit sind die Näherungsformeln

$$V_K \ [\text{m}^3] \approx 5 \cdot 10^{-11} \ Q_{ges} \ [\text{kcal h}^{-1}] \tag{39.1}$$

und

$$V_R \ [\text{m}^3] \approx f \cdot 10^{-6} \ Q_{ges} \ [\text{kcal h}^{-1}] \tag{39.2}$$

richtig und aus § 11 ableitbar? Wie groß ist f für die verschiedenen Reaktortypen? (Vgl. auch Tab. 69.)

39c) Wovon hängt F/Q ab und wieso charakterisiert dieses Verhältnis den Typ eines Reaktors? Welcher Faktor gibt in $\Sigma_{S_p} V_{S_p}$ bei Brennstoffanreicherung mehr aus?

39 d) Sind dickere oder dünnere Brennstoffelemente (z. B. zylindrische Stäbe) günstiger, wenn man eine hohe spezifische Leistung erreichen will? Welche Nachteile (bezüglich Absorption in der Brennstoffschutzhülle und bezüglich Kosten) hat die hohe spezifische Lesitung? (Vgl. (32.21)). Ist Q [cal s^{-1} cm^{-3}] der spezifischen Leistung proportional? Man berechne die aus technologischen Gründen (Wärmefestigkeit der Schutzhülle) höchstmöglichen spezifischen Leistungen. Man diskutiere (zylindrische Stäbe vom Radius a)

$$F = \frac{2\,q}{\Sigma_{S_p} E_K\, a} \qquad \Delta T = \frac{a\,q}{2\,k} \tag{39.3}$$

$$q\ [\text{kcal cm}^{-2}\,\text{h}^{-1}], \quad k\ [\text{kcal m}^{-1}\,\text{h}^{-1}], \quad a\ [\text{m}]$$

§ 40. Schnelle und intermediäre Reaktoren

Vor- und Nachteile schneller Reaktoren, Berechnung des kritischen Volumens schneller Reaktoren, Brütwirkungsgrad, Beschreibung schneller Reaktoren, intermediäre Reaktoren.

In der Zukunft werden schnelle Reaktoren sicher eine große Rolle spielen, denn sie sind relativ klein, die Neutronenausnützung ist gut und sie haben einen hohen *Brütwirkungsgrad*. Bei der Lösung des Kühlproblems steht man jedoch vor großen Schwierigkeiten; mit den heutigen technischen Mitteln ist man nicht in der Lage, die für schnelle Energiereaktoren erforderlichen Höchstleistungskühlsysteme zu bauen. Als Kühlmittel kann nur ein schweres Element (etwa Hg) in Frage kommen, da auch kleinste Mengen leichter Elemente bremsend wirken würden. Dieselben Überlegungen gelten natürlich für alle Bauteile des Reaktors.

Abgesehen von einigen wenigen, durch unelastische Stöße[32] gebremsten Neutronen, haben in einem schnellen Reaktor alle Neutronen Energien, die größer als 0,1 MeV sind. Da in diesem Energiebereich die Spaltquerschnitte schon recht klein sind (vgl. Tab. 105), muß man hochangereicherten oder reinen Kernbrennstoff verwenden, um $k_\infty > 1$ zu erreichen.

Tabelle 105. *Wirkungsquerschnitte für 0,2-MeV-Neutronen (mittlere Energie in einem schnellen Reaktor)*

σ in barn	σ_{S_p}	σ_A	σ_S''	σ_{total}	$\alpha = \sigma_E/\sigma_{S_p}$
U 235 $(\varkappa = 0{,}30$ cm$^{-1})$.	1,56	0,15	3	10	0,13
Pu 239...............	2,00	0,11	3	11	0,18
Th 232...............	0,04	0,28	3	10	
U 238................	$\approx 0{,}02$	0,22	0,5	10	$L = 8{,}8$ [cm]
H	0		12,5	9,5	
Hg	0		9,2 (ges σ_s)	9,5	

Die ersten theoretischen Betrachtungen schneller Kettenreaktionen führten schon 1939 ADLER, FLÜGGE und PERRIN im Rahmen der Diffusionstheorie durch[32] (vgl. auch BOTHE, HEISENBERG[60]). Da jedoch das Spektrum der schnellen Neutronen im Verhältnis zum thermischen Spektrum sehr breit ist, kann man die Eingruppentheorie nur als grobe Näherung betrachten; man muß zur Berechnung schneller Reaktoren die Mehrgruppentheorie bzw. wegen der Kleinheit dieser Reaktoren (sie sind nur wenige Transportweglängen groß) die Neutronenkinetik verwenden. Allerdings ist das kritische Volumen schneller Reaktoren auch nicht kleiner als das spezieller thermischer Reaktoren; der SUPO z. B. hat eine kritische Masse von 0,8 kg U 235, während ein schneller Reaktor infolge des wesentlich kleineren σ_{Sp} eine etwa 50mal so große kritische Masse hat. In vielen Fällen genügt daher doch die diffusionstheoretische Mehrgruppentheorie[65]; der Fehler. den man hiedurch begeht, beträgt maximal 8 bis 10%. Neutronenkinetische Methoden (z. B. die sogenannte S_n-*Methode*) wurden von CARLSON, DAVISON und anderen verwendet[60]. Alle diese Methoden gelten nur für nackte Reaktoren (ohne Reflektor). Zur Berechnung schneller Reaktoren mit Reflektoren muß die SERBER-WILSON-Methode herangezogen werden.

Für nicht allzu kleine Anordnungen genügt eine Korrektur der Diffusionstheorie: statt von der diffusionstheoretischen Näherung (14.23) für die Diffusionslänge $\varkappa^{-1}$ auszugehen (Fehler bis zu 30%), verwendet man die asymptotische Lösung (12.43) der Transportgleichung für ein absorbierendes Medium. Für $\overline{\cos\widetilde{\vartheta}} =$ $= 0$ (isotrope Streuung im Laborsystem) erhält man aus $\varkappa = \varkappa\ (\Sigma,\ \Sigma_S,\ \overline{\cos\widetilde{\vartheta}})$

$$\boxed{\exp\frac{2\,\varkappa\,(E)}{\Sigma_S\,(E)} = \frac{\Sigma\,(E) + \varkappa\,(E)}{\Sigma\,(E) - \varkappa\,(E)}} \qquad \Sigma = \Sigma_{A\,ges} + \Sigma_S \qquad (40.1)$$

(vgl. Übungsbeispiele 12h und 40a). Diese Gleichung ist mit der von BOTHE abgeleiteten Formel (16.8) identisch; sie wird in der Literatur auch in der Form

$$\frac{\varkappa}{\Sigma} = \mathfrak{Tg}\ \frac{\varkappa}{\Sigma_S} \qquad (40.2)$$

verwendet. Hat man $\varkappa$ als Wurzel der transzendenten Gleichung (40.2) berechnet, dann geht man weiter nach der diffusionstheoretischen Mehrgruppentheorie vor ($E \to E_i$). Beschränkt man sich auf die neutronenkinetische Eingruppentheorie, dann erhält man für die materialabhängige Reaktorkonstante B_m die Gleichung

$$\boxed{(\nu_s\,\Sigma_{Sp} + \Sigma_S)\ \text{arctg}\ B_m/\Sigma = B_m} \qquad (40.3)$$

($k_\infty \approx \eta \approx 2$ wird also nicht benötigt). Aus $B_m = B_g$ kann man dann nach den Methoden des § 21 das kritische Volumen des schnellen Reaktors berechnen (vgl. Übungsbeispiele 40b und 40c).

Für intermediäre Reaktoren ist diese Näherung nicht mehr gültig. Da diese Reaktoren immer etwas Bremsmittel enthalten, haben sie größere Abmessungen als schnelle Reaktoren, so daß man die Diffusionstheorie mit mehr Berechtigung auf sie anwenden kann — man muß jedoch die Mehrgruppentheorie (bis zu 10 und 14 Gruppen) heranziehen, da infolge des breiten Spektrums (1 eV bis 10^5 eV bzw. 2.10^6 eV) die Eingruppentheorie nicht mehr anwendbar ist. Für die Einzelgruppe wird dann oft noch die Theorie der stetigen Bremsung angewendet (HURWITZ, MANDL[65]). Einige Werte für das kritische Volumen, die nach einer dieser Methoden berechnet wurden, gibt Tab. 106.

Die Übereinstimmung mit Meßergebnissen (schnelle kritische Anordnungen und Modellreaktoren) ist ausgezeichnet[138].

Die allgemeine kritische Gleichung (20.46) und die zu ihr führenden Überlegungen liefern eine weitere Methode, mit Hilfe der Theorie der stetigen Bremsung (bzw. einer anderen Bremstheorie, wenn man durch $pe^{-B_m^2\tau} \to \overline{P}$ verallgemeinert), die materialabhängige Reaktorkonstante $B_m = B$ abzuschätzen.

Tabelle 106. *Massen schneller und intermediärer kritischer Anordnungen*

Anordnung	U 235-Gehalt (Rest U 238)	Kritische Masse	Anordnung
Kugel..............	90%	49 kg	Zylinder $h = 121{,}44$ cm,
Zylinder $R = 13$ cm ..	54%	87 kg	$R = 20$ cm, 80% Pu 239,
Zylinder $R = 13$ cm ..	38%	100 kg	Rest U 238 mit Eisen,
Zylinder $R = 14{,}5$ cm .	29%	123 kg	145 bis 160 kg Pu 239
Kugel mit Reflektor (nat. Uran)	90%	16 kg	Scheiben, bestehend aus
Kugel mit Reflektor (nat. Uran)	80%	18 kg	6% Al, 90% Be, $6°/_{oo}$ U 235, $4°/_{oo}$ Stahl, 3% leer
Zylinder $R = 19{,}3$ cm, (Mit 30% U, 14% Fe, 54% Al), (Angaben in Volums-% der Gesamtmenge), mit Reflektor	54%	90 kg	18 kg U 235 $N_{\mathrm{Be}} : N_{\mathrm{U\ 235}} = 390$

Spaltende Neutronen der Energie E' erzeugen nach (20.48) und § 25 pro Absorptionsprozeß

$$k_\infty (E, E') = \frac{\Sigma_{Sp} (E')}{\Sigma_{A\,ges} (E')} \, \nu (E) = \eta (E, E') \tag{40.4}$$

Neutronen der Energie E; $\nu (E)$ ist wieder das Spektrum der Spaltneutronen, vgl. (6.8). Infolge von Resonanzabsorption erreicht nur ein bestimmter Prozentsatz $p_{th} \, e^{-B^2 \tau_{th}}$ bzw. $\overline{P}$ der Neutronen der Energie E thermische Energien. Ein Teil hievon entweicht, so daß nur der Prozentsatz $\overline{P}/(1 + L^2 B^2)$ bzw.

$$\int\limits_{E_{th}}^{\infty} \frac{e^{-B^2 \overline{\tau} (E)}}{1 + B^2 L^2 (E)} \, p (E) \, dE \approx \frac{p_{th} \, e^{-B^2 \tau_{th}}}{1 + L^2_{th} B^2}$$

der Neutronen der Energie E als thermische Neutronen absorbiert wird. Pro absorbiertem Neutron entstehen daher

$$\int\limits_{E_{th}}^{\infty} \frac{e^{-B^2 \overline{\tau} (E)}}{1 + B^2 L^2 (E)} \, p (E) \, k_\infty (E) \, dE; \quad k_\infty (E) = \frac{\Sigma_{Sp\,th}}{\Sigma_{A\,ges\,th}} \, \nu (E)$$

Spaltneutronen infolge von thermischen Spaltprozessen. $p (E)$ ist durch (9.37) gegeben, $\overline{\tau} (E)$ folgt aus (25.39). Schon vor dem Erreichen thermischer Energien wird aber von den Neutronen der Energie E der Bruchteil

$$\int\limits_{E}^{\infty} e^{- \overline{\tau} (E) B^2} \, \frac{dp (E)}{dE} \, dE$$

absorbiert, so daß pro absorbiertem spaltendem Neutron (dessen Energie wir jetzt mit E' bezeichnen)

$$\int\limits_{E'}^{\infty} k_\infty (E, E') \, e^{- \overline{\tau} (E') B^2} \, \frac{dp (E')}{dE'} \, dE'$$

Spaltneutronen der Energie E entstehen. Das Entweichen der schnellen Neutronen haben wir durch $e^{-\overline{\tau} B^2}$ berücksichtigt; damit ein Neutron entweichen kann. muß es an die Grenzfläche diffundieren, wobei es aber gestreut und daher gebremst wird. Die entweichenden schnellen Neutronen stammen daher fast alle aus einer dünnen Oberflächenschicht. Mit (9.37) folgt nun für die Gesamtzahl aller durch thermische und nichtthermische Spaltungen pro Absorptionsprozeß erzeugten Spaltneutronen die Bilanz

$$\frac{\Sigma_{S p\, th}}{\Sigma_{A\, ges\, th}} \int\limits_{E_{th}}^{\infty} \frac{e^{-B^2\,\bar{\tau}(E)}}{1 + B^2 L^2(E)}\, p(E)\, \nu(E)\, dE + \int\limits_{E_{th}}^{\infty} \left\{ \int\limits_{E'}^{\infty} \Sigma_{S_p}(E')\, \nu(E)\, e^{-B^2\,\bar{\tau}(E)} \cdot \right.$$

$$\left. \cdot\, p(E')\, \frac{dE'}{(\xi\, \Sigma_S(E') + \gamma\, \Sigma_{A\, ges}(E'))\, E'} \right\}\, dE = 1 \qquad (40.5)$$

Vernachlässigt man das Spektrum der Spaltneutronen und bildet Mittelwerte, dann geht (40.5) in (20.46) über. B ist nun aus (40.5) oder (20.46) zu berechnen.

Die obigen Überlegungen kann man auch zur Berechnung der Erzeugung von Kernbrennstoff verwenden (SCHULTEN[135]). Wir nehmen an, daß der *Brütstoff* (U 238 oder Th 232, vgl. (28.27) oder (30.1)) mit dem Brennstoff homogen gemischt sei. Wenn Σ_{Ab} alle *nicht* zu einer Spaltung führenden Absorptionsprozesse in Brennstoff, Bremsmittel, Baumaterial, Kühlmittel usw., *ausschließlich* der Brütprozesse, umfaßt, dann gilt pro Absorptionsprozeß beliebiger Art (also *einschließlich* Spaltung und Brüten)

erzeugte Neutronen: η
zur Aufrechterhaltung der Kettenreaktion verbraucht: 1
Verluste V durch Absorption und Entweichen (schnelle und thermische Neutronen)

$$V = \frac{\Sigma_{Ab\, th}}{\Sigma_{A\, ges\, th}} \int\limits_{E_{th}}^{\infty} \frac{e^{-B^2\,\bar{\tau}(E)}}{1 + B^2 L^2}\, p(E)\, \nu(E)\, dE +$$

$$+ \int\limits_{E_{th}}^{\infty} \left\{ \int\limits_{E'}^{\infty} \Sigma_{Ab}(E')\, \nu(E)\, e^{-B^2\,\bar{\tau}(E')}\, p(E')\, \frac{dE'}{(\xi\, \Sigma_S(E') + \gamma\, \Sigma_{A\, ges}(E'))\, E'} \right\}\, dE \qquad (40.6)$$

$$= V_{th} + V_s$$

Für Brütprozesse stehen daher $\eta - 1 - V$ Neutronen zur Verfügung, so daß $\eta - 1 - V$ neue Brennstoffkerne pro Absorptionsprozeß erzeugt werden. $\eta - 1 - V$ wollen wir *Erzeugungsrate* nennen. Damit überhaupt Brennstoff erzeugt werden kann, muß also $\eta > 1 + V$ sein.

Die Anzahl A der pro Absorptionsprozeß verbrauchten ursprünglichen und frisch erzeugten Brennstoffkerne, d. h. die Anzahl der im Brennstoff durch Spalt- und Absorptionsprozesse verbrauchten thermischen und schnellen Neutronen ist durch

$$A = 1 - \frac{\bar{\Sigma}_{A\, th}}{\Sigma_{A\, ges\, th}} \int\limits_{E_{th}}^{\infty} \frac{e^{-B^2\,\bar{\tau}}}{1 + B^2 L^2(E)}\, p(E)\, \nu(E)\, dE +$$

$$+ \int\limits_{E_{th}}^{\infty} \left\{ \int\limits_{E'}^{\infty} \bar{\Sigma}_A(E')\, \nu(E)\, e^{-B^2\,\bar{\tau}(E')}\, p(E')\, \frac{dE'}{(\xi\, \Sigma_S(E') + \gamma\, \Sigma_{A\, ges}(E'))\, E'} \right\}\, dE =$$

$$= 1 + A_{th} + A_s \qquad (40.7)$$

gegeben; hiebei haben wir $\Sigma_A^{K_1} + \Sigma_A^{K_2}$ mit $\bar{\Sigma}_A$ bezeichnet. (K_1 sei der ursprüngliche Brennstoff, z. B. U 235, K_2 der erzeugte Brennstoff, z. B. Pu 239).

Wir definieren nun als *Brütwirkungsgrad B* das Verhältnis der Anzahl der erzeugten Brennstoffkerne zur Anzahl der verbrauchten Brennstoffkerne

$$B = \frac{\eta - 1 - V}{A} = \frac{\eta - 1 - V_{th} - V_s}{1 + A_{th} + A_s} \qquad (40.8)$$

Ist $B < 1$, dann findet zwar eine Brennstofferzeugung statt, aber die gesamte Brennstoffmenge wird doch mit der Zeit kleiner; ist $B = 1$, dann bleibt die Brennstoffmenge konstant, und ist $B > 1$, dann erzeugt der Brütreaktor mehr Brennstoff als er verbraucht, es ergibt sich pro Absorptionsprozeß ein *Gewinn G*

$$G = \eta - 2 - V \qquad (40.9)$$

(vgl. auch Übungsbeispiel 40 f).

Formel (40.8) lehrt nun, wie ein Brütreaktor mit hohem Wirkungsgrad, also mit großem B, beschaffen sein muß: A_{th}, A_s, V_{th} und V_s müssen klein sein. Da nun A_s bzw. V_s wegen der bei hohen Geschwindigkeiten kleinen Wirkungsquerschnitte kleiner als A_{th} bzw. V_{th} ist, bekommt man dann einen guten Brütwirkungsgrad, wenn man V_{th} und A_{th} Null setzt, d. h. wenn der Brütreaktor ein schneller Reaktor ist. Soll jedoch der Brütreaktor als thermischer Reaktor gebaut werden*, dann wird man als Bremsmittel vorzugsweise Schwerwasser verwenden, da dieses einen hohen thermischen Fluß garantiert.

In den USA und in England wurden schnelle Forschungsreaktoren gebaut[138], um das Verhalten schneller Reaktoren und die durch schnelle Neutronen hervorgerufenen, sehr großen Strahlungsschäden zu untersuchen. Die Ergebnisse ermutigten zum Bau der ersten schnellen Brütreaktoren.

Der erste schnelle Reaktor der Welt (neben unterkritischen und kritischen Anordnungen**, vgl. Tab. 106) war CLEMENTINE („ALFA“), die im November 1946 in Betrieb genommen und 1953 wieder zerlegt wurde. Der Brennstoff war 100 kg Plutonium in Nickel- und Stahlhüllen, als Reflektor wurde natürliches Uran (1,4 t) und Stahl, als Kühlmittel Quecksilber und als Schild mehrere Schichten von Masonit, Stahl, Bor-Plastik und Barytbeton (insgesamt etwa 1,2 m dick) verwendet. Zur Steuerung dienten zwei Sicherheits- und zwei Regulierstäbe aus natürlichem Uran in Stahlhüllen (entsprechend zusammen einem $\Delta k_{eff} = 0{,}034$) und ein versilberter *Sicherheitsblock* aus Uran. Der Reflektor, der ebenso wie die Kontrollstäbe gleichzeitig als Brütstoff diente, wurde mit Leichtwasser gekühlt ($100°$C, 4 ata). Weitere Daten sind Tab. 107 zu entnehmen. Trotz des geringen Anteils ($\beta_{Pu\,s} \approx {}^{1}/_{3} \cdot \beta_{U\,233\,th}$) an verzögerten Neutronen bei der schnellen Spaltung des Plutoniums und des, infolge der großen Neutronengeschwindigkeit sehr kleinen τ_{Sp}, war infolge des Temperaturkoeffizienten von $-2{,}7 \cdot 10^{-5}/°$ C die Steuerung nicht schwierig.

In England wurde im Februar 1954 der ZEPHYR in Betrieb gesetzt. Dieser besteht aus einem Zylinder vom Radius 7,5 cm und der Höhe 15 cm und enthält Plutoniumstäbe in Nickelhüllen, die in einer Matrix aus Stahl und natürlichem Uran stecken. Als Reflektor dienen zirka 8 t natürliches Uran, zur Kontrolle sind 6 Uranstäbe vom Durchmesser 2,5 cm vorgesehen (jeder 0,01% von $\bar{\varrho}$ entsprechend), die sich ebenso wie bei CLEMENTINE zum Teil im Reflektor befinden.

---

* Brütreaktoren im allgemeinen und thermische Brütreaktoren im besonderen besprechen wir in § 46.

** In Los Alamos stehen z. B. mehrere schnelle kritische Anordnungen[138], GODIVA, TOPSY, JEZEBEL u. a., die vorwiegend der Waffenforschung dienen.

Auch ein Sicherheitsblock ist vorhanden, eine Kühlung fehlt jedoch. Wie aus theoretischen Gründen zu erwarten war, bewiesen Experimente mit ZEPHYR, daß bei hohen Energien die Streuung die Absorption überwiegt.

Tabelle 107. *Schnelle und intermediäre Reaktoren*

CLEMENTINE: $F = 10^{13}$ (bei 0,5 MeV mittlerer Energie), $Q_{ges} = 25\,\text{kW}$, spez. Leistung 7,2 kW/lit; Verbrauch: $3 \cdot 10^{-2}$ g Pu pro Tag; Hauptabmessungen: 15 cm innen, 3 m außen; Brennstoff zirka 130° C, Hülle 0,01 cm Nickel, 0,05 cm Stahl, $5,6 \cdot 10^4$ [kcal m^{-2} h^{-1}]; Kühlung: Hg, 9 lit/min, Pumpleistung 5 kW; therm. Fluß $5 \cdot 10^{10}$.

ZEPHYR: $F = 8 \cdot 10^8$, $Q_{ges} = 30\,\text{W}$; Brennstoff: Pu; Abmessungen: 15 cm innen; Bewegungsgeschwindigkeit der Kontrollstäbe: $2 \cdot 10^{-3}\%$ von k_{eff}/sec.

ZEUS: $F = 5 \cdot 10^9$, $Q_{ges} = 100\,\text{W}$ (DOUNREAY: $F = 3 \cdot 10^{15}$, $Q_{ges} = 60\,000\,\text{kW}$); Brennstoff: 50% angereichertes Uran plus nat. Uran; Hauptabmessungen: 50 cm innen, 3 m außen; keine Kühlung (DOUNREAY: NaK), 1,2 m Graphit-Bor-Schild; Reflektor: nat. Uran (Brüten).

EBR 1: $F = 2 \cdot 10^{14}$, $Q_{ges} = 1400\,\text{kW}$, spez. Leistung 18 kW/kg = 250 kW/lit; Verbrauch: 1 g/d; Hauptabmessungen: 45 cm innen, 5 m außen; Preis: $3 \cdot 10^6$ \$; elektrisch: 200 kW; Stahlschutzhülle 0,05 cm + NaK; $\hat{T}_1 = 357°$ C; alle 50 Tage neuer Brennstoff; $q = 5,6 \cdot 10^5$ [kcal m^{-2} h^{-1}], $T_4 = 228°$ C, $T_5 = 316°$ C, Kühlung 10^3 lit NaK/min; kritisches Volumen 48,2 kg U 235 (52 kg vorhanden), $B = 1,00 \pm 0,04$; Reflektor: 4,6 t nat. Uran + Graphit (das kritische Volumen eines therm. Reaktors wäre 3,6 kg), 2 NaK-Kreisläufe + Dampferzeuger $n = 217$, 12 Kontrollstäbe aus nat. Uran, max. Wärmeübergang durch NaK 500 W cm^{-2} Korrosion durch NaK $< 0,0003$ cm pro Jahr. (bei 500°C).

EBR 2: $Q_{ges} = 62\,500\,\text{kW}$, U-Pu-Legierung, zirka 1500 kW/kg, Gesamtkosten zirka $13 \cdot 10^6$ \$, Strompreis 0,008 \$/kWh geschätzt; $\tau_{S_p} = 0,8 \cdot 10^{-7}$, Na-Kühlung. Modell: ZPR-3

SIR: Q_{ges} etwa 80 000 kW, hoch angereichertes Uran, spez. Leistung 2000 kW/kg (?); Stahlkugel, Wand 2,5 cm dick, 7 m Durchmesser, Na-Kühlung, Be-Bremsung elektrische Leistung 10 000 kW. (SEA-WOLF, 1955).

Im Februar 1956 wurde in Harwell ein zweiter schneller Forschungsreaktor, ZEUS, in Betrieb genommen, der als Prototyp für den in Schottland, in Dounreay geplanten Brüt-Energiereaktor dient. (60 MW, 1948).

Der erste Brüt-Energiereaktor, der gebaut wurde und der gleichzeitig der erste Energiereaktor der Welt war, ist EBR 1, der auf 90% angereichertes Uran als Brennstoff und natürliches Uran als Brütstoff enthält. In diesem Reaktor wurde nicht nur $\eta > 1 + V$, sondern auch $B \approx 1$ erreicht (vgl. Abb. 76).

Man entschloß sich deshalb, einen größeren Reaktor, den EBR 2, zu bauen, der mit Pu 239 und U 235 arbeiten und ab 1958 etwa 17 000 kW elektrische Energie erzeugen wird. Ferner ist der APDAR ein schneller Energie-Brütreaktor mit 100 000 kW Leistung und Na und NaK-Kühlung geplant.

Intermediäre Reaktoren haben im Vergleich zu thermischen Reaktoren kleinere, und im Vergleich zu schnellen Reaktoren größere Neutronenverluste durch Absorption. Ein Vorteil ist die Möglichkeit, große Mengen von Stoffen die thermische Neutronen absorbieren, in den Reaktor einbauen zu können; von der Unempfindlichkeit gegen Vergiftung haben wir bereits gesprochen*. Da diese

---

* Neueste Versuche zeigten allerdings, daß die Verminderung der Vergiftung früher überschätzt wurde. Angesichts der großen Strahlungsschäden, die die intermediären Neutronen hervorrufen, ist es daher fraglich, ob man weitere intermediäre Reaktoren bauen wird — schnelle Reaktoren besitzen jedoch weitere, die großen Strahlungsschäden überwiegende Vorteile.

Eigenschaft einen längeren Betrieb ohne Austausch des Brennstoffes zuläßt, ist der intermediäre Reaktor als Antriebsreaktor sehr geeignet. Der einzige

bisher gebaute intermediäre Reaktor, der SIR, arbeitet mit hoch angereichertem Uran und Beryllium als Bremsmittel. Die Kühlung erfolgt durch Natrium.

Da absorbierende Kontrollstäbe bei schnellen und intermediären Reaktoren kaum wirksam sind und da τ_{Sp} sehr klein ist (10^{-7} bis 10^{-8} sec), muß die Steuerung schneller Reaktoren durch streuende Kontrollstäbe aus natürlichem Uran erfolgen. Diese Steuerung wird noch durch einen beweglichen Teil des Reflektors (*Sicherheitsblock*) verstärkt; durch Herabfallenlassen des unterhalb des Reaktors angebrachten Blockes wird eine rasche Abschaltung erreicht.

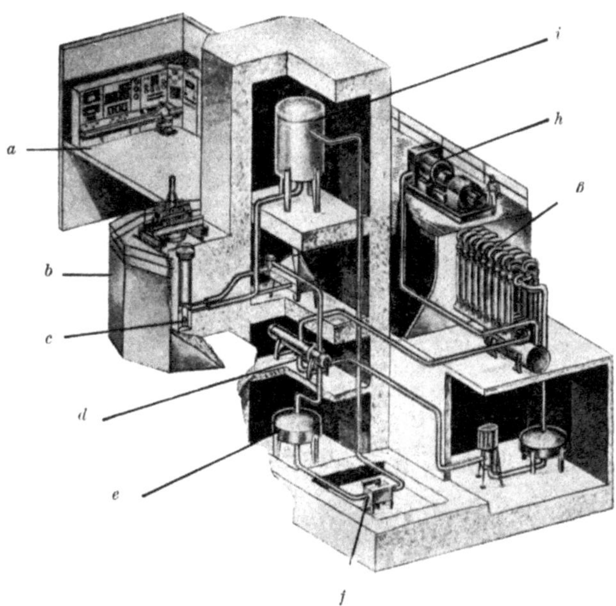

Abb. 76. Reaktor EBR 1
a Kontrolltisch, *b* Schutzschild, *c* Reaktor, *d* Wärmeaustauscher, *e* und *i* NaK-Reservoir, *f* elektromagnetische Pumpe, *g* Dampferzeuger, *h* Turbine und Generator, *i* Behälter für die Kühlflüssigkeiten

Übungsbeispiele

40 a) Man leite (40.1) aus (12.43) ab, vgl. Übungsbeispiel 12 h. Beweise die Identität von (40.1), (40.2) und (16.8). Es sei $\Sigma_A = 0{,}351$ cm^{-1}, $\Sigma_S = 0{,}388$ cm^{-1}. Wie groß ist $\varkappa$ nach (40.2) und wie groß nach (14.23)? Man berechne B nach (40.3) und vergleiche mit dem Ergebnis der diffusionstheoretischen Eingruppentheorie.

40 b) Man berechne die kritische Höhe eines Hohlzylinders aus reinem Uran 235, $R_{innen} = 5$ cm. Der äußere Radius ist aus der Forderung, daß der Hohlzylinder bei festgehaltenem Volumen eine möglichst kleine Oberfläche haben soll, zu bestimmen. Das Problem ist nach der Eingruppentheorie (mit und ohne Reflektor), nach der Zweigruppentheorie (1 MeV, 0,2 MeV) und mit Hilfe von (40.3) zu lösen.

40 c) Man zeige, daß man aus

$$\Delta\varphi + \frac{\nu\,\Sigma_{Sp} - \Sigma_A}{D}\cdot\varphi = 0 \tag{40.10}$$

mit

$$D = 1/3\,\Sigma_t \tag{40.11}$$

die folgende Formel für den effektiven Radius

$$R = \frac{\pi}{\left\{3\,\Sigma_t\,\Sigma_A\left(\nu\,\dfrac{\Sigma_{Sp}}{\Sigma_A} - 1\right)\right\}^{1/2}} \tag{40.12}$$

eines kugelförmigen schnellen Reaktors (ohne Reflektor) erhält. Was ergibt sich für R für U 235? Welche Masse hat diese Kugel? Man vergleiche mit dem Ergebnis, das (40.3) liefert.

40 d) Eine *Atombombe* (*Atomexplosivladung*) stellt einen hoch überkritischen schnellen Reaktor dar, der einen „Reflektor" (*Tamper*) besitzt. Dieser Tamper besteht aus schweren Elementen (Blei, Gold) und dient weniger dazu, Neutronen zu reflektieren als dazu, durch seine Trägheit das sofortige Auseinanderfliegen der Explosivladung so lange zu verhindern, bis wenigstens 20% der Kerne gespalten wurden. Man versuche, das Gewicht einer Atomexplosivladung abzuschätzen.

a) R nach (40.12) und (40.3).

b) $R \approx 1/\Sigma_{Sp}$ (woher ?).

c) Aus den Angaben, daß eine U 235-Bombe dieselbe Energieproduktion wie 20000 t TNT hat (vgl. Übungsbeispiele 11 a und 21 b) und daß 20% der Kerne gespalten werden sowie daraus, daß zirka 999 mg Materie mit einem Wirkungsgrad von $1°/_{oo}$ vollkommen in Energie verwandelt werden. Stimmen diese Veröffentlichungen überein? Es wurde ferner angegeben: 1 kg Pu entspräche bei $\eta = 100°/_0$ $1{,}75 \cdot 10^7$ kWh, eine Pu-Bombe mache zirka $2{,}5 \cdot 10^7$ kWh/kg frei. Welche theoretische Temperatur besitzen die Kernbruchstücke?

d) Nach (20.7) und (21.13). $k_\infty = \eta$.

Vergleiche die Ergebnisse von a) bis d).

40 e) Man berechne einen intermediären Reaktor, der aus einer Kugel vom Radius 50 cm aus einer homogenen U 235-Be-Mischung besteht ($p = \varepsilon = 1$, kein Reflektor). In welchem Verhältnis muß nach der Theorie der stetigen Bremsung (2 MeV $\rightarrow 10^3$ eV) U 235 mit Be gemischt werden, damit $k_{eff} = 1{,}005$ wird? Extrapolationslänge 1,4 cm (Be). Wieviel U 235 ist nötig?

40 f) Da auf einen verbrauchten Brennstoffkern ein Gewinn von G Kernen kommt, wird pro sec die Brennstoffmenge

$$E\ [\text{g s}^{-1}] = G \times (\text{Verbrauch pro sec}) \tag{40.13}$$

erzeugt. Nach (11.23) werden nun für eine Leistung von Q [kW] *durch Spaltprozesse* $1{,}22 \cdot 10^{-8} Q$ g U 235 pro sec verbraucht; ein zusätzlicher Verbrauch tritt dadurch ein, daß jeder nicht zu einer Spaltung führende Absorptionsprozeß (Strahlungseinfang) einen Brennstoffkern verbraucht. (Daß hiedurch ein neuer Brennstoffkern entsteht, interessiert im Augenblick nicht, da wir ja vorerst nur den gesamten Verbrauch berechnen wollen.) Der Verbrauch durch Spaltprozesse ist durch $1{,}22 \cdot 10^{-8} Q$ gegeben; der Verbrauch durch Absorptionsprozesse ist dann durch $1{,}22 \cdot 10^{-8}\, \alpha\, Q$ gegeben, wobei der *relative Neutronenverlust*

$$\alpha = \frac{\Sigma_A}{\Sigma_{Sp}} = \frac{\sigma_A}{\sigma_{Sp}} \tag{40.14}$$

ist. *Insgesamt* werden also bei einer Leistung von Q [kW]

$$\boxed{\text{U 235 g/sec} = (1 + \alpha)\, 1{,}22 \cdot 10^{-8} Q = 3{,}84 \cdot 10^{-22}\, V_{Sp}\, \Sigma_{A\,ges} F} \tag{40.15}$$

verbraucht. Aus (40.13) folgt dann

$$\boxed{E\ [\text{g s}^{-1}] = G \cdot (1 + \alpha)\, 1{,}22 \cdot 10^{-8} Q} \tag{40.16}$$

Man berechne, wie lange der EBR 1 bei $G = 0{,}2$ laufen muß, damit er gerade so viel Kernbrennstoff erzeugt hat, wie er zu Beginn des Brütprozesses enthielt! (Sogenannte *Verdopplungszeit*.) Man zeige, daß diese Zeit umso kürzer ist, je größer G, α und die *spezifische Leistung* l [W g^{-1}] des Reaktors sind. Man benütze Tab. 107 und 105 (für l und α) und nehme als Kernbrennstoff reines U 235 an.

40 g) Man leite die Näherungsformel

$$\boxed{t_D \approx \frac{10^6}{G\,(1 + \alpha)\, l}\ [\text{d}], \qquad l = Q_{ges}/M_K\ [\text{W g}^{-1}]} \tag{40.17}$$

ab. l ist die *spezifische Leistung*.

40 h) Wenn man zwei Stücke Plutonium, die zusammen die kritische Masse überschreiten, kurzzeitig (t_K sec) zusammenfügt (z. B. indem man das eine Stück durch

einen Kanal des anderen hindurchschießt), dann erhält man einen kurzzeitigen *Neutronenschauer*. Man berechne t_K (aus 24.14) unter der Annahme $\tau_{Leben} = 10^{-8}$ sec für eine kurzzeitige Steigerung $T(t)/$const der Neutronendichte $1 \to 10^{18}$ [cm^{-3}]. k_{eff} berechne man aus $k_{eff} = \eta/(1 + L^2 B_g^2)$, B_g aus der Annahme, daß gerade das 1,0001-fache kritische Volumen erreicht wird (Kugelform).

40 i) **Man** diskutiere die folgende Neutronenbilanz eines thermischen Reaktors und überlege, inwieweit ein schneller Reaktor wirtschaftlicher arbeitet.

Von 1000 schnellen Neutronen werden

		Spalt- neutro- nen
100 in U 235 und U 238 absorbiert, erzeugen Pu 239		
192 entweichen		
4 spalten U 235-Kerne und erzeugen		$4 \cdot 2,5 = 10$
4 spalten U 238-Kerne und erzeugen		$4 \cdot 2,5 = 10$
700 werden gebremst		
$\overline{1000}$		

Von 700 thermischen Neutronen entweichen	75	
Absorption in U 235 und U 238	208	
Absorption im Bremsmittel usw.	3	
Absorption durch Spaltprodukte	24	
Spaltung des Pu 239	10	$10 \cdot 3,0 = 30$
Spaltung des U 235	380	$380 \cdot 2,5 = 950$
	$\overline{700}$	$\overline{1000}$

40 j) Die β_i-Werte bei thermischer Spaltung haben wir in Tab. 6, S 25 kennen gelernt. Für 0,2 Me V Neutronen gilt:

τ_i [0]	Pu 239	U 238	U 235
0,43	0,00061	0,00184	0,00072
1,52	0,00289	0,00391	0,00319
4,51	0,00323	0,00267	0,00351
22,00	0,00289	0,00144	0,00215
55,6	0,00038	0,00014	0,00043

Welche Folgerungen ergeben sich daraus für die Dynamik schneller Reaktoren (Vgl. auch S. 166).

§ 41. Homogene Reaktoren

Vorteile und Nachteile homogener Reaktoren, ihre Selbststabilisierung, die Zirkulation von flüssigem und verflüssigtem Brennstoff, Korrosions- und Erosionsprobleme, der Wasserkocher, homogene Reaktoren mit Schwerwasser und Graphit als Bremsmittel, der homogene Suspensionsreaktor mit Beryllium als Bremsmittel.

In der Reaktortechnik ergibt sich sehr oft die Situation, daß eine spezielle Wahl der Parameter, die kernphysikalisch günstig ist, mit den Werten, die für ein gutes Kühlsystem gefordert werden müssen, nicht übereinstimmt. Bei homogenen Reaktoren mit flüssigem Brennstoff fällt dieser Widerspruch weg, da der Brennstoff selbst zur Kühlung dienen kann, wodurch die Brennstoffmengen, die ein eigenes Kühlsystem verlangt — vgl. (33.22) — entfallen.

Wenn man überhaupt homogene Reaktoren herstellt, wird man daher trachten sie mit flüssigem Brennstoff zu betreiben. Trotz dieses Vorteils wurden jedoch bisher die meisten homogenen Reaktoren mit einer eigenen Kühlung versehen[139] (z. B. SUPO), während man umgekehrt die Vorteile des flüssigen Brennstoffes auch bei heterogenen Reaktoren auszunützen versuchte (LMFR). Weitere Vorteile des flüssigen Brennstoffes ergeben sich dadurch, daß die Spaltprodukte und der in Brütreaktoren erzeugte Brennstoff laufend entfernt werden können und daß der Reaktor durch Verändern der Brennstoffmenge oder der Brennstoffkonzentration gesteuert werden kann. Regulier- und Abstellstäbe sind daher unnotwendig.

Der HRE-Reaktor besitzt z. B. überhaupt keine Kontrollstäbe, er ist dynamisch stabil (vgl. S. 223). Alle homogenen Reaktoren mit H_2O oder D_2O als Bremsmittel (Lösungsmittel des Brennstoffsalzes) sind selbststabilisierend, so daß sie von *diesem* Standpunkt aus als Forschungsreaktoren innerhalb großer Städte geeignet sind*.

Wenn durch vermehrten äußeren Leistungsbedarf die Kühlung stärker arbeitet und die Brennstofflösung abgekühlt wird, dann steigt gemäß (28.26) die Empfindlichkeit an, $k_{eff} = 1$ wird überschritten und Leistung und Temperatur des Reaktors steigen an, bis sich infolge der Temperaturerhöhung wieder $k_{eff} = 1$ einstellt. Sinkt der Leistungsbedarf bzw. geht die Kühlleistung zurück, dann wird die Brennstofflösung zu heiß und die Empfindlichkeit sinkt, bis bei geringerer Leistung ein neues Gleichgewicht gefunden wird oder die Kettenreaktion zum Erlöschen kommt. Um diese Verhältnisse studieren und die Voraussagen der Theorie zu überprüfen, wurden die ersten homogenen Reaktoren mit einer Kühlanlage versehen**. Die Einflüsse von Kühlung und Brennstoffumlauf konnten so getrennt untersucht werden. Dies war wichtig, weil man vermutete, daß die Steuerung von Reaktoren mit zirkulierendem flüssigen Brennstoff schwierig wäre, weil die für das dynamische Verhalten eines Reaktors sehr maßgeblichen verzögerten Neutronen zum größten Teil dann ausgesandt werden, wenn sich der Brennstoff außerhalb des Reaktors befindet (vgl. Übungsbeispiel 41a). Die Variierung der Umlaufsgeschwindigkeit des flüssigen Brennstoffes gibt daher eine Möglichkeit, den Reaktor mit Hilfe der verzögerten Neutronen zu steuern (FLECK[130]). Ein die Stabilität wirklich gefährdender Faktor ergibt sich in den mechanischen Resonanzschwingungen des flüssigen Brennstoffes (Druckkessel und Leitungen), die z. B. durch Bläschenbildung angeregt werden können. Diese Schwingungen können dadurch unterdrückt werden, daß man bei der Bemessung der Leitungen und Tanks darauf achtet, Resonanzabmessungen zu vermeiden.

Der mit einer wässerigen Brennstofflösung arbeitende Wasserkocher besitzt weitere Nachteile; diese ergeben sich in der Notwendigkeit mit hohen Drucken zu arbeiten, in der Korrosion der den Brennstoff enthaltenden Röhren und des Reaktorkessels, in der Gefahr des Leckwerdens dieses Systems und des Ausfließens der hochradioaktiven Brennstofflösung, im Auftreten von Brennstoffniederschlägen, der begrenzten Leistung, des Auftretens induzierter Radioaktivität außerhalb des Reaktors durch die Neutronen emittierende Brennstofflösung, sowie schließlich in der Wasserzersetzung. Man hat daher daran gedacht, durch Verwendung von schwächer korrosivem Brennstoffschlamm, Aufschwemmungen von Uranoxyden in Wasser oder flüssigem metallischem Brennstoff die Vorteile des homogenen Reaktors mit flüssigem Brennstoff auszunützen, ohne alle Nachteile wässeriger Brennstofflösungen in Kauf nehmen zu müssen. Die Lösung dieses Problems ist jedoch keinesfalls einfach: eine Aufschwemmung von Partikeln besitzt eine abrasive Wirkung, so daß statt der Korrosion nun *Erosion* eintritt; ferner besteht die Gefahr des *Zusammenbackens* der Brennstoffpartikel (stark verringert für pH > 7).

Flüssige Metalle sind ebenfalls sehr korrosiv und außerdem kann man mit ihnen das Bremsmittel nicht mischen***, man muß also den Reaktor heterogen

---

* Aber auch der sonst als Forschungsreaktor besser geeignete Bassinreaktor (vgl. Tab. 104) ist in hohem Maße stabil.

** Auch die Dampferzeugung in Röhren, die in der Brennstofflösung lagern, wurde vorgeschlagen (BORST[139]).

*** Vgl. jedoch die österreichische Patentanmeldung A 1231/56 v. 15. 1. 1957.

bauen. Reaktoren mit flüssigem Brennstoff haben hingegen den Vorteil, daß beim Vorhandensein dickwandiger hochschmelzender Gefäße die Temperatur des Brenn-

stoffes höher sein kann, als die Temperatur fester Brennstoffelemente, die durch die Empfindlichkeit der Schutzhülle (250° C bei Wasserkühlung) und die Phasenumwandlung des Urans (662°C) begrenzt ist.

Wird Wasser als Lösungsmittel verwendet, dann muß man mit angereichertem Uran ($> 1\%$) arbeiten und die höchste Arbeitstemperatur liegt bei 300° C; von allen Bremsmitteln kann einzig und allein Schwerwasser zusammen mit natürlichem Uran ein $k_\infty > 1$ erreichen. (Maximal ist mit dem — allerdings stark korrosivem-Uranylfluorid aus natürlichem Uran in D_2O ein $k_\infty = 1,18$ erreichbar.) Da D_2O sehr teuer ist, wurde bisher in fast allen Homogenreaktoren Leichtwasser als Bremsmittel verwendet.

Die *Wasserkocher* (*Kocherreaktoren*) von Los Alamos, LOPO (1944), HYPO (1944) und SUPO (1951) waren die ersten homogenen Reaktoren, vgl. Tab. 108. LOPO und HYPO waren Kleinstreaktoren, SUPO erreichte 45 kW. Im wesentlichen handelte es sich

Abb. 77. Reaktorkessel des SUPO

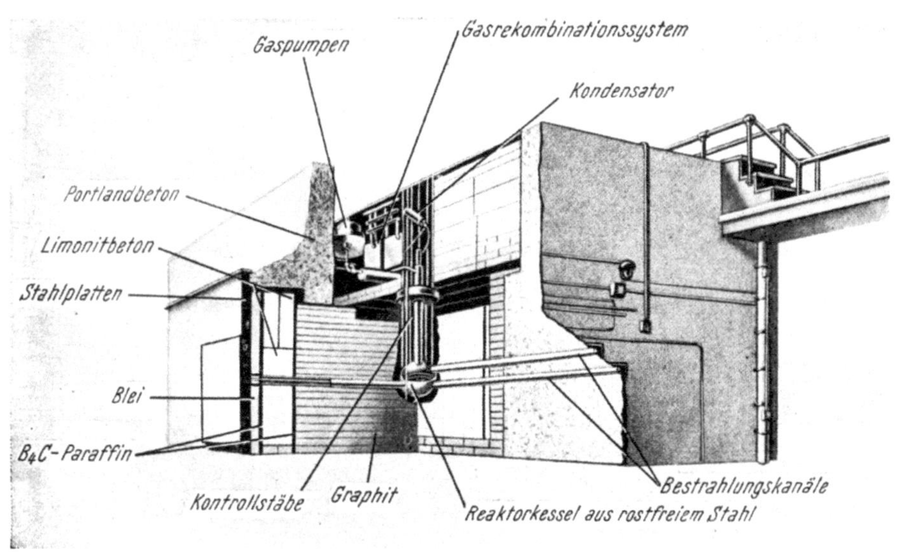

Abb. 78. Wasserkocher-Forschungsreaktor

immer um denselben Reaktor, der schrittweise umgebaut wurde; so erhielt der SUPO statt dem vorher verwendeten BeO-Reflektor einen Graphitreflektor; der

Tabelle 108.

Reaktor	F	Q_{ges}	Brennstoff	Reflektor
Leichtwasser:				
LOPO	$3 \cdot 10^6$	0,05 W	14,6% angereichertes Uran, UO_2SO_4, 39° C	Gr, BeO
HYPO ...	$3 \cdot 10^{11}$	6 kW	14,6% U, 85° C, $UO_2(NO_3)_2$, 13,65 lit	Gr, BeO
SUPO	$1,7 \cdot 10^{12}$ (schnell: $1,9 \cdot 10^{12}$)	45 kW / 2,8 kW/lit	88,7% $UO_2(NO_3)_2$ (980 g), $k_\infty = 1,44$, 12,7 lit Lösung, Verbrauch: $5 \cdot 10^{-2}$ g/d, 85° C, 39 kW/kg U 235	Gr
HRE 1 ...	$2 \cdot 10^{13}$	10^3 kW / 20 kW/lit	93%, 1,6—2,1 kg, Sulfat, 250° C, Verbrauch 1 g/d, 600 kW/kg U 235	D_2O (0,5 t)
RRR (NCSR) .	$5 \cdot 10^{11}$	10 kW	93%, 13 lit UO_2SO_4, 80° C, $\varrho = 1,09$	Gr (5,4 t)
WBNS (WBS) ..	$8 \cdot 10^7$	2 W	0,87 kg 90%iges U 235 (Nitrat), 12 lit Lösung	Gr
LWB	$2,6 \cdot 10^{10}$	500 W	14,52 lit Sulfat, 694,2 g U 235	Gr
ZETR	$4 \cdot 10^5$	10 W	Pu, U 233 ab Herbst 1956 mit D_2O	
ARR	$1,7 \cdot 10^{12}$	50 kW	950 g U 235 (Sulfat), 80° C, 75 g/lit	Gr
Schwerwasser:				
HRE 2 (= HRT)	?	10^4 kW / 2 MW el.	9,6 g U 235/kg D_2O, 350° C, 43 t Uran (?)	ThO_2 in D_2O, U 233 : $G = = 60$ g/d
HTR (auch ISHR genannt)	(Planung)	$6,5 \cdot 10^4$ kW	U 233 (Eigenerzeugung)	
Graphit:				
LPRR	10^{12}	160 kW	90% angereichertes UO_2, $2 \cdot 10^4$ Stunden Betrieb ohne Nachladung, 38 kW/kg U 235, Verbrauch: $16 \cdot 10^{-2}$ g/d	Gr (20 t)
LAPRE 1	$2 \cdot 10^{13}$	2000 kW	9 kg 90 % U 235	?

Brennstoff wurde höher angereichert und das *Gasrekombinationssystem* wurde verbessert.

In jedem Wasserkocher entsteht nämlich unabhängig von der Ausführung pro min und pro 100 kW Leistung eine Gasmenge von 28 bis 50 lit (0° C, 1 at). Diese besteht vorwiegend aus Knallgas und wird entweder katalytisch (Al_2O_3 — Pt Katalysator beim RRR) oder durch Abbrennen wiedervereinigt, kondensiert und dem Reaktor zugeführt. Bei großer Leistung, z. B. beim HRE, 1000 kW, ergibt das Abbrennen 4% der Reaktorleistung. Interessant sind die folgenden

Homogene Reaktoren

Kühlung	Steuerung	Bemerkung
Freie Konvektion (in Röhren) 39° C	Cd-Platte	$M_{krit} = 575$ g U 235, 14,9 lit Reaktorkessel (Stahl); 534 g S, 1573 g H, $\varrho = 1,35$
H_2O, 3,2 lit/min	5 Stäbe	$M_{krit} = 808$ g, vorhanden: 896 g U 235, $\varrho = 1,62$; 1,5 m Betonschild
H_2O, 11,4 lit/min, 54° C und $7,6 \cdot 10^4$ [kcal m^{-2} h^{-1}]	6 Stäbe, $\delta k_{eff} = -3 \cdot 10^{-4}/°$ C	$M_{krit} = 777$ g U 235, vorhanden: 870 g; Beton-Pb-B$_4$C-Stahl-Schild, $\varrho = 1,1$, $f' = 0,71$, $L = 1,47$ cm², $\tau = 33$ cm², 1951, $2 \cdot 10^5$ \$
Brennstoff, 250° C, 350 lit/min, 70 ata, $N_{Pumpe} = 25$ kW	Platten, Konzentrationsänderung	250 kW Turbogenerator, 35 g U 235/kg H_2O, 1952, $4,1 \cdot 10^6$ \$ mit Entwicklungskosten
H_2O, 4 lit/min	8 Stäbe B$_4$C, Cd	$M_{krit} = 790$ g U 235; $N_H:N_U \approx 400$, bei Selbstanfertigung zirka 200 000 DM
keine	3 Stäbe B, Cd	Schneller Fluß 200 (Reaktoroberfläche)
Destilliertes H_2O oder Freon	5 Stäbe B$_4$C	1 m Betonschild, 10^5 rh^{-1} im Reaktor, 1953, 200 000 \$ (ohne Brennstoff) auch U 235
350 lit/min, destilliertes H_2O	4 Stäbe	Kommerziell vertrieben (mit Gebäude zirka 600 000 \$)
Brennstoff auf 265° C, $2 \cdot 10^3$ lit/min, $\delta k_{eff}/\delta T = 2 \cdot 10^{-3}/°$ C	keine	Th-Brütreaktor, auch U 233 als Brennstoff, mit chemischer Trennanlage, $1,8 \cdot 10^6$ \$ (ohne Brennstoff und Trennungsanlage) Th-Brüten, elektrische Leistung 16 000 kW
270 kg D_2O, 180 lit/min	7 Stäbe	4 kg U 235; $p' = 0,8666$, $f' = 0,8903$, $L^2 = 129$ cm², $\tau = 383$ cm², $\tau_{Leben} = 1,15 \cdot 10^{-3}$ s, $k'_\infty = 1,9$; $k'_{eff} = 1,095$, $\delta k'_{eff}/\delta T = -4 \cdot 10^{-4}/°$ C
430° C H_2O 225 ata	B-Stäbe	Uranphosphat in H_2O 40 g l^{-1}

zwei Einrichtungen beim SUPO: eine neben dem Kühlrohr durch den *Reaktorkessel* laufende *Experimentierröhre* (vgl. Abb. 77) und ein *Neutronenfenster*, das mit Wismut gefüllt, die γ-Strahlung absorbiert, die Neutronen aber herausläßt. Reaktoren vom SUPO-Typ (ARR) werden von mehreren Firmen industriell hergestellt und kommerziell vertrieben (vgl. Abb. 78).

Ebenfalls Wasserkocher sind der RRR, der WBNS, die zwei LAPRE (1956/57 in Betrieb gesetzte 2000 kW-Energiereaktoren mit 90%igem U 235-Phosphat), ferner LWB, HRE 1 und ZETR (vgl. Tab. 108). Der RRR ist ein typischer Forschungsreaktor, wird aber auch für medizinische Therapie und für biologische Untersuchungen verwendet. Hinter einem 50 cm Wasserfilter ergibt

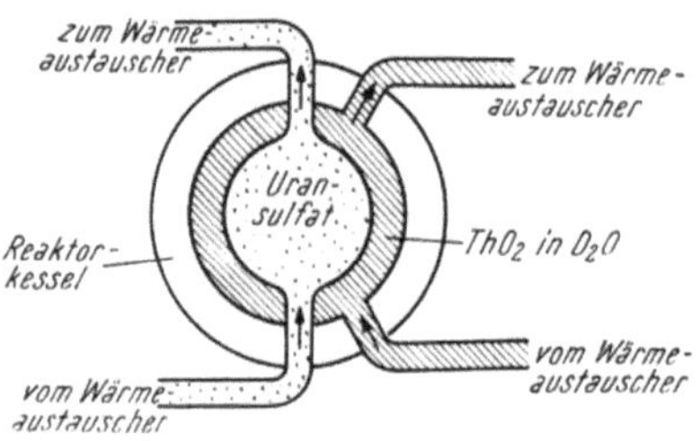

Abb. 79. Homogener Brütreaktor (HRE 2)

sich in etwa 2,5 m Entfernung von der Reaktormitte eine γ-Strahlung von 1 r/min kW und ein schneller Fluß von $1{,}9 \cdot 10^4$ (etwa 0,036 rem/min kW).

Beim HRE 1 ist beachtenswert, daß das Anlassen und Abstellen durch Veränderung der Brennstoffkonzentration erfolgt. Diese Methode dient auch zur Temperaturregelung: bei einer bestimmten Konzentration (z. B. 25 g U 235 pro 1 kg H₂O) kann die Temperatur nicht über einen gewissen Wert steigen (etwa 35° C), da der Reaktor sonst unterkritisch wird.

Schwerwasser als Bremsmittel wird im HRE 2 (HRT) und vermutlich auch im HTR verwendet, da man bei beiden Reaktoren einen hohen Fluß anstrebt.

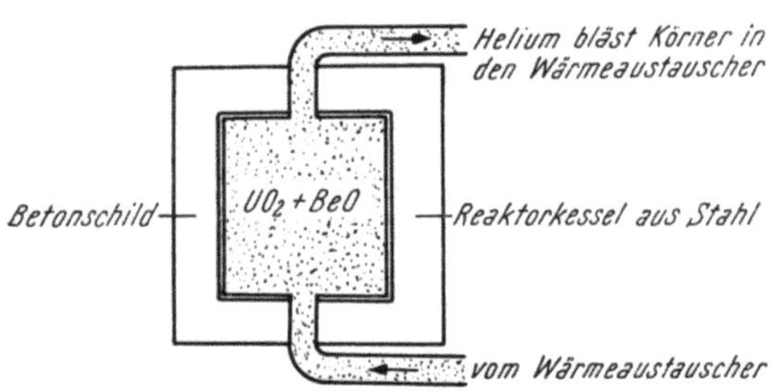

Abb. 80. Homogener SUSPOP-Reaktor

um sie zum Brüten verwenden zu können (vgl. Abb. 79).

Graphit als Bremsmittel soll der in Bau befindliche LPRR (NAA) enthalten.

Mit *Beryllium* als Bremsmittel bzw. Reflektor arbeitet die homogene Form des SUSPOP (nach J. WENT et al[139]. Bei diesem besteht der Brennstoff entweder aus einer UO₂-Suspension in D₂O (Bremsmittel und zugleich Kühlmittel) oder in dem als Kühlmittel dienenden Helium, während das Bremsmittel (BeO) als Reflektor bzw. Leitungsrohr außen (also eigentlich „heterogen") angeordnet ist.

Ein weiterer Vorschlag sieht die Verwendung von UO₂—BeO-Körnern in He vor (homogener Beryllium-Reaktor mit oder ohne Reflektor, vgl. Abb. 80). Ein homogener UO₂—H₂O (D₂O) Wasserkocher wurde auch von ALICHANOW et al diskutiert[139].

Übungsbeispiele

41 a) Wenn zirkulierender Brennstoff außerhalb des Reaktors seine verzögerten Neutronen emittiert, dann wirkt sich dies in einer Verkleinerung der β_i und einer Vergrößerung der τ_i aus. Diese Änderungen hängen von der Zirkulationsgeschwindigkeit des Brennstoffes ab und die Reaktorperiode wird daher eine Funktion der Zirkulationsgeschwindigkeit des Brennstoffes. Verbleibt der bestrahlte Brennstoff — z. B. zum Zwecke der Abtrennung der Spaltprodukte — außerhalb des Reaktors und wird diesem frischer Brennstoff zugeführt, dann ist die Änderung der Reaktorperiode natürlich am größten. Sei V_{Sp} der Rauminhalt des Gebietes im Reaktor, in dem Spaltungen stattfinden, V_0 das Volumen des Brennstoffes außerhalb des Reaktors und vB die *Zirkulation* [cm³ s⁻¹], dann gilt für $V_{Sp} \gg V_1$ näherungsweise

$$\beta_{eff} = \sum_i \frac{\beta_i}{\dfrac{\tau_i\, vB}{0{,}693\, V_{Sp}} + 1} \tag{41.1}$$

(τ_i Halbwertszeit der i-ten Gruppe.) Man berechne β_{eff} für $V_{Sp}/vB = 10^3,\ 10^2,\ 10,\ 1$.

41 b) Das Reaktorhandbuch gibt für die Gasproduktion homogener Reaktoren die Formel

$$K = 0{,}312 \cdot G \cdot l \qquad [\text{Mole } H_2O\ l^{-1}\,h^{-1}] \tag{41.2}$$

l ist die spezifische Leistung [kW l^{-1}] und G gibt an, wieviel Moleküle Wasserstoff entstehen, wenn die Lösung 100 eV Strahlungsenergie absorbiert. Man berechne G aus den Angaben im Text.

41 c) Man leite aus der kritischen Gleichung der Eingruppentheorie durch Differenzieren nach der Temperatur und Benützung von (21.13) $B^2 = (\pi/R)^2$ die folgende Formel für den Temperaturkoeffizienten eines Wasserkochers ab

$$\frac{1}{k_{eff}} \frac{dk_{eff}}{dT} = -\frac{4}{3}\left(1 - \frac{k_{eff}}{k_\infty}\right) \frac{1}{V} \frac{dV}{dT} \qquad (41.3)$$

(V ist das kritische Volumen). Dieses Volumen enthält beim Wasserkocher im wesentlichen Wasser, für das nach Messungen

$$V(T) = V_0 (1 - 0{,}06427 \cdot 10^{-3} T + 8{,}5053 \cdot 10^{-6} T^2 - 6{,}7900 \cdot 10^{-8} T^3) \qquad (41.4)$$

gilt (20° C). Man berechne den Temperaturkoeffizienten des SUPO im kritischen Zustand bei 20° C und 80° C. Man zeige (vgl. (28.77)), daß für Änderungen der kritischen Masse M

$$\frac{\Delta k_{eff}}{k_{eff}} = \frac{2}{3} \frac{\Delta M}{M}\left(1 - \frac{k_{eff}}{k_\infty}\right) \qquad (41.5)$$

gilt.

41 d) Man berechne den SUPO nach der Zweigruppentheorie (einschließlich Kühlsystem, mit und ohne unendlich dickem Reflektor) ($Re = 10^4$, $Pr = 4$, $k_{Brennstoff} = 6 \cdot 10^{-3}$ [cal cm^{-1} s^{-1}/° C]).

41 e) Man zeige, daß

$$\eta = \frac{\nu}{1 + \alpha} \qquad (41.6)$$

gilt und daß mehr als 10^5 Graphitatome auf ein U 235-Atom kommen, wenn man eine homogene Graphit-U 235-Mischung für $k_\infty = 1{,}05$ herstellt.

§ 42. Leichtwasserreaktoren

Vorteile der Leichtwasserreaktoren, natürliches Uran als Brennstoff nicht verwendbar, Spezialreaktoren, MTR, Bassinreaktoren, Aquariumreaktoren, Tauchsiederreaktoren, Druckwasserreaktoren, die große Sicherheit der Leichtwasserreaktoren, Polyäthylen und Diphenyl als Bremsmittel, Energiereaktoren mit Leichtwasser.

WIGNER dürfte erstmalig darauf hingewiesen haben, daß Leichtwasserreaktoren den großen Vorteil besitzen, thermische Reaktoren mit relativ hohem schnellen Fluß zu sein. Dieser Hinweis leitete 1946 eine Entwicklung ein, die vielversprechend mit dem LITR begann, zum MTR, dem Reaktor mit dem derzeit höchsten Fluß (thermisch $4{,}5 \cdot 10^{14}$, schnell 10^{14}) führte und mit zahlreichen Bassinreaktoren, Tauchsiederreaktoren und Prototypen von Energiereaktoren vorläufig endete.

Die großen Vorteile der Leichtwasserreaktoren sind der niedrige Preis des Bremsmittels, dessen hohe spezifische Wärme sowie seine guten Wärmeübergangszahlen, die Kleinheit der Reaktoren, die Möglichkeit, bei geringen Leistungen (< 200 kW) auf eine Kühlung zu verzichten, die sehr große Sicherheit und der große schnelle Fluß. Nachteilig ist der hohe Preis des angereicherten Urans sowie der Brennstoffelemente, die Zersetzung des Wassers (die jedoch geringer ist als im Wasserkocher), die Unmöglichkeit des Uranbrütens und die kurze Lebenszeit und schlechte Ausnützung der Neutronen.

Die Untersuchungen, ob mit natürlichem Uran und Leichtwasser ein $k_\infty > 1$ erreicht werden kann, wurden in letzter Zeit wieder aufgenommen[140]. Obwohl neue Vorschläge, wie ungleichmäßiges Erhitzen des Uran-Wasser-Gitters, gemacht wurden, bleibt es nach wie vor sehr zweifelhaft, ob Leichtwasserreaktoren mit natürlichem Uran als Brennstoff betrieben werden können; die gemessenen Werte von $k_\infty \approx 1{,}010 \pm 0{,}005$ sind zu klein, um eine Kettenreaktion in einem Reaktor vernünftiger kritischer Abmessungen aufrecht erhalten zu können.

Nach Zweck, Bauweise und Leistung kann man die Leichtwasserreaktoren auf folgende Weise einteilen:

1. *Spezialreaktoren* (meist *Tankreaktoren*), die nur für besondere Zwecke oder zur Erreichung eines sehr großen Flusses gebaut werden (LITR, MTR, ORR, RMF, RPT, TRR, RFT, SPERT, TTR, NTR).

2. *Bassinreaktoren*, auch *Schwimmbadreaktoren* (swimming pool) genannt*, ganz typische Forschungsreaktoren (BSF). Eine Abart hievon ist der *Aquariumreaktor* (GRE).

3. *Tauchsiederreaktoren* (*Siedewasserreaktoren*) sind heiße Reaktoren, die der Dampferzeugung und Energiegewinnung dienen (BORAX 1, 2, 3, EBWR, STR, APPR). Für diesen Typ sind auch die von der englischen Bezeichnung boiling water reactor (nicht zu verwechseln mit water boiler reactor, vgl. § 41) abgeleiteten, sprachlich nicht sehr schönen Namen *Kochendwasserreaktor*, *Siedendwasserreaktor* verwendet worden. Zum Typ des Tauchsiederreaktors gehört auch der *Druckwasserreaktor* (PWR), ein Energiereaktor mit Leichtwasser und angereichertem Uran, bei dem das Sieden durch Druck verhindert wird.

Der erste Leichtwasserreaktor war der LITR (1950); er diente als Vorstufe für den Werkstoffuntersuchungen dienenden MTR. Beide Reaktoren enthalten den Brennstoff, auf 90 bzw. 93% angereichertes Uran (3,4 bzw. 4,1 kg) in der Form von dünnen Platten aus einer Aluminiumlegierung (80 bis 90% Al), die in Aluminiumschutzhüllen eingebettet sind. 10 bis 20

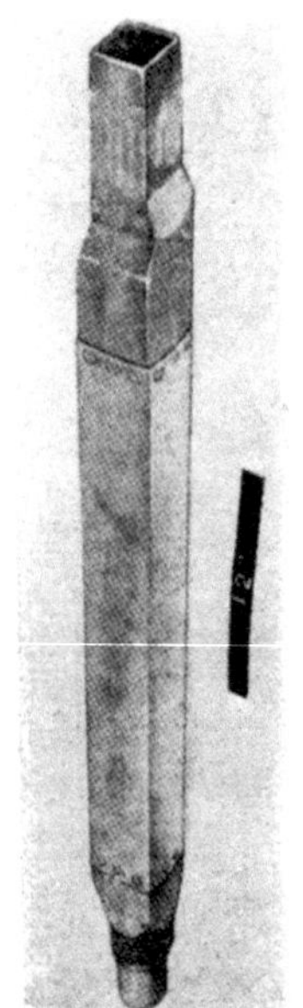
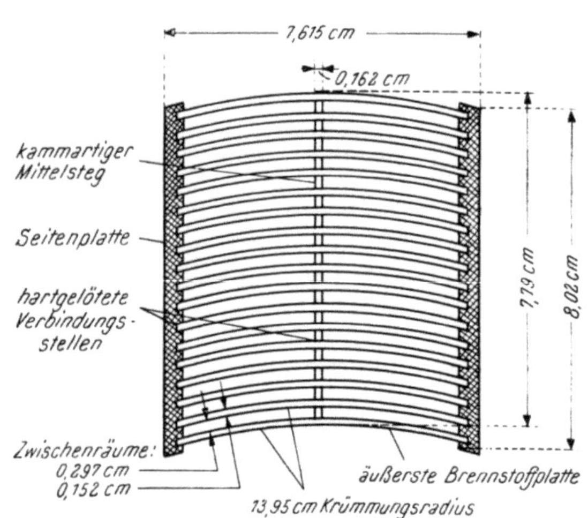

Abb. 81. MTR-Elemente

solcher, etwa 1,5 mm dicker, 6 bis 10 cm breiter und bis zu 70 cm langer Platten werden an den Rändern zu einem Brennstoffelement zusammengeschweißt, das

---

* Gelegentlich wird für den Swimming Pool auch der Name Tauchsiederreaktor verwendet. Dies ist ebenso irreführend, wie die Bezeichnung Wasserkocher oder Kocherreaktor, da auch der Swimming Pool ein kalter Reaktor ist. Hingegen kann der Boiling Water Reactor mit Recht als Tauchsiederreaktor bezeichnet werden.

dann einen Querschnitt von etwa 8,8 cm hat. (Zwischen den Einzelplatten bleibt ein der Kühlung dienender Zwischenraum von etwa 3 mm). Derartige Brennstoffelemente wurden unter dem Namen MTR-*Elemente* bekannt; sie werden in sehr vielen Leichtwasserreaktoren verwendet (vgl. Abb. 81).

Das Volumen V_{Sp}, in dem Spaltprozesse vor sich gehen, ist bei allen diesen Reaktoren infolge der hohen Anreicherung sehr klein — etwa $40 \times 60 \times 70$ cm (LITR). Um die Korrosion der Brennstoffelemente in engen Grenzen zu halten, wird das als Bremsmittel, Reflektor und Kühlmittel verwendete Wasser laufend deionisiert und gereinigt. Außerdem kann man — so wie beim Bassinreaktor — dem Wasser Na_2CrO_4 in der Konzentration $1 : 5 \cdot 10^{-5}$ hinzufügen.

Der MTR hat zahlreiche — über 100 — Bestrahlungsräume, die zum Teil im (inneren) Beryllium- und im (äußeren) Graphitreflektor liegen. Das Schutzschild ist doppelt: Stahl (zwei 10 cm starke Platten) und über 2,7 m Barytbeton (vgl. Abb. 82). Infolge des hohen Flusses ist die Xenonvergiftung so groß, daß es innerhalb einer Zeit von 30 min bis 2 Tagen nach dem Abschalten nicht möglich ist, den Reaktor wieder anzulassen.

Der ORR ist eine etwas kleinere Ausführung des MTR ($5 \cdot 10^4$ kW, $5 \cdot 10^{13}$ therm. Fluß). Der ETR hingegen, der sich noch im Stadium der Planung befindet, soll mit 175000 kW noch den MTR übertreffen. Auch der HPRR (10 MW, Fluß 10^{14}, $2,5 \cdot 10^6$ \$) der pro Dollar Kosten den höchsten Fluß liefern soll, ist noch in Planung.

Abb. 82. Der MTR-Reaktor

Der LITR ist dadurch beachtenswert, daß seine Kontrollstäbe zwecks Vermeidung zu großer Neutronendichtegradienten in ihrem unteren Teil Brennstoff enthalten. (Auch beim MTR enthält jeder Sicherheitsstab 100 g U 235.)

RFT und TRR sind russische Leichtwasserreaktoren. die auf 10% angereichertes Uran in der Form zylindrischer Stäbe in Al-Hüllen enthalten (vgl. Tab. 109).

Der RPT enthält neben Leichtwasser auch Graphit als Bremsmittel und ist vielleicht eher als Graphitreaktor zu bezeichnen, da er aus einem Graphitzylinder vom Durchmesser 2,6 m und der Höhe 2,4 m mit 37 Bohrungen besteht. Er ist durch die Innenkühlung (destilliertes H_2O) der hohlzylindrischen Brennstoffelemente interessant.

Reaktoren mit einem hohen Fluß sind auf geringe Änderungen von k_{eff} nicht sehr empfindlich, so daß sie z. B. für die *Gefahrenkoeffizientenmethode* oder das *Oszillieren* nicht verwendet werden können. Um im MTR bestrahlte Proben gleich nach der Entnahme untersuchen zu können, wurde der RMF-Reaktor

Tabelle 109.

Reaktor	F	Q_{ges} [kW]	Spezifische Leistung [Wg^{-1}]	Brennstoff	Reflektor
LITR.....	$2 \cdot 10^{13}$	3000 (1500)	(530 ?)	3,4 kg 90% U 235 (bzw. 2,8 kg), 51° C, $n = 24$	H_2O + Be (1,5 t)
MTR (ORR)	$4,5 \cdot 10^{14}$	$3 \cdot 10^4$	7500 bzw. 300 [kW l^{-1}]	4,1 kg 93% U 235, $L^2 = 3,5$, 115° C $B^2 = 10^{-2}$, $n_{kr} = 11$	Be (2,6 t) + + Gr (69 t) (luftgekühlt), $L^2_{Refl.} = 625$
TRR	$2 \cdot 10^{13}$	2000	445	4,5 kg 10% U 235, 90° C	(im Bau)
RPT	$8 \cdot 10^{12}$	10^4		Angereichertes Uran in Al, Hohlzylinder, $n = 37$	($\varrho = 1,8$) 1,6 m Gr, He-Atmosphäre 470° C
RFT	$2 \cdot 10^{12}$	300	85	3,5 kg 10% U 235, 70° C, $k^*_\infty = 1,56$	H_2O, $L = 1,5$ cm
BSF-Typ (LIDO usw.)	$5 \cdot 10^{11}$ bis 10^{13} meist 3 10^{12}	$10^2 - 10^3$	30	3 kg 90% U 235 (2,4 kg bei BeO), $k^*_\infty = 1,61$, $B^2 = 0,01$ cm^{-2} $n = 25$, 70 bis 300 [W cm^{-2}]	H_2O, eventuell BeO (10 cm), auch Gr (außen)
GRE	$3 \cdot 10^{11}$	$10 - 100$	25	3,66 kg 20% U 235 (15,27 kg U 238), 23 MTR-Elemente, $k^*_\infty = 1,568$, $\eta^* = 2,09$	H_2O (48 000 lit)
EBWR (1956) ..	$1,6 \cdot 10^{13}$	20 000	25 [kW l^{-1}]	4536 kg natürliches Uran, 270° C, 15 kg U 235 (1,44%), Zr-Hülle: 3 [cal cm^{-2} s^{-1}]	H_2O
Vorläufer 1954 ...	—	15 MW	3,5 MW el.		
PWR.....	(im Bau)	260 000 el. 60 MW	1000 ? bzw. 45 [kW l^{-1}]	52 kg 90% U 235, 12 t U, UO_2, Durchschnitt: 1,5—2% Anreicherung, Zr-U-Legierungen in Zr; 330° C	H_2O, UO_2 (Brüten)

in einen Kanal des MTR eingebaut. Der RMF ist ein Leichtwasserreaktor mit 30 MTR-Elementen.

Der SPERT ist ein der Überprüfung der Sicherheit von Energiereaktortypen (insbesondere Tauchsiederreaktoren) dienender Spezialreaktor (3,86 kg U 235 - Al in Al in $5,4 \cdot 10^4$ cm^3 H_2O), der seit Sommer 1956 in Betrieb ist.

Leichtwasserreaktoren

Kühlung	Steuerung (Stäbe)	Ver-brauch [g d^{-1}]	Bemerkung
4000 lit H$_2$O/min (55 kW), 45° C	4 (Cd + U)	3	pH 5,5 bis 6,5 deionisiertes H$_2$O, 10^6 \$, $p^* = 1$, $f^* = 0,76$, $L^2 = 3,65$ cm^2, $\tau = 64,2$ cm^2, $B^2 = 10^{-2}$ cm^{-2}, $\tau_{Leb.} = 2,63 \cdot 10^{-4}$ s. $k^*_\infty = 1,61$, $k^*_{eff} = 1,05$
$7,7 \cdot 10^4$ l H$_2$O/min, $v = 10$ [ms^{-1}], $8 \cdot 10^5$ [kcal m^{-2} h^{-1}], 45° C	10 (Be-Cd) mit U	40	Q_{ges} erhöht am 26. 9. 1955, schneller Fluß $1,2 \cdot 10^{14}$, $1,8 \cdot 10^7$ \$, $p^* = 1$, $f^* = 0,76$, $\tau = 64,2$, $\tau_{Leb.} = 2,63 \cdot 10^{-4}$. $\tau_{Refl} = 94,2$, $k^*_\infty = 1,61$
H$_2$O, 35° C, $3,8 \cdot 10^8$ [cal m^{-2}h^{-1}]	8 B$_4$C, 1 Stahl	?	900 m^3 H$_2$O/h
25° → 60° C H$_2$O, $2 \cdot 10^9$ [cal m^{-2} h^{-1}], $v = 12$ m/sec	10 B$_4$C (4 im Reflektor)	?	Gr + H$_2$O als Bremsmittel, $L^2 = 250$ cm^2, $\tau = 150$ cm^2
240 m^3 H$_2$O/h 31° C	3 B$_4$C, 1 Stahl	?	Zylindrischer Al-Tank
Freie Konvektion H$_2$O, pH = 6,3, 1,5 [W cm^{-2}], 1,1 [kW l^{-1}], bei 10^3 kW: 10^3 lit/min gepumpt, Wasser-reinheit: 40 ppm, $1,2 \cdot 10^5$ Ω cm	4 Cd-Pb, B$_4$C	0,1—1	$N_{Al} : N_{H_2O} = 0,3$, $3 \cdot 10^6$ ö. S (ohne Labor), γ: $8 \cdot 10^6$ rh^{-1}. an der Wasseroberfläche: 7 mrh^{-1} (5—6 m tiefes Bassin). schneller Fluß 10^{11}—$3 \cdot 10^{12}$. $p^* = 1,0$, $f^* = 0,76$, $L^2 = 3,5$, $\tau = 64,2$, $k^*_{eff} = 1,003$
H$_2$O freie Kon-vektion	3 B$_4$C, jeder $\delta k_{eff} = 2\%$		$N_{Al} : N_{H_2O} = 0,65$, $p^* = 0,97$, $f^* = 0,7721$, $\varepsilon^* = 1,002$, $k^*_{eff} = 1,004$, $B^2 = 8,8 \cdot 10^{-3}$ cm^{-2}, $L^2 = 3,2$ cm^2, $\tau = 59,0$ cm^2. 350 000 \$
Dampf 42 at, 7,6 [kg s^{-1}], 250° C	9 Hf		Druckkessel, 6 cm Wandstärke. 2,14 m Durchmesser, 55 at Prüf-druck, $17 \cdot 10^6$ \$, 5 MW Turbine
H$_2$O 140 at, 275° C, $N_{Pump} = 3600$ kW, 10^9 [cal m^{-2} h^{-1}], Dampf: 42 at	24 Hf	260	$\delta k_{eff}/\delta T \approx 4 \cdot 10^{-4}/°$ C, $38 \cdot 10^6$ \$ (mit Gebäude und Turbogene-rator), Reaktor: 300 \$/kW, $B^2 \approx 52 \cdot 10^{-4}$ cm^2, Personal-stand 50 + 80 (Entwicklung)

Im TTR ($F = 3 \cdot 10^{11}$, 10 kW und $3,4 \cdot 10^9$, 0,1 kW), der ein Leichtwasser-reaktor 90 prozentigem U 235 (Al—U) ist, werden neben dem Leichtwasser Kohlen-wasserstoffe, wie Polyäthylen versuchsweise als Bremsmittel verwendet. Dieser Reaktor ist ein Hohlzylinder, der in seinem Inneren eine zylindrische thermische Säule (Radius 15 cm) enthält, in deren axiale Bohrung Proben eingeführt werden können. Der Brennstoff ist in der Form kleiner runder Plättchen, zwischen denen Polyäthylenscheiben liegen, in einem Wasserbad ringförmig um die thermische Säule angeordnet.

Der NTR ist eine Weiterentwicklung des TTR, der als Forschungsreaktor für Werkstoffprobleme, Brennstoffelement-Metallurgie, reaktoranalytische Zwecke usw. kommerziell vertrieben wird (30 kW, $9 \cdot 10^{11}$ thermischer Fluß,

Abb. 83. Blick in den Reaktorkern eines Bassinreaktors (GRE). (Die Čerenkovstrahlung (vgl. S. 302) ist deutlich zu sehen; infolge der Spiegelung an der Wasseroberfläche ist die Leuchtschrift verkehrt)

$2,3 \cdot 10^{11}$ schneller Fluß, 2,5 kg angereichertes Uran 235, etwa 900 000 DM). Auch der OMRE mit Diphenyl als Bremsmittel gehört zu diesen Spezialreaktoren.

Bassinreaktoren[140] werden heute in sehr vielen Ländern für die Verwendung als Forschungsreaktoren vorgesehen*. Der erste war der BSR; inzwischen wurden von vielen Universitäten und Forschungsinstituten ähnliche Reaktoren bestellt. Im Vergleich zum Wasserkocher ist der Bassinreaktor allerdings teurer (mehr Brennstoff, nicht so einfacher Bau). Trotz der hohen Kosten und der Unmöglich-

---

* Vgl. die Übungsbeispiele 32 b, 32 e, 32 f, 33 d.

keit, den Reaktor als γ-Strahlenquelle zu verwenden, wird der Bassinreaktor vielfach dem Wasserkocher vorgezogen. Obwohl die Brennstoffelemente auch im Bassinreaktor der korrosiven Wirkung des (allerdings deionisierten) Wassers ausgesetzt sind, sind die Korrosionserscheinungen im Vergleich mit denen beim Wasserkocher unbedeutend. Ein großer Vorteil des Bassinreaktors ist es, daß man in den Reaktorkern hineinsehen kann (vgl. Abb. 83) und daß große Stücke in das Bassin hineingehängt werden können.

Bassinreaktoren benötigen bis zu einem Fluß von etwa $5 \cdot 10^{11}$ (etwa 200 bis 300 kW) keine Kühlanlage — die freie Konvektion des gleichzeitig als Bremsmittel, Reflektor und Kühlmittel dienenden Bassinwassers reicht vollkommen zum Abtransport der erzeugten Wärme aus (vgl. Übungsbeispiel 33 d). Ein weiterer großer Vorteil ist die Möglichkeit, den Reaktorkern als ganzes innerhalb des Bassins zu verschieben; auch der Wechsel der Brennstoffelemente kann mit Hilfe langer Stangen vorgenommen und direkt beobachtet werden (vgl. Abb. 84). Die Brennstoffelemente des Bassin-

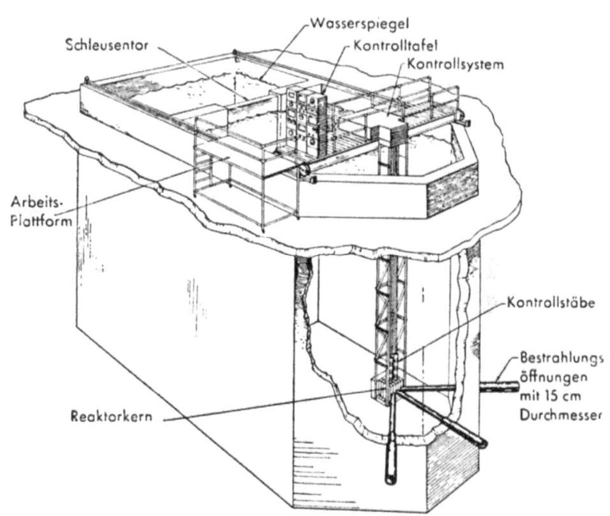

Abb. 84. Bassinreaktor mit zweitem Bassin (Pennsylvania State University Reactor)

reaktors sind vom MTR-Typ; je 10 bis 18 UAl + Al-Platten sind zu einem Element zusammengefaßt, das außen mit Al oder Be umschlossen ist (vgl. Abb. 85). 90 %iges U 235 enthalten z. B. GTR (10^{12}), BMR (1 MW), NRL/10^2 kW).

Obwohl der Bassinreaktor bezüglich Sicherheit vom Wasserkocher übertroffen wird, ist er noch immer als sehr sicher zu bezeichnen. Kommt es zu sehr großen Leistungssteigerungen oder zu einem Versagen der Kühlung (eine solche ist ja über 250 kW notwendig), dann gerät das Bassinwasser (etwa 150 t) ins Kochen, seine Dichte sinkt und die Kettenreaktion kommt zum Stillstand.

Bassinreaktoren vom BSR-Typ werden als Forschungsreaktoren oder als Reaktoren für die medizinische Therapie (10^{10} Bestrahlungsfluß) von mehreren Firmen erzeugt und zum Preise von etwa 600 000 bis $2 \cdot 10^6$ DM vertrieben (ohne Gebäude und Labor; diese eingeschlossen und mit BeO-Reflektor etwa $2 \cdot 10^6$ DM). Der Brennstoffbedarf liegt je nach der verlangten Leistung (100 bis 1000 kW, Fluß $5 \cdot 10^{11}$ bis 10^{13}) und ob ein Be-Reflektor verwendet wird oder nicht, zwischen 2,5 und 4 kg U 235. Der Anreicherungsgrad spielt kaum eine Rolle; der GRE braucht 3,66 kg 20prozentiges oder 3,50 kg 90prozentiges U 235. Bei einem Bassinreaktor bis 10^3 kW Leistung ergibt sich an der Oberfläche des Reaktorkerns eine γ-Dosis von 50 [rh^{-1}] pro Watt und nach 7 m Wasser von $2 \cdot 10^{-10}$ [rh^{-1} W^{-1}]. Für schnelle Neutronen gilt 10^4 [mrad h^{-1} W^{-1}] und nach 1,4 m Wasser 10^{-4} [mrad h^{-1} W^{-1}]. (Ein Wasserkocher von 500 W kommt im Mittelpunkt auf 10^5 [rh^{-1}] und $2 \cdot 10^{10}$ thermische Neutronen/cm^2 s).

Der MERLIN ist ein englischer Hochleistungs-Bassinreaktor (5 MW, 30 kg UO_2 oder 6 kg U mit 20% U 235), der die gleiche Leistung besitzt wie der OMEGA WEST in Los Alamos.

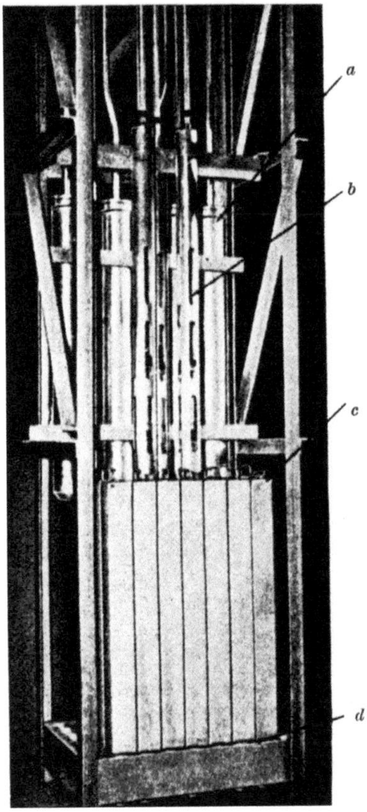

Eine leichte Abart des Bassinreaktors BSR ist der *Aquariumreaktor* GRE, der als *Demonstrationsreaktor* eine ganz einfache Konstruktion besitzt. Der ARGONAUT ist ein Bassinreaktor (20prozentiges U 235, 100 000 Dollar, 10 kW), der für Ausbildungszwecke gedacht und vollkommen „narrensicher" ist (automatisches Auspressen des H_2O mit Druckgas (N_2) bei falscher Bedienung).

Werden Leichtwasserreaktoren mit MTR-Elementen zur Energieerzeugung verwendet, dann spricht man von *Tauchsiederreaktoren*[141] (*Siedewasserreaktoren*). Dieser Typ ist als Energiereaktor billiger als andere Typen, da der Wasserdampf im Reaktor selbst erzeugt wird und der Dampferzeuger wegfällt. Die Wände des Reaktortanks müssen außerdem nicht so dick sein wie bei denjenigen Leichtwasserreaktoren, in denen sehr hohe Drucke herrschen müssen, um das Sieden des Wassers zu verhindern (*Druckwasserreaktoren*). Bei diesem Typ werden jedoch die Neutronen besser ausgenützt als beim Tauchsiederreaktor, da das Wasser in letzterem zum Kochen kommt. Die erforderliche Pumpleistung ist hingegen beim Tauchsiederreaktor geringer, da lediglich das kondensierte Wasser in den Reaktor zurückgepumpt werden muß. Ein Nachteil dieses Typs sind die hohen Kosten der angereicherten Spaltstoff enthaltenden korrosionsfesten und vollkommen dichten Brennstoffelemente sowie die (bloß induzierte!) Radioaktivität des vom Reaktor erzeugten Wasserdampfes. Da jedoch Dampf eine geringere Dichte als Wasser hat, ist seine Radioaktivität nicht so konzentriert; trotzdem

Abb. 85. Der Reaktorkern eines Bassinreaktors (mit Magnet für die Kontrollstäbe)

a Ionisationskammer, *b* Magnet-Schutzhülse, *c* Beryllium-Reflektor, *d* Gitterplatte

müssen sich natürlich alle dampfführenden Teile, also auch die Turbine, hinter einem Schutzschild befinden, was bezüglich der Wartung nachteilig ist. Würde man in homogenen Reaktoren die Brennstofflösung zum Sieden bringen, so wäre der aus ihr entstehende Dampf viel stärker radioaktiv; würde man andererseits in Kühlschlangen, die in den Tank eines homogenen *heißen* ($> 100°$ C) Wasserkochers gelegt werden, Wasser zum Sieden bringen, so wäre die induzierte Radioaktivität des so erzeugten Dampfes nicht größer als die Radioaktivität des Dampfes vom Tauchsiederreaktor. Ein wesentlicher Vorteil des Tauchsiederreaktors ist seine große Sicherheit, die in mehreren Experimenten, bis zur explosionsartigen Zerstörung des Reaktors, also unter ganz extremen Bedingungen, bestätigt wurde. Dieser Reaktor ist so stark selbststabilisierend, daß die Schwankungen des Dampfbedarfes der Turbine allein zur Steuerung ausreichen: Das

Dampfventil steuert die Kettenreaktion, so daß Regulierstäbe unnötig werden*
(vgl. S. 223 und Übungsbeispiel 42b). Trotzdem enthält jeder Tauchsiederreaktor Sicherheits- und Abstellstäbe. Ungeachtet der Sicherheit dürfen jedoch
die Abstellstäbe beim Anlassen nicht allzu schnell herausgezogen werden, da
infolge der Anreicherung des Brennstoffes (τ_{Leben} klein) und der Notwendigkeit,

Abb. 86. Absichtlich herbeigeführte Explosion eines Tauchsiederreaktors (Freigabe von 135 MWs)

wegen der Xenonvergiftung in großen Energiereaktoren k_{eff} groß zu machen,
die Reaktorperiode sehr klein werden kann, so daß die Neutronenvermehrung
zu heftig erfolgen kann (vgl. Abb. 86).

Die drei BORAX-Reaktoren
(1953—1955; 90% angereichertes
Uran, etwa 3,6 kg und mehr, U-Al-
Legierung in Al, 22 W l⁻¹, BORAX 3
15000 kW thermisch, 2500 kW
elektrisch, 11,8 kg 90-prozentiges
U 235, 215° C, $n = 88,550000$ $, Hf-
Stäbe), waren die ersten Tauchsiederreaktoren, die so zufriedenstellend
arbeiteten, daß man sich entschloß,
den EBWR zu bauen. Alle diese
Reaktoren enthalten Brennstoffelemente vom MTR-Typ. Beim
EBWR enthalten nur einige Elemente
angereichertes, die restlichen natürliches Uran. Würden nämlich alle
Elemente angereichertes Uran enthalten, dann würde die Empfindlichkeit steigen, wenn das Wasser den
Druckkessel verläßt (vgl. Übungsbeispiel 42b). (Außerdem ist angereichertes Uran teuer und man benötigt im Durchschnitt nur eine
schwache Anreicherung um $k_\infty > 1$
zu erhalten.)

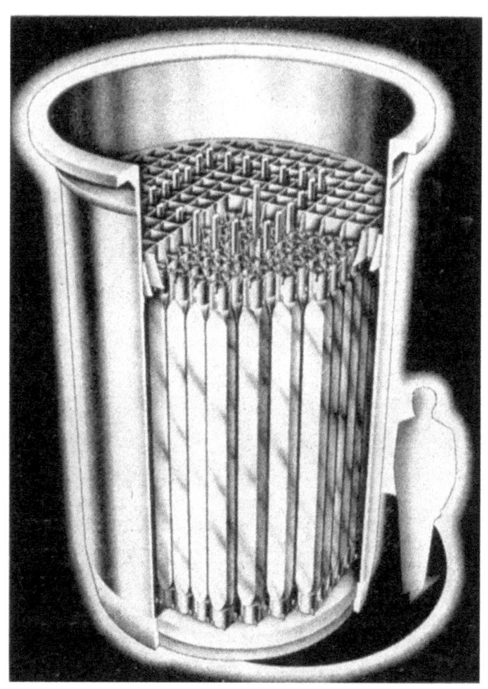

Abb. 87. Drucktank des PWR mit Brennstoffelementen

Die Energiereaktoren STR,
APPR und PWR (vgl. Abb. 87) sind *Druckwasserreaktoren*, d. h. das als
Bremsmittel und Kühlmittel dienende Leichtwasser wird im Reaktortank so unter

---

* Der Einfluß von Luft-(Dampf-)blasen auf die Reaktorempfindlichkeit wird
derzeit (Winter 1956/1957) von ERIKSON im JENER-Institut (vgl. S. 443) vermittels
des Reaktoroszillators eingehend untersucht.

Druck (40 bis 140 at) gehalten, daß es nicht zum Kochen kommt (vgl. Abb. 88). Das erhitzte Wasser dient dann zur Beheizung von einem oder mehreren Dampferzeugern (4 beim PWR).

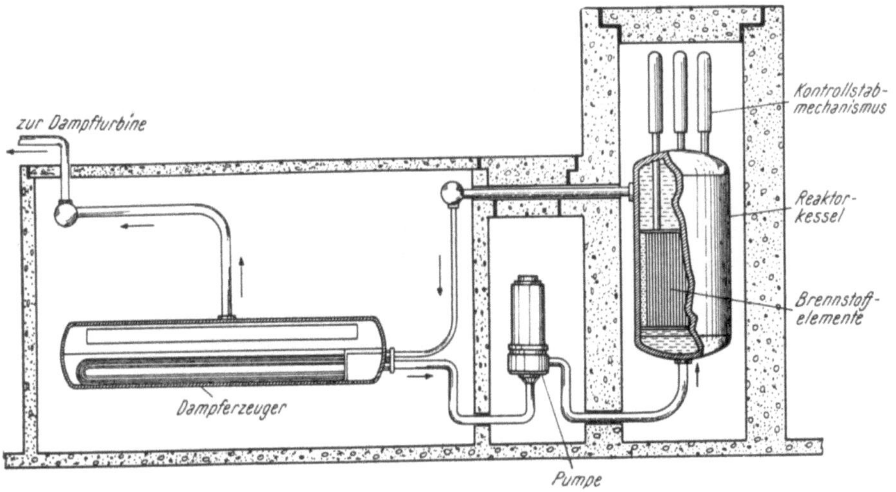

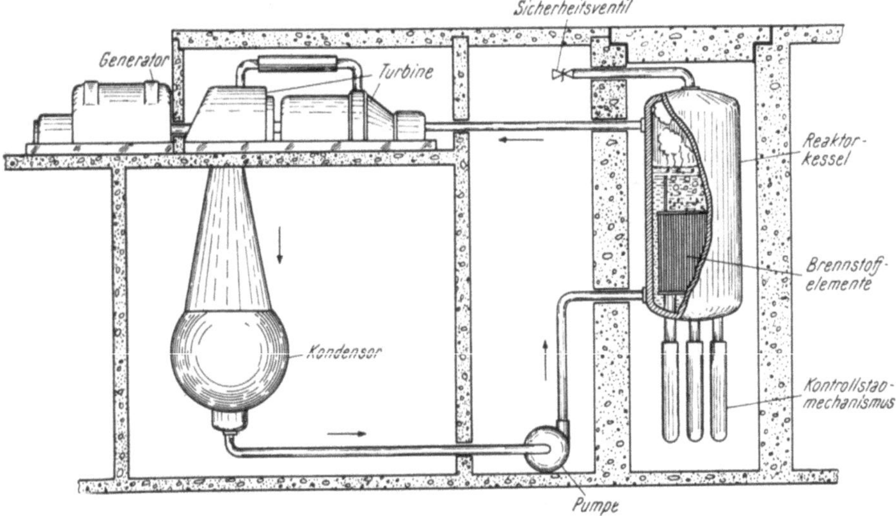

Abb. 88. Druckwasserreaktor und Tauchsiederreaktor

Über den STR, der eine Leistung von etwa 60 000 (18 000 ?) kW hat* und zirka 900 g U pro Monat verbraucht, ist nicht viel mehr bekannt geworden, als daß seine Brennstoffelemente — ebenso wie die des EBWR — eine Zirkoniumhülle haben. Der APPR ist ein kleines transportables Kraftwerk (10 MW, Zylinderdurchmesser 9,75 m, Höhe 18,3 m, $2 \cdot 10^6$ Dollar) und ist für die Energiever-

---

* Angeblich 8000 PS Antriebsleistung bei einer Dampftemperatur von 350° C. Das Kühlmittel hat bei 140 ata 245° C; der 1954 in das U-Boot Nautilus eingebaute Reaktor hat ca. $2 \cdot 10^7$ $ gekostet.

sorgung von entlegenen Stützpunkten und als Vorstufe für Flugzeugantriebsreaktoren gedacht (Nachfüllung 3,6 kg alle 12 Monate).

Leichtwasserreaktoren mit 10prozentigem Uran 235 und einer Leistung von 2000 kW werden von der Sowjetunion als Forschungsreaktoren geliefert; der erste dieser Reaktoren ist seit Sommer 1956 in Bukarest in Betrieb.

Im OMRE (einem Bassinreaktor mit hoch angereichertem Uran, $F = 5 \cdot 10^{13}$, $Q_{ges} = 16$ MW) wurde erstmals eine wasserstoffhaltige organische Verbindung (Diphenyl) als Brems- und zugleich als Kühlmittel verwendet, wobei ihre Strahlungsfestigkeit überprüft wird. Würde es gelingen, strahlungsfeste organische Substanzen zu finden, so wäre das Korrosionsproblem gelöst.

Übungsbeispiele

42 a) Man überprüfe, ob die folgenden Meßergebnisse (Kouts et al[140]) mit a) der Theorie der stetigen Bremsung, b) der Eingruppentheorie übereinstimmen. Bei den Messungen handelt es sich um Exponentialexperimente mit zylindrischen Uranstäben (Radius 0,762 cm) in H_2O, Anreicherungsgrad 1,143%, $V_{H_2O} : V_U = 1,5$; $B^2 = 40,1 \cdot 10^{-4}$ cm^{-2}, $\varepsilon^* = 1,074$, $f^* = 0,917$, $L_{eff}^2 = 35,55$ cm², $k_\infty^* = 1,143$. Man schätze die Stablänge und die Größe der Einzelzelle ab. (Insgesamt wurden etwa 2,3 t Uran verwendet.) Man verifiziere (Theorie der stetigen Bremsung)

$$\frac{e^{-B^2 \tau}}{1 + L^2 B^2} \approx e^{-L_{eff}^2 B^2} \tag{42.1}$$

und

$$L_{eff}^2 \approx \frac{d\ln f^*}{dB^2} \tag{42.2}$$

Mit Hilfe dieser Formel wird oft L_{eff} experimentell bestimmt.

42 b) Man überlege, wie die folgenden Umstände zur Selbststabilisierung des Tauchsiederreaktors beitragen:

1. Verkleinerung von p^* infolge Verminderung der Leichtwassermenge beim Verdampfen;

2. Vergrößerung von f^* infolge Verminderung der Leichtwassermenge beim Verdampfen;

3. Vergrößerung des Prozentsatzes der entweichenden Neutronen beim Verdampfen;

4. Dampfblasenbildung und Änderung der mittleren Dichte;

5. der negative Temperaturkoeffizient. (vgl. § 28).
(1 und 3 allein überwiegen sämtliche die Empfindlichkeit steigernden Effekte.)
Inwieweit hängen die Effekte 1 bis 3 vom Anreicherungsgrad und vom Verhältnis Brennstoffmenge zu Bremsmittelmenge ab?

42 c) Die höchste Leistung, die einem Reaktor entnommen werden kann, ist näherungsweise durch

$$Q_{ges} = \gamma \, n \, f \, (\hat{T}_2 - T_5) \tag{42.3}$$

gegeben; $\hat{T}_2$ (bzw. T_3) ist durch die Eigenschaften der Schutzhülle festgelegt. Je tiefer die Austrittstemperatur des Kühlmittels T_5 ist, desto mehr Energie kann man zwar dem Reaktor entziehen, mit desto kleinerem Wirkungsgrad arbeitet aber die Dampfturbine. Es gibt daher ein Optimum der Austrittstemperatur T_5, die man demgemäß *nicht* nach (32.35), sondern vom Standpunkt des besten thermodynamischen Wirkungsgrades der gesamten Anlage bestimmen wird. Andererseits bestimmt die Temperatur des der Turbine zugeführten Dampfes Größe und Preis des Dampferzeugers, und oft sind Temperaturen und Drucke, die thermodynamisch günstig wären, kernphysikalisch ungünstig. Bei der Berechnung von Tauchsieder- oder Druckwasserreaktoren muß daher die Berechnung der Gesamtanlage mit variierten Parametern mehrmals durchgeführt werden, bis man wirklich das technische und wirtschaftliche Optimum gefunden hat. Man diskutiere diese Verhältnisse an Hand eines selbstgewählten Beispieles.

42 d) Man berechne den GRE nach der Zweigruppentheorie.

42 e) Das Wasser eines Bassinreaktors (48 000 lit) zeigt einen Tag nach dem Abstellen des Reaktors eine Aktivität von 3 Zerfallsprozessen pro sec und pro cm^3. Während des Betriebes waren folgende Aktivitäten vorhanden:

Al 27 (n, γ) Al 28, $\tau = 2{,}3$ min, $\sigma_A = 0{,}21$ barn, 33 Zerfallsprozesse pro sec und cm^3.

Al 27 (n, p) Mg 27, $\tau = 9{,}5$ min, $\sigma_A = 2{,}8$ mbarn, 8 Zerfallsprozesse pro sec und cm^3.

Al 27 (n, α) Na 24, $\tau = 15{,}1$ h, $\sigma_A = 0{,}6$ mbarn, 6 Zerfallsprozesse pro sec und cm^3.

Na 23 (n, γ) Na 24, $\tau = 15{,}1$ h, $\sigma_A = 0{,}4$ barn, 6 Zerfallsprozesse pro sec und cm^3.

Mn 55 (n, γ) Mn 56, $\tau = 2$ h, $\sigma_A = 13$ barn, 1 Zerfallsprozeß pro sec und cm^3.

Darf man dieses Wasser trinken, bzw. wie lange muß man warten, bis es trinkbar ist?

42 f) Ein Bassinreaktor besitze 16 Brennstoffelemente, von denen jedes 5 Platten einer Al-U-Legierung (77,3% Al, 22,7% U) enthält. Insgesamt sind 3 kg 90%iges U 235 vorhanden. $V_{Al} : V_U = 0{,}3$. Die Platten sind 60 cm lang, 7,5 cm breit, 0,12 cm dick, die Al-Hülle ist beiderseits 0,06 cm dick. Der Reaktor ist also $30 \times 30 \times 60$ cm groß, der Plattenabstand beträgt 1,25 cm, der Fluß ist $5{,}8 \cdot 10^{11}$ und die Leistung 100 kW. Man berechne f^* und $N_H : N_{U\,235}$. Wieviel g U 235 enthält jede Platte?

§ 43. Schwerwasserreaktoren

Vorteile und Nachteile der Schwerwasserreaktoren, natürliches, leicht und hoch angereichertes Uran als Brennstoff, verschiedene Kühlmittel, Beschreibung von Schwerwasserreaktoren, der Unfall beim NRX, Schwerwasserreaktoren zur Energieerzeugung, der deutsche Schwerwasserreaktor des Jahres 1945, Berechnung des CP 3.

Wie wir bereits besprochen haben, ist vom physikalischen Standpunkt aus Schwerwasser das ideale Bremsmittel; Schwerwasserreaktoren besitzen daher eine Reihe von Vorteilen: Infolge der guten Bremseigenschaften des D_2O erhält man einen hohen thermischen Fluß und dadurch günstige Brüteigenschaften, der schnelle Fluß ist allerdings klein. Die mittlere Lebensdauer τ_{Leben} bzw. τ_{Sp} der Neutronen ist infolge des kleinen Absorptionsquerschnittes des D_2O sehr groß*; infolge des großen k_∞ kann der Brennstoff, ohne zu große Rücksicht auf Vergiftung, viel besser ausgenützt werden; als Brennstoff kann das relativ billige natürliche Uran verwendet werden; Schwerwasserreaktoren sind kleiner und kompakter (vgl. Übungsbeispiel 43a) als z. B. Graphitreaktoren. Schließlich hat das Schwerwasser viele der günstigen Eigenschaften des H_2O wie hohe spezifische Wärme, große Wärmeübergangszahlen und große Sicherheit.

Diesen Vorteilen stehen eigentlich nur zwei Nachteile gegenüber: die hohen Kosten des D_2O (und damit verbunden der Zwang, Ventile und Rohrverbindungen absolut dicht zu halten), sowie die hohe chemische Aktivität, der hohe Dampfdruck, kurz, alle Nachteile des H_2O, einschließlich der Zersetzung (alle Schwerwasserreaktoren müssen $D_2 - O_2$-Rekombinationsanlagen besitzen.)

Da der Preis des D_2O sicher sinken wird, ist anzunehmen, daß die Schwerwasserreaktoren in der Zukunft eine große Verbreitung finden werden[142].

Schwerwasserreaktoren kann man nach dem Anreicherungsgrad des Brennstoffes einteilen:

1. Natürliches Uran, gekühlt durch freie D_2O-Konvektion (CP 3, JEEP, ZOE, SLEEP), durch komprimiertes Gas (P 2), durch H_2O (NRX) oder durch D_2O (NRU).

2. Leicht angereichertes Uran (1—20%) (EL 3).

3. Hoch angereichertes Uran (90%) (CP 5, E 443, CP 3').

Schwerwasserreaktoren mit natürlichem Uran sind *die* gegebenen Forschungsreaktoren für Länder, die infolge der hohen Kosten einer Isotopentrennanlage

---

* Der Neutronenfluß im D_2O sinkt daher nach außen nur sehr langsam ab.

über kein angereichertes Uran verfügen*; sie werden fast durchwegs als Tankreaktoren gebaut. Der erste Schwerwasserreaktor (CP 3), der noch während des Krieges auf Anregung von Wigner durch Zinn gebaut wurde, trat am 15. Mai 1944 in Betrieb (vgl. Tab. 110). Er besteht aus einem zylindrischen Aluminiumtank, in den 120 zylindrische Stäbe (2,8 cm dick, 1,80 m lang) aus natürlichem Uran mit Al-Schutzhülle, hineinhängen; im Tank sind zirka 6,5 t Schwerwasser. Dieses wird durch Pumpen einem Wärmeaustauscher zugeführt und dort mit Leichtwasser gekühlt. Der Tank ist von einem etwa 70 cm dicken Graphitreflektor umschlossen, der seinerseits von einem 2,5 m dicken Betonschutz umgeben ist.

Um das Schwerwasser nicht mit der Luftfeuchtigkeit in Kontakt zu bringen (wodurch eine Verdünnung mit H_2O zustande käme), ist der Raum oberhalb des Al-Tanks mit Helium gefüllt, das laufend gereinigt wird. Hiebei wird das erzeugte Knallgas abgetrennt und auf katalytischem Wege wieder zu D_2O vereinigt.

Infolge der Korrosion der Al-Schutzhülle einiger Brennstoff-Elemente wurde der CP 3 im Jahre 1950 zerlegt und als CP 3′ mit auf 90 Gewichtsprozent angereichertem U 235 (Al-Legierung, 98% Al) wieder aufgebaut. Durch diese Maßnahme stieg bei gleicher Leistung (300 kW) der Fluß von $5 \cdot 10^{11}$ auf $4 \cdot 10^{12}$. An seiner Unterseite trägt der Al-Tank ein Sicherheitsventil, das sich bei Gefahr öffnet und das Schwerwasser raschest in ein unterhalb des Reaktors befindliches Gefäß abfließen läßt. (Fast alle Schwerwasserreaktoren besitzen diese zusätzliche Sicherheitseinrichtung.)

Beim NRX half jedoch auch diese Maßnahme nicht — beim Auftreten von zwei Lecks drang das Kühlwasser in den Luftkanal und von dort durch das zweite Leck in das Schwerwasser (vgl. Abb. 57), so daß auch dieses verseucht wurde, bevor es ausgelassen werden konnte.

Neben den Doppelrohren zur Wasser- und Luftkühlung besitzt der NRX die Besonderheit, daß seine Steuerung nicht durch B- und Cd-Stahlstäbe, sondern auch durch Variieren des Schwerwasserspiegels erfolgen kann. Der NRX ist ein Reaktor mit sehr hoher Leistung, der bis zum Bau des MTR der stärkste Reaktor der Welt war.

JEEP und SLEEP sind in Norwegen bzw. Schweden nach dem Muster des CP 3 gebaut worden. SLEEP dürfte der einzige Reaktor sein, der unterirdisch angelegt ist.

Der ZEEP, schon 1945 in Kanada erbaut, diente als Vorstufe des NRX (10 W, Fluß 10^8, 10 t D_2O).

Die ZOE in Frankreich wurde zunächst einige Zeit mit UO_2, später, als auch Frankreich metallisches Uran zu Verfügung stand, mit diesem betrieben. Der zweite französische Schwerwasserreaktor, P 2, ist dadurch bemerkenswert, daß er der einzige ist, der Gaskühlung besitzt. Als Kühlmittel wurde zunächst N_2 verwendet — Luft wird wegen ihres Argongehaltes viel stärker radioaktiv als Stickstoff, in dem nur C 14 entsteht, das ein weicher Betastrahler ist. Später ging man zu CO_2 über, das einen kleineren Absorptionsquerschnitt und eine bessere Wärmeübergangszahl besitzt. Infolge der größeren Dichte des Kohlen-

---

* Für Länder, die Atomabkommen mit den USA treffen, stellen diese 6 kg 20%iges U 235 zur Verfügung; auch England und die UdSSR haben solche Hilfsprogramme angekündigt.

Tabelle 110.

Natürliches Uran	F	Q_{ges} [kW]	Brennstoff	Reflektor
CP 3......	$8 \cdot 10^{11}$	300	3 t natürliches Uran in Al, $n = 120$, $\varepsilon^* = 1{,}031$	66 cm Gr
JEEP	10^{12}	350	2,5 t natürliches Uran in Al 130° C, $n = 65$	70 cm Gr, 33 t
ZOE......	10^{12}	150	1,8 t natürliches Uran in Al, (vorher 3,55 t UO_2), 150° C $n = 69$	15 cm D_2O + + 90 cm Gr
P 2 (Cyrano)	$8 \cdot 10^{12}$	2000	3,3 t natürliches Uran in Al, $n = 136$, He-Atmosphäre	zirka 1 m Gr
NRX	$6{,}8 \cdot 10^{13}$	40000	10,5 t natürliches Uran in Al, $n = 176$, 18 t D_2O	58 t Gr + + 6 cm Th
HWR	$2 \cdot 10^{12}$	500	Natürliches Uran in 0,1 cm Al, $n = 120$, zylindrische Stäbe 2,2 cm dick, 160 cm lang	1 m Gr

Durchschnittswerte: $\varepsilon^* = 1{,}031$, $L^2_{eff} = 237$ cm², $B^2 = 5$ bis $8 \cdot 10^{-4}$ cm², $\tau_{Sp} = 0{,}7$ bis $2 \cdot 10^{-3}$

Angereichertes Uran	F	Q_{ges} [kW]	Brennstoff	Reflektor
CP 3′.....	$4 \cdot 10^{12}$	300	4,1 kg 90% U 235, $n=120$, 2% U, 98% Al, 43° C	1 t D_2O Gr
CP 5......	$3 \cdot 10^{13}$	4000 (maximal)	2,11 kg 90% U 235, $n=160$ (16 × 10), U-Al-Legierung, $p^*=1$, $f^*=0{,}9$, $L^2=87{,}5$ cm², $\tau=128$ cm², $\tau_{Leben}=10^{-3}$ s, $k^*_\infty=1{,}85$, $k^*_{eff}=1{,}125$, $B^2 = 3 \cdot 10^{-3}$ cm², für $\Delta k^*_{eff} = 0{,}01$ sind 0,08 kg U 235 nötig, spezifische Leistung: 870 [Wg⁻¹]	0,3 t D_2O, 30 t Gr, 200° C

dioxyds ist jedoch eine größere Pumpleistung erforderlich, so daß man, um die gleichen Pumpen verwenden zu können, gezwungen war, den Druck von 10 auf 7 at zu erniedrigen.

Der russische HWR (1949) unterscheidet sich nicht wesentlich von den anderen Schwerwasserreaktoren — ganz allgemein kann man sagen, daß die meisten Schwerwasserreaktoren mit natürlichem Uran einander sehr ähnlich sind (500 kW, $2 \cdot 10^{12}$, 3 t U, 5 t D_2O).

DIMPLE ist ein kleiner, in Harwell seit Juli 1954 in Betrieb stehender Schwerwasserreaktor mit geringer Leistung (100 W, Fluß 10^8), während der NRU, im Laufe des Jahres 1956 fertiggestellt, ein Hochleistungsreaktor ist (Kanada,

Schwerwasserreaktoren

Kühlung	Steuerung	Bemerkung
760 lit/min	$2 + 3 + 2$ Stäbe Cd in Al	$2 \cdot 10^6$ \$, 6,5 t D_2O; SLEEP ähnlich, (Al-Mg-Hülle)
4 lit/sec, $20° \to 40°$ C	$18 + 1$ Stäbe (B_4C + Cd)	$2,2 \cdot 10^6$ \$, 7 t 99,8%iges D_2O; zylindrische Stäbe, 30 cm lang
D_2O	4 Cd-Stäbe	4,6 t D_2O; Würfel, Kanten 4,7 m (außen), 1,5 m Betonschild
CO_2, 7 atü, 70 [t h^{-1}]	2 Cd-, 2 B_4C-Platten, 2 Cd-Stäbe	6,3 t D_2O; $h_{krit} = 224$ cm; $R_{krit} = 132$ cm, insgesamt 7,2 t D_2O, 10^9 ffr, 2,25 m Beton
H_2O, Luft, D_2O-Zirkulation 900 lit/min	$18 + 1$ Stäbe (B_4C + Cd) D_2O-Spiegelveränderung	10^7 \$, Unfall 12. 12. 1952, 2,5 m Betonschild
D_2O 21 [m^3 h^{-1}], $30 \to 60°$ C, D_2O-Verlust < 10 [g d^{-1}]	4 Cd-Stäbe, D_2O-Ventil	Al-Tank 175 cm Durchmesser, 195 cm hoch. $\partial k_{eff}/\partial T = -1,4 \cdot 10^{-4}/°$ C, D_2O durch H_2O gekühlt

Kühlung	Steuerung	Bemerkung
Zirkulation D_2O, 760 lit/min	$2 + 1 + 4$ Cd in Al (Stäbe)	4,7 t D_2O, $M_{krit} = 3,8$ kg; Verbrauch an Brennstoff 0,29 [g d^{-1}]; spezifische Leistung 78 [Wg^{-1}]
D_2O 3800 lit/min, $v = 1,6$ m/sec, $q = 6,5$ [cal cm^{-2} s^{-1}], H_2O: 3800 lit/min	$4 + 1$ Cd in Al, D_2O-Ventil, Kühlung	6,5 t D_2O (+ 0,3); mindest 2,5 t D_2O; He-Atmosphäre, 0,84 [gd^{-1}] Verbrauch (U 235), bei max. möglichem 10%igem Abbrand etwa 180 MW-Tage Lebensdauer des Brennstoffes, schneller Fluß 10^{12}, epithermischer Fluß 10^{13}, $2 \cdot 10^6$ \$ (ohne U und D_2O) (Die Angabe über den Verbrauch bezieht sich auf den Dauerbetrieb mit mittlerer Leistung).

200 000 kW, $F = 3 \cdot 10^{14}$), der zur Pu-Erzeugung und für Werkstoffuntersuchungen dient (15 t D_2O, 10 Cd-Stäbe).

Der heterogene SUSPOP (175 t UO_2, 700° C, 300 000 kW, mit Gas (He) in BeO-Röhren durch max. 300° C heißes D_2O geblasen) und der SRR (4,6 t nat. Uran, 11 t D_2O, 12 500 kW, $F = 2,5 \cdot 10^{13}$, zirka $29 \cdot 10^6$ sfr. mit Gebäude und Labor) sind noch im Planungsstadium.

Auch in Italien bestehen beim CNRN (Comitato Nazionale per le Ricerche Nucleari) Pläne zur Errichtung eines 10 MW Schwerwasser-Reaktors mit natürlichem Uran als Brennstoff (Laboratori CISE*, Milano).

---

* Centro Informazione Studi Esperienze.

Bisher wurde unseres Wissens nur ein einziger *Schwerwasserreaktor mit leicht angereichertem* Uran gebaut, der EL 3 (Saclay, Frankreich), während

Schwerwasserreaktoren mit hoch angereichertem Uran schon einige in Betrieb sind: CP 3′, CP 5, DIDO (E 443) mit 2,5 kg U 235 und 10 000 kW; PLUTO, der dem DIDO gleicht, ist noch im Bau (beide Reaktoren haben einen Fluß von 10^{14}).

Der CP 5 ist ein infolge seines hohen Flusses und seiner vielen Experimentiermöglichkeiten berühmter Forschungsreaktor, der seit kurzem von mehreren Firmen in teilweise leicht abgeänderter Form kommerziell vertrieben wird (5000 bzw. 1000 kW, $F = 10^{14}$ bzw. 10^{13}, 2,2 kg U 235 bzw. 1,9 kg U 235 und 2,5 t D_2O). Er besteht aus einem zylindrischen Al-Tank, der 12 bis 17 Brennstoffelemente enthält. Jedes Element besteht aus etwa 10 leicht gekrümmten Platten aus einer Uran-Legierung (2% Uran auf 90% angereichert, 98% Al). die 0,051 cm dick sind und beiderseits mit 0,051 cm Al bedeckt sind (vgl. Abb. 89).

Die Kühlung des Reaktors erfolgt durch Zirkulation des als Bremsmittel dienenden Schwerwassers. Durch Kühlung des Bremsmittels durch 5° C kaltes Leichtwasser, kann die Reaktorempfindlichkeit etwas verändert werden, so daß die Kühlanlage zur Steuerung herangezogen werden kann. So wie beim CP 3 und vielen anderen Schwerwasserreaktoren befindet sich über dem Tank des CP 5 eine Heliumatmosphäre (vgl. Abb. 90).

In letzter Zeit wurde auch die Verwendung von Schwerwasserreaktoren zur Energieerzeugung diskutiert; bei der Genfer Atomkonferenz wurden z. B. von ISKENDERIAN et al[142] ein D_2O-Tauchsiederreaktor mit 250 und 1000 MW Leistung, die auch Brützwecken dienen sollen, besprochen.

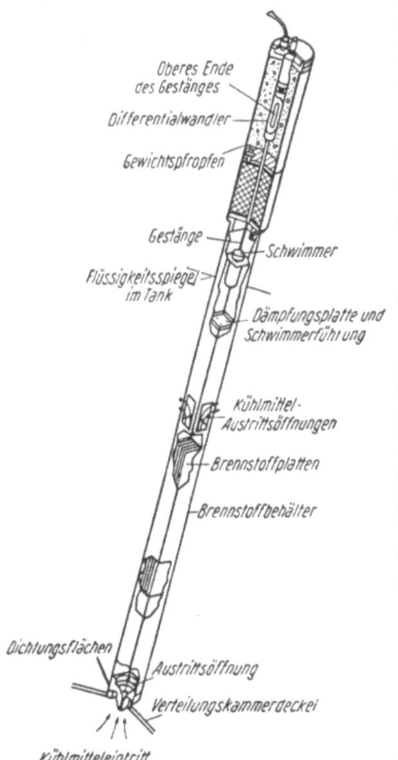

Abb. 89. Brennstoffelemente des CP 5

Auch in Norwegen wurde ein der Energieerzeugung dienender *Druckwasserreaktor mit* D_2O berechnet (9 t nat. Uran, 15 t D_2O, 20 000 kW, $F = 8 \cdot 10^{12}$, 41 at, 210° C, nach DAHL). (In diesem und anderem Zusammenhang wurde auch die Konstruktion von zylindrischen Brennstoffstangen in einer Al-Hülle mit längsverlaufenden Kühlrippen vorgeschlagen, vgl. CALDER A.)

Ein CO_2 gekühlter Schwerwasserreaktor zur Energieerzeugung wurde bei der Weltkraftkonferenz (Wien, 1956) diskutiert. Das CO_2 wird bei diesem Reaktor auf etwa 450° C erhitzt, während die Temperatur des Schwerwassers auf Werten unterhalb 100° C gehalten wird. Dies wird dadurch erreicht, daß jeder gasführende Kühlkanal vom Bremsmittel durch einen ringförmigen Kanal getrennt wird, in dem kalte Kohlensäure fließt, die später mit dem heißen CO_2 vereinigt wird. Abschließend soll noch der deutsche Schwerwasserreaktor erwähnt werden, der mit Würfeln aus natürlichem Uran arbeitete[142] (1,5 t U in 680 Würfeln, überzogen mit Polystyrollack, 5 cm Kantenlänge, gegenseitiger Abstand im Mittel

14,5 cm). Dieser Reaktor war eigentlich nur eine unterkritische Anordnung, da in ihm keine sich selbst erhaltende Kettenreaktion, sondern nur eine Neutronenvermehrung zustande kam (HAIGERLOCH-Reaktor).

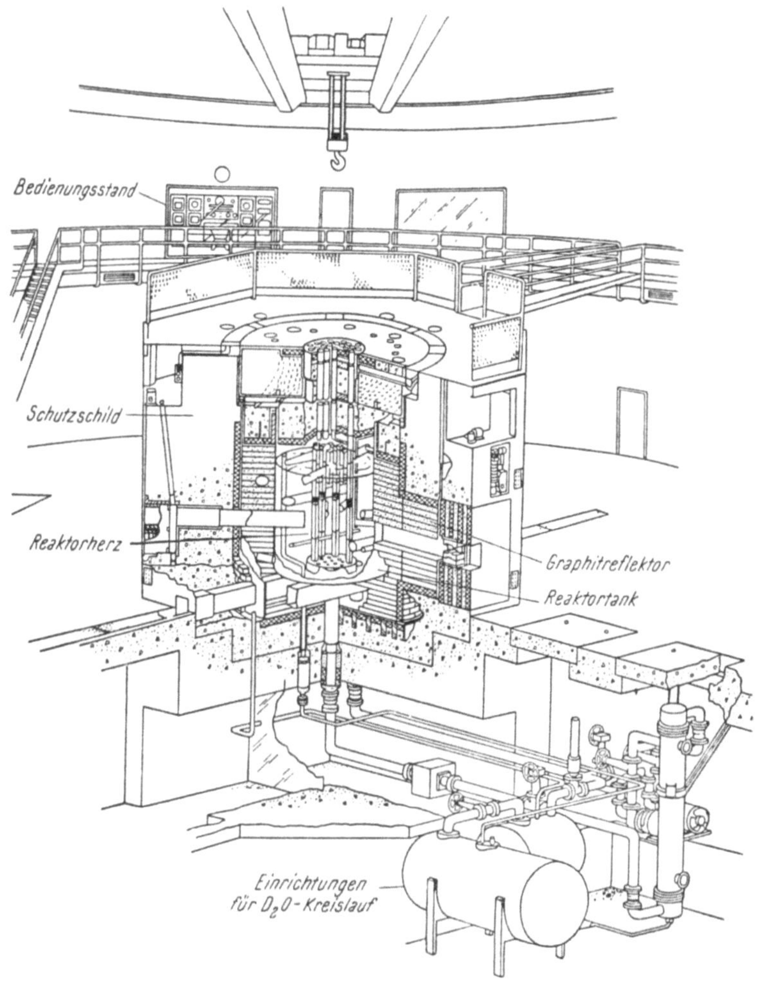

Abb. 90. Schnitt durch den CP 5

Übungsbeispiele

43 a) Ein Graphitreaktor, der mit natürlichem Uran betrieben wird, enthält zylindrische Brennstoffstäbe vom Durchmesser 2,8 cm; die Zellengröße ist $2\,R = 20$ cm. Man zeige, daß bei Verwendung von Schwerwasser die Zellengröße nur etwa 13 cm sein muß und daß man weniger als ein Zehntel der für den Graphitreaktor benötigten Uranmenge braucht.

43 b) Man berechne den CP 5 Reaktor nach der Theorie der stetigen Bremsung und nach der Zweigruppentheorie.

43 c) Man berechne den CP 3 nach der Theorie der stetigen Bremsung. Ein zylindrischer Al-Tank vom Durchmesser 1,8 m und der Höhe 2,5 m werde mit 6,5 t D_2O gefüllt. In das Schwerwasser werden 120 zylindrische Stäbe aus natürlichem Uran gehängt, jeder 1,8 m lang und 2,8 cm dick. Die Stäbe werden in einem quadratischen Gitter mit der Seitenlänge $2\,\widetilde{R} = 20$ cm angeordnet, so daß sich als Ra

dius R für die Einzelzelle 11,5 cm ($= 20/\sqrt{\pi}$) ergibt. Der Reaktor soll 300 kW erzeugen und durch D_2O (760 lit/min) gekühlt werden (erzwungene Konvektion des Bremsmittels). Ferner sei $T_4 = 27^\circ$ C und $T_5 = 35^\circ$ C. Rund um den Reaktortank sei ein 66 cm dicker Graphitreflektor, der seinerseits von 10 cm Pb-Cd-Legierung und einem 2,5 m dicken Betonschild umgeben ist. Der Reflektor soll jedoch bei der Berechnung nicht berücksichtigt werden. Man gehe etwa nach folgendem Berechnungsschema vor:

1. Sammlung der kernphysikalischen Daten; σ_A für D, O, natürliches Uran, Berechnung von Σ_A^B (für D_2O), $\Sigma_{A\,ges}^K$ (für natürliches Uran). Korrektur für 99,77%iges D_2O, Vergleich mit Meßergebnissen. Berechnung von $\varkappa_K$ nach (26.23), Vergleich mit dem Ergebnis nach (40.2).

2. Berechnung von f^*

a) Erste Näherung ohne Kühlmittel, ohne Schutzhülle. $a = 1,40$ cm, Berechnung nach (26.30). Man beachte, daß V_B/V_K durch das Verhältnis der Querschnittsflächen gegeben ist.

b) Korrektur infolge des Kühlmittels (D_2O) (man berechne die Korrektur auch für Na). Der innere Radius e des Kühlrohres (das in seinem Inneren den Brennstoffstab enthalte) sei 1,99 cm, lichte Weite $e - c = 1,99 - 1,40 = 0,59$ cm. Man verwende (28.79) oder (27.17).

c) Korrektur infolge Absorption in der Al-Schutzhülle (0,1 mm dick) und in der 0,04 cm starken Eisenwand des Kühlrohres. Man verwende entweder (28.79) zweimal nacheinander oder (27.17).

d) Korrektur infolge der Xe-Vergiftung (Sättigungswert für $\bar{\varphi} = 10^{12}$) nach (36.18), (36.20), (36.31).

3. Berechnung von $\bar{\xi}$ nach (26.73) und von f_r^*, sowie von p^* nach (26.55) — vgl. Tab. 37. (Berechnung von $\varkappa_B$, vgl. Tab. 37, und aus $\sqrt{3\ \Sigma_A^B\ \Sigma_t}$, Berechnung von $\overline{\cos\vartheta}$ und Σ_t für D_2O vgl. (8.28), siehe auch §§ 8, 9 und 10.

4. Berechnung von k_∞^* ($\varepsilon^* = 1,031$, $\eta^* = 1,34$) und von $\partial k_\infty^*/\partial T$.

5. Berechnung von k_{eff}^* für den günstigsten Zylinder, wobei τ nach (27.28), L nach (27.6) bzw. (27.27) zu berechnen ist. (Setze $\tau = 120$ cm², vgl. Tab. 40). Berechnung des kritischen Volumens und der benötigten Brennstoff- und Bremsmittelmenge nach (26.70) bis (26.72). Berechne τ_{Sp} (27.15) und $\hat{\varrho}$ sowie die Kontrollstäbe (s. Übungsbeispiel 29 e). Berechne n mit Hilfe des Volumens des Einzelstabes.

6. Man berechne das Kühlsystem gemäß Tab. 76 mit Hilfe von (33.14), (B ist bereits bekannt) (32.24), (32.37), (32.39), (33.18) und das korrigierte Reaktorvolumen nach (33.32).

43 d) Man berechne einen 1000 MW D_2O-Tauchsiederreaktoren für Brüten und zur Energieerzeugung, vgl. ISKENDERIAN[142].

§ 44. Graphitreaktoren

Vorteile und Nachteile, Beschreibung einiger Graphitreaktoren, Plutoniumerzeugung und Energieproduktion durch Graphitreaktoren, flüssiger Brennstoff in Graphitreaktoren, Beryllium als Bremsmittel, Berechnung des X 10 Reaktors.

Da im Anfangsstadium der Reaktortechnik weder angereicherter Brennstoff, noch schweres Wasser in ausreichenden Mengen zur Verfügung standen, waren die ersten Reaktoren notwendigerweise heterogene Graphitreaktoren. Heute, wo beide Stoffe erhältlich sind, ist es nicht mehr sinnvoll, Forschungsreaktoren mit Graphit als Bremsmittel zu bauen, da diese Reaktoren sehr teuer sind und große Kühlanlagen benötigen. Sie sind heute nur mehr für die Energiegewinnung sowie für die Erzeugung solcher radioaktiver Isotope von Interesse, die zur Herstellung praktisch brauchbarer Mengen keinen hohen thermischen Fluß, wohl aber große Räume verlangen. (Bestrahlung sehr großer Werkstücke.) Für Brützwecke sind Graphitreaktoren kaum geeignet; ein weiterer Nachteil ergibt sich in der absoluten Begrenzung des thermischen Flusses, vgl. (38.20).

Am 2. Dezember 1942 wurde zum ersten Mal in der Geschichte ein Reaktor in Gang gesetzt und eine sich selbst erhaltende Kettenreaktion erreicht[143]. Dieser erste Reaktor war der CP 1, ein Graphitreaktor mit 0,5, später 200 W, $F = 4 \cdot 10^6$, ohne Kühlung und ohne Schutzschild. Er enthielt 40 t natürliches Uran, als Metall (5,6 t), als UO_2 und U_3O_8 und 266 t Graphit (plus 119 t als Reflektor). Das Uran, das zum Bau des CP 1 gedient hatte, wurde 1943 zusammen mit inzwischen produziertem metallischen Uran für den CP 2 verwendet. So wie der CP 1 bestand auch dieser Reaktor aus durchbohrten Graphitziegeln, in die kurze Uranzylinder hineingelegt wurden. Auch der CP 2 besaß keine Kühlung — die erzeugte Wärme wurde durch freie Konvektion der im Reaktor enthaltenen Luft zum Betonschild transportiert und von diesem durch Leitung an die Umgebung abgegeben. Die Leistung des CP 2 war 0,2 bis 2 kW bei einem Fluß von $3 \cdot 10^8$.

Der erste größere Graphitreaktor war der im November 1943 fertiggestellte X 10, der früher unter dem Namen CLINTON-Pile bekannt war. Er dürfte der Reaktor sein, von dem die meisten Daten publiziert wurden (vgl. Übungsbeispiel 44 a). Er diente Forschungszwecken, der Herstellung der ersten Spuren von Plutonium, der Ausbildung von Personal sowie als Muster für die Hanford-Reaktoren. Jetzt wird dieser Reaktor vorwiegend zur Isotopenerzeugung verwendet.

Die Kanäle in den zirka 100 cm² im Querschnitt messenden und etwa 1,5 m langen Graphitblöcken sind quadratisch (4,44 cm Seitenlänge). In die eine Seitenfläche der Blöcke wurden V-förmige Rinnen eingeschnitten und die Blöcke wurden dann so zusammengesetzt, daß sich ein quadratisches Gitter mit der Seitenlänge $\widetilde{R} = 20$ cm $(R = 20/\sqrt{\pi} = 11,5)$ ergab. In diese — insgesamt 1248 — Kanäle wurde natürliches Uran in der Form von zylindrischen Stäben, zirka 10 cm lang und 2,8 cm dick, eingeführt. Der Brennstoff wurde hiebei erstmals zur Vermeidung von Korrosion und um die Spaltprodukte zurückzuhalten, mit einer 0,089 cm dicken Schutzhülle aus Al versehen. Die Bindung des Al an das Uran erfolgt durch Silikon. Die aktive, mit Brennstoff geladene Zone (*Reaktorkern, Reaktorherz*) ist außen in einer Dicke von zirka 60 cm mit ungeladenen Graphitblöcken versehen, die als Reflektor dienen. Außen ist der Reaktorwürfel $(3,7 \times 3,7 \times 3,9$ m) mit einem 2,30 m dicken Schild aus gewöhnlichem Beton und aus Spezialbarytbeton $(\varrho = 2,4,$ *Haydit*-Mineral) umgeben.

Quer durch den ganzen Reaktor laufen eine Reihe von Stahlröhren, die als Bestrahlungskanäle dienen. Die Kühlung des Reaktors erfolgt durch Luft.

Im Laufe des Februar 1944 wurden vom X 10 einige Gramm Pu erzeugt. In diesem Monat gingen täglich 0,33 t Uran zur chemischen Trennanlage, in der zirka 90% des vorhandenen Plutoniums abgetrennt wurden.

Auf Grund der mit dem X 10 gewonnenen Erfahrungen wurden dann 1943 bis 1945 in Hanford drei große Reaktoren zur Plutoniumerzeugung[*] aufgestellt, die zusammen eine Leistung von zirka 10^6 kW haben und täglich etwa 0,75 kg Pu erzeugen sollen. Diese Riesenbatterien werden mit dem Wasser des Columbia River und mit Glykol (2. Kühlsystem zur Raumbeheizung) gekühlt.

Seit 1950 ist in den USA der BGRR-BNL in Betrieb, der der Forschung und der Isotopenerzeugung dient. Bis auf seine etwa 10 mal so große Leistung ist er dem X 10 recht ähnlich. Kleine Unterschiede bestehen lediglich im Kühlsystem (andere Führung der Luftströme) und in der Methode des Nachladens. Während der X 10 so entladen wird, daß man den verbrauchten Brennstoff per Hand mit langen Stahlstangen auf der anderen Seite des Reaktors hinausstößt, wird der BGRR unter Benützung seines zentralen Luftspaltes geladen und entladen.

---

[*] Weitere 5 Großreaktoren zur Plutonium- und Tritiumproduktion, die mit natürlichem Uran und schwerem Wasser arbeiten, sollen in Aitken am Savannah River, S. Carolina, in Betrieb sein. Tritium, $_1H^3$, wird in Wasserstoffbomben verwendet. Bis 1955 wurden in Hanford insgesamt 8 Reaktoren aufgestellt (10^{10} $ Kosten).

Tabelle 111.

Natürliches Uran	F	Q_{ges} [kW]	Spezifische Leistung [Wg^{-1}]	Brennstoff
X 10	$1{,}1 \cdot 10^{12}$	3800	24,8 (?)	Natürliches Uran, 54 t, 400 t Graphit, $n = 1248$, krit. 30 t
BGRR ...	$5 \cdot 10^{12}$	$2{,}8 \cdot 10^4$	70	Natürliches Uran, 60 t, 350 t Graphit, $n = 1369$ ($n_{krit} = 390$)
BEPO	$2 \cdot 10^{12}$	6000	320	Natürliches Uran in Al, 40 t, 600 t Graphit (max 110° C), $n = 888$, max 250° C (U)
G 1	10^{13}	$4 \cdot 10^4$	56	Natürliches Uran, 100 t, in Mg, 280° C, 1200 t Graphit, $n = 2674$
BR 1	10^{12}	2500	15	Natürliches Uran, in Al, Stäbe $a = 1{,}25$ cm, $l = 20$ cm, $n = 829$, $n_{krit} = 707$, 23 t in Gr, $\varrho = 1{,}72$
CALDER A	$6 \cdot 10^{13}$ (?)	182 000 el: 39 000 $\eta = 21{,}5\%$	196	130 t natürliches Uran in Mg, $n = 1696$, zyl. Stäbe $a = 1{,}46$, $l = 20$ cm, $\varrho_U = 18{,}7$, $f^* = 0{,}93186$, $p^* = 0{,}87533$, $\varepsilon^* = 1{,}02972$, $\eta^* = 1{,}26595$, $k_\infty^* = 1{,}0633$

Angereichertes Uran	F	Q_{ges} [kW]	Spezifische Leistung [Wg^{-1}]	Brennstoff
SGR......	$2{,}5 \cdot 10^{13}$	$2{,}5 \cdot 10^5$	565	24,6 t 1,8%iges Uran in Stahl (443 kg U 235), $n = 215$, $2 \widetilde{R} = 25{,}4$ cm, $\varepsilon^* = 1{,}026$, $p^* = 0{,}7564$, $f^* = 0{,}8551$, $\eta^* = 1{,}6878$, $k_\infty^* = 1{,}120$, $B^2 = 2{,}05 \cdot 10^{-4}$
APS......	$5 \cdot 10^{13}$	$3 \cdot 10^4$ ($5 \cdot 10^3$ elektr.)	1090	550 kg 5%iges Uran, Abbrand $5 \rightarrow 4{,}2\%$, $n = 128$ ($n_{krit} = 60$)

Die Brennstoffelemente des BGRR besitzen Kühlrippen; die Innenseite der Schutzhülle wurde anodisiert, da sonst bei 350° C zwischen Uran und Aluminium eine chemische Reaktion eintritt. Diese Brennstoffelemente sind gasdichte Hülsen, die in ihrem Inneren 33 zylindrische Brennstoffstäbe und eine Heliumfüllung enthalten. Die Heliumfüllung verbessert den Wärmeübergang zwischen Uran und Al und gibt die Möglichkeit, kleinste undichte Stellen mit Hilfe des He-Massenspektrographen schnell zu finden.

Infolge der verschiedenen Wärmeausdehnung der Al-Hülse und der Uranstäbe bleibt der He-Druck bei Erwärmung praktisch konstant. Da sich der

Graphitreaktoren

Reflektor	Kühlung	Steuerung	Bemerkung
220 t Gr (zusätzlich)	Luft 90° C	4 + 4 + 2 Stäbe (B-Stahl + Cd)	Vgl. Übungsbeispiel 44 a $M_{krit} = 30$ t U, 280° C (U)
382 t Gr (zusätzlich)	Luft 129° C 12 000 kg/min	7 + 7 + 2 Stäbe B_4C	$25 \cdot 10^6$ \$ mit Gebäude und 60 000 Gr-Ziegel, 227° C (U)
250 t Gr	Luft	4 + 10 Stäbe, B_4C-Stahl	$V_B/V_K = 81{,}64$, $M_{krit} = 26$ t U, Schutzschild 3000 t
0,6 m Gr	Luft 80 → 220°C, 80 [m³ s⁻¹], $v = [7$ m s⁻¹], $3{,}2 \cdot 10^7$ [kal h⁻¹]		Wasser 60° → 200° C, 61 [kg s⁻¹], $v = 1{,}2$ [m s⁻¹], jährlich 15 kg Pu erzeugt
492 t insgesamt, im Reaktorherz 4915, im Reflektor 9124, Ziegel. $\varrho = 1{,}62$.	Luft	Al — Cd — Al Sandwichstäbe	Kanal 5 × 5 cm, 14 039 Gr-Ziegel, Reaktor 6,66 × × 6,84 × 6,84 m, Schild 2,10 m Barytbeton, $\varrho = 3.4$
insges. 1146 t, $\varrho = 1{,}73$, außen: $\varrho = 1{,}60$, $\sigma_A = 4{,}8$ mb (innen 4 mb)	CO_2 140 → 336° C, 890 [kg s⁻¹], $v = 24{,}5$ [m s⁻¹], $N_{Pumpe} = 21$ MW	60 + 4 B-Stäbe, in 20 Jahren ca. 10% verbraucht	$L^2_{radial} = 406{,}6$ [cm²] $L^2_{axial} = 464{,}6$ [cm²] $L^2_{eff\,radial} = 628{,}9$ [cm²] $L^2_{eff\,axial} = 709{,}5$ [cm²] $8 \cdot 10^6$ £, 2 m Stahlbeton, 15 cm Stahl

Reflektor	Kühlung	Steuerung	Bemerkung
Gr-Ziegel in Zr-Hülle	2 × Na 1 × H_2O	10 Stäbe B_4C	Vgl. Übungsbeispiel 44 k, NaK-Bindung 0,0254 cm, Stahlhülle 0,0254 cm
Gr (650° C) in He-Atmosphäre	H_2O, 100 at 300 [t h⁻¹], 190° → 270° C	18 + 4 Stäbe B_4C	$q = 1{,}5 \cdot 10^9$ [cal m⁻² h⁻¹], 40 t 12,5 at Dampf 255° C pro Stunde, alle 2 Monate Brennstoffergänzung

Graphit infolge der Neutronenbestrahlung mit der Zeit ausdehnt (vgl. S. 269), war es zum Teil notwendig, die tieferen Graphitlagen mit Federn zusammenzupressen, um die Reibungskräfte zwischen den einzelnen Graphitziegeln zu vergrößern.

Der BGRR besitzt zahlreiche Experimentiermöglichkeiten, vgl. Abb. 91.

Der Hanford 305 Test Reactor ist ein kleiner 6 W-Reaktor, der für Empfindlichkeitsmessungen dient; er ist durch seine Steuerung (BF_3-Gas) bemerkenswert.

Im Rahmen des Programms der amerikanischen Atomenergiekomission zur Entwicklung von Energiereaktoren wurden 6 Reaktoren gebaut, und zwar

2 heterogene Leichtwasserreaktoren, PWR (vgl. S. 381) und EBWR (vgl. S. 376).
ein schneller Reaktor. EBR 2 (vgl. S. 364) sowie zwei homogene Reaktoren.

Abb. 91. Westseite des BGRR

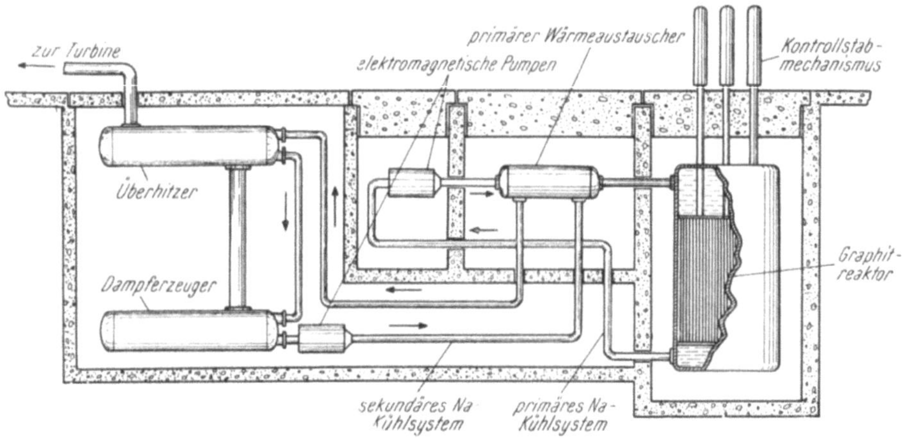

Abb. 92. Der SGR-Reaktor

HRE 2 und HTR (vgl. S. 370 und 372); schließlich wurde im Jahre 1956 auch
ein natriumgekühlter Graphitreaktor, der SRE (20 000 kW. $F = 2,5 \cdot 10^{13}$,
$4 \cdot 10^6$ \$) als Vorstufe zum Energie-Brütreaktor SGR gebaut (vgl. Abb. 92).

Beide Reaktoren, SRE und SGR, besitzen Na-Kühlung und arbeiten mit leicht angereichertem Uran. Da Natrium Graphit zum Quellen bringt, müssen die Graphitblöcke durch eine Zirkoniumhülle geschützt werden. Auch würde sich das Na im Graphit immer mehr anreichern und dadurch die Absorption erhöhen.

Der SGR ist durch sein dreifaches Kühlsystem, das infolge der hohen induzierten Radioaktivität des den Reaktor kühlenden Natriums notwendig ist, bemerkenswert. Da Natrium bei Zimmertemperatur nicht flüssig ist, müssen beide Natriumsysteme Vorwärmeeinrichtungen besitzen.

In England verlief die Entwicklung ähnlich wie in den USA. Nach dem GLEEP, dem 1947 gebauten ersten Graphit-Forschungsreaktor (100 kW, $F = 3 \cdot 10^{10}$, 38 t Uran (U, UO_2), 505 t Graphit) wurde 1948 der BEPO errichtet, der für Forschungsarbeiten, zur Isotopenerzeugung und zur Fernheizung verwendet wird.

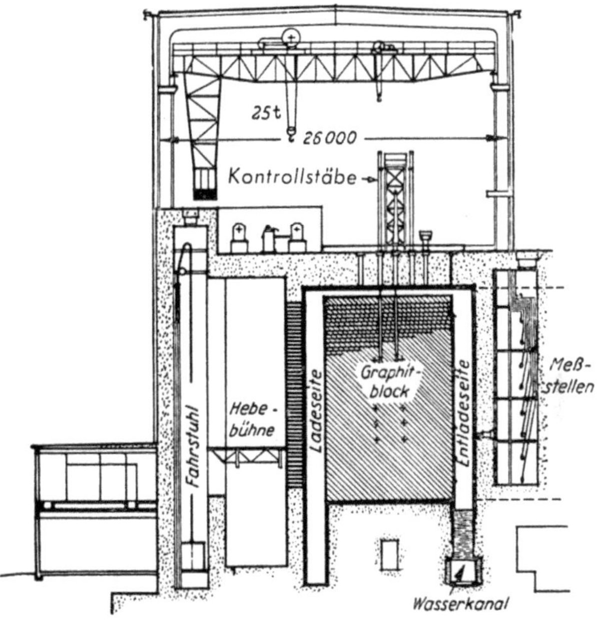

Abb. 93. Schnitt durch den Windscale-Reaktor

WINDSCALE, SELLAFIELD (2 Reaktoren zur Plutoniumerzeugung mit Luftkühlung) und PIPPA, der erste Energiereaktor in Calder Hall (39 000 kW elektrische Leistung, 1146 t Graphit, CO_2-Kühlung, CALDER A $5 \cdot 10^7$ $) waren die nächsten Stationen (1950, vgl. Abb. 93).

In Rußland steht seit 9. Mai 1954 der Energiereaktor APS in Betrieb; andere Graphitreaktoren sind aus Rußland nicht bekannt geworden (vgl. aber RPT, S. 375).

Die drei französischen Forschungsreaktoren sind alle Schwerwasserreaktoren; seit Frühjahr 1956 steht jedoch der erste Graphitreaktor, G 1, in Betrieb, der der Energieerzeugung und der Gewinnung von Plutonium dient (zirka 16 kg Pu pro Jahr). Im Jahre 1957 wird ein zweiter Graphitreaktor, der G 2 in Betrieb gesetzt werden (1,5 · 10^5 kW, 2,5 · 10^{13} Fluß, 100 t nat. Uran in Mg-Hülle, 400° C, CO_2-Kühlung, 300° C, 150 at).

Der der Erprobung flüssigen metallischen Brennstoffes dienende LMFR ist ebenfalls ein Graphitreaktor. Der Brennstoff besteht aus einer 0,5%igen Lösung von U 235 oder U 233 in flüssigem Wismut (500° C). Es ist auch geplant, diesen Reaktor zum Brüten zu verwenden, wobei eine Thoriumlösung (in Bi) als Brütstoff dienen soll. Bei Vorhandensein einer chemischen Aufbereitungsanlage könnte dann der Reaktor kontinuierlich den im Brütstoff erzeugten neuen Brennstoff selbst wieder verbrauchen. Man hofft, $B = 1,05$ zu erreichen.

Bisher wurde kein thermischer Reaktor mit Beryllium als Bremsmittel errichtet; der DPP ist bloß eine versuchsweise Berechnung (5,8 kg U 235 in 2,74 t BeO, 17 000 kW, Fluß $5 \cdot 10^{13}$).

Übungsbeispiele

44 a) Über den X 10 finden sich in der Literatur zum Teil leicht widersprechende Angaben. Man berechne diesen Reaktor nach der Theorie der stetigen Bremsung, wobei die *kursiv gedruckten* Angaben als Ausgangswerte zu nehmen sind. Es ist festzustellen, welche Werte kaum stimmen können. Fluß $= 5 \cdot 10^{11}$, Leistung 3800 kW, 1,9 bis 4,4 kW/lit, 11,1 bis 24,8 Wg^{-1} (U 235), Verbrauch 4,5 g/d, Flußdichte 1,4 bis 3,2 $\cdot 10^5$ [cm^{-2} s^{-1} W^{-1}].

Brennstoff und Bremsmittel

1247 zylindrische Stangen, $2\,a = 2{,}80$ cm, 10 cm lang, Al-Schutzhülle *0,089* cm, quadratische Zellen $2\,\widetilde{R} = 20{,}32$ cm, $R = 11{,}46$ cm, natürliches Uran *47,63* t (bzw. kritische Masse: 54 t, durch Reflektor auf 30 t verringert, $+$ 10 t für Vergiftung); Graphit insgesamt *612,5* t, hievon zirka 212,5 t Reflektor (zirka 65 cm dick). Der Graphitwürfel (einschließlich Reflektor) hat die Abmessungen 7,32 $\times$ 7,32 m, 7,42 m hoch; insgesamt 343 kg U 235 enthaltend (natürliches Isotopenverhältnis).

Kernphysikalische Daten

$p^* = 0{,}886$, $\eta^* = 1{,}32$, $R = 11{,}46$ cm, $f^* = 0{,}890$ (0,908), $L^2 = 297$ cm^2, $\tau = 398$ cm^2 (axial, 386 cm^2 radial), $B^2 = 92 \cdot 10^{-6}$ cm^2, $\tau_{Sp} = 10^{-3}$ s, $k^*_\infty = 1{,}067$ (1.084), $k_{eff} = 1{,}021$ (kalt und unvergiftet), $\partial k_{eff}/\partial T = -2{,}86 \cdot 10^{-5}/°$ C, $\delta k_{eff\,Vergift.} = 6{,}5 \cdot 10^{-3}$, $\delta k_{eff\,Druck} = -7{,}8 \cdot 10^{-6}$/mb, $k_{eff} = 1{,}004$ (heiß und vergiftet); $L_B^2 = 2500$ cm^2, $L_B^2\,(1 - f^*) = 280$ cm^2 (vgl. oben L^2).

Äquivalenter homogener Reaktor

$\Sigma_{A\,Reaktor} = 5{,}85 \cdot 10^{-3}$ cm^{-1}, $\lambda_A = 171$ cm, $V_K = 2{,}6 \cdot 10^6$ cm^3 ($\rightarrow$ 54 t) $V_K : V_{ges} = 0{,}0154$, $N_U = 7{,}40 \cdot 10^{20}$ cm^{-3}, $V_B : V_K = 66{,}5$, $N_K : N_B = 0{,}592$, 1 cm$^3 = 0{,}0154$ cm^3 U $+$ 0,9846 cm^3 Graphit; $\varrho_{Graphit} = 1{,}62$ g cm^{-3}, $\sigma_A^B = 0{,}0045$ barn, $N_B = 8{,}00 \cdot 10^{22}$ cm^{-3}; krit. Abmessung 5,60 m (Würfelkantenlänge).

Kühlsystem

(Luft, Pumpleistung 800 PS). Brennstoff 270° C (?), $n = 1247 + 23$; Graphit 130° C, $Q_0 = 4{,}4$ kW/lit (maximal); Kühlkanal quadratisch, 4,44 cm Seitenlänge. $\widehat{T}_0 = 349°$ C, $T_2 = 245°$ C, $T_{Graphit} = 145°$ C, $T_4 = 25°$ C, $T_5 = 90°$ C, Wärmestrom $q = 9000$ bis 19 800 [kcal m^{-2} h^{-1}]; $\Delta p = 48{,}90$ cm H$_2$O; $n\,\varrho\,v\,B = 3270$ kg/min.

Schild

60,9 cm gewöhnlicher Beton, 1,524 m Barytbeton ($\varrho = 2{,}4$); Außenabmessungen: 14.34 $\times$ 11,58 $\times$ 10,66 m; γ-Volumsquelle $1{,}04 \cdot 10^{10}$ [MeV cm^{-3}], Oberflächenquelle $1{,}9 \cdot 10^{11}$ [MeV cm^{-2} s^{-1}].

Steuerung

Alle Stäbe *1,5%* B *in Stahl*, zusammen $\Delta\overline{\varrho} = 0{,}0389$ (?)
4 Abstellstäbe quadratisch *4,45* cm Seitenlänge, *5,78* m lang, jeder 0,007 k_{eff} (?)
2 Regulierstäbe, quadratisch, *4,45* cm Seitenlänge, *5,78* m lang
4 Sicherheitsstäbe, zylindrisch, *3,81* cm Durchmesser, *2,47* m lang
2 Sicherheitsstäbe, zylindrisch, *4,45* cm Durchmesser, *5,148* m lang

44 b) Man berechne das Kühlsystem des SGR.

1. *Reaktor* (Na, radioaktiv)
$T_4 = 260°$ C, $T_5 = 496°$ C, $v = 274$ [cm s^{-1}], $\Delta p = 0{,}43$ [kg cm^{-2}], $n\,\varrho\,vB = 3 \cdot 10^6$ [kg h^{-1}], $\widehat{T}_0 = 649°$ C, $q = 9{,}5 \cdot 10^5$ [kcal m^{-2} h^{-1}], $Q_{ges} = 250$ MW, 565 [Wg^{-1}], äußerer Rohrdurchmesser 8,26 cm, Wandstärke 0,0889 cm.

2. *Sekundär* (Na, nicht radioaktiv)
4 gleiche Kreisläufe $T_{ein} = 496°$ C, $T_{aus} = 260°$ C, $0{,}74 \cdot 10^6$ [kg h^{-1}], Rohre wie oben.

3. *Tertiär* (Dampferzeugung)
2 gleiche Kreisläufe: $243 \rightarrow 479°$ C, $1{,}48 \cdot 10^6$ [kg h^{-1}]; vgl. P 493, Genfer Atomkonferenz, siehe Literatur[143].

44 c) Für die durch das Anbringen eines Graphitreflektors an einen Graphitreaktor erreichbare *Ersparnis* ε (vgl. S. 156) wird in der Literatur die halbempirische Formel

$$\boxed{\varepsilon = 1{,}2\,L^\dagger\,\mathfrak{Tg}\,(t/L^\dagger)}\tag{44.1}$$

angegeben. Man schätze durch Vergleich mit (23.18) die Genauigkeit von (44.1) ab und berechne für den X 10 die erreichbare Ersparnis.

44 d) Bei allen bisherigen Rechnungen über Kühlung haben wir den Kontaktwiderstand sich berührender Körper (z. B. Brennstoff-Schutzhülle) vernachlässigt. Dies ist jedoch nur im Falle metallurgischer Bindung berechtigt; im Falle bloßer mechanischer Bindung muß man die unvollständige Berührung der ja immer unregelmäßig geformten Körperoberflächen berücksichtigen. Dies kann z. B. dadurch geschehen, daß man eine dünne Luftschicht zwischen den sich „berührenden" Körpern annimmt, doch gibt eine solche Rechnung zu schlechte Werte. Da man die wirkliche Berührungsfläche nicht kennt, ist man auf Experimente angewiesen. Diese ergaben für die Leitfähigkeit der Schichte zwischen zwei festen Körpern bei gutem Kontakt Werte in der Größenordnung von 40 bis 250 [cal s^{-1} cm^{-1}/° C].

Im X 10 liegen die zylindrischen Brennstoffstäbe in der Ecke des auf die Kante gestellten quadratischen Kühlkanals. Neben dem Wärmeübergang in die vorbeistreichende Luft kommt es daher zu einer „direkten" Wärmeleitung vom Brennstoff an den Graphit. Experimente ergaben für die Leitfähigkeit der Berührungsschicht auf 30 cm Länge 0,3 [cal s^{-1}/° C]. Man schätze ab, um wieviel Prozent die Kühlung durch diese Berührungsleitfähigkeit verbessert wird.

44 e) Man berechne den folgend beschriebenen homogenen Graphitreaktor für Energieerzeugung: 100%iges U 235, Würfelform, Leistung 1000 MW, Reflektor aus natürlichem Uran, so dick, daß der thermische Fluß auf den e-ten Teil sinkt (für Brützwecke); $N_B : N_K = 10^4$ (Graphit-U 235-Mischungsverhältnis), Heliumkühlung, $T_2 = 1000°$ C (Wir haben es mit Uran*pulver* zu tun!), $T_4 = 100°$ C, $T_5 = 700°$ C, $p_{He} = 10$ at, nf nach (33.31), $\varrho_{He} \approx 6,7 \cdot 10^{-4}$ [g cm^{-3}], d ist zu berechnen; $\eta = 3,6 \cdot 10^{-4}$ Poise, $k = 3,4 \cdot 10^{-4}$ [cal s^{-1} cm^{-1}/° C]; wie groß sind thermischer Fluß und Pumpleistung? Kann $B = 1$ erreicht werden, wenn man annimmt, daß alle in den U-Reflektor eindringenden Neutronen dort Pu-Kerne erzeugen? Die Einsparung durch den U-Reflektor möge abgeschätzt, aber nicht berücksichtigt werden.

IX. Die Verwendung von Reaktoren

§ 45. Forschung, Ausbildung, Medizin

Die Aufgaben von Forschungsreaktoren, der für bestimmte Untersuchungen notwendige Fluß, Verwendungsmöglichkeiten von Forschungsreaktoren, Liste von Forschungsproblemen, Hilfsgeräte eines Forschungsreaktors, Typenwahl, Anschaffungs- und Betriebskosten, Ausbildungsreaktoren, Reaktorpraktikum, medizinische und biologische Anwendungen, Reaktortherapie und Röntgenpumpe.

Forschungsreaktoren haben im wesentlichen zwei Aufgaben: als Neutronenquelle zu dienen und selbst Objekt der Reaktorforschung zu sein.

Je nach dem Zweck, für den man die Neutronenquelle verwenden will, muß ein bestimmter Fluß zur Verfügung stehen. Für manche Untersuchungen ist ein sehr kleiner Fluß erforderlich, z. B. für Untersuchungen an Modellreaktoren, die man je nach dem Experiment umbauen oder auch zerlegen möchte, ohne hiebei durch die Strahlung der Spaltprodukte behindert zu sein. Werkstoffuntersuchungen wiederum verlangen einen sehr hohen Fluß. Die Untersuchungen, die man mit einem bestimmten Neutronenfluß vornehmen kann, sind etwa die folgenden: Steht nur ein *kleiner Fluß* ($< 10^{10}$) zur Verfügung (Reaktoren 3. Klasse), so kann der Reaktor als Neutronenquelle für Modellreaktoren und kritische Anordnungen, für Demonstrations- und Ausbildungszwecke, für Untersuchungen über die Störung der Reaktorempfindlichkeit durch Variieren verschiedener Parameter, für Messungen von Wirkungsquerschnitten, für Messungen an Schutzschilden, Kontrollstäben usw. verwendet werden. Auch manche Experimente der Neutronenphysik können vorgenommen und geringe Mengen spezieller radioaktiver Isotope erzeugt werden.

Forschungsreaktoren sind jedoch meist Reaktoren 2. Klasse, ein Fluß von $5 \cdot 10^{12}$ wird als der übliche Neutronenfluß für breitangelegte Forschungsarbeiten auf verschiedenen Gebieten angesehen. Mit einem solchen Fluß können mannigfache medizinische, biologische, physikalische, chemische, metallurgische und andere Untersuchungen vorgenommen werden. Auch fast alle benötigten Isotope können damit hergestellt werden.

Reaktoren erster Klasse (Fluß $> 10^{13}$) benötigt man nur für spezielle Werkstoffuntersuchungen, für die Festkörperphysik, die Reaktorforschung, die Untersuchung von Strahlungsschäden und für gewisse industrielle Probleme vorwiegend chemischer und metallurgischer Art.

Bei dem großen Interesse, das derzeit in allen Ländern Forschungsreaktoren entgegengebracht wird, sollte jedoch die enorme Wichtigkeit der *Beschleunigermaschinen* für die physikalische Forschung nicht übersehen werden. Linearbeschleuniger, Van de Graaff-Generatoren und Zyklotrons sind mindestens ebenso notwendig, da diese Maschinen gerade auf *den* Gebieten leistungsfähig sind, wo der Reaktor versagt* (hohe Energie, scharfe monoenergetische Bündel, Beschleunigung geladener Teilchen usw.). Ein Reaktor ist jedoch nicht bloß eine Strahlungsquelle; er liefert viel mehr (vgl. Tab. 112).

Tabelle 112. *Verwendungsmöglichkeiten eines Reaktors*

Wärme	*Gammastrahlung*	*Neutronen*	*Spaltprodukte*
1. Fernheizung 2. Elektrische Energie 3. Antrieb von Schiffen und Flugzeugen	1. Röntgenpumpe 2. Medizinische Anwendung 3. Industrielle Anwendung 4. Biostrahlungssynthese 5. Bestrahlungschemie	1. Isotopenerzeugung 2. Forschung 3. Industrie 4. Kernbrennstofferzeugung 5. Aktivierungsanalyse 6. Medizinische Anwendung 7. Atomexplosivstoffe	1. β-Strahl-Elektronenmikroskop 2. Wissenschaftliche und industrielle Anwendung 3. Atombatterie (Strahlung in Strom verwandelt) 4. Radioaktive Isotope 5. Radioaktive Kampfgifte
Unterricht und Forschung am Reaktor selbst.			

Da die Besprechung der Verwendung von Forschungsreaktoren allein ein ganzes Lehrbuch dieses Umfanges füllen würde[144], müssen wir uns mit einer gedrängten Aufzählung begnügen. Um Wiederholungen zu vermeiden, werden wir hiebei denjenigen Messungen bzw. Untersuchungen, die auch der Ausbildung (*Reaktorpraktikum*) dienen können bzw. die industrielle Anwendungen finden können, mit (A) bzw. (I) bezeichnen.

Reaktorphysik.

Dieses Forschungsgebiet ist wohl das naheliegendste und wichtigste; es umfaßt:

1. Messung von Reaktorkonstanten (A), wie τ, $\overline{r^2}$, J_{eff}, p, L, D, d, L_{eff}, f, ε, ν, k_∞, β, λ_t, Spektren, Albedo, Bremsdichte, Wirkungsquerschnitte (vgl. die einschlägigen Paragraphen).

2. Reaktordynamik (A), Leistungssteuerung (A), k_{eff}, Messung des Neutronenflusses (A), Kontrollstäbe, Brennstoffverbrauch und -vergiftung, Messung (A) von $\widetilde{\varrho}$, $\partial k_{eff}/\partial T$, $\partial k_{eff}/\partial p$ usw.. Leistung-Fluß-Kühlung. Periode als Funktion von $\widetilde{\varrho}$ (A).

---

* Aus dieser Erkenntnis heraus haben Hochschulen und Atomforschungszentren aller Länder Beschleuniger neben Reaktoren angeschafft — es gibt in der ganzen Welt *mehr* Beschleuniger als Forschungsreaktoren.

3. Schutzschildprobleme (A), Wärmeerzeugung im Schild.

4. Modellreaktoren (A), Exponentialexperimente, kritische Anordnungen, stufenweiser Aufbau, Berechnung und Bestimmung der kritischen Masse (A).

5. Betrieb und Steuerung des Reaktors (A).

6. Bestrahlung von Proben, Einfluß auf $\bar{\varrho}$ (A).

7. Statistische Reaktorprobleme[90].

8. Messung[85] der Einflußfunktion (A).

9. Messung der τ_i der verzögerten Spaltneutronen (A).

Neutronen- und Kernphysik (Leicht- oder Schwerwasserreaktor vorteilhaft).

1. Monochromatisierung von Neutronen (A) mit mechanischen Selektoren, Flugzeitselektoren (vgl. Übungsbeispiel 5d), Kristallselektoren (Kristallspektrometer) (vgl. Übungsbeispiel 5e).

Neutronenstreuung (A), Neutronenabsorption (A), Neutronenbremsung (A), Aufnahme von Neutronenspektren.

2. Messung von Wirkungsquerschnitten (vgl. Übungsbeispiele 5c und 5d), σ_A, σ_S, σ_t, σ_S''.

3. Reaktoroszillator (A), Gefahrenkoeffizientenmethode.

4. Beugung der Neutronen an Kristallen, Neutronenoptik, Neutronenreflexion, vgl. (1.10), (5.7).

5. Radioaktiver Zerfall des Neutrons, magnetisches Moment, Polarisation des Neutrons.

6. Neutrinoforschung, *Antineutron*forschung. („Antipartikel" des Neutrons).

7. Untersuchung von *Konvertern* (Uranplatten, die durch Spaltprozesse thermische Neutronen in schnelle Neutronen „verwandeln").

8. Strahlungsmessungen (A, I), Teilchennachweis, Dosismessungen (A).

9. Herstellung von Standardquellen (γ- und Neutronen) (I).

10. Kernreaktionen mit Neutronen, Spaltprozesse, verzögerte Neutronen (A).

11. Winkelkorrelationen.

12. Resonanzen bei Kernreaktionen, Kernmomente.

13. Transuranische Elemente.

14. Radioaktiver Zerfall, γ-Strahlung, Messung von Halbwertszeiten (A), Teilchenabsorption (A), spezifische Ionisation (A).

15. Erzeugung von Neutronenschauern.

16. Verschmelzung von Kernen, thermonukleare Reaktionen[31].

Reaktortechnologie.

1. Kühlprobleme, Wärmeübertragung (Steigerung der Leistung), Wärmespannungen (A, I).

2. Korrosionsprobleme (I).

3. Entwicklung von Brennstoffelementen, Steigerung der zulässigen Brennstofftemperaturen (I), pulvermetallurgische Probleme (I), Phasenumwandlungen des Brennstoffes.

4. Entwicklung von Energiereaktoren und neuen Reaktortypen (I).

5. Systematische Messung und Untersuchung der Veränderungen bei Bestrahlung von k, c_p, η usw. verschiedener Stoffe.

6. Brütreaktoren (I).

7. Flüssiger und gasförmiger Brennstoff (I).

8. Steigerung der Isotopenproduktion (I).

9. Verbesserung der *Röntgenpumpe* (s. unten).

Festkörperphysik (angereicherter Brennstoff notwendig).

1. Strahlungsfestigkeit (I).
2. Feinstrukturuntersuchungen durch Neutronenbeugung.
3. Halbleiterphysik (I) (schneller Fluß $> 10^{12}$ nötig).
4. Metallurgische Probleme, Gitterdefekte (I).
5. Diffusionsprobleme.
6. Härtung von Legierungen (I).

Physikalische Forschung.

1. Reaktorinstrumente, Strahlungsüberwachung (A), Eichung von Meßgeräten (A, I).
2. Verstärker, Zählwerke, Relais (I).
3. Reaktorsimulator (I).
4. Fernsteuerung von chemischen Geräten und Manipulatoren (I).
5. Neutron-Thermoelemente.
6. Isotopentrennung.
7. Verwertung der Spaltprodukte (vgl. § 49).
8. Strahlungserwärmung.
9. Probleme der Lagerung von Spaltstoffen (I).
10. Veränderung von Festkörpereigenschaften (I).

Chemische Probleme.

1. Aktivierungsanalyse (A) (Nachweis eines im Reaktor erzeugten radioaktiven Isotops des fraglichen Elementes — z. B. Tantal in Erzproben, Hf-Bestimmung in Zr) (I).
2. Chemische Studien an den Spaltprodukten und ihrer Abtrennung (A, I), Ionenaustausch (A), Wasserdeionisierung, chemische Pu-Abtrennung (A, I), U 233-Abtrennung von Th (I).
3. Chemische Reaktionen unter Strahlungseinfluß (A, I) (*Bestrahlungschemie*).
4. SZILARD-CHALMERS-Effekt.
5. Polymerisation und Depolymerisation (I).
6. Verwendung (und Erzeugung) stabiler und radioaktiver Isotope, chemische Abtrennung von der bestrahlten Trägersubstanz (I).
7. Neutronenbeugung an Molekülen, Untersuchung der Molekülstruktur.
8. Uranherstellung (A, I). (Vom Erz zum Brennstoff.)
9. *Biostrahlungssynthese* (Synthetisierung organischer Stoffe durch Lebewesen unter Strahlungseinwirkung) (I).
10. Erzeugung von Reaktormaterialien (I) (Graphit usw.).

Damit ein Reaktor für wissenschaftliche Forschung überhaupt verwendet werden kann, muß der Reaktor mindestens 10 *Experimentierkanäle*, eine thermische Säule (vgl. S. 101) und eventuell einen *Konverter* besitzen[145]. So hat z. B. der ARR 5 horizontale und 4 vertikale *Strahlenkanäle* (aus Stahl) vom Durchmesser 7 bis 10 cm, die bis an den Reaktorkessel heranreichen. Ferner geht eine 4 cm dicke *Expositionsröhre* quer durch den Reaktorkessel durch und unter dem Reaktorkessel befindet sich eine große (1,5 m im Durchmesser messende) und vier kleine (12 × 13 cm) thermische Säulen und ein großer *Expositionsraum*. (Wichtig für loop experiments, für die Schleifenröhren nötig sind.)

Werden die Kanäle und Röhren nicht benützt, dann werden sie mit einem Graphitpfropfen, einem Stahl- und einem Betonklotz verschlossen.

Ein Reaktor kann nur zusammen mit einem kernphysikalischen Laboratorium wirklich ausgenützt werden. Es würde den Rahmen dieses Buches überschreiten, die Ausrüstung eines solchen Labors zu besprechen, weshalb wir uns mit einem Hinweis auf die Literatur begnügen[145] (vgl. HUGHES).

Die Wahl des Typs eines Forschungsreaktors hängt vor allem von drei Umständen ab:

1. Vom Zweck des Reaktors und vom Forschungsprogramm,
2. von den zur Verfügung stehenden finanziellen Mitteln,
3. von Art und Menge des zur Verfügung stehenden Brennstoffes.

Zweck und Forschungsprogramm bestimmen Fluß, Volumen und Leistung und engen die Wahl auf einige wenige Typen ein; Kosten und Brennstoffmenge,

Tabelle 113. *Anschaffungs- und Betriebskosten von Forschungsreaktoren*
(in DM; 1 \$ $\approx$ 4 DM $\approx$ 25 öS) [A = Anschaffungskosten des Reaktors; G = Preis von Gebäude und Labor, ohne Grundstück; J = Jährlicher Unterhalt, einschließlich der Kosten für das Bedienungspersonal]

Reaktortyp	A	G	J	Bemerkung
Bassinreaktor				
100 kW, $5 \cdot 10^{11}$ (BSF, GRE)	$2 \cdot 10^5$ bis $1,2 \cdot 10^6$	$6 \cdot 10^5$	10^5	Lebenszeit des Brennstoffes mind. 20 Jahre
1000 kW, 10^{13} (ARR)	$7 \cdot 10^5$ bis $2 \cdot 10^6$	$8 \cdot 10^5$ bis $1,2 \cdot 10^6$	$3 \cdot 10^5$ bis $5 \cdot 10^5$	Personalstand 3 bis 6 Personen
3000 kW, $2 \cdot 10^{13}$ (LITR)	$2 \cdot 10^6$	$2 \cdot 10^6$	10^6	
30 000 kW, $5 \cdot 10^{14}$ (MTR) (Tank)	$7,2 \cdot 10^7$	$5 \cdot 10^6$	$3 \cdot 10^6$	8 bis 15 Personen
100 kW, $5 \cdot 10^{12}$ (TTR-Art)	$1,2 \cdot 10^5$	$1,4 \cdot 10^5$	$8 \cdot 10^4$	3 bis 4 Personen
NYU-PICKLE[146] (unterkritisch, 1 g Ra Be 10^5 N s^{-1})	6500	—	$5 \cdot 10^4$	2 Personen
Wasserkocher				
10 kW, $5 \cdot 10^{11}$ (RRR) diverse Typen	$1,1 \cdot 10^6$ 4 bis $20 \cdot 10^5$	$1,5 \cdot 10^6$	10^5	Lebensdauer des Brennstoffes 20 Jahre
10^{12}	$1,4 \cdot 10^6$ bis $2 \cdot 10^6$		$5 \cdot 10^5$	Personalstand 4 bis 6 Personen
Tauchsiederreaktor				
20 000 kW, $1,6 \cdot 10^{13}$ (EBWR)	$6,8 \cdot 10^7$			
Schwerwasserreaktor				
12 000 kW, $2,5 \cdot 10^{13}$ (SRR)	$1,25 \cdot 10^7$	$7 \cdot 10^6$		
1000 kW, $3 \cdot 10^{13}$ (CP 5)	$7,2 \cdot 10^6$		$5 \cdot 10^5$	4 bis 6 Personen
10 000 kW, 10^{14} (E 443)	$2,4 \cdot 10^7$ bis $4 \cdot 10^7$		10^6 bis $3 \cdot 10^6$	5 bis 7 Personen
Graphitreaktor				
200 W, (CP 1)	$1,08 \cdot 10^7$			
30 000 kW, (BGRR)	$4 \cdot 10^7$ bis $8 \cdot 10^7$	$20 \cdot 10^6$	10^6 bis $2 \cdot 10^6$	6 bis 8 Personen
Schnelle Reaktoren				
EBR 1 und EBR 2	12 bis $55 \cdot 10^6$		$5 \cdot 10^5$	4 bis 6 Personen

zusammen mit der Anzahl der Reaktoren, die das betreffende Land zu errichten plant, bestimmen dann endgültig den Typ[146].

Will man einen gewissen Fluß mit möglichst geringen Kosten erreichen, dann dürfte die folgende Auswahl zweckmäßig sein:

10^{12}: Wasserkocher, Bassinreaktor (Tankreaktor sehr teuer).

10^{13}: Bassinreaktor (Wasserkocher unbrauchbar, Schwerwasserreaktor sehr teuer), Tankreaktor.

10^{14}: Tankreaktor, Schwerwasserreaktor mit geliehenem D_2O.

Anschaffungs- und Betriebskosten einiger Forschungsreaktoren haben wir in Tab. 113 zusammengestellt.

Durch Selbstanfertigung kann eine bedeutende Verbilligung eintreten — der RRR würde ohne Gebäude und Labor auf etwa 300.000 DM kommen. Die Entwicklung der verschiedenen Typen von Forschungsreaktoren ersieht man aus Abb. 94.

Der Personalbedarf eines Forschungsreaktors sollte nicht unterschätzt werden, da neben dem Bedienungs-, Verwaltungs- und Werkstättenpersonal auch noch Wissenschaftler zur Verfügung stehen müssen, die mit dem Reaktor experimentelle Untersuchungen durchführen. Auch wächst, sobald ein

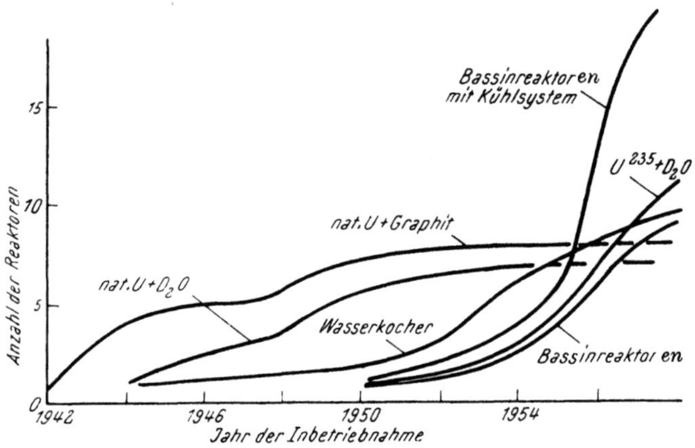

Abb. 94. Die Anzahl der Forschungsreaktoren
(Die Kurve Bassinreaktoren mit Kühlsystem umfaßt vorwiegend Tankreaktoren)

Land einmal einen Reaktor besitzt, die Zahl der Interessenten, die den Reaktor benützen wollen, erfahrungsgemäß so stark an, daß manche westeuropäischen Länder zu einem ununterbrochenen Tag- und Nachtbetrieb übergehen mußten. Für diesen Fall muß aber das Bedienungspersonal in drei Schichten zu Verfügung stehen.

Die Institutionen, die für Forschungsreaktoren Interesse haben, sind vor allem Hochschulen und Forschungsinstitute, Atomenergiekomissionen und Studiengesellschaften, staatliche Anstalten für das Eich- und Prüfungswesen, große Industriebetriebe, Kraftwerksgesellschaften und schließlich Kliniken.

Wenn ein Land beginnt, die Atomenergie auszuwerten, so ist jedoch vor jeder wissenschaftlichen und industriellen Forschung die Ausbildung von Fachkräften[147] notwendig. Es gibt heute schon eine ganze Reihe von Reaktorfachschulen, z. B. Oak Ridge School of Reactor Technology, USA (ORSORT), School of Nuclear Science and Engineering Argonne, Harwell Reactor School, England, Reactor Training Course, University of California, Berkeley, Kurse des JENER-Institutes, vgl. S. 443 und diverse Sommerkurse, in denen in mehrmonatigen Kursen bereits ausgebildete Akademiker eine Reaktorfachausbildung erhalten. Daneben besitzen auch eine ganze Reihe von Hochschulen Ausbildungsreaktoren

(z. B. RRR, ARGONAUT, HIFAR, PSUR, UCLA, UFR, UMR, NYU-PICKLE-Reactor) und Lehrkanzeln für Reaktorphysik.

An den Hochschulinstituten für Reaktorphysik und an den Reaktorschulen wurde meist ein *Reaktorpraktikum* eingerichtet, das neben grundlegenden kernphysikalischen Messungen und Versuchen der Reaktorphysik (vgl. die oben mit A bezeichneten Experimente an einem Forschungsreaktor) auch das Laden und Entladen, das Ein- und Ausschalten des *Ausbildungsreaktors*, den Umgang mit radioaktiven Substanzen und die Handhabung von Strahlungsmeßgeräten umfaßt. Die fachliche Ausbildung des Reaktorpersonals genügt jedoch nach allgemeiner Ansicht nicht; es muß ein gewisser Drill hinzukommen. So wie beim Führen eines Kraftfahrzeuges muß die Reihenfolge der Bedienungshandgriffe (*Betriebsanleitung*) ganz in Fleisch und Blut übergehen. Die für jeden Reaktor vorgeschriebene und schriftlich festgehaltene Reihenfolge der Bedienungshandgriffe soll nicht nur angeschlagen, sondern auch auswendig gelernt werden[147].

Daß für den erfolgreichen wissenschaftlichen Betrieb eines Reaktorinstitutes oder einer Atomenergiestudiengesellschaft eine moderne physikalische Bibliothek* und der Erfahrungsaustausch mit anderen Instituten (Austausch von Publikationen, Besuch von Kongressen, Besuch fremder Institute) sowie das Flüssigmachen von Geldmitteln für die Erteilung honorierter Forschungsaufträge an Fachleute und junge Nachwuchskräfte unbedingt notwendig ist, braucht wohl nicht eigens hervorgehoben werden.

Medizin und Biologie haben von einem Forschungsreaktor vielfachen Nutzen — nicht nur, daß ein Reaktor die Erzeugung wichtiger, für Diagnose, Forschung und Therapie benötigter kurzlebiger radioaktiver Isotope an Ort und Stelle gestattet, sondern ein Reaktor stellt auch eine für biologisch-medizinische Zwecke wichtige γ- und Neutronenquelle dar. Beide Strahlenarten sind für histologische, physiologische, genetische und hämatologische Untersuchungen, für Stoffwechselforschung, die Bakteriologie und Insektenkunde sowie zur Erforschung der Strahlungswirkungen und der Verhütung der Strahlungsschäden** von großer Wichtigkeit. Die γ-Strahlung eines Reaktors wird oft mit Hilfe der sogenannten *Röntgenpumpe* ausgenützt: läßt man eine Al-Salzlösung in Röhren im Reaktor zirkulieren, so wird im Al der γ-Strahler Al 28 ($\tau = 2{,}4$ min, 1,8 MeV) induziert. Pumpt man die Lösung nach außen, so erhält man schon auf kurzen Rohrstrecken Dosen in der Größenordnung von 10^3 r pro Minute (Therapie, Diagnose, Forschung, Sterilisierung).

Die *Therapie mit Neutronen* besteht darin, daß man Elemente, die (n, γ) oder besser (n, α) oder (n, p) Reaktionen erleiden, örtlich injiziert oder anreichern läßt. Natriumborat, das intravenös injiziert wird, reichert sich z. B. in Gehirntumoren an. Bei Bestrahlung des Schädels mit Neutronen geht dann innerhalb des Tumors die Reaktion (5.3), also

$$\text{B 10 } (n, \alpha) \text{ Li 7} \tag{45.1}$$

vor sich. Diese α-Teilchen haben im Gewebe eine Reichweite von etwa 36 μ (Durchmesser einer Zelle), so daß die Wirkung der stark ionisierenden und daher biologisch sehr wirksamen α-Strahlung auf die Geschwulst beschränkt bleibt.

---

* US-Literatur enthaltende Atombibliotheken wurden von den USA einer ganzen Reihe von Ländern überlassen.

** Man weiß z. B. daß *vor* der Bestrahlung verabreichte Chemikalien, z. B. Cysteinamin, Mercaptoäthylamin, die biologischen Strahlungsschäden stark verringern.

Durch Röntgen- oder α-Bestrahlung von außen* könnte man niemals eine so intensive lokale Wirkung erzielen. Für diese Behandlungsart ist ein thermischer Fluß von $5 \cdot 10^9$ am Behandlungsort notwendig, so daß etwa ein 10 MW-Reaktor gebraucht wird. Ein Bassinreaktor von 1000 kW Leistung genügt gerade noch den Anforderungen an einen medizinischen Forschungs- und Behandlungsreaktor (ROBERTSON et al[148]). Die *Verwendung der radioaktiven Isotope* in Medizin und Biologie ist sehr vielfältig; wir verweisen diesbezüglich auf die Literatur[149].

Übungsbeispiele

45 a) Auf eine kreisförmige Konverterplatte aus natürlichem Uran mit der Dicke 1 cm und dem Durchmesser 6 cm fällt ein Fluß von 10^{11} thermischen Neutronen [$cm^{-2}\,s^{-1}$]. Wie groß ist der Fluß schneller Neutronen an der Oberfläche des Konverters? Wie groß ist der Fluß in einem Punkt, der sich 5 cm senkrecht über dem Mittelpunkt der Konverterplatte befindet?

45 b) Der BGRR ($F = 5 \cdot 10^{12}$) besitzt eine quadratische thermische Säule mit der Seitenlänge 10 cm. In 6 m Entfernung vom Kern des Reaktors ist der thermische Fluß durch

$$\frac{5 \cdot 10^{12} \cdot 10^2}{4\,\pi \cdot (600)^2} = 1,1 \cdot 10^8 \tag{45.2}$$

gegeben. Man begründe (45.2).

45 c) Oft steht man bei der Auswahl eines Forschungsreaktors vor der Entscheidung zwischen Bassinreaktor und Wasserkocher. Abgesehen von den im Text erwähnten Vor- und Nachteilen sowie von Sicherheitsproblemen, spielen folgende Fragen eine Rolle:

1. Der Wasserkocher hat den höheren schnellen Fluß — wieso ist dieser praktisch kaum auswertbar?

2. Wie kann das Verhältnis $\varphi_s : \varphi_{th}$ vergrößert werden und welcher Reaktor ist hiezu besser geeignet?

3. Bei welchem Reaktor können Bestrahlungen bei hoher (tiefer) Temperatur besser durchgeführt werden?

4. Welcher Reaktor erleidet infolge des Anbringens von Experimentierkanälen die größere Einbuße an Empfindlichkeit?

Man beantworte die Fragen 1 bis 4 und gebe an, welcher der beiden Reaktoren günstiger ist! Wann ist ein Tankreaktor einem Bassinreaktor vorzuziehen?

§ 46. Die Erzeugung von Kernbrennstoffen und Isotopen

Sättigungskonzentration von erzeugten Kernbrennstoffen und von Isotopen, maximaler Brütwirkungsgrad, thermische und schnelle Brütreaktoren, Uran- und Thoriumbrüten, Ein- und Zweigebietbrütreaktoren, Mehrstoffsysteme, chemische Probleme, Erzeugung radioaktiver und stabiler Isotope.

Die Erzeugung von Kernbrennstoffen beruht auf speziellen Kernreaktionen. Nach (4.6) ist die Ausbeute einer Kernreaktion umso größer, je größer der Neutronenfluß und je größer der Aktivierungsquerschnitt σ ist. Für die Spaltstofferzeugung können nur zwei Kernreaktionen verwendet werden, und zwar die beiden Brütreaktionen (28.27) und (30.1). Bei der Isotopenerzeugung kann man durch Auswahl einer günstigeren Kernreaktion ein größeres σ erreichen. Wie wir schon in § 40 ausgeführt haben, ist jedoch nicht so sehr die Größe des Flusses, als die Ausnützung der Neutronen und die Energieabhängigkeit des Aktivierungsquerschnittes maßgeblich. Wenn φ der lokale Fluß der Energie E ist, dann gilt für die Anzahl N_2 [Kerne cm^{-3}] einer Kernart, die den Absorptionsquerschnitt

---

* Die α-Strahlen werden ja schon von gesunder Haut aufgehalten; die notwendigen hohen Röntgendosen können jedoch wegen Gefährdung des Patienten nicht appliziert werden.

$\sigma_{A\,ges\,2} = \sigma_{A\,2} + \sigma_{Sp\,2}$ und die Halbwertszeit τ_2 besitzt, die folgende Gleichung für die Erzeugung aus den Kernen N_1 (σ_1 sei der Aktivierungsquerschnitt)

$$\frac{\partial N_2\,(\mathfrak{r},\,t,\,E)}{\partial t} = \varphi\,(\mathfrak{r},\,t,\,E)\,N_1\,(\mathfrak{r},\,t,\,E)\,\sigma_1\,(E) +$$
$$-\,\varphi\,(\mathfrak{r},\,t,\,E)\,N_2\,(\mathfrak{r},\,t,\,E)\,\sigma_{A\,ges\,2}\,(E) - \frac{0{,}693}{\tau_2}\,N_2\,(\mathfrak{r},\,t,\,E) \qquad (46.1)$$

während $N_1\,(\mathfrak{r},\,t)$ durch

$$\frac{\partial N_1\,(\mathfrak{r},\,t,\,E)}{\partial t} = -\,\varphi\,(\mathfrak{r},\,t,\,E)\,N_1\,(\mathfrak{r},\,t,\,E)\,\sigma_{A\,ges\,1}\,(E) - \frac{0{,}693}{\tau_1}\,N_1\,(\mathfrak{r},\,t,\,E) \qquad (46.2)$$

gegeben ist. Wenn der Kern 2 noch nicht das gewünschte Endprodukt ist, dann sind die Gleichungen komplizierter. Vernachlässigt man in erster Näherung die zeitliche Änderung von N_2 (Brütstoff, Muttersubstanz des Isotops) und ersetzt $\varphi\,(\mathfrak{r},\,t,\,E)$ durch den räumlichen Mittelwert $\bar\varphi$, so gilt für eine bestimmte Energie

$$\frac{dN_2}{dt} = \bar\varphi\,N_1\,\sigma_1 - \bar\varphi\,N_2\,\sigma_{A\,ges\,2} - \frac{0{,}693}{\tau_2}\,N_2 \qquad (46.3)$$

und für den Gleichgewichtszustand ($d/dt = 0$) folgt

$$\boxed{\overline{N}_2 = \frac{\sigma_1\,\bar\varphi\,\tau_2}{\sigma_{A\,ges\,2}\,\bar\varphi\,\tau_2 + 0{,}693}\,N_1} \qquad (46.4)$$

Diese Formel ist analog zu (36.13) gebaut; ist $\sigma_{A\,ges\,2}$ sehr klein, erhält man aus ihr (3.13) (vgl. Übungsbeispiel 46 b). Bei langlebigen Kernen (Pu 239, U 233) kann man umgekehrt $0{,}693/\tau_2\,\bar\varphi$ vernachlässigen und erhält

$$\boxed{\overline{N}_{2\,max} = \frac{\sigma_1}{\sigma_{A\,ges\,2}}\,N_1} \qquad (46.5)$$

Dieser Wert wird jedoch in der Praxis nie erreicht: entweder ist das Isotop kurzlebig, dann gilt (46.5) nicht; bei langlebigen Kernen ist es jedoch nicht sinnvoll, $\overline{N}_{2\,max}$ anzustreben, da in der Zeit bis zur Erreichung des maximalen Sättigungswertes erhebliche Mengen der erzeugten Substanz infolge von Absorptions- (und Spalt-)prozessen wieder verbraucht werden. Es ist wirtschaftlicher, sich mit etwa der Hälfte der maximal möglichen Ausbeute zu begnügen (vgl. Tab. 114).

Tabelle 114. *Erzeugung von Kernbrennstoffen*

Brütstoff	Brennstoff	σ_1	$\sigma_{A\,ges\,2}$	$0{,}5 \cdot \overline{N}_{2\,max}/N_1$	
			(Mittelwerte über E)		
Th 232	U 233 (ursprünglich und erzeugt)	(7,30) (thermisch)	(662) (thermisch)	0,0120 (0,005)	Zweistoffsystem
nat. U (U 238)	U 235 (ursprünglich) Pu 239 (erzeugt)	— 5,6	— 1000	— 0,0028	} Dreistoffsystem
U 238, Th 232	U 235, Pu 239, U 233				Fünfstoffsystem

Thermisch

Kern	η	B_{max}	α	Kern	τ	$\sigma_{A\ ges\ th}$ [barn]
U 233	**2,31**	1,31	0,132	Pa 233	27,4 d	150
U 235	2,08	1,08	0,183	Th 233	23,5 min	1400
Pu 239	2,03	1,03	0,46	Pu 240	$6,6 \cdot 10^3$ a	510
nat. U	1,34	0,34	0,84	Th 232	$1,39 \cdot 10^{10}$ a	7,7
Pu 241	2,22	1,22	0,358	Np 239	2,3 d	80
				U 236	$2,4 \cdot 10^7$ a	21
				U 239	23,5 min	22
				U 234	$2,5 \cdot 10^5$ a	92
				U 238	$4,5 \cdot 10^9$ a	2,75
				Pu 239	$2,4 \cdot 10^4$ a	1065
				U 233	$1,6 \cdot 10^5$ a	593

Schnell und intermediär

Energie	$\eta_{U\ 235}$	B_{max}	$\alpha_{U\ 235}$	η/α	$\eta_{Pu\ 239}$	B_{max}	$\alpha_{Pu\ 239}$	η/α
100 eV	1,64	0,64	0,52	**3,16**	1,67	0,67	0,72	**2,32**
10^3 eV	1,66	0,66	0,48	3,46	1,80	0,80	0,60	3,00
10^4 eV	1,82	0,82	0,35	5,20	2,01	1,01	0,43	4,68
10^5 eV	2,18	1,18	0,13	16,76	2,44	1,44	0,18	13,55
$5 \cdot 10^5$ eV	**2,24**	1,24	0,10	**22,40**	**2,62**	1,62	0,10	**26,20**
1 MeV	2,24	1,24	0,09	24,90	2,70	1,70	0,06	45,0

σ_1 thermisch für U 238: $2,75 \pm 0,10$ barn
σ_1 thermisch für Th 232: $7,31 \pm 0,12$ barn

Brütreaktoren werden meist nach der Anzahl der Arten vorhandener Kerne in *Zwei-*, *Drei-* oder *Fünf-Stoffsysteme* (vgl. Tab. 115) oder nach dem Aufbau in *Eingebietreaktoren** oder *Zweigebietreaktoren* eingeteilt.

Ferner spricht man von *Uranbrütreaktoren* (U 238 oder natürliches Uran als Brütstoff) und von *Thoriumbrütreaktoren* (Th-Brütstoff) sowie von *schnellen* und *thermischen* Brütreaktoren.

In *Eingebietsreaktoren* sind Brütstoff (Th 232, U 238) und Spaltstoff (U 235, U 233, Pu 239) homogen miteinander gemischt — natürliches Uran stellt z. B. eine solche Mischung dar. Ist ein Eingebietsreaktor ein Thoriumbrüter, dann ist eine Abtrennung des U 233 von Th 232 nicht notwendig, wenn das gewonnene U 233 im Brütreaktor selbst verwendet werden soll — es ist nur notwendig, von Zeit zu Zeit die Spaltprodukte zu entfernen.

In einem *Zweigebietreaktor* sind Brütstoff und Brennstoff getrennt: der Reaktorkern enthält den Spaltstoff; der Brütstoff befindet sich in einer eigenen den Reaktorkern umgebenden *Brütschicht*, die noch von einem Reflektor umgeben sein kann. Um den in der Brütschicht erzeugten Spaltstoff (U 233, Pu 239) verwerten zu können, muß er vom Brütstoff (Th 232, U 238 bzw. nat. U) abgetrennt werden. Der Zeitpunkt dieser chemischen Abtrennung ist vollkommen willkürlich.

Eingebietsreaktoren sind alle thermischen Uranbrütreaktoren, z. B. G 1, WINDSCALE, LMFR usw.; Zweigebietsreaktoren sind fast alle schnellen Brütreaktoren, z. B. CLEMENTINE, EBR 1, ZEUS, ZEPHYR, ferner SGR, HRE 2 und HTR.

---

* Der Ausdruck *ein Gebiet* bezieht sich nur auf den Brütstoff; ein Eingebietsreaktor kann also ohne weiteres ein heterogener Reaktor mit Reflektor sein.

Den größtmöglichen Brütwirkungsgrad B_{max} erhält man nach (40.8), wenn man $V_{th} = V_s = A_{th} = A_s = 0$ setzt (unendlich großer Reaktor ohne schädliche Absorption)

$$B_{max} = \eta - 1 \tag{46.6}$$

Ob eine Brennstoff-Brütstoff-Kombination günstig ist oder nicht, hängt also nicht nur von σ_1 und $\sigma_{A\,ges\,2}$, sondern auch vom η des Brennstoffes ab. Tab. 114 zeigt[135], daß das thermische Uranbrüten (Pu 239-Erzeugung) unökonomischer ist als das thermische Thoriumbrüten (U 233-Erzeugung). Da schnelle Brütreaktoren ökonomischer sind als thermische Brütreaktoren, wird man angesichts der Energieabhängigkeit von η gemäß Tab. 114, nur folgende Typen von Brütreaktoren bauen:

1. *Thermische Thoriumbrütreaktoren* (SGR, LMFR, HRE 2, HTR) B etwa 1,10 bei D_2O; sonst $B \approx 0,95$, laufende 5%ige Ergänzung nötig;

2. *schnelle Uranbrütreaktoren* (EBR 1 und 2, ZEUS) B bis zu 1,5 zu erwarten, Neutronenenergie $> 0,5\,MeV$;

3. *schnelle Thoriumbrütreaktoren* (ungünstiger als 2, etwa gleichwertig mit 1).

Alle thermischen Uranbrütreaktoren (HANFORD, WINDSCALE) sind unökonomisch und nur aus kriegstechnischen Gründen interessant (Atombombenherstellung). In großen thermischen Uranreaktoren, die anderen Zwecken dienen (z. B. Forschung, Energiegewinnung), spielt das erzeugte Plutonium nur die Rolle eines durch den Betrieb zwangsweise anfallenden Nebenproduktes (G 2, NRU). Dieses Nebenprodukt hat den Vorteil, um guten Preis verkäuflich zu sein und daß der ursprüngliche Brennstoff (U 235) etwa 5- bis 6mal so lange verwendet werden kann (vgl. § 36) und besser ausgenützt wird (bis zu 6,5% des natürlichen Urans bei ursprünglich 3%iger U 235 Anreicherung). Ferner sieht man aus Tab. 115, daß thermische Uranbrütreaktoren notwendig sind, wenn keine Isotopentrennanlage zur Verfügung steht und kein reiner Spaltstoff vorhanden ist.

Infolge des Entweichens und der Absorption ist beim thermischen Uranbrüten jedenfalls $B > 1$ nicht erreichbar (B praktisch $\approx 0,8$ bis $0,9$), hiebei ist es fast gleichgültig, ob als Brennstoff U 235, Pu 239 oder beides verwendet wird*. Nur bei einem Vier- oder Fünfstoffsystem (das auch U 233 als Brennstoff enthält) dürfte durch das thermische Uranbrüten $B > 1$ erreicht werden. U 233 ist ja der beste Kernbrennstoff für thermische Reaktoren — ein großes η und ein kleines α zeigen seine Überlegenheit an; Pu 239 ist hingegen für thermische Reaktoren sehr schlecht geeignet (vgl. Übungsbeispiel 30f). In Tab. 115 haben wir nach RENNIE[135] alle diese Möglichkeiten zusammengestellt.

Die volle Auswertung des Uranisotopes U 238 ist nur in einem Brütreaktor mit $B > 1$ möglich. Ist $B < 1$, dann kann nur ein geringer Prozentsatz des U 238 in Pu 239 verwandelt werden. Wenn man nämlich unter Vernachlässigung des geringen U 235-Gehaltes des natürlichen oder abgebrannten Urans annimmt, daß in einer homogenen U 238—Pu 239-Mischung nur die Pu-Kerne gespalten werden, dann entstehen beim Verbrauch von N Pu 239-Kernen BN neue Pu 239-Kerne, die ihrerseits nun ebenfalls gespalten werden oder Absorptionsprozesse erleiden können. Insgesamt entstehen so $N\,(B + B^2 + B^3 + \ldots)$

---

* Manche Autoren bezeichnen nur diejenigen Reaktoren, die $B > 1$ erreichen als Brütreaktoren und andere Produktionsreaktoren als „Konverter". Diese Bezeichnungsweise kann jedoch zu Verwechslungen mit dem Konverter (s. S. 399) führen.

Tabelle 115. *Einige Typen von Brütreaktoren*
(Günstige Möglichkeiten sind *kursiv gesetzt*)

Brennstoff	Spalt-stoff	Brüt-stoff	Pro-dukt	Brems-mittel	E	W	B	IT	A	Br
Natürliches Uran	U 235	U 238	Pu239	D_2O	th	nein	< 1	nein	3	nein
Angereichertes Uran	U 235	U 238	Pu239	H_2O, D_2O	th	ja	< 1	ja	3	nein
Höchstangerei- chertes Uran	U 235	Th232	U 233	H_2O, Be, D_2O	th	ja	< 1	ja	3	nein
U 233	U 233	Th232	U 233	H_2O, D_2O	th	ja	≤ 1	nein	2	ja
Pu 239	Pu239	U 238	Pu239	D_2O	th	ja	< 1	nein	2	ja
U 233 (U 235)	U 233	U 238	Pu239	D_2O	th	ja	≈ 1	nein (ja)	3 (4)	ja
U 233	U 233	Th232	U 233	0	s	ja	≥ 1	nein	2	ja
Pu 239	Pu239	U 238	Pu239	0	s	ja	> 1	nein	2	ja
Höchstangerei- chertes Uran	U 235	U 238 Th232	Pu239 U 233	0	s	ja	> 1	ja	5	nein
Pu 239	Pu239	Th232	U 233	0	s	ja	> 1	nein	3	ja
Pu 239	Pu239	U 238 Th232	U 233 Pu239	0	s	ja	> 1	nein	5	ja

(E = Energiebereich; W = Wiederverwendung verbrauchten Brennstoffes; IT =
= Isotopentrennanlage erforderlich; A = Anzahl der Stoffe; Br = anderer Brütreaktor erforderlich).

Pu 239-Kerne. Für $B > 1$ ist diese Reihe divergent, d. h. es können beliebige
U 238-Mengen in Pu 239 umgewandelt werden; für $B < 1$ ist diese Reihe konvergent und man erhält als maximalen *Gewinn* G_{max}

$$G_{max} = N \cdot B/(1 - B) \qquad (46.7)$$

für $B = 0{,}90$ bzw. 0,99 erhält man daher $G_{max} = 9\,N$ bzw. $99\,N$. Wenn ein
Uranbrütreaktor mit 1 kg Pu 239 in Betrieb gesetzt wird, dann vermag er also
bei $B = 0{,}90$ aus beliebigen Mengen U 238 maximal 9 kg Pu 239 zu erzeugen.

Bei der Ableitung von (46.6) berücksichtigten wir nicht den Neutronen-
gewinn infolge von Spaltungen durch schnelle Neutronen; (46.6) ist daher durch

$$\boxed{B'_{max} = \varepsilon\,\eta - 1} \qquad (46.8)$$

zu ersetzen.

Wenn ein U 235-Kern durch ein thermisches Neutron gespalten wird, dann
entstehen ν schnelle Spaltneutronen, die sich durch schnelle Spaltungen auf $\nu\,\varepsilon$
vermehren. Diese Neutronen werden nun gebremst und erreichen Resonanzen-
energien. Während dieser Bremsungen entweichen pro Spaltprozeß $\nu\,\varepsilon\,(1 - e^{-B^2\tau})$
und pro Absorptionsprozeß $\eta\,\varepsilon\,(1 - e^{-B^2\tau})$ schnelle Neutronen; $\eta\,\varepsilon\,e^{-B^2\tau}$ Neutronen entweichen nicht. Die Lebenserwartung p drückt die Wahrscheinlichkeit
dafür aus, daß ein Resonanzneutron vom U 238 *nicht* absorbiert wird; es werden

daher $\eta\, \varepsilon\, (1 - p)\, e^{-B^2\tau}$ Resonanzneutronen pro thermischem Absorptionsprozeß (Absorption + Spaltung) absorbiert, so daß $\eta\, \varepsilon\, (1 - p)\, e^{-B^2\tau}$ U 239- und praktisch ebensoviele Pu 239-Kerne entstehen. Durch thermische Absorption im U 238 werden ferner pro Absorptionsprozeß im U 235

$$\frac{\Sigma_{A\,ges}^{U\,238}}{\Sigma_{A\,ges}^{U\,235}} = \frac{\sigma_{A\,ges}^{U\,238}}{\sigma_{A\,ges}^{U\,235}}\,\frac{N_{238}}{N_{235}}$$

U 238-Kerne verbraucht bzw. Pu 239-Kerne erzeugt.

Da der Brütwirkungsgrad das Verhältnis der Anzahl der erzeugten Pu 239-Kerne zur Anzahl der verbrauchten U 235-Kerne ist und da pro Prozeß (Absorption + Spaltung) gerade ein U 235-Kern verbraucht wird, gilt

$$\boxed{\; B = \eta\, \varepsilon\, (1 - p)\, e^{-B^2\tau} + \frac{\sigma_{A\,ges}^{U\,238}}{\sigma_{A\,ges}^{U\,235}}\,\frac{N_{238}}{N_{235}} \;} \qquad (46.9)$$

Die Berücksichtigung der schnellen Spaltung macht den thermischen Thorium-brütreaktor theoretisch dem schnellen Uranbrütreaktor fast gleichwertig. Dies ist sehr wichtig, da schnelle Reaktoren wegen der großen Strahlungsschäden und wegen der Empfindlichkeit für schon geringe Spuren von leichten Elementen (E soll $> 0{,}5$ MeV sein!) unzweckmäßig sind.

Da sich die N mit der Zeit ändern, ist natürlich auch der Brütwirkungsgrad eine Zeitfunktion (BOGAARDT[135]). Die Abhängigkeit des Brütwirkungsgrades vom Isotopenverhältnis N_{238}/N_{235} (das ja auch in η, p usw. eingeht) ist hingegen sehr schwach und macht sich nur bei Verringerung des natürlichen U 235-Gehaltes bemerkbar (Abbrand).

In der Literatur findet man nur wenige Angaben über Brütreaktoren, vgl. Tab. 116.

Tabelle 116. *Brütreaktoren*

Homogene thermische Thoriumbrütreaktoren (HTR, HRT)

Th [g l⁻¹]	Kugeltank ca. 4,5 m Durchmesser		ca. 6 m Durchmesser	
	U 235 [g l⁻¹]	B	U 235 [g l⁻¹]	B
100	1,59	0,865	1,43	0,942
300	5,96	0,974	5,57	1,020
500	117,2	1,022	98,24	1,052

(Brütschicht flüssig, ThO$_2$ in D$_2$O; Reaktorkern D$_2$O als Bremsmittel, Zweigebietsreaktor) HRT-Reaktorkern: 9,6 g U 235 pro kg D$_2$O, UO$_2$SO$_4$, 265° C, HTR: U 233.

Schneller Uranbrütreaktor

ZEPHYR	Prozentsatz der Spaltungen (Brennstoff Pu und natürl. Uran)		
	Pu 239	U 235	U 238 (Brütstoff: natürliches Uran)
Reaktorkern	63,5	0,3	4,3
Brütschicht	0	10,0	21,9

APDAR

Brennstoff: Angereichertes Uran, Brütstoff: Natürliches oder abgebranntes Uran. 100 000 kW elektrische Leistung, ($Q_{ges} = 300\,000$ kW). In Brütschicht zirka 75% des erzeugten Pu 239 gewonnen. Na $\rightarrow$ Na K Kühlung, tertiär Wasserdampferzeugung. 450 kg U 235, $B = 1{,}2$; 91,7 kg U 235 jährlicher Verbrauch, 109 kg Pu 239 jährlich erzeugt.

Thermischer Wirkungsgrad 30%. Kosten (mit Gebäude, ohne Grundstück) $54{,}5 \cdot 10^6$ \$.

Alle bisherigen Angaben über den Brütwirkungsgrad beziehen sich auf den Betrieb des Reaktors, nicht aber auf die wahre Ausbeute. Diese ist etwas geringer, da die chemische Abtrennung niemals hundertprozentig erfolgen kann.

Um eine einfache, kontinuierliche und billige U 233—Th 232 Trennung zu erreichen, hat man daran gedacht, die Brütschicht aus festem, nichtflüchtigem ThF_4 herzustellen. Wird durch diese Schicht Fluor geblasen, so reagiert es mit Pa 233 und U 233 zu den flüchtigen Fluoriden PaF_5 und UF_6, die abgepumpt werden (MILES et al[135]). Es wäre von großem Vorteil, wenn dieser bisher nur in Kleinversuchen erprobte Prozeß auch bei Großanlagen angewendet werden könnte, da die Th-U-Trennung chemisch schwieriger ist als die Pu-Gewinnung aus Uran.

Die Halbwertszeit des Th 233 beträgt zwar nur 23,5 min, doch die Halbwertszeit des Pa 233 (27,4 d) und dessen großer Absorptionsquerschnitt von 150 barn führen zur Erzeugung erheblicher Mengen von Pa 234 in der Brütschicht, so daß bei Zweigebiet-Thorium-Brütreaktoren eine Th-Pa-U-Trennung, bei Eingebietreaktoren mit nat. Uran oder Fünfstoffsystemen eine Th-Pa-U-Pu-Trennung notwendig ist. Die Halbwertszeit des Np 239 und sein σ_A sind hingegen wesentlich kleiner ($\tau = 2{,}3$ d, $\sigma_A = 80$ barn), so daß die Bildung von Np 240 kaum eine Rolle spielt; beim Uranbrüten ist daher (abgesehen vom Fünfstoffsystem) nur eine U-Pu-Trennung vorzunehmen*.

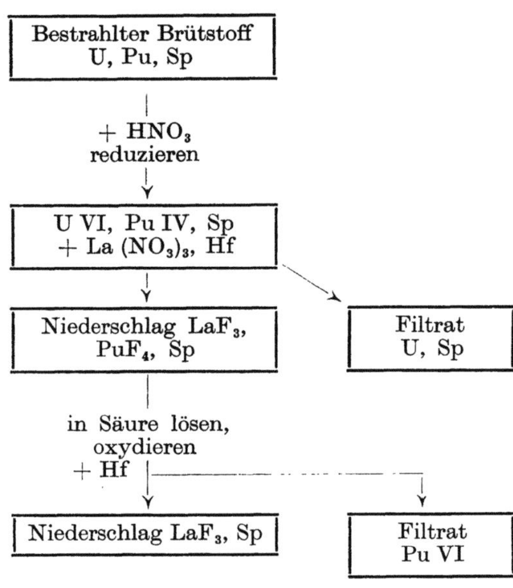

Abb. 95. Gewinnung des Plutoniums (Sp = Spaltprodukte)

Die Abtrennung des Pu vom Uran und den Spaltprodukten kann nach mehreren Methoden erfolgen (vgl. Tab. 96 und Abb. 95).

Die *Erzeugung von radioaktiven Isotopen*[150] erfolgt nur im Zweigebietverfahren, d. h. der Brütstoff des gewünschten Isotopes und der Brennstoff des Reaktors werden niemals gemischt. Die Ausbeute N, die man durch eine Reaktion mit dem Aktivierungsquerschnitt σ in einem Reaktor mit dem Fluß F, nach der *Bestrahlungszeit t*, pro Gramm Brütstoff erhält, ist durch (3.16) und (4.6), also durch

$$N(t) = 1{,}625 \cdot 10^{13} \frac{F\,\sigma}{A} \left(1 - e^{-\frac{0{,}693}{\tau}t}\right) \; [\text{Curie g}^{-1}] \qquad (46.10)$$

gegeben.

---

   * Eine Np-Pu-U-Trennung ist nur zur Gewinnung von Np 237 nötig, das durch U 238 $(n, 2\,n)$ U 237 $\xrightarrow{\ \beta^-\ }$ Np 237 entsteht. (VOROBYEV, KURCHATOV[135]).

A bzw. τ sind Atomgewicht und Halbwertszeit des durch den Aktivierungsprozeß mit dem Querschnitt σ direkt (also ohne Zwischenprozesse*) erzeugten radioaktiven Isotopes. Für die Aktivierung großer Stücke ist ein großes Volumen, für die Erzeugung großer Aktivitäten ein großer Fluß und ein großer Wirkungsquerschnitt erforderlich.

Die größte Aktivität (*Sättigungsaktivität*)

$$\overline{N} = 1{,}625 \cdot 10^{13} \frac{F\,\sigma}{A} \qquad (46.11)$$

erreicht man nach $t \approx 7\,\tau$ (vgl. § 3). Da das Isotop nach der Entnahme aus dem Reaktor gemäß (3.2) zerfällt, müssen Isotope mit kurzer Halbwertszeit an Ort und Stelle des Bedarfes (Labor, Klinik, Industriebetrieb) erzeugt werden, vgl. Übungsbeispiel 3 g. Welche Aktivitäten mit einem bestimmten Fluß erzeugt werden können, zeigt Tab. 117.

Tabelle 117. *Erzeugung von Radioisotopen in Reaktoren*

Isotop	τ	Brütstoff	Prozeß	Zyklotron [mC h^{-1}]	1 W Reaktor, $F = 4 \cdot 10^7$, $t = 1\,h$ (n,γ)-Prozesse		
					Isotop	τ	N
Be 7	54 d	Li	(p, n)	120	P 32	14,3 d	300
Na 22	2,6 a	Mg	(p, α)	0,4	Na 24	15,0 h	25000
Fe 55	2,9 a	Mn	(p, n)	10	Co 60	5,3 a	190
Co 56	80 d	Fe	(p, n)	70	Dy 165	2,3 h	$56 \cdot 10^6$
Co 57	270 d	Ni	(p, pn)	50	Pa 233	27,4 d	450
J 130	12,6 h	Te	(p, n)	2800			
Au 194	39 h	Pt	(p, n)	1800	N [Zerfallsprozesse s^{-1} g^{-1}]		

Fluß 10^{11} (ZOE) Sättigungsaktivitäten gemäß CEA Lieferkatalog

Isotop	τ	Prozeß	σ [barn]	Aktivität für $t = 1$ Woche	Sättigungsaktivität	Strahlung
Ag 110	270 d	Ag 109 (n,γ) Ag 110	1,36	370 [μC g^{-1}]	21 [mC g^{-1}]	β, γ
Ca 45	152 d	Ca 44 (n,γ) Ca 45	0,013	15 [μC g^{-1}]	530 [μC g^{-1}]	β
Co 60	5,3 a	Co 59 (n,γ) Co 60	30	2 [mC g^{-1}]	825 [mC g^{-1}]	β, γ
Fe 55	2,9 a	Fe 54 (n,γ) Fe 55	0,041	5 [μC g^{-1}]	1,2 [mC g^{-1}]	K
Au 198	2,69 d	Au 197 (n,γ) Au 198	96,4	650 [mC g^{-1}]	790 [mC g^{-1}]	β, γ
P 32	14,3 d	P 31 (n,γ) P 32	0,23	3,5 [mC g^{-1}]	12 [mC g^{-1}]	$\beta;$
P 32	14,3 d	S 32 (n,p) P 32	0,42	Phosphat in wäßriger NaCl-Lösung	1 [mC · cm^{-3}]	$\beta;$ 1,7 MeV
Na 24	15,06 h	Na 23 (n,γ) Na 24	0,6	35 [mC g^{-1}]*	42 [mC g^{-1}]	β, γ
Sr 89	53 d	Sr 88 (n,γ) Sr 89	$4{,}15 \cdot 10^{-3}$	9 [μC g^{-1}]	99 [μC g^{-1}]	β
Tc 99	$2{,}12 \cdot 10^5$ a	Mo 98 (n,γ) Mo 99-Tc	0,031	10^{-5} [μC g^{-1}]	500 [μC g^{-1}]	β
H 3	12 a	Li 6 (n,α) H 3	71	H_2O mit H 3	200 [mC · cm^{-3}]	β

* $t = 2\,d$

---

* Wird das gewünschte Isotop erst durch Zerfall eines im Reaktor erzeugten Isotops gebildet, dann ist $N(t)$ komplizierter, vgl. N_{Xe} in § 36.

Wird ein Isotop durch einen (n,p)-Prozeß, z. B.

$$S\ 32\ (n,p)\ P\ 32 \tag{46.12}$$

erzeugt, so kann es von der Muttersubstanz (S) durch chemische Methoden abgetrennt werden; die Lieferung enthält dann praktisch nur aktive Atome. Erfolgt die Herstellung durch einen (n, γ)-Prozeß, dann ist das Produkt ein Gemisch von aktiven und inaktiven Atomen ein- und desselben Elementes, die z. B. durch den SZILARD-CHALMERS-Effekt teilweise getrennt werden können (nicht immer möglich). Ist die Tochtersubstanz eines durch einen (n, γ)-Prozeß hergestellten radioaktiven Isotops selbst radioaktiv, dann kann die Tochtersubstanz vom erzeugten Isotop chemisch getrennt werden; z. B. kann man Pr 143 durch den Zerfall von Ce 143 gewinnen, das seinerseits durch

$$Ce\ 142\ (n, \gamma)\ Ce\ 143 \xrightarrow{\beta^-} Pr\ 143 \tag{46.13}$$

erzeugt wurde.

An die Muttersubstanz muß man folgende Forderungen stellen:
1. größtmögliche chemische Reinheit,
2. eine gewisse Strahlungsfestigkeit,
3. Beständigkeit bis zirka 200° C,
4. keine korrosive Wirkung auf den sie enthaltenden Behälter.

Bei manchen Isotopen sind die Aktivierungsquerschnitte der Muttersubstanz so klein, daß nur geringste Mengen erzeugt werden können. Solche Isotope können, wenn ihr Anteil γ in den Spaltprodukten hinreichend groß ist, aus diesen gewonnen werden. Die Isotope Xe 133 ($\tau = 5,27$ d; β, γ; bis zu 10 mC in kleinen Reaktoren), J 131, Sr 90 usw. werden auf diese Weise gewonnen.

Stabile Isotope können ebenfalls erzeugt werden. Für die nach einer Bestrahlungszeit t [sec] pro cm³ der Muttersubstanz gewonnenen Mengen N gilt

$$N = \Sigma F t \quad \text{[Kerne]} \tag{46.14}$$

wo Σ der makroskopische Aktivierungsquerschnitt ist.

Übungsbeispiele

46 a) Nimmt man an, daß beim Thoriumbrüten die Konzentration x^{232} von Th 232 konstant bleibt, dann ergibt sich für die Th 233-Konzentration x^{233} Formel (30.5) d. h.

$$\frac{dx^{233}}{dt} = \sigma_{\text{Th}}^{232}\ \varphi\ x^{232} - \frac{0,693}{\tau_{\text{Th}\,233}}\ x^{233} - \sigma_{\text{Th}}^{233}\ \varphi\ x^{233} \tag{46.15}$$

(vgl. Übungsbeispiel 30 d)

Für das aus dem Zerfall des Th 233 entstehende Pa 233 gilt ferner

$$\frac{dy^{233}}{dt} = \frac{0,693}{\tau_{\text{Th}\,233}}\ x^{233} - \frac{0,693}{\tau_{\text{Pa}\,233}}\ y^{233} - \sigma_{\text{Pa}}^{233}\ \varphi\ y^{233} \tag{46.16}$$

Für das aus Pa 233 entstehende U 233 gilt schließlich

$$\frac{dz^{233}}{dt} = \frac{0,693}{\tau_{\text{Pa}\,233}}\ y^{233} - \sigma_{\text{U}}^{233}\ \varphi\ z^{233} \tag{46.17}$$

Diese Gleichungen wurden von RIEF[135] mit Hilfe einer elektronischen Rechenmaschine integriert, wobei die folgenden Daten angenommen wurden:

$$\frac{0,693}{\tau_{\text{Th}\,233}} = 4,92 \cdot 10^{-4}\ [\text{s}^{-1}]; \qquad \frac{0,693}{\tau_{\text{Pa}\,233}} = 2,93 \cdot 10^{-7}\ [\text{s}^{-1}] \tag{46.18}$$

und

$$\sigma_{Th}^{232} = 7{,}0 \qquad \overline{\sigma_{Th}^{232}} = 8{,}377 \qquad \sigma_{U}^{233} = 5{,}85 \tag{46.19}$$

$$\sigma_{Th}^{233} = 1400 \qquad \sigma_{Pa}^{233} = 37 \qquad [\text{barn}]$$

Der Term $\sigma_{U}^{234}\,\varphi\,N_{U\,234}$ ($\sigma_{U}^{234} = 92$ barn), der zur Bildung von U 235 Anlaß gibt, wurde vernachlässigt. Man diskutiere die obigen Gleichungen und zeige, daß sich für U 233 die Sättigungskonzentration

$$\bar{z}^{233} = \frac{4{,}92 \cdot 10^4\, \bar{y}^{233}\, \sigma_{Th}^{232}\, x^{232}}{\left(4{,}92 \cdot 10^{-4} + \sigma_{Th}^{233}\varphi\right) \sigma_{U}^{233} \left(2{,}93 \cdot 10^{-7} + \sigma_{Pa}^{233}\,\varphi\right)} \tag{46.20}$$

ergibt. Wie groß ist $\bar{z}^{233}/x^{232}$ für $\varphi = 10^{11}$, 10^{12}, 10^{14}? Man berechne $\bar{y}^{233}$ und zeige, daß für $\varphi < 10^{12}$ (46.20) durch (46.5) ersetzt werden kann. (Vgl. auch das Reaktorhandbuch, Band Engineering, S. 514).

46 b) Man löse (46.3) und untersuche, bei welchen Voraussetzungen die Lösung in (3.16) übergeht.

46 c) In der Literatur findet man die Angabe, daß ein Brütreaktor zur Erzeugung von 1 kg Pu 239 pro Tag die Leistung von 0,5 bis 1,5 Millionen kW haben muß. Stimmt diese Angabe mit den Überlegungen des § 46 überein? Man berechne mit Hilfe von (46.9) und (40.15) für 600 000 kW Reaktorleistung und $\eta = 1{,}32$, $\varepsilon = 1{,}03$, $p = 0{,}90$ (Graphitreaktor), $B^2 = 92 \cdot 10^{-6}\,\text{cm}^{-2}$, $\tau = 400\,\text{cm}^2$ (natürliches Uran), die innerhalb eines Monates erzeugte Pu 239-Menge ($\approx$ 1 Atombombe).

46 d) U 235 ist der einzige in der Natur vorkommende Spaltstoff. Man zeige, daß das Uran- und Thoriumbrüten unter der Annahme, daß dreimal so viel Thorium als Uran auf der Erde vorhanden ist, die Vorräte an Spaltstoff auf das 560 fache erhöht. Wie groß muß B mindestens sein, daß man während des Abbrandes des U 235 alles im natürlichen Uran enthaltene U 238 in Pu 239 verwandeln kann?

46 e) Einerseits muß ein Brütreaktor einen Fluß von etwa 10^{14} besitzen, um nennenswerte Ausbeuten zu erzielen, andererseits nimmt in einem thermischen Thoriumbrütreaktor die Neutronenabsorption durch Th 233 und Pa 233 bei einem bestimmten großen Fluß so überhand, daß $B > 1$ nicht mehr erreicht werden kann. Man diskutiere diese Verhältnisse.

46 f) 1 g Co wird eine Stunde lang bei einer Temperatur von 80° C in einem Reaktor bestrahlt und zeigt nach der Entnahme eine Aktivität von 5000 Zerfallsprozessen pro sec, herrührend vom Co 60 ($\tau = 5{,}2$ a). Wie groß war der Bestrahlungsfluß? ($\sigma_{Akt} = 34$ barn bei 0,025 eV, verwende (1.11) und (28.1)).

46 g) Ein Barren aus natürlichem Uran im Gewicht von 1 kg wird bei 80° C während 100 Tagen einer Bestrahlung von 10^{12} Neutronen $[\text{cm}^{-2}\,\text{s}^{-1}]$ ausgesetzt. Welche Menge J 131 hat sich in dieser Zeit gebildet? Für den X 10 Reaktor gilt bei Einführung eines Absorbers

$$\hat{\varrho}\,[\text{h}^{-1}] = 0{,}06\,\Sigma_{Akt}\,(\varphi/\varphi_0)^2. \tag{46.21}$$

Man berechne das sich bei der Einführung des Uranbarrens ergebende δk_{eff} für $\varphi : \varphi_0 = 0{,}30$.

§ 47. Die Energieerzeugung

Energie- und Stromverbrauch, die Wirtschaftlichkeit der Atomenergie, Installierungs- und Stromkosten, nationale Programme zur Einführung der Atomkraftwerke.

Die zunehmende Industrialisierung und der Wunsch nach höherem Lebensstandard haben in allen Ländern zu einem steigenden Energiebedarf geführt; in einigen Fällen sind bereits Engpässe in der Energieversorgung aufgetreten. Da die Wasserkraft bei weitem nicht ausreicht, da die Vorräte an mineralischen Brennstoffen in den nächsten Jahrhunderten zu Ende gehen werden und da Grabungen und Bohrungen schon heute in immer größere Tiefen vorgetrieben werden müssen, wodurch die Förderung immer schwieriger und teurer wird, ist die Erschließung einer neuen Energiequelle eine absolute Notwendigkeit.

Die Ausbeutung von Sonnen-, Wind- und Gezeitenenergie kann in wirtschaftlicher Weise *heute* noch nicht vorgenommen werden, bzw. ist sie mit schwerwiegenden Nachteilen verbunden. Die Entwicklung gefahrloser und wirtschaftlicher Atomenergieanlagen ist daher für die nächste Zukunft von großer Bedeutung.

Einige Angaben über den Energieverbrauch und die Brennstoffreserven findet man in Tab. 118, vgl. Literatur[151].

Tabelle 118. *Energieverbrauch und Brennstoffreserven*
(R = Anzahl der Jahre, die die Vorräte reichen würden, wenn der Verbrauch am Niveau des Jahres 1952 konstant bliebe; unter Berücksichtigung der Steigerung sollen alle Vorräte zirka 100—300 a reichen (ganze Welt))

Jährlicher Strom-verbrauch	1952 [10^6 kWh]	1958	Jährlicher Zuwachs	Gesamter Energie-verbrauch 1952 [10^6 kWh]	Wasser-kraft
Österreich....	7 210	8 820	5—7%	8,8 · 10^3	75%
Deutschland..	59 500	80 000	8—13%		16%
Schweiz......	12 330	14 100	4%		90%
Europa	193 904	271 163			
USA	450 000	700 000		9754 · 10^3	1,5%
Welt	1,13 · 10^6		4—5%	29 · 10^6 (82% mineralisch)	1,4%

Vgl.: Wetter der Erde: 5 · 10^{15} [kWh] jährlich.
Sonnenstrahlung: 1,70 · 10^{14} [kWh m^{-2}] jährlich.

Weltvorräte [10^{12} kWh] (Angaben schwanken bis zu 500%)

Art des Brennstoffes	Mittelwerte		R (opti-mistisch)	Bemerkung
Feste mineralische Brennstoffe	32 172		1700	Uran 570 000 (92% der gesamten Energievorräte)
Flüssige mineralische Brennstoffe	223	21 · 10^{18} [kcal] (bei durch-schnittlichem Wirkungs-grad)	140	(R = 1700—2000 Jahre) U + Th ≈ 450 · 10^{18} [kcal]
Gasförmige minerali-sche Brennstoffe .	81		60	Thorium 23 000
Wasserkraft, jährlich	4,7		—	(R = mit Uran etwa 8000 Jahre), Fusion von Atomkernen: praktisch unbegrenzt (Millionen Jahre)
Insgesamt	37 514		1800	

Der jährliche Stromverbrauch der Welt kann etwa durch die Formel

$$E\ [10^9\,\text{kWh}] = 1{,}130 \left(\frac{t-1875}{77} \right)^{4,3} \tag{47.1}$$

dargestellt werden[151]. t ist die Jahreszahl, 1880 < t < 1980. Der gesamte Energieverbrauch ist zirka 30 mal so groß, vgl. Abb. 96.

Die heute in weitesten Kreisen diskutierte Frage ist die Wirtschaftlichkeit der Atomenergie. Diese Frage hängt im wesentlichen von folgenden Umständen ab:

1. Dem Wirkungsgrad des Energiereaktors (Typ, Kühlsysteme, Dampferzeuger, thermodynamische Prozesse, Turbine, Generator).

2. Den Kosten des Kernbrennstoffes (Erzeugung, Vorkommen, Gewinnung, Herstellung der Brennstoffelemente, Kosten der Wiederaufbereitung).

3. Den Kosten der Energie aus anderen Quellen (Grad der Industrialisierung, Energiebedarf, Vorkommen, Preis und Transport mineralischer Brennstoffe).

Viele dieser Probleme haben wir bereits besprochen, manche gehören nicht zum Thema dieses Buches; wir begnügen uns daher mit einigen Bemerkungen.

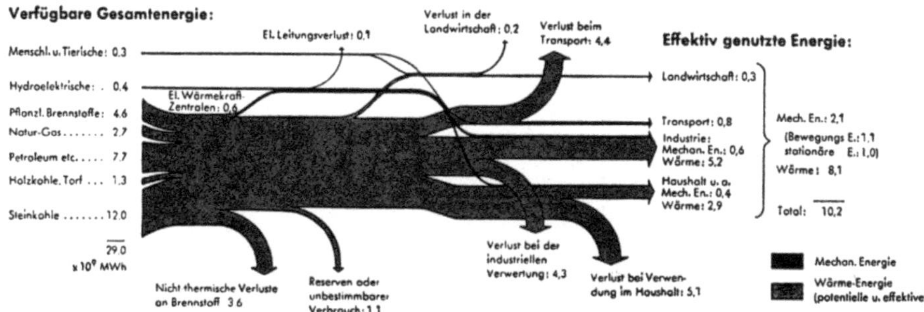

Abb. 96. Der Energieverbrauch der Welt im Jahre 1952

Die Thermodynamik des Atomkraftwerkes

wurde von mehreren Autoren behandelt[152]; sie unterscheidet sich im wesentlichen nicht von der Thermodynamik thermischer Kraftwerke. Man wird also z. B. den Dampferzeuger in üblicher Weise dreistufig bauen: Vorwärmer, Verdampfer, Überhitzer; vgl. Abb. 97.

Da bei Reaktoren Abgas- und Brennstoffverluste wegfallen, besteht nach MÜNZINGER[152] begründete Aussicht, daß Atomkraftwerke mit Frischdampf von 60 bis 100 at und 450 bis 520° C etwa den gleichen thermischen Wirkungsgrad erreichen wie modernste thermische Anlagen. Bei Atomkraftwerken kann man bei Gaskühlung (10 at) etwa einen Wirkungsgrad von etwa 20%, bei Wasserkühlung etwa 25—30%, bei Na eventuell noch mehr erreichen.

Neben üblichen thermodynamischen Prozessen wurden auch von KELLER, d'EPINAY, MELAN, THOMPSON-RODGERS, TRAUPEL andere Varianten vorgeschlagen (z. B. Überhitzen des vom Atomkraftwerk gelieferten Dampfes durch ein thermisches Kraftwerk). MÜNZINGER weist darauf hin, daß man mit dem vom Reaktor kommenden gasförmigen Kühlmittel ($\approx$ 600° C, He, CO_2, N_2, aber nicht Luft, da Graphit verbrennen würde) direkt Gasturbinen betreiben könnte oder daß es in Zukunft gelingen könnte, mit Hilfe von Thermoelementen die Reaktorwärme in elektrischen Strom zu verwandeln.

Über die Frage der *Wirtschaftlichkeit der Atomenergie* existiert eine fast unübersehbare Literatur[153], deren Angaben nach wie vor stark schwanken. Um diese nicht noch zu vermehren und um im Rahmen dieses Buches zu bleiben, begnügen wir uns mit einigen wenigen Angaben (vgl. Tab. 119 und Abb. 98).

Wichtig dürfte das Festhalten folgender Punkte sein:

1. Derzeit gehen 66—70% aller verbrauchten Energie infolge schlechter Ausnützung verloren. Eine Verbrauchsrationalisierung ist daher im nächsten Jahrzehnt wichtiger als die keineswegs rentable Investierung großen Kapitals in Atomkraftwerke.

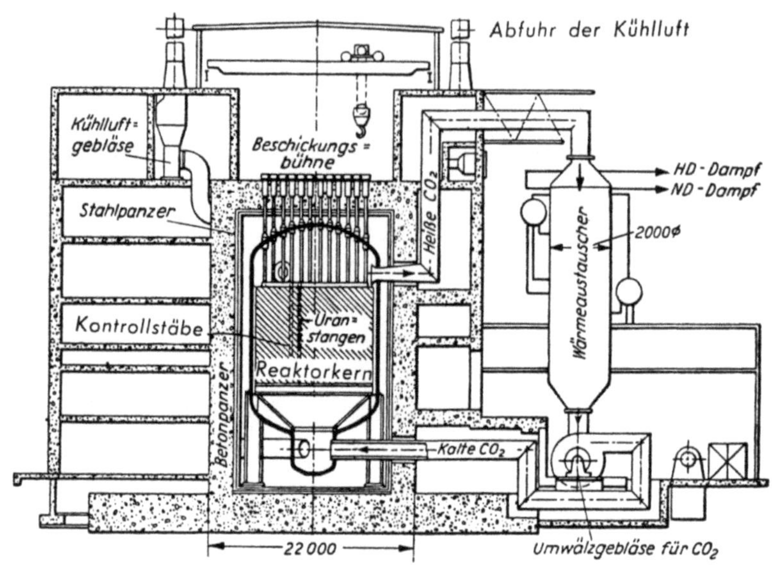

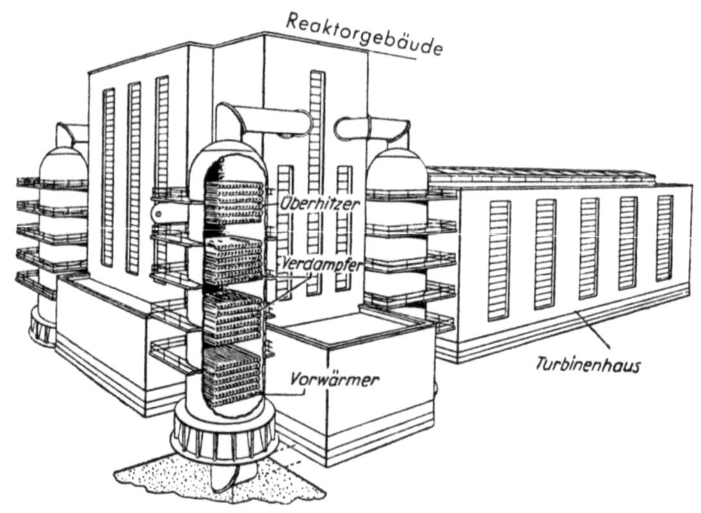

Abb. 97. Das Atomkraftwerk Calder Hall

2. Gezeitenkraftwerke, Wind- und Sonnenkraftwerke, die Ausnützung der Erdwärme, vor allem aber Wasserkraftwerke sind nach wie vor von großem Interesse und sollten entwickelt bzw. gebaut werden.

3. Bei der üblichen Energieerzeugung macht der Brennstoff (Kohle) höchstens 15—20% der Kosten aus; die Kosten des Generators und der elektrischen Netze bleiben auch bei Verwendung der Atomenergie ungeändert. Man schätzt, daß der Reaktor* — ohne Spaltstoff — 18—22% (hievon 65% für D_2O bei Schwerwasserreaktoren), das Gebäude 17—19%, der Turbogenerator 32—35%, die Rohrleitungen 13—16% und der Wärmeaustauscher zirka 9% der Anlagekosten eines Atomkraftwerkes verschlingen. Die erste Spaltstoffüllung verbraucht zusätzlich 10—40% der gesamten Installierungskosten; man muß mit 0,05 bis 0,08 Cents pro kWh rechnen. (Bei den 12 englischen Atomkraftwerken: 13% der Gesamtkosten oder 180 bis 240 DM/kW.)

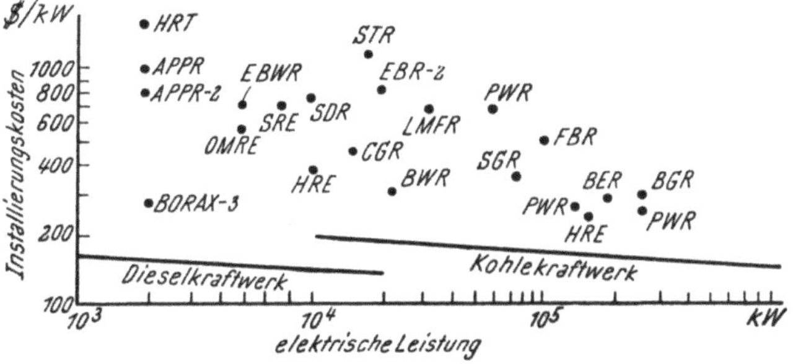
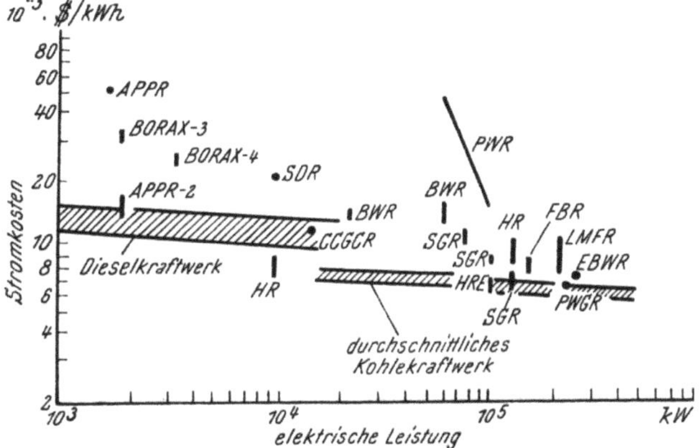

Abb. 98. Kosten von Atomstrom

4. Die *Kosten der Wiederaufbereitung* des verbrauchten Brennstoffes müssen gesenkt werden, damit große Atomkraftwerke wirtschaftlich werden. Diese Kosten liegen für ursprünglich auf 1—2% angereicherten Brennstoff derzeit bei 3—5 $ pro Gramm (etwa 0,0004 $/kWh) und müssen auf 1—2 $ gesenkt werden (vgl. Übungsbeispiel 47b).

5. Der Betrieb von Atomkraftwerken kostet jährlich 10—15% der Investitionskosten oder zirka 0,07 bis 0,1 Ct oder 0,7 DPf pro kWh. Bei allen Atomkraftwerksbauten muß man innerhalb der nächsten 5—10 Jahre mit Kosten in der Höhe von mindestens 20% der Gesamtkosten für Entwicklungsarbeiten rechnen.

6. Atomkraftwerke werden nur dann wirtschaftlich arbeiten, wenn es gelingt, die Installierungskosten auf etwa 200—250 $ pro kW herabzudrücken. (Diese Angabe gilt, wie fast alle Angaben in diesem Paragraphen für die Verhältnisse in den USA; ein Umrechnen nach den Bankkursen ergibt für ein anderes Land nur ein ganz rohes Bild; für Deutschland dürfte infolge der hohen Kohlenpreise 1200—1600 DM/kW gelten.) Derzeit kostet ein thermisches Kraftwerk 90—180 $ pro kW (maximal 200 $, in Deutschland zirka 600 DM/kW), ein Wasserkraftwerk (England) 130 bis 200 $ pro kW (USA 120 $/kW), während man heute für Atomkraftwerke (einschließlich der Entwicklungsarbeiten mit 240 bis 450 $

---

* Nach anderen Angaben kostet der Reaktor *mit* Brennstoff zirka 60—65% der Gesamtkosten.

Cap, Atomreaktoren

Tabelle 119. *Kosten von Atomstrom*

Land	Brems-mittel	Kühl-mittel	Elektrische Leistung [MW]	Installierungs-kosten* [$/kW^{-1}]	Strompreis 10^{-3} $/kWh	Reaktortyp
England ..	Gr	CO_2	150	450	6—9 ($\approx$ 3 DPf)	PIPPA (0,3 DM) (1000 $/kW)
Kanada...	D_2O	D_2O	200	250—500	5—10	NPD
Frankreich	Gr	?	30	1400	?	G 2
USA......	H_2O	?	236	233		
USA......	Gr	Na	210 (150)	240 (291)	9—12	SGR
USA......	Gr	H_2O	700	249		
USA......	0	Na	20 (173)	300 (269)	8—10	EBR
USA......	0	Na	100 (200)	450		APD, EBR
USA......	H_2O	H_2O	62,5	1420	15—17	PWR
USA......	Gr	H_2O	223	290	7—8	
USA......	H_2O	H_2O	300	226		EBWR
USA......	H_2O	H_2O	180	250	20—22	EBWR
USA......	D_2O	D_2O	234	352	10	
USA......	H_2O	H_2O	273	236	9	PWR
USA......	H_2O	H_2O	110	250	10	PWR
USA......	D_2O	H_2O	101	365	10	Uranbrüten homogen
USA......	H_2O	?	100 (180)	256 (240)		
USA......	Gr	N_2	15	250	10—15	
Deutschland	Reaktor mit natürlichem Uran 900—2000 DM/kW				3—5 DPf/kWh	
Österreich .	Gr (?)	H_2O	240 (10)	6000—8000 ö. S/kW	0,3—0,7 ö. S/kWh	(4 · 10^6 $)

* Einschließlich erster Brennstoffladung.

Vgl. kalorisches Werk: 4000—5000 ö. S/kW, Wasserkraft: 6500.

Stromkosten: Atomstrompreis derzeit 1,3 bis 2,9 mal so hoch wie der heutige durchschnittliche Strompreis (kalorische Werke). Ct. bez. ö. S. Preise nach versch. Quellen.

Land	Derzeitiger Strompreis/kWh	Atomstrom/kWh
Österreich....	0,7—0,9 Ct (0,18—0,50 ö. S)	etwa 0,63 ö. S
Schweiz......	0,8—0,9 Ct	?
Deutschland..	0,5—0,7 Ct (4—8 DPf)	2,7—8,5 DPf
England	0,5—0,7 Ct	0,6—0,9 Ct (Uranbrüten)
Europa	0,3—0,9 Ct	0,6—2,0 Ct
USA	0,4—0,7 Ct (Kohle)	0,62—1,8 Ct, ab 1970: 0,5—0,8 Ct

pro kW rechnen muß. (Englands 12-Jahresplan: 1500—2100 DM/kW einschließlich Brennstoff.) Pro Kilowattstunde ergibt sich etwa 0,16 Ct für Kohle und 0,26 bis 0,45 Ct (2,7 DPf) für Atomkraft (Installierungskosten).

7. Die Brennstoffkosten liegen für Kohle bei 0,28 bis 0,6 Ct/kWh, für Uran bei 0,2 bis 0,4 Ct/kWh (Deutschland 2,2 bis 2,9 DPf. pro kWh für Kohle, Atomenergie 1—2 DPf. Bei der Berechnung der Spaltstoffkosten wurden folgende Annahmen gemacht: 100 MW-Anlage, 40 $/kg nat. Uran, 15—20 $/g U 235, Pu 239, Abbrand 5500 MWd pro Tonne.

8. Für Entwicklung und Bau eines neuen Typs von Energiereaktoren wird dann, wenn Fachleute, die notwendige Industriekapazität und einige Jahre Reaktorerfahrung zur Verfügung stehen, ein Zeitraum von insgesamt etwa

6 Jahren (2000 Mann × Jahre) benötigt: 3—4 Jahre Entwicklung und Forschung, 2—4 Jahre Konstruktionsarbeiten; für den Bau sind 3—4 Jahre und für die Erprobung 1—2 Jahre erforderlich. (Die angeführten Zeiträume überlappen sich gegenseitig.)

9. Um den Preis des Atomstromes niedrig zu halten, sollte man folgende Richtlinien beachten:

a) Verwendung des billigsten Brennstoffes,
b) etwa 2- bis 3malige Wiederverwendung des Brennstoffes,
c) Anstreben einer hohen spezifischen Leistung,
d) Verringerung der Kosten der Wiederaufbereitung,
e) $B > 1$ anstreben,
f) Kühlmitteltemperaturen von 500—600° C,
g) selbststabilisierende Typen und flüssiger Brennstoff.

Für diejenigen europäischen Länder, die nicht schon in allernächster Zeit ein gefährliches *Energiedefizit* erwarten müssen (wie z. B. England) ergibt sich die Forderung, noch einige Jahre die Entwicklung aufmerksam zu verfolgen, bevor Atomkraftwerke errichtet werden. Bezüglich der Typenwahl kann jedoch jetzt schon gesagt werden, daß für Länder, die von der Spaltstoffeinfuhr unabhängig bleiben wollen, im Anfang nur Graphitreaktoren mit Gaskühlung oder Schwerwasserreaktoren in Frage kommen, es sei denn, man entschließt sich, die großen Kosten einer Isotopentrennanlage auf sich zu nehmen.

In den USA sowie in anderen Ländern werden derzeit Versuche unternommen, durch den Bau mittelgroßer Kraftwerke den technisch und wirtschaftlich günstigsten Energiereaktortyp zu finden. Im Rahmen dieses Programms wurden PWR, EBWR, EBR 2, HRE 2, HTR, SRE gebaut.

Als wirtschaftlich werden derzeit folgende Typen angesehen:

1. Leichtwasserreaktoren mit angereichertem Uran oder U 233, mit Leichtwasserkühlung (PWR, eventuell auch EBWR, besonders große Sicherheit).

2. Schwerwasserreaktoren mit natürlichem Uran, mit D_2O gekühlt.

3. Graphitreaktoren mit natürlichem, besser mit angereichertem Uran oder U 233, Kühlung mit Na, H_2O oder mit Gas (bei nat. Uran) (große Sicherheit!).

4. Homogene (Brüt-) Reaktoren mit H_2O, besser D_2O als Bremsmittel, Thoriumbrüten (große Sicherheit).

5. Schnelle Uranbrütreaktoren, eventuell homogen (flüssiges Metall).

Ausführliche Angaben über berechnete und geplante Energiereaktoren findet man in der Literatur[136].

Eine Reihe von Staaten haben Programme zur Einführung von Atomkraftwerken erstellt. Da auch hierüber viele Publikationen vorliegen[154], begnügen wir uns mit einigen Bemerkungen.
USA

Nach Erprobung der mittelgroßen Kraftwerke PWR, EBWR, SRE, HRE 2 und EBR 2 sollen in den USA einige industriell erzeugte Kraftwerke gebaut werden, vgl. Tab. 119. Ferner sind Entwicklungsarbeiten an Sondertypen im Gange: LMFR, OMRE, gasgekühlte Reaktoren, BWR, BGR, LAPRE, LAMPRE. Bis 1960—1963 soll eine Kapazität von 800 MW ausgebaut sein und 1975 sollen zirka 6% der amerikanischen Stromerzeugung von Atomkraftwerken bestritten werden (etwa 20 000 MW bei 0,8 Ct/kWh).

England hat ein umfassendes dreistufiges Programm aufgestellt. In diesem Land wird nämlich in allernächster Zeit ein akuter Energiemangel auftreten, da die Kohlenförderung und der Ausbau der Wasserkräfte kaum mehr erweitert werden können. Schon 1975 *sollen* 40% des Elektrizitätsbedarfes von der Atomenergie gedeckt werden (1965: zirka 1700—2000 MW). In der ersten Stufe (bis 1963) (PIPPA, Calderhall und weitere acht Werke) sollen gasgekühlte Graphitreaktoren mit natürlichem Uran als Brennstoff gebaut werden (Uranbrütreaktoren, $B \approx 0,85$). (Die nötigen Mengen Schwerwasser von zirka 1000 Tonnen für 2000 MW installierte Gesamtleistung sind nicht aufzutreiben.) In der zweiten Stufe (1963—1965) sollen mit Wasser oder Natrium gekühlte Graphit- oder Leichtwasserreaktoren verwendet werden (vier Werke bis insgesamt 2000 MW); durch die Verwendung von H_2O oder Na als Kühlmittel wird die Wärmebelastung gesteigert und der Wärmegewinn pro Tonne Brennstoff (Pu 239) kann auf etwa das Fünffache erhöht werden. ($500°$ C Brennstofftemperatur, 50 at, $\eta = 32\%$ (Na) bzw. 25% (H_2O).) In der dritten Stufe (ab 1965) sollen schließlich schnelle Brütreaktoren (homogene Reaktoren) und thermische Thoriumbrütreaktoren zusätzlich zur Energieerzeugung herangezogen werden. Zu dieser Zeit dürften auch die Graphitreaktoren der ersten Stufe, deren *Lebensdauer* zirka 15 Jahre beträgt, ihre Tätigkeit einstellen.

Kanada wird bis 1958 sein erstes Atomkraftwerk (NPD, 20 MW, $15 \cdot 10^6$ C, 0,5—0,7 Ct/kWh, nat. Uran in Zr, D_2O-PWR-Typ) fertiggestellt haben; für später ist die Errichtung einer 100 MW-Anlage geplant, sobald Erfahrungen mit dem ersten Energiereaktor vorliegen und gewisse technologische Untersuchungen abgeschlossen wurden. Im übrigen denkt man aber daran, vorerst die noch großen Reserven an Wasserkraft auszubauen und die Entwicklung in anderen Ländern abzuwarten.

Frankreich hat 1952 einen Fünfjahresplan aufgestellt, nach welchem auf die Errichtung einer Isotopentrennanlage verzichtet wird, während das Uranbrüten entwickelt werden soll (G 1, 40 MW, 5 MW elektrisch, 1956 in Betrieb genommen; G 2 und G 3 je 150 MW, 25 MW elektrisch, 1957). Von 1959 bis 1965 soll alle 18 Monate ein Energiereaktor (EdF = Electricité de France, 60 MW elektrische Leistung) vom Typ des G 3 in Betrieb genommen werden; EdF 1 ist bereits im Bau.

Rußland besitzt bereits ein in das normale Netz lieferndes Atomkraftwerk. Eine Großstation (Graphitreaktor mit Druckwasser, 100 MW elektrische Leistung) wurde Ende 1956 an das Netz angeschlossen. Für die Jahre 1957—1960 ist die Errichtung von folgenden Atomkraftwerken geplant:

Leichtwasserreaktor, H_2O-gekühlt, 70 MW elektrische Leistung;
Leichtwasserreaktor, EBWR-Typ, 60 MW elektrische Leistung;
Graphitreaktor, H_2O-gekühlt, 200 MW elektrische Leistung;
Graphitreaktor, SGR-Typ, 60 MW elektrische Leistung.
Homogener Thoriumbrütreaktor, 60 MW elektrische Leistung und ein schneller Brütreaktor mit Na-Kühlung und 60 MW elektrischer Leistung. Ferner sollen im Ural bis 1960 drei Großkraftwerke zu je 400—500 MW errichtet werden.

Belgien wollte ursprünglich einen 100 MW-Reaktor selbst bauen, hat aber nun in den USA einen PWR bestellt (11,5 MW elektrische Leistung. $5 \cdot 10^6$ \$), der bis 1958 errichtet werden soll.

In *Italien* treten vor allem drei Industriekonzerne für den Bau von Atomkraftwerken ein: Die FIAT-Werke haben einen PWR, 11,5 MW elektrische Leistung, in den USA gekauft, der Montecatini-Konzern will ein etwa gleich starkes Kraftwerk errichten und die Edisongesellschaft verhandelt in den USA und in England über den Ankauf eines 100 MW-Werkes. Im Frühjahr 1957 haben Fiat und Montecatini eine Kernkraftgesellschaft, die SORIN (Società

Ricerche Impianti Nucleari) gegründet (2 · 10^6 $ Aktienkapital). Daneben besteht noch die SELNI (Società Elettronucleare Italiana).

Norwegen beabsichtigt, einen 20 MW-Tauchsiederreaktor (thermisch) mit natürlichem Uran und D_2O 1959 in einer Felsenhöhle in Halden in Betrieb zu nehmen (NBR, zirka 5 · 10^6 $ Kosten).

Schweden besitzt hingegen größere Pläne. Neben einem zweiten Forschungsreaktor (R 2, 30 000 kW, 1958) sind drei Atomkraftwerke geplant. R 3a, ADAM, ein Fernheizwerk von 75 MW thermischer Leistung und EVA, ein bis 1961 fertigzustellendes Kraftwerk mit 100 MW thermischer Leistung (Nuclear Power Board). Ferner wird ein Atomkraftwerk mit 75 MW elektrischer Leistung (ebenfalls Schwerwasserreaktor mit nat. Uran), R 4, für 1961—1962, und ab 1962 wird die Errichtung von drei Werken zu 75—300 MW elektrischer Leistung in Aussicht genommen. R 3 b ist ein wie R 3 a konstruiertes Heizwerk mit 90 MW thermischer Leistung. Bis 1965 sollen 800—1000 MW Atomkraftwerke installiert werden, wobei man mit einem Strompreis von 2—4 Öre rechnet. Die vom Atomheizwerk gelieferte kWh dürfte 1,2—1,4 Öre kosten, während derzeit mit Kohle oder Öl erzeugte kWh 2,5 Öre kostet.

In *Österreich*, der *Schweiz* und *Deutschland* nimmt man auf dem Gebiet der Energiereaktoren derzeit noch eine abwartende Haltung ein; alle drei Länder werden zwar in Kürze über Forschungsreaktoren verfügen, doch sind dem Verfasser bisher keine konkreten Pläne zur Errichtung von Energiereaktoren bekannt geworden*. Österreich ist ja in der einzig glücklichen Lage, daß es über einen so großen Schatz an noch ausbaufähigen Wasserkräften verfügt, so daß auch über jede vorhersehbare Bedarfssteigerung des Inlandes hinaus noch Energie verbleibt, die dem Europäischen Verbundnetz zu Verfügung gestellt werden kann (STAHL[154]).

Übungsbeispiele

47 a) SCHULTEN[154] gibt folgende Überschlagsformel:

$$\text{Kosten [S kWh}^{-1}] \approx P\left(\frac{1}{\eta\,E\,b} + \frac{q}{Q_{ges}}\right) + P_i\left(\frac{1}{Q_{ges}\,t_L} + \frac{q}{Q_{ges}}\right) \qquad (47.2)$$

für die Stromkosten (Reaktoren mit natürlichem Uran) an. Hiebei bedeutet: S die jeweilige Währungseinheit, P den Gesamtpreis [S] für den Spaltstoff (U 235; 1 g nat. Uran = 0,007 g U 235), E die theoretisch aus dem vorhandenen Spaltstoff zu gewinnende Energie [kWh], η den Wirkungsgrad (0,20—0,30), b der Anteil des Spaltstoffes, der insgesamt ausgenützt werden kann (also den Verbrauch, z. B. bei 0,35% Verbrauch an Brennstoff = 50% Verbrauch an Spaltstoff bei nat. Uran, $b = 0,5$ — dies ist der maximale Wert).

Q_{ges} [kW] ist die *elektrische* Gesamtleistung des Reaktors, q der Zinsfuß (z. B. 0,04); P_i sind die Investitionskosten [S] für die gesamte Anlage und t_L [a] ist die *Lebensdauer des Reaktors*. Man diskutiere:

a) Ableitung und Bau

b) die Folgerungen

der Formel (47.2).

Man überlege, wie bei Schwerwasserreaktoren (Graphitreaktoren) die Kosten gesenkt werden könnten. (Beachte: P_i (Schwerwasserreaktor) $> P$ und P_i (Graphitreaktor) $< P$).

---

* Meldungen über die Errichtung von Energiereaktoren (10 MW, 4 · 10^6 $) in Österreich, vgl. Nucleonics, August 1956, November 1955, wurden von offizieller Seite nicht bestätigt.

47 b) Lewis[153] gibt an, daß die *Wiederaufbereitungskosten* W pro kg verbrauchten Brennstoffes höchstens

$$W\ [\$\ kg^{-1}] = 24\ n\ c_p\ \eta \tag{47.3}$$

betragen dürfen, damit diese Kosten pro kWh den Wert c_p ($\approx 0{,}05$ Ct/kWh) nicht überschreiten. $n \cdot 10^3$ MWd/Tonne sei hiebei die Energieerzeugung des Brennstoffes und η ist wieder der Wirkungsgrad des Atomkraftwerkes ($\approx 0{,}25$ je nach Typ). Man berechne W für einige der beschriebenen Graphitreaktoren.

47 c) Wäre es sinnvoll, den Brennstoff eines Reaktors mit einem leichten Element zu mischen, dessen Kerne unter Neutronenbeschuß pro Reaktion x (z. B. 5) MeV freisetzen? Man mache am Beispiel der Tritiumerzeugung

$$_3\text{Li}^6\ (n,\ \alpha)\ _1\text{H}^3 \qquad \sigma_A \approx 910\ \text{barn} \tag{47.4}$$

für verschiedene Li — nat. Uran-Mischungsverhältnisse eine Überschlagsrechnung. Um wieviel Prozent ändert sich die Reaktorleistung durch die Beimischung des Lithiums?

§ 48. Antriebsreaktoren

Der Energieinhalt mineralischer und nuklearer Brennstoffe, der atomare Schiffsantrieb, Atomlokomotiven, Flugzeugreaktoren und verschiedene Antriebsarten, Düsenmotoren und Staustrahlantrieb, Atomraketen und relativistische Raketentheorie, die Schwierigkeiten infolge des Schutzschildes.

Der Gedanke, die Atomenergie auch für den Antrieb von Schiffen, Flugzeugen und Fahrzeugen zu verwenden, ist naheliegend[137], da der Energieträger von 10 000 kcal in der Form flüssigen mineralischen Brennstoffes etwa 0,8 kg, in der Form von reinem Spaltstoff etwa $5 \cdot 10^{-4}$ g wiegt. Der Atomantrieb ist daher vom Nachschub praktisch unabhängig.

Da jedoch Atomreaktoren infolge der notwendigen Strahlenabschirmung ein großes Gewicht haben, kommt der Atomantrieb nur für große Schiffe, Flugzeuge, Weltraumraketen und eventuell für Eisenbahnlokomotiven, nicht aber für Automobile in Frage.

Der *atomare Schiffsantrieb* wurde mit STR und SIR in den beiden Unterseebooten Nautilus und Sea Wolf bereits realisiert. Der Antriebsreaktor (LSR vom PWR-Typ) für ein Oberwasserschiff und weitere U-Boot-Reaktoren (SAR, SFR) sind im Bau bzw. in Planung. Rußland plant Fracht-U-Boote* und Eisbrecher (54.000 PS) mit Atomantrieb im nördlichen Eismeer einzusetzen, und auch in England, Frankreich, Deutschland, Schweden und Norwegen werden atomangetriebene Schiffe geplant. Allerdings ist die Wirtschaftlichkeit des atomaren Schiffsantriebes bei den heutigen Kohle- und Ölpreisen noch sehr zweifelhaft; derzeit sind jedenfalls die Betriebskosten eines Atomschiffes mindestens zehnmal so hoch wie die eines mit mineralischen Brennstoffen angetriebenen Schiffes. (Die Anlagekosten des STR sollen bei 1400 \$/kW liegen!)

Der Bau von *Atomlokomotiven* wurde insbesondere in den USA diskutiert, da dort zirka 10% der jährlich verbrauchten mineralischen Brennstoffe für den Betrieb der Eisenbahnen aufgewendet werden. Ein Atomreaktor für eine Lokomotive stellt jedoch an den Konstrukteur infolge der beschränkten Querschnittsfläche (maximal 3×3 m) hohe Anforderungen — man muß daher in die Länge bauen. Von der *Western Pacific* Eisenbahngesellschaft wurde eine 48 m lange 12achsige Atomlokomotive berechnet, die 400 t wiegen und die gleiche Zugkraft und Leistung (7000 PS) wie eine 300 t schwere übliche Diesellok besitzen soll. Die Atomlok, deren Strahlenschutz allein 200 t wiegen dürfte, soll einen homo-

---

* Bekanntlich sind U-Boote infolge des kleineren Widerstandes unter Wasser schneller; auch die Korrosionswirkung auf ihre Schrauben ist kleiner.

genen Schwerwasserreaktor mit vier Turbinen als Antriebsaggregat besitzen; ihre Kosten werden auf $120 \cdot 10^6$ \$ geschätzt. Bei Serienanfertigung von 2000 PS Lokomotiven werden die Kosten pro Einheit schätzungsweise 10^6 \$ betragen. Der Betrieb soll angeblich dreimal so teuer wie der einer Diesellok sein. Konkrete Pläne, eine Atomlokomotive zu bauen, wurden jedoch bisher nicht bekannt. Aller Voraussicht nach ist ja die Elektrifizierung der Eisenbahnen wirtschaftlich günstiger und auch sicherer* (wobei natürlich der Bahnstrom als solcher von Atomkraftwerken geliefert werden kann).

Da moderne Großflugzeuge bis zu einem Drittel ihres Startgewichtes an Treibstoff mitnehmen müssen (30 t und mehr), ist die Verwendung der Atomenergie für den *Flugzeugantrieb*[137] von großem Interesse. Infolge des beachtlichen Gewichtes von Reaktoren hat man jedoch mit großen Schwierigkeiten zu rechnen. Seit etwa 10 Jahren laufen in den USA mehrere Entwicklungsprogramme:

1946—1950 Theoretische Untersuchungen durch die Fairchild Engine Corp.,

1949—1950 Werkstoff- und Strahlenschutzuntersuchungen durch das *National Advisory Committee for Aeronautics* (NACA, Lewis Flight Lab. Cleveland),

1951—1953 Gasturbinenstudien durch die *General Electrics* (Lockland, Cincinnati) und die NEPA (*Nuclear Energy Propulsion of Aircraft*) Division,

1952—1953 Entwicklungsarbeiten an der Zelle (u. a. Consolidated Vultee Aircraft, Forth Worth) und am Reaktor (Pratt and Whitney, East Hartford).

Im Jahre 1953 wurden weitere Firmen (Glenn Martin, Kaiser Engineering, North American Aviation usw.) eingeschaltet und das Programm wurde auf zwei Linien konzentriert (ANP-*Aircraft Nuclear Project*).

a) *Strahlenschutzuntersuchungen.* Einerseits wurde 1954 der zwischen vier zirka 65 m hohen Stahltürmen an Seilen in der Luft hängende TSF in Betrieb gesetzt, um die Prüfung der Abschirmung hoch über dem Erdboden bei flugähnlichen Bedingungen vornehmen zu können. Andererseits wurde während des Jahres 1956 ein speziell abgeschirmter Versuchsreaktor (ASTR) mit einem Großflugzeug vom Typ B 36 spazierengeflogen und über unbewohnten Gegenden in der Luft in Betrieb gesetzt.

b) *Flugzeugreaktoren.* (Livermore Lab, ARE und AFNEF, ein 10 MW Leichtwasserreaktor.) Die Entwicklung von leistungsfähigen und zugleich leichten Reaktoren und von speziellen Gasturbinen wurde vorwärtsgetrieben und hat scheinbar auch zum Erfolg geführt: 1956 soll erstmals ein Flugzeugreaktor in einem Laboratoriumsversuch eine Gasturbine betrieben haben (ASTR, 1 MW Leichtwasserreaktor mit höchstangereichertem Uran). Als weitere Entwicklungsstufe ist nun ein durch Verbrennungsmotoren und gleichzeitig durch Atomenergie angetriebenes sechsmotoriges Flugzeug vorgesehen, das etwa 1960 fertig werden soll.

Auch Frankreich führt seit 1954 Entwicklungsarbeiten durch. In Kanada wurde 1953 ein 900 t schweres Atom-Wasserflugzeug (160 000 PS) berechnet, dessen Reaktor 225 t wiegen soll (Canadian Aviation). In Deutschland werden Atom-Zeppeline diskutiert.

Für die technische Verwirklichung des Atomflugzeuges gibt es mehrere Wege — allen gemeinsam ist, daß Triebwerk und Brennstoff zusammen nicht mehr als etwa 2,5 kg pro PS wiegen dürfen.

Die vom Antriebsreaktor erzeugte Wärme kann auf folgende Arten in Bewegungsenergie umgesetzt werden:

---

* Man denke z. B. an einen Zusammenstoß oder an eine Entgleisung!

1. *Turboprop-Motor* (Gasturbine mit Propeller auf gemeinsamer Welle, mit und ohne *Strahlantrieb*).

2. *Turbomotor* (*Düsenmotor*) (Gasturbine und Strahlantrieb).

3. *Staustrahlantrieb* (Kompression durch den Staudruck, Erhitzung durch den Reaktor auf hohe ($> 1500°$ C!) Temperaturen, dann Ausstoß durch eine Düse, also Strahlantrieb).

4. *Atomraketen* (Erwärmung eines Treibgases, vorzugsweise H_2 durch einen Reaktor, dann Ausstoß durch eine Düse).

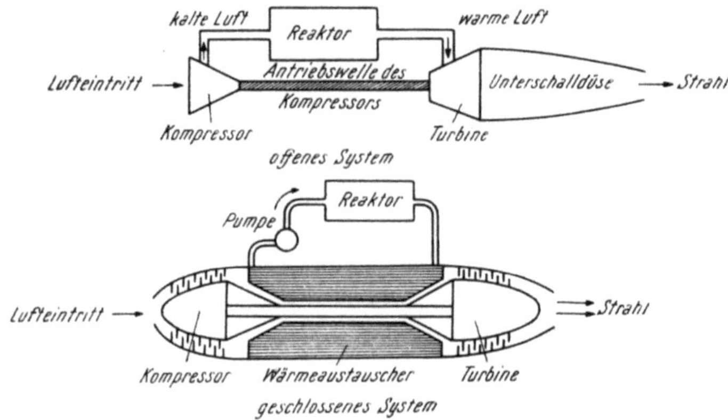

Abb. 99. Offenes und geschlossenes Antriebssystem

Da Möglichkeit 2 einfach durch Wegnehmen des Propellers aus Möglichkeit 1 entsteht, wollen wir die *Turbomotoren* gemeinsam besprechen. Je nachdem, ob die angesaugte Luft im Reaktor erwärmt wird, oder ob ein Kühlmittel in geschlossenem Kreislauf im Reaktor erwärmt wird und seinerseits die Luft erwärmt, spricht man von einem *offenen* oder *geschlossenen* Kühlsystem (OHLINGER[137]) vgl. Abb. 99). Letzteres hat einen kleineren Wirkungsgrad (Geschwindigkeiten nur bis 500 km/h möglich) und ist schwerer, doch besteht bei diesem keine Verseuchungsgefahr der Atmosphäre.

Man hat auch daran gedacht, den Reaktor direkt in das Turbinen-Düsenrohr einzubauen. Dadurch kommen ähnliche Verhältnisse zustande wie beim *Staustrahlantrieb*, vgl. Abb. 100, der gewissermaßen durch Weglassen der Turbine aus dem Turbomotor entsteht.

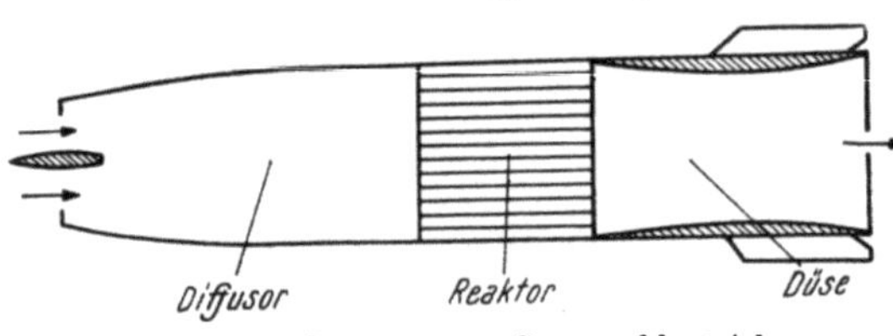

Abb. 100. Der atomare Staustrahlantrieb

Wenn man jedoch den Reaktor so in das Rohr einbaut, daß die Luft durch offene Kanäle ein- und ausströmen kann, dann sind die Neutronenverluste sehr groß und der Reaktor muß sehr groß sein, so daß er zu schwer wird. (Eine Konvektions- und Strahlungskühlung der erhitzten Oberfläche eines ungekühlten Reaktors reicht aber bei weitem nicht aus.) Es ist aber auch kaum anzunehmen, daß man durch innere Luftkühlung dem Antriebsreaktor die notwendige Leistung entziehen kann* (dies gilt auch für das offene Antriebssystem).

---

* Um die Wärmeübergangsfläche zu vergrößern, hat man daran gedacht, Antriebsreaktoren aus porösem Material zu bauen und den Reaktor als Ganzes vom Kühlmittel durchfluten zu lassen.

Beim Staustrahlantrieb kommt weiter hinzu, daß man sehr hohe Temperaturen braucht (bis 2000° C), um einen ausreichenden Antrieb zu erhalten. Man hat daher daran gedacht, U 235-Carbid oder -Oxyd zu verwenden (Schmelzpunkt 2270 bzw. 2500° C). Auch wurde vorgeschlagen, die Wand des Staustrahlrohres von außen mit einem flüssigen Kühlmittel (Na, Hg oder H_2O, D_2O), das gleichzeitig als Bremsmittel dienen könnte, aufzuheizen und den (z. B. hohlzylindrischen) Reaktor außerhalb des Rohres anzuordnen (ZBOROWSKI[137] et al., vgl. Übungsbeispiele 26g und 27g). Ob allerdings die so erreichbaren Temperaturen für einen Staustrahlantrieb ausreichen, ist fraglich.

Am aussichtsreichsten dürfte der Turbomotor mit geschlossenem Kühlsystem sein, der anscheinend auch gebaut wurde (ASTR ?).

Der Bau von *Atomraketen* und mit Atomenergie getriebenen Weltraumschiffen für den Start von der Erdoberfläche liegt noch in weiter Ferne. Abgesehen von phantastischen Plänen* scheint nur die Möglichkeit der Aufheizung eines mitgeführten Treibgases, vorzugsweise H_2 oder D_2 (wegen des geringen Molekulargewichtes und daher hohen *Auspuffgeschwindigkeit*) durch einen Reaktor zu sein. Da jedoch das Treibgas als Gas sehr schlechte Kühleigenschaften besitzt, ist sehr zweifelhaft, ob man dem Reaktor die notwendige Leistung entziehen kann.

ACKERET[137] hat gezeigt, daß auf Grund relativistischer Betrachtungen für *jede* Rakete die Formel

$$u = c \,\frac{1 - \left(\dfrac{M_E}{M_A}\right)^{2\,v/c}}{1 + \left(\dfrac{M_E}{M_A}\right)^{2\,v/c}} \tag{48.1}$$

für die maximal erreichbare Endgeschwindigkeit u gilt. M_A ist die Ruhmasse der Rakete beim Start, M_E die Ruhmasse nach Ausstoßen des gesamten Treibgases, c ist die Lichtgeschwindigkeit und v die Auspuffgeschwindigkeit des Treibgases (bzw. der Photonen, Ionen usw.). Wenn insgesamt die Masse $\varepsilon\,M_E$ in Antriebsenergie $\varepsilon\,M_E\,c^2$ verwandelt und der ausgestoßenen Treibgasmasse $b M_E$ mitgeteilt wurde, dann gilt

$$M_E/M_A = 1/(1 + \varepsilon + b) \tag{48.2}$$

und

$$v/c = \sqrt{1 - \left(\frac{b}{b + \varepsilon}\right)^2} \tag{48.3}$$

so daß sich aus (48.1)

$$u = c \,\frac{1 - (1 + \varepsilon + b)^{-2\sqrt{1 - \left(\frac{b}{b+\varepsilon}\right)^2}}}{1 + (1 + \varepsilon + b)^{-2\sqrt{1 - \left(\frac{b}{b+\varepsilon}\right)^2}}} \approx c \sqrt{\frac{2\,\varepsilon}{b}} \log (1 + b) \tag{48.4}$$

$$\text{(für } u < 0{,}15\,c)$$

---

* Zum Beispiel: Ausstoßung von Spaltbruchstücken (Reichweite in Luft zirka 20 mm, in fester Materie 5—10 μ, daher verschwindend kleine Leistung der — maximal 5—10 μ starken Schicht!) oder Photonenraketen, die Aufheizung von Staustrahlrohren durch radioaktive Isotope, Ionenraketen, die Verwendung des Rückstoßes der radioaktiven Strahlung, thermonukleare Atomraketen u. ä. mehr.

ergibt. Die Größe ε liegt durch die für den Antrieb verwendete Kernreaktion fest und ist sehr klein, maximal etwa 0,02. Für dieses ε besitzt u (b) ein Maximum $u = 0,161\,c$ bei $b = 4$. Damit erhält man den vernünftigen Wert $M_A = 5,02\,M_E$. Die der Treibgasmenge bM_E zugeführte Energie ist jedoch viel zu groß ($\varepsilon\,c^2/b$ [erg g^{-1}]) und führt daher zu extremen Temperaturen, die nicht mehr beherrscht werden können. Geht man zu vernünftigen Temperaturen (3000—4000° K) über, so erhält man ungefähr die Verhältnisse, die von den chemischen Raketen seit langem bekannt sind. Der einzige Vorteil der Atomrakete besteht also darin, daß man nur *eine* Treibstoffart braucht und nicht an eine chemische Reaktion gebunden ist, sondern das Treibgas frei wählen kann.

Übungsbeispiele

48 a) Man berechne unter den folgenden extrem günstigen Voraussetzungen das Gewicht des Schutzschildes eines Antriebsreaktors: 2,5% der Reaktorleistung sollen in der Form von Strahlung auftreten, als Toleranzdosis gelte 10^{-8} PS. Die Dicke x_0 des notwendigen Schutzschildes wächst angenähert nach

$$\boxed{x_0 \approx b \ \log Q_{ges}} \qquad (48.5)$$

mit der Reaktorleistung Q_{ges}. b ist daraus zu bestimmen, daß für 10^4 PS ($8 \cdot 10^4$ PS) das Gewicht des Schutzschildes mindestens 36 t (58 t) betragen muß. Welches Gewicht steht in einem 90 t schweren 30 000 PS Atomflugzeug für Zelle, Brennstoff, Reaktor ohne Schild und Nutzlast zur Verfügung? $\varrho_{Schild} = 4$, $F_{Schild} = 8$ m² (Vgl. Übungsbeispiel 48 d.)

48 b) Damit ein Körper die Erde auf immer verlassen kann (bzw. in eine Kreisbahn in der Höhe h um die Erde einschwenkt), muß man ihm mindestens die Geschwindigkeit

$$u_E = \sqrt{2\,R\,g} \approx 12 \ [\text{km s}^{-1}] \qquad (48.6)$$

$$R = \text{Erdradius}$$
$$g = \text{Schwerebeschleunigung}$$

bzw.

$$u_K = R\,\sqrt{g/(R+h)} \approx 8 \ [\text{km s}^{-1}], \quad h \approx 10^3 \ \text{km} \qquad (48.7)$$

erteilen. Welche Massenverhältnisse M_E/M_A sind bei der (extrem hohen) Auspuffgeschwindigkeit $v = 10^4$ [ms^{-1}] (bzw. $3 \cdot 10^3$) notwendig, damit u den Wert u_E bzw. u_K erreicht?* Stimmt die in der Literatur gelegentlich zu findende Angabe, daß man zirka 15 kcal pro Gramm Endmasse M_E benötigt, um der Erde zu entfliehen?

Obwohl Spaltstoff einen weitaus größeren Energieinhalt hat, wird man doch mit einem möglichst großen thermodynamischen Wirkungsgrad arbeiten. Je kleiner nämlich der Wirkungsgrad ist, desto größer ist die *Verlustwärme*. Welche schwierige Situation ergibt sich aber für außerhalb der Atmosphäre fliegende Raketen, in denen große Mengen an Verlustwärme frei werden? Der Schub K eines Raketenmotors (Kilogramm—Kraft kg*)

$$\boxed{K \ [\text{kg*}] = \frac{v}{g}\,\frac{dM}{dt}} \qquad \frac{dM}{dt} \ [\text{kg s}^{-1}] \qquad (48.8)$$

muß größer als das Startgewicht M_A [kg*] sein. Man berechne, welche Antriebsleistung Ku [MW] eine Atomrakete mindestens haben muß, wenn $M_E = 0,2\,M_A$, $u = u_K$, $K = 2\,M_A g$ gilt. Wieviel Treibgas wird pro sec und wieviel insgesamt ver-

---

* Bei der Errichtung des Kunstmondes wird man dreistufige Raketen verwenden, die ein geringeres Massenverhältnis benötigen.

braucht? (Es sei $dM/dt = $ const.) Wie lange dauert der ganze Beschleunigungsvorgang? Welche Temperatursteigerung erleidet der ausgestoßene Wasserstoff gemäß (33.14 a), wenn $n\,\varrho\,v\,B = dM/dt$ und $c_p = 4$ [cal $g^{-1}/°$ C] ist? Würde ein poröser U 235-Carbid-Reaktor diese Temperatur aushalten?

48 c) Welche Leistung Q_{ges} benötigt eine mit der Geschwindigkeit 2000 [km h^{-1}] fliegende interkontinentale Atomrakete pro Tonne Schub?

48 d) Ein Flugzeug von 90 t Gewicht benötigt eine Antriebsleistung von mindestens 18 000 PS (13,48 MW). Wenn der kombinierte Wirkungsgrad (thermodynamisch und Antrieb) 0,15 ist, dann muß der Reaktor eine thermische Leistung von 90 MW haben (viel mehr als die im Beispiel 48 a angenommenen 30 000 PS). 90 MW entsprechen aber $2,7 \cdot 10^{18}$ Spaltungen/sec, d. h. $2,5 \cdot 2,7 \cdot 10^{18} = 6,75 \cdot 10^{18}$ schnellen Neutronen/sec und etwa $13,5 \cdot 10^{18}$ 2 MeV Photonen (5 pro Spaltung). Man zeige, daß unter den folgend beschriebenen vernünftigen Annahmen das Schutzschild (Pb für γ, H_2O für Neutronen) viel schwerer als das ganze Flugzeug (90 t) ist. Es sei $\varrho_{Schild} = 11,3$, $\widetilde{\varkappa}_\gamma = 0,53$ cm^{-1} (Pb-Schild), γ-Fluß an der Oberfläche des Reaktors $= 3 \cdot 10^{18}$ Photonen/sec, Toleranzfluß $J_T = 1000$, kugelförmiger Reaktor ($R = 1$ m), Annahme des Gesetzes

$$\frac{J_0\, e^{-\widetilde{\varkappa}_\gamma r}}{4\,\pi r_P^2} = J_T$$

$r_P = 15$ m   (Abstand Antriebsaggregat — Passagiere). Für das außerhalb des Pb-Schildes angeordnete Neutronenschild gelte: $7 \cdot 10^{17}$ [Neutronen s^{-1}], $J_T = 22$, $1/\varkappa_N = 8$ cm. Da das gesamte Schild fast doppelt so schwer ist wie das ganze Flugzeug, könnte man daran denken, nur den den Passagieren und der Mannschaft zugewendeten Teil des Reaktors voll abzuschirmen und am Flugplatz einen Sperrsektor in Flugzeugnähe vorzusehen.

§ 49. Industrielle Anwendungen

Industriereaktoren als Strahlungsquelle, Werkstoffveredelung, γ-Sterilisierung, Polymerisation und Depolymerisation von Plastik, Herstellung von Blutersatzstoffen, Kracken von Schweröl, Verwendung von Isotopen auf verschiedenen Gebieten, die Verwendung von Spaltprodukten, Erzeugung elektrischer Energie durch Kernbatterien.

Abgesehen davon, daß die von Reaktoren gelieferte Energie Industriebetrieben in der Form von Wärme oder elektrischem Strom zugeführt werden kann, können Reaktoren entweder direkt als Strahlungsquelle (*Industriereaktoren*) oder indirekt, durch Erzeugung von Isotopen für die Industrie von Nutzen sein.

Die Verwendung von Industriereaktoren[155] ist noch wenig verbreitet, obwohl eine ganze Reihe von Anwendungsmöglichkeiten denkbar ist (vgl. z. B. die in § 45 mit I bezeichneten Gebiete). Vorerst stehen jedoch neben der Industrieforschung nur die *Werkstoffveredelung* durch Neutronen und die *Sterilisierung** durch γ-Strahlung im Vordergrund des Interesses. Eine weitere Anwendungsmöglichkeit findet die Röntgenpumpe oder die γ-Strahlung der Spaltprodukte in der chemischen Industrie, da ja viele chemische Prozesse durch γ-Strahlen maßgeblich beeinflußt werden (z. B. Verbesserung des Krackens von Schwerölen).

Eine spezielle Art der Werkstoffveränderung wird durch die *Bestrahlung von Plastikmaterial* (z. B. einige 10^5 [rh^{-1}]) hervorgerufen. Kleine Strahlungsdosen ($< 30\,000$ r) depolymerisieren nämlich, während größere Dosen Polymerisation hervorrufen. In beiden Fällen entstehen typische Veränderungen der physikalischen Eigenschaften, vgl. Tab. 120 und Übungsbeispiel 49a.

---

* Zur Sterilisierung werden meistens radioaktive Isotope (Spaltprodukte) und nur selten die Reaktoren selbst (Röntgenpumpe) verwendet.

Tabelle 120. *Änderung der physikalischen Eigenschaften von Plastik*

Physikalische Eigenschaft	Depolymerisation	Poly-merisation
Dichte	>	<
Festigkeit	> (Gummi + 100%)	<
Härte.................................	> (+ 30%)	<
Elastizitätsmodul..................	> (Nylon + 100%)	<
Schmelzpunkt [$2 \cdot 10^8$ r]	>	<
Löslichkeit	<	>

ferner:
chemische Veränderungen, Gasentwicklung, Zerfall, Formveränderung; für die Produktion von 10^3 t Polyäthylen sind 10^5 C notwendig. (> wird kleiner, < wird größer; Dosen von 10^9 r bzw. 10^{18} Neutronen/cm².)

Eine praktische Anwendung der Strahlungspolymerisation ist beispielsweise die Herstellung von *Blutersatzstoffen* (*Polyvinylpyrrollidin*) oder das Hitzefestmachen von Plastikflaschen, so daß diese z. B. für medizinische Zwecke in kochendem Wasser sterilisiert werden können (Erhöhung des Schmelzpunktes von $110°$ C auf $150°$ C bei *Polyäthylen*).

Auch andere Werkstoffveränderungen können von industriellem Interesse sein, wie z. B. die Formänderungen vieler Stoffe oder das Entstehen einer Reihe von 0,05 mm großen Löchern in Quarz (Abstand der Löcher untereinander: 3 mm). In Zukunft wird man wohl auch die Anregung von Elektronen in Isolatoren, die künstliche Erzeugung von Halbleitern, den Einbau von Fremdatomen in das Kristallgitter und die dadurch bedingte Änderung der Werkstoffeigenschaften (vgl. § 31) industriell auswerten.

Eine Anwendungsmöglichkeit von Reaktoren in der chemischen Industrie könnte sich in der Herstellung von NO_2 und CO_2 ergeben, die mit Hilfe der γ-Strahlung von 550 MW-Energiereaktoren möglich ist (*Bestrahlungschemie*). Auch das Kracken von höheren Kohlenwasserstoffen wird trotz der hohen Kosten in Betracht gezogen. (Die für 1 kg Benzin benötigten 10^7 r kosten 11 $.)

Viele Autoren[155] beschäftigen sich mit der Sterilisierung von verpackten Lebensmitteln und von pharmazeutischen Präparaten durch γ-Strahlung (Röntgenpumpe, Beschleunigermaschinen oder γ-Strahler). Tab. 121 gibt die hiefür benötigten Dosen und Aktivitäten.

Erste Versuche lieferten ausgezeichnete Ergebnisse. — Lebensmittel, in Plastik oder Cellophan verpackt, blieben nach der γ-Sterilisierung* viele Monate, in Einzelfällen sogar Jahre (Kartoffel) unverändert. Bevor diese Methode jedoch in großem Maßstab Anwendung finden kann, sind noch eine Reihe von Problemen zu lösen, z. B. ob die durch (γ, x)-Prozesse induzierte Radioaktivität ungefährlich ist (man glaubt ja) und welcher Neutronenfluß maximal zugelassen werden darf. Unklar ist auch, inwieweit Vitamine durch die Bestrahlung zerstört werden, die Enzyme, die zum Verderb beitragen, werden im Gegensatz zur Hitzesterilisierung jedenfalls *nicht* zerstört.

Die Wirtschaftlichkeit dieser Methode ist noch recht zweifelhaft. Während die üblichen Sterilisierungsmethoden Kosten in der Höhe von maximal 0,2 Ct/kg verursachen, schätzt man die Kosten der γ-Sterilisierung auf 0,3 bis 20 Ct/kg (Beschleunigungsmaschinen), bzw. 5—12 Ct/kg (Spaltprodukte).

---

* Auch kalte Sterilisierung genannt, da Temperatursteigerungen von maximal $2°$ C eintreten.

Tabelle 121. *Sterilisierung durch γ-Strahlung*

Anwendungsgebiet	Dosis [rep]	benötigte γ-Aktivität [C]	Strahlungs- leistung [W]	sterilisierte Mengen [kg h^{-1}]
Milch	$8 \cdot 10^5 - 2 \cdot 10^6$	$4 \cdot 10^6$	$3 \cdot 10^4$	10^2
Fleischkonserven	$2 \cdot 10^6$	$8 \cdot 10^{16}$	$7 \cdot 10^4$	10^4
Abtötung von Insekten in Getreide	$3 \cdot 10^4$	$4 \cdot 10^6$	$3 \cdot 10^4$	10^5
Pasteurisierung (Milch bleibt 10 Tage frisch)	$8 \cdot 10^4$	10^5	Zerstörung von C-Vitamin: $2,4 \cdot 10^9$ rep	
Rohes Fleisch	$5 \cdot 10^4$	10^5	Zerstörung von Enzymen: Dosen $> 2 \cdot 10^6$ rep (bleibt 5 mal solange verwendbar, zirka 14 Tage)	
Penicillinsterilisierung (gesamte US-Produktion)		10^6	(1 \$/C)	

30 kg Rindfleisch enthalten z. B.:

$3 \cdot 10^{-4}$ g Ag (γ, n) Ag 107 $\tau = 44,3$ s γ (0,09 MeV)
$3 \cdot 10^{-4}$ g Pb (γ, n) Pb 204 $\tau = 68$ min γ (0,9 und 0,3 MeV)

Erzeugung

1000 kW Reaktor (Herz) 10^8 [r h^{-1}] außerhalb des Schildes $2 \cdot 10^6$ [r h]
10^3 C von Co 60 $4 \cdot 10^5$ [r h^{-1}] Van de Graaff, 3 MV, 4 mA $3 \cdot 10^5$ [r h]

Die Verwendung radioaktiver (und gelegentlich auch stabiler) Isotope hat bereits einen sehr großen Umfang angenommen. Die Isotopenversandstelle des französischen *Commissariat à l' Energie Atomique* (CEA) hat 1954 3300 Lieferungen abgefertigt, von denen zirka 35% an Spitäler und Ärzte gingen. Außerdem wurden 4550 Sendungen aus England eingeführt.

Das Isotopenzentrum in *Harwell*, England, hat 1948 1908 Sendungen, 1950 schon 7443, 1952 12 630 und 1954 19 531 Sendungen (Wert zirka $4,5 \cdot 10^6$ DM) abgefertigt.

Die amerikanische Versandstelle in *Oak Ridge* hat von 1946 bis Herbst 1955 insgesamt 75.735 Sendungen radioaktiver und 2075 Sendungen stabiler Isotope ausgeliefert (D_2O, D, B 10, B 11, He 3, O 18, Ar 38 usw., Jahresumsatz $2 \cdot 10^6$ \$). 1956 wurden 360 000 C ausgeliefert.

In Österreich wurden bis 1955 2000 Sendungen (250 000 mC, hievon 40 000 mC für medizinische Zwecke) verbraucht; in Deutschland wurden 1952 30 000 mC, 1956 4000 C zum Durchschnittspreis von 500 DM/C eingeführt.

Es gibt kaum ein Gebiet des menschlichen Lebens, das nicht in irgend einer Weise durch die Verwendung der Isotope gefördert werden könnte. Da es über die Anwendungen der Isotope zahlreiche Veröffentlichungen gibt[149], begnügen wir uns mit einer knappen Aufzählung. Die Anwendung* der stabilen und radioaktiven Isotope reicht von den Geisteswissenschaften (archäologische, kunstgeschichtliche, anthropologische u. a. Altersbestimmungen) über Biologie, Land-

---

* Auch hiefür gibt es bereits eigene Fachschulen, z. B. Orins (*Oak Ridge Institute of Nuclear Studies*) oder die Isotopenlehrgänge in Harwell, Paris, Wien, Innsbruck, und vielen anderen Orten.

wirtschaft und Medizin (vgl. S. 403) zu Paläontologie und Geologie und Kriminalistik (z. B. Aktivierungsanalyse) und erfaßt praktisch alle Gebiete von Industrie und Technik: Chemische Industrie und Maschinenindustrie, Energiewirtschaft (Wasser- und Schneestandsmeßgeräte), Bergbau und Öltechnik, Gummiindustrie, Textil-, Papier- und Lebensmittelindustrie und sogar den Handel (Markenschutz durch Beimischung von Isotopen).

Die durch die Verwendung von Isotopen erzielten Ersparnisse (Senkung der Herstellungskosten, Qualitätsverbesserung, Rationalisierung, Schaffung neuer Produkte usw.) sollen in der amerikanischen Industrie etwa 200 Millionen Dollar jährlich betragen[149]. Auch für Spitäler und Kliniken ergeben sich bedeutende Preissenkungen — kostet doch 1 mC Ra etwa 600 öS, während der Preis von 1 mC Co nur einige österr. Schillinge beträgt. (In USA: 50 $/C, der billigste γ-Strahler.)

Eine spezielle Stellung nehmen die *Spaltprodukte* unter den Isotopen ein. Anstelle von abgetrennten Spaltprodukten kann man natürlich auch gebrauchte Brennstoffelemente als Strahlungsquellen verwenden (z. B. für die γ-Sterilisierung[155]). Diese Methode kommt billiger (0,2 Ct/kg) als die Ausnützung der Reaktorstrahlung oder der abgetrennten Spaltprodukte (z. B. Cs 137).

Die *Verwendung von Spaltprodukten*[156] für nützliche Zwecke ist die wirtschaftlichste und sicherste Art ihrer Beseitigung. In Tab. 122 findet man eine Übersicht über einige Möglichkeiten.

Tabelle 122. *Die industrielle Verwendung von Spaltprodukten*

Spaltprodukte oder verbrauchter Brennstoff:

γ-Sterilisierung (notwendiger Preis 20 Ct/C)	Werkstoffveredelung
Radiographie	Vulkanisierung von Gummi (10^7 r)
Bestrahlungschemie	
Kleine Wärmequellen (Selbstabsorption der Strahlung)	Verbesserung von Transistoren
	Polymerisierung von Kunststoffen

Einzelne Elemente:

Erzeugung von Leuchtstoffen (Sr 90)	
Erzeugung von verbesserten Leuchtröhren (leichtere Zündung)	β-Strahler für medizinische Zwecke (Sr 90, Kr 85)
Werkstückuntersuchungen	Therapie und Diagnose (J 131)
Kracken von Schweröl ($3 \cdot 10^8$ C nötig, z. B. Cs)	Entfernung schädlicher elektrischer Ladungen (Gummi, Textilindustrie, Sr 90)
Dickenmessungen Strontiumbatterie	

In letzter Zeit haben sich mehrere Autoren mit der Frage beschäftigt, inwieweit die Verwendung der Spaltprodukte als Strahlungsquelle ökonomisch ist (MANOWITZ, LOVEWELL[156]); es werden Installierungskosten von 10 000 $/kW Strahlungsleistung für Cs 137, 8000 $/kW für Co 60 angegeben. Die Preise für chemisch abgetrennte Spaltprodukte werden nur selten angeführt, meist werden nur die Preise angegeben, die nicht überschritten werden dürfen, damit in dem betreffenden Gebiet die Anwendung noch wirtschaftlich bleibt (0,20 bis 100 $ pro Curie). Die wichtigsten, für industrielle Zwecke in Frage kommenden Spaltprodukte findet man in Tab. 123 angeführt.

Tabelle 123. *Die wichtigsten Spaltprodukte für industrielle Anwendungen*

Isotop	γ [%]	τ	β-Strahlung [MeV]	γ-Strahlung [MeV]	G [g]	Wünschenswerter Preis
Sr 90	5,2	25 a	0,61	—	5,1	2 \$ pro C
Zr 95	6,2	65 d	0,39 (98%)	0,73 0,23 (93%)	0,047	
Cs 137	6,1	33 a	0,5 (95%)	—	12,7	5 \$/C* ($^1/_{10}$ des Preises von Co 60)
Ce 144	5,2	290 d	0,35	—	0,31	
Ru 103	3,0	45 d	0,2 (95%)	—	0,036	

(G = Gewicht von 1 kC)   * derzeit 500 \$/C

Eine besondere Verwendungsmöglichkeit der radioaktiven Isotope und insbesondere der Spaltprodukte ergibt sich aus Versuchen, die Energie der nuklearen Strahlung *direkt in elektrische Energie* umzuwandeln[21] (sogenannte *Kernbatterien*). Alle Pläne, die die Umwandlung der kinetischen Energie der Spaltbruchstücke ins Auge fassen, müssen wegen deren geringen Reichweite fehlschlagen (vgl. S. 301); die Umwandlung der kinetischen Energie der β-Strahlen in elektrische Energie ist hingegen bereits gelungen. Wenn man z. B. die β-Strahlen des Sr 90 auffängt, dann lädt sich der Kollektor relativ zum Sr-Präparat auf und man erhält eine statische Hochspannung von zirka 400 000 V (*Strontiumbatterie*); Leistung und Wirkungsgrad einer solchen Batterie sind jedoch sehr gering, man erhält $5 \cdot 10^{-7}$ W/mC, z. B. liefern 25 mC Sr 90 bei 400 000 V einen Strom von zirka $5 \cdot 10^{-11}$ A; der Wirkungsgrad der Umwandlung liegt bei 1%. Umgibt man den β-Strahler mit einem Halbleiter, z. B. Silizium oder Germanium, dann machen die schnellen β-Strahlen in diesem viele langsame Elektronen frei (bis 10^5 pro schnellem Elektron) — die Spannung sinkt, aber Stromstärke und Wirkungsgrad steigen (10^{-5} A bei 0,25 V, $\eta = 3\%$).

Andere Versuche, wie z. B. die *Ionisationsbatterie* (Gas zwischen zwei Elektroden wird ionisiert, der Ionisationsstrom gibt 1,6 V bei $\eta = 1\%$), die *Thermobatterien* (Ag-Cr-Constantan-Thermoelement mit 57 C Po 210 belegt, Temperaturdifferenz 78° C, liefert 0,04 V, 0,08 A, $\eta = 0,1\%$) oder die *Chloroform-Alkoholbestrahlungszelle* mit Blei-Graphitelektroden (unbestrahlt 1,3 μA, 0,47 V, bestrahlt 10,4 μA, 0,97 V) ergaben noch wesentlich schlechtere Ausbeuten.

Auch die direkte *Umwandlung der Strahlungsenergie in mechanische Energie* (z. B. zum Antrieb von Uhren-*Kondensatormotor*) wird erwogen (KELLER et al[21]).

Übungsbeispiele

49 a) Da Plastikstoffe oft zu Isolationszwecken in Strahlungsmeßgeräten verwendet werden, muß man wissen, wie lange es dauert, bis die Isolation durch Strahlungseinflüsse schadhaft wird. Eine Bestrahlung durch γ-Strahlen und Neutronen wird bis zu $\varphi\, t = 10^{17}$ ohne Schaden vertragen (Polyäthylen, Nylon, Phenole, aber nicht Teflon (Pumpendichtungen!), Lucit, Cellulose-Plastik). Man berechne die Verwendungsdauer für $\varphi = 10^9$ und 10^{12} [Neutronen und γ cm^{-2} s^{-1}].

49 b) Wieviel Curie Sr 90 bzw. Co 60 müßte man mit 1 l Wasser mischen, damit das Wasser in einem vollkommen isolierten Gefäß binnen 20 min zum Kochen kommt? Man schätze durch Vergleich von $\varkappa_\gamma$ und $\widetilde{\varkappa}_\gamma$ den Wirkungsgrad der γ-Strahlungsheizung ab.

49 c) Man verifiziere

1 g U 235 $\approx$ 1 MWd $\approx$ 1 g Spaltprodukte;

  nach 1 a $\approx$ 500 C $\approx$ 1 W

und 1 MW Reaktor $= 6{,}1 \cdot 10^5$ C/a; nach 10 Jahren $\approx 10^4$ C,

  nach 100 Jahren $1{,}2 \cdot 10^3$ C.

49 d) Man zeige, daß die maximale Leistung N_{max} einer Kernbatterie durch

$$N_{max} = 6 \text{ kW}/10^6 \text{ MeV C} \tag{49.1}$$

gegeben ist. Zeige, daß maximal insgesamt 1,52 kWh/MeV-Curie geliefert werden können. Was kostet 1 kWh, wenn sie durch eine *Strontiumbatterie* (*Tritiumbatterie*) geliefert wird? (Sr 90 und H 3 sind mit 500 $ bzw. 100 $ pro Curie derzeit die billigsten β-Strahler!). Wie groß ist der Wirkungsgrad einer 1 C-Strontiumbatterie, die bei $6 \cdot 10^5$ V (nach Tab. 123 sind maximal $6{,}1 \cdot 10^5$ V möglich!) einen Strom von $11{,}8 \cdot 10^{-9}$ A liefert?

§ 50. Rechtsprobleme und Organisationsfragen

Gesamtregelungen und Teilregelungen in verschiedenen Staaten, Strahlenschutzrecht und Bestimmungen über den Verkehr mit radioaktiven Isotopen, Reaktorbetriebsrecht, Bewirtschaftung der Kernbrennstoffe, Haftpflichtrecht, nationale und internationale Organisationsformen.

Der Bau von Atomreaktoren und der immer größere Ausmaße annehmende Gebrauch radioaktiver Isotope stellte die Gesetzgeber aller Länder vor vollkommen neue Probleme. Je nach dem Stand der technischen Entwicklung und den nationalen Gepflogenheiten wurden bereits in vielen Ländern umfassende Gesamtregelungen (Atomenergiegesetze) oder Teilregelungen getroffen.

KRUSE[157] sieht drei Hauptlinien des Atomenergierechtes: Gewährleistung der allgemeinen Sicherheit und Schutz der Volksgesundheit, Bewirtschaftung der für die Atomtechnik in Betracht kommenden Stoffe und Gegenstände, Förderung der Entwicklung. Diesem juristischen Gesichtspunkt stellen wir die den praktischen Bedürfnissen vielleicht eher angepaßte Unterteilung gegenüber:

1. Strahlenschutzrecht und Gesetze über den Verkehr mit radioaktiven Stoffen,

2. Reaktorbetriebsrecht,

3. Regelungen über den Besitz und die Verwendung von Kernbrennstoffen und ihren Rohstoffen (Erzen).

4. Haftpflichtrecht,

5. Organisationsfragen.

Juristisch interessant ist, daß in allen Staaten streng zwischen *Energierecht* und *Atomenergierecht** unterschieden wird (vgl. FISCHERHOF[157]).

Es wird von nationalen Gegebenheiten abhängen, ob diese Teilgebiete einzeln oder in einem zusammenfassenden Gesetz behandelt werden (vgl. Tab. 124) — für diejenigen Staaten, die noch über keinerlei gesetzliche Regelungen verfügen und über die seit der Genfer Konferenz 1955 sozusagen über Nacht das Atomzeitalter hereingebrochen ist, dürfte sich vermutlich die — zeitlich rascher durchführbare — Teilregelung empfehlen. (Insbesondere dann, wenn radioaktive Isotope bereits verwendet werden und noch keinerlei gesetzliche Bestimmungen vorhanden sind.)

---

* Dem steht natürlich nicht entgegen, daß beide Gebiete von einer Lehrkanzel — z. B. Institut für Energierecht in Bonn — betreut werden.

Tabelle 124. *Gesetzliche Regelungen in einzelnen Staaten, vgl. Literatur*[158]

Gesamtregelung			Teilregelungen			
Staat	Jahr	(3)	Staat	(1)	(2)	(3)
USA	1946, 1954	ja	Argentinien ..	?	teilweise	ja
England*	1946, 1954	teilweise	Belg. Kongo .	keines	1955	ja
Kanada.......	1946, 1954	teilweise	Belgien	keines	keines	nein
Australien	1953	teilweise	Frankreich ..	1954	1945/47	teilweise
Neuseeland....	1945	teilweise	Kolumbien ...	keines	1955	ja
Südafrika	1949	teilweise	Mexiko	keines	1955	ja
Indien........	1948	teilweise	Norwegen....	ja	1946	nein
Portugal	1954	teilweise	Schweden ...	1941	1945	nein
Dänemark* ...	1955	nein	Schweiz......	ja	keines	nein
* Außerdem zusätzliches Gesetz über radioaktive Stoffe erlassen.			Spanien......	keines	keines	teilweise
			Deutschland..	1941 (1957)	1956	nein

(1): Strahlenschutzrecht.
(2): Reaktorbetriebsrecht und Vorschriften über Spaltprodukte.
(3): Kernbrennstoff — Staatsmonopol.

Das *Strahlenschutzrecht* und die gesetzlichen Vorschriften über Erwerb, Verwendung und Transport radioaktiver Isotope sind in den meisten Staaten bisher am besten ausgebildet. Es gibt fast keine Staaten, in denen mit radioaktiven Isotopen gearbeitet wird und in denen nicht detaillierte Rechtsvorschriften über radioaktive Substanzen bestehen[159] — sei es als Gesetz oder auch nur als Verordnung — die z. B. auf Grund von Giftgesetzen, der Gewerbeordnung (Deutschland) oder dem Code de Santé (Frankreich) erlassen wurde. Die betreffenden gesetzlichen Vorschriften regeln meist folgende Vorgänge:

1. Den *Erwerb* und den Kreis der berechtigten *Benützer*, z. B. Industrie, Ärzte und Kliniken, Forschungsinstitute. Zwischen völliger Freiheit des Erwerbes, der Genehmigungspflicht des Erwerbes und der Lieferung nur gegen Nachweis von Fachkenntnissen und der Abgabe einer Verpflichtungserklärung (keine Weitergabe, Gebrauch nur für den vorgesehenen Zweck, vgl. CEA-Katalog[159]) und dem Staatsmonopol bestehen zahlreiche Zwischenstufen.

2. Den *Transport*: Vorschriften über Transportbehälter, rascheste zollfreie Abfertigung an Grenzen* oder über zulässige Strahlungsdosen*, die sich natürlich nach der Halbwertszeit bzw. Aktivität und der Transportdauer richten müssen, vgl. z. B. (Frankreich):

Postpakete......... 10 mr pro 24 Stunden an der Außenfläche
Bahn-Expreßgut.... 80 mr pro 8 Stunden in 1 m Entfernung
Lufttransport ......200 mr pro Stunde an der Außenfläche.

3. Den *Gebrauch*: gesundheitspolizeiliche und gewerberechtliche Vorschriften, um gesundheitliche Schäden und Verseuchung zu vermeiden (vgl. auch § 35). Hierher gehören auch Maßnahmen zur Überwachung der Flußläufe (Themse, Rhein, Columbia River), der Atmosphäre (viele meteorologische Stationen haben bereits Strahlungsmeßgeräte in Betrieb) und der Umgebung von luftgekühlten Forschungs- und Industriereaktoren mittels *Meßwagen* durch die Gewerbe-

---

* Internationale Abmachungen werden vorbereitet.

aufsichtsbehörde, den staatlichen Gesundheitsdienst, die Atombehörde oder das Rote Kreuz.

Die Festsetzung von zulässigen Dosen erfolgt meist im Verordnungswege und nicht im Gesetz, da sich die als noch sicher angegebenen Werte immer wieder ändern können. Derzeit gilt 0,3 r pro Woche als Toleranzdosis (vgl. § 35). Dagegen haben sich jedoch in letzter Zeit schwere Bedenken erhoben. Man weiß, daß die überwiegende Mehrzahl der Mutationen die Erbmasse verschlechtern (bis zu Mißbildungen und Sterilität). Eine Dosis von etwa 50 r verdoppelt im Menschen die natürliche Mutationsrate, durch 30 r auf $3 \cdot 10^8$ menschliche Spermien werden in $6 \cdot 10^5$ Spermien Mutationen erzeugt; 5% der mit solchen Spermien befruchteten Eier enthalten dann eine Mutation. Eine einzige rezessive Mutation (die auch durch Bestrahlung des Eierstockes mit 1 r hervorgerufen werden kann) findet sich aber in 21 Generationen von 4 Kindern bei mehr als einer Million Personen wieder! Man hält heute in Genetikerkreisen nur 0,4 bis 0,7 r pro Jahr für tragbar (KLIEFOTH, RUGH[159]).

Der Wunsch, billig Energie zu erzeugen, darf niemals zu einer Lockerung der Vorschriften über die höchstzulässigen Dosen führen. Setzt erst einmal der Wettlauf um die Eroberung des Atomweltmarktes ein, dann ist diese Gefahr nicht von der Hand zu weisen — ist doch z. B. die stärkere Reinigung von Industrieabwässern und Abgasen technisch oft möglich, wird aber aus wirtschaftlichen Überlegungen unterlassen. Der Betrieb von größeren Energiereaktoren und von Industrien und Spitälern, die mit radioaktiven Isotopen arbeiten, ist daher vom Staat unbedingt zu überwachen (BECHERT, vgl. auch TABERSHAW[159]). (Eine Ausnahme bildet in fast allen Ländern der interne Betrieb wissenschaftlicher Institute, da die dort arbeitenden Personen sich der Gefahren durchaus bewußt sind, während starre Kontroll- und Sicherheitsvorschriften einen wissenschaftlichen Betrieb unter Umständen vollkommen zum Erliegen bringen können.)

Das *Reaktorbetriebsrecht*[160] ist noch viel unvollkommener als das Strahlenschutzrecht; nur wenige Staaten besitzen bereits Normvorschriften auf diesem Gebiet. Diese umfassen beispielsweise:

1. Das *Genehmigungsverfahren* zum Bau und Betrieb von Reaktoren.

2. Eine *Überprüfung* der *Sicherheitsmaßnahmen* und der *Betriebsanleitung*, Kommissionierung und kontrollierte erste Inbetriebsetzung des Reaktors.

3. Laufende Kontrollen (*Reaktorinspektorat*).

4. *Gesundheitspolizeiliche Vorschriften* (vgl. Strahlungsschutz bei Betrieb eines Reaktors[159] und § 35).

In den USA besteht ein in allen Einzelheiten geregeltes Verfahren, vgl. die Betriebsanleitung des MTR[160] oder die Beschreibung einer der laufend durchgeführten Kontrollen durch das Reaktorinspektorat[160] (8 Schaltoperationen, u. a. Anlassen, Abschalten, Erprobung des Sicherheitsstabes, Wiederanlassen, Strahlungsüberwachung, Prüfung der Betriebsprotokolle und Aufzeichnungen, allenfalls medizinische Kontrolle des Personals).

Der für den sicheren Betrieb auch eines kleinen Forschungsreaktors benötigte Personalstand sollte nicht unterschätzt werden; es wäre verantwortungslos, einen Reaktor ohne *Gesundheitsphysiker** und ohne gelegentliche ärztliche Kontrolle des Personals betreiben zu wollen[160]. Nach verschiedenen Quellen ist für

---

* Kernphysiker mit speziellen Kenntnissen auf dem Gebiet der Strahlungsmeßgeräte und des Strahlenschutzes, der für das Funktionieren dieser Einrichtungen verantwortlich ist.

den einschichtigen *Betrieb* eines mittelgroßen Forschungsreaktors (Fluß 10^{12} bis 10^{13}, vgl. § 45) als absolutes Minimum folgendes Personal anzusehen:

1 Direktor (Kernphysiker),
1 Bürokraft,
2 Kernphysiker (1 mit guten theoretischen Kenntnissen)
1 Chemiker,
1 Gesundheitsphysiker,
1 Metallurg,
1 Maschineningenieur,
1 Elektro- (HF-) Techniker,
2 Mechaniker,
1 Reinmachfrau.

Hiebei ist angenommen, daß das technische Personal neben der eigenen fachlichen Betätigung zur Bedienung des Reaktorkontrolltisches verwendet werden kann (mindestens 2 Personen, meist 3—4).

Für die Genehmigung der Inbetriebnahme eines Reaktors hat die amerikanische Atomenergiekommission folgende Forderungen aufgestellt[160] (für Reaktoren beliebiger Größe — für Forschungsreaktoren werden die nicht fett gedruckten Forderungen nach allgemeiner Ansicht entfallen können).

1. Beschreibung des Reaktors (Zweck, physikalische und technische Daten, Konstruktionspläne).

2. Detaillierte Beschreibung der Art der Bedienung im Normalbetrieb und bei Unfällen, Vorlage der Betriebsanleitung und Nachweis des Ausmaßes der Befehlsgewalt des Direktors.

3. Beschreibung der geplanten Experimente und ihrer Grenzen (z. B. Angabe der Höchstmenge von Absorbern bei Oszillationsversuchen).

4. Nachweis, daß fachlich ausgebildetes Bedienungspersonal (es wird ein Jahr Ausbildung inklusive Praxis gefordert) vorhanden ist, darunter mindestens ein Gesundheitsphysiker.

5. Nachweis über Lagerungsmöglichkeit für verbrauchten Brennstoff und der betrieblichen oder außerbetrieblichen Möglichkeit der Wiederaufbereitung.

6. Vorlage aller Details über den Kontrollmechanismus und die automatischen Sicherheitsmaßnahmen (vgl. § 38).

7. Diskussion der Maßnahmen bei Unfällen.

8. Angaben über die Siedlungsdichte und über Industriebetriebe in der Nähe des Standortes.

9. Mikroklimatische Angaben (Winddiagramme, Niederschlagsmengen, Vorkommen von Inversionsschichten).

10. Nachweis des Besitzes der für die innere (im Gebäude) und äußere (außerhalb des Gebäudes) Strahlungsüberwachung notwendigen Geräte (insbesondere bei Luftkühlung).

11. Nachweis über die Verwendung bzw. Lagerungsmöglichkeit von gebrauchtem Kühlwasser.

12. Hydrologische Daten (Lage der Wasserscheide, Höhe des Grundwasserspiegels).

13. Nachweis von Sicherheitsmaßnahmen bei Erdstößen.

14. Nachweis üblicher Feuerschutzmaßnahmen (Feuerlöscher, Alarmanlage).

15. Nachweis des Vorhandenseins von Behältern für radioaktive Substanzen und von Schutzkleidung.

(Vgl. auch § 35.)

Diese sehr strengen Bestimmungen sind auf Forschungsreaktoren nur teilweise anwendbar, sind aber für Energiereaktoren und private Industriereaktoren sicher notwendig.

Der *Besitz und die Verwendung von Kernbrennstoffen* und ihren Rohstoffen ist in den einzelnen Staaten auf völlig verschiedene Weise geregelt — neben völliger Freiheit finden wir Übergänge bis zum absoluten Staatsmonopol, was historisch aus der vorangegangenen militärischen Entwicklung zu verstehen ist (vgl. Tab. 124 und 125). Während der Genehmigungszwang für den Betrieb von Atomreaktoren nach allgemeiner Ansicht[160] unbedingt notwendig ist, hat das Staatsmonopol* auf Spaltstoffeigentum wohl nur dann einen Sinn[161], wenn

1. zwingende militärische Notwendigkeiten vorliegen,

· 2. der Staat der alleinige und ausschließliche Geldgeber ist,

3. die *privatwirtschaftliche* Betätigung unterbunden oder strengstens kontrolliert in vorgezeichneten Bahnen verlaufen soll,

4. wenn auf eine verstaatlichte Energiewirtschaft Rücksicht genommen werden muß.

Es ist interessant, daß sogar sonst planwirtschaftlich eingestellte Staaten wie z. B. Schweden ein Staatsmonopol strikt ablehnen. Auch diejenigen Staaten, die ein Staatsmonopol auf Spaltstoffe kennen, haben eine außerhalb der normalen Hoheitsverwaltung stehende staatliche Organisationsform gefunden (Atomic Energy Commission der USA, der kanadische Atomic Energy Control Board, das französische Commissariat à l'Energie Atomique, ähnlich in Australien, Südafrika, Portugal, Italien—also *Fachbehörden*, nicht *Beratungsgremien*[158]). Die Aufsicht wird damit nicht durch Beamte der Hoheitsverwaltung, sondern durch Fachleute der betroffenen Kreise in zwar amtlicher, aber eigener Verantwortung durchgeführt (KRUSE[163]). Ein Staatsmonopol, das in einigen Staaten besteht, wird daher nicht von der Hoheitsverwaltung, sondern von einer Fachbehörde ausgeübt.

Die einzige Ausnahme (noch dazu ein Staat, in dem kein Staatsmonopol auf Spaltstoffeigentum besteht und nach bisherigen Nachrichten auch kaum errichtet werden dürfte) bildet Deutschland, das ein Atomministerium hat**. Ähnliches gilt auch für Österreich, das neben einer beratenden Fachkommission eine interministerielle Atomenergiekommission besitzt**.

Während eine gewisse öffentliche Kontrolle von Spaltstoffen sicherlich notwendig ist, so ist doch für jene Länder, für welche die früher erwähnten Voraussetzungen nicht zutreffen, kaum ein Staatsmonopol etwa in der absoluten Art, wie es in den USA besteht, notwendig. Es dürfte genügen, wenn Vorsorge getroffen wird, daß ausschließlich qualifizierte Personen Kernbrennstoffe in betriebssicheren Anlagen unter öffentlicher Überwachung verwenden können (KRUSE[163]).

In den USA sind alle Spaltstoffe vom Augenblick ihrer Erzeugung an, unveräußerliches Staatseigentum (auch wenn sie in privat betriebenen lizenzierten Brütreaktoren entstehen), das nur mit Genehmigung verpachtet oder verliehen werden darf.

Großbritannien und Frankreich haben eine ähnliche Gesetzgebung, doch läßt der britische Gesetzgeber den lizenzierten Verkehr zu. Kanadas Atombehörde verbietet zwar ebenfalls prinzipiell Erzeugung, Besitz, Weitergabe und

---

* Man unterscheide zwischen dem Staatsmonopol auf Spaltstoffeigentum und der Errichtung staatlicher zentraler Fachbehörden zum Zwecke der Überwachung.

** Der Grund für diese Einrichtungen liegt nach PRETSCH[163] und STRAUSS[158] in verfassungsrechtlichen Gründen, da die in anderen Ländern nicht einem Ressortminister unterstellten Fachbehörden in diesen beiden Ländern keine Exekutivgewalt und keinen Behördencharakter haben können — in den USA, England und Frankreich ist es hingegen möglich, daß ein durch Abstimmung gewonnener Kollegialbeschluß an Stelle einer Ressortentscheidung treten kann.

Verwendung von Spaltstoffen, läßt aber für lizenzierte Personen Eigentum, Besitz und Verwendung zu (ähnlich in Indien, vgl. Tab. 125).

Nach deutscher Ansicht (KRUSE[163]) soll der Privatinitiative ein Anreiz für die Erzeugung von billigen Kernbrennstoffen gegeben werden, was durch den automatischen Eigentumserwerb des Staates, Enteignungsandrohung und Genehmigungssysteme nicht zu erreichen sei (vgl. aber S. 434!). Es wurde daher vorgeschlagen, ein staatliches Spaltstoffdepot zu errichten, bei dem die Stoffe eingeliefert werden und verbleiben, bis ein für ihre Verwendung lizenzierter Eigentümer sie entnimmt, während die Rechte daran auch während der Deponierung nach marktwirtschaftlichen Prinzipien frei übertragen und erworben werden können. Freilich ist auch dazu zu sagen, daß man einen Mittelweg zwischen der Konzentrierung atomwirtschaftlicher Macht beim Staat und der Möglichkeit privater Monopolbildungen wird finden müssen*.

Die staatliche Überwachung von Spaltmaterial und dessen Rohstoffen sollte dem Grad der Gefährlichkeit angepaßt sein (PRETSCH[163]) und kann von einer Überwachung der Ausgangsstoffe, einer staatlichen Erfassung, einer Meldepflicht, bis zu Einzelgenehmigungen reichen. Als Grad der Gefährlichkeit kann z. B. die chemische und nukleare Reinheit angesehen werden — würde man einfach „Uran" kontrollieren, so würde man z. B. die Glasindustrie, die Röntgenindustrie, die chemische Industrie aufs schwerste beeinträchtigen! Nach der neuesten Entwicklung (Entwurf zum deutschen Kernenergiegesetz[161]) scheint man in Deutschland eine ähnliche Regelung wie in Kanada anzustreben: der Besitz von Spaltstoff (U 235, Pu 239, U 233) ohne staatliche Genehmigung soll mit Gefängnis bestraft werden, Rohstoffe und Kernbrennstoffe sowie Ein- und Ausfuhr sollen lückenlos erfaßt und kontrolliert werden, der Erwerb von Spaltstoffen soll der Genehmigungspflicht unterworfen werden (Privateigentum ist aber möglich). (Auch die radioaktiven Isotope sollen — strenger als z. B. in Frankreich — in diese Regelung einbezogen werden**.)

Die Verwahrung der Spaltstoffe soll unter Wahrung privaten Eigentumsrechtes durch den Bund (Physikalisch Technische Bundesanstalt) erfolgen. (Auch bei den EURATOM-Verhandlungen in Venedig wurde der Streit um das Eigentum an Kernbrennstoffen im Sinne des kontrollierten privatwirtschaftlichen Eigentums entschieden, vgl. KLIEFOTH[161].)

Im Entwurf des deutschen Kernenergiegesetzes ist auch ein Genehmigungsverfahren für Atomanlagen und eine Reihe strafgesetzlicher Bestimmungen vorgesehen. Zum Beispiel: „Wer durch Freisetzung von Kernenergie eine Explosion absichtlich herbeiführt, wird mit Zuchthaus nicht unter fünf Jahren bestraft, nicht unter 10 Jahren, wenn die Explosion zur Tötung eines Beteiligten führt". Es mag dahingestellt bleiben, ob nicht schon bestehende strafrechtliche Bestimmungen, wie z. B. der Totschlagparagraph oder § 367 StGB (Mißbrauch von Explosivstoffen) genügt hätten. Ähnliche Strafandrohungen (Zuchthaus, Geldstrafe, Gefängnis) gelten für absichtlich verursachte Schäden durch radioaktive Isotope, für Sachbeschädigungen, für Vorbereitungshandlungen, für die Verletzung von Betriebsgeheimnissen oder der Meldepflicht usw.

Am wenigsten ausgebildet ist in der ganzen Welt das *Haftpflichtrecht*; dem Verfasser sind bisher nur einige amerikanische und deutsche Studien bekannt

---

* Damit eng verknüpft ist die durch die Patentgesetzgebung vieler Länder ermöglichte monopolistische Ausnutzung von Atom-Erfindungen durch den Erfinder bzw. die Forschungsstätte eines Unternehmens.

** Anscheinend sollen ständigen Benützern wie wissenschaftlichen Instituten, Kliniken, Industrien usw. generelle Bewilligungen zum Erwerb und der Verwendung erteilt werden.

Tabelle 125. *Kontrolle*

Land	1. Erze		2. Metallisches U, Th	
	a) Aufbereitung	b) Ausfuhr	a) Herstellung	b) Ausfuhr
USA	Staatsmonopol, Private mit Lizenz	wie 1 a	wie 1 a	wie 1 a
England	frei	Staatsmonopol	wie 1 b (in Springfield)	wie 1 b
Kanada	Monopol Eldorado Mining Ltd.	wie 1 a Private mit Lizenz	wie 1 a	wie 1 a
Belgien belgisch Kongo	Monopol Union Minière du Haut Katanga	Monopol African Metals Corp.	wie 1 a	wie 1 b
Südafrika, Australien	Staatsmonopol, Private mit Lizenz	wie 1 a	Kontrolle	Kontrolle
Frankreich	Staatsmonopol, Private mit Lizenz		Staatsmonopol, Private mit Lizenz	
Portugal	frei	Kontrolle durch JEN (Junta de Energia Nuclear)	Kontrolle	wie 1 a
Deutschland	Staatskontrolle		Staatskontrolle	

geworden. Eine Zusammenstellung einiger Beispiele aus der Praxis und verschiedene wertvolle Anregungen gibt z. B. STASON[162]. Durch die Anwendung der Atomenergie taucht nämlich eine ganze Reihe völlig neuer Probleme des Haftpflichtrechtes auf, wie etwa:

1. Erfassen die Meldefristen über Unfälle oder Berufserkrankungen auch Spätfolgen (z. B. nach 10, 20, 30 Jahren) und muß die Strahlungskrankheit — oder gar Krebs — als Berufskrankheit anerkannt werden? Reichen die Verjährungsfristen aus?

2. Wie weit reicht die Haftpflicht bei der Erzeugung von Schutzschilden. Transportgefäßen oder beim Verkauf radioaktiver Isotope? (Garantie der Aktivität, der Sterilität usw.).

3. Entsteht eine Haftung durch die Unterlassung des Hinweises auf spezielle Gefahren?

4. Wie weit reicht die Gefährdungshaftung beim Betrieb von Atomkraftwerken?

Gerade die Grenzziehung zwischen *Verschuldenshaftung* und *Gefährdungshaftung* sowie die zahlenmäßige Begrenzung der letzteren scheint von großer praktischer Bedeutung zu sein (FRIEDRICH[162]). Der Grundsatz des Haftpflichtrechtes ist zunächst das Prinzip des Verschuldens. Aber auch in den USA sind Ansätze einer Gefährdungshaftung (also Haftung *ohne* nachweisbarem Verschulden) zu erkennen. Nach amerikanischer Rechtssprechung haftet der Eigentümer einer Anlage auch ohne Verschulden bei besonders gefährlichen Umständen (STASON[162]). Diese sind:

1. In der Art des Betriebes muß eine besondere Gefährlichkeit liegen.

der Kernbrennstoffe

3. Spaltstoffe (U 235, Pu, U 233)		
a) Erzeugung	b) Verfügung	c) Ausfuhr
wie 1a U 235: Oak Ridge, Pu 239: Hanford	Staatseigentum	Staatsmonopol AEC (Atomic Energy Comission)
wie 1b U 235: Capenhurst, Pu 239: Windscale	Staatsmonopol, Private mit Lizenz aber ohne Weiterver- fügung	Staatsmonopol AEA (Atomic Energy Authority)
Pu Staatsmonopol, Private mit Lizenz	wie 3a mit privatem Eigentumsrecht	Staatsmonopol AEC (Atomic Energy of Canada Ltd.)
frei	frei	keine
—	—	Staatsmonopol AEB (Atomic Energy Board)
Staatsmonopol, Private mit Lizenz		
Pu 239: Marcoule	—	—
—		
Private mit Lizenz	wie 3a (Spaltstoffbank)	?

2. Der Betrieb muß ungewöhnlich (,,not a matter of common usage") sein.

Beide Kriterien können vielleicht noch heute — aber kaum mehr in zehn Jahren — auf Atomanlagen angewendet werden.

Im deutschen und österreichischen Recht (z. B. Kraftfahrzeughaftpflicht) ist der Gedanke der Gefährdungshaftung noch viel tiefer verwurzelt. Es bleibt abzuwarten, ob sich dieser Gedanke, der doch irgendwie dem gesunden Empfinden widerspricht, daß die Auferlegung einer ,,Last ohne Schuld" naturwidrig ist (FRIEDRICH[162]), auch bei der Atomhaftpflicht durchsetzt. Ist z. B. der Eigentümer eines luftgekühlten Forschungsreaktors dafür haftbar, wenn durch eine nicht voraussehbare plötzliche Windströmung und durch einen Filterschaden eine Wolke radioaktiver Gase die Lagerbestände einer Fabrik für photographische Filme schwer beschädigt? Bei einer nicht auf Verschulden basierenden Ersatzleistung wird jedenfalls ein gesetzlicher *Höchsthaftungsbetrag* vorgesehen werden müssen. Im Entwurf des deutschen Kernenergiegesetzes ist unbegrenzte Verschuldenshaftung und Gefährdungshaftung bis zu 10 Millionen DM ($1/_3$ für Personenschäden, maximal 50 000 DM pro Person) vorgesehen. In den USA ist die AEC nach einem neuen Gesetzesvorschlag bei Reaktorunfällen nur bis 500 Millionen Dollar haftbar, für Privatfirmen sollen 20 bis 50 Millionen als Versicherungssummen beim Abschluß von Haftpflichtversicherungen bestimmt werden (Totalschaden eines 100 MW Reaktors, Freisetzung von zirka 1% aller Spaltprodukte). Bis jetzt wurden jedoch trotz der hohen Sicherheit der Reaktoren (vgl. S. 318) mangels gesetzlicher Grundlagen und auch mangels großer in Privathand befindlicher Atomkraftwerke noch keine Haftpflichtversicherungen abgeschlossen. (Gesetze — die ANDERSON-Bill — und ein Pool der Versicherungsgesellschaften sind jedoch in Vorbereitung*.) Hingegen wurde in Stockholm bereits eine *Reaktor-kaskoversicherung* abgeschlossen. Diese umfaßt Schäden durch Feuer, Verlust oder Verseuchung des Schwerwassers, Beschädigungen der Brennstoffelemente und der Maschinen (Kühlanlage, Kontrolltisch usw.). Interessant ist auch, daß die amerikanischen Lebensversicherungsgesellschaften 99,7% aller in Atomanlagen beschäftigten Personen zu normalen Prämien versichern und nur bei 0,3% eine höhere Prämie infolge größerer Gefährdung verlangen. Es wird in diesem Zusammenhang darauf hingewiesen, daß die Unfallshäufigkeit in der Atomindustrie viel niedriger ist als in der chemischen Industrie oder in der Erdölindustrie.

Die *Organisation* der Atombehörden und der Atomforschung in den einzelnen Ländern hängt naturgemäß mit den nationalen rechtlichen Regelungen zusammen. Angesichts der Breitenwirkung und der Bedeutung aller mit der Atomenergie zusammenhängenden Probleme ist es praktisch unmöglich, sie einem der bereits bestehenden Ressortministerien einzuordnen. In allen Ländern wurde daher entweder eine dem Ministerrat direkt unterstellte Fachbehörde (Atomenergiekommission, Atomministerium) oder ein interministerielles Forum mit beratender Fachkommission geschaffen. Kontrolle, Genehmigungen, Berichtspflicht an die Regierung, Rohstoffsuche, Förderung von Grundlagen- und Zweckforschung und Ausbildung, Aufklärung der Bevölkerung u. ä. sind die Aufgaben dieser Fachbehörden. Ob diese Gremien selbst oder ob gemischte staatlich-private Studiengesellschaften (meist in der Form einer Ges. m. b. H. — Österreich, Kanada, einer Aktiengesellschaft — Schweden, Schweiz, oder eines Vereines — Deutschland) Forschung durchführen und Reaktoren betreiben, ist ebenfalls von Land zu Land verschieden.

Eine andere wichtige Frage ist das Problem der Ausbildung — sollen Reaktoren von technisch geschulten Physikern oder von kernphysikalisch geschulten Ingenieuren (*Kerntechnikern*) konstruiert werden? Soll die Ausbildung den Universitäten und (oder) den technischen Hochschulen oder den Atombehörden übertragen werden? Sollen vorwiegend Lehrstühle für Kernphysik oder für Kerntechnik errichtet werden?

Man neigt in fast allen Ländern, auch in solchen, in denen derzeit die Ausbildung fast nur in den Händen der Atombehörde liegt (z. B. Frankreich) dazu, die Grundausbildung den Hochschulen zu übertragen; den Atombehörden und Atominstituten (z. B. Institut National des Sciences Nucléaires, Paris) sollen nur spezielle Fachkurse, die sich aus der dort betriebenen speziellen Grundlagen- und Zweckforschung entwickeln, vorbehalten sein. Ferner neigt man dazu, zwar Physiker gründlich in Kernphysik auszubilden und die Verwendung von Physikern beim Betrieb von Atomanlagen vorzuschreiben, die Konstruktion aber den Ingenieuren zu überlassen und eine eigene Studienrichtung *Kerntechnik* einzuführen**. Neben die Hochschulausbildung (Diplomingenieur) muß auch die Fachschulausbildung treten, die z. B. in den USA oft in firmeneigenen Schulen geschieht (z. B. School of Nuclear Engineering der General Electrics). (Eine genaue Analyse dieser Verhältnisse und ein Ausbildungsprogramm findet man bei SCHOHE[163]).

Wir wollen nun eine schlagwortartige Übersicht über nationale und internationale Organisationsformen geben[163], vgl. auch Tab. 126 und 128.

---

* In Deutschland besteht seit dem Frühjahr 1957 bereits ein Atomversicherungspool.

** Kürzlich haben in Frankreich (Saclay) die ersten Kerntechniker ihre Diplome erhalten (vgl. auch die beiden Artikel zum Nachwuchsproblem von KLIEFOTH[163])

Tabelle 126. *Einige Organisationsformen*

1	2	3	4
USA (AEC)	Kanada (s, AEC)	Japan (JAEC)	Schweden
USSR	Holland (s + p)	Dänemark	Schweiz
Frankreich	Österreich (s + p)	Jugoslawien	Belgien
England (AEA)	Japan (s + p)	Finnland	Korea
Indien (DAE)	(Öffentl. rechtl. Körperschaft)	Österreich	Holland
Ägypten			
CSR	Chile (s)	Polen	Libanon
Kanada	Italien (s + p, CISE)	Chile	Philippinen
Ungarn		Holland	Türkei
Rumänien	Libanon (s)	Griechenland	Uruguay
Argentinien	Schweiz (p)	Israel	Norwegen
Italien	Belgien (p)	Schweiz	Dänemark
Pakistan	Mexiko (p)	Nationalchina	Italien
Peru	Schweden (p > s)	Thailand	Portugal
Portugal	Deutschland (p)	Belgien	Deutschland
Spanien	Frankreich (p)		
Kolumbien	Norwegen	Deutschland (DAK)	
Mexiko		Schweden	
Australien (AEC)		Norwegen	
Südafrika (AEB)		Italien	
Deutschland (Ministerium)			
Österreich (inter-ministeriell)			
Japan (AEB)			

1: Zentrale Atomenergiekommission mit Behördencharakter.
2: Studiengesellschaft (p = privat, s = staatlich).
3: Die Regierung *beratende* Fachkommission (mit oder ohne Forschungsinstitut).
4: Volle Freiheit bzw. genehmigungspflichtiger freier Verkehr.

————: Keine grundgesetzlichen Regelungen.
............: Noch kein Atomprogramm.

DAK = Deutsche Atomenergiekommission, DAE = Department of Atomic Energy, AEB = Atomic Energy Bureau, sonst vgl. Tab. 125 wegen der Abkürzungen.

USA

Atomenergiekommission im Rang eines Ministeriums mit Staatsmonopol (vgl. Tab. 125) und eigenen Forschungs- und Ausbildungsanstalten, 5 vom Präsidenten der USA auf 5 Jahre ernannte Mitglieder, Hauptverwaltung mit 1500 Personen, insgesamt 6000 Personen, indirekt auf 140 000 in der privaten Atomindustrie arbeitende Personen Einfluß nehmend, Budget vgl. Tab. 127.

England

Atomenergiebehörde (AEA), Staatsmonopol, durch Regierung, Parlament und Rechnungshof kontrolliert, untersteht dem Lordpräsidenten des Staatsrates —

Amt für Atomenergie des Präsidenten des Staatsrates (keine Ressortbindung);
AEA hat 8 Mitglieder, kontrolliert Forschungszentrum in Harwell (AERE:
Atomic Energy Research Establishment) und die Industrien und Institute in
Windscale, Capenhurst, Risley (industrielle Anwendungen), Aldermaston (Waffen-
forschung), in Springfields, Calderhall und Dounreay; Budget vgl. Tab. 127.

USSR

Staatsmonopol, Energieministerium, jetzt Atomenergiekommission unter
dem Präsidium des ZK der KPdSU.

Tabelle 127. *Atombudgets einiger Länder* (*in Millionen* $)

$1 \$ \approx 4 \, DM \approx 25 \, öS \approx 4 \, sfr$)

Träger der Ausgaben		*Budget und Aufteilung*	
USA (AEC)	Staat 100%	Waffen 238 } insgesamt Reaktoren 109	1082 Rohstoffe 626 } (1955) Forschung 72 | Verwaltung 34		
England (AEA)............	Staat 100%	190	(1956)
Frankreich (CEA)..........	Staat 100%	95	(1956)
Westdeutschland	Industrie	unbekannt	
(A-Ministerium)	Bund und Länder	ca. 20	(1956/57)
Japan	Staat 90%, d. h.	15	(1956)
Schweden	Staatszuschuß von ca.	8	(1956)
Holland (RCN, FOM)	Staat 50%, d. h.	8	(1956)
Spanien	Staat 100%	3,5	(1956)
Italien....................	Staat 50%, d. h.	3	(1956)
Pakistan	Staat 100%	0,6	(1955)
Libanon	Staat 100%	0,5 (1955) (1% vom National- einkommen)	
Schweiz	Staat ca. 45%, d. h.	0,2	(1956)
Griechenland (AEC)	Staat 100%	0,04	(1955)
Österreich	Staat 51%, d. h.	Stammkapital 0,12	

In Dänemark, Argentinien, Brasilien, Chile, Israel und Portugal übernimmt der Staat
ebenfalls 100% aller Kosten.

Kanada

Atomic Energy Control Board (AECB) als kontrollierende Fachbehörde im
Ressortrahmen des Handelsministeriums; die regierungseigene Studiengesellschaft m. b. H. (Atomic Energy of Canada Ltd.) betreibt das Forschungsinstitut
Chalk River und die Reaktoren (1900 Beschäftigte). Rohstoffmonopol der
regierungseigenen Eldorado Mining Ltd.

Frankreich

Commissariat à l'Energie Atomique (CEA) mit verwaltungsmäßiger und
finanzieller Selbständigkeit, dem Ministerpräsidenten unterstellt, wissenschaftliche Leitung durch einen Hochkommissar, administrative Leitung durch einen
Administrateur Général. Ferner besteht ein Leitungsausschuß, ein wissenschaftlicher Beirat und mehrere Fachausschüsse (Erze, Industrie usw.); derzeit werden

vom CEA insgesamt 5400 Personen beschäftigt. Forschungszentren in Chatillon (Paris), Saclay, Centre Industriel in Marcoule, Uranwerk in Le Bouchet. Budget vgl. Tab. 127.

Belgien

Es besteht völlige Betätigungsfreiheit; lediglich ein Commissaire à l'Energie Atomique und eine Commission consultative en matière nucléaire sind eingesetzt, um die Entwicklung auf dem Gebiet der Atomenergie zu beobachten. Die vier belgischen Universitäten und der Fonds National de la Recherche Scientifique haben ein Institut Interuniversitaire des Sciences Nucléaires gegründet, das Grundlagenforschung treibt. Auf Veranlassung der Industrie wurden drei Organisationen ins Leben gerufen: ein halbstaatliches Studienzentrum für die Anwendungen der Atomenergie (Centre d'Etudes pour les Applications de l'Energie Nucléaire, CEAN, das in Mol den belgischen Forschungsreaktor betreibt; Personalstand: 200) und zwei rein privatwirtschaftliche Studiengesellschaften für Atomenergie bzw. Atomkraftwerke. Diese sind das Syndicat d' Etude d' Energie Nucléaire (SEEN) und das Syndicat d' Etudes des Centrales Atomiques, das einen Energiereaktor bestellte (vgl. § 47, S. 420). Sicherheitsvorschriften bestehen noch keine.

Holland

Auch Holland besitzt einen die Regierung beratenden Ausschuß für Atomenergie und eine halb staatliche, halb private Studiengesellschaft Stichting Reactor Centrum Nederland RCN, die Reaktoren errichten und betreiben soll. Administrative Funktionen werden von dem vom Staat gestellten Vorsitzenden des RCN oder vom Wirtschaftsminister ausgeübt. Weiter gesteckte kernphysikalische Grundlagenforschung wird von der Stichting voor Fudamenteel Onderzoek der Materie (FOM), einer von Wissenschaft und Wirtschaft gegründeten Studiengesellschaft, durchgeführt (zirka 100 Angestellte); die FOM vertritt auch die Niederlande in dem gemeinsam mit Norwegen in Kjeller bei Oslo betriebenen Joint Establishment for Nuclear Research (JENER). Die holländischen Elektrizitätswerke sind durch ihre Versuchsanstalt KEMA (Keuring van Electrotechnische Materialien) an die FOM angeschlossen. Strahlungsschutzrecht, Reaktorbetriebsrecht und Kernenergiegrundgesetz gibt es nicht.

Norwegen

besitzt einen erweiterten Ausschuß für Atomenergie mit beratender Funktion, ein von der Schwerwasserfirma Norsk Hydro finanziertes wissenschaftliches Institut für Atomenergie (IFA) und schließlich besteht das schon erwähnte JENER. Ebenso wie in Schweden bestehen gesetzliche Regelungen nur auf dem Gebiet des Strahlenschutzes und des Rohstoffsektors (Freiheit des Verkehrs, aber Genehmigungspflicht).

Schweden

hat schon 1945 ein dem Unterrichtsminister unterstelltes Svenska Atomkommittén eingesetzt, das nur planende und beratende Funktionen erfüllt und Forschung betreibt. 1947 wurde die Aktiebolaget Atomenergi (ABA) gegründet, die den SLEEP errichtete (vgl. S. 385). Vier Siebentel der Aktien besitzt der Staat, der außerdem einen jährlichen Betriebskostenzuschuß leistet (vgl. Tab. 127).

Dänemark

In Dänemark besteht seit 1955 eine dem Finanzminister unterstellte Atomenergiekommission, der im Gegensatz zu den anderen nordischen Ländern auch exekutive Aufgaben zugewiesen wurden (Zwei Forschungsreaktoren in Risø).

In *Italien* bestehen seit 1952 das lediglich beratende und planende Comitato Nazionale per le Ricerche Nucleari (CNRN) und die Laboratori CISE (vgl. S. 387).

Die *Schweiz* hat seit 1945 eine beratende Kommission (Schweizerische Studienkommission für Atomenergie) (SAK) und 1955 wurde die Studiengesellschaft Reaktor AG Würenlingen gegründet, deren Aufgabe der Bau des SRR ist (vgl. S. 354).

In *Portugal* wurde 1954 die Junta de Energia Nuclear (JEN) als Exekutivorgan des Ministerpräsidenten eingesetzt, der auch die Möglichkeit privatrechtlicher Betätigung gegeben ist; ein Staatsmonopol existiert nicht, nur eine Genehmigungspflicht für Verkauf und Export von radioaktiven Stoffen. Eine ähnliche, aber noch straffere Regelung besteht in *Argentinien* (Comision Nacional de la Energia Atomica).

Die 1951 eingesetzte Junta de Energia Nuclear *Spaniens* besitzt ausschließliche Kompetenz für Atomfragen; ein Staatsmonopol und eine einschlägige Gesetzgebung gibt es jedoch nicht.

In *Österreich* wurde zu Beginn des Jahres 1955 eine interministerielle Kommission und im Frühjahr desselben Jahres eine dem Unterrichtsministerium unterstellte Fachkommission eingesetzt. 1956 wurde eine Studiengesellschaft gegründet. Diese oder ein Hochschulinstitut für Reaktorphysik soll den österreichischen Forschungsreaktor betreiben. Strahlungsschutzvorschriften sind in Vorbereitung, bezüglich Kernbrennstoffen besteht noch keine gesetzliche Regelung.

In *Deutschland* wurden 1955 ein Atomministerium und mehrere beratende Fachkommissionen (DAK und in Bayern, Baden-Württemberg, Rheinland-Pfalz usw.) errichtet. Darüber hinaus bestehen mehrere Studiengesellschaften (Vereine bzw. Ges. m. b. H. in Hamburg, Düsseldorf, Frankfurt, Köln), die Forschungsreaktoren bestellt haben*. Ein Kernenergiegesetz[158] ist in Vorbereitung, während Strahlungsschutzvorschriften bereits bestehen.

Auf *internationaler Ebene* finden sich verschiedene Formen der Zusammenarbeit**. Wir begnügen uns mit einer Aufzählung.

Es gibt insgesamt:

1. Zweiseitige Verträge*** zwischen Staaten[164], vgl. Tab. 128.

2. Centre Européen de la Recherche Nucléaire[165] (CERN, 1953, von 12 europäischen Staaten in Meyrin bei Genf gegründete wissenschaftliche Forschungsanstalt, durch Beiträge der Mitgliedsstaaten proportional der Höhe des Nationaleinkommens erhalten).

3. European Society for Atomic Energy[166] (ESAE, London). Eine 1954 gegründete wissenschaftliche Gesellschaft von Fachleuten und nationalen Atomenergiekommissionen (Belgien, Deutschland, Frankreich, England, Holland, Italien, Norwegen, Schweden, Schweiz).

4. Vereinigtes Institut für Kernforschung der USSR in Dubno.

---

* Angeblich ein MERLIN für Köln, ein Wasserkocher für Berlin, Bassinreaktoren für München, Hamburg und eventuell für Frankfurt oder Darmstadt. Ein selbstgebauter Graphitreaktor (FR 1) soll nach Karlsruhe kommen.

** Neben staatlichen Bestrebungen gibt es auch private, z. B. den Fund for Peaceful Atomic Development, New York, der auf privater Basis eine internationale Zusammenarbeit anstrebt.

*** Die Verträge mit den USA enthalten die die Forschung hemmende Bestimmung, daß die gepachteten Brennstoffelemente nicht geöffnet werden dürfen.

Tabelle 128. *Einige Internationale Atomverträge*
In ( ) Zeitpunkt des Abschlusses

USA-Normvertrag

(für 10 Jahre 6 kg 20%
U 235, USA zahlen 50%
der Kosten eines For-
schungsreaktors, maxi-
mal 350 000 $)

Türkei (3. 5. 1955)
Brasilien (31. 5. 1955)
Kolumbien (31. 5. 1955)
Philippinen (6. 1955)
Griechenland (6. 1955)
Nationalchina (6. 1955)
Portugal (6. 1955)
Holland (6. 1955)
Dänemark (6. 1955)
Libanon (6. 1955)
Israel (6. 1955)
Argentinien (6. 1955)
Italien (6. 1955)
Spanien (6. 1955)
Venezuela (6. 1955)
Japan (6. 1955)
Uruguay (6. 1955)
Chile (6. 1955)
Pakistan (6. 1955)
Korea (7. 1955)
Peru (7. 1955)
Schweden (7. 1955)
Thailand (8. 1955)
Indien (1955)
Ceylon (1955)
Irland (1956)
Norwegen (1956)
Kuba (1956)

Kostarika (1956)
Dominikan. Republik
  (1956)
Deutschland (13. 2. 1956)
Österreich (Sommer 1956)
Syrien
Irak
usw., insges. 44 Länder.
(bis Sommer 1956)

JENER-Vertrag

Holland-Norwegen

USA-Sonderabkommen

(mehr Uran, Erfahrungs-
austausch für 10 Jahre)
Belgien ⎱ mehr U 235
Kanada ⎰
England (mehr U 235)
Schweiz (GRE, 500 kg
  U 235)
Frankreich (90%iges
  U 235, Pu)
Australien (1956, 500 kg
  U 235)
Holland (1956, 500 kg
  U 235, auch 90%, 6 kg)

Deutschland (1956, 12 kg
  20%iges U 235)
Schweden (1956, 12 kg
  20%iges U 235)
Dänemark (1956, 12 kg
  20%iges U 235, Pu)

USSR Normvertrag

(2 MW Reaktoren, Iso-
tope, Spaltstoff)

CSR (4. 1955)
Ostdeutschland (4. 1955)
Ungarn (6. 1955)
Polen (4. 1955)
Rumänien (4. 1955)
China (5. 1955)
Bulgarien (6. 1955)
Jugoslawien (12. 1955)
Ägypten (1956)

England-Verträge

(allgem. Unterstützung)

Kanada
Belgien
Iran
Irak
Pakistan
Türkei
Indien
Norwegen
Australien
Japan
Deutschland
Frankreich
Dänemark
Portugal
Holland
Schweden

5. Die europäische Atomenergieorganisation EURATOM[167], ein Zusammen-
schluß der Montanunionstaaten (Belgien, Frankreich, Deutschland, Italien,
Luxemburg, Holland) (Studiengesellschaft, die u. a. auch eine Isotopentrennanlage errichten soll und eine europäische Behörde mit gewissen Befugnissen).

Darüber hinaus bestehen folgende Pläne:

6. *International Atomic Energy Agency* (JAEA)[170] der Vereinten Nationen mit
Sitz in Wien (Behörde mit exekutiven Vollmachten, eigenen Forschungsinstituten
und einer Spaltstoffbank).

7. Pläne des europäischen Wirtschaftsrates, der OEEC[168], die 17 Staaten
umfaßt (keine zu ratifizierenden Staatsverträge nötig, nur lose Bindungen,
späterer Beitritt regionaler Untergruppen, wie z. B. des EURATOM, möglich).

8. Pläne des Europarates (Aktionskomitee für die Vereinigten Staaten
Europas) vorgelegt von J. MONNET[169], dem Expräsidenten der Hohen Behörde
der Montanunion, eine *europäische Kommission für Atomenergie* betreffend.

Welcher dieser Pläne realisiert werden wird und in welcher Form, läßt sich
im Augenblick der Abfassung dieser Zeilen noch nicht voraussagen.

Literaturverzeichnis

Da dieses Werk nicht bloß ein Lehrbuch, sondern auch ein Hand- und Nachschlagebuch für eigene wissenschaftliche Arbeiten sein soll, wurde das Literaturverzeichnis ausführlich gehalten. Um jedoch nicht allzuviel Platz dafür zu verlieren, wurden für öfter zitierte Werke und Zeitschriften Abkürzungen eingeführt, die bei der ersten Nennung zu finden sind. Die Zitate im Text des Buches beziehen sich ausschließlich auf den Abschnitt C (s. unten). Die Literatur wurde bis Ende 1956 berücksichtigt.

A. *Lehrbücher, Sammelwerke, Handbücher*

1. S. GLASSTONE, M. EDLUND, Nuclear Reactor Theory, Van Nostrand, New York, 1952
2. S. GLASSTONE, Principles of Nuclear Reactors, Van Nostrand, New York, 1955
3. R. EVANS, The Atomic Nucleus, McGraw Hill, New York, 1955
4. W. WESTPHAL, Physik, Springer, Berlin, 1950
5. G. JOOS, Lehrbuch der theoretischen Physik, Akademische Verlagsgesellschaft, Leipzig, 1950
6. W. FINKELNBURG, Einführung in die Atomphysik, Springer, Berlin, 1954
7. H. KOPFERMANN, Kernmomente, Akademische Verlagsgesellschaft, Frankfurt/Main, 1956
8. W. RIEZLER, Einführung in die Kernphysik, Oldenburg, München, 1953
9. W. HANLE, Künstliche Radioaktivität, Piscator, Stuttgart, 1952
10. R. MURRAY, Introduction to Nuclear Engineering, Prentice Hall, New York, 1954
11. R. STEPHENSON, Introduction to Nuclear Engineering, McGraw Hill, New York, 1954
12. D. LITTLER, J. RAFFLE, An Introduction to Reactor Physics, Pergamon Press, London, 1955
13. H. SOODAC, E. CAMPBELL, Elementary Pile Theory, Wiley, New York, 1950
14. S. GLASSTONE, Sourcebook on Atomic Energy, Van Nostrand, New York, 1950
15. E. FERMI, Nuclear Physics, University of Chicago Press, 1949
16. W. STEPHENS, Nuclear Fission and Atomic Energy, The Science Press, Lancaster, 1948 (wertvolle und zahlreiche bibliographische Angaben über ältere Arbeiten)
17. J. MATTAUCH, S. FLÜGGE, Nuclear Physics Tables, Interscience Publishers, New York, 1946
18. D. HUGHES, Pile Neutron Research, Addison Wesley Publishing Company, Cambridge (Mass.), 1953
19. W. BOTHE, S. FLÜGGE, Kernphysik und kosmische Strahlen, Band 13 der Reihe Naturforschung und Medizin in Deutschland 1939—1946, Dieterich, Wiesbaden, 1948
20. W. BOTHE, S. FLÜGGE, Kernphysik und kosmische Strahlen, Band 14 (s. unter A 19) bzw. Fiat Review of German Science, Dieterich, Wiesbaden, 1947 (ebenso wie in A 19 zahlreiche wertvolle bibliographische Angaben über ältere deutsche Arbeiten)
21. International Bibliography on Atomic Energy, United Nations, New York, 1951, 1952, 1953 (mehrere Bände und Ergänzungen)
22. Progress in Nuclear Energy, Pergamon Press, London (ausführliche Sammelberichte über den Stand des Wissens bis nach der Genfer Atomkonferenz 1955)
    Series I, Physics and Mathematics, Vol. 1 (1956)
    Series II, Reactors, Vol. 1 (1956)
    Series III, Process Chemistry, Vol. 1 (1956)
    Series IV, Technology and Engineering, Vol. 1 (1956)
    Series V, Metallurgy and Fuels, Vol. 1 (1956)
    Series VI, Biological Sciences, Vol. 1 (1956)
    Series VII, Medical Sciences, Vol. 1 (1956)
    Series VIII, Economics of Nuclear Power, Vol. 1 (1956)

23. C. Goodman, The Science and Engineering of Nuclear Power, Addison Wesley Press, Cambridge (Mass.), 1947, Vol. 1 und Vol. 2
24. Proceedings of the International Conference on the Peaceful Uses of Atomic Energy, Genf, 8.—20. August 1955, United Nations, New York, 1956, Vol. 1—16 (Einzelarbeiten unter ihrer P-Nr., also z. B. Genf P 653 zitiert. Die Bandzuge-hörigkeit ergibt sich automatisch aus dem Fachgebiet der Arbeit)
25. Selected Reference Material, United States Atomic Energy Commission, McGraw Hill, New York, 1955

    a) The Reactor Handbook, Vol. 1, Physics
    b) The Reactor Handbook, Vol. 2, Engineering
    c) The Reactor Handbook, Vol. 3, Materials
    d) Research Reactors
    e) Chemical Processing and Equipment
    f) Neutron Cross Sections (= Bericht BNL 325, vgl. Abschnitt B)
    g) Meteorological Problems

26. K. Case, F. Hoffmann, G. Platzek, Introduction to the Theory of Neutron Diffusion, Los Alamos, 1953
27. Atomenergie, Wege zur friedlichen Anwendung, Vereinigung Deutscher Elektrizitätswerke, VDEW, 1956
28. A. Thompson, O. Rodgers, Thermal Power from Nuclear Reactors, Wiley, New York, 1956
29. W. Heisenberg, Theorie der Neutronen, Max-Planck-Institut für Physik, Göttingen, 1952
30. F. Münzinger, Atomkraft, Eine Studie über die technischen und wirtschaftlichen Aussichten von Atomkraftwerken, Springer, Berlin 1955
31. A. Ducrocq, La Théorie Elémentaire des Piles Atomiques, Dunod, Paris, 1950
32. R. Sachs, Nuclear Theory, Addison Wesley Comp., Cambridge (Mass.), USA, 1953
33. J. Blatt, V. Weisskopf, Theoretical Nuclear Physics, Wiley, New York, 1952
34. H. Dänzer, Einführung in die theoretische Kernphysik, Braun, Karlsruhe, 1948
35. M. Ardenne, Tabellen zur angewandten Kernphysik, Deutscher Verlag der Wissenschaften, Berlin, 1956
36. E. Segrè, Experimental Nuclear Physics, Wiley, New York, 1953
37. The Physics of Nuclear Reactors, Institute of Physics, London, 1956
38. J. Kaplan, Nuclear Physics, Addison Wesley Press, Cambridge, 1955
39. Nuclear Data Cards, National Research Council, Washington, USA

B. *Einzelberichte, Zeitschriften*

In der Literatur werden Einzelberichte üblicherweise wie folgt abgekürzt (Auswahl; vgl. TID 5550, s. unten):

AEC	Atomic Energy Commission (USA)
AECD	Atomic Energy Commission (USA) Declassified (Report)
AECL	Atomic Energy of Canada Limited
AECU	Atomic Energy Commission (USA) Unclassified (Report)
AEF	Forschungsberichte der Aktiebolaget Atomenergi (Stockholm)
AEP	Atomic Electric Project
AERE	Atomic Energy Research Establishment (Harwell, England)
AMRL	Army Medical Research Laboratory (Fort Knox, USA)
ANL	Argonne National Laboratory (Chicago, USA)
BMJ	Battelle Memorial Institute
BNL	Brookhaven National Laboratory (Upton, USA)
CEA	Commissariat à l'Energie Atomique (Frankreich)
CERN	Conseil Européen de la Recherche Nucléaire (Genf und Kopenhagen)
CNEA	Comision Nacional de la Energia Atomica, Buenos Aires
CRP	Chalk River Publication (AECL)
CU	Columbia University
DP	Du Pont de Nemours, Savannah River Laboratory
EOARDC	European Office, Air Research and Development Command
HW	Hanford Works
IDO	Idaho Falls Atomic Energy Division of Phillips Petroleum Company
ISC	Iowa State College
JENER	Joint Establishment for Nuclear Research (Kjeller, Norwegen)
KAPL	Knolls Atomic Power Laboratory, General Electrics
LA	Los Alamos Scientific Laboratory (Los Alamos, New Mexico, USA)

LRL　　　Livermore Research Laboratory
MDDC　　Nach dem 1. 3. 1948 veröffentlichte Berichte des Manhattan Engineer
　　　　　District
MTA　　　California Research and Development Co., Livermore
NAA　　　North American Aviation
NDA　　　Nuclear Development Associates
NYO　　　New York Operation Office, USAEC
ORINS　　Oak Ridge Institute of Nuclear Studies
ORNL　　Oak Ridge National Laboratory (USA)
ORSORT Oak Ridge School of Reactor Technology
TID　　　Technical Information Service (Oak Ridge, Tennessee, USA)
UCLA　　University of California (Los Angeles, Calif., USA)
UCRL　　University of California Radiation Laboratory (Berkeley, Calif., USA)
UR　　　University of Rochester
WAPD　　Westinghouse Atomic Power Division

Berichte, die alle Paragraphen berühren, sind die folgenden
(Sonst vgl. Abschnitt C)

AECL-List of Publications and Supplements (Scientific Document Distribution
　　Office, AECL; Chalk River, Ontario, Canada)
CEA-Note No 50 und 102, Liste des Rapports CEA, 1948—1954 (Service de
　　Documentation, Centre d'Etudes Nucléaires Saclay, Gif sur Yvette)
AERE-Inf/Bib 96, A List of Reports and Published Papers by AERE Staff,
　　P. HARRIS, K. JAY, Harwell, 1955 (Her Majesty's Stationery Office, York House,
　　Kingsway, London W. C. 2)
AEC-List of Research Report for Sale, z. B. List No 24, July 1955 (Office of
　　Technical Services, Department of Commerce, Washington 25, D. C.)
JENER-List of Reports
TID-4550 (Revision No 2), AEC, Availability of AEC Research and Development
　　Reports, 1954
Guide to the Atoms for Peace Document Collection June 22, 1956, USAEC, Technical
　　Information Service (enthält weitere Abkürzungen)
Annual Reports of JENER (Verzeichnis der Reports und Publications)
NNES: National Nuclear Energy Series, McGraw Hill, New York (vielbändiges
　　Reihenwerk)
Berichte, Einzelarbeiten, Generalberichte und Proceedings der Weltkraftkonferenz
　　Wien 1956
TID-3070 Nuclear Science, A Bibliography of Selected Unclassified Literature,
　　AEC, Oak Ridge, 1955 (enthält Liste von Bibliographien)
TID-5262 (ORSORT-Skriptum) Reactor Physics Laboratory Manual („Reaktor-
　　praktikum"), 1955
TID-5261 (ORSORT-Skriptum), Course Outlines and Engineering Problems, 1955
ANL-5424, S. McLAIN, Reactor Engineering Lectures (Argonne National Labora-
　　tory), 1955
Berichte der Reaktorgruppe im Max-Planck-Institut für Physik, Göttingen
　　u. v. a.

Zeitschriften

Nuclear Science Abstracts (NSA), Technical Information Service, Oak Ridge, Ten-
　　nessee, USA (erscheint alle 14 Tage, herausgegeben durch die AEC)
Nucleonics (Nu), McGraw Hill, New York (monatlich)
Atompraxis (AP), Braun, Karlsruhe (monatlich)
Atomwirtschaft (AW), Verlag Handelsblatt, Düsseldorf (monatlich)
Atomkernenergie (AK), Thiemig, München (monatlich)
Nuclear Physics (NP), North Holland Publishing Comp., Amsterdam (monatlich)
Atomnaja Energija (E), Akademie der Wissenschaften, Moskau (monatlich)
Journal of Nuclear Energy (JNE), Pergamon Press, London (vierteljährlich). Enthält
　　ab Vol. *3* Übersetzungen aus E
Nuclear-Engineering (NE), Temple Press, London (monatlich)
Énergie Nucléaire, Suppl. zu Chimie et Industrie, Edition Presses Documentaires,
　　Paris
Nucleus, Informationsdienst über die wirtschaftliche Verwendung der Atomenergie,
　　Bonn (Bundeshaus, Postfach 66)
Energia Nucleare, CISE, Mailand

Journal of Reactor Science and Technology, USA
Technische Mitteilungen (mit Supplement des Ständigen Seminars für Kerntechnik, Haus der Technik, Essen), Vulkan-Verlag
Atomics and Nuclear Energy, L. Hill, London
L'Age Nucléaire, Compagnie Francaise d'Editeurs, Paris
Nuclear Science and Engineering, American Nuclear Society, Academic Press New York
The Physical Review (Phys. Rev.), New York, USA (und andere allgemeine Zeitschriften)
Nuclear Power, The Journal of British Nuclear Engineering, London

Regelmäßig erscheinen ferner die Berichte

Annual Review of Nuclear Science (jährlich), Annual Reviews Inc., Stanford, Calif., USA
Progress in Nuclear Physics, Pergamon Press, London
Nuclear Instruments

C. *Einzelarbeiten (Auswahl)*

Die Seitenangaben in Klammern beziehen sich auf die betreffenden Stellen im Text dieses Werkes. Die Literaturangaben sind in den vorstehenden Abschnitten A und B näher erläutert.

1. *Kernphysik* (S. 5, 26)
   A 4; A 15; A 17; A 25a; A 35 usw.; AECD-2664; ANL-5158; LRL-85; MDDC-1014; MDDC-1175 (Lectures);
   A 24: Band 2.
2. *Radioaktiver Zerfall* (S. 8)
   Vgl. die unter A genannten Lehrbücher; AERE C/R 1365; MDDC-734 (*Rechenmethode*); NYO-913; ORNL-460; ORNL-1023; ORNL-1102; ORNL-1222; ORNL-1450; ORNL-1459; UCRL-2560 (*Zerfallsreihen*).
3. *Nukleon-Nukleon-Stöße bei hoher Energie* (S. 12)
   A 14, S. 302; A 29, S. 119; AECD-3644; CEA-289; NP *1*, No 6, 433 (1956); NP *2*, No 3, 259 (1956/57); NYO-3657; UCRL-2426; WAPD-10; Heisenberg, Vorträge über kosmische Strahlung, Springer, Berlin, 1953; Auger, Die kosmischen Strahlen, Francke, Bern, 1946.
4. *Begriff und Berechnung von Wirkungsquerschnitten* (S. 12, 29, 31, 33, 38, 76, 77)
   A 6, S. 282; A 8, S. 68; AECU-2765; AECU-2900; LA-1428; NYO-3077; vgl. auch Cap, Fortschritte der Physik 3, 371—407 (1955); 4, 149—215 (1956).
5. *Freie Weglänge* (S. 13)
   Z. B. A 4, S. 160.
6. *Breit-Wigner-Formel* (S. 14)
   A 15, S. 152, A 29, S. 72; IDO-16163; ORNL-1504.
7. *Unsicherheitsrelation* (S. 14)
   A 5 u. a.; vgl. auch C 43.
8. *Resonanz bei Kernreaktionen* (S. 14)
   A 1; A 6; A 8; A 15; A 23 usw.; NYO-3078; s. auch die Literaturangaben bei Cap, s. C 4.
9. *Endotherme und exotherme Kernreaktionen* (S. 15)
   Z. B. A 6, S. 280; A 15, S. 144.
10. *Maxwell-Boltzmannsche Energieverteilung* (S. 17)
    A 4; A 5 usw.
11. *Erzeugung von Neutronen* (S. 18)
    A 6; A 8; A 15; A 24; A 25a; (*Stripping Process*, z. B. A 15, S. 177); AECL-256; ANL-5219; LA-1609; NP *2*, No 2, 113 (1956/57); Nu (1956), No 9, 118.
12. *Austauschstreuung* (S. 18)
    A 15, S. 178; A 33.
13. *Reichweiten von Neutronen* (S. 18)
    (Vgl. auch § 34); Lehrbücher der Kernphysik (s. auch: The Effects of Atomic Weapons, Hirschfelder et al, AEC, McGraw Hill, New York, 1950).
14. *Nachweis von Neutronen* (S. 19)
    A 6, S. 308; A 8, S. 79; A 25a, S. 23ff.; A 36; AECU-2900; Annual Review of Nuclear Science, vol. *1*;
    A 24: Band 14.

15. *Zählrohre und andere Nachweismethoden* (S. 19, 311, 312)
A 6, S. 232; A 8, S. 179; A 9, S. 54; A 36; AECD-2485; AECD-2975; AECD-2753; AECU-262; AECU-567; AERE C/R 1358; AERE C/R 1646; AERE NP/R 1667; AERE EL/M 92; Nu (1952), No 4, 14; Nu (1952), No 5, 14; Nu (1954), No 3, 14; Nu (1955), No 3, 44; Nu (1955), No 4, 47; Nu (1956), No 1, 34, 57; Nu (1956), No 3, 82 (Glasdosimetrie); Nu (1956), No 4; Annual Review of Nuclear Science, vol. *1*; vol. *4*, 141 (1954); vol. *5*, 145 (1955); Manual of Nuclear Instrumentation. Supplement (Nucleonics), McGraw Hill, New York; FÜNFER, NEUERT, Zählrohre und Szintillationszähler, Braun, Karlsruhe, 1954; Nuclear Instruments, North Holland Publ. Co., Amsterdam, 1956; Elektrische Meßgeräte für Atomkernstrahlung, Bosch ETZ *A 75* (1954), 457 ff.; ROSSI, STAUB, Ionization Chambers and Counters, McGraw Hill, New York, 1949; KORFF, Electron and Nuclear Counters, v. Nostrand, 1955; Handbook of New Nuclear Techniques, Publ. Nucleonics, N. Y.; LAURITSEN, Phys. Rev. (genaues Zitat unbekannt); CAP, Österreichische und Schweizer Patentanmeldung; Prospekte der Fa. Keleket; A 24: P 58, P 60, P 61, P 64, P 65, P 66, P 150, P 151, P 152, P 153, P 154, P 155, P 159, P 386, P 930, P 974; Band 14.
16. *Kompensationskammern* (S. 19)
A 10; A 25a usw., s. auch C 14 und C 15; A 24: Band 14.
17. *Wirkungsquerschnitt der Deuteronbildung* (S. 19)
A 15, S. 174; SEXL, Vorlesungen über Kernphysik, Deuticke, Wien, 1948.
18. *Methoden zur Messung von Wirkungsquerschnitten* (S. 20)
A 8, S. 70; A 14, S. 304; A 23, vol. *1*, S. 389; A 25a, S. 41, 43 usw.; AECD-3194; CEA-81; CEA-114; NYO-108 *(Gefahrenkoeffizientenmethode)*; A 24: P 356; P 832; Band 4.
19. *Neutronenselektoren* (S. 20, 53)
A 8, S. 85; A 14, S. 306; A 25a, S. 19 ff.; A 24: P 354.
20. *Wirkungsquerschnittsmessungen* (Streuung, Absorption), (S. 20, 46, 49, 53, 310)
A 1; A 2; A 23, vol. *1*, S. 387; A 25a, S. 351; A 25f. mit Korrektur von Dr. KUNZE, Österreichische Elektrizitätswirtschafts-A. G., 1955; AECD-3288; AECU-2040; BNL-224; CEA-153; CEA-156; CEA-171; CEA-280; JNE *1*, No 1, 2, 3, 4 usw.; KAPL-1084; LA-1655; NYO-108; A 24: P 590; P 830; Band 4; vgl. auch die Literaturangaben bei CAP, C 4 und S. 71 in A 16.
21. *Direkte Verwandlung von Atomenergie* (S. 22)
ANL-5424, S. 129; JNE *1*, No 3, 173 (1955); Nu (1955), No 11, 129; E *1*, 107 (1956); A 24: P 169; P 171; P 794; P 1131 (KELLER).
22. *Kernspaltung* (S. 22, 25)
A 1; A 6; A 8; A 19; A 20 usw.; AECD-2664; CEA-344, MDDC-945; NP *1*, No 5, 322 (1956); HAHN, STRASSMANN, Naturwissenschaften *27*, 88—95 (1939); Žurn. exp. teor. fiz. (USSR) *29*, 537—550 (1955); MEITNER, FRISCH, Nature *143*, 239 (1939); NODDACK, Angewandte Chemie *47*, 653—655 (1934; Naturwissenschaften *27*, 212—213 (1939); KOCH et al, Phys. Rev. *77*, 329 (1950) *(Photospaltung)*; vgl. auch THIRRING, Die Geschichte der Atombombe, Phönix-Bücherei, Neues Österreich, Wien, 1946 (S. 77 ff.) und SMYTH, Atomic Energy for Military Purposes, Official Report, Princeton University Press, Princeton, 1946; Phys. Rev. *98*, 1525 (1955) *(Thermodynamik)*; A 24: P 593; P 993; Band 2.
23. *Spaltung von Pb, Bi, Hg usw.* (S. 22)
AECD-2534; Phys. Rev. *79*, 528 (1950); Phys. Rev. *82*, 607 (1951); UCRL-2265; UCRL-2542; Phys. Rev. *76*, 628 (1949) (bei Bi keine Sattelkurve); Žurn. exper. teor. fiz. (USSR) *29*, 286—291 (1955), *29*, 778—789 (1955).
24. *Häufigkeit der Spaltprodukte* (S. 23)
A 25a, S. 106; AECD-3551; ANL-4927; MDDC-1632; NNES, IV, *9* (1951); Nu (1953), No 11, S. 26; Phys. Rev. *76*, 1798 (1949); *87*, 1139 (1952); *90*, 388 (1953); *92*, 1473 (1953); *94*, 640 (1954); *98*, 685 (1955) *(Winkelverteilung)*; Progress Nucl. Phys. *2*, 128 (1952); Rev. Mod. Phys. *18*, 513 (1946); A 24: P 881; Band 7.
25. *Zerfall der Spaltprodukte* (S. 23, 331)
A 25a, S. 69; AECD-2817; Nu (1954), No 6, 26; THIRRING, Acta Physica Austriaca *2*, 379 (1948); WAY, WIGNER, Phys. Rev. *73*, 1318 (1948); A 24: P 437; P 614.

26. *Spaltungsenergie* (S. 24)
A 12; A 25a (S. 105, 108); AECD-3179 (*γ-Strahlung*); AECD-3605; AECD-3630;
A 12, S. 130; Can. J. Phys. *33*, 357 (1955); JENTSCHKE, PRANKL, Naturwiss. *27*,
134 (1939); Phys. Rev. *58*, 774 (1940); *82*, 30 (1951); *87*, 444 (1952); *94*, 157
(1954); *95*, 126 (1954);
A 24: P 592.

27. *Spaltneutronen, ν* (S. 25, 76)
A 25a, S. 69, 109; AECD-3073; AECD-3158; AECL-9; ORNL-517 (1949);
Phys. Rev. *55*, 876 (1936); *72*, 541 (1947); *72*, 545 (1947); *73*, 111 (1948); *74*,
1330, 1645 (1948); *85*, 600 (1952); *87*, 1032, 1034, 1037 (1952); *88*, 536 (1952);
91, 610 (1953) (*Winkelverteilung*); *97*, 744 (1955); JNE *3*, No 1, 70 (1956);
JNE *3*, No 3, 177 (1956); JNE *3*, No 1/2, 7 (1956);
A 24: P 425; P 592 (LEACHMAN); P 658 (ALICHANOW); P 659; P 660; P 831
(KEEPIN et al); P 884; Band 4.

28. *Theoretische Arbeiten zur Kernspaltung* (S. 26)
BOHR, WHEELER, Phys. Rev. *56*, 426 (1939); ferner: Phys. Rev. *88*, 1429 (1952);
72, 914 (1947);
A 24: P 593; P 652; P 653; P 911; Band 2.

29. *Spontanspaltung* (S. 26)
AECD-3644; THIBAUD, MOUSSA, Comptes Rendus *208*, 562 (1939); FLEROW,
PETRŽAK, Phys. Rev. *58*, 89 (1940); WHITEHOUSE et al, Nature *169*, 494 (1952);
SEGRÈ, Phys. Rev. *86*, 21 (1952); HICKS et al, Phys. Rev. *97*, 564 (1955); ferner:
Phys Rev. *87*, 163 (1952); *94*, 158 (1954); 96, 545 (1954); Canad. J. Phys. *32*,
498 (1954); Proc. Roy. Soc., London *65*, A 203;
A 24: P 718; Band 7.

30. *Spaltquerschnitte* (S. 27)
A 23, vol. *1*, S. 73; A 25f; (BNL-325); AECU-2040; JNE *1*, 92 (1955); Phys.
Rev. *94*, 1088 (1954); Žurnal exp. teor. fiz. (USSR) *29*, 535 (1955) und Usp.
fiz. nauk. (USSR) *58*, 362 (1956) (*Internationale Werte*); JNE No 3, No 1, 28
(1956);
A 24: P 354; P 355; P 422; P 423; P 586; P 587; P 589; P 592; P 595; P 644;
P 645; P 658; P 832.

31. *Kernverschmelzung* (S. 28, 56, 60)
THIRRING, vgl. C 22; Nu (1955), No 11, 66; AK *1*, No 6, 199 (1956); AP *2*,
No 2, 62, 68; KURCHATOV, E, *1*, 65 (1956); Usp. fiz. nauk. (USSR) *59*, 603
(1956); DUCROQ, A 31, S. 29; AP *2*, No 12, 451 (1956); AK *1*, No 11/12, 387
(1956); NE *1*, No 3, 103 (1956); NE *2*, No 11, 60 (1957).

32. *Unelastische Streuung* (S. 30, 52, 53, 359)
A 20: STETTER, LINTNER, S. 171; A 25a, S. 47, 77, 80 usw.; A 29, S. 44ff.;
AERE T/R 1500; BNL-224; BNL-273; LA-1339; LRL-85; MDDC-1545; Phys.
Rev. *72*, 881 (1947); *82*, 969 (1951); *86*, 132, 861 (1952); *97*, 563 (1955);
UCRL-2307; FLÜGGE, Naturwiss. *27*, 402 (1939); ADLER, Comptes Rendus
209, 301 (1939); PERRIN, Comptes Rendus *208*, 1394 (1939); JNE *3*, No 4,
273 (1956); JNE *3*, No 3, 207 (1956);
A 24: P 608; Band 2.

33. *Anisotrope Streuung* (S. 31, 33)
Z. B. A 25a, S. 77 und C 4 (CAP); Comptes Rendus Paris *238*, 1993 (1954) (σ_t).

34. *Mischung von Bremsmitteln* (S. 34)
MARSHAK, Rev. Mod. Phys. *19*, 185, 199 (1947).

35. *Wahrscheinlichkeitstheorie* (S. 34, 35)
FÜRTH, Einführung in die theoretische Physik, Springer, Wien, 1936; vgl. auch
A 5 oder WEIZEL, Lehrbuch der theoretischen Physik, Springer, Berlin, 1955;
KAMKE, Einführung in die Wahrscheinlichkeitstheorie, Hirzel, Leipzig, 1932;
RICHTER, Wahrscheinlichkeitstheorie, Springer, Berlin, 1956.

36. *Beliebig viele Stöße, Unstetigkeit der Bremsdichte* (S. 35, 41, 42, 46)
A 29, S. 20, 35; AECD-2275; AERE-1005; KAPL-1269 (1955); AMALDI, FERMI,
Phys. Rev. *50*, 899 (1936); BREIT, CONDON, Phys. Rev. *49*, 229 (1936); MARSHAK,
s. C 34; KOPPE, Z. f. Physik *125*, 59 (1948); PLACZEK, Phys. Rev. *55*, 1130
(1936); *69*, 423 (1946); Ark. f. Fysik *10*, 129 (1956);
A 24: P 597; P 611.

37. *Streuwirkungsquerschnitt bei Wasserstoff* (S. 39)
FLÜGGE, Ergebnisse der exakten Naturwissenschaften, *26*, 165 (1952); Rev. Mod.
Phys. *19*, 260 (1947).

38. *Bremsung mit Absorption* (S. 51)
A 25a, S. 373; A 29, S. 39; AECD-2275; AECL-137; HW-17331; AECD-TAB-53
GOERTZEL); NYO-6267; NYO-6269; Comptes Rendus, Paris *231*, 345 (1950);
A 24: P 611;
AECD-3392; AECD-3408; NDA-15 C-40.

39. *Resonanzintegral und Lebenserwartung* (S. 52, 56, 57)
A 1; A 18; A 25a; AECD-3387; ANL-4342; BNL-257; BNL-325; J. Appl. Physics *26*, 260—270, 271—275 (1955); Phys. Rev. *80*, 499 (1950); Z. f. Naturforschung *2a*, 73 (1947); JNE *2*, Nr. 2, 118 (1955); A 29, S. 74 (HEISENBERG);
A 24: P 427; P 659; P 833; P 883; P 948; Band 5.

40. *Resonanzintegral und p* für heterogene Gebiete* (S. 58, 200)
A 25a, S. 481; CP-4; CP-1589; AK *1*, No 7, 244 (1956);
A 24: P 427; P 649; P 659; P 833; P 883; Band 5, vgl. auch C 80.

41. *Gleichgewichtsbedingung für eine stationäre Kettenreaktion* (S. 61, 67)
A 25a, S. 427; vgl. auch C 53, PERRIN; ADLER, Comptes Rendus, Paris, *209*, 301 (1939); FLÜGGE, Naturwiss. *27*, 402 (1939).

42. *Spaltungsintegral* (S. 67)
A 24: P 585.

43. *Quantentheorie* (S. 72, 231)
A 4; A 5; A 6; A 33 usw.; AECU-2765; CEA-159; WAPD-10; HUND, Materie als Feld, Springer, Berlin, 1954; LUDWIG, Die Grundlagen der Quantentechnik, Springer, Berlin, 1954; MARCH, Quantum Mechanics of Perticles and Wave Fields, Wiley, New York, 1951; WENTZEL, Einführung in die Quantentheorie der Wellenfelder, Deuticke, Wien, 1943; SCHRÖDINGER, Abhandlungen zur Wellenmechanik, Barth, Leipzig, 1927; vgl. auch BECKERT-GERTHSEN, Atomphysik (Sammlung Göschen).

44. *Gaskinetik* (S. 72)
A 5; WEIZEL, Lehrbuch der theoretischen Physik, Springer, Berlin, 1955; FÜRTH, Einführung in die theoretische Physik, Springer, Wien, 1936.

45. *Neutronenkinetik* (S. 38, 72, 78, 80)
A 16; A 19; A 20; A 23, vol. *1*, S. 93; A 29, S. 54 (HEISENBERG); A 25a, S. 365ff.;
A 26; AECD-2835; AECD-3405; AECL-CRT-340 (1947); AEC-TAB 53; AERE-RP/R-1704 (1955); AERE-T/R-700 (1951); AERE-T/R-1295; ANL-5049;
FEUERZEIG, SPINRAD, Transport Theory für Spheres and Cylinders; HW-30323; NYO-639 (*asymptot. Lösung*); NYO-3081; BOTHE, Zeitschrift f. Physik, *118*, 401 (1942); MARSHAK, Rev. Mod. Phys. *19*, 185 (1947);
A 24: P. 433; P 597 (*Momentenmethode*); P 611; P 656; Band 5; DAVISON, Neutron Transport Theory, 1956; BOTHE, Z. f. Physik, *120*, 437; *122*, 648 (1944); HALPERN, LÜNEBURG, CLARK, Phys. Rev. *53*, 173 (1938); vgl. auch C 54 und C 60.

46. *Mathematische Hilfsmittel* (S. 77, 78, 82, 86, 99, 100, 101, 117, 183, 195)
A 5; MADELUNG, Die mathematischen Hilfsmittel des Physikers, Springer. Berlin, 1953; SAUTER, Differentialgleichungen der Physik, de Gruyter (Göschen-Sammlung), Berlin, 1942; MORSE, FESHBACH, Methods of Theoretical Physics, Mc Graw Hill, New York, 1953; FRANK-MISES, Die Differential- und Integralgleichungen der Mechanik und Physik, Vieweg, Braunschweig; MENZEL, Fundamental Formulas of Physics, Prentice Hall, New York, 1955; HORT u. THOMA, Die Differentialgleichungen der Technik und Physik, Barth, Leipzig, 1944; GRÖBNER, HOFREITER. Integraltafel, 2 Bände, Springer, Wien, 1949; JAHNKE-EMDE, Funktionentafeln mit Formeln und Kurven, Teubner, Leipzig; GRÖBNER. Matrizenrechnung, Oldenbourg, München, 1956; Handbuch der Physik, Vol. 1 und Vol. 2, Mathematische Methoden, Springer, Berlin, 1956; BNL-257; DP-93; HW-30323; KAPL-1004; NYO-641; ORNL-455; vgl. auch A 15, S. 189 (*Fourierintegral*).

47. *Vektorrechnung* (S. 85)
A 5 und auch C 46.

48. *Randbedingungen der Neutronenkinetik* (S. 90)
A 16; A 25a, S. 390; A 29, S. 54ff.; AECD-2056; Report MT-214 (USA); MT-26; MT-5; MT-50; NRC-1588 (USA); WICK, Z. f. Physik, *121*, 702 (1943); JNE 1. No 3 (Extrapolationslänge);
A 24: P 664; P 667.

49. *Indikatorkorrektur, Diffusionslänge* (S. 92, 102, 105)
BOTHE, Zeitschrift f. Physik, *118*, 401 (1941); *119*, 493 (1942); *120*, 437 (1942); A 29, S. 58, 63.

50. *δ-Funktion* (S. 93)
  DIRAC, The Principles of Quantum Mechanics, Oxford, Clarendon Press, 1947;
  SCHWARTZ, Théorie des Distributions, Paris.
51. *Lösung von $\Delta u + \varkappa^2 u = 0$ in Kugelkoordinaten, Diffusionskerne* (S. 99)
  z. B. CAP; EOARDC-Report 633-C (1954); A 1; A 25a, S. 384, 396; AECD-1943.
52. *Messung der Diffusionslänge* (S. 103)
  A 1; TID-5262, S. 74; AERE-RP/R-1618 (Graphit);
  A 24: P 661, P 872.
53. *Reflektor, Reflexion* (S. 105, 110, 328)
  PERRIN, Comptes Rendus, Paris, *208*, 1394 (1939); A 13, S. 33; vgl. auch C 66.
54. *Neutronenkinetische Bremstheorie* (S. 111)
  AERE-T/R-1244; ANL-5049; CRT-340; NYO-3081; Phys. Rev. *94*, 1272 (1954);
  A 24: P 433, P 597, P 611 (dort weitere Literatur), Band 5; vgl. auch C 55, C 45
  und C 60. Bezüglich Wasserstoff vgl. P 597.
55. *Diffusionstheoretische Bremstheorie* (S. 115)
  A 1; A 25a; AECD-2835; AECD-2664; Nu *5* (1949), No 2, 30; Nu *5* (1949), No 2,
  59; NYO-633; ORNL-201 (1950); Phys. Rev. *80*, 11 (1950); Rev. Mod. Phys. *19*,
  185 (1947) (MARSHAK); GREULING, Phys. Rev. 87, 177 (1952);
  A 24: P 937 (*Altersgleichung in inhomogenen Medien*).
56. *Bremskerne, Reaktorgleichung* (S. 119, 177, 178, 226)
  A 1; A 25a, S. 365, 450ff.; AECD-3497; MonP-187 (WEINBERG); ORNL-860
  (CAMPBELL);
  A 24: P 611; P 656 (USSACHOFF).
57. *Berechnung eines Integrals* (S. 121)
  A 15, S. 293.
58. *Abstandsquadrate* (S. 122)
  A 1; A 29, S. 24.
59. *Fermi-Alter, effektive Diffusionslänge* (S. 124)
  A 1; A 25a, S. 49, 485ff.; A 29, S. 97; ORNL-784; AECD-3390.
60. *Neutronenkinetische Berechnung des kritischen Volumens* (S. 126, 359, 360)
  A 16; A 22, I, S. 252ff. (Bericht); A 25a, S. 417, 429, 433 (WILSON-SERBER-
  Methode); AECD-2835; AECD-3024; AERE-T/R-528 (DAVISON); AERE-T/R
  1295; AERE-T/R-586; AERE-T/R-587; AERE-T/R-826; ANL-5437; BNL-298
  (1954); LA-234; LA-1891, CARLSON (S_n-Methode); LA-1364; LA-1365; LA-1366;
  LADC-76; LT-18 (DAVISON); LA-524; MS-105; PLACZEK, HOFFMANN, CASE
  (vgl. A 26); BOTHE, FLÜGGE, HEISENBERG, A 20, S. 166; STETTER, LINTNER
  A 20, S. 169; Dissertation KUTTNER, Innsbruck;
  A 24: P 404; P 430 (MANDL); P 608; P 609; vgl. auch A 26.
61. *Messung des kritischen Volumens bzw. der Reaktorkonstante* (S. 132, 133)
  A 1; A 25a, S. 55, 488ff.; A 29, S. 93; AECD-1369; BNL-60; CEA-134; TID-72;
  Amer. J. Phys. *21*, 151 (1953);
  A 24: P 428; P 600; P 602; vgl. C 84 und C 81.
62. *Berechnung des kritischen Volumens* (S. 140, 142, 331)
  A 25a, S. 443, 444, 380, 449, 435, 450; AERE-T/R-586 und 587; AECD-2945;
  AECD-3019; AECD-3024; AECL-257; AECL-137; AERE-T/R-826 (1952);
  AK *1*, No 10, 368 (1956); SOODAC, MILES, Nu *11* (1953), No 1, 66; Comptes
  Rendus, Paris, *223*, 537 (1946); CP-1456; CCC-Y-12 (AEC); MS-112 (US-AEC);
  JNE *2*, No 2, 112 (1955);
  A 24: P 431; P 664; P 1003.
63. *Deutscher Uranreaktor* (S. 139)
  A 19; A 20; A 29; AK *1*, No 7/8, 256 (1956); AK *1*, No 11/12, 423 (1956).
64. *Inhomogene Brennstoffverteilung* (S. 142, 190)
  A 25a, S. 464, 470, 513; AERE-T/R-738; A 28, S. 87; BNL-126; BNL-152;
  Nu (1954), No 9, 42; TID-2001.
65. *Messung von Gruppenparametern, Mehrgruppentheorie* (S. 152, 360)
  A 2, S. 189; A 25a, S. 416ff., 425ff., 485ff.; AECD-3019 (HURWITZ); AERE-T/R
  528 (DAVISON); AERE-T/R-700; AERE-T/R-1500 (MANDL); Am. J. Phys. *20*,
  401 (1952); ANL-4352; AERE-T/R-170; J. Applied Phys. *21*, 1326 (1950);
  KAPL-950; KAPL-1182; KAPL-1004; TID-2004; Nu (1954), No 2, 23; No 4,
  36; Berichte der Reaktorgruppe Göttingen (vgl. B) No 1 (SCHULTEN); Z. f.
  Naturforschung, *11a*, No 9, 731—735 (1956) (HÖCKER); CAP, *Eine neue Rechenmethode in der Mehrgruppentheorie*, Vorträge im Dezember 1956 in Hamburg,
  Kjeller und Stockholm; Nu (1957), No 1, 47 (*Gruppenparameter*); AK *1*, No 11/12,
  377 (1956); JNE *3*, No 3, 238 (1956); AEF-70;
  A 24: P 608; P 609; Band 5.

66. *Reaktor mit Reflektor* (S. 153, 157, 161)
A 25a, S. 445, 456ff., 494; AECD-3274 (*zwei benachbarte Reaktoren*); AERE-T/M-123; CEA-90; HW-20484; AERE-170; AERE-T/M-120; AERE-T/R-587; Proc. Phys. Soc. London *66* A, 705 (1953); JENER Rep. No 3; J. Phys. Rad. *12*, 573 (1951); Mon P-202 (USA); MS-111 (USA); MS-112 (USA); MT-21 (USA); Z. f. Naturforschung *11a*, No 9, 731-735 (1956); Nu (1953), No 8, 16; A 24: P 647; P 916; P 937.

67. *Reaktor mit Reflektor nach der Neutronenkinetik* (S. 157)
A 25a, S. 431ff.; AERE-T/R-586; AERE-T/R-587; LA-234 (USA); LT-18 (USA).

68. *Neutronenkinetische Reaktordynamik* (S. 162)
A 25a, S. 450, S. 532; A 24: P. 656.

69. *Reaktordynamik* (S. 162, 165, 167, 172)
A 25a, S. 472ff., 531ff.; A 13; A 16, S. 158; A 29, S 85, 90; AECD-3260; AECL-135; AECU-1511; ANL-5152; CEA-8; HW-17331; Nu (1954), No 1, 23; ORNL-1893; ORNL-1894; TID-292; Einheit: A 25a, S 553; SCHULTZ, Control of Nuclear Reactors and Power Plants, McGraw Hill, New York, 1955; ROXIN und SCHULTEN, Göttinger Reaktorbericht No 4 (Max-Planck-Institut für Physik); A 24: P 610; s. auch C 132.

70. *Ruckartige und stetige Veränderung der Reaktorempfindlichkeit* (S. 174, 337)
A 25a, S. 539ff.; SCHULTZ, vgl. C 69; AECD-2407; AECD-2438; AECL-238; KAPL-706; Nu (1949), No 1, 61; Nu (1952), No 11, 68; WAPD-13 (USA); AERE-RP/M-47; J. Appl. Physics *27*, 1030 (1956).

71. *Simulatoren* (S. 174, 337)
A 2; SCHULTZ, vgl. C 69; CEA-432; J. Appl. Phys. *24*, 1200 (1953); Nu (54), No 4, 41; ORNL-1632; Proc. Conf. on Nucl. Eng., Berkeley, 1953 (D-29); Rev. Scient. Instr., *21*, 760 (1950); TID-5262, S. 84; A 24: P 334, P 335.

72. *Reaktoroszillator* (S. 175, 266)
A 1; A 2; A 23; SCHULTZ, vgl. C 69; A 18; AECD-3194; AECD-3260; CEA-89; CEA-114; CEA-154; Phys. Rev. *74*, 851, 864 (1948); A 24: P 356, P. 883.

73. *ε-Formel* (S. 180)
A 16, S. 148.

74. *Methode der Bilder* (S. 183)
A 25a, S. 423, 459; FÜRTH, vgl. C 44, S. 234; MORSE-FESHBACH, vol. 1, vgl. C 46, S. 812.

75. *Berücksichtigung des Spektrums der Spaltneutronen* (S. 185)
A 28; AERE-T/R-560; Nu (1954), No 9, 64; vgl. auch CAP, Physikalische Verhandlungen *7*, No 7, 221 (1956) und *7*, No 6, S. 161 (1956) und Vorträge in Hamburg, Stockholm und Kjeller im Dezember 1956.

76. *Messung von η^*, f^*, p^* usw.* (S. 191)
A 25a, 478ff.; AECD-3214; A 24: P 606.

77. *Berechnung von f^** (S. 193, 196, 197)
BNL-125; BNL-170; CEA-571; CP-3209 (*Fehler der Diffusionstheorie*); Nu (1953), No 2, 50; A 1; A 2; A 23, vol. *2* (WEINBERG) Science, 10. 1. 1947 (FERMI), vgl. A 15, S. 211; A 29, S. 102 (HEISENBERG); Nuovo Cim. *8*, 434 (1951); AEF-68 (CARLVIK, PERSHAGEN); AEF-69; A 24: P 606, P 666.

78. *Berechnung von f^*, ε^* mit Berücksichtigung der Kühlung usw.* (S. 197, 216, 295)
A 12, S. 90; AECL-63; JNE *1* (1954), No 2, 100; CNEA-2 (*Luftspalten*); JNE *2* (1955), No 1, 41, 51; Nu (1953), No 2, 50 (GUGGENHEIM, PRYCE); Nu (1953), No 4, 22; Nu (1954), No 4, 50; Nu (1955), No 4, 70 (HOUSTON); Nu (1953), No 2, 52; ORNL-751; ORNL-1320 (TAMOR); TPI-20; CNEA-1; Göttinger Reaktorbericht No 5 (vgl. C 69); A 24: P 433; P 607.

79. *Berechnung von ε^** (S. 203, 206, 207, 283, 295)
A 1; AECL-92; AK *1*, No 4, 126 (1956) (ENGEL, WINTERBERG); A 25a, S. 479, 496, 516 usw.; A 12, S. 100; CEA-5 (ERTAUD, MERCIER); CP-644 (WEINBERG); MT-199; Nu (1953), No 4, 21; Nu (1954), No 7, 76 (dort weitere Literaturangaben) (MURRAY, MENIUS); AEF-70; A 24: P 606, P 603.

80. *Berechnung von f_r^** (S. 191, 201, 202, 203)
A 2; A 12; A 25a, S. 480; A 29, S. 105 (Heisenberg); AK *1*, No 4, 126 (1956)
(Engel, Winterberg); Göttinger Reaktorbericht No 5 (Häfele); Nu (1953),
No 2, 54 (Pryce);
A 24: P 427; P 649; P 833; vgl. auch C 40 und C 78.

81. *k_∞^*, B_m für verschiedene Gitteranordnungen, heterogene Reaktoren* (S. 208, 209, 212)
A 25a, 523 usw.; A 28, S. 87ff.; A 19; A 20; AK *1*, No 4, 126 (1956); CP-372;
Nu (1953), No 2, 50 (Guggenheim, Pryce); Nu (1954), No 4, 36, 50 (Atkinson,
Murray); Winterberg, pers. Mitteilung; Bollini, CNEA No 6; A 22, Series I,
S. 311
A 24: P 361; P 429; P 600; P 603; P 606; P 663; P 665; P 666; P 669; P 920;
vgl. auch C 61, C 76, C 84 und einige A 24-Arbeiten aus C 77—C 80.

82. *Diffusionslänge und Fermi-Alter in heterogenen Bereichen* (S. 211, 216)
A 25a, S. 482; BNL-152; CEA-2; CL-697; TPI-20;
A 24: P 606; P 607 (Gast); vgl. C 78.

83. *Mikroskopischer Fluß* (S. 212)
AERE-RP/R-1704; AECL-CRT-340; A 22, II, S. 440ff. (Bericht);
A 24: P 433; P 361.

84. *Modellreaktor, Exponentialexperiment, Stufenweiser Aufbau* (S. 216)
Nu (1956), No 3, p. 54, 57 (Dopchie et al);
A 24: P 600; P 605; P 606; P 607; Band 5; vgl. C 61 und C 81.

85. *Störungstheorie* (S. 219, 228, 390)
A 23, 2. Bd.; A 25a, 470ff., 532ff., 553ff.; AECD-2044 (Weinberg); ANL-5152
(*Kalibrierung*); CEA-90; CP-1461 (Wigner); KAPL-304; Nu (1954), No 2, 23;
ORNL-1682; Proc. Phys. Soc. A *62*, Dec. 1949; TID-5262 (*Messung der Ein-
flußfunktion*);
A 24: P 656; P 920.

86. *Temperatur- und Dichteeffekte* (S. 221)
Göttinger Reaktorbericht No 2 (Schulten); A 12, S. 122ff.; A 25a, S. 556ff.;
A 28, S. 113ff.; BNL-152; CP-1461; BNL-173; LRL-148 (LWB-*Reaktor*);
Nature, *143*, 793 (1939) (Adler, Halban);
A 24: P 603; P 361; P 934.

87. *Druckeinflüsse* (S. 224, 225)
CEA-215.

88. *Einfluß der γ-Strahlen und der Photoneutronen* (S. 225)
A 18; Nu (1953), No 4, 16; Nu (1954), No 8, 25; Phys. Rev. *73*, 111 (1948)
(Hughes); TID-5261, S. 112—123;
A 24: P 934.

89. *Einfluß der Höhe des Schwerwasserspiegels* (S. 225, 236)
CEA-104; CEA-215; CEA-310; JENER-Rep. No 33; J. de Physique et le
Radium, 15, 359 (1954) (Raievski, Bernot);
A 24: P 361 (Horowitz).

90. *Rechenmethoden der Störungstheorie* (S. 231, 235, 399)
A 23, vol. 2, S. 103ff., Phil. Mag. *45*, 126 (1954) (*statistische Probleme*); A 25a;
NRL-4673; NYO-6479 (*Monte Carlo Methode*).

91. *Kontrollstäbe* (S. 237, 238, 244, 245, 247)
A 25a, S. 602, S. 605 (Adler) usw.; AECL-137 (Kusheriuk); AECL-CRP-287;
AECL-124; CEA-8 (Yvon); CEA-104 (Ertaud); CP-1461 (Wigner); N-2292
(Wheeler); T. Cole, Nu (1955), No 2, 18; Nu (1955), No 2, 32; MDDC und
A 1, S. 316 (Scalettar);
A 24: P 612; P 663; P 668; P 667 (Zaretsky); P 669.

92. *Wechselwirkung zwischen mehreren Kontrollstäben* (S. 245)
A 25a, 605ff.; JNE *2*, No 2, 85 (dort weitere Literatur); BNL-273; Berichte
der Reaktorgruppe Göttingen No 8, (1956);
A 24: P 668.

93. *Kontrollstabmaterial* (S. 246)
Hausner, Roboff, Materials for Nuclear Power Reactors, Reinhold, New York,
1956; A 25c, S. 1, 505ff.; Nu (1957), No 1, 44; vgl. auch C 91.

94. *Andere Kontrollmethoden* (S. 247)
A 1; A 2, S. 325; A 11, S. 281; ANL-5424; Nu (1955), No 8, 30; AP *2*, No 8, 292.

95. *Uran- und Thorium-Vorkommen* (S. 250)
Zeschke, Prospektion von Uran- und Thoriumerzen, Stuttgart 1957; AP *2*,
No 7, 233 (1956); Energia Nucleare (vgl. B) *3*, No 2, 84 (1956); E (vgl. B) *1*,
No 3, 132, 135 (1956); E *1*, No 4, 118—130 (1956); Nu (1953), No 6, 18; EuM
(Elektrotechnik und Maschinenbau, Springer, Wien) *72*, No 15, 349 (1955);

ÖZE (Österreichische Zeitschrift für Elektrizitätswirtschaft, Springer, Wien) 7, No 9, 337 (1954); Energie Nucléaire (Industrie 75, No 2, Suppl.) 16 (1956); GURINSKY, DIENES, Nuclear Fuels, NININGER, Exploration for Nuclear Raw Material;
A 24: P 1114; P 470; P 759; P 471; P 764; P 545; P 1073; Band 6.

96. *Urangewinnung* (S. 252, 253)
A 25c, S. 385; AECD-2938; AECD-3196; AECD-3223; AECD-3241; A 2; AERE-C/R-768; AERE-C/R-1232/2; AK *1*, No 6, 202 (1956) (dort weitere Literaturangaben); Chem. Eng. Progr. *50*, No 5, S. 230 (1954) (VAN IMPE); NNA-SR-1103; Nu (1955), No 11, 68; Nu (1955), No 9, 54 (Bericht); Nu (1956), No 12, R 1; NNES Div. VII, vol. *5* (KATZ); EICHNER, VERTES, GOLDSCHMIDT, Bull. Soc. Chim. 140 (1951) = NYO-1340; AK *1*, No 9, 311 (1956); Energie Nucléaire (Industrie) *75*, No 2 (Suppl.) 29 (1956); ENKE, Die Hydrometallurgie des Urans, Stuttgart 1956;
A 24: P 825, P 817, P 407, P 519, P 341, P 531; Band 8.

97. *Thoriumgewinnung* (S. 253)
ANL-5424, S. 177ff.; Chem. Eng. Prog. *50*, 235 (1954); Nu (1955), No 9, 54 (Bericht);
A 24: P 635; P 636; P 531; Band 8.

98. *Physikalische Eigenschaften von U, Th, Pu* (S. 253, 255)
A 2; A 25c; AECD-2984; AECD-3237; ANL-5424; EuM (vgl. C 95), *72*, No 15, 334 (1955); Rare Metals Handbook, Reinhold, New York, 1954; BMI-1000; Energia Nucleare (vgl. B) *3*, No 2, 73, 102; Phys. Rev. *94*, 1068 (1954); Metals Handbook, American Society of Metals, Cleveland, Ohio (1948/54); X-Ray-Powder Data, Geolog. Survey Bull. 1036-G; UCRL-2440;
A 24: P 825; Band 9.

99. *Legierungen, Lösungen, Schlamm, Salze, Brennstoffelemente* (S. 255, 256, 258)
A 25b, 239, 451; A 25c; AECD-2683; AECD-3280; AECD-2954; AECD-3229; AECL-179; AECL-175; AECL-249; ANL-5424, p. 192, 319, 197, 203; ANL-5122; ANL-5173; ANL-5202; ANL-5291; AP *2*, No 5, 205; AP *2*, No 2, 68; AP *2*, No 11, 408 (1956); AP *2*, No 10, 376 (1956); AP 3, No 1, 11 (1957); E *1*, No 4, 107—112 (1956); HAUSNER, KELLS, ASM Paper No 55 (April 1955) (*Pulvermetallurgie*); JNE *2*, fasc. 2, 110 (1955); HAUSNER-ROBOFF, vgl. C 93; Nu (1954), No 7, 11, 14; Nu (1955), No 11, 21; Nu (1955), No 12, 24; Nu (1955), No 9, 54; Nu (1954), No 9, 16, 28; Nu (1956), No 12, R 1 (*Brennstoffpreise*); ORNL-1332; ORNL-1376; JNE *3*, No 1/2, 1 (1956); Journal of the British Interplanetary Society, verschiedene Arbeiten von CLEAVER und SHEPHERD über Atomraketen mit gasförmigem Brennstoff (mehrere Hefte 1950ff.);
A 24: P 494 (LMFR); P 825; P 561 (WEBER, HIRSCH); P 938; P 559; P 827; P 953; P 811; P 498; Band 9; vgl. auch C 31, C 105.

100. *Isotopentrennung* (S. 259)
AECD-1940; AECU-2537; AECU-2546; A 23, 2. Band; A 2; Chem. Eng. *52*, No 12, 98 (1945); E *1*, No 4, 113 (1956); NNES III 1 B, McGraw Hill, 1951; JNE *3*, No 1/2, 72 (1956); BECKER, Z. f. Naturforschung, *10a*, No 7, 1955 (*Trenndüse*); Nu (1956), No 6, 19a;
A 24: P 774; P 823; P 819; P 927.

101. *Chemie der Aktiniden* (S. 260, 261)
Progress Nuclear Physics, No 4 (1955); KATZ, RABINOWITCH, The Chemistry of Uranium, McGraw Hill, New York, 1951; GERLACH, Systematik der Transurane, Akademie Verlag Berlin, 1955; SEABORG, KATZ, "The Actinide Elements", NNES Div. IV, vol. 14 A, McGraw Hill, 1954; MDDC-1706; A 2; AERE-C/R-1102; UCRL-2560; GÖPPERT-MAYER, Phys. Rev. *60*, 184 (1941); HAYEK, Experientia, *5*, 114 (1949); CAP, Experientia, *6*, 291 (1950);
A 24: P 440; Band 7.

102. *Brennstoff-Kreisläufe* (S. 260)
Österreichische Zeitschrift für Elektrizitätswirtschaft *7*, No 9, 352 (1954);
A 24: P 4; P 14; P 19; P 403; P 862; Band 3.

103. *Strahlungsschäden in Werkstoffen und im Brennstoff* (S. 260, 268)
A 25b, 177; AECD-2810; AK *2*, No 1, 18 (1957); AP *2*, No 5, 179 (1956); AERE-T/R-1540; E *1*, No 4, 63—66 (1956); Erg. d. exakt. Naturwiss. *28*, 302—406 (LINTNER, SCHMIDT); JNE *1*, No 2, 124, 130 (1954); JNE *1*, No 3, 181, 200 (1955); JNE *1*, No 4, 264 (1955); HAUSNER (vgl. C 93), S. 75ff., S. 163ff.; ISC-105; EuM (vgl. C 95) *72*, No 15, 334 (1955); Nu (1954), No 9, 8—16; Nu (1952), No 9, Titelblatt u. p. 11; Nu (1955), No 9, 56ff.; Nu (1953), No 6, 18;

ORNL-928 (Sisman); Seitz, Physics Today *5*, No 6, 6—9 (1952); JNE *3*, No 4, 356 (1956) (= E *1*, No 2, 63 (1956)); Nu (1956), No 9 (Berichte); A 24: P 348; P 442; P 443; P 444; P 445; P 681; P 739; P 744; P 745; P 746; P 747; P 751; P 825; Band 7.

104. *Lagerung von Spaltstoffen* (S. 260)
JNE *2*, 77 (1955); Nu (1955), No 9, p. 63; A 24: P 428; Band 9.

105. *Verschiedene Werkstoffprobleme* (S. 262, 266)
A 25b, 193; A 25c; AECD-3017; ANL-5424, p. 203; AP *2*, No 5/6, 179 (1956); BMI-883; BNL-68; HW-28061; NAA-SR-1061; NAA-SR-108; NE *1*, No 3, 378 (1956) (*Schweißtechnik*); NE *2*, No 10, 40 (1957) (*Werkstoffschmierung im Reaktor*); Nu (1955), No 9, 64—72; EuM (vgl. C 95) *72*, 15/16, 334 (1955); Hausner, vgl. C 93; Thomas, NNES II *50*, 12, 16—22 (1954); Nu (1950), No 3; Nu (1953), No 7, 20; Nu (1956), No 6, 64; Rep. AECD-3424; Énergie Nucléaire (Industrie *75*, No 2, Suppl.) 61 (1956); Regler, Aluminium Ranshofen, *4*, No 1, 18 (1956); Nu (1956), No 9, R 10 (*Magnox*); A 24: P 590 (s. dort weitere Literatur); P 830 (Weisskopf); P 825 (s. dort weitere Literatur); Band 9; P 119; P 535; P 821; P 861; P 888; P 411; P 537 (bezüglich weiterer Literatur s. A 25b, S. 230).

106. *Zirkonium* (S. 258, 265)
Peters (Wien) Mündliche Mitteilung an den Verf. (*Zr-Hf-Trennung*); Hausner, Pinto, "Powder Metallurgy of Beryllium", Trans. ASM *43*, 1052 (1951); Miller, "Zirconium" Academic Press. Inc. 1954; "Metallurgy of Zirconium", NNES Div. VII, 4, McGraw Hill 1955; NE *1*, No 4, 164 (1956); Nu (1953), No 7, 27; A 24: P 533; P 347; Band 8.

107. *Bremsmittel* (S. 265, 266, 268)
A 25b; A 25c; A 2; Loch, Slyk, Chem. Eng. Prog. Symposium Ser. No 11, *50*, 39 (1954); vgl. auch Hausner, S. 122 (vgl. C 93); und Hausner, Pinto, vgl. C 106; Howe, J. Am. Ceram. Soc. *35*, 275 (1952); Corkle, Nu (1953), No 5, 21; Nu (1953), No 5, 52; Nu (1955), No 9, 64; *Organische Bremsmittel*: Nu (1956), No 5, 22; AECL-218; AECD-2871; EuM (vgl. C 95) *72*, No 15, 340 (1955); NE *1*, No 3, 125 (1956); E *1*, 147 (1956) (Be); Nu (1956), No 9, 97 (*billiges D₂O*); Nu (1956), No 11, 146 (*Metallhydride*); Énergie Nucléaire (Industrie *75*, No 2, Suppl.) 42 (1956); Selak, Finke, Chem. Eng. Prog. *50*, 221 (1954); NNES Div. III, vol. *4* F, McGraw Hill (1955); A 24: P 442, P 348, P 534, P 633, P 738, P 739, P 746, P 741, P 751, P 820, P 829; Band 8.

108. *Induzierte Radioaktivität* (S. 270, 287, 297)
A 10, S. 134; A 11, S. 258, 261; A 25b, 235, 306, 483; ANL-5424 (S. 220); KAPL-665; Nu (1956), No 1, 46; Nu (1955), No 10, 60.

109. *Wärmeerzeugung im Brennstoff* (S. 272, 273)
Görtzel, Nu (1954), No 9, 42; A 25b, 87 (vgl. dort weitere Literatur, S. 121).

110. *Wärmeleitung und Konvektion, Kühlung* (S. 273, 277, 278, 288)
vgl. Lehrbücher der theor. Physik, z. B. A 5; Gröber, Erk, Grigal, Die Grundgesetze der Wärmeübertragung, Springer, Berlin, 1955; Ribaud, Brun, Mémorial des Sciences Physiques, fasc. 51, Gauthier Villars, Paris, 1948; Ribaud, Brun, Mémorial des Sciences Physiques, fasc. 46, Gauthier Villars, Paris, 1942; A 25b, 123ff.; A 2, S. 686; A 10, S. 208; AECU-116 (Lectures); AECU-706 (*natürl. Konvektion im Wasserkocher*); AERE-E/R-173; AERE-E/R-1270; ANL-5424, 107ff.; BMJ-747; NYO-565; NYO-566; NYO-6217; NYO-564 (Bericht); ORNL-985; Nu (1956), No 2, 66; Untermyer, Nu (1954), No 7, 43; Berichte der Reaktorgruppe Göttingen (vgl. B), No 3, Gaus, Temperaturverlauf im Inneren der Uranstäbe; Dittus, Boelter, Univ. of Calif. Publ. Eng. *2*, 443 (1930); Colburn, Trans. Am. Inst. Chem. Engrs. *29*, 174 (1933); Z. f. Phys. *135*, No 2, 177 (1953) (Strahlung).

111. *Turbulente und laminare Strömung* (S. 276)
Eck, Technische Strömungslehre, Springer, Berlin, 1956; Prandtl, Führer durch die Strömungslehre, Vieweg, Braunschweig, 1944; Cap, Microphys. Acta; *33*, 195 (1947); J. appl. Phys. *24*, 451 (1953); AECD-3435 (*Bassinreaktor*); ANL-5424, 107ff.; MTA-19 (*Gasströmung*); ORNL-913; ORNL-914; ORNL-1624; Forschg. Geb. Ingwesen *20*, 81 (1954); vgl. auch Gröber, C 110.

112. *Flüssige Metalle und Salze als Kühlmittel* (S. 277, 285)
A 25b, 245, 277, 287, 799; AECU-2144; AECU-2549; AECU-2637; AECU-2627; AECU-2794; AECU-2915; AECU-2755; JNE *1*, No 4, 244 (1955); NAA-SR-985;

NAA-SR-1060; Nu (1952), No 1, 28; Nu (1954), No 12, 22; NYO-560; KAPL-1082; ORNL-521; ORNL-1688 (Bericht); ORNL-1370 (NaOH); ORO-69 (Hg); ORO-55, ORO-45, ORO-93 (USAEC); Lyon, Liquid-Metalls Handbook 2nd Ed. US Government Printing Office, 1952 und Na-Nak Supplement by Jackson, Brookhaven Nat. Lab. Upton, New York; Lyon, Chem. Eng. Prog. *47*, 75 (1951); A 24: P 119; P 417; P 123 (dort weitere Literatur); Band 9.

113. *Wärmespannungen, Temperaturen des Brennstoffs* (S. 280, 283)
Berichte der Reaktorgruppe Göttingen (vgl. B), No 3, Gaus, *Temperaturverlauf im Inneren der Uranstäbe*; A 25b, 165, (S. 172, weitere Literatur), s. auch S. 327; A 28, S. 159ff.; ANL-5424, 158; Carter, ANL-4690; BJM-T-42; ISC-428; JNE *1*, No 2, 1 (1955); LRL-61; MTA-18; TID-5261, S. 60, S. 93; Hausner (vgl. C 93), S. 69.

114. *Wechselwirkung zwischen γ-Strahlung und Kühlsystem* (S. 282)
Mittelmann, Nu (1955), No 5, 50; Nu (1955), No 5, 45.

115. *Physikalische Eigenschaften der Kühlmittel* (S. 285)
A 25b, 21ff., 193ff., 381ff.; AECD-3317; AECL-190; AERE-C/R-1122; s. auch EuM (vgl. C 15), Bd. 72, No 15 (1955); ANL-5424; E *1*, No 4, 92 (1956); Nu (1953), No 6, 41 (bzgl. *Korrosionsprobleme* vgl. C 105); A 24: P 535; P 387.

116. *Kühlsysteme* (S. 285)
A 30, S. 45ff.; AECU-2848; AECU-2603 (*Isolierung*); AECU-2756; ANL-5220; EuM (vgl. C 95), S. 373; LRL-86 (*Dissoziationskühlung durch chemische Reaktionen*); Nu (1956), No 3, 42; TID-5261, S. 68; A 24: P 406, P 387.

117. *Versagen des Kühlsystems* (S. 288)
A 30, S. 29; AP *1*, No 1, 9, 37 (1955) (*NRX-Reaktor*); Z. f. Naturforschung *9a*, 1039 (1954); Nu (1956), No 10, 39 (*Na-Kühlung*).

118. *Druckabfall und Kühlmittelpumpen* (S. 294)
A 25b, 55, 69, 409; A 25b, S. 346; AECD-3308; AECU-2852; AECU-2798; AERE-ED/R-1671; AERE-ED-1696; ANL-4627; ANL-5178 (*Druckabfall infolge von Verdampfung*); ANL-5424, S. 95, S. 247ff.; COO-24 (*Wärmeübergang bei Verdampfung*, Bericht); CU-1854; Nu (1955), No 7, 78; Nu (1953), No 1, 16; K-963; ISC-474 (*Reibung*); MTA-10; ORNL-1248 (*Bericht über Druckabfall*); ORNL-1604; UCRL-2511; Martinelli, Nelson, Trans. Am. Soc. Mech. Engrs. 695 (1948); Reactor Division, Hanford Works, Nucleonics Dept. HDC-1565 (1949).

119. *Wärmetransport durch flüssigen oder gasförmigen Brennstoff* (S. 296)
J. appl. Phys. *25*, 702 (1954); ISC-474 (Schlamm); Poppendieck, Martinelli Trans. Am. Soc. Mech. Engrs., *69*, 947 (1947); Nu (1954), No 7, 30 (LMFR); Nu (1954), No 10, 52; vgl. auch A 25b oder Cap, Österr. Ing. Archiv, *3*, 97 (1949); vgl. auch C 139.

120. *Wechselwirkung von geladenen Teilchen und von γ-Strahlung mit Materie* (S. 301, 302)
vgl. Lehrbücher der Kernphysik, z. B. A 3; A 6; A 8; A 15; A 25a, 621ff.; A 25a, 637ff.; Motz, AECD-8296; AECU-347 (Reichweiten); LRL-121 (*Compton-Effekt*); Nu (1954), No 4, 27; Nu (1953), No 8, 9; Nu (1953), No 9, 55; Davisson, Evans, Rev. Mod. Phys. *24*, 79 (1952); Nat. Bureau of Standards, Rep. NBS-1003; *Čerenkov-Radiation*: Scient. American Okt. 1951; NP *2*, No 4, 289 (1956); NYO-3658; ORNL-697; UCRL-1325.

121. *Physikalische Eigenschaften der Schutzschildmaterialien* (S. 304)
A 25c, 123ff.; A 25a, S. 715ff.: AECD-3134; AECU-663 (*Reichweiten in verschiedenen Materialien*); AERE-T/M-120; AERE-C/R-513; AP *2*, No 10, 348 (1956); Nu (1955), No 1, 65; Nu (1955), No 6, 57, 60; Nu (1955), No 5, 84; Nu (1955), No 4, 77; Nu (1956), No 1, 40; ORNL-243; JNE *3*, No 4, 366 (1956) (= E *1*, No 2, 71 (1956)).

122. *Berechnung und Bau von Schutzschilden* (S. 307)
A 25a, S. 617ff., 673, 679; AECD-2934; AERE-E/R-1604; A 28, 131ff., 146; Blizard ORNL C. F. 52-3219 (1952); Blizard, Oak Ridge Nat. Lab. C. F. 51-10-70, 54, 72 (1952); Nu (1954), No 5, 6; ORNL-1217 (*Kanäle*); Rockwell, Reactor Shielding Design Manual, McGraw Hill 1956; Annual Review of Nucl. Sci. *5*, 73 (1955); vgl. auch S. 16ff. bei SRI Projekt No 361, Report, vgl. C 156.

123. *Neutronen- und γ-Strahlungsheizung* (S. 308)
A 25a, 701ff.; A 25b, 111ff.; AECD-3179 (*γ-Strahlung des Spaltprozesses*); JENER Rep. No 37; KAPL-753 (1952); KAPL-783 (1952); KAPL-800 (1952); NDA-10-99 (Mittleman, Nucl. Development Associates); Nu (1955), No 6, 57ff.; TID-5262, 83, 112ff.

124. *Strahlungsdosen und Toleranzaktivität* (S. 315, 316)
A 23 (II. Bd.), S. 249ff.; A 25a, S. 633 (MORGAN); ANL-5424, S. 176; Nu (1952),
No 8, 16; Nu (1954), No 5, 46; The Biological Effects of Atomic Radiation,
A Report to the Public and Summary Reports, Nat. Acad. Sci.; UR-133; Nuclear
Explosions and their Effects, Publications Division, Government of India;
The Effects of Atomic Weapons, 1950, McGraw Hill; RAJEWSKI, Strahlendosis
und Strahlenwirkung, Thieme, Stuttgart, 1956; ORNL-740; AP *3*, No 1, 15
(1957); RAJEWSKY, Wissenschaftliche Grundlagen des Strahlenschutzes, Braun,
Karlsruhe, 1957;
A 24: P 451, P 89, P 79; Bände 1 und 13.
125. *Unfälle und Sicherheitsprobleme* (S. 317, 319)
The Protection of Workers against Ionising Radiations, Geneva, 1955, Internat.
Labour Office; A 25b, 485ff.; AECL-232; AERE-ED/R-1392; AERE-T/R-563;
Nu (1956), No 5, 17, 39; Nu (1956), No 6, p. 35; Nu (1953), No 11, 80; Nu (1954),
No 3, 57, 75; Nu (1954), No 4, 78; Nu (1954), No 9, 39; Nu (1954), No 12, 8;
Nu (1955), No 6, 42; Nu (1955), No 10, 42; Nu (1956), No 3, 45; Nu (1956), No 6,
44 und No 3, 46 (SPERT u. KEWB-*Sicherheitsexperimente*), vgl. auch C 117;
The Biological Effects of Atomic Radiation, A Report to the Public and Sum-
mary Reports, Nat. Acad. Sci.; ANL-5424; CEA 508; Annual Review of Nucl.
Sci. *4*, 351 (1954); AP 1, No 1, 9, 37 (1955); Control of Radiation Hazards,
USAEC (1950); NYO-4008; NYO-4523; NYOO-94; Science *121*, 315 (1955);
TID-5031; AK *1*, No 11/12, 393 (1956) (*Windrichtung*); Meteorology and Atomic
Energy (Ergänzungsband zu A 25);
A 24: P 768, P 853, P 276 (SUTTONsche *Formel*); P 946; Band 13, vgl. auch
österr. Patent No 190.606, Deutsches Patent No 963.218, Französisches Patent
No 1,126.932 u. a.; AW *1*, No 12, 415 (1956).
126. *Verbrauch und Vergiftung des Brennstoffes* (S. 322)
A 25a, S. 564ff.; AECL-188; AECL-285; E *1*, No 4,80-91 (1956); TARABA, Nu
(1954), No 8, 51; HAUSNER (vgl. C 93), S. 98; Nu (1955), No 12, 30; COCHRAN
et al, ORNL-1682;
A 24: P 835, P 432, P 591; JNE *3*, No 1/2, 49 (1956).
127. *Chemische Trennung der Spaltprodukte, Brennstoffwiedergewinnung* (S. 331, 332,
333)
A 25e; Annual Review of Nucl. Sci. *4*, 69 (1954); AECD-3338; AECD-2938;
AECL-192; ANL-4927; AERE-C/R-768; EuM (vgl. C 95), *72*, No 15, 347 (1955);
Nu (1956), No 1, 30, 71; Nu (1955), No 3, 18, No 9, 60; COOK, SELIGMAN, Fort-
schr. d. Chem. Forschung, *3*, 412—429 (1955);
A 24: P 314, P 414, P 823; Band 7 und 9.
a) (*Extraktion aus wässriger Phase*):
AECD-2537; AECD-3196; AECD-3449; WARF, J. Ann. Chem. Soc. *71*, 3257
(1949); DRESSLER et al, Genie chimique, *74*, 129 (1955); Nu (1955), No 8, 22;
Nu (1955), No 3, 18;
A 24: P 441; Band 7.
b) (*Verflüchtigung*):
Nu (1956), No 2, 22.
c) (*Pyrometallurgische Trennung*):
Nu (1956), No 2, 22.
d) (*Ionenaustausch*):
DUNCAN, LISTER, Quarterly, Rev. Chem. Soc. London *2*, 307 (1948); TOMPKINS,
J. Chem. Eng. *26*, 32, 92 (1949); AECU-2546; AECU-2742;
A 24: P 823, P 837.
e) (*Fällung*):
AECL-192; AECL-259.
f) (*Salzschmelze*):
Nu (1954), No 7, 16.
128. *Fernsteuerung chemischer Operationen* (S. 333)
A 25e, S. 45ff.; Nu (1952), No 11, 33ff.
129. *Beseitigung radioaktiver Abfälle* (S. 334)
AECD-3291; AK *1*, No 1, 25 (1956); ANL-5424, S. 331; AK *1*, No 11/12, 396
(1956); AP *2*, No 3, 102 (1956); AP *2*, No 8, 272 (1956); AP *2*, No 9, 314 (1956);
Nu (1955), No 12, 27; Nu (1948), No 2, 43; Nu (1952), No 1, 40, 43; Nu (1956),
No 6, 65; Nu (1954), No 12, 14, 54; Nu (1953), No 9, 34; Nu (1957), No 1, 58;
The Biological Effects of Atomic Radiation, A Report to the Public and Sum-
mary Reports, Nat. Acad. Sci.;
A 24: P 398; Band 9.

130. *Radioaktive Entgiftung* (S. 335, 368)
A 25e, S. 33ff.; AECD-2996; ANL-5424, S. 341; Nu (1950), No 2, 2, 42; Ind. Eng. Chem. *43*, 1499 (1951); Handling Radioactive Wastes in the Atomic Energy Program, Washington, AEC US-Government, Printing Office (1951); J. Am. Water Works Assoc. *43*, 773 (1951); TOMPKINS und BIZZELL, Ind. Eng. Chem. *42*, 1469 (1950); TOMPKINS, BIZZELL und WATSON, Ind. Eng. Chem. *42*, 1475 (1950); TID-375.

131. *Spezielle Probleme der Dynamik und Steuerung* (S. 338)
A 25a, S. 569ff.; AECD-3260; BNL-113 (1951); BNL-173; AECU-1511; CEA-185; CF-52-10-107; NORDHEIM CP-2589; CEA-432; CEA-8; AK *1*, No 7/8, 249 (1956); KAPL-565; KAPL-646; KAPL-706; KAPL-669; BROWN, CAMPBELL, Servomechanisms, Wiley & Sons, New York; Transfer Function of Argonne CP-2, Nu (1952), No 8; Berichte der Reaktorgruppe Göttingen (vgl. B), No 2 (SCHULTEN), No 4, No 6; Nu (1952), No 11, 68; Nu (1948), No 1, 61; SCHULTZ vgl. C 69; Z. f. Naturforschung *9a*, 964, 1039 (1954); JNE *2*, No 1, 31 (1955); JNE *3*, No 4, 312 (1956); Nu (1957), No 1, 41 (SPERT); ERTAUD et al, J. Phys. Rad. *12*, 17 A (1951), *14*, 473 (1953); J. appl. Phys. *25*, 516 (1954) (*Stabilität*); Canad. J. Phys. *32*, 435 (1954) (*Dynamik und Reflektor*); Physica *20*, 413 (1954) (*nichtlineare Dynamik*);
A 24: P 610, P 775, P 934; s. auch C 69.

132. *Elektronische Instrumente und Messung von Reaktorgrößen* (S. 341, 345)
A 2; A 25b, 925ff., dort weitere Literatur (S. 982); AECD-2485; AECD-2975; AECD-3591; AECD-3163; AECD-3391; AERE-NP/R-1667; AERE-M/R-576; ANL-4818; CEA-51; CEA-228; CEA-310; CEA-215; ERTAUD-BEAUGÉ: CEA-134; CEA-19; CEA-331, WEILL J. et al; IDO-16041; JNE *1*, No 1, 24 (1954); J. WEILL, L'Onde Electrique, Sept. 1955, 692—701; SCHULTZ, vgl. C 69; Nu (1953), No 3, 36; Nu (1953), No 5, 62; Nu (1953), No 11, 71; Nu (1954), No 1, 44; EuM (vgl. C 95) *72*, No 15, 384ff. (1955); ORNL-1632; ORNL-1537; KAPL-1142; Göttinger Bericht No 7);
A 24: P 335 usw.

133. *Reaktorkatalog, Reaktortypen* (S. 346)
A 30; A 25a, S. 762ff.; A 24b, S. 983ff.; AECL-220; AECU-2900; AP *1*, No 2, 59 (1955); CEA-227; CEA-268; NE *1*, No 3, 106 (1956); Nu (1952), No 3, 10; Nu (1953), No 6, 65; A 22, Ser. II; AW *1*, No 7, 8, 9 (1956) (Katalog); ÖZE (vgl. C 95) *7*, No 9, 321 (1954); Reaktorkataloge in A 24, Band 2 und 3; Prospekte der Firmen General Electrics, Aerojet-General Nucleonics, Nuclear Chicago, North American Aviation, Atomic Power Development Associates. Nuclear Development Associates (Corporation), Sylvania, Foster Wheeler Corporation, Westinghouse, Atomics International, Alco, Babcock u. Wilcox (alle USA); Associated Electrical Industries (London), ASEA (Stockholm) u. v. a.

134. *Forschungsreaktoren* (S. 348)
A 18; A 25d; AP *2*, 5/6, 161 (1956); Nu (1955), No 6, 104; Nu (1955), No 9, 51; Nu (1956), No 8, 66; Nu (1954), No 10, 26; Ne *1*, No 8, 344 (1956) (5 W-Reaktor); A 24: P 401, P 789, P 946; Band 2 (vgl. auch C 144 und C 146).

135. *Brüter, Brütreaktoren* (S. 349, 362, 407, 409ff.)
Berichte der Reaktorgruppe Göttingen (vgl. B), No 1, SCHULTEN); JENER Rep. No 15 (*thermisches Brüten*); Berichte der Reaktorgruppe Göttingen (vgl. B). im Druck (RIEF); Generalbericht der Weltkraftkonferenz Wien 1956, III-J$_1$; AECL-189; AK *1*, No 10, 337 (1956); A 25b, S 514ff.; AP *2*, No 10, 345 (1956); CEA-145; JNE *1*, No 1, 39 (1954) (RENNIE); JNE *1*, No 3, 234 (1955); Nu (1954), No 12, 32 (BOGAARDT); Nu (1953), No 4, 40; Nu (1953), No 5, 18; Nu (1952), No 9, 8; Nu (1954), No 7, 26 (MILES); AK 1, No 9, 306 (1956);
A 24: Band 7, insbes. P 732, P 674 (VOROBYEV); P 678 (KURCHATOV), P 862, P 403; Band 3, z. B. P 4, P 814, P 404; P 867; s. auch C 138.

136. *Energiereaktoren* (S. 349)
AECU-2755; A 30, S. 28ff.; AK *1*, No 1, 10 (1956); AK *1*, No 2, 45 (1956); AK *1*. No 7/8, 276; AP No 2, 5/6, 169 (1956); NE *1*, No 7 (1956) (Sonderheft CALDER HALL); Nu (1955), No 6, 41ff.; Nu (1955), No 9, 40; Nu (1956), No 12, S. 10 (CALDER HALL); Nu (1954), No 1, 54; Major Activities in the Atomic Energy Program, S. 40ff., USAEC, Jan. 1956; Nu (1956), No 8, R 3, 30—37, 70, 101; Nu (1956), No 3, 33; AP *1*, No 1, 36, No 2, 68 (1955); JNE *3*, No 3, 227 (1956); JNE *3*, No 1/2, 83 (1956);
A 24: Band 3; P 615.

137. *Antriebsreaktoren* (S. 349, 422ff.)
AK *1*, No 3, 103 (1956); AK *1*, No 4, 150 (1956); AK *1*, No 10, 351 (1956); EuM (vgl. C 95) *72*, No 15, 369 (1955); Nu (1956), No 5, 73; Nu (1956), No 8, 74, 98; Nu (1956), No 5, 22; Nu (1954), No 3, 78; Peaceful Uses of Atomic Energy Rep. vol. I, Joint Committee, Print Jan. 1956, S. 75ff.; A 23 (beide Bände, insbes. 2. Bd., S. 277, OHLINGER); SHEPHERD, J. of the Brit. Interplanet. Soc., vgl. C 99; ACKERET, Helv. Phys. Acta *19*, 103 (1946); EuM (vgl. C 95), *72*, No 15, 370 (1955); ZBOROWSKI, französ. Patent Nr. 1078563; CAP, Studien über die Verwendung der Atomenergie für den Raketenantrieb, Mission Technique, Innsbruck, 1950; Diss. Innsbruck, KNOPP, ROSSBACH 1957; JENER Rep. No 43; AP *3*, No 1, 36 (1957) (*Atomlokomotive*); Nu (1956), No 10, R 4, R 8.

138. *Schnelle und intermediäre Reaktoren* (S. 360, 363)
A 25b, S. 1024; BNL-224; JNE *1*, No 1, 47 (1954) (ZEPHYR); Nu (1954), No 9, 28; Nu (1952), No 9, 8; Nu (1955), No 9, 44 (EBR 1), 48; Nu (1955), No 10, 48 (GODIVA); STETTER, LINTNER: A 20, S. 171; NYO-636; AK *1*, No 11/12, 383 (1956); AZZ, Series I, S. 251.
A 24: Band 3; P 404 (ZEUS); P 405; P 491 (APDAR); P 501 (EBR 2); P 598; P 609; P 816; P 814; P 813; Band 5.

139. *Homogene Reaktoren* (S. 367, 368, 372)
A 25b, S. 503ff., 1030ff.; A 25a, S. 772ff.; AECD-3042; AECD-3051; LADC-816 (*verzögerte Neutronen*); Science, *119*, No 3079, 9, 21 (1954) (WBNS); A 25d; HURWITZ AECD-2438 (1948); AECD-3287 (SUPO); AECD-3063; AECD-3170; AECD-2965 (*Spaltprodukte*); AECD-3054 (*Flußverteilung*); AECD-3065 (HYPO); AERE-C/R-1715; LA-1395 (*schneller Fluß*); LRL-152 (LWB); LRL-149 (LWB); LRL-151; LRL-153 (*Gasförmige Spaltprodukte*); MDDC-293; Nu (1953), No 9, 25 (LOPO); Nu (1954), No 5, 9 (HYPO); Nu (1954), No 9, 16; Nu (1954), No 10, 52 (FLECK); Nu (1955), No 7, 58 (BECK); Nu (1956), No 1, 67 (LWB); Nu (1956), No 6, 58, 61; AP *2*, No 5/6, 155 (WENT); BORST: Nu, genaues Zitat unbekannt; ORNL-730; WINTERS, SECOY, ONRL-925; Science (1954), *119*, No 3079, 21—28 (WBS); Science *119*, 15 (1954) (*homogener Graphitreaktor*);
A 24: P 498 (HRE), P 496, P 816, P 487 (RRR), P 488, P 500, P 624 (ALICHANOW), P 821, P 428, P 936 (WENT) (SUSPOP), P 938 (WENT), (Bände 2 und 3); P 851, P 481, P 834.

140. *Unterkritische Anordnungen mit Leichtwasser, Bassinreaktoren und andere Leichtwasserreaktoren* (S. 373, 378)
A 25a, 484, 766ff.; A 25d, 89ff., S. 151—330; A 25b, S. 1013; AECD-3435 (ORR); AK *1*, No 4, 126 (1956); AK *1*, No 5, 165 (1956); JNE *2*, No 2, 141 (1955); Nu (1952), No 6, 75 (LITR); Nu (1954), No 4, 21 (MTR, ORR); Nu (1955), No 9, 53 (TRR); Nu (1954), No 10, 26; Nu (1956), No 6, 44 (SPERT); Nu (1954), No 9, 36 (HPRR); Nu (1953), No 5, 38 (TTR); Nu (1956), No 5, 22 (OMRE); Nu (1952), No 11, 56; Nu (1956), No 11, 138 (WTR); NYO-3406; ORNL-1105; ORNL-991; NE *2*, No 10, 10 (1957) (MERLIN);
A 24: P 600 (KOUTS); P 489, P 490 (MTR), P 621 (RFT); P 620 (RPT); P 622 (TRR).

141. *Tauchsiederreaktoren* (S. 380)
AK *1*, No 2, 22 (1956); AP *3*, No 1, 32 (1957) (OMRE); Nu (1955), No 9, 40 (APS); Nu (1955), No 12, 42; Nu (1952), No 8, 72 (STR); Nu (1954), No 7, 43; Nu (1956), No 7, 42; Nu (1955), No 9, 46 (PWR); Nu (1954), No 6, 9; Nu (1954), No 10, 22; Nu (1955), No 5. 1, 24 (APPR); Nu (1953), No 2, 32; ORNL-1604 (*Dampfmenge*); A 24: P 615 (APS), P 481 (BORAX), P 851 (BORAX), P 497 (EBWR), P 601 (PWR), P 815 (PWR), P 604 (PWR).

142. *Schwerwasserreaktoren* (S. 388, 390)
A 20 und A 29 (HAIGERLOCH-*Reaktor*); A 25a, S. 769ff.; A 25d, S. 331 (CP 5); AK *1*, No 7/8, 256 (1956) (*Deutsche Versuche 1944*); AECD-3388 (CP 3); AECD-3415 (CP 3); CEA-44 (ZOE); CEA-98 (ZOE); CEA-104 (CHATILLON); CEA-254; CEA-324 (P 2); JENER-Publ. No 7; JNE *1*, No 2, 93 (1954) (SLEEP); Journ. Phys. Radium *12*, 751 (1951); AK *1*, No 10, 340 (1956); Internat. Maschinenrundschau (1956), No 5 (SRR); Nu (1951), No 5, 5 (JEEP); Nu (1953), No 5, 21; Nu (1953), No 12, 10 (KOWARSKI); Nu (1954), No 8, 8 (KOWARSKI, P 2); Nu (1954), No 9, 16; Nu (1955), No 9, 53 (HWR); BOURGEOIS: Description d'une Pile à Uranium Naturel à faible Puissance, Chatillon (1955); NE *1*, No 3, 111 (1956) (NRX); NE *1*, No 8, 340 (1956) (SRR); Nu (1957), No 1, 38 (MITR);
A 24: P 6; P 348; P 402 (DIDO-E 443); P 495 (*Schwerwasser-Energiereaktor*, ISKENDERIAN); P 5 (NRX); P 623 (HWR); P 861 (CP 3', CP 5); P 791 (SLEEP); P 879 (DAHL); P 888 (JEEP); P 936 (SUSPOP); P 938 (SUSPOP); P 698; P 888; P 791.

143. *Graphitreaktoren* (S. 390, 396)
A 16, S. 134 (Clinton X 10); A 25a, S. 762ff.; A 25b, S. 745 (LMFR), S. 1002
(DPP); A 30; A 25d, S. 385ff.; AECD-3269 (CP 1); AECD-3590 (X 10); AERE
N/R 126 (GLEEP); Smyth, vgl. C 22; CP-2459 (CP 2); TID-292 (CP 1); Nu (1951),
No 1, 3 (GLEEP); Nu (1951), No 6, 36 (BEPO); Nu (1954), No 7, 11 (LMFR);
Nu (1956), No 12, R 11 (Calder A); AW *1*, No 12, 418 (1956) (BR 1);
A 24; P 333 (G 1); P 337 (G 2); P 406 (PIPPA); P 486 (X 10); P 492; P 493 (SRE,
SGR); P 494 (LMFR); P 499; P 606 (BGRR); P 615 (APS); P 762; P 860.

144. *Die Verwendung von Forschungsreaktoren* (S. 398); (vgl. auch C 134 und C 146)
A 18 (Hughes); A 23; A 25a; A 25d, S. 57—75, 113—118; A 29, S. 111; AECD-
3194; CEA-55; CEA-81; CEA-88; CEA-89; CEA-114; CEA 154; IDO-1615;
TID-5262; EuM (vgl. C 95) *72*, No 15, 410 (1955); Nu (1953), No 1, 30; Nu (1954),
No 4, 17; Nu (1954), No 9, 50; Nu (1954), No 10, 66; Nu (1956), No 3, 54ff.;
AECU-2164 (*Reaktorpraktikum*);
A 24: Band 2; Band 4; P 360; P 361; P 401; P 579; P 661; P 789; P 807 (Über-
sicht); P 859; P 872; P 883; P 946; P 485; P 623.

145. *Hilfsgeräte für Forschungsreaktoren* (S. 400, 401)
A 18 (Hughes); AK *1*, No 9, 300 (1956);
A 24: Band 4; P 402; P 860 (Übersicht); P 946 (Kowarski).

146. *Auswahl und Kosten von Forschungsreaktoren* (S. 402) (vgl. C 134 und C 144)
A 25d, S. 119; AECU-2900; AK 1, No 2, 41 (1956); AK *1*, No 5, 165 (1956);
Annual Review of Nucl. Sci. *5*, 179 (1955); Nu (1953), No 5, 38; Nu (1954),
No 4, 11; Nu (1955), No 6, 104; Nu (1955), No 11, 73 (TTR); Nu (1956), No 6, 22;
Nu (1956), No 8, 66; Nu (1956); No 11, 81 (*unterkritischer Ausbildungsreaktor*);
Yttrande Rörande Forskningsreaktor, Stockholm, 1956; Science, *119*, No 3079,
21 (1954) (Wbns); Nu (1956), No 11, 71, 76 (Zusammenstellung); vgl. auch C 133;
A 24: P 401; P 946 (Kowarski).

147. *Reaktorausbildung* (S. 402, 403)
A 18; A 25d, S. 241 (*Bedienung*); ANL-5424; TID-5261; TID-5262 (*Reaktor-
praktikum*); Diverse Unterlagen der Harwell-Reactor-School (*Kursprogramme*);
Nu (1956), No 8, 66; Information Pamphlet on JENER;
A 24: P 466; P 983; Band 2.

148. *Medizinisch-biologische Verwendung* (S. 404)
AK *1*, No 5, 169 (1956) (*biologisch-medizinischer Strahlenschutz*); Nu (1955),
No 12, 64 (Robertson et al); Nu (1956), No 2, 26;
A 24: Bände 14, 22; P 401; P 946.

149. *Verwendung der radioaktiven Isotope* (S. 404, 429, 430)
(vgl. auch C 155 und C 156); A 9; A 27; A 16, S. 237 (*stabile Isotope*); A 10,
S. 338ff.; AP *1*, No 2, 4; AP *2*, No 1, 8; No 2, 47; No 3, 101; No 4, 113ff.; No 7,
225; AK *1*, No 1, 26; No 2, 67; AW *1*, No 9, 321 (1956) (*US-Einsparungen*)
Nu (1955), No 11, 128; Nu (1956), No 2, 30; Bernert, Die künstliche Radio-
aktivität in Biologie und Medizin, Springer, Wien, 1949; Broda, Schönfeld,
Die technischen Anwendungen der Radioaktivität, Verlag Technik, Berlin, 1956;
Hardung-Thirring, Die industrielle Anwendung radioaktiver Isotope, Deuticke,
Wien, 1953; Wachsmann, Die radioaktiven Isotope, DALP-Reihe, Lehnen-
Verlag, München, 1954; Zimen, Angewandte Radioaktivität; Isotopes, An
8-Year Summary of US Distribution, USAEC 1955, Washington; vgl. auch die
Isotopenpreislisten, z. B. Radioéléments Artificiels, 1955, CEA, Paris; Reporte
des Atomic Industrial Forum, Inc, New York;
A 24: Bände 10, 12, 14 und 15; P 146; P 161; P 164; P 308 (*US-Einsparungen*);
P 330; P 395; P 484; P 618; P 780; P 914.

150. *Erzeugung von Isotopen* (S. 410)
A 23, 2. Band, 223ff.; A 25d, S. 30ff.; ÖZE (vgl. C 95) *7*, No 9, 343 (1954);
Nu (1954), No 10, 30; Nu (1955), No 1, 64; Nu (1955), No 3, 28; Nu (1955),
No 4, 27; Nu (1956), No 8, 65 (*Nomogramm*);
A 24: Band 7; P 314; P 436 (J *aus Spaltprodukten*).

151. *Energieverbrauch und Brennstoffreserven* (S. 414)
Economic Aspects of Electric Power Produktion, vgl. C 153; Putnam, Energy
in the Future, Nostrand, New York 1953; AK *1*, No 1, 19 (1956); Frank,
Brennstoff, Wärme, Kraft, *8*, 425 (1956) (Bericht über die Weltkraftkonferenz
Wien 1956);
A 24: P 11; P 327; P 389; P 475; P 757; P 758; P 867; P 868; P 902; P 1074;
P 1116; P 802; Band 1.

152. *Thermodynamik des Atomkraftwerkes* (S. 415)
A 28, S. 206ff.; A 30, S. 38ff.; A 25b, S. 9ff., 311ff., 375ff., 781ff., AEP-99; AECD-3444; NAA-SR-278; Bull. SEV *45* (1954), No 25, 1106 (TRAUPEL); MELAN, EuM (vgl. C 95), *72*, No 15, 380 (1955); D'EPINAY, SBZ *70* (1952), 91; ÖZE (vgl. C 95) *7*, No 9, 317 (1954), SCHULTZ (vgl. C 69), S. 125ff.; Internat. Maschinenrundschau, No 5, 83 (1956); MELAN, Zur Thermodynamik des Atomkraftwerkes, Vortrag in Linz 1956 (Ingenieurverein); Generalbericht der Weltkraftkonferenz Wien 1956, III-J$_1$.

153. *Wirtschaftlichkeit von Atomstrom* (S. 415)
A 30, S. 64ff.; A 27, S. 71ff.; AECL-265; LRL-128; LRL-138 (*Brütreaktorkosten*); AP *2*, No 4, 141 (1956); AP *2*, No 5, 189 (1956); AP *2*, No 8, 297 (1956); Technische Mitteilungen (vgl. B) *49*, No 6, 403 (1956); EuM (vgl. C 95) *72*, No 15, 400 (1955); AK *1*, No 5, 174 (1956); JNE *1*, No 1, 39 (1954); Nu (1953), No 2, 10; Nu (1954), No 7, 48; Nu (1954), No 10, 65; Nu (1956), No 12, S. 31; Nu (1953), No 1, 6; Nu (1955), No 1, 24; Nu (1956), No 8, 30; SCHURR, MARSHAK, Economic Aspects of Atomic Power, Princeton Univ. Press 1950; ISARD, WHITNEY, Atomic Power, An Economic and Social Analysis, Blakiston, N. Y., 1952; Report of the Panel on the Impact of the Peaceful Uses of Atomic Energy, vol. *1* und vol. *2*, United States Government Printing Office No 71499 und No 70101 (1956); Economic Aspects of Electric Power Production in Selected Countries, Office of Industrial Recources, Internat. Coop. Administration, Washington 1955; Reports to the US Atomic Energy Commission on Nuclear Power Reactors, vol. *1* und vol. *2*, USAEC 1955, Washington; NE *1*, No 4, 141 (1956) (*angereicherter Brennstoff*); Nu (1956), No 10, 28; JNE *3*, No 4, 383 (1956) (= E *1*, No 2, 85 (1956));
A 24: Band 3, insbes. P 4 (LEWIS); P 11; P 390; P 391; P 475; P 476; P 477; P 492; P 493; P 494; P 495; P 497; P 501; P 758; Band 1; vgl. auch die Literaturangaben in A 27, S. 77.

154. *Nationale Atomprogramme* (S. 419, 421)
A 27, S. 45 (SCHULTEN); AECL-168; AECL-242; AECL-254; CEA-145; AK *1*, No 1, 15 (1956); AK *1*, No 3, 98 (1956) (ENGLAND); ÖZE (vgl. C 95) *7*, No 9, 313, 351 (ENGLAND), 347ff. (STAHL, ÖSTERREICH) (1954); AP *2*, No 8, 298 (1956); EuM (vgl. C 95) *72*, No 15, 367 (1955); Nu (1955), No 3, 7 (ENGLAND); Nu (1955), No 10, 30 (*Übersicht*); Nu (1955), No 11, 57 (*Übersicht*); Nu (1956), No 8, 30, 33 (USA); NE *1*, No 3, 116 (1956); NE *1*, No 5, 183 (1956) (AUSTRALIEN); Nu (1956), No 9, 104 (JAPAN); Report of the Panel (vgl. C 153), vol. *2* (USA); E *2*, 92 (1957) (SCHWEDEN); Nu (1956), No 10, R 5 (BRASILIEN); Nu (1956), No 10, R 9 (ITALIEN); Nu (1956), No 11, R 5 (JAPAN); AK *2*, No 1, 38 (1957) (DÄNEMARK); NE *2*, No 11, 49 (1957) (OSTDEUTSCHLAND); The Commonwealth and Nuclear Power, No 2, Stationary Office, London, 1955 (Central Office of Information); Nu (1956), No 12, R 8 (FRANKREICH); Nu (1956), No 12, S. 3 (ENGLAND); AW *1*, No *9*, 313 (1956) (SPANIEN);
A 24: P 11; P 326; P 327; P 389; P 470; P 816 (usw. Band 3); P 868.

155. *Industriereaktoren, Sterilisierung* (S. 427, 428)
(vgl. auch C 159 und 156); AP *1*, No 1, 20, 32 (1956); AP *1*, No 2, 48 (1956); AP *2*, No 2, 39, 75 (1956); AP *2*, No 5, 179 (1956); AK *1*, No 6, 215 (1956); AK *1*, No 10, 349 (1956); JNE *1*, No 1, 76 (1954); Annual Review of Nucl. Sci. *5*, 213 (1955); Nu (1953), No 8, 13; Nu (1953), No 10, 9ff.; Nu (1954), No 1, 52; Nu (1954), No 6, 18; Nu (1954), No 7, 22ff.; Nu (1954), No 10, 37; Nu (1955), No 1, 36; Nu (1955), No 10, 51; Nu (1956), No 8, 54;
A 24: P 484; Bände 10 und 15.

156. *Nützliche Verwendung von Spaltprodukten* (S. 430)
(vgl. auch C 149 und 155); AP *1*, No 1, 2; No 2, 52 (1954); AP *2*, No 3, 110 (1955); AECL-158 (= Can. Chem. Process *38*, No 5, 98 (1954)); JNE *1*, No 3, 173 (1955); Nu (1953), No 10, 12; Nu (1956), No 6, 98 (MANOWITZ); SRI Project No 361, Report, Industrial Uses of Radioactive Fission Products, Stanford Research Institute 1951 (LOVEWELL);
A 24: Bände 14 und 15; P 317; P 461.

157. *Allgemeines Atomenergierecht* (S. 432)
A 27, S. 97 (KRUSE); AP *2*, No 2, 56 (1956); AP *2*, No 5/6, 203 (1956); AP *2*, No 7, 249 (1956); FISCHERHOF, Atomenergierecht und Energiewirtschaftsrecht in „Der Betriebsberater" *10*, 1113 (1955); PIKE, FISCHER, Atomic Energy Regulations, Albany, New York;
A 24: Band 13.

158. *Nationale gesetzliche Regelungen* (S. 433, 436)
(vgl. auch C 163); CANADA: Canada Gazette, LXXXVIII, No 21, p. 1504; A 27, S. 140ff.; DEUTSCHLAND: KRUSE, Neue Juristische Wochenschrift, *28* (1955), S. 1017, 1747; AP *2*, No 7, 249; AK *1*, No 1, 32 (1956) (STRAUSS); AK *1*, No 5, 191 (1956); AK *1*, No 7, 285 (1956); ENGLAND: Atomic Energy Act 1946, (Qu. 10 Geo VI; Ch 80); Radioactive Substances Act 1948 (11 und 12 Geo VI, Ch 37); UK Atomic Energy Authority Act 1954 (293, Eliz, Ch 32); FRANK-REICH: CEA-Ordonnance No 45—2, 563 du 18. 10. 1945, Journal Officiel 1945, p. 7065, 7206; Loi 47—1497 du 13. 8. 1947; JO 1954, p. 10713, Code de Santé, l. V, titre III, chap. II; NEUSEELAND: *Atomic Energy Act*, 1945, vgl. PIKE, FISCHER, s. 157; USA: Atomic Energy Act, 1946 und 1954 (42th US Congress, Act 1801; Public Law 703, 83rd Congress, 2nd Session); Nu (1955), No 1, 12; Nu (1955), No 4, 22, 31; AP *2*, No 9, 321 (1956) (ITALIEN); AP *2*, No 12, 443 (1956) (FRANKREICH);
A 24: Band 13.

159. *Strahlenschutzrecht* (S. 433, 434)
(vgl. C 157 und 158); A 25d, S. 280ff. (*Strahlenschutz beim Reaktorbetrieb*); AK *1*, No 4, 145 (1956) (KLIEFOTH, RUGH); AK *1*, No 6, 221 (1956) (BECHERT); AK *1*, No 7, 292 (1956) (*Meßwagen*); AP *2*, No 10, 358 (1956); Nu (1954), No 12, 8 (TABERSHAW); Nu (1955), No 3, 17, 25; CEA Liste No 3 des Radioéléments Artificiels, Paris 1955; Décret du 3. 5. 1954, Journal Officiel du 7. 5. 1954; Nu (1954), No 12, 8; RAJEWSKY, vgl. C 124;
A 24: P 400.

160. *Reaktorbetriebsrecht* (S. 434ff.)
(vgl. auch C 157 und 158); A 25d, 241ff. (*Betriebsanleitung*), S. 283ff. (*Gesund-heitsphysiker*); ANL-5424, S. 264; A 27, S. 145ff.; Nu (1953), No 10, 31; Nu (1956), No 6, 58; Nu (1955), No 10, 10 (*Reaktorinspektor*);
A 24: P 946.

161. *Spaltstoffmonopol* (S. 436, 437)
A 27, S. 104ff.; AK *1*, No 2, 64 (1956); AK *1*, No 4, 158 (1956); AK *1*, No 6, 228 (1956) (KLIEFOTH); AK *1*, No 7/8, 286 (1956); AP *2*, No 2, 56 (1956); Weekly Hansard No 272, Sp 2298 (ENGLAND).

162. *Haftpflichtrecht* (S. 438, 439)
STASON, Legal Problems arising from Peacetime Use of Atomic Energy, Vortrag in Ann Arbor, 17. 6. 1955; Nu (1956), No 5, 24; Nu (1956), No 6, 21 A; AK *1*, No 6, 230 (1956); AK *1*, No 7/8, 278 (1956) (FRIEDRICH).

163. *Nationale Behörden und Organisationsformen* (S. 436, 437, 440)
(vgl. auch C 158); A 27;, S. 104ff. (KRUSE); A 27, S. 142 (PRETSCH); AP *2*, No 7, 249, 264 (1956) (*Übersicht*); AP *2*, No 8, 286 (SCHOHE), 288, (1956); AP *2*, No 3, 99 (1956); AK *1*, No 1, 9 (1956); AK *1*, No 4, 148 (1956) (KLIEFOTH); AK *1*, No 5, 186 (1956); AK *1*, No 7/8, 274, 293 (1956); AECL-170; AECL-171; Nu (1955), No 8, 9; Nu (1955). No 10, 30; Nu (1956), No 2, 11; Nu (1956), No 5, 23; Rapport Annuel 1954, Instit. Interuniversitaire des Sci. Nucléaires Bruxelles; First Annual Report UK-AEA 1955; Commissariat à l'Energie Atomique, 1945 — 1956, Paris (*Bericht*); BOVERI, Atomenergie und Kleinstaat, Vortrag 29. 5. 1956, Wien, Sonderdruck; Internationale Maschinenrundschau, No 5/6, 69 (1956); AP *2*, No 10, 383 (1956) (*Frankreich*);
A 24: P 804 (Bd. 2);

164. *Internationale Zusammenarbeit* (S. 444)
AK *1*, No 4, 153 (1956) (*Übersicht*); Nu (1955), No 3, 47; Nu (1955), No 10, 30; Nu (1956), No 4, 20 A; Nucleus *2*, No 6, 41 (1956); AP *2*, No 9, 339 (1956); A 24: P 619; P 893; Bände 1 und 16.

165. CERN (S. 444)
Nucleus *2*, No 2, 10 (1956); AK *1*, No 5, 183 (1956); NE *1*, No 5, 200 (1956); Nu (1956), No 11, 67; Broschüre des Fund for Peaceful Atomic Development, Detroit; AP *2*, No 12, 458 (1956).

166. *Europäische Atomenergiegesellschaft* (S. 444)
Nucleus *2*, No 6, 38 (1956); A 27, S. 150; AK *1*, No 7, 266 (1956).

167. EURATOM (S. 445)
A 27, S. 151; AK *1*, No 2, 59 (1956); AK *1*, No 5, 183 (1956); AK *1*, No 6, 228 (1956); AP *2*, No 7, 258 (1956); Nu (1956), No 3, 23; Nu (1955), No 12, 11; Energia Nucleare *3*, No 2, 65 (1956); AP *2*, No 11, 421 (1956).

168. OEEC-*Atomplan* (S. 445)
L'Energie Nucléaire (Possibilité d'Action), OECE, Paris 1956; A 27, S. 151; Nu (1956), No 8, R 11; Energia Nucleare *3*, No 2, 65 (1956); AK *1*, No 2, 59 (1956); AK *1*, No 3, 106 (1956); AK *1*, No 5, 183 (1956); AK *1*, No 9, 330 (1956); AK *2*, No 1, 38 (1957).
169. *Europäische Atomenergiekommission* (S. 445)
Energia Nucleare *3*, No 2, 65 (1956); AP *2*, No 7, 265 (1956).
170. *Internationale Atomenergiebehörde* (S. 445)
AK *1*, No 3, 111 (1956); AK *1*, No 5, 189 (1956); AP *2*, No 7, 257 (1956); E *1*, No 4, 166 (1956); Nu (1955), No 3, 50; Nu (1955), No 8, 11; Nu (1956), No 5, 17; Joint Committee on Atomic Energy, vol. I, II, Peaceful Uses; Atoms for Peace Manual, Senate (1955);
A 24: P 805.
Statute of the International Atomic Energy Agency, UNO, New York, 1956.

Namenverzeichnis

Dieses Verzeichnis enthält die vorkommenden Eigennamen von Personen, wichtigen Städten und den meisten im Text erwähnten Staaten, sowie einige Firmennamen.

Sachverzeichnis
(Deutsch — Englisch)

Da alle bisher erschienenen Lehrbücher über Reaktoren in englischer Sprache abgefaßt sind und da der Verfasser eine eigene deutsche Terminologie vorschlug, wurde das Sachverzeichnis in deutscher und englischer Sprache abgefaßt. Auch innerhalb des englischen Sprachraumes und auf internationaler Ebene (z. B. UNO) sind Bemühungen im Gange, eine einheitliche Atom-Terminologie zu schaffen. In diesem Zusammenhang verweisen wir insbesondere auf:

1. Pocket Encyclopedia of Atomic Energy, F. G a y n o r, Philosophical Library, New York, 1950.

2. A Glossary of Terms in Nuclear Science and Technology, American Society of Mechanical Engineers, New York, 1955.

3. AECD-3477, Reactor Theory Terms, TID, Oak Ridge, 1952.

4. Atomic Energy, Glossary of Technical Term (Englisch — Französisch — Russisch — Spanisch — Chinesisch), UNO, New York, 1948.

5. TID-5001, Subject Headings used in the Catalogue of the USAEC, (Sachverzeichnis), TID, Oak Ridge, 1955.